Nonlinear Finite Elements for Continua and Structures

(Second Edition)

连续体和结构的非线性有限元

（第2版）

[美] Ted Belytschko
Wing Kam Liu
Brian Moran
Khalil I. Elkhodary 著

庄茁 柳占立 成健 译

U0249351

清华大学出版社

北京

Nonlinear Finite Elements for Continua and Structures/Ted Belytschko, Wing Kam Liu, Brian Moran, Khalil I. Elkhodary. —Second Edition.
ISBN: 978-1-118-63270-3

图书在版编目(CIP)数据

连续体和结构的非线性有限元/(美)泰德·彼莱奇科(Ted Belytschko)等著；庄茁，柳占立，成健译. —2 版. —北京：清华大学出版社，2016（2024.2重印）
书名原文：Nonlinear Finite Elements for Continua and Structures, 2nd
ISBN 978-7-302-44722-1

Ⅰ. ①连… Ⅱ. ①泰… ②庄… ③柳… ④成… Ⅲ. ①有限元法—应用—非线性结构分析 Ⅳ. ①O342

中国版本图书馆 CIP 数据核字(2016)第 185428 号

责任编辑：佟丽霞
封面设计：常雪影
责任校对：刘玉霞
责任印制：沈　露

出版发行：清华大学出版社
网　　址：https://www.tup.com.cn，https://www.wqxuetang.com
地　　址：北京清华大学学研大厦 A 座　　**邮　　编**：100084
社 总 机：010-83470000　　**邮　　购**：010-62786544
投稿与读者服务：010-62776969，c-service@tup.tsinghua.edu.cn
质量反馈：010-62772015，zhiliang@tup.tsinghua.edu.cn
印 装 者：三河市科茂嘉荣印务有限公司
经　　销：全国新华书店
开　　本：185mm×260mm　　**印　　张**：38.75　　**字　　数**：943 千字
版　　次：2022 年 12 月第 1 版　2016 年 11 月第 2 版　　**印　　次**：2024 年 2 月第 5 次印刷
定　　价：108.50元

产品编号：060326-02

译者前言

20 世纪 90 年代初，庄茁在爱尔兰国立大学都柏林大学院攻读博士学位期间，从事天然气管道动态断裂力学的研究，论文工作主要参考了 Ted Belytschko 教授关于非线性壳体理论和有限元显式积分方法的文章，受益良多，对 Belytschko 教授十分敬仰。2002 年，庄茁教授将本书的第 1 版翻译成中文，清华大学出版社陆续印刷 7000 多册，在国内的非线性有限元教学、科研和工程应用中，它成为几乎影响一代人的专著。

2004 年，在清华大学举办了首届全国非线性有限元高级讲习班，Belytschko 教授应邀担任主讲。此后的讲习班每年暑期一届，由庄茁教授担任主讲，2012 年之后，柳占立副教授和由小川副教授加盟主讲，成为国内非线性有限元讲学的品牌课程。讲习班至今已经举办了十一届，培养了千余名计算力学工作者。

十几年来，Belytschko 教授和 Wing Kam Liu 教授分别多次应邀到清华大学访问讲学，我们也多次应邀到西北大学学术交流，选送博士生和博士后去学习，建立了西北大学与清华大学的计算力学交流机制，柳占立博士于 2009—2012 年在西北大学师从 Belytschko 教授做博士后。2012 年，庄茁和柳占立等出版了中文版《扩展有限单元法》专著，得到 Belytschko 教授的赞许和鼓励，并于 2014 年在 Elsevier/Tsinghua University Press 出版了英文专著《Extended Finite Element Method》。

2014 年，本书的第 2 版问世，我们对 Belytschko 教授和 W. K. Liu 教授承诺将其再次翻译成中文出版，Brian Moran 教授到清华大学访问，在送给庄茁教授的新书扉页上用中文写下“感谢”二字。以书会友，凝聚了一代中外学者的友谊。也恰是在这一年，Belytschko 教授因病辞世，使我们悲痛不已。

2016 年，我们完成了全书的翻译，将其奉献给中文读者。在翻译过程中，我们的博士研究生给予了很大帮助，王成禹、林鹏和刘凤仙分别翻译了第 11 章、第 12 章和第 13 章的初稿，成健对全书做了系统的编辑整理。感谢清华大学出版社的石磊编审和佟丽霞副编审对我们始终不渝的支持和帮助。

愿以此书的中文版献给 Ted Belytschko 教授，寄托我们深深的思念和敬意。

庄茁　柳占立　成健

2016 年春节于清华园

第1版译者前言

本书在2000年夏季刚刚面世就深深地吸引了我，以至于我渴望以我和我的研究生们的共同努力，将此书译成中文，介绍给中国及世界其他地区的华人学者。

非线性力学问题(材料、几何和接触)是力学发展的前沿课题，非线性有限元是计算力学的重要组成部分。这是基于仿真的科学与工程的重要工具。由于计算机仿真技术的发展，使我们能够瞬抚四海和纵览古今，而有限元及其计算软件的作用正是我们到达彼岸的工具和桥梁。

本书内容凝聚了有限元的先行者和本书作者近半个世纪的研究成果，荟萃了数百篇文献的精华，某些真知灼见绝非一日之功，日积月累的宝贵经验恰有水滴石穿之感。

有限元是有限的，而学术研究是无限的；科学家是有国籍的，而科学是没有国界的。历经矢志不渝的努力和艰辛严谨的翻译工作，终于能够将此书中文版奉献给广大的读者，使我们能够分享固体力学研究的共同成果，提高相关领域的研究水平。

参加本书翻译工作的有：庄茁(序言、第1章、第5章、附录和索引)，梁明刚(第2章、第9章和第10章)，卢剑峰(第3章和第4章)，赵慧娟(第6章和第8章)，范成业(第7章)。庄茁负责对每一章的斟酌、校对和复译，以及全书的审核，同时更正了多处在原著中出现的笔误并且增补了个别遗漏。

感谢清华大学工程力学系黄克智院士，王勖成教授和陆明万教授对本书出版所给予的关注和与译者的某些有益讨论，帮助译者澄清了某些学术概念。感谢清华大学出版社的出版资助，感谢金文织编审和张秋玲编审的大力支持。由于本人水平所限，在对原著的理解上难免有不当之处，敬请读者谅解。

庄茁　教授

2002年春节于清华园

Preface for Chinese version

We are very pleased that our book "Nonlinear Finite Elements for Continua and Structures" is being made available to our colleagues in Asia through this translation. We hope those involved in research, teaching and study in computational mechanics as well as those applying nonlinear finite elements to technological advances in civil, mechanical, aerospace, and manufacturing engineering, will find the book useful.

We are grateful to Dr. Zhuang and his graduate students at Tsinghua University, Beijing, for carrying out the translation. We are acquainted with Dr. Zhuang and share many research interests. We are pleased to be formally associated with him and with Tsinghua University through this translation.

Ted Belytschko

Wing Kam Liu

Brian Moran

Evanston, IL USA, July 2001

序言译文

我们非常高兴地看到，通过本书的翻译，中文版《连续体和结构的非线性有限元》一书即将奉献给我们的亚洲同事。我们希望那些在计算力学领域中从事研究、教学和学习的学者，以及那些在土木、机械、航天和制造工业中应用非线性有限元于先进技术的工程师们，将会发现本书的用途。

我们非常感谢庄茁博士和他的研究生们在北京清华大学完成了本书的翻译工作。我们将与庄茁博士保持联系以共同分享许多研究的兴趣。通过本书的翻译，我们为与他本人和与清华大学建立的正式联系感到非常高兴。

Ted Belytschko

Wing Kam Liu

Brian Moran

Evanston, IL USA

July 2001

前言译文

本书的目的是全面介绍关于非线性有限元分析的理论和方法。对于有限元方法在固体力学、材料力学和结构力学应用中各类感兴趣的主要问题，我们关注离散方程的公式和求解。首先介绍的核心题目包括：一维和多维连续体的有限元离散化；非线性材料和大变形的本构方程公式；离散方程的求解过程，包括数值和物理的非稳定性问题。也展示了一些特殊的应用，包括：处理结构和接触-碰撞的问题；阐述弱和强不连续，乃至演化到固体失效的问题；材料非线性的建模机理，以及源于微结构和多尺度的先进处理方法。这些题目关系到工业和研究的应用，对于从事非线性有限元实践、研究和教学的读者，它们是一些很重要的题目。

本书具有力学特点而不是数学风格。尽管它包含了数值方法的稳定性和相关的偏微分方程分析，但目的却是讲解有限元分析的方法及其解答和方法的性能。没有考虑诸如收敛性和解答数学性质的证明题目。

在离散方程的公式中，我们从基于系统的力学控制方程开始，建立弱形式，并且应用它推导离散方程。在工业过程和研究的仿真中，具有大变形的 Lagrangian、任意的 Lagrangian 和 Eulerian 网格问题更加普遍，这些是仅用 Lagrangian 网格不能处理的问题，我们将建立它们的弱形式和离散方程。全面地阐述了更新的 Lagrangian 和完全的 Lagrangian 算法。

对方程的基本理解需要实质性地熟悉连续介质力学，第 3 章总结了连续介质力学中与本书内容相关的题目。这一章开始于强调转动运动的基本描述，伴随它们之间的转换，描述了应变和应力的度量，后来生成为前推和后拉运算。在称为 Eulerian 和 Lagrangian 描述中，展示了基本的守恒定律，并介绍了客观性(常称为框架不变性)。

第 4 章描述了关于 Lagrangian 网格的离散方程公式。我们开始于建立动量平衡的弱形式，并应用它们建立离散方程。全面地阐述了完全的 Lagrangian 格式和更新的 Lagrangian 格式，并且讨论了在两种格式之间进行转换的方法和算法。给出了在二维和三维中建立各种单元的例子。

第 5 章讨论了本构方程，特别是强调与材料非线性和大变形方面有关的材料模型。

第 6 章描述了求解过程和稳定性的分析。对于瞬时过程和求解，描述了显式和隐式积分程序；考虑了平衡问题的连续性过程。建立了关于构造 Newton 方程所需要的 Newton

方法和线性化过程。在非线性问题的求解中，数值过程和物理过程的稳定性是至关重要的。因此，为了确定解答和数值过程的稳定性，总结和应用了稳定性的理论，并且考虑了几何和材料的稳定性。

第 7 章涉及任意的 Lagrangian Eulerian 方法。这一章也提供了关于 Eulerian 分析的工具。描述了这类网格所需要的数值技术，诸如迎风方法和 SUPG 公式。

第 8 章涉及的是单元技术，在有约束介质的问题中，讨论了单元的成功设计所需要的特殊技术。重点是解决不可压缩材料的问题，而描述的技术是在一般的上下文中。另外，本章也描述了一点积分单元和沙漏控制。

第 9 章关注于结构单元，特别是壳和梁单元；没有单独地对待板单元，因为它们是特殊的壳。对于非线性分析，我们强调基于连续体的结构公式，因为它们是更容易被掌握而且得到了更广泛的应用。细心地学习各种假设，并建立基于连续体的梁和壳的公式。由于稍微修改连续单元就可以建立基于连续体的单元，即这一章的大部分内容主要依赖于前面的章节。因此，本章仅仅是简单地讨论了诸如线性化和材料模型的题目。

第 10 章描述了接触-碰撞。我们将接触-碰撞视为一个变分不等式，所以在离散方程中满足合适的接触不等式。描述了基于位移和速度的公式。我们关注的是接触-碰撞的非平滑特性及其对求解过程和仿真的影响。

第 11 章涵盖了强和弱非连续性的建模。作为历史性的概述，回顾了有限元的经典方法。本章关注应用扩展有限元方法(XFEM)，并采用非一致性网格模拟非连续体。对于强间断，重点是模拟断裂，并扩展到其他问题。对于弱间断，重点是模拟材料界面，所展示的内容很容易扩展到其他弱间断。我们的讨论从一维公式开始，然后拓展到多维，包括 XFEM 的编程和积分，并简要综述了在 XFEM 中采用的水平集方法，最后给出了算例。

第 12 章介绍了材料微观结构在定义材料非线性中的作用，重点讨论了多尺度连续理论(multiresolution continuum theory)，即关于非均质材料大变形的一种多尺度力学理论。其目的在于联系固体力学与材料科学。该理论的发展源自变分原理和有限元建模的离散化。本章讨论了代表性体积单元(RVE)在发展基于多尺度的本构公式及其在多级连续理论框架中的作用。

作为非线性材料基本模型的一个例子，第 13 章讨论了单晶体的代表性体积单元的有限元建模。从材料科学的观点，通过非线性本构的算法建立了立方和非立方的晶格描述与位错密度理论的联系，由此在连续介质层面掌控了晶体材料的非均匀变形。

本书是为机械工程、土木工程、应用数学和工程力学专业的低年级研究生学习程序编写的。本书假设某些读者熟悉有限元方法，诸如学过一个学期课程或者 4～5 周的一大段课程。学生必须熟悉形函数、刚度和力的装配；具有一些变分或者能量方法的背景是有帮助的。此外，学生必须具有某些关于材料力学和连续介质力学的知识，基本上熟悉指标标记和矩阵标记。

大多数教师将选择部分而不是本书的全部内容讲解，如果选择全部内容讲解，将需要一年的时间。我们的目的是包括全面的素材以便适合许多教师的需要和偏爱。此外，在从事文献阅读之前，我们为感兴趣的学生提供了附加的材料，即关于研究背景的阅读资料。

短期课程，诸如一个 10 周季度或者 16 周学期，需要对材料进行明智的选择，这取决于教师的目的和感觉。本书展示的大部分材料是完全的 Lagrangian 和更新的 Lagrangian 公式。因此，一堂概论课可以关注从第 2 章到第 4 章的更新的 Lagrangian 观点，选择从第 5 章到第 6 章的题目，使学生熟悉材料模型和求解过程。某些教师可能选择越过第 2 章的一维模型，留下它作为必要的阅读。通过简单地证明在第 4 章中的转换，则可以引入完全的 Lagrangian 格式。由强调完全的 Lagrangian 格式，可以设计类似的课程。

在全书中，我们尽量采用了统一的风格和标记，这是非常重要的，因为对于学生，在标记和格式上的剧烈变化常常妨碍理解。有时在一个特殊领域的文献中出现常用的标记，可能会引起偏差，我们希望表达的一致性将有助于学生。

对于本书的第 2 版，我们提供了求解手册，包括书中的全部练习的解答，也包括描述计算问题的 MATLAB 和/或 FORTRAN 程序。

我们感谢许多朋友、同事和从前的学生们，他们阅读了本书初稿的章节，并且提出了许多建议、反馈和修改，特别是：

Zhanli Liu, Tsinghua University
Zhuo Zhuang, Tsinghua University
Danial Faghihi, University of Texas at Austin
J. S. Chen, University of Iowa
John Dolbow, Duke University
Thomas J. R. Hughes, Stanford University
Shaofan Li, Northwestern University
Arif Masud, University of Illinois at Chicago
Nicolas Moës, Northwestern University
Katerina Papoulia, Cornell University
Patrick Smolinski, University of Pittsburgh
Natarajan Sukumar, Northwestern University
Henry Stolarski, University of Minnesota
Ala Tabiel, University of Cincinnati

我们也将感谢我们的学生：Sheng Peng, Jifeng Zhao, Miguel Bessa, John Moore, Patrick Lea, Zulfiqar Ali, Debbie Burton, Hao Chen, Yong Guo, Dong Qian, Michael Singer, Pritpal Singh, Gregory Wagner, Shaoping Xiao 和 Lucy Zhang，他们帮助准备图表，做了打字和大量的校对工作。当然，任何遗漏的错误是作者的责任。

此外，我们特别感谢 Shaofan Li 和 Yong Guo，他们贡献了若干练习和算例。

Ted Belytschko, Wing Kam Liu,
Northwestern University, USA
Brian Moran,
King Abdullah University of Science and Technology, KSA
Khalil I. Elkhodary
The American University in Cairo, Egypt

目录

框目录

1

绪论

1.1 在设计中应用非线性有限元

非线性有限元分析是计算机辅助设计的基本组成部分。由于它提供了更快捷和低成本的方式评估设计的概念和细节，因此，人们越来越多地应用非线性有限元的仿真方法代替样品原型的试验。例如，在汽车设计领域中，对初期设计概念和最终设计细节的评估，碰撞过程仿真代替了整车的试验，如布置判定气囊释放的加速度计、内部的缓冲装置以及选择满足碰撞准则的材料和构件截面。在许多制造领域中，可以进行加工过程的仿真，从而加速了设计过程，例如金属薄板成型、挤压和铸造。在电子工业中，为了评估产品的耐久性，仿真分析代替了跌落试验。

分析和开发非线性有限元程序的人员必须理解非线性有限元分析的基本概念。若不理解基本概念，有限元程序就只是一个提供仿真的黑匣子。然而，非线性有限元分析使分析者面对许多选择和困惑，若不理解这些选择和困难的内涵，分析者将处于非常不利的状态。

本书的目的是描述固体力学非线性有限元分析的方法。我们的意图是提供一种全面的阐述，这样使读者能够获得对基本方法的理解，对不同近似计算用途的比较，并正确对待潜藏在非线性世界中的困难。同时，也足够详细地给出了各种方法的实现过程，以便读者能够编程。

非线性分析包含下列步骤：

1. 建立模型
2. 推导控制方程
3. 离散方程组
4. 求解方程组
5. 表述结果

第 2 项至第 4 项已在典型的分析程序中实现，而分析者的工作体现在第 1 项和第 5 项。

在过去的 10 年中，在建立仿真模型方面有了显著的变化。直到 20 世纪 90 年代，建模注重提取反映力学性能的基本要素，目的是使能够表现所研究力学性能的所有最简单模型一致化。

现在,建立一个单一的详细的设计模型并应用它检验所有必要的工业准则,在工业界已经成为非常普遍的方法。这种模拟方式的动力在于,对于一种工业产品生成几种网格的成本远高于生成对每种应用都适用的特殊网格的成本。例如,同样一个便携式计算机的有限元模型可以用来进行跌落仿真、线性静力分析和热应力分析。通过使用同一个模型进行所有这些分析,节省了大量的工程研制时间。而这种在工业中正成为非常普通的方式,还没有被推荐应用于所有的领域。

在不远的将来,有限元模型可能成为"虚拟"的样品原型,可以用来检验设计性能的许多方面。计算机机时的节省和计算机速度的提高使得这一方式更加有效。然而,对于特殊的分析,有限元软件的使用者还必须能够评估有限元模型的适用性,并了解其限制条件。

现在,控制方程的推导和离散主要掌握在软件开发者的手中。然而,由于某些方法和软件可能应用得不合适,一位不理解软件基本内容的分析者会面对许多风险。而且,为了将试验数据转换为输入文件,分析者必须清楚在程序中所应用的和由实验人员所提供的材料数据的应力和应变的度量方法。分析者必须理解和知道如何评估数据响应的敏感程度。一位有效率的分析者必须清楚容易产生的误差来源,如何检查这些误差和评价误差的量级,以及各种算法的限制和误差影响量。

求解离散方程也面临许多选择。一种不恰当的选择将导致冗长的计算时间消耗,从而使分析者在规定的时间内无法获得结果。为了实现建立一个合理的模型和选择最佳求解过程的良好策略,了解各种求解过程的优势和劣势以及所需要的大致计算机机时是非常必要的。

分析者最重要的任务是表述结果。除了那些线性有限元模型中固有的近似之外,非线性分析对于许多参数常常是敏感的,它们可能将一个单独的模拟引入歧途。非线性固体可能经历非稳态,其对缺陷的反应可能是敏感的,它们的结果可能主要取决于材料的参数。除非分析者对于这些现象非常清醒,否则很有可能错误地描述模拟的结果。

尽管存在这些困惑,对于非线性有限元分析的用途和前景,我们持非常乐观的态度。在许多工业领域中,非线性有限元分析已经缩短了设计周期,大大减少了原型试验的成本。由于仿真产生各种变化的输出,并且很容易去做"倘使……将会怎样"的尝试,因此仿真能够极大地改进工程师对其产品在各种环境下的基本物理性能的理解程度。而从试验中只能得到产品是否能经受一种确定环境的大体的并且是重要的结果,如果产品不能满足要求,这些试验通常几乎不提供产品重新设计时所需要依据的性能细节。另一方面,计算机仿真给出了详细的应力和应变以及其他状态变量的历史,这些数据掌握在一名优秀的有洞察力的工程师手中,为他提供了如何重新设计产品的有价值的资料。

类似许多有限元书,本书大量地展示了对于工程和科学问题有限元求解的各种方法和技巧。然而,为了保持适合于教学的特点,我们在书中也紧密地结合了我们认为是非线性分析核心的几个重要主题,它们是:

1. 对于要解决的问题,如何选择近似的方法。
2. 对于给定的问题,如何选择合适的网格描述以及动力学和运动学的描述。
3. 如何检验结果和求解过程的稳定性。
4. 如何认识模型的平滑响应和所隐含的求解质量和困难。

5. 如何判断主要假设的作用和误差的来源。

对于许多过程仿真和破坏分析中遇到的大变形问题，选择合适的网格描述是重要的。例如，是否应用 Lagrangian(拉格朗日)、Eulerian(欧拉)或者 Arbitrary Lagrangian Eulerian (任意的拉格朗日-欧拉)网格，需要认识网格畸变的影响，在选择网格时必须牢牢记住不同类型网格描述的优点。

在仿真非线性过程中，普遍存在着稳定性的问题。在数值模拟中，很可能获得物理上不稳定因而相对无意义的解答。对于不完备的材料和荷载参数，许多解答是敏感的。在某些求解情况下，甚至敏感于所采用的网格。一位睿智的非线性有限元软件使用者必须清楚这些特性和所遇到的圈套，否则，由计算机仿真精心制作的结果可能是相当错误的和导致不正确的设计精度。

在非线性有限元分析中，平滑性也是普遍存在的问题。缺乏平滑性会降低大多数算法的鲁棒功能，并可能在结果中引入不期望的波动。目前已经发展了改进响应平滑性的技术，它们称为调整过程。然而，调整过程常常并不基于物理现象，在许多情况下难以确定与调整相关的常数。因此，分析者常常面临进退两难的窘境，是选择导致平滑求解的方法或还是处理不连续的响应。我们非常希望分析者能够理解调整参数和存在隐含调整的效果，例如在接触-碰撞中的罚函数方法，以及正确评价这些方法的益处。

在非线性分析中，结果的精度和稳定性是重要的问题。这些问题以多种方式出现。例如，在选择单元的过程中，分析者必须清楚稳定性和各种单元的锁定特性。单元的明智选择包括多种因素，例如，对于求解问题的单元稳定性、结果的期望平滑性以及期望变形的量级。此外，分析者必须清楚非线性分析的复杂性。对于出现物理和数值非稳定性的可能性，必须给予密切关注并在求解过程中进行检查。

因此，在工业和研究中，精通非线性软件的应用要求分析者重视对于非线性有限元方法的理解。提供这种理解和使读者能够清楚在非线性有限元分析中许多有兴趣的挑战和机遇，正是本书的目的。

1.2 非线性有限元的有关著作和简要历史

已经发表的一些成功的试验和专题文章，完全或者部分地对非线性有限元分析做出了贡献。仅论述非线性有限元分析的作者包括 Oden(1972)，Crisfield(1991)，Kleiber(1989)和 Zhong(1993)。特别值得注意的是 Oden 的书，因为它是固体和结构非线性有限元分析的先驱著作。最近的作者有 Simo 和 Hughes(1998)、Bonet 和 Wood(1997)。某些作者还部分地对非线性分析做出了贡献，它们是 Belytschko 和 Hughes(1983)，Zienkiewicz 和 Taylor (1991)，Bathe(1996)，以及 Cook，Malkus 和 Plesha(1989)。对于非线性有限元分析，他们的书提供了有益的入门指南。作为姐妹篇，线性有限元分析的论述也是有用的，内容最全面的是 Hughes(1987)、Zienkiewicz 和 Taylor(1991)的著作。

下面我们回顾非线性有限元方法的简单历史。本书与其他书的写作思路有些区别，我们不仅关注发表的文章，而且更关注软件的发展。在这个信息-计算机时代，像许多其他方面的进步一样，在非线性有限元分析中，软件常常比文献更好地代表了最新的进展。

非线性有限元方法有多种溯源。通过波音研究组的工作和 Turner，Clough，Martin 和

Topp(1956)的著名文章,使线性有限元分析得以闻名,不久之后,在许多大学和研究所里,工程师们开始将方法扩展至非线性、小位移的静态问题。但是,它难以燃起早期有限元学术圈的激情和改变传统研究者们对于这些方法的鄙视。例如,因为考虑到没有科学的实质,《Journal of Applied Mechanics》许多年都拒绝刊登关于有限元方法的文章。然而,对于许多必须涉及工程问题的工程师们,他们非常清楚有限元方法的前途,因为它提供了一种处理复杂形状真实问题的可能性。

在 20 世纪 60 年代,由于 Ed Wilson 发布了他的第一个程序,这种激情终于被点燃了。这些程序的第一代没有名字。在遍布世界的许多实验室里,通过改进和扩展这些早期在 Berkeley 开发的软件,工程师们扩展了新的用途,这些带来了对工程分析的巨大冲击和有限元软件的随之发展。在 Berkeley 开发的第二代线性程序称之为 SAP(structural analysis program)。由 Berkeley 的工作发展起来的第一个非线性程序是 NONSAP,它具有隐式积分进行平衡求解和瞬时问题求解的功能。

第一批非线性有限元方法文章的主要贡献者有 Argyris(1965),Marcal 和 King(1967)。不久,大批文章激增,而且软件随之诞生。当时在 Brown 大学任教的 Pedro Marcal,为了使第一个非线性商业有限元程序进入市场,于 1969 年建立了一个公司,程序命名为 MARC,目前它仍然是主要软件。大约在同期,John Swanson 为了核能应用在 Westinghouse 发展了一个非线性有限元程序。为了使 ANSYS 程序进入市场,他于 1969 年离开 Westinghouse。尽管 ANSYS 主要是关注非线性材料而非求解完全的非线性问题,但它多年来仍垄断了商业非线性有限元软件的舞台。

在早期的商用软件舞台上,另外两个主要人物是 David Hibbitt 和 Klaus- Jürgen Bathe。Hibbitt 与 Pedro Marcal 合作到了 1972 年,后来与其他人合作建立了 HKS 公司,使 ABAQUS 商用软件进入市场。因为该程序是能够引导研究人员增加用户单元和材料模型的早期有限元程序之一,所以它对软件行业带来了实质性的冲击。Jürgen Bathe 是在 Ed Wilson 的指导下在 Berkeley 获得博士学位的,不久之后开始在 MIT 任教,这期间他发布了他的程序。这是 NONSAP 软件的派生产品,称为 ADINA。

直到大约 1990 年,商用有限元程序集中在静态解答和隐式方法的动态解答。在 20 世纪 70 年代,这些方法取得了非常大的进步,主要贡献来自于 Berkeley 和起源于 Berkeley 的研究人员:Thomas J. R. Hughes,Robert Taylor,Juan Simo,Jürgen Bathe,Carlos Felippa,Pal Bergan,Kaspar Willam,Ekerhard Ramm 和 Michael Ortiz。他们是 Berkeley 的杰出研究者中的一部分。不容置疑,他们是早期有限元的主要孵化人员。

现代非线性软件的另一支血脉是显式有限元程序。DOE 实验室的工作强烈地影响了早期的显式有限元方法,特别是 Wilkins 在 1964 年编写的命名为 hydro-codes 的软件。

1964 年,Costantino 在芝加哥的 IIT 研究院发展了可能是第一个显式有限元程序(Costantino, 1967)。它局限于线性材料和小变形,由带状刚度矩阵乘以节点位移计算内部的节点力。它首先在一台 IBM7040 系列计算机上运行,花费了数百万美元,其速度远远低于一个 megaflop(每秒一百万次浮点运算)和 32000 字节 RAM。刚度矩阵存储在磁带上,通过观察磁带驱动能够监测计算的过程。当每一步骤完成时,磁带驱动将逆转以便允许阅读刚度矩阵。这些和以后的 Control Data 机器有类似的性能,如 CDC6400 和 6600,它们是 20 世纪 60 年代运行有限元程序的机器。一台 CDC6400 价值近 1000 万美元,有 32kB 内存

(存储全部的操作系统和编译器)和大约一个 megaflop 的真实速度。

1969 年,为了实现对空军销售的计划,高级研究人员开发了后来被称为单元乘单元的技术,节点力的计算不必应用刚度矩阵。因此,发展了名为 SAMSON 的二维有限元程序,它被美国的武器实验室应用了 10 年。1972 年,该程序的功能扩展至结构的完全非线性三维瞬态分析,称为 WRECKER。这一工作得到美国运输部有远见的计划经理 Lee Ovenshire 的基金资助,他在 20 世纪 70 年代初期就预言汽车的碰撞试验可能被仿真所代替。

然而,这个项目对它的时代有点超前,在当时进行一个 300 个单元模型的仿真,对于 2000 万次模拟需要大约 30 小时的计算机机时,花费大约 3 万美元,这相当于助理教授 3 年的工资。Lee Ovenshire 的计划资助了若干个开拓性的工作:Hughes 的接触-冲击工作,Ivor McIvor 的碰撞工作,以及由 Ted Shugar 和 Carly Ward 在 Port Hueneme 所从事的关于人头颅的模拟研究。但是,大约在 1975 年,运输部认为仿真太昂贵,决定所有的基金转向试验方面,使这些研究努力令人痛心地停止下来。在 Ford 公司,WRECKER 勉强生存了下一个 10 年。而在 Argonne,由 Belytschko 发展的显式程序被移植应用在核安全工业上,其程序命名为 SADCAT 和 WHAMS。

在 DOE 国家实验室,开始了平行的研究工作。1975 年,工作在 Sandia 的 Sam Key 完成了 HONDO,它也是具有从单元到单元功能的显式方法。程序可以处理材料非线性和几何非线性问题,并且有精心编辑的文件。然而,这个程序遭遇到 Sandia 限制传播的政策,基于保密的原因,不允许发布程序。得益于 Northwestern 大学的研究生 Dennis Flanagan 的工作,这些程序得到进一步的发展,他将程序命名为 PRONTO。

显式有限元程序发展的里程碑来自于 Lawrence Livermore 实验室的 John Hallquist 的工作。1975 年,John 开始他的工作。1976 年,他首先发布 DYNA 程序。他慧眼吸取了前面许多人的成果,并且与 Berkeley 的研究人员紧密交流合作,包括 Jerry Goudreau,Bob Taylor,Tom Hughes 和 Juan Simo。他之所以成功的部分关键因素是与 Dave Benson 合作发展了接触-冲击相互作用,和他的令人敬畏的编程效率,以及计算程序 DYNA-2D 和 DYNA-3D 的广泛传播。与 Sandia 相比,对于程序的传播,在 Livermore 几乎没有遇到任何障碍,因此,像 Wilson 的程序和 John 的程序,不久后在全世界的大学、政府和工业实验室里到处可见。他们不容易被修改,并且发展了许多新的以 DYNA 程序作为平台的算法。

Hallquist 关于有效接触-冲击算法的发展(与今天的有效算法相比,是原始的第一批算法,但是仍然常常采用它们),采用一点积分单元和高阶矢量使工程仿真得以有显著性突破的可能。矢量似乎已经与新一代计算机无关,但是,20 世纪 80 年代在以 Cray 机为主的计算机上运行大型问题,矢量是至关重要的。一点积分单元与沙漏控制的一致性,通过几乎是一阶量值的完全积分三维单元,可以提高三维分析的速度,这些将在第 8 章中讨论。

在 20 世纪 80 年代,DYNA 程序首先被法国 ESI 公司商品化,命名为 PAMCRASH,它也包含很多来自 WHAMS 的子程序。1989 年,John Hallquist 离开了 Livermore,开始经营他自己的公司,扩展 LSDYNA——商业版的 DYNA 程序。

在过去的 10 年,计算机成本的迅速下降和显式程序功能的逐渐强大带来了设计的革命。第一个主要的应用领域是有价值的汽车碰撞,然后,应用的领域迅速扩展。在越来越多的工业领域,非线性有限元仿真正在代替样品原型的试验。移动电话、手提电脑、洗衣机、链锯和许多其他产品的设计依赖于仿真的帮助,包括模拟正常工作、跌落试验和其他极端加载情况。制造过程也应用有限元进行仿真,例如锻压、薄金属板成型和挤压。对于某些仿真问题,隐式方法的功能也变得越来越强,很明显,两种方法的功能都是必要的。例如,显式方法可能最适合仿真薄金属板成型的加工过程,在回弹过程模拟中,隐式方法是更合适的。

今天,隐式方法比显式方法的功能增加得更加迅速,可能是因为它们都还有很大的发展空间。对于处理非线性约束,例如接触和摩擦,隐式方法已经有了明显的改进。稀疏迭代求解器也已经成为更加有效的工具。今天,强大的功能同时需要利用这两种方法。

1.3 标记方法

非线性有限元分析代表了三个领域的关联:(1)线性有限元方法,它是结构分析矩阵方法的扩展;(2)非线性连续介质力学;(3)数学,包括数值分析、线性代数和泛函(Hughes,1996)。在这些领域里,已经发展了标准的标记方式。遗憾的是它们相当不同,有时相互矛盾或者重叠。我们已经试图保持了尽可能小的标记变化,在书中尽量保持一致,以及与有关文献一致。为了帮助比较熟悉连续介质力学或者有限元文献的读者,许多方程用矩阵、张量和指标标记的形式给出。

在本书中应用了 3 种标记:指标标记、张量标记和矩阵标记。与连续介质力学相关的方程采用张量标记和指标标记,与有限元相关的方程采用指标标记或者矩阵标记。

1.3.1 指标标记 在指标标记中,张量或者矩阵的分量是明确指定的。这样,一个矢量(即一阶张量)用指标标记 x_i 表示,这里指标的范围指维数 n_{SD}。**在一项中指标重复两次为求和**,与 Einstein 标记规则相一致。例如,对于一个三维问题,如果 x_i 是数值为 r 的位置矢量,则

$$r^2 = x_i x_i = x_1 x_1 + x_2 x_2 + x_3 x_3 = x^2 + y^2 + z^2 \qquad (1.3.1)$$

在公式(1.3.1)中的第 2 个方程表示 $x_1 = x, x_2 = y, x_3 = z$;我们习惯于采用 x, y, z 坐标而不是采用下角标,以避免与节点值混淆。对于一个矢量,例如三维速度矢量 $v_i, v_1 = v_x$, $v_2 = v_y, v_3 = v_z$;为了避免与节点编号的分量混淆,在书写表达式时避免使用数字下标。**表示张量分量的指标总是使用小写标记。**

节点指标用大写拉丁字母表示,例如 v_{iI} 是在节点 I 处速度的 i 分量。**大写指标重复两次表示在相对应的前后范围内求和。**当涉及一个单元时,范围是指该单元的节点;而当涉及一个网格时,范围是指该网格的节点。

指标标记有时导致像空心面条似(spaghetti-like)的方程(译者注:搅得乱成一团,使人难以阅读),结果方程常常仅可以应用在 Cartesian 坐标系。对于那些不喜欢指标标记的人,必须指出在有限元方法的公式建立中,应用指标标记几乎是不可避免的。对于有限元方程的编程,必须指定指标。

1.3.2 张量标记 在张量标记中,指标不出现。而 Cartesian 指标方程仅仅应用在 Cartesian 坐标系,张量标记的表示是独立于坐标系统的,并且可应用于其他坐标系,例如柱坐标、曲线坐标等。此外,在张量标记中的方程非常容易记忆。大部分连续介质力学和有限元文献采用张量,因此,一名认真的学生必须熟悉张量。

在张量标记中,我们用黑体表示一阶或者高阶张量。小写黑体字母几乎总是用来表示一阶张量,而大写黑体字母用来表示高阶张量。例如,张量标记的速度矢量为 $\boldsymbol{v}$,而一个二阶张量,例如 $\boldsymbol{E}$,用大写表示。唯有 Cauchy 应力张量 $\boldsymbol{\sigma}$ 除外,用一个小写符号表示。若用张量标记重写公式(1.3.1),为 $r^2 = \boldsymbol{x} \cdot \boldsymbol{x}$,字母中间的点表示内部指标的缩并。在这一例中,

关于右侧的张量仅有一个指标，因此，缩并应用于这些指标。

张量明显区别于矩阵表示，在各项间应用点和逗号，如 $\boldsymbol{a}\cdot\boldsymbol{b}$ 和 $\boldsymbol{A}\cdot\boldsymbol{B}$。符号“：”表示一对同阶的重复指标的缩并，因此，$\boldsymbol{A}:\boldsymbol{B}\equiv A_{ij}B_{ij}$。作为另一个例子，线性本构方程用以下张量标记和指标标记的形式给出：

$$\sigma_{ij}=C_{ijkl}\varepsilon_{kl}, \quad \boldsymbol{\sigma}=\boldsymbol{C}:\boldsymbol{\varepsilon} \tag{1.3.2}$$

1.3.3 函数 取决于变量的泛函将被标明，无论它作为独立的变量第一次在哪里出现。例如，$\boldsymbol{v}(\boldsymbol{x},t)$ 表示速度 $\boldsymbol{v}$ 是空间坐标 $\boldsymbol{x}$ 和时间 t 的函数。在接下来出现的 $\boldsymbol{v}$ 中，这些独立的变量常常被省略。为了帮助那些仅关注本书中间部分的读者，对于一些符号，我们会附加说明短句。在求导计算中，我们不打算应用如此复杂的符号。

1.3.4 矩阵标记 在有限元方法中，我们经常使用矩阵标记。对于矩阵，我们将使用与张量相同的标记，但是不使用连接符号。因此，公式(1.3.1)用矩阵标记为 $r^2=\boldsymbol{x}^{\mathrm{T}}\boldsymbol{x}$。所有一阶矩阵用小写黑体字母表示，例如 $\boldsymbol{v}$，并被认为是列矩阵，列矩阵的例子有

$$\boldsymbol{x}=\begin{Bmatrix}x\\y\\z\end{Bmatrix}, \quad \boldsymbol{v}=\begin{Bmatrix}v_1\\v_2\\v_3\end{Bmatrix} \tag{1.3.3}$$

一般矩形矩阵用大写黑体字母表示，例如 $\boldsymbol{A}$。矩阵的转置用上标“T”表示。第一个附标记总是代表行的数目，第二个代表列的数目。例如，一个 2×2 的矩阵 $\boldsymbol{A}$ 和一个 2×3 的矩阵 $\boldsymbol{B}$ 写成下面的形式(矩阵的阶首先以行的数目给出)：

$$\boldsymbol{A}=\begin{bmatrix}A_{11} & A_{12}\\A_{21} & A_{22}\end{bmatrix}, \quad \boldsymbol{B}=\begin{bmatrix}B_{11} & B_{12} & B_{13}\\B_{21} & B_{22} & B_{23}\end{bmatrix} \tag{1.3.4}$$

为了表示各种标记，与 $\boldsymbol{A}$ 相关的二次项形式和用四个标记表示的应变能给出如下：

$$\underbrace{\boldsymbol{x}\cdot\boldsymbol{A}\cdot\boldsymbol{x}}_{\text{张量}}=\underbrace{\boldsymbol{x}^{\mathrm{T}}\boldsymbol{A}\boldsymbol{x}}_{\text{矩阵}}=\underbrace{x_iA_{ij}x_j}_{\text{指标}} \quad \frac{1}{2}\underbrace{\boldsymbol{\varepsilon}:\boldsymbol{C}:\boldsymbol{\varepsilon}}_{\text{张量}}=\frac{1}{2}\underbrace{\varepsilon_{ij}C_{ijkl}\varepsilon_{kl}}_{\text{指标}}=\frac{1}{2}\underbrace{\{\boldsymbol{\varepsilon}\}^{\mathrm{T}}[\boldsymbol{C}]\{\boldsymbol{\varepsilon}\}}_{\text{Voigt}} \tag{1.3.5}$$

注意：在转换一个标量与一个矢量(列矩阵)的乘积到矩阵标记时，如果该标量先乘这一矢量，列矩阵采用转置的形式。二阶张量常常被转换成用 Voigt **标记**表示的矩阵，见附录1的描述。

1.4 网格描述

本书的主题之一是关于方程推导的不同描述和它们的离散。我们将这些描述分成3个方面(Belytschko，1977)：

1. 网格描述。
2. 动力学描述，取决于应力张量的选择和动量方程的形式。
3. 运动学描述，取决于应变度量的选择。

在这一节里，我们介绍网格描述。为此，有必要先介绍某些在本书中应用的定义和概念。

空间坐标用 $\boldsymbol{x}$ 表示，也称为欧拉(Eulerian)坐标。空间坐标特指一点在空间的位置。材料坐标用 $\boldsymbol{X}$ 表示，也称为拉格朗日(Lagrangian)坐标。材料坐标标记一个材料点。每一个材料点有唯一的材料坐标，一般采用它在物体初始构形中的空间坐标，因此，当 $t=0$ 时，$\boldsymbol{X}=\boldsymbol{x}$。

物体的运动或变形用函数$\boldsymbol{\phi}(\boldsymbol{X},t)$表示，以材料坐标$\boldsymbol{X}$和时间$t$作为独立变量。这个函数给出了作为时间函数的材料点的空间位置，即

$$\boldsymbol{x}=\boldsymbol{\phi}(\boldsymbol{X},t) \tag{1.4.1}$$

这也称为它在初始构形和当前构形之间的变换。一个材料点的位移$\boldsymbol{u}$是指它的当前位置与原始位置之间的差：

$$\boldsymbol{u}(\boldsymbol{X},t)=\boldsymbol{\phi}(\boldsymbol{X},t)-\boldsymbol{X} \tag{1.4.2}$$

为了描述这些定义，考虑下面在一维中的运动：

$$x=\phi(X,t)=(1-X)t+\frac{1}{2}Xt^2+X \tag{1.4.3}$$

在上面的描述中，由于运动是一维的，材料和空间坐标已经变化成为标量。如图1.1所示的运动[区别于公式(1.4.3)的运动]，几个材料点以空间-时间展示它们的轨迹。材料点的速度是用材料固定坐标表示的运动对时间的导数，例如，速度为

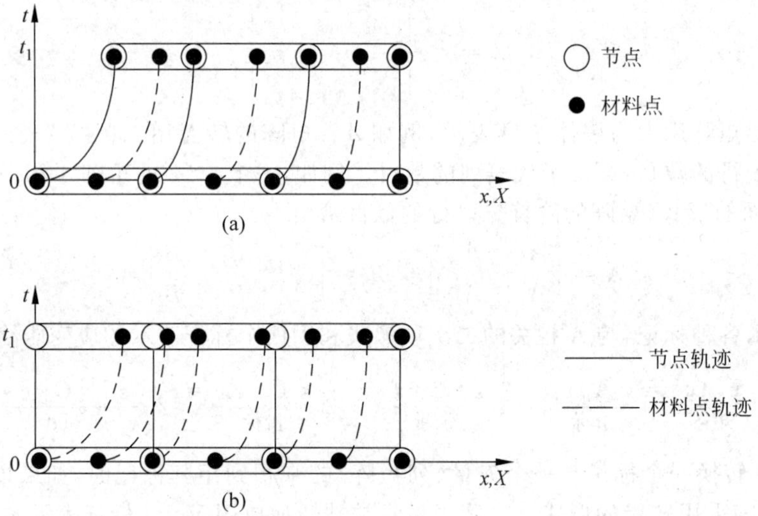

图1.1 一维 Lagrangian 和 Eulerian 单元的空间-时间描述

(a) Lagrangian 描述；(b) Eulerian 描述

$$v(X,t)=\frac{\partial\phi(X,t)}{\partial t}=1+X(t-1) \tag{1.4.4}$$

网格描述取决于独立变量的选择。为了说明这一点，让我们考虑速度场。我们可以将速度场描述为 Lagrangian(材料)坐标的函数，如公式(1.4.4)所示，或者我们将速度场描述为 Eulerian(空间)坐标的函数：

$$\bar{v}(x,t)=v(\phi^{-1}(x,t),t) \tag{1.4.5}$$

在上面的表达式中，我们在速度符号上面加了一杠，以表示用空间坐标x和时间坐标t描述的速度场将不是由公式(1.4.4)给出的同样函数。我们也采用逆变换用空间坐标描述材料坐标：

$$X=\phi^{-1}(x,t) \tag{1.4.6}$$

对于任意的运动，如此逆变换不能表示成封闭的形式，但是它们是一个重要的概念性工具。对于公式(1.4.3)给出的简单运动，逆变换表示为

$$X = \frac{x - t}{\frac{1}{2}t^2 - t + 1} \tag{1.4.7}$$

将公式(1.4.7)代入公式(1.4.4)，得到

$$\bar{v}(x,t) = 1 + \frac{(x-t)(t-1)}{\frac{1}{2}t^2 - t + 1} = \frac{1 - x + xt - \frac{1}{2}t^2}{\frac{1}{2}t^2 - t + 1} \tag{1.4.8}$$

公式(1.4.4)和式(1.4.8)给出了同样的物理速度场，但是采用不同的独立变量表示。公式(1.4.4)称为Lagrangian(材料)描述，因为它描述了以Lagrangian(材料)坐标表示的非独立变量。公式(1.4.8)称为Eulerian(空间)描述，因为它描述了以Eulerian (空间)坐标表示的非独立变量。速度的两种描述应用了数学方面的不同函数。此后在本书中，对于属于相同场的不同函数，我们将尽量使用相同的符号。但是必须注意，如果场变量应用不同的独立变量表示时，函数将不同。在本书中，非独立变量的符号与场相关，而不是与函数相关。

Lagrangian与Eulerian的网格区别非常清楚地表述在节点的行为上。如果网格是Eulerian，节点的Eulerian坐标是固定的，例如，节点与空间点重合；如果网格是Lagrangian，节点的Lagrangian(材料)坐标是时间不变量，例如，节点与材料点重合。这些描述见图1.1。在Eulerian网格中，节点的轨迹是竖线，材料点通过单元的接合面；在Lagrangian网格中，节点轨迹与材料点轨迹重合，并且在单元之间无材料通过。此外，在Lagrangian网格中，单元的积分点保持与材料点重合，而在Eulerian网格中，在给定积分点上的材料点随时间变化。我们在后面将会看到关于材料的这些复杂处理，因为应力是取决于时间历程的。

Eulerian和Lagrangian网格的各自优势，甚至可以从简单的一维例子看出。由于在Lagrangian网格中节点与材料点重合，在问题演变的过程中，边界节点始终保持在边界上。在Lagrangian网格中，这是简单的强迫性边界条件。另一方面，在Eulerian网格中，边界节点没有与边界保持重合，因此，边界条件必须强加在那些不是节点的点上，这样对于多维问题会引起明显的复杂性。类似地，如果一个节点放在两个材料之间的界面上，在Lagrangian网格中，它保持在界面上，但是在Eulerian网格中，它不会保持在界面上。

在Lagrangian网格中，由于材料点与网格点保持重合，单元随材料变形，因此，在Lagrangian网格中的单元可能会严重扭曲。对于一维问题，这一效果仅在单元长度上就会显而易见。在Eulerian网格中，单元的长度保持常数，而在Lagrangian网格中，单元的长度随时间变化。在多维问题中，这些效果更为严重，Lagrangian单元可能会严重扭曲。由于单元精度随着单元扭曲而下降，因此限制了应用Lagrangian网格模拟的变形幅值。另一方面，Eulerian单元不随材料的变形而改变，因此，不会由于材料的变形发生精度下降的问题。

为了描述Eulerian和Lagrangian网格表述之间的不同，考虑一个二维的例子。空间坐标由$\boldsymbol{x}=[x,y]^{\mathrm{T}}$表示，材料坐标由$\boldsymbol{X}=[X,Y]^{\mathrm{T}}$表示，运动给出为

$$\boldsymbol{x} = \boldsymbol{\phi}(\boldsymbol{X},t) \tag{1.4.9}$$

式中$\boldsymbol{\phi}(\boldsymbol{X},t)$是一个矢量函数。例如，对于每一对独立变量，它给出了矢量。将上面表达式写为

$$x = \phi_1(X,Y,t), \quad y = \phi_2(X,Y,t) \tag{1.4.10}$$

作为运动的一个例子，考虑一个纯剪

$$x = X + tY, \quad y = Y \tag{1.4.11}$$

在一个 Lagrangian 网格中,节点与材料(Lagrangian)点重合,因此

对于 Lagrangian 节点,　$\boldsymbol{X}_I$ = 常数

对于一个 Eulerian 网格,节点与空间(Eulerian)点重合,因此

对于 Eulerian 节点,　$\boldsymbol{x}_I$ = 常数

在单元边界上的点的行为类似于节点:在二维 Lagrangian 网格中,单元边界与材料边线保持重合,而在 Eulerian 网格中,单元边界在空间保持固定。

为了描述这些状况,公式(1.4.11)给出的剪切变形的 Lagrangian 和 Eulerian 网格如图 1.2 所示。可以看出,一个 Lagrangian 网格像在材料上的蚀刻:当材料变形时,蚀刻(和单元)随着变形;一个 Eulerian 网格像放在材料前面一薄片玻璃上的蚀刻:当材料变形时,蚀刻不变形,而材料横穿过网格。

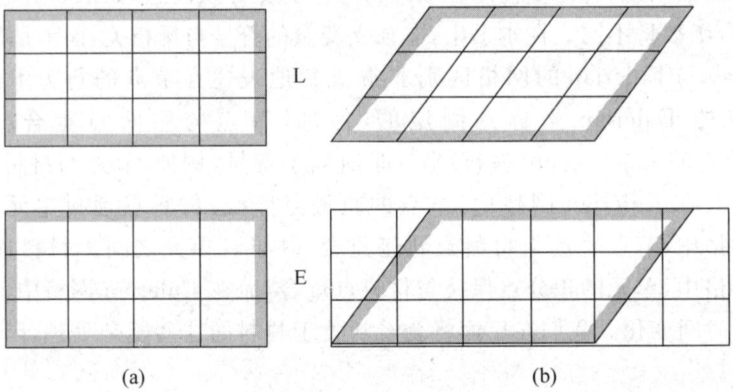

图 1.2　平面图形的二维剪切以演示 Lagrangian(L)和 Eulerian(E)单元

(a) 初始构形;(b) 变形构形

在多维问题中两种网格的优缺点与一维问题中相似。在 Lagrangian 网格中,单元边界(二维的线,三维的面)与边界和材料界面保持重合;在 Eulerian 网格中,单元边界不与边界或者材料界面保持重合。因此,追踪方法或者近似方法,例如计算流体的体积,不得不应用 Eulerian 网格按移动边界处理。而且,一个 Eulerian 网格必须大到足以包括材料的变形状态。另一方面,由于 Lagrangian 网格随材料变形,在仿真过程中随着材料严重变形单元发生扭曲。在 Eulerian 网格中,单元在空间中保持固定,因此,它们的形状不会改变。

第三种类型的网格是任意的 Lagrangian Eulerian 网格,在此网格中,节点有序运动,这样就可以利用 Lagrangian 和 Eulerian 网格的先进性。在这种网格中,节点能够有序地任意运动。一般地在边界上的节点保持在边界上运动,而内部的节点运动使网格扭曲最小化。这种网格将在第 7 章中描述。

1.5　偏微分方程的分类

为了理解各种有限元程序的适用性,重要的是了解各种类型偏微分方程(partial differential equations, PDEs)解答的属性。选择一种适当的方法取决于某些因素,如解答

的平滑性，信息如何传播，以及初始条件和边界条件的影响，后者常常共同称为问题的数据。由于不同类型 PDEs 的解答/属性有明显区别，通过了解所处理的偏微分方程的类型就可以考虑选择合适的方法。

偏微分方程(PDEs)划分为三种类型：

1. 双曲线型，典型问题是波的传播；

2. 抛物线型，典型问题是扩散方程，如热传导；

3. 椭圆型，例子有弹性方程和 Laplace 方程。

我们将很快看到为什么 PDEs 以这一方式进行分类。在此之前，我们简单总结一下这些不同类型的 PDEs 的主要特性。

双曲线型 PDEs 起源于波的传播现象。在双曲线型 PDEs 中，解答的平滑性取决于数据的平滑性。如果数据粗糙，解答将是粗糙的；不连续的初始条件和边界条件会通过域内扩展。因而，在非线性双曲线型 PDEs 中，即便是平滑的数据，不连续也能够在求解过程中发展，例子有不可压缩流动的震荡问题。在一个双曲线型模型中，信息以有限的速度传播，称为波速。一个力(源)在 $t=0$ 时刻施加在棒的左端，如图 1.3 所示，在一点 x 的观察者直到波传播到该点时才有感觉。在图 1.3 中，波前由斜率为 c^{-1} 的直线表示；c 为波速。

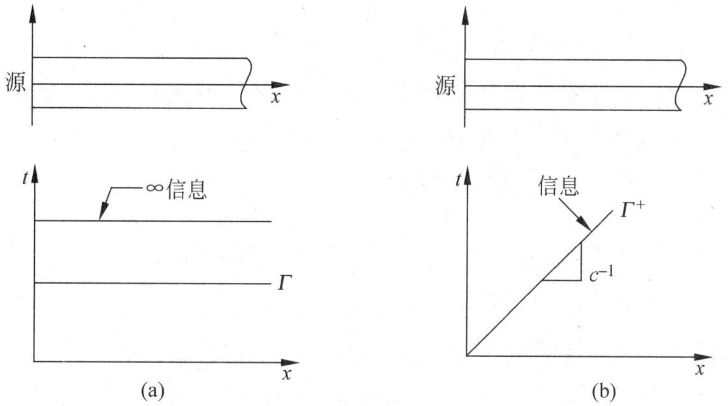

图 1.3 在 PDEs 的抛物线型和双曲线型系统中信息的流动

(a) 热传导(抛物型)；(b) 波方程(双曲型)

椭圆型 PDEs 在某种意义上是与双曲线型 PDEs 相对立的，椭圆型 PDEs 的例子有 Laplace 方程和弹性方程。在椭圆型 PDEs 中，解答是非常平滑的，即使是粗糙的数据也可以解析。因而，在任何点的边界数据趋向于影响全部的解答，也就是说数据的影响域是全部区域。然而，在边界的数据中小量不规则的影响仅限制在边界处，这是著名的 St. Venant's (圣维南)原理。求解椭圆型 PDEs 的主要困难在于边界处尖角所导致的解答奇异性。例如，在一个可进入的角点处，如裂纹，在二维弹性解答中应变(位移的导数)呈 $r^{-\frac{1}{2}}$ 变化，r 为至裂纹尖端的距离。在断裂力学中，这就是著名的裂纹尖端奇异性问题。

抛物线型 PDEs 在空间是平滑的且与 PDEs 的解答时间相关，但是在角点处可能具有奇异性。它们的属性是中性的，介于椭圆型和双曲线型方程之间。抛物线型方程的一个例子是热传导方程。在抛物线型系统中，信息以无限的速度传播。例如，图 1.3 演示施加在杆上的热源，根据热传导方程，沿着整个杆件温度瞬间升高。远离热源处，温度可能增加得非常少。而在双曲线型系统中，该处在波到达前没有反应。

PDEs 的分类依据线段或者表面是否存在交叉，如果存在交叉，求导数是不连续的。这等价于检验是否线段存在使 PDEs 可以简化为普通的差分方程。

PDEs 的分类一般发展为一阶系统（任何二阶系统可以表示为两个一阶系统）。考虑含有两个未知量的一个准线性系统：

$$A_1 u_{,x} + B_1 u_{,y} + C_1 v_{,x} + D_1 v_{,y} = E_1 \tag{1.5.1}$$

$$A_2 u_{,x} + B_2 u_{,y} + C_2 v_{,x} + D_2 v_{,y} = E_2 \tag{1.5.2}$$

上面公式中的 A_i, B_i, C_i, D_i 是独立变量 x 和 y，以及两个非独立变量 $u(x,y)$ 和 $v(x,y)$ 的函数。因为在求导时它是线性的，因此该系统称为准线性系统。

现在，让我们检验 u 和 v 在 $x-y$ 平面内是否可能有不连续的导数。考虑参数为 s 的一条曲线 Γ，沿着 Γ 导数是连续的，但是穿过 Γ 导数可能是不连续的。由连锁法则，非独立变量的导数可以写成

$$u_{,s} = u_{,x}x_{,s} + u_{,y}y_{,s}, \quad v_{,s} = v_{,x}x_{,s} + v_{,y}y_{,s} \tag{1.5.3}$$

将公式(1.5.1)～(1.5.3)写成一个矩阵方程，得到

$$\mathbf{Az} = \begin{bmatrix} A_1 & B_1 & C_1 & D_1 \\ A_2 & B_2 & C_2 & D_2 \\ x_{,s} & y_{,s} & 0 & 0 \\ 0 & 0 & x_{,s} & y_{,s} \end{bmatrix} \begin{Bmatrix} u_{,x} \\ u_{,y} \\ v_{,x} \\ v_{,y} \end{Bmatrix} = \begin{Bmatrix} E_1 \\ E_2 \\ u_{,s} \\ v_{,s} \end{Bmatrix} \tag{1.5.4}$$

如果导数是不连续的，上面系统线性代数方程的解答是非确定的，也就是说没有唯一解答，它暗示 $\det(\mathbf{A})=0$。强加一个条件服从（在某些运算后）

$$ay_{,s}^2 + 2bx_{,s}y_{,s} + cx_{,s}^2 = 0 \tag{1.5.5}$$

式中

$$a = A_2C_1 - A_1C_2, \quad c = B_2D_1 - B_1D_2$$

$$b = B_1C_2 - B_2C_1 + A_1D_2 - A_2D_1 \tag{1.5.6}$$

将式(1.5.5)除以 $x_{,s}^2$，并且注意到 $y_{,s}/x_{,s} = \mathrm{d}y/\mathrm{d}x \equiv y_{,x}$，我们得到

$$ay_{,x}^2 + 2by_{,x} + c = 0 \tag{1.5.7}$$

公式(1.5.7)的解答为二次方程的根

$$y_{,x} = \frac{-b \pm \sqrt{b^2 - ac}}{a} \tag{1.5.8}$$

上式的解答给出一族曲线 Γ，沿着曲线解答可能有不连续的导数。如果 $b^2 - ac < 0$，则 $y_{,x}$ 是虚数，这样的曲线不存在；如果 $b^2 - ac > 0$，这些线是实线，因此可能存在不连续。这种 PDEs 称为双曲线型。

由于公式(1.5.8)的 $y_{,x}$ 取决于二次方程的根，这里有两个根，因此给出两族曲线 Γ^+ 和 Γ^-，如图 1.4 所示。这些线称为特征函数。表 1.1 总结了 PDEs 的分类。对于时间相关问题，特征函数是 $x-t$ 平面上信息传播的线，这些线的斜率是瞬时波速 c。

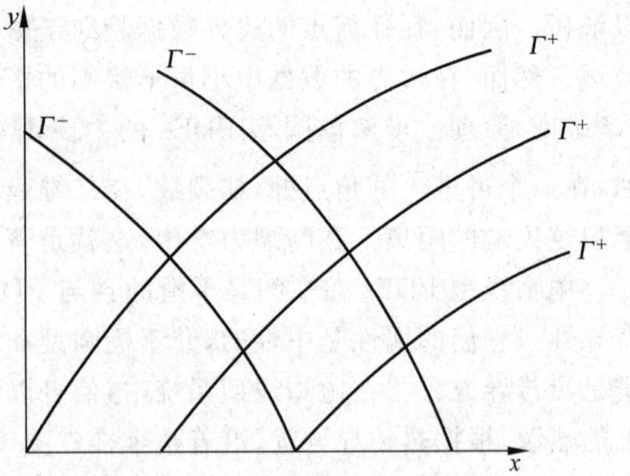

图 1.4　双曲线型系统的特征

表 1.1　PDEs 的分类

b^2-ac	PDE	分类	求解平滑性
>0	有两族特征函数	双曲线	导数不连续
$=0$	有一族特征函数	抛物线	平滑
<0	无实特征函数	椭圆	平滑

作为一个例子,我们考虑一维的波动方程:

$$u_{,tt}=c^2u_{,xx} \tag{1.5.9}$$

为了将此方程降为一阶形式(1.5.1)～(1.5.2),我们设 $f=u_{,x}$, $g=u_{,t}$,则波动方程成为一组两个一阶方程:

$$g_{,t}=c^2f_{,x} \qquad f_{,t}=g_{,x} \tag{1.5.10}$$

这里第二个方程仅是证明 $u_{,xy}=u_{,yx}$。将上述系统写成(1.5.4)的矩阵形式,有

$$\boldsymbol{A}=\begin{bmatrix}0 & 1 & -1 & 0\\ c^2 & 0 & 0 & -1\\ x_{,s} & t_{,s} & 0 & 0\\ 0 & 0 & x_{,s} & t_{,s}\end{bmatrix}, \qquad \boldsymbol{z}^{\mathrm{T}}=[f_{,x} \quad f_{,t} \quad g_{,x} \quad g_{,t}] \tag{1.5.11}$$

通过求解 $\det(\boldsymbol{A})=0$ 得到特征函数为

$$x_{,s}^2-c^2t_{,s}^2=0 \qquad \text{或者} \qquad x_{,t}^2=c^2 \tag{1.5.12}$$

从以上解答可以看出 PDE 是双曲线型。两族特征函数线为

$$x_{,t}=\pm c \tag{1.5.13}$$

特征函数是在 $x-t$ 平面上斜率为 $\pm c^{-1}$ 的线。换句话说,在波动方程中信息以波速向左或向右传播。穿过特征函数线,$f=u_{,x}=\varepsilon_x$(ε_x 是线性应变)和 $g=u_{,t}$(速度)的导数可能不连续。

考虑接下来的 Laplace 方程 $G_1u_{,xx}+G_2u_{,yy}=0$。这是对于平面弹性问题的求解方程,$u(x,y)$是沿 z 方向的位移,G_α 是剪切模量。检验该方程特征的程序与前面给出的一致,其步骤概略如下:

$$f=u_{,x}, \qquad g=u_{,y},$$

$$\boldsymbol{A}=\begin{bmatrix}0 & 1 & -1 & 0\\ G_1 & 0 & 0 & G_2\\ x_{,s} & y_{,s} & 0 & 0\\ 0 & 0 & x_{,s} & y_{,s}\end{bmatrix}, \qquad \boldsymbol{z}^{\mathrm{T}}=[f_{,x} \quad f_{,y} \quad g_{,x} \quad g_{,y}] \tag{1.5.14}$$

由 $\det(\boldsymbol{A})=0$,求得 $G_1x_{,s}^2+G_2y_{,s}^2=0$　或者　$y_{,x}^2=-\dfrac{G_1}{G_2}$　(1.5.15)

如果 $G_1>0$ 和 $G_2>0$(这是稳定弹性材料的情况),特征函数线是虚数,则系统是椭圆型,求导数 $f\equiv u_{,x}$ 或者 $g\equiv u_{,y}$ 可能是连续的。当材料常数 G_α 不是均匀的,即当 PDE 的系数 G_α 是不连续的,可能发生求导不连续。但是 u 的导数不连续与 G_α 的不连续同时发生。这一方程区别于波动方程,因其两个独立变量是空间坐标。在空间-时间域,对于椭圆型很难提供一个简单的 PDEs。

我们留下一个练习以演示方程 $u_{,t}=\alpha u_{,xx}$ 是抛物线型。在一个抛物线型系统中,仅存在

一组特征函数，它们平行于时间轴，因此信息以无限速度传播。在抛物线型系统中，仅当数据出现不连续时，才在空间发生不连续。

在一个双曲线型系统中，沿着特征函数，求解方程成为常微分方程（ordinary differential equations，ODEs）。通过沿着特征函数积分这些 ODEs，对于双曲线型 PDEs 可能获得非常精确的解答。这种方法称为特征函数法。这些方法的诱人之处是因为它们的精度高。但是，对于多于一维的空间和任意本构的材料，它们非常难以编程，因此，特征函数的方法仅应用于特殊目的的软件。

1.6 练习

1. 演示扩散方程（热传导是一个例子）$u_{,xx}=\alpha u_{,t}$ 是抛物线型，α 是一个正常数。
2. 对于梁的动力方程 $u_{,xxxx}=\alpha u_{,tt}$，确定方程的类型。

2

一维 Lagrangian 和 Eulerian 有限元

2.1 引言

本章将描述非线性连续体的一维模型，并建立相应的有限元方程。将模型限制于一维，可以比较容易地演示 Lagrangian 和 Eulerian 格式的特征。这些模型适用于连续体非线性杆和一维问题，包括流体的流动，考虑到 Lagrangian 和 Eulerian 两种网格。

本章也回顾了有限元离散和编程的一些概念，包括弱形式和强形式的概念，组合、集合和离散的运算，以及限制基本边界条件和初始条件的概念。展示了对结果的连续性要求和有限单元的近似计算。对于已经学过线性有限元的读者，可能很熟悉这部分内容，为了加深你的理解和学习标记，浏览本章内容是值得的。

在固体力学中，Lagrangian 网格是应用最普遍的，其吸引力在于它们能够很容易地处理复杂的边界条件，并且能够跟踪材料点，因此能够精确地描述依赖于历史的材料。在 Lagrangian 有限元的发展中，一般采用两种方法：

1. 以 Lagrangian 度量的形式表述应力和应变的公式，导数和积分运算采用相应的 Lagrangian（材料）坐标 X，称为**完全的 Lagrangian 格式**。
2. 以 Eulerian 度量的形式表述应力和应变的公式，导数和积分运算采用相应的 Eulerian（空间）坐标 x，称为**更新的 Lagrangian 格式**。

尽管完全的和更新的 Lagrangian 格式表面看来有很大区别，但这两种格式的力学本质是相同的。因此，完全的 Lagrangian 格式可以转换为更新的 Lagrangian 格式，反之亦然。两种格式的主要区别在于：在完全的 Lagrangian 格式中，在初始构形上描述变量；而在更新的 Lagrangian 格式中，在当前构形上描述变量。不同的应力和变形度量分别应用在这两种格式中。例如，在完全的 Lagrangian 格式中习惯于采用一个应变的完全度量，而在更新的 Lagrangian 格式中常常采用应变的率度量。但是，这些并不是格式的固有特点，因为，在更新的 Lagrangian 格式中采用应变的完全度量是可能的，并且在完全的 Lagrangian 格式中可以采用应变的率度量。我们将在第 4 章进一步讨论这两种 Lagrangian 格式的特性。

到目前为止，在固体力学中，Eulerian 网格还没有许多应用。在非常大的变形问题中，

Eulerian 网格是最具有吸引力的，对于这些问题它们事实上的优势在于 Eulerian 单元不随着材料的变形而变形。所以，在过程中不考虑变形的量级，Eulerian 单元保持其初始形状。在模拟许多加工过程时，经常会发生非常大的变形，Eulerian 单元是特别有用的。

对于每一种格式，将建立动量方程的弱形式，即所谓虚功原理（或虚功率）。这种弱形式是通过对变分项与动量方程的乘积进行积分来建立的。在完全的 Lagrangian 格式中，积分在所有材料坐标上进行；在 Eulerian 和更新的 Lagrangian 格式中，积分在空间坐标上进行。并将说明如何处理力边界条件，以使近似（试）解不需要满足力边界条件。这个过程与在线性有限元分析中的过程是一致的，在非线性公式中其主要区别是需要定义积分赋值的坐标系和确定选择应力和应变的度量。

我们将推导有限元近似计算的离散方程。对于不得不考虑加速度（通常称为动力学问题）或者那些包含率相关材料的问题，推导离散有限元方程为常微分方程（ODEs）。这个空间的离散过程称为半离散化，因为有限元过程仅将空间微分运算转化为离散形式；而没有对时间的导数进行离散。对于静力学问题与率无关材料，离散方程是独立于时间的，有限元的离散将导致一组非线性代数方程。

对于 2 节点线性位移和 3 节点二次位移的单元，给出了完全和更新的 Lagrangian 格式的算例。最后，为了使学生能处理一些非线性问题，描述了一个中心差分的显式时间积分算法。

2.2　完全的 Lagrangian 格式的控制方程

2.2.1　术语　考虑图 2.1 所示的杆，**初始构形**展示在图的下面部分，也称为**变形前构形**，该构形在固体的大变形分析中发挥了重要的作用。因为在完全的 Lagrangian 格式中所有的方程都参考这个构形，也称它为**参考构形**。**当前构形**或者**变形后构形**展示在图的上面部分。空间（Eulerian）坐标用 x 表示，材料（Lagrangian）坐标用 X 表示。当前横截面积用 $A(X,t)$表示，当前密度用 $\rho(X,t)$ 表示，$A_0(X)$表示杆的初始横截面积，$\rho_0(X)$表示初始密度。附属于参考（初始，变形前）构形的变量总是由上标或下标为零识别。按照这个约定，我们应该用 $t=x_2-x_1$ 表示材料坐标，因为它们对应于初始坐标，但是这与大多数连续介质力学文献的表示方式相悖，所以总是采用 X 表示材料坐标。

在变形状态下的横截面面积用 $A(X,t)$ 表示，显然，它是空间和时间的函数。该变量和所有其他变量的空间关系通过材料坐标表示，密度用 $\rho(X,t)$ 表示，位移用 $u(X,t)$ 表示。在参考构形中的边界点用 X_a 和 X_b 表示。

2.2.2　运动和应变度量　物体的运动由 Lagrangian 坐标和时间的函数描述：

$$x = \phi(X,t),\quad X \in [X_a, X_b] \tag{2.2.1}$$

式中 $\phi(X,t)$ 称为在初始域和当前域之间的映射。材料坐标位于初始位置，所以

$$X = \phi(X,0) \tag{2.2.2}$$

由材料点的当前位置和初始位置之差给出位移 $u(X,t)$：

$$u(X,t) = \phi(X,t) - X \quad 或 \quad u = x - X \tag{2.2.3}$$

变形梯度定义为

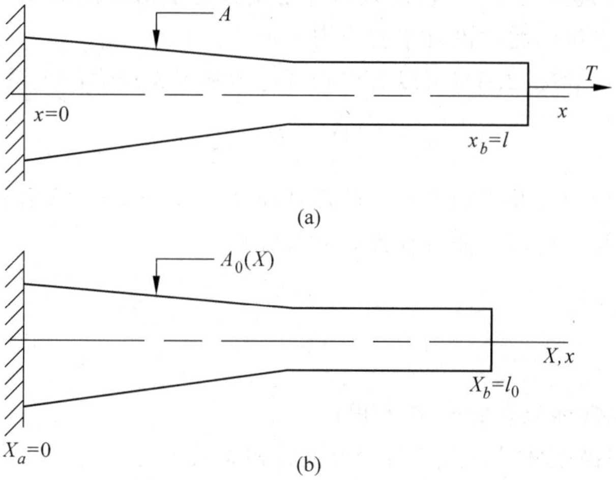

图 2.1 右端加载的一维杆的变形前初始构形和变形后(当前)构形；这个模型问题应用于第 2.2 节至 2.8 节

(a) 当前构形；(b) 初始构形

$$F=\frac{\partial\phi}{\partial X}=\frac{\partial x}{\partial X} \tag{2.2.4}$$

公式(2.2.4)中的第二个定义有时不明确，因为它出现了涉及一个独立变量 x 对于另一个独立变量 X 的偏微分，这是没有意义的。因此，务必理解为无论何时 x 在文中出现，它意味着是一个函数，我们参考为 $x=\phi(X,t)$。

设 J 为当前构形和参考构形之间的 Jacobian(雅可比)，对于一维映射 Jacobian 通常被定义为 $J(x(X))=\partial x/\partial X$。然而，为了与多维公式保持一致，我们定义 Jacobian 为变形物体的无限小体积 $A\Delta x$ 相对于变形前物体微段体积 $A_0\Delta x$ 的比值：

$$J=\frac{\partial x}{\partial X}\frac{A}{A_0}=\frac{FA}{A_0} \tag{2.2.5}$$

变形梯度 F 是应变的一个特殊度量，因为当物体不变形时它是一个单位值。因此，我们将定义应变的度量为

$$\varepsilon(X,t)=F(X,t)-1\equiv\frac{\partial x}{\partial X}-1=\frac{\partial u}{\partial X} \tag{2.2.6}$$

在变形前构形中上式为零，它等效于工程应变。应变有很多种度量形式，这里展示的是最方便的形式。

2.2.3 应力度量 在完全的 Lagrangian 格式中使用的应力度量与已知物理学中的应力是不一致的。我们首先定义物理应力，已知也是 Cauchy 应力，令 T 表示给定截面上的总受力，并假设应力在横截面上为常数，则 Cauchy 应力为

$$\sigma=\frac{T}{A} \tag{2.2.7}$$

这个应力度量对应于**当前面积** A。在完全的 Lagrangian 格式中，将采用名义应力。名义应力用 P 表示：

$$P=\frac{T}{A_0} \tag{2.2.8}$$

可以看出它与物理应力不同，它是力除以**初始**或者**变形前的面积 A_0**，这等价于工程应力的定义。然而，在多维问题中没有工程应力的定义。

比较公式(2.2.7)和(2.2.8)，可以看出物理应力和名义应力的关系为

$$\sigma = \frac{A_0}{A}P,\quad P = \frac{A}{A_0}\sigma \tag{2.2.9}$$

因此，如果已知一种应力以及当前和初始的横截面面积，总可以计算出另一种应力。

2.2.4　推导方程　应用下面方程推导非线性杆：

1. 质量守恒；
2. 动量守恒；
3. 能量守恒；
4. 变形度量，也常称为应变-位移方程；
5. 本构方程，即描述材料行为和与变形度量相关的应力。

另外，我们要求变形保持连续性，即经常称为协调性的要求。

下面简单地列出这些方程。将在第 3 章中推导关于多维问题的方程。在没有热或者能量转换的过程中，不需要考虑能量方程。

质量守恒　对于 Lagrangian 格式，质量守恒的方程可以写成

$$\rho J = \rho_0 J_0 \quad 或 \quad \rho(X,t)J(X,t) = \rho_0(X)J_0(X) \tag{2.2.10}$$

式中 J_0 为初始 Jacobian，取单位值。值得强调的是其变量为 Lagrangian 坐标的函数。只有通过材料坐标表示时才能用代数方程表示物质守恒，否则，它是一个偏微分方程。对于杆，我们可以应用公式(2.2.5)将式(2.2.10)写为

$$\rho FA = \rho_0 A_0 \tag{2.2.11}$$

式中我们应用了 $J_0 = 1$。

动量守恒　动量守恒由名义应力和 Lagrangian 坐标给出：

$$(A_0 P)_{,X} + \rho_0 A_0 b = \rho_0 A_0 \ddot{u} \tag{2.2.12}$$

式中上点表示材料时间导数，$\partial^2 u(X,t)/\partial t^2$，$b$ 是体力，在逗号后面的下标表示对相应变量的偏微分，即

$$P(X,t)_{,X} \equiv \frac{\partial P(X,t)}{\partial X} \tag{2.2.13}$$

方程(2.2.12)称为**动量方程**。如果初始横截面面积在空间保持常数，则动量方程成为

$$P_{,X} + \rho_0 b = \rho_0 \ddot{u} \tag{2.2.14}$$

平衡方程　当惯性项 $\rho_0 \ddot{u}$ 为零或者可以忽略不计时，比如静态问题，动量方程成为**平衡方程**：

$$(A_0 P)_{,X} + \rho_0 A_0 b = 0 \tag{2.2.15}$$

平衡方程的解答称为平衡解。某些作者不考虑是否忽略了惯性项，称动量方程为平衡方程。由于平衡通常意味着物体处于静止或者以匀速运动，这里回避了这种约定。

能量守恒　在没有热传导或热源时，对于截面恒定的杆，其能量守恒方程为

$$\rho_0 \dot{w}^{\text{int}} = \dot{F} P \tag{2.2.16}$$

这表明，内部功率由变形率的梯度 $\dot{F}$ 和名义应力 P 的乘积给出。能量守恒方程不需要处理等温、绝热过程，对于这类问题它的唯一目的是由公式(2.2.16) 定义内部功。

本构方程 本构方程给出由变形引起的应力。它给出了在材料点上应力或应力率与应变和/或应变率的度量的关系。本构方程可以写成绝对形式，即当前应力与当前变形的关系：

$$P(X,t) = S^{PF}(F(X,\bar{t}),\dot{F}(X,\bar{t}),\text{etc.},\bar{t} \leqslant t) \tag{2.2.17}$$

或者写成率形式：

$$\dot{P}(X,t) = S_t^{PF}(\dot{F}(X,\bar{t}),F(X,\bar{t}),P(X,\bar{t}),\text{etc.},\bar{t} \leqslant t) \tag{2.2.18}$$

这里 S^{PF} 和 S_t^{PF} 是变形历史的函数。本构函数的上标代表与它们相关的应力和应变的度量。应力假设为应变的连续函数。

如在公式(2.2.17)中所示，应力可以同时依赖于 F 和 $\dot{F}$ 以及其他一些状态变量，比如温度、空穴分数；“etc.”表示影响应力的其他变量。应力也可取决于变形历史，如在弹-塑性材料中，这可以通过在公式(2.2.17)和(2.2.18)中令本构函数取决于所有时间直到 t 时刻的变形表示出来。由于它取决于材料点处的变形历史，因此固体的本构方程通常以材料坐标表示。当依赖于历史的材料本构方程写成 Eulerian 坐标的函数时，应力率中一定包含有转换项，如第 7 章所述。

本构方程的例子有：

1. 线弹性材料

$$\text{完全形式：} P(X,t) = E^{PF}\varepsilon(X,t) = E^{PF}(F(X,t)-1) \tag{2.2.19}$$

$$\text{率形式：} \dot{P}(X,t) = E^{PF}\dot{\varepsilon}(X,t) = E^{PF}\dot{F}(X,t) \tag{2.2.20}$$

2. 线性粘弹性(还有其他形式的粘弹性)

$$P(X,t) = E^{PF}[(F(X,t)-1)+\alpha\dot{F}(X,t)] \quad \text{或} \quad P = E^{PF}(\varepsilon+\alpha\dot{\varepsilon}) \tag{2.2.21}$$

对于小变形，材料参数 E^{PF} 对应于杨氏模量；常数 α 决定阻尼的大小。

2.2.5 位移表示的动量方程 通过将相关的本构方程(2.2.17)或(2.2.18)代入动量方程(2.2.12)，并由公式(2.2.6)用位移表示应变度量，可以获得单一的控制方程。对于完全形式的本构方程(2.2.17)，得到公式为

$$(A_0 P(u_{,X},\dot{u}_{,X},\cdots))_{,X} + \rho_0 A_0 b = \rho_0 A_0 \ddot{u} \tag{2.2.22}$$

这是一个用位移 $u(X,t)$ 表示的非线性偏微分方程(PDE)。上式不易显示这个偏微分方程的性质依赖于本构方程。对于公式(2.2.19) 的线弹性材料，公式 (2.2.22)成为

$$(A_0 E^{PF} u_{,X})_{,X} + \rho_0 A_0 b = \rho_0 A_0 \ddot{u} \tag{2.2.23}$$

对于横截面面积和模量为常数、体积力为零的杆，上式即为著名的线性波动方程：

$$u_{,XX} = \frac{1}{c_0^2}\ddot{u} \quad \text{其中} \quad c_0^2 = \frac{E^{PF}}{\rho_0} \tag{2.2.24}$$

式中波速 c_0 相应于变形前构形。当 $E^{PF}>0$ 时，这个方程是双曲线型的(见第 1.5 节)。如果另外忽略惯性力，控制方程成为平衡方程 $E^{PF}u_{,XX}=0$，这个方程是椭圆型的。因此如果不计时间相关性，固体力学的方程就从双曲线型变化为椭圆型。

边界条件 问题的完整描述还必须包括边界条件和初始条件。在一维问题中，边界包括区域端部的两个点，即模拟问题中的 X_a 和 X_b 点。我们用 Γ 表示边界(点)。

如果描述位移，称为位移边界，用 Γ_u 表示；如果描述力，称为力边界，用 Γ_t 表示，在上面加横线表示所描述的值。边界条件为

$$u = \bar{u} \quad \text{在 } \Gamma_u \text{ 上} \tag{2.2.25}$$

$$n^0 P = \bar{t}_x^0 \quad \text{在 } \Gamma_t \text{ 上} \tag{2.2.26}$$

式中 n^0 是物体的单位法线，所以 $n^0=1$ 在 X_b，$n^0=-1$ 在 X_a。上标 0 在 t_x^0 中表示力定义在变形前的区域上；下标总是明显地包含在 t_x^0 中以便与时间 t 相区别。

从动量方程(2.2.23)的线性形式可以看出，它是关于 X 二阶的。因此在每一端，必须描述 u 或者 $u_{,X}$ 作为边界条件。在力学中，描述力用 $t_x^0=n^0P$ 以代替 $u_{,X}$。因为应力是应变度量的函数，由公式(2.2.26)应变又取决于位移的导数，所以描述 t_x^0 等价于描述 $u_{,X}$。

对于图 2.1 所示的杆，其边界条件为

$$u(X_a,t)=0 \quad \text{和} \quad n^0(X_b)P(X_b,t)=P(X_b,t)=\frac{T(t)}{A_0(X_b)} \tag{2.2.27}$$

在同一点处不能同时给出力和位移，但是在每一个边界点，必须给出它们其中之一。这表示为

$$\Gamma_u \cap \Gamma_t = 0, \quad \Gamma_u \cup \Gamma_t = \Gamma \tag{2.2.28}$$

所以在一维力学问题中，任何边界或者是力边界或者是位移边界，但是不可能有同时既描述力又描述位移的边界。

初始条件　因为杆的控制方程是时间二次的，所以需要给出两组初始条件。我们用位移和速度表示初始条件：

$$u(X,0)=u_0(X), \quad \text{当 } X\in[X_a,X_b] \tag{2.2.29a}$$

$$\dot{u}(X,0)=v_0(X), \quad \text{当 } X\in[X_a,X_b] \tag{2.2.29b}$$

如果物体没有初始变形且为静止，则初始条件可以写为

$$u(X,0)=0, \quad \dot{u}(X,0)=0 \tag{2.2.30}$$

内部连续条件　动量平衡要求：

$$[\![A_0 P]\!] = 0 \tag{2.2.31}$$

式中 $[\![f]\!]$ 表示在 $f(X)$ 中的跳跃，即

$$[\![f(X)]\!] = f(X+\varepsilon) - f(X-\varepsilon), \quad \varepsilon \to 0 \tag{2.2.32}$$

上式也称为跳跃条件。

2.2.6　函数的连续性　在以上方程离散时，必须考虑相关变量的连续性。函数的连续性可描述如下：如果一个函数的第 n 阶导数是连续函数，则这个函数为 C^n 连续。所以一个 C^1 函数是连续可导的(它的一阶导数存在并且它处处连续)。而一个 C^0 函数的导数只是分段可导，对于一维函数不连续发生在某些点上。对于二维 C^0 函数，不连续发生在线段上；对于三维 C^0 函数，不连续出现在表面上。一个 C^{-1} 函数其本身不连续，但是我们假设在其不连续点之间，根据我们的需要函数是任意阶可微的。一个 C^n 函数的导数是 C^{n-1}，一个 C^n 函数的积分是 C^{n+1}。

2.2.7　微积分基本原理　微积分基本原理表明，对于任意一个 C^0 函数 $f(x)$，其导数的积分给出这个函数，因此对于一个定义积分

$$\int_a^b f_{,x}(x)\mathrm{d}x = f(b) - f(a) \tag{2.2.33}$$

如果函数是 C^{-1} 函数，则

$$\int_a^b f_{,x}(x)\mathrm{d}x = f(b) - f(a) + \sum_i [\![f(x_i)]\!] \tag{2.2.34}$$

式中 x_i 是不连续点。

2.3 完全的 Lagrangian 格式的弱形式

有限元方法不能直接离散动量方程。为了离散动量方程，需要一种弱形式，也称为变分形式。下面将要建立的虚功原理或者弱形式是等价于动量方程和力边界条件的。总之，后者也称为经典**强形式**。

2.3.1 强形式到弱形式 根据动量方程(2.2.22)和力边界条件，可建立弱形式。为了达到这个目的，我们要求试函数 $u(X,t)$ 满足所有位移边界条件并足够平滑，从而确切定义了动量方程中的所有导数。变分项 $\delta u(X)$ 也假设足够光滑，从而确切定义了所有的后续步骤，并在指定的位移边界条件上为零。这是标准的和经典的建立弱形式的方法。尽管它所导致的连续性要求比在有限元近似中遇到的更加严格，在我们看到以较少的强制连续性要求所得到的结论之前，我们仍继续采用这种方法。

取动量方程与变分项的乘积并在全域内积分得到弱形式，给出

$$\int_{X_a}^{X_b} \delta u[(A_0 P)_{,X} + \rho_0 A_0 b - \rho_0 A_0 \ddot{u}]\mathrm{d}X = 0 \tag{2.3.1}$$

上式中名义应力 P 是一个试位移函数。展开公式(2.3.1)中第一项乘积的导数，整理得到

$$\int_{X_a}^{X_b} \delta u(A_0 P)_{,X}\mathrm{d}X = \int_{X_a}^{X_b} [(\delta u A_0 P)_{,X} - \delta u_{,X} A_0 P]\mathrm{d}X \tag{2.3.2}$$

对于上式应用微积分的基本原理给出

$$\begin{aligned}\int_{X_a}^{X_b} \delta u(A_0 P)_{,X}\mathrm{d}X &= (\delta u A_0 n^0 P)\mid_{\Gamma} - \int_{X_a}^{X_b} \delta u_{,X}(A_0 P)\mathrm{d}X \\ &= (\delta u A_0 \bar{t}_x^0)\mid_{\Gamma_t} - \int_{X_a}^{X_b} \delta u_{,X}(A_0 P)\mathrm{d}X\end{aligned} \tag{2.3.3}$$

因为在指定位移边界处变分项 δu 消失，式中第二行服从公式(2.2.28)的互补条件和力边界条件。将公式(2.3.3)代入式(2.3.1)的第一项，给出(改变运算符号)

$$\int_{X_a}^{X_b} [\delta u_{,X} A_0 P - \delta u(\rho_0 A_0 b - \rho_0 A_0 \ddot{u})]\mathrm{d}X - (\delta u A_0 \bar{t}_x^0)\mid_{\Gamma_t} = 0 \tag{2.3.4}$$

上式就是完全的 Lagrangian 格式的动量方程和力边界条件的弱形式。

变分项和试函数的平滑；运动学允许 现在我们应该更密切注意对平滑性的要求。在传统的弱形式推导中，假设在强形式中所有函数是连续的。为了应用传统的概念确切地定义动量方程(2.2.12)，名义应力和初始截面积的乘积必须是连续可微的，比如 C^1；否则，一阶导数将会不连续。如果像公式(2.2.17)那样应力是位移的导数的平滑函数，则应力应该是 C^1 连续，试函数必须是 C^2 连续。若公式(2.3.2)中的函数是平滑的，则变分项 $\delta u(X)$ 必须是 C^1。

然而，在较低平滑程度的变分项和试函数情况下，弱形式也能很好地确定，在有限元法中应用的变分项和试函数确实不满足这些平滑要求。弱形式(2.3.4)仅涉及变分项的一阶导数，如果名义应力仅是变形梯度 F 的函数，则在弱形式中仅出现试函数的一阶导数。所以，如果变分项和试函数是 C^0 连续，则弱形式(2.3.4)是可积的。如果我们对强形式施加内部连续条件公式(2.2.31)，则可以由这些较少限制的平滑条件建立弱形式。

现在我们可以更精确地用这些较少限制的连续性条件定义变分项和试函数。我们令试

函数 $u(X,t)$是连续函数，且有分段连续导数，用符号表示为 $u(X,t)\in C^0(X)$，其中在 C^0 后面括号内的 X 表示它附属于 X 的连续性。注意这种定义允许 $u(X,t)$在离散点的导数不连续。

另外，试函数 $u(X,t)$必须满足所有的位移边界条件，这些关于试位移的条件用符号表示为

$$u(X,t)\in \mathcal{U} \quad \text{其中} \quad \mathcal{U}=\{u(X,t)\mid u(X,t)\in C^0(X), u=\bar{u} \quad \text{在 } \Gamma_u \text{ 上}\} \tag{2.3.5}$$

满足以上条件的位移场，比如在 $\mathcal{U}$ 中的位移场，称为**运动学允许**。

变分项用 $\delta u(X)$表示，它们不是时间的函数。要求变分项为 C^0，并且在位移边界上为零，即

$$\delta u(X)\in \mathcal{U}_0 \quad \text{其中} \quad \mathcal{U}_0=\{\delta u(X)\mid \delta u(X)\in C^0(X), \delta u=0 \quad \text{在 } \Gamma_u \text{ 上}\} \tag{2.3.6}$$

我们采用 δ 作为前缀表示试函数的所有变量和以试函数为函数的变量，这种记法起源于变分法，其中试函数作为容许函数的差值自然存在。尽管没有必要为了理解弱形式而了解变分法，但它提供了一个精致的框架。例如，在变分法中，任何变分项是一个变量，并定义作为两个试函数之差，即变量 $\delta u(X)=u^a(X)-u^b(X)$，其中 $u^a(X)$和 $u^b(X)$是在域 $\mathcal{U}$ 内的任意两个函数。由于域 $\mathcal{U}$ 内的任意函数满足位移边界条件，所以在公式(2.3.6)中立刻要求在 Γ_u 上 $\delta u(X)=0$。

2.3.2　弱形式到强形式　我们现在针对源于弱形式且由公式(2.3.6)和(2.3.5)给出的满足较低平滑要求的变分项和试函数分别建立方程。弱形式给出为

$$\int_{X_a}^{X_b}[\delta u_{,X}A_0P-\delta u(\rho_0A_0b-\rho_0A_0\ddot{u})]\mathrm{d}X-(\delta uA_0\bar{t}_x^0)\big|_{\Gamma_t}=0 \quad \forall\,\delta u(X)\in \mathcal{U}_0 \tag{2.3.7}$$

假设试位移场是运动学允许的，即 $u(X,t)\in \mathcal{U}$。以上弱形式用名义应力 P 的形式表示，假设这个应力通过应变度量和本构方程可以表示为位移场的一阶导数。因为 $u(X,t)$是 C^0 连续，且应变度量包括涉及 X 的 $u(X,t)$的一阶导数，如果本构方程是连续的，我们希望 $P(X,t)$是 X 的 C^{-1}连续。在任何 $u(X,t)$的导数不连续的地方。应力 $P(X,t)$将是不连续的。

为了导出强形式，$\delta u(X)$的导数必须从被积函数中消除，这可以通过微积分基本原理和分部积分完成。取 δuA_0P 乘积的导数，我们有(整理后的项)

$$\int_{X_a}^{X_b}\delta u_{,X}A_0P\mathrm{d}X=\int_{X_a}^{X_b}(\delta uA_0P)_{,X}\mathrm{d}X-\int_{X_a}^{X_b}\delta u(A_0P)_{,X}\mathrm{d}X \tag{2.3.8}$$

右端第一项可以由微积分基本原理转换成具体点的数值。令分段连续函数$(A_0P)_{,X}$在$[X_1^k, X_2^k]$，$k=1\sim n$ 区间内连续，则由微积分基本原理

$$\int_{X_1^k}^{X_2^k}(\delta uA_0P)_{,X}\mathrm{d}X=(\delta uA_0P)\big|_{X_2^k}-(\delta uA_0P)\big|_{X_1^k} \tag{2.3.9}$$

令$[X_a,X_b]=\bigcup\limits_k[X_1^k,X_2^k]$，则在全域内应用公式(2.3.9)给出

$$\int_{X_a}^{X_b}(\delta uA_0P)_{,X}\mathrm{d}X=(\delta uA_0n^0P)\big|_{\Gamma_t}-\sum_i\delta u[\![A_0P]\!]_{\Gamma_i} \tag{2.3.10}$$

式中 n^0 是截面法线，$n^0(X_1^k)=-1$，$n^0(X_2^k)=+1$；Γ_i 是不连续点。因为在 Γ_u 上 $\delta u=0$ 和 $\Gamma_u=\Gamma-\Gamma_t$[见式(2.3.6)和(2.2.28)]，所以上式仅出现力边界。将公式(2.3.10) 代入式(2.3.8)给出

$$\int_{X_a}^{X_b}\delta u_{,X}(A_0P)\mathrm{d}X=-\int_{X_a}^{X_b}\delta u(A_0P)_{,X}\mathrm{d}X+(\delta uA_0n^0P)\mid_{\Gamma_t}-\sum_i\delta u\,[\![A_0P]\!]_{\Gamma_i}\quad(2.3.11)$$

将上式代入公式(2.3.7)给出(改变运算符号)

$$\int_{X_a}^{X_b}\delta u[(A_0P)_{,X}+\rho_0A_0b-\rho_0A_0\ddot{u}]\mathrm{d}X-\delta uA_0(n^0P-\bar{t}_x^0)\mid_{\Gamma_t}+$$
$$\sum_i\delta u\,[\![A_0P]\!]_{\Gamma_i}=0\qquad\forall\,\delta u(X)\in u_0\quad(2.3.12)$$

由于虚位移 $\delta u(X)$的任意性,则有

$$(A_0P)_{,X}+\rho_0A_0b-\rho_0A_0\ddot{u}=0\qquad\text{对于}\quad X\in(X_a,X_b)\quad(2.3.13a)$$
$$n^0P-\bar{t}_x^0=0\qquad\text{在 }\Gamma_t\text{ 上}\quad(2.3.13b)$$
$$[\![A_0P]\!]=0\qquad\text{在 }\Gamma_i\text{ 上}\quad(2.3.13c)$$

(该步骤的详细推导在第 4.3.2 节给出)。以上诸式分别是动量方程、力边界条件和内部连续条件,它们称为**强形式**。由此可以看出,如果我们允许较低平滑要求的变分项和试函数,在强形式中我们将附加一个方程——内部连续条件(2.3.13c)。如果选取的变分项和试函数满足经典的平滑条件,在强形式中则没有内部连续条件。对于平滑的变分项和试函数,弱形式仅采用动量方程和力边界条件。

较低平滑性要求的变分项和试函数相应于有限元,其中变分项和试函数仅是 C^0 连续,它们也需要处理在横截面上和材料参数中的不连续点。在材料界面,经典强形式是不适用的,因为它假设任何点的二阶导数是唯一定义的。然而,在材料界面处,应变,即位移场的导数是不连续的。采用粗糙的变分项和试函数,在这些界面上自然出现附加条件(2.3.13c)。

在完全的 Lagrangian 格式的弱形式中,所有的积分都是在材料域上进行的,比如参考构形。由于在完全的 Lagrangian 格式中,求导是对材料坐标 X 进行的,所以在材料域上应用分部积分是最方便的。

2.3.3 虚功项的物理名称 为了获得建立有限元方程的系统的过程,根据做功的类型定义虚能原理,相应的节点力也采用相同的名字。

在弱形式中每一项代表了一个对应虚位移 δu 的虚功。位移变分 $\delta u(X)$也常称为"虚"位移以表示它不是真正的位移。根据 Webster(韦伯)词典, Virtual(虚)的意思是"being in essence or effect, not in fact"(本质的或有效的,非实际的),这是相当模糊的,我们更倾向于采用位移变分的说法,然而两个名字我们都用。

体积力 $b(X,t)$和给定力 $\bar{t}_x^0$ 的虚功,分别对应于公式(2.3.4)的第二项和第四项,称为外虚功,因为它们是外部荷载的结果。外力功由上角标"ext"表示并给出为

$$\delta W^{\mathrm{ext}}=\int_{X_a}^{X_b}\delta u\,\rho_0bA_0\mathrm{d}X+(\delta uA_0\bar{t}_x^0)\mid_{\Gamma_t}\quad(2.3.14)$$

在公式(2.3.4)中的第一项称为内虚功,它是由材料中的应力引起的。它可以写成两个等价形式:

$$\delta W^{\mathrm{int}}=\int_{X_a}^{X_b}\delta u_{,X}PA_0\mathrm{d}X=\int_{X_a}^{X_b}\delta FPA_0\mathrm{d}X\quad(2.3.15)$$

这里后一形式服从公式(2.2.3),因为

$$\delta u_{,X}(X,t)=\delta(\phi(X,t)-X)_{,X}=\frac{\partial(\delta x)}{\partial X}=\delta F\quad(2.3.16)$$

注意到 $\delta X=0$,因为 X 是一个独立变量。

在公式(2.3.15)中内部功的定义是与能量守恒方程(2.2.16)中内功的表达式一致的。如果我们改变公式(2.2.16)中的率为虚增量，则 $\rho_0\delta W^{\text{int}}=\delta FP$。虚内功 δW^{int} 是在全域定义的，所以有

$$\delta W^{\text{int}}=\int_{X_a}^{X_b}\delta W^{\text{int}}\rho_0 A_0\,\mathrm{d}X=\int_{X_a}^{X_b}\delta FPA_0\,\mathrm{d}X \tag{2.3.17}$$

这与在公式(2.3.4)中的弱形式出现了相同的项。

项 $\rho_0 A_0\ddot{u}$ 可以认为是与加速度作用方向相反的体积力，比如一个 d'Alembert(达朗贝尔)力。我们将用 δW^{kin} 表示相应的虚功，也称为惯性虚功或动力虚功，因此

$$\delta W^{\text{kin}}=\int_{X_a}^{X_b}\delta u\,\rho_0 A_0\ddot{u}\,\mathrm{d}X \tag{2.3.18}$$

2.3.4　虚功原理　应用这些来自于物理的名称，可以给出虚功原理。应用公式(2.3.14)～(2.3.18)，则公式(2.3.4)可以写成

$$\delta W(\delta u,u)\equiv\delta W^{\text{int}}-\delta W^{\text{ext}}+\delta W^{\text{kin}}=0\quad\forall\,\delta u\in u_0 \tag{2.3.19}$$

以上方程是动量方程、力边界条件和应力跳跃条件的弱形式。弱形式中包含强形式，而强形式中包含弱形式，所以弱形式和强形式是等价的。对于动量方程，强形式和弱形式的这种等价称为**虚功原理**。一维完全的 Lagrangian 格式的虚功原理总结在框 2.1 中。

在虚功原理 δW 中的所有项均为虚能量。能量的各项紧随 δW^{ext} 出现。因为 $\rho_0 b$ 是每单位体积的力，它与虚位移 δu 的乘积给出每单位体积的虚功，在全域积分后给出体积力的总虚功，由于在弱形式中的其他各项必须与外力功项保持量纲一致，所以它们也必须是虚能量。

以弱形式作为虚功表达式的观点提供了一个统一化的前景，在不同坐标系中针对不同类型问题建立弱形式是很有用途的：为了获得弱形式它只需写出虚能量方程。因此，我们前面刚刚所做的由变分项与方程相乘并进行各种处理的过程都可以避免。虚功图表对于记忆弱形式也是有效的。但是，从数学观点来看，没有必要考虑将变分函数 $\delta u(X)$ 作为虚位移，因为它们是简单的变分函数，满足连续条件和在位移边界上为零，如公式(2.3.6)所示。对于有限元方程的离散，第二个观点是有用的，因为方程与变分函数的乘积没有物理意义。

建立弱形式的关键步骤是分部积分，见公式(2.3.2)～(2.3.3)，从而消除了关于应力 P 的导数。没有这一步，P 将不得不满足 C^0，并且 u 将不得不满足 C^1。进一步地，力边界条件将不得不强加在试函数上。作为弱形式，方程(2.3.1)是完全可以接受的。但是，通过分部积分和降低对应力和试位移平滑性的要求更为方便。

框 2.1　一维完全的 Lagrangian 格式的虚功原理

弱形式

如果试函数 $u(X,t)\in u_0$，则 $\delta W=0\ \forall\,\delta u\in u_0$　　(B2.1.1)

等价于

强形式

动量方程(2.2.12)：$(A_0P)_{,X}+\rho_0 A_0 b=\rho_0 A_0\ddot{u}$　　(B2.1.2)

力边界条件(2.2.26)：$n^0P=\bar{t}_x^0$　在 Γ_t 上　　(B2.1.3)

内部连续条件(2.2.31)：$[\![A_0P]\!]=0$　　(B2.1.4)

定义：

$$\delta W \equiv \delta W^{\mathrm{int}} - \delta W^{\mathrm{ext}} + \delta W^{\mathrm{kin}} \tag{B2.1.5}$$

$$\delta W^{\mathrm{int}} = \int_{X_a}^{X_b} \delta u_{,X} P A_0 \mathrm{d}X = \int_{X_a}^{X_b} \delta F P A_0 \mathrm{d}X \tag{B2.1.6}$$

$$\delta W^{\mathrm{kin}} = \int_{X_a}^{X_b} \delta u \rho_0 A_0 \ddot{u} \mathrm{d}X \tag{B2.1.7}$$

$$\delta W^{\mathrm{ext}} = \int_{X_a}^{X_b} \delta u \rho_0 b A_0 \mathrm{d}X + (\delta u A_0 \bar{t}_x^0)\big|_{\Gamma_t} \tag{B2.1.8}$$

2.4 完全的 Lagrangian 格式的有限元离散

2.4.1 有限元近似 通过对变分项和试函数应用有限元插值，由虚功原理得到有限元模型的离散方程。定义域$[X_a, X_b]$被 n_N 个节点划分为 $e=1,2,\cdots,n_e$ 个单元，节点用 X_I，$I=1,2,\cdots,n_N$ 表示，同一单元的节点用 X_I^e，$I=1,2,\cdots,m$ 表示，其中 m 是每个单元的节点数。每个单元的定义域为 $[X_1^e, X_m^e]$，记作 Ω_e。为了简单起见，我们考虑一个模拟问题，其中节点 1 给定位移边界，节点 n_N 给定力边界。于是，为了导出控制方程，我们首先考虑没有给定位移边界的模型，在最后一步我们将位移边界条件加进去。

有限元试函数 $u(X,t)$为

$$u(X,t) = \sum_{I=1}^{n_N} N_I(X) u_I(t) \tag{2.4.1}$$

式中，$N_I(X)$是 C^0 连续插值函数，在有限元文献中常称为形函数；$u_I(t)$，$I=1\sim n_N$ 为节点位移，它是时间的待定函数。节点位移即使在静态平衡问题中也作为时间的函数考虑，因为在非线性问题中，我们必须跟踪问题的演化。在很多实例中，t 可以简化为单调递增的参数。类似于所有的插值，形函数满足条件：

$$N_I(X_J) = \delta_{IJ} \tag{2.4.2}$$

其中 δ_{IJ} 是 Kronecker delta 或单位矩阵：$\delta_{IJ}=1$，当 $I=J$ 时；$\delta_{IJ}=0$，当 $I\neq J$ 时。我们注意到对于在图 2.1 中的模型问题，如果我们设 $u_1(t)=\bar{u}(0,t)$，则试函数 $u(X,t)\in u$。也就是说，由于它要求连续性和满足基本边界条件，所以它是运动学允许。方程(2.4.1)表示一种变量分离：解的空间相关性完全由形函数表示，而时间相关性归属于节点变量。

变分项(或虚位移)为

$$\delta u(X) = \sum_{I=1}^{n_N} N_I(X) \delta u_I \tag{2.4.3}$$

其中 δu_I 是变分项的节点值，它们不是时间的函数。

2.4.2 节点力 为了提供一套系统的方法建立有限元方程，我们为每一个虚功项定义节点力，这些节点力的名称相应于虚能量的名称，即

$$\delta W^{\mathrm{int}} = \sum_{I=1}^{n_N} \delta u_I f_I^{\mathrm{int}} = \delta \boldsymbol{u}^{\mathrm{T}} \boldsymbol{f}^{\mathrm{int}} \tag{2.4.4a}$$

$$\delta W^{\mathrm{ext}} = \sum_{I=1}^{n_N} \delta u_I f_I^{\mathrm{ext}} = \delta \boldsymbol{u}^{\mathrm{T}} \boldsymbol{f}^{\mathrm{ext}} \tag{2.4.4b}$$

$$\delta W^{\mathrm{kin}}=\sum_{I=1}^{n_N}\delta u_I f_I^{\mathrm{kin}}=\delta\boldsymbol{u}^{\mathrm{T}}\boldsymbol{f}^{\mathrm{kin}} \tag{2.4.4c}$$

$$\delta\boldsymbol{u}^{\mathrm{T}}=[\delta u_1\quad \delta u_2\quad \cdots\quad \delta u_{n_N}],\quad \boldsymbol{f}^{\mathrm{T}}=[f_1\quad f_2\quad \cdots\quad f_{n_N}] \tag{2.4.4d}$$

其中 $\boldsymbol{f}^{\mathrm{int}}$ 是内部节点力，$\boldsymbol{f}^{\mathrm{ext}}$ 是外部节点力，$\boldsymbol{f}^{\mathrm{kin}}$ 是惯性节点力或动态节点力。这些名称给节点力赋予了物理意义：内部节点力对应于在材料“内”部的应力，外部节点力对应于外部施加的荷载，而动态或惯性节点力对应于惯性。

总是要定义节点力，因此从功的意义上它们与节点位移共轭，也就是说，一个节点位移的增量与节点力的标量积给出功的增量。在构造离散方程时必须注意到这个规则，一旦违背，在许多重要的计算过程中，诸如质量和刚度矩阵的对称性将被破坏。

接下来，我们建立各种节点力的表达式。在这个过程中，我们仍然不考虑位移边界条件，而考虑在所有的节点处，δu_I 是任意的。用在公式(2.4.4a～d)中给出的定义组合方程(2.3.14)～(2.3.18)，并对试函数和变分函数进行有限元近似，得到节点力的表达式。因此为了定义内部节点力，我们应用公式(2.4.4a)、(2.3.15)和变分项(2.4.3)的有限元近似，给出

$$\delta W^{\mathrm{int}}=\sum_I\delta u_I f_I^{\mathrm{int}}=\int_{X_a}^{X_b}\delta u_{,X}PA_0\,\mathrm{d}X=\sum_I\delta u_I\int_{X_a}^{X_b}N_{I,X}PA_0\,\mathrm{d}X \tag{2.4.5}$$

由于上式中 δu_I 是任意的，可以推出

$$f_I^{\mathrm{int}}=\int_{X_a}^{X_b}N_{I,X}PA_0\,\mathrm{d}X \tag{2.4.6}$$

f_I^{int} 称为内部节点力，是由固体对变形的阻力而引起的节点力。

建立外部节点力的方式类似于内部节点力。外部节点力由公式(2.4.4b)和(2.3.14)得到：

$$\begin{aligned}\delta W^{\mathrm{ext}}&=\sum_I\delta u_I f_I^{\mathrm{ext}}=\int_{X_a}^{X_b}\delta u\rho_0 bA_0\,\mathrm{d}X+(\delta uA_0\bar{t}_x^0)\big|_{\Gamma_t}\\&=\sum_I\delta u_I\left\{\int_{X_a}^{X_b}N_I\rho_0 bA_0\,\mathrm{d}X+(N_IA_0\bar{t}_x^0)\big|_{\Gamma_t}\right\}\end{aligned} \tag{2.4.7}$$

式中最后一步应用了公式(2.4.3)。上式给出

$$f_I^{\mathrm{ext}}=\int_{X_a}^{X_b}N_I\rho_0 bA_0\,\mathrm{d}X+(N_IA_0\bar{t}_x^0)\big|_{\Gamma_t} \tag{2.4.8}$$

由于 $N_I(X_J)=\delta_{IJ}$，则最后一项仅贡献于给定力边界的节点。

惯性节点力由动力虚功公式(2.4.4c)和(2.3.18)得到：

$$\delta W^{\mathrm{kin}}=\sum_I\delta u_I f_I^{\mathrm{kin}}=\int_{X_a}^{X_b}\delta u\rho_0\ddot{u}A_0\,\mathrm{d}X \tag{2.4.9}$$

对变分项(2.4.3)和试函数(2.4.1)应用有限元近似，给出

$$\sum_I\delta u_I f_I^{\mathrm{kin}}=\sum_I\delta u_I\int_{X_a}^{X_b}\rho_0 N_I\sum_J N_JA_0\,\mathrm{d}X\ddot{u}_J \tag{2.4.10}$$

惯性节点力通常表示为质量矩阵与节点加速度的乘积。因此，我们定义质量矩阵为

$$M_{IJ}=\int_{X_a}^{X_b}\rho_0 N_IN_JA_0\,\mathrm{d}X\quad 或\quad \boldsymbol{M}=\int_{X_a}^{X_b}\rho_0\boldsymbol{N}^{\mathrm{T}}\boldsymbol{N}A_0\,\mathrm{d}X \tag{2.4.11}$$

令 $\ddot{u}_I\equiv a_I$，则动力虚功为

$$\delta W^{\mathrm{kin}}=\sum_I\delta u_I f_I^{\mathrm{kin}}=\sum_I\sum_J\delta u_I M_{IJ}a_J=\delta\boldsymbol{u}^{\mathrm{T}}\boldsymbol{Ma},\quad \boldsymbol{a}\equiv\ddot{\boldsymbol{u}} \tag{2.4.12}$$

则惯性节点力的定义由下面表达式给出：

$$f_I^{\text{kin}} = \sum_J M_{IJ} a_J \quad \text{或} \quad \boldsymbol{f}^{\text{kin}} = \boldsymbol{Ma} \tag{2.4.13}$$

注意到由公式(2.4.11)给出的质量矩阵不随时间而变化，所以它只需要在运算开始时计算。

2.4.3 半离散方程 下面建立模型的有限元方程。考虑位移边界条件的影响，如果令

$$u_I(t) = \bar{u}_I(t) \quad \text{且} \quad \delta u_I = 0 \tag{2.4.14}$$

则这些条件满足模型问题。

应当注意到定义公式(2.4.4a～c)是为了分析方便，而不是构造有限元方程。将公式(2.4.4a～c)代入式(2.3.19)，给出

$$\sum_{I=1}^{n_N} \delta u_I (f_I^{\text{int}} - f_I^{\text{ext}} + f_I^{\text{kin}}) = 0 \tag{2.4.15}$$

由于 δu_I 是任意的，在除了位移边界节点，即节点 1 外的所有节点，它服从

$$f_I^{\text{int}} - f_I^{\text{ext}} + f_I^{\text{kin}} = 0, \quad I = 2, \cdots, n_N \tag{2.4.16}$$

将公式(2.4.13)代入式(2.4.16)，给出

$$\sum_{J=1}^{n_N} M_{IJ} \frac{\mathrm{d}^2 u_J}{\mathrm{d}t^2} + f_I^{\text{int}} - f_I^{\text{ext}} = 0, \quad I = 2, \cdots, n_N \tag{2.4.17}$$

在这个模拟问题中，节点 1 的加速度是已知的，因为节点 1 是一个给定位移的节点。可以通过给定节点位移对时间求二次导数，得到给定位移节点的加速度。显然，这个给定的位移必须足够光滑，因此可以求导二次，这要求它是时间的 C^1 函数。

如果质量矩阵不是对角阵，则在给定位移的节点，即节点 1 的加速度将对公式(2.4.17)做出贡献，有限元方程成为

$$\sum_{J=2}^{n_N} M_{IJ} \frac{\mathrm{d}^2 u_J}{\mathrm{d}t^2} + f_I^{\text{int}} - f_I^{\text{ext}} = -M_{I1} \frac{\mathrm{d}^2 \bar{u}_1}{\mathrm{d}t^2}, \quad I = 2, \cdots, n_N \tag{2.4.18}$$

所以，当质量矩阵不是对角阵时，给定位移对没有在边界上的节点也做出贡献。对于对角质量阵的情况，不出现上式右端的项。

用矩阵形式可以将公式(2.4.17)写成

$$\boldsymbol{Ma} = \boldsymbol{f}^{\text{ext}} - \boldsymbol{f}^{\text{int}} \quad \text{或} \quad \boldsymbol{f} = \boldsymbol{Ma}, \quad \text{其中 } \boldsymbol{f} = \boldsymbol{f}^{\text{ext}} - \boldsymbol{f}^{\text{int}} \tag{2.4.19}$$

在矩阵形式中，不能简单地表示给定位移边界条件，所以必须考虑用指标形式(2.4.17)～(2.4.18)加以补充。

方程(2.4.19)是**半离散化的动量方程**，也称为**运动方程**。之所以称它们为半离散是因为它们在空间上是离散的，而在时间上是连续的。有时也简称它们为离散方程，但应当记住它们仅在空间上是离散的。运动方程是 n_N-1 系统的二阶**常微分方程**(ODEs)，独立变量是时间 t。通过公式(2.4.19)的第二种形式，$\boldsymbol{f}=\boldsymbol{Ma}$，牛顿第二运动定律，可以很容易地记住这些方程。在有限元离散中，质量矩阵常常为非对角阵，因此运动方程区别于牛顿第二定律，即当 $M_{IJ} \neq 0$ 时，节点 I 上的力可以在节点 J 上产生加速度。对于质量矩阵，经常应用到对角近似。在这种情况下，对于由变形单元实现内部连接的质点系统，离散的运动方程与牛顿方程是一致的，力 $f_I = f_I^{\text{ext}} - f_I^{\text{int}}$ 为在质点 I 上的净力。因为将这些节点力定义为作用在单元上的力，在内部节点力前出现负号。由牛顿第三定律，作用在节点上的力大小相等，而方向相反，因此需要一个负号。以牛顿第二定律的形式考察半离散的运动方程，它提供了一种有助于记住这些方程的直觉。

2.4.4　初始条件　因为运动方程对时间是二次的，因此需要关于位移和速度的初始条件。公式(2.2.29)给出了初始条件的连续形式。在很多例子中，初始条件可以简单地采用设置变量的节点值为初始值的方法：

$$u_I(0) = u_0(X_I) \quad \forall I \tag{2.4.20}$$
$$\dot{u}_I(0) = \dot{u}_0(X_I) \quad \forall I$$

因此，对于初始状态处于静止和未变形物体的初始条件为

$$u_I(0) = 0 \quad \text{和} \quad \dot{u}_0(0) = 0 \quad \forall I \tag{2.4.21}$$

2.4.5　初始条件的最小二乘拟合　对于更复杂的初始条件，节点位移和节点速度的初始值可以通过初始数据的最小二乘拟合得到。对于初始位移结果的最小二乘拟合来源于在有限元插值函数 $\sum N_I(X)u_I(0)$ 和初始数据 $\bar{u}(X)$之间的差值的平方最小化，令

$$M = \frac{1}{2}\int_{X_a}^{X_b}\left[\sum_I u_I(0)N_I(X) - u_0(X)\right]^2 \rho_0 A_0 \mathrm{d}X \tag{2.4.22}$$

在这个表达式中密度不是必需的，但它可以使方程相当方便地用质量矩阵的形式表示。为了找到上式的最小值，令它对应于初始节点位移的导数为零：

$$0 = \frac{\partial M}{\partial u_K(0)} = \int_{X_a}^{X_b} N_K(X)\left[\sum_I u_I(0)N_I(X) - u_0(X)\right]\rho_0 A_0 \mathrm{d}X \tag{2.4.23}$$

应用式(2.4.11)质量矩阵的定义，可以看到上式能够写成

$$\boldsymbol{Mu}(0) = \boldsymbol{g} \quad \text{其中} \quad g_K = \int_{X_a}^{X_b} N_K(X)u_0(X)\rho_0 A_0 \mathrm{d}X \tag{2.4.24}$$

类似地可以得到初始速度的最小二乘拟合。这种拟合有限元近似到函数的方法也常称为 $\mathscr{L}_2$ 投影，因为它最小化了一个 $\mathscr{L}_2$ 范数。

2.4.6　对角质量矩阵　从弱形式的一致性推导出的质量矩阵称为**一致质量矩阵**。在许多应用中，它的优势是采用对角质量矩阵，也称为**集中质量矩阵**。质量矩阵对角化的过程是相当特殊的，这些过程没有理论。最常用的一种过程是对行求和技术，由

$$M_{II}^D = \sum_J M_{IJ}^C \tag{2.4.25}$$

得到其质量矩阵的对角元素。这里是对矩阵全部的行进行求和，M_{IJ}^C 是一致质量矩阵，而 M_{II}^D 是对角或集中的质量矩阵。

对角质量矩阵也可以由下式赋值：

$$M_{II}^D = \sum_J M_{IJ}^C = \int_{X_a}^{X_b} \rho_0 N_I\left(\sum_j N_j\right)A_0 \mathrm{d}X = \int_{X_a}^{X_b} \rho_0 N_I A_0 \mathrm{d}X \tag{2.4.26}$$

式中我们用到了这样的事实，即形函数的和必须等于 1。这是有限元模拟的条件，将在第 8.2.2节中讨论。这种对角化的过程使物体的总动量守恒，即对于任意的节点速度，对角质量的系统动量等于一致质量的系统动量：

$$\sum_{I,J} M_{IJ}^C \dot{u}_J = \sum_I M_{II}^D \dot{u}_I$$

2.5　单元和总体矩阵

在前面一节中，我们以总体形函数的形式建立了半离散方程，对于多于一个单元的模型，其总体形函数是非零的，所以表达式，诸如内部节点力表达式(2.4.6)涉及多于一个单元

的计算。在有限元程序中，通常是以一个单元的水平计算节点力和质量矩阵。通过称为**离散**或**矢量组合**的计算将单元节点力组合入总体矩阵，类似地，通过称为**矩阵装配**的计算将单元水平的质量矩阵和其他方阵组合到总体矩阵，通过称为**集合**的计算从总体矩阵中提取单元节点位移。这些计算将在下面描述。另外，我们将展示没有必要区分单元和总体形函数或者在推导有限元表达式时的节点力。表达式是一致的，并且与单元相关的表达式总是可以由限于在单元域内的积分得到。

单元 e 的节点位移和节点力分别用 $\boldsymbol{u}_e$ 和 $\boldsymbol{f}_e$ 表示，它们是 m 阶列阵，这里 m 是每个单元的节点数。所以，对一个 2 节点的单元，单元节点位移矩阵为 $\boldsymbol{u}_e^{\mathrm{T}}=[u_1, u_2]_e$，相应的单元节点力矩阵为 $\boldsymbol{f}_e^{\mathrm{T}}=[f_1, f_2]_e$。我们将为单元标识"$e$"，或为上角标或为下角标，但是**总是使用字母** e 标识与单元相关的量。

单元和总体节点力矢量必须给出定义，这样它们与相应的节点位移增量的标量积给出功的增量。在 2.4 节中应用这一概念定义了节点力。在大多数情况下满足这种要求，应该注意安排节点位移、节点力和与之对应的矩阵有正确的阶数。在矩阵装配过程中以及对于线性和线性化方程的对称性来说，节点力和节点位移矩阵的这种性质是至关重要的。

单元节点位移与总体节点位移的关系为

$$\boldsymbol{u}_e=\boldsymbol{L}_e\boldsymbol{u}, \quad \delta\boldsymbol{u}_e=\boldsymbol{L}_e\delta\boldsymbol{u} \tag{2.5.1}$$

矩阵 $\boldsymbol{L}_e$ 称为**连接矩阵**。它是一个 Boolean 矩阵，即它包含整数 0 和 1。对于一个特殊网格的 $\boldsymbol{L}_e$ 矩阵的例子，将在本节后面给出。从 $\boldsymbol{u}$ 中提取 $\boldsymbol{u}_e$ 的运算称为**集合**，因为这个运算是从总体矢量**集合**到小单元矢量。

类似于公式(2.4.4)，定义单元节点力为

$$\delta W_e^{\mathrm{int}}=\delta\boldsymbol{u}_e^{\mathrm{T}}\boldsymbol{f}_e^{\mathrm{int}}=\int_{X_1^e}^{X_m^e}\delta u_{,X}PA_0\,\mathrm{d}X \tag{2.5.2}$$

为了获得总体和局部节点力之间的关系，我们利用这样的事实，即总体虚内能是单元内能的总和：

$$\delta W^{\mathrm{int}}=\sum_e\delta W_e^{\mathrm{int}} \quad 或 \quad \delta\boldsymbol{u}^{\mathrm{T}}\boldsymbol{f}^{\mathrm{int}}=\sum_e\delta\boldsymbol{u}_e^{\mathrm{T}}\boldsymbol{f}_e^{\mathrm{int}} \tag{2.5.3}$$

将公式(2.5.1)代入式(2.5.3)得到

$$\delta\boldsymbol{u}^{\mathrm{T}}\boldsymbol{f}^{\mathrm{int}}=\delta\boldsymbol{u}^{\mathrm{T}}\sum_e\boldsymbol{L}_e^{\mathrm{T}}\boldsymbol{f}_e^{\mathrm{int}} \tag{2.5.4}$$

由于在上式中 δu 是任意的，所以给出

$$\boldsymbol{f}^{\mathrm{int}}=\sum_e\boldsymbol{L}_e^{\mathrm{T}}\boldsymbol{f}_e^{\mathrm{int}} \tag{2.5.5}$$

这是单元节点力和总体节点力之间的关系。上式的运算称为**离散**，根据节点编号将每一个单元矢量**离散**进入总体阵列。类似地，可以推导外部节点力和惯性力的表达式

$$\boldsymbol{f}^{\mathrm{ext}}=\sum_e\boldsymbol{L}_e^{\mathrm{T}}\boldsymbol{f}_e^{\mathrm{ext}}, \quad \boldsymbol{f}^{\mathrm{kin}}=\sum_e\boldsymbol{L}_e^{\mathrm{T}}\boldsymbol{f}_e^{\mathrm{kin}} \tag{2.5.6}$$

图 2.2 中描述了 2 节点单元一维网格的集合和离散运算。对 2 节点单元的集合、计算和离散的顺序显示在网格中。可以看到，位移根据单元的节点编号集合，其他的节点变量，诸如节点速度和温度，可以类似地集合。在离散中，节点力根据节点编号返回总体力矩阵，其他节点力的离散运算是相同的。

为了描述从单元质量矩阵装配总体质量矩阵，定义单元惯性节点力为单元质量矩阵和

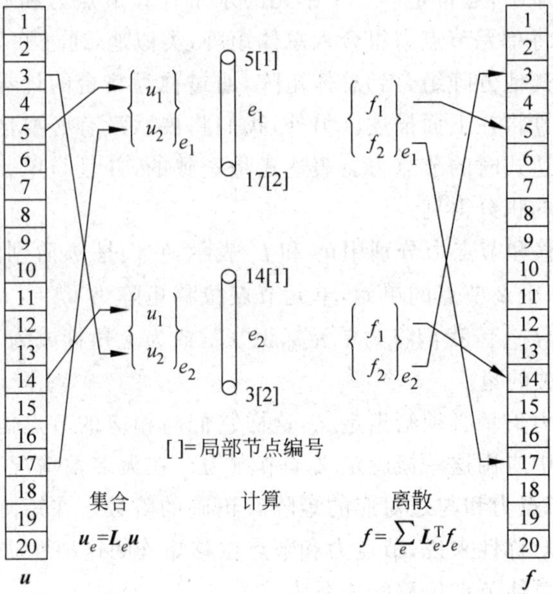

图 2.2　2 节点单元一维网格的集合和离散运算的描述，演示两组单元节点位移的集合和计算节点力的离散

单元加速度的乘积：

$$f_e^{\mathrm{kin}} = \boldsymbol{M}_e \boldsymbol{a}_e \tag{2.5.7}$$

通过将公式(2.5.1)对时间求导，我们可以得到单元和总体加速度的关系为 $\boldsymbol{a}_e=\boldsymbol{L}_e\boldsymbol{a}$(连接矩阵不随时间变化)。将此式代入式(2.5.7)并应用式(2.5.6)得到

$$\boldsymbol{f}^{\mathrm{kin}} = \sum_e \boldsymbol{L}_e^{\mathrm{T}} \boldsymbol{M}_e \boldsymbol{L}_e \boldsymbol{a} \tag{2.5.8}$$

比较公式(2.5.8)与(2.4.13)，可以看出由单元矩阵的形式给出的总体质量矩阵为

$$\boldsymbol{M} = \sum_e \boldsymbol{L}_e^{\mathrm{T}} \boldsymbol{M}_e \boldsymbol{L}_e \tag{2.5.9}$$

上述运算是众所周知的**矩阵装配**步骤，这与应用在线性有限元方法中装配刚度矩阵的运算相同。

应用连接矩阵还可以建立单元形函数和总体形函数之间的关系。然而，在多数情况下没有必要区分它们。单元形函数 $N_I^e(X)$ 仅在单元 e 上非零。如果我们将单元形函数 $N_I^e(X)$ 安排在一个行阵 $N^e(X)$ 中，则单元 e 的位移场为

$$u^e(X) = \boldsymbol{N}^e(X)\boldsymbol{u}_e = \sum_{I=1}^{m} N_I^e(X) u_I^e \tag{2.5.10}$$

总体位移场可以由所有单元的位移求和得到：

$$u(X) = \sum_{e=1}^{n_e} \boldsymbol{N}^e(X)\boldsymbol{L}_e\boldsymbol{u} = \sum_{e=1}^{n_e}\sum_{I=1}^{m}\sum_{J=1}^{n_N} N_I^e(X) L_{IJ}^e u_J \tag{2.5.11}$$

在上式中应用了公式(2.5.1)。对比上式和公式(2.4.1)，我们看出

$$\boldsymbol{N}(X) = \sum_{e=1}^{n_e} \boldsymbol{N}^e(X)\boldsymbol{L}_e \quad \text{或} \quad N_J(X) = \sum_{e=1}^{n_e}\sum_{I=1}^{m} N_I^e(X) L_{IJ}^e \tag{2.5.12}$$

因此根据单元节点编号，对单元形函数求和得到总体形函数。在图 2.3 中以图解描绘了一个 2 节点线性位移单元的这种关系。注意，我们在 $\boldsymbol{L}$ 上加标识"e"，为方便起见，有时作为下角标而有时作为上角标。我们采用这种约定为"通用"标识贯穿全文，诸如"0"，"e"，"int"等。

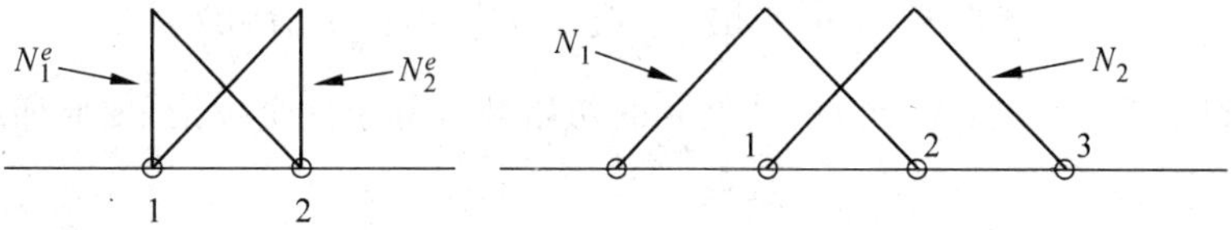

图 2.3 图解线性位移 2 节点单元一维网格的单元形函数 $N^e(X)$ 和总体形函数 $N(X)$

除了限制单元的积分外，我们现在证明单元节点力与总体节点力的表达式是等价的。应用公式(2.5.2)和位移场的单元形式，我们得到

$$\delta \boldsymbol{W}_e^{\text{int}} = \delta \boldsymbol{u}_e^{\mathrm{T}} \boldsymbol{f}_e^{\text{int}} = \delta \boldsymbol{u}_e^{\mathrm{T}} \int_{X_1^e}^{X_m^e} (\mathbf{N}_{,X}^e)^{\mathrm{T}} P A_0 \mathrm{d}X \tag{2.5.13}$$

引用虚节点位移的任意性，我们得到

$$\boldsymbol{f}_e^{\text{int}} = \int_{X_1^e}^{X_m^e} \mathbf{N}_{,X}^{\mathrm{T}} P A_0 \mathrm{d}X \quad \text{或} \quad f_{I,e}^{\text{int}} = \int_{X_1^e}^{X_m^e} N_{I,X} P A_0 \mathrm{d}X \tag{2.5.14}$$

其中上标 e 已经从上式中消失，因为在单元 e 中，$\mathbf{N}(X)=\mathbf{N}^e(X)\boldsymbol{L}_e$。

对比上式与公式(2.4.6)，除了限制在一个单元的积分外，我们可以看到公式(2.5.14)与总体表达式(2.4.6)是一致的。对于质量矩阵和外力矩阵可以得到一致性的结果。因此，在今后的推导中我们一般不再区分矩阵的单元和总体形式。因为单元形式与总体形式是一致的，除非单元矩阵对应于在单元域上的积分，以及总体力矩阵对应于全域上的积分。总体矩阵几乎总是由单元矩阵装配而成。此外，我们将省略形函数的上标 e，因为由上下文可以理解所使用的形函数。

在有限元程序中，不能直接计算总体节点力，但可以由单元节点力的装配得到，即离散运算。进而，直到程序的最后一步才考虑基本的边界条件。因此，我们本身通常关心的仅是获得单元的方程。对于复杂模型而言，装配单元方程和施加边界条件是标准程序。框 2.2 给出了完全的 Lagrangian 格式的离散方程。

框 2.2 完全的 Lagrangian 格式的离散方程

$$u(X,t) = \mathbf{N}(X)\boldsymbol{u}_e(t) = \sum_I N_I(X) u_I^e(t) \tag{B2.2.1}$$

$$\varepsilon = \sum_I \frac{\partial N_I}{\partial X} u_I^e = \boldsymbol{B}_0 \boldsymbol{u}^e, \quad F = \sum_I \frac{\partial N_I}{\partial X} x_I^e = \boldsymbol{B}_0 \boldsymbol{x}^e \tag{B2.2.2}$$

$$\boldsymbol{f}_e^{\text{int}} = \int_{\Omega_0^e} \frac{\partial \boldsymbol{N}^{\mathrm{T}}}{\partial X} P \,\mathrm{d}\Omega_0 = \int_{\Omega_0^e} \boldsymbol{B}_0^{\mathrm{T}} P \mathrm{d}\Omega_0 \quad \text{或} \quad f_{I,e}^{\text{int}} = \int_{\Omega_0^e} \frac{\partial N_I}{\partial X} P \,\mathrm{d}\Omega_0 \tag{B2.2.3}$$

$$\boldsymbol{f}_e^{\text{ext}} = \int_{\Omega_0^e} \rho_0 \mathbf{N}^{\mathrm{T}} b \mathrm{d}\Omega_0 + (\mathbf{N}^{\mathrm{T}} A_0 \bar{t}_x^0)\big|_{\Gamma_t^e} \tag{B2.2.4}$$

$$\boldsymbol{M}_e = \int_{\Omega_0^e} \rho_0 \mathbf{N}^{\mathrm{T}} \mathbf{N} \mathrm{d}\Omega_0 \tag{B2.2.5}$$

$$\boldsymbol{M}\ddot{\boldsymbol{u}} + \boldsymbol{f}^{\text{int}} = \boldsymbol{f}^{\text{ext}} \tag{B2.2.6}$$

对于完全的 Lagrangian 格式，我们经常用 $\boldsymbol{B}_0$ 矩阵的形式写出内部节点力的表达式。这里 $\boldsymbol{B}_0$ 在一维情况下为行矩阵，定义为

$$\boldsymbol{B}_0 = [B_{0I}] \quad 其中 \quad B_{0I} = N_{I,X} \tag{2.5.15}$$

下标 0 表明推导是对应于初始坐标，或者材料坐标进行的。内部节点力公式(2.5.14)为

$$\boldsymbol{f}_e^{\text{int}} = \int_{\Omega_0^e} \boldsymbol{B}_0^{\mathrm{T}} P \mathrm{d}\Omega_0 \quad 或 \quad f_{I,e}^{\text{int}} = \int_{\Omega_0^e} B_{0I} P \mathrm{d}\Omega_0 \tag{2.5.16}$$

式中我们用到了 $\mathrm{d}\Omega_0 = A_0 \mathrm{d}X$，而 Ω_0^e 是单元的初始域。基于这个标记，变形梯度 F 和一维应变为

$$F = \boldsymbol{B}_0 \boldsymbol{x}^e, \quad \varepsilon = \boldsymbol{B}_0 \boldsymbol{u}^e \tag{2.5.17}$$

例 2.1　2 节点线性位移单元　考虑一个 2 节点单元，如图 2.4 所示。单元的初始长度为 l_0，横截面面积为常数 A_0。经过一段时间 t 后，长度是 $l(t)$，横截面面积为 $A(t)$。以后取决于时间的长度 l 和横截面面积 A 将不再明显标记。单元的初始横截面面积取为常数，如独立于 X。

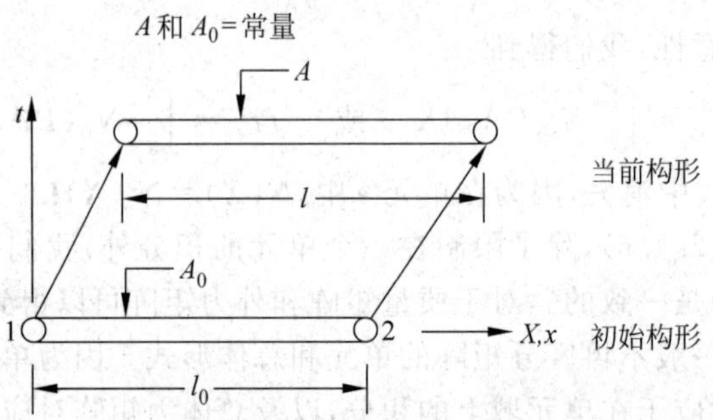

图 2.4　演示完全的 Lagrangian 格式的一维 2 节点单元未变形的初始构形和变形后的当前构形

位移场、应变和 $\boldsymbol{B}_0$ 矩阵　由线性 Lagrange 插值表达式以材料坐标的形式给出位移场：

$$u(X,t) = \frac{1}{l_0}[X_2 - X \quad X - X_1]\begin{Bmatrix} u_1(t) \\ u_2(t) \end{Bmatrix} \tag{E2.1.1}$$

式中 $l_0 = X_2 - X_1$，应用公式(B2.2.2)以节点位移的形式为应变度量赋值：

$$\varepsilon(X,t) = u_{,X} = \frac{1}{l_0}[-1 \quad +1]\begin{Bmatrix} u_1(t) \\ u_2(t) \end{Bmatrix} \tag{E2.1.2}$$

在上式中定义 $\boldsymbol{B}_0$ 矩阵为

$$\boldsymbol{B}_0 = \frac{1}{l_0}[-1 \quad +1] \tag{E2.1.3}$$

节点内力　由公式(2.5.16) 给出内部节点力

$$\boldsymbol{f}_e^{\text{int}} = \int_{\Omega_0^e} \boldsymbol{B}_0^{\mathrm{T}} P \mathrm{d}\Omega_0 = \int_{X_1}^{X_2} \frac{1}{l_0}\begin{Bmatrix} -1 \\ +1 \end{Bmatrix} P A_0 \mathrm{d}X \tag{E2.1.4}$$

如果我们假定横截面面积和名义应力 P 为常数，则式(E2.1.4)的被积函数是常数，所以，积分值等于被积函数和单元初始长度 l_0 的乘积，则

$$\boldsymbol{f}_e^{\text{int}} = \begin{Bmatrix} f_1 \\ f_2 \end{Bmatrix}_e^{\text{int}} = A_0 P \begin{Bmatrix} -1 \\ +1 \end{Bmatrix} \tag{E2.1.5}$$

从上式我们可以看出，节点内力大小相等和方向相反。因此，即使在动力学问题中，单元节点内力也是平衡的。单元节点力的这个性质将应用于所有发生移动但没有变形的单元，但不应用于轴对称单元。因为 $P=T/A_0$[见公式(2.2.8)]，节点力等于单元承担的荷载 T。

节点外力 节点外力由体积力引起，由公式(B2.2.4) 给出为

$$\boldsymbol{f}_e^{\text{ext}}=\int_{\Omega_0^e}\rho_0\boldsymbol{N}^{\text{T}}bA_0\,\text{d}X=\int_{X_1}^{X_2}\frac{\rho_0}{l_0}\begin{Bmatrix}X_2-X\\X-X_1\end{Bmatrix}bA_0\,\text{d}X \tag{E2.1.6}$$

如果我们用线性 Lagrange 插值近似体积力 $b(X,t)$，则

$$b(X,t)=b_1(t)\left(\frac{X_2-X}{l_0}\right)+b_2(t)\left(\frac{X-X_1}{l_0}\right) \tag{E2.1.7}$$

取 A_0 为常数，积分公式(E2.1.6)的值为

$$\boldsymbol{f}_e^{\text{ext}}=\frac{\rho_0A_0l_0}{6}\begin{Bmatrix}2b_1+b_2\\b_1+2b_2\end{Bmatrix} \tag{E2.1.8}$$

通过以原始单元坐标的形式表达积分，可以很方便地得到节点外力的值：

$$\xi=(X-X_1)/l_0,\quad \xi\in[0,1] \tag{E2.1.9}$$

单元质量矩阵 单元质量矩阵由公式(B2.2.5)给出：

$$\begin{aligned}\boldsymbol{M}_e&=\int_{\Omega_0^e}\rho_0\boldsymbol{N}^{\text{T}}\boldsymbol{N}\,\text{d}\Omega_0=\int_0^1\rho_0\boldsymbol{N}^{\text{T}}\boldsymbol{N}A_0l_0\,\text{d}\xi\\&=\int_0^1\rho_0\begin{Bmatrix}1-\xi\\\xi\end{Bmatrix}[1-\xi\quad\xi]A_0l_0\,\text{d}\xi=\frac{\rho_0A_0l_0}{6}\begin{bmatrix}2&1\\1&2\end{bmatrix}\end{aligned} \tag{E2.1.10}$$

从上式可以看出质量矩阵与时间无关，因为它仅取决于初始密度、初始横截面面积和初始长度。由对行求和技术公式(2.4.26)得到的对角质量矩阵为

$$\boldsymbol{M}_e=\frac{\rho_0A_0l_0}{2}\begin{bmatrix}1&0\\0&1\end{bmatrix}=\frac{\rho_0A_0l_0}{2}\boldsymbol{I} \tag{E2.1.11}$$

从上式可以看出，在单元的对角质量矩阵中，每个节点分配单元的一半质量。为此，我们常称该矩阵为集中质量矩阵：每个节点"集中"一半的质量。

例 2.2 装配方程 考虑两个单元的网格，如图 2.5 所示，体积力 $b(X)$为常数 b。我们将建立该网格的控制方程，而且特别关注中间节点的方程，因为它代表了任意一维网格内部节点的典型方程。

该网格的连接矩阵 $\boldsymbol{L}_e$ 为

$$\boldsymbol{L}_{(1)}=\begin{bmatrix}1&0&0\\0&1&0\end{bmatrix} \tag{E2.2.1}$$

$$\boldsymbol{L}_{(2)}=\begin{bmatrix}0&1&0\\0&0&1\end{bmatrix} \tag{E2.2.2}$$

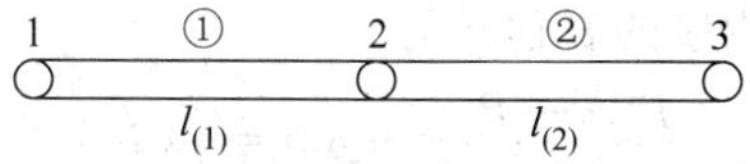

图 2.5 两个单元的网格

由公式(2.5.5)以单元内力的形式给出总体内力矩阵：

$$\boldsymbol{f}^{\text{int}}=\boldsymbol{L}_{(1)}^{\mathrm{T}}\boldsymbol{f}_{(1)}^{\text{int}}+\boldsymbol{L}_{(2)}^{\mathrm{T}}\boldsymbol{f}_{(2)}^{\text{int}}=\begin{Bmatrix}f_1\\f_2\\0\end{Bmatrix}_{(1)}^{\text{int}}+\begin{Bmatrix}0\\f_1\\f_2\end{Bmatrix}_{(2)}^{\text{int}} \tag{E2.2.3}$$

又由公式(E2.1.4)给出

$$\boldsymbol{f}^{\text{int}}=A_0^{(1)}P^{(1)}\begin{Bmatrix}-1\\+1\\0\end{Bmatrix}+A_0^{(2)}P^{(2)}\begin{Bmatrix}0\\-1\\+1\end{Bmatrix} \tag{E2.2.4}$$

类似地，

$$\boldsymbol{f}^{\text{ext}}=\boldsymbol{L}_{(1)}^{\mathrm{T}}\boldsymbol{f}_{(1)}^{\text{ext}}+\boldsymbol{L}_{(2)}^{\mathrm{T}}\boldsymbol{f}_{(2)}^{\text{ext}}=\begin{Bmatrix}f_1\\f_2\\0\end{Bmatrix}_{(1)}^{\text{ext}}+\begin{Bmatrix}0\\f_1\\f_2\end{Bmatrix}_{(2)}^{\text{ext}} \tag{E2.2.5}$$

应用公式(E2.1.8)和常数体积力，给出

$$\boldsymbol{f}^{\text{ext}}=\frac{\rho_0^{(1)}A_0^{(1)}l_0^{(1)}}{2}\begin{Bmatrix}b\\b\\0\end{Bmatrix}+\frac{\rho_0^{(2)}A_0^{(2)}l_0^{(2)}}{2}\begin{Bmatrix}0\\b\\b\end{Bmatrix} \tag{E2.2.6}$$

由公式(2.5.9)给出总体装配质量矩阵：

$$\boldsymbol{M}=\boldsymbol{L}_{(1)}^{\mathrm{T}}\boldsymbol{M}_{(1)}\boldsymbol{L}_{(1)}+\boldsymbol{L}_{(2)}^{\mathrm{T}}\boldsymbol{M}_{(2)}\boldsymbol{L}_{(2)} \tag{E2.2.7}$$

由(E2.1.10)得

$$\boldsymbol{M}=\boldsymbol{L}_{(1)}^{\mathrm{T}}\frac{\rho_0^{(1)}A_0^{(1)}l_0^{(1)}}{6}\begin{bmatrix}2&1\\1&2\end{bmatrix}\boldsymbol{L}_{(1)}+\boldsymbol{L}_{(2)}^{\mathrm{T}}\frac{\rho_0^{(2)}A_0^{(2)}l_0^{(2)}}{6}\begin{bmatrix}2&1\\1&2\end{bmatrix}\boldsymbol{L}_{(2)} \tag{E2.2.8}$$

如果我们定义 $m_1=(\rho_0^{(1)}A_0^{(1)}l_0^{(1)})/6$，$m_2=(\rho_0^{(2)}A_0^{(2)}l_0^{(2)})/6$，则装配质量矩阵为

$$\boldsymbol{M}=\begin{bmatrix}2m_1&m_1&0\\m_1&2(m_1+m_2)&m_2\\0&m_2&2m_2\end{bmatrix} \tag{E2.2.9}$$

写出该系统的第二运动方程(由 $\boldsymbol{M}$，$\boldsymbol{f}^{\text{ext}}$，$\boldsymbol{f}^{\text{int}}$ 的第二行得到)：

$$\frac{1}{6}\rho_0^{(1)}A_0^{(1)}l_0^{(1)}\ddot{u}_1+\frac{1}{3}(\rho_0^{(1)}A_0^{(1)}l_0^{(1)}+\rho_0^{(2)}A_0^{(2)}l_0^{(2)})\ddot{u}_2+\frac{1}{6}\rho_0^{(2)}A_0^{(2)}l_0^{(2)}\ddot{u}_3+$$
$$A_0^{(1)}P^{(1)}-A_0^{(2)}P^{(2)}=\frac{b}{2}(\rho_0^{(1)}A_0^{(1)}l_0^{(1)}+\rho_0^{(2)}A_0^{(2)}l_0^{(2)}) \tag{E2.2.10}$$

为了简化装配方程的形式，我们现在考虑一个均匀的网格和常值初始参数，即 $\rho_0^{(1)}=\rho_0^{(2)}=\rho_0$，$A_0^{(1)}=A_0^{(2)}=A_0$，$l_0^{(1)}=l_0^{(2)}=l_0$。两边同时除以 $-A_0l_0$，则在节点 2 我们获得下面的运动方程：

$$\frac{P^{(2)}-P^{(1)}}{l_0}+\rho_0b=\rho_0\left(\frac{1}{6}\ddot{u}_1+\frac{2}{3}\ddot{u}_2+\frac{1}{6}\ddot{u}_3\right) \tag{E2.2.11}$$

如果质量矩阵是集中质量，则相应的表达式为

$$\frac{P^{(2)}-P^{(1)}}{l_0}+\rho_0b=\rho_0\ddot{u}_2 \tag{E2.2.12}$$

对于动量方程(2.2.14)，当 A_0 为常数时，其有限差分表达式等价于上面方程：仅要求使用中心差分表达式 $P_{,X}(X_2)=(P^{(2)}-P^{(1)})/l_0$ 以展示等价关系。这样，有限元程序应用了间接方法，即简单地和直接地从有限差分近似中获得。对于半离散方程，当单元的长度、

横截面面积和密度变化时，有限元方法的优势在于给出了统一的程序。试用有限差分法获得公式(E2.2.10)！此外，对于线性问题，从某种意义上可以证明有限元的结果提供了最近似的解答，使能量范数的误差最小(见 Strang 和 Fix，1973)。有限元法也给出了获得更精确的一致质量矩阵和高阶单元的手段。然而，有限元方法的主要优势是能轻而易举地模拟复杂形状，毫无疑问这是在其风靡背后的驱动力。当然，这不会在一维问题中出现。

例 2.3 3 节点二次位移单元 考虑长度为 L_0 和横截面面积为 A_0 的 3 节点单元，在本章中如后面图 2.7 所示。在这个例子中，尽管我们没有假设节点 2 是其他节点之间的中间节点，但是推荐这么取点。在材料坐标 X 和单元坐标 ξ 之间的映射关系为

$$X(\xi)=\mathbf{N}(\xi)\boldsymbol{X}_e=\left[\frac{1}{2}\xi(\xi-1)\quad 1-\xi^2\quad \frac{1}{2}\xi(\xi+1)\right]\begin{Bmatrix}X_1\\X_2\\X_3\end{Bmatrix}\tag{E2.3.1}$$

其中，$\mathbf{N}(\xi)$是 Lagrange 插值矩阵，或形函数；$\xi\in[-1,1]$是单元坐标。位移场由相同的插值矩阵给出：

$$u(\xi,t)=\mathbf{N}(\xi)\boldsymbol{u}_e(t)=\left[\frac{1}{2}\xi(\xi-1)\quad 1-\xi^2\quad \frac{1}{2}\xi(\xi+1)\right]\begin{Bmatrix}u_1(t)\\u_2(t)\\u_3(t)\end{Bmatrix}\tag{E2.3.2}$$

由链规则

$$\varepsilon=F-1=u_{,X}=u_{,\xi}\xi_{,X}=u_{,\xi}(X_{,\xi})^{-1}=\frac{1}{2X_{,\xi}}[2\xi-1\quad -4\xi\quad 2\xi+1]\boldsymbol{u}_e\tag{E2.3.3}$$

我们应用了在一维问题中的 $\xi_{,X}=(X_{,\xi})^{-1}$。我们还可将上式写成

$$\varepsilon=\boldsymbol{B}_0\boldsymbol{u}_e\quad 其中\quad \boldsymbol{B}_0=\frac{1}{2X_{,\xi}}[2\xi-1\quad -4\xi\quad 2\xi+1]\tag{E2.3.4}$$

内部节点力由公式(2.5.16)给出：

$$\boldsymbol{f}_e^{\text{int}}=\int_{\Omega_0^e}\boldsymbol{B}_0^{\text{T}}P\,\mathrm{d}\Omega_0=\int_{-1}^{1}\frac{1}{2X_{,\xi}}\begin{Bmatrix}2\xi-1\\-4\xi\\2\xi+1\end{Bmatrix}PA_0X_{,\xi}\mathrm{d}\xi=\int_{-1}^{1}\frac{1}{2}\begin{Bmatrix}2\xi-1\\-4\xi\\2\xi+1\end{Bmatrix}PA_0\mathrm{d}\xi\tag{E2.3.5}$$

上式积分一般采用数值积分赋值。为了进一步检验这个单元，令 $P(\xi)$为 ξ 的线性函数：

$$P(\xi)=P_1\frac{1-\xi}{2}+P_3\frac{1+\xi}{2}\tag{E2.3.6}$$

其中，P_1 和 P_3 分别是 P 在节点 1 和节点 3 的值。如果 $X_{,\xi}$是常数，且材料为线性，结果是精确解，因为根据公式(E2.3.3)，F 在 ξ 中也是线性的。内部节点力为

$$\boldsymbol{f}_e^{\text{int}}=\begin{Bmatrix}f_1\\f_2\\f_3\end{Bmatrix}_e^{\text{int}}=\frac{A_0}{6}\begin{Bmatrix}-5P_1-P_3\\4P_1-4P_3\\P_1+5P_3\end{Bmatrix}\tag{E2.3.7}$$

当 P 是常数时，中间节点的节点力为零，两端的节点力方向相反，大小相等，均为 A_0P，像在 2 节点单元一样。此外，对任意值的 P_1 和 P_3，内部节点力的代数和为零。因此，单元也是平衡的。

外部节点力为

$$\boldsymbol{f}_e^{\text{ext}} = \int_{-1}^{1} \begin{Bmatrix} \frac{1}{2}\xi(\xi-1) \\ 1-\xi^2 \\ \frac{1}{2}\xi(\xi+1) \end{Bmatrix} \rho_0 b A_0 X_{,\xi} \mathrm{d}\xi + \begin{Bmatrix} \frac{1}{2}\xi(\xi-1) \\ 1-\xi^2 \\ \frac{1}{2}\xi(\xi+1) \end{Bmatrix} A_0 \bar{t}_X^0 \Bigg|_{\Gamma_t^e} \tag{E2.3.8}$$

其中,最后一项的形函数在力边界上或者为 0,或者为 1。因为由式(E2.3.1),$X_{,\xi}=\xi(X_1+X_3-2X_2)+\frac{1}{2}(X_3-X_1)$,所以

$$\boldsymbol{f}_e^{\text{ext}} = \frac{\rho_0 b A_0}{6} \begin{Bmatrix} L_0 - 2(X_1+X_3-2X_2) \\ 4L_0 \\ L_0 + 2(X_1+X_3-2X_2) \end{Bmatrix} + \begin{Bmatrix} \frac{1}{2}\xi(\xi-1) \\ 1-\xi^2 \\ \frac{1}{2}\xi(\xi+1) \end{Bmatrix} A_0 \bar{t}_x^0 \Bigg|_{\Gamma_t^e} \tag{E2.3.9}$$

单元质量矩阵 单元质量矩阵为

$$\boldsymbol{M}_e = \int_{-1}^{+1} \begin{Bmatrix} \frac{1}{2}\xi(\xi-1) \\ 1-\xi^2 \\ \frac{1}{2}\xi(\xi+1) \end{Bmatrix} \left[\frac{1}{2}\xi(\xi-1) \quad 1-\xi^2 \quad \frac{1}{2}\xi(\xi+1) \right] \rho_0 A_0 X_{,\xi} \mathrm{d}\xi$$

$$= \frac{\rho_0 A_0}{30} \begin{bmatrix} 4L_0 - 6a & 2L_0 - 4a & -L_0 \\ & 16L_0 & 2L_0 + 4a \\ \text{对称} & & 4L_0 + 6a \end{bmatrix} \tag{E2.3.10}$$

其中 $a=X_1+X_3-2X_2$。如果节点 2 在单元的中点,即 $X_1+X_3=2X_2$,我们有

$$\boldsymbol{M}_e = \frac{\rho_0 A_0 L_0}{30} \begin{bmatrix} 4 & 2 & -1 \\ 2 & 16 & 2 \\ -1 & 2 & 4 \end{bmatrix}, \quad \boldsymbol{M}_e^{\text{diag}} = \frac{\rho_0 A_0 L_0}{6} \begin{bmatrix} 1 & 0 & 0 \\ 0 & 4 & 0 \\ 0 & 0 & 1 \end{bmatrix} \tag{E2.3.11}$$

其中,上式右端的质量矩阵已经由行求和技术进行了对角线化。

这个结果演示了对角质量对于高阶单元的缺陷之一:大多数质量集中在中间节点。当高阶模态被激励时,这将引起相当奇怪的行为。因此,当为了运算效率必须采用集中质量矩阵时,一般避免使用高阶单元。

2.6 更新的 Lagrangian 格式的控制方程

在更新的 Lagrangian 格式中,在当前构形上建立离散方程。应力由公式(2.2.7)给出的 Cauchy(物理)应力 σ 度量,选择相关变量为应力 $\sigma(X,t)$ 和速度 $v(X,t)$。在完全的 Lagrangian 格式中,我们应用位移 $u(X,t)$ 作为独立变量;这只是形式上的不同,因为位移和速度都是通过数值计算实现的。

在建立更新的 Lagrangian 格式时,我们有时需要以 Eulerian 坐标的形式表示相关变量。从概念上讲这是一个简单的问题,我们可以对公式(2.2.1)求逆得到:

$$X = \phi^{-1}(x,t) \equiv X(x,t) \tag{2.6.1}$$

任何变量都可以通过 Eulerian 坐标的形式表示,例如 $\sigma(X,t)$ 可以表示为 $\sigma(X(x,t),t)$。

以符号的形式可以容易地写成一个函数的逆，但实践中以闭合形式建立逆函数是困难的，甚至是不可能的。因此，有限元的标准技术是通过单元坐标的形式表示变量，有时称为原始坐标或自然坐标。通过使用单元坐标，我们总可以用或者 Eulerian 或者 Lagrangian 坐标的形式表示一个函数，至少采用隐函数形式。

在更新的 Lagrangian 格式中，应变度量由变形率给出：

$$D_x = \frac{\partial v}{\partial x} \tag{2.6.2}$$

这也称为速度应变。它是一个变形的率度量，可用上面两个名字来说明。在第 5 章中可以看到，在一维情况下，

$$\int_0^t D_x(X,\bar{t})\mathrm{d}\bar{t} = \ln F(X,t)$$

因此，变形率的时间积分对应于“自然”或者“对数”应变。正如在第 5 章中所讨论的，这对于应变的多维状态不成立。

一维非线性连续体的控制方程为：

1. 质量守恒(连续方程)

$$\rho J = \rho_0 \quad 或 \quad \rho FA = \rho_0 A_0 \tag{2.6.3}$$

2. 动量守恒

$$\frac{\partial}{\partial x}(A\sigma) + \rho Ab = \rho A\dot{v} \quad 或 \quad (A\sigma)_{,x} + \rho Ab = \rho A\dot{v} \tag{2.6.4}$$

3. 变形度量

$$D_x = \frac{\partial v}{\partial x} \quad 或 \quad D_x = v_{,x} \tag{2.6.5}$$

4. 本构方程

绝对形式

$$\sigma(X,t) = S^{\sigma D}\left(D_x(X,t)\cdots,\int_0^t D_x(X,\bar{t})\mathrm{d}\bar{t},\sigma(X,\bar{t}),\bar{t}\leqslant t,\text{etc.}\right) \tag{2.6.6a}$$

率形式

$$\sigma_{,t}(X,t) = S_t^{\sigma D}(D_x(X,\bar{t}),\sigma(X,\bar{t}),\bar{t}\leqslant t,\text{etc.}) \tag{2.6.6b}$$

5. 能量守恒

$$\rho\dot{w}^{\text{int}} = \sigma D_x - q_{x,x} + \rho s，其中 \quad q_x 为热流量，s 为热源 \tag{2.6.7}$$

在更新的 Lagrangian 格式中，质量守恒方程与在完全的 Lagrangian 格式中是相同的。在更新的 Lagrangian 格式中，动量方程涉及的导数对应于 Eulerian 坐标，而在完全的 Lagrangian 格式中涉及的导数对应于 Lagrangian 坐标。此外，Cauchy 应力代替了名义应力，并采用当前值的横截面面积 A 和密度 ρ。这里写出的本构方程是关于变形率$D_x(X,t)$或它的积分和对数应变与 Cauchy 应力或它的率的关系。注意本构方程中的所有变量是材料坐标的函数。在公式(2.6.6b)中的下标“t”表示本构方程是一个率方程。我们也可以用名义应力和应变 ε 表示本构方程。然而在使用动量方程前，必须将名义应力转换为 Cauchy 应力。

边界和内部连续条件 边界条件为

$$v(X,t) = \bar{v}(X,t) \qquad 在 \Gamma_v 上 \tag{2.6.8}$$

$$n\sigma(X,t)=\bar{t}_x(X,t) \quad 在\ \Gamma_t\ 上 \tag{2.6.9}$$

其中，$\bar{v}(t)$和$\bar{t}_x(t)$分别是给定速度和给定力；n为域的法线。尽管边界条件由速度给出，但是速度边界条件等价于位移边界条件，因为速度是位移的时间导数。在公式(2.6.9)中力的单位是每当前面积的力，它们与变形前面积的力的关系为

$$\bar{t}_xA=\bar{t}_x^0A_0 \tag{2.6.10}$$

注意我们总是对力的符号保持下角标，以便使它与时间t进行区分。力与速度边界之间的关系与公式(2.2.28)相同：

$$\Gamma_v\cup\Gamma_t=\Gamma,\quad \Gamma_v\cap\Gamma_t=0 \tag{2.6.11}$$

另外，我们还有内部连续条件：$[\![\sigma A]\!]=0$。

初始条件　因为我们已经选择了速度和应力作为相关变量，则初始条件是施加于这些变量的：

$$\sigma(X,0)=\sigma_0(X) \qquad v(X,0)=v_0(X) \tag{2.6.12}$$

在开始时假设初始位移为零。在大多数实际问题中，这样选择初始条件比选择速度和位移条件更为合适，这将在第4章中讨论。

2.7　更新的 Lagrangian 格式的弱形式

在本节中将建立动量方程的弱形式。回顾两个相关变量速度$v(X,t)$和应力$\sigma(X,t)$，关于试函数$v(X,t)$和变分函数$\delta v(X)$的条件为

$$v(X,t)\in u \quad u=\{v(X,t)\mid v\in C^0(X),v=\bar{v}\quad 在\ \Gamma_v\ 上\} \tag{2.7.1}$$

$$\delta v(X)\in u_0 \quad u_0=\{\delta v(X)\mid \delta v\in C^0(X),\delta v=0\quad 在\ \Gamma_v\ 上\} \tag{2.7.2}$$

这些容许条件与那些在完全的 Lagrangian 格式中的试位移和位移变分是一致的。

像在完全的 Lagrangian 格式中那样，假定应力$\sigma(X,t)$为空间的C^{-1}函数，当前域为$[x_a(t),x_b(t)]$，其中$x_a=\phi(X_a,t)$，$x_b=\phi(X_b,t)$。

强形式包括动量方程、力边界条件和内部连续条件。弱形式的建立由动量方程公式(2.6.4)与变分函数$\delta v(X)$的乘积，并在当前域内的积分得到。因为动量方程涉及的导数对应于空间(Eulerian)坐标，采用物体的当前域是合适的，这给出

$$\int_{x_a}^{x_b}\delta v\left[(A\sigma)_{,x}+\rho Ab-\rho A\frac{\mathrm{D}v}{\mathrm{D}t}\right]\mathrm{d}x=0 \tag{2.7.3}$$

类似第2.3节[见公式(2.3.2)～(2.3.4)]，进行分部积分得到

$$\begin{aligned}\int_{x_a}^{x_b}\delta v(A\sigma)_{,x}\,\mathrm{d}x&=\int_{x_a}^{x_b}[(\delta vA\sigma)_{,x}-\delta v_{,x}A\sigma]\mathrm{d}x\\&=(\delta vAn\sigma)\mid_{\Gamma_t}-\sum_i\delta v[\![A\sigma]\!]_{\Gamma_i}-\int_{x_a}^{x_b}\delta v_{,x}A\sigma\,\mathrm{d}x\end{aligned} \tag{2.7.4}$$

式中，Γ_i是$A\sigma$的不连续点。我们已经应用了微积分基本理论将线(域)积分转换为点(边界上和跳跃处)的值之和，并将Γ改变为Γ_t，因为在Γ_v上$\delta v(X)=0$，见公式(2.7.2)。因为强形式存在，由力边界条件公式(2.6.9)给出$n\sigma=\bar{t}_x$，由内部连续条件给出$[\![A\sigma]\!]=0$，将这些方程代入上式，得

$$\int_{x_a}^{x_b}\left[\delta v_{,x}A\sigma-\delta v\left(\rho Ab-\rho A\frac{\mathrm{D}v}{\mathrm{D}t}\right)\right]\mathrm{d}x-(\delta vA\bar{t}_x)\mid_{\Gamma_t}=0 \tag{2.7.5}$$

这个弱形式常常称为**虚功率原理**(或称为虚速度原理,见 Malvern,1969,第 241 页)。如果考虑变分函数为速度,则上式中每一项对应于虚功率。例如,$\rho Ab\mathrm{d}x$ 是一个力,当与 $\delta v(X)$ 相乘时,给出虚功率。因此,上面的弱形式区别于第 2.3 节中每一项用 P 表示的虚功原理。然而,需要强调的是采用这个弱形式的物理插值函数完全是为了方便,变分函数 $\delta v(X)$ 不需要具有速度的任何值,它可以是满足公式(2.7.2)的任何函数。

我们定义内部虚功率为

$$\delta p^{\text{int}} = \int_{x_a}^{x_b} \delta v_{,x} A\sigma \mathrm{d}x = \int_{x_a}^{x_b} \delta D_x A\sigma \mathrm{d}x = \int_{\Omega} \delta D_x \sigma \mathrm{d}\Omega \tag{2.7.6}$$

其中,第二个等式通过对公式(2.6.5)取变分得到,即 $\delta D_x = \delta v_{,x}$,而第三个等式结果由 $\mathrm{d}\Omega = A\mathrm{d}x$ 的关系得到。在公式(2.7.6)中的积分对应于在能量守恒方程(2.6.7)式中的内部能量率,除非变形率 D_x 被 δD_x 代替,所以称这个内部虚功率是与能量方程一致的。

类似地可以定义由于外力和惯性力产生的虚功率:

$$\delta p^{\text{ext}} = \int_{x_a}^{x_b} \delta v \rho b A \,\mathrm{d}x + (\delta v A \bar{t}_x)_{\Gamma_t} = \int_{\Omega} \delta v \rho b \,\mathrm{d}\Omega + (\delta v A \bar{t}_x)|_{\Gamma_t} \tag{2.7.7}$$

$$\delta p^{\text{kin}} = \int_{x_a}^{x_b} \delta v \rho \dot{v} A \mathrm{d}x = \int_{\Omega} \delta v \rho \dot{v} \mathrm{d}\Omega \tag{2.7.8}$$

应用公式(2.7.6)~(2.7.8),则弱形式公式(2.7.5)可以写为

$$\delta p = \delta p^{\text{int}} - \delta p^{\text{ext}} + \delta p^{\text{kin}} = 0 \tag{2.7.9}$$

式中的每一项都在上面定义了。虚功率原理的表述如下:

$$\text{如果} \quad v(X,t) \in u \quad \text{且} \quad \delta p = 0 \quad \forall\, \delta v(X) \in u_0 \tag{2.7.10}$$

则动量方程(2.6.4)、力边界条件(2.6.9)和内部连续条件都是满足的。可以简单地通过获得公式(2.7.5)的逆过程证明这个原理的有效性。所有的过程是可逆的,因此我们可以从弱形式推导出强形式。

与完全的 Lagrangian 格式的弱形式相比较,这个弱形式的主要特点在于所有的积分是在当前域上进行的。然而,两种弱形式只是同一原理的不同形式。作为一个练习留下,请证明从虚功原理可以转换到虚功率原理。

2.8 更新的 Lagrangian 格式的单元方程

现在我们来建立更新的 Lagrangian 格式。更新的 Lagrangian 格式是完全的 Lagrangian 格式的一个简单转换。在数值上,离散方程是相同的,而实际上在同一程序中,对某些节点力我们可以应用完全的 Lagrangian 格式,而对其他的节点力应用更新的 Lagrangian 格式。学生们经常会问为什么采用两种方法,而它们基本上是一致的。我们必须承认,同时引入两种格式的主要原因是它们都在被广泛地应用,因此,为了理解程序和文献,有必要熟悉两种格式。但是,作为第一课,越过任何一种 Lagrangian 格式都是明智的。

2.8.1 有限元近似 我们将整个域划分为若干单元域 Ω_e,因此有 $\Omega = \bigcup \Omega_e$。在初始构形中,节点坐标为 $X_1, X_2, \cdots, X_{n_N}$,而节点的当前位置为 $x_1(t), x_2(t), \cdots, x_{n_N}(t)$。在初始构形中,单元 e 的 m 个节点的位置表示为 $X_1^e, X_2^e, \cdots, X_m^e$,而这些节点在当前构形中为 $x_1^e(t), x_2^e(t), \cdots, x_m^e(t)$。通过有限元近似给出这些运动:

$$x_I(t) = x(X_I, t) \tag{2.8.1}$$

因此，网格的每一个节点与材料点保持一致。

我们将在一个单元水平上建立方程，然后应用第 2.5 节给出的算法通过装配获得总体方程。与前面类似，采用由物理赋予的名称将过程系统化。

相关变量为速度和应力。处理本构方程和质量守恒方程为强形式，动量方程为弱形式。由于质量守恒方程是一个代数方程，应用它可以很容易地计算任意一点的密度。我们建立半离散方程，似乎没有考虑基本边界条件，而是后来施加给它们。

每一个单元的速度场可以近似为

$$v(X,t)=\sum_{I=1}^{m}N_I(X)v_I(t)=\boldsymbol{N}(X)\boldsymbol{v}(t) \tag{2.8.2}$$

尽管形函数是材料坐标 X 的函数，但是它们可以表示为空间坐标的形式，为了达到这个目的，逆映射 $x=\phi(X,t)$ 给出 $X=\phi^{-1}(x,t)$，则速度场为

$$v(x,t)=\boldsymbol{N}(\phi^{-1}(x,t))\boldsymbol{v}(t) \tag{2.8.3}$$

尽管建立逆映射常常是不可能的，但是通过隐式微分可以获得对空间坐标的偏导数，所以从来不需要计算逆映射。

取公式(2.8.2)的材料时间导数，给出加速度场为

$$\dot{v}(X,t)=\boldsymbol{N}(X)\,\dot{\boldsymbol{v}}(t)\equiv\boldsymbol{N}(X)\boldsymbol{a}(t) \tag{2.8.4}$$

从这一步可以看出，将形函数表示为**材料坐标**的函数是非常关键的。如果形函数由 Eulerian 坐标表示为

$$v(x,t)=\boldsymbol{N}(x)\boldsymbol{v}(t)=\boldsymbol{N}(\phi(X,t))\boldsymbol{v}(t) \tag{2.8.5}$$

则形函数的材料时间导数不为零，并且不能将加速度表示为同样形函数与节点加速度乘积的形式。

2.8.2　单元坐标　有限元计算通常由母体单元坐标 ξ 来完成，简称为单元坐标，有些作者也称它们为自然坐标。单元坐标，诸如三角形坐标和等参坐标，对多维单元是特别方便的。

图 2.6 所示为一个在初始(参考)和当前构形上的 2 节点单元。母体的定义域为区间 $0\leqslant\xi\leqslant1$，它可以被映射到初始和当前构形上。例如，在 2 节点单元中，Eulerian 坐标与单元坐标之间的映射为

$$x(\xi,t)=x_1(t)(1-\xi)+x_2(t)\xi \tag{2.8.6}$$

对于一般的一维单元，这种映射用形函数的形式表示为

$$x(\xi,t)=\boldsymbol{N}(\xi)\boldsymbol{x}^e(t) \tag{2.8.7}$$

指定上式在初始时刻，则可得到初始构形与母体域之间的映射：

$$X(\xi)=\sum_{I=1}^{m}N_I(\xi)X_I^e=\boldsymbol{N}(\xi)\boldsymbol{X}^e \tag{2.8.8}$$

上式对于 2 节点单元为

$$X(\xi)=X_1(1-\xi)+X_2\xi \tag{2.8.9}$$

Eulerian 坐标与单元坐标之间的映射[公式(2.8.6)]，随时间发生变化，而在 Lagrangian 网格中初始构形与单元域之间的映射是时间不变量。因此，公式(2.8.7)中由单元坐标表示的形函数与时间无关。如果初始映射是母体单元 ξ 上的每一点映射到初始构形上的唯一点，并且对于每一个点 X，存在一个点 ξ，则母体单元坐标可以作为材料标识，这种映射称为一

对一。在当前构形与母体域之间的映射也必须是一对一。这在第 3 章中有进一步的讨论。

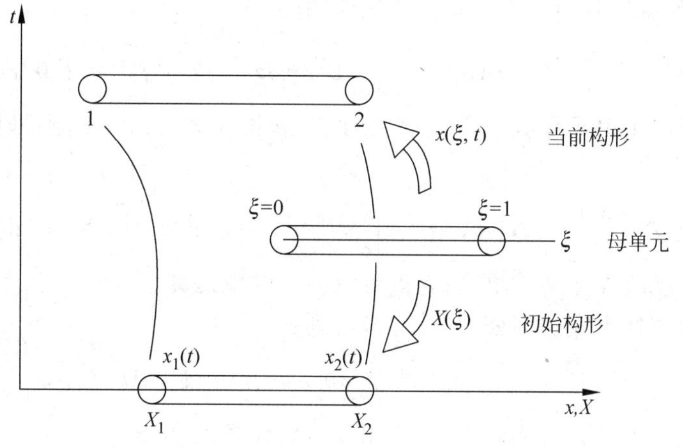

图 2.6 单元母体构形的规则，展示 Lagrangian 网格映射到初始构形（和参考、未变形构形），与当前（和变形后）构形

由公式(2.8.7)和(2.8.8)推论，位移可以由相同的形函数进行插值：

$$u(\xi,t) = x(\xi,t) - X(\xi) = \boldsymbol{N}(\xi)(\boldsymbol{x}^e(t) - \boldsymbol{X}^e) = \boldsymbol{N}(\xi)\boldsymbol{u}^e(t) \tag{2.8.10}$$

因为形函数与时间无关，通过位移的材料导数也可以得到速度和加速度，而变分函数由同一形函数给出，因此

$$v(\xi,t) = \boldsymbol{N}(\xi)\boldsymbol{v}^e(t) \quad a(\xi,t) = \boldsymbol{N}(\xi)\ddot{\boldsymbol{u}}^e(t) \quad \delta v(\xi,t) = \boldsymbol{N}(\xi)\delta\boldsymbol{V}^e \tag{2.8.11}$$

应用公式(2.8.2)和(2.6.5)，并注意到公式(2.8.3)，变形率可以表示为形函数的形式：

$$D_x(x,t) = v_{,x}(x,t) = \boldsymbol{N}_{,x}(X(x,t))\boldsymbol{v}^e(t) \tag{2.8.12}$$

式中，我们已经指明形函数取决于 Eulerian 坐标。通过一个 $\boldsymbol{B}$ 矩阵，将变形率表示为节点速度的形式：

$$D_x = v_{,x} = \boldsymbol{B}\boldsymbol{v}^e = \sum_{I=1}^{m} B_I v_I^e \tag{2.8.13}$$

其中

$$\boldsymbol{B} = \boldsymbol{N}_{,x} \quad \text{或} \quad B_I = N_{I,x} \tag{2.8.14}$$

这个 $\boldsymbol{B}$ 矩阵与完全的 Lagrangian 格式中使用的 $\boldsymbol{B}_0$ 矩阵不同，求它的导数对应于 Eulerian 坐标。形函数的空间导数由链规则得到：

$$\boldsymbol{N}_{,\xi} = \boldsymbol{N}_{,x} \quad \text{因此} \quad \boldsymbol{N}_{,x} = \boldsymbol{N}_{,\xi}\, x_{,\xi}^{-1} \tag{2.8.15}$$

由上式得到

$$D_x(\xi,t) = x_{,\xi}^{-1}\boldsymbol{N}_{,\xi}(\xi)\boldsymbol{v}^e(t) = \boldsymbol{B}(\xi)\boldsymbol{v}^e(t) \quad \boldsymbol{B}(\xi) = \boldsymbol{N}_{,\xi}\, x_{,\xi}^{-1} \tag{2.8.16}$$

2.8.3 内部和外部节点力 我们现在应用在第 2.4 和 2.5 节中给出的过程在单元水平上确定对应于弱形式的每一项的节点力。总体方程和基本边界条件的装配与完全的 Lagrangian 格式的过程一致。

通过内部虚功率建立内部节点力。定义单元内部节点力并与虚速度的标量乘积给出内部虚功率，则由公式(2.7.6)和(2.8.13)我们可以写出

$$\delta p_e^{\text{int}} \equiv \delta\boldsymbol{v}_e^{\mathrm{T}}\boldsymbol{f}_e^{\text{int}} = \int_{x_1^e(t)}^{x_m^e(t)} \delta v_{,x}^{\mathrm{T}}\sigma A\,\mathrm{d}x = \delta\boldsymbol{v}_e^{\mathrm{T}}\int_{x_1^e(t)}^{x_m^e(t)} \boldsymbol{N}_{,x}^{\mathrm{T}}\sigma A\,\mathrm{d}x \tag{2.8.17}$$

尽管被积函数的第一项是一个标量，但我们仍保留其转置的形式，当 δv 被一个矩阵乘积替代时，则表达式保持一致性。由 $\delta \boldsymbol{v}_e$ 的任意性，有

$$\boldsymbol{f}_e^{\text{int}} = \int_{x_1^e(t)}^{x_m^e(t)} \boldsymbol{N}_{,x}^{\mathrm{T}} \boldsymbol{\sigma} A \,\mathrm{d}x = \int_{x_1^e(t)}^{x_m^e(t)} \boldsymbol{B}^{\mathrm{T}} \sigma A \,\mathrm{d}x \quad \text{或} \quad \boldsymbol{f}_e^{\text{int}} = \int_{\Omega} \boldsymbol{B}^{\mathrm{T}} \sigma \mathrm{d}\Omega \tag{2.8.18}$$

则内部节点力可以用单元坐标的形式赋值，通过转换公式(2.8.18)到母体域和应用 $\mathrm{d}x = x_{,\xi}\,\mathrm{d}\xi$，给出

$$\boldsymbol{f}_e^{\text{int}} = \int_{x_1^e(t)}^{x_m^e(t)} \boldsymbol{N}_{,x}^{\mathrm{T}} \sigma A \,\mathrm{d}x = \int_{\xi_1}^{\xi_m} \boldsymbol{N}_{,\xi}^{\mathrm{T}} x_{,\xi}^{-1} \sigma A x_{,\xi} \mathrm{d}\xi = \int_{\xi_1}^{\xi_m} \boldsymbol{N}_{,\xi}^{\mathrm{T}} \sigma A \,\mathrm{d}\xi \tag{2.8.19}$$

上式中的最后一项既漂亮又简单，但它仅可以在一维中运算。

外部节点力由外力虚功率公式(2.7.7)得到：

$$\delta p_e^{\text{ext}} = \delta \boldsymbol{v}_e^{\mathrm{T}} \boldsymbol{f}_e^{\text{ext}} = \int_{\Omega^e} \delta v^{\mathrm{T}} \rho \, b \,\mathrm{d}\Omega + (\delta v^{\mathrm{T}} A \bar{t}_x)\big|_{\Gamma_t} \tag{2.8.20}$$

将公式(2.8.11)代入上式右侧的项，并应用 $\delta \boldsymbol{v}_e$ 的任意性，给出

$$\boldsymbol{f}_e^{\text{ext}} = \int_{x_1^e}^{x_m^e} \boldsymbol{N}^{\mathrm{T}} \rho \, b A \,\mathrm{d}x + (\boldsymbol{N}^{\mathrm{T}} A \bar{t}_x)\big|_{\Gamma_t^e} = \int_{\Omega^e} \boldsymbol{N}^{\mathrm{T}} \rho \, b \,\mathrm{d}\Omega + (\boldsymbol{N}^{\mathrm{T}} A \bar{t}_x)\big|_{\Gamma_t^e} \tag{2.8.21}$$

其中，仅当边界恰好是单元的节点时，第二项才做贡献。

2.8.4　质量矩阵　由内部虚功率公式(2.7.8)得到惯性节点力和质量矩阵：

$$\delta p^{\text{kin}} = \delta \boldsymbol{v}_e^{\mathrm{T}} \boldsymbol{f}_e^{\text{kin}} = \int_{x_1^e(t)}^{x_m^e(t)} \delta v^{\mathrm{T}} \rho \frac{\mathrm{D}v}{\mathrm{D}t} A \,\mathrm{d}x \tag{2.8.22}$$

将公式(2.8.11)代入上式，有

$$\boldsymbol{f}_e^{\text{kin}} = \int_{x_1^e(t)}^{x_m^e(t)} \rho \boldsymbol{N}^{\mathrm{T}} \boldsymbol{N} A \,\mathrm{d}x \, \dot{\boldsymbol{v}}^e = \boldsymbol{M}^e \, \dot{\boldsymbol{v}}^e \tag{2.8.23}$$

其中，惯性力已经写成质量矩阵 $\boldsymbol{M}$ 和节点加速度的乘积。质量矩阵为

$$\boldsymbol{M}^e = \int_{x_1^e(t)}^{x_m^e(t)} \rho \boldsymbol{N}^{\mathrm{T}} \boldsymbol{N} A \,\mathrm{d}x = \int_{\Omega^e} \rho \boldsymbol{N}^{\mathrm{T}} \boldsymbol{N} \mathrm{d}\Omega \tag{2.8.24}$$

因为积分域和横截面面积是时间的函数，故上式形式的质量矩阵必为时间的函数。但是，如果我们以 $\rho_0 A_0 \,\mathrm{d}X = \rho A \,\mathrm{d}x$ 的形式使用公式(2.2.11)的质量守恒方程，我们可以得到一个与时间无关的形式：

$$\boldsymbol{M}^e = \int_{X_1^e}^{X_m^e} \rho_0 \boldsymbol{N}^{\mathrm{T}} \boldsymbol{N} A_0 \,\mathrm{d}X \tag{2.8.25}$$

质量矩阵的这个公式与完全的 Lagrangian 格式建立的表达式(2.4.11)是相同的。该公式的优点在于它清楚地表明，在更新的 Lagrangian 格式中质量矩阵不随时间而变化，因此，在模拟中不必重新计算，而公式(2.8.24)则表达得不够清楚。

2.8.5　更新的和完全的 Lagrangian 格式的等价性　在更新的和完全的 Lagrangian 格式中，可以证明内部和外部节点力是一致的。为了证明这些节点力的等价性，我们应用链规则以材料导数的形式表示形函数的空间导数：

$$\boldsymbol{N}_{,x}(X) = \boldsymbol{N}_{,X} \frac{\partial X}{\partial x} \tag{2.8.26}$$

从上式有 $\boldsymbol{N}_{,x}\mathrm{d}x = \boldsymbol{N}_{,X}\mathrm{d}X$，将其代入公式(2.8.18)，给出

$$\boldsymbol{f}_e^{\text{int}} = \int_{x_1^e(t)}^{x_m^e(t)} \boldsymbol{N}_{,x}^{\mathrm{T}} \sigma A \,\mathrm{d}x = \int_{X_1^e}^{X_m^e} \boldsymbol{N}_{,X}^{\mathrm{T}} \sigma A \,\mathrm{d}X \tag{2.8.27}$$

其中，第三个表达式的积分限已经变换成节点的材料坐标，因为积分已经变换到初始构形。

如果我们现在利用等价式(2.2.9),$\sigma A=PA_0$,由上式我们得到

$$\boldsymbol{f}_e^{\text{int}}=\int_{X_1^e}^{X_m^e}\boldsymbol{N}_{,X}^{\mathrm{T}}PA_0\,\mathrm{d}X \tag{2.8.28}$$

这个表达式与完全的 Lagrangian 格式的内部节点力的表达式(2.5.14)是相同的。因此,在更新的和完全的 Lagrangian 格式中,内部节点力的表达式简化为相同的两种表示方式。

外部节点力的等价性通过质量守恒方程(2.2.11)证明。由公式(2.8.21)出发,利用公式(2.2.11),给出

$$\boldsymbol{f}_e^{\text{ext}}=\int_{x_1^e}^{x_m^e}\boldsymbol{N}^{\mathrm{T}}\rho bA\,\mathrm{d}x+(\boldsymbol{N}^{\mathrm{T}}A\bar{t}_x)\big|_{\Gamma_t^e}=\int_{X_1^e}^{X_m^e}\boldsymbol{N}^{\mathrm{T}}\rho_0 bA_0\,\mathrm{d}X+(\boldsymbol{N}^{\mathrm{T}}A_0\bar{t}_x^0)\big|_{\Gamma_t^e} \tag{2.8.29}$$

其中,在最后一项我们应用了等式(2.6.10),$t_xA=t_x^0A_0$。上式与完全的 Lagrangian 格式的表达式(2.4.8)是相同的。

因此,为了表达同一个离散方程,更新的 Lagrangian 格式(框 2.3)和完全的 Lagrangian 格式简单地提供了可交换性,选取哪种格式取决于它的方便性。另外,在同一运算中不同的节点力可以采用其中任何一种格式。例如,在同一过程中,内部节点力可以用更新的 Lagrangian 格式赋值,而外部节点力由完全的 Lagrangian 格式赋值。完全的和更新的 Lagrangian 格式简单地反映了描述应力和应变度量的不同方法,以及导数和积分赋值的不同方法。在两种格式中,我们也采用了其他的相关变量,如速度和应力在更新格式中,名义应力和位移在完全格式中。然而,这并不是格式的本质区别。

2.8.6 装配、边界条件和初始条件 从单元矩阵获得总体方程的装配过程与第 2.5 节中描述的完全的 Lagrangian 格式的过程是一致的。集合运算用于获得每个单元的节点速度,由此获得应变度量,在这种情况下,可以求出每个单元的变形率。然后应用本构方程计算应力,由此可以应用公式(2.8.19)计算节点内力。通过离散运算,将内部和外部节点力装配入总体矩阵。类似地,施加基本边界条件和初始条件与第 2.4 节描述的是一致的。所给出的总体方程与公式(2.4.17)和(2.4.15)是一致的。现在需要关于速度和应力的初始条件,对于静止状态的无应力物体,初始条件为

$$v_I=0,\quad I=1,2,\cdots,n_N;\quad \sigma_Q=0,\quad Q=1,2,\cdots,n_Q \tag{2.8.30}$$

其中,Q 涉及 n_Q 个积分点。对于工程问题,以应力和速度的形式描述初始条件是更合适的,如第 4.2 节所讨论的。非零的初始值由第 2.4.5 节描述的方法通过 L_2 映射拟合。

框 2.3 更新的 Lagrangian 格式的离散方程

$$D_x=\sum_{I=1}^{m}\frac{\partial N_I}{\partial x}v_I^e=\boldsymbol{B}\boldsymbol{v}^e \tag{B2.3.1}$$

$$\boldsymbol{f}^{\text{int}}=\int_\Omega\frac{\partial\boldsymbol{N}^{\mathrm{T}}}{\partial x}\sigma\,\mathrm{d}\Omega\quad 或\quad \boldsymbol{f}^{\text{int}}=\int_\Omega\boldsymbol{B}^{\mathrm{T}}\sigma\,\mathrm{d}\Omega \tag{B2.3.2}$$

$$\boldsymbol{f}^{\text{ext}}=\int_\Omega\rho\boldsymbol{N}^{\mathrm{T}}b\,\mathrm{d}\Omega+(\boldsymbol{N}^{\mathrm{T}}A\bar{t}_x)\big|_{\Gamma_t} \tag{B2.3.3}$$

$$\boldsymbol{M}=\int_{\Omega_0}\rho_0\boldsymbol{N}^{\mathrm{T}}\boldsymbol{N}\,\mathrm{d}\Omega_0\quad(与完全的\ \text{Lagrangian}\ 格式相同) \tag{B2.3.4}$$

总体方程

$$\boldsymbol{M}\ddot{\boldsymbol{u}}+\boldsymbol{f}^{\text{int}}=\boldsymbol{f}^{\text{ext}} \tag{B2.3.5}$$

例 2.4　更新的 Lagrangian 格式 2 节点单元　除了现在应用更新的 Lagrangian 格式讨论之外，这个单元与例 2.1 中的单元是相同的，如图 2.4 所示，我们已假定每个单元的 A_0 和 ρ_0 为常数。

速度场为

$$v(X,t) = \underbrace{\frac{1}{l_0}[X_2 - X \quad X - X_1]}_{N(X)}\begin{Bmatrix} v_1(t) \\ v_2(t) \end{Bmatrix} \tag{E2.4.1}$$

用单元坐标的形式，则速度场为

$$v(\xi,t) = \underbrace{[1-\xi \quad \xi]}_{N(\xi)}\begin{Bmatrix} v_1(t) \\ v_2(t) \end{Bmatrix}, \quad \xi = \frac{X - X_1}{l_0} \tag{E2.4.2}$$

位移是速度的时间积分，而 ξ 与时间无关，则

$$\boldsymbol{u}(\xi,t) = \boldsymbol{N}(\xi)\boldsymbol{u}_e(t) \tag{E2.4.3}$$

由于 $x = X + u$，所以

$$x(\xi,t) = \boldsymbol{N}(\xi)\boldsymbol{x}_e(t) = [1-\xi \quad \xi]\begin{Bmatrix} x_1(t) \\ x_2(t) \end{Bmatrix}, \quad x_{,\xi} = x_2 - x_1 = l \tag{E2.4.4}$$

其中，l 是单元的当前长度。我们可以用 Eulerian 坐标的形式表示 ξ：

$$\xi = \frac{x - x_1}{x_2 - x_1} = \frac{x - x_1}{l}, \quad \xi_{,x} = \frac{1}{l} \tag{E2.4.5}$$

所以，不用通过对 $x_{,\xi}$ 求逆可以直接得到 $\xi_{,x}$，这在高阶单元中将不适用。

由链规则得到 $\boldsymbol{B}$ 矩阵：

$$\boldsymbol{B} = \boldsymbol{N}_{,x} = \boldsymbol{N}_{,\xi}\xi_{,x} = \frac{1}{l}[-1 \quad +1] \tag{E2.4.6}$$

所以，变形率为

$$D_x = \boldsymbol{B}\boldsymbol{v}^e = \frac{1}{l}(v_2 - v_1) \tag{E2.4.7}$$

如果被积函数是常数，则方程(2.8.18)为

$$\boldsymbol{f}_e^{\text{int}} = \int_{x_1}^{x_2} \boldsymbol{B}^{\mathrm{T}}\sigma A\,\mathrm{d}x = \int_{x_1}^{x_2} \frac{1}{l}\begin{Bmatrix} -1 \\ +1 \end{Bmatrix}\sigma A\,\mathrm{d}x \quad \text{或} \quad \boldsymbol{f}_e^{\text{int}} = A\sigma\begin{Bmatrix} -1 \\ +1 \end{Bmatrix} \tag{E2.4.8}$$

这样，对应于受力单元的内部节点力可以由应力 σ 得到。注意内部节点力是处于平衡状态的。

外部节点力由公式(2.8.21)计算：

$$\boldsymbol{f}_e^{\text{ext}} = \int_{x_1}^{x_2}\begin{Bmatrix} 1-\xi \\ \xi \end{Bmatrix}\rho b A\,\mathrm{d}x + \left.\left(\begin{Bmatrix} 1-\xi \\ \xi \end{Bmatrix}A\bar{t}_x\right)\right|_{\Gamma_t} \tag{E2.4.9}$$

只有单元节点处在力边界上时，上式的最后一项才做出贡献。

对于线性位移单元，通常由线性插值来拟合 $b(x,t)$ 的数据(高阶插值的信息将超出 2 节点单元的求解需要)。所以，我们令 $b(\xi,t) = b_1(1-\xi) + b_2\xi$，并将它代入公式(E2.4.9)，积分得到

$$\boldsymbol{f}_e^{\text{ext}} = \frac{\rho A l}{6}\begin{Bmatrix} 2b_1 + b_2 \\ b_1 + 2b_2 \end{Bmatrix} \tag{E2.4.10}$$

与完全的 Lagrangian 格式比较 现在我们将与在完全的 Lagrangian 格式中得到的节点力进行比较。用在公式(2.2.9)中使用的名义应力代替公式(E2.4.8)中的 σ,我们可以看到公式(E2.4.8)与式(E2.1.4)～(E2.1.5)是等价的。

为了比较外部节点力,我们应用物质守恒 $\rho Al=\rho_0 A_0 l_0$,将它代入公式(E2.4.10),则得到式(E2.1.8),即外部节点力的完全的 Lagrangian 形式。在更新的 Lagrangian 格式中,应用的是来自完全的 Lagrangian 格式的质量,所以是明显等价的。

例 2.5 更新的 Lagrangian 形式的 3 节点二次位移单元 如图 2.7 所示的 3 节点单元。节点 2 可以置于两端节点之间的任意位置,但是如果要满足一一对应的条件,其位置是受限制的。我们也要检查**网格畸变**的影响。

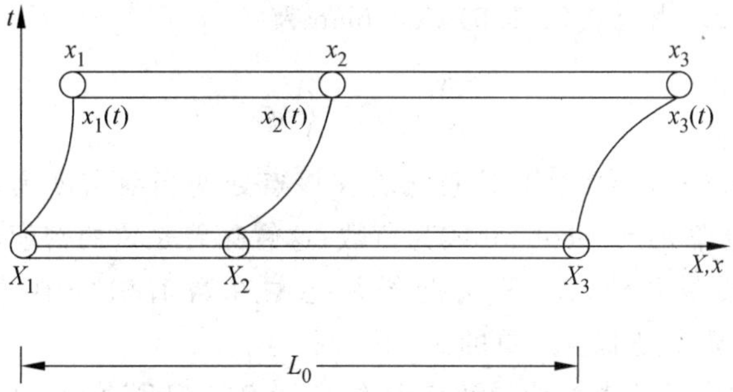

图 2.7 3 节点二次位移单元的初始构形和当前构形

以单元坐标的形式写出位移和速度场:

$$u(\xi,t)=\boldsymbol{N}(\xi)\boldsymbol{u}_e(t),\quad v(\xi,t)=\boldsymbol{N}(\xi)\boldsymbol{v}_e(t),\quad x(\xi,t)=\boldsymbol{N}(\xi)\boldsymbol{x}_e(t) \tag{E2.5.1}$$

其中

$$\boldsymbol{N}(\xi)=\left[\frac{1}{2}(\xi^2-\xi)\quad 1-\xi^2\quad \frac{1}{2}(\xi^2+\xi)\right] \tag{E2.5.2}$$

和

$$\boldsymbol{u}_e^{\mathrm{T}}=[u_1\quad u_2\quad u_3]\quad \boldsymbol{v}_e^{\mathrm{T}}=[v_1\quad v_2\quad v_3]\quad \boldsymbol{x}_e^{\mathrm{T}}=[x_1\quad x_2\quad x_3] \tag{E2.5.3}$$

$\boldsymbol{B}$ 矩阵为

$$\boldsymbol{B}=\boldsymbol{N}_{,x}=x_{,\xi}^{-1}\boldsymbol{N}_{,\xi}=\frac{1}{2\boldsymbol{x}_{,\xi}}[2\xi-1\quad -4\xi\quad 2\xi+1] \tag{E2.5.4}$$

$$x_{,\xi}=\boldsymbol{N}_{,\xi}\boldsymbol{x}_e=\left(\xi-\frac{1}{2}\right)x_1-2\xi x_2+\left(\xi+\frac{1}{2}\right)x_3$$

其中,变形率为

$$D_x=\boldsymbol{N}_{,x}\boldsymbol{v}_e=\boldsymbol{B}\boldsymbol{v}_e=\frac{1}{2x_{,\xi}}[2\xi-1\quad -4\xi\quad 2\xi+1]\boldsymbol{v}_e \tag{E2.5.5}$$

如果 $x_{,\xi}$ 是常数,则单元中的变形率是线性变化的,这是节点 2 位于其他两节点中间时的一种情况。然而,当由于单元的畸变,节点 2 偏离中间位置时,$x_{,\xi}$ 变为 ξ 的线性函数,而变形率变为一个有理函数。进一步讲,当节点 2 从中间移开时,$x_{,\xi}$ 有可能成为负数,或为零。在这种情况下,当前空间坐标和单元坐标的映射将不再一一对应。

内部节点力由公式(2.8.18)给出:

$$\boldsymbol{f}_e^{\text{int}} = \int_{x_1}^{x_3} \boldsymbol{B}^{\mathrm{T}} \sigma A \,\mathrm{d}x = \int_{-1}^{+1} \frac{1}{x_{,\xi}} \begin{Bmatrix} \xi - \dfrac{1}{2} \\ -2\xi \\ \xi + \dfrac{1}{2} \end{Bmatrix} \sigma A x_{,\xi} \mathrm{d}\xi = \int_{-1}^{+1} \sigma A \begin{Bmatrix} \xi - \dfrac{1}{2} \\ -2\xi \\ \xi + \dfrac{1}{2} \end{Bmatrix} \mathrm{d}\xi \tag{E2.5.6}$$

式中，我们应用了 $\mathrm{d}x = x_{,\xi}\mathrm{d}\xi$。应用公式（2.2.9），我们可以看出这个表达式与完全的 Lagrangian 格式的内力表达式(E2.3.5)是相同的。

2.8.7 网格畸变 现在我们来检查网格畸变对 3 节点二次单元的影响。当 $x_2 = \dfrac{1}{4}(x_3 + 3x_1)$，即单元的节点 2 是位于离节点 1 四分之一单元长度时，则在 $\xi = -1$ 处，$x_{,\xi} = \dfrac{1}{2}(x_3 - x_1)(\xi + 1) = 0$。由公式(2.2.5)，Jacobian 为

$$J = \frac{A}{A_0} x_{,X} = \frac{A}{A_0} x_{,\xi} X_{,\xi}^{-1} \tag{2.8.31}$$

因此它也将为零。由公式(2.2.10)，这意味着在该点处的当前密度为无穷大。若节点 2 移动接近节点 1，在部分单元上 Jacobian 成为负数，这意味着是负的密度值并违背了坐标的一一对应。这违背了质量守恒。这些情况经常隐藏在数值积分中，因为在高斯积分点，Jacobian 成为负数时畸变是非常严重的。

不能满足一一对应条件也可能导致变形率 $D_x = \boldsymbol{B}\boldsymbol{v}_e$ 出现奇异。由公式(E2.5.5)，当分母 $x_{,\xi}$ 为零或成为负数时，我们难以看到势能。当 $x_2 = \dfrac{1}{4}(x_3 + 3x_1)$ 时，在 $\xi = -1$ 处有 $x_{,\xi} = 0$，所以在节点 1 处变形率为无穷大。这种二次位移单元的性质已经被利用在断裂力学中建立包含裂纹尖端奇异应力的单元，称为四分之一点单元。但是在大位移分析中，这种行为会出现问题。

在一维单元中，网格畸变的影响不像在多维问题中那么严重。事实上，应用 F 作为在这种单元的变形度量多少可以减轻网格畸变的影响，见公式(E2.3.3)。在 3 节点单元中，如果 X_2 的初始位置位于中点，那么变形梯度 F 绝不会成为奇异。

例 2.6 轴对称 2 节点单元 作为证明虚功率或虚功原理概念的一个非常有用的例子，我们考虑一个厚度为常数 a 的二维轴对称圆盘，与它的尺寸相比其厚度很薄，所以有 $\sigma_z = 0$(如图 2.8 所示)。在轴对称问题中，唯一非零的速度是 $v_r(r)$，如图所示它仅是径向坐标的函数。在圆柱坐标系中应用 Voigt 符号，写出非零的 Cauchy 应力和变形率：

$$\{\boldsymbol{D}\} = \begin{Bmatrix} D_r \\ D_\theta \end{Bmatrix}, \quad \{\boldsymbol{\sigma}\} = \begin{Bmatrix} \sigma_r \\ \sigma_\theta \end{Bmatrix} \tag{E2.6.1}$$

变形率分量为

$$D_r = v_{r,r}, \quad D_\theta = \frac{v_r}{r} \tag{E2.6.2}$$

动量方程为

$$\frac{\partial \sigma_r}{\partial r} + \frac{\sigma_r - \sigma_\theta}{r} + \rho b_r = \rho \dot{v}_r \tag{E2.6.3}$$

没有必要积分动量方程以获得它的弱形式。通过虚功率原理，其弱形式为 $\delta p = 0\ \forall\, \delta v_r \in u_0$，由变形率和应力获得内部虚功率：

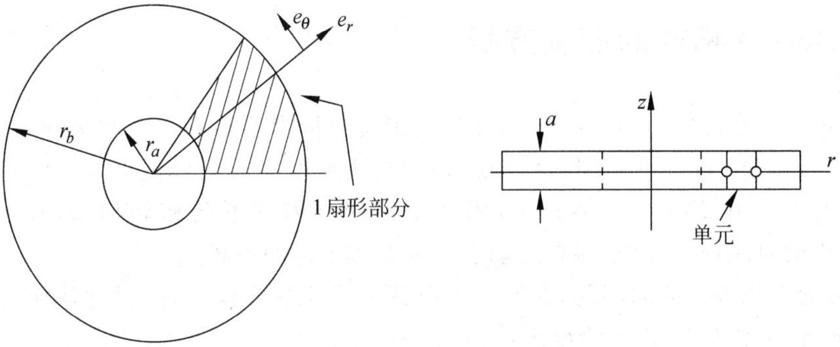

图 2.8 轴对称圆盘：阴影面积考虑为做功项

$$\delta P_e^{\text{int}} = \int_{r_1^e}^{r_2^e} (\delta D_r \sigma_r + \delta D_\theta \sigma_\theta) ar\,\mathrm{d}r = \int_{\Omega_e} \{\delta \boldsymbol{D}\}^{\mathrm{T}} \{\boldsymbol{\sigma}\} \mathrm{d}\Omega \tag{E2.6.4}$$

其中，$\mathrm{d}\boldsymbol{\Omega} = ar\mathrm{d}r$，这是因为在圆周方向上选择了一段径向段，以避免在所有项中含因子 2π。外虚功率和惯性虚功率为

$$\delta P_e^{\text{ext}} = \int_{\Omega_e} \delta v_r \rho b_r \mathrm{d}\Omega + (ar\bar{t}_r)\big|_{\Gamma_t} \quad \delta P_e^{\text{kin}} = \int_{\Omega_e} \delta v_r \rho \dot{v}_r \mathrm{d}\Omega \tag{E2.6.5}$$

在上式最后一项中 ar 为一径向段的面积。考虑一个 2 节点有限单元，以单元坐标形式写出其线性速度场：

$$v(\xi,t) = [1-\xi \quad \xi]\begin{Bmatrix} v_1(t) \\ v_2(t) \end{Bmatrix} \tag{E2.6.6}$$

通过公式(E2.6.2)和应用上式中的速度场为变形率赋值，并将其立刻写成矩阵形式：

$$\{\boldsymbol{D}\} = \begin{Bmatrix} D_r \\ D_\theta \end{Bmatrix} = \begin{bmatrix} -\dfrac{1}{r_{21}} & \dfrac{1}{r_{21}} \\ \dfrac{1-\xi}{r} & \dfrac{\xi}{r} \end{bmatrix} \begin{Bmatrix} v_1(t) \\ v_2(t) \end{Bmatrix} = \boldsymbol{B}\boldsymbol{v}_e \tag{E2.6.7}$$

其中 $r_{21} \equiv r_2 - r_1$。内部节点力由与公式(2.8.18)相同的表达式给出，只是应力由列矩阵替换：

$$\boldsymbol{f}_e^{\text{int}} = \int_{\Omega_e} \boldsymbol{B}^{\mathrm{T}} \{\boldsymbol{\sigma}\} \mathrm{d}\Omega = \int_{r_1}^{r_2} \begin{bmatrix} -\dfrac{1}{r_{21}} & \dfrac{1}{r_{21}} \\ \dfrac{1-\xi}{r} & \dfrac{\xi}{r} \end{bmatrix}^{\mathrm{T}} \begin{Bmatrix} \sigma_r \\ \sigma_\theta \end{Bmatrix} ar\,\mathrm{d}r \tag{E2.6.8}$$

单元质量矩阵为

$$\boldsymbol{M}_e = \int_{r_1}^{r_2} \begin{Bmatrix} 1-\xi \\ \xi \end{Bmatrix} [1-\xi \quad \xi] \rho ar\,\mathrm{d}r = \frac{\rho a r_{21}}{12} \begin{bmatrix} 3r_1 + r_2 & r_1 + r_2 \\ r_1 + r_2 & r_1 + 3r_2 \end{bmatrix} \tag{E2.6.9}$$

通过行求和技术或者在每一点集中一半质量计算对角化质量矩阵，分别有

$$\boldsymbol{M}_e = \frac{\rho a r_{21}}{6} \begin{bmatrix} 2r_1 + r_2 & 0 \\ 0 & r_1 + 2r_2 \end{bmatrix}_{\text{row-sum}}, \quad \boldsymbol{M}_e = \frac{\rho a r_{21}(r_1 + r_2)}{4} \begin{bmatrix} 1 & 0 \\ 0 & 1 \end{bmatrix}_{\text{lump}} \tag{E2.6.10}$$

可以看到这两种对角化过程给出稍有不同的结果。

2.9　Eulerian 格式的控制方程

在 Eulerian 格式中，节点在空间固定，且相关变量为 Eulerian 空间坐标 x 和时间 t 的函数。应力度量为 Cauchy(物理的)应力 $\sigma(x,t)$，变形度量为变形率 $D_x(x,t)$，而运动由速度 $v(x,t)$ 描述。在 Eulerian 格式中，因为不能建立未变形的初始构形，以及不存在公式(2.2.1)中的对应项，所以不能将运动表示为参考坐标的函数。

对于截面面积为常数的问题，在框 2.4 中总结了控制方程。对比我们刚刚讨论过的更新的 Lagrangian 格式，有 4 点值得注意：

1. 质量守恒方程现在写成偏微分方程。由于它仅应用在材料点，用于 Lagrangian 网格的代数形式在这里不适用。
2. 在动量方程中，关于速度的材料时间导数已经写成空间时间导数的形式和一个对流项。
3. 本构方程表示为率形式。
4. 边界条件强加在固定空间点上。

框 2.4　Eulerian 格式的控制方程

连续方程(质量守恒)

$$\frac{\partial\rho}{\partial t}+\frac{\partial(\rho v)}{\partial x}=0 \tag{B2.4.1}$$

动量方程

$$\rho\left(\frac{\partial v}{\partial t}+v\frac{\partial v}{\partial x}\right)=\frac{\partial\sigma}{\partial x}+\rho b \tag{B2.4.2}$$

应变度量(变形率)

$$D_x=v_{,x} \tag{B2.4.3}$$

率形式的本构方程

$$\frac{\mathrm{D}\sigma}{\mathrm{D}t}=\sigma_{,t}(x,t)+\sigma_{,x}(x,t)v(x,t)=S_t^{\sigma D}(D_x,\sigma,\text{etc.},\bar{t}\leqslant t) \tag{B2.4.4}$$

能量守恒方程(与前面描述的相同)

在一般情况下，边界条件需要给出密度、速度和应力。在第 7 章中我们将看到，在 Eulerian 网格中，密度和应力的边界条件依赖于在边界上是否有材料流入或者流出。在这种介绍性的讲述中，我们仅考虑没有流动的边界，即 Lagrangian 边界点，在这些点上由 Lagrangian 质量守恒方程(2.2.10)和本构方程可以相应地确定其密度和应力。因此，不必给出这些变量的边界条件。

2.10　Eulerian 网格方程的弱形式

在 Eulerian 格式中，我们有三组相关变量：密度 $\rho(x,t)$、速度 $v(x,t)$和应力 $\sigma(x,t)$。通过将公式(B2.4.3)代入本构方程(B2.4.4)，可以很容易地从动量方程中消去变形率。因此，我们需要三组离散方程，即建立动量方程、质量守恒方程和本构方程的弱形式。

下面构造质量守恒方程的连续解。密度的试函数为 $\rho(x,t)$，其变分函数为 $\delta\rho(x)$，因此

$$\rho(x,t) \in D, \quad D = \{\rho(x,t) \mid \rho(x,t) \in C^0(x)\} \tag{2.10.1}$$

$$\delta\rho(x) \in D_0, \quad D_0 = \{\delta\rho(x) \mid \delta\rho(x) \in C^0(x)\} \tag{2.10.2}$$

由连续方程与变分函数 $\delta\rho(x)$ 的乘积并在全域内积分得到连续方程的弱形式，即

$$\int_{x_a}^{x_b} \delta\rho(\rho_{,t} + (\rho v)_{,x})\mathrm{d}x = 0 \quad \forall\, \delta\rho \in D_0 \tag{2.10.3}$$

在弱形式中，仅出现对应于密度和速度的空间变量的一阶导数，所以不必进行分部积分。

用同样方式可以得到本构方程的弱形式。我们用空间导数和对流项表示材料导数：

$$\sigma_{,t} + \sigma_{,x}v - S_t^{\sigma D}(v_{,x}, \text{etc.}) = 0 \tag{2.10.4}$$

式中，$S^{\sigma D}$ 由公式(2.6.6a～b)定义。像密度在连续方程中一样，变分函数 $\delta\sigma(x)$ 和试函数 $\sigma(x,t)$ 具有同样的连续性，比如，设 $\sigma \in D$，$\delta\sigma \in D_0$，由本构方程与变分函数的乘积并在全域内积分得到本构方程的弱形式：

$$\int_{x_a}^{x_b} \delta\sigma(\sigma_{,t} + \sigma_{,x}v - S_t^{\sigma D}(v_{,x}, \text{etc.}))\mathrm{d}x = 0 \quad \forall\, \delta\sigma \in D_0 \tag{2.10.5}$$

类似于连续方程，没有必要进行分部积分。

通过在空间域内对变分函数 $\delta v(x)$ 积分得到动量方程的弱形式，其过程与在第 2.7 节中更新的 Lagrangian 格式的过程是相同的。变分函数和试函数由公式(2.7.1)和(2.7.2)定义。分部积分后得到的弱形式为

$$\int_{x_a}^{x_b} \left[\delta v_{,x}A\sigma - \delta v\left(\rho A b - \rho A \frac{Dv}{Dt}\right)\right]\mathrm{d}x - (\delta v A\bar{t}_x)\big|_{\Gamma_t} = 0 \tag{2.10.6}$$

如果写出总体时间导数，则上式为

$$\int_{x_a}^{x_b} \left[\delta v_{,x}A\sigma + \delta v\rho A\left(\frac{\partial v}{\partial t} + v_{,x}v - b\right)\right]\mathrm{d}x - (\delta v A\bar{t}_x)\big|_{\Gamma_t} = 0 \tag{2.10.7}$$

注意积分限是空间固定的。

除了其积分域是空间固定和用 Eulerian 形式表示材料时间导数之外，弱形式与更新的 Lagrangian 格式的虚功率原理是一致的。因此，动量方程的弱形式可以写为

$$\delta p = \delta p^{\text{int}} - \delta p^{\text{ext}} + \delta p^{\text{kin}} = 0 \quad \forall\, \delta v \in u_0 \tag{2.10.8}$$

$$\delta p^{\text{int}} = \int_{x_a}^{x_b} \delta v_{,x}A\sigma\,\mathrm{d}x = \int_{x_a}^{x_b} \delta D_x A\sigma\,\mathrm{d}x = \int_{\Omega} \delta D_x\sigma\,\mathrm{d}\Omega \tag{2.10.9}$$

其中

$$\delta p^{\text{ext}} = \int_{x_a}^{x_b} \delta v\rho b A\,\mathrm{d}x + (\delta v A\bar{t}_x)\big|_{\Gamma_t} \tag{2.10.10}$$

$$\delta p^{\text{kin}} = \int_{x_a}^{x_b} \delta v\rho\left(\frac{\partial v}{\partial t} + v_{,x}v\right)A\,\mathrm{d}x = \int_{\Omega} \delta v\rho\left(\frac{\partial v}{\partial t} + v_{,x}v\right)\mathrm{d}\Omega \tag{2.10.11}$$

除了积分限是空间固定和在惯性虚功率中对材料时间导数表示为对空间时间导数和对流项之外，所有的项与更新的 Lagrangian 格式的虚功率原理中相应的项是一致的。在单元水平上也有类似的虚功率表达式。

2.11　有限元方程

在一般的 Eulerian 有限元格式中，关于密度、应力和速度的近似是必要的。对每个相关变量，变分函数和试函数是必要的。我们将建立整体网格的方程。为简单起见，我们考虑定义域为 $0\leqslant x\leqslant L$ 的情况。如前所述，端点在空间固定，在这些点上速度为零，因此没有关于密度或者应力的边界条件，关于速度的边界条件为 $v(0,t)=0, v(L,t)=0$。

空间和单元母体坐标之间的映射为

$$x=\sum_{I=1}^{n_N}N_I(\xi)x_I \tag{2.11.1}$$

对比 Lagrangian 格式，因为节点坐标 x_I 不是时间的函数，所以这种映射在时间上是常数。试函数和变分函数分别为

$$\rho(x,t)=\sum_{I=1}^{n_N}N_I^\rho(x)\rho_I(t)\quad \delta\rho(x)=\sum_{I=1}^{n_N}N_I^\rho(x)\delta\rho_I \tag{2.11.2}$$

$$\sigma(x,t)=\sum_{I=1}^{n_N}N_I^\sigma(x)\sigma_I(t)\quad \delta\sigma(x)=\sum_{I=1}^{n_N}N_I^\sigma(x)\delta\sigma_I \tag{2.11.3}$$

$$v(x,t)=\sum_{I=2}^{n_N-1}N_I(x)v_I(t),\quad \delta v(x)=\sum_{I=2}^{n_N-1}N_I(x)\delta v_I \tag{2.11.4}$$

因为已经构造了速度试函数，所以自动满足速度边界条件。

将关于密度的变分函数和试函数代入弱连续方程，得

$$\sum_{I=1}^{n_N}\sum_{J=1}^{n_N}\delta\rho_J\int_0^L(N_J^\rho N_I^\rho\rho_{I,t}+N_J^\rho(\rho v)_{,x})\mathrm{d}x=0 \tag{2.11.5}$$

由于在内部节点 $\delta\rho_J$ 是任意的，我们得到

$$\rho_{J,t}\int_0^L N_I^\rho N_J^\rho\mathrm{d}x+\int_0^L N_I^\rho(\rho v)_{,x}\mathrm{d}x=0,\quad I=1,2,\cdots,n_N \tag{2.11.6}$$

我们定义下面的矩阵：

$$M_{IJ}^\rho=\int_0^L N_J^\rho N_I^\rho\mathrm{d}x,\quad \boldsymbol{M}_e^\rho=\int_{\Omega_e}(\boldsymbol{N}^\rho)^{\mathrm{T}}\boldsymbol{N}^\rho\mathrm{d}\Omega \tag{2.11.7}$$

$$g_I^\rho=\int_0^L N_I^\rho(\rho v)_{,x}\mathrm{d}x,\quad \boldsymbol{g}_e^\rho=\int_{\Omega_e}(\boldsymbol{N}^\rho)^{\mathrm{T}}(\rho v)_{,x}\mathrm{d}\Omega \tag{2.11.8}$$

则离散化的连续方程可以写为

$$\sum_J M_{IJ}^\rho\dot{\rho}_J+g_I^\rho=0,\quad I=1,2,\cdots,n_N,\quad 或\quad \boldsymbol{M}^\rho\dot{\boldsymbol{\rho}}+\boldsymbol{g}^\rho=\boldsymbol{0} \tag{2.11.9}$$

像质量矩阵一样，矩阵 $\boldsymbol{M}^\rho$ 可以由单元矩阵装配。由离散得到列矩阵 $\boldsymbol{g}^\rho$。矩阵 $\boldsymbol{M}^\rho$ 是时间不变的并且酷似质量矩阵。但是，列矩阵 $\boldsymbol{g}^\rho$ 随时间变化，且必须在每一个时间步进行计算。

类似地得到本构方程的离散形式，结果是

$$\sum_J M_{IJ}^\sigma\dot{\sigma}_J+g_I^\sigma=h_I^\sigma,\quad I=1,2,\cdots,n_N,\quad 或\quad \boldsymbol{M}^\sigma\dot{\boldsymbol{\sigma}}+\boldsymbol{g}^\sigma=\boldsymbol{h}^\sigma \tag{2.11.10}$$

其中，

$$M_{IJ}^\sigma=\int_0^L N_I^\sigma N_J^\sigma\mathrm{d}x,\quad \boldsymbol{M}_e^\sigma=\int_{\Omega_e}(\boldsymbol{N}^\sigma)^{\mathrm{T}}\boldsymbol{N}^\sigma\mathrm{d}\Omega \tag{2.11.11}$$

$$g_I^\sigma = \int_0^L N_I^q v\sigma_{,x}\mathrm{d}x,\quad \boldsymbol{g}_e^\sigma = \int_{\Omega_e} (\boldsymbol{N}^\sigma)^{\mathrm{T}} v\,\sigma_{,x}\mathrm{d}\Omega \tag{2.11.12}$$

式中右侧的矩阵关系已经以同样形式得到。

动量方程 除了动态项之外，离散的与更新的 Lagrangian 格式的动量方程是一致的。下面在单元水平上获得关于 Eulerian 格式的动态节点力。我们由公式(2.10.11)定义动态节点力：

$$\delta p_e^{\mathrm{kin}} = \delta\boldsymbol{v}_e^{\mathrm{T}}\boldsymbol{f}_e^{\mathrm{kin}} = \delta\boldsymbol{v}_e^{\mathrm{T}}\int_{\Omega_e}\rho\boldsymbol{N}^{\mathrm{T}}(\boldsymbol{N}\,\dot{\boldsymbol{v}} + v_{,x}v)A\mathrm{d}x \tag{2.11.13}$$

由上式推导出动态节点力为

$$\boldsymbol{f}_e^{\mathrm{kin}} = \boldsymbol{M}_e\,\dot{\boldsymbol{v}}_e + \boldsymbol{f}_e^{\mathrm{tran}} \tag{2.11.14}$$

其中：

$$\boldsymbol{M}_e = \int_{\Omega_e}\rho\boldsymbol{N}^{\mathrm{T}}\boldsymbol{N}A\,\mathrm{d}x,\quad \boldsymbol{f}_e^{\mathrm{tran}} = \int_{\Omega_e}\boldsymbol{N}^{\mathrm{T}}\rho v_{,x}vA\,\mathrm{d}x \tag{2.11.15}$$

对流项节点力没有以形函数的形式写出。因为节点是空间固定的，在 Eulerian 格式中这一项是需要的，因此节点速度的时间导数对应于空间导数。质量矩阵是**时间的函数**：当单元密度变化时，质量矩阵也相应改变。

例 2.7 2 节点 Eulerian 有限元 采用线性的速度、密度和应力场建立一维 2 节点单元的有限元方程。如图 2.9 所示，单元的长度为 $l=x_2-x_1$，横截面面积为单位值。由于这是一个 Eulerian 单元，可以看出空间构形不随时间而变化。单元与空间坐标之间的映射为

$$x(\xi) = [1-\xi\quad \xi]\begin{Bmatrix} x_1 \\ x_2 \end{Bmatrix}_e \equiv \boldsymbol{N}(\xi)\boldsymbol{x}_e \tag{E2.7.1}$$

密度、速度和应力也可由相同的线性形函数插值：

$$\rho(\xi) = \boldsymbol{N}(\xi)\boldsymbol{\rho}_e,\quad v(\xi) = \boldsymbol{N}(\xi)\boldsymbol{v}_e,\quad \sigma(\xi) = \boldsymbol{N}(\xi)\boldsymbol{\sigma}_e \tag{E2.7.2}$$

因为所有变量由相同的形函数插值，所以没有为形函数附加角标。

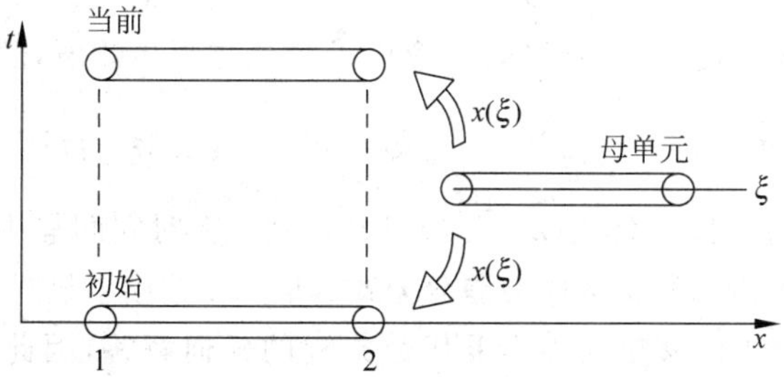

图 2.9 当前和初始构形的 Eulerian 单元(它们是相同的)及其映射到母单元

密度方程 对于离散化的连续方程，单元矩阵由公式(2.11.7)和(2.11.8)给出：

$$\boldsymbol{M}_e^\rho = \int_{x_1}^{x_2}\boldsymbol{N}^{\mathrm{T}}\boldsymbol{N}\mathrm{d}x = \int_0^1\begin{Bmatrix}1-\xi \\ \xi\end{Bmatrix}[1-\xi\quad \xi]l\mathrm{d}\xi = \frac{l}{6}\begin{bmatrix}2 & 1 \\ 1 & 2\end{bmatrix} \tag{E2.7.3}$$

$$\boldsymbol{g}_e^\rho = \int_{x_1}^{x_2}\boldsymbol{N}^{\mathrm{T}}(\rho v)_{,x}\mathrm{d}x = \int_0^1\begin{bmatrix}1-\xi \\ \xi\end{bmatrix}(\rho v)_{,x}l\,\mathrm{d}\xi \tag{E2.7.4}$$

矢量 $\boldsymbol{g}_e^\rho$ 通常由数值积分赋值，对于线性插值，它为

$$\boldsymbol{g}_e^{\rho} = \frac{1}{6}(\rho_2 - \rho_1)\begin{Bmatrix} 2v_1 + v_2 \\ v_1 + 2v_2 \end{Bmatrix} + \frac{1}{6}(v_2 - v_1)\begin{Bmatrix} 2\rho_1 + \rho_2 \\ \rho_1 + 2\rho_2 \end{Bmatrix} \tag{E2.7.5}$$

当在单元中密度和速度均为常数时，上面矩阵为零。

应力方程 由于 $\boldsymbol{M}_e^{\sigma} = \boldsymbol{M}_e^{\rho}$，所以关于应力的单元矩阵由公式(E2.7.3)给出。矢量 $\boldsymbol{g}_e^{\sigma}$ 为

$$\begin{aligned}\boldsymbol{g}_e^{\sigma} &= \int_{x_1}^{x_2} \boldsymbol{N}^{\mathrm{T}} v\, \sigma_{,x} \mathrm{d}x = \int_0^1 \begin{bmatrix} 1-\xi \\ \xi \end{bmatrix} (v_1(1-\xi) + v_2\xi)(\sigma_2 - \sigma_1)\mathrm{d}\xi \\ &= \frac{1}{6}(\sigma_2 - \sigma_1)\begin{Bmatrix} 2v_1 + v_2 \\ v_1 + 2v_2 \end{Bmatrix}\end{aligned} \tag{E2.7.6}$$

综上所述，Eulerian 格式的有限元方程包括三组离散方程：连续方程、本构方程和动量方程或运动方程。除了惯性项包括一个对流项和随时间变化外，动量方程与更新的 Lagrangian 格式的动量方程是相似的。连续方程和本构方程的半离散形式是一阶常微分方程。我们仅对端部点固定的情况建立了离散方程。

2.12 求解方法

我们已经看到动量方程可以离散为 Lagrangian 网格的形式：

$$\boldsymbol{M}\ddot{\boldsymbol{u}} = \boldsymbol{f}^{\mathrm{ext}} - \boldsymbol{f}^{\mathrm{int}} = \boldsymbol{f} \tag{2.12.1}$$

这些是关于时间的常微分方程。

为了求解一些非线性问题，我们描述最简单的求解方法，即时间的显式积分。最广泛应用的显式方法是中心差分方法，采用对角或集中质量矩阵。

从 $t=0$ 出发，取时间步长 Δt，因此在时间步 n，有 $t=n\Delta t$。在 $n\Delta t$ 时的函数值由上角标 n 表示，如：$u^n \equiv u(n\Delta t)$。在中心差分法中，速度近似为

$$\dot{\boldsymbol{u}}^n = \boldsymbol{v}^{n+\frac{1}{2}} = \frac{\boldsymbol{u}^{n+\frac{1}{2}} - \boldsymbol{u}^{n-\frac{1}{2}}}{\Delta t} = \frac{\boldsymbol{u}(t+\Delta t/2) - \boldsymbol{u}(t-\Delta t/2)}{\Delta t} \tag{2.12.2}$$

式中所包括的第二个等式是为了明确标记，应用了半个时间步的值计算速度。加速度为

$$\ddot{\boldsymbol{u}}^n \equiv \boldsymbol{a}^n = \frac{\boldsymbol{v}^{n+\frac{1}{2}} - \boldsymbol{v}^{n-\frac{1}{2}}}{\Delta t} \quad 或 \quad \boldsymbol{v}^{n+\frac{1}{2}} = \Delta t \boldsymbol{M}^{-1}\boldsymbol{f}^n + \boldsymbol{v}^{n-\frac{1}{2}} \tag{2.12.3}$$

其中，右边的方程由左边方程与公式(2.12.1)组合得到。在时间间隔中点的导数值由在间隔端点处函数值的差得到，顾名思义为**中心差分**公式。框 2.5 给出了显式程序的流程图。

由公式(2.12.3)对于位移更新不需要代数方程的**任何解答**，因此，在某种意义上，显式积分比静态线性应力分析更加简单。如在流程图中所看到的，对于控制方程和时间积分公式，大多数的显式程序是直接向前赋值。程序从施加初始条件开始，已经描述了拟合不同初始条件的过程。第一个时间步与其他时间步的不同在于它仅取半步，这使程序能正确地解释关于应力和速度的初始条件。

大部分程序和运算时间是在计算单元节点力，尤其是内部节点力。节点力是逐个单元进行计算的。在开始计算单元前，从总体的列矩阵中集合出单元节点速度和位移。如流程图所示，内部节点力的计算包括在强形式中的左侧部分、应变方程和本构方程的应用。接下来，通过源于动量方程弱形式关系的应力为内部节点力赋值。当完成了单元节点力的计算后，根据它们的节点编号将其离散到总体列矩阵。

框 2.5　Lagrangian 网格显式时间积分流程图

1. 初始条件和初始化：设 $\boldsymbol{v}^0, \sigma_e^0$；$n=0, t=0$；计算 $\boldsymbol{M}$
2. 得到 $\boldsymbol{f}^n$（见下面）
3. 计算加速度：$\boldsymbol{a}^n = \boldsymbol{M}^{-1}\boldsymbol{f}^n$
4. 更新节点速度：$\boldsymbol{v}^{n+\frac{1}{2}} = \boldsymbol{v}^{n+\frac{1}{2}-\alpha} + \alpha\Delta t\boldsymbol{a}^n : \alpha = \begin{cases} 1/2, & n=0 \\ 1, & n>0 \end{cases}$
5. 施加基本边界条件：如果节点 I 在 Γ_v 上：$v_I^{n+\frac{1}{2}} = \bar{v}(x_I, t^{n+\frac{1}{2}})$
6. 更新节点位移：$\boldsymbol{u}^{n+1} = \boldsymbol{u}^n + \Delta t\, \boldsymbol{v}^{n+\frac{1}{2}}$
7. 更新序数和时间：$n \leftarrow n+1, t \leftarrow t+\Delta t$
8. 输出：如果模拟没有完成，返回 2

模块：得到 $\boldsymbol{f}$

1. 集合单元节点位移 $\boldsymbol{u}_e^n$ 和速度 $\boldsymbol{v}_e^{n+\frac{1}{2}}$
2. 如果 $n=0$，转至 5
3. 计算变形度量
4. 由本构方程计算应力
5. 由有关方程计算内部节点力
6. 计算作用于单元的外部节点力和 $\boldsymbol{f}_e = \boldsymbol{f}_e^{\text{ext}} - \boldsymbol{f}_e^{\text{int}}$
7. 离散单元节点力到总体矩阵

可以看出，施加基本边界条件相当容易。对给定速度边界上的所有节点，通过设节点速度等于给定的节点速度，由速度对时间积分的结果，可以得到准确的位移解答。这一步骤在流程图中的位置确保了在节点力计算中速度的准确性。初始速度必须与边界条件相协调，这在流程图中没有给出检查，但在软件程序中有检查。通过输出总体节点力得到在给定速度的节点上的反作用力。

从流程图中可以看出，力边界条件的影响通过外部节点力表现出来。可以不必考虑力自由边界：从弱形式的意义上，通过有限元解法自然地施加上均匀的力边界条件。然而，力边界条件仅仅是近似地得到满足。

稳定性准则　显式积分的缺陷在于时间步长必须低于一个临界值，否则由于数值不稳定将使解答“毁掉”。这些内容将在第 6 章中描述，这里我们不再赘述，仅给出对于采用对角质量的 2 节点单元的临界时间步长：

$$\Delta t_{\text{crit}} = \frac{l_0}{c_0} \tag{2.12.4}$$

其中，l_0 是单元的**初始**长度，c_0 是由 $c_0^2 = E^{PF}/\rho_0$ 给出的波速，这里 E^{PF} 由公式(2.2.20)定义。

2.13　小结

我们建立了一维连续体变截面的有限元方程。给出了两种网格描述：

1. Lagrangian 网格：节点和单元随材料运动。

2. Eulerian 网格：节点和单元固定在空间。

建立了 Lagrangian 网格的两种格式：

1. 更新的 Lagrangian 格式：由空间坐标(如 Eulerian 坐标)表述的强形式。

2. 完全的 Lagrangian 格式：由材料坐标(如 Lagrangian 坐标)表述的强形式。

已经证明了更新的和完全的 Lagrangian 格式是同一离散的两种表达方式,可以相互转换。这样,在完全的 Lagrangian 格式中得到的内部和外部节点力与更新的 Lagrangian 格式中得到的结果是相同的,格式的选取视方便而定。

运动方程对应于动量方程,且由它的弱形式得到。对于显式时间积分、变形度量和本构方程等其他方程应用于强形式中。已经构造了弱形式和离散方程,所以,很容易表示它们与动量方程中相应项的关系：内力对应于应力；外力对应于体力和外荷载；$\boldsymbol{Ma}$ 对应于动态或惯性项(d'Alembert 力)。

如果惯性力可以忽略,则在离散方程中省略 $\boldsymbol{Ma}$ 项,其结果称为平衡方程。这些或是非线性代数方程,或是常微分方程,依赖于本构方程的性质。

2.14　练习

1. 令 $\delta u=\delta v$,利用质量守恒和应力转换将虚功原理转换成虚功率原理。(注意这是可行的,因为两组变分和试函数空间的容许条件是相同的。)

2. 考虑一个逐渐变细的两节点单元,采用如例 2.1 中的线性位移场,它的横截面面积为 $A_0=A_{01}(1-\xi)+A_{02}\xi$,其中 A_{01} 和 A_{02} 分别为节点 1 和 2 处的初始横截面面积。假设在单元中名义应力 P 也是线性的,即 $P=P_1(1-\xi)+P_2\xi$。

   (a) 用完全的 Lagrangian 格式建立内部节点力的表达式。对于常体力,建立外部节点力的表达式。对于 $A_{01}=A_{02}=A_0$ 和 $P_1=P_2$ 的情况,将内部和外部节点力与例 2.1 中的结果作比较。

   (b) 建立一致质量矩阵,并通过行求和技术得到质量矩阵的对角化形式。通过求解特征值问题,应用一致质量和对角质量分别得到一个单元的频率：

$$\boldsymbol{Ky}=\omega^2\boldsymbol{My} \quad 其中 \quad \boldsymbol{K}=\frac{E^{PF}(A_{01}+A_{02})}{2l_0}\begin{bmatrix}1 & -1\\ -1 & 1\end{bmatrix}$$

3. 考虑一个逐渐变细的两节点单元,采用如例 2.4 中更新的 Lagrangian 格式的线性位移场。它的当前横截面面积为 $A=A_1(1-\xi)+A_2\xi$,其中 A_1 和 A_2 分别为节点 1 和 2 处的当前横截面面积。对于更新的 Lagrangian 格式,以 Cauchy 应力的形式建立内部节点力,假设 $\sigma=\sigma_1(1-\xi)+\sigma_2\xi$,其中,$\sigma_1$ 和 σ_2 分别是节点 1 和 2 处的 Cauchy 应力。对于常体力问题建立外部节点力。

4. 考虑单元长度为 l、横截面面积为常数 A 的 2 节点单元网格。装配一致质量矩阵和刚度矩阵,并得到所有节点自由的 2 节点单元网格的频率(特征值问题为 3×3)。频率分析假定响应是线性的,因此初始与当前的几何形状是相同的。重复同样问题,采用集中质量。将由集中和一致质量矩阵解出的频率与两端自由杆的精确频率解对比,$\omega=n\dfrac{\pi c}{L}$,其中 $n=0,1,\cdots$。观察一致质量的频率高于精确解,而对角质量的频率低于精确解。

5. 对于球对称问题，重复例 2.6，其中

$$\boldsymbol{D}=\begin{Bmatrix}D_{rr}\\D_{\theta\theta}\\D_{\phi\phi}\end{Bmatrix},\quad \boldsymbol{\sigma}=\begin{Bmatrix}\sigma_{rr}\\\sigma_{\theta\theta}\\\sigma_{\phi\phi}\end{Bmatrix},\quad D_{rr}=v_{r,r},\quad D_{\theta\theta}=D_{\phi\phi}=\frac{1}{r}v_r$$

6. (a) 建立虚功率原理的表达式，并推导相应的强形式。

(b) 对于线性速度场的 2 节点单元，建立 $\boldsymbol{B}$、应力形式的内部节点力 $\boldsymbol{f}_e^{\text{int}}$ 和一致质量矩阵 $\boldsymbol{M}_e$。对于常体力情况，建立外部节点力 $\boldsymbol{f}_e^{\text{ext}}$ 的表达式。

3

连续介质力学

3.1 引言

连续介质力学是非线性有限元分析的基石，为了较好地理解非线性有限元，掌握连续介质力学是根本。本章概述了非线性有限元方法所需要的非线性连续介质力学的知识。然而，这些知识对于完全掌握连续介质力学是不够的，它只是回顾了本书其他部分所需要的连续介质力学内容。

对那些几乎没有或不熟悉连续介质力学知识的读者应该查阅一些相关文献，例如：Hodge(1970)，Mase 和 Mase(1992)，Fung(1994)、Malvern(1969)或 Chandrasekharaiah 和 Debnath(1994)。前三篇文献是最基础的。Hodge(1970)对于学习指标标记和一些基本的题目是特别有用的。Mase 和 Mase(1992)对标记表示方法进行了详细的介绍，这些标记和本书中所使用的几乎完全相同。Fung(1994)是一本有趣的书，对于如何应用连续介质力学进行了许多讨论。Malvern(1969)已经成为经典之作，它对这一领域进行了清晰和全面的描述。Chandrasekharaiah 和 Debnath(1994)着重于透彻介绍张量的标记。客观应力率问题除了仅在 Malvern 书中和在本书中涉及，在其他所有书中都没有深入表述。具有更深入特点的专著为 Marsden 和 Hughes(1983)以及 Ogden(1984)。虽然 Prager(1961)是一本老书，但它为具有中级背景的读者提供了有关连续介质力学的有用描述。有关连续介质力学的经典专著是 Truesdell 和 Noll(1965)，它从非常通用的视角讨论了一些基本问题。

本章从描述变形和运动开始。在刚体的运动中着重于转动的描述。转动在非线性连续介质力学中扮演了中心的角色，许多更加困难和复杂的非线性连续介质力学问题都是源于转动的。

接下来，描述了在非线性连续介质力学中的应力和应变的概念。在非线性连续介质力学中应力和应变可以通过多种方式定义。我们把注意力集中在应力和应变的度量上，在非线性有限元程序中应用最频繁的是 Green 应变张量和变形率。所涉及的应力度量是物理(Cauchy)应力、名义应力和第二 Piola-Kirchhoff 应力，简称为 PK2 应力。还有许多其他的度量，但坦白地说，对于最初的学生即使这些就已经是太多了。过多的应力和应变度量是理解非线性连续介质力学的障碍之一。一旦理解了这一领域，就会意识到这么多的度量没有增加基础的东西，也许只是学术过量的一个显示。非线性连续介质力学应该只用一种应力和应变度量方式进行讲授，但是其他的方式也要涉及，以便能够理解著作和软件。

守恒方程，通常也称为平衡方程，将在随后进行推导。这些方程在固体力学和流体力学中是完全相同的。它们包括质量、动量和能量守恒方程。平衡方程是在动量方程中当加速度为零时的特殊情况。守恒方程既从空间域也从材料域中推导出来。在第1次阅读或介绍课程中，推导的过程可以跳过，但是至少应该彻底理解其中一种形式的守恒方程。

本章以进一步学习连续介质力学中转动的作用为总结，推导并解释了极分解原理，然后检验了Cauchy应力张量的客观率，也称作框架不变率。它表明了率型本构方程要求客观率的原因，然后表述了几种非线性有限元中常用的客观率。

3.2 变形和运动

3.2.1 定义 连续介质力学关注固体和流体的模型，这些模型的属性和响应可以用空间变量的平滑函数来表征，至多只有有限个不连续点。它忽略了非均匀性，诸如分子、颗粒或者晶体结构。晶体结构的特性有时也通过本构方程出现在连续介质模型中，但是假定其响应和属性是平滑的，只具有有限个不连续点。连续介质力学的目的就是提供有关流体、固体和组织结构的宏观行为的模型。

考虑一个物体在 $t=0$ 时的初始状态，如图3.1所示。物体在初始状态的域用 Ω_0 表示，称为**初始构形**。在描述物体的运动和变形时，我们还需要一个构形作为各种方程式的参考，称之为**参考构形**。除非另外指定，我们一般使用初始构形作为参考构形。然而，其他构形也可以用作参考构形，并且在一些推导中我们将应用它们。参考构形的意义在于事实上运动是参考这个构形而定义的。

在许多情况下，我们也需要指定一个构形，并考虑将其作为**未变形构形**，它占据整个 Ω_0 域。除非另外指定，否则认为"未变形"构形与初始构形是相同的。"未变形"构形应当被视为是理想化的，因为未变形的物体在实际中是不存在的。大多数物体预先就有不同的构形，并随着变形而改变：金属管道曾经是一个钢的铸锭，手机的外壳曾经是一桶液态的塑料，飞机跑道曾经是卡车装载的混凝土。所以**未变形构形**这个术语仅是相对的，它表示了我们度量变形的参考构形。

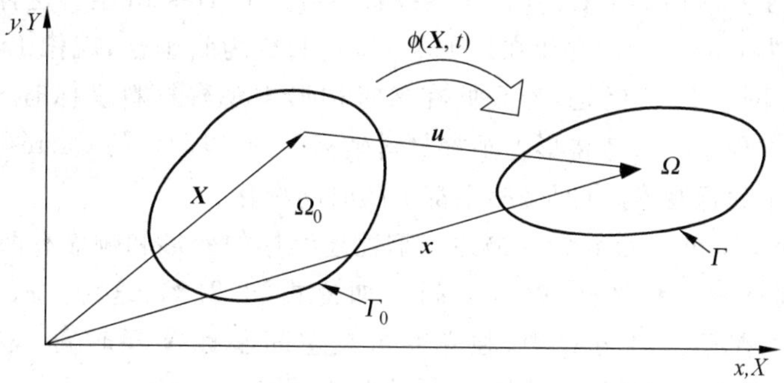

图3.1 一个物体的未变形(初始)构形和变形(当前)构形

物体的**当前构形**域用 Ω 表示，通常也称作**变形构形**。这个域可以是一维、二维或三维的。相应地，Ω 代表一条线、一个面或一个体积。域的边界用 Γ 表示，对应于在一维中是一条线段的两个端点，在二维中是一条曲线，在三维中是一个表面。随后的推导适用于从一维到三维的任何维数模型。模型的维数用 n_{SD} 表示，其中“SD”代表空间的维数。

3.2.2　Eulerian 和 Lagrangian 坐标　在参考构形中材料点的位置矢量用 $\boldsymbol{X}$ 表示：

$$\boldsymbol{X} = X_i \boldsymbol{e}_i \equiv \sum_{i=1}^{n_{SD}} X_i \boldsymbol{e}_i \tag{3.2.1}$$

其中，X_i 是在参考构形中位置矢量的分量，$\boldsymbol{e}_i$ 是 Cartesian 直角坐标系的单位基矢量。在第 2 个表达式中使用第 1.3 节所描述的指标标记，并且在全书中使用。某些作者，如 Malvern (1969)在连续介质中也定义了材料颗粒，并在材料点和颗粒之间小心区分。在连续介质中颗粒的概念有点混淆，对于我们大多数人来说，颗粒的概念是离散的，而不是连续的。鉴于此，我们仅仅采用连续介质材料点的说法。

对于一个给定的材料点，矢量变量 $\boldsymbol{X}$ 并不随时间而变化。变量 $\boldsymbol{X}$ 称为**材料坐标**或 **Lagrangian 坐标**，它提供了材料点的标识。因此，如果我们希望跟踪某一给定材料点上的函数 $f(\boldsymbol{X},t)$，我们就可以简单地以 $\boldsymbol{X}$ 为常数值跟踪这个函数。一个点在当前构形中的位置为

$$\boldsymbol{x} = x_i \boldsymbol{e}_i \equiv \sum_{i=1}^{n_{SD}} x_i \boldsymbol{e}_i \tag{3.2.2}$$

其中 x_i 为位置矢量在当前构形中的分量。

3.2.3　运动　物体的运动描述为

$$\boldsymbol{x} = \boldsymbol{\phi}(\boldsymbol{X},t) \quad 或 \quad x_i = \phi_i(\boldsymbol{X},t) \tag{3.2.3}$$

其中 $\boldsymbol{x}$ 是材料点 $\boldsymbol{X}$ 在时间 t 的位置。坐标 x_i 给出了在空间的位置，称为**空间坐标**或 **Eulerian 坐标**。函数 $\phi(\boldsymbol{X},t)$将参考构形映射到 t 时刻的当前构形，称为映射，或称作从初始构形到当前构形的映射。

当参考构形与初始构形一致时，在 $t=0$ 时刻任意点处的位置矢量 $\boldsymbol{x}$ 与其材料坐标一致，即

$$\boldsymbol{X} = \boldsymbol{x}(\boldsymbol{X},0) \equiv \boldsymbol{\phi}(\boldsymbol{X},0) \quad 或 \quad X_i = x_i(\boldsymbol{X},0) = \phi_i(\boldsymbol{X},0) \tag{3.2.4}$$

这样，映射 $\phi(\boldsymbol{X},t)$成为了一致映射。

当把材料坐标 X_i 为常数值的线蚀刻在材料中时，其行为恰似 Lagrangian 网格，它们随着物体变形。当在变形构形中观察时，这些线就不再是 Cartesian 型。这种观察方式下的材料坐标常常被称为流动坐标。例如在纯剪切中，它们成为斜坐标，就像 Lagrangian 网格经过了扭曲一样(见图 1.2)。但是，当我们在参考构形中观察材料坐标时，它们不随时间改变。这里建立的方程是在参考构形上观察材料坐标，因此以固定的 Cartesian 坐标系推导方程。另一方面无论怎样观察，空间坐标系都不随时间变化。

3.2.4　Eulerian 和 Lagrangian 描述　描述连续体的变形和响应有两种方式。在第一种方式中，独立变量是材料坐标 X_i 和时间 t，如公式(3.2.3)，这种方式称为**材料描述**或 **Lagrangian 描述**；在第二种方式中，独立变量是空间坐标 $\boldsymbol{x}$ 和时间 t，称为空间描述或 Eulerian 描述。其对偶性类似于在网格描述中的对偶性。

在流体力学中，根据参考构形来描述运动通常是不可能的，并且也没有必要。例如，如

果我们考虑机翼附近的流动，由于应力和 Newton 流体的行为是与历史无关的，所以未变形的构形是没有必要的。另一方面，在固体力学中，应力一般依赖于变形和它的历史，所以必须指定一个未变形构形。因为大多数固体的历史依赖性，在固体力学中普遍采用 Lagrangian 描述。

在数学和连续介质力学文献中（对照 Marsden 和 Hughes，1983），对于同样的场变量，当用不同的独立变量表示时经常使用不同的符号，比如用 Eulerian 或 Lagrangian 描述。按照这个约定，函数在 Eulerian 描述中为 $f(\boldsymbol{x},t)$，而在 Lagrangian 描述中则表示为 $F(\boldsymbol{X},t)$。这两个函数之间的关系为

$$F(\boldsymbol{X},t) = f(\boldsymbol{\phi}(\boldsymbol{X},t),t) \quad 或 \quad F = f \circ \boldsymbol{\phi} \tag{3.2.5}$$

这称为**函数构成**。右边的标记经常用于数学文献中——例如可参见 Spivak(1965：11)。因为大多数工程师们并不熟悉函数构成的标记，在本书中将很少应用它们。

根据不同函数而采取不同符号的约定具有吸引力，并且常常使之更加清晰。然而，在有限元方法中，由于需要指定三组或三组以上的独立变量，采用这个约定就变得很棘手。因此在本书中，我们将一个符号与一个场相联系，并通过指定独立变量定义函数。这样，$f(\boldsymbol{x},t)$ 就是描述场 f 对于独立变量 $\boldsymbol{x}$ 和 t 的函数，而 $f(\boldsymbol{X},t)$ 是不同的函数，它以材料坐标的形式描述了同一个场 f。在每一节或每一章开始不久就指出独立变量，如果某个独立变量发生改变，就会注明新的独立变量。

3.2.5 位移、速度和加速度 通过材料点当前位置和初始位置之间的差（见图 3.1）给出其位移为

$$\boldsymbol{u}(\boldsymbol{X},t) = \boldsymbol{\phi}(\boldsymbol{X},t) - \boldsymbol{\phi}(\boldsymbol{X},0) = \boldsymbol{\phi}(\boldsymbol{X},t) - \boldsymbol{X}, \quad u_i = \phi_i(X_j,t) - X_i \tag{3.2.6}$$

其中 $\boldsymbol{u}(\boldsymbol{X},t)=u_i\boldsymbol{e}_i$，并且应用了公式(3.2.4)。位移经常写为

$$\boldsymbol{u} = \boldsymbol{x} - \boldsymbol{X}, \quad u_i = x_i - X_i \tag{3.2.7}$$

其中在公式(3.2.6)中使用了公式(3.2.3)，从而用 $\boldsymbol{x}$ 替换了 $\phi(\boldsymbol{X},t)$。方程(3.2.7)的含义有点模糊，由于它将位移表达成两个变量 $\boldsymbol{x}$ 和 $\boldsymbol{X}$ 之间的差，而这两个变量都可以作为独立变量。读者一定要记住在表达式中，如公式(3.2.7)，符号 $\boldsymbol{x}$ 代表了运动 $\boldsymbol{x}(\boldsymbol{X},t) \equiv \boldsymbol{\phi}(\boldsymbol{X},t)$。

速度 $\boldsymbol{v}(\boldsymbol{X},t)$ 指的是一个材料点的位置矢量的变化率，比如当 $\boldsymbol{X}$ 保持不变时对时间的导数。$\boldsymbol{X}$ 保持不变的时间导数称为**材料时间导数**，或者有时称为**材料导数**。材料时间导数也称作**全导数**。速度可以写成多种形式：

$$\boldsymbol{v}(\boldsymbol{X},t) = \frac{\partial \boldsymbol{\phi}(\boldsymbol{X},t)}{\partial t} = \frac{\partial \boldsymbol{u}(\boldsymbol{X},t)}{\partial t} \equiv \dot{\boldsymbol{u}} \tag{3.2.8}$$

在上式中，由于公式(3.2.7)以及 $\boldsymbol{X}$ 与时间无关，因此第三项中的运动被位移 $\boldsymbol{u}$ 代替。上点表示材料时间导数，而当变量仅为时间的函数时它也用作普通时间导数。

加速度 $\boldsymbol{a}(\boldsymbol{X},t)$ 是材料点速度的变化率，或者换句话说是速度的材料时间导数，其形式可以写为

$$\boldsymbol{a}(\boldsymbol{X},t) = \frac{\partial \boldsymbol{v}(\boldsymbol{X},t)}{\partial t} = \frac{\partial^2 \boldsymbol{u}(\boldsymbol{X},t)}{\partial t^2} \equiv \dot{\boldsymbol{v}} \tag{3.2.9}$$

上面表达式称为加速度的材料形式。

当将速度表示为空间坐标和时间的形式时，比如在 Eulerian 描述中为 $\boldsymbol{v}(\boldsymbol{x},t)$，将按如下方法获得材料时间导数。首先使用公式(3.2.3)将 $\boldsymbol{v}(\boldsymbol{x},t)$ 中的空间坐标表示为材料坐标

和时间的函数，给出$\boldsymbol{v}(\boldsymbol{\phi}(\boldsymbol{X},t),t)$。那么就可以通过链规则得到材料时间导数：

$$\frac{\mathrm{D}v_i(\boldsymbol{x},t)}{\mathrm{D}t}=\frac{\partial v_i(\boldsymbol{x},t)}{\partial t}+\frac{\partial v_i(\boldsymbol{x},t)}{\partial x_j}\frac{\partial \phi_j(\boldsymbol{X},t)}{\partial t}=\frac{\partial v_i}{\partial t}+\frac{\partial v_i}{\partial x_j}v_j \tag{3.2.10}$$

其中第二个等式从公式(3.2.8)得到。公式(3.2.10)右边的第二项是对流项，也称为迁移项；$\partial v_i/\partial t$ 称为**空间时间导数**。在全书中贯穿这样一个默认假设，不管是独立变量还是固定变量，只要它们直接表示为关于时间的偏微分，而空间坐标是固定的，那么我们就把它看作空间时间导数。另一方面，当独立变量指定为公式(3.2.8～3.2.9)的形式时，其对时间的偏微分就是材料时间导数。将方程(3.2.10)写成张量标记为

$$\frac{\mathrm{D}\boldsymbol{v}(\boldsymbol{x},t)}{\mathrm{D}t}=\frac{\partial \boldsymbol{v}(\boldsymbol{x},t)}{\partial t}+\boldsymbol{v}\cdot\nabla\boldsymbol{v}=\frac{\partial \boldsymbol{v}}{\partial t}+\boldsymbol{v}\cdot\mathrm{grad}\ \boldsymbol{v} \tag{3.2.11}$$

其中$\nabla\boldsymbol{v}$ 和 grad $\boldsymbol{v}$ 是矢量场的左梯度，如在 Malvern(1969：58)中定义的。**左梯度**的矩阵为

$$[\nabla\boldsymbol{v}]\equiv[\mathrm{grad}\ \boldsymbol{v}]=\begin{bmatrix} v_{x,x} & v_{y,x} \\ v_{x,y} & v_{y,y}\end{bmatrix} \tag{3.2.12}$$

在矢量的左梯度中梯度指标是行号。可以将左梯度$\nabla\boldsymbol{v}$ 用指标标记写成$\partial_i v_j$ 来记忆。在本书中我们只使用左梯度，但是为了和其他人如 Malvern(1969)的指标保持一致，我们遵循这些约定，注意：

$$\frac{\mathrm{D}\boldsymbol{v}(\boldsymbol{x},t)}{\mathrm{D}t}=\frac{\partial \boldsymbol{v}(\boldsymbol{X},t)}{\partial t} \tag{3.2.13}$$

空间变量 $\boldsymbol{x}$ 和时间 t 的任何函数的材料时间导数可以类似地通过链规则得到。因此对于标量函数 $f(\boldsymbol{x},t)$和张量函数 $\sigma_{ij}(\boldsymbol{x},t)$，其材料时间导数为

$$\frac{\mathrm{D}f}{\mathrm{D}t}=\frac{\partial f}{\partial t}+v_i\frac{\partial f}{\partial x_i}=\frac{\partial f}{\partial t}+\boldsymbol{v}\cdot\nabla f=\frac{\partial f}{\partial t}+\boldsymbol{v}\cdot\mathrm{grad}\ f \tag{3.2.14}$$

$$\frac{\mathrm{D}\sigma_{ij}}{\mathrm{D}t}=\frac{\partial \sigma_{ij}}{\partial t}+v_k\frac{\partial \sigma_{ij}}{\partial x_k}=\frac{\partial \boldsymbol{\sigma}}{\partial t}+\boldsymbol{v}\cdot\nabla\boldsymbol{\sigma}=\frac{\partial \boldsymbol{\sigma}}{\partial t}+\boldsymbol{v}\cdot\mathrm{grad}\ \boldsymbol{\sigma} \tag{3.2.15}$$

其中每个方程右边的第一项是空间时间导数，第二项是对流项。

在 Eulerian 描述中，建立材料时间导数不需要运动的完整描述。每一瞬时的运动也可以在参考构形与固定时刻 t 的构形相重合时进行描述。为此目的，令固定时刻 $t=\tau$ 的构形等于参考构形，此时材料点的位置矢量用参考坐标 $\boldsymbol{X}^{\tau}$ 表示。这些参考坐标为

$$\boldsymbol{X}^{\tau}=\boldsymbol{\phi}(\boldsymbol{X},\tau) \tag{3.2.16}$$

我们用 $\boldsymbol{X}^{\tau}$ 表示 τ 时刻的位置矢量，因为作为另一种参考坐标，我们希望能清楚地识别它；上角标 τ 将这些参考坐标与初始参考坐标相区别。运动可以用这些参考坐标描述为

$$\boldsymbol{x}=\boldsymbol{\phi}^{\tau}(\boldsymbol{X}^{\tau},t)\quad 对于\ t\geqslant\tau \tag{3.2.17}$$

现在可以重复在建立公式(3.2.10)时的讨论。注意到$\boldsymbol{v}(\boldsymbol{x},t)=\boldsymbol{v}(\boldsymbol{\phi}^{\tau}(\boldsymbol{X}^{\tau},t),t)$，将当前构形看作是参考构形，我们就可以得到加速度的一个表达式：

$$\frac{\mathrm{D}v_i}{\mathrm{D}t}=\frac{\partial v_i(\boldsymbol{x},t)}{\partial t}+\frac{\partial v_i(\boldsymbol{x},t)}{\partial x_j}\frac{\partial \phi_j^{\tau}}{\partial t}=\frac{\partial v_i}{\partial t}+\frac{\partial v_i}{\partial x_j}v_j \tag{3.2.18}$$

在有限元方程的建立过程中，也可以采用非初始构形的参考构形。

3.2.6 变形梯度 变形和应变度量的描述是非线性连续介质力学的基本内容。关于变形特征的一个重要变量是**变形梯度**。变形梯度定义为

$$F_{ij}=\frac{\partial \phi_i}{\partial X_j}\equiv\frac{\partial x_i}{\partial X_j}\quad 或\quad \boldsymbol{F}=\frac{\partial \boldsymbol{\phi}}{\partial \boldsymbol{X}}\equiv\frac{\partial \boldsymbol{x}}{\partial \boldsymbol{X}}\equiv(\nabla_0\boldsymbol{\phi})^{\mathrm{T}} \tag{3.2.19}$$

在数学术语中,变形梯度 $\boldsymbol{F}$ 是运动$\boldsymbol{\phi}(\boldsymbol{X},t)$的 **Jacobian 矩阵**。注意在上式中,F_{ij} 的第一个指标代表运动,第二个指标代表偏导数。算子∇_0是**关于材料坐标的左梯度**。

如果我们在参考构形中考虑一个无限小的线段 $\mathrm{d}\boldsymbol{X}$,那么由公式(3.2.19)可以得知在当前构形中的对应线段 $\mathrm{d}\boldsymbol{x}$ 可以表示为

$$\mathrm{d}\boldsymbol{x} = \boldsymbol{F}\cdot\mathrm{d}\boldsymbol{X} \quad 或 \quad \mathrm{d}x_i = F_{ij}\,\mathrm{d}X_j \tag{3.2.20}$$

在上面的表达式中,在 $\boldsymbol{F}$ 和 $\mathrm{d}\boldsymbol{X}$ 之间的点可以省略,因为这个表达式作为矩阵表达式也是有效的。我们保留它是为了符合在张量表达式中经常直接使用指标缩写形式的习惯。

在二维中,在直角坐标系下的变形梯度为

$$\boldsymbol{F} = \begin{bmatrix} \dfrac{\partial x_1}{\partial X_1} & \dfrac{\partial x_1}{\partial X_2} \\ \dfrac{\partial x_2}{\partial X_1} & \dfrac{\partial x_2}{\partial X_2} \end{bmatrix} = \begin{bmatrix} \dfrac{\partial x}{\partial X} & \dfrac{\partial x}{\partial Y} \\ \dfrac{\partial y}{\partial X} & \dfrac{\partial y}{\partial Y} \end{bmatrix} \tag{3.2.21}$$

从上面可以看出,把二阶张量写成矩阵形式的时候,我们把第一个指标作为行号,而把第二个指标作为列号。注意 $\boldsymbol{F}$ 是左梯度的转置。

$\boldsymbol{F}$ 的行列式用 J 表示,称作 **Jacobian 行列式或变形梯度的行列式**:

$$J = \det(\boldsymbol{F}) \tag{3.2.22}$$

使用 Jacobian 行列式可以将当前构形和参考构形上的积分联系起来:

$$\int_{\Omega} f(\boldsymbol{x},t)\,\mathrm{d}\Omega = \int_{\Omega_0} f(\boldsymbol{\phi}(\boldsymbol{X},t),t)\,J\,\mathrm{d}\Omega_0 \quad 或 \quad \int_{\Omega} f\,\mathrm{d}\Omega = \int_{\Omega_0} fJ\,\mathrm{d}\Omega_0 \tag{3.2.23}$$

或者在二维问题中:

$$\int_{\Omega} f(x,y)\,\mathrm{d}x\mathrm{d}y = \int_{\Omega_0} f(X,Y)\,J\,\mathrm{d}X\mathrm{d}Y \tag{3.2.24}$$

Jacobian 行列式的材料导数为

$$\frac{\mathrm{D}J}{\mathrm{D}t} \equiv \dot{J} = J\,\mathrm{div}\ \boldsymbol{v} \equiv J\,\frac{\partial v_i}{\partial x_i} \tag{3.2.25}$$

将这个公式的推导留作练习。

3.2.7 运动条件 除了在有限数量的零度量集合上之外,假设描述运动和物体变形的映射$\boldsymbol{\phi}(\boldsymbol{X},t)$满足以下条件:

1. 函数$\boldsymbol{\phi}(\boldsymbol{X},t)$是连续可微的。
2. 函数$\boldsymbol{\phi}(\boldsymbol{X},t)$是一对一的。
3. Jacobian 行列式满足条件 $J>0$。

这些条件保证$\boldsymbol{\phi}(\boldsymbol{X},t)$足够平滑以至于满足协调性,即在变形物体中不存在缝隙和重叠。运动及其导数可以是非连续或者在零尺度集合上具有非连续的导数(见第 5.1 节),所以它是分段连续可微的。增加不包括零尺度集合的附加条件以解释裂纹形成的可能性。在形成裂纹的表面上,上述条件不满足。零尺度集合在一维情况中是点,在二维中是线,在三维中是平面,因为一个点具有零长度,一条线具有零面积,一个表面具有零体积。

变形梯度通常在材料之间的界面上是非连续的。在某些现象中,例如扩展裂纹,运动本身也是非连续的。我们要求在运动及其导数中,非连续的数量是有限的。实际上已经发现,有些非线性解答可能拥有无限数量的非连续,可参见 Belytschko 等人(1986)的著作。然而,这些解答非常罕见,不能被有限元有效地处理,所以我们将不关注这些解答。

上面列出的第二个条件,即运动为一对一的,要求对于在参考构形 Ω_0 上的每一点,在 Ω 中有唯一的点与它对应,反之亦然。这是 $\boldsymbol{F}$ 规则的必要充分条件,即 $\boldsymbol{F}$ 是可逆的。如果变形梯度 $\boldsymbol{F}$ 是正常的,则 Jacobian 行列式 J 必须非零,因为当且仅当 $J\neq 0$ 时 $\boldsymbol{F}$ 的逆才存在。因此,第二个条件和第三个条件是有联系的。我们已经阐明了更强的条件,J 必须为正而不仅仅是非零,在第 3.5.4 节可以看到这遵循了质量守恒。这个条件在零尺度集合上也可以违背。例如,在一个成为裂纹的表面上,每一个点都成为了两个点。

3.2.8　刚体转动和坐标转换　刚体转动在非线性连续介质力学的理论中起着至关重要的作用。涉及这一领域的许多难题都是源于刚体转动。而且对于适合一个特定的线性材料问题,决定选择线性还是非线性软件的关键在于转动的量级。当转动足够大以至于使线性应变度量无效时就必须选用非线性软件。

一个刚体的运动包括平动 $\boldsymbol{x}_T(t)$和绕原点的转动,可以写为

$$\boldsymbol{x}(\boldsymbol{X},t)=\boldsymbol{R}(t)\cdot\boldsymbol{X}+\boldsymbol{x}_T(t),\quad x_i(\boldsymbol{X},t)=R_{ij}(t)X_j+x_{Ti}(t) \tag{3.2.26}$$

其中 $\boldsymbol{R}(t)$是转动张量,也称为转动矩阵。任何刚体运动都可以表示为上面的形式。

转动矩阵 $\boldsymbol{R}$ 是一个正交矩阵,这意味着其逆就是它的转置。这可以通过刚体转动不改变长度来证明,因为 $\mathrm{d}\boldsymbol{x}_T=\boldsymbol{0}$,我们有

$$\mathrm{d}\boldsymbol{x}\cdot\mathrm{d}\boldsymbol{x}=\mathrm{d}\boldsymbol{X}\cdot(\boldsymbol{R}^{\mathrm{T}}\cdot\boldsymbol{R})\cdot\mathrm{d}\boldsymbol{X},\quad \mathrm{d}x_i\mathrm{d}x_i=R_{ij}\mathrm{d}X_jR_{ik}\mathrm{d}X_k=\mathrm{d}X_j(R_{ji}^{\mathrm{T}}R_{ik})\mathrm{d}X_k$$

由于刚体在运动中长度不变,因此对于任意 $\mathrm{d}\boldsymbol{X}$ 有:$\mathrm{d}\boldsymbol{x}\cdot\mathrm{d}\boldsymbol{x}=\mathrm{d}\boldsymbol{X}\cdot\mathrm{d}\boldsymbol{X}$,所以

$$\boldsymbol{R}^{\mathrm{T}}\cdot\boldsymbol{R}=\boldsymbol{I} \tag{3.2.27}$$

上式说明 $\boldsymbol{R}$ 的逆就是其转置:

$$\boldsymbol{R}^{-1}=\boldsymbol{R}^{\mathrm{T}},\quad R_{ij}^{-1}=R_{ij}^{\mathrm{T}}=R_{ji} \tag{3.2.28}$$

据此说明转动张量 $\boldsymbol{R}$ 是一个正交矩阵。通过这个矩阵的任何变换,例如,$\boldsymbol{x}=\boldsymbol{R}\boldsymbol{X}$,称作正交变换。转动是正交变换的一个例子。

一个矩形单元的 Lagrangian 网格的刚体转动如图 3.2 所示。可以看出,在刚体转动中单元的边发生转动,但是边与边之间的夹角保持不变。单元的边是 X 或 Y 坐标为常数的直线,所以在变形构形中观察时,当物体转动时材料坐标也转动,如图 3.2 所示。

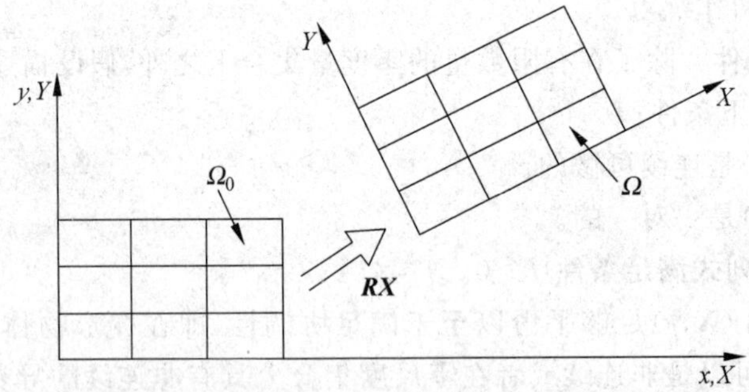

图 3.2　在参考(初始、未变形)构形和当前构形中观察到的材料坐标中,显示一个 Lagrangian 网格的刚体转动

在得到转动矩阵之前,我们推导两个不同坐标系中矢量 $\boldsymbol{r}$ 的分量之间的关系表达式。这两个坐标系分别用正交基矢量 $\boldsymbol{e}_i$ 和 $\hat{\boldsymbol{e}}_i$ 描述。基矢量的正交性表示为

$$\boldsymbol{e}_i\cdot\boldsymbol{e}_j=\delta_{ij}\quad \hat{\boldsymbol{e}}_i\cdot\hat{\boldsymbol{e}}_j=\delta_{ij} \tag{3.2.29}$$

图 3.3 显示了在转动和不转动坐标系中的矢量 $\boldsymbol{r}$ 和基矢量。由于矢量 $\boldsymbol{r}$ 独立于坐标系,

$$\boldsymbol{r}=r_i\boldsymbol{e}_i=\hat{r}_i\hat{\boldsymbol{e}}_i \tag{3.2.30}$$

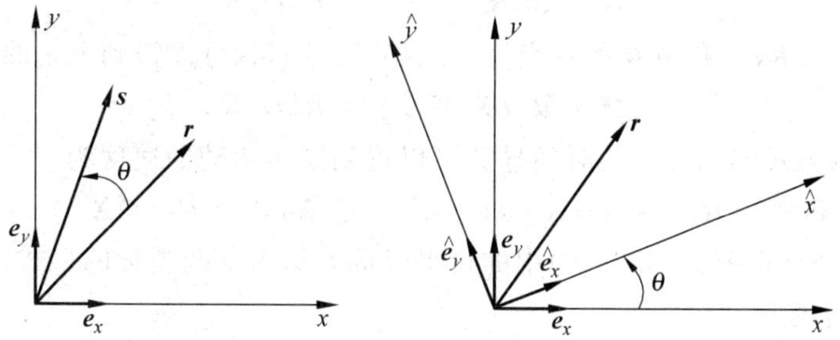

图 3.3 在二维中转动变换的表达方式

取上式和 $\boldsymbol{e}_j$ 的标量积得到

$$r_i\boldsymbol{e}_i\cdot\boldsymbol{e}_j=\hat{r}_i\hat{\boldsymbol{e}}_i\cdot\boldsymbol{e}_j\quad 所以\quad r_i\delta_{ij}=\hat{r}_i\hat{\boldsymbol{e}}_i\cdot\hat{\boldsymbol{e}}_j$$

$$所以\quad r_j=R_{ji}\hat{r}_i\quad 其中\quad R_{ji}=\boldsymbol{e}_j\cdot\hat{\boldsymbol{e}}_i \tag{3.2.31}$$

第二个方程根据基矢量的正交性公式(3.2.29)得到。我们可以将公式(3.2.31)右边写为

$$\boldsymbol{r}=\boldsymbol{R}\hat{\boldsymbol{r}}\quad 或者\quad r_i=R_{ij}\hat{r}_j\equiv R_{i\hat{j}}r_{\hat{j}} \tag{3.2.32}$$

在等式最右边我们在指标上加了“ˆ”,我们有时将使用这种标记。第二个指标总是从属于转动矩阵的“戴帽子”坐标系,这个约定有助于记住变换方程的形式。

在上式两边前面同时乘以 $\boldsymbol{R}^{\mathrm{T}}$ 并利用正交性条件(3.2.27)得到

$$\hat{\boldsymbol{r}}=\boldsymbol{R}^{\mathrm{T}}\boldsymbol{r}\quad 或者\quad \hat{r}_j\equiv r_{\hat{j}}=R^{\mathrm{T}}_{\hat{j}i}r_i=R_{i\hat{j}}r_i \tag{3.2.33}$$

上式各项之间没有了点则表明是**矩阵表达式**。$\boldsymbol{r}$ 和 $\hat{\boldsymbol{r}}$ 的分量是不同的,但 $\boldsymbol{r}$ 和 $\hat{\boldsymbol{r}}$ 指的是同一个矢量。矢量分量和矢量本身之间的这种区别有时可以通过使用不同的矩阵和张量符号来阐明,但是我们选择的标记不允许这种区别。

在二维问题中,公式(3.2.32)为

$$\begin{Bmatrix}r_x\\ r_y\end{Bmatrix}=\begin{bmatrix}R_{x\hat{x}} & R_{x\hat{y}}\\ R_{y\hat{x}} & R_{y\hat{y}}\end{bmatrix}\begin{Bmatrix}\hat{r}_x\\ \hat{r}_y\end{Bmatrix}=\begin{bmatrix}\boldsymbol{e}_x\cdot\hat{\boldsymbol{e}}_x & \boldsymbol{e}_x\cdot\hat{\boldsymbol{e}}_y\\ \boldsymbol{e}_y\cdot\hat{\boldsymbol{e}}_x & \boldsymbol{e}_y\cdot\hat{\boldsymbol{e}}_y\end{bmatrix}\begin{Bmatrix}\hat{r}_x\\ \hat{r}_y\end{Bmatrix}=\begin{bmatrix}\cos\theta & -\sin\theta\\ \sin\theta & \cos\theta\end{bmatrix}\begin{Bmatrix}\hat{r}_x\\ \hat{r}_y\end{Bmatrix} \tag{3.2.34}$$

在上式中,可以看出 $\boldsymbol{R}$ 的下标对应于所联系的矢量的分量。例如,在表达式的第一排 x 分量中,$R_{x\hat{y}}$ 是 $\hat{\boldsymbol{r}}$ 的 $\hat{y}$ 分量的系数。上面变换式的最后一种形式是根据图 3.3 计算标量积得到的。

转动矢量 $\boldsymbol{r}$ 的方程十分相似。设转动矢量用 $\boldsymbol{s}$ 表示。在转动系统中 $\boldsymbol{s}$ 的分量 $\hat{s}_i$ 等于矢量 $\boldsymbol{r}$ 在未转动坐标系中的相应分量 r_i:

$$\hat{s}_i=r_i \tag{3.2.35}$$

对于矢量转动的一个例子,见图 3.3,应用公式(3.2.33)于 $\hat{s}_i$ 得到

$$\boldsymbol{r}=\boldsymbol{R}^{\mathrm{T}}\boldsymbol{s}\quad 或\quad r_i=R^{\mathrm{T}}_{ij}s_j \tag{3.2.36}$$

将上式前面乘以 $\boldsymbol{R}$ 并利用正交性条件(3.2.27)给出

$$\boldsymbol{s}=\boldsymbol{R}\boldsymbol{r}\quad 或\quad s_i=R_{ij}r_j \tag{3.2.37}$$

上式是矢量在只有转动而没有平移情况下的标准表达式。通过将公式(3.2.37)和平移组合得到方程(3.2.26)。注意公式(3.2.33)和(3.2.37)之间的不同:转动矢量的分量是通过乘以 $\boldsymbol{R}$ 得到的,而同一矢量在转动坐标系中的分量是通过乘以 $\boldsymbol{R}^{\mathrm{T}}$ 得到的。坦率地说,这很难保持一致,所以在处理转动问题时,手边保存一张像图 3.3 一样的图,常常是很有帮助的。

二阶张量 $\boldsymbol{D}$ 的分量变换为

$$\boldsymbol{D}=\boldsymbol{R}\hat{\boldsymbol{D}}\boldsymbol{R}^{\mathrm{T}},\quad D_{ij}=R_{ik}\hat{D}_{kl}R_{lj}^{\mathrm{T}} \tag{3.2.38}$$

通过前乘 $\boldsymbol{R}^{\mathrm{T}}$，后乘 $\boldsymbol{R}$，并利用 $\boldsymbol{R}$ 的正交性公式(3.2.27)，就可以得到上式的逆阵：

$$\hat{\boldsymbol{D}}=\boldsymbol{R}^{\mathrm{T}}\boldsymbol{D}\boldsymbol{R},\quad \hat{D}_{ij}=R_{ik}^{\mathrm{T}}D_{kl}R_{lj} \tag{3.2.39}$$

角速度　通过取公式(3.2.26)的时间导数可以得到刚体运动的速度为

$$\dot{\boldsymbol{x}}(\boldsymbol{X},t)=\dot{\boldsymbol{R}}(t)\cdot\boldsymbol{X}+\dot{\boldsymbol{x}}_T(t)\quad\text{或}\quad \dot{x}_i(\boldsymbol{X},t)=\dot{R}_{ij}(t)X_j+\dot{x}_{Ti}(t) \tag{3.2.40}$$

通过公式(3.2.26)，将公式(3.2.40)中的材料坐标表示为空间坐标的形式，可以得到刚体转动的 Eulerian 描述为

$$\boldsymbol{v}\equiv\dot{\boldsymbol{x}}=\dot{\boldsymbol{R}}\cdot\boldsymbol{R}^{\mathrm{T}}\cdot(\boldsymbol{x}-\boldsymbol{x}_T)+\dot{\boldsymbol{x}}_T=\boldsymbol{\Omega}\cdot(\boldsymbol{x}-\boldsymbol{x}_T)+\dot{\boldsymbol{x}}_T \tag{3.2.41}$$

其中

$$\boldsymbol{\Omega}=\dot{\boldsymbol{R}}\cdot\boldsymbol{R}^{\mathrm{T}} \tag{3.2.42}$$

张量 $\boldsymbol{\Omega}$ 称为**角速度张量**或**角速度矩阵**(Dienes，1979：221)，它是一个偏对称张量。偏对称张量也称作**反对称张量**。为了展示角速度张量的反对称性，我们取公式(3.2.27)的时间导数给出

$$\frac{\mathrm{D}}{\mathrm{D}t}(\boldsymbol{R}\cdot\boldsymbol{R}^{\mathrm{T}})=\frac{\mathrm{D}\boldsymbol{I}}{\mathrm{D}t}=0\rightarrow\dot{\boldsymbol{R}}\cdot\boldsymbol{R}^{\mathrm{T}}+\boldsymbol{R}\cdot\dot{\boldsymbol{R}}^{\mathrm{T}}=0\rightarrow\boldsymbol{\Omega}=-\boldsymbol{\Omega}^{\mathrm{T}} \tag{3.2.43}$$

任何偏对称二阶张量都可以表示为矢量分量的形式，称为**轴矢量**，并且矩阵的乘积 $\boldsymbol{\Omega}\boldsymbol{r}$ 可以用轴矢量的叉乘 $\boldsymbol{\omega}\times\boldsymbol{r}$ 来代替。所以对于任意 $\boldsymbol{r}$，有

$$\boldsymbol{\Omega}\boldsymbol{r}=\boldsymbol{\omega}\times\boldsymbol{r}\quad\text{或}\quad \Omega_{ij}r_j=e_{ijk}\omega_j r_k \tag{3.2.44}$$

在上式中 e_{ijk} 为**置换矩阵**或**排列符号**，它定义为

$$e_{ijk}=\begin{cases}1 & \text{对于 } ijk \text{ 的偶排列}\\ -1 & \text{对于 } ijk \text{ 的奇排列}\\ 0 & \text{如果任何指标重复}\end{cases} \tag{3.2.45}$$

偏对称张量 $\boldsymbol{\Omega}$ 和它的轴矢量 $\boldsymbol{\omega}$ 之间的关系为

$$\Omega_{ik}=e_{ijk}\omega_j=-e_{ikj}\omega_j,\quad \omega_i=-\frac{1}{2}e_{ijk}\Omega_{jk} \tag{3.2.46}$$

第一个式子是观察公式(3.2.44)得到的，第二个式子是在第一式前面乘以 e_{rij}，并应用恒定式 $e_{rij}e_{rkl}=\delta_{ik}\delta_{jl}-\delta_{il}\delta_{kj}$(见 Malvern，1969：23)得到的。在二维中，一个偏对称张量具有单一的独立分量，并且它的轴矢量是垂直于模型的二维平面，所以

$$\boldsymbol{\Omega}=\begin{bmatrix}0 & \Omega_{12}\\ -\Omega_{12} & 0\end{bmatrix}=\begin{bmatrix}0 & -\omega_3\\ \omega_3 & 0\end{bmatrix} \tag{3.2.47}$$

在三维中，一个偏对称张量具有三个独立的分量，通过公式(3.2.46)与它的轴矢量的三个分量联系起来，给出

$$\boldsymbol{\Omega}=\begin{bmatrix}0 & \Omega_{12} & \Omega_{13}\\ -\Omega_{12} & 0 & \Omega_{23}\\ -\Omega_{13} & -\Omega_{23} & 0\end{bmatrix}=\begin{bmatrix}0 & -\omega_3 & \omega_2\\ \omega_3 & 0 & -\omega_1\\ -\omega_2 & \omega_1 & 0\end{bmatrix} \tag{3.2.48}$$

有时定义角速度矩阵为上式的负值。

当用角速度矢量的形式表示公式(3.2.41)时，我们有

$$v_i\equiv\dot{x}_i=\Omega_{ij}(x_j-x_{Tj})+v_{Ti}=e_{ijk}\omega_j(x_k-x_{Tk})+v_{Ti}$$

或者

$$\boldsymbol{v} \equiv \dot{\boldsymbol{x}} = \boldsymbol{\omega} \times (\boldsymbol{x} - \boldsymbol{x}_T) + \boldsymbol{v}_T \tag{3.2.49}$$

其中在第二项中我们交换了符号 k 和 j，并利用了 $e_{kij}=e_{ijk}$。这就是在动力学教材中的刚体运动方程。右边的第一项是由于绕点 $\boldsymbol{x}_T$ 转动而产生的速度，第二项是平移速度。在任何刚体运动中的速度都可以用公式(3.2.49)表示。

这是在本章中有关转动的正式讨论的结论。然而，有关转动的主题还会在本章以及本书中的许多其他部分出现。转动，特别是当与变形联系在一起时，是非线性连续介质力学的基础，该领域的学生必须透彻地理解这方面的知识。

例 3.1 三角形单元的转动和拉伸 考虑 3 节点三角形有限元，如图 3.4 所示。设节点的运动为

$$\begin{aligned} &x_1(t) = y_1(t) = 0 \\ &x_2(t) = 2(1+at)\cos\frac{\pi t}{2}, \quad y_2(t) = 2(1+at)\sin\frac{\pi t}{2} \\ &x_3(t) = -(1+bt)\sin\frac{\pi t}{2}, \quad y_3(t) = (1+bt)\cos\frac{\pi t}{2} \end{aligned} \tag{E3.1.1}$$

把变形梯度和 Jacobian 行列式看作时间的函数，当 Jacobian 行列式保持常数时，求出 a 和 b 的值。

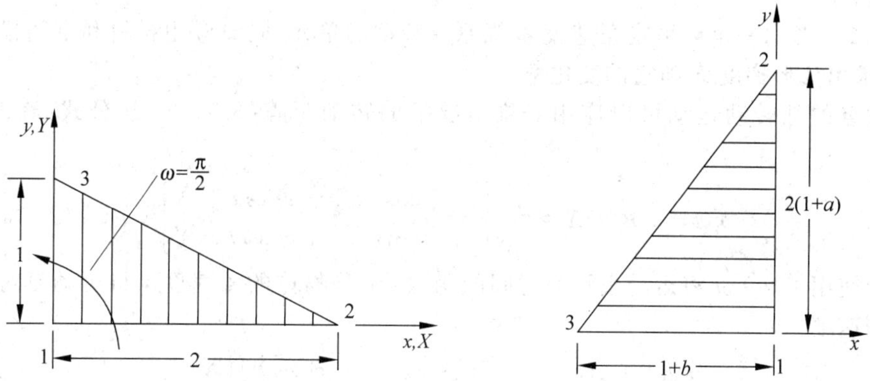

图 3.4 由公式(E3.1.1)所描述的运动。左边为初始构形，而右边为 $t=1$ 时刻的变形构形

在任何时刻，三角形 3 节点线性位移单元的构形可以以三角形单元坐标 ξ_I 的形式写出(如果不熟悉三角形坐标，可以参考附录 3)：

$$\begin{aligned} x(\boldsymbol{\xi},t) &= x_I(t)\xi_I = x_1(t)\xi_1 + x_2(t)\xi_2 + x_3(t)\xi_3 \\ y(\boldsymbol{\xi},t) &= y_I(t)\xi_I = y_1(t)\xi_1 + y_2(t)\xi_2 + y_3(t)\xi_3 \end{aligned} \tag{E3.1.2}$$

在初始构形中，即在 $t=0$ 时刻，

$$\begin{aligned} \boldsymbol{X} &= \boldsymbol{x}(\boldsymbol{\xi},0) = X_1\xi_1 + X_2\xi_2 + X_3\xi_3 \\ \boldsymbol{Y} &= \boldsymbol{y}(\boldsymbol{\xi},0) = Y_1\xi_1 + Y_2\xi_2 + Y_3\xi_3 \end{aligned} \tag{E3.1.3}$$

将未变形构形中的节点坐标代入上式，$X_1=X_3=0$，$X_2=2$，$Y_1=Y_2=0$，$Y_3=1$，得到

$$X = 2\xi_2, \quad Y = \xi_3 \tag{E3.1.4}$$

在这种情况下，三角形坐标与材料坐标之间的关系通过观察可以转换为

$$\xi_2 = \frac{1}{2}X, \quad \xi_3 = Y \tag{E3.1.5}$$

将公式(E3.1.1)和(E3.1.5)代入(E3.1.2),得到如下运动的表达式：

$$\begin{aligned} x(\boldsymbol{X},t) &= X(1+at)\cos\frac{\pi t}{2} - Y(1+bt)\sin\frac{\pi t}{2} \\ y(\boldsymbol{X},t) &= X(1+at)\sin\frac{\pi t}{2} + Y(1+bt)\cos\frac{\pi t}{2} \end{aligned} \tag{E3.1.6}$$

由公式(3.2.21)给出变形梯度为

$$\boldsymbol{F} = \begin{bmatrix} \dfrac{\partial x}{\partial X} & \dfrac{\partial x}{\partial Y} \\ \dfrac{\partial y}{\partial X} & \dfrac{\partial y}{\partial Y} \end{bmatrix} = \begin{bmatrix} (1+at)\cos\dfrac{\pi t}{2} & -(1+bt)\sin\dfrac{\pi t}{2} \\ (1+at)\sin\dfrac{\pi t}{2} & (1+bt)\cos\dfrac{\pi t}{2} \end{bmatrix} \tag{E3.1.7}$$

变形梯度仅为时间的函数,在单元内任何时刻它是常数,因为在这种单元中的位移是材料坐标的线性函数。Jacobian 行列式为

$$J = \det(\boldsymbol{F}) = (1+at)(1+bt)\left(\cos^2\frac{\pi t}{2} + \sin^2\frac{\pi t}{2}\right) = (1+at)(1+bt) \tag{E3.1.8}$$

当 $a=b=0$ 时,Jacobian 行列式保持为常数,$J=1$。这种运动是没有变形的转动。当 $b=-a/(1+at)$ 时,Jacobian 行列式也保持为常数,这种情况对应于一个剪切变形和一个转动,其中单元的面积保持常数。这种类型的变形称为**等体积变形**。不可压缩材料的变形就是等体积变形。

例 3.2　考虑一个以恒定角速度 ω 绕原点转动的单元,同时应用材料和空间描述得到加速度,求出变形梯度 $\boldsymbol{F}$ 和它的变化率。

绕原点的纯转动运动可以应用二维情况下的转动矩阵(3.2.34)从公式(3.2.26)中得到：

$$\boldsymbol{x}(t) = \boldsymbol{R}(t)\boldsymbol{X} \Rightarrow \begin{Bmatrix} x \\ y \end{Bmatrix} = \begin{bmatrix} \cos\omega t & -\sin\omega t \\ \sin\omega t & \cos\omega t \end{bmatrix} \begin{Bmatrix} X \\ Y \end{Bmatrix} \tag{E3.2.1}$$

其中我们使用了 $\theta=\omega t$ 将运动表示为时间的函数；ω 是物体的角速度。将运动对时间求导可以得到速度：

$$\begin{Bmatrix} v_x \\ v_y \end{Bmatrix} = \begin{Bmatrix} \dot{x} \\ \dot{y} \end{Bmatrix} = \omega \begin{bmatrix} -\sin\omega t & -\cos\omega t \\ \cos\omega t & -\sin\omega t \end{bmatrix} \begin{Bmatrix} X \\ Y \end{Bmatrix} \tag{E3.2.2}$$

取速度的时间导数可以得到材料描述下的加速度：

$$\begin{Bmatrix} a_x \\ a_y \end{Bmatrix} = \begin{Bmatrix} \dot{v}_x \\ \dot{v}_y \end{Bmatrix} = \omega^2 \begin{bmatrix} -\cos\omega t & \sin\omega t \\ -\sin\omega t & -\cos\omega t \end{bmatrix} \begin{Bmatrix} X \\ Y \end{Bmatrix} \tag{E3.2.3}$$

为了得到速度的空间描述,可以通过变换公式(E3.2.1)。首先将公式(E3.2.2)中的材料坐标 X 和 Y 表示为空间坐标 x 和 y 的形式：

$$\begin{aligned} \begin{Bmatrix} v_x \\ v_y \end{Bmatrix} &= \omega \begin{bmatrix} -\sin\omega t & -\cos\omega t \\ \cos\omega t & -\sin\omega t \end{bmatrix} \begin{bmatrix} \cos\omega t & \sin\omega t \\ -\sin\omega t & \cos\omega t \end{bmatrix} \begin{Bmatrix} x \\ y \end{Bmatrix} \\ &= \omega \begin{bmatrix} 0 & -1 \\ 1 & 0 \end{bmatrix} \begin{Bmatrix} x \\ y \end{Bmatrix} = \omega \begin{Bmatrix} -y \\ x \end{Bmatrix} \end{aligned} \tag{E3.2.4}$$

在空间描述公式(E3.2.4)中的速度场的材料时间导数根据公式(3.2.11)得到：

$$\frac{\mathrm{D}\boldsymbol{v}}{\mathrm{D}t} = \frac{\partial \boldsymbol{v}}{\partial t} + \boldsymbol{v}\cdot\nabla\boldsymbol{v} = \begin{Bmatrix} \partial v_x/\partial t \\ \partial v_y/\partial t \end{Bmatrix}^{\mathrm{T}} + \begin{bmatrix} v_x & v_y \end{bmatrix} \begin{bmatrix} \partial v_x/\partial x & \partial v_y/\partial x \\ \partial v_x/\partial y & \partial v_y/\partial y \end{bmatrix}$$

$$=0+[v_x \quad v_y]\begin{bmatrix}0 & \omega \\ -\omega & 0\end{bmatrix}=\omega[-v_y \quad v_x] \tag{E3.2.5}$$

通过公式(E3.2.4),如果我们将公式(E3.2.5)中的速度场表示为空间坐标 x 和 y 的形式,则有

$$\begin{Bmatrix}a_x \\ a_y\end{Bmatrix}=-\omega^2\begin{Bmatrix}x \\ y\end{Bmatrix} \tag{E3.2.6}$$

这就是众所周知的向心加速度。加速度矢量指向转动的中心,其大小为 $\omega^2(x^2+y^2)^{\frac{1}{2}}$。

为了将上式与加速度的材料坐标形式(E3.2.3)进行比较,我们应用公式(E3.2.1)将公式(E3.2.6)中的空间坐标表示为材料坐标:

$$\begin{Bmatrix}\dot{v}_x \\ \dot{v}_y\end{Bmatrix}=\omega^2\begin{bmatrix}-1 & 0 \\ 0 & -1\end{bmatrix}\begin{bmatrix}\cos\omega t & -\sin\omega t \\ \sin\omega t & \cos\omega t\end{bmatrix}\begin{Bmatrix}X \\ Y\end{Bmatrix}=\omega^2\begin{bmatrix}-\cos\omega t & \sin\omega t \\ -\sin\omega t & -\cos\omega t\end{bmatrix}\begin{Bmatrix}X \\ Y\end{Bmatrix}$$

它和公式(E3.2.3)是一致的。

变形梯度从它的定义公式(3.2.19)和(E3.2.1)中得到:

$$\boldsymbol{F}=\frac{\partial \boldsymbol{x}}{\partial \boldsymbol{X}}=\boldsymbol{R}=\begin{bmatrix}\cos\omega t & -\sin\omega t \\ \sin\omega t & \cos\omega t\end{bmatrix},\quad \boldsymbol{F}^{-1}=\begin{bmatrix}\cos\omega t & \sin\omega t \\ -\sin\omega t & \cos\omega t\end{bmatrix} \tag{E3.2.7}$$

例 3.3 考虑一个单位正方形 4 节点单元,其中三个节点固定,如图 3.5 所示。求出导致 Jacobian 行列式等于零时节点 3 的位置轨迹。

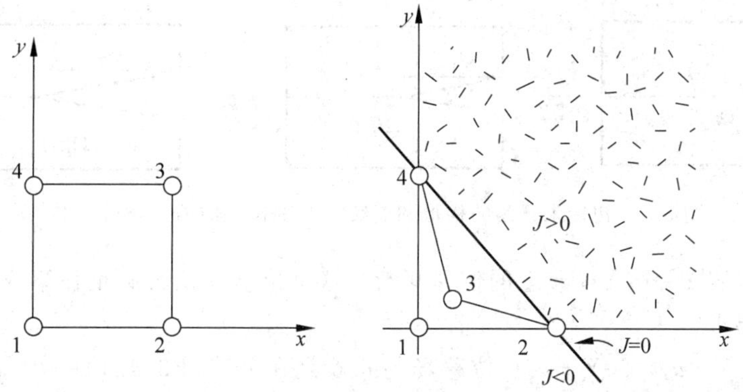

图 3.5 正方形单元的初始构形以及 $J=0$ 时的节点轨迹,同时也展示了 $J<0$ 时的变形构形

除节点 3 之外所有节点均固定的矩形单元的位移场由双线性场给出:

$$u_x(X,Y)=u_{x3}XY,\quad u_y(X,Y)=u_{y3}XY \tag{E3.3.1}$$

由于这个单元为正方形,因此不需要等参映射。沿着由节点 1 和 2 以及节点 1 和 4 所定义的边界上位移场为零。运动为

$$\begin{aligned}x&=X+u_x=X+u_{x3}XY \\ y&=Y+u_y=Y+u_{y3}XY\end{aligned} \tag{E3.3.2}$$

变形梯度可以从上式和公式(3.2.19)得到:

$$\boldsymbol{F}=\begin{bmatrix}1+u_{x3}Y & u_{x3}X \\ u_{y3}Y & 1+u_{y3}X\end{bmatrix} \tag{E3.3.3}$$

则 Jacobian 行列式为

$$J=\det(\boldsymbol{F})=1+u_{x3}Y+u_{y3}X \tag{E3.3.4}$$

现在我们检验什么时候 Jacobian 行列式为零。我们只需考虑单元未变形构形中材料点的 Jacobian 行列式,即单位正方形 $X\in[0,1]$,$Y\in[0,1]$。由公式(E3.3.4),很明显当$u_{x3}<0$ 且 $u_{y3}<0$ 时,J 最小。那么 J 的最小值发生在 $X=Y=1$ 时,所以

$$J\geqslant 0\Rightarrow 1+u_{x3}Y+u_{y3}X\geqslant 0\Rightarrow 1+u_{x3}+u_{y3}\geqslant 0 \tag{E3.3.5}$$

$J=0$ 所对应的点的轨迹由节点位移的线性函数给定,如图 3.5 的右图所示。右图也展示了当 $J<0$ 时单元的变形构形。可以看出,当节点 3 越过未变形单元的对角线时,Jacobian 行列式成为负值。

例 3.4 小变形情况下一个扩展裂纹周围的位移场为

$$\begin{aligned}u_x&=kf(r)\left(a+2\sin^2\frac{\theta}{2}\right)\cos\frac{\theta}{2}\\u_y&=kf(r)\left(b-2\cos^2\frac{\theta}{2}\right)\sin\frac{\theta}{2}\end{aligned} \tag{E3.4.1}$$

$$r^2=(X-ct)^2+Y^2,\theta=\arctan(Y/(X-ct)),\theta\in(-\pi,\pi)\text{ 对于 }X\neq ct \tag{E3.4.2}$$

其中 a,b,c 和 k 是由控制方程的解确定的参数。这个位移场对应于沿着 X 轴的开口裂纹,且裂尖速度为 c;物体的初始构形以及随后的两个构形如图 3.6 所示。

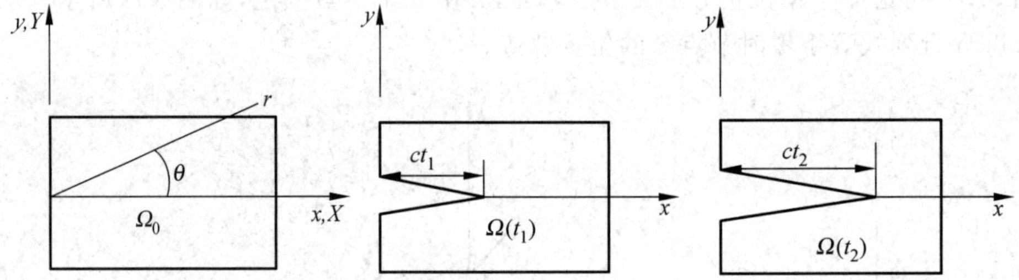

图 3.6 初始未开裂的构形和裂纹沿 x 轴扩展的两个随后构形

求出沿着直线 $Y=0,X<ct$ 上的位移间断。这个位移场是否满足在第 3.2.7 节中给出的运动连续性要求?

运动为 $x=X+u_x,y=Y+u_y$。位移场的间断是在公式(E3.4.1)中 $\theta=\pi^-$ 和 $\theta=\pi^+$ 时的差值:

$$\theta=-\pi\Rightarrow u_x=0,u_y=-kf(r)b,\quad \theta=\pi\Rightarrow u_x=0,\quad u_y=kf(r)b \tag{E3.4.3}$$

所以位移的跳跃或间断为

$$\|u_x\|=u_x(\pi,r)-u_x(-\pi,r)=0,\quad \|u_y\|=u_y(\pi,r)-u_y(-\pi,r)=2kf(r)b \tag{E3.4.4}$$

其他任何地方的位移场都是连续的。

这个运动满足第 3.2.7 节中所给出的准则,因为不连续仅仅发生在一条线上,在二维中这是一个零尺度的集合。从图 3.6 可以看出,在这个运动中裂纹尖端后面的线被分成两条线。在设计运动时也可能该线并不分离,只是在法线的位移场上发生间断。现在这两种运动都常常应用在非线性有限元分析中。

3.3 应变度量

对比线弹性，在非线性连续介质力学中使用了多种不同的应变和应变率度量。这里只考虑其中的两种：

1. Green(Green-Lagrangian)应变 $\boldsymbol{E}$。

2. 变形率张量 $\boldsymbol{D}$。

以下定义了这两种度量并给出了一些重要性质。许多其他的应变和应变率度量出现在连续介质力学的著作中。然而，上面两种是有限元方法中使用最普遍的。如在第5章所述，在描述本构方程时，有时使用其他度量更加有利，如果需要也将介绍其他的应变度量。

对于任何刚体运动，特别是刚体转动，应变度量必须为零。如果在刚体转动中应变度量不满足这个条件，它将预示着非零应变，结果导致非零应力。这就是为什么一般的线性应变位移方程在非线性理论中被放弃的关键原因，见例3.6。下面我们将看到在刚体转动中 $\boldsymbol{E}$ 和 $\boldsymbol{D}$ 为零。应变度量也应该满足其他的准则，比如，当变形增大时它也相应增大，等等(Hill,1978)。然而，能够表示刚体运动是至关重要的，并且指明什么时候必须使用几何非线性理论。

3.3.1 Green 应变张量 Green 应变张量 $\boldsymbol{E}$ 定义为

$$ds^2 - dS^2 = 2d\boldsymbol{X}\cdot\boldsymbol{E}\cdot d\boldsymbol{X} \quad 或 \quad dx_i dx_i - dX_i dX_i = 2dX_i E_{ij} dX_j \tag{3.3.1}$$

因此它给出了材料矢量 $d\boldsymbol{X}$ 长度平方的变化。调用属于未变形构形中的矢量 $d\boldsymbol{X}$，这样，Green 应变度量了当前(变形)构形和参考(未变形)构形中一个微小段长度的平方差。为了计算 Green 应变张量，我们应用公式(3.2.20)将公式(3.3.1)的左边重新写为

$$\begin{aligned} d\boldsymbol{x}\cdot d\boldsymbol{x} &= (\boldsymbol{F}\cdot d\boldsymbol{X})\cdot(\boldsymbol{F}\cdot d\boldsymbol{X}) \\ &= (\boldsymbol{F}d\boldsymbol{X})^{\mathrm{T}}(\boldsymbol{F}d\boldsymbol{X}) = d\boldsymbol{X}^{\mathrm{T}}\boldsymbol{F}^{\mathrm{T}}\boldsymbol{F}d\boldsymbol{X} = d\boldsymbol{X}\cdot(\boldsymbol{F}^{\mathrm{T}}\cdot\boldsymbol{F})\cdot d\boldsymbol{X} \end{aligned} \tag{3.3.2}$$

其中在第二行中直至最后一步，我们已经将其变换为矩阵标记。将上式写为指标标记会更加清楚：

$$d\boldsymbol{x}\cdot d\boldsymbol{x} = dx_i dx_i = F_{ij}dX_j F_{ik}dX_k = dX_j F_{ji}^{\mathrm{T}} F_{ik} dX_k = d\boldsymbol{X}\cdot(\boldsymbol{F}^{\mathrm{T}}\cdot\boldsymbol{F})\cdot d\boldsymbol{X}$$

应用上式与公式(3.3.1)以及 $d\boldsymbol{X}\cdot d\boldsymbol{X}=d\boldsymbol{X}\cdot\boldsymbol{I}\cdot d\boldsymbol{X}$，给出

$$d\boldsymbol{X}\cdot\boldsymbol{F}^{\mathrm{T}}\cdot\boldsymbol{F}\cdot d\boldsymbol{X} - d\boldsymbol{X}\cdot\boldsymbol{I}\cdot d\boldsymbol{X} - d\boldsymbol{X}\cdot 2\boldsymbol{E}\cdot d\boldsymbol{X} = 0 \tag{3.3.3}$$

将相同的项提出来，得到

$$d\boldsymbol{X}\cdot(\boldsymbol{F}^{\mathrm{T}}\cdot\boldsymbol{F} - \boldsymbol{I} - 2\boldsymbol{E})\cdot d\boldsymbol{X} = 0 \tag{3.3.4}$$

由于上式对于任何 $d\boldsymbol{X}$ 都必须成立，则有

$$\boldsymbol{E} = \frac{1}{2}(\boldsymbol{F}^{\mathrm{T}}\cdot\boldsymbol{F} - \boldsymbol{I}) \quad 或 \quad E_{ij} = \frac{1}{2}(F_{ik}^{\mathrm{T}}F_{kj} - \delta_{ij}) \tag{3.3.5}$$

Green 应变张量也可以表示为位移梯度的形式：

$$\boldsymbol{E} = \frac{1}{2}((\nabla_0\boldsymbol{u})^{\mathrm{T}} + \nabla_0\boldsymbol{u} + \nabla_0\boldsymbol{u}(\nabla_0\boldsymbol{u})^{\mathrm{T}}), \quad E_{ij} = \frac{1}{2}\left(\frac{\partial u_i}{\partial X_j} + \frac{\partial u_j}{\partial X_i} + \frac{\partial u_k}{\partial X_i}\frac{\partial u_k}{\partial X_j}\right) \tag{3.3.6}$$

这个表达式推导如下。我们首先计算 $\boldsymbol{F}^{\mathrm{T}}\cdot\boldsymbol{F}$，以位移的形式使用指标写法：

$$F_{ik}^{\mathrm{T}}F_{kj} = F_{ki}F_{kj} = \frac{\partial x_k}{\partial X_i}\frac{\partial x_k}{\partial X_j} \quad (转置的定义和式(3.2.19))$$

$$= \left(\frac{\partial u_k}{\partial X_i} + \frac{\partial X_k}{\partial X_i}\right)\left(\frac{\partial u_k}{\partial X_j} + \frac{\partial X_k}{\partial X_j}\right) \quad \text{（根据式(3.2.7)）}$$

$$= \left(\frac{\partial u_k}{\partial X_i} + \delta_{ki}\right)\left(\frac{\partial u_k}{\partial X_j} + \delta_{kj}\right)$$

$$= \left(\frac{\partial u_i}{\partial X_j} + \frac{\partial u_j}{\partial X_i} + \frac{\partial u_k}{\partial X_i}\frac{\partial u_k}{\partial X_j} + \delta_{ij}\right)$$

将上式代入公式(3.3.5)就得到公式(3.3.6)。

为了验证在刚体运动中 Green 应变为零，我们考虑刚体运动公式(3.2.26)：$\boldsymbol{x}=\boldsymbol{R}\cdot\boldsymbol{X}+\boldsymbol{x}_T$。根据公式(3.2.19)，变形梯度 $\boldsymbol{F}$ 为 $\boldsymbol{F}=\boldsymbol{R}$。应用 Green 张量的表达式(3.3.5)，给出

$$\boldsymbol{E} = \frac{1}{2}(\boldsymbol{R}^{\mathrm{T}}\cdot\boldsymbol{R}-\boldsymbol{I}) = \frac{1}{2}(\boldsymbol{I}-\boldsymbol{I}) = 0$$

其中第二个等号根据转动张量的正交性公式(3.2.27)得到。这说明了在任何刚体运动中 Green 应变张量为零，所以它满足应变度量的一个重要要求。

3.3.2　变形率　这里要考虑的第二个运动度量是**变形率 $\boldsymbol{D}$**，也称为**速度应变**。对比 Green 应变张量，它是变形的率度量。

为了建立变形率的表达式，我们首先定义速度梯度 $\boldsymbol{L}$ 为

$$\boldsymbol{L} = \frac{\partial \boldsymbol{v}}{\partial \boldsymbol{x}} = (\nabla\boldsymbol{v})^{\mathrm{T}} = (\mathrm{grad}\ \boldsymbol{v})^{\mathrm{T}} \quad \text{或} \quad L_{ij} = \frac{\partial v_i}{\partial x_j} \tag{3.3.7a}$$

$$\mathrm{d}\boldsymbol{v} = \boldsymbol{L}\cdot\mathrm{d}\boldsymbol{x} \quad \text{或} \quad \mathrm{d}v_i = L_{ij}\,\mathrm{d}x_j \tag{3.3.7b}$$

我们已列出了该定义的几种张量形式，但我们主要使用指标形式。在上面公式中，函数前面的符号∇或缩写“grad”表示函数的左空间梯度：在空间梯度中，对于空间(Eulerian)坐标取导数。符号∇指定是空间梯度，∇_0是材料梯度。

速度梯度张量可以分解为对称部分和偏对称部分：

$$\boldsymbol{L} = \frac{1}{2}(\boldsymbol{L}+\boldsymbol{L}^{\mathrm{T}}) + \frac{1}{2}(\boldsymbol{L}-\boldsymbol{L}^{\mathrm{T}}) \quad \text{或} \quad L_{ij} = \frac{1}{2}(L_{ij}+L_{ji}) + \frac{1}{2}(L_{ij}-L_{ji}) \tag{3.3.8}$$

这是一个二阶张量或方阵的标准分解。以上面的方式，任何一个二阶张量都可以表示为它的对称部分和偏对称部分的和。

变形率 $\boldsymbol{D}$ 定义为 $\boldsymbol{L}$ 的对称部分，即公式(3.3.8)右边的第一项，转动 $\boldsymbol{W}$ 定义为 $\boldsymbol{L}$ 的偏对称部分，即公式(3.3.8)右边的第二项。应用这些定义，我们可以写出

$$\boldsymbol{L} = (\nabla\boldsymbol{v})^{\mathrm{T}} = \boldsymbol{D}+\boldsymbol{W} \quad \text{或} \quad L_{ij} = v_{i,j} = D_{ij} + W_{ij} \tag{3.3.9}$$

$$\boldsymbol{D} = \frac{1}{2}(\boldsymbol{L}+\boldsymbol{L}^{\mathrm{T}}) \quad \text{或} \quad D_{ij} = \frac{1}{2}\left(\frac{\partial v_i}{\partial x_j}+\frac{\partial v_j}{\partial x_i}\right) \tag{3.3.10}$$

$$\boldsymbol{W} = \frac{1}{2}(\boldsymbol{L}-\boldsymbol{L}^{\mathrm{T}}) \quad \text{或} \quad W_{ij} = \frac{1}{2}\left(\frac{\partial v_i}{\partial x_j}-\frac{\partial v_j}{\partial x_i}\right) \tag{3.3.11}$$

变形率就是微小材料线段长度平方的变化率度量：

$$\frac{\partial}{\partial t}(\mathrm{d}s^2) = \frac{\partial}{\partial t}(\mathrm{d}\boldsymbol{x}(\boldsymbol{X},t)\cdot\mathrm{d}\boldsymbol{x}(\boldsymbol{X},t)) = 2\mathrm{d}\boldsymbol{x}\cdot\boldsymbol{D}\cdot\mathrm{d}\boldsymbol{x} \quad \forall\,\mathrm{d}\boldsymbol{x} \tag{3.3.12}$$

现在说明公式(3.3.10)和(3.3.12)的等价性。从上面可以得到变形率的表达式如下：

$$2\mathrm{d}\boldsymbol{x}\cdot\boldsymbol{D}\cdot\mathrm{d}\boldsymbol{x}=\frac{\partial}{\partial t}(\mathrm{d}\boldsymbol{x}(\boldsymbol{X},t)\cdot\mathrm{d}\boldsymbol{x}(\boldsymbol{X},t))=2\mathrm{d}\boldsymbol{x}\cdot\mathrm{d}\boldsymbol{v}\quad(\text{根据式}(3.2.8))$$
$$=2\mathrm{d}\boldsymbol{x}\cdot\frac{\partial\boldsymbol{v}}{\partial\boldsymbol{x}}\cdot\mathrm{d}\boldsymbol{x}\quad(\text{根据链规则})$$
$$=2\mathrm{d}\boldsymbol{x}\cdot\boldsymbol{L}\cdot\mathrm{d}\boldsymbol{x}\quad(\text{使用式}(3.3.7))\tag{3.3.13}$$
$$=\mathrm{d}\boldsymbol{x}\cdot(\boldsymbol{L}+\boldsymbol{L}^{\mathrm{T}}+\boldsymbol{L}-\boldsymbol{L}^{\mathrm{T}})\cdot\mathrm{d}\boldsymbol{x}$$
$$=\mathrm{d}\boldsymbol{x}\cdot(\boldsymbol{L}+\boldsymbol{L}^{\mathrm{T}})\cdot\mathrm{d}\boldsymbol{x}$$

其中最后一步从 $\boldsymbol{L}-\boldsymbol{L}^{\mathrm{T}}$ 的反对称性得到。根据 $\mathrm{d}\boldsymbol{x}$ 的任意性，从公式(3.3.13)的最后一行就可以得到(3.3.10)。

在没有变形的情况下，转动张量和角速度张量相等：$\boldsymbol{W}=\boldsymbol{\Omega}$。说明如下，在刚体运动中 $\boldsymbol{D}=\mathbf{0}$，所以 $\mathbf{L}=\boldsymbol{W}$，由公式(3.3.7b)的积分我们有

$$\boldsymbol{v}=\boldsymbol{W}\cdot(\boldsymbol{x}-\boldsymbol{x}_T)+\boldsymbol{v}_T\tag{3.3.14}$$

其中 $\boldsymbol{x}_T$ 和 $\boldsymbol{v}_T$ 是积分常数。与公式(3.2.49)相比可以看出，在刚体转动中，转动张量和角速度张量是相同的。当物体除了转动之外还有变形时，转动张量一般区别于角速度张量。

3.3.3 变形率的 Green 应变率形式 变形率可以和 Green 应变张量的率联系起来。为了得到这个关系，应该首先得到速度场的材料梯度，并通过链规则表示为空间梯度的形式：

$$\boldsymbol{L}=\frac{\partial\boldsymbol{v}}{\partial\boldsymbol{x}}=\frac{\partial\boldsymbol{v}}{\partial\boldsymbol{X}}\cdot\frac{\partial\boldsymbol{X}}{\partial\boldsymbol{x}},\quad L_{ij}=\frac{\partial v_i}{\partial x_j}=\frac{\partial v_i}{\partial X_k}\frac{\partial X_k}{\partial x_j}\tag{3.3.15}$$

回顾变形梯度的定义公式(3.2.19)，$F_{ij}=\partial x_i/\partial X_j$。取变形梯度的材料时间导数，给出

$$\dot{\boldsymbol{F}}=\frac{\partial}{\partial t}\left(\frac{\partial\boldsymbol{\phi}(\boldsymbol{X},t)}{\partial\boldsymbol{X}}\right)=\frac{\partial\boldsymbol{v}}{\partial\boldsymbol{X}},\quad\dot{F}_{ij}=\frac{\partial}{\partial t}\left(\frac{\partial\phi_i(\boldsymbol{X},t)}{\partial X_j}\right)=\frac{\partial v_i}{\partial X_j}\tag{3.3.16}$$

其中最后一步从公式(3.2.8)得到。应用链规则展开恒等式 $\partial x_i/\partial x_j=\delta_{ij}$，得到

$$\frac{\partial x_i}{\partial X_k}\frac{\partial X_k}{\partial x_j}=\delta_{ij}\rightarrow F_{ik}\frac{\partial X_k}{\partial x_j}=\delta_{ij}\rightarrow F_{kj}^{-1}=\frac{\partial X_k}{\partial x_j}\quad\text{或}\quad\boldsymbol{F}^{-1}=\frac{\partial\boldsymbol{X}}{\partial\boldsymbol{x}}\tag{3.3.17}$$

根据上式，公式(3.3.15)可以重新写为

$$\boldsymbol{L}=\dot{\boldsymbol{F}}\cdot\boldsymbol{F}^{-1},\quad L_{ij}=\dot{F}_{ik}F_{kj}^{-1}\tag{3.3.18}$$

为了能够用一个单一表达式将这两个应变率的度量联系起来，注意到从公式(3.3.10)和(3.3.18)，我们有

$$\boldsymbol{D}=\frac{1}{2}(\boldsymbol{L}+\boldsymbol{L}^{\mathrm{T}})=\frac{1}{2}(\dot{\boldsymbol{F}}\cdot\boldsymbol{F}^{-1}+\boldsymbol{F}^{-\mathrm{T}}\cdot\dot{\boldsymbol{F}}^{\mathrm{T}})\tag{3.3.19}$$

取 Green 应变公式(3.3.5)的时间导数，给出

$$\dot{\boldsymbol{E}}=\frac{1}{2}\frac{\mathrm{D}}{\mathrm{D}t}(\boldsymbol{F}^{\mathrm{T}}\cdot\boldsymbol{F}-\boldsymbol{I})=\frac{1}{2}(\boldsymbol{F}^{\mathrm{T}}\cdot\dot{\boldsymbol{F}}+\dot{\boldsymbol{F}}^{\mathrm{T}}\cdot\boldsymbol{F})\tag{3.3.20}$$

在公式(3.3.19)中，前面点积 $\boldsymbol{F}^{\mathrm{T}}$，后面点积 $\boldsymbol{F}$，得到

$$\boldsymbol{F}^{\mathrm{T}}\cdot\boldsymbol{D}\cdot\boldsymbol{F}=\frac{1}{2}(\boldsymbol{F}^{\mathrm{T}}\cdot\dot{\boldsymbol{F}}+\dot{\boldsymbol{F}}^{\mathrm{T}}\cdot\boldsymbol{F}),\quad\text{所以}\ \dot{\boldsymbol{E}}=\boldsymbol{F}^{\mathrm{T}}\cdot\boldsymbol{D}\cdot\boldsymbol{F}\quad\text{或}\quad\dot{E}_{ij}=F_{ik}^{\mathrm{T}}D_{kl}F_{lj}\tag{3.3.21}$$

其中最后一个等号从公式(3.3.20)得到。上式可以很容易地求逆为

$$\boldsymbol{D}=\boldsymbol{F}^{-\mathrm{T}}\cdot\dot{\boldsymbol{E}}\cdot\boldsymbol{F}^{-1}\quad\text{或}\quad D_{ij}=F_{ik}^{-\mathrm{T}}\dot{E}_{kl}F_{lj}^{-1}\tag{3.3.22}$$

正如我们将在第 5 章看到的，公式(3.3.22)是一个**前推运算**的例子，而(3.3.21)是一个**后拉**

运算的例子。这两种度量是看待相同过程的两种方式：Green 应变率是在参考构形中表达的，变形率是在当前构形中表达的。然而，两种形式的性质是多少不同的。例如，在例 3.7 中我们将会看到 Green 应变率对时间积分是与路径无关的，而变形率对时间积分是与路径相关的。

例 3.5　拉伸和转动联合作用下的应变度量　考虑运动

$$x(\boldsymbol{X},t) = (1+at)X\cos\frac{\pi}{2}t - (1+bt)Y\sin\frac{\pi}{2}t \tag{E3.5.1}$$

$$y(\boldsymbol{X},t) = (1+at)X\sin\frac{\pi}{2}t + (1+bt)Y\cos\frac{\pi}{2}t \tag{E3.5.2}$$

其中 a 和 b 是正的常数。计算作为时间函数的变形梯度 $\boldsymbol{F}$、Green 应变 $\boldsymbol{E}$ 和变形率张量，并验证在 $t=0$ 与 $t=1$ 时的值。

为了方便，我们定义

$$A(t) \equiv (1+a\,t),B(t) \equiv (1+b\,t),c \equiv \cos\frac{\pi}{2}t,s \equiv \sin\frac{\pi}{2}t \tag{E3.5.3}$$

应用公式(E3.5.1)，由公式(3.2.21)计算变形梯度 $\boldsymbol{F}$ 为

$$\boldsymbol{F} = \begin{bmatrix} \dfrac{\partial x}{\partial X} & \dfrac{\partial x}{\partial Y} \\ \dfrac{\partial y}{\partial X} & \dfrac{\partial y}{\partial Y} \end{bmatrix} = \begin{bmatrix} Ac & -Bs \\ As & Bc \end{bmatrix} \tag{E3.5.4}$$

以上变形包括同时沿着 X 和 Y 轴材料线的拉伸和单元转动。在任何时刻单元中的变形梯度是常数，并且在任何时刻其他的应变度量也是常数。从公式(3.3.5)得到 Green 应变张量，由公式(E3.5.4)给出 $\boldsymbol{F}$，这样

$$\begin{aligned} \boldsymbol{E} &= \frac{1}{2}(\boldsymbol{F}^{\mathrm{T}}\cdot\boldsymbol{F}-\boldsymbol{I}) = \frac{1}{2}\left(\begin{bmatrix} Ac & As \\ -Bs & Bc \end{bmatrix}\begin{bmatrix} Ac & -Bs \\ As & Bc \end{bmatrix} - \begin{bmatrix} 1 & 0 \\ 0 & 1 \end{bmatrix}\right) \\ &= \frac{1}{2}\left(\begin{bmatrix} A^2 & 0 \\ 0 & B^2 \end{bmatrix} - \begin{bmatrix} 1 & 0 \\ 0 & 1 \end{bmatrix}\right) = \frac{1}{2}\begin{bmatrix} 2at+a^2t^2 & 0 \\ 0 & 2bt+b^2t^2 \end{bmatrix} \end{aligned} \tag{E3.5.5}$$

可以看出，Green 应变张量的分量对应于从它的定义中所期望的：X 和 Y 方向的线段被分别扩展了 at 和 bt 倍。常数被限制为 $at>-1$ 和 $bt>-1$，否则 Jacobian 行列式成为负值。当 $t=0$ 时，有 $\boldsymbol{x}=\boldsymbol{X}$ 和 $\boldsymbol{E}=\boldsymbol{0}$。

为了计算变形率，我们首先求速度，它是公式(E3.5.1)的材料时间导数：

$$v_x = \left(ac - \frac{\pi}{2}As\right)X - \left(bs + \frac{\pi}{2}Bc\right)Y \tag{E3.5.6}$$

$$v_y = \left(as + \frac{\pi}{2}Ac\right)X + \left(bc - \frac{\pi}{2}Bs\right)Y \tag{E3.5.7}$$

由于在 $t=0$ 时，$x=X,y=Y,c=1,s=0,A=B=1$，因此速度梯度在 $t=0$ 时为

$$\boldsymbol{L} = (\nabla\boldsymbol{v})^{\mathrm{T}} = \begin{bmatrix} a & -\dfrac{\pi}{2} \\ \dfrac{\pi}{2} & b \end{bmatrix} \rightarrow \boldsymbol{D} = \begin{bmatrix} a & 0 \\ 0 & b \end{bmatrix},\boldsymbol{W} = \frac{\pi}{2}\begin{bmatrix} 0 & -1 \\ 1 & 0 \end{bmatrix} \tag{E3.5.8}$$

为了确定变形率的时间历史，我们首先计算变形梯度的时间导数和变形梯度的逆。回顾在公式(E3.5.4)中给出的 $\boldsymbol{F}$，可以得到

$$\dot{\boldsymbol{F}}=\begin{bmatrix}A_{,t}c-\frac{\pi}{2}As & -B_{,t}s-\frac{\pi}{2}Bc\\ A_{,t}s+\frac{\pi}{2}Ac & B_{,t}c-\frac{\pi}{2}Bs\end{bmatrix},\quad \boldsymbol{F}^{-1}=\frac{1}{AB}\begin{bmatrix}Bc & Bs\\ -As & Ac\end{bmatrix} \tag{E3.5.9}$$

$$\boldsymbol{L}=\dot{\boldsymbol{F}}\cdot\boldsymbol{F}^{-1}=\frac{1}{AB}\begin{bmatrix}Bac^2+Abs^2 & cs(Ba-Ab)\\ cs(Ba-Ab) & Bas^2+Abc^2\end{bmatrix}+\frac{\pi}{2}\begin{bmatrix}0 & -1\\ 1 & 0\end{bmatrix} \tag{E3.5.10}$$

等式右边的第一项是变形率，因为它是速度梯度的对称部分，而第二项是转动，它是偏对称部分。变形率在 $t=1$ 时为

$$\boldsymbol{D}=\frac{1}{AB}\begin{bmatrix}Ab & 0\\ 0 & Ba\end{bmatrix}=\frac{1}{1+a+b+ab}\begin{bmatrix}b+ab & 0\\ 0 & a+ab\end{bmatrix} \tag{E3.5.11}$$

因此，在中间步骤的剪切速度-应变是非零的，而在 $t=1$ 时刻的构形中只有伸长的速度-应变是非零的。作为比较，由公式(E3.5.5)，$t=1$ 时刻的 Green 应变率为

$$\dot{\boldsymbol{E}}=\begin{bmatrix}Aa & 0\\ 0 & Bb\end{bmatrix}=\begin{bmatrix}a+a^2 & 0\\ 0 & b+b^2\end{bmatrix} \tag{E3.5.12}$$

例 3.6 一个单元绕着原点转动了 θ 角。计算线应变。

对于一个单纯的转动，运动由公式(3.2.26)给出，$\boldsymbol{x}=\boldsymbol{R}\cdot\boldsymbol{X}$。这里省略了变换过程，其中 $\boldsymbol{R}$ 由公式(3.2.34)给出，所以

$$\begin{Bmatrix}x\\ y\end{Bmatrix}=\begin{bmatrix}\cos\theta & -\sin\theta\\ \sin\theta & \cos\theta\end{bmatrix}\begin{Bmatrix}X\\ Y\end{Bmatrix},\quad \begin{Bmatrix}u_x\\ u_y\end{Bmatrix}=\begin{bmatrix}\cos\theta-1 & -\sin\theta\\ \sin\theta & \cos\theta-1\end{bmatrix}\begin{Bmatrix}X\\ Y\end{Bmatrix} \tag{E3.6.1}$$

在线应变张量的定义中，没有指定空间坐标取什么形式的导数。我们将它们对材料坐标求导(如果我们选择空间坐标，结论是不变的)，那么线应变为

$$\varepsilon_x=\frac{\partial u_x}{\partial X}=\cos\theta-1,\quad \varepsilon_y=\frac{\partial u_y}{\partial Y}=\cos\theta-1,\quad 2\varepsilon_{xy}=\frac{\partial u_x}{\partial Y}+\frac{\partial u_y}{\partial X}=0 \tag{E3.6.2}$$

所以，如果 θ 较大，伸长应变不为零。因此，线应变张量不能用于大变形问题，即几何非线性问题。

经常会出现一个问题："到底多么大的转动需要进行非线性分析？"。前面的例子对这个问题的结论提供了某些指导。在公式(E3.6.2)中线性应变的量级就是对小应变假定所产生误差的一个暗示。为了更方便地处理这类误差，我们将 $\cos\theta$ 展开成泰勒级数，然后代入公式(E3.6.2)，得到

$$\varepsilon_x=\cos\theta-1=1-\frac{\theta^2}{2}+O(\theta^4)-1\approx-\frac{\theta^2}{2} \tag{3.3.23}$$

这说明在转动中线性应变的误差是二阶的。线性分析的适用性则在于能够容许误差的量级，最终取决于感兴趣的应变的大小。如果感兴趣的应变量级是 10^{-2}，那么 1%的误差是能够接受的(几乎总是这样)，这样转动的量级可以是 10^{-2} 弧度，因为基于小应变假设的误差量级为 10^{-4}。如果感兴趣的应变更小，可接受的转动更小。对于 10^{-4} 量级的应变，为了满足 1%的误差，转动必须是 10^{-3} 弧度量级的。这些指导数据假设平衡解答是稳定的，即不可能发生屈曲。然而，即使是在很小的应变下屈曲也是可能的，所以当可能发生屈曲时，应该使用能适合应付大变形的度量。

例 3.7 一个单元经历了图 3.7 所示的变形阶段。在这些阶段之间运动是时间的线性函数。计算每一阶段的变形率张量 $\boldsymbol{D}$，对于回到未变形构形的整个变形循环，获得变形率的

时间积分。

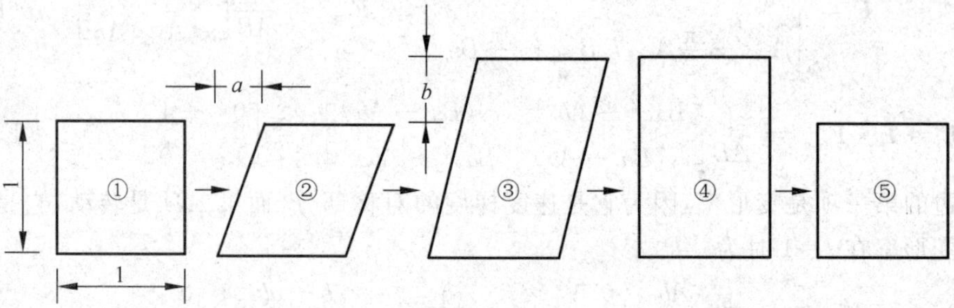

图 3.7 一个单元承受 x 方向的剪切,随后在 y 方向伸长,然后经历变形后再回到初始构形

假定变形的每个阶段都发生在一个单位时间间隔内。时间标定与结果是无关的,为了简化算法我们采取这个特殊标定,其结果也和采取其他任何标定的结果相同。从状态①到状态②的运动为

$$x(\boldsymbol{X},t) = X + atY, \quad y(\boldsymbol{X},t) = Y \quad 0 \leqslant t \leqslant 1 \tag{E3.7.1}$$

为了确定变形率,我们应用公式(3.3.18),$\boldsymbol{L}=\dot{\boldsymbol{F}} \cdot \boldsymbol{F}^{-1}$。所以我们首先必须确定 $\boldsymbol{F}, \dot{\boldsymbol{F}}$ 和 $\boldsymbol{F}^{-1}$,它们是

$$\boldsymbol{F} = \begin{bmatrix} 1 & at \\ 0 & 1 \end{bmatrix}, \quad \dot{\boldsymbol{F}} = \begin{bmatrix} 0 & a \\ 0 & 0 \end{bmatrix}, \quad \boldsymbol{F}^{-1} = \begin{bmatrix} 1 & -at \\ 0 & 1 \end{bmatrix} \tag{E3.7.2}$$

通过公式(3.3.10)得到速度梯度和变形率为

$$\boldsymbol{L} = \dot{\boldsymbol{F}} \cdot \boldsymbol{F}^{-1} = \begin{bmatrix} 0 & a \\ 0 & 0 \end{bmatrix}\begin{bmatrix} 1 & -at \\ 0 & 1 \end{bmatrix} = \begin{bmatrix} 0 & a \\ 0 & 0 \end{bmatrix}, \quad \boldsymbol{D} = \frac{1}{2}(\boldsymbol{L} + \boldsymbol{L}^{\mathrm{T}}) = \frac{1}{2}\begin{bmatrix} 0 & a \\ a & 0 \end{bmatrix} \tag{E3.7.3}$$

这样,变形率就是一个纯剪切,即两个拉伸分量都为零。由公式(3.3.5)得到 Green 应变为

$$\boldsymbol{E} = \frac{1}{2}(\boldsymbol{F}^{\mathrm{T}} \cdot \boldsymbol{F} - \boldsymbol{I}) = \frac{1}{2}\begin{bmatrix} 0 & at \\ at & a^2t^2 \end{bmatrix}, \quad \dot{\boldsymbol{E}} = \frac{1}{2}\begin{bmatrix} 0 & a \\ a & 2a^2t \end{bmatrix} \tag{E3.7.4}$$

注意到 $\dot{E}_{22}$ 是非零的,而 $D_{22}=0$。但是当常数 a 较小时,$\dot{E}_{22}$ 也比较小。

下面给出其余阶段的运动、变形梯度、它的逆和变化率,以及变形率和 Green 应变张量。

从构形 2 到构形 3:

$$x(\boldsymbol{X},t) = X + aY, \quad y(\boldsymbol{X},t) = (1+bt)Y, \quad 1 \leqslant \bar{t} \leqslant 2, \quad t = \bar{t} - 1 \tag{E3.7.5a}$$

$$\boldsymbol{F} = \begin{bmatrix} 1 & a \\ 0 & 1+bt \end{bmatrix}, \quad \dot{\boldsymbol{F}} = \begin{bmatrix} 0 & 0 \\ 0 & b \end{bmatrix}, \quad \boldsymbol{F}^{-1} = \frac{1}{1+bt}\begin{bmatrix} 1+bt & -a \\ 0 & 1 \end{bmatrix} \tag{E3.7.5b}$$

$$\boldsymbol{L} = \dot{\boldsymbol{F}} \cdot \boldsymbol{F}^{-1} = \frac{1}{1+bt}\begin{bmatrix} 0 & 0 \\ 0 & b \end{bmatrix}, \quad \boldsymbol{D} = \frac{1}{2}(\boldsymbol{L} + \boldsymbol{L}^{\mathrm{T}}) = \frac{1}{1+bt}\begin{bmatrix} 0 & 0 \\ 0 & b \end{bmatrix} \tag{E3.7.5c}$$

$$\boldsymbol{E} = \frac{1}{2}(\boldsymbol{F}^{\mathrm{T}} \cdot \boldsymbol{F} - \boldsymbol{I}) = \frac{1}{2}\begin{bmatrix} 0 & a \\ a & a^2 + bt(bt+2) \end{bmatrix}, \quad \dot{\boldsymbol{E}} = \frac{1}{2}\begin{bmatrix} 0 & 0 \\ 0 & 2b(bt+1) \end{bmatrix} \tag{E3.7.5d}$$

从构形 3 到构形 4:

$$x(\boldsymbol{X},t) = X + a(1-t)Y, \quad y(\boldsymbol{X},t) = (1+b)Y, \quad 2 \leqslant \bar{t} \leqslant 3, \quad t = \bar{t} - 2 \tag{E3.7.6a}$$

$$\boldsymbol{F}=\begin{bmatrix}1 & a(1-t)\\0 & 1+b\end{bmatrix},\quad \dot{\boldsymbol{F}}=\begin{bmatrix}0 & -a\\0 & 0\end{bmatrix},\quad \boldsymbol{F}^{-1}=\frac{1}{1+b}\begin{bmatrix}1+b & a(t-1)\\0 & 1\end{bmatrix} \tag{E3.7.6b}$$

$$\boldsymbol{L}=\dot{\boldsymbol{F}}\cdot\boldsymbol{F}^{-1}=\frac{1}{1+b}\begin{bmatrix}0 & -a\\0 & 0\end{bmatrix},\quad \boldsymbol{D}=\frac{1}{2}(\boldsymbol{L}+\boldsymbol{L}^{\mathrm{T}})=\frac{1}{2(1+b)}\begin{bmatrix}0 & -a\\-a & 0\end{bmatrix} \tag{E3.7.6c}$$

从构形 4 到构形 5：

$$x(\boldsymbol{X},t)=X,\quad y(\boldsymbol{X},t)=(1+b-bt)Y,\quad 3\leqslant\bar{t}\leqslant4,\quad t=\bar{t}-3 \tag{E3.7.7a}$$

$$\boldsymbol{F}=\begin{bmatrix}1 & 0\\0 & 1+b-bt\end{bmatrix},\quad \dot{\boldsymbol{F}}=\begin{bmatrix}0 & 0\\0 & -b\end{bmatrix},\quad \boldsymbol{F}^{-1}=\frac{1}{1+b-bt}\begin{bmatrix}1+b-bt & 0\\0 & 1\end{bmatrix} \tag{E3.7.7b}$$

$$\boldsymbol{L}=\dot{\boldsymbol{F}}\cdot\boldsymbol{F}^{-1}=\frac{1}{1+b-bt}\begin{bmatrix}0 & 0\\0 & -b\end{bmatrix},\quad \boldsymbol{D}=\boldsymbol{L} \tag{E3.7.7c}$$

因为在 $\bar{t}=4$ 时的变形梯度是单位张量，$\boldsymbol{F}=\boldsymbol{I}$，所以在构形 5 中的 Green 应变为零。变形率对时间的积分为

$$\begin{aligned}\int_0^4\boldsymbol{D}(t)\,\mathrm{d}t&=\frac{1}{2}\begin{bmatrix}0 & a\\a & 0\end{bmatrix}+\begin{bmatrix}0 & 0\\0 & \ln(1+b)\end{bmatrix}+\frac{1}{2(1+b)}\begin{bmatrix}0 & -a\\-a & 0\end{bmatrix}+\begin{bmatrix}0 & 0\\0 & -\ln(1+b)\end{bmatrix}\\&=\frac{ab}{2(1+b)}\begin{bmatrix}0 & 1\\1 & 0\end{bmatrix}\end{aligned} \tag{E3.7.8}$$

因此，变形率在回到初始构形结束的整个循环上的积分不为零。这个问题的最后构形对应于未变形构形，所以应变的度量应该为零，变形率的积分不为零。对于第 5 章描述的次弹性材料，这是一个重要的回应。它同时也暗示变形率的积分不是整个应变的一个很好的度量。必须注意到 $\boldsymbol{D}$ 在一个循环上的积分结果是表征变形的二阶常数，所以只要这些常数非常小，误差是可以忽略不计的。Green 应变率在任何闭合循环上的积分等于零，因为它是 Green 应变 $\boldsymbol{E}$ 的时间导数。换句话说，Green 应变率的积分是路径无关的。

3.4 应力度量

3.4.1 应力定义 在非线性问题中，可以定义各式各样的应力度量。我们将考虑三种应力度量：

1. Cauchy 应力 $\boldsymbol{\sigma}$。
2. 名义应力张量 $\boldsymbol{P}$，如下面所描述的，它与第一 Piola-Kirchhoff 应力紧密相关。
3. 第二 Piola-Kirchhoff(PK2)应力张量 $\boldsymbol{S}$。

框 3.1 给出了这三种应力张量的定义。

应力通过 Cauchy 定理来定义：

$$\boldsymbol{n}\cdot\boldsymbol{\sigma}\mathrm{d}\Gamma=\boldsymbol{t}\mathrm{d}\Gamma \tag{3.4.1}$$

其中 $\boldsymbol{t}$ 是面力。在参考构形中公式(3.4.1)的另一种形式为

$$\boldsymbol{n}_0\cdot\boldsymbol{P}\mathrm{d}\Gamma_0=\boldsymbol{t}_0\mathrm{d}\Gamma_0 \tag{3.4.2}$$

注意法向矢量通常在左边。PK2 应力定义为

$$\boldsymbol{n}_0\cdot\boldsymbol{S}\mathrm{d}\Gamma_0=\boldsymbol{F}^{-1}\cdot\boldsymbol{t}_0\mathrm{d}\Gamma_0 \tag{3.4.3}$$

框 3.1　应力度量的定义

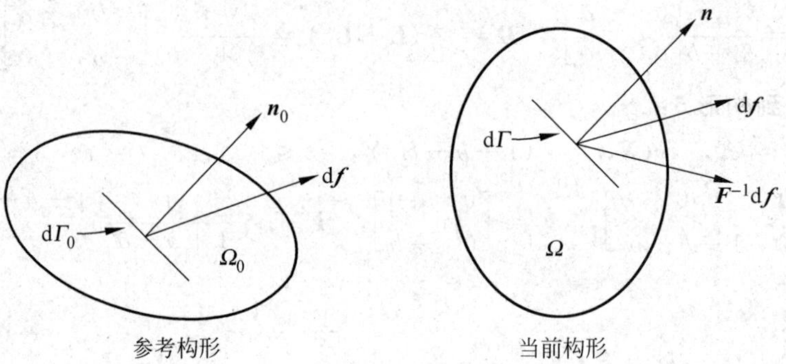

Cauchy 应力

$$\boldsymbol{n}\cdot\boldsymbol{\sigma}\,\mathrm{d}\Gamma=\boldsymbol{t}\,\mathrm{d}\Gamma \tag{B3.1.1}$$

名义应力

$$\boldsymbol{n}_0\cdot\boldsymbol{P}\,\mathrm{d}\Gamma_0=\boldsymbol{t}_0\,\mathrm{d}\Gamma_0 \tag{B3.1.2}$$

第二 Piola-Kirchhoff 应力

$$\boldsymbol{n}_0\cdot\boldsymbol{S}\,\mathrm{d}\Gamma_0=\boldsymbol{F}^{-1}\cdot\mathrm{d}\boldsymbol{f}=\boldsymbol{F}^{-1}\cdot\boldsymbol{t}_0\,\mathrm{d}\Gamma_0 \tag{B3.1.3}$$

$$\mathrm{d}\boldsymbol{f}=\boldsymbol{t}\,\mathrm{d}\Gamma=\boldsymbol{t}_0\,\mathrm{d}\Gamma_0 \tag{B3.1.4}$$

公式(B3.1.1)是以 Cauchy 应力的形式表示面力，称为 Cauchy 定理，或者有时称为 Cauchy 假定。它包括当前表面的法线和当前表面的面力(每单位面积上的力)。由于这个原因，Cauchy 应力常常被称为物理应力或真实应力。例如，Cauchy 应力的迹：

$$\frac{1}{3}\mathrm{trace}(\boldsymbol{\sigma})=\frac{1}{3}\sigma_{ii}=-p \tag{3.4.4}$$

给出了流体力学中普遍使用的真实压力 p。应力度量 $\boldsymbol{P}$ 和 $\boldsymbol{S}$ 的迹没有给出真实压力，因为它们参考未变形的面积。我们将使用一个约定，在拉伸中 Cauchy 应力的法向分量为正，并且由公式(3.4.4)，在压缩时压力是正的。在下面的角动量守恒中我们将要看到，Cauchy 应力张量是对称的，即$\boldsymbol{\sigma}^{\mathrm{T}}=\boldsymbol{\sigma}$。

除了名义应力 $\boldsymbol{P}$ 表示的是在参考表面上的面积和法线的形式外，即未变形表面，它的定义类似于 Cauchy 应力的定义。在第 3.6.3 节中将证明名义应力是非对称的。名义应力的转置称为第一 Piola-Kirchhoff 应力。(对于名义应力和第一 Piola-Kirchhoff 应力，不同的作者使用的命名是矛盾的：Truesdell 和 Noll(1965)，Ogden(1984)，以及 Marsden 和 Hughes(1983)使用这里所给的定义，而 Malvern(1969)称 $\boldsymbol{P}$ 为第一 Piola-Kirchhoff 应力)由于 $\boldsymbol{P}$ 是非对称的，重要的是要注意到在公式(3.4.2)给出的定义中，法向矢量位于张量 $\boldsymbol{P}$ 的左边。

公式(B3.1.3)给出了第二 Piola-Kirchhoff 应力。它的力被 $\boldsymbol{F}^{-1}$转换以区别于 $\boldsymbol{P}$。这个转换有一定的目的：它使第二 Piola-Kirchhoff 应力成为对称的，而且我们将要看到，它和 Green 应变率在功率上是共轭的。第二 Piola-Kirchhoff 应力被广泛应用于路径无关材料，如橡胶。我们将使用它们的首字母 PK1 和 PK2 分别代表第一和第二 Piola-Kirchhoff 应力。

3.4.2 应力之间的转换 不同的应力张量通过变形的函数相互关联。框 3.2 中给出了应力之间的关系。这些关系可以应用公式(3.4.1)~(3.4.3)以及 Nanson 关系(Malvern,1969：169)得到。在 Nanson 关系中,当前法线与参考法线通过下式联系起来：

$$\boldsymbol{n}\mathrm{d}\Gamma = J\boldsymbol{n}_0 \cdot \boldsymbol{F}^{-1}\mathrm{d}\Gamma_0, \quad n_i\mathrm{d}\Gamma = Jn_j^0 F_{ji}^{-1}\mathrm{d}\Gamma_0 \tag{3.4.5}$$

注意到在方便的地方都加上了 0。在本书中"0"和"e"具有特殊固定不变的含义,可以作为上标或下标出现!

框 3.2 应力转换

	Cauchy 应力 $\boldsymbol{\sigma}$	名义应力 $\boldsymbol{P}$	第二 Piola-Kirchhoff 应力 $\boldsymbol{S}$	旋转 Cauchy 应力 $\hat{\boldsymbol{\sigma}}$
$\boldsymbol{\sigma}=$		$J^{-1}\boldsymbol{F}\cdot\boldsymbol{P}$	$J^{-1}\boldsymbol{F}\cdot\boldsymbol{S}\cdot\boldsymbol{F}^{\mathrm{T}}$	$\boldsymbol{R}\cdot\hat{\boldsymbol{\sigma}}\cdot\boldsymbol{R}^{\mathrm{T}}$
$\boldsymbol{P}=$	$J\boldsymbol{F}^{-1}\cdot\boldsymbol{\sigma}$		$\boldsymbol{S}\cdot\boldsymbol{F}^{\mathrm{T}}$	$J\boldsymbol{U}^{-1}\cdot\hat{\boldsymbol{\sigma}}\cdot\boldsymbol{R}^{\mathrm{T}}$
$\boldsymbol{S}=$	$J\boldsymbol{F}^{-1}\cdot\boldsymbol{\sigma}\cdot\boldsymbol{F}^{-\mathrm{T}}$	$\boldsymbol{P}\cdot\boldsymbol{F}^{-\mathrm{T}}$		$J\boldsymbol{U}^{-1}\cdot\hat{\boldsymbol{\sigma}}\cdot\boldsymbol{U}^{-1}$
$\hat{\boldsymbol{\sigma}}=$	$\boldsymbol{R}^{\mathrm{T}}\cdot\boldsymbol{\sigma}\cdot\boldsymbol{R}$	$J^{-1}\boldsymbol{U}\cdot\boldsymbol{P}\cdot\boldsymbol{R}$	$J^{-1}\boldsymbol{U}\cdot\boldsymbol{S}\cdot\boldsymbol{U}$	
$\boldsymbol{\tau}=$	$J\boldsymbol{\sigma}$	$\boldsymbol{F}\cdot\boldsymbol{P}$	$\boldsymbol{F}\cdot\boldsymbol{S}\cdot\boldsymbol{F}^{\mathrm{T}}$	$J\boldsymbol{R}\cdot\hat{\boldsymbol{\sigma}}\cdot\boldsymbol{R}^{\mathrm{T}}$

注：$\mathrm{d}\boldsymbol{x}=\boldsymbol{F}\cdot\mathrm{d}\boldsymbol{X}=\boldsymbol{R}\cdot\boldsymbol{U}\cdot\mathrm{d}\boldsymbol{X}$

$\boldsymbol{U}$ 为伸长张量,见第 3.7.1 节

$\mathrm{d}\boldsymbol{x}=\boldsymbol{R}\cdot\mathrm{d}\boldsymbol{X}=\boldsymbol{R}\cdot\mathrm{d}\hat{\boldsymbol{x}}$

$\boldsymbol{\tau}=$Kirchhoff 应力

为了说明如何得到不同应力度量之间的转换关系,我们将以 Cauchy 应力的形式建立名义应力的表达式。开始,我们将公式(B3.1.1)和(B3.1.2)中的 d$\boldsymbol{f}$ 写成关于 Cauchy 应力和名义应力的式子,并相等联立,得到

$$\mathrm{d}\boldsymbol{f} = \boldsymbol{n}\cdot\boldsymbol{\sigma}\mathrm{d}\Gamma = \boldsymbol{n}_0\cdot\boldsymbol{P}\mathrm{d}\Gamma_0 \tag{3.4.6}$$

将 Nanson 关系式(3.4.5)给出的法向矢量 $\boldsymbol{n}$ 的表达式代入公式(3.4.6),得到

$$J\boldsymbol{n}_0\cdot\boldsymbol{F}^{-1}\cdot\boldsymbol{\sigma}\mathrm{d}\Gamma_0 = \boldsymbol{n}_0\cdot\boldsymbol{P}\mathrm{d}\Gamma_0 \tag{3.4.7}$$

由于上式对于任意的 $\boldsymbol{n}_0$ 都成立,所以有

$$\boldsymbol{P} = J\boldsymbol{F}^{-1}\cdot\boldsymbol{\sigma} \quad 或 \quad P_{ij} = JF_{ik}^{-1}\sigma_{kj} \quad 或 \quad P_{ij} = J\frac{\partial X_i}{\partial x_k}\sigma_{kj} \tag{3.4.8}$$

$$J\boldsymbol{\sigma} = \boldsymbol{F}\cdot\boldsymbol{P} \quad 或 \quad J\sigma_{ij} = F_{ik}P_{kj} \tag{3.4.9}$$

从公式(3.4.8)可以立刻看到,$\boldsymbol{P}\neq\boldsymbol{P}^{\mathrm{T}}$,即名义应力张量是非对称的。将公式(3.4.3)乘以 $\boldsymbol{F}$,使名义应力可以与 PK2 应力联系起来：

$$\mathrm{d}\boldsymbol{f} = \boldsymbol{F}\cdot(\boldsymbol{n}_0\cdot\boldsymbol{S})\mathrm{d}\Gamma_0 = \boldsymbol{F}\cdot(\boldsymbol{S}^{\mathrm{T}}\cdot\boldsymbol{n}_0)\mathrm{d}\Gamma_0 = \boldsymbol{F}\cdot\boldsymbol{S}^{\mathrm{T}}\cdot\boldsymbol{n}_0\mathrm{d}\Gamma_0 \tag{3.4.10}$$

上式这种张量标记有点混淆,所以下面我们将它改写为指标形式：

$$\mathrm{d}f_i = F_{ik}(n_j^0 S_{jk})\mathrm{d}\Gamma_0 = F_{ik}S_{kj}^{\mathrm{T}}n_j^0\mathrm{d}\Gamma_0 \tag{3.4.11}$$

现在,应用公式(3.4.2)将上面的力 d$\boldsymbol{f}$ 写成名义应力的形式：

$$\mathrm{d}\boldsymbol{f} = \boldsymbol{n}_0\cdot\boldsymbol{P}\mathrm{d}\Gamma_0 = \boldsymbol{P}^{\mathrm{T}}\cdot\boldsymbol{n}_0\mathrm{d}\Gamma_0 = \boldsymbol{F}\cdot\boldsymbol{S}^{\mathrm{T}}\cdot\boldsymbol{n}_0\mathrm{d}\Gamma_0 \tag{3.4.12}$$

上面重复了公式(3.4.10)的最后一个等式。由于上式对于任意的 $\boldsymbol{n}_0$ 都成立,因此有

$$\boldsymbol{P} = \boldsymbol{S}\cdot\boldsymbol{F}^{\mathrm{T}} \quad 或 \quad P_{ij} = S_{ik}F_{kj}^{\mathrm{T}} = S_{ik}F_{jk} \tag{3.4.13}$$

将公式(3.4.8)进行逆变换并代入式(3.4.13)中，得到

$$\boldsymbol{\sigma}=J^{-1}\boldsymbol{F}\cdot\boldsymbol{S}\cdot\boldsymbol{F}^{\mathrm{T}}\quad \text{或}\quad \sigma_{ij}=J^{-1}F_{ik}S_{kl}F_{lj}^{\mathrm{T}} \tag{3.4.14a}$$

将上面的关系进行逆转换，以 Cauchy 应力的形式表示 PK2 应力：

$$\boldsymbol{S}=J\boldsymbol{F}^{-1}\cdot\boldsymbol{\sigma}\cdot\boldsymbol{F}^{-\mathrm{T}}\quad \text{或}\quad S_{ij}=JF_{ik}^{-1}\sigma_{kl}F_{lj}^{-\mathrm{T}} \tag{3.4.14b}$$

以上 PK2 应力和 Cauchy 应力之间的关系，像公式(3.4.8)，只依赖于变形梯度 $\boldsymbol{F}$ 和 Jacobian 行列式 $J=\det(\boldsymbol{F})$。所以，只要变形已知，应力状态总能够表示为或者 Cauchy 应力 $\boldsymbol{\sigma}$、名义应力 $\boldsymbol{P}$ 或者 PK2 应力 $\boldsymbol{S}$ 的形式。从公式(3.4.14b)可以看出，如果 Cauchy 应力是对称的，那么 $\boldsymbol{S}$ 也是对称的：$\boldsymbol{S}=\boldsymbol{S}^{\mathrm{T}}$。

3.4.3　旋转应力和变形率　在旋转方法中，用基矢量 $\hat{\boldsymbol{e}}_i$ 在物体中的每个点都构造了一个坐标系，这个坐标系随着材料或单元一起转动。通过将这些张量表达在一个随材料而转动的坐标系中，很容易处理结构单元和各向异性材料。变形率也可以表示为其旋转分量 $\hat{D}_{ij}$ 的形式，通过公式(3.2.39)，可以从总体分量中得到。这些分量也可以直接从速度场中得到：

$$\hat{D}_{ij}=\frac{1}{2}\left(\frac{\partial\hat{v}_i}{\partial\hat{x}_j}+\frac{\partial\hat{v}_j}{\partial\hat{x}_i}\right)\equiv\operatorname{sym}\left(\frac{\partial\hat{v}_i}{\partial\hat{x}_j}\right)\equiv v_{\hat{i},\hat{j}} \tag{3.4.15}$$

其中 $\hat{v}_i\equiv v_{\hat{i}}$ 是在旋转系统中速度场的分量。旋转系统可以通过后面将要描述的极分解原理或其他技术得到，见第 4.6 节。

旋转方法经常迷惑一些有经验的力学工作者，因为他们把它解释为一种基于基矢量 $\hat{\boldsymbol{e}}_i$ 的曲线坐标系统，是关于 $\boldsymbol{x}$ 的函数，从而会给出一个矢量 $\hat{v}_i\hat{\boldsymbol{e}}_i$ 的梯度 $\hat{v}_{i,j}\hat{\boldsymbol{e}}_i+\hat{v}_i\hat{\boldsymbol{e}}_{i,j}$。然而，这种解释是不正确的。旋转系统是一个转动的总体系统，所有的矢量都在此系统中表示，所以速度 $\boldsymbol{v}$ 的正确梯度是 $\hat{v}_{i,j}\hat{\boldsymbol{e}}_i$。每个点可能有不同的旋转系统。然而，在一个弯曲的构件或单元中，这种方法提供了正确的应变物理分量，见练习 3。这显然是事后认识，因为 Cartesion 方程对于任何方向都是适用的。当在第 4 章和第 9 章考虑具体的单元时，我们将详细讨论如何定义转动和转动矩阵 $\boldsymbol{R}$。目前，我们假设可以找到一个随材料转动的坐标系。

旋转 Cauchy 应力和旋转变形率定义为

$$\hat{\boldsymbol{\sigma}}=\boldsymbol{R}^{\mathrm{T}}\cdot\boldsymbol{\sigma}\cdot\boldsymbol{R}\quad \text{或}\quad \hat{\sigma}_{ij}=R_{ik}^{\mathrm{T}}\sigma_{kl}R_{lj} \tag{3.4.16a}$$

$$\hat{\boldsymbol{D}}=\boldsymbol{R}^{\mathrm{T}}\cdot\boldsymbol{D}\cdot\boldsymbol{R}\quad \text{或}\quad \hat{D}_{ij}=R_{ik}^{\mathrm{T}}D_{kl}R_{lj} \tag{3.4.16b}$$

旋转 Cauchy 应力张量与 Cauchy 应力是同一个张量，但是它被表示为随材料而转动的坐标系的分量形式。严格地讲，一个张量不依赖于表示其分量的坐标系。

旋转 Cauchy 应力 $\hat{\boldsymbol{\sigma}}$ 也称为转动应力张量。旋转应力有时称为**非转动应力**，这好像是一个相反的名字。其区别在于你是否认为“戴帽子”的那个坐标系是随着材料(或单元)运动的，或者你是否认为它是一个固定、独立的整体。这两种观点都是正确的，而选择只是偏爱的问题。我们喜欢旋转的观点，因为它容易构图，见例 4.6。

例 3.8　考虑例 3.2 中公式(E3.2.1)所给的运动。设给定初始状态的 Cauchy 应力为

$$\boldsymbol{\sigma}_{(t=0)}=\begin{bmatrix}\sigma_x^0 & 0\\ 0 & \sigma_y^0\end{bmatrix} \tag{E3.8.1}$$

考虑一下这个将要嵌入在材料中的应力，只要物体转动，初始应力也跟着转动，如图 3.8 所示。

这相当于在一个转动的固体中应力的初始状态的行为，这些将在第 3.6 节作进一步的

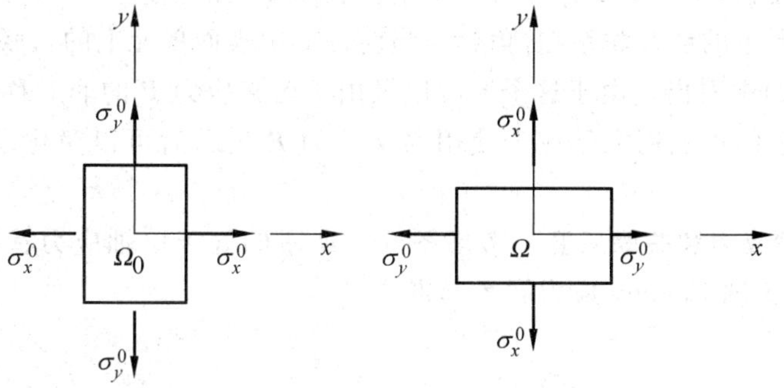

图 3.8 转动 90°的预应力物体

探讨。计算在初始构形中以及 $t=\pi/2\omega$ 时构形的 PK2 应力、名义应力和旋转应力。

在初始状态，$\boldsymbol{F}=\boldsymbol{I}$，所以

$$\boldsymbol{S}=\boldsymbol{P}=\hat{\boldsymbol{\sigma}}=\boldsymbol{\sigma}=\begin{bmatrix}\sigma_x^0 & 0\\ 0 & \sigma_y^0\end{bmatrix} \tag{E3.8.2}$$

在 $t=\pi/2\omega$ 时的变形构形中，变形梯度为

$$\boldsymbol{F}=\begin{bmatrix}\cos\pi/2 & -\sin\pi/2\\ \sin\pi/2 & \cos\pi/2\end{bmatrix}=\begin{bmatrix}0 & -1\\ 1 & 0\end{bmatrix},\quad J=\det(\boldsymbol{F})=1 \tag{E3.8.3}$$

因为应力被认为是嵌入在材料中的，因此在转动构形中的应力状态为

$$\boldsymbol{\sigma}=\begin{bmatrix}\sigma_y^0 & 0\\ 0 & \sigma_x^0\end{bmatrix} \tag{E3.8.4}$$

框 3.2 给出了此构形中的名义应力：

$$\boldsymbol{P}=J\boldsymbol{F}^{-1}\boldsymbol{\sigma}=\begin{bmatrix}0 & 1\\ -1 & 0\end{bmatrix}\begin{bmatrix}\sigma_y^0 & 0\\ 0 & \sigma_x^0\end{bmatrix}=\begin{bmatrix}0 & \sigma_x^0\\ -\sigma_y^0 & 0\end{bmatrix} \tag{E3.8.5}$$

注意到名义应力是非对称的。通过框 3.2 将第二 Piola-Kirchhoff 应力表示为名义应力 $\boldsymbol{P}$ 的形式：

$$\boldsymbol{S}=\boldsymbol{P}\cdot\boldsymbol{F}^{-\mathrm{T}}=\begin{bmatrix}0 & \sigma_x^0\\ -\sigma_y^0 & 0\end{bmatrix}\begin{bmatrix}0 & -1\\ 1 & 0\end{bmatrix}=\begin{bmatrix}\sigma_x^0 & 0\\ 0 & \sigma_y^0\end{bmatrix} \tag{E3.8.6}$$

由于这个问题中的映射为纯转动，$\boldsymbol{R}=\boldsymbol{F}$，所以当 $t=\pi/2\omega$ 时，$\hat{\boldsymbol{\sigma}}=\boldsymbol{S}$。

例 3.8 应用了这样一个概念，即可以考虑将应力的初始状态嵌入在材料中，并随着固体一起转动。这说明在纯转动中 PK2 应力是不变的，因此 PK2 应力的行为好像是被嵌入在材料中。也可以这样来解释，材料坐标随着材料而转动，而 PK2 应力的分量始终与材料坐标的取向保持关联。所以在前面的例子中，S_{11} 对应于最终构形中的 σ_{22} 和初始构形中的 σ_{11}。Cauchy 应力 $\hat{\boldsymbol{\sigma}}$ 的旋转分量也不随材料的转动而变化，并且在没有变形的情况下和 PK2 应力分量相等。如果运动为纯转动，在最终构形中的旋转 Cauchy 应力的分量与 PK2 应力的分量不同。

在 $t=1$ 时刻的名义应力很难赋予物理的解释。从公式(E3.8.5)可以看出，与 PK2 应力不同，PK1 应力不是常数，因此它不随材料而转动。实际上，非零应力成为了剪切应力。名义应力是一种移居状态，一部分留在当前构形中，一部分留在参考构形中。因此，常常用

一个两点张量描述它，用一个角标或者一个指标表示不同的构形——参考构形和当前构形。左角标与参考构形中的法线联系，右角标与当前构形中表面单元上的力联系，这可以从它的定义公式(B3.1.2)中看出。由于这个原因以及由于名义应力 $\boldsymbol{P}$ 的非对称性，它很少被应用于本构方程中。它的可利用之处在于使用名义应力 $\boldsymbol{P}$ 表示后可以简化动量方程和有限元方程。

例 3.9　单轴应力和关联应变　考虑图 3.9 所示的处于单轴应力状态的杆，将名义应力和 PK2 应力与单轴 Cauchy 应力联系起来。

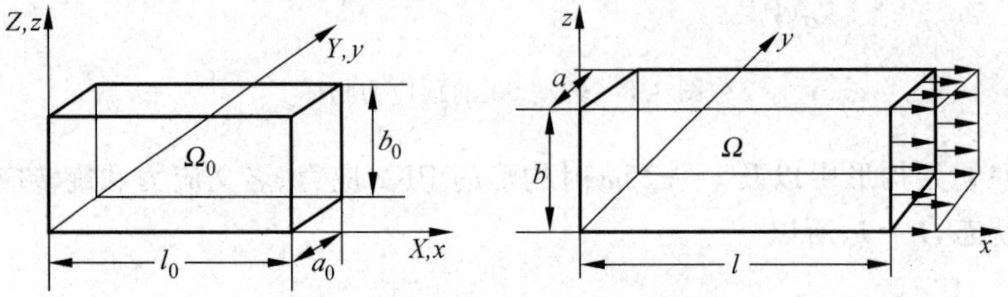

图 3.9　一个物体在单轴应力状态下的未变形构形和当前构形

初始尺寸(杆在参考构形中的尺寸)为 l_0, a_0 和 b_0，当前尺寸为 l, a 和 b，所以

$$x = \frac{l}{l_0}X, \quad y = \frac{a}{a_0}Y, \quad z = \frac{b}{b_0}Z \tag{E3.9.1}$$

因此

$$\boldsymbol{F} = \begin{bmatrix} \partial x/\partial X & \partial x/\partial Y & \partial x/\partial Z \\ \partial y/\partial X & \partial y/\partial Y & \partial y/\partial Z \\ \partial z/\partial X & \partial z/\partial Y & \partial z/\partial Z \end{bmatrix} = \begin{bmatrix} l/l_0 & 0 & 0 \\ 0 & a/a_0 & 0 \\ 0 & 0 & b/b_0 \end{bmatrix} \tag{E3.9.2}$$

$$J = \det(\boldsymbol{F}) = \frac{abl}{a_0 b_0 l_0} \tag{E3.9.3}$$

$$\boldsymbol{F}^{-1} = \begin{bmatrix} l_0/l & 0 & 0 \\ 0 & a_0/a & 0 \\ 0 & 0 & b_0/b \end{bmatrix} \tag{E3.9.4}$$

应力状态为单轴且 x 分量为唯一的非零分量，所以

$$\boldsymbol{\sigma} = \begin{bmatrix} \sigma_x & 0 & 0 \\ 0 & 0 & 0 \\ 0 & 0 & 0 \end{bmatrix} \tag{E3.9.5}$$

根据框 3.2 并应用公式(E3.9.3)～(E3.9.5)计算 $\boldsymbol{P}$，得到

$$\boldsymbol{P} = \frac{abl}{a_0 b_0 l_0} \begin{bmatrix} l_0/l & 0 & 0 \\ 0 & a_0/a & 0 \\ 0 & 0 & b_0/b \end{bmatrix} \begin{bmatrix} \sigma_x & 0 & 0 \\ 0 & 0 & 0 \\ 0 & 0 & 0 \end{bmatrix} = \begin{bmatrix} \dfrac{ab\sigma_x}{a_0 b_0} & 0 & 0 \\ 0 & 0 & 0 \\ 0 & 0 & 0 \end{bmatrix} \tag{E3.9.6}$$

所以名义应力的唯一非零分量为

$$P_{11} = \frac{ab}{a_0 b_0}\sigma_x = \frac{A\sigma_x}{A_0} \tag{E3.9.7}$$

其中的最后一个等式是基于横截面面积的计算公式 $A=ab$ 和 $A_0=a_0b_0$，公式(E3.9.7)与

式(2.2.8)和(2.2.9)是一致的。所以在单轴应力状态下，P_{11}对应于工程应力。

应用公式(E3.9.3)～(E3.9.5)和式(3.4.14)，可以得到在单轴应力状态下PK2应力和Cauchy应力之间的关系：

$$S_{11} = \frac{l_0}{l}\left(\frac{A\sigma_x}{A_0}\right) \tag{E3.9.8}$$

其中圆括号里面的量可以看作是名义应力。从上面可以看出，给PK2应力赋予一个物理意义是困难的。因为屈服函数必须描述成物理应力的形式，如在第5章将看到的，这影响了在塑性理论中应力度量的选择。由于名义应力和PK2应力缺乏物理含义，以这些应力的形式建立塑性公式是很棘手的。

由公式(3.3.5)计算Green应变：

$$E_{11} = \frac{l^2 - l_0^2}{2l_0^2}, \quad E_{22} = \frac{a^2 - a_0^2}{2a_0^2}, \quad E_{33} = \frac{b^2 - b_0^2}{2b_0^2} \tag{E3.9.9}$$

其余的应变分量为零。

3.5 守恒方程

3.5.1 守恒定律 从守恒定律可以引出一组连续介质力学的基本方程。这些方程必须满足物理系统。这里考虑四个与热力学系统有关的守恒定律：

1. 质量守恒
2. 线动量守恒，常称为动量守恒
3. 能量守恒
4. 角动量守恒

守恒定律也被称为平衡定律，例如，能量守恒也常称为能量平衡。

守恒定律通常表达为偏微分方程(PDEs)。通过在物体的一个域应用守恒定律，而导致了一种积分关系，从中推导出这些偏微分方程。下面将这个关系用于积分关系中导出偏微分方程。

如果$f(\boldsymbol{x},t)$是C^{-1}连续的，且对于$\bar{\Omega}$的任何子域Ω有$\int_\Omega f(\boldsymbol{x},t)\mathrm{d}\Omega = 0$，时间$t\in[0,\bar{t}]$，那么在$\Omega$上，对于任何$t\in[0,\bar{t}]$有

$$f(\boldsymbol{x},t) = 0 \tag{3.5.1}$$

在下面，Ω是我们所考虑物体$\bar{\Omega}$的一个**任意子域**，也可以将Ω简单视为一个域。在推导平衡方程之前，先推导对此有用的几个定理。

3.5.2 Gauss定理 在推导守恒方程时经常用到Gauss定理。这个定理将域内的积分和域边界上的积分联系起来。它既可以用于建立体积分与面积分的关系式，也可以用于建立面积分与线积分的关系式。Gauss定理的一维形式是微积分学的基本定理，已经在第2章给出。

Gauss定理阐明当$f(\boldsymbol{x})$分段连续可微，即为C^0函数时，有

$$\int_\Omega \frac{\partial f(\boldsymbol{x})}{\partial x_i}\mathrm{d}\Omega = \int_\Gamma n_i f(\boldsymbol{x})\mathrm{d}\Gamma \quad 或 \quad \int_\Omega \nabla f(\boldsymbol{x})\mathrm{d}\Omega = \int_\Gamma \boldsymbol{n} f(\boldsymbol{x})\mathrm{d}\Gamma \tag{3.5.2a}$$

该定理对于任何域都成立，包括参考域。对于一个C^0函数$f(\boldsymbol{x})$，有

$$\int_{\Omega_0} \frac{\partial f(\boldsymbol{X})}{\partial X_i} \mathrm{d}\Omega_0 = \int_{\Gamma_0} n_i^0 f(\boldsymbol{X}) \mathrm{d}\Gamma_0 \quad 或 \quad \int_{\Omega_0} \nabla_0 f(\boldsymbol{X}) \mathrm{d}\Omega_0 = \int_{\Gamma_0} \boldsymbol{n}_0 f(\boldsymbol{X}) \mathrm{d}\Gamma_0 \tag{3.5.2b}$$

上面的定理对于任意阶的张量都成立。例如，如果 $f(\boldsymbol{x})$用一个一阶张量来代替，那么

$$\int_{\Omega} \frac{\partial g_i(\boldsymbol{x})}{\partial x_i} \mathrm{d}\Omega = \int_{\Gamma} n_i g_i(\boldsymbol{x}) \mathrm{d}\Gamma \quad 或 \quad \int_{\Omega} \nabla \cdot \boldsymbol{g}(\boldsymbol{x}) \mathrm{d}\Omega = \int_{\Gamma} \boldsymbol{n} \cdot \boldsymbol{g}(\boldsymbol{x}) \mathrm{d}\Gamma \tag{3.5.3}$$

这就是通常已知的散度定理。这个定理对于矢量场的梯度也成立：

$$\int_{\Omega} \frac{\partial g_i(\boldsymbol{x})}{\partial x_j} \mathrm{d}\Omega = \int_{\Gamma} n_j g_i(\boldsymbol{x}) \mathrm{d}\Gamma \quad 或 \quad \int_{\Omega} \nabla \boldsymbol{g}(\boldsymbol{x}) \mathrm{d}\Omega = \int_{\Gamma} \boldsymbol{n} \otimes \boldsymbol{g}(\boldsymbol{x}) \mathrm{d}\Gamma \tag{3.5.4}$$

并且对于任意阶的张量也成立。注意到在域内积分中应用了左梯度，在面积分中法向矢量出现在左边。

如果函数 $f(\boldsymbol{x})$不是连续可微的，也就是说，如果它的导数在二维的有限条线上或在三维的有限个面上是不连续的，则必须将 Ω 分成子域，使函数在每个子域内为 C^0 的。在子域之间的界面上将出现函数导数的不连续。在每一个子域应用 Gauss 定理，然后将结果加起来就得到公式(3.5.2)和(3.5.3)的如下形式：

$$\int_{\Omega} \frac{\partial f}{\partial x_i} \mathrm{d}\Omega = \int_{\Gamma} f n_i \mathrm{d}\Gamma + \int_{\Gamma_{\text{int}}} [\![f n_i]\!] \mathrm{d}\Gamma, \quad \int_{\Omega} \frac{\partial g_i}{\partial x_i} \mathrm{d}\Omega = \int_{\Gamma} n_i g_i \mathrm{d}\Gamma + \int_{\Gamma_{\text{int}}} [\![n_i g_i]\!] \mathrm{d}\Gamma \tag{3.5.5}$$

其中 Γ_{int}是这些子域之间交界面的集合，$[\![f\boldsymbol{n}]\!]$和$[\![\boldsymbol{n} \cdot \boldsymbol{g}]\!]$为跃迁，其定义为

$$[\![f\boldsymbol{n}]\!] = f^A \boldsymbol{n}^A + f^B \boldsymbol{n}^B, \quad [\![f\boldsymbol{n}]\!] \cdot \boldsymbol{n}^A = f^A - f^B \tag{3.5.6a}$$

$$[\![\boldsymbol{n} \cdot \boldsymbol{g}]\!] = [\![g_i n_i]\!] = g_i^A n_i^A + g_i^B n_i^B = (g_i^A - g_i^B) n_i^A = (g_i^B - g_i^A) n_i^B \tag{3.5.6b}$$

其中 A 和 B 是边界位于交界面 Γ_{int}上的一对子域，$\boldsymbol{n}^A$ 和 $\boldsymbol{n}^B$ 是这两个子域的外法线，而 f^A 和 f^B 分别是子域A 和 B 在界面附近点上的函数值。公式(3.5.6b)中的所有形式都是等价的，并且利用了在交界面上 $\boldsymbol{n}^A = -\boldsymbol{n}^B$ 的性质。第一个公式是最容易记住的，因为它关于 A 和 B 是对称的。

3.5.3 积分的材料时间导数和 Reynold 转换定理 一个积分的材料时间导数是在材料域上积分的变化率。材料域随着材料而运动，所以在边界上的材料点始终保持在边界上，且不发生质量流动跨过边界。材料域类似于 Lagrangian 网格，一个 Lagrangian 单元或者一组 Lagrangian 单元是材料域的一个很好的例子。对于材料时间导数的各种积分形式称为 Reynold 转换定理。

一个积分的材料时间导数定义为

$$\frac{\mathrm{D}}{\mathrm{D}t}\int_{\Omega} f \mathrm{d}\Omega = \lim_{\Delta t \to 0} \frac{1}{\Delta t} \left(\int_{\Omega_{\tau+\Delta t}} f(\boldsymbol{x}, \tau + \Delta t) \mathrm{d}\Omega - \int_{\Omega_\tau} f(\boldsymbol{x}, \tau) \mathrm{d}\Omega \right) \tag{3.5.7}$$

其中 Ω_τ 是在 τ 时刻的空间域，而 $\Omega_{\tau+\Delta t}$是同一材料点在 $\tau + \Delta t$ 时刻所占据的空间域。在公式左边的标记有点混淆，因为它出现了单个的空间域。然而，在这种标准的标记中，在积分中的材料导数默认区域 Ω 是一个材料域。现在应用公式(3.2.23)，将右边的两个积分转换到参考域上：

$$\frac{\mathrm{D}}{\mathrm{D}t}\int_{\Omega} f \mathrm{d}\Omega = \lim_{\Delta t \to 0} \frac{1}{\Delta t} \left(\int_{\Omega_0} f(\boldsymbol{X}, \tau + \Delta t) J(\boldsymbol{X}, \tau + \Delta t) \mathrm{d}\Omega_0 - \int_{\Omega_0} f(\boldsymbol{X}, \tau) J(\boldsymbol{X}, \tau) \mathrm{d}\Omega_0 \right) \tag{3.5.8}$$

积分域经过这种变换，f 成为材料坐标的函数，即 $f(\boldsymbol{\phi}(\boldsymbol{X},t),t)\equiv f\circ\phi$。

由于积分域现在是时间独立的，我们可以将极限运算拉入积分内进行，然后取极限得到

$$\frac{\mathrm{D}}{\mathrm{D}t}\int_{\Omega} f\,\mathrm{d}\Omega=\int_{\Omega_0}\frac{\partial}{\partial t}(f(\boldsymbol{X},t)J(\boldsymbol{X},t))\,\mathrm{d}\Omega_0 \tag{3.5.9}$$

因为独立的空间变量是材料坐标，所以被积函数中对时间的偏导数就是材料时间导数。我们接着对上面的导数应用乘法规则：

$$\frac{\mathrm{D}}{\mathrm{D}t}\int_{\Omega} f\,\mathrm{d}\Omega=\int_{\Omega_0}\frac{\partial}{\partial t}(f(\boldsymbol{X},t)J(\boldsymbol{X},t))\,\mathrm{d}\Omega_0=\int_{\Omega_0}\left(\frac{\partial f}{\partial t}J+f\frac{\partial J}{\partial t}\right)\mathrm{d}\Omega_0 \tag{3.5.10}$$

由于偏时间导数是材料时间导数，利用公式(3.2.25)可以得到

$$\frac{\mathrm{D}}{\mathrm{D}t}\int_{\Omega} f\,\mathrm{d}\Omega=\int_{\Omega_0}\left(\frac{\partial f}{\partial t}J+fJ\frac{\partial v_i}{\partial x_i}\right)\mathrm{d}\Omega_0 \tag{3.5.11}$$

现在我们可以通过公式(3.2.23)将上式右边的积分转换到当前域上，并把独立变量改为 Eulerian 描述：

$$\frac{\mathrm{D}}{\mathrm{D}t}\int_{\Omega} f(\boldsymbol{x},t)\,\mathrm{d}\Omega=\int_{\Omega}\left(\frac{\mathrm{D}f(\boldsymbol{x},t)}{\mathrm{D}t}+f\frac{\partial v_i}{\partial x_i}\right)\mathrm{d}\Omega \tag{3.5.12}$$

其中我们应用了 $\mathrm{D}f(\boldsymbol{x},t)/\mathrm{D}t\equiv\partial f(\boldsymbol{X},t)/\partial t$，如在公式(3.2.13)所指出的。上式是 **Reynold 转换定理**的一种形式：

通过在公式(3.5.12)中应用材料时间导数的定义公式(3.2.14)，可以得到 Reynold 转换定理的另一种形式：

$$\frac{\mathrm{D}}{\mathrm{D}t}\int_{\Omega} f\,\mathrm{d}\Omega=\int_{\Omega}\left(\frac{\partial f}{\partial t}+v_i\frac{\partial f}{\partial x_i}+\frac{\partial v_i}{\partial x_i}f\right)\mathrm{d}\Omega=\int_{\Omega}\left(\frac{\partial f}{\partial t}+\frac{\partial(v_i f)}{\partial x_i}\right)\mathrm{d}\Omega \tag{3.5.13}$$

写成张量形式为

$$\frac{\mathrm{D}}{\mathrm{D}t}\int_{\Omega} f\,\mathrm{d}\Omega=\int_{\Omega}\left(\frac{\partial f}{\partial t}+\mathrm{div}(\boldsymbol{v}f)\right)\mathrm{d}\Omega \tag{3.5.14}$$

通过对上式右边的第二项应用 Gauss 定理，可以将方程(3.5.14)改写为另一种形式：

$$\frac{\mathrm{D}}{\mathrm{D}t}\int_{\Omega} f\,\mathrm{d}\Omega=\int_{\Omega}\frac{\partial f}{\partial t}\mathrm{d}\Omega+\int_{\Gamma} f v_i n_i\,\mathrm{d}\Gamma\quad\text{或}\quad\frac{\mathrm{D}}{\mathrm{D}t}\int_{\Omega} f\,\mathrm{d}\Omega=\int_{\Omega}\frac{\partial f}{\partial t}\mathrm{d}\Omega+\int_{\Gamma} f\boldsymbol{v}\cdot\boldsymbol{n}\,\mathrm{d}\Gamma \tag{3.5.15}$$

这里假定乘积 $f\boldsymbol{v}$ 在 Ω 中是 C^0。上面以标量形式给出的 Reynold 转换定理对于任意阶张量都成立。将它应用于一个一阶张量(矢量)g_k，在公式(3.5.13)中用 g_k 代替 f，得到

$$\frac{\mathrm{D}}{\mathrm{D}t}\int_{\Omega} g_k\,\mathrm{d}\Omega=\int_{\Omega}\left(\frac{\partial g_k}{\partial t}+\frac{\partial(v_i g_k)}{\partial x_i}\right)\mathrm{d}\Omega \tag{3.5.16}$$

3.5.4 质量守恒 材料域 Ω 的质量 $m(\Omega)$ 为

$$m(\Omega)=\int_{\Omega}\rho(\boldsymbol{X},t)\,\mathrm{d}\Omega \tag{3.5.17}$$

其中 $\rho(\boldsymbol{X},t)$ 为密度。质量守恒要求任意材料域的质量为常数，因此没有材料从材料域的边界上穿过，我们也不考虑质量到能量的转化。所以根据质量守恒原理，$m(\Omega)$ 的材料时间导数为零，即

$$\frac{\mathrm{D}m}{\mathrm{D}t}=\frac{\mathrm{D}}{\mathrm{D}t}\int_{\Omega}\rho\,\mathrm{d}\Omega=0 \tag{3.5.18}$$

对上式应用 Reynold 转换定理(3.5.12)，得到

$$\int_{\Omega}\left(\frac{\mathrm{D}\rho}{\mathrm{D}t}+\rho\mathrm{div}(\boldsymbol{v})\right)\mathrm{d}\Omega=0 \tag{3.5.19}$$

由于上式对于任意的子域 Ω 都成立，从公式(3.5.1)可以得到

$$\frac{\mathrm{D}\rho}{\mathrm{D}t}+\rho\mathrm{div}(\boldsymbol{v})=0 \quad 或 \quad \frac{\mathrm{D}\rho}{\mathrm{D}t}+\rho v_{i,i}=0 \quad 或 \quad \dot{\rho}+\rho v_{i,i}=0 \tag{3.5.20}$$

上式就是**质量守恒方程**，常常称其为**连续性方程**。它是一个一阶偏微分方程。

质量守恒方程的几种特殊形式是很有意思的。当材料不可压缩时，密度的材料时间导数为零，从公式(3.5.20)可以看出质量守恒方程成为

$$\mathrm{div}(\boldsymbol{v})=0 \quad 或 \quad v_{i,i}=0 \tag{3.5.21}$$

换句话说，质量守恒要求不可压缩材料速度场的散度为零。

如果在公式(3.5.20)中应用公式(3.2.14)(关于材料时间导数的定义)，那么连续性方程可以写成下面的形式：

$$\frac{\partial\rho}{\partial t}+\rho_{,i}v_i+\rho v_{i,i}=\frac{\partial\rho}{\partial t}+(\rho v_i)_{,i}=0 \tag{3.5.22}$$

这称为质量守恒方程的**守恒形式**，常常被应用于流体动力学的计算中，因为上式的离散化被认为能保证质量守恒更加精确。

对于 Lagrangian 描述，可以将质量守恒方程(3.5.18)对时间进行积分，从而得到一个密度的代数方程：

$$\int_{\Omega}\rho\mathrm{d}\Omega=常数=\int_{\Omega_0}\rho_0\mathrm{d}\Omega_0 \tag{3.5.23}$$

应用公式(3.2.23)将上式左边的积分转换到参考域，得

$$\int_{\Omega_0}(\rho J-\rho_0)\mathrm{d}\Omega_0=0 \tag{3.5.24}$$

然后调用被积函数的平滑性以及公式(3.5.1)，给出如下质量守恒方程：

$$\rho(\boldsymbol{X},t)J(\boldsymbol{X},t)=\rho_0(\boldsymbol{X}) \quad 或 \quad \rho J=\rho_0 \tag{3.5.25}$$

为了强调这个方程仅仅对于材料点成立，我们已经直接指出了上式左边的独立变量。这是基于公式(3.5.24)的积分域必须是材料域的事实。

代数方程(3.5.25)常常应用于 Lagrangian 网格中以保证质量守恒。在 Eulerian 网格中质量守恒的代数形式(3.5.25)不能应用，而是通过偏微分方程(3.5.20)或(3.5.22)，即连续性方程保证质量守恒。

3.5.5 线动量守恒 从线动量守恒原理得出的方程是非线性有限元程序中的一个关键方程。线动量守恒等价于 Newton 第二运动定律，它将作用在物体上的力与它的加速度联系起来。这个原理通常称为动量守恒原理，或动量平衡原理。

我们将阐述原理的积分形式，然后再推导一个等价的偏微分方程。考虑一个任意域 Ω，其边界为 Γ，作用有体积力 $\rho\boldsymbol{b}$ 和面力 $\boldsymbol{t}$，其中 $\boldsymbol{b}$ 是每单位质量上的力，$\boldsymbol{t}$ 是每单位面积上的力。全部的力为

$$\boldsymbol{f}(t)=\int_{\Omega}\rho\boldsymbol{b}(\boldsymbol{x},t)\mathrm{d}\Omega+\int_{\Gamma}\boldsymbol{t}(\boldsymbol{x},t)\mathrm{d}\Gamma \tag{3.5.26}$$

线动量为

$$\boldsymbol{p}(t)=\int_{\Omega}\rho\boldsymbol{v}(\boldsymbol{x},t)\mathrm{d}\Omega \tag{3.5.27}$$

其中 $\rho\,\boldsymbol{v}$ 是每单位体积的线动量。

连续体的 Newton 第二运动定律——动量守恒原理，表述线动量的材料时间导数等于纯力。应用公式(3.5.26)和(3.5.27)，给出

$$\frac{\mathrm{D}\boldsymbol{p}}{\mathrm{D}t}=\boldsymbol{f}\Rightarrow\frac{\mathrm{D}}{\mathrm{D}t}\int_{\Omega}\rho\,\boldsymbol{v}\,\mathrm{d}\Omega=\int_{\Omega}\rho\boldsymbol{b}\,\mathrm{d}\Omega+\int_{\Gamma}\boldsymbol{t}\,\mathrm{d}\Gamma \tag{3.5.28}$$

我们现在转换上面的第一个和第三个积分以便得到单一域上的积分，因此能够应用公式(3.5.1)。在上式左边的积分中应用 Reynold 转换定理，得到

$$\begin{aligned}\frac{\mathrm{D}}{\mathrm{D}t}\int_{\Omega}\rho\;\boldsymbol{v}\mathrm{d}\Omega&=\int_{\Omega}\left(\frac{\mathrm{D}}{\mathrm{D}t}(\rho\;\boldsymbol{v})+\mathrm{div}(\boldsymbol{v})\rho\;\boldsymbol{v}\right)\mathrm{d}\Omega\\&=\int_{\Omega}\left[\rho\,\frac{\mathrm{D}\boldsymbol{v}}{\mathrm{D}t}+\boldsymbol{v}\left(\frac{\mathrm{D}\rho}{\mathrm{D}t}+\rho\mathrm{div}(\boldsymbol{v})\right)\right]\mathrm{d}\Omega\end{aligned} \tag{3.5.29}$$

其中第二个等式是通过对被积函数的第一项应用导数的乘法规则，然后经过整理得到的。

在上式右边乘以速度的那一项可以认为是连续性方程(3.5.20)，由于它等于零，因此上式变为

$$\frac{\mathrm{D}}{\mathrm{D}t}\int_{\Omega}\rho\,\boldsymbol{v}\,\mathrm{d}\Omega=\int_{\Omega}\rho\,\frac{\mathrm{D}\boldsymbol{v}}{\mathrm{D}t}\mathrm{d}\Omega \tag{3.5.30}$$

为了将公式(3.5.28)右边第二项的积分转换为域积分，我们依次调用 Cauchy 关系和 Gauss 定理，得到

$$\int_{\Gamma}\boldsymbol{t}\,\mathrm{d}\Gamma=\int_{\Gamma}\boldsymbol{n}\cdot\boldsymbol{\sigma}\mathrm{d}\Gamma=\int_{\Omega}\nabla\cdot\boldsymbol{\sigma}\mathrm{d}\Omega\quad\text{或}\quad\int_{\Gamma}t_j\,\mathrm{d}\Gamma=\int_{\Gamma}n_i\sigma_{ij}\,\mathrm{d}\Gamma=\int_{\Omega}\frac{\partial\sigma_{ij}}{\partial x_i}\mathrm{d}\Omega \tag{3.5.31}$$

注意，由于边界积分中的法向矢量**在左边**，所以散度也是**在左边**并且和应力张量的第一个指标缩并。如果散度算子作用在应力张量的第一个指标上，则称为左散度算子，并位于左边。如果它作用在第二个指标上，它就位于右边，称为右散度算子。因为 Cauchy 应力是对称的，所以左和右散度算子具有相同的作用。然而，相对于线性连续介质力学，在非线性连续介质力学中，养成将散度算子放在正确位置的习惯是很重要的，因为某些应力张量不是对称的，比如名义应力。当应力非对称时，左和右散度算子将导致不同的结果。在本书中我们约定，将**散度和梯度算子放在左边**，并将**在面积分中的法向矢量也放在左边**。

将公式(3.5.30)和(3.5.31)代入式(3.5.28)，得到

$$\int_{\Omega}\left(\rho\,\frac{\mathrm{D}\boldsymbol{v}}{\mathrm{D}t}-\rho\,\boldsymbol{b}-\nabla\cdot\boldsymbol{\sigma}\right)\mathrm{d}\Omega=0 \tag{3.5.32}$$

这样，如果被积函数是 C^{-1}，因为公式(3.5.32)对于任何区域都成立，所以应用公式(3.5.31)，得到

$$\rho\,\frac{\mathrm{D}\boldsymbol{v}}{\mathrm{D}t}=\nabla\cdot\boldsymbol{\sigma}+\rho\,\boldsymbol{b}\equiv\mathrm{div}\boldsymbol{\sigma}+\rho\,\boldsymbol{b}\quad\text{或}\quad\rho\,\frac{\mathrm{D}v_i}{\mathrm{D}t}=\frac{\partial\sigma_{ji}}{\partial x_j}+\rho\,b_i \tag{3.5.33}$$

这称为**动量方程**，也称为**线动量平衡方程**。左边的项代表动量的变化，因为它是加速度和密度的乘积，也称为惯性或运动项。根据应力场的散度，右边的第一项是每单位体积的纯合内力。

这种形式的动量方程既适用于 Lagrangian 格式，也适用于 Eulerian 格式。在 Lagrangian 格式中，假设相关变量是 Lagrangian 坐标 X 和时间 t 的函数，所以动量方程为

$$\rho(\boldsymbol{X},t)\,\frac{\partial\boldsymbol{v}(\boldsymbol{X},t)}{\partial t}=\mathrm{div}\boldsymbol{\sigma}\,(\boldsymbol{\phi}^{-1}(\boldsymbol{x},t),t)+\rho(\boldsymbol{X},t)\boldsymbol{b}(\boldsymbol{X},t) \tag{3.5.34}$$

注意到通过运动的逆$\boldsymbol{\phi}^{-1}(\boldsymbol{x},t)$，必须将应力表示为 Eulerian 坐标的函数，这样才能够计算应力场的空间散度，还要考虑到应力是 $\boldsymbol{X}$ 和时间 t 的函数，即$\boldsymbol{\sigma}(\boldsymbol{X},t)$。当独立变量从 x 变为 X 时，公式(3.5.33)中速度对于时间的材料导数成为对于时间的偏微分方程。

在连续介质力学的经典文章中，可能不会考虑上式是真正的 Lagrangian 格式，因为导数的出现是关于 Eulerian 坐标的。然而，Lagrangian 格式的基本特征是独立变量为 Lagrangian(材料)坐标。上式满足了这一要求，并且我们将会看到在建立更新的 Lagrangian 格式的有限元方法中，上面这种动量方程的形式可以应用 Lagrangian 网格离散。

在 Eulerian 格式中，通过公式(3.2.10)写出速度的材料导数，并且认为所有变量是 Eulerian 坐标的函数。方程(3.5.33)成为

$$\rho(\boldsymbol{x},t)\left(\frac{\partial \boldsymbol{v}(\boldsymbol{x},t)}{\partial t}+(\boldsymbol{v}(\boldsymbol{x},t)\cdot \operatorname{grad})\boldsymbol{v}(\boldsymbol{x},t)\right)=\operatorname{div}\boldsymbol{\sigma}(\boldsymbol{x},t)+\rho(\boldsymbol{x},t)\boldsymbol{b}(\boldsymbol{x},t) \tag{3.5.35}$$

$$\rho\left(\frac{\partial v_i}{\partial t}+v_{i,j}v_j\right)=\frac{\partial \sigma_{ji}}{\partial x_j}+\rho b_i$$

从上面可以看出，如果把独立变量都直接写出，方程是相当棘手的，所以我们通常忽略它们。

在计算流体动力学中，有时应用动量方程，但没有通过公式(3.5.29)～(3.5.30)对它进行改变。结果方程是

$$\frac{\mathrm{D}(\rho\boldsymbol{v})}{\mathrm{D}t}\equiv\frac{\partial(\rho\boldsymbol{v})}{\partial t}+\boldsymbol{v}\cdot\operatorname{grad}(\rho\boldsymbol{v})=\operatorname{div}\boldsymbol{\sigma}+\rho\boldsymbol{b} \tag{3.5.36}$$

这称为**动量方程的保守形式**。在保守形式中，单位体积的动量 $\rho\boldsymbol{v}$ 是一个相关变量。据说这种形式的动量方程能更精确地观测动量守恒。

3.5.6 平衡方程 在许多问题中荷载是缓慢施加的，惯性力非常之小甚至可以忽略。在这种情况下，可以略去动量方程(3.5.35)中的加速度，我们有

$$\nabla\cdot\boldsymbol{\sigma}+\rho\boldsymbol{b}=0\quad \text{或者}\quad \frac{\partial \sigma_{ji}}{\partial x_j}+\rho b_i=0 \tag{3.5.37}$$

上面的方程称作**平衡方程**。平衡方程所适用的问题通常称为静态问题。应该将平衡方程与动量方程区别开来：平衡过程是静态的，且不包括加速度。动量方程和平衡方程都是张量方程，方程(3.5.33)和(3.5.37)分别代表了 n_{SD}个标量方程。

3.5.7 密度加权积分函数的 Reynold 定理 方程(3.5.30)是一般性结果的一个特例：被积函数是密度和函数 f 的乘积，积分的材料时间导数为

$$\frac{\mathrm{D}}{\mathrm{D}t}\int_{\Omega}\rho f\,\mathrm{d}\Omega=\int_{\Omega}\rho\frac{\mathrm{D}f}{\mathrm{D}t}\mathrm{d}\Omega \tag{3.5.38}$$

这对于任意阶的张量都成立，它是 Reynold 定理和质量守恒的推论，是 Reynold 定理的另一种形式，通过重复公式(3.5.29)和(3.5.30)中的步骤则可以证明这一点。

3.5.8 角动量守恒 通过用位置矢量 $\boldsymbol{x}$ 叉乘相应的线动量原理中的每一项，得到角动量守恒的积分形式：

$$\frac{\mathrm{D}}{\mathrm{D}t}\int_{\Omega}\boldsymbol{x}\times\rho\boldsymbol{v}\,\mathrm{d}\Omega=\int_{\Omega}\boldsymbol{x}\times\rho\boldsymbol{b}\,\mathrm{d}\Omega+\int_{\Gamma}\boldsymbol{x}\times\boldsymbol{t}\,\mathrm{d}\Gamma \tag{3.5.39}$$

我们留下服从公式(3.5.39)的条件的推导作为练习，而这里仅说明

$$\boldsymbol{\sigma} = \boldsymbol{\sigma}^{\mathrm{T}} \quad 或 \quad \sigma_{ij} = \sigma_{ji} \tag{3.5.40}$$

换句话说，角动量守恒方程要求 Cauchy 应力为对称张量。所以，在二维问题中 Cauchy 应力张量代表着三个不同的相关变量，在三维问题中为六个。当使用 Cauchy 应力时，角动量守恒不会产生任何附加的方程。

3.5.9 能量守恒 我们考虑热力学过程，这里仅有的能量源为机械功和热量。能量守恒原理，即能量平衡原理，说明整个能量的变化率等于体力和面力做的功加上由热流量和其他热源传送到物体中的热能。每单位体积的内能用 ρw^{int} 表示，其中 w^{int} 是每单位质量的内能。每单位面积的热流用矢量 $\boldsymbol{q}$ 表示，其量纲是功率除以面积，而每单位体积的热源用 ρs 表示。能量守恒则要求在物体中总能量的变化率，包括内能和动能，等于所施加的力和在物体中由热传导和任何热源产生的能量的功率。

在物体中总能量的变化率为

$$p^{\mathrm{tot}} = p^{\mathrm{int}} + p^{\mathrm{kin}}, \quad p^{\mathrm{int}} = \frac{\mathrm{D}}{\mathrm{D}t}\int_\Omega \rho w^{\mathrm{int}} \mathrm{d}\Omega, \quad p^{\mathrm{kin}} = \frac{\mathrm{D}}{\mathrm{D}t}\int_\Omega \frac{1}{2}\rho\, \boldsymbol{v} \cdot \boldsymbol{v} \mathrm{d}\Omega \tag{3.5.41}$$

其中 p^{int} 代表内能的变化率，p^{kin} 代表动能的变化率。在域内由体积力和在表面上由面力做的功率为

$$p^{\mathrm{ext}} = \int_\Omega \boldsymbol{v} \cdot \rho \boldsymbol{b} \mathrm{d}\Omega + \int_\Gamma \boldsymbol{v} \cdot \boldsymbol{t} \mathrm{d}\Gamma = \int_\Omega v_i \rho b_i \mathrm{d}\Omega + \int_\Gamma v_i t_i \mathrm{d}\Gamma \tag{3.5.42}$$

由热源 s 和热流 $\boldsymbol{q}$ 提供的功率为

$$p^{\mathrm{heat}} = \int_\Omega \rho s \mathrm{d}\Omega - \int_\Gamma \boldsymbol{n} \cdot \boldsymbol{q} \mathrm{d}\Gamma = \int_\Omega \rho s \mathrm{d}\Omega - \int_\Gamma n_i q_i \mathrm{d}\Gamma \tag{3.5.43}$$

其中热流一项的符号是负的，因为正的热流是向物体外面流出的。

能量守恒表述为

$$p^{\mathrm{tot}} = p^{\mathrm{ext}} + p^{\mathrm{heat}} \tag{3.5.44}$$

即物体内总能量的变化率（包括内能和动能）等于外力的功率和由热流及热能源提供的功率。这是已知的**热力学第一定律**。内能的支配依赖于材料。在弹性材料中，它以内部弹性能的形式存储起来，并在卸载后能完全恢复；在弹塑性材料中，部分内能转化为热，部分因为材料内部结构的变化而耗散了。

将公式(3.5.41)～(3.5.43)代入式(3.5.44)，可得到能量守恒的完整表述：

$$\frac{\mathrm{D}}{\mathrm{D}t}\int_\Omega \left(\rho w^{\mathrm{int}} + \frac{1}{2}\rho\, \boldsymbol{v} \cdot \boldsymbol{v}\right) \mathrm{d}\Omega = \int_\Omega \boldsymbol{v} \cdot \rho \boldsymbol{b} \mathrm{d}\Omega + \int_\Gamma \boldsymbol{v} \cdot \boldsymbol{t} \mathrm{d}\Gamma + \int_\Omega \rho s \mathrm{d}\Omega - \int_\Gamma \boldsymbol{n} \cdot \boldsymbol{q} \mathrm{d}\Gamma \tag{3.5.45}$$

应用同前面一样的过程，从上面形成的积分表述中推导方程。首先应用 Reynold 定理将整体导数移入积分内，然后将所有的面积分转换为域积分。应用 Reynold 定理(3.5.38)，在公式(3.5.45)中的第一个积分为

$$\begin{aligned} &\frac{\mathrm{D}}{\mathrm{D}t}\int_\Omega \left(\rho w^{\mathrm{int}} + \frac{1}{2}\rho\, \boldsymbol{v} \cdot \boldsymbol{v}\right) \mathrm{d}\Omega \\ &= \int_\Omega \left(\rho \frac{\mathrm{D}w^{\mathrm{int}}}{\mathrm{D}t} + \frac{1}{2}\rho \frac{\mathrm{D}(\boldsymbol{v} \cdot \boldsymbol{v})}{\mathrm{D}t}\right) \mathrm{d}\Omega \\ &= \int_\Omega \left(\rho \frac{\mathrm{D}w^{\mathrm{int}}}{\mathrm{D}t} + \rho\, \boldsymbol{v} \cdot \frac{\mathrm{D}\boldsymbol{v}}{\mathrm{D}t}\right) \mathrm{d}\Omega \end{aligned} \tag{3.5.46}$$

将 Cauchy 定律(3.4.1)和 Gauss 定理(3.5.2) 应用于公式(3.5.45)右边的面力边界积分，得到

$$\begin{aligned}\int_\Gamma \boldsymbol{v}\cdot\boldsymbol{t}\,\mathrm{d}\Gamma &= \int_\Gamma \boldsymbol{n}\cdot\boldsymbol{\sigma}\cdot\boldsymbol{v}\,\mathrm{d}\Gamma = \int_\Gamma n_j\sigma_{ji}v_i\,\mathrm{d}\Gamma \\ &= \int_\Omega (\sigma_{ji}v_i)_{,j}\,\mathrm{d}\Omega = \int_\Omega (v_{i,j}\sigma_{ji} + v_i\sigma_{ji,j})\,\mathrm{d}\Omega \\ &= \int_\Omega (D_{ji}\sigma_{ji} + W_{ji}\sigma_{ji} + v_i\sigma_{ji,j})\,\mathrm{d}\Omega \quad (\text{使用式(3.3.9)}) \\ &= \int_\Omega (D_{ji}\sigma_{ji} + v_i\sigma_{ji,j})\,\mathrm{d}\Omega \quad (\text{根据}\boldsymbol{\sigma}\text{的对称性及}\boldsymbol{W}\text{的反对称性}) \\ &= \int_\Omega (\boldsymbol{D}:\boldsymbol{\sigma} + (\nabla\cdot\boldsymbol{\sigma})\cdot\boldsymbol{v})\,\mathrm{d}\Omega \end{aligned} \tag{3.5.47}$$

将上式代入公式(3.5.45)，对热流积分应用 Gauss 定理并整理各项，得到

$$\int_\Omega \left(\rho\frac{\mathrm{D}w^{\mathrm{int}}}{\mathrm{D}t} - \boldsymbol{D}:\boldsymbol{\sigma} + \nabla\cdot\boldsymbol{q} - \rho s + \boldsymbol{v}\cdot\left(\rho\frac{\mathrm{D}\boldsymbol{v}}{\mathrm{D}t} - \nabla\cdot\boldsymbol{\sigma} - \rho\boldsymbol{b}\right)\right)\mathrm{d}\Omega = 0 \tag{3.5.48}$$

积分中的最后一项可以认为是动量方程(3.5.33)，所以它为零。然后根据域的任意性给出

$$\rho\frac{\mathrm{D}w^{\mathrm{int}}}{\mathrm{D}t} = \boldsymbol{D}:\boldsymbol{\sigma} + \nabla\cdot\boldsymbol{q} - \rho s \tag{3.5.49}$$

这就是能量守恒的偏微分方程。

当没有热流和热源时，即为一个纯机械过程，能量方程成为

$$\rho\frac{\mathrm{D}w^{\mathrm{int}}}{\mathrm{D}t} = \boldsymbol{D}:\boldsymbol{\sigma} = \boldsymbol{\sigma}:\boldsymbol{D} = \sigma_{ij}D_{ij} \tag{3.5.50}$$

这就不再是一个偏微分方程。上式以应力和应变度量的形式定义了给予物体单位体积的能量变化率，称为内能变化率或内部功率。从上面可以看出变形率和 Cauchy 应力的缩并给出内部功率，因此我们说变形率和 Cauchy 应力**在功率上是耦合的**。像我们将看到的，功率上的耦合有助于弱形式的建立：在功率上耦合的应力和应变率的度量可以用于构造虚功原理或虚功率原理，即动量方程的弱形式。在功率上耦合的变量也可以说**在功或者能量上是耦合的**，但是我们常常使用在功率上耦合的说法，因为它更加准确。

通过在物体整个域上积分公式(3.5.50)，得到系统内能的变化率为

$$\frac{\mathrm{D}W^{\mathrm{int}}}{\mathrm{D}t} = \int_\Omega \rho\frac{\mathrm{D}w^{\mathrm{int}}}{\mathrm{D}t}\mathrm{d}\Omega = \int_\Omega \boldsymbol{D}:\boldsymbol{\sigma}\,\mathrm{d}\Omega = \int_\Omega D_{ij}\sigma_{ij}\,\mathrm{d}\Omega = \int_\Omega \frac{\partial v_i}{\partial x_j}\sigma_{ij}\,\mathrm{d}\Omega \tag{3.5.51}$$

其中最后一个表达式利用了 Cauchy 应力张量的对称性。

框 3.3 以张量和指标两种形式总结了守恒方程。没有指出所写方程的独立变量，它们可以表示为空间坐标或者材料坐标的形式；没有将方程表示为保守形式，因为不像在流体力学中，它在固体力学中似乎用途不大。其原因没有在文献中发现，然而，它似乎与出现在固体力学问题中的密度变化更小有关。

框 3.3　守恒方程

Eulerian 描述

质量守恒

$$\frac{\mathrm{D}\rho}{\mathrm{D}t} + \rho\,\mathrm{div}(\boldsymbol{v}) = 0 \quad 或 \quad \frac{\mathrm{D}\rho}{\mathrm{D}t} + \rho v_{i,i} = 0 \quad 或 \quad \dot{\rho} + \rho v_{i,i} = 0 \tag{B3.3.1}$$

线动量守恒

$$\rho\frac{\mathrm{D}\boldsymbol{v}}{\mathrm{D}t}=\nabla\cdot\boldsymbol{\sigma}+\rho\boldsymbol{b}\equiv\operatorname{div}\boldsymbol{\sigma}+\rho\boldsymbol{b}\quad\text{或}\quad\rho\frac{\mathrm{D}v_i}{\mathrm{D}t}=\frac{\partial\sigma_{ji}}{\partial x_j}+\rho b_i \tag{B3.3.2}$$

角动量守恒

$$\boldsymbol{\sigma}=\boldsymbol{\sigma}^{\mathrm{T}}\quad\text{或}\quad\sigma_{ij}=\sigma_{ji} \tag{B3.3.3}$$

能量守恒

$$\rho\frac{\mathrm{D}w^{\mathrm{int}}}{\mathrm{D}t}=\boldsymbol{D}:\boldsymbol{\sigma}-\nabla\cdot\boldsymbol{q}+\rho s \tag{B3.3.4}$$

Lagrangian 描述

质量守恒

$$\rho(\boldsymbol{X},t)J(\boldsymbol{X},t)=\rho_0(\boldsymbol{X})\quad\text{或}\quad\rho J=\rho_0 \tag{B3.3.5}$$

线动量守恒

$$\rho_0\frac{\partial\boldsymbol{v}(\boldsymbol{X},t)}{\partial t}=\nabla_0\cdot\boldsymbol{P}+\rho_0\boldsymbol{b}\quad\text{或}\quad\rho_0\frac{\partial v_i(\boldsymbol{X},t)}{\partial t}=\frac{\partial P_{ji}}{\partial X_j}+\rho_0 b_i \tag{B3.3.6}$$

角动量守恒

$$\boldsymbol{F}\cdot\boldsymbol{P}=\boldsymbol{P}^{\mathrm{T}}\cdot\boldsymbol{F}^{\mathrm{T}},\quad F_{ik}P_{kj}=P_{ik}^{\mathrm{T}}F_{kj}^{\mathrm{T}}=F_{jk}P_{ki},\quad\boldsymbol{S}=\boldsymbol{S}^{\mathrm{T}} \tag{B3.3.7}$$

能量守恒

$$\rho_0\dot{w}^{\mathrm{int}}=\rho_0\frac{\partial w^{\mathrm{int}}(\boldsymbol{X},t)}{\partial t}=\dot{\boldsymbol{F}}^{\mathrm{T}}:\boldsymbol{P}-\nabla_0\cdot\tilde{\boldsymbol{q}}+\rho_0 s \tag{B3.3.8}$$

3.6 Lagrangian 守恒方程

3.6.1 引言和定义 以应力和应变的 Lagrangian 度量形式,在参考构形中直接建立守恒方程是有益的。在连续介质力学的文献中,这些公式称为 Lagrangian 描述,而在有限元的文献中,这些公式称为完全的 Lagrangian 格式。对于完全的 Lagrangian 格式,总是使用 Lagrangian 网格。在 Lagrangian 框架中的守恒方程与刚刚建立的守恒方程基本上是一致的,只是以不同的变量表示。实际上我们将看到,可以通过框 3.2 中的转换关系和链规则得到它们。这一节在第一次阅读的时候可以跳过,之所以包括它是因为许多非线性力学的有限元文献采用了完全的 Lagrangian 格式,因此,它对该领域中刻意求精的学生是重要的。

在完全的 Lagrangian 格式中,独立变量是 Lagrangian(材料)坐标 $\boldsymbol{X}$ 和时间 t,主要的相关变量是初始密度 $\rho_0(\boldsymbol{X},t)$、位移 $\boldsymbol{u}(\boldsymbol{X},t)$ 以及应力和应变的 Lagrangian 度量。我们将使用名义应力 $\boldsymbol{P}(\boldsymbol{X},t)$ 作为应力的度量,这会使动量方程与 Eulerian 描述的动量方程(3.5.33)十分相似,所以非常容易记忆。变形将通过变形梯度 $\boldsymbol{F}(\boldsymbol{X},t)$ 描述。对于构造本构方程,使用成对的 $\boldsymbol{P}$ 和 $\boldsymbol{F}$ 不是特别有用的,因为 $\boldsymbol{F}$ 在刚体运动中不为零,而 $\boldsymbol{P}$ 是不对称的。因此,本构方程通常表示为 PK2 应力 $\boldsymbol{S}$ 和 Green 应变 $\boldsymbol{E}$ 的形式。但是要记住,通过框 3.2 中的关系,$\boldsymbol{S}$ 和 $\boldsymbol{E}$ 之间的关系可以很容易地转换为 $\boldsymbol{P}$ 和 $\boldsymbol{E}$ 之间的关系。

在参考构形中定义施加的荷载。在公式(3.4.2)中定义面力 $\boldsymbol{t}_0$;其量纲是每单位初始面积的力。如在第 1 章提到的,“0”表示变量属于参考构形,不管是上标还是下标,视使用方便而定。体力用 $\boldsymbol{b}$ 表示,其量纲为每单位质量的力。每初始单位体积的体力表示为 $\rho_0\boldsymbol{b}$,它

等于 $\rho\boldsymbol{b}$。其等价关系为

$$\mathrm{d}\boldsymbol{f}=\rho\,\boldsymbol{b}\mathrm{d}\Omega=\rho\,\boldsymbol{b}J\,\mathrm{d}\Omega_0=\rho_0\boldsymbol{b}\mathrm{d}\Omega_0 \tag{3.6.1}$$

其中最后一个等号利用了质量守恒公式(3.5.25)。许多作者在两种格式中使用了不同的体力符号,包括 Malvern(1969),然而,我们习惯上将符号与场联系起来,因此这是不必要的。

我们已经建立了应用于完全 Lagrangian 格式的质量守恒方程(3.5.25),因此,我们只建立动量和能量守恒。

3.6.2　线动量守恒　在 Lagrangian 描述中,一个物体的线动量给定为在整个参考构形上的积分形式:

$$\boldsymbol{p}(t)=\int_{\Omega_0}\rho_0\,\boldsymbol{v}(\boldsymbol{X},t)\mathrm{d}\Omega_0 \tag{3.6.2}$$

通过体力在整个参考域上的积分和面力在整个参考边界上的积分,得到物体上的全部力:

$$\boldsymbol{f}(t)=\int_{\Omega_0}\rho_0\boldsymbol{b}(\boldsymbol{X},t)\mathrm{d}\Omega_0+\int_{\Gamma_0}\boldsymbol{t}_0(\boldsymbol{X},t)\mathrm{d}\Gamma_0 \tag{3.6.3}$$

Newton 第二定律说明

$$\frac{\mathrm{d}\boldsymbol{p}}{\mathrm{d}t}=\boldsymbol{f} \tag{3.6.4}$$

将公式(3.6.2)和(3.6.3)代入上式,得到

$$\frac{\mathrm{d}}{\mathrm{d}t}\int_{\Omega_0}\rho_0\,\boldsymbol{v}\mathrm{d}\Omega_0=\int_{\Omega_0}\rho_0\boldsymbol{b}\mathrm{d}\Omega_0+\int_{\Gamma_0}\boldsymbol{t}_0\,\mathrm{d}\Gamma_0 \tag{3.6.5}$$

在公式的左边,可以将材料导数移入积分内,因为参考域为时间的常数。因此,

$$\frac{\mathrm{d}}{\mathrm{d}t}\int_{\Omega_0}\rho_0\,\boldsymbol{v}\mathrm{d}\Omega_0=\int_{\Omega_0}\rho_0\,\frac{\partial\boldsymbol{v}(\boldsymbol{X},t)}{\partial t}\mathrm{d}\Omega_0 \tag{3.6.6}$$

应用 Cauchy 法则(3.4.2)和 Gauss 定理,给出

$$\int_{\Gamma_0}\boldsymbol{t}_0\,\mathrm{d}\Gamma_0=\int_{\Gamma_0}\boldsymbol{n}_0\cdot\boldsymbol{P}\mathrm{d}\Gamma_0=\int_{\Omega_0}\nabla_0\cdot\boldsymbol{P}\mathrm{d}\Omega_0$$

或者

$$\int_{\Gamma_0}t_i^0\,\mathrm{d}\Gamma_0=\int_{\Gamma_0}n_j^0P_{ji}\,\mathrm{d}\Gamma_0=\int_{\Omega_0}\frac{\partial P_{ji}}{\partial X_j}\mathrm{d}\Omega_0 \tag{3.6.7}$$

注意到在张量标记中,在域积分中出现了左梯度,这是因为在定义名义应力时法向矢量位于左侧。材料梯度的定义使用了下标“0”,以明显区别于指标表示。材料坐标的指标和名义应力的第一个指标是相同的。由于名义应力不对称,指标顺序非常重要。

将公式(3.6.6)和(3.6.7)代入(3.6.5),得到

$$\int_{\Omega_0}\left(\rho_0\,\frac{\partial\boldsymbol{v}(\boldsymbol{X},t)}{\partial t}-\rho_0\boldsymbol{b}-\nabla_0\cdot\boldsymbol{P}\right)\mathrm{d}\Omega_0=0 \tag{3.6.8}$$

由于 Ω_0 的任意性,可以得到

$$\rho_0\,\frac{\partial\boldsymbol{v}(\boldsymbol{X},t)}{\partial t}=\nabla_0\cdot\boldsymbol{P}+\rho_0\boldsymbol{b}\quad\text{或}\quad\rho_0\,\frac{\partial v_i(\boldsymbol{X},t)}{\partial t}=\frac{\partial P_{ji}}{\partial X_j}+\rho_0 b_i \tag{3.6.9}$$

上式常常被称为动量方程的 Lagrangian 形式。将上式与 Eulerian 形式(3.5.33)相比较,我们可以看到它们是相当类似的:名义应力代替了 Cauchy 应力,初始密度代替了密度。

通过忽略加速度,可以得到 Lagrangian 描述的平衡方程,所以

$$\nabla_0\cdot\boldsymbol{P}+\rho_0\boldsymbol{b}=0\quad\text{或}\quad\frac{\partial P_{ji}}{\partial X_j}+\rho_0 b_i=0 \tag{3.6.10}$$

通过代入框 3.2 给出的转换关系，平衡方程通常以 PK2 应力的形式给出。但是上面这种形式更容易记忆。

通过使用链规则和框 3.2 转换公式(3.5.33)中的所有项，也可以直接得到动量方程上面的形式。实际上，这多少有些困难，特别是对于梯度项。应用框 3.2 中的变换形式和链规则，得到

$$\begin{aligned}\frac{\partial \sigma_{ji}}{\partial x_j} &= \frac{\partial(J^{-1}F_{jk}P_{ki})}{\partial x_j} = P_{ki}\frac{\partial}{\partial x_j}(J^{-1}F_{jk}) + J^{-1}F_{jk}\frac{\partial P_{ki}}{\partial x_j} \\ &= J^{-1}\frac{\partial x_j}{\partial X_k}\frac{\partial P_{ki}}{\partial x_j}\end{aligned} \tag{3.6.11}$$

这里我们使用了变形梯度 $\boldsymbol{F}$ 的定义(3.2.19)和一个有趣的关系式 $\partial(J^{-1}F_{jk})/\partial x_j = 0$（见 Ogden，1984：89）。这样公式(3.5.33)成为

$$\rho\frac{\partial v_i}{\partial t} = J^{-1}\frac{\partial x_j}{\partial X_k}\frac{\partial P_{ki}}{\partial x_j} + \rho b_i \tag{3.6.12}$$

根据链规则，右边的第一项是 $J^{-1}\partial P_{ki}/\partial X_k$。将方程乘以 J 并应用质量守恒 $\rho J = \rho_0$，则给出公式(3.6.9)。

3.6.3 角动量守恒 在完全的 Lagrangian 框架上，将不重新推导角动量的平衡方程。我们将应用公式(3.5.40)结合框 3.2 中的应力转换关系，推导应力的 Lagrangian 度量的结果，这样给出

$$J^{-1}\boldsymbol{F}\cdot\boldsymbol{P} = (J^{-1}\boldsymbol{F}\cdot\boldsymbol{P})^{\mathrm{T}} \tag{3.6.13}$$

将上式两边乘以 J 并在圆括号内进行转置，得到

$$\boldsymbol{F}\cdot\boldsymbol{P} = \boldsymbol{P}^{\mathrm{T}}\cdot\boldsymbol{F}^{\mathrm{T}} \quad 或 \quad F_{ik}P_{kj} = P^{\mathrm{T}}_{ik}P^{\mathrm{T}}_{kj} = F_{jk}P_{ki} \tag{3.6.14}$$

上面的等式只有当 $i \neq j$ 时才是非平凡的。因此，在二维中上式给出了一个非平凡方程，在三维中给出了三个非平凡方程。由于名义应力是非对称的，所以角动量平衡施加的条件数目等于公式(3.5.40)中 Cauchy 应力对称条件的数目。在二维中，角动量方程为

$$F_{11}P_{12} + F_{12}P_{22} = F_{21}P_{11} + F_{22}P_{21} \tag{3.6.15}$$

这些条件通常直接施加在本构方程中，这在第 5 章中将会看到。

对于 PK2 应力，源于角动量守恒的条件可以通过在公式(3.6.13)中将 $\boldsymbol{P}$ 表达为 $\boldsymbol{S}$ 的形式得到（如果在对称条件(3.5.40)中将 $\boldsymbol{\sigma}$ 用 $\boldsymbol{S}$ 代替可以得到相同的等式），为

$$\boldsymbol{F}\cdot\boldsymbol{S}\cdot\boldsymbol{F}^{\mathrm{T}} = \boldsymbol{F}\cdot\boldsymbol{S}^{\mathrm{T}}\cdot\boldsymbol{F}^{\mathrm{T}} \tag{3.6.16}$$

由于 $\boldsymbol{F}$ 必须是一个规则(非奇异)矩阵，因此其逆矩阵存在，并且可以在上式前面乘以 $\boldsymbol{F}^{-1}$，后面乘以 $\boldsymbol{F}^{-\mathrm{T}} \equiv (\boldsymbol{F}^{-1})^{\mathrm{T}}$，得到

$$\boldsymbol{S} = \boldsymbol{S}^{\mathrm{T}} \tag{3.6.17}$$

所以，角动量守恒要求 PK2 应力是对称的。

3.6.4 能量守恒的 Lagrangian 描述 在参考构形中公式(3.5.45)的另一种形式可以写为

$$\begin{aligned}&\frac{\mathrm{d}}{\mathrm{d}t}\int_{\Omega_0}\left(\rho w^{\mathrm{int}} + \frac{1}{2}\rho_0\boldsymbol{v}\cdot\boldsymbol{v}\right)\mathrm{d}\Omega_0 \\ &= \int_{\Omega_0}\boldsymbol{v}\cdot\rho_0\boldsymbol{b}\,\mathrm{d}\Omega_0 + \int_{\Gamma_0}\boldsymbol{v}\cdot\boldsymbol{t}_0\,\mathrm{d}\Gamma_0 + \int_{\Omega_0}\rho_0 s\,\mathrm{d}\Omega_0 - \int_{\Gamma_0}\boldsymbol{n}_0\cdot\tilde{\boldsymbol{q}}\,\mathrm{d}\Gamma_0\end{aligned} \tag{3.6.18}$$

在完全的 Lagrangian 格式中，热流定义为每单位参考面积的能量，用 $\tilde{\boldsymbol{q}}$ 表示，以区别于每单

位当前面积的热流 $\boldsymbol{q}$。它们之间的关系为

$$\tilde{\boldsymbol{q}} = J^{-1}\boldsymbol{F}^{\mathrm{T}} \cdot \boldsymbol{q} \tag{3.6.19}$$

上式遵从 Nanson 定律(3.4.5)并等价于

$$\int_{\Gamma} \boldsymbol{n} \cdot \boldsymbol{q} \mathrm{d}\Gamma = \int_{\Gamma_0} \boldsymbol{n}_0 \cdot \tilde{\boldsymbol{q}} \mathrm{d}\Gamma_0$$

将公式(3.4.5)中的 $\boldsymbol{n}$ 代入上式则给出公式(3.6.19)。

上面每单位初始体积的内能与公式(3.5.45)中每单位当前体积的内能之间的关系如下：

$$\rho\, w^{\mathrm{int}} \mathrm{d}\Omega_0 = \rho_0 w^{\mathrm{int}} J^{-1} \mathrm{d}\Omega = \rho w^{\mathrm{int}} \mathrm{d}\Omega \tag{3.6.20}$$

其中最后一步根据质量守恒方程(3.5.25)。在公式(3.6.18)的左边，由于域是固定的，可以将时间导数移入积分内，得

$$\begin{aligned} &\frac{\mathrm{d}}{\mathrm{d}t}\int_{\Omega_0} \left(\rho_0 w^{\mathrm{int}} + \frac{1}{2}\rho_0 \boldsymbol{v} \cdot \boldsymbol{v}\right) \mathrm{d}\Omega_0 \\ &= \int_{\Omega_0} \left[\rho_0 \frac{\partial w^{\mathrm{int}}(\boldsymbol{X},t)}{\partial t} + \rho_0 \boldsymbol{v} \cdot \frac{\partial \boldsymbol{v}(\boldsymbol{X},t)}{\partial t}\right] \mathrm{d}\Omega_0 \end{aligned} \tag{3.6.21}$$

公式(3.6.18)右边的第二项可以应用公式(B3.1.2)和 Gauss 定理作如下变动：

$$\begin{aligned} \int_{\Gamma_0} \boldsymbol{v} \cdot \boldsymbol{t}_0 \mathrm{d}\Gamma_0 &= \int_{\Gamma_0} v_j t_j^0 \mathrm{d}\Gamma_0 = \int_{\Gamma_0} v_j n_i^0 P_{ij} \mathrm{d}\Gamma_0 \\ &= \int_{\Omega_0} \frac{\partial}{\partial X_i}(v_j P_{ij}) \mathrm{d}\Omega_0 = \int_{\Omega_0} \left(\frac{\partial v_j}{\partial X_i} P_{ij} + v_j \frac{\partial P_{ij}}{\partial X_i}\right) \mathrm{d}\Omega_0 \\ &= \int_{\Omega_0} \left(\frac{\partial F_{ij}}{\partial t} P_{ij} + \frac{\partial P_{ij}}{\partial X_i} v_j\right) \mathrm{d}\Omega_0 = \int_{\Omega_0} \left(\frac{\partial \boldsymbol{F}^{\mathrm{T}}}{\partial t} : \boldsymbol{P} + (\nabla_0 \cdot \boldsymbol{P}) \cdot \boldsymbol{v}\right) \mathrm{d}\Omega_0 \end{aligned} \tag{3.6.22}$$

对于公式(3.6.18)右边的热流项，应用 Gauss 定理并作一些变换，得到

$$\int_{\Omega_0} \left[\rho_0 \frac{\partial w^{\mathrm{int}}}{\partial t} - \frac{\partial \boldsymbol{F}^{\mathrm{T}}}{\partial t} : \boldsymbol{P} + \nabla_0 \cdot \tilde{\boldsymbol{q}} - \rho_0 s + \left(\rho_0 \frac{\partial \boldsymbol{v}(\boldsymbol{X},t)}{\partial t} - \nabla_0 \cdot \boldsymbol{P} - \rho_0 \boldsymbol{b}\right) \cdot \boldsymbol{v}\right] \mathrm{d}\Omega_0 = 0 \tag{3.6.23}$$

在被积分函数的内层圆括号中的项是动量方程的 Lagrangian 形式(公式(3.6.9))，因此等于零。由于域的任意性，被积分函数的其他部分也等于零，得

$$\rho_0 \dot{w}^{\mathrm{int}} = \rho_0 \frac{\partial w^{\mathrm{int}}(\boldsymbol{X},t)}{\partial t} = \dot{\boldsymbol{F}}^{\mathrm{T}} : \boldsymbol{P} - \nabla_0 \cdot \tilde{\boldsymbol{q}} + \rho_0 s \tag{3.6.24}$$

如果没有热传导或热源，则上式为

$$\rho_0 \dot{w}^{\mathrm{int}} = \dot{F}_{ji} P_{ij} = \dot{\boldsymbol{F}}^{\mathrm{T}} : \boldsymbol{P} = \boldsymbol{P} : \dot{\boldsymbol{F}}^{\mathrm{T}} \tag{3.6.25}$$

这是公式(3.5.50)的 Lagrangian 形式。它表明**名义应力与变形梯度的材料时间导数在功率上是耦合的**。

通过变换，这些能量守恒方程也可以直接从公式(3.5.50)得到。应用指标标记，这是最容易完成的。

$$\begin{aligned} D_{ij}\sigma_{ij} J &= \frac{\partial v_i}{\partial x_j}\sigma_{ij} J \quad \text{根据 } \boldsymbol{D} \text{ 的定义及应力} \boldsymbol{\sigma} \text{ 的对称性} \\ &= \frac{\partial v_i}{\partial X_k}\frac{\partial X_k}{\partial x_j}\sigma_{ij} J \quad \text{根据链规则} \end{aligned} \tag{3.6.26}$$

$$= \dot{F}_{ik} \frac{\partial X_k}{\partial x_j} \sigma_{ij} J \quad \text{根据 } \boldsymbol{F} \text{ 的定义(3.2.19)}$$

$$= \dot{F}_{ik} P_{ki} \quad \text{根据表 3.2 以及质量守恒}$$

附加因子 J 是因为 $\boldsymbol{D}:\boldsymbol{\sigma}$ 是每当前单位体积的功，而 $\boldsymbol{P}:\dot{\boldsymbol{F}}^{\mathrm{T}}$ 是每初始单位体积的功。

3.6.5 PK2 应力的功率 在框 3.2 中的应力变换也可以用来将内能表示为 PK2 应力的形式。

$$\dot{\boldsymbol{F}}^{\mathrm{T}}:\boldsymbol{P} \equiv \dot{F}_{ik} P_{ki} = \dot{F}_{ik} S_{kr} F_{ri}^{\mathrm{T}} \quad \text{根据表 3.2}$$

$$= F_{ri}^{\mathrm{T}} \dot{F}_{ik} S_{kr} = (\boldsymbol{F}^{\mathrm{T}} \cdot \dot{\boldsymbol{F}}):\boldsymbol{S} \quad \text{根据 } \boldsymbol{S} \text{ 的对称性}$$

$$= \left(\frac{1}{2}(\boldsymbol{F}^{\mathrm{T}} \cdot \dot{\boldsymbol{F}} + \dot{\boldsymbol{F}}^{\mathrm{T}} \cdot \boldsymbol{F}) + \frac{1}{2}(\boldsymbol{F}^{\mathrm{T}} \cdot \dot{\boldsymbol{F}} - \dot{\boldsymbol{F}}^{\mathrm{T}} \cdot \boldsymbol{F})\right):\boldsymbol{S}$$

将张量分解为对称部分和反对称部分

$$= \frac{1}{2}(\boldsymbol{F}^{\mathrm{T}} \cdot \dot{\boldsymbol{F}} + \dot{\boldsymbol{F}}^{\mathrm{T}} \cdot \boldsymbol{F}):\boldsymbol{S} \tag{3.6.27}$$

由于对称张量和反对称张量的缩并等于零

然后应用公式(3.3.20)所定义的 $\boldsymbol{E}$ 的时间导数，得

$$\rho_0 \dot{w}^{\mathrm{int}} = \dot{\boldsymbol{E}}:\boldsymbol{S} = \boldsymbol{S}:\dot{\boldsymbol{E}} = \dot{E}_{ij} S_{ij} \tag{3.6.28}$$

这表明 **Green 应变张量的率与 PK2 应力在功率(能量)上是耦合的**。

这样，我们已经证实有三个应力和应变率度量在功率上是耦合的。在框 3.4 中列出了这些耦合度量，并列出了第四个耦合对——旋转 Cauchy 应力和旋转变形率。

框 3.4 在功率上的应力-变形(应变)率耦合对

Cauchy 应力/变形率

$$\rho_0 \dot{w}^{\mathrm{int}} = \boldsymbol{D}:\boldsymbol{\sigma} = \boldsymbol{\sigma}:\boldsymbol{D} = D_{ij}\sigma_{ij}$$

名义应力/变形梯度率

$$\rho_0 \dot{w}^{\mathrm{int}} = \dot{\boldsymbol{F}}^{\mathrm{T}}:\boldsymbol{P} = \boldsymbol{P}^{\mathrm{T}}:\dot{\boldsymbol{F}} = \dot{F}_{ij} P_{ji}$$

PK2 应力/Green 应变率

$$\rho_0 \dot{w}^{\mathrm{int}} = \dot{\boldsymbol{E}}:\boldsymbol{S} = \boldsymbol{S}:\dot{\boldsymbol{E}} = \dot{E}_{ij} S_{ij}$$

旋转 Cauchy 应力/变形率

$$\rho_0 \dot{w}^{\mathrm{int}} = \hat{\boldsymbol{D}}:\hat{\boldsymbol{\sigma}} = \hat{\boldsymbol{\sigma}}:\hat{\boldsymbol{D}} = \hat{D}_{ij}\hat{\sigma}_{ij}$$

对于建立动量方程的弱形式，即虚功原理和虚功率原理，耦合的应力和应变率度量是有用的。这里列出的仅仅是表面上的一些耦合对，在连续介质力学中还建立了更多其他的耦合对(Ogden，1984；Hill，1978)。然而，在非线性有限元方法中，这里所列出的是使用最频繁的。

3.7 极分解和框架不变性

在这一节中进一步探讨刚体转动的作用。首先，表述一个称为极分解的定理。这个定理能够从任何运动中得到刚体转动。接着，考虑刚体转动对本构方程的影响。我们证明对于 Cauchy 应力，需要对时间导数进行修改建立率-本构方程。这就是已知的**框架不变性**或

者**应力的客观率**。将表述三种框架不变率：Jaumann 率、Truesdell 率和 Green-Naghdi 率。然后，展示由于次弹性本构方程和这些不同变化率的错误应用，导致结果的惊人误差。

3.7.1　极分解定理　在大变形问题中，阐明转动作用的基本原理就是极分解定理。这个定理表述为：任何变形梯度张量 $\boldsymbol{F}$ 可以乘法分解为一个正交矩阵 $\boldsymbol{R}$ 和一个对称张量 $\boldsymbol{U}$ 的乘积，称这个对称张量为**右伸长张量**(经常省略形容词"右")：

$$\boldsymbol{F} = \boldsymbol{R} \cdot \boldsymbol{U} \quad 或 \quad F_{ij} = \frac{\partial x_i}{\partial X_j} = R_{ik} U_{kj} \tag{3.7.1}$$

其中

$$\boldsymbol{R}^{-1} = \boldsymbol{R}^{\mathrm{T}} \quad \boldsymbol{U} = \boldsymbol{U}^{\mathrm{T}} \tag{3.7.2}$$

应用公式(3.2.20)重写上式：

$$\mathrm{d}\boldsymbol{x} = \boldsymbol{R} \cdot \boldsymbol{U} \cdot \mathrm{d}\boldsymbol{X} \tag{3.7.3}$$

这表明一个物体的任何运动都包括一个变形(由对称映射 $\boldsymbol{U}$ 表示)和一个刚体转动 $\boldsymbol{R}$。之所以认为 $\boldsymbol{R}$ 是刚体转动，是因为所有的正交变换都是转动。在这个方程中没有出现刚体平动，因为 $\mathrm{d}\boldsymbol{x}$ 和 $\mathrm{d}\boldsymbol{X}$ 分别是在当前构形和参考构形中的微分线段，而且微分线段的映射不受平动的影响。如果将方程(3.7.3)积分得到 $\boldsymbol{x}=\boldsymbol{\phi}(\boldsymbol{X},t)$ 的形式，那么刚体平动将作为一个积分常数出现。在平动中，$\boldsymbol{F}=\boldsymbol{I}$，$\mathrm{d}\boldsymbol{x}=\mathrm{d}\boldsymbol{X}$。

极分解定理证明如下。为了简化标记，我们将张量作为矩阵处理。在方程(3.7.1)的两边同时前点乘其本身的转置，得到

$$\boldsymbol{F}^{\mathrm{T}} \cdot \boldsymbol{F} = (\boldsymbol{RU})^{\mathrm{T}}(\boldsymbol{RU}) = \boldsymbol{U}^{\mathrm{T}}\boldsymbol{R}^{\mathrm{T}}\boldsymbol{RU} = \boldsymbol{U}^{\mathrm{T}}\boldsymbol{U} = \boldsymbol{UU} \tag{3.7.4}$$

这里应用了公式(3.7.2)以获得第三个和第四个等式。最后一项是 $\boldsymbol{U}$ 矩阵的平方，由此可以得到

$$\boldsymbol{U} = (\boldsymbol{F}^{\mathrm{T}} \cdot \boldsymbol{F})^{1/2} \tag{3.7.5}$$

以它的谱形式为代表定义矩阵的分数功率(可以参考 Chandrasekharaiah 和 Debnath (1994：96))。其计算过程为，首先将矩阵转换到它的主坐标系上，此时矩阵为对角型的，并且特征值在对角线上。然后在所有的对角线项上施加分数功率，再将矩阵转换回来。在下面的例子中对此作了演示。我们定义矩阵 $\boldsymbol{F}^{\mathrm{T}}\boldsymbol{F}$ 为正，所以它的所有特征值均为正，其结果是矩阵 $\boldsymbol{U}$ 总是实矩阵。

然后，通过应用公式(3.7.1)可以得到转动 $\boldsymbol{R}$：

$$\boldsymbol{R} = \boldsymbol{F} \cdot \boldsymbol{U}^{-1} \tag{3.7.6}$$

由于公式(3.7.5)的右边总是一个正矩阵，所以矩阵 $\boldsymbol{U}$ 的所有特征值总是正值，故 $\boldsymbol{U}$ 的逆矩阵存在。

矩阵 $\boldsymbol{U}$ 与工程应变联系得非常紧密。它的主值是在矩阵 $\boldsymbol{U}$ 的主方向上线段的伸长。所以，许多研究者已发现这个张量的吸引人之处在于建立本构方程。张量 $\boldsymbol{U}-\boldsymbol{I}$ 称为 **Biot 应变张量**。

根据下式，一个运动也可以分解为一个左伸长张量和一个转动的形式：

$$\boldsymbol{F} = \boldsymbol{V} \cdot \boldsymbol{R} \tag{3.7.7}$$

这种形式的极分解很少用到，我们仅仅在遇到时才提到它。对于弹性材料在有限应变时，在材料对称性的讨论中它将发挥作用。极分解定理适用于任何可逆的方阵。任何方阵都可以乘法分解为一个转动矩阵和一个对称矩阵。

需要强调的是，同一点上不同线段的转动依赖于线段的方向。在一个三维物体中，在任一点 $\boldsymbol{X}$ 上仅有三个线段刚好通过 $\boldsymbol{R}(\boldsymbol{X}, t)$ 转动。这些线段对应于伸长张量 $\boldsymbol{U}$ 的主方向。可以证明这些也是 Green 应变张量的主方向。如果线段的转动方向与 $\boldsymbol{E}$ 的主方向不一致，则不是由 $\boldsymbol{R}$ 给定的。

例 3.10 考虑三角形单元的运动，如图 3.10 所示，其中节点坐标 $x_I(t)$ 和 $y_I(t)$ 分别为

$$x_1(t) = a + 2at, \quad y_1(t) = 2at$$
$$x_2(t) = 2at, \quad y_2(t) = 2a - 2at \tag{E3.10.1}$$
$$x_3(t) = 3at, \quad y_3(t) = 0$$

通过极分解定理分别求在 $t=1.0$ 和 $t=0.5$ 时的刚体转动和伸长张量。

三角形域的运动很容易通过应用三角形单元的形函数表示，即面积坐标。在面积坐标的形式下，运动描述为

$$x(\boldsymbol{\xi}, t) = x_1(t)\xi_1 + x_2(t)\xi_2 + x_3(t)\xi_3 \tag{E3.10.2}$$

$$y(\boldsymbol{\xi}, t) = y_1(t)\xi_1 + y_2(t)\xi_2 + y_3(t)\xi_3 \tag{E3.10.3}$$

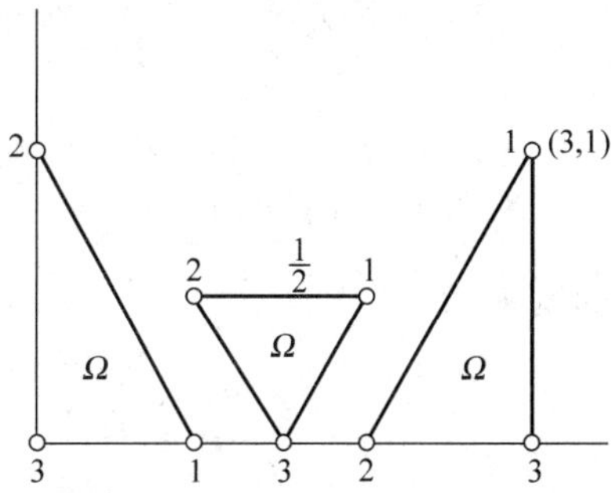

图 3.10 在公式(E3.10.1)中取 $a=1$ 所表示的运动

其中 ξ_I 是面积坐标，见附录 3。通过 $t=0$ 时刻面积坐标和坐标之间的关系，材料坐标隐现在上式的右侧。为了导出这些关系，我们在 $t=0$ 时刻重写上式，得到

$$x(\boldsymbol{\xi}, 0) = X = X_1\xi_1 + X_2\xi_2 + X_3\xi_3 = a\xi_1 \tag{E3.10.4}$$

$$y(\boldsymbol{\xi}, 0) = Y = Y_1\xi_1 + Y_2\xi_2 + Y_3\xi_3 = 2a\xi_2 \tag{E3.10.5}$$

在这种情况下，面积和材料坐标之间的关系就特别简单了，因此上面建立的关系可以通过观察得到。使用公式(E3.10.4)～(E3.10.5)将面积坐标表示为材料坐标(E3.10.2)～(E3.10.3)的形式。在 $t=1$ 时刻可以写为

$$x(\boldsymbol{X}, 1) = 3a\xi_1 + 2a\xi_2 + 3a\xi_3 = 3X + Y + 3a\left(1 - \frac{X}{a} - \frac{Y}{2a}\right)\xi = 3a - \frac{Y}{2} \tag{E3.10.6}$$

$$y(\boldsymbol{X}, 1) = 2a\xi_1 + 0\xi_2 + 0\xi_3 = 2X \tag{E3.10.7}$$

通过公式(3.2.21)得到变形梯度如下：

$$\boldsymbol{F} = \begin{bmatrix} \dfrac{\partial x}{\partial X} & \dfrac{\partial x}{\partial Y} \\ \dfrac{\partial y}{\partial X} & \dfrac{\partial y}{\partial Y} \end{bmatrix} = \begin{bmatrix} 0 & -0.5 \\ 2 & 0 \end{bmatrix} \tag{E3.10.8}$$

由公式(3.7.5)计算出伸长张量 $\boldsymbol{U}$ 为

$$\boldsymbol{U} = (\boldsymbol{F}^{\mathrm{T}}\boldsymbol{F})^{\frac{1}{2}} = \begin{bmatrix} 4 & 0 \\ 0 & 0.25 \end{bmatrix}^{\frac{1}{2}} = \begin{bmatrix} 2 & 0 \\ 0 & 0.5 \end{bmatrix} \tag{E3.10.9}$$

在本例中，矩阵 $\boldsymbol{U}$ 是对角矩阵，所以主值为简单的对角线项。在计算矩阵的平方根时选择正的平方根，是因为主伸长必须为正。则通过公式(3.7.6)给出转动矩阵 $\boldsymbol{R}$ 为

$$\boldsymbol{R}=\boldsymbol{F}\boldsymbol{U}^{-1}=\begin{bmatrix}0 & -0.5\\2 & 0\end{bmatrix}\begin{bmatrix}0.5 & 0\\0 & 2\end{bmatrix}=\begin{bmatrix}0 & -1\\1 & 0\end{bmatrix}\tag{E3.10.10}$$

对比以上转动矩阵 $\boldsymbol{R}$ 和公式(3.2.34)，可以看出这个转动是一个逆时针 90°的旋转。这也容易从图 3.10 中显示出来。这个变形包含有节点 1 和 3 之间线段的伸长，放大系数为 2（见 U_{11} 在公式(E3.10.9)中），和节点 3 和 2 之间线段的缩短，放大系数为 0.5（见 U_{22} 在公式(E3.10.9)中），导致沿 x 方向发生平移 $3a$ 和 90°的旋转。因为原来沿 x 方向和 y 方向的线段对应于 $\boldsymbol{U}$ 的主方向或特征矢量，在极分解定理中这些线段的转动对应于物体的转动。

通过公式(E3.10.2)～(E3.10.3)得到在 $t=0.5$ 时刻的构形：

$$\begin{aligned}x(\boldsymbol{X},0.5)&=2a\xi_1+a\xi_2+1.5a\xi_3\\&=2a\frac{X}{a}+a\frac{Y}{2a}+1.5a\left(1-\frac{X}{a}-\frac{Y}{2a}\right)=1.5a+0.5X-0.25Y\end{aligned}\tag{E3.10.11a}$$

$$y(\boldsymbol{X},0.5)=a\xi_1+a\xi_2+0\xi_3=a\frac{X}{a}+a\frac{Y}{2a}=X+0.5Y\tag{E3.10.11b}$$

则变形梯度 $\boldsymbol{F}$ 为

$$\boldsymbol{F}=\begin{bmatrix}\dfrac{\partial x}{\partial X} & \dfrac{\partial x}{\partial Y}\\[2mm]\dfrac{\partial y}{\partial X} & \dfrac{\partial y}{\partial Y}\end{bmatrix}=\begin{bmatrix}0.5 & -0.25\\1 & 0.5\end{bmatrix}\tag{E3.10.12}$$

并由公式(3.7.5)给出伸长张量 $\boldsymbol{U}$ 为

$$\boldsymbol{U}=(\boldsymbol{F}^{\mathrm{T}}\boldsymbol{F})^{1/2}=\begin{bmatrix}1.25 & 0.375\\0.375 & 0.3125\end{bmatrix}^{1/2}=\begin{bmatrix}1.0932 & 0.2343\\0.2343 & 0.5076\end{bmatrix}\tag{E3.10.13}$$

得到上面最后一个矩阵是通过求出 $\boldsymbol{F}^{\mathrm{T}}\boldsymbol{F}$ 的特征值 λ_i，取它们正的平方根，并将它们代入对角矩阵 $\boldsymbol{H}=\mathrm{diag}(\sqrt{\lambda_1},\sqrt{\lambda_2})$ 中，通过 $\boldsymbol{U}=\mathbf{A}^{\mathrm{T}}\boldsymbol{H}\mathbf{A}$ 将矩阵 $\boldsymbol{H}$ 转换回到整体矩阵的分量，其中矩阵 $\mathbf{A}$ 的列是 $\boldsymbol{F}^{\mathrm{T}}\boldsymbol{F}$ 的特征矢量。这些矩阵为

$$\mathbf{A}=\begin{bmatrix}-0.9436 & 0.3310\\-0.3310 & -0.9436\end{bmatrix},\quad \boldsymbol{H}=\begin{bmatrix}1.3815 & 0\\0 & 0.1810\end{bmatrix}\tag{E3.10.14}$$

则求得转动矩阵 $\boldsymbol{R}$ 为

$$\boldsymbol{R}=\boldsymbol{F}\boldsymbol{U}^{-1}=\begin{bmatrix}0.5 & -0.25\\1 & 0.5\end{bmatrix}\begin{bmatrix}1.0932 & 0.2343\\0.2343 & 0.5076\end{bmatrix}^{-1}=\begin{bmatrix}0.6247 & -0.7809\\0.7809 & 0.6247\end{bmatrix}\tag{E3.10.15}$$

例 3.11　考虑变形梯度

$$\boldsymbol{F}=\begin{bmatrix}c-as & ac-s\\s+ac & as+c\end{bmatrix}\tag{E3.11.1}$$

其中 $c=\cos\theta$，$s=\sin\theta$，a 为常数。求出当 $a=1/2$，$\theta=\pi/2$ 时的伸长张量和转动矩阵。

对于特殊的值给出为

$$\boldsymbol{F}=\begin{bmatrix}-\dfrac{1}{2} & -1\\[2mm]1 & \dfrac{1}{2}\end{bmatrix},\quad \boldsymbol{C}=\boldsymbol{F}^{\mathrm{T}}\cdot\boldsymbol{F}=\begin{bmatrix}1.25 & 1\\1 & 1.25\end{bmatrix}\tag{E3.11.2}$$

$\boldsymbol{C}$ 的特征值和相应的特征向量为

$$\lambda_1 = 0.25, \quad \boldsymbol{y}_1^{\mathrm{T}} = \frac{1}{\sqrt{2}}[1 \quad -1]$$
$$\lambda_2 = 2.25, \quad \boldsymbol{y}_2^{\mathrm{T}} = \frac{1}{\sqrt{2}}[1 \quad 1] \tag{E3.11.3}$$

$\boldsymbol{C}$ 的对角形式 diag($\boldsymbol{C}$)由这些特征值组成，通过取这些特征值的正的平方根得到 diag($\boldsymbol{C}$)的平方根：

$$\operatorname{diag}(\boldsymbol{C}) = \begin{bmatrix} \frac{1}{4} & 0 \\ 0 & \frac{9}{4} \end{bmatrix} \Rightarrow \operatorname{diag}(\boldsymbol{C}^{1/2}) = \begin{bmatrix} \frac{1}{2} & 0 \\ 0 & \frac{3}{2} \end{bmatrix} \tag{E3.11.4}$$

将 diag($\boldsymbol{C}$)转换回到 x-y 坐标系中，得到 $\boldsymbol{U}$ 矩阵为

$$\boldsymbol{U} = \boldsymbol{Y} \cdot \operatorname{diag}(\boldsymbol{C}^{1/2}) \cdot \boldsymbol{Y}^{\mathrm{T}} = \frac{1}{\sqrt{2}}\begin{bmatrix} 1 & 1 \\ -1 & 1 \end{bmatrix}\begin{bmatrix} \frac{1}{2} & 0 \\ 0 & \frac{3}{2} \end{bmatrix}\frac{1}{\sqrt{2}}\begin{bmatrix} 1 & -1 \\ 1 & 1 \end{bmatrix} = \frac{1}{2}\begin{bmatrix} 2 & 1 \\ 1 & 2 \end{bmatrix} \tag{E3.11.5}$$

由公式(3.7.6)得到转动矩阵为

$$\boldsymbol{R} = \boldsymbol{F}\boldsymbol{U}^{-1} = \begin{bmatrix} -\frac{1}{2} & -1 \\ 1 & \frac{1}{2} \end{bmatrix}\frac{2}{3}\begin{bmatrix} 2 & -1 \\ -1 & 2 \end{bmatrix} = \begin{bmatrix} 0 & -1 \\ 1 & 0 \end{bmatrix} \tag{E3.11.6}$$

3.7.2 在本构方程中的客观率 为了解释 Cauchy 应力张量为什么需要客观率，我们考虑如图 3.11 所示的杆。考虑率-本构方程的最简单例子——应力率与变形率为线性关系的次弹性定律：

$$\frac{\mathrm{D}\sigma_{ij}}{\mathrm{D}t} = C_{ijkl}^{\sigma D} D_{kl} \quad 或 \quad \frac{\mathrm{D}\boldsymbol{\sigma}}{\mathrm{D}t} = \boldsymbol{C}^{\sigma D} : \boldsymbol{D} \tag{3.7.8}$$

我们提出下面的问题：上面的本构方程有效吗？

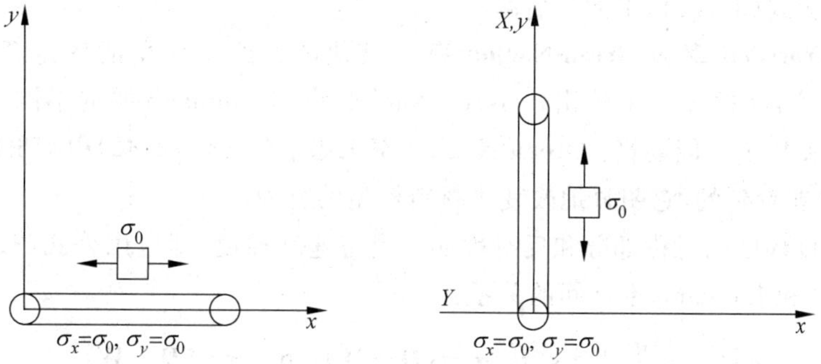

图 3.11 在初始应力作用下杆的转动，说明在没有任何变形的情况下 Cauchy 应力的变化

回答是否定的，并且可以解释如下。考虑一个固体，比如图 3.11 中的杆，在初始构形中所受的应力为 $\sigma_x = \sigma_0$。现在假设杆以恒定长度转动，如图所示，所以不存在变形，即 $\boldsymbol{D}=0$。回顾在刚体运动中初始应力(或预应力)嵌入在固体中的状态，即在刚体转动中由于变形没

有发生变化，观察者所看到的随着物体运动的应力也不应该变化。因此在固定坐标系下，Cauchy 应力的分量在转动中将发生变化，所以应力的材料导数必须是非零的。但是，在纯刚体转动中，在整个运动过程中公式(3.7.8)的右边将为零，因为我们已经证明了在刚体运动中变形率为零。因此，在公式(3.7.8)中一定是漏掉了什么东西：$\boldsymbol{D}=0$，但是 $\mathrm{D}\boldsymbol{\sigma}/\mathrm{D}t$ 不应该为零！

前一段的描述不仅仅是假设，它代表了在实际情况和模拟中所发生的事情。预应力物体的大转动经常发生。由于热应力或预应力，一个物体可能是处于初始应力的状态，比如预应力增强的杆。在物体的刚体运动中一个单元可能经历大的转动，比如在航天器或运动的汽车中，或者大的局部转动，比如梁的屈曲。转动角度不需要大到 90°以展示这种效应。我们选择 90°是为了简化描述。

公式(3.7.8)的不足在于它不能解释材料的转动。通过**应力张量的客观率**可以解释材料的转动，它也称为**框架不变率**。我们将考虑三种客观率：Jaumann 率、Truesdell 率和 Green-Naghdi 率。所有这些都频繁地应用于当前的有限元软件中。还有许多其他的客观率，其中一些将在第 5 章中讨论。

3.7.3 Jaumann 变化率 Cauchy 应力的 Jaumann 率为

$$\boldsymbol{\sigma}^{\nabla J}=\frac{\mathrm{D}\boldsymbol{\sigma}}{\mathrm{D}t}-\boldsymbol{W}\cdot\boldsymbol{\sigma}-\boldsymbol{\sigma}\cdot\boldsymbol{W}^{\mathrm{T}} \quad \text{或} \quad \sigma_{ij}^{\nabla J}=\frac{\mathrm{D}\sigma_{ij}}{\mathrm{D}t}-W_{ik}\sigma_{kj}-\sigma_{ik}W_{kj}^{\mathrm{T}} \tag{3.7.9}$$

式中 $\boldsymbol{W}$ 是由公式(3.3.11)给定的旋转张量。这里用上角标“∇”代表客观率，用紧接着的上角标“J”代表 Jaumann 率。一个适当的次弹性本构方程为

$$\boldsymbol{\sigma}^{\nabla J}=\boldsymbol{C}^{\sigma J}:\boldsymbol{D} \quad \text{或} \quad \sigma_{ij}^{\nabla J}=C_{ijkl}^{\sigma J}D_{kl} \tag{3.7.10}$$

Cauchy 应力张量的材料率，即相应于公式(3.7.8)的正确方程则为

$$\frac{\mathrm{D}\boldsymbol{\sigma}}{\mathrm{D}t}=\boldsymbol{\sigma}^{\nabla J}+\boldsymbol{W}\cdot\boldsymbol{\sigma}+\boldsymbol{\sigma}\cdot\boldsymbol{W}^{\mathrm{T}}=\underbrace{\boldsymbol{C}^{\sigma J}:\boldsymbol{D}}_{\text{material}}+\underbrace{\boldsymbol{W}\cdot\boldsymbol{\sigma}+\boldsymbol{\sigma}\cdot\boldsymbol{W}^{\mathrm{T}}}_{\text{rotation}} \tag{3.7.11}$$

其中第一个等号只是对公式(3.7.9)的重新安排，第二个等号根据公式(3.7.10)得到。从上面我们看到，材料响应被指定为一个应力客观率的形式，这里是 Jaumann 率。Cauchy 应力的材料导数则由两部分组成：由于材料响应的变化率反映在客观率中，以及由于转动的应力变化对应于公式(3.7.11)中的最后两项。

3.7.4 Truesdell 率和 Green-Naghdi 率 其他两种经常使用的率是 Truesdell 率和 Green-Naghdi 率，在框 3.5 中给出。Green-Naghdi 率和 Jaumann 率的不同之处仅在于它对材料的转动使用了不同度量：Green-Naghdi 率采用了公式(3.2.42)中给出的角速度$\boldsymbol{\Omega}=\dot{\boldsymbol{R}}\boldsymbol{R}^{\mathrm{T}}$，如我们将要看到的，它明显地改变了材料模型的行为。

通过用速度梯度的对称部分和反对称部分代替速度梯度，即应用公式(3.3.9)，可以验证 Truesdell 率和 Jaumann 率之间的关系：

$$\boldsymbol{\sigma}^{\nabla T}=\frac{\mathrm{D}\boldsymbol{\sigma}}{\mathrm{D}t}+\mathrm{div}(\boldsymbol{v})\,\boldsymbol{\sigma}-(\boldsymbol{D}+\boldsymbol{W})\cdot\boldsymbol{\sigma}-\boldsymbol{\sigma}\cdot(\boldsymbol{D}+\boldsymbol{W})^{\mathrm{T}} \tag{3.7.12}$$

比较公式(3.7.9)和(3.7.12)，说明 Truesdell 率包括与 Jaumann 率相同的转动相关项，而且还包括依赖于变形率的其他项。考虑一个刚体转动，当 $\boldsymbol{D}=0$ 时，Truesdell 率为

$$\boldsymbol{\sigma}^{\nabla T}=\frac{\mathrm{D}\boldsymbol{\sigma}}{\mathrm{D}t}-\boldsymbol{W}\cdot\boldsymbol{\sigma}-\boldsymbol{\sigma}\cdot\boldsymbol{W}^{\mathrm{T}} \tag{3.7.13}$$

将上式与公式(3.7.9)比较，说明 Truesdell 率等价于在无变形时的 Jaumann 率。但是当物体变形时，两个率就不同了。因此，联系 Jaumann 率到 $\boldsymbol{D}$ 的本构方程与 Truesdell 率形式的本构方程，将给出应力的不同材料率，除非将本构方程作适当变换。

换句话说，如果这两个定律模拟相同的材料响应：

$$\boldsymbol{\sigma}^{\nabla T} = \boldsymbol{C}^{\sigma T} : \boldsymbol{D}, \quad \boldsymbol{\sigma}^{\nabla J} = \boldsymbol{C}^{\sigma J} : \boldsymbol{D} \tag{3.7.14}$$

$\boldsymbol{C}^{\sigma T}$ 将不等于 $\boldsymbol{C}^{\sigma J}$。基于这个原因，我们附加上角标以指定与材料响应张量相关的客观率。

对于大转动，除了公式(3.7.14)之外，下面的形式也是有效的：

$$\text{(a)}\ \boldsymbol{\sigma}^{\nabla G} = \boldsymbol{C}^{\sigma G} : \boldsymbol{D}, \quad \text{(b)}\ \dot{\hat{\boldsymbol{\sigma}}} = \hat{\boldsymbol{C}}^{\hat{\sigma}\hat{D}} : \hat{\boldsymbol{D}}, \quad \text{(c)}\ \dot{\boldsymbol{S}} = \boldsymbol{C}^{SE} : \dot{\boldsymbol{E}} \tag{3.7.15}$$

上面第二个和第三个表达式适用于任意的各向异性材料。在公式(a)和(3.7.14)中采用常数 $\boldsymbol{C}$ 仅适用于各向同性材料，或者当本构响应矩阵 $\boldsymbol{C}$ 仅是各向同性张量函数的情形；见第5章。

框 3.5 客观率

Jaumann 率

$$\boldsymbol{\sigma}^{\nabla J} = \frac{\mathrm{D}\boldsymbol{\sigma}}{\mathrm{D}t} - \boldsymbol{W}\cdot\boldsymbol{\sigma} - \boldsymbol{\sigma}\cdot\boldsymbol{W}^{\mathrm{T}}, \quad \sigma_{ij}^{\nabla J} = \frac{\mathrm{D}\sigma_{ij}}{\mathrm{D}t} - W_{ik}\sigma_{kj} - \sigma_{ik}W_{kj}^{\mathrm{T}} \tag{B3.5.1}$$

Truesdell 率

$$\boldsymbol{\sigma}^{\nabla T} = \frac{\mathrm{D}\boldsymbol{\sigma}}{\mathrm{D}t} + \mathrm{div}(\boldsymbol{v})\boldsymbol{\sigma} - \boldsymbol{L}\cdot\boldsymbol{\sigma} - \boldsymbol{\sigma}\cdot\boldsymbol{L}^{\mathrm{T}} \tag{B3.5.2}$$

$$\sigma_{ij}^{\nabla T} = \frac{\mathrm{D}\sigma_{ij}}{\mathrm{D}t} + \frac{\partial v_k}{\partial x_k}\sigma_{ij} - \frac{\partial v_i}{\partial x_k}\sigma_{kj} - \sigma_{ik}\frac{\partial v_j}{\partial x_k} \tag{B3.5.3}$$

Green-Naghdi 率

$$\boldsymbol{\sigma}^{\nabla G} = \frac{\mathrm{D}\boldsymbol{\sigma}}{\mathrm{D}t} - \boldsymbol{\Omega}\cdot\boldsymbol{\sigma} - \boldsymbol{\sigma}\cdot\boldsymbol{\Omega}^{\mathrm{T}}, \quad \sigma_{ij}^{\nabla G} = \frac{\mathrm{D}\sigma_{ij}}{\mathrm{D}t} - \Omega_{ik}\sigma_{kj} - \sigma_{ik}\Omega_{kj}^{\mathrm{T}} \tag{B3.5.4}$$

$$\boldsymbol{\Omega} = \dot{\boldsymbol{R}}\cdot\boldsymbol{R}^{\mathrm{T}}, \quad \boldsymbol{L} = \frac{\partial\boldsymbol{v}}{\partial\boldsymbol{x}} = \boldsymbol{D} + \boldsymbol{W}, \quad L_{ij} = \frac{\partial v_i}{\partial x_j} = D_{ij} + W_{ij} \tag{B3.5.5}$$

例 3.12 考虑一个物体在 x-y 平面内以角速度 ω 绕原点转动，原始构形如图 3.12 所示。运动为刚体转动，有关的张量已在例 3.2 中给出。使用 Jaumann 率计算 Cauchy 应力的材料时间导数，并将其积分得到关于时间函数的 Cauchy 应力。

从例 3.2 中公式(E3.2.7)，我们注意到

$$\boldsymbol{F} = \boldsymbol{R} = \begin{bmatrix} c & -s \\ s & c \end{bmatrix}, \quad \dot{\boldsymbol{F}} = \omega\begin{bmatrix} -s & -c \\ c & -s \end{bmatrix}, \quad \boldsymbol{F}^{-1} = \begin{bmatrix} c & s \\ -s & c \end{bmatrix} \tag{E3.12.1a}$$

其中 $s=\sin\omega t$，$c=\cos\omega t$。以速度梯度 $\boldsymbol{L}$ 的形式计算转动，可以由公式(3.3.18)然后应用(E3.12.1a)得到：

$$\begin{gathered} \boldsymbol{L} = \dot{\boldsymbol{F}}\cdot\boldsymbol{F}^{-1} = \omega\begin{bmatrix} -s & -c \\ c & -s \end{bmatrix}\begin{bmatrix} c & s \\ -s & c \end{bmatrix} = \omega\begin{bmatrix} 0 & -1 \\ 1 & 0 \end{bmatrix} \Rightarrow \\ \boldsymbol{W} = \frac{1}{2}(\boldsymbol{L} - \boldsymbol{L}^{\mathrm{T}}) = \omega\begin{bmatrix} 0 & -1 \\ 1 & 0 \end{bmatrix} \end{gathered} \tag{E3.12.1b}$$

则基于 Jaumann 率的材料时间导数为

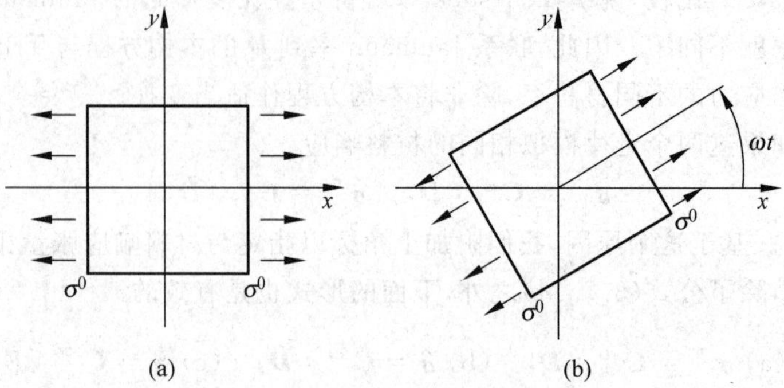

图 3.12　预应力单元的无变形转动
(a) 初始构形；（b）当前构形

$$\frac{\mathrm{D}\boldsymbol{\sigma}}{\mathrm{D}t}=\boldsymbol{W}\cdot\boldsymbol{\sigma}+\boldsymbol{\sigma}\cdot\boldsymbol{W}^{\mathrm{T}} \tag{E3.12.1c}$$

(因为 $\boldsymbol{D}=0$,所以应力率的材料部分为零)。由于应力在空间上是常数,我们现在把材料时间导数改为普通导数,写出公式(E3.12.1c)的矩阵为

$$\frac{\mathrm{d}\boldsymbol{\sigma}}{\mathrm{d}t}=\omega\begin{bmatrix}0 & -1\\ 1 & 0\end{bmatrix}\begin{bmatrix}\sigma_x & \sigma_{xy}\\ \sigma_{xy} & \sigma_y\end{bmatrix}+\begin{bmatrix}\sigma_x & \sigma_{xy}\\ \sigma_{xy} & \sigma_y\end{bmatrix}\omega\begin{bmatrix}0 & 1\\ -1 & 0\end{bmatrix} \tag{E3.12.2}$$

$$\frac{\mathrm{d}\boldsymbol{\sigma}}{\mathrm{d}t}=\omega\begin{bmatrix}-2\sigma_{xy} & \sigma_x-\sigma_y\\ \sigma_x-\sigma_y & 2\sigma_{xy}\end{bmatrix} \tag{E3.12.3}$$

可以看出 Cauchy 应力的材料时间导数是对称的。现在我们以三个未知量 $\sigma_x, \sigma_y, \sigma_{xy}$ 写出公式(E3.12.3)所对应的三个普通的微分方程(由于对称,省略了上面张量方程的第四个标量方程):

$$\frac{\mathrm{d}\sigma_x}{\mathrm{d}t}=-2\omega\,\sigma_{xy},\quad \frac{\mathrm{d}\sigma_y}{\mathrm{d}t}=2\omega\,\sigma_{xy},\quad \frac{\mathrm{d}\sigma_{xy}}{\mathrm{d}t}=\omega(\sigma_x-\sigma_y) \tag{E3.12.4}$$

初始条件为

$$\sigma_x(0)=\sigma_x^0,\quad \sigma_y(0)=0,\quad \sigma_{xy}(0)=0 \tag{E3.12.5}$$

可以看出以上微分方程的解为

$$\boldsymbol{\sigma}=\sigma_x^0\begin{bmatrix}c^2 & cs\\ cs & s^2\end{bmatrix} \tag{E3.12.6}$$

我们仅对 $\sigma_x(t)$ 验证解的正确性:

$$\frac{\mathrm{d}\sigma_x}{\mathrm{d}t}=\sigma_x^0\,\frac{\mathrm{d}(\cos^2\omega\,t)}{\mathrm{d}t}=\sigma_x^0\omega(-2\cos\omega\,t\sin\,\omega\,t)=-2\omega\,\sigma_{xy} \tag{E3.12.7}$$

这里的最后一步利用了公式(E3.12.6)给出的 $\sigma_{xy}(t)$ 的解;与公式(E3.12.4)比较,我们看到满足了微分方程。

考查公式(E3.12.6)我们可以看到,这个解答对应于旋转应力 $\hat{\sigma}$ 的恒定状态,也就是说,如果我们使旋转应力为

$$\hat{\boldsymbol{\sigma}}=\begin{bmatrix}\sigma_x^0 & 0\\ 0 & 0\end{bmatrix}$$

那么公式(E3.12.6)就给出了在整体坐标系下的 Cauchy 应力分量。这里利用了 $\boldsymbol{\sigma}=$

$\boldsymbol{R}\cdot\hat{\boldsymbol{\sigma}}\cdot\boldsymbol{R}^{\mathrm{T}}$(框 3.2),其中 $\boldsymbol{R}$ 在公式(E3.12.1a)中指定。

我们将下面的问题留作练习。证明当所有的初始应力为非零时,公式(E3.12.4)的解答为

$$\boldsymbol{\sigma}=\begin{bmatrix}c & -s\\ s & c\end{bmatrix}\begin{bmatrix}\sigma_x^0 & \sigma_{xy}^0\\ \sigma_{xy}^0 & \sigma_y^0\end{bmatrix}\begin{bmatrix}c & s\\ -s & c\end{bmatrix}\tag{E3.12.8}$$

因此,在刚体转动中,Jaumann 率改变着 Cauchy 应力,从而旋转应力保持为常数。所以常常称 Jaumann 率为 Cauchy 应力的旋转率。在刚体转动中,Truesdell,Jaumann,Green-Naghdi 和旋转应力率是一致的。

例 3.13 考虑处于剪切状态的一个单元,如图 3.13 所示。对于次弹性各向同性材料,应用 Jaumann,Truesdell 和 Green-Naghdi 率求出剪切应力。

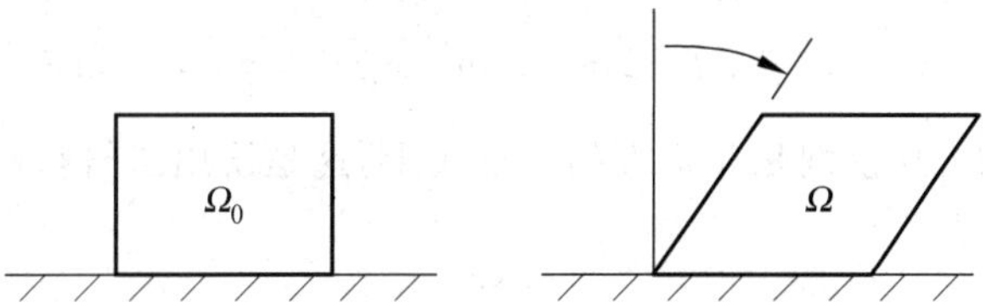

图 3.13 块状物体的剪切

单元的运动为

$$x=X=tY,\quad y=Y\tag{E3.13.1}$$

变形梯度由公式(3.2.19)给出,所以有

$$\boldsymbol{F}=\begin{bmatrix}1 & t\\ 0 & 1\end{bmatrix},\quad \dot{\boldsymbol{F}}=\begin{bmatrix}0 & 1\\ 0 & 0\end{bmatrix},\quad \boldsymbol{F}^{-1}=\begin{bmatrix}1 & -t\\ 0 & 1\end{bmatrix}\tag{E3.13.2}$$

速度梯度由公式(E3.12.1b)给出,其对称和反对称部分分别是变形率和旋转,所以有

$$\boldsymbol{L}=\dot{\boldsymbol{F}}\boldsymbol{F}^{-1}=\begin{bmatrix}0 & 1\\ 0 & 0\end{bmatrix},\quad \boldsymbol{D}=\frac{1}{2}\begin{bmatrix}0 & 1\\ 1 & 0\end{bmatrix},\quad \boldsymbol{W}=\frac{1}{2}\begin{bmatrix}0 & 1\\ -1 & 0\end{bmatrix}\tag{E3.13.3}$$

次弹性各向同性本构方程以 Jaumann 率的形式给出:

$$\dot{\boldsymbol{\sigma}}=(\lambda^J\operatorname{trace}\boldsymbol{D})\boldsymbol{I}+2\mu^J\boldsymbol{D}+\boldsymbol{W}\cdot\boldsymbol{\sigma}+\boldsymbol{\sigma}\cdot\boldsymbol{W}^{\mathrm{T}}\tag{E3.13.4}$$

我们为材料常数附加上角标,以区别于应用于不同客观率中的材料常数。写出上式的矩阵形式,得到

$$\begin{bmatrix}\dot{\sigma}_x & \dot{\sigma}_{xy}\\ \dot{\sigma}_{xy} & \dot{\sigma}_y\end{bmatrix}=\mu^J\begin{bmatrix}0 & 1\\ 1 & 0\end{bmatrix}+\frac{1}{2}\begin{bmatrix}0 & 1\\ -1 & 0\end{bmatrix}\begin{bmatrix}\sigma_x & \sigma_{xy}\\ \sigma_{xy} & \sigma_y\end{bmatrix}+\frac{1}{2}\begin{bmatrix}\sigma_x & \sigma_{xy}\\ \sigma_{xy} & \sigma_y\end{bmatrix}\begin{bmatrix}0 & -1\\ 1 & 0\end{bmatrix}\tag{E3.13.5}$$

$$\dot{\sigma}_x=\sigma_{xy},\quad \dot{\sigma}_y=-\sigma_{xy},\quad \dot{\sigma}_{xy}=\mu^J+\frac{1}{2}(\sigma_y-\sigma_x)\tag{E3.13.6}$$

上面微分方程的解为

$$\sigma_x=-\sigma_y=\mu^J(1-\cos t),\quad \sigma_{xy}=\mu^J\sin t\tag{E3.13.7}$$

对于 Truesdell 率,本构方程为

$$\dot{\boldsymbol{\sigma}}=\lambda^{\mathrm{T}}\operatorname{trace}\boldsymbol{D}+2\boldsymbol{\mu}^{\mathrm{T}}\boldsymbol{D}+\boldsymbol{L}\cdot\boldsymbol{\sigma}+\boldsymbol{\sigma}\cdot\boldsymbol{L}^{\mathrm{T}}-(\operatorname{trace}\boldsymbol{D})\boldsymbol{\sigma}\tag{E3.13.8}$$

可以得到

$$\begin{bmatrix}\dot{\sigma}_x & \dot{\sigma}_{xy}\\ \dot{\sigma}_{xy} & \dot{\sigma}_y\end{bmatrix}=\boldsymbol{\mu}^{\mathrm{T}}\begin{bmatrix}0 & 1\\ 1 & 0\end{bmatrix}+\begin{bmatrix}0 & 1\\ 0 & 0\end{bmatrix}\begin{bmatrix}\sigma_x & \sigma_{xy}\\ \sigma_{xy} & \sigma_y\end{bmatrix}+\begin{bmatrix}\sigma_x & \sigma_{xy}\\ \sigma_{xy} & \sigma_y\end{bmatrix}\begin{bmatrix}0 & 0\\ 1 & 0\end{bmatrix}\tag{E3.13.9}$$

其中我们应用了 trace$\boldsymbol{D}$=0 的结果，见公式(E3.13.3)。关于应力的微分方程为

$$\dot{\sigma}_x = 2\sigma_{xy},\quad \dot{\sigma}_y = 0,\quad \dot{\sigma}_{xy} = \boldsymbol{\mu}^{\mathrm{T}} + \sigma_y \tag{E3.13.10}$$

其解为

$$\sigma_x = \boldsymbol{\mu}^{\mathrm{T}} t^2,\quad \sigma_y = 0,\quad \sigma_{xy} = \boldsymbol{\mu}^{\mathrm{T}} t \tag{E3.13.11}$$

为了借助于 Green-Naghdi 率得到 Cauchy 应力的解答，我们需要使用极分解定理得到转动矩阵 $\boldsymbol{R}$。为了得到转动，我们将 $\boldsymbol{F}^{\mathrm{T}}\boldsymbol{F}$ 对角化：

$$\boldsymbol{F}^{\mathrm{T}}\boldsymbol{F} = \begin{bmatrix} 1 & t \\ t & 1+t^2 \end{bmatrix},\quad \text{特征值}\ \bar{\lambda}_i = \frac{2+t^2 \pm t\sqrt{4+t^2}}{2} \tag{E3.13.12}$$

通过手工的方式寻求解析解是很复杂的，我们推荐计算机求解。Dienes(1979)给出了一个解析解：

$$\sigma_x = -\sigma_y = 4\mu^G(\cos 2\beta \ln \cos\beta + \beta \sin 2\beta - \sin^2\beta) \tag{E3.13.13}$$

$$\sigma_{xy} = 2\mu^G \cos 2\beta(2\beta - 2\tan 2\beta \ln \cos\beta - \tan\beta),\quad \tan\beta = \frac{t}{2} \tag{E3.13.14}$$

结果表示在图 3.14 中，其差别是非常大的。事实上，这是误用了材料模型，对于不同客观率采用了相同的材料常数。

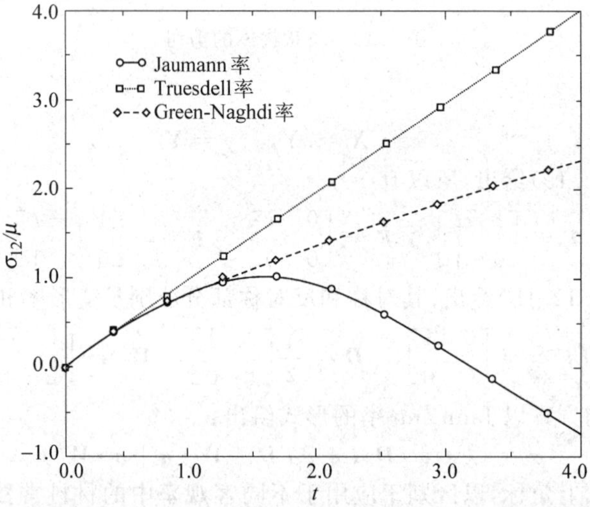

图 3.14　对于简单剪切问题采用相同的材料常数使用不同客观应力率的应力比较

3.7.5　客观率的解释　一个客观率的基本特征可以从前面的例子中总结出来：Cauchy 应力的一个客观率与在材料率中已考虑转动的应力场的变化率在瞬时上是一致的。因此，如果我们采用随材料转动的应力度量，例如旋转应力或 PK2 应力，则我们可以得到一个客观应力率。这不是建立客观率的最一般的框架。彼此相对转动的观察者所观察到的应力率必须是不变的，在应用某种客观性的意义上提供了一般的框架。可以在第 5 章中找到建立在这些原理基础上的推论。

为了说明第一种方法，我们由旋转 Cauchy 应力$\hat{\boldsymbol{\sigma}}$建立客观率。其材料率为

$$\frac{\mathrm{D}\hat{\boldsymbol{\sigma}}}{\mathrm{D}t} = \frac{\mathrm{D}(\boldsymbol{R}^{\mathrm{T}}\boldsymbol{\sigma}\boldsymbol{R})}{\mathrm{D}t} = \frac{\mathrm{D}\boldsymbol{R}^{\mathrm{T}}}{\mathrm{D}t}\boldsymbol{\sigma}\boldsymbol{R} + \boldsymbol{R}^{\mathrm{T}}\frac{\mathrm{D}\sigma}{\mathrm{D}t}\boldsymbol{R} + \boldsymbol{R}^{\mathrm{T}}\boldsymbol{\sigma}\frac{\mathrm{D}\boldsymbol{R}}{\mathrm{D}t} \tag{3.7.16}$$

其中第一个等号应用了在框 3.2 中的应力转换，而第二个等号是基于乘积的导数。如果我们现在考虑旋转坐标系与参考坐标系重合，且随着 $\boldsymbol{W}$ 旋转，那么有

$$\boldsymbol{R}=\boldsymbol{I},\quad \frac{\mathrm{D}\boldsymbol{R}}{\mathrm{D}t}=\boldsymbol{W} \tag{3.7.17}$$

将上式代入公式(3.7.16)的结果为：当旋转坐标系与整体坐标系重合时，用刚体转动表示的 Cauchy 应力率为

$$\frac{\mathrm{D}\hat{\boldsymbol{\sigma}}}{\mathrm{D}t}=\boldsymbol{W}^{\mathrm{T}}\cdot\boldsymbol{\sigma}+\frac{\mathrm{D}\boldsymbol{\sigma}}{\mathrm{D}t}+\boldsymbol{\sigma}\cdot\boldsymbol{W} \tag{3.7.18}$$

这个表达式右边的第一项和最后一项可以看作与在 Jaumann 率中的转动修正是一致的。

在参考构形与当前构形重合的瞬时，通过考虑 PK2 应力的时间导数，也可以类似地推导出 Truesdell 率。这留作一个练习。其结果是如果 $\boldsymbol{x}$ 与 $\boldsymbol{X}$ 重合，

$$\boldsymbol{\sigma}^{\nabla T}=\dot{\boldsymbol{S}} \tag{3.7.19}$$

熟悉流体力学的读者也许会感到奇怪，既然 Cauchy 应力已广泛地应用于流体力学中，为什么在流体力学的课程中极少讨论到框架不变率呢？其原因在于在流体力学中采用的是本构方程的结构。例如，对于一个 Newtonian 流体，$\boldsymbol{\sigma}=2\mu\boldsymbol{D}^{\mathrm{dev}}-p\boldsymbol{I}$，这里 μ 为粘度，而 $\boldsymbol{D}^{\mathrm{dev}}$ 是变形率张量的偏量部分。可以立即看出这个本构方程和次弹性律公式(3.7.14)之间的主要区别：次弹性律以 $\boldsymbol{D}$ 的形式给出应力率，而 Newtonian 流体本构方程以 $\boldsymbol{D}$ 的形式给出应力。在一个刚体转动中，应力转换刚好像 $\boldsymbol{D}$ 一样，因此在刚体转动中对 Newtonian 流体应力转换是很恰当的关系。

3.8 练习

1. 考虑在图 3.4 中所示的单元。设运动为

$$x=X+Yt,\quad y=Y+\frac{1}{2}Xt$$

(a) 在 $t=1$ 时拉伸单元。计算此刻的变形梯度和 Green 应变张量，解释在 Green 应变中非零项的物理意义(哪条边是伸长了，哪条边长度保持为常数，并对比非零项)。

(b) 计算 $t=1$ 时单元的速度和加速度。

(c) 计算 $t=1$ 时单元的变形率和角速度。

(d) 在 $t=0.5$ 时重复以上步骤。

(e) 计算作为时间函数的 Jacobian 行列式，并确定多长时间行列式保持正值。当 Jacobian 行列式改变符号时拉伸单元，此时你能看到什么运动？

2. 考虑例 3.13 中公式(E3.13.1)给出的运动。求出作为时间函数的速度梯度 $\boldsymbol{L}$、变形率 $\boldsymbol{D}$、旋转张量 $\boldsymbol{W}$ 和角速度 $\boldsymbol{\Omega}$。画出作为时间函数的旋转和角速度在区间 $t\in[0,4]$ 的图形。这是否阐明了在图 3.13 中 Green-Naghdi 和 Jaumann 材料之间的区别？

3. 考虑 3 节点杆单元，如图 3.15 所示。对 $\hat{v}_x$ 和 $\hat{v}_y$ 应用标准的 3 节点形函数，节点坐标为

$$x_1=-r\sin\theta,\quad x_2=0,\quad x_3=r\sin\theta\quad y_1=0,\quad y_2=r(1-\cos\theta),\quad y_3=0$$

每一节点的径向节点速度如图所示。以节点速度的形式，计算在节点 2 的旋转变形率。对于这点，旋转坐标系和整体坐标系重合。将结果与使用柱坐标 $D_{\theta\theta}=\dfrac{v_r}{r}$ 所得的结果进行比较。对于 $\theta=0.1$ 弧度和 $\theta=0.05$ 弧度，在 Gauss 积分点 $\xi=-3^{-1/2}$ 上重复以上步

骤,并与柱坐标 $D_{\theta\theta}=\frac{v_r}{r}$ 的结果比较。积分点的旋转坐标系如图 3.15 右图所示。

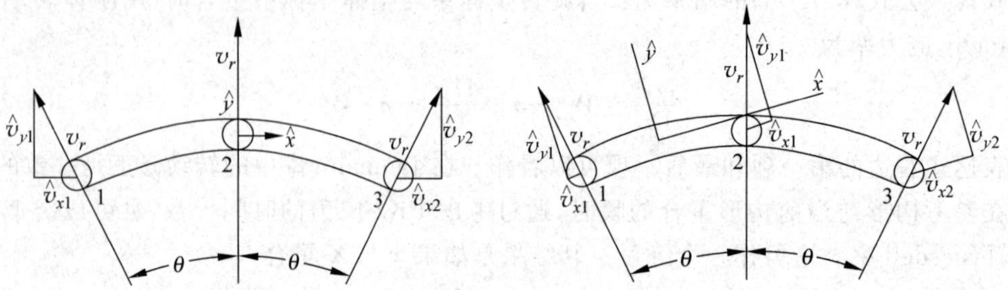

图 3.15　关于问题 3 的一个 3 节点单元,表示在节点 2 和 Gauss 积分点的旋转坐标系

4. 应用 Nanson 关系式(3.4.5),证明一个面积分的材料时间导数为

$$\frac{\mathrm{d}}{\mathrm{d}t}\int_S g\boldsymbol{n}\,\mathrm{d}S=\int_S[(\dot{g}+g\,\nabla\cdot v)\boldsymbol{I}-g\boldsymbol{L}^{\mathrm{T}}]\cdot\boldsymbol{n}\,\mathrm{d}S$$

这个结果将在第 6 章中应用于荷载刚度的推导。

5. (a) 证明对于任意两个二阶张量 $\boldsymbol{A}$ 和 $\boldsymbol{B}$,Jaumann 率具有如下性质:

$$(\boldsymbol{A}:\boldsymbol{B})=\dot{\boldsymbol{A}}:\boldsymbol{B}+\boldsymbol{A}:\dot{\boldsymbol{B}}=\boldsymbol{A}^{\nabla J}:\boldsymbol{B}+\boldsymbol{A}:\boldsymbol{B}^{\nabla J}$$

(b) 证明对于对称张量 $\boldsymbol{A}$ 和 $\boldsymbol{B}$,如果 $\boldsymbol{A}$ 和 $\boldsymbol{B}$ 对换(即为同轴或者有相同的主方向),下面的结果成立:

$$\boldsymbol{A}:\dot{\boldsymbol{B}}=\boldsymbol{A}:\boldsymbol{B}^{\nabla J}\quad 或\quad \dot{\boldsymbol{A}}:\boldsymbol{B}=\boldsymbol{A}^{\nabla J}:\boldsymbol{B}$$

(c) 最后,证明(a)和(b)中的结果对于任何基于旋转的率都成立,即

$$\boldsymbol{A}^{\nabla}=\dot{\boldsymbol{A}}-\boldsymbol{\Omega}\cdot\boldsymbol{A}-\boldsymbol{A}\cdot\boldsymbol{\Omega}^{\mathrm{T}}$$

这里 $\boldsymbol{\Omega}=-\boldsymbol{\Omega}^{\mathrm{T}}$ 是一个旋转张量。

根据 Prager 的理论,这些结果将在第 5 章中用于建立弹-塑性切线模量。

6. (a) 应用在问题 3 中的结果和在表 5.2 中关于一个张量的主不变量的表达式,证明主不变量的材料时间导数可以写为

$$\dot{I}_1=\dot{\boldsymbol{\sigma}}:\boldsymbol{I}=\boldsymbol{\sigma}^{\nabla J}:\boldsymbol{I}$$
$$\dot{I}_2=\dot{\boldsymbol{\sigma}}:\boldsymbol{I}-(\dot{\boldsymbol{\sigma}}\cdot\boldsymbol{\sigma}):\boldsymbol{I}=\boldsymbol{\sigma}^{\nabla J}:\boldsymbol{I}-(\boldsymbol{\sigma}^{\nabla J}\cdot\boldsymbol{\sigma}):\boldsymbol{I}$$
$$\dot{I}_3=I_3\,\mathrm{trace}(\dot{\boldsymbol{\sigma}}\cdot\boldsymbol{\sigma}^{-1})=I_3\,\mathrm{trace}(\boldsymbol{\sigma}^{\nabla J}\cdot\boldsymbol{\sigma}^{-1})$$

由此可以推出,如果 Cauchy 应力的 Jaumann 率为零,即 $\boldsymbol{\sigma}^{\nabla J}=0$,那么 Cauchy 应力的主不变量为定常数。

(b) 证明如果 Cauchy 应力的材料时间导数是偏量,那么 Cauchy 应力的 Jaumann 率也是偏量。

根据问题 5(c)可以推论:对于任何对称张量和任何基于旋转的率,这些结果也成立。

7. 从方程式(3.3.4)和(3.3.12)出发,证明

$$2\mathrm{d}\boldsymbol{x}\cdot\boldsymbol{D}\cdot\mathrm{d}\boldsymbol{x}=2\mathrm{d}\boldsymbol{x}\cdot\boldsymbol{F}^{-\mathrm{T}}\cdot\dot{\boldsymbol{E}}\cdot\boldsymbol{F}^{-1}\cdot\mathrm{d}\boldsymbol{x}$$

成立,从而方程(3.3.22)成立。

8. 在初始构形中，应用在 Lagrangian 描述中的动量守恒表述，证明它隐含着

$$\boldsymbol{P}\boldsymbol{F}^{\mathrm{T}} = \boldsymbol{F}\boldsymbol{P}^{\mathrm{T}}$$

9. 推广例 3.3，当初始单元为 $a \times b$ 的矩形时，在 Gauss 积分点上对于 2×2 的积分找出 Jacobian 行列式成为负值的条件。对于积分点位于单元中心点的积分，重复计算，找出 Jacobian 行列式成为负值的条件。

10. 推导公式(3.2.19)。

4 Lagrangian 网格

4.1 引言

在 Lagrangian 网格中，节点和单元随着材料移动。边界和接触面与单元的边缘保持一致，因此它们的处理较为简单。积分点也随着材料移动，因此本构方程总是在相同材料点处赋值，这对于历史相关材料是有利的。基于这些原因，在固体力学中广泛地应用 Lagrangian 网格。

本章所描述的公式适用于大变形和非线性材料，即考虑了几何和材料非线性。它们仅受单元处理大扭曲问题的能力的限制。大多数单元可以承受有限的扭曲，并在使用过程中不退化或失效，这是应用 Lagrangian 网格进行非线性分析的一个重要因素。

应用 Lagrangian 网格的有限元离散通常划分为更新的 Lagrangian 格式和完全的 Lagrangian 格式。这两种格式都采用了 Lagrangian 描述，即相关变量是材料(Lagrangian)坐标和时间的函数。在更新的 Lagrangian 格式中，导数是相对于空间(Eulerian)坐标的，弱形式包括在整个变形(或当前)构形上的积分。在完全的 Lagrangian 格式中，弱形式包括在初始(参考)构形上的积分，导数是相对于材料坐标的。

这一章从建立更新的 Lagrangian 格式开始，将要离散的关键方程是动量方程，它被表达为 Eulerian(空间)坐标和 Cauchy(物理)应力的形式。然后建立动量方程的弱形式，这就是已知的虚功率原理。在更新的 Lagrangian 格式中，动量方程采用相对于空间坐标的导数，所以很自然地在其弱形式中包含对空间坐标的积分，即在当前构形上。通常的做法是使用变形率作为应变率的度量，但是在更新的 Lagrangian 格式中也可以使用其他的应变或应变率的度量。对于许多实际应用，更新的 Lagrangian 格式提供了最有效的格式。

随后建立完全的 Lagrangian 格式。在完全的 Lagrangian 格式中，我们将使用名义应力，尽管在这里表达的公式中也使用了第二 Piola-Kirchhoff 应力(PK2)。在完全的 Lagrangian 格式中，我们使用 Green 应变张量作为应变的度量，建立动量方程的弱形式，这就是已知的虚功原理。建立完全的 Lagrangian 格式的过程与建立更新的 Lagrangian 格式的过程是紧密平行的，要强调的是它们基本上是一致的。在更新的 Lagrangian 格式中的任何表达式都可以通过张量变换和构形映射转换到完全的 Lagrangian 格式中。然而,在实际中经常使用的是完全的 Lagrangian 格式,因此为了理解文献,高层次的学生必须熟悉这种表达方式。在引论课程中,可以跳过其中一种格式。

对于几种单元给出了更新的和完全的 Lagrangian 格式的应用。在本章中,只建立节点力的表达式,这里强调节点力代表了动量方程的离散。对于一些求解过程,在许多书中都很强调的切向刚度矩阵是一种求解方程的简单方法,它不是有限元离散的核心。在第 6 章中将建立刚度矩阵。

对于完全的 Lagrangian 格式,描述了一种变分原理。这个原理只是对于具有保守荷载和超弹性材料的静态问题才适用,即与路径无关、率无关弹性本构定律描述的材料。这个变分原理所具有的价值在于解释和理解数值解和非线性解的稳定性。有时它也可以应用于开发数值计算的程序。

4.2 控制方程

我们考虑一个物体,它占有域 Ω,其边界为 Γ(图 4.1)。连续体力学行为的控制方程是:

1. 质量(或物质)守恒
2. 线动量和角动量守恒
3. 能量守恒,通常称作热力学第一定律
4. 本构方程
5. 应变-位移方程

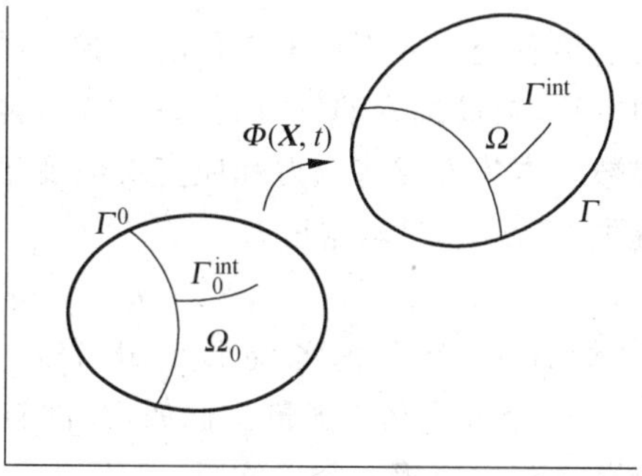

图 4.1 表示变形和未变形物体中不连续点 Γ^{int} 的集合

首先,我们将建立更新的 Lagrangian 格式。第 3 章建立的守恒方程式在框 4.1 中以张量和指标两种形式给出。可以看到,在守恒方程中的非独立变量以材料坐标的形式写出,但表示为经典 Eulerian 变量的形式,如 Cauchy 应力和变形率。

框 4.1 更新的 Lagrangian 格式的控制方程

质量守恒

$$\rho(\boldsymbol{X},t)J(\boldsymbol{X},t)=\rho_0(\boldsymbol{X})J_0(\boldsymbol{X})=\rho_0(\boldsymbol{X}) \tag{B4.1.1}$$

线动量守恒

$$\nabla\cdot\boldsymbol{\sigma}+\rho\boldsymbol{b}=\rho\dot{\boldsymbol{v}}\equiv\rho\frac{\mathrm{D}\boldsymbol{v}}{\mathrm{D}t}\quad 或\quad \frac{\partial\sigma_{ji}}{\partial x_j}+\rho b_i=\rho\dot{v}_i\equiv\rho\frac{\mathrm{D}v_i}{\mathrm{D}t} \tag{B4.1.2}$$

角动量守恒

$$\boldsymbol{\sigma}=\boldsymbol{\sigma}^{\mathrm{T}}\quad 或\quad \sigma_{ij}=\sigma_{ji} \tag{B4.1.3}$$

能量守恒

$$\rho\dot{w}^{\text{int}}=\boldsymbol{D}:\boldsymbol{\sigma}-\nabla\cdot\boldsymbol{q}+\rho s\quad 或\quad \rho\dot{w}^{\text{int}}=D_{ij}\sigma_{ij}-\frac{\partial q_i}{\partial x_i}+\rho s \tag{B4.1.4}$$

本构方程

$$\boldsymbol{\sigma}^{\nabla} = S_t^{\sigma D}(\boldsymbol{D}, \sigma, \text{etc.}) \tag{B4.1.5}$$

变形率

$$\boldsymbol{D} = \operatorname{sym}(\nabla \boldsymbol{v}), \quad D_{ij} = \frac{1}{2}\left(\frac{\partial v_i}{\partial x_j} + \frac{\partial v_j}{\partial x_i}\right) \tag{B4.1.6}$$

边界条件

$$\text{在 } \Gamma_{ti} \text{ 上：} n_j \sigma_{ji} = \bar{t}_i \quad \text{在 } \Gamma_{vi} \text{ 上：} v_i = \bar{v}_i \tag{B4.1.7}$$

$$\Gamma_{t_i} \cap \Gamma_{v_i} = 0, \quad \Gamma_{t_i} \cup \Gamma_{v_i} = \Gamma \quad i = 1 \sim n_{SD} \tag{B4.1.8}$$

初始条件

$$\boldsymbol{v}(\boldsymbol{X}, 0) = \boldsymbol{v}_0(\boldsymbol{X}), \quad \boldsymbol{\sigma}(\boldsymbol{X}, 0) = \boldsymbol{\sigma}_0(\boldsymbol{X}) \tag{B4.1.9}$$

或

$$\boldsymbol{v}(\boldsymbol{X}, 0) = \boldsymbol{v}_0(\boldsymbol{X}), \quad \boldsymbol{u}(\boldsymbol{X}, 0) = \boldsymbol{u}_0(\boldsymbol{X}) \tag{B4.1.10}$$

内部连续性条件(静态)

$$\text{在 } \Gamma_{\text{int}} \text{ 上} [\![\boldsymbol{n} \cdot \boldsymbol{\sigma}]\!] = 0 \quad \text{或} \quad [\![\boldsymbol{n}_i \sigma_{ij}]\!] \equiv n_i^A \sigma_{ij}^A + n_i^B \sigma_{ij}^B = 0 \tag{B4.1.11}$$

我们接着统计方程和未知量的个数。质量守恒方程和能量守恒方程是标量方程。线动量守恒方程(或简称为动量方程)是一个张量方程,它包含 n_{SD} 个偏微分方程,这里 n_{SD} 是空间的维数。本构方程将应力和应变或应变率联系起来。应变度量和应力都是对称张量,因此它提供了 n_σ 个方程,这里有

$$n_\sigma \equiv n_{SD}(n_{SD} + 1)/2 \tag{4.2.1}$$

另外,我们有 n_σ 个方程将变形率 $\boldsymbol{D}$ 表示为速度或位移的形式。这样,我们总共有了 $2n_\sigma + n_{SD} + 1$ 个方程和未知量。例如,在没有能量传递的二维问题中,$n_{SD} = 2$,因此我们有 9 个偏微分方程对应于 9 个未知量：2 个动量方程、3 个本构方程、3 个 $\boldsymbol{D}$ 与速度关系的方程,以及 1 个质量守恒方程。未知量是 3 个应力分量(角动量守恒得到应力的对称性),$\boldsymbol{D}$ 的 3 个分量,2 个速度分量,以及密度 ρ,共 9 个未知量。其他的未知应力(平面应变)和应变(平面应力)可以分别通过平面应变和平面应力条件求得。在三维问题中($n_{SD} = 3, n_\sigma = 6$),我们有 16 个方程对应于 16 个未知量。

当一个过程既不是绝热也不是等温时,能量方程必然附加到系统中。这增加了一个方程和 n_{SD} 个未知量,即热流矢量 q_i。然而,热流矢量可以用一个单一标量表示,即温度,因此仅增加了一个未知量。通过一种依赖于材料的本构定律,将热流与温度联系起来。通常是一个简单的线性关系——Fourier 定律。这样就完备了方程的系统,但是对于部分机械能向热能转换的问题还常常需要一个定律。

相关变量为速度 $\boldsymbol{v}(\boldsymbol{X}, t)$、Cauchy 应力 $\boldsymbol{\sigma}(\boldsymbol{X}, t)$、变形率 $\boldsymbol{D}(\boldsymbol{X}, t)$ 和密度 $\rho(\boldsymbol{X}, t)$。从前面可以看出,相关变量是材料(Lagrangian)坐标的函数。在应用 Lagrangian 网格的任何处理过程中,以材料坐标的形式表示所有的函数是内在的表达方法。原则上在任意时刻 t,通过应用逆映射 $\boldsymbol{x} = \boldsymbol{\phi}(\boldsymbol{X}, t)$,都可以将函数表示为空间坐标的形式。但是,进行逆映射是相当困难的。我们将看到只需要获得关于空间坐标的导数,就可由隐式微分完成,因此,关于运动的映射从来不用直接求逆。

在 Lagrangian 网格中,质量守恒方程是应用它的积分形式(B4.1.1),而不是偏微分方

程的形式，这样就避免了对连续性方程(3.5.20)的需求。尽管在 Lagrangian 网格中应用连续性方程可以得到密度，但是采用积分形式(B4.1.1)更加简单和更加精确。

当将本构方程(B4.1.5)表达为 Cauchy 应力率的率形式时，要求一个框架不变率。为此目的，可以使用任何的框架不变率，如 Jaumann 率或 Truesdell 率，如在第 3 章所述。在更新的 Lagrangian 格式中，没有必要将本构方程表示为 Cauchy 应力或其框架不变率的形式。也可能将本构方程表示为 PK2 应力的形式，然后通过在第 3 章中建立的转换方法，在计算内力之前将 PK2 应力转换为 Cauchy 应力。

在公式(B4.1.6)中，应用变形率作为应变率的度量。然而，其他的应变或应变率的度量，例如 Green 应变，也可以应用在更新的 Lagrangian 格式中。在第 3 章中已经指出，在循环荷载的模拟中，用变形率形式的简单次弹性定律可能引起困难，由于其积分不是路径无关的。但是，对于许多模拟，如大荷载的单一作用，由于变形率积分的路径相关性所产生的误差，与其他原因的误差(比如材料数据和模型的不精确和不确定性)相比是不显著的。选择合适的应力和应变度量依赖于本构方程，即材料响应是否可逆，是否考虑了时间相关和荷载历史。

边界条件概括在公式(B4.1.7)中。在二维问题中，面力或速度的每个分量都必须预先指定在整个边界上。但是，如公式(B4.1.8)所指出的，面力和速度的同一个分量不能指定在边界上同一点处。面力和速度的分量也可以指定在不同于总体坐标系的局部坐标系上。

速度边界条件等价于位移边界条件。如果指定位移作为时间的函数，那么预先指定的速度可以通过时间微分得到；如果给定了速度，则位移可以通过时间积分得到。

初始条件可以用速度和应力或者位移和速度。第一组初始条件更适合于大多数工程问题，因为确定一个物体的初始位移通常是很困难的。一方面，初始应力通常为已知的残余应力，有时候可以测量或者通过平衡解答估算。例如，当一个钢件经过铸锭成型后确定其位移几乎是不可能的。另一方面，对于在工程部件中的残余应力场，经常能够给出较准确的估计。类似地，在埋置管道中，靠近管道周围的土壤或岩石的初始位移的概念是毫无意义的，而初始应力场可以通过平衡分析估计出来。因此，用应力形式的初始条件更加实用。

我们也包括了关于应力的内部连续性条件，见公式(B4.1.11)。在这个方程中，上角标 A 和 B 指的是应力，它垂直于不连续处的两个侧面。无论在什么地方某些应力分量可能出现静态不连续，比如在材料的界面上，但是应力必须满足这些连续性条件。在平衡和在瞬态问题中它们必须满足于整个物体。

4.3　弱形式：虚功率原理

在这一节中，建立更新的 Lagrangian 格式的虚功率原理。虚功率原理是动量方程、面力边界条件和内部力连续性条件的弱形式。这三者合在一起称为**广义动量平衡**。从虚功率原理到动量方程之间的关系将描述为两个部分：

1. 从广义动量平衡(强形式)建立虚功率原理(弱形式)，即从强形式到弱形式。
2. 证明虚功率原理(弱形式)隐含广义动量平衡(强形式)，即从弱形式到强形式。

首先我们将定义变分函数和试函数的空间。在某种分布意义上，我们将考虑被定义函数所需要的最低平滑度，即我们允许 Dirac δ 函数是函数的导数。这样，将不按照导数的传统定义方式定义导数。这已在第 2.3.3 节的末尾讨论过了。

变分函数的空间定义为

$$\delta v_j(\boldsymbol{X}) \in u_0, \quad u_0 = \{\delta v_j \mid \delta v_j \in C^0(\boldsymbol{X}), \quad \delta v_j = 0 \quad \text{在 } \Gamma_{v_i} \text{ 上}\} \tag{4.3.1}$$

通过预见保证弱形式建立的结果，而选择变分函数 $\delta \boldsymbol{v}$ 的空间。应用这变分函数的结构，在运动边界上的积分为零，并且在弱形式中唯一的边界积分是在面力边界上。变分函数 $\delta \boldsymbol{v}$ 有时也称作为**虚速度**。

活跃在空间上的速度试函数给出为

$$\boldsymbol{v}_i(\boldsymbol{X},t) \in u, \quad u = \{\boldsymbol{v}_i \mid \boldsymbol{v}_i \in C^0(\boldsymbol{X}), \boldsymbol{v}_i = \bar{v}_i \quad \text{在 } \Gamma_{v_i} \text{ 上}\} \tag{4.3.2}$$

在 u 中的速度空间常常被称为**运动允许速度或相容速度**，它们满足相容性所要求的连续性条件和速度边界条件。注意到变分函数的空间和试函数的空间是一致的，但是在试速度指定的区域变分速度为零。我们已经选择了特定类型的变分和试函数空间，可应用于有限元。弱形式也适用于更一般的空间，即有二次可积导数的函数空间，称作 Hilbert 空间。

由于位移 $u_i(\boldsymbol{X},t)$ 是速度的时间积分，位移场也可以考虑为试函数。将位移或者将速度作为试函数只是个人偏爱的问题。

4.3.1　强形式到弱形式　像我们已经知道的，强形式或广义动量平衡，包括动量方程、面力边界条件和面力连续性条件，它们分别是

$$\frac{\partial \sigma_{ji}}{\partial x_j} + \rho b_i = \rho \dot{v}_i \quad \text{在 } \Omega \text{ 内} \tag{4.3.3}$$

$$n_j \sigma_{ji} = \bar{t}_i \quad \text{在 } \Gamma_{ti} \text{ 上} \tag{4.3.4}$$

$$[\![n_j \sigma_{ji}]\!] = 0 \quad \text{在 } \Gamma_{\text{int}} \text{ 上} \tag{4.3.5}$$

这里，Γ_{int} 是在物体中所有应力不连续表面(在二维问题中为线)的集合。它们通常为材料的界面。

由于速度是 $C^0(\boldsymbol{X})$，类似地，位移也是 $C^0(\boldsymbol{X})$，则变形率和 Green 应变率是 $C^{-1}(\boldsymbol{X})$，因为它们与速度的空间导数有关。通过本构方程，应力 σ 是速度的函数，它也可以表示成为 Green 应变张量的函数。假设本构方程导致了应力成为 **Green 应变张量的适定函数**，因此应力也是 $C^{-1}(\boldsymbol{X})$。

与第 2 章中一维的情形类似，建立弱形式的第一步包括取变分函数 δv_i 和动量方程的乘积，并在当前构形上积分：

$$\int_\Omega \delta v_i \left(\frac{\partial \sigma_{ji}}{\partial x_j} + \rho b_i - \rho \dot{v}_i \right) \mathrm{d}\Omega = 0 \tag{4.3.6}$$

在上面的积分中，独立变量是 Eulerian 坐标。然而，在计算程序中被积函数中的非独立变量从来不需要表示为 Eulerian 坐标的直接函数。

公式(4.3.6)中的第一项可以根据乘法规则展开，得到

$$\int_\Omega \delta v_i \frac{\partial \sigma_{ji}}{\partial x_j} \mathrm{d}\Omega = \int_\Omega \left[\frac{\partial}{\partial x_j} (\delta v_i \sigma_{ji}) - \frac{\partial (\delta v_i)}{\partial x_j} \sigma_{ji} \, \mathrm{d}\Omega \right] \tag{4.3.7}$$

由于速度是 C^0 和应力是 C^{-1}，所以上式右边的 $\delta v_i \sigma_{ji}$ 项是 C^{-1}。我们假设不连续发生在有限组表面 Γ_{int} 上，则根据 Gauss 定理(3.5.5)有

$$\int_\Omega \frac{\partial}{\partial x_j} (\delta v_i \sigma_{ji}) \mathrm{d}\Omega = \int_{\Gamma_{\text{int}}} \delta v_i [\![n_j \sigma_{ji}]\!] \mathrm{d}\Gamma + \int_\Gamma \delta v_i n_j \sigma_{ji} \mathrm{d}\Gamma \tag{4.3.8}$$

根据面力的连续性条件(4.3.5)，上式右边的第一个积分为零。对于第二个积分，我们应用面力边界条件(4.3.4)。由于变分函数在整个面力边界上积分为零，则公式(4.3.8)成为

$$\int_{\Omega} \frac{\partial}{\partial x_j}(\delta v_i \sigma_{ji})\,\mathrm{d}\Omega = \sum_{i=1}^{n_{SD}} \int_{\Gamma_{t_i}} \delta v_i \bar{t}_i\,\mathrm{d}\Gamma \tag{4.3.9}$$

由于在上式右边指标 i 出现了 3 次，为了避免任何混淆，故使用了求和符号。

将公式(4.3.9)代入式(4.3.7)中，我们得到

$$\int_{\Omega} \delta v_i \frac{\partial \sigma_{ji}}{\partial x_j}\mathrm{d}\Omega = \sum_{i=1}^{n_{SD}} \int_{\Gamma_{t_i}} \delta v_i \bar{t}_i\,\mathrm{d}\Gamma - \int_{\Omega} \frac{\partial(\delta v_i)}{\partial x_j}\sigma_{ji}\,\mathrm{d}\Omega \tag{4.3.10}$$

获得上式的过程称为分部积分。如果将公式(4.3.10)代入式(4.3.6)，我们得到

$$\int_{\Omega} \frac{\partial(\delta v_i)}{\partial x_j}\sigma_{ji}\,\mathrm{d}\Omega - \int_{\Omega} \delta v_i \rho b_i\,\mathrm{d}\Omega - \sum_{i=1}^{n_{SD}} \int_{\Gamma_{t_i}} \delta v_i \bar{t}_i\,\mathrm{d}\Gamma + \int_{\Omega} \delta v_i \rho \dot{v}_i\,\mathrm{d}\Omega = 0 \tag{4.3.11}$$

上式就是关于动量方程、面力边界条件、内部连续性条件的弱形式，即已知的**虚功率原理**(Malvern，1969)，弱形式中的每一项都是一个虚功率，见第 2.7 节。

4.3.2 弱形式到强形式 现在将展示在弱形式(4.3.11)中隐含着强形式或广义动量平衡：动量方程、面力边界条件和内部连续性条件，见公式(4.3.3)～(4.3.5)。为了得到强形式，必须从公式(4.3.11)中消去变分函数的导数，这可以通过应用导数乘积规则得到，我们给出

$$\int_{\Omega} \frac{\partial(\delta v_i)}{\partial x_j}\sigma_{ji}\,\mathrm{d}\Omega = \int_{\Omega} \frac{\partial(\delta v_i \sigma_{ji})}{\partial x_j}\mathrm{d}\Omega - \int_{\Omega} \delta v_i \frac{\partial \sigma_{ji}}{\partial x_j}\mathrm{d}\Omega \tag{4.3.12}$$

现在我们对上式右边的第一项运用 Gauss 定理(见第 3.5.2 节)：

$$\begin{aligned}\int_{\Omega} \frac{\partial(\delta v_i \sigma_{ji})}{\partial x_j}\mathrm{d}\Omega &= \int_{\Gamma} \delta v_i n_j \sigma_{ji}\,\mathrm{d}\Gamma + \int_{\Gamma_{\mathrm{int}}} \delta v_i [\![n_j \sigma_{ji}]\!]\,\mathrm{d}\Gamma \\ &= \sum_{i=1}^{n_{SD}} \int_{\Gamma_{t_i}} \delta v_i n_j \sigma_{ji}\,\mathrm{d}\Gamma + \int_{\Gamma_{\mathrm{int}}} \delta v_i [\![n_j \sigma_{ji}]\!]\,\mathrm{d}\Gamma\end{aligned} \tag{4.3.13}$$

由于在 Γ_{v_i} 上有 $\delta v_i = 0$(见公式(4.3.1)和(B4.1.8))，所以第二个等式成立。将公式(4.3.13)代入式(4.3.12)，并依次代入式(4.3.11)，我们得到

$$\int_{\Omega} \delta v_i \left(\frac{\partial \sigma_{ji}}{\partial x_j} + \rho b_i - \rho \dot{v}_i\right)\mathrm{d}\Omega - \sum_{i=1}^{n_{SD}} \int_{\Gamma_{t_i}} \delta v_i (n_j \sigma_{ji} - \bar{t}_i)\,\mathrm{d}\Gamma - \int_{\Gamma_{\mathrm{int}}} \delta v_i [\![n_j \sigma_{ji}]\!]\,\mathrm{d}\Gamma = 0 \tag{4.3.14}$$

我们现在将证明在上面积分中变分函数的系数必须为零。为此，我们证明以下定理：

如果 $\alpha_i(\boldsymbol{x}), \beta_i(\boldsymbol{x}), \gamma_i(\boldsymbol{x}) \in C^{-1}$ 和 $\delta v_i(\boldsymbol{x}) \in u_0$

且 $$\int_{\Omega} \delta v_i \alpha_i\,\mathrm{d}\Omega + \sum_{i=1}^{n_{SD}} \int_{\Gamma_{t_i}} \delta v_i \beta_i\,\mathrm{d}\Gamma + \int_{\Gamma_{\mathrm{int}}} \delta v_i \gamma_i\,\mathrm{d}\Gamma = 0 \quad \forall\, \delta v_i(\boldsymbol{x}) \tag{4.3.15}$$

那么，在 Ω 内，$\alpha_i(\boldsymbol{x}) = 0$；在 Γ_{t_i} 上，$\beta_i(\boldsymbol{x}) = 0$；在 Γ_{int} 上，$\gamma_i(\boldsymbol{x}) = 0$。

在泛函分析中，表述(4.3.15)称为**密度定理**(Oden 和 Reddy，1976：19)，也称为**变分学的基本原理**，有时我们称它为**函数标量乘积原理**。在证明公式(4.3.15)中我们依照 Hughes(1987：80)。作为第一步，我们证明在 Ω 中 $\alpha_i(\boldsymbol{x})=0$。为此，我们假设

$$\delta v_i(\boldsymbol{x}) = \alpha_i(\boldsymbol{x}) f(\boldsymbol{x}) \tag{4.3.16}$$

这里

1. 在 Ω 上 $f(\boldsymbol{x})>0$，但在 Γ_{int} 上 $f(\boldsymbol{x})=0$，在 Γ_{t_i} 上 $f(\boldsymbol{x})=0$。

2. $f(\boldsymbol{x})$ 为 C^{-1}。

将以上 δv_i 的表达式代入公式(4.3.15)，给出

$$\int_{\Omega} \alpha_i(\boldsymbol{x})\alpha_i(\boldsymbol{x})f(\boldsymbol{x})\mathrm{d}\Omega = 0 \tag{4.3.17}$$

因为选择任意函数 $f(\boldsymbol{x})$，使其在边界和内部不连续表面上的值为零，因此在这些地方的积分为零。由于 $f(\boldsymbol{x})>0$，且函数 $f(\boldsymbol{x})$ 和 $\alpha_i(\boldsymbol{x})$ 足够平滑，所以公式(4.3.17)默认在 Ω 内 $\alpha_i(\boldsymbol{x})=0$，$i$ 从 1 到 n_{SD}。

为了证明 $\gamma_i(\boldsymbol{x})=0$，设

$$\delta v_i(\boldsymbol{x}) = \gamma_i(\boldsymbol{x})f(\boldsymbol{x}) \tag{4.3.18}$$

这里

1. 在 Γ_{int} 上 $f(\boldsymbol{x})>0$；在 Γ_{t_i} 上 $f(\boldsymbol{x})=0$。

2. $f(\boldsymbol{x})$ 为 C^{-1}。

将公式(4.3.18)代入(4.3.15)，给出

$$\int_{\Gamma_{\text{int}}} \gamma_i(\boldsymbol{x})\gamma_i(\boldsymbol{x})f(\boldsymbol{x})\mathrm{d}\Gamma = 0 \tag{4.3.19}$$

这暗示在 Γ_{int} 上，$\gamma_i(\boldsymbol{x})=0$(因为 $f(\boldsymbol{x})>0$)。

最后一步要证明 $\beta_i(\boldsymbol{x})=0$，这可以通过在 Γ_{t_i} 上应用函数 $f(\boldsymbol{x})>0$ 实现，证明步骤和上面完全相同。这样 $\alpha_i(\boldsymbol{x})$，$\beta_i(\boldsymbol{x})$，$\gamma_i(\boldsymbol{x})$在相应的区域或表面上必须为零。于是公式(4.3.11)隐含了强形式：动量方程、面力边界条件和内部连续性条件，见公式(4.3.3)～(4.3.5)。

至此，让我们概括一下在这一节中得到了什么。我们首先从强形式中建立了弱形式，称为虚功率原理。强形式包括动量方程、面力边界条件和内部连续性条件。通过变分函数与动量方程相乘，并在当前构形上积分得到了弱形式。获得弱形式的关键步骤是消去应力的导数，见公式(4.3.7)～(4.3.8)。作为结果，这一步是决定性的，因为应力可能是 C^{-1} 函数。作为结论，如果本构方程是平滑的，速度仅需要是 C^0。

也可以应用方程(4.3.6)作为弱形式。但是，由于在这另一种弱形式中会出现应力的导数，位移和速度就不得不是 C^1 函数(见第 2 章)。在高于一维的情况下 C^1 函数是不容易构造的，而且，不得不随之构造试函数以满足面力边界条件，这也是困难的。通过分部积分消去应力的导数，在线性化方程中也导致了某些对称性，这将在第 6 章中见到。因此，分部积分是建立弱形式的关键步骤。

然后，我们从弱形式出发，证明了在其中隐含着强形式。结合从强形式建立弱形式，表明弱形式和强形式是等价的。所以，如果变分函数的空间是无限维的，对于弱形式的结果就是强形式的结果。然而，应用于计算过程的变分函数必须是有限维的，因此，在计算中满足弱形式仅仅导致了强形式的近似结果。在线性有限元分析中，在某种意义上已经证明了弱形式的结果就是最好的结果，它使能量的误差最小化了(Strang 和 Fix，1973)。在非线性问题中，如此优化的结果通常是不可能的。

4.3.3　虚功率项的物理名称　下面我们将为虚功率方程中的每一项赋予一个物理名称。这对于系统地建立有限元方程是有用的。在有限元离散中，将按照同样的物理名称确认节点力。

要确认公式(4.3.11)的第一个被积函数，注意到它可以写成

$$\frac{\partial(\delta v_i)}{\partial x_j}\sigma_{ij} = \delta L_{ij}\sigma_{ij} = (\delta D_{ij} + \delta W_{ij})\sigma_{ij} = \delta D_{ij}\sigma_{ij} = \delta \boldsymbol{D} : \boldsymbol{\sigma} \tag{4.3.20}$$

这里我们将速度梯度分解为对称和反对称两个部分，由于 δW_{ij} 是反对称的，而 σ_{ij} 是对称的，故 $\delta W_{ij}\sigma_{ij}=0$。比较公式(B4.1.4)，我们可以将 $\delta D_{ij}\sigma_{ij}$ 理解为每单位体积内部虚功的变化率，或**内部虚功率**。观察公式(B4.1.4)中的 w^{int} 是每单位质量的功率，因此 $\rho w^{\text{int}}=\boldsymbol{D}:\boldsymbol{\sigma}$ 就是每单位体积的功率。通过 $\delta D_{ij}\sigma_{ij}$ 在域上的积分可以定义总的内部虚功率 δp^{int}：

$$\delta p^{\text{int}} = \int_\Omega \delta D_{ij}\sigma_{ij}\,\mathrm{d}\Omega = \int_\Omega \frac{\partial(\delta v_i)}{\partial x_j}\sigma_{ij}\,\mathrm{d}\Omega \equiv \int_\Omega \delta L_{ij}\sigma_{ij}\,\mathrm{d}\Omega = \int_\Omega \delta\boldsymbol{D}:\boldsymbol{\sigma}\mathrm{d}\Omega \tag{4.3.21}$$

这里增加第三项和第四项的用意是提醒我们：由于 Cauchy 应力张量的对称性，它们与第二项是等价的。

公式(4.3.11)中的第二项和第三项是**外部虚功率**：

$$\delta p^{\text{ext}} = \int_\Omega \delta v_i \rho b_i\,\mathrm{d}\Omega + \sum_{j=1}^{n_{SD}}\int_{\Gamma_{t_i}} \delta v_j \bar{t}_j\,\mathrm{d}\Gamma = \int_\Omega \delta\boldsymbol{v}\cdot\rho\,\boldsymbol{b}\,\mathrm{d}\Omega + \sum_{j=1}^{n_{SD}}\int_{\Gamma_{t_i}} \delta v_j \boldsymbol{e}_j\cdot\bar{\boldsymbol{t}}\,\mathrm{d}\Gamma \tag{4.3.22}$$

选择这个名称是因为外部虚功率产生于物体外力 $\boldsymbol{b}(\boldsymbol{X},t)$ 和指定的面力 $\bar{\boldsymbol{t}}(\boldsymbol{X},t)$。

公式(4.3.11)中的最后一项是**惯性(或动力)虚功率**：

$$\delta p^{\text{kin}} = \int_\Omega \delta v_i \rho \dot{v}_i\,\mathrm{d}\Omega \tag{4.3.23}$$

式中的功率对应于惯性力。以 d'Alembert 的观点，可以视惯性力为体力。

将公式(4.3.21)～(4.3.23)代入式(4.3.11)，我们可以写出虚功率原理为

$$\delta p = \delta p^{\text{int}} - \delta p^{\text{ext}} + \delta p^{\text{kin}} = 0 \quad \forall\,\delta v_i \in u_0 \tag{4.3.24}$$

这就是动量方程的弱形式。其物理意义有助于弱形式的记忆和有限元方程的推导。框 4.2 总结了弱形式。

框 4.2 更新的 Lagrangian 格式的弱形式：虚功率原理

如果 σ_{ij} 是位移和速度的平滑函数，且 $v_i \in u$，则如果

$$\delta p = \delta p^{\text{int}} - \delta p^{\text{ext}} + \delta p^{\text{kin}} = 0 \quad \forall\,\delta v_i \in u_0 \tag{B4.2.1}$$

则

$$\text{在 }\Omega\text{ 内} \quad \frac{\partial \sigma_{ji}}{\partial x_j} + \rho b_i = \rho\dot{v}_i \tag{B4.2.2}$$

$$\text{在 }\Gamma_{t_i}\text{ 上} \quad n_j\sigma_{ji} = \bar{t}_i \tag{B4.2.3}$$

$$\text{在 }\Gamma_{\text{int}}\text{ 上} \quad [\![n_j\sigma_{ji}]\!] = 0 \tag{B4.2.4}$$

这里

$$\delta p^{\text{int}} = \int_\Omega \delta\boldsymbol{D}:\boldsymbol{\sigma}\,\mathrm{d}\Omega = \int_\Omega \delta D_{ij}\sigma_{ij}\,\mathrm{d}\Omega = \int_\Omega \frac{\partial(\delta v_i)}{\partial x_j}\sigma_{ij}\,\mathrm{d}\Omega \tag{B4.2.5}$$

$$\delta p^{\text{ext}} = \int_\Omega \delta\boldsymbol{v}\cdot\rho\,\boldsymbol{b}\,\mathrm{d}\Omega + \sum_{j=1}^{n_{SD}}\int_{\Gamma_{t_j}} (\delta\boldsymbol{v}\ \boldsymbol{e}_j)\bar{\boldsymbol{t}}\,\mathrm{d}\Gamma = \int_\Omega \delta v_i\rho b_i\,\mathrm{d}\Omega + \sum_{j=1}^{n_{SD}}\int_{\Gamma_{t_j}} \delta v_j\bar{t}_j\,\mathrm{d}\Gamma \tag{B4.2.6}$$

$$\delta p^{\text{kin}} = \int_\Omega \delta\boldsymbol{v}\cdot\rho\,\dot{\boldsymbol{v}}\,\mathrm{d}\Omega = \int_\Omega \delta v_i\rho\dot{v}_i\,\mathrm{d}\Omega \tag{B4.2.7}$$

4.4　更新的 Lagrangian 有限元离散

4.4.1　有限元近似　在这一节中，运用虚功率原理建立了更新的 Lagrangian 格式的有限元方程。为此，将当前区域 Ω 划分为单元域 Ω_e，因此，所有的单元域的联合构成了整个域，$\Omega = \bigcup_e \Omega_e$。当前构形中的节点坐标用 x_{iI} 表示，$I=1,2,\cdots,n_N$，用小写的下角标表示分量，大写的下角标表示节点值。在二维中，$x_{iI}=[x_I, y_I]$；在三维中，$x_{iI}=[x_I, y_I, z_I]$。在未变形构形中的节点坐标为 X_{iI}。

在有限元方法中，运动 $\boldsymbol{x}(\boldsymbol{X},t)$ 近似地表示为

$$x_i(\boldsymbol{X},t) = N_I(\boldsymbol{X})x_{iI}(t) \quad 或 \quad \boldsymbol{x}(\boldsymbol{X},t) = N_I(\boldsymbol{X})\boldsymbol{x}_I(t) \tag{4.4.1}$$

这里 $N_I(\boldsymbol{X})$ 是插值（形状）函数，$\boldsymbol{x}_I$ 是节点 I 的位置矢量。默认对重复的指标求和：在小写指标的情况下，对空间的维数进行求和；而在大写指标的情况下，对节点的编号进行求和。求和中的节点数目取决于所考虑的域：当考虑整个域时，求和是对整个域中的所有节点；而当考虑一个单元时，求和是对这个单元的所有节点。

在一个节点具有初始位置 $\boldsymbol{X}_J$ 时写出公式(4.4.1)，我们有

$$\boldsymbol{x}(\boldsymbol{X}_J,t) = \boldsymbol{x}_I(t)N_I(\boldsymbol{X}_J) = \boldsymbol{x}_I(t)\delta_{IJ} = \boldsymbol{x}_J(t) \tag{4.4.2}$$

在第三项中我们应用了形函数的插值特性 $N_I(\boldsymbol{X}_J)=\delta_{IJ}$。分析这个方程，我们看到节点 J 总是对应于相同的材料点 $\boldsymbol{X}_J$：在 Lagrangian 网格中，节点总是和材料点保持一致。

在节点上应用公式(3.2.7)，可定义节点位移：

$$u_{iI}(t) = x_{iI}(t) - X_{iI} \quad 或 \quad \boldsymbol{u}_I(t) = \boldsymbol{x}_I(t) - \boldsymbol{X}_I \tag{4.4.3}$$

位移场是

$$u_i(\boldsymbol{X},t) = x_i(\boldsymbol{X},t) - X_i = u_{iI}(t)N_I(\boldsymbol{X}) \quad 或 \quad \boldsymbol{u}(\boldsymbol{X},t) = \boldsymbol{u}_I(t)N_I(\boldsymbol{X}) \tag{4.4.4}$$

这是根据公式(4.4.1)和(4.4.3)得到的。

通过取位移的材料时间导数得到速度：

$$v_i(\boldsymbol{X},t) = \frac{\partial u_i(\boldsymbol{X},t)}{\partial t} = \dot{u}_{iI}(t)N_I(\boldsymbol{X}) = v_{iI}(t)N_I(\boldsymbol{X}) \quad 或 \quad \boldsymbol{v}(\boldsymbol{X},t) = \dot{\boldsymbol{u}}_I(t)N_I(\boldsymbol{X}) \tag{4.4.5}$$

这里，我们已经指明速度是位移的材料时间导数，即当材料坐标固定时，对时间求偏导数。注意，由于形函数不随时间改变，因此速度是由相同形函数给出的。节点位移上面的点表示普通导数，因为节点位移仅是时间的函数。

类似地，加速度是速度的材料时间导数：

$$\ddot{u}_i(\boldsymbol{X},t) = \ddot{u}_{iI}(t)N_I(\boldsymbol{X}) \quad 或 \quad \ddot{\boldsymbol{u}}(\boldsymbol{X},t) = \ddot{\boldsymbol{u}}_I(t)N_I(\boldsymbol{X}) = \dot{\boldsymbol{v}}_I(t)N_I(\boldsymbol{X}) \tag{4.4.6}$$

需要强调的是，在更新的 Lagrangian 格式中形函数表示为材料坐标的形式，尽管在当前构形中我们使用弱形式。在第 2.8 节中已经指出，对于一个 Lagrangian 网格，关键的是将形函数表达为材料坐标的形式，因为我们希望在运动的有限元近似中，时间相关性存在于整个节点变量中。

将公式(4.4.5)代入式(3.3.7)，得到速度梯度为

$$L_{ij} = v_{i,j} = v_{iI}\frac{\partial N_I}{\partial x_j} = v_{iI}N_{I,j} \quad 或 \quad \boldsymbol{L} = \boldsymbol{v}_I\nabla N_I = \boldsymbol{v}_I\nabla N_{I,x} \tag{4.4.7}$$

变形率为

$$D_{ij} = \frac{1}{2}(L_{ij} + L_{ji}) = \frac{1}{2}(v_{iI}N_{I,j} + v_{jI}N_{I,i}) \tag{4.4.8}$$

在构造运动公式(4.4.1)的有限元近似时,我们忽略了速度边界条件,即由公式(4.4.5)给出的速度不在公式(4.3.2)所定义的空间。我们首先将建立没有速度边界条件的无约束物体的方程,然后考虑到速度边界条件再修改这个离散方程。

在公式(4.4.1)中,通过相同的形函数近似所有的运动分量。这种运动的构造很容易表示刚体的转动,这是对于收敛性的基本要求。在第 8 章中将作进一步的讨论。

变分函数或变量不是时间的函数,因此我们将变分函数近似为

$$\delta v_i(\boldsymbol{X}) = \delta v_{iI}N_I(\boldsymbol{X}) \quad 或 \quad \delta \boldsymbol{v}(\boldsymbol{X}) = \delta \boldsymbol{v}_I N_I(\boldsymbol{X}) \tag{4.4.9}$$

这里 δv_{iI} 是虚拟节点速度。

作为构造离散有限元方程的第一步,我们将变分函数代入到虚功率原理中,得到

$$\delta v_{iI}\int_{\Omega}\frac{\partial N_I}{\partial x_j}\sigma_{ji}\,\mathrm{d}\Omega - \delta v_{iI}\int_{\Omega}N_I\rho b_i\,\mathrm{d}\Omega - \sum_{i=1}^{n_{SD}}\delta v_{iI}\int_{\Gamma_{t_i}}N_I\bar{t}_i\,\mathrm{d}\Gamma + \delta v_{iI}\int_{\Omega}N_I\rho\dot{v}_i\,\mathrm{d}\Omega = 0 \tag{4.4.10}$$

在公式(4.4.10)中,应力为试速度和试位移的函数。由变分空间公式(4.3.1)的定义,在任何指定速度的地方,虚速度必须为零,即在 Γ_{v_i} 上,$\delta v_i=0$,所以只有不在 Γ_{v_i} 上的节点的虚节点速度才是任意的。利用除 Γ_{v_i} 以外的节点上虚速度的任意性,则动量方程的弱形式可以表示为

$$\int_{\Omega}\frac{\partial N_I}{\partial x_j}\sigma_{ji}\,\mathrm{d}\Omega - \int_{\Omega}N_I\rho b_i\,\mathrm{d}\Omega - \sum_{j=1}^{n_{SD}}\int_{\Gamma_{t_j}}N_I\bar{t}_i\,\mathrm{d}\Gamma + \int_{\Omega}N_I\rho\dot{v}_i\,\mathrm{d}\Omega = 0 \quad \forall(I,i)\notin\Gamma_{v_i} \tag{4.4.11}$$

可以看出,上式排除了指定的自由度。上面这种形式难于记忆,为了更好的物理解释,给上面方程中的每一项起一个物理名称是值得的。

4.4.2 内部和外部节点力 对应于虚功率方程中的每一项,我们定义了节点力,这有助于对方程的记忆,并且也提供了系统化的程序,这可以在大多数有限元软件中找到。内部节点力定义为

$$\delta p^{\mathrm{int}} = \delta v_{iI}f_{iI}^{\mathrm{int}} = \int_{\Omega}\frac{\partial(\delta v_i)}{\partial x_j}\sigma_{ji}\,\mathrm{d}\Omega = \delta v_{iI}\int_{\Omega}\frac{\partial N_I}{\partial x_j}\sigma_{ji}\,\mathrm{d}\Omega \tag{4.4.12}$$

其中第三项是在公式(B4.2.5)中给出的内部虚功率定义,而最后一项应用了公式(4.4.7)。从上式可以看出,内部节点力可以表示为

$$f_{iI}^{\mathrm{int}} = \int_{\Omega}\frac{\partial N_I}{\partial x_j}\sigma_{ji}\,\mathrm{d}\Omega \tag{4.4.13}$$

这些节点力之所以称其为内部的,是因为它们代表着**物体的应力**。这些表达式既可以应用于整体网格,也可以应用于任意单元或单元集,如在第 2 章所描述的。注意,这些表达式包含形函数对应于空间坐标的导数和在当前构形上的积分。在非线性有限元方法中,对于更新的 Lagrangian 网格,方程(4.4.13)是一个关键的方程,它也应用于 Eulerian 和 ALE 网格。

类似地,以外部虚功率的形式定义外部节点力:

$$\delta p^{\text{ext}}=\delta v_{iI}f_{iI}^{\text{ext}}=\int_{\Omega}\delta v_i\rho b_i\,\mathrm{d}\Omega+\sum_{i=1}^{n_{SD}}\int_{\Gamma_{t_i}}\delta v_i\bar{t}_i\,\mathrm{d}\Gamma$$

$$=\delta v_{iI}\int_{\Omega}N_I\rho b_i\,\mathrm{d}\Omega+\sum_{i=1}^{n_{SD}}\delta v_{iI}\int_{\Gamma_{t_i}}N_I\bar{t}_i\,\mathrm{d}\Gamma \tag{4.4.14}$$

所以外部节点力为

$$f_{iI}^{\text{ext}}=\int_{\Omega}N_I\rho b_i\,\mathrm{d}\Omega+\int_{\Gamma_{t_i}}N_I\bar{t}_i\,\mathrm{d}\Gamma\quad\text{或}\quad\boldsymbol{f}_I^{\text{ext}}=\int_{\Omega}N_I\rho\boldsymbol{b}\,\mathrm{d}\Omega+\int_{\Gamma_{t_i}}N_I\boldsymbol{e}_i\cdot\bar{\boldsymbol{t}}\,\mathrm{d}\Gamma \tag{4.4.15}$$

4.4.3　质量矩阵和惯性力　惯性(或动力)节点力定义为

$$\delta p^{\text{kin}}=\delta v_{iI}f_{iI}^{\text{kin}}=\int_{\Omega}\delta v_i\rho\dot{v}_i\,\mathrm{d}\Omega=\delta v_{iI}\int_{\Omega}N_I\rho\dot{v}_i\,\mathrm{d}\Omega \tag{4.4.16}$$

所以

$$f_{iI}^{\text{kin}}=\int_{\Omega}N_I\rho\dot{v}_i\,\mathrm{d}\Omega\quad\text{或}\quad\boldsymbol{f}_I^{\text{kin}}=\int_{\Omega}\rho N_I\dot{\boldsymbol{v}}\,\mathrm{d}\Omega \tag{4.4.17}$$

应用加速度的表达式(4.4.6),上式成为

$$f_{iI}^{\text{kin}}=\int_{\Omega}\rho N_I N_J\,\mathrm{d}\Omega\dot{v}_{iJ} \tag{4.4.18}$$

将这些节点力定义为质量矩阵和节点加速度的乘积是很方便的。定义质量矩阵为

$$M_{ijIJ}=\delta_{ij}\int_{\Omega}\rho N_I N_J\,\mathrm{d}\Omega \tag{4.4.19}$$

根据公式(4.4.16)和(4.4.17),惯性力表示为

$$f_{iI}^{\text{kin}}=M_{ijIJ}\dot{v}_{jJ}\quad\text{或}\quad\boldsymbol{f}_I^{\text{kin}}=\boldsymbol{M}_{IJ}\dot{\boldsymbol{v}}_J \tag{4.4.20}$$

4.4.4　离散方程　有了内部、外部和惯性节点力的定义(式(4.4.13)、(4.4.15)和(4.4.20)),我们就可以简洁地写出弱形式(4.4.11)的离散,近似为

$$\delta v_{iI}(f_{iI}^{\text{int}}-f_{iI}^{\text{ext}}+M_{ijIJ}\dot{v}_{jJ})=0\quad\forall\,\delta v_{iI}\notin\Gamma_{v_i} \tag{4.4.21}$$

我们也可以将上式写为

$$\delta\boldsymbol{v}^{\mathrm{T}}(\boldsymbol{f}^{\text{int}}-\boldsymbol{f}^{\text{ext}}+\boldsymbol{Ma})=0 \tag{4.4.22}$$

这里 $\boldsymbol{v}$,$\boldsymbol{a}$ 和 $\boldsymbol{f}$ 分别是非约束的虚速度、虚加速度和虚节点力的列矩阵,$\boldsymbol{M}$ 是非约束自由度的质量矩阵。在公式(4.4.21)和(4.4.22)中分别考虑了非约束虚节点速度的任意性,得到

$$M_{ijIJ}\dot{v}_{jJ}+f_{iI}^{\text{int}}=f_{iI}^{\text{ext}}\quad\forall\,(I,i)\notin\Gamma_{v_i} \tag{4.4.23}$$

或

$$\boldsymbol{Ma}+\boldsymbol{f}^{\text{int}}=\boldsymbol{f}^{\text{ext}} \tag{4.4.24}$$

上式即为**离散动量方程**或**运动方程**。由于它们没有在时间上离散,所以也称为**半离散动量方程**。对网格的所有节点和所有分量进行隐式求和,在上面出现的任何指定的速度分量都不是未知的。方程(4.4.24)也可以写成 Newton 第二定律的形式:

$$\boldsymbol{f}=\boldsymbol{Ma}\quad\text{这里}\quad\boldsymbol{f}=\boldsymbol{f}^{\text{ext}}-\boldsymbol{f}^{\text{int}} \tag{4.4.25}$$

半离散动量方程是关于节点速度的 n_{DOF} 个常微分方程的系统,这里 n_{DOF} 是不受约束的节点速度分量的数目,常称作自由度的数目。为了完成这个方程系统,我们附加上单元积分点处的本构方程和以节点速度形式表示的变形率。令在网格中 n_Q 个积分点表示为

$$\boldsymbol{x}_Q(t)=N_I(\boldsymbol{X}_Q)\boldsymbol{x}_I(t) \tag{4.4.26}$$

注意到积分点与材料点是一致的。令 n_σ 为应力张量的独立分量的数目:在二维平面应力

问题中，由于应力张量 σ 是对称的，则 $n_\sigma=3$；在三维问题中，$n_\sigma=6$。

关于有限元近似的半离散方程包括了如下关于时间的常微分方程：

$$M_{ijIJ}\dot{v}_{jJ}+f_{iI}^{\text{int}}=f_{iI}^{\text{ext}} \quad 对于(I,i)\notin\Gamma_{v_i} \tag{4.4.27}$$

$$\sigma_{ij}^{\nabla}(\boldsymbol{X}_Q)=\sigma_{ij}(D_{kl}(\boldsymbol{X}_Q),\text{etc.}) \quad \forall\boldsymbol{X}_Q \tag{4.4.28}$$

这里

$$D_{ij}(\boldsymbol{X}_Q)=\frac{1}{2}(L_{ij}+L_{ji}),\quad L_{ij}=N_{I,j}(\boldsymbol{X}_Q)v_{iI} \tag{4.4.29}$$

这是一个标准的初值问题，包括含有速度 $v_{iI}(t)$ 和应力 $\sigma_{ij}(\boldsymbol{X}_Q,t)$ 的一阶常微分方程。如果我们将公式(4.4.29)代入到式(4.4.28)，从方程中消去变形率，则所有未知量的个数就变为 $n_{\text{DOF}}+n_\sigma n_Q$。通过任何积分常微分方程的方法，如 Runge-Kutta 法或中心差分法，可以对这个常微分方程系统进行时间积分。这将在第 6 章中讨论。

在指定速度边界的节点速度，v_{iI}，$(I,i)\in\Gamma_{v_i}$，是从速度边界条件(B4.1.7)得到的。在节点和积分点上应用初始条件(B4.1.9)：

$$v_{iI}(0)=v_{iI}^0 \tag{4.4.30}$$

$$\sigma_{ij}(\boldsymbol{X}_Q,0)=\sigma_{ij}^0(\boldsymbol{X}_Q) \tag{4.4.31}$$

这里 v_{iI}^0 和 σ_{ij}^0 是初始数据。如果在不同组的点处给出初始条件的数据，通过最小二乘拟合可以估计出在节点和积分点处的值，如在第 2.4.5 节中所述。

对于平衡问题，加速度为零，控制方程成为

$$f_{iI}^{\text{int}}=f_{iI}^{\text{ext}} \quad 对于(I,i)\notin\Gamma_{v_i} \quad 或 \quad \boldsymbol{f}^{\text{int}}=\boldsymbol{f}^{\text{ext}} \tag{4.4.32}$$

以及公式(4.4.28)和(4.4.29)。以上称为离散**平衡方程**。如果本构方程是率无关的，那么离散平衡方程是关于应力和节点位移的非线性代数方程组。对于率相关材料，为了获得非线性代数方程组，任何率形式都必须在时间上离散。

4.4.5 单元坐标 通常建立有限元是采用以母单元坐标的形式表示形函数，我们常常简称为单元坐标。单元坐标的例子有三角形坐标和等参坐标。下面介绍以单元坐标形式表示的形函数的用法。作为描述的一部分，我们将证明在 Lagrangian 网格中，单元坐标可以考虑为材料坐标的另一种形式。这样，在 Lagrangian 网格中将形函数表示为单元坐标的形式，在本质上等价于把它们表示为材料坐标的形式。我们以 ξ_i^e 表示母单元坐标，或者用 $\boldsymbol{\xi}^e$ 作为张量标记，并将母域表示为□，仅在描述开始时附加上角标 e。母域的形状取决于单元的类型和问题的维数，它可以是一个单位长度的正方形、三角形，或一个立方体。在下面的例子中给定了具体的母单元域。

以单元坐标的形式处理一个 Lagrangian 单元时，我们关心对应于一个单元的三个域：

1. 母单元域□
2. 当前单元域 $\Omega^e=\Omega^e(t)$
3. 初始(参考)单元域 Ω_0^e

相关映射如下：

1. 母域到当前构形：$\boldsymbol{x}=\boldsymbol{x}(\boldsymbol{\xi}^e,t)$
2. 母域到初始构形：$\boldsymbol{X}=\boldsymbol{X}(\boldsymbol{\xi}^e)$
3. 初始构形到当前构形，即运动 $\boldsymbol{x}=\boldsymbol{x}(\boldsymbol{X},t)\equiv\boldsymbol{\phi}(\boldsymbol{X},t)$

映射 $\boldsymbol{X}=\boldsymbol{X}(\boldsymbol{\xi}^e)$ 对应于 $\boldsymbol{x}=\boldsymbol{x}(\boldsymbol{\xi}^e,0)$。对于一个三角形单元，这些映射描述在图 4.2 中为一

个二维三角形单元的空间-时间图。

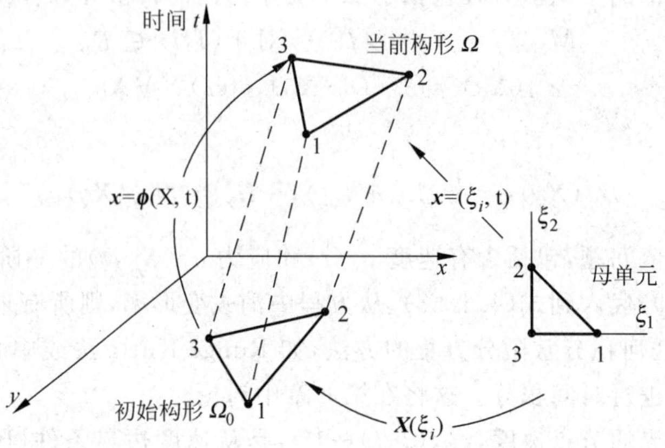

图 4.2　一个 Lagrangian 单元的初始构形和当前构形以及它们与母单元的关系

通过映射的合成描述每一单元的运动：

$$\boldsymbol{x}=\boldsymbol{x}(\boldsymbol{X},t)=\boldsymbol{x}(\boldsymbol{\xi}^e(\boldsymbol{X}),t)\quad \boldsymbol{x}(\boldsymbol{X},t)=\boldsymbol{x}(\boldsymbol{\xi}^e,t)\circ\boldsymbol{\xi}^e(\boldsymbol{X})\quad \text{在 } \Omega_e \text{ 中} \tag{4.4.33}$$

式中$\boldsymbol{\xi}^e(\boldsymbol{X})=\boldsymbol{X}^{-1}(\boldsymbol{\xi}^e)$。为了使运动被定义得准确且平滑，逆映射 $\boldsymbol{X}^{-1}(\boldsymbol{\xi}^e)$必须存在，且函数 $\boldsymbol{x}=\boldsymbol{x}(\boldsymbol{\xi}^e,t)$必须足够平滑，而且还要满足一定的规则条件，这样 $\boldsymbol{x}^{-1}(\boldsymbol{\xi}^e,t)$才存在，这些条件将在第 4.4.8 节中给出。通常逆映射 $\boldsymbol{x}^{-1}(\xi^e,t)$不是构造的，因为在大多数情况下它不能直接获得，所以一种替代方式是通过隐式差分方法从母单元坐标的导数中得到关于空间坐标的导数。

运动近似为

$$x_i(\boldsymbol{\xi},t)=x_{iI}(t)N_I(\boldsymbol{\xi})\quad \text{或}\quad \boldsymbol{x}(\boldsymbol{\xi},t)=\boldsymbol{x}_I(t)N_I(\boldsymbol{\xi}) \tag{4.4.34}$$

其中我们省略了单元坐标中的上角标 e。从上面可以看出，形函数 $N_I(\boldsymbol{\xi})$仅是母单元坐标的函数，运动的时间相关性完全反映在节点坐标上。上式代表了在单元的母域和当前构形之间的一个时间相关映射。

在 $t=0$ 时写出这个映射，我们得到

$$X_i(\boldsymbol{\xi})=x_i(\boldsymbol{\xi},0)=x_{iI}(0)N_I(\boldsymbol{\xi})=X_{iI}N_I(\boldsymbol{\xi})\quad \text{或}\quad \boldsymbol{X}(\boldsymbol{\xi})=\boldsymbol{X}_I N_I(\boldsymbol{\xi}) \tag{4.4.35}$$

从公式(4.4.35)中我们可以看出，在一个 Lagrangian 单元中，材料坐标和单元坐标之间的映射是时间不变的。如果这个映射是一对一的，则**在 Lagrangian 网格中可以将单元坐标看作是材料坐标的代用品**，因为在一个单元中的每一材料点具有唯一的单元坐标编号。为了在 Ω_0 中在单元坐标和材料坐标之间建立唯一的对应关系，单元数目必须成为编号的一部分。如果单元坐标不能代替材料坐标，则网格不是 Lagrangian 格式的，这将在第 7 章中看到。事实上，应用初始坐标 $\boldsymbol{X}$ 作为材料坐标主要源于解析过程。在有限元方法中，应用单元坐标作为材料编号是更自然的。

前面提到，由于单元坐标是时间不变的，我们可以将位移、速度和加速度表示为形函数的形式：

$$u_i(\boldsymbol{\xi},t)=u_{iI}(t)N_I(\boldsymbol{\xi})\quad \boldsymbol{u}(\boldsymbol{\xi},t)=\boldsymbol{u}_I(t)N_I(\boldsymbol{\xi}) \tag{4.4.36}$$

$$\dot{u}_i(\boldsymbol{\xi},t)=v_i(\boldsymbol{\xi},t)=v_{iI}(t)N_I(\boldsymbol{\xi}),\quad \dot{\boldsymbol{u}}(\boldsymbol{\xi},t)=\boldsymbol{v}(\boldsymbol{\xi},t)=\boldsymbol{v}_I(t)N_I(\boldsymbol{\xi}) \tag{4.4.37}$$

$$\dot{v}_i(\boldsymbol{\xi},t)=\dot{v}_{iI}(t)N_I(\boldsymbol{\xi}),\quad \dot{\boldsymbol{v}}(\boldsymbol{\xi},t)=\dot{\boldsymbol{v}}_I(t)N_I(\boldsymbol{\xi}) \tag{4.4.38}$$

这里，取公式(4.4.36)的材料时间导数就得到了式(4.4.37)，取公式(4.4.37)的材料时间导数就得到了式(4.4.38)。同前，由于单元坐标与时间无关，因此时间相关性完全反映在节点变量上。

4.4.6 函数的导数 速度场的空间导数是通过隐式差分得到的，因为函数 $\boldsymbol{x}(\boldsymbol{\xi},t)$ 通常不是显式可逆的，即不可能将 $\boldsymbol{\xi}$ 写成关于 $\boldsymbol{x}$ 的闭合表达式。根据链规则，

$$\frac{\partial v_i}{\partial \xi_j}=\frac{\partial v_i}{\partial x_k}\frac{\partial x_k}{\partial \xi_j}\quad 或 \quad \boldsymbol{v}_{,\boldsymbol{\xi}}=\boldsymbol{v}_{,x}\boldsymbol{x}_{,\boldsymbol{\xi}} \tag{4.4.39}$$

矩阵 $\partial x_k/\partial \xi_j$ 是单元当前构形和母单元构形之间映射的 Jacobian 矩阵。我们将使用两种符号表示这个矩阵：$\boldsymbol{x}_{,\boldsymbol{\xi}}$ 和 $\boldsymbol{F}_{\xi}$，其中 $F^{\xi}_{ij}=\partial x_i/\partial \xi_j$。第二种符号用于传递标记，对应于单元坐标的 Jacobian 可以看作是对应于母单元构形的变形梯度。在二维中，

$$\boldsymbol{x}_{,\boldsymbol{\xi}}(\boldsymbol{\xi},t)\equiv \boldsymbol{F}_{\xi}(\boldsymbol{\xi},t)=\begin{bmatrix} x_{,\xi 1} & x_{,\xi 2} \\ y_{,\xi 1} & y_{,\xi 2}\end{bmatrix}=\begin{bmatrix} x_{,\xi} & x_{,\eta} \\ y_{,\xi} & y_{,\eta}\end{bmatrix} \tag{4.4.40}$$

如公式(4.4.40)所示，当前构形和母单元构形之间映射的 Jacobian 是关于时间的函数。

对公式(4.4.39)进行逆变换，我们得到

$$L_{ij}=\frac{\partial v_i}{\partial \xi_k}(F^{\xi}_{kj})^{-1}=\left(\frac{\partial v_i}{\partial \xi_k}\right)\left(\frac{\partial \xi_k}{\partial x_j}\right)\quad 或 \quad \boldsymbol{L}=\boldsymbol{v}_{,x}=\boldsymbol{v}_{,\boldsymbol{\xi}}\boldsymbol{x}^{-1}_{,\boldsymbol{\xi}}=\boldsymbol{v}_{,\boldsymbol{\xi}}\boldsymbol{F}^{-1}_{\boldsymbol{\xi}} \tag{4.4.41}$$

因此，计算 ξ 的导数包含求当前和母单元坐标之间 Jacobian 的逆。公式(4.4.40)给出了二维情况下的逆矩阵。类似地，对于形函数 N_I，我们有

$$N^{\mathrm{T}}_{I,x}=N^{\mathrm{T}}_{I,\boldsymbol{\xi}}\boldsymbol{x}^{-1}_{,\boldsymbol{\xi}}=N^{\mathrm{T}}_{I,\boldsymbol{\xi}}\boldsymbol{F}^{-1}_{\boldsymbol{\xi}} \tag{4.4.42}$$

式中，在矩阵的表达式中出现了转置是因为我们考虑到 $N_{I,x}$ 和 $N_{I,\xi}$ 是列矩阵，上面右边的矩阵必须是行矩阵，则单元 Jacobian$\boldsymbol{F}_{\xi}$ 的行列式为

$$J_{\xi}=\det(\boldsymbol{x}_{,\boldsymbol{\xi}}) \tag{4.4.43}$$

称为**单元 Jacobian 行列式**。我们附加下角标以区别于变形梯度的行列式 J。将公式(4.4.42)代入式(4.4.41)，给出

$$L_{ij}=v_{iI}\frac{\partial N_I}{\partial \xi_k}(F^{\xi}_{kj})^{-1}\quad 或 \quad \boldsymbol{L}=\boldsymbol{v}_I N^{\mathrm{T}}_{I,\boldsymbol{\xi}}\boldsymbol{x}^{-1}_{,\boldsymbol{\xi}} \tag{4.4.44}$$

通过公式(3.3.10)，从速度梯度得到变形率。

4.4.7 积分和节点力 在当前构形上的积分与在参考域和母单元域上的积分的关系为

$$\int_{\Omega^e} g(\boldsymbol{x})\mathrm{d}\Omega=\int_{\Omega^e_0} g(\boldsymbol{x}(\boldsymbol{X}))J\mathrm{d}\Omega_0=\int_{\square} g(\boldsymbol{\xi})J_{\xi}\mathrm{d}\square$$
$$和\quad \int_{\Omega^e_0} g(\boldsymbol{X})\mathrm{d}\Omega=\int_{\square} g(\boldsymbol{X}(\boldsymbol{\xi}))J^0_{\xi}\mathrm{d}\square \tag{4.4.45}$$

其中 J 和 J_{ξ} 分别是当前构形与参考构形和当前构形与母单元构形之间的 Jacobian 行列式；J^0_{ξ} 是参考构形与母单元构形之间的 Jacobian 行列式。

当内部节点力通过在母单元域上的积分计算时，通过公式(4.4.45)将式(4.4.13)转换到母单元域上，得

$$f^{\mathrm{int}}_{iI}=\int_{\Omega^e}\frac{\partial N_I}{\partial x_j}\sigma_{ji}\mathrm{d}\Omega=\int_{\square}\frac{\partial N_I}{\partial x_j}\sigma_{ji}J_{\xi}\mathrm{d}\square \tag{4.4.46}$$

外部节点力和质量矩阵可以通过类似的方法在母单元域上积分。

4.4.8 母单元域到当前域映射的条件 对于运动 $\boldsymbol{x}(\boldsymbol{\xi},t)$ 的有限元近似，是将一个单元的母域映射到单元的当前域上，除了不允许不连续以外，它和在第 3.2.7 节中给出的 $\boldsymbol{\phi}(\boldsymbol{X},t)$ 满足相同的条件。这些条件是：

1. $\boldsymbol{x}(\boldsymbol{\xi},t)$ 必须一一对应。
2. $\boldsymbol{x}(\boldsymbol{\xi},t)$ 在空间中至少为 C^0。
3. 单元 Jacobian 行列式必须为正，即

$$J_\xi \equiv \det(\boldsymbol{x}_{,\xi}) > 0 \tag{4.4.47}$$

这些条件可以保证 $\boldsymbol{x}(\boldsymbol{\xi},t)$ 是可逆的。

我们现在解释为什么需要 $\det(\boldsymbol{x}_{,\xi})>0$ 这一条件。首先我们使用链规则将 $\boldsymbol{x}_{,\xi}$ 表示为 $\boldsymbol{F}$ 和 $\boldsymbol{X}_{,\xi}$ 的形式：

$$\frac{\partial x_i}{\partial \xi_j} = \frac{\partial x_i}{\partial X_k}\frac{\partial X_k}{\partial \xi_j} = F_{ik}\frac{\partial X_k}{\partial \xi_j} \quad 或者 \quad \boldsymbol{x}_{,\boldsymbol{\xi}} = \boldsymbol{x}_{,x}\boldsymbol{X}_{,\boldsymbol{\xi}} = \boldsymbol{F}\boldsymbol{X}_{,\boldsymbol{\xi}} \tag{4.4.48}$$

我们也可以将上式写成

$$\boldsymbol{F}_\xi = \boldsymbol{F}\cdot\boldsymbol{F}_\xi^0 \tag{4.4.49}$$

这突出地说明了一个事实，即对应于母单元坐标的变形梯度是标准变形梯度与对应于母单元坐标的初始变形梯度的乘积。两个矩阵乘积的行列式等于它们的行列式的乘积，所以

$$J_\xi = \det(\boldsymbol{x}_{,\boldsymbol{\xi}}) = \det(\boldsymbol{F})\det(\boldsymbol{X}_{,\boldsymbol{\xi}}) \equiv JJ_\xi^0 \tag{4.4.50}$$

我们假设在初始网格中恰当地构造了单元，使得对于所有单元 $J_\xi^0 = J_\xi(0) > 0$，否则初始映射将不是一一对应的。如果在任何时刻 $J_\xi(t)\leqslant 0$，那么由公式(4.4.50)，$J\leqslant 0$。通过物质守恒 $\rho=\rho_0/J$，所以 $J\leqslant 0$ 意味着 $\rho\leqslant 0$，这在物理上是不可能的，所以必须有 $J_\xi(t)>0$。在某些计算中，过度的扭曲可能导致严重的网格变形，使 $J_\xi(t)\leqslant 0$，这意味着负的密度，所以这类计算违背了质量总是正值的物理原则。

4.4.9 质量矩阵的简化 当对所有的分量使用相同的形函数时，可以很方便地注意到公式(4.4.19)可以写为

$$M_{ijIJ} = \sigma_{ij}\widetilde{M}_{IJ} \tag{4.4.51}$$

其中

$$\widetilde{M}_{IJ} = \int_\Omega \rho N_I N_J \,\mathrm{d}\Omega \quad 或者 \quad \widetilde{\boldsymbol{M}} = \int_\Omega \rho \boldsymbol{N}^{\mathrm{T}}\boldsymbol{N}\mathrm{d}\Omega \tag{4.4.52}$$

那么运动方程(4.4.27)成为

$$\widetilde{M}_{IJ}\dot{v}_{iJ} + f_{iI}^{\mathrm{int}} = f_{iI}^{\mathrm{ext}} \tag{4.4.53}$$

当应用一致质量矩阵和显式时间积分时，这种形式是有利的，因为需要求逆的矩阵阶数被因子 n_{SD} 减少了。

我们下面证明关于 Lagrangian 网格的质量矩阵是不随时间变化的。如果将形函数表示为母单元坐标的形式，则

$$M_{ijIJ} = \delta_{ij}\int_\square \rho N_I N_J \det(\boldsymbol{x}_{,\boldsymbol{\xi}})\,\mathrm{d}\square = \delta_{ij}\int_\Omega \rho N_I N_J \,\mathrm{d}\Omega \tag{4.4.54}$$

由于 $\det(\boldsymbol{x}_{,\xi})$ 和密度是时间相关的，所以这个质量矩阵似乎是与时间相关的。为了证明这

个质量矩阵事实上确实与时间无关，通过公式(3.2.23)，我们将上面的积分转换到未变形构形：

$$M_{ijIJ}=\delta_{ij}\int_{\Omega_0}\rho N_I N_J J\,\mathrm{d}\Omega_0 \tag{4.4.55}$$

根据质量守恒(公式(B4.4.1))，有 $\rho J=\rho_0$。因此公式(4.4.55)成为

$$M_{ijIJ}=\delta_{ij}\int_{\Omega_0}\rho_0 N_I N_J\,\mathrm{d}\Omega_0 \quad 或 \quad M_{ijIJ}=\delta_{ij}\int_{\square}\rho_0 N_I N_J J_\xi^0\,\mathrm{d}\square \tag{4.4.56}$$

质量矩阵的简洁形式(公式(4.4.52))可以类似地写为

$$\widetilde{M}_{IJ}=\int_{\Omega_0}\rho_0 N_I N_J\,\mathrm{d}\Omega_0 \quad 和 \quad \boldsymbol{M}_{IJ}=\boldsymbol{I}\widetilde{M}_{IJ}=\boldsymbol{I}\int_{\Omega_0}\rho_0 N_I N_J\,\mathrm{d}\Omega_0 \tag{4.4.57}$$

在上面的积分中，被积函数是与时间无关的，所以质量矩阵不随时间变化，只需在计算开始时为它赋值。在初始时刻，即在初始构形中，通过应用公式(4.4.54)计算质量矩阵，可能得到相同的结果。公式(4.4.55)～(4.4.57)的质量矩阵可以称为**完全的 Lagrangian**，因为它是在参考(未变形)构形中计算的。这里我们观察到，今后必须在无论何种构形是最方便的时候计算离散方程中的每一项。

4.5 编制程序

在有限元方程的程序编制中，通常采用两种方法：

框 4.3 更新的 Lagrangian 格式的离散方程和内部节点力算法

运动方程(离散动量方程)

$$M_{ijIJ}\dot{v}_{jJ}+f_{iI}^{\mathrm{int}}=f_{iI}^{\mathrm{ext}} \quad 对于(I,i)\notin\Gamma_{v_i} \tag{B4.3.1}$$

内部节点力

$$f_{iI}^{\mathrm{int}}=\int_{\Omega}\mathscr{B}_{Ij}\sigma_{ji}\,\mathrm{d}\Omega=\int_{\Omega}\frac{\partial N_I}{\partial x_j}\sigma_{ji}\,\mathrm{d}\Omega \quad 或 \quad (\boldsymbol{f}_I^{\mathrm{int}})^{\mathrm{T}}=\int_{\Omega}\mathscr{B}_I^{\mathrm{T}}\boldsymbol{\sigma}\,\mathrm{d}\Omega \tag{B4.3.2}$$

$$\text{Voight 标记} \quad \boldsymbol{f}_I^{\mathrm{int}}=\int_{\Omega}\boldsymbol{B}_I^{\mathrm{T}}\{\boldsymbol{\sigma}\}\,\mathrm{d}\Omega$$

外部节点力

$$f_{iI}^{\mathrm{ext}}=\int_{\Omega}N_I\rho b_i\,\mathrm{d}\Omega+\int_{\Gamma_{t_i}}N_I\bar{t}_i\,\mathrm{d}\Gamma \quad 或 \quad \boldsymbol{f}_I^{\mathrm{ext}}=\int_{\Omega}N_I\rho\boldsymbol{b}\,\mathrm{d}\Omega+\int_{\Gamma_{t_i}}N_I\boldsymbol{e}_i\cdot\bar{\boldsymbol{t}}\,\mathrm{d}\Gamma \tag{B4.3.3}$$

质量矩阵(更新的 Lagrangian)

$$M_{ijIJ}=\delta_{ij}\int_{\Omega_0}\rho_0 N_I N_J\,\mathrm{d}\Omega_0=\delta_{ij}\int_{\square}\rho_0 N_I N_J J_\xi^0\,\mathrm{d}\square \tag{B4.3.4}$$

$$\boldsymbol{M}_{IJ}=\boldsymbol{I}\widetilde{M}_{IJ}=\boldsymbol{I}\int_{\Omega_0}\rho_0 N_I N_J\,\mathrm{d}\Omega_0 \tag{B4.3.5}$$

单元内部节点力的计算

1. $\boldsymbol{f}^{\mathrm{int}}=0$

2. 对于所有积分点$\boldsymbol{\xi}_Q$

i. 对所有的 I,计算$[\mathscr{B}_{Ij}]=[\partial N_I(\boldsymbol{\xi}_Q)/\partial x_j]$

ii. $\boldsymbol{L}=[L_{ij}]=[v_{iI}\ \mathscr{B}_{Ij}]=\boldsymbol{v}_I\mathscr{B}_I^{\mathrm{T}},\quad L_{ij}=\dfrac{\partial N_I}{\partial x_j}v_{iI}$

iii. $\boldsymbol{D}=\dfrac{1}{2}(\boldsymbol{L}^{\mathrm{T}}+\boldsymbol{L})$

iv. 如果需要,根据框 4.6 中的步骤计算 $\boldsymbol{F}$ 和 $\boldsymbol{E}$

v. 根据本构方程计算 Cauchy 应力$\boldsymbol{\sigma}$或 PK2 应力 $\boldsymbol{S}$

vi. 如果得到 $\boldsymbol{S}$,通过$\boldsymbol{\sigma}=J^{-1}\boldsymbol{FSF}^{\mathrm{T}}$ 计算$\boldsymbol{\sigma}$

vii. 对于所有节点 I,计算 $\boldsymbol{f}_I^{\mathrm{int}}\leftarrow\boldsymbol{f}_I^{\mathrm{int}}+\mathscr{B}_I^{\mathrm{T}}\boldsymbol{\sigma}J_\xi\bar{w}_Q$

结束循环

($\bar{w}_Q$ 为积分的权重)

1. 将指标表示直接处理为矩阵方程。
2. 使用 Voigt 标记,像在线性有限元方法中那样,将应力和应变的方形矩阵转换为列矩阵。

每种方法都有其优点,所以两种方法都将描述。框 4.3 总结了两种形式的离散方程。

4.5.1 从指标到矩阵符号的转换 从指标表示到矩阵形式的转换是比较任意的,并取决于个人的偏爱。在本书中的大多数情况下,我们将单指标的变量解释为列矩阵。当偏爱解释为行矩阵时,其过程就会有所不同。为了展示指标表示到矩阵形式的转换,考虑速度梯度的表达式(4.4.7):

$$L_{ij}=\frac{\partial v_i}{\partial x_j}=v_{iI}\frac{\partial N_I}{\partial x_j}\tag{4.5.1}$$

如果我们将指标 I 与 v_{iI} 中的列号和$\partial N_I/\partial x_j$ 中的行号联系起来,上面的表达式就可以转化为矩阵乘积的形式。为了简化所得矩阵的表达式,我们定义矩阵$\mathscr{B}$为

$$\mathscr{B}_{jI}=\frac{\partial N_I}{\partial x_j}\quad\text{或者}\quad\mathscr{B}=[\mathscr{B}_{jI}]=[\partial N_I/\partial x_j]\tag{4.5.2}$$

这里 j 是矩阵 $\boldsymbol{B}$ 的行号。通过公式(4.5.1)和(4.5.2),可以将速度梯度表达为节点位移的形式:

$$[L_{ij}]=[v_{iI}][\mathscr{B}_{Ij}]=[v_{iI}][\mathscr{B}_{jI}]^{\mathrm{T}}\quad\text{或}\quad\boldsymbol{L}=\boldsymbol{v}\mathscr{B}^{\mathrm{T}}\tag{4.5.3}$$

由于隐含着对指标 I 的求和,所以指标表示对应于矩阵的乘积。

我们也可以重写公式(4.5.1)。矩阵$\mathscr{B}$被分解为$\mathscr{B}_I$个矩阵,每一个矩阵都与节点 I 有联系:

$$\mathscr{B}=[\mathscr{B}_1,\mathscr{B}_2,\mathscr{B}_3,\cdots,\mathscr{B}_m]\quad\text{其中}\quad\mathscr{B}_I^{\mathrm{T}}=\{\mathscr{B}_j\}_I=N_{I,x}\tag{4.5.4}$$

对于每个节点 I,矩阵$\mathscr{B}_I$是一个列矩阵。那么速度梯度的表达式可以写为

$$\boldsymbol{L}=\boldsymbol{v}_I\mathscr{B}_I^{\mathrm{T}}=\begin{Bmatrix}v_{xI}\\v_{yI}\end{Bmatrix}[N_{I,x}\quad N_{I,y}]=\begin{bmatrix}v_{xI}N_{I,x}&v_{xI}N_{I,y}\\v_{yI}N_{I,x}&v_{yI}N_{I,y}\end{bmatrix}\tag{4.5.5}$$

为了将内力的表达式(4.4.13)转变为矩阵形式,我们首先重新排列各项,使相邻的项对应于矩阵乘积。这需要内部交换关于内力中的行号和列号,如下所示:

$$(f_{iI}^{\text{int}})^{\mathrm{T}} = f_{Ii}^{\text{int}} = \int_{\Omega} \frac{\partial N_I}{\partial x_j} \sigma_{ji} \mathrm{d}\Omega = \int_{\Omega} \mathscr{B}_{Ij}^{\mathrm{T}} \sigma_{ji} \mathrm{d}\Omega \tag{4.5.6}$$

上式可以变为以下的矩阵形式：

$$[f_{iI}^{\text{int}}]^{\mathrm{T}} = [f_{Ii}^{\text{int}}] = \int_{\Omega} [\partial N_I / \partial x_j][\sigma_{ji}] \mathrm{d}\Omega = \int_{\Omega} [\mathscr{B}_{jI}]^{\mathrm{T}} [\sigma_{ji}] \mathrm{d}\Omega, (\boldsymbol{f}_I^{\text{int}})^{\mathrm{T}} = \int_{\Omega} \mathscr{B}_I^{\mathrm{T}} \boldsymbol{\sigma} \mathrm{d}\Omega \tag{4.5.7}$$

例如，在二维问题中有

$$[f_{xI}, f_{yI}]^{\text{int}} = \int_{\Omega} [N_{I,x} \quad N_{I,y}] \begin{bmatrix} \sigma_{xx} & \sigma_{xy} \\ \sigma_{yx} & \sigma_{yy} \end{bmatrix} \mathrm{d}\Omega \tag{4.5.8}$$

还有许多将指标表示转换为矩阵形式的其他方法，但上面的方法比较方便。通过在公式(4.5.4)中定义的$\mathscr{B}$矩阵，可以得到内部节点力完整矩阵的表达式：

$$(\boldsymbol{f}^{\text{int}})^{\mathrm{T}} = \int_{\Omega} \mathscr{B}^{\mathrm{T}} \boldsymbol{\sigma} \mathrm{d}\Omega$$

4.5.2 Voigt 标记 基于 Voigt 标记，发展了另一种广泛应用于线性和非线性有限元程序的方法，见附录 1。在 Newton 方法中计算切向刚度矩阵时应用 Voigt 标记是很有用的，见第 6 章。在 Voigt 标记中，将应力和变形率表示为列向量的形式。因此在二维中，

$$\{\boldsymbol{D}\}^{\mathrm{T}} = [D_x \quad D_y \quad 2D_{xy}] \quad \{\boldsymbol{\sigma}\}^{\mathrm{T}} = [\sigma_x \quad \sigma_y \quad \sigma_{xy}] \tag{4.5.9}$$

我们定义 $\boldsymbol{B}_I$ 矩阵，使它将变形率与节点速度联系起来：

$$\{\boldsymbol{D}\} = \boldsymbol{B}_I \boldsymbol{v}_I \quad \{\delta \boldsymbol{D}\} = \boldsymbol{B}_I \delta \boldsymbol{v}_I \tag{4.5.10}$$

其中对于重复的指标使用了求和约定。构造 $\boldsymbol{B}_I$ 矩阵的元素使其能满足定义(4.5.10)，这将在下面的例子中说明。注意到，一个变量仅当需要区别于通常作为方阵的形式时，才用括号将它括起来。

通过在公式(4.3.21)中内部虚功率的定义，应用这种标记可以推导内力向量的表达式。由于$\{\boldsymbol{D}\}^{\mathrm{T}}\{\boldsymbol{\sigma}\}$给出了每单位体积的内部功率(构造列矩阵以满足这个定义)，因此

$$\delta p^{\text{int}} = \delta \boldsymbol{v}_I^{\mathrm{T}} \boldsymbol{f}_I^{\text{int}} = \int_{\Omega} \{\delta \boldsymbol{D}\}^{\mathrm{T}} \{\boldsymbol{\sigma}\} \mathrm{d}\Omega \tag{4.5.11}$$

代入公式(4.5.10)，并考虑$\{\delta \boldsymbol{v}\}$的任意性，得到

$$\boldsymbol{f}_I^{\text{int}} = \int_{\Omega} \boldsymbol{B}_I^{\mathrm{T}} \{\boldsymbol{\sigma}\} \mathrm{d}\Omega \tag{4.5.12}$$

像将要在例子中说明的，公式(4.5.12)给出了和式(4.5.7)内部节点力的同样表达式：式(4.5.12)利用了速度梯度的对称部分，而在公式(4.5.7)中应用了完整的速度梯度。由于 Cauchy 应力是对称的，因此这两种表达式是等价的。

将一个单元或一个完整网格的位移、速度和节点力放在一个单一列矩阵中，有时是很方便的。我们将应用符号 $\boldsymbol{d}$ 为所有节点位移的列矩阵，$\dot{\boldsymbol{d}}$ 为节点速度的列矩阵，$\boldsymbol{f}$ 为节点力的列矩阵，即

$$\boldsymbol{d} = \begin{Bmatrix} \boldsymbol{u}_1 \\ \boldsymbol{u}_2 \\ \vdots \\ \boldsymbol{u}_m \end{Bmatrix}, \quad \dot{\boldsymbol{d}} = \begin{Bmatrix} \boldsymbol{v}_1 \\ \boldsymbol{v}_2 \\ \vdots \\ \boldsymbol{v}_m \end{Bmatrix}, \quad \boldsymbol{f} = \begin{Bmatrix} \boldsymbol{f}_1 \\ \boldsymbol{f}_2 \\ \vdots \\ \boldsymbol{f}_m \end{Bmatrix} \tag{4.5.13}$$

这里 m 是节点数。两个矩阵之间的对应关系为

$$d_a = u_{iI} \quad 其中 \quad a = (I-1)n_{SD} + i \tag{4.5.14}$$

注意到对于所有的节点位移和节点速度的列矩阵，我们使用了一个不同的符号，因为在连续介质力学的描述中，符号 $\boldsymbol{u}$ 和 $\boldsymbol{v}$ 分别代表位移和速度矢量场。

用这种标记，我们可以写出公式(4.5.10)的对应形式：

$$\{\boldsymbol{D}\} = \boldsymbol{B}\dot{\boldsymbol{d}} \quad 其中 \quad \boldsymbol{B} = [\boldsymbol{B}_1, \boldsymbol{B}_2, \cdots, \boldsymbol{B}_m] \tag{4.5.15}$$

式中围绕 $\boldsymbol{D}$ 的括号表示这个张量为列矩阵形式。我们并没有在 $\boldsymbol{B}$ 前后加上括号，因为它总是矩形矩阵。由公式(4.5.12)的对应形式给出节点力：

$$\{\boldsymbol{f}\}^{\text{int}} = \int_\Omega \boldsymbol{B}^{\mathrm{T}}\{\boldsymbol{\sigma}\}\mathrm{d}\Omega \tag{4.5.16}$$

通常我们省去围绕节点力的括号，因为有一项出现了 Voigt 标记，就表明整个方程是采用了 Voigt 标记。通过重写公式(4.5.6)，也可以得到 Voigt 形式为

$$f_{rI}^{\text{int}} = \int_\Omega \frac{\partial N_I}{\partial x_j}\delta_{ri}\sigma_{ji}\,\mathrm{d}\Omega \tag{4.5.17}$$

则可以通过下式定义 $\boldsymbol{B}$ 矩阵：

$$B_{ijIr} = \frac{\partial N_I}{\partial x_j}\delta_{ri} \tag{4.5.18}$$

根据运动学 Voigt 规则将指标 (i,j) 换为 b，并根据矩阵列向量规则将指标 (I, r) 换为 a，得到

$$f_a^{\text{int}} = \int_\Omega B_{ba}\sigma_b\,\mathrm{d}\Omega \quad 或 \quad \boldsymbol{f}^{\text{int}} = \int_\Omega \boldsymbol{B}^{\mathrm{T}}\{\boldsymbol{\sigma}\}\mathrm{d}\Omega \tag{4.5.19}$$

关于将指标标记转换到 Voigt 标记的更详细内容可以在附录 1 中看到。

4.5.3　数值积分　关于节点力、质量矩阵和其他单元矩阵的积分不是由解析计算的，而是应用数值解答(常常称为数值积分)。对于在有限元中的数值积分，最广泛应用的程序是 Gauss 积分。Gauss 积分公式(如 Dhatt 和 Touzot，1984：240；Hughes，1997：137)为

$$\int_{-1}^{1} f(\xi)\mathrm{d}\xi = \sum_{Q=1}^{n_Q} w_Q f(\xi_Q) \tag{4.5.20}$$

式中 n_Q 个积分点的权重 w_Q 和坐标值 ξ_Q 有表可查。附录 3 提供了一个简表。如果 $f(\xi)$ 是 $m \leqslant 2n_Q - 1$ 次多项式，方程(4.5.20)的积分为 $f(\xi)$ 的精确解。指定方程(4.5.20)在母单元域上进行积分，因为其积分区间为$[-1,1]$。

为了积分一个二维单元，在第二个方向上重复这个过程，得到

$$\int_\square f(\boldsymbol{\xi})\mathrm{d}\square = \int_{-1}^{1}\int_{-1}^{1} f(\xi,\eta)\mathrm{d}\xi\mathrm{d}\eta = \sum_{Q_1=1}^{n_{Q_1}}\sum_{Q_2=1}^{n_{Q_2}} w_{Q_1} w_{Q_2} f(\xi_{Q_1}, \eta_{Q_2}) \tag{4.5.21}$$

在三维中，Gauss 积分公式是

$$\int_\square f(\boldsymbol{\xi})\mathrm{d}\square = \int_{-1}^{1}\int_{-1}^{1}\int_{-1}^{1} f(\boldsymbol{\xi})\mathrm{d}\xi\mathrm{d}\eta\mathrm{d}\zeta = \sum_{Q_1=1}^{n_{Q_1}}\sum_{Q_2=1}^{n_{Q_2}}\sum_{Q_3=1}^{n_{Q_3}} w_{Q_1} w_{Q_2} w_{Q_3} f(\xi_{Q_1}, \eta_{Q_2}, \zeta_{Q_3}) \tag{4.5.22}$$

例如，一个单位正方形母单元的节点力为

$$\boldsymbol{f}^{\text{int}} = \int_\square \boldsymbol{B}^{\mathrm{T}}\{\boldsymbol{\sigma}\}J_\xi\mathrm{d}\square = \int_{-1}^{1}\int_{-1}^{1} \boldsymbol{B}^{\mathrm{T}}\{\boldsymbol{\sigma}\}J_\xi\mathrm{d}\xi\mathrm{d}\eta$$

$$=\sum_{Q_1=1}^{n_{Q_1}}\sum_{Q_2=1}^{n_{Q_2}} w_{Q_1} w_{Q_2} \boldsymbol{B}^{\mathrm{T}}(\xi_{Q_1},\eta_{Q_2})\{\boldsymbol{\sigma}(\xi_{Q_1},\eta_{Q_2})\} J_{\xi}(\xi_{Q_1},\eta_{Q_2}) \tag{4.5.23}$$

为了简化多维积分中的标记，我们经常将多个权重合并为单一权重：

$$\int_{\square} f(\boldsymbol{\xi})\,\mathrm{d}\square = \sum_{Q} \bar{w}_Q f(\boldsymbol{\xi}_Q) \tag{4.5.24}$$

这里 $\bar{w}_Q$ 是一维积分权重 w_Q 的乘积。

在非线性分析中，采用积分点数的规则一般基于在线性分析中的相同规则。对于一个规则的单元，积分点数选择的目的是能恰好积分内部节点力。一个单元的规则形式是指仅通过母单元的拉伸而不是剪切能得到的形式，例如，一个矩形二维等参单元。对于一个4节点四边形单元，为了选择内部节点力的积分点数目，我们有下面的讨论：由于速度是双线性的，因此在单元中的变形率和 $\boldsymbol{B}$ 矩阵是线性的。如果应力是与变形率线性相关的，那么它将在单元内线性变化。内部节点力的被积函数是近似为二次的，因为它是 $\boldsymbol{B}$ 矩阵和应力的乘积。在 Gauss 积分中，对于一个二次函数的精确求解在每一方向上需要两个积分点，所以对于线性材料，需要 2×2 个点的积分得到内部节点力的精确解。对于线性本构方程的积分，几乎得到内部节点力精确解的积分公式，称为**完全积分**。

对于多项式或者近似为多项式的平滑函数，Gauss 积分的功能是非常强大的。在线性有限元分析中，包括对于矩形单元的多项式和等参单元的近似多项式，在刚度矩阵表达式中的被积函数是平滑的。在非线性分析中，被积函数并不总是平滑的。例如，对于一个弹塑性材料，在弹塑性材料的分界面上，应力可能会有不连续的导数。因此，对含有弹塑性界面的单元的 Gauss 积分，很可能出现较大的误差。但是，并不推荐使用高阶积分以回避这些误差，因为它常常导致刚性行为或自锁。

4.5.4 选择减缩积分 对于完全不可压缩或接近不可压缩的材料，内部节点力的完全积分可能引起单元的自锁，即出现很小的位移而且不收敛或收敛得非常慢。为了克服这个困难，最容易的方法是使用选择减缩积分。

在选择减缩积分中，压力为不完全积分，而应力矩阵的其余部分为完全积分。为此，将应力张量分解为静水部分和偏斜部分：

$$\sigma_{ij} = \sigma_{ij}^{\mathrm{dev}} + \sigma^{\mathrm{hyd}}\delta_{ij} \tag{4.5.25}$$

其中

$$\sigma^{\mathrm{hyd}} = \frac{1}{3}\sigma_{kk} = -p,\quad \sigma_{ij}^{\mathrm{dev}} = \sigma_{ij} - \sigma^{\mathrm{hyd}}\delta_{ij} \tag{4.5.26}$$

式中 p 是压力。变形率类似地分解为膨胀部分(体积)和偏斜部分，定义为

$$D_{ij}^{\mathrm{dev}} = D_{ij} - \frac{1}{3}D_{kk}\delta_{ij},\quad D_{ij}^{\mathrm{vol}} = \frac{1}{3}D_{kk}\delta_{ij} \tag{4.5.27}$$

这里注意到膨胀部分和偏斜部分是彼此正交的，因此在公式(4.3.21)中定义的内部虚功率成为

$$\delta p^{\mathrm{int}} = \int_{\Omega}\delta D_{ij}\sigma_{ij}\,\mathrm{d}\Omega = -\int_{\Omega}\delta D_{ii}\,p\,\mathrm{d}\Omega + \int_{\Omega}\delta D_{ij}^{\mathrm{dev}}\sigma_{ij}^{\mathrm{dev}}\,\mathrm{d}\Omega \tag{4.5.28}$$

通过公式(4.4.8)和(4.5.27)，在将变形率表示为形函数的形式后，膨胀和偏斜部分的被积函数分别成为

$$\delta D_{ii}\,p = \delta v_{iI} N_{I,i}\,p \tag{4.5.29}$$

和

$$\delta D_{ij}^{\text{dev}}\sigma_{ji}^{\text{dev}} = \frac{1}{2}(N_{I,j}\delta v_{iI} + N_{I,i}\delta v_{jI})\sigma_{ji}^{\text{dev}} \tag{4.5.30}$$

利用 σ_{ij}^{dev} 的对称性，偏斜被积函数简化为

$$\delta D_{ij}^{\text{dev}}\sigma_{ji}^{\text{dev}} = \delta v_{iI}N_{I,j}\sigma_{ji}^{\text{dev}} \tag{4.5.31}$$

在 δp^{int} 中，选择减缩积分包含在偏斜功率上的完全积分和在膨胀功率上的减缩积分。这样，一个 4 节点四边形单元的选择减缩积分给出为

$$\delta p^{\text{int}} = \delta v_{iI}\left(-J_{\xi}(\mathbf{0})N_{I,i}(\mathbf{0})p(\mathbf{0}) + \sum_{Q=1}^{4}\overline{w}_Q J(\boldsymbol{\xi}_Q)N_{I,j}(\boldsymbol{\xi}_Q)\sigma_{ji}^{\text{dev}}(\boldsymbol{\xi}_Q)\right) \tag{4.5.32}$$

因此，关于内力的选择减缩积分表达式为

$$(f_{iI}^{\text{int}})^{\text{T}} = f_{Ii}^{\text{int}} = -J_{\xi}(\mathbf{0})N_{I,i}(\mathbf{0})p(\mathbf{0}) + \sum_{Q=1}^{4}\overline{w}_Q J_{\xi}(\boldsymbol{\xi}_Q)N_{I,j}(\boldsymbol{\xi}_Q)\sigma_{ji}^{\text{dev}}(\boldsymbol{\xi}_Q) \tag{4.5.33}$$

如上面指出的那样，式中关于减缩积分的单个积分点是母单元的质心。偏斜部分是通过完全积分方式积分的。这种方法类似于应用于不可压缩材料线性分析的算法。关于其他单元的选择减缩积分算法，可以采取对于线性有限元类似的修正方法建立起来，可参见 Hughes (1997)。

4.5.5 单元力和矩阵转换 通常单元节点力和单元矩阵必须表达为交替自由度的形式，即对于节点位移的不同集合。下面建立节点力和单元矩阵的转换。

考虑一个单元或者一个单元集合，其节点位移为 $\hat{\boldsymbol{d}}$。我们希望把节点力表达为节点位移 $\boldsymbol{d}$，并与 $\hat{\boldsymbol{d}}$ 联系起来：

$$\frac{\mathrm{d}\hat{\boldsymbol{d}}}{\mathrm{d}t} = \boldsymbol{T}\frac{\mathrm{d}\boldsymbol{d}}{\mathrm{d}t}, \quad \delta\hat{\boldsymbol{d}} = \boldsymbol{T}\delta\boldsymbol{d} \tag{4.5.34}$$

则节点力和 $\boldsymbol{d}$ 的关系为

$$\boldsymbol{f} = \boldsymbol{T}^{\text{T}}\hat{\boldsymbol{f}} \tag{4.5.35}$$

这个转换成立是因为假设节点力和速度在功率上是共轭的，见第 2.4.2 节。它的证明如下。给定功的一个增量：

$$\delta W = \delta\boldsymbol{d}^{\text{T}}\boldsymbol{f} = \delta\hat{\boldsymbol{d}}^{\text{T}}\hat{\boldsymbol{f}} \quad \forall\,\delta\boldsymbol{d} \tag{4.5.36}$$

由于功是一个标量，且独立于坐标系或者广义位移的选择，所以节点力和虚位移两个集合之中的任何一个必须给出功的增量。将公式(4.5.34)代入式(4.5.36)，得到

$$\delta\boldsymbol{d}^{\text{T}}\boldsymbol{f} = \delta\boldsymbol{d}^{\text{T}}\boldsymbol{T}^{\text{T}}\hat{\boldsymbol{f}} \quad \forall\,\delta\boldsymbol{d} \tag{4.5.37}$$

由于公式(4.5.37)对所有的 $\delta\boldsymbol{d}$ 成立，所以公式(4.5.35)成立。

当 $\boldsymbol{T}$ 独立于时间时，对于这两个集合的自由度的质量矩阵之间的关系为

$$\boldsymbol{M} = \boldsymbol{T}^{\text{T}}\hat{\boldsymbol{M}}\boldsymbol{T} \tag{4.5.38}$$

这将证明如下。通过公式(4.5.35)

$$\boldsymbol{f}^{\text{kin}} = \boldsymbol{T}^{\text{T}}\hat{\boldsymbol{f}}^{\text{kin}} \tag{4.5.39}$$

并且应用公式(4.4.20)，我们有

$$\boldsymbol{M}\dot{\boldsymbol{v}} = \boldsymbol{T}^{\text{T}}\hat{\boldsymbol{M}}\dot{\hat{\boldsymbol{v}}} \tag{4.5.40}$$

如果 $\boldsymbol{T}$ 是时间独立的，由公式(4.5.34)有 $\dot{\hat{\boldsymbol{v}}} = \boldsymbol{T}\dot{\boldsymbol{v}}$，将它代入到上式，并且由于它必须对任意的节点加速度都成立，我们获得公式(4.5.38)。如果 $\boldsymbol{T}$ 矩阵是时间相关的，则 $\dot{\hat{\boldsymbol{v}}} =$

$\boldsymbol{T}\dot{\boldsymbol{v}}+\dot{\boldsymbol{T}}\boldsymbol{v}$，所以

$$\boldsymbol{f}^{\text{kin}}=\boldsymbol{T}^{\mathrm{T}}\hat{\boldsymbol{M}}\boldsymbol{T}\ddot{\boldsymbol{d}}+\boldsymbol{T}^{\mathrm{T}}\hat{\boldsymbol{M}}\dot{\boldsymbol{T}}\dot{\boldsymbol{d}} \tag{4.5.41}$$

类似于公式(4.5.38)，对于线性刚度矩阵和切向刚度矩阵的转换也成立，这将在第 6 章中讨论：

$$\boldsymbol{K}=\boldsymbol{T}^{\mathrm{T}}\hat{\boldsymbol{K}}\boldsymbol{T},\quad \boldsymbol{K}^{\tan}=\boldsymbol{T}^{\mathrm{T}}\hat{\boldsymbol{K}}^{\tan}\boldsymbol{T} \tag{4.5.42}$$

这些转换使我们能够在其他坐标系下计算单元矩阵，以此简化推导过程，如例 4.6。对于处理从属节点，它们也是很有用的，见例 4.5。

例 4.1 三角形 3 节点单元 应用三角坐标建立三角形单元(也称为面积坐标和重心坐标)，如图 4.3 所示。它是一个具有线性位移场的 3 节点单元，单元的厚度为 a。在母单元中，节点以逆时针方向编号。在初始构形中，节点编号必须是逆时针的，否则初始域和母单元域之间的映射行列式将成为负值。

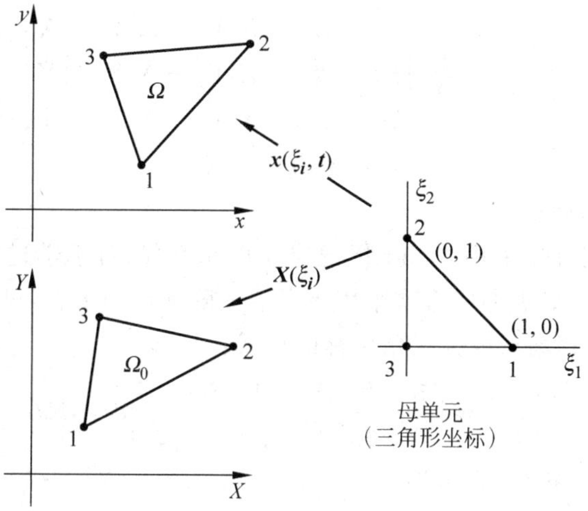

图 4.3 三角形单元的节点编号以及母单元到初始构形和当前构形的映射

具有线性位移三角形的形函数是三角坐标，因此 $N_I=\xi_I$。将空间坐标表示为三角坐标 ξ_I 的形式为

$$\begin{Bmatrix}x\\y\\1\end{Bmatrix}=\begin{bmatrix}x_1 & x_2 & x_3\\y_1 & y_2 & y_3\\1 & 1 & 1\end{bmatrix}\begin{Bmatrix}\xi_1\\\xi_2\\\xi_3\end{Bmatrix} \tag{E4.1.1}$$

这里我们附加上三角形单元坐标之和等于 1 这个条件。公式(E4.1.1)的逆矩阵为

$$\begin{Bmatrix}\xi_1\\\xi_2\\\xi_3\end{Bmatrix}=\frac{1}{2A}\begin{bmatrix}y_{23} & x_{32} & x_2y_3-x_3y_2\\y_{31} & x_{13} & x_3y_1-x_1y_3\\y_{12} & x_{21} & x_1y_2-x_2y_1\end{bmatrix}\begin{Bmatrix}x\\y\\1\end{Bmatrix} \tag{E4.1.2}$$

这里我们使用了标记

$$x_{IJ}=x_I-x_J,\quad y_{IJ}=y_I-y_J \tag{E4.1.3}$$

以及

$$2A=x_{32}y_{12}-x_{12}y_{32} \tag{E4.1.4}$$

式中 A 是单元的当前面积。从上面可以看出，在三角形 3 节点单元中，母域到当前域的映

射，可以直接对公式(E4.1.1)求逆，出现这种特殊的情况是因为对于这种单元的映射是线性的。但是，对于大多数单元，母域到当前域的映射是非线性的，因此对于大多数单元是不能够求逆的。

通过观察，可以直接从公式(E4.1.2)确定形函数的导数：

$$[N_{I,j}] = [\xi_{I,j}] = \begin{bmatrix} \xi_{1,x} & \xi_{1,y} \\ \xi_{2,x} & \xi_{2,y} \\ \xi_{3,x} & \xi_{3,y} \end{bmatrix} = \frac{1}{2A}\begin{bmatrix} y_{23} & x_{32} \\ y_{31} & x_{13} \\ y_{12} & x_{21} \end{bmatrix} \tag{E4.1.5}$$

通过在 $t=0$ 时刻写出公式(E4.1.1)，我们可以得到母单元和初始构形之间的映射，给出

$$\begin{Bmatrix} X \\ Y \\ 1 \end{Bmatrix} = \begin{bmatrix} X_1 & X_2 & X_3 \\ Y_1 & Y_2 & Y_3 \\ 1 & 1 & 1 \end{bmatrix}\begin{Bmatrix} \xi_1 \\ \xi_2 \\ \xi_3 \end{Bmatrix} \tag{E4.1.6}$$

除了这是初始坐标的形式之外，这个关系的逆与公式(E4.1.2)是一致的。

$$\begin{Bmatrix} \xi_1 \\ \xi_2 \\ \xi_3 \end{Bmatrix} = \frac{1}{2A_0}\begin{bmatrix} Y_{23} & X_{32} & X_2Y_3 - X_3Y_2 \\ Y_{31} & X_{13} & X_3Y_1 - X_1Y_3 \\ Y_{12} & X_{21} & X_1Y_2 - X_2Y_1 \end{bmatrix}\begin{Bmatrix} X \\ Y \\ 1 \end{Bmatrix} \tag{E4.1.7}$$

$$2A_0 = X_{32}Y_{12} - X_{12}Y_{32} \tag{E4.1.8}$$

其中 A_0 是单元的初始面积。

Voigt 标记　我们首先采用 Voigt 标记建立单元方程，对于学过线性有限元的读者，应该很熟悉这部分内容。对于那些喜欢采用更简洁矩阵标记的读者，可以直接跳到这种形式。采用 Voigt 标记，将位移场写成为三角坐标的形式：

$$\begin{Bmatrix} u_x \\ u_y \end{Bmatrix} = \begin{bmatrix} \xi_1 & 0 & \xi_2 & 0 & \xi_3 & 0 \\ 0 & \xi_1 & 0 & \xi_2 & 0 & \xi_3 \end{bmatrix}\boldsymbol{d} = \boldsymbol{N}\boldsymbol{d} \tag{E4.1.9}$$

这里 $\boldsymbol{d}$ 是节点位移的列矩阵，表示为

$$\boldsymbol{d}^{\mathrm{T}} = [u_{x1} \quad u_{y1} \quad u_{x2} \quad u_{y2} \quad u_{x3} \quad u_{y3}] \tag{E4.1.10}$$

通过取位移的材料时间导数得到速度为

$$\begin{Bmatrix} v_x \\ v_y \end{Bmatrix} = \begin{bmatrix} \xi_1 & 0 & \xi_2 & 0 & \xi_3 & 0 \\ 0 & \xi_1 & 0 & \xi_2 & 0 & \xi_3 \end{bmatrix}\dot{\boldsymbol{d}} \tag{E4.1.11}$$

$$\dot{\boldsymbol{d}}^{\mathrm{T}} = [v_{x1} \quad v_{y1} \quad v_{x2} \quad v_{y2} \quad v_{x3} \quad v_{y3}] \tag{E4.1.12}$$

节点速度和节点力表示在图 4.4 中。

采用 Voigt 标记的变形率和应力列矩阵为

$$\{\boldsymbol{D}\} = \begin{Bmatrix} D_{xx} \\ D_{yy} \\ 2D_{xy} \end{Bmatrix}, \quad \{\boldsymbol{\sigma}\} = \begin{Bmatrix} \sigma_{xx} \\ \sigma_{yy} \\ \sigma_{xy} \end{Bmatrix} \tag{E4.1.13}$$

式中，在采用 Voigt 标记的剪应变速度前需要乘以系数 2，见附录 1。在平面应力或者平面应变中，内部节点力仅需要平面内的应力(在本构更新的平面应变塑性问题中，需要 σ_{zz})。由于在平面应力中 $\sigma_{zz}=0$，而在平面应变中 $D_{zz}=0$，在任何一种情况下，$D_{zz}\sigma_{zz}$ 对功率都没有贡献。而且在平面应力和平面应变中，横向剪切应力 σ_{xz} 和 σ_{yz}，以及相对应的变形率分量 D_{xz} 和 D_{yz} 也都等于零。

通过变形率的定义(3.3.10)和速度的近似，我们有

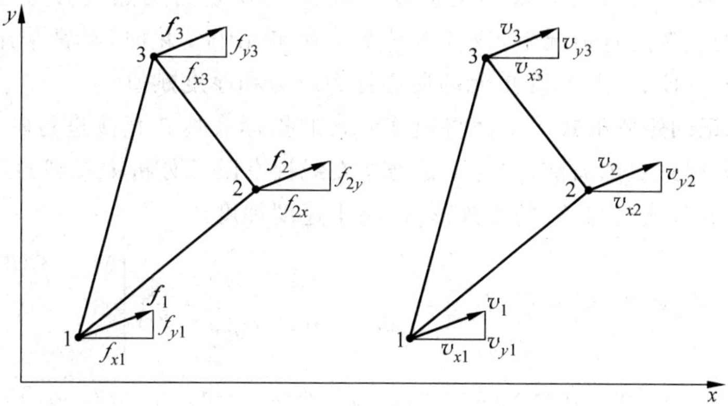

图 4.4 三角形单元的节点力和速度分量

$$D_{xx}=\frac{\partial v_x}{\partial x}=\frac{\partial N_I}{\partial x}v_{xI}$$

$$D_{yy}=\frac{\partial v_y}{\partial y}=\frac{\partial N_I}{\partial y}v_{yI}$$

$$2D_{xy}=\frac{\partial v_x}{\partial y}+\frac{\partial v_y}{\partial x}=\frac{\partial N_I}{\partial y}v_{xI}+\frac{\partial N_I}{\partial x}v_{yI} \tag{E4.1.14}$$

采用 Voigt 标记构造矩阵 $\boldsymbol{B}$，通过 $\{\boldsymbol{D}\}=\boldsymbol{B}\dot{\boldsymbol{d}}$ 将变形率与节点速度联系起来，因此应用公式(E4.1.14)和三角坐标的导数公式(E4.1.5)，我们有

$$\boldsymbol{B}_I=\begin{bmatrix}N_{I,x} & 0\\ 0 & N_{I,y}\\ N_{I,y} & N_{I,x}\end{bmatrix},\quad [\boldsymbol{B}]=[\boldsymbol{B}_1\quad \boldsymbol{B}_2\quad \boldsymbol{B}_3]=\frac{1}{2A}\begin{bmatrix}y_{23} & 0 & y_{31} & 0 & y_{12} & 0\\ 0 & x_{32} & 0 & x_{13} & 0 & x_{21}\\ x_{32} & y_{23} & x_{13} & y_{31} & x_{21} & y_{12}\end{bmatrix} \tag{E4.1.15}$$

通过公式(4.5.12)，内部节点力为

$$\begin{Bmatrix}f_{x1}\\ f_{y1}\\ f_{x2}\\ f_{y2}\\ f_{x3}\\ f_{y3}\end{Bmatrix}=\int_\Omega \boldsymbol{B}^{\mathrm{T}}\{\boldsymbol{\sigma}\}\mathrm{d}\Omega=\int_\Omega \frac{a}{2A}\begin{bmatrix}y_{23} & 0 & x_{32}\\ 0 & x_{32} & y_{23}\\ y_{31} & 0 & x_{13}\\ 0 & x_{13} & y_{31}\\ y_{12} & 0 & x_{21}\\ 0 & x_{21} & y_{12}\end{bmatrix}\begin{Bmatrix}\sigma_{xx}\\ \sigma_{yy}\\ \sigma_{xy}\end{Bmatrix}\mathrm{d}A \tag{E4.1.16}$$

式中 a 是厚度，并且我们已经使用了 $\mathrm{d}\Omega=a\mathrm{d}A$。如果我们假设在单元中应力和厚度为常数，可以得到

$$\begin{Bmatrix}f_{x1}\\ f_{y1}\\ f_{x2}\\ f_{y2}\\ f_{x3}\\ f_{y3}\end{Bmatrix}^{\mathrm{int}}=\frac{a}{2}\begin{bmatrix}y_{23} & 0 & x_{32}\\ 0 & x_{32} & y_{23}\\ y_{31} & 0 & x_{13}\\ 0 & x_{13} & y_{31}\\ y_{12} & 0 & x_{21}\\ 0 & x_{21} & y_{12}\end{bmatrix}\begin{Bmatrix}\sigma_{xx}\\ \sigma_{yy}\\ \sigma_{xy}\end{Bmatrix} \tag{E4.1.17}$$

在 3 节点三角形单元中,应力有时不是常数。例如,当所包含的热应力为一个线性温度场时,应力是线性的。在这种情况下,或者当厚度 a 在单元中变化时,经常采用一点积分。一点积分等价于公式(E4.1.17),在单元的质心处为应力和厚度赋值。

基于指标标记的矩阵形式 下面将矩阵形式的指标表达式直接进行转换,以建立单元的表达式,使得方程式更加简洁,但这不是通常在线性有限元分析中看到的形式。

变形率 根据公式(4.4.7)的矩阵形式,给出速度梯度:

$$\boldsymbol{L}=[L_{ij}]=[v_{iI}][N_{I,j}]=\begin{bmatrix}v_{x1} & v_{x2} & v_{x3}\\ v_{y1} & v_{y2} & v_{y3}\end{bmatrix}\frac{1}{2A}\begin{bmatrix}y_{23} & x_{32}\\ y_{31} & x_{13}\\ y_{12} & x_{21}\end{bmatrix}$$

$$=\frac{1}{2A}\begin{bmatrix}y_{23}v_{x1}+y_{31}v_{x2}+y_{12}v_{x3} & x_{32}v_{x1}+x_{13}v_{x2}+x_{21}v_{x3}\\ y_{23}v_{y1}+y_{31}v_{y2}+y_{12}v_{y3} & x_{32}v_{y1}+x_{13}v_{y2}+x_{21}v_{y3}\end{bmatrix} \tag{E4.1.18}$$

通过公式(3.3.30),可以从上式中得到变形率:

$$\boldsymbol{D}=\frac{1}{2}(\boldsymbol{L}+\boldsymbol{L}^{\mathrm{T}}) \tag{E4.1.19}$$

从公式(E4.1.18)和(E4.1.19)可以看出,在单元中变形率是常数。

内部节点力 通过公式(4.5.16),得到内力:

$$\boldsymbol{f}_{\mathrm{int}}^{\mathrm{T}}=[f_{Ii}]^{\mathrm{int}}=\begin{bmatrix}f_{1x} & f_{1y}\\ f_{2x} & f_{2y}\\ f_{3x} & f_{3y}\end{bmatrix}^{\mathrm{int}}=\int_{\Omega}[N_{I,j}][\sigma_{ji}]\mathrm{d}\Omega$$

$$=\int_{A}\frac{1}{2A}\begin{bmatrix}y_{23} & x_{32}\\ y_{31} & x_{13}\\ y_{12} & x_{21}\end{bmatrix}\begin{bmatrix}\sigma_{xx} & \sigma_{xy}\\ \sigma_{xy} & \sigma_{yy}\end{bmatrix}a\,\mathrm{d}A \tag{E4.1.20}$$

式中 a 是厚度。如果应力和厚度在单元内为常数,则被积函数为常数并且积分结果可以通过被积函数乘以体积 aA 得到:

$$\boldsymbol{f}_{\mathrm{int}}^{\mathrm{T}}=\frac{a}{2}\begin{bmatrix}y_{23} & x_{32}\\ y_{31} & x_{13}\\ y_{12} & x_{21}\end{bmatrix}\begin{bmatrix}\sigma_{xx} & \sigma_{xy}\\ \sigma_{xy} & \sigma_{yy}\end{bmatrix}=\frac{a}{2}\begin{bmatrix}y_{23}\sigma_{xx}+x_{32}\sigma_{xy} & y_{23}\sigma_{xy}+x_{32}\sigma_{yy}\\ y_{31}\sigma_{xx}+x_{13}\sigma_{xy} & y_{31}\sigma_{xy}+x_{13}\sigma_{yy}\\ y_{12}\sigma_{xx}+x_{21}\sigma_{xy} & y_{12}\sigma_{xy}+x_{21}\sigma_{yy}\end{bmatrix} \tag{E4.1.21}$$

这个表达式给出了与公式(E4.1.17)同样的结果。很容易证明节点力每一个分量的和为零,即单元是平衡的。比较公式(E4.1.20)和(E4.1.17),我们看到前者包含更少的乘法运算,在 Voigt 形式(E4.1.17)中包含许多与零相乘的运算,这样降低了运算速度,尤其在这些方程的三维部分计算中。然而,矩阵的指标形式难以推广到刚度矩阵的运算中,因此我们在第 6 章将看到,当需要刚度矩阵时,Voigt 形式是必不可少的。

质量矩阵 通过公式(4.4.57),在未变形构形中计算质量矩阵。质量矩阵为

$$\hat{M}_{IJ}=\int_{\Omega_0}\rho_0 N_I N_J\,\mathrm{d}\Omega_0=\int_{\square}a_0\rho_0\xi_I\xi_J J_{\xi}^{0}\,\mathrm{d}\square \tag{E4.1.22}$$

这里我们用到了 $\mathrm{d}\Omega_0=a_0 J_{\xi}^{0}\mathrm{d}\square$。表达式最右边的积分是在母单元域上进行的。将它写成矩阵形式为

$$\widetilde{\boldsymbol{M}} = \int_{\square} a_0 \rho_0 \begin{bmatrix} \xi_1 \\ \xi_2 \\ \xi_3 \end{bmatrix} [\xi_1 \quad \xi_2 \quad \xi_3] J_\xi^0 \mathrm{d}\square \tag{E4.1.23}$$

其中对于初始构形的单元Jacobian行列式为$J_\xi^0 = 2A_0$，这里A_0为初始面积。应用三角坐标的积分规则，一致质量矩阵为

$$\widetilde{\boldsymbol{M}} = \frac{\rho_0 A_0 a_0}{12} \begin{bmatrix} 2 & 1 & 1 \\ 1 & 2 & 1 \\ 1 & 1 & 2 \end{bmatrix} \tag{E4.1.24}$$

通过公式(4.4.51)$M_{iIjJ} = \delta_{ij} \widetilde{M}_{IJ}$，可以将质量矩阵完全展开，然后应用公式(2.4.26)的规则得到

$$\boldsymbol{M} = \frac{\rho_0 A_0 a_0}{12} \begin{bmatrix} 2 & 0 & 1 & 0 & 1 & 0 \\ 0 & 2 & 0 & 1 & 0 & 1 \\ 1 & 0 & 2 & 0 & 1 & 0 \\ 0 & 1 & 0 & 2 & 0 & 1 \\ 1 & 0 & 1 & 0 & 2 & 0 \\ 0 & 1 & 0 & 1 & 0 & 2 \end{bmatrix} \tag{E4.1.25}$$

通过行求和技术，得到对角线或集中质量矩阵为

$$\widetilde{\boldsymbol{M}} = \frac{\rho_0 A_0 a_0}{3} \begin{bmatrix} 1 & 0 & 0 \\ 0 & 1 & 0 \\ 0 & 0 & 1 \end{bmatrix} \tag{E4.1.26}$$

这个矩阵也可以通过简单地将单元质量的三分之一赋值给每个节点得到。

外部节点力 为了计算外部节点力，需要体积力的插值。通过线性插值，使得体积力以三角坐标的形式近似表示为

$$\begin{Bmatrix} b_x \\ b_y \end{Bmatrix} = \begin{bmatrix} b_{x1} & b_{x2} & b_{x3} \\ b_{y1} & b_{y2} & b_{y3} \end{bmatrix} \begin{Bmatrix} \xi_1 \\ \xi_2 \\ \xi_3 \end{Bmatrix} \tag{E4.1.27}$$

公式(4.4.15)的矩阵形式为

$$\begin{aligned} [\boldsymbol{f}_{iI}]^{\text{ext}} &= \begin{bmatrix} f_{x1} & f_{x2} & f_{x3} \\ f_{y1} & f_{y2} & f_{y3} \end{bmatrix}^{\text{ext}} = \int_\Omega \{b_i\}\{N_I\}^{\mathrm{T}} \rho a \, \mathrm{d}A \\ &= \begin{bmatrix} b_{x1} & b_{x2} & b_{x3} \\ b_{y1} & b_{y2} & b_{y3} \end{bmatrix} \int_\Omega \begin{bmatrix} \xi_1 \\ \xi_2 \\ \xi_3 \end{bmatrix} [\xi_1 \quad \xi_2 \quad \xi_3] \rho a \, \mathrm{d}A \end{aligned} \tag{E4.1.28}$$

应用三角坐标的积分规则并考虑单元厚度和密度为常数，给出

$$\boldsymbol{f}_{\text{ext}}^{\mathrm{T}} = \frac{\rho A a}{12} \begin{bmatrix} b_{x1} & b_{x2} & b_{x3} \\ b_{y1} & b_{y2} & b_{y3} \end{bmatrix} \begin{bmatrix} 2 & 1 & 1 \\ 1 & 2 & 1 \\ 1 & 1 & 2 \end{bmatrix} \tag{E4.1.29}$$

为了说明在指定面力情况下的外力计算，考虑指定在节点1与节点2之间的面力分量i。如果我们通过线性插值来近似面力，那么

$$\bar{t}_i = \bar{t}_{i1}\xi_1 + \bar{t}_{i2}\xi_2 \tag{E4.1.30}$$

通过公式(4.4.15)给出外部节点力。我们建立一行矩阵为

$$[f_{i1} \quad f_{i2} \quad f_{i3}]^{\text{ext}} = \int_{\Gamma_{12}} \bar{t}_i N_I \mathrm{d}\Gamma = \int_0^1 (\bar{t}_{i1}\xi_1 + \bar{t}_{i2}\xi_2)[\xi_1 \quad \xi_2 \quad \xi_3] a l_{12} \mathrm{d}\xi_1 \tag{E4.1.31}$$

式中应用了 $\mathrm{d}s = l_{12}\mathrm{d}\xi_1$。$l_{12}$ 是连接节点 1 和 2 之间的当前长度，在这条边上，$\xi_2 = 1 - \xi_1$，$\xi_3 = 0$。在公式(E4.1.31)中的积分运算为

$$[f_{i1} \quad f_{i2} \quad f_{i3}]^{\text{ext}} = \frac{a l_{12}}{6}[2\bar{t}_{i1} + \bar{t}_{i2} \quad \bar{t}_{i1} + 2\bar{t}_{i2} \quad 0] \tag{E4.1.32}$$

仅在属于有面力作用边界上的节点，外部节点力才为非零值。这个方程适用于任意的局部坐标系。对于施加的压力，在局部坐标系中就可以计算出上式的值。

例 4.2　四边形单元和其他二维等参单元　建立二维等参单元的变形梯度、变形率、节点力和质量矩阵的表达式，对于 4 节点四边形单元给出详细的表达式，以矩阵形式给出内部节点力的表达式。

形函数和节点变量　以单元坐标的形式(ξ, η)表示单元的形函数。以形函数和节点坐标的形式表示空间坐标：

$$\begin{Bmatrix} x(\boldsymbol{\xi}, t) \\ y(\boldsymbol{\xi}, t) \end{Bmatrix} = N_I(\boldsymbol{\xi}) \begin{Bmatrix} x_I(t) \\ y_I(t) \end{Bmatrix}, \quad \boldsymbol{\xi} = \begin{Bmatrix} \xi \\ \eta \end{Bmatrix} \tag{E4.2.1}$$

对于四边形，其等参形函数为

$$N_I(\xi) = \frac{1}{4}(1 + \xi_I \xi)(1 + \eta_I \eta) \tag{E4.2.2}$$

这里(ξ_I, η_I)，$I = 1 \sim 4$，是母单元的节点坐标，如图 4.5 所示。它们为

$$[\xi_{iI}] = \begin{Bmatrix} \xi_I \\ \eta_I \end{Bmatrix} = \begin{bmatrix} -1 & 1 & 1 & -1 \\ -1 & -1 & 1 & 1 \end{bmatrix} \tag{E4.2.3}$$

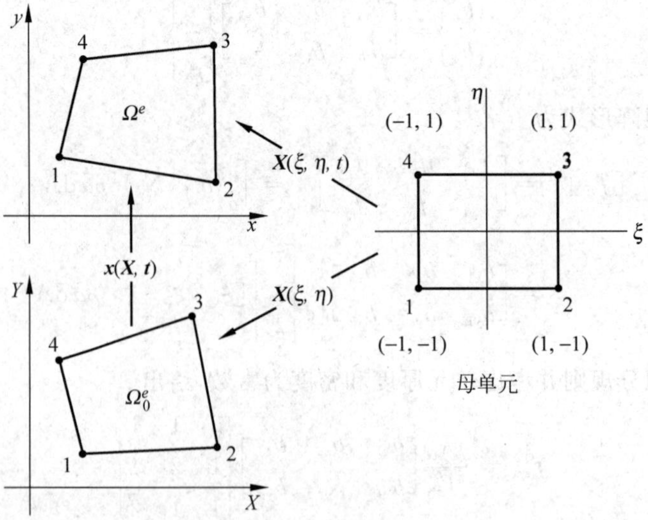

图 4.5　在当前构形和初始构形以及母单元域中的四边形单元

由于公式(E4.2.1)对于 $t=0$ 也成立,因此可以写为

$$\begin{Bmatrix} X(\boldsymbol{\xi}) \\ Y(\boldsymbol{\xi}) \end{Bmatrix} = \begin{Bmatrix} X_I \\ Y_I \end{Bmatrix} N_I(\boldsymbol{\xi}) \tag{E4.2.4}$$

式中的 X_I, Y_I 是在未变形构形中的坐标。节点速度为

$$\begin{Bmatrix} v_x(\boldsymbol{\xi},t) \\ v_y(\boldsymbol{\xi},t) \end{Bmatrix} = \begin{Bmatrix} v_{xI}(t) \\ v_{yI}(t) \end{Bmatrix} N_I(\boldsymbol{\xi}) \tag{E4.2.5}$$

它是位移的材料时间导数。

变形率和内部节点力 对于形函数公式(E4.2.2),映射(E4.2.1)不是可逆的。这样就不能直接将 ξ_i 表达成 x 和 y 的形式,所以形函数的导数是通过隐式微分计算出来的。引用公式(4.4.42)和(4.4.40),我们有

$$N_{I,x}^{\mathrm{T}} = [N_{I,x} \quad N_{I,y}] = N_{I,\xi}^{\mathrm{T}} \boldsymbol{x}_{,\xi}^{-1} = [N_{I,\xi} \quad N_{I,\eta}] \begin{bmatrix} x_{,\xi} & x_{,\eta} \\ y_{,\xi} & y_{,\eta} \end{bmatrix}^{-1} \tag{E4.2.6}$$

当前构形相对于单元坐标的 Jacobian 矩阵为

$$\boldsymbol{x}_{,\xi} = \begin{bmatrix} x_{,\xi} & x_{,\eta} \\ y_{,\xi} & y_{,\eta} \end{bmatrix} = [x_{iI}][\partial N_I/\partial \xi_j] = \begin{Bmatrix} x_I \\ y_I \end{Bmatrix} [N_{I,\xi} \quad N_{I,\eta}] = \begin{bmatrix} x_I N_{I,\xi} & x_I N_{I,\eta} \\ y_I N_{I,\xi} & y_I N_{I,\eta} \end{bmatrix} \tag{E4.2.7}$$

对于 4 节点四边形单元,上式成为

$$\boldsymbol{x}_{,\xi} = \frac{1}{4} \sum_{I=1}^{4} \begin{bmatrix} x_I(t)\xi_I(1+\eta_I\eta) & x_I(t)\eta_I(1+\xi_I\xi) \\ y_I(t)\xi_I(1+\eta_I\eta) & y_I(t)\eta_I(1+\xi_I\xi) \end{bmatrix} \tag{E4.2.8}$$

在上式中,指标 I 出现了 3 次,表示直接求和。从等式的右边可以看出,Jacobian 矩阵是时间的函数。$\boldsymbol{x}_{,\xi}$的逆为

$$\boldsymbol{x}_{,\xi}^{-1} = \frac{1}{J_\xi} \begin{bmatrix} y_{,\eta} & -x_{,\eta} \\ -y_{,\xi} & x_{,\xi} \end{bmatrix}, \quad J_\xi = x_{,\xi} y_{,\eta} - x_{,\eta} y_{,\xi} \tag{E4.2.9}$$

关于 4 节点四边形单元采用单元坐标表示的形函数的梯度为

$$\boldsymbol{N}_{,\xi}^{\mathrm{T}} = [\partial N_I/\partial \xi_i] = \begin{bmatrix} \partial N_1/\partial \xi & \partial N_1/\partial \eta \\ \partial N_2/\partial \xi & \partial N_2/\partial \eta \\ \partial N_3/\partial \xi & \partial N_3/\partial \eta \\ \partial N_4/\partial \xi & \partial N_4/\partial \eta \end{bmatrix} = \frac{1}{4} \begin{bmatrix} \xi_1(1+\eta_1\eta) & \eta_1(1+\xi_1\xi) \\ \xi_2(1+\eta_2\eta) & \eta_2(1+\xi_2\xi) \\ \xi_3(1+\eta_3\eta) & \eta_3(1+\xi_3\xi) \\ \xi_4(1+\eta_4\eta) & \eta_4(1+\xi_4\xi) \end{bmatrix}$$

则采用空间坐标表示的形函数的梯度可以计算为

$$\mathscr{B}_I^{\mathrm{T}} = N_{I,x}^{\mathrm{T}} = N_{I,\xi}^{\mathrm{T}} \boldsymbol{x}_{,\xi}^{-1} = \frac{1}{4} \begin{bmatrix} \xi_1(1+\eta_1\eta) & \eta_1(1+\xi_1\xi) \\ \xi_2(1+\eta_2\eta) & \eta_2(1+\xi_2\xi) \\ \xi_3(1+\eta_3\eta) & \eta_3(1+\xi_3\xi) \\ \xi_4(1+\eta_4\eta) & \eta_4(1+\xi_4\xi) \end{bmatrix} \frac{1}{J_\xi} \begin{bmatrix} y_{,\eta} & -x_{,\eta} \\ -y_{,\xi} & x_{,\xi} \end{bmatrix} \tag{E4.2.10}$$

根据公式(4.5.3),速度梯度为

$$\boldsymbol{L} = \boldsymbol{v}_I \mathscr{B}_I^{\mathrm{T}} = \boldsymbol{v}_I N_{I,x}^{\mathrm{T}} \tag{E4.2.11}$$

对于不是矩形的 4 节点四边形,速度梯度和变形率是一个有理函数,这是因为 $J_\xi = \det(\boldsymbol{x}_{,\xi})$ 出现在 $\boldsymbol{x}_{,\xi}$的分母中。行列式 J_ξ 是关于(ξ,η)的线性函数。

根据公式(4.5.7),可以得到内部节点力:

$$(\boldsymbol{f}_I^{\text{int}})^{\mathrm{T}} = [f_{xI} \quad f_{yI}]^{\text{int}} = \int_\Omega \mathcal{B}_I^{\mathrm{T}}\boldsymbol{\sigma}\,\mathrm{d}\Omega = \int_\Omega [N_{I,x} \quad N_{I,y}]\begin{bmatrix}\sigma_{xx} & \sigma_{xy}\\ \sigma_{xy} & \sigma_{yy}\end{bmatrix}\mathrm{d}\Omega \tag{E4.2.12}$$

为了使积分在母单元域上进行,我们应用

$$\mathrm{d}\Omega = J_\xi\, a\,\mathrm{d}\xi\mathrm{d}\eta \tag{E4.2.13}$$

其中 a 是厚度,所以

$$(\boldsymbol{f}_I^{\text{int}})^{\mathrm{T}} = [f_{xI} \quad f_{yI}]^{\text{int}} = \int_\square [N_{I,x} \quad N_{I,y}]\begin{bmatrix}\sigma_{xx} & \sigma_{xy}\\ \sigma_{xy} & \sigma_{yy}\end{bmatrix}aJ_\xi\,\mathrm{d}\square \tag{E4.2.14}$$

上式适用于任意的二维等参单元。因为 J_ξ 出现在分母中(见公式(E4.2.9)),被积函数是关于单元坐标的有理函数,所以对上式的解析积分是不可行的。因此,通常使用数值积分。对于 4 节点四边形单元,2×2 的 Gauss 积分为完全积分。但是在平面应变问题中,对于不可压缩或几乎不可压缩的材料,完全积分会出现单元自锁,因此必须应用在第4.5.4节中描述的局部减缩积分。对于 4 节点四边形单元,沿着每条边的位移是线性的。所以,它的外部节点力与 3 节点三角形单元的外部节点力是一致的,见公式(E4.1.28)~(E4.1.32)。

质量矩阵 通过公式(4.4.57)得到一致质量矩阵:

$$\widetilde{\boldsymbol{M}} = \int_{\Omega_0}\begin{bmatrix}N_1\\N_2\\N_3\\N_4\end{bmatrix}[N_1 \quad N_2 \quad N_3 \quad N_4]\rho_0\,\mathrm{d}\Omega_0 \tag{E4.2.15}$$

我们应用

$$\mathrm{d}\Omega_0 = J_\xi^0(\xi,\eta)a_0\,\mathrm{d}\xi\mathrm{d}\eta \tag{E4.2.16}$$

这里 $J_\xi^0(\xi,\eta)$ 是母单元到初始构形变换的 Jacobian 行列式,a_0 是未变形单元的厚度。当在母单元中为 $\widetilde{\boldsymbol{M}}$ 赋值时,表达式为

$$\widetilde{\boldsymbol{M}} = \int_{-1}^{1}\int_{-1}^{1}\begin{bmatrix}N_1^2 & N_1N_2 & N_1N_3 & N_1N_4\\ & N_2^2 & N_2N_3 & N_2N_4\\ \text{对称} & & N_3^2 & N_3N_4\\ & & & N_4^2\end{bmatrix}\rho_0 a_0 J_\xi^0(\boldsymbol{\xi},\boldsymbol{\eta})\,\mathrm{d}\xi\mathrm{d}\eta \tag{E4.2.17}$$

通过数值积分计算矩阵。根据在前面例题中关于三角形单元所描述的步骤,可以将这个质量矩阵展开成为一个 8×8 的矩阵。

根据 Lobatto 积分,使积分点与节点重合,可以得到一个集中的、对角的质量矩阵。如果我们用 $\boldsymbol{m}(\xi_I,\eta_I)$ 代表公式(E4.2.17)的被积函数,则 Lobatto 积分为

$$\widetilde{\boldsymbol{M}} = \sum_{I=1}^{4}\boldsymbol{m}(\xi_I,\eta_I) \tag{E4.2.18}$$

另一种方法是将单元的整个质量平均分配到四个节点上,可以得到对角质量矩阵。当 a_0 不变时,单元整个质量为 $\rho_0 A_0 a_0$,所以将它分配到四个节点上给出

$$\widetilde{\boldsymbol{M}} = \frac{1}{4}\rho_0 A_0 a_0 \boldsymbol{I}_4 \tag{E4.2.19}$$

式中 $\boldsymbol{I}_4$ 是 4 阶的单位阵。

例 4.3 三维等参单元 建立三维等参单元的变形率、节点力和质量矩阵的表达式。

在图 4.6 中是这类单元的一个例子——8 节点六面体单元。

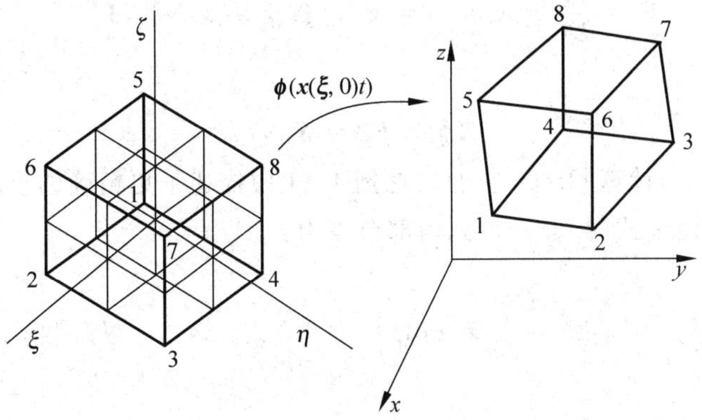

图 4.6 8 节点六面体单元的母单元和当前构形

运动和应变度量 单元的运动为

$$\begin{Bmatrix} x \\ y \\ z \end{Bmatrix} = N_I(\boldsymbol{\xi})\begin{Bmatrix} x_I(t) \\ y_I(t) \\ z_I(t) \end{Bmatrix}, \quad \boldsymbol{\xi} = (\xi, \eta, \zeta) \tag{E4.3.1}$$

附录 3 给出了特定单元使用的形函数。方程(E4.3.1)在 $t=0$ 时也成立,所以

$$\begin{Bmatrix} X \\ Y \\ Z \end{Bmatrix} = N_I(\boldsymbol{\xi})\begin{Bmatrix} X_I \\ Y_I \\ Z_I \end{Bmatrix} \tag{E4.3.2}$$

其速度场为

$$\begin{Bmatrix} v_x \\ v_y \\ v_z \end{Bmatrix} = N_I(\boldsymbol{\xi})\begin{Bmatrix} v_{xI} \\ v_{yI} \\ v_{zI} \end{Bmatrix} \tag{E4.3.3}$$

从公式(4.5.3)中可以得到速度梯度为

$$\mathscr{B}_I^{\mathrm{T}} = [N_{I,x} \quad N_{I,y} \quad N_{I,z}] \tag{E4.3.4}$$

$$\boldsymbol{L} = \boldsymbol{v}_I \mathscr{B}_I^{\mathrm{T}} = \begin{Bmatrix} v_{xI} \\ v_{yI} \\ v_{zI} \end{Bmatrix}[N_{I,x} \quad N_{I,y} \quad N_{I,z}] \tag{E4.3.5}$$

$$= \begin{bmatrix} v_{xI}N_{I,x} & v_{xI}N_{I,y} & v_{xI}N_{I,z} \\ v_{yI}N_{I,x} & v_{yI}N_{I,y} & v_{yI}N_{I,z} \\ v_{zI}N_{I,x} & v_{zI}N_{I,y} & v_{zI}N_{I,z} \end{bmatrix} \tag{E4.3.6}$$

通过公式(4.4.42),从对应于单元坐标的导数形式得到对应于空间坐标的导数:

$$N_{I,x}^{\mathrm{T}} = N_{I,\xi}^{\mathrm{T}} \boldsymbol{x}_{,\boldsymbol{\xi}}^{-1} \tag{E4.3.7}$$

$$\boldsymbol{x}_{,\boldsymbol{\xi}} \equiv \boldsymbol{F}_{\xi} = \boldsymbol{x}_I N_{I,\boldsymbol{\xi}}^{\mathrm{T}} = \begin{Bmatrix} x_I \\ y_I \\ z_I \end{Bmatrix}[N_{I,\xi} \quad N_{I,\eta} \quad N_{I,\zeta}] \tag{E4.3.8}$$

由公式(3.2.19)、(E4.3.1)和(E4.3.7),可以计算变形梯度:

$$\boldsymbol{F}=\frac{\partial \boldsymbol{x}}{\partial \boldsymbol{X}}=\boldsymbol{x}_I N_{I,x}=\boldsymbol{x}_I N_{I,\boldsymbol{\xi}}^{\mathrm{T}} \boldsymbol{X}_{,\boldsymbol{\xi}}^{-1} \equiv \boldsymbol{x}_I N_{I,\boldsymbol{\xi}}^{\mathrm{T}}(\boldsymbol{F}_{\xi}^{0})^{-1} \tag{E4.3.9}$$

式中

$$\boldsymbol{X}_{,\boldsymbol{\xi}} \equiv \boldsymbol{F}_{\xi}^{0}=\boldsymbol{X}_I N_{I,\boldsymbol{\xi}}^{\mathrm{T}} \tag{E4.3.10}$$

然后通过公式(3.3.5)计算 Green 应变。在例 4.11 中描述了更精确的求解过程。

内部节点力 由公式(4.5.7)得到内部节点力:

$$(\boldsymbol{f}^{\mathrm{int}}{}_I)^{\mathrm{T}}=[f_{xI} \quad f_{yI} \quad f_{zI}]^{\mathrm{int}}=\int_{\Omega} \mathscr{B}_I^{\mathrm{T}} \boldsymbol{\sigma} \mathrm{d}\Omega=\int_{\square}[N_{I,x} \quad N_{I,y} \quad N_{I,z}]\begin{bmatrix}\sigma_{xx} & \sigma_{xy} & \sigma_{xz} \\ \sigma_{xy} & \sigma_{yy} & \sigma_{yz} \\ \sigma_{xz} & \sigma_{yz} & \sigma_{zz}\end{bmatrix} J_{\xi} \mathrm{d}\square \tag{E4.3.11}$$

通过数值积分公式(4.5.22)计算这个积分。

外部节点力 我们首先考虑由体积力所产生的节点力。根据公式(4.4.15),我们有

$$f_{iI}^{\mathrm{ext}}=\int_{\Omega} N_I \rho b_i \mathrm{d}\Omega=\int_{\square} N_I(\boldsymbol{\xi}) \rho(\boldsymbol{\xi}) b_i(\boldsymbol{\xi}) J_{\xi} \mathrm{d}\square \tag{E4.3.12}$$

这里我们已经将积分转换到了母单元域上。在母单元域上的积分可以通过数值积分方法计算。

接下来我们根据在单元一个表面上施加的压力 $\boldsymbol{t}=-p\boldsymbol{n}$ 求解外部节点力。例如,考虑与母单元表面对应的外表面 $\zeta=-1$。

在任何表面上,任何非独立变量都可以表示成为两个母单元坐标的函数。在这个例子中它们为 ξ 和 η。矢量 $\boldsymbol{x}_{,\xi}$ 和 $\boldsymbol{x}_{,\eta}$ 与表面相切,矢量 $\boldsymbol{x}_{,\xi} \times \boldsymbol{x}_{,\eta}$ 沿着法线 $\boldsymbol{n}$ 的方向,如在任何高等微积分学教材中所述,其量值是表面的 Jacobian,所以我们可以写出

$$p\boldsymbol{n} \mathrm{d}\Gamma=p \boldsymbol{x}_{,\xi} \times \boldsymbol{x}_{,\eta} \mathrm{d}\xi \mathrm{d}\eta \tag{E4.3.13}$$

则外部节点力为

$$f_{iI}^{\mathrm{ext}}=\int_{\Gamma} t_i N_I \mathrm{d}\Gamma=-\int_{\Gamma} p n_i N_I \mathrm{d}\Gamma=-\int_{-1}^{1}\int_{-1}^{1} p e_{ijk} x_{j,\xi} x_{k,\eta} N_I \mathrm{d}\xi \mathrm{d}\eta \tag{E4.3.14}$$

式中的最后一步我们应用了公式(E4.3.13)的指标形式。上式的另一种形式为

$$\boldsymbol{f}_I^{\mathrm{ext}}=-\int_{-1}^{1}\int_{-1}^{1} p N_I \boldsymbol{x}_{,\xi} \times \boldsymbol{x}_{,\eta} \mathrm{d}\xi \mathrm{d}\eta \tag{E4.3.15}$$

应用公式(4.4.1)我们可以将上式展开,以形函数的形式表示切向量,并将叉积写成行列式的形式:

$$\boldsymbol{f}_I^{\mathrm{ext}}=f_{xI}\boldsymbol{e}_x+f_{yI}\boldsymbol{e}_y+f_{zI}\boldsymbol{e}_z=-\int_{-1}^{1}\int_{-1}^{1} p N_I \det\begin{bmatrix}\boldsymbol{e}_x & \boldsymbol{e}_y & \boldsymbol{e}_z \\ x_J N_{J,\xi} & y_J N_{J,\xi} & z_J N_{J,\xi} \\ x_K N_{K,\eta} & y_K N_{K,\eta} & z_K N_{K,\eta}\end{bmatrix} \mathrm{d}\xi \mathrm{d}\eta \tag{E4.3.16}$$

通过母单元加载表面上的数值积分,这个积分可以很容易地赋值。

例 4.4 轴对称四边形单元 建立轴对称四边形单元的变形率和节点力的表达式。单元如图 4.7 所示。单元域是将四边形绕对称轴(z 轴)旋转 2π 弧度所扫过的体积。指标标

记的表达式(4.5.3)和(4.5.7)不能直接应用,因为它们不适用于曲线坐标。

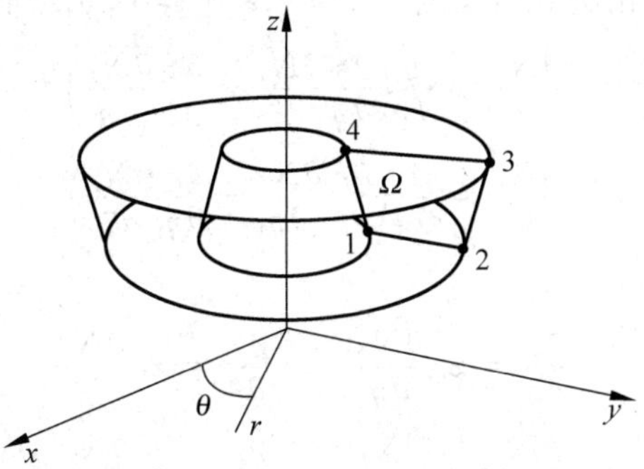

图 4.7 轴对称四边形单元的当前构形。单元包含将四边形绕 z 轴旋转 2π 弧度所生成的体积

在这种情况下,柱坐标$[r,z]$与母单元坐标$[\xi,\eta]$的等参映射关系为

$$\begin{Bmatrix} r(\xi,\eta,t) \\ z(\xi,\eta,t) \end{Bmatrix} = \begin{Bmatrix} r_I(t) \\ z_I(t) \end{Bmatrix} N_I(\xi,\eta) \tag{E4.4.1}$$

其中形函数 N_I 在公式(E4.2.2)中给出。变形率的表达式是基于在柱坐标中关于梯度的标准表达式(与线性应变的表达式一致):

$$\begin{Bmatrix} D_r \\ D_z \\ D_\theta \\ 2D_{rz} \end{Bmatrix} = \begin{bmatrix} \dfrac{\partial}{\partial r} & 0 \\ 0 & \dfrac{\partial}{\partial z} \\ \dfrac{1}{r} & 0 \\ \dfrac{\partial}{\partial z} & \dfrac{\partial}{\partial r} \end{bmatrix} \begin{Bmatrix} v_r \\ v_z \end{Bmatrix} = \begin{Bmatrix} \dfrac{\partial v_r}{\partial r} \\ \dfrac{\partial v_z}{\partial z} \\ \dfrac{v_r}{r} \\ \dfrac{\partial v_r}{\partial z} + \dfrac{\partial v_z}{\partial r} \end{Bmatrix} \tag{E4.4.2}$$

其共轭应力为

$$\{\boldsymbol{\sigma}\}^{\mathrm{T}} = [\sigma_r \quad \sigma_z \quad \sigma_\theta \quad \sigma_{rz}] \tag{E4.4.3}$$

速度场为

$$\begin{Bmatrix} v_r \\ v_z \end{Bmatrix} = N_I(\xi,\eta) \begin{Bmatrix} v_{rI} \\ v_{zI} \end{Bmatrix} = \begin{bmatrix} N_1 & 0 & N_2 & 0 & N_3 & 0 & N_4 & 0 \\ 0 & N_1 & 0 & N_2 & 0 & N_3 & 0 & N_4 \end{bmatrix} \dot{\boldsymbol{d}} \tag{E4.4.4}$$

$$\dot{\boldsymbol{d}}^{\mathrm{T}} = [v_{r1} \quad v_{z1} \quad v_{r2} \quad v_{z2} \quad v_{r3} \quad v_{z3} \quad v_{r4} \quad v_{z4}] \tag{E4.4.5}$$

从公式(E4.4.2)得到 $\boldsymbol{B}$ 矩阵的子矩阵为

$$[\boldsymbol{B}]_I = \begin{bmatrix} \dfrac{\partial N_I}{\partial r} & 0 \\ 0 & \dfrac{\partial N_I}{\partial z} \\ \dfrac{N_I}{r} & 0 \\ \dfrac{\partial N_I}{\partial z} & \dfrac{\partial N_I}{\partial r} \end{bmatrix} \tag{E4.4.6}$$

现在必须将公式(E4.4.6)中的导数表示为母单元坐标的导数形式。我们仅写出表达式,而不是通过矩阵乘积获得。由公式(E4.2.9),用 r,z 代替 x,y,得到

$$\frac{\partial N_I}{\partial r}=\frac{1}{J_\xi}\left(\frac{\partial z}{\partial \eta}\frac{\partial N_I}{\partial \xi}-\frac{\partial z}{\partial \xi}\frac{\partial N_I}{\partial \eta}\right) \tag{E4.4.7}$$

$$\frac{\partial N_I}{\partial z}=\frac{1}{J_\xi}\left(\frac{\partial r}{\partial \xi}\frac{\partial N_I}{\partial \eta}-\frac{\partial r}{\partial \eta}\frac{\partial N_I}{\partial \xi}\right) \tag{E4.4.8}$$

其中

$$\frac{\partial z}{\partial \eta}=z_I\frac{\partial N_I}{\partial \eta}\qquad \frac{\partial z}{\partial \xi}=z_I\frac{\partial N_I}{\partial \xi} \tag{E4.4.9}$$

$$\frac{\partial r}{\partial \eta}=r_I\frac{\partial N_I}{\partial \eta}\qquad \frac{\partial r}{\partial \xi}=r_I\frac{\partial N_I}{\partial \xi} \tag{E4.4.10}$$

从公式(4.5.16)得到节点力:

$$\boldsymbol{f}_I^{\text{int}}=\int_\Omega \boldsymbol{B}_I^{\mathrm{T}}\{\boldsymbol{\sigma}\}\mathrm{d}\Omega=2\pi\int_\square \boldsymbol{B}_I^{\mathrm{T}}\{\boldsymbol{\sigma}\}J_\xi r\,\mathrm{d}\square \tag{E4.4.11}$$

式中 $\boldsymbol{B}_I$ 由公式(E4.4.6)给出,并且我们应用了 $\mathrm{d}\Omega=2\pi rJ_\xi\mathrm{d}\square$,其中 r 由公式(E4.4.1)给出,常常从所有的节点力中省略系数 2π。

例 4.5 主-从连接线 主-从连接线如图 4.8 所示。连接线经常用于连接采用不同单元尺度的网格部分,因为它们比使用三角形或四面体单元连接不同尺度的单元更方便。通过约束从属节点的运动,使其与连接主控节点的附近边界的场一致,保证跨过连接线的运动的连续性。下面根据第 4.5.5 节中的转换规则,导出节点力和质量矩阵。

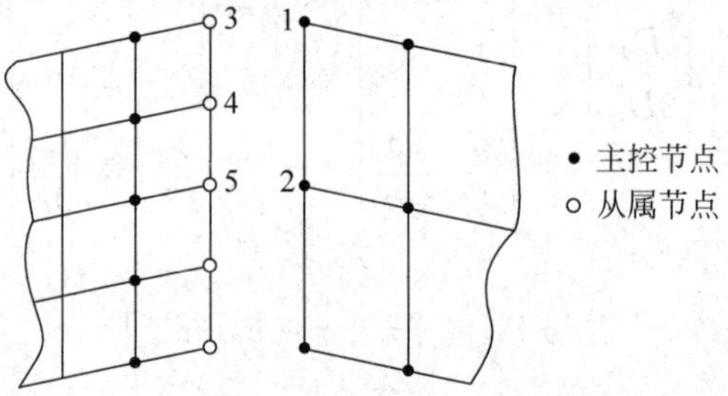

图 4.8 连接线的分解图

当连接为整体时,节点 3 和节点 5 的速度等于对应的节点 1 和节点 2 的节点速度,以节点 1 和节点 2 的形式通过线性约束给出节点 4 的速度

通过运动约束给出从属节点的速度,使沿连接线两侧的速度必须保持协调,即 C^0。这个约束可以表达为节点速度的一个线性关系,因此这个关系对应于公式(4.5.34),可以写成

$$\begin{Bmatrix}\hat{\boldsymbol{v}}_M\\ \hat{\boldsymbol{v}}_S\end{Bmatrix}=\begin{bmatrix}\boldsymbol{I}\\ \boldsymbol{A}\end{bmatrix}\{\boldsymbol{v}_M\}\quad 所以\quad \boldsymbol{T}=\begin{bmatrix}\boldsymbol{I}\\ \boldsymbol{A}\end{bmatrix} \tag{E4.5.1}$$

这里矩阵 $\mathbf{A}$ 是从线性约束得到的,而上面的“^”表示这是在两侧连接到一起之前的分离模型的速度。我们分别用 $\hat{\boldsymbol{f}}_S$ 和 $\hat{\boldsymbol{f}}_M$ 表示分离模型的节点力,这里 $\hat{\boldsymbol{f}}_S$ 是从连接线从属一侧的单元集成的单元节点力矩阵,$\hat{\boldsymbol{f}}_M$ 是从连接线主控一侧的单元集成的单元节点力矩阵。通过公式(4.5.35)给出连接后模型的节点力为

$$\{\boldsymbol{f}_M\} = \boldsymbol{T}^{\mathrm{T}}\begin{Bmatrix}\hat{\boldsymbol{f}}_M \\ \hat{\boldsymbol{f}}_S\end{Bmatrix} = [\boldsymbol{I} \quad \boldsymbol{A}^{\mathrm{T}}]\begin{Bmatrix}\hat{\boldsymbol{f}}_M \\ \hat{\boldsymbol{f}}_S\end{Bmatrix} \tag{E4.5.2}$$

这里 $\boldsymbol{T}$ 由公式(E4.5.1)给出。从上式可以看出，主控节点力是分离模型的主控节点力和转换的从属节点力的和。这些公式对于外部和内部节点力都适用。

由公式(4.5.40)给出一致质量矩阵为

$$\boldsymbol{M} = \boldsymbol{T}^{\mathrm{T}}\hat{\boldsymbol{M}}\boldsymbol{T} = [\boldsymbol{I} \quad \boldsymbol{A}^{\mathrm{T}}]\begin{bmatrix}\hat{\boldsymbol{M}}_M & 0 \\ 0 & \hat{\boldsymbol{M}}_S\end{bmatrix}\begin{bmatrix}\boldsymbol{I} \\ \boldsymbol{A}\end{bmatrix} = \hat{\boldsymbol{M}}_M + \boldsymbol{A}^{\mathrm{T}}\hat{\boldsymbol{M}}_S\boldsymbol{A} \tag{E4.5.3}$$

对于在图 4.8 中编号的五个节点，我们将更详细地说明这些转换。单元为 4 节点四边形单元，所以沿任何边界上的速度都是线性的。从属节点 3 和节点 5 与主控节点 1 和节点 2 重合，而从属节点 4 与节点 1 的距离为 ξl，其中 $l = \| \boldsymbol{x}_2 - \boldsymbol{x}_1 \|$，因此，

$$\boldsymbol{v}_3 = \boldsymbol{v}_1, \quad \boldsymbol{v}_5 = \boldsymbol{v}_2, \quad \boldsymbol{v}_4 = \xi\boldsymbol{v}_2 + (1-\xi)\boldsymbol{v}_1 \tag{E4.5.4}$$

并且公式(E4.5.1)可以写成为

$$\begin{bmatrix}\boldsymbol{v}_1 \\ \boldsymbol{v}_2 \\ \boldsymbol{v}_3 \\ \boldsymbol{v}_4 \\ \boldsymbol{v}_5\end{bmatrix} = \begin{bmatrix}\boldsymbol{I} & \boldsymbol{0} \\ \boldsymbol{0} & \boldsymbol{I} \\ \boldsymbol{I} & \boldsymbol{0} \\ (1-\xi)\boldsymbol{I} & \xi\boldsymbol{I} \\ \boldsymbol{0} & \boldsymbol{I}\end{bmatrix}\begin{Bmatrix}\boldsymbol{v}_1 \\ \boldsymbol{v}_2\end{Bmatrix}, \quad \boldsymbol{T} = \begin{bmatrix}\boldsymbol{I} & \boldsymbol{0} \\ \boldsymbol{0} & \boldsymbol{I} \\ \boldsymbol{I} & \boldsymbol{0} \\ (1-\xi)\boldsymbol{I} & \xi\boldsymbol{I} \\ \boldsymbol{0} & \boldsymbol{I}\end{bmatrix} \tag{E4.5.5}$$

节点力则为

$$\begin{bmatrix}\boldsymbol{f}_1 \\ \boldsymbol{f}_2\end{bmatrix} = \begin{bmatrix}\boldsymbol{I} & \boldsymbol{0} & \boldsymbol{I} & (1-\xi)\boldsymbol{I} & \boldsymbol{0} \\ \boldsymbol{0} & \boldsymbol{I} & \boldsymbol{0} & \xi\boldsymbol{I} & \boldsymbol{I}\end{bmatrix}\begin{Bmatrix}\hat{\boldsymbol{f}}_1 \\ \hat{\boldsymbol{f}}_2 \\ \hat{\boldsymbol{f}}_3 \\ \hat{\boldsymbol{f}}_4 \\ \hat{\boldsymbol{f}}_5\end{Bmatrix} \tag{E4.5.6}$$

主控节点 1 的力是

$$\boldsymbol{f}_1 = \hat{\boldsymbol{f}}_1 + \hat{\boldsymbol{f}}_3 + (1-\xi)\hat{\boldsymbol{f}}_4 \tag{E4.5.7}$$

节点力两个分量的转换是一致的。这种转换对于内部和外部节点力都适用。

如果两条边只是在法向相连接，则需要在节点上建立局部坐标系。通过类似于公式(E4.5.6)的关系，联系节点力的法向分量，而切向分量保持各自独立。

4.6 旋转公式

在结构单元中，如杆、梁和壳，处理固定坐标系是很棘手的。例如，考虑在图 3.11 中所示的一个旋转杆件。最初，唯一的非零应力是 σ_x，而 σ_y 等于零。后来，当杆件旋转的时候，以应力张量整体分量的形式表示单轴应力的状态就比较棘手了。

克服这种困难的一般途径是在杆中嵌入一个随杆旋转的坐标系，这种坐标系被称为**旋转坐标系**。例如，考虑一个坐标系 $\hat{\boldsymbol{x}} = [\hat{x}, \hat{y}]$，使 $\hat{x}$ 始终连接节点 1 和 2，如图 4.9 所示。在单轴应力状态下 $\hat{\sigma}_y = \hat{\sigma}_{xy} = 0$，而 $\hat{\sigma}_x$ 是非零的。杆的变形率类似地应用分量 $\hat{D}_x$ 来描述。

对于旋转有限元格式有两种方法：

1. 在每一个积分点嵌入一个在某种意义上随着材料旋转的坐标系。

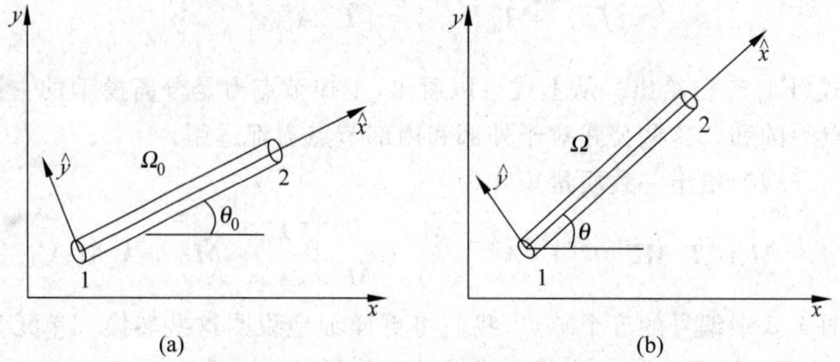

图 4.9　2 节点杆单元的初始构形和当前构形以及旋转坐标

(a) 初始构形；(b) 当前构形

2. 在一个单元中嵌入一个随着单元旋转的坐标系。

第一种方法对于任意大的应变和大的旋转都有效。在旋转格式中考虑的关键问题在于材料旋转的定义。在大多数情况下，应用极分解原理定义旋转。然而，当材料的指定方向有一个较大的刚度并需要准确地表现出来时，由极分解提供的旋转在 Cartesian 坐标系下未必能提供最好的旋转。这将在第 9 章讨论。

对于一些单元，如杆或者常应变三角形单元，整个单元的刚体转动是相同的，那么在单元中嵌入一个单一坐标系就足够了。对于高阶单元，如果应变比较小，则不需要坐标系准确地随材料旋转。例如，可以定义旋转坐标系，使它与单元的一边重合。如果与嵌入坐标系相关的旋转为 θ 阶，则在应变中误差具有 θ^2 阶。这样，只要 θ^2 与应变相比较小，单个嵌入坐标系是合适的。这些应用常称作**小应变**、**大转动**问题。见 Wempner(1969)和 Belytschko，Hsieh(1973)。

在旋转坐标系下矢量 $\boldsymbol{v}$ 的分量与整体分量之间的关系为

$$\hat{v}_i = R_{ji} v_j \quad \text{或} \quad \hat{\boldsymbol{v}} = \boldsymbol{R}^{\mathrm{T}} \boldsymbol{v}, \quad \boldsymbol{v} = \boldsymbol{R}\, \hat{\boldsymbol{v}} \tag{4.6.1}$$

式中 $\boldsymbol{R}$ 是由公式(3.2.33)～(3.2.34)定义的正交转换矩阵，上置的“^”表示旋转分量。

对于速度场，有限元近似的旋转分量可以写成

$$\hat{v}_i(\xi, t) = N_I(\xi) \hat{v}_{iI}(t) \tag{4.6.2}$$

这个表达式与公式(4.4.37)是一致的，不同之处在于它涉及的是旋转分量。在公式(4.4.37)的两边同时乘以 $\boldsymbol{R}^{\mathrm{T}}$ 可以得到方程(4.6.2)。

速度梯度张量的旋转分量为

$$\hat{L}_{ij} = \frac{\partial \hat{v}_i}{\partial \hat{x}_j} = \frac{\partial N_I(\xi)}{\partial \hat{x}_j} \hat{v}_{iI}(t) = \hat{B}_{jI} \hat{v}_{iI} \quad \text{或} \quad \hat{\boldsymbol{L}} = \hat{\boldsymbol{v}}_I \frac{\partial N_I}{\partial \hat{\boldsymbol{x}}} = \hat{\boldsymbol{v}}_I N_{I,\hat{x}}^{\mathrm{T}} = \hat{\boldsymbol{v}}_I \hat{\boldsymbol{B}}_I^{\mathrm{T}} \tag{4.6.3}$$

这里

$$\hat{B}_{jI} = \frac{\partial N_I}{\partial \hat{x}_j} \tag{4.6.4}$$

则旋转变形率张量为

$$\hat{D}_{ij} = \frac{1}{2}(\hat{L}_{ij} + \hat{L}_{ji}) = \frac{1}{2}\left(\frac{\partial \hat{v}_i}{\partial \hat{x}_j} + \frac{\partial \hat{v}_j}{\partial \hat{x}_i}\right) \tag{4.6.5}$$

旋转公式仅用来计算内部节点力。外部节点力和质量矩阵常常在整体坐标系下计算。

运动的半离散方程以整体分量的形式进行处理。因此,在旋转公式中我们仅仅关注内部节点力的计算。

下面以旋转分量的形式建立 $\hat{\boldsymbol{f}}_I^{\text{int}}$ 的表达式。我们从内部节点力的标准表达式(4.5.6)开始:

$$f_{iI}^{\text{int}} = \int_{\Omega} \frac{\partial N_I}{\partial x_j} \sigma_{ji} \mathrm{d}\Omega \quad \text{或} \quad (\boldsymbol{f}_I^{\text{int}})^{\mathrm{T}} = \int_{\Omega} N_{I,x}^{\mathrm{T}} \boldsymbol{\sigma} \mathrm{d}\Omega \tag{4.6.6}$$

根据链规则和公式(3.2.31),得

$$\frac{\partial N_I}{\partial x_j} = \frac{\partial N_I}{\partial \hat{x}_k} \frac{\partial \hat{x}_k}{\partial x_j} = \frac{\partial N_I}{\partial \hat{x}_k} R_{jk} \quad \text{或} \quad N_{I,x} = \boldsymbol{R} N_{I,\hat{x}} \tag{4.6.7}$$

将从 Cauchy 应力变为旋转应力的转换公式(如框 3.2 所示)和公式(4.6.7)代入式(4.6.6),得到

$$(\boldsymbol{f}_I^{\text{int}})^{\mathrm{T}} = \int_{\Omega} N_{I,\hat{x}}^{\mathrm{T}} \boldsymbol{R}^{\mathrm{T}} \boldsymbol{R} \hat{\boldsymbol{\sigma}} R^{\mathrm{T}} \mathrm{d}\Omega \tag{4.6.8}$$

并应用 $\boldsymbol{R}$ 的正交性,我们有

$$(\boldsymbol{f}_I^{\text{int}})^{\mathrm{T}} = \int_{\Omega} N_{I,\hat{x}}^{\mathrm{T}} \hat{\boldsymbol{\sigma}} \boldsymbol{R}^{\mathrm{T}} \mathrm{d}\Omega \quad \text{或} \quad [f_{iI}^{\text{int}}]^{\mathrm{T}} = [f_{Ii}^{\text{int}}] = \int_{\Omega} \frac{\partial N_I}{\partial \hat{x}_j} \hat{\sigma}_{jk} R_{ki}^{\mathrm{T}} \mathrm{d}\Omega \tag{4.6.9}$$

将上式与内部节点力的标准表达式(4.6.6)相比,可以看出它们是相似的,但上式是在旋转坐标系下表示应力并出现了旋转矩阵 $\boldsymbol{R}$。在右边的表达式中,更换了 $\boldsymbol{f}^{\text{int}}$ 的指标,这样表达式可以转化为矩阵形式。

如果使用由公式(4.6.4)定义的 $\hat{\boldsymbol{B}}$ 矩阵,则可以写出

$$(\boldsymbol{f}_I^{\text{int}})^{\mathrm{T}} = \int_{\Omega} \hat{\boldsymbol{B}}_I^{\mathrm{T}} \hat{\boldsymbol{\sigma}} \boldsymbol{R}^{\mathrm{T}} \mathrm{d}\Omega, \quad \boldsymbol{f}_{\text{int}}^{\mathrm{T}} = \int_{\Omega} \hat{\boldsymbol{B}}^{\mathrm{T}} \hat{\boldsymbol{\sigma}} \boldsymbol{R}^{\mathrm{T}} \mathrm{d}\Omega \tag{4.6.10}$$

应用 Voigt 标记,可以建立内部节点力的对应关系:

$$\boldsymbol{f}_I^{\text{int}} = \int_{\Omega} \boldsymbol{R}^{\mathrm{T}} \hat{\boldsymbol{B}}_I^{\mathrm{T}} \{\hat{\boldsymbol{\sigma}}\} \mathrm{d}\Omega \quad \text{其中} \{\hat{\boldsymbol{D}}\} = \hat{\boldsymbol{B}}_I \hat{\boldsymbol{v}}_I \tag{4.6.11}$$

并通过 Voigt 规则从 $\hat{\boldsymbol{B}}_I$ 中得到的 $\hat{\boldsymbol{B}}_I$。

旋转 Cauchy 应力率是客观的(框架不变性),因此,以旋转 Cauchy 应力率和旋转变形率之间的关系可以直接表示本构方程:

$$\frac{\mathrm{D}\hat{\boldsymbol{\sigma}}}{\mathrm{D}t} = S^{\hat{\sigma}\hat{D}}(\hat{\boldsymbol{D}}, \hat{\boldsymbol{\sigma}}, \text{etc.}) \tag{4.6.12}$$

特别是对于次弹性材料,

$$\frac{\mathrm{D}\hat{\boldsymbol{\sigma}}}{\mathrm{D}t} = \hat{\boldsymbol{C}} : \hat{\boldsymbol{D}} \quad \text{或者} \quad \frac{\mathrm{D}\hat{\sigma}_{ij}}{\mathrm{D}t} = \hat{C}_{ijkl} \hat{D}_{kl} \tag{4.6.13}$$

这里的弹性响应矩阵也表达成旋转分量的形式。上式中一个令人感兴趣的特征就是对于各向异性材料,不需要靠改变 $\hat{\boldsymbol{C}}$ 矩阵就能够反映转动。因为坐标系是随着材料转动的,所以材料转动对 $\hat{\boldsymbol{C}}$ 没有影响。另一方面,因为 $\boldsymbol{C}$ 矩阵的分量是在固定坐标系中表达的,因此对于各向异性材料,当材料转动时 $\boldsymbol{C}$ 矩阵发生变化。

例 4.6 二维杆件 图 4.9 所示为一个 2 节点单元。单元采用了线性位移和速度场,选择旋转坐标 $\hat{x}$ 和单元轴线始终保持重合,如图所示。获得旋转变形率和内部节点力的表达式,然后将这种方法推广到 3 节点杆单元。

位移和速度场是 $\hat{x}$ 线性的,为

$$\begin{Bmatrix} x \\ y \end{Bmatrix} = \begin{Bmatrix} x_1 & x_2 \\ y_1 & y_2 \end{Bmatrix} \begin{Bmatrix} 1-\xi \\ \xi \end{Bmatrix}$$
$$\begin{Bmatrix} \hat{v}_x \\ \hat{v}_y \end{Bmatrix} = \begin{Bmatrix} \hat{v}_{x1} & \hat{v}_{x2} \\ \hat{v}_{y1} & \hat{v}_{y2} \end{Bmatrix} \begin{Bmatrix} 1-\xi \\ \xi \end{Bmatrix} \quad \xi = \frac{\hat{x}}{l} \tag{E4.6.1}$$

这里 l 是单元的当前长度。通过公式(4.6.1),旋转速度与整体分量的关系为

$$\begin{Bmatrix} v_{xI} \\ v_{yI} \end{Bmatrix} = \boldsymbol{R} \begin{Bmatrix} \hat{v}_{xI} \\ \hat{v}_{yI} \end{Bmatrix}, \boldsymbol{R} = \begin{bmatrix} R_{x\hat{x}} & R_{x\hat{y}} \\ R_{y\hat{x}} & R_{y\hat{y}} \end{bmatrix} = \begin{bmatrix} \cos\theta & -\sin\theta \\ \sin\theta & \cos\theta \end{bmatrix} = \frac{1}{l} \begin{bmatrix} x_{21} & -y_{21} \\ y_{21} & x_{21} \end{bmatrix} \tag{E4.6.2}$$

假设为单轴应力状态,唯一的非零应力是 $\hat{\sigma}_x$,应力分量沿着杆的轴线。仅变形率张量 $\hat{D}_x$ 的轴线分量对内功率有贡献。它由速度场(E4.6.1)的导数给出:

$$\hat{D}_x = \frac{\partial \hat{v}_x}{\partial \hat{x}} = [N_{I,\hat{x}}] \begin{Bmatrix} \hat{v}_{x1} \\ \hat{v}_{x2} \end{Bmatrix} = \frac{1}{l}[-1,1] \begin{Bmatrix} \hat{v}_{x1} \\ \hat{v}_{x2} \end{Bmatrix} = \hat{\boldsymbol{B}} \hat{\boldsymbol{v}} \quad \hat{\boldsymbol{B}} = [N_{I,\hat{x}}] = \frac{1}{l}[-1,1] \tag{E4.6.3}$$

内部节点力 从公式(4.6.8)得到内部节点力,它可以重写为

$$[\boldsymbol{f}_{Ii}]^{\text{int}} = \int_\Omega \frac{\partial N_I}{\partial \hat{x}_j} \hat{\sigma}_{jk} R^{\mathrm{T}}_{ki} \mathrm{d}\Omega = \int_\Omega \frac{\partial N_I}{\partial \hat{x}} \hat{\sigma}_{xx} R^{\mathrm{T}}_{xi} \mathrm{d}\Omega = \int_\Omega \hat{\boldsymbol{B}}^{\mathrm{T}}_I \hat{\sigma}_{xx} R^{\mathrm{T}}_{xi} \mathrm{d}\Omega \tag{E4.6.4}$$

式中的第二个表达式省略了在更一般表达中出现的为零的项,并交换了内部节点力的下角标。将公式(E4.6.2)和(E4.6.3)代入上式,得到

$$[f_{Ii}]^{\text{int}} = \int \frac{1}{l} \begin{bmatrix} -1 \\ +1 \end{bmatrix} [\hat{\sigma}_x][\cos\theta \quad \sin\theta] \mathrm{d}\Omega \tag{E4.6.5}$$

如果我们假设在单元内的应力是常数,则将积分乘以单元的体积 $V=Al$,我们可以计算出积分值:

$$[f_{Ii}]^{\text{int}} = \begin{bmatrix} f_{1x} & f_{1y} \\ f_{2x} & f_{2y} \end{bmatrix} = A\hat{\sigma}_x \begin{bmatrix} -\cos\theta & \sin\theta \\ \cos\theta & \sin\theta \end{bmatrix} \tag{E4.6.6}$$

上面的结果说明节点力是沿着杆的轴线,且在两个节点上,数值相等,符号相反。

在这个单元中的应力-应变率是在旋转坐标系计算的。所以,次弹性的率形式为

$$\frac{\mathrm{D}\hat{\sigma}_x}{\mathrm{D}t} = E\hat{D}_x \tag{E4.6.7}$$

式中 E 是单轴应力的切线模量。由于上式是客观的,因此不需要在客观率中出现旋转项。

为了计算节点力,必须知道当前单元的截面积 A。面积的改变可以表示为横向应变的形式,准确的公式取决于横截面的形状。对于矩形截面,

$$\dot{A} = A(\hat{D}_y + \hat{D}_z) \tag{E4.6.8}$$

内部节点力也可以由例 2.4 中的公式(E2.4.8),然后根据公式(4.5.35)转换得到。在旋转坐标系中,公式(E2.4.8)给出:

$$\hat{\boldsymbol{f}}^{\text{int}} = \begin{Bmatrix} \hat{f}_{x1} \\ \hat{f}_{x2} \end{Bmatrix}^{\text{int}} = \int_0^l \frac{1}{l} \begin{bmatrix} -1 \\ +1 \end{bmatrix} \hat{\sigma}_x A \,\mathrm{d}\hat{x} \tag{E4.6.9}$$

由于我们考虑的是细长杆,在垂直于轴线的方向没有刚度,因此横向节点力为零,即 $\hat{f}_{y1} = \hat{f}_{y2} = 0$。

通过转换公式(4.5.35),得到节点力的整体分量。我们首先构造 $\boldsymbol{T}$,将单元的局部自由度(与 $\hat{\boldsymbol{f}}^{\text{int}}$ 共轭)与整体自由度联系起来:

$$\begin{Bmatrix} \hat{v}_{x1} \\ \hat{v}_{x2} \end{Bmatrix} = \begin{bmatrix} \cos\theta & \sin\theta & 0 & 0 \\ 0 & 0 & \cos\theta & \sin\theta \end{bmatrix} \begin{Bmatrix} v_{x1} \\ v_{y1} \\ v_{x2} \\ v_{y2} \end{Bmatrix} \quad \text{所以} \quad \boldsymbol{T} = \begin{bmatrix} \cos\theta & \sin\theta & 0 & 0 \\ 0 & 0 & \cos\theta & \sin\theta \end{bmatrix} \tag{E4.6.10}$$

应用公式(4.5.35)，$\boldsymbol{f}=\boldsymbol{T}^{\mathrm{T}}\hat{\boldsymbol{f}}$，并且假设在单元内应力为常数，则给出

$$\boldsymbol{f}^{\text{int}} = \begin{Bmatrix} f_{x1} \\ f_{y1} \\ f_{x2} \\ f_{y2} \end{Bmatrix} = \boldsymbol{T}^{\mathrm{T}} \hat{\boldsymbol{f}}^{\text{int}} \begin{bmatrix} \cos\theta & 0 \\ \sin\theta & 0 \\ 0 & \cos\theta \\ 0 & \sin\theta \end{bmatrix} A\hat{\sigma}_x \begin{Bmatrix} -1 \\ +1 \end{Bmatrix} = A\hat{\sigma}_x \begin{bmatrix} -\cos\theta \\ -\sin\theta \\ \cos\theta \\ \sin\theta \end{bmatrix} \tag{E4.6.11}$$

这和公式(E4.6.6)是等同的。

3节点单元 我们考虑3节点曲杆单元，如图4.10所示。给出其构形、位移以及速度为二次场，通过旋转方法建立内部节点力的表达式。

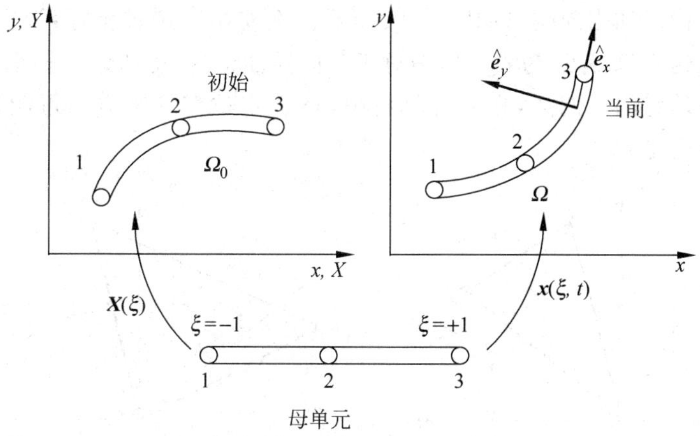

图4.10 3节点杆单元的初始、当前和母单元，旋转基矢量 $\hat{\boldsymbol{e}}_x$ 是当前构形的切线

初始构形和当前构形为

$$\boldsymbol{X}(\xi) = \boldsymbol{X}_I N_I(\xi) \quad \boldsymbol{x}(\xi,t) = \boldsymbol{x}_I(t) N_I(\xi) \tag{E4.6.12}$$

$$[N_I] = \left[\frac{1}{2}\xi(\xi-1) \quad 1-\xi^2 \quad \frac{1}{2}\xi(\xi+1)\right] \tag{E4.6.13}$$

位移和速度为

$$\boldsymbol{u}(\xi,t) = \boldsymbol{u}_I(t) N_I(\xi), \quad \boldsymbol{v}(\xi,t) = \boldsymbol{v}_I(t) N_I(\xi) \tag{E4.6.14}$$

旋转系定义在杆的每一点上(实际上，只需在积分点上定义)。令 $\hat{\boldsymbol{e}}_x$ 为杆的切线，因此

$$\hat{\boldsymbol{e}}_x = \frac{\boldsymbol{x}_{,\xi}}{\|\boldsymbol{x}_{,\xi}\|} \quad \text{其中} \quad \boldsymbol{x}_{,\xi} = \boldsymbol{x}_I N_{I,\xi}(\xi) \tag{E4.6.15}$$

杆的法线为

$$\hat{\boldsymbol{e}}_y = \boldsymbol{e}_z \times \hat{\boldsymbol{e}}_x \quad \text{其中} \quad \boldsymbol{e}_z = [0,0,1] \tag{E4.6.16}$$

变形率为

$$\hat{D}_x = \frac{\partial \hat{v}_x}{\partial \hat{x}} = \frac{\partial \hat{v}_x}{\partial \xi}\frac{\partial \xi}{\partial \hat{x}} = \frac{1}{\|\boldsymbol{x}_{,\xi}\|}\frac{\partial \hat{v}_x}{\partial \xi} \tag{E4.6.17}$$

由公式(E4.6.14)和(4.6.1)，

$$\hat{v}_x = N_I(\xi)(R_{x\hat{x}}v_{xI} + R_{y\hat{x}}v_{yI}) \tag{E4.6.18}$$

所以变形率为

$$\hat{D}_x = \frac{1}{\| \boldsymbol{x}_{,\xi} \|} N_{I,\xi}(\xi) \begin{Bmatrix} v_{xI} \\ v_{yI} \end{Bmatrix} \tag{E4.6.19}$$

上式表明$\hat{\mathscr{B}}_I$矩阵是

$$\hat{\mathscr{B}}_I = \frac{1}{\| \boldsymbol{x}_{,\xi} \|} N_{I,\xi} \tag{E4.6.20}$$

则内部节点力为

$$(\boldsymbol{f}_I^{\text{int}})^{\mathrm{T}} = [f_{xI} \quad f_{yI}]^{\text{int}} = \int_{-1}^{1} A\, \hat{\mathscr{B}}_I \hat{\sigma}_x \| \boldsymbol{x}_{,\xi} \| [R_{x\hat{x}} \quad R_{y\hat{x}}] \mathrm{d}\xi \tag{E4.6.21}$$

在上面的推导中，一个有趣的特点就是完全避免了曲线张量。

例 4.7　三角形单元　应用旋转方法建立 3 节点三角形单元的速度应变和内部节点力的表达式。

单元的初始构形和当前构形如图 4.11 所示。在初始时旋转坐标系与整体坐标系之间有一个角度 θ_0。通常选择 θ_0 为零。但是对于各向异性材料，将初始 $\hat{x}$ 轴定位在各向异性的一个方向可能是理想的。例如，在复合材料中，将 $\hat{x}$ 定位在纤维方向可能是有用的。旋转坐标系的当前角度是 θ。

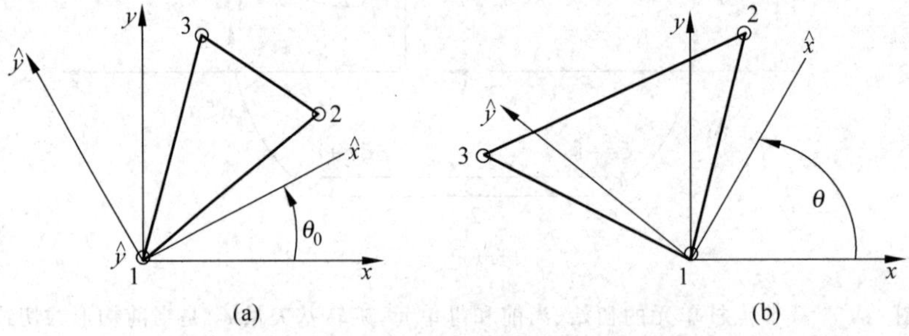

图 4.11　采用旋转坐标系的 3 节点三角形单元

(a) 初始构形 Ω_0；(b) 当前构形 Ω

运动可以表示为如下三角坐标的形式，如例 4.1。

$$\begin{Bmatrix} x \\ y \end{Bmatrix} = \begin{bmatrix} x_1 & x_2 & x_3 \\ y_1 & y_2 & y_3 \end{bmatrix} \begin{Bmatrix} \xi_1 \\ \xi_2 \\ \xi_3 \end{Bmatrix} \tag{E4.7.1}$$

在单元中的位移和速度场则为

$$\begin{Bmatrix} \hat{u}_x \\ \hat{u}_y \end{Bmatrix} = \begin{bmatrix} \hat{u}_{x1} & \hat{u}_{x2} & \hat{u}_{x3} \\ \hat{u}_{y1} & \hat{u}_{y2} & \hat{u}_{y3} \end{bmatrix} \begin{Bmatrix} \xi_1 \\ \xi_2 \\ \xi_3 \end{Bmatrix} \tag{E4.7.2}$$

$$\begin{Bmatrix} \hat{v}_x \\ \hat{v}_y \end{Bmatrix} = \begin{bmatrix} \hat{v}_{x1} & \hat{v}_{x2} & \hat{v}_{x3} \\ \hat{v}_{y1} & \hat{v}_{y2} & \hat{v}_{y3} \end{bmatrix} \begin{Bmatrix} \xi_1 \\ \xi_2 \\ \xi_3 \end{Bmatrix} \tag{E4.7.3}$$

对应于旋转坐标系的形函数的导数可由公式(E4.1.5)的部分运算给出：

$$[\partial N_I/\partial \hat{x}_j] \equiv [\partial \xi_I/\partial \hat{x}_j] = \frac{1}{2A}\begin{bmatrix} \hat{y}_{23} & \hat{x}_{32} \\ \hat{y}_{31} & \hat{x}_{13} \\ \hat{y}_{12} & \hat{x}_{21} \end{bmatrix} \equiv \hat{\boldsymbol{B}} \tag{E4.7.4}$$

变形率的旋转分量为

$$\hat{\boldsymbol{D}} = \frac{1}{2}(\hat{\mathscr{B}}_I \hat{\boldsymbol{v}}_I^{\mathrm{T}} + \hat{\boldsymbol{v}}_I \hat{\mathscr{B}}_I^{\mathrm{T}}) \tag{E4.7.5}$$

由公式(4.6.10)可得到内部节点力：

$$[f_{Ii}]^{\mathrm{int}} = \int_\Omega \hat{B}_{Ij} \hat{\sigma}_{jk} R_{ki}^{\mathrm{T}} \mathrm{d}\Omega = \int_\Omega \frac{\partial \xi_I}{\partial \hat{x}_j} \hat{\sigma}_{jk} R_{ki}^{\mathrm{T}} \mathrm{d}\Omega \tag{E4.7.6}$$

应用公式(E4.6.2)和(E4.7.4)，写出上式的矩阵形式，得到

$$\begin{bmatrix} f_{1x} & f_{1y} \\ f_{2x} & f_{2y} \\ f_{3x} & f_{3y} \end{bmatrix}^{\mathrm{int}} = \int_A \frac{1}{2A}\begin{bmatrix} \hat{y}_{23} & \hat{x}_{32} \\ \hat{y}_{31} & \hat{x}_{13} \\ \hat{y}_{12} & \hat{x}_{21} \end{bmatrix}\begin{bmatrix} \hat{\sigma}_x & \hat{\sigma}_{xy} \\ \hat{\sigma}_{xy} & \hat{\sigma}_y \end{bmatrix}\begin{bmatrix} \cos\theta & \sin\theta \\ -\sin\theta & \cos\theta \end{bmatrix} a\,\mathrm{d}A \tag{E4.7.7}$$

通过以下几个途径可以得到坐标系的转动：

1. 通过极分解。
2. 使每一积分点处的旋转坐标系与单元的材料线一起转动，比如使旋转坐标系与复合材料的方向一致。
3. 使旋转坐标系与单元的一条边一起转动(仅对于小应变问题是正确的)。

关于更详细的内容，读者可以参考 Wempner(1969)以及 Belytschko 和 Hsieh(1973)。

4.7 完全的 Lagrangian 格式

4.7.1 控制方程 推导完全的 Lagrangian 格式的物理原理与在第 4.2 节中阐述的更新的 Lagrangian 格式的内容是相同的。控制方程的形式不同，但是如在第 3 章中所见，它们表达了相同的物理原理，并且可以通过转换相关的守恒方程，从 Eulerian 到 Lagrangian 形式得到。

类似地，完全的 Lagrangian 格式的有限元方程可以通过转换更新的 Lagrangian 格式的有限元方程得到。它只需将积分转换到参考(未变形的)域，并将应力和应变的度量变换为 Lagrangian 类型。在 4.7.2 节中将应用这种方法。对于大多数读者来说，将它作为完全的 Lagrangian 格式的介绍是足够的。然而，对于那些希望看到完全的 Lagrangian 格式的整个结构，或者愿意首先学习这方面内容的读者，第 4.8 节给出了完全的 Lagrangian 格式的弱形式的建立过程，然后从这个弱形式出发推导了有限元方程。

框 4.4 给出了控制方程的张量形式和指标形式。在动量方程中我们选择使用了名义应力 $\boldsymbol{P}$，因为导出的动量方程和它的弱形式比使用 PK2 应力更简单。但是，在本构方程中使用名义应力是很棘手的，因为它缺乏对称性，所以在本构方程中我们使用了 PK2 应力。一旦通过本构方程计算出 PK2 应力，通过框 3.2 和公式(B4.4.5)给出的转换，可以很容易地得到名义应力。本构方程可以联系 Cauchy 应力$\boldsymbol{\sigma}$ 与变形率 $\boldsymbol{D}$。那么在计算节点力之前就可以将应力转换为名义应力。然而，这需要额外的变换和额外的计算花费，所以当本构方程是以$\boldsymbol{\sigma}$ 的形式表示时，使用更新的 Lagrangian 格式更为有利。

名义应力和变形张量的材料时间导数 $\dot{\boldsymbol{F}}$ 是共轭的，见框 3.4。所以在公式(B4.4.4)中，内部功表达为这两个张量的形式。注意在公式(B4.4.7)面力的表达式中，$\boldsymbol{n}^0$ 出现在 $\boldsymbol{P}$ 的前面，如果调换它们的顺序，结果矩阵对应于 $\boldsymbol{P}$ 的转置，它是 PK1 应力，见第3.4.1节。

在本构方程中变形张量 $\boldsymbol{F}$ 不适合作为应变的度量，因为在刚体转动中它不为零。因此，在完全的 Lagrangian 格式的本构方程中一般以 Green 应变张量 $\boldsymbol{E}$ 的形式表示，它可以从 $\boldsymbol{F}$ 得到。在连续介质力学著作中，经常可以看到本构方程表示为 $\boldsymbol{P}=\boldsymbol{P}(\boldsymbol{F})$，这就给我们留下了一个印象：在本构方程中使用 $\boldsymbol{F}$ 作为应变的度量。事实上，当写出 $\boldsymbol{P}(\boldsymbol{F})$ 时，它隐含着本构应力依赖于 $\boldsymbol{F}^{\mathrm{T}}\boldsymbol{F}$(即 $\boldsymbol{E}+\boldsymbol{I}$，这里的单位阵 $\boldsymbol{I}$ 没有影响)或者某些其他的独立于刚体转动的变形度量。类似地，在本构方程中生成了名义应力 $\boldsymbol{P}$，因此，它满足了角动量守恒公式(B4.4.3)。

像任何力学体系那样，在边界的任何点上不可能指定面力和位移的相同分量，但是必须指定其中的一个，见公式(B4.4.7)～(B4.4.8)。在 Lagrangian 格式中，指定面力的单位为每未变形面积上的力。

框 4.4 完全的 Lagrangian 格式的控制方程

质量守恒

$$\rho J=\rho_0 J_0=\rho_0 \tag{B4.4.1}$$

线动量守恒

$$\nabla_0\cdot\boldsymbol{P}+\rho_0\boldsymbol{b}=\rho_0\ddot{\boldsymbol{u}} \quad 或 \quad \frac{\partial P_{ji}}{\partial X_j}+\rho_0 b_i=\rho_0\ddot{u}_i \tag{B4.4.2}$$

角动量守恒

$$\boldsymbol{F}\cdot\boldsymbol{P}=\boldsymbol{P}^{\mathrm{T}}\cdot\boldsymbol{F}^{\mathrm{T}} \quad 或 \quad F_{ij}P_{jk}=F_{kj}P_{ji} \tag{B4.4.3}$$

能量守恒

$$\rho_0\dot{w}^{\mathrm{int}}=\dot{\boldsymbol{F}}^{\mathrm{T}}:\boldsymbol{P}-\nabla_0\cdot\bar{\boldsymbol{q}}+\rho_0 s \quad 或 \quad \rho_0\dot{w}^{\mathrm{int}}=\dot{F}_{ij}P_{ji}-\frac{\partial\bar{q}_i}{\partial X_i}+\rho_0 s \tag{B4.4.4}$$

其中 $\bar{\boldsymbol{q}}=J\boldsymbol{F}^{-1}\cdot\boldsymbol{q}$

本构方程

$$\boldsymbol{S}=\boldsymbol{S}(\boldsymbol{E},\cdots,\mathrm{etc.}),\quad \boldsymbol{P}=\boldsymbol{S}\cdot\boldsymbol{F}^{\mathrm{T}} \tag{B4.4.5}$$

应变度量

$$\boldsymbol{E}=\frac{1}{2}(\boldsymbol{F}^{\mathrm{T}}\cdot\boldsymbol{F}-\boldsymbol{I}) \quad 或 \quad E_{ij}=\frac{1}{2}(F_{ki}F_{kj}-\delta_{ij}) \tag{B4.4.6}$$

边界条件

$$n_j^0 P_{ji}=\bar{t}_i^0 \quad 或 \quad \boldsymbol{e}_i\cdot\boldsymbol{n}^0\cdot\boldsymbol{P}=\boldsymbol{e}_i\cdot\bar{\boldsymbol{t}}_0 \quad 在\ \Gamma_{t_i}^0 \tag{B4.4.7}$$

$$u_i=\bar{u}_i \quad 在\ \Gamma_{u_i}^0\ 上，\Gamma_{t_i}^0\cup\Gamma_{u_i}^0=\Gamma^0，\Gamma_{t_i}^0\cap\Gamma_{u_i}^0=0 \quad 对\ i=1\sim n_{SD} \tag{B4.4.8}$$

初始条件

$$\boldsymbol{P}(\boldsymbol{X},0)=\boldsymbol{P}_0(\boldsymbol{X}) \tag{B4.4.9}$$

$$\dot{\boldsymbol{u}}(\boldsymbol{X},0)=\dot{\boldsymbol{u}}_0(\boldsymbol{X}) \tag{B4.4.10}$$

内部连续性条件

$$[\![n_j^0 P_{ji}]\!]=0 \quad 在\ \Gamma_{\mathrm{int}}^0\ 上 \tag{B4.4.11}$$

获得完全的 Lagrangian 格式有两种途径：

1. 将更新的 Lagrangian 格式的有限元方程转换到初始（参考）构形，并表示为 Lagrangian 变量的形式。
2. 建立以初始构形和 Lagrangian 变量表示的弱形式，然后应用这个弱形式得到离散方程。

我们将从第一种途径开始，因为它更快捷且更方便。

4.7.2 通过转换获得完全的 Lagrangian 有限元方程 为了获得完全的 Lagrangian 格式的离散化有限元方程，我们将转换更新的 Lagrangian 格式的每个节点力公式。这要应用质量守恒方程(B4.4.1)，$\rho J=\rho_0$，和关系

$$\mathrm{d}\Omega = J\mathrm{d}\Omega_0 \tag{4.7.1}$$

更新的 Lagrangian 格式的内部节点力由公式(4.4.13)给出：

$$f_{iI}^{\mathrm{int}} = \int_{\Omega} \frac{\partial N_I}{\partial x_j} \sigma_{ji}\, \mathrm{d}\Omega \tag{4.7.2}$$

应用框 3.2 中的变换关系 $J\sigma_{ji}=F_{jk}P_{ki}=\dfrac{\partial x_j}{\partial X_k}P_{ki}$，我们将公式(4.7.2)转换为

$$f_{iI}^{\mathrm{int}} = \int_{\Omega} \frac{\partial N_I}{\partial x_j} \frac{\partial x_j}{\partial X_k} P_{ki} J^{-1} \mathrm{d}\Omega \tag{4.7.3}$$

可以看出前两项的乘积是$\partial N_I/\partial X_k$ 的链规则表达式。应用公式(4.7.1)，我们得到

$$f_{iI}^{\mathrm{int}} = \int_{\Omega_0} \frac{\partial N_I}{\partial X_k} P_{ki}\, \mathrm{d}\Omega_0 = \int_{\Omega_0} \mathscr{B}_{0kI} P_{ki}\, \mathrm{d}\Omega_0 \tag{4.7.4}$$

式中

$$\mathscr{B}_{0kI} = \frac{\partial N_I}{\partial X_k} \tag{4.7.5}$$

在矩阵形式中，上式可以写为

$$(\boldsymbol{f}_I^{\mathrm{int}})^{\mathrm{T}} = \int_{\Omega_0} \mathscr{B}_0^{\mathrm{T}} \boldsymbol{P} \mathrm{d}\Omega_0 \tag{4.7.6}$$

将上式写成这种形式是为了强调它和更新的 Lagrangian 格式的相似性。如果我们考虑当前构形为参考构形，用$\mathscr{B}$ 代替$\mathscr{B}_0$，Ω 代替 Ω_0，$\boldsymbol{\sigma}$ 代替 $\boldsymbol{P}$，这样，我们可以从上式获得更新的 Lagrangian 格式的形式。

将更新的 Lagrangian 表达式转换为完全的 Lagrangian 形式，可以获得外部节点力。我们从公式(4.4.15)开始：

$$f_{iI}^{\mathrm{ext}} = \int_{\Omega} N_I \rho b_i \mathrm{d}\Omega + \int_{\Gamma_{t_i}} N_I \bar{t}_i \mathrm{d}\Gamma \tag{4.7.7}$$

将公式(3.6.1)，$\rho\, \boldsymbol{b}\mathrm{d}\Omega=\rho_0 \boldsymbol{b}\mathrm{d}\Omega_0$，和式(B3.1.4)，$\bar{\boldsymbol{t}}\mathrm{d}\Gamma=\boldsymbol{t}_0 \mathrm{d}\Gamma_0$ 代入式(4.7.7)，给出

$$f_{iI}^{\mathrm{ext}} = \int_{\Omega_0} N_I \rho_0 b_i \mathrm{d}\Omega_0 + \int_{\Gamma_{t_i}^0} N_I \bar{t}_i^0 \mathrm{d}\Gamma_0 \tag{4.7.8}$$

这是外部节点力的完全的 Lagrangian 形式。两个积分分别是在初始（参考）域和边界上进行的。注意到 $\rho_0 \boldsymbol{b}$ 是每单位参考体积上的体力，见公式(3.6.1)。上式可以写成矩阵形式：

$$\boldsymbol{f}_I^{\mathrm{ext}} = \int_{\Omega_0} N_I \rho_0 \boldsymbol{b} \mathrm{d}\Omega_0 + \int_{\Gamma_{t_i}^0} N_I \boldsymbol{e}_i \cdot \bar{\boldsymbol{t}}_0 \mathrm{d}\Gamma_0 \tag{4.7.9}$$

在建立更新的 Lagrangian 形式的过程中，将惯性节点力和质量矩阵表示成了初始构形的形

式(公式(4.4.55)),这样,所有的节点力都已经表示成了在初始(参考)构形上 Lagrangian 变量的形式。运动方程对于完全的 Lagrangian 离散和更新的 Lagrangian 离散是一致的(公式(4.4.53))。

4.8　完全的 Lagrangian 弱形式

在这一节中,我们将以完全的 Lagrangian 格式从强形式建立弱形式。随后我们将说明在弱形式中隐含着强形式。强形式包括动量方程(式(B4.4.2))、面力边界条件(式(B4.4.7))和内部连续性条件(式(4.4.11))。对于变分和试函数,我们定义了空间。如在第4.3节中:

$$\delta \boldsymbol{u}(\boldsymbol{X}) \in u_0, \quad \boldsymbol{u}(\boldsymbol{X}, t) \in u \tag{4.8.1}$$

其中 u 是运动学的允许位移的空间; u_0 是具有在位移边界上为零的附加条件的相同空间。

4.8.1　强形式到弱形式　为了建立弱形式,我们用变分函数乘以动量方程(式(B4.4.2)),并在初始(参考)构形上积分:

$$\int_{\Omega_0} \delta u_i \left(\frac{\partial P_{ji}}{\partial X_j} + \rho_0 b_i - \rho_0 \ddot{u}_i \right) \mathrm{d}\Omega_0 = 0 \tag{4.8.2}$$

在上式中,名义应力是对应于本构方程和应变-位移方程的试位移函数。这个弱形式是没有用的,因为它要求试位移具有 C^1 连续性,这是由于名义应力的导数出现在公式(4.8.2)中,见 4.3.1 节和 4.3.2 节。

为了从公式(4.8.2)中消去名义应力的导数,应用导数乘积公式:

$$\int_{\Omega_0} \delta u_i \frac{\partial P_{ji}}{\partial X_j} \mathrm{d}\Omega_0 = \int_{\Omega_0} \frac{\partial}{\partial X_j} (\delta u_i P_{ji}) \mathrm{d}\Omega_0 - \int_{\Omega_0} \frac{\partial (\delta u_i)}{\partial X_j} P_{ji} \mathrm{d}\Omega_0 \tag{4.8.3}$$

上式右边的第一项可以通过 Gauss 定理(3.5.5)表示为一个边界积分:

$$\int_{\Omega_0} \frac{\partial}{\partial X_j} (\delta u_i P_{ji}) \mathrm{d}\Omega_0 = \int_{\Gamma_0} \delta u_i n_j^0 P_{ji} \mathrm{d}\Gamma_0 + \int_{\Gamma_{\mathrm{int}}^0} \delta u_i [\![n_j^0 P_{ji}]\!] \mathrm{d}\Gamma_0 \tag{4.8.4}$$

由面力边界条件(B4.4.11),最后一项为零。因为在 $\Gamma_{u_i}^0$ 上 $\delta u_i = 0$,且 $\Gamma_{t_i}^0 = \Gamma_0 - \Gamma_{u_i}^0$,于是上式右边第一项简化到面力边界上,因此

$$\int_{\Omega_0} \frac{\partial}{\partial X_j} (\delta u_i P_{ji}) \mathrm{d}\Omega_0 = \int_{\Gamma_0} \delta u_i n_j^0 P_{ji} \mathrm{d}\Gamma_0 = \sum_{i=1}^{n_{SD}} \int_{\Gamma_{t_i}^0} \delta u_i \bar{t}_i^0 \mathrm{d}\Gamma_0 \tag{4.8.5}$$

这里的最后一个等号是从强形式公式(B4.4.7)得来的。从公式(3.2.19)我们注意到

$$\delta F_{ij} = \delta \left(\frac{\partial u_i}{\partial X_j} \right) = \frac{\partial (\delta u_i)}{\partial X_j} \tag{4.8.6}$$

将公式(4.8.5)代入式(4.8.3),再将结果代入式(4.8.2),改变符号后应用式(4.8.6),得到

$$\int_{\Omega_0} (\delta F_{ij} P_{ji} - \delta u_i \rho_0 b_i + \delta u_i \rho_0 \ddot{u}_i) \mathrm{d}\Omega_0 - \sum_{i=1}^{n_{SD}} \int_{\Gamma_{t_i}^0} \delta u_i \bar{t}_i^0 \mathrm{d}\Gamma_0 = 0 \tag{4.8.7}$$

或者

$$\int_{\Omega_0} (\delta \boldsymbol{F}^{\mathrm{T}} : \boldsymbol{P} - \rho_0 \delta \boldsymbol{u} \cdot \boldsymbol{b} + \rho_0 \delta \boldsymbol{u} \cdot \ddot{\boldsymbol{u}}) \mathrm{d}\Omega_0 - \sum_{i=1}^{n_{SD}} \int_{\Gamma_{t_i}^0} (\delta \boldsymbol{u} \cdot \boldsymbol{e}_i)(\boldsymbol{e}_i \cdot \bar{\boldsymbol{t}}_i^0) \mathrm{d}\Gamma_0 = 0 \tag{4.8.8}$$

上式就是动量方程、面力边界条件和内部连续性条件的弱形式。由于在公式(4.8.7)中的每一项是一个虚功增量,所以称它为**虚功原理**。框 4.5 总结了弱形式,并为每一项赋予了物理名称。

框 4.5 完全的 Lagrangian 格式的弱形式：虚功原理

如果 $u\in\mathcal{U}$，并且

$$\delta w^{\text{int}}(\delta\boldsymbol{u},\boldsymbol{u})-\delta w^{\text{ext}}(\delta\boldsymbol{u},\boldsymbol{u})+\delta w^{\text{kin}}(\delta\boldsymbol{u},\boldsymbol{u})=0\quad\forall\,\delta\boldsymbol{u}\in\mathcal{U}_0 \tag{B4.5.1}$$

则平衡方程、面力边界条件和内部连续性条件得到满足。在上式中，

$$\delta w^{\text{int}}=\int_{\Omega_0}\delta\boldsymbol{F}^{\mathrm{T}}:\boldsymbol{P}\mathrm{d}\Omega_0=\int_{\Omega_0}\delta F_{ij}P_{ji}\,\mathrm{d}\Omega_0 \tag{B4.5.2}$$

$$\delta w^{\text{ext}}=\int_{\Omega_0}\rho_0\,\delta\boldsymbol{u}\cdot\boldsymbol{b}\mathrm{d}\Omega_0+\sum_{i=1}^{n_{SD}}\int_{\Gamma_{t_i}^0}(\delta\boldsymbol{u}\cdot\boldsymbol{e}_i)(\boldsymbol{e}_i\cdot\bar{\boldsymbol{t}}_i^0)\mathrm{d}\Gamma_0 \tag{B4.5.3}$$

$$=\int_{\Omega_0}\delta u_i\rho_0 b_i\,\mathrm{d}\Omega_0+\sum_{i=1}^{n_{SD}}\int_{\Gamma_{t_i}^0}\delta u_i\bar{t}_i^0\,\mathrm{d}\Gamma_0$$

$$\delta w^{\text{kin}}=\int_{\Omega_0}\delta\boldsymbol{u}\cdot\rho_0\ddot{\boldsymbol{u}}\mathrm{d}\Omega_0=\int_{\Omega_0}\delta u_i\rho_0\,\ddot{u}_i\,\mathrm{d}\Omega_0 \tag{B4.5.4}$$

在公式(4.3.11)中通过用变分位移代替变分速度，并将每一项都转换到参考构形上，也可以建立弱形式。这样，完全的 Lagrangian 弱形式(4.8.8)是更新的 Lagrangian 弱形式的一个简单变换。

4.8.2 弱形式到强形式 下面我们从弱形式推导强形式。将公式(4.8.6)代入式(4.8.7)中的第一项，并应用导数乘积规则，给出

$$\int_{\Omega_0}\frac{\partial(\delta u_i)}{\partial X_j}P_{ji}\,\mathrm{d}\Omega_0=\int_{\Omega_0}\left[\frac{\partial}{\partial X_j}(\delta u_i P_{ji})-\delta u_i\frac{\partial P_{ji}}{\partial X_j}\right]\mathrm{d}\Omega_0 \tag{4.8.9}$$

对上式右边的第一项应用 Gauss 定理，得到

$$\int_{\Omega_0}\frac{\partial(\delta u_i)}{\partial X_j}P_{ji}\,\mathrm{d}\Omega_0=\sum_{i=1}^{n_{SD}}\int_{\Gamma_{t_i}^0}\delta u_i n_j^0 P_{ji}\,\mathrm{d}\Gamma_0+\int_{\Gamma_{\text{int}}^0}\delta u_i\,[\![n_j^0 P_{ji}]\!]\,\mathrm{d}\Gamma_0-\int_{\Omega_0}\delta u_i\frac{\partial P_{ji}}{\partial X_j}\mathrm{d}\Omega_0 \tag{4.8.10}$$

式中将表面上的积分转换到了面力边界上。因为在 $\Gamma_{u_i}^0$ 上，$\delta u_i=0$，且 $\Gamma_{t_i}^0=\Gamma_0-\Gamma_{u_i}^0$。

将公式(4.8.10)代入式(4.8.7)并归纳各项，给出

$$0=\int_{\Omega_0}\delta u_i\left(\frac{\partial P_{ji}}{\partial X_j}+\rho_0 b_i-\rho_0\ddot{u}_i\right)\mathrm{d}\Omega_0+\sum_{i=1}^{n_{SD}}\int_{\Gamma_{t_i}^0}\delta u_i(n_j^0P_{ji}-\bar{t}_i^0)\mathrm{d}\Gamma_0+\int_{\Gamma_{\text{int}}^0}\delta u_i\,[\![n_j^0P_{ji}]\!]\,\mathrm{d}\Gamma_0=0 \tag{4.8.11}$$

由于上式对于所有的 $\delta\boldsymbol{u}\in\mathcal{U}_0$ 都成立，则遵从第 4.3.2 节给出的密度定理，动量方程(B4.4.2)在 Ω_0 上成立，面力边界条件(B4.4.7)在 Γ_t^0 上成立，内部连续性条件(B4.4.11)在 Γ_{int}^0 上成立。所以，弱形式隐含着动量方程、面力边界条件和内部连续性条件。

4.9 有限元半离散化

4.9.1 离散化方程 我们考虑一个 Lagrangian 网格，其特性与第 4.4.1 节所描述的相同。对于运动的有限元，近似有

$$x_i(\boldsymbol{X},t) = x_{iI}(t)N_I(\boldsymbol{X}) \tag{4.9.1}$$

式中 $N_I(\boldsymbol{X})$ 为形函数。如同更新的 Lagrangian 格式，形函数是材料(Lagrangian)坐标的函数，或者是单元坐标的函数。试位移场为

$$u_i(\boldsymbol{X},t) = u_{iI}(t)N_I(\boldsymbol{X}) \quad 或 \quad \boldsymbol{u}(X,t) = \boldsymbol{u}_I(t)N_I(\boldsymbol{X}) \tag{4.9.2}$$

变分函数或者变量不是时间的函数，因此

$$\delta u_i(\boldsymbol{X}) = \delta u_{iI}N_I(\boldsymbol{X}) \quad 或 \quad \delta\boldsymbol{u}(\boldsymbol{X}) = \delta\boldsymbol{u}_I N_I(\boldsymbol{X}) \tag{4.9.3}$$

同前，我们使用指标标记，这里要对**所有的**重复指标求和。大写的指标对应着节点，需要对所有相关的节点进行求和；而小写的指标对应着分量，需要对所有的维数进行求和。

取公式(4.9.2)的材料时间导数得到速度和加速度：

$$\dot{u}_i(\boldsymbol{X},t) = \dot{u}_{iI}(t)N_I(\boldsymbol{X}) \tag{4.9.4}$$

$$\ddot{u}_i(\boldsymbol{X},t) = \ddot{u}_{iI}(t)N_I(\boldsymbol{X}) \tag{4.9.5}$$

变形梯度则为

$$F_{ij} = \frac{\partial x_i}{\partial X_j} = \frac{\partial N_I}{\partial X_j}x_{iI} \tag{4.9.6}$$

有时为了方便将上式写为

$$F_{ij} = B_{jI}^0 x_{iI} \quad 其中 \quad B_{jI}^0 = \frac{\partial N_I}{\partial X_j} \quad 所以\ \boldsymbol{F} = \boldsymbol{x}\boldsymbol{\mathscr{B}}_0^{\mathrm{T}} \tag{4.9.7}$$

$$\delta F_{ij} = \frac{\partial N_I}{\partial X_j}\delta x_{iI} = \frac{\partial N_I}{\partial X_j}\delta u_{iI} \quad 所以 \quad \delta\boldsymbol{F} = \delta\boldsymbol{u}\boldsymbol{\mathscr{B}}_0^{\mathrm{T}} \tag{4.9.8}$$

式中我们应用了 $\delta x_{iI} = \delta(X_{iI} + u_{iI}) = \delta u_{iI}$。

内部节点力 应用下式将内部节点力定义为内部虚功的形式：

$$\delta w^{\mathrm{int}} = \delta u_{iI} f_{iI}^{\mathrm{int}} = \int_{\Omega_0} \delta F_{ij} P_{ji}\,\mathrm{d}\Omega_0 = \delta u_{iI}\int_{\Omega_0} \frac{\partial N_I}{\partial X_j} P_{ji}\,\mathrm{d}\Omega_0 \tag{4.9.9}$$

式中的最后一步利用了公式(4.9.8)。然后根据 δu_{iI} 的任意性得到

$$f_{iI}^{\mathrm{int}} = \int_{\Omega_0} \frac{\partial N_I}{\partial X_j} P_{ji}\,\mathrm{d}\Omega_0 \quad 或 \quad f_{iI}^{\mathrm{int}} = \int_{\Omega_0} \mathscr{B}_{jI}^0 P_{ji}\,\mathrm{d}\Omega_0 \quad 或 \quad \boldsymbol{f}^{\mathrm{int,T}} = \int_{\Omega_0} \boldsymbol{\mathscr{B}}_0^{\mathrm{T}}\boldsymbol{P}\,\mathrm{d}\Omega_0 \tag{4.9.10}$$

它和通过转换得到的表达式(4.7.6)是一致的。

外部节点力 通过外部虚功(B4.5.3)与外部节点力的虚功相等，定义了外部节点力：

$$\delta w^{\mathrm{ext}} = \delta u_{iI} f_{iI}^{\mathrm{ext}} = \int_{\Omega_0} \delta u_i \rho_0 b_i\,\mathrm{d}\Omega_0 + \int_{\Gamma_{t_i}^0} \delta u_i \bar{t}_i^0\,\mathrm{d}\Gamma_0 = \delta u_{iI}\left\{\int_{\Omega_0} N_I\rho_0 b_i\,\mathrm{d}\Omega_0 + \int_{\Gamma_{t_i}^0} N_I \bar{t}_i^0\,\mathrm{d}\Gamma_0\right\} \tag{4.9.11}$$

由此得到

$$f_{iI}^{\mathrm{ext}} = \int_{\Omega_0} N_I\rho_0 b_i\,\mathrm{d}\Omega_0 + \int_{\Gamma_{t_i}^0} N_I\bar{t}_i^0\,\mathrm{d}\Gamma_0 \tag{4.9.12}$$

质量矩阵 定义节点力等价于惯性力(B4.5.4)，得到

$$\delta w^{\mathrm{kin}} = \delta u_{iI} f_{iI}^{\mathrm{kin}} = \int_{\Omega_0} \delta u_i \rho_0 \ddot{u}_i\,\mathrm{d}\Omega_0 \tag{4.9.13}$$

将公式(4.9.3)和(4.9.5)代入上式的右边，得到

$$\delta u_{iI} f_{iI}^{\mathrm{kin}} = \delta u_{iI}\int_{\Omega_0} \rho_0 N_I N_J\,\mathrm{d}\Omega_0\,\ddot{u}_{jJ} = \delta u_{iI} M_{ijIJ}\ddot{u}_{jJ} \tag{4.9.14}$$

由于上式对于任意的 $\delta\boldsymbol{u}$ 和 $\ddot{\boldsymbol{u}}$ 都成立，所以得到质量矩阵为

$$M_{ijIJ} = \delta_{ij}\int_{\Omega_0} \rho_0 N_I N_J \mathrm{d}\Omega_0 \tag{4.9.15}$$

将这个质量矩阵 $\boldsymbol{M}$ 与更新的 Lagrangian 格式的质量矩阵(4.4.56)进行比较，可以看到它们是一致的。这在预料之中，因为我们将质量转换到参考构形上，突出了关于 Lagrangian 网格的时间不变性。

将上面表达式代入弱形式公式(B4.5.1)，我们有

$$\delta u_{iI}(f_{iI}^{\text{int}} - f_{iI}^{\text{ext}} + M_{ijIJ}\ddot{u}_{jJ}) = 0 \quad \forall I, i \notin \Gamma_{u_i} \tag{4.9.16}$$

由于上式适用于所有不受位移边界条件限制的节点位移分量的任意值，所以有

$$M_{ijIJ}\ddot{u}_{jJ} + f_{iI}^{\text{int}} = f_{iI}^{\text{ext}} \quad \forall I, i \notin \Gamma_{u_i} \tag{4.9.17}$$

框 4.6 完全的 Lagrangian 格式的离散化方程和内部节点力算法

运动方程(离散动量方程)

$$M_{ijIJ}\ddot{u}_{jJ} + f_{iI}^{\text{int}} = f_{iI}^{\text{ext}} \quad 对 \quad (I,i) \notin \Gamma_{v_i} \tag{B4.6.1}$$

内部节点力

$$f_{iI}^{\text{int}} = \int_{\Omega_0} (B_{Ij}^0)^{\mathrm{T}} P_{ji}\mathrm{d}\Omega_0 = \int_{\Omega_0} \frac{\partial N_I}{\partial X_j} P_{ji}\mathrm{d}\Omega_0 \quad 或 \quad (\boldsymbol{f}_I^{\text{int}})^{\mathrm{T}} = \int_{\Omega_0} \mathcal{B}_{0I}^{\mathrm{T}}\boldsymbol{P}\mathrm{d}\Omega_0 \tag{B4.6.2}$$

Voigt 标记为：
$$\boldsymbol{f}_I^{\text{int}} = \int_{\Omega_0} \boldsymbol{B}_{0I}^{\mathrm{T}}\{\boldsymbol{S}\}\mathrm{d}\Omega_0$$

外部节点力

$$f_{iI}^{\text{ext}} = \int_{\Omega_0} N_I\rho_0 b_i \mathrm{d}\Omega_0 + \int_{\Gamma_{t_i}^0} N_I \bar{t}_i^0 \mathrm{d}\Gamma_0 \quad 或 \quad \boldsymbol{f}_I^{\text{ext}} = \int_{\Omega_0} N_I\rho_0 \boldsymbol{b}\mathrm{d}\Omega_0 + \int_{\Gamma_{t_i}^0} N_I \boldsymbol{e}_i \cdot \bar{\boldsymbol{t}}^0 \mathrm{d}\Gamma_0 \tag{B4.6.3}$$

质量矩阵

$$M_{ijIJ} = \delta_{ij}\int_{\Omega_0} \rho N_I N_J \mathrm{d}\Omega = \delta_{ij}\int_{\Omega_0} \rho_0 N_I N_J J_\xi^0 \mathrm{d}\square \tag{B4.6.4}$$

$$\boldsymbol{M}_{IJ} = \boldsymbol{I}\widetilde{M}_{IJ} = \boldsymbol{I}\int_{\Omega_0} \rho_0 N_I N_J \mathrm{d}\Omega_0 \tag{B4.6.5}$$

单元内部节点力的计算

1. $\boldsymbol{f}^{\text{int}} = 0$。
2. 对于所有积分点 $\boldsymbol{\xi}_Q$
   i. 对于所有 I，计算 $[B_{Ij}^0] = [\partial N_I(\boldsymbol{\xi}_Q)/\partial X_j]$
   ii. $\boldsymbol{H} = \boldsymbol{B}_{0I}\boldsymbol{u}_I$；$H_{ij} = \partial N_I/\partial X_j u_{iI}$
   iii. $\boldsymbol{F} = \boldsymbol{I} + \boldsymbol{H}$，$J = \det(\boldsymbol{F})$
   iv. $\boldsymbol{E} = \frac{1}{2}(\boldsymbol{H} + \boldsymbol{H}^{\mathrm{T}} + \boldsymbol{H}^{\mathrm{T}}\boldsymbol{H})$
   v. 如果需要，计算 $\dot{\boldsymbol{E}} = \Delta\boldsymbol{E}/\Delta t$，$\dot{\boldsymbol{F}} = \Delta\boldsymbol{F}/\Delta t$，$\boldsymbol{D} = \text{sym}(\dot{\boldsymbol{F}}\boldsymbol{F}^{-1})$
   vi. 通过本构方程计算 PK2 应力 $\boldsymbol{S}$ 或 Cauchy 应力 $\boldsymbol{\sigma}$

vii. $\boldsymbol{P}=\boldsymbol{S}\boldsymbol{F}^{\mathrm{T}}$ 或 $\boldsymbol{P}=J\boldsymbol{F}^{-1}\boldsymbol{\sigma}$

viii. 对于所有节点 I，$\boldsymbol{f}_I^{\text{int}} \leftarrow \boldsymbol{f}_I^{\text{int}} + \boldsymbol{B}_{0I}^{\mathrm{T}}\boldsymbol{P}J_\xi^0\bar{w}_Q$

结束循环

($\bar{w}_Q$ 为积分加权)

上面的方程与更新的 Lagrangian 格式的控制方程是一致的，如框 4.3 所示。在更新的和完全的 Lagrangian 格式中，节点力的表达式具有不同的变量形式，并具有不同的积分域，但是，对于更新的和完全的 Lagrangian 格式，它们的离散化方程是一致的。通过减少所需变换的数目，这些格式的每一种对于一些本构方程或荷载可能是有利的。

4.9.2 编制程序 框 4.6 给出了内部节点力的计算过程。在所示步骤中，通过数值积分计算节点力。

通常形函数表示为单元坐标 ξ 的形式，例如在三角形单元中的面积坐标或在等参单元中的参考坐标。关于材料坐标的导数可以表示为

$$\boldsymbol{N}_{\boldsymbol{X}} \equiv \boldsymbol{B}^0 = \boldsymbol{N}_{,\xi}\boldsymbol{X}_\xi^{-1} = \boldsymbol{N}_{,\xi}(\boldsymbol{F}_\xi^0)^{-1} \tag{4.9.18}$$

式中 $\boldsymbol{F}_\xi^0$ 是在材料和单元坐标之间的 Jacobian。通常不是以变形梯度 $\boldsymbol{F}$ 的形式计算 Green 应变张量，如框 4.6 所示，因为对于小应变，计算结果易受舍入误差的影响。

Voigt 形式 由于 $\boldsymbol{P}$ 是非对称的，几乎没有应用 Voigt 标记将节点力写成 $\boldsymbol{P}$ 的形式。因此，我们以 PK2 应力 $\boldsymbol{S}$ 写出 Voigt 形式。应用转换 $\boldsymbol{P}=\boldsymbol{S}\cdot\boldsymbol{F}^{\mathrm{T}}$，内部节点力的表达式成为

$$f_{jI}^{\text{int}} = \int_{\Omega_0} \frac{\partial N_I}{\partial X_i} F_{kj} S_{ik}\,\mathrm{d}\Omega_0 \quad 或 \quad (\boldsymbol{f}_I^{\text{int}})^{\mathrm{T}} = \int_{\Omega_0} \frac{\partial N_I}{\partial \boldsymbol{X}} \boldsymbol{S}\boldsymbol{F}^{\mathrm{T}}\,\mathrm{d}\Omega_0 \tag{4.9.19}$$

我们定义 $\boldsymbol{B}_0$ 矩阵为

$$B_{ijkI}^0 = \operatorname*{sym}_{(i,j)}\left(\frac{\partial N_I}{\partial X_i} F_{kj}\right) \tag{4.9.20}$$

注意到上式特指为公式(4.5.18)的更新形式，其当前构形和参考构形重合，所以 $F_{ij} \rightarrow \delta_{ij}$。这个矩阵的 Voigt 形式(见附录 1)为

$$B_{ijkI}^0 \rightarrow B_{ab}^0 \quad \begin{array}{ll} (i,j) \rightarrow a & \text{根据 Voigt 运动学规则} \\ (k,I) \rightarrow b & \text{根据矩形到列阵的变换规则} \end{array} \tag{4.9.21}$$

类似地，通过运动学 Voigt 规则将 S_{ij} 转换为 S_b，则

$$f_a^{\text{int}} = \int_{\Omega_0} (B_{ab}^0)^{\mathrm{T}} S_b\,\mathrm{d}\Omega_0 \quad 或 \quad \boldsymbol{f} = \int_{\Omega_0} \boldsymbol{B}_0^{\mathrm{T}}\{\boldsymbol{S}\}\,\mathrm{d}\Omega_0 \quad 或 \quad \boldsymbol{f}_I = \int_{\Omega_0} \boldsymbol{B}_{0I}^{\mathrm{T}}\{\boldsymbol{S}\}\,\mathrm{d}\Omega_0 \tag{4.9.22}$$

构造 $\boldsymbol{B}_0$ 矩阵的关键在于表 A1.1 中给出的指标 a 与指标 j 之间的对应关系。对于二维单元应用这种对应关系，我们得到

$$B_{ijkI}^0 \rightarrow B_{akI}^0$$

$$\begin{aligned}
&i=1, j=1 \rightarrow a=1 \quad [B_{ak}^0]_I = \frac{\partial N_I}{\partial X} F_{k1} = \frac{\partial N_I}{\partial X}\frac{\partial x_k}{\partial X} \\
&i=2, j=2 \rightarrow a=2 \quad [B_{ak}^0]_I = \frac{\partial N_I}{\partial Y} F_{k2} = \frac{\partial N_I}{\partial Y}\frac{\partial x_k}{\partial Y} \\
&i=1, j=2 \rightarrow a=3 \quad [B_{ak}^0]_I = \frac{\partial N_I}{\partial X} F_{k2} + \frac{\partial N_I}{\partial Y} F_{k1} = \frac{\partial N_I}{\partial X}\frac{\partial x_k}{\partial Y} + \frac{\partial N_I}{\partial Y}\frac{\partial x_k}{\partial X}
\end{aligned} \tag{4.9.23}$$

当取 $k=1$ 和 $k=2$ 时，分别对应于矩阵的第一列与第二列，可以写出矩阵 $\boldsymbol{B}_I^0$：

$$\boldsymbol{B}_I^0=\begin{bmatrix}\dfrac{\partial N_I}{\partial X}\dfrac{\partial x}{\partial X} & \dfrac{\partial N_I}{\partial X}\dfrac{\partial y}{\partial X}\\ \dfrac{\partial N_I}{\partial Y}\dfrac{\partial x}{\partial Y} & \dfrac{\partial N_I}{\partial Y}\dfrac{\partial y}{\partial Y}\\ \dfrac{\partial N_I}{\partial X}\dfrac{\partial x}{\partial Y}+\dfrac{\partial N_I}{\partial Y}\dfrac{\partial x}{\partial X} & \dfrac{\partial N_I}{\partial X}\dfrac{\partial y}{\partial Y}+\dfrac{\partial N_I}{\partial Y}\dfrac{\partial y}{\partial X}\end{bmatrix} \tag{4.9.24}$$

在三维情况下，根据类似的步骤得到

$$\boldsymbol{B}_I^0=\begin{bmatrix}\dfrac{\partial N_I}{\partial X}\dfrac{\partial x}{\partial X} & \dfrac{\partial N_I}{\partial X}\dfrac{\partial y}{\partial X} & \dfrac{\partial N_I}{\partial X}\dfrac{\partial z}{\partial X}\\ \dfrac{\partial N_I}{\partial Y}\dfrac{\partial x}{\partial Y} & \dfrac{\partial N_I}{\partial Y}\dfrac{\partial y}{\partial Y} & \dfrac{\partial N_I}{\partial Y}\dfrac{\partial z}{\partial Y}\\ \dfrac{\partial N_I}{\partial Z}\dfrac{\partial x}{\partial Z} & \dfrac{\partial N_I}{\partial Z}\dfrac{\partial y}{\partial Z} & \dfrac{\partial N_I}{\partial Z}\dfrac{\partial z}{\partial Z}\\ \dfrac{\partial N_I}{\partial Y}\dfrac{\partial x}{\partial Z}+\dfrac{\partial N_I}{\partial Z}\dfrac{\partial x}{\partial Y} & \dfrac{\partial N_I}{\partial Y}\dfrac{\partial y}{\partial Z}+\dfrac{\partial N_I}{\partial Z}\dfrac{\partial y}{\partial Y} & \dfrac{\partial N_I}{\partial Y}\dfrac{\partial z}{\partial Z}+\dfrac{\partial N_I}{\partial Z}\dfrac{\partial z}{\partial Y}\\ \dfrac{\partial N_I}{\partial X}\dfrac{\partial x}{\partial Z}+\dfrac{\partial N_I}{\partial Z}\dfrac{\partial x}{\partial X} & \dfrac{\partial N_I}{\partial X}\dfrac{\partial y}{\partial Z}+\dfrac{\partial N_I}{\partial Z}\dfrac{\partial y}{\partial X} & \dfrac{\partial N_I}{\partial X}\dfrac{\partial z}{\partial Z}+\dfrac{\partial N_I}{\partial Z}\dfrac{\partial z}{\partial X}\\ \dfrac{\partial N_I}{\partial X}\dfrac{\partial x}{\partial Y}+\dfrac{\partial N_I}{\partial Y}\dfrac{\partial x}{\partial X} & \dfrac{\partial N_I}{\partial X}\dfrac{\partial y}{\partial Y}+\dfrac{\partial N_I}{\partial Y}\dfrac{\partial y}{\partial X} & \dfrac{\partial N_I}{\partial X}\dfrac{\partial z}{\partial Y}+\dfrac{\partial N_I}{\partial Y}\dfrac{\partial z}{\partial X}\end{bmatrix} \tag{4.9.25}$$

许多作者通过 Boolean 矩阵的顺序相乘构造 $\boldsymbol{B}_0$ 矩阵。而这里展示的过程可以容易地编制程序，且速度快得多。

可以很容易地看出 $\boldsymbol{B}_0$ 通过下式将 Green 应变率 $\dot{\boldsymbol{E}}$ 与节点速度联系起来：

$$\{\dot{\boldsymbol{E}}\}=\boldsymbol{B}_I^0\boldsymbol{v}_I=\boldsymbol{B}_0\dot{\boldsymbol{d}} \tag{4.9.26}$$

读者必须注意到 $\boldsymbol{B}_0$ 矩阵的一个特征：尽管它带有一个下标 0，但矩阵 $\boldsymbol{B}_0$ 不是与时间无关的，这可以从公式(4.9.20)或式(4.9.24)～(4.9.25)中容易地看出。这些式子表明 $\boldsymbol{B}_0$ 矩阵依赖于 $\boldsymbol{F}$，而 $\boldsymbol{F}$ 是随时间变化的。

关于内部节点力的完全的 Lagrangian 方程(4.9.22)，不用任何转换就可以很容易地退化到更新的 Lagrangian 形式(公式(4.5.12))，只要让固定时刻 t 的构形成为参考构形就可以实现。在当前构形是参考构形时，

$$\boldsymbol{F}=\boldsymbol{I}\quad\text{或}\quad F_{ij}=\frac{\partial x_i}{\partial X_j}=\delta_{ij} \tag{4.9.27}$$

因为在时刻 t 这两个坐标系是重合的。另外，在当前构形成为参考构形时，

$$\boldsymbol{B}_0=\boldsymbol{B}\quad \boldsymbol{S}=\boldsymbol{\sigma}\quad \Omega_0=\Omega\quad J=1\quad \mathrm{d}\Omega_0=\mathrm{d}\Omega \tag{4.9.28}$$

为了验证其中的第一式，只要将公式(4.9.27)代入式(4.9.20)，然后与式(4.5.18)比较即可。因为 $\boldsymbol{F}=\boldsymbol{I}$，从框 3.2 可知，$\boldsymbol{S}=\boldsymbol{\sigma}$。节点力的表达式(4.9.22)成为

$$\boldsymbol{f}_I=\int_{\Omega}\boldsymbol{B}_I^{\mathrm{T}}\{\boldsymbol{\sigma}\}\mathrm{d}\Omega \tag{4.9.29}$$

这与更新的 Lagrangian 形式(4.5.12)是一致的。这种使当前构形成为参考构形的过程是我们以后再次利用的有用途径。

例 4.8 二维杆 建立二维的 2 节点杆单元的内部节点力。图 4.12 所示为杆单元，它

处于单轴应力状态,唯一的非零应力沿着杆的轴线。

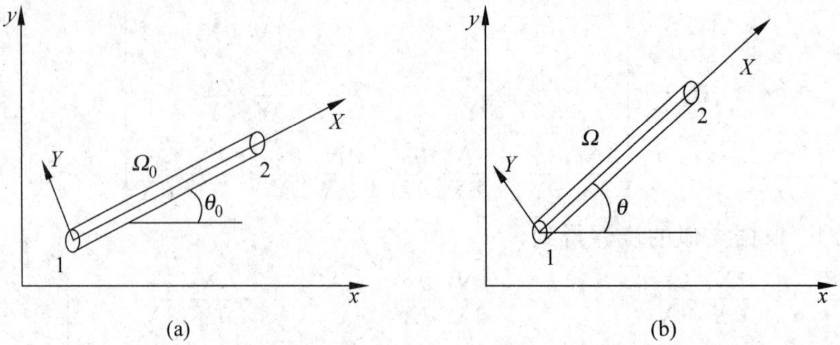

图 4.12　完全的 Lagrangian 格式的二维杆单元
(a) 初始;(b) 当前

为了简化格式,我们建立材料坐标系,这样 X 轴与杆的轴线重合,材料坐标原点位于节点 1,如图 4.12 所示。母单元坐标为 $\xi\in[0,1]$。材料坐标与单元坐标的关系为

$$X = X_2\xi = l_0\xi \tag{E4.8.1}$$

式中 l_0 为单元的初始长度。在这个例子中,使用坐标 X,Y 的意义与以前多少有所不同:式子 $\boldsymbol{x}(t=0)=\boldsymbol{X}$ 不再成立。但是,这里使用的定义对应于 $\boldsymbol{x}(t=0)$ 的转动和平动。由于转动和平动对 $\boldsymbol{E}$ 或其他的应变度量都没有影响,选择这种 X,Y 坐标系是完全可以接受的。我们可以使用单元坐标 ξ 作为材料坐标,但是,这使得物理应变分量的定义复杂化了。

用单元坐标的形式给出运动为

$$\begin{aligned} x(\xi,t) &= x_1(t)(1-\xi)+x_2(t)\xi \\ y(\xi,t) &= y_1(t)(1-\xi)+y_2(t)\xi \end{aligned} \quad \text{或} \quad \begin{Bmatrix} x \\ y \end{Bmatrix} = \begin{bmatrix} x_1 & x_2 \\ y_1 & y_2 \end{bmatrix}\begin{Bmatrix} 1-\xi \\ \xi \end{Bmatrix} \tag{E4.8.2}$$

或者

$$\boldsymbol{x}(\xi,t) = \boldsymbol{x}_I(t)N_I(\xi) \tag{E4.8.3}$$

这里

$$\{N_I(\xi)\}^{\mathrm{T}} = [(1-\xi)\quad \xi] = \left[1-\frac{X}{l_0}\quad \frac{X}{l_0}\right] \tag{E4.8.4}$$

矩阵 $\boldsymbol{B}_0$ 如在公式(4.9.7)中所定义的,为

$$[B_{0iI}] \equiv [\partial N_I/\partial X_i]^{\mathrm{T}} = \left[\frac{\partial N_1}{\partial X}\quad \frac{\partial N_2}{\partial X}\right] = \frac{1}{l_0}[-1\quad 1] \tag{E4.8.5}$$

为了给出$\dfrac{\partial N_I}{\partial X}=\dfrac{1}{l_0}\dfrac{\partial N_I}{\partial \xi}$,这里应用了公式(E4.8.1)。变形梯度由式(4.9.7)给出:

$$\boldsymbol{F} = \boldsymbol{x}_I(\boldsymbol{B}_I^0)^{\mathrm{T}} = \begin{bmatrix} x_1 & x_2 \\ y_1 & y_2 \end{bmatrix}\frac{1}{l_0}\begin{Bmatrix} -1 \\ 1 \end{Bmatrix} = \frac{1}{l_0}[x_2-x_1\quad y_2-y_1] \equiv \frac{1}{l_0}[x_{21}\quad y_{21}] \tag{E4.8.6}$$

对于杆,变形梯度 $\boldsymbol{F}$ 不是一个方阵,因为有两个空间维数但只有一个独立变量。

唯一的非零应力是沿着杆的轴线。为了利用这一优越性,我们使用 PK2 应力形式的节点力公式,因为 S_{11} 是这个应力的唯一非零分量。关于名义应力 P_{11},它不是唯一的非零分量。这里所定义的 X 轴是随杆的轴线一起旋转的,所以 S_{11} 总是沿着杆的轴线的应力分量。将公式(E4.8.5)和(E4.8.6)代入式(4.9.19),则给出下面内部节点力的表达式:

$$\boldsymbol{f}_{\text{int}}^{\mathrm{T}}=\int_{\Omega_0}\boldsymbol{B}_0^{\mathrm{T}}\boldsymbol{S}\boldsymbol{F}^{\mathrm{T}}\mathrm{d}\Omega_0=\int_{\Omega_0}N_{,\boldsymbol{x}}\boldsymbol{S}\boldsymbol{F}^{\mathrm{T}}\mathrm{d}\Omega_0=\int_{\Omega_0}\frac{1}{l_0}\begin{bmatrix}-1\\+1\end{bmatrix}[S_{11}]\frac{1}{l_0}[x_{21}\quad y_{21}]\mathrm{d}\Omega_0 \tag{E4.8.7}$$

我们假设被积函数是常数，于是将被积函数乘以体积 A_0l_0，我们有

$$\begin{bmatrix}f_{1x} & f_{1y}\\ f_{2x} & f_{2y}\end{bmatrix}^{\text{int}}=\frac{A_0S_{11}}{l_0}\begin{bmatrix}-x_{21} & -y_{21}\\ x_{21} & y_{21}\end{bmatrix} \tag{E4.8.8}$$

如果我们应用公式(E3.9.8)，并且注意到 $\cos\theta=x_{21}/l$，$\sin\theta=y_{21}/l$ 这个结果可以转换为旋转格式的结果。

用 Voigt 标记，因为唯一的非零应力为 S_{11}，故只需考虑 $\boldsymbol{B}_0$ 矩阵的第一行。由公式(4.9.24)，并应用式(E4.8.3)～(E4.8.4)得到 $x_{,X}=x_{21}/l_0=l/l_0\cos\theta$，$y_{,X}=y_{21}/l_0=l/l_0\sin\theta$。第一行为

$$\boldsymbol{B}_I^0=[N_{I,X}x_{,X}\quad N_{I,X}y_{,X}]=\frac{1}{l_0}[N_{I,X}x_{21}\quad N_{I,X}y_{21}] \tag{E4.8.9}$$

由公式(E4.8.4)，$N_{1,X}=-1/l_0$，$N_{2,X}=1/l_0$，所以

$$\boldsymbol{B}_0=[\boldsymbol{B}_1^0\quad \boldsymbol{B}_2^0]=\frac{1}{l_0^2}[-\cos\theta\quad -\sin\theta\quad \cos\theta\quad \sin\theta] \tag{E4.8.10}$$

节点力的表达式(4.9.22)则成为

$$\boldsymbol{f}^{\text{int}}=\begin{Bmatrix}f_{x1}\\ f_{y1}\\ f_{x2}\\ f_{y2}\end{Bmatrix}^{\text{int}}=\int_{\Omega_0}\boldsymbol{B}_0^{\mathrm{T}}\{\boldsymbol{S}\}\mathrm{d}\Omega_0=\int_{\Omega_0}\frac{l}{l_0^2}\begin{Bmatrix}-\cos\theta\\ -\sin\theta\\ \cos\theta\\ \sin\theta\end{Bmatrix}\{S_{11}\}\mathrm{d}\Omega_0=\frac{A_0lS_{11}}{l_0}\begin{Bmatrix}-\cos\theta\\ -\sin\theta\\ \cos\theta\\ \sin\theta\end{Bmatrix} \tag{E4.8.11}$$

式中的最后一步，我们应用了被积函数为常数和体积为 A_0l_0 的事实。

例 4.9 三角形单元 建立 3 节点、线性位移三角形单元的变形梯度、内部节点力和外部节点力。在例 4.1 中以更新的 Lagrangian 格式已经建立了这个单元，如图 4.3 所示。

单元的运动，以三角坐标 ξ_I 的形式通过相同的线性映射给出，如例 4.1 中公式(E4.1.7)。由公式(4.9.7)给出矩阵 $\boldsymbol{B}_0$：

$$\mathscr{B}_I^0=[\mathscr{B}_{jI}^0]=[\partial N_I/\partial X_j]$$

$$\mathscr{B}_0=[\mathscr{B}_1^0\quad \mathscr{B}_2^0\quad \mathscr{B}_3^0]=\begin{bmatrix}\dfrac{\partial N_1}{\partial X} & \dfrac{\partial N_2}{\partial X} & \dfrac{\partial N_3}{\partial X}\\[2mm] \dfrac{\partial N_1}{\partial Y} & \dfrac{\partial N_2}{\partial Y} & \dfrac{\partial N_3}{\partial Y}\end{bmatrix}=\frac{1}{2A_0}\begin{bmatrix}Y_{23} & Y_{31} & Y_{12}\\ X_{32} & X_{13} & X_{21}\end{bmatrix} \tag{E4.9.1}$$

$$A_0=\frac{1}{2}(X_{32}Y_{12}-X_{12}Y_{32})$$

其中 A_0 为未变形单元的面积，$X_{IJ}=X_I-X_J$ 和 $Y_{IJ}=Y_I-Y_J$。这些方程与在更新的 Lagrangian 格式中给出的方程是一致的，但在这里使用了初始节点坐标和初始面积。内力则由公式(4.9.10)给出：

$$\boldsymbol{f}_{\text{int}}^{\mathrm{T}}=[f_{iI}]=\begin{bmatrix}f_{1x} & f_{1y}\\ f_{2x} & f_{2y}\\ f_{3x} & f_{3y}\end{bmatrix}^{\text{int}}=\int_{\Omega_0}\mathscr{B}_0^{\mathrm{T}}\boldsymbol{P}\mathrm{d}\Omega_0$$

$$=\int_{A_0}\frac{1}{2A_0}\begin{bmatrix}Y_{23} & X_{23}\\ Y_{31} & X_{13}\\ Y_{12} & X_{21}\end{bmatrix}\begin{bmatrix}P_{11} & P_{12}\\ P_{21} & P_{22}\end{bmatrix}a_0\,\mathrm{d}A_0=\frac{a_0}{2}\begin{bmatrix}Y_{23} & X_{23}\\ Y_{31} & X_{13}\\ Y_{12} & X_{21}\end{bmatrix}\begin{bmatrix}P_{11} & P_{12}\\ P_{21} & P_{22}\end{bmatrix} \tag{E4.9.2}$$

其中 a_0 是单元的初始厚度。

Voigt 标记 在 Voigt 标记中,内部节点力的表达式需要 $\boldsymbol{B}_0$ 矩阵。在公式(E4.9.1)中应用式(4.9.24)和形函数的导数,得到

$$\boldsymbol{B}_0=\begin{bmatrix}Y_{23}x_{,X} & Y_{23}y_{,X} & Y_{31}x_{,X} & Y_{31}y_{,X} & Y_{12}x_{,X} & Y_{12}y_{,X}\\ X_{32}x_{,Y} & X_{32}y_{,Y} & X_{13}x_{,Y} & X_{13}y_{,Y} & X_{21}x_{,Y} & X_{21}y_{,Y}\\ Y_{23}x_{,Y}+X_{32}x_{,X} & Y_{23}y_{,Y}+X_{32}y_{,X} & Y_{31}x_{,Y}+X_{13}x_{,X} & Y_{31}y_{,Y}+X_{13}y_{,X} & Y_{12}x_{,Y}+X_{21}x_{,X} & Y_{12}y_{,Y}+X_{21}y_{,X}\end{bmatrix} \tag{E4.9.3}$$

$\boldsymbol{F}$ 矩阵的项通过公式(4.9.6)计算。例如:

$$x_{,X}=N_{I,X}x_I=\frac{1}{2A_0}(Y_{23}x_1+Y_{31}x_2+Y_{12}x_3) \tag{E4.9.4}$$

注意到在单元中 $\boldsymbol{F}$ 矩阵是常数,所以 $\boldsymbol{B}_0$ 也是常数。节点力则由公式(4.9.22)给出:

$$\boldsymbol{f}^{\text{int}}=\{f_a\}=\begin{Bmatrix}f_{x1}\\ f_{y1}\\ f_{x2}\\ f_{y2}\\ f_{x3}\\ f_{y3}\end{Bmatrix}^{\text{int}}=\int_{\Omega_0}\boldsymbol{B}_0^{\mathrm{T}}\begin{Bmatrix}S_{11}\\ S_{22}\\ S_{33}\end{Bmatrix}\mathrm{d}\Omega_0 \tag{E4.9.5}$$

例 4.10 二维等参单元 构造二维等参单元的离散方程。单元如图 4.5 所示。在例 4.2 中已经考虑了这种单元的更新的 Lagrangian 形式。

单元的运动由公式(E4.2.1)给出。在完全的 Lagrangian 格式中,公式的关键区别是必须求出对应于材料坐标的形函数的导数。通过隐式微分

$$\begin{Bmatrix}N_{I,X}\\ N_{I,Y}\end{Bmatrix}=\boldsymbol{X}_{,\boldsymbol{\xi}}^{-\mathrm{T}}\begin{Bmatrix}N_{I,\xi}\\ N_{I,\eta}\end{Bmatrix} \tag{E4.10.1}$$

其中

$$\boldsymbol{X}_{,\xi}=\boldsymbol{X}_I N_{I,\boldsymbol{\xi}} \quad 或 \quad \frac{\partial X_i}{\partial \xi_j}=X_{iI}\frac{\partial N_I}{\partial \xi_j} \tag{E4.10.2}$$

将上式写成

$$\begin{bmatrix}X_{,\xi} & X_{,\eta}\\ Y_{,\xi} & Y_{,\eta}\end{bmatrix}=\begin{Bmatrix}X_I\\ Y_I\end{Bmatrix}[N_{I,\xi} \quad N_{I,\eta}] \tag{E4.10.3}$$

这可以由形函数和节点坐标赋值。对于以更新的坐标形式的 4 节点四边形单元,公式(E4.2.7)~(E4.2.9)给出了详细的结果。通过用(X_I,Y_I)代替(x_I,y_I)可以得到关于材料坐标的公式。$\boldsymbol{X}_{,\xi}$的逆则为

$$\boldsymbol{X}_{,\boldsymbol{\xi}}^{-1}=\begin{bmatrix}X_{,\xi} & X_{,\eta}\\ Y_{,\xi} & Y_{,\eta}\end{bmatrix}^{-1}=\frac{1}{J_\xi^0}\begin{bmatrix}Y_{,\eta} & -X_{,\eta}\\ -Y_{,\xi} & X_{,\xi}\end{bmatrix}$$

其中的最后一步是 $\boldsymbol{X}_{,\xi}^{-1}$ 的另一种表示。在母单元和参考构形之间的 Jacobian 行列式为

$$J_{\xi}^{0} = X_{,\xi}Y_{,\eta} - Y_{,\xi}X_{,\eta}$$

$\mathscr{B}_{0I}$ 矩阵为

$$\mathscr{B}_{0I}^{\mathrm{T}} = [N_{I,X} \quad N_{I,Y}] = [N_{I,\xi} \quad N_{I,\eta}]\boldsymbol{X}_{,\xi}^{-1} \tag{E4.10.4}$$

位移场 $\boldsymbol{H}$ 的梯度为

$$\boldsymbol{H} = \boldsymbol{u}_I \mathscr{B}_{0I}^{\mathrm{T}} = \begin{Bmatrix} u_{xI} \\ u_{yI} \end{Bmatrix} [N_{I,X} \quad N_{I,Y}] \tag{E4.10.5}$$

变形梯度则为

$$\boldsymbol{F} = \boldsymbol{I} + \boldsymbol{H} \tag{E4.10.6}$$

由此可以得到 Green 应变 $\boldsymbol{E}$，如框 4.6 所示。应力 $\boldsymbol{S}$ 通过本构方程计算，名义应力 $\boldsymbol{P}$ 则可以通过 $\boldsymbol{P}=\boldsymbol{SF}^{\mathrm{T}}$ 计算，见框 3.2。

内部节点力由公式(4.9.10)给出：

$$(\boldsymbol{f}_I^{\mathrm{int}})^{\mathrm{T}} = \int_{\Omega_0} \mathscr{B}_{0I}^{\mathrm{T}} \boldsymbol{P} \mathrm{d}\Omega_0 = \int_{-1}^{1}\int_{-1}^{1} [N_{I,X} \quad N_{I,Y}] \begin{bmatrix} P_{11} & P_{12} \\ P_{21} & P_{22} \end{bmatrix} J_{\xi}^{0} \mathrm{d}\xi \mathrm{d}\eta \tag{E4.10.7}$$

式中

$$J_{\xi}^{0} = \det(\boldsymbol{X}_{,\xi}) = \det(\boldsymbol{F}_{\xi}^{0}) \tag{E4.10.8}$$

外部节点力，特别是由于压力引起的外部节点力，一般最好是在更新的格式下计算。质量矩阵在例 4.2 中已经给出。

例 4.11 三维单元 对于一般的三维单元，以完全的 Lagrangian 格式建立应变和节点力方程，单元如图 4.6 所示。对于一个等参单元，母单元坐标为 $\boldsymbol{\xi} = (\xi_1, \xi_2, \xi_3) \equiv (\xi, \eta, \zeta)$；对于一个四面体单元，母单元坐标为 $\boldsymbol{\xi} = (\xi_1, \xi_2, \xi_3)$，其中后者的 ξ_i 是体积(重心)坐标。

矩阵形式 应用关于运动的标准表达式(4.9.1)～(4.9.5)，由公式(4.9.6)给出变形梯度。联系参考构形和母单元的 Jacobian 矩阵为

$$\boldsymbol{X}_{,\xi} = \begin{bmatrix} X_{,\xi} & X_{,\eta} & X_{,\zeta} \\ Y_{,\xi} & Y_{,\eta} & Y_{,\zeta} \\ Z_{,\xi} & Z_{,\eta} & Z_{,\zeta} \end{bmatrix} = \{X_{iI}\}[\partial N_I/\partial \xi_j] = \begin{Bmatrix} X_I \\ Y_I \\ Z_I \end{Bmatrix} [N_{I,\xi} \quad N_{I,\eta} \quad N_{I,\zeta}] \tag{E4.11.1}$$

变形梯度为

$$[F_{ij}] = \{x_{iI}\}\left[\frac{\partial N_I}{\partial X_j}\right] = \begin{Bmatrix} x_I \\ y_I \\ z_I \end{Bmatrix} [N_{I,X} \quad N_{I,Y} \quad N_{I,Z}] \tag{E4.11.2}$$

式中

$$\left[\frac{\partial N_I}{\partial X_j}\right] = [N_{I,X} \quad N_{I,Y} \quad N_{I,Z}] = \left[\frac{\partial N_I}{\partial \xi_k}\right]\left[\frac{\partial \xi_k}{\partial X_j}\right] = N_{I,\boldsymbol{\xi}}\boldsymbol{X}_{,\xi}^{-1} \tag{E4.11.3}$$

其中 $\boldsymbol{X}_{,\xi}^{-1}$ 由公式(E4.11.1)数值计算。不能从 $\boldsymbol{F}$ 直接计算 Green 应变张量，因为这样会产生非常大的舍入误差。可能更好的方式是计算

$$[H_{ij}] = u_{iI}\left[\frac{\partial N_I}{\partial X_j}\right] = \begin{Bmatrix} u_{xI} \\ u_{yI} \\ u_{zI} \end{Bmatrix} [N_{I,\xi} \quad N_{I,\eta} \quad N_{I,\zeta}] \tag{E4.11.4}$$

然后得到 Green 应变张量，如框 4.6 所示。如果本构关系将 PK2 应力 $\boldsymbol{S}$ 与 $\boldsymbol{E}$ 相联系，则应

用公式(E4.11.2)中的 $\boldsymbol{F}$,通过 $\boldsymbol{P}=\boldsymbol{S}\boldsymbol{F}^{\mathrm{T}}$ 可以计算名义应力。内部节点力则为

$$\begin{Bmatrix} f_{xI} \\ f_{yI} \\ f_{zI} \end{Bmatrix}^{\text{int}} = \int_{\square} \boldsymbol{B}_{0I}^{\mathrm{T}} \boldsymbol{P} J_{\xi}^{0} \mathrm{d}\square = \int_{\square} [N_{I,X} \quad N_{I,Y} \quad N_{I,Z}] \begin{bmatrix} P_{11} & P_{12} & P_{13} \\ P_{21} & P_{22} & P_{23} \\ P_{31} & P_{32} & P_{33} \end{bmatrix} J_{\xi}^{0} \mathrm{d}\square \tag{E4.11.5}$$

式中 $J_{0}^{\xi}=\det(\boldsymbol{X}_{,\xi})$。

Voigt 标记 公式(4.9.25)给出的 $\boldsymbol{B}_0$ 矩阵的全部变量,都可以由上面公式计算,用 Voigt 标记

$$\begin{aligned} \{\boldsymbol{E}\}^{\mathrm{T}} &= [E_{11} \quad E_{22} \quad E_{33} \quad 2E_{23} \quad 2E_{13} \quad 2E_{12}] \\ \{\boldsymbol{S}\}^{\mathrm{T}} &= [S_{11} \quad S_{22} \quad S_{33} \quad S_{23} \quad S_{13} \quad S_{12}] \end{aligned} \tag{E4.11.6}$$

Green 应变率可以通过公式(4.9.26)计算:

$$\begin{aligned} \{\dot{\boldsymbol{E}}\} &= \boldsymbol{B}_0 \dot{\boldsymbol{d}} \\ \dot{\boldsymbol{d}} &= [u_{x1}, u_{y1}, u_{z1}, \cdots, u_{xN}, u_{yN}, u_{zN}] \end{aligned} \tag{E4.11.7}$$

Green 应变可以通过框 4.6 的步骤计算。节点力为

$$\boldsymbol{f}_I^{\text{int}} = \int_{\square} \boldsymbol{B}_{0I}^{\mathrm{T}} \{\boldsymbol{S}\} J_{\xi}^{0} \mathrm{d}\square \tag{E4.11.8}$$

4.9.3 大变形静力学的变分原理 关于静力学问题,路径无关材料非线性分析的弱形式可以从变分原理中得到。对于许多非线性问题,变分原理不可能公式化。但是,当问题是保守的时,有可能建立变分原理。在保守问题中,本构方程和荷载是路径无关和非耗散的,所以应力和外荷载可以从势能中得到。这样的外荷载称为**保守荷载**,因为它们是路径无关的,当外荷载返回到初始值时,物体返回到初始构形。由势能推导出应力的材料称为**超弹性材料**,见第 5.4 节。

在超弹性材料中,名义应力以势能的形式给出:

$$\boldsymbol{P}^{\mathrm{T}} = \frac{\partial w(\boldsymbol{F})}{\partial \boldsymbol{F}} \quad \text{或} \quad P_{ji} = \frac{\partial w}{\partial F_{ij}} \quad \text{其中 } w = \rho w^{\text{int}} \tag{4.9.30}$$

注意在应力和变形率中下角标的顺序,它遵循名义应力耦合对的定义,如框 3.4 所示。总的内部功为

$$W^{\text{int}} = \int_{\Omega_0} w \mathrm{d}\Omega_0 \tag{4.9.31}$$

它遵循公式(4.9.30)~(4.9.31),有

$$\delta W^{\text{int}} = \int_{\Omega_0} \delta w \mathrm{d}\Omega_0 = \int_{\Omega_0} \frac{\partial w}{\partial F_{ij}} \delta F_{ij} \mathrm{d}\Omega_0 = \int_{\Omega_0} P_{ji} \delta F_{ij} \mathrm{d}\Omega_0 = \int_{\Omega_0} \boldsymbol{P}^{\mathrm{T}} : \delta \boldsymbol{F} \mathrm{d}\Omega_0 \tag{4.9.32}$$

由于势能也与任何其他以能量形式耦合的应力和应变度量相联系,所以它也遵循

$$\boldsymbol{S} = \frac{\partial w(\boldsymbol{E})}{\partial \boldsymbol{E}} \quad \text{或} \quad S_{ij} = \frac{\partial w}{\partial E_{ij}} \tag{4.9.33}$$

这些关系对于应力和应变率度量是不成立的。这里的应变率是不可积分的,因此,这种关系不适用于 Cauchy 应力和变形率的配对。

保守荷载也可以从势能中推导出来,即荷载必须与势能有联系,所以

$$\rho_0 b_i = \frac{\partial w_{\mathrm{b}}^{\text{ext}}}{\partial u_i}, \quad \bar{t}_i^0 = \frac{\partial w_{\mathrm{t}}^{\text{ext}}}{\partial u_i} \tag{4.9.34}$$

$$W^{\text{ext}}(\boldsymbol{u}) = \int_{\Omega_0} w_{\text{b}}^{\text{ext}}(\boldsymbol{u})\mathrm{d}\Omega_0 + \int_{\Gamma_t^0} w_{\text{t}}^{\text{ext}}(\boldsymbol{u})\mathrm{d}\Gamma_0 \tag{4.9.35}$$

势能驻值定理 我们仅考虑那些严格是位移或面力的边界，其结果很容易被扩展到更普通的情况。这个定理表明，对于具有保守荷载和本构方程的一个静态过程，驻值点

$$W(\boldsymbol{u}) = W^{\text{int}}(\boldsymbol{F}(\boldsymbol{u})) - W^{\text{ext}}(\boldsymbol{u}), \quad \boldsymbol{u}(\boldsymbol{X},t) \in \boldsymbol{u} \tag{4.9.36}$$

满足平衡方程((B4.4.2)和零加速度)、面力边界条件(B4.4.7)和内部连续性条件(B4.4.11)的强形式。源于这个驻值原理的平衡方程是由位移的形式表示的。

通过展示驻值原理等价于平衡方程、面力边界条件和内部连续性条件的弱形式，来证明这个定理。公式(4.9.36)的驻值条件为

$$0 = \delta W(\boldsymbol{u}) = \int_{\Omega_0}\left(\frac{\partial w}{\partial F_{ij}}\delta F_{ij} - \frac{\partial w_{\text{b}}^{\text{ext}}}{\partial u_i}\delta u_i\right)\mathrm{d}\Omega_0 - \int_{\Gamma_0}\frac{\partial w_{\text{t}}^{\text{ext}}}{\partial u_i}\delta u_i\,\mathrm{d}\Gamma_0 \tag{4.9.37}$$

将公式(4.9.30)和(4.9.34)代入上式，得到

$$0 = \int_{\Omega_0}(P_{ji}\delta F_{ij} - \rho_0 b_i \delta u_i)\mathrm{d}\Omega_0 - \int_{\Gamma_0} t_i^0 \delta u_i \mathrm{d}\Gamma_0 \tag{4.9.38}$$

加速度为零的情况就是公式(4.8.7)给出的弱形式。可以应用在第4.3.2节中给出的相同步骤建立公式(4.9.38)与平衡方程、面力边界条件和内部连续性条件的强形式的等价关系。

驻值原理在某种意义上是具有更多约束的弱形式，它们仅适用于保守的静态问题。然而，它们有助于我们理解稳态问题和平衡方程的解答，它们也应用于解的存在性和唯一性的研究中。

通过应用一般的有限元对运动的近似和 Lagrangian 网格，可以从驻值原理获得离散方程。我们将公式(4.9.2)写成下面的形式：

$$\boldsymbol{u}(\boldsymbol{X},t) = \boldsymbol{N}(\boldsymbol{X})\boldsymbol{d}(t) \tag{4.9.39}$$

势能也可以表示为节点位移的形式：

$$W(\boldsymbol{d}) = W^{\text{int}}(\boldsymbol{d}) - W^{\text{ext}}(\boldsymbol{d}) \tag{4.9.40}$$

上式的解答对应于这个函数的驻点，所以离散方程为

$$0 = \frac{\partial W(\boldsymbol{d})}{\partial \boldsymbol{d}} = \frac{\partial W^{\text{int}}(\boldsymbol{d})}{\partial \boldsymbol{d}} - \frac{\partial W^{\text{ext}}(\boldsymbol{d})}{\partial \boldsymbol{d}} \tag{4.9.41}$$

我们现在定义

$$\boldsymbol{f}^{\text{int}} = \frac{\partial W^{\text{int}}(\boldsymbol{d})}{\partial \boldsymbol{d}}, \quad \boldsymbol{f}^{\text{ext}} = \frac{\partial W^{\text{ext}}(\boldsymbol{d})}{\partial \boldsymbol{d}} \tag{4.9.42}$$

然后遵循公式(4.9.41)～(4.9.42)，离散的平衡方程为

$$\boldsymbol{f}^{\text{int}} = \boldsymbol{f}^{\text{ext}} \tag{4.9.43}$$

上面定义的内部和外部节点力等价于框4.6中定义的内部和外部节点力。将在第6章中说明，当平衡点是稳定的，它对应于一个局部最小势能。

例4.12 杆单元的驻值原理 考虑一个由2节点杆单元组成的三维结构模型。令其内部势能为

$$w = \frac{1}{2}C^{\text{SE}}E_{11}^2 \tag{E4.12.1}$$

这里 E_{11} 分量沿着杆的轴线，并且 $C^{\text{SE}} = E^{\text{SE}}$，这在表5.1中给出。设在结构上的唯一荷载为自重，其外力势能是

$$W^{\text{ext}} = -\rho_0 g z \tag{E4.12.2}$$

这里 g 是重力加速度。寻求一个单元的内部和外部节点力的表达式。

由公式(4.9.31)和(E4.12.1),全部内部势能为

$$W^{\text{int}} = \sum_e W_e^{\text{int}}, \quad W_e^{\text{int}} = \frac{1}{2}\int_{\Omega_0} C^{SE} E_{11}^2 \, d\Omega_0 \tag{E4.12.3}$$

对于 2 节点单元,位移场为线性的,Green 应变为常数,通过将被积函数乘以单元的初始体积,因此公式(E4.12.3)简化为

$$W_e^{\text{int}} = \frac{1}{2} A_0 l_0 C^{SE} E_{11}^2 \tag{E4.12.4}$$

为了建立内部节点力的表达式,我们需要对应于节点位移的 Green 应变的导数。由于在单元内的应变为常数(见公式(E3.9.9)),

$$E_{11} = \frac{l^2 - l_0^2}{2l_0^2} = \frac{\boldsymbol{x}_{21} \cdot \boldsymbol{x}_{21} - \boldsymbol{X}_{21} \cdot \boldsymbol{X}_{21}}{2l_0^2} \tag{E4.12.5}$$

这里 $\boldsymbol{x}_{IJ} = \boldsymbol{x}_I - \boldsymbol{x}_J$,$\boldsymbol{X}_{IJ} = \boldsymbol{X}_I - \boldsymbol{X}_J$。注意到

$$\boldsymbol{x}_{IJ} \equiv \boldsymbol{X}_{IJ} + \boldsymbol{u}_{IJ} \tag{E4.12.6}$$

其中 $\boldsymbol{u}_{IJ} \equiv \boldsymbol{u}_I - \boldsymbol{u}_J$ 是节点位移。将公式(E4.12.6)代入式(E4.12.5),经过代数运算得到

$$E_{11} = \frac{2\boldsymbol{X}_{21} \cdot \boldsymbol{u}_{21} + \boldsymbol{u}_{21} \cdot \boldsymbol{u}_{21}}{2l_0^2} \tag{E4.12.7}$$

则 E_{11}^2 对应于节点位移的导数为

$$\frac{\partial(E_{11}^2)}{\partial \boldsymbol{u}_2} = \frac{\boldsymbol{X}_{21} + \boldsymbol{u}_{21}}{l_0^2} = \frac{\boldsymbol{x}_{21}}{l_0^2}, \quad \frac{\partial(E_{11}^2)}{\partial \boldsymbol{u}_1} = -\frac{\boldsymbol{X}_{21} + \boldsymbol{u}_{21}}{l_0^2} = -\frac{\boldsymbol{x}_{21}}{l_0^2} \tag{E4.12.8}$$

利用内部节点力的定义式(4.9.42),结合式(E4.12.4)和(E4.12.8),得到

$$\boldsymbol{f}_2^{\text{int}} = -\boldsymbol{f}_1^{\text{int}} = \frac{A_0 C^{SE} E_{11} \boldsymbol{x}_{21}}{l_0} \tag{E4.12.9}$$

应用源于公式(E4.12.1)和(4.9.33)的本构方程,它遵循 $S_{11} = C^{SE} E_{11}$,所以

$$(\boldsymbol{f}_2^{\text{int}})^{\mathrm{T}} [f_{x2} \quad f_{y2} \quad f_{z2}] = -(\boldsymbol{f}_1^{\text{int}})^{\mathrm{T}} = \frac{A_0 S_{11}}{l_0} [x_{21} \quad y_{21} \quad z_{21}] \tag{E4.12.10}$$

这个结果在预料之中,它等同于这个杆件通过虚功原理(E4.8.8)所得到的结果。重力荷载的外势能为

$$W^{\text{ext}} = -\int_{\Omega_0} \rho_0 g z \, d\Omega_0 \tag{E4.12.11}$$

如果我们使用有限元近似 $z = z_I N_I$,这里 N_I 是公式(E4.8.4)所给出的形函数,则

$$W^{\text{ext}} = -\int_{\Omega_0} \rho_0 g z_I N_I \, d\Omega_0 \tag{E4.12.12}$$

和

$$f_{zI}^{\text{ext}} = \frac{\partial W^{\text{ext}}}{\partial u_{zI}} = -\int_0^1 \rho_0 g \frac{\partial}{\partial u_{zI}} (Z_I + u_{zI}) N_I(\xi) l_0 A_0 \, d\xi = -\frac{1}{2} A_0 l_0 \rho_0 g \begin{Bmatrix} 1 \\ 1 \end{Bmatrix} \tag{E4.12.13}$$

因此,作用在每个节点上的外部节点力是重力在杆单元上所产生力的一半。

4.10 练习

1. 考虑图 3.4 中所示的单元,其运动为

$$x = X + Yt, \quad y = Y + \frac{1}{2} X t$$

在 $t=1$ 时刻的变形构形中拉伸单元(这已在习题 3.1 中做过)。

(a) 令在变形构形中的唯一非零 PK2 应力分量为 S_{11},求出节点内力。

(b) 对于应力的相同状态,求出未变形构形中的节点内力。如果旋转物体将对节点内力产生什么影响?

(c) 令仅有的非零应力分量为 S_{22} 和 S_{12},然后重复问题(a)和(b)。解释在未变形和变形构形中的节点内力。

2. 考虑处于剪切的物体,如图 3.13 所示,其运动由公式(E3.13.1)给出。计算作为时间函数的 Green 应变。画出当 $t\in[0,4]$ 时的 E_{12} 和 E_{22} 图,解释为什么 E_{22} 是非零的。对于 Kirchhoff 材料,应用公式(5.4.58)给出的$[C^{SE}]$计算 PK2 应力(在(5.4.58)中给出的矩阵为$[C^{\tau}]$,但是应用同一个矩阵)。

3. (a) 应用 Nanson 关系(3.4.5):

$$\boldsymbol{n}\mathrm{d}\Gamma = J\boldsymbol{n}_0\cdot\boldsymbol{F}^{-1}\mathrm{d}\Gamma_0,\quad n_i\mathrm{d}\Gamma = Jn_j^0F_{ji}^{-1}\mathrm{d}\Gamma_0$$

证明面积分的材料时间导数为

$$\frac{\mathrm{d}}{\mathrm{d}t}\int_S g\boldsymbol{n}\mathrm{d}S = \int_S[(\dot{g}+g\nabla\cdot\boldsymbol{v})\boldsymbol{I}-g\boldsymbol{L}^{\mathrm{T}}]\cdot\boldsymbol{n}\mathrm{d}S$$

使用这个结果证明荷载刚度为

$$\boldsymbol{f}_I^{\mathrm{ext}} = \int_{-1}^{1}\int_{-1}^{1}pN_IJ_{\xi}\boldsymbol{F}_{\xi}^{-\mathrm{T}}\cdot\boldsymbol{n}_{0\xi}\mathrm{d}\xi\mathrm{d}\eta$$

这里 $\boldsymbol{n}_{0\xi}=-\boldsymbol{e}_3$ 是在母单元中平面 $\zeta=-1$ 的法向向量。

(b) 以 Cramer 法则的形式,通过应用张量求逆的定义,即

$$\boldsymbol{F}_{\xi}^{-1} = \frac{1}{\det(\boldsymbol{F}_{\xi})}[\boldsymbol{F}_{\xi}^{*}]$$

这里 $\boldsymbol{F}_{\xi}^{*}$ 是 $\boldsymbol{F}_{\xi}$ 的伴随矩阵(同元素矩阵的转置),说明上面关于外部节点力的表达式可以退化为公式(E4.3.16)。

4. 为了说明有限元方程表达中参考构形选择的灵活性,考虑张量值 $\boldsymbol{P}_{\xi}=J_{\xi}\boldsymbol{F}_{\xi}^{-1}\cdot\boldsymbol{\sigma}$,它可以看作是母单元域上的名义应力张量。证明平衡方程和边界条件可以写成

$$\nabla_{\xi}\boldsymbol{P}_{\xi}=0\quad 在母单元域 \bigcup\Delta_{\xi} 内的集合$$

$$\boldsymbol{n}_{0\xi}\boldsymbol{P}_{\xi}=t_{\xi}\quad 在面力边界 \Gamma_t 上$$

并推导相应的弱形式。引入母单元形函数 $N_I(\xi)$,并证明单元内力矢量可以直接以母单元域的形式写为

$$f_{iI}^{\mathrm{int}} = \int_{\square}(P_{\xi})_{ji}\frac{\partial N_I}{\partial\xi_j}\mathrm{d}\square$$

5 本构模型

5.1 引言

在材料行为的数学描述中，用本构方程表示材料的响应，即给出应力作为物体变形历史的函数。例如不同的本构关系允许我们区分粘性流体、橡胶或者混凝土。在一维固体力学中，本构关系也通常被称作材料的应力-应变关系。目前已有大量文献介绍有限应变本构方程的热力学基础，感兴趣的读者可查阅 Truesdell 和 Noll(1965)。Marsden 和 Hughes (1983)出版了阐述弹性力学数学基础的专著。Simo 和 Hughes(1983)出版了塑性力学计算方面的专著。在本章中，虽然我们也考虑到关于材料行为的热力学约束和某些补充的稳定性假设，但我们重点讨论材料的力学响应。在计算方面，我们重点介绍本构的模拟，包括应力更新算法和算法模量。

本章描述了固体力学中最常用的本构模型。首先展示了一维情况下各类材料的本构方程，然后推广到多轴应力状态。特别强调了小应变和大应变的弹-塑性本构方程。另外还讨论了本构方程的某些基本性质，例如可逆性、稳定性和平滑性。

在接下来的一节中首先介绍拉伸试验，目的是展示不同类型的材料行为。对于弹性材料的一维本构关系将在第 5.3 节中讨论。关于大变形弹性的多轴本构方程将在第 5.4 节中描述，并考虑了次弹性的特殊情况(在大变形弹-塑性本构关系中经常发挥重要作用)和超弹性。著名的本构模型例如 Neo-Hookean，Saint Venant-Kirchhoff 和 Mooney-Rivlin 模型作为超弹性材料的例子给出。

在第 5.5 节中，描述了一维弹-塑性材料的本构关系，并且在第 5.6 节中，将其扩展到多轴应力状态。展示了对于率无关和率相关塑性变形所经常应用的 von Mises J_2 塑性流动理论模型(金属行为的代表)和 Drucker-Prager 关系(关于土壤和岩石的变形)。给出了考虑孔洞长大和结合的 Gurson 本构模型，描述材料的变形、损伤和破坏。

在第 5.7 节中，考虑了超弹-塑性本构方程。在这些模型中，通过超弹性(而不是次弹性)模拟材料弹性响应，其用意是避开了求解问题中与转动相关的某些困难，包括几何非线性和与之相关的一般各向异性弹性和塑性行为。

对于聚合物材料粘弹性本构模型将在第 5.8 节给出。对小变形和大变形，都是从一维粘弹性模型推广到多轴应力状态。

在有限元程序中编写本构关系需要通过一个流程评估给定变形状态(或者相对前一个变形状态的增量)下的应力。对于超弹性本构这只需要进行直接的函数计算，但对其他本构关系往往需要对率形式本构方程进行积分。本构方程率形式的积分算法称为应力更新算法(也称为本构更新算法)。对于本构关系积分的应力更新算法将在第 5.9 节中描述，讨论包括径向返回算法的一类图形返回算法，给出算法模量与基本应力更新方案一致性概念。对于大变形问题的增量客观应力更新方案也进行了讨论。最后，介绍了基于超弹性势的弹性响应格式的应力更新方案，这种更新方式自动满足客观性。

第 5.10 节介绍了有助于描述本构模型的其他连续介质力学概念，展示了 Eulerian，Lagrangian 和两点拉伸的概念，描述了后拉，前推和 Lie 导数的运算。相比第 3 章，这些概念应用在更一般的客观性处理中(或者无区别的材料框架)。此外，还简要地描述了材料的对称性，讨论了本构关系的张量表示不变性，同时也讨论了热力学第二定律和稳定性假设对材料行为的约束。

5.2 应力-应变曲线

对分析者来说，如何选择材料模型是很重要的，但往往又没那么简单。仅有的信息常常可能是一般性的知识和经验，即可能是关于材料行为的几条应力-应变曲线。分析者的任务是在有限元软件库中选择合适的本构模型，或者如果没有合适的本构模型，分析者要开发用户自定义的本构子程序。对于分析者，重要的是理解本构模型的关键特征，建立模型时进行的基本假设，本构模型是否适合所考虑问题中的材料，模型是否适用于所希望的荷载和变形范围，以及实现本构模型时的数值问题。

材料应力-应变行为的许多基本特征可以从一维应力状态(单轴应力或者剪切)下材料响应的一组应力-应变曲线中获得。基于此原因，我们从讨论拉伸试验开始，读者将会看到，多轴状态的本构方程常常基于来自于试验中观察到的一维行为而简单生成。

5.2.1 拉伸试验 在单轴(一维)应力状态下材料的应力-应变行为可以从拉伸试验中获得(图 5.1)。在拉伸试验中，试件的每一端分别夹持在试验机上，并且以规定的速率拉长，记录测量段的伸长量 δ 和施加力 T。图 5.1 给出了荷载对应伸长的曲线图(对于典型金属)，该图代表了结构试件的响应。为了从图中提取关于材料行为有意义的信息，必须略去试件几何的影响。基于此我们画出了每单位截面面积的荷载(应力)与每单位长度伸长(应变)的关系。此时，我们需要确定的是应该采用面积和长度的初始值还是当前值？换言之：我们应该采用什么样的应力和应变度量？如果变形足够小，以至于可以忽略初始和当前的几何区别，小应变理论是满足的。否则，需要完全的非线性理论。从第 3 章(框 3.2)中可以看到我们总是在从一种应力和应变度量转换到另一种，但是，重要的是要确切知道如何测量应力-应变的数据。

一个典型过程如下所述。定义伸长 $\lambda_x = L/L_0$，这里 $L = L_0 + \delta$ 是与伸长量 δ 有关的测量段长度。名义应力(或者工程应力)为

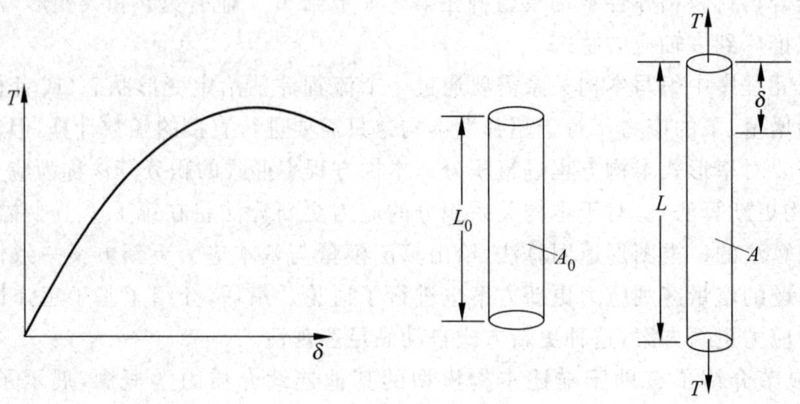

图 5.1 荷载-伸长曲线

$$P_x = \frac{T}{A_0} \tag{5.2.1}$$

式中 A_0 是初始截面面积。工程应变定义为

$$\varepsilon_x = \frac{\delta}{L_0} = \lambda_x - 1 \tag{5.2.2}$$

对于典型金属，其工程应力对应工程应变的曲线如图 5.2 所示。

可以用真实应力作为应力-应变响应的另一种表示形式。Cauchy（或者真实）应力表示为

$$\sigma_x = \frac{T}{A} \tag{5.2.3}$$

式中 A 是当前（瞬时）的截面面积。通过考虑每单位当前长度应变的增量随长度的变化可以得到应变的另一种度量，即 $\mathrm{d}e_x = \mathrm{d}L/L$。从初始长度 L_0 到当前长度 L 进行积分，可以得到

$$e_x = \int_{L_0}^{L} \frac{\mathrm{d}L}{L} = \ln(L/L_0) = \ln\lambda_x \tag{5.2.4}$$

因此，e_x 称为对数应变（也称为真实应变）。对材料时间求导，此表达式变为

$$\dot{e}_x = \frac{\dot{\lambda}_x}{\lambda_x} = D_x \tag{5.2.5}$$

例如，在一维情况下，对数应变的时间导数等于公式（3.3.19）给出的变形率，对于一般多轴状态的变形这是不真实的，但是，如果固定了变形主轴，则这一关系成立。

为了画出真实应力与对数应变的关系，要求截面面积 A 作为变形的函数。这可以从实验中测量。从公式（3.2.23）看出，Jacobian 行列式与当前体积的参照值有关，在颈缩或者其他不稳定发生之前，变形是均匀的，在测量长度内初始和当前体积之间的关系为 $JA_0L_0 = AL$，式中 J 是变形梯度的行列式。当前面积的表达式为

$$A = J\,A_0L_0/L = J\,A_0/\lambda_x \tag{5.2.6}$$

因此，Cauchy 应力为

$$\sigma_x = \frac{T}{A} = \lambda_x \frac{T}{JA_0} = \lambda_x J^{-1} p_x \tag{5.2.7}$$

（比较在框 3.2 中的张量表示）。真实应力与对数应变曲线的一个例子如图 5.3 所示。

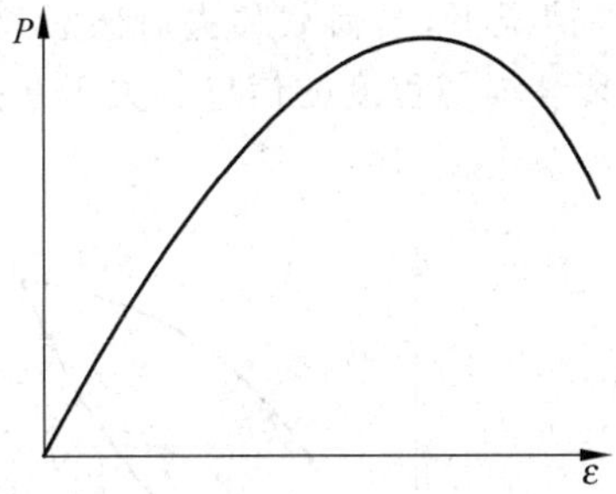

图 5.2　工程应力-应变曲线

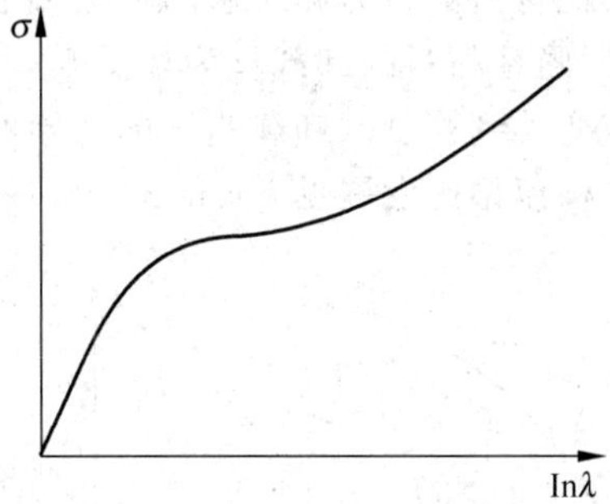

图 5.3　真实应力-应变曲线

作为一个例子，考虑一种不可压缩材料（$J=1$），名义应力和工程应变的关系为

$$p_x = s_0(\varepsilon_x) \tag{5.2.8}$$

式中 $\varepsilon_x=\lambda_x-1$ 是工程应变。在给定变形率的多轴应力作用下，我们可以将公式（5.2.8）视为材料的应力-应变方程。由公式（5.2.7），真实应力（对于不可压缩材料）可以写为

$$\sigma_x = \lambda_x s_0(\varepsilon_x) = s(\lambda_x) \tag{5.2.9}$$

式中函数之间的关系为 $s(\lambda_x)=\lambda_x s_0(\lambda_x-1)$，它说明了对于所获得的本构行为通过不同泛函表达的区别，对于同种材料取决于采用何种应力和变形的度量。在大应变中当涉及多轴本构关系时，记住这些是特别重要的。

应力-应变响应与变形率无关的材料被称为**率无关材料**；否则，被称为**率相关材料**。对于不同的名义应变率，率无关和率相关材料的一维响应分别由图 5.4(a)和(b)所描述。名义应变率定义为 $\dot{\varepsilon}_x=\dot{\delta}/L_0$，因为$\dot{\delta}=\dot{L}$和$\dot{\delta}/L_0=\dot{L}/L_0=\dot{\lambda}_x$，即名义应变率等于伸长率，例如，$\dot{\varepsilon}_x=\dot{\lambda}_x$。可以看出，率无关材料的应力-应变曲线是应变率独立的，而率相关材料的应力-应变曲线当应变率提高时是上升的。

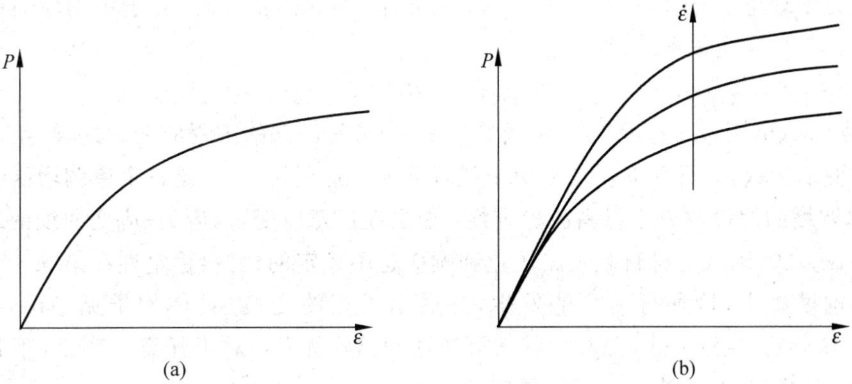

图 5.4　工程应力-应变曲线

(a) 率无关材料；(b) 率相关材料

在上面给出的拉伸试验的描述中，没有考虑卸载过程。图 5.5 展示了不同种类材料的卸载过程。对于弹性材料，应力-应变的卸载曲线简单地沿加载曲线返回，直到完全卸载，材料返回到了它的初始未伸长状态。然而，对于弹-塑性材料，卸载曲线区别于加载曲线，卸载

曲线的斜率是典型的应力-应变弹性(初始)段的斜率,卸载后永久应变的结果如图5.5(b)所示。其他材料的行为介于这两种极端之间。例如,由于在加载过程中微裂纹的形成材料已经损伤,脆性材料的卸载行为如图5.5(c)所示。在这种情况下,当荷载移去后微裂纹闭合,弹性应变得到恢复。卸载曲线的初始斜率给出形成微裂纹损伤程度的信息。关于在损伤力学中本构模型的发展见Krajcinovic(1996)。

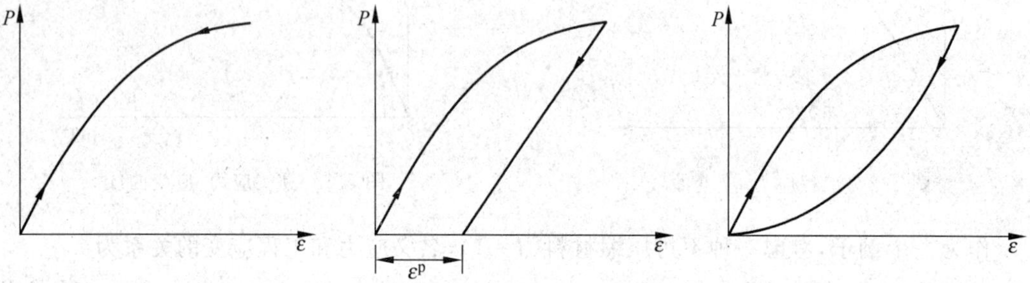

图5.5　卸载行为

(a) 弹性;(b) 弹-塑性;(c) 弹性含微裂纹

5.3　一维弹性

弹性材料的一个基本性质是应力仅依赖于应变的当前水平。这意味着加载和卸载的应力-应变曲线是一致的,当卸载结束时材料恢复初始的状态。在这种情况下,称变形是**可逆的**。而且,弹性材料是率无关的(与应变率无关)。对于弹性材料,应力和应变有一一对应的关系。

5.3.1　小应变　我们首先考虑小应变问题的弹性行为。当应变和转动很小时,经常应用小应变理论。在这种情况下,对不同应力和应变度量,我们不做区分,我们将注意力锁定在纯粹的力学理论上,这样将不考虑热力学的效果(例如热传导)。对于单轴应力的非线性弹性材料,应力-应变关系可以写成

$$\sigma_x = s(\varepsilon_x) \tag{5.3.1}$$

式中σ_x是Cauchy应力;$\varepsilon_x=\delta/L_0$是线性应变,经常是已知的工程应变。这样,给出的应力是当前应变的函数,并且独立于变形历史或者路径。这里设$s(\varepsilon_x)$是一个单调增函数。函数$s(\varepsilon_x)$是单调增的假设取决于材料的稳定性:如果在任意应变ε_x,应力-应变曲线的斜率是负的,即$ds/d\varepsilon_x<0$,则认为材料表现出软化和响应是不稳定的(材料稳定性在第6.5节讨论)。在材料本构模型中,这种行为可能发生,它展示了相的变换(具体例子见Abeyaratne和Knowles,1988)。注意公式(5.3.1)默认可逆性和路径无关:对于任意应变ε_x,不管是怎样达到ε_x值,公式(5.3.1)给出了唯一的应力σ_x。

由公式(5.3.1)推广到多轴大应变的一般形式是一个令人生畏的数学问题,在20世纪中已经有了一些见解极为深刻的论述,但还包含着一些未解决的问题(见Ogden(1984)和其中的参考文献)。将公式(5.3.1)扩展到大应变的单轴行为将在本节后面描述,某些最普遍的推广到大应变的多轴行为将在第5.4节中讨论。

在纯力学理论中,可逆性和路径无关也默认为在变形中没有能量耗散。即在弹性材料

中，变形不伴随能量的任何耗散，储存在物体中的能量全部消耗在变形中，当卸载后材料恢复。这里默认存在着**势函数** $w(\varepsilon_x)$，因此

$$\sigma_x = s(\varepsilon_x) = \frac{\mathrm{d}w(\varepsilon_x)}{\mathrm{d}\varepsilon_x} \tag{5.3.2}$$

式中 $w(\varepsilon_x)$是每单位体积的应变能密度。在绝热条件下，应变能密度可以等同于内能密度 ρw^{int}（见第 3.5.9 节），而在等温条件下，等同于 Helmholtz 自由能（Malven，1969：265）。在本章中，我们省略上角标“int”，公式(5.3.2)成为

$$\mathrm{d}w(\varepsilon_x) = \sigma_x \mathrm{d}\varepsilon_x \tag{5.3.3}$$

积分后得

$$w(\varepsilon_x) = \int_0^{\varepsilon_x} \sigma_x \mathrm{d}\varepsilon_x \tag{5.3.4}$$

也可以注意到 $\sigma_x \mathrm{d}\varepsilon_x = \sigma_x \dot{\varepsilon}_x \mathrm{d}t$ 是多轴表达式(3.5.50)的一维小应变形式。

应变能 w 一般是应变的凸函数，即$(w'(\varepsilon_x^1) - w'(\varepsilon_x^2))(\varepsilon_x^1 - \varepsilon_x^2) \geqslant 0$，当 $\varepsilon_x^1 = \varepsilon_x^2$ 时公式的等号成立。凸应变能函数的一个例子如图 5.6(a)所示。在这种情况下，函数 $s(\varepsilon_x)$是单调递增的，如图 5.6(b)所示。如果 w 是一个非凸函数，则 $s(\varepsilon_x)$先增后减，并且材料展示了**应变软化**。这是非稳定的材料响应(例如，$\mathrm{d}s/\mathrm{d}\varepsilon_x < 0$)。图 5.7(a)和(b)分别描绘了一个非凸应变能函数和相应的应力-应变曲线。

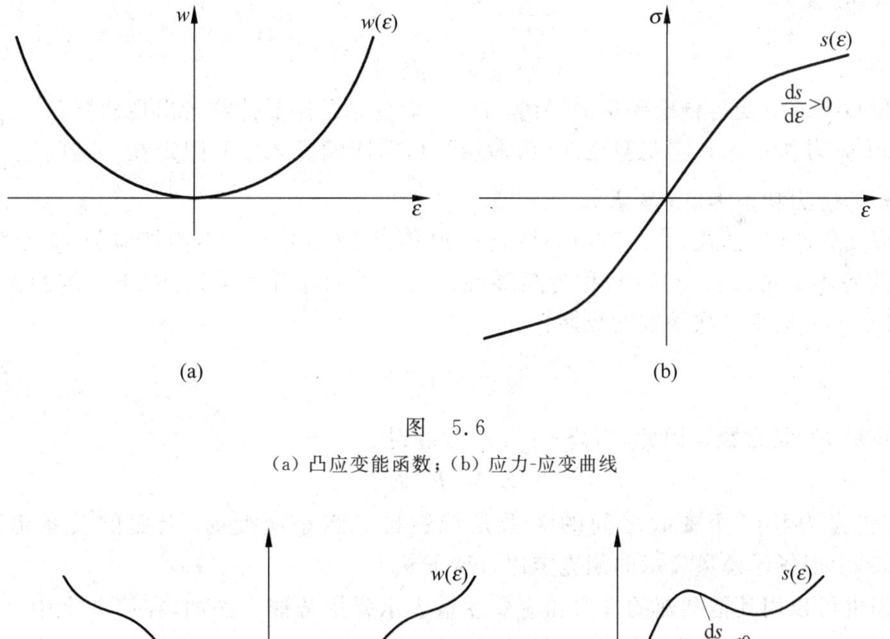

图 5.6
(a) 凸应变能函数；(b) 应力-应变曲线

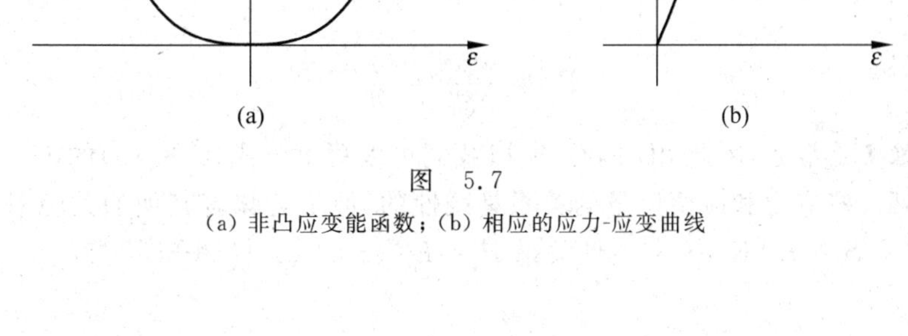

图 5.7
(a) 非凸应变能函数；(b) 相应的应力-应变曲线

总之，弹性材料的一维行为有三个互相关联的特征：

路径无关⇔可逆⇔无能量耗散

在二维和三维中，对于超弹性材料展示了相同的性能。还有其他种多轴弹性材料模型，例如次弹性，它们的性能还观察得不够准确。

应力-应变曲线的显著特征之一是非线性的度。许多材料的应力-应变曲线包括一个初始弹性段，可以将其模拟成为线性。线弹性行为的范围被特别地限制在不超过应变的百分之几，其结果是采用小应变理论描述线弹性材料。

对于线弹性材料，应力-应变关系可以写成

$$\sigma_x = E\,\varepsilon_x \tag{5.3.5}$$

式中比例常数 E 为杨氏模量（Young's modulus）。这个关系经常以胡克定律（Hooke's law）提出。因此由公式(5.3.4)，应变能密度为

$$w = \frac{1}{2}E\,\varepsilon_x^2 \tag{5.3.6}$$

这是应变的二次函数。

5.3.2 大应变 由弹性推广到一维大应变是非常直接的，只要选择应变的度量和定义应力（功共轭）的弹性势能。注意到在变形过程中，势能的存在是默认了可逆性、路径无关和无能量耗散。我们选择 Green 应变 E_x 作为应变度量并将与之功共轭的第二 Piola-Kirchhoff 应力写成

$$S_x = \frac{\partial w}{\partial E_x} \tag{5.3.7}$$

为了避免 Green 应变与杨氏模量的混淆，Green 应变总是用黑体或者出现角标。第二 Piola-Kirchhoff 应力和 Green 应变遵循功（功率）共轭，即回顾框 3.4 并限定在一维问题，每单位参考体积的应力功率为$\dot{w}=S_x\dot{E}_x$。

当应变很小时，公式(5.3.7)中的势能 w 退化到式(5.3.2)。在弹性应力-应变关系中，从应变的势函数可以获得应力，称为**超弹性**。最简单的超弹性关系（对于一维的大应变问题）来自 Green 应变二次函数的势能：

$$w = \frac{1}{2}E^{SE}E_x^2 \tag{5.3.8}$$

式中的模量 E^{SE} 是常数。因此，由公式(5.3.7)得到

$$S_x = E^{SE}E_x \tag{5.3.9}$$

因此，这些应力和应变度量之间的关系是线性的。当小应变时，上面的关系退化为公式(5.3.5)中以杨氏模量表示的胡克定律，$E=E^{SE}$。

我们也可以用其他共轭的应力和应变度量表示弹性势能。例如，在第 3 章中已经指出张量表示 $\bar{\boldsymbol{U}}=\boldsymbol{U}-\boldsymbol{I}$ 是有效的应变度量（称为 Biot 应变），并且在一维时的共轭应力是名义应力 P_x，因此

$$P_x = \frac{\partial w}{\partial \bar{U}_x} = \frac{\partial w}{\partial U_x} \tag{5.3.10}$$

由于单位张量 $\boldsymbol{I}$ 是常数，因此 $\mathrm{d}\bar{U}=\mathrm{d}U$，所以我们可以写出公式(5.3.10)的第二种形式。有趣的是观察到一些应力和应变度量的关系是线性的，但不意味着其他的共轭对也是线性关系。例如，如果 $S_x=E^{SE}E_x$，有非线性关系 $P_x=E^{SE}(1+\bar{U}_x)(\bar{U}_x^2+2\bar{U}_x)/2$。

一种材料的 Cauchy 应力率与变形率相关，称为**次弹性**。这种关系一般是非线性的，为

$$\dot{\sigma}_x = f(\sigma_x, D_x) \tag{5.3.11}$$

式中的上点表示材料的时间导数，而 D_x 是变形率。一个特殊的线性次弹性关系为

$$\dot{\sigma}_x = ED_x = E\frac{\dot{\lambda}_x}{\lambda_x} \tag{5.3.12}$$

式中 E 为杨氏模量；λ_x 为伸长。E 与其他单轴应力度量关系的验证见例 5.1。对公式(5.3.12)的关系积分，得到

$$\sigma_x = E\ln\lambda_x \tag{5.3.13}$$

或者

$$\sigma_x = \frac{\mathrm{d}}{\mathrm{d}\lambda_x}\int_1^{\lambda_x} E\ln\lambda_x \mathrm{d}\lambda_x \tag{5.3.14}$$

这是**超弹性**关系，并且与路径无关。然而，对于多轴问题，一般的次弹性关系不能转换到超弹性。

总体上，次弹性材料仅在一维情况是严格路径无关的。然而，如果是弹性小应变，其行为足以接近模拟路径无关的弹性行为。因为次弹性规律的简单性，公式(5.3.11)的多轴一般形式常常应用在有限元软件中，以模拟大应变弹塑性问题中的材料弹性响应。

5.4 非线性弹性

这一节将描述更一般的有限应变弹性本构关系。我们会看到，在有限应变弹性中许多不同的本构关系可以发展到多轴弹性。此外，对于有限应变由于有许多不同的应力和变形度量，同样的本构关系可以写成几种不同的形式，重要的是对它们之间进行区分。首先是给出不同的材料模型，其次是用不同的数学表达式描述同样的材料模型，之后总是可能从一种形式的本构关系转换到另一种形式。大应变弹性的本构模型首先表述成 Kirchhoff 材料的一种特殊形式，它是由线弹性直接生成到大变形的。像我们在第 5.3 节中看到的，路径无关、可逆性和无能量耗散是紧密相关的。因此，路径无关的程度可以看作材料模型弹性的度量。所描述的次弹性材料是路径无关程度最弱的材料，遵从 Cauchy 弹性，其应力是路径无关的，但是其能量不是路径无关的。最后，我们将描述超弹性材料或者 Green 弹性，它是路径无关和完全可逆的，应力由应变势能(或潜在势能)导出。

5.4.1 Kirchhoff 材料 许多工程应用包括小应变和大转动。在这些问题中，大变形的效果主要来自于大转动(如船上升降器或者钓鱼竿的弯曲)。由线弹性定律的简单扩展即可以模拟材料的响应，但要以 PK2 应力代替其中的应力和以 Green 应变代替线性应变，这称为 **Saint-Venant-Kirchhoff 材料**，或者简称为 **Kirchhoff 材料**。最一般的 Kirchhoff 模型为

$$S_{ij} = C_{ijkl}E_{kl}, \quad \boldsymbol{S} = \boldsymbol{C} : \boldsymbol{E} \tag{5.4.1}$$

式中 $\boldsymbol{C}$ 为弹性模量的四阶张量，对 Kirchhoff 材料是常数。这代表了由公式(5.3.5)推广到应力和应变的多轴状态。它可以完全包括各向异性材料的响应。我们没有对材料响应矩阵 $\boldsymbol{C}$ 附加上标，因为它与应力和应变相关。注意到相应的率关系是 $\dot{\boldsymbol{S}} = \boldsymbol{C}^{\mathrm{SE}} : \dot{\boldsymbol{E}}$，这里 $\boldsymbol{C}^{\mathrm{SE}} = \boldsymbol{C}$ 称为切线模量张量，它的元素称为切线模量。

下面我们将描述 $\boldsymbol{C}$ 的性能，特别是对称性，它能够显著减少材料常数的数目。这些性能的某些部分也可以应用到材料的切线模量。由于应力和应变张量具有对称性，因此公式(5.4.1)中的材料系数具有次对称性：

$$C_{ijkl}=C_{jikl}=C_{ijlk} \tag{5.4.2}$$

Saint-Venant-Kirchhoff 材料是路径无关的，并具有弹性应变势能。每单位体积的应变能，一维情况由公式(5.3.4)给出，生成到多轴状态为

$$w=\int S_{ij}\,\mathrm{d}E_{ij}=\int C_{ijkl}E_{kl}\,\mathrm{d}E_{ij}=\frac{1}{2}C_{ijkl}E_{ij}E_{kl}=\frac{1}{2}\boldsymbol{E}:\boldsymbol{C}:\boldsymbol{E} \tag{5.4.3}$$

应力为

$$S_{ij}=\frac{\partial w}{\partial E_{ij}}\quad \text{或}\quad \boldsymbol{S}=\frac{\partial w}{\partial \boldsymbol{E}} \tag{5.4.4}$$

这是公式(5.3.7)的张量等价形式。假设应变能为正定，即

$$w=\frac{1}{2}C_{ijkl}E_{ij}E_{kl}=\frac{1}{2}\boldsymbol{E}:\boldsymbol{C}:\boldsymbol{E}\geqslant 0\quad \forall \boldsymbol{E} \tag{5.4.5}$$

若等式成立，则必须 $\boldsymbol{E}=0$，这默认为 $\boldsymbol{C}$ 是正定四阶张量。由于公式(5.4.3)应变势能的存在，则有

$$C_{ijkl}=\frac{\partial^2 w}{\partial E_{ij}\partial E_{kl}},\qquad \boldsymbol{C}=\frac{\partial^2 w}{\partial \boldsymbol{E}\partial \boldsymbol{E}} \tag{5.4.6}$$

势能的平滑性(即 w 是 $\boldsymbol{E}$ 的 C^1 函数)默认为

$$\frac{\partial^2 w}{\partial E_{ij}\partial E_{kl}}=\frac{\partial^2 w}{\partial E_{kl}\partial E_{ij}} \tag{5.4.7}$$

因此，如果材料具有光滑势能 w，则 $\boldsymbol{C}$ 具有主对称性：

$$C_{ijkl}=C_{klij} \tag{5.4.8}$$

材料响应矩阵的主对称性是切线刚度矩阵对称的必要条件，这将在第 6.4 节中进一步阐述。如果切线模量并不显示主对称性，则切线刚度不会是对称的。切线模量的主对称性不是切线刚度对称的充分条件。对于某些客观率(objective rate)，即使当切线模量具有主对称性，切线刚度也不是对称的。对于下面提出的材料定律，我们将检验切线模量的主对称性。

一般的四阶张量 C_{ijkl} 有 $3^4=81$ 个独立常数。这 81 个常数与全应力张量的 9 个分量到全应变张量的 9 个分量有关，即 $81=9\times 9$。应力和应变张量的对称性要求应力的 6 个独立分量仅与应变的 6 个独立分量有关，由弹性模量的局部对称结果，独立常数的数目减少到 $6\times 6=36$。模量(5.4.8)式的主对称性使独立弹性常数的数目减少到 $n(n+1)/2=21$，例如 $n=6$，为对称 6×6 矩阵独立分量的数目。考虑到材料的对称性，可以进一步减少独立材料常数。

弹性常数矩阵和切线模量矩阵一般以 Voigt 形式编程，因为很难采用四阶矩阵编程。根据 Voigt 规则(见附录 1)，通过映射第一对和第二对指标，由张量分量可获得 Voigt 形式：

$$\{\boldsymbol{S}\}=[\boldsymbol{C}]\{\boldsymbol{E}\},\qquad S_a=C_{ab}E_b \tag{5.4.9}$$

主对称性公式(5.4.8)默认矩阵$[\boldsymbol{C}]$是对称的，有

$$\begin{Bmatrix} S_{11} \\ S_{22} \\ S_{33} \\ S_{23} \\ S_{13} \\ S_{12} \end{Bmatrix} = \begin{bmatrix} C_{11} & C_{12} & C_{13} & C_{14} & C_{15} & C_{16} \\ & C_{22} & C_{23} & C_{24} & C_{25} & C_{26} \\ & & C_{33} & C_{34} & C_{35} & C_{36} \\ & & & C_{44} & C_{45} & C_{46} \\ & \text{对称} & & & C_{55} & C_{56} \\ & & & & & C_{66} \end{bmatrix} \begin{Bmatrix} E_{11} \\ E_{22} \\ E_{33} \\ 2E_{23} \\ 2E_{13} \\ 2E_{12} \end{Bmatrix} \tag{5.4.10}$$

从上面公式可见[$\boldsymbol{C}$]矩阵为三维并具有 21 个独立常数,四阶张量的主对称性证明其本身具有 Voigt 矩阵形式的对称性。以上推论适用于完全的各向异性 Kirchhoff 材料。

考虑材料的对称性,独立材料常数的数目可以进一步减少(Nye, 1985)。这一理论是为了线弹性发展的,但是它也应用于 Kirchhoff 材料。例如,如果材料有一个对称平面,即 X_1 平面,当 X_1 轴通过 X_1 平面反射时,弹性模量必须保持不变。在 C_{ijkl} 中对于指标 1 的每一次出现,这种反射引进一个系数-1。因此,指标 1 出现的任何项,其奇数的倍数项必须消失。这发生于 $C_{\alpha5}$ 和 $C_{\alpha6}$,$\alpha=1,2,3,4$,并且减少常数的数目从 21 到 13。对于一个由 3 个彼此正交的对称平面组成的正交材料(如木材或者纤维增强的复合材料),对于所有 3 个平面,这个过程可以重复以展示仅有 9 个独立弹性常数,Kirchhoff 应力-应变关系为

$$\begin{Bmatrix} S_{11} \\ S_{22} \\ S_{33} \\ S_{23} \\ S_{13} \\ S_{12} \end{Bmatrix} = \begin{bmatrix} C_{11} & C_{12} & C_{13} & 0 & 0 & 0 \\ & C_{22} & C_{23} & 0 & 0 & 0 \\ & & C_{33} & 0 & 0 & 0 \\ & & & C_{44} & 0 & 0 \\ & \text{对称} & & & C_{55} & 0 \\ & & & & & C_{66} \end{bmatrix} \begin{Bmatrix} E_{11} \\ E_{22} \\ E_{33} \\ 2E_{23} \\ 2E_{13} \\ 2E_{12} \end{Bmatrix} \tag{5.4.11}$$

材料对称性的一个重要例子是各向同性。一个各向同性材料没有方位或者方向的选择,因此,以任何直角坐标系表示的应力-应变关系是等同的。小应变的许多材料(例如金属和陶瓷)可以作为各向同性进行模拟。在各向同性的 Kirchhoff 材料中,张量 $\boldsymbol{C}$ 是各向同性的。在任何(直角)坐标系统中,一个各向同性张量有相同的分量。最一般的各向同性四阶张量项可以展示成由 Kronecker δ(克罗内克)符号构成的一个线性组合:

$$C_{ijkl} = \lambda\delta_{ij}\delta_{kl} + \mu(\delta_{ik}\delta_{jl} + \delta_{il}\delta_{jk}) + \mu'(\delta_{ik}\delta_{jl} - \delta_{il}\delta_{jk}) \tag{5.4.12}$$

因为应变的对称性,上面公式中第 3 项的结果为零,因此下面我们可以设 $\mu'=0$,这样公式(5.4.12)简化为

$$C_{ijkl} = \lambda\delta_{ij}\delta_{kl} + \mu(\delta_{ik}\delta_{jl} + \delta_{il}\delta_{jk}), \quad \boldsymbol{C} = \lambda\boldsymbol{I}\otimes\boldsymbol{I} + 2\mu\boldsymbol{I} \tag{5.4.13}$$

两个独立材料常数 λ 和 μ 称为 Lamé(拉梅)常数。四阶对称等同张量 $\boldsymbol{I}$ 有分量 $I_{ijkl} = \frac{1}{2}(\delta_{ik}\delta_{jl} + \delta_{il}\delta_{jk})$。因此,对于各向同性的 Kirchhoff 材料,其应力-应变关系可以写成

$$S_{ij} = \lambda E_{kk}\delta_{ij} + 2\mu E_{ij} = C_{ijkl}E_{kl}, \quad \boldsymbol{S} = \lambda\mathrm{trace}(\boldsymbol{E})\boldsymbol{I} + 2\mu\boldsymbol{E} = \boldsymbol{C}:\boldsymbol{E} \tag{5.4.14}$$

可以用其他更接近于物理度量关系的常数表示 Lamé 常数:体积模量 K、杨氏模量 E 和泊松比 ν,有

$$\mu = \frac{E}{2(1+\nu)}, \quad \lambda = \frac{\nu E}{(1+\nu)(1-2\nu)}, \quad K = \lambda + \frac{2\mu}{3} \tag{5.4.15}$$

对于二维问题,应力-应变关系取决于问题是平面应力还是平面应变(Malvern, 1969:512)。

5.4.2 不可压缩性 在变形过程中,不可压缩材料的体积是不变的,并且密度保持常数。不可压缩材料的运动称为等体积运动。从公式(3.5.25)或者式(3.5.21),可以推论等体积运动服从下面的条件:

$$J=\det\boldsymbol{F}=1 \quad 和 \quad \mathrm{div}\boldsymbol{v}=\mathrm{trace}(\boldsymbol{D})=0 \tag{5.4.16}$$

第一个表达式代表了总体变形;第二个表达式是等体积约束运动的率形式。对于较大增量步的情况,第1式更为精确。

常常将应力和应变率度量写成偏量和静水(体积的)部分的和是非常有用的,特别是对于不可压缩材料,静水部分也称为张量的球形部分,分解式为

$$\boldsymbol{\sigma}=\boldsymbol{\sigma}^{\mathrm{dev}}+\boldsymbol{\sigma}^{\mathrm{hyd}},\quad \boldsymbol{\sigma}^{\mathrm{hyd}}=-p\boldsymbol{I},\quad \boldsymbol{S}=\boldsymbol{S}^{\mathrm{dev}}+\boldsymbol{S}^{\mathrm{hyd}},\quad \boldsymbol{S}^{\mathrm{hyd}}=\frac{1}{3}(\boldsymbol{S}:\boldsymbol{C})\boldsymbol{C}^{-1} \tag{5.4.17a}$$

$$\boldsymbol{D}=\boldsymbol{D}^{\mathrm{dev}}+\boldsymbol{D}^{\mathrm{vol}},\quad \boldsymbol{D}^{\mathrm{vol}}=\frac{1}{3}\mathrm{trace}(\boldsymbol{D})\boldsymbol{I},\quad \dot{\boldsymbol{E}}=\dot{\boldsymbol{E}}^{\mathrm{dev}}+\dot{\boldsymbol{E}}^{\mathrm{vol}},\quad \dot{\boldsymbol{E}}^{\mathrm{vol}}=\frac{1}{3}(\dot{\boldsymbol{E}}:\boldsymbol{C}^{-1})\boldsymbol{C} \tag{5.4.17b}$$

在上面的公式中,$p=-\frac{1}{3}\sigma_{kk}$是压力,$\boldsymbol{C}=\boldsymbol{F}^{\mathrm{T}}\cdot\boldsymbol{F}$是右 Cauchy-Green 变形张量,常简称为变形张量(不要与 Kirchhoff 模型弹性模量的张量混淆)。用全 Lagrangian 形式解释表达式的由来是非常困难的,在第5.10节中会看到它们对应 Eulerian 变量的后拉形式。

Green 应变不能划分成体积和偏量部分的和。Green 应变的球形部分在等体积运动中没有消失,因此,需要增加一个分解式来分离变形的体积部分,增加的分解式为

$$\boldsymbol{F}=\boldsymbol{F}^{\mathrm{vol}}\cdot\boldsymbol{F}^{\mathrm{dev}},\quad 式中 \quad \boldsymbol{F}^{\mathrm{vol}}=J^{\frac{1}{3}}\boldsymbol{I},\quad \boldsymbol{F}^{\mathrm{dev}}=J^{-\frac{1}{3}}\boldsymbol{F} \tag{5.4.18}$$

偏量变形梯度的确定总是统一的,如 $\det(\boldsymbol{F}^{\mathrm{dev}})=1$,因此,$\boldsymbol{F}^{\mathrm{dev}}$的任何函数都是独立于体积变形的。

一个张量的偏量和球形分量是正交的,即$\boldsymbol{\sigma}^{\mathrm{hyd}}:\boldsymbol{D}^{\mathrm{dev}}=\boldsymbol{\sigma}^{\mathrm{dev}}:\boldsymbol{D}^{\mathrm{vol}}=0$ 和 $\boldsymbol{S}^{\mathrm{hyd}}:\dot{\boldsymbol{E}}^{\mathrm{dev}}=\boldsymbol{S}^{\mathrm{dev}}:\dot{\boldsymbol{E}}^{\mathrm{vol}}=0$。关于这些表达式的证明留给读者作为练习。作为一个结果,公式(3.5.50)可以分解成偏量和静水部分:

$$\rho\dot{w}=\boldsymbol{\sigma}:\boldsymbol{D}=\boldsymbol{\sigma}^{\mathrm{dev}}:\boldsymbol{D}^{\mathrm{dev}}+\boldsymbol{\sigma}^{\mathrm{hyd}}:\boldsymbol{D}^{\mathrm{vol}} \quad 或者 \quad \rho_0\dot{w}=\boldsymbol{S}:\dot{\boldsymbol{E}}=\boldsymbol{S}^{\mathrm{dev}}:\dot{\boldsymbol{E}}^{\mathrm{dev}}+\boldsymbol{S}^{\mathrm{hyd}}:\dot{\boldsymbol{E}}^{\mathrm{vol}} \tag{5.4.19}$$

这里功的不同形式在框3.4中给出定义。

应变能的正定性在弹性模量中强加了约束(见 Malvern, 1969: 293)。对于处于大转动和小应变下的一种各向同性的 Kirchhoff 材料,w 的正定性要求

$$K>0 \quad 和 \quad \mu>0,\ 或者 \quad E>0 \quad 和 \quad -1<\nu\leqslant\frac{1}{2} \tag{5.4.20}$$

当$\nu=\frac{1}{2}(K=\infty)$时,材料不可压缩。对于那些各向同性线弹性材料,这些约束是等同的。对于不可压缩材料,压力不能从本构方程确定,而是必须从动量方程确定,见第8.5.5节。

5.4.3 Kirchhoff 应力 Kirchhoff 应力定义为

$$\boldsymbol{\tau}=J\boldsymbol{\sigma} \quad 或 \quad \boldsymbol{\tau}=\boldsymbol{F}\cdot\boldsymbol{S}\cdot\boldsymbol{F}^{\mathrm{T}} \tag{5.4.21}$$

第二个关系来自框3.2的第一项。Kirchhoff 应力几乎是与 Cauchy 应力等同的,但是它被

Jacobian 行列式放大。因此，也称它为权重 Cauchy 应力。对于等体积运动，它等同于 Cauchy 应力。在超弹性本构关系中，它会自然提高(将会在第 5.4.7 节中看到)，并且在次弹-塑性模型中是有用的(第 5.6.1 节)，因为它导致了对称的切线模量。

类似 Cauchy 应力的材料时间导数，Kirchhoff 应力的材料时间导数不是客观的。最经常出现的 Kirchhoff 应力的客观时间导数标记为$\boldsymbol{\tau}^{\nabla c}$，称为对流率，为

$$\boldsymbol{\tau}^{\nabla c}=\dot{\boldsymbol{\tau}}-\boldsymbol{L}\cdot\boldsymbol{\tau}-\boldsymbol{\tau}\cdot\boldsymbol{L}^{\mathrm{T}}=J(\dot{\boldsymbol{\sigma}}-\boldsymbol{L}\cdot\boldsymbol{\sigma}-\boldsymbol{\sigma}\cdot\boldsymbol{L}^{\mathrm{T}}+\operatorname{trace}(\boldsymbol{L})\,\boldsymbol{\sigma})=J\boldsymbol{\sigma}^{\nabla T} \quad (5.4.22)$$

像在上面指出的，Kirchhoff 应力的对流率等价于 $J\boldsymbol{\sigma}^{\nabla T}$，它是 Cauchy 应力的权重 Truesdell 率。将在第 5.10 节看到 Kirchhoff 应力的对流率是 Kirchhoff 应力的 **Lie 导数**。这赋予它确切的自然属性，它明显基于 Kirchhoff 应力本构关系的简单形式。

5.4.4 次弹性 次弹性材料定律联系应力率和变形率。像在第 3.7.2 节所讨论的，为了满足材料框架无区别的原理，应力率必须是客观的，而且必须联系变形率的客观度量。5.10 节给出了有关材料框架无区别原理的更详细论述，在那一节中，我们会得到所需要的结果。次弹性关系的一般形式为

$$\boldsymbol{\sigma}^{\nabla}=\boldsymbol{f}(\boldsymbol{\sigma},\boldsymbol{D}) \quad (5.4.23)$$

式中$\boldsymbol{\sigma}^{\nabla}$代表了 Cauchy 应力的任意客观率；$\boldsymbol{D}$ 是变形率，也是客观的；函数 $\boldsymbol{f}$ 也必须是应力和变形率的客观函数。

大量的次弹性本构关系可以写成应力率和变形率客观度量之间的线性关系形式。例如

$$\boldsymbol{\sigma}^{\nabla}=\boldsymbol{C}:\boldsymbol{D} \quad (5.4.24)$$

弹性模量 $\boldsymbol{C}$ 的四阶张量可能与应力相关，在这种情况下，它必须是一个应力状态的客观函数。Prager(1961)注意到，公式(5.4.24)的关系是率无关、线性增加和可逆的。这说明对于有限变形状态的微小增量，应力和应变的增量是线性关系，当卸载后可以恢复。然而，对于大变形能量不一定必须守恒，并且在闭合变形轨迹上作的功不一定必须为零。次弹性规律主要用来代表在弹-塑性规律现象中的弹性响应，这里弹性变形小，并且耗能效果也小。

某些次弹性本构关系共同应用的形式为

$$\boldsymbol{\sigma}^{\nabla J}=\boldsymbol{C}^{\sigma J}:\boldsymbol{D}\qquad\boldsymbol{\sigma}^{\nabla T}=\boldsymbol{C}^{\sigma T}:\boldsymbol{D}\qquad\boldsymbol{\sigma}^{\nabla G}=\boldsymbol{C}^{\sigma G}:\boldsymbol{D} \quad (5.4.25)$$

式中$\boldsymbol{\sigma}^{\nabla J}$是公式(3.7.9)给出的 Cauchy 应力的 Jaumann 率；$\boldsymbol{\sigma}^{\nabla T}$是公式(3.7.12)给出的 Cauchy 应力的 Truesdell 率；$\boldsymbol{\sigma}^{\nabla G}$是公式(B3.5.4)给出的 Cauchy 应力的 Green-Naghdi 率(也称为转动率或者 Dienes 率)。模量的上角标标识了所给出的应力客观率。

由于变形率和应力客观率是对称的，所以这些切线模量具有次对称性。在次弹性模型中，一般假设切线模量具有主对称性。对称性质与在第 5.3 节所描述的 Kirchhoff 材料是等同的。对于各向同性材料，切线模量张量是一个四阶各向同性张量，如公式(5.4.13)所示。例如，对于各向同性材料，Jaumann 率的切线模量为

$$C_{ijkl}^{\sigma J}=\lambda\delta_{ij}\delta_{kl}+\mu(\delta_{ik}\delta_{jl}+\delta_{il}\delta_{jk})\qquad\boldsymbol{C}^{\sigma J}=\lambda\boldsymbol{I}\otimes\boldsymbol{I}+2\mu\boldsymbol{I}$$

对于正交材料，对称性服从由公式(5.4.11)Voigt 标记给出的切线模量形式；而对于一般的各向异性材料，切线模量的 Voigt 形式是公式(5.4.10)。对于各向异性材料，重要的是观察到切线模量取决于变形。因此，它们必须更新材料变形，公式(5.4.50)将给出一个这样的更新公式。

5.4.5 切线模量之间的关系 对于同一种材料，切线模量 $\boldsymbol{C}^{\sigma T}$，$\boldsymbol{C}^{\sigma J}$ 和 $\boldsymbol{C}^{\sigma G}$ 是不同的。然而，像我们在例 3.13 中所看到的，当 $\boldsymbol{C}^{\sigma T}=\boldsymbol{C}^{\sigma J}=\boldsymbol{C}^{\sigma G}$ 时，材料响应不同。为了描述为什

么同样的本构关系可以写成不同的应力率，考虑本构方程(5.4.25)，然后，应用定义应力率的公式(3.7.9)和(3.7.12)，将本构关系$(5.4.25)_1$以 Truesdell 率的形式给出：

$$\boldsymbol{\sigma}^{\nabla T}=\boldsymbol{C}^{\sigma J}:\boldsymbol{D}-\boldsymbol{D}\cdot\boldsymbol{\sigma}-\boldsymbol{\sigma}\cdot\boldsymbol{D}^{\mathrm{T}}+\operatorname{trace}(\boldsymbol{D})\boldsymbol{\sigma}$$
$$=(\boldsymbol{C}^{\sigma J}-\boldsymbol{C}'+\boldsymbol{\sigma}\otimes\boldsymbol{I}):\boldsymbol{D}=\boldsymbol{C}^{\sigma T}:\boldsymbol{D} \quad (5.4.26)$$

因此，Jaumann 和 Truesdell 模量之间的关系为

$$\boldsymbol{C}^{\sigma T}=\boldsymbol{C}^{\sigma J}-\boldsymbol{C}'+\boldsymbol{\sigma}\otimes\boldsymbol{I}=\boldsymbol{C}^{\sigma J}-\boldsymbol{C}^{*} \quad \text{式中} \quad \boldsymbol{C}':\boldsymbol{D}=\boldsymbol{D}\cdot\boldsymbol{\sigma}+\boldsymbol{\sigma}\cdot\boldsymbol{D} \quad (5.4.27)$$

和

$$\boldsymbol{C}^{*}=\boldsymbol{C}'-\boldsymbol{\sigma}\otimes\boldsymbol{I} \quad C^{*}_{ijkl}=\frac{1}{2}(\delta_{ik}\sigma_{jl}+\delta_{il}\sigma_{jk}+\delta_{jk}\sigma_{il}+\delta_{jl}\sigma_{ik})-\sigma_{ij}\delta_{kl} \quad (5.4.28)$$

注意，如果$\boldsymbol{C}^{\sigma J}$是常数，则切线模量$\boldsymbol{C}^{\sigma T}$不是常数。同时，$\boldsymbol{C}'$有主对称性，而$\boldsymbol{C}^{*}$没有主对称性($\boldsymbol{\sigma}\otimes\boldsymbol{I}\neq\boldsymbol{I}\otimes\boldsymbol{\sigma}$)。

Green-Naghdi 模量$\boldsymbol{C}^{\sigma G}$和 Truesdell 模量$\boldsymbol{C}^{\sigma T}$之间的关系用如下方法获得。注意 Cauchy 应力的 Green-Naghdi 率可以写成

$$\boldsymbol{\sigma}^{\nabla G}=\boldsymbol{R}\cdot\dot{\hat{\sigma}}\cdot\boldsymbol{R}^{\mathrm{T}}=\boldsymbol{R}\cdot\frac{\mathrm{D}}{\mathrm{D}t}(\boldsymbol{R}^{\mathrm{T}}\cdot\boldsymbol{\sigma}\cdot\boldsymbol{R})\cdot\boldsymbol{R}^{\mathrm{T}}=\dot{\boldsymbol{\sigma}}-\boldsymbol{\Omega}\cdot\boldsymbol{\sigma}-\boldsymbol{\sigma}\cdot\boldsymbol{\Omega}^{\mathrm{T}} \quad (5.4.29)$$

式中$\boldsymbol{\Omega}=\dot{\boldsymbol{R}}\cdot\boldsymbol{R}^{\mathrm{T}}$是与转动$\boldsymbol{R}$有关的旋转张量(斜对称：$\boldsymbol{\Omega}=-\boldsymbol{\Omega}^{\mathrm{T}}$)。由公式(3.7.11)，(3.7.12)和(5.4.29)，有

$$\boldsymbol{\sigma}^{\nabla T}=\boldsymbol{\sigma}^{\nabla G}-(\boldsymbol{L}-\boldsymbol{\Omega})\cdot\boldsymbol{\sigma}-\boldsymbol{\sigma}\cdot(\boldsymbol{L}-\boldsymbol{\Omega})^{\mathrm{T}}+\operatorname{trace}(\boldsymbol{D})\boldsymbol{\sigma}$$
$$=\boldsymbol{C}^{\sigma G}:\boldsymbol{D}-(\boldsymbol{L}-\boldsymbol{\Omega})\cdot\boldsymbol{\sigma}-\boldsymbol{\sigma}\cdot(\boldsymbol{L}-\boldsymbol{\Omega})^{\mathrm{T}}+\operatorname{trace}(\boldsymbol{D})\boldsymbol{\sigma}$$
$$=\boldsymbol{C}^{\sigma G}:\boldsymbol{D}-\boldsymbol{D}\cdot\boldsymbol{\sigma}-\boldsymbol{\sigma}\cdot\boldsymbol{D}-(\boldsymbol{W}-\boldsymbol{\Omega})\cdot\boldsymbol{\sigma}-\boldsymbol{\sigma}\cdot(\boldsymbol{W}-\boldsymbol{\Omega})^{\mathrm{T}}+\operatorname{trace}(\boldsymbol{D})\boldsymbol{\sigma} \quad (5.4.30)$$

式中采用的本构关系是上面的第二式和第三式的$\boldsymbol{L}=\boldsymbol{D}+\boldsymbol{W}$。经复杂的求导后(见 Simo 和 Hughes，1998：273；Mehrabadi 和 Nemat-Nasser，1987)得到最终的表达式：

$$\boldsymbol{\sigma}^{\nabla T}=\boldsymbol{C}^{\sigma T}:\boldsymbol{D},\quad \boldsymbol{C}^{\sigma T}=\boldsymbol{C}^{\sigma G}-\boldsymbol{C}^{*}-\boldsymbol{C}^{\mathrm{spin}} \quad (5.4.31)$$

四阶张量$\boldsymbol{C}^{\mathrm{spin}}$是一个左极张量$\boldsymbol{V}$和 Cauchy 应力的函数，并且说明在公式(5.4.30)中的项在旋转中包含着区别，框 5.1 给出了它的定义，公式(5.4.28)给出了$\boldsymbol{C}^{*}$的定义。因为张量$\boldsymbol{C}^{\mathrm{spin}}$没有主对称性，因此，$\boldsymbol{C}^{\sigma T}$不对称(Simo 和 Hughes，1998：273)。框 5.1 总结了一些关键应力率和相关模量。

因为 Kirchhoff 应力的 Jaumann 率经常在塑性中应用，并且能够得到对称切线模量，因此框 5.1 也将其包括进去。为了解这些，注意如果$\boldsymbol{C}^{\tau J}$具有主对称性，则在框 5.1 中对于 Kirchhoff 应力的 Jaumann 率的切线模量$\boldsymbol{C}^{\sigma T}$也是对称的，这是因为$\boldsymbol{C}'$是对称的。相反，如果$\boldsymbol{C}^{\sigma J}$具有主对称性，则对于 Cauchy 应力的 Jaumann 率的切线模量不是对称的，这是因为$\boldsymbol{C}^{*}$不具有主对称性。

框 5.1 切线模量之间的关系

应力率	本构关系	切线模量
		$\boldsymbol{\sigma}^{\nabla T}=\boldsymbol{C}^{\sigma T}:\boldsymbol{D}$
Jaumann (Cauchy)		
$\boldsymbol{\sigma}^{\nabla J}=\dot{\boldsymbol{\sigma}}-\boldsymbol{W}\cdot\boldsymbol{\sigma}-\boldsymbol{\sigma}\cdot\boldsymbol{W}^{\mathrm{T}}$	$\boldsymbol{\sigma}^{\nabla J}=\boldsymbol{C}^{\sigma J}:\boldsymbol{D}$	$\boldsymbol{C}^{\sigma T}=\boldsymbol{C}^{\sigma J}-\boldsymbol{C}^{*}$ $\boldsymbol{C}^{*}=\boldsymbol{C}'-\boldsymbol{\sigma}\otimes\boldsymbol{I}$, 见式(5.4.28)$\boldsymbol{C}':\boldsymbol{D}=\boldsymbol{D}\cdot\boldsymbol{\sigma}+\boldsymbol{\sigma}\cdot\boldsymbol{D}$
Jaumann (Kirchhoff)		
$\boldsymbol{\tau}^{\nabla J}=\dot{\boldsymbol{\tau}}-\boldsymbol{W}\cdot\boldsymbol{\tau}-\boldsymbol{\tau}\cdot\boldsymbol{W}^{\mathrm{T}}$	$\boldsymbol{\tau}^{\nabla J}=\boldsymbol{C}^{\tau J}:\boldsymbol{D}$	$\boldsymbol{C}^{\sigma T}=J^{-1}\boldsymbol{C}^{\tau J}-\boldsymbol{C}'$
Green-Naghdi(Cauchy)		
$\boldsymbol{\sigma}^{\nabla G}=\dot{\boldsymbol{\sigma}}-\boldsymbol{\Omega}\cdot\boldsymbol{\sigma}-\boldsymbol{\sigma}\cdot\boldsymbol{\Omega}^{\mathrm{T}}$	$\boldsymbol{\sigma}^{\nabla G}=\boldsymbol{C}^{\sigma G}:\boldsymbol{D}$	$\boldsymbol{C}^{\sigma T}=\boldsymbol{C}^{\sigma G}-\boldsymbol{C}^{*}-\boldsymbol{C}^{\mathrm{spin}}$ $\boldsymbol{C}^{\mathrm{spin}}:\boldsymbol{D}=(\boldsymbol{W}-\boldsymbol{\Omega})\cdot\boldsymbol{\sigma}+\boldsymbol{\sigma}\cdot(\boldsymbol{W}-\boldsymbol{\Omega})^{\mathrm{T}}$

一维单轴应力

$$\sigma_{11}^{\nabla T}=E^{\sigma T}D_{11},\quad E^{\sigma T}=C_{1111}^{\sigma T}-2\hat{\nu}C_{1122}^{\sigma T}$$

$$\sigma_{11}^{\nabla J}=E^{\sigma J}D_{11},\quad E^{\sigma J}=C_{1111}^{\sigma J}-2\hat{\nu}C_{1122}^{\sigma J}=E^{\sigma T}+(1+2\hat{\nu})\sigma_{11}$$

$$\dot{S}_{11}=E^{SE}\dot{E}_{11},\quad E^{SE}=C_{1111}^{SE}-2\hat{\nu}C_{1122}^{SE}=J\lambda_1^{-4}E^{\sigma T}$$

$$\dot{\sigma}_{11}=E^{\sigma}D_{11},\quad \dot{\sigma}_{11}=\sigma_{11}^{\nabla J},\quad E^{\sigma}=E^{\sigma J}$$

对于常数 C^{SE}，$S_{11}=E^{SE}E_{11}$，E^{SE} 如上定义

一维单轴应变

$$\sigma_{11}^{\nabla T}=C_{1111}^{\sigma T}D_{11}$$

$$\sigma_{11}^{\nabla J}=C_{1111}^{\sigma J}D_{11}\qquad C_{1111}^{\sigma J}=C_{1111}^{\sigma T}+\sigma_{11}$$

$$\dot{S}_{11}=C_{1111}^{SE}\dot{E}_{11},\quad C_{1111}^{SE}=J\lambda_1^{-4}C_{1111}^{\sigma T}\qquad J=\lambda_1$$

$$\sigma_{11}=\sigma_{11}^{\nabla J}-C_{1111}^{\sigma J}D_{11}$$

例如，有时在应力更新算法或者单轴增强或者平面应力条件，需要对于 Cauchy 应力材料时间导数的表达式，这个表达式可以从 Truesdell 率的表达式得到：

$$\begin{aligned}\dot{\boldsymbol{\sigma}}&=\boldsymbol{\sigma}^{\nabla T}+\boldsymbol{L}\cdot\boldsymbol{\sigma}+\boldsymbol{\sigma}\cdot\boldsymbol{L}^{\mathrm{T}}-\mathrm{trace}(\boldsymbol{D})\boldsymbol{\sigma}\\&=(\boldsymbol{C}^{\sigma T}+\boldsymbol{C}''-\boldsymbol{\sigma}\otimes\boldsymbol{I}):\boldsymbol{L},\quad C''_{ijkl}=\delta_{ik}\sigma_{jl}+\sigma_{il}\delta_{jk}\end{aligned}\tag{5.4.32}$$

式中应用了适当的表达式 $\boldsymbol{C}^{\sigma T}$。

例 5.1 单轴应变和应力的切线模量 考虑各向同性轴为沿 x_1 方向的横向各向同性材料。材料所处状态为 (a) 沿 x_1 方向单轴应变和 (b) 沿 x_1 方向单轴应力。推导对应于对数伸长曲线(σ_{11} vs. $\ln\lambda_1$)的真实应力的瞬时斜率(切线模量)表达式，以及在框 5.1 中与这个模量相关的模量。

首先注意到 Cauchy 应力的瞬时斜率-对数伸长曲线由 Cauchy 应力的材料时间导数 $\dot{\sigma}_{11}$ 和对数伸长的材料时间导数 $D_{11}=\mathrm{D}(\ln\lambda_1)/\mathrm{D}t$ 之间的关系给出。这个关系将从公式$(5.4.32)_1$中获得。

(a) **单轴应变** 在单轴应变中，旋转为零并且 $\boldsymbol{L}$ 和 $\boldsymbol{D}$ 仅有非零分量为 $L_{11}=D_{11}$。因此，$\mathrm{trace}(\boldsymbol{D})=D_{11}$。由公式(5.4.32)，有

$$\begin{aligned}\dot{\sigma}_{11} &= C^{\sigma T}_{1111}D_{11} + D_{11}\sigma_{11} + \sigma_{11}D_{11} - D_{11}\sigma_{11} \\ &= (C^{\sigma T}_{1111} + \sigma_{11})D_{11}\end{aligned} \tag{E5.1.1}$$

注意到由于旋转为零，Jaumann 率等于 Cauchy 应力的材料时间导数，因此，$C^{\sigma J}_{1111} = C^{\sigma T}_{1111} + \sigma_{11}$，第二 Piola-Kirchhoff 应力的材料时间导数为

$$\dot{S}_{11} = C^{SE}_{1111}\,\dot{E}_{11} \quad 这里 \quad C^{SE}_{1111} = J\lambda_1^{-4}C^{\sigma T}_{1111} \quad 和 \quad J = \lambda_1 \tag{E5.1.2}$$

(b) **单轴应力**　在单轴应力中，旋转还是为零并且 $\boldsymbol{L}=\boldsymbol{D}$。应力的唯一非零分量为 σ_{11}，并且变形率张量仅有非零分量 D_{11}，D_{22} 和 D_{33}，由公式(5.4.32)$_1$，得

$$\dot{\sigma}_{11} = C^{\sigma T}_{1111}D_{11} + C^{\sigma T}_{1122}D_{22} + C^{\sigma T}_{1133}D_{33} + \sigma_{11}D_{11} + D_{11}\sigma_{11} - \mathrm{trace}(\boldsymbol{D})\sigma_{11} \tag{E5.1.3}$$

因为是单轴应力条件，所以横向应力和它们的材料率为零，即

$$\dot{\sigma}_{22} = \dot{\sigma}_{33} = 0 \tag{E5.1.4}$$

由公式(5.4.32)，它们可以写成

$$\begin{aligned}\dot{\sigma}_{22} &= C^{\sigma T}_{2211}D_{11} + C^{\sigma T}_{2222}D_{22} + C^{\sigma T}_{2233}D_{33} = 0 \\ \dot{\sigma}_{33} &= C^{\sigma T}_{3311}D_{11} + C^{\sigma T}_{3322}D_{22} + C^{\sigma T}_{3333}D_{33} = 0\end{aligned} \tag{E5.1.5}$$

对于沿 x_1 方向的单轴应力，包含在公式(5.4.31)中的应力项对表达式(E5.1.5)没有贡献。对于横向各向同性，切线模量的关系有 $C^{\sigma T}_{1133} = C^{\sigma T}_{1122}$ 和 $C^{\sigma T}_{2222} = C^{\sigma T}_{3333}$。因此，在各向同性轴方向的单轴应力保持了横观各向同性，并且这种关系保持在整个变形过程中。求解公式(E5.1.5)，D_{22} 和 D_{33} 服从

$$D_{22} = D_{33}, \quad D_{22} = -\hat{\nu}D_{11} \quad 这里 \quad \hat{\nu} = \frac{C^{\sigma T}_{2211}}{C^{\sigma T}_{2222} + C^{\sigma T}_{2233}} \tag{E5.1.6}$$

从公式(E5.1.6)，

$$\mathrm{trace}(\boldsymbol{D}) = D_{11} + D_{22} + D_{33} = (1 - 2\hat{\nu})D_{11} \tag{E5.1.7}$$

将公式(E5.1.6)和(E5.1.7)代入式(E5.1.3)，给出单轴应力关系：

$$\dot{\sigma}_{11} = E^{\sigma}D_{11} \quad 这里 \quad E^{\sigma} = C^{\sigma T}_{1111} - 2\hat{\nu}\,C^{\sigma T}_{1122} + (1 + 2\hat{\nu})\sigma_{11} \tag{E5.1.8}$$

并且 E^{σ} 是对于单轴应力的切线模量。因为旋转为零，$E^{\sigma} = E^{\sigma J}$，则后者建立了应力的 Jaumann 率和变形率的关系式。Cauchy 应力的 Truesdell 率的表达式遵循公式(5.4.26)，为

$$\sigma^{\nabla T}_{11} = E^{\sigma T}D_{11} \quad 这里 \quad E^{\sigma T} = C^{\sigma T}_{1111} - 2\hat{\nu}\,C^{\sigma T}_{1122} \tag{E5.1.9}$$

第二 Piola-Kirchhoff 应力为

$$\dot{S}_{11} = E^{SE}\,\dot{E}_{11} \quad 这里 \quad E^{SE} = J\lambda_1^{-4}(C^{\sigma T}_{1111} - 2\hat{\nu}\,C^{\sigma T}_{1122}) = C^{SE}_{1111} - 2\hat{\nu}\,C^{SE}_{1122} \tag{E5.1.10}$$

式中 $C^{SE}_{1111} = J\lambda_1^{-4}C^{\sigma T}_{1111}$，$C^{SE}_{1122} = J\lambda_1^{-4}C^{\sigma T}_{1122}$ 和 $J = \det\boldsymbol{F}$。对于一个杆，公式(E3.9.3)给出了 Jacobian，即 $J = A\lambda_1/A_0$，这里 A 和 A_0 分别是当前和初始横截面面积。

5.4.6　Cauchy 弹性材料　Cauchy 弹性材料可以表示独立于运动历史的材料特征。Cauchy 弹性材料的本构关系为

$$\boldsymbol{\sigma} = \boldsymbol{G}(\boldsymbol{F}) \tag{5.4.33}$$

式中 $\boldsymbol{G}$ 称为材料响应函数，为了描述方便，略去了其依赖于位置 $\boldsymbol{X}$ 和时间 t 的显式表达式。响应函数仅取决于变形梯度的当前值而不取决于变形历史。框架不变性对材料响应的强迫限制将在第 5.10 节中讨论。对于 Cauchy 弹性材料，公式(5.10.39)给出了限制，即

$$\boldsymbol{\sigma} = \boldsymbol{R}\cdot\boldsymbol{G}(\boldsymbol{U})\cdot\boldsymbol{R}^{\mathrm{T}} \tag{5.4.34}$$

像将在第 5.10 节中表述的，本构方程不能用 $\boldsymbol{F}$ 表示，除非 $\boldsymbol{F}$ 依赖于特殊的形式。这个形式可以依赖于 $\boldsymbol{F}^{\mathrm{T}}\cdot\boldsymbol{F} = 2\boldsymbol{E} + \boldsymbol{I}$ 或者依赖于 $\boldsymbol{U} = (\boldsymbol{F}^{\mathrm{T}}\cdot\boldsymbol{F})^{\frac{1}{2}}$，见第 3.7.1 节。对于代表同样本构

关系的应力和应变的其他变换形式，遵从框 3.2 中的应力转换关系，如 Cauchy 弹性材料的名义应力为 $\boldsymbol{P}=J\boldsymbol{U}^{-1}\cdot\boldsymbol{G}(\boldsymbol{U})\cdot\boldsymbol{R}^{\mathrm{T}}$。第二 Piola-Kirchhoff 应力关系采取的形式为 $\boldsymbol{S}=J\boldsymbol{U}^{-1}\cdot\boldsymbol{G}(\boldsymbol{U})\cdot\boldsymbol{U}^{-1}=\boldsymbol{h}(\boldsymbol{U})=\tilde{\boldsymbol{h}}(\boldsymbol{C})$，这里 $\boldsymbol{C}$ 是右 Cauchy-Green 变形张量。根据 Cauchy 弹性材料公式(5.4.33)，可以计算应力，且独立于变形历史。然而，做功可能取决于变形历史或者荷载路径。这样，Cauchy 弹性材料具有某些但不是全部的弹性性能：应力是路径无关的，但能量可能不是。

5.4.7 超弹性材料 功独立于荷载路径的弹性材料称为超弹性(或者 Green 弹性)材料。在本节中描述了超弹性材料的某些一般特征，然后给出了实际应用的超弹性本构模型实例。超弹性材料的特征是存在一个潜在(或应变)能量函数，它是应力的势能：

$$\boldsymbol{S}=2\frac{\partial\psi(\boldsymbol{C})}{\partial\boldsymbol{C}}=\frac{\partial w(\boldsymbol{E})}{\partial\boldsymbol{E}} \tag{5.4.35}$$

式中 ψ 为潜在势能。当势能写成 Green 应变 $\boldsymbol{E}$ 的函数时，我们应用标记 w，这里两个标量函数的关系为 $w(\boldsymbol{E})=\psi(2\boldsymbol{E}+\boldsymbol{I})$。对于各向异性材料响应的框架不变性公式，通过在势能 w 中简单地嵌入各向异性来实现。超弹性材料提供了一个自然构架，通过适当转换获得了对于不同应力度量的表达式(在框 3.2 中给出)，如 Kirchhoff 应力为

$$\boldsymbol{\tau}=J\boldsymbol{\sigma}=\boldsymbol{F}\cdot\boldsymbol{S}\cdot\boldsymbol{F}^{\mathrm{T}}=2\boldsymbol{F}\cdot\frac{\partial\psi(\boldsymbol{C})}{\partial\boldsymbol{C}}\cdot\boldsymbol{F}^{\mathrm{T}}=\boldsymbol{F}\cdot\frac{\partial w(\boldsymbol{E})}{\partial\boldsymbol{E}}\cdot\boldsymbol{F}^{\mathrm{T}} \tag{5.4.36}$$

存在潜在能量函数的结果是在超弹性材料上作功独立于变形路径，在许多橡胶类材料中可以观察到这一特征。为了描述功独立于变形路径，考虑变形状态从 $\boldsymbol{C}_1$ 至 $\boldsymbol{C}_2$ 每单位参考体积潜在能量的变化。由于第二 Piola-Kirchhoff 应力张量 $\boldsymbol{S}$ 和 Green 应变 $\boldsymbol{E}=(\boldsymbol{C}-\boldsymbol{I})/2$ 的功共轭，我们有

$$\int_{\boldsymbol{E}_1}^{\boldsymbol{E}_2}\boldsymbol{S}:\mathrm{d}\boldsymbol{E}=w(\boldsymbol{E}_2)-w(\boldsymbol{E}_1)，\text{或者}\quad \frac{1}{2}\int_{\boldsymbol{C}_1}^{\boldsymbol{C}_2}\boldsymbol{S}:\mathrm{d}\boldsymbol{C}=\psi(\boldsymbol{C}_2)-\psi(\boldsymbol{C}_1) \tag{5.4.37}$$

储存在材料中的能量仅取决于变形初始状态和最终状态，并且是独立于变形(或荷载)路径的。

为了获得名义应力张量 $\boldsymbol{P}$ 作为势能导数的表达式，我们再次应用 $\boldsymbol{P}$，它是与 $\dot{\boldsymbol{F}}^{\mathrm{T}}$ 功率共轭的。则名义应力采用势能的形式给出，为

$$\frac{\partial w}{\partial\boldsymbol{F}^{\mathrm{T}}}=\frac{\partial\psi}{\partial\boldsymbol{C}}:\frac{\partial\boldsymbol{C}}{\partial\boldsymbol{F}^{\mathrm{T}}}=\boldsymbol{S}\cdot\boldsymbol{F}^{\mathrm{T}}=\boldsymbol{P},\quad\text{或者}\quad P_{ij}=\frac{\partial w}{\partial F_{ji}} \tag{5.4.38}$$

由于变形梯度张量 $\boldsymbol{F}$ 是不对称的，因此名义应力张量 $\boldsymbol{P}$ 的 9 个分量也是不对称的。

5.4.8 弹性张量 在第 6 章中，对弱形式进行线性化时需要应力率的表达式。这些常常用下面给出的已知四个弹性张量表示。采取名义应力的时间导数和应用公式(5.4.38)，

$$\dot{\boldsymbol{P}}=\frac{\partial\boldsymbol{P}}{\partial\boldsymbol{F}^{\mathrm{T}}}:\dot{\boldsymbol{F}}^{\mathrm{T}}=\frac{\partial^2 w}{\partial\boldsymbol{F}^{\mathrm{T}}\partial\boldsymbol{F}^{\mathrm{T}}}:\dot{\boldsymbol{F}}^{\mathrm{T}}=\mathscr{A}^{(1)}:\dot{\boldsymbol{F}}^{\mathrm{T}} \tag{5.4.39}$$

式中

$$\mathscr{A}^{(1)}=\frac{\partial^2 w}{\partial\boldsymbol{F}^{\mathrm{T}}\partial\boldsymbol{F}^{\mathrm{T}}},\quad \mathscr{A}_{ijkl}^{(1)}=\frac{\partial^2 w}{\partial F_{ji}\partial F_{lk}} \tag{5.4.40}$$

称为**第一弹性张量**。第一弹性张量有主对称性，$\mathscr{A}_{ijkl}^{(1)}=\mathscr{A}_{klij}^{(1)}$，但是没有次对称性。有时用第一 Piola-Kirchhoff 应力定义第一弹性张量，它是名义应力的变换：

$$\dot{\boldsymbol{P}}^{\mathrm{T}}=\mathscr{A}^{(1)}:\dot{\boldsymbol{F}},\quad \mathscr{A}_{ijkl}^{(1)}=\mathscr{A}_{jilk}^{(1)} \tag{5.4.41}$$

超弹性材料本构方程的率形式可以通过对公式(5.4.35)求材料时间导数得到，在第 6 章中

要求的是弱形式的线性化：

$$\dot{\boldsymbol{S}}=4\frac{\partial^2\psi(\boldsymbol{C})}{\partial\boldsymbol{C}\,\partial\boldsymbol{C}}:\frac{\dot{\boldsymbol{C}}}{2}=\frac{\partial^2 w(\boldsymbol{E})}{\partial\boldsymbol{E}\,\partial\boldsymbol{E}}:\dot{\boldsymbol{E}}=\boldsymbol{C}^{SE}:\frac{\dot{\boldsymbol{C}}}{2}=\boldsymbol{C}^{SE}:\dot{\boldsymbol{E}} \tag{5.4.42}$$

式中

$$\boldsymbol{C}^{SE}=4\frac{\partial^2\psi(\boldsymbol{C})}{\partial\boldsymbol{C}\,\partial\boldsymbol{C}}=\frac{\partial^2 w(\boldsymbol{E})}{\partial\boldsymbol{E}\,\partial\boldsymbol{E}} \tag{5.4.43}$$

是切线模量，也称为**第二弹性张量**，用$\mathscr{A}^{(2)}\equiv\boldsymbol{C}^{SE}$表示。它遵从超弹性材料的切线模量具有主对称性，$C^{SE}_{ijkl}=C^{SE}_{klij}$。由于它与应力率和应变率的对称性度量有关，因此它也具有次对称性。

注意到由于$\boldsymbol{P}=\boldsymbol{S}\cdot\boldsymbol{F}^{\mathrm{T}}$，则第一弹性张量和第二弹性张量之间的关系可以推导为$\dot{\boldsymbol{P}}=\dot{\boldsymbol{S}}\cdot\boldsymbol{F}^{\mathrm{T}}+\boldsymbol{S}\cdot\dot{\boldsymbol{F}}^{\mathrm{T}}$。用公式(5.4.42)替换$\dot{\boldsymbol{S}}$，并由公式(3.3.20)和$\boldsymbol{C}^{SE}$的次对称性，我们(在对指标进行一些处理之后)获得

$$\begin{aligned}\dot{P}_{ij}&=\mathscr{A}^{(1)}_{ijkl}\dot{F}_{lk}=(C^{SE}_{inpk}F_{jn}F_{lp}+S_{ik}\delta_{lj})\dot{F}_{lk}\\ \mathscr{A}^{(1)}_{ijkl}&=C^{SE}_{inpk}F_{jn}F_{lp}+S_{ik}\delta_{lj}=\mathscr{A}^{(2)}_{inpk}F_{jn}F_{lp}+S_{ik}\delta_{lj}\end{aligned} \tag{5.4.44}$$

第三弹性张量$\mathscr{A}^{(3)}$由$\dot{\boldsymbol{P}}$的前推定义，即$\boldsymbol{F}\cdot\dot{\boldsymbol{P}}$，它出现弱形式的线性化(第6章)。从公式(5.4.44)，有

$$F_{ir}\dot{P}_{rj}=\mathscr{A}^{(3)}_{ijkl}L^{\mathrm{T}}_{kl}=(F_{im}F_{jn}F_{kp}F_{lq}C^{SE}_{mnpq}+F_{im}F_{kn}S_{mn}\delta_{lj})L^{\mathrm{T}}_{kl} \tag{5.4.45}$$

式中我们应用了关系$\dot{\boldsymbol{F}}^{\mathrm{T}}=\boldsymbol{F}^{\mathrm{T}}\cdot\boldsymbol{L}^{\mathrm{T}}$。在上面表达式中圆括号内的第一项是第二弹性张量的空间形式，并且称为**第四弹性张量**：

$$\mathscr{A}^{(4)}_{ijkl}\equiv C^{\tau}_{ijkl}=F_{im}F_{jn}F_{kp}F_{lq}C^{SE}_{mnpq}\equiv F_{im}F_{jn}F_{kp}F_{lq}\mathscr{A}^{(2)}_{mnpq} \tag{5.4.46}$$

最后，公式(5.4.45)中圆括号内的第二项是Kirchhoff应力张量，因此

$$\mathscr{A}^{(3)}_{ijkl}=\mathscr{A}^{(4)}_{ijkl}+\tau_{ik}\delta_{jl} \tag{5.4.47}$$

在有限元编程中，考虑到$\mathscr{A}^{(4)}_{ijkl}$的次对称性，且

$$\mathscr{A}^{(3)}_{ijkl}L^{\mathrm{T}}_{kl}=\mathscr{A}^{(4)}_{ijkl}D_{kl}+\tau_{ik}\delta_{jl}L^{\mathrm{T}}_{kl} \tag{5.4.48}$$

式中包括$\mathscr{A}^{(4)}_{ijkl}$的项引出了材料切向刚度矩阵；包括$\tau_{ik}\delta_{jl}$的项引出了几何刚度(见第6章)。

在更新Lagrangian离散的线性化中，Kirchhoff应力对流率和变形率之间的关系是有用的。我们再次应用公式(5.4.22)Kirchhoff应力对流率和标记，可以写成(对于导数见公式(5.10.3))

$$\boldsymbol{\tau}^{\nabla c}=\dot{\boldsymbol{\tau}}-\boldsymbol{L}\cdot\boldsymbol{\tau}-\boldsymbol{\tau}\cdot\boldsymbol{L}^{\mathrm{T}}=\boldsymbol{F}\cdot\frac{\mathrm{D}}{\mathrm{D}t}(\boldsymbol{F}^{-1}\cdot\boldsymbol{\tau}\cdot\boldsymbol{F}^{-\mathrm{T}})\cdot\boldsymbol{F}^{\mathrm{T}}=\boldsymbol{F}\cdot\dot{\boldsymbol{S}}\cdot\boldsymbol{F}^{\mathrm{T}}\equiv L_v\boldsymbol{\tau} \tag{5.4.49}$$

在第二步中，我们应用了框3.2中Kirchhoff应力和PK2应力之间的关系。将公式(5.4.42)代入式(5.4.49)的最后形式，并且应用式(3.3.21)$\dot{\boldsymbol{E}}=\boldsymbol{F}^{\mathrm{T}}\cdot\boldsymbol{D}\cdot\boldsymbol{F}$，给出

$$L_v\boldsymbol{\tau}=\boldsymbol{\tau}^{\nabla c}=\boldsymbol{C}^{\tau}:\boldsymbol{D},\ \text{式中}\quad C^{\tau}_{ijkl}=F_{im}F_{jn}F_{kp}F_{lq}C^{SE}_{mnpq}=\mathscr{A}^{(4)}_{ijkl} \tag{5.4.50}$$

式中$\boldsymbol{C}^{\tau}$归类为空间切线模量(或者是第二弹性张量的空间形式，即第四弹性张量)。注意到$\boldsymbol{F}\cdot\dot{\boldsymbol{P}}=\boldsymbol{F}\cdot\dot{\boldsymbol{S}}\cdot\boldsymbol{F}^{\mathrm{T}}+\boldsymbol{F}\cdot\boldsymbol{S}\cdot\dot{\boldsymbol{F}}^{\mathrm{T}}=L_v\boldsymbol{\tau}+\boldsymbol{\tau}\cdot\boldsymbol{L}^{\mathrm{T}}$给出了公式(5.4.50)和(5.4.48)之间的连接关系。

从上面可以看到Kirchhoff应力的Lie导数(或者对流率)可作为超弹性的应力率。关系式(5.4.50)可以表示成Cauchy应力的Truesdell率的形式，给出如下：

$$\boldsymbol{\sigma}^{\nabla T}=J^{-1}\boldsymbol{\tau}^{\nabla c}=J^{-1}\boldsymbol{C}^{\tau}:\boldsymbol{D}=\boldsymbol{C}^{\sigma T}:\boldsymbol{D},\quad \boldsymbol{C}^{\sigma T}=J^{-1}\boldsymbol{C}^{\tau} \tag{5.4.51}$$

对于有限应变弹性的稳定性和结果的唯一性，以上定义的弹性张量也发挥了重要的作

用，见第 6.7 节，Ogden(1984)以及 Marsden 和 Hughes(1983)。

5.4.9 各向同性超弹性材料 可以看到(Malven，1969：409)对于初始、无应力构形的各向同性超弹性材料的应变能(势能)可以写成右 Cauchy-Green 变形张量基本不变量（I_1，I_2，I_3）的函数，即 $\psi=\psi(I_1,I_2,I_3)$。二阶张量的基本不变量和它们的导数描绘了弹性和弹-塑性本构关系。作为参考，框 5.2 总结了包含基本不变量的某些关键关系。

公式(5.4.35)给出了超弹性材料的第二 Piola-Kirchhoff 应力张量。因此，对于各向同性材料，我们有

$$\begin{aligned}\boldsymbol{S}&=2\frac{\partial\psi}{\partial\boldsymbol{C}}=2\left(\frac{\partial\psi}{\partial I_1}\frac{\partial I_1}{\partial\boldsymbol{C}}+\frac{\partial\psi}{\partial I_2}\frac{\partial I_2}{\partial\boldsymbol{C}}+\frac{\partial\psi}{\partial I_3}\frac{\partial I_3}{\partial\boldsymbol{C}}\right)\\&=2\left(\frac{\partial\psi}{\partial I_1}+I_1\frac{\partial\psi}{\partial I_2}\right)\boldsymbol{I}-2\frac{\partial\psi}{\partial I_2}\boldsymbol{C}+2I_3\frac{\partial\psi}{\partial I_3}\boldsymbol{C}^{-1}\end{aligned}\tag{5.4.52}$$

在上式中我们应用了框 5.2 的结果。Kirchhoff 应力张量为

$$\boldsymbol{\tau}=\boldsymbol{F}\cdot\boldsymbol{S}\cdot\boldsymbol{F}^{\mathrm{T}}=2\left(\frac{\partial\psi}{\partial I_1}+I_1\frac{\partial\psi}{\partial I_2}\right)\boldsymbol{B}-2\frac{\partial\psi}{\partial I_2}\boldsymbol{B}^2+2I_3\frac{\partial\psi}{\partial I_3}\boldsymbol{I}\tag{5.4.53}$$

式中 $\boldsymbol{B}=\boldsymbol{F}\cdot\boldsymbol{F}^{\mathrm{T}}$ 是左 Cauchy-Green 变形张量，应用了公式(5.4.52)中 $\boldsymbol{S}$ 的表达式。注意 $\boldsymbol{S}$ 与 $\boldsymbol{C}$ 同轴(有相同的主方向)，而 $\boldsymbol{\tau}$ 与 $\boldsymbol{B}$ 同轴。

框 5.2 二阶张量的基本不变量

二阶张量 $\boldsymbol{A}$ 的基本不变量为

$$I_1(\boldsymbol{A})=\mathrm{trace}(\boldsymbol{A})=A_{ii}\tag{B5.2.1a}$$

$$I_2(\boldsymbol{A})=\frac{1}{2}\{(\mathrm{trace}(\boldsymbol{A}))^2-\mathrm{trace}(\boldsymbol{A}^2)\}=\frac{1}{2}\{(A_{ii})^2-A_{ij}A_{ji}\}\tag{B5.2.1b}$$

$$I_3(\boldsymbol{A})=\det\boldsymbol{A}=\varepsilon_{ijk}A_{i1}A_{j2}A_{k3}\tag{B5.2.1c}$$

根据文章内容，当问题中的张量是清楚的，省略自变量 $\boldsymbol{A}$，则基本不变量简单记为 I_1，I_2 和 I_3。

如果 $\boldsymbol{A}$ 对称，$\boldsymbol{A}=\boldsymbol{A}^{\mathrm{T}}$，并且 $\boldsymbol{A}$ 有三个实特征值(或者主值) λ_1，λ_2，λ_3，则

$$\begin{aligned}I_1(\boldsymbol{A})&=\lambda_1+\lambda_2+\lambda_3\\I_2(\boldsymbol{A})&=\lambda_1\lambda_2+\lambda_2\lambda_3+\lambda_3\lambda_1\\I_3(\boldsymbol{A})&=\lambda_1\lambda_2\lambda_3\end{aligned}\tag{B5.2.2}$$

在本构方程中，经常需要二阶张量基本不变量并对应于张量本身的导数。作为参考：

$$\frac{\partial I_1}{\partial\boldsymbol{A}}=\boldsymbol{I};\quad\frac{\partial I_1}{\partial A_{ij}}=\delta_{ij}\tag{B5.2.3}$$

$$\frac{\partial I_2}{\partial\boldsymbol{A}}=I_1\boldsymbol{I}-\boldsymbol{A}^{\mathrm{T}};\quad\frac{\partial I_2}{\partial A_{ij}}=A_{kk}\delta_{ij}-A_{ji}\tag{B5.2.4}$$

$$\frac{\partial I_3}{\partial\boldsymbol{A}}=I_3\boldsymbol{A}^{-\mathrm{T}};\quad\frac{\partial I_3}{\partial A_{ij}}=I_3A_{ji}^{-1}\tag{B5.2.5}$$

5.4.10 Neo-Hookean 材料 Neo-Hookean 材料模型是各向同性线性定律(Hooke 定律)至大变形的扩展。可压缩 Neo-Hookean 材料(各向同性并对应于初始、无应力构形)的

势能函数为

$$\psi(\boldsymbol{C}) = \frac{1}{2}\lambda_0(\ln J)^2 - \mu_0\ln J + \frac{1}{2}\mu_0(\text{trace}(\boldsymbol{C}) - 3) \tag{5.4.54}$$

这里 λ_0 和 μ_0 是线性理论的 Lamé 常数，$J=\det\boldsymbol{F}$。由公式(5.4.52)和(5.4.53)，给出应力为

$$\boldsymbol{S} = \lambda_0\ln J\boldsymbol{C}^{-1} + \mu_0(\boldsymbol{I} - \boldsymbol{C}^{-1}), \quad \boldsymbol{\tau} = \lambda_0\ln J\boldsymbol{I} + \mu_0(\boldsymbol{B} - \boldsymbol{I}) \tag{5.4.55}$$

设 $\lambda=\lambda_0$，$\mu=\mu_0-\lambda\ln J$，并应用公式(5.4.43)和(5.4.50)，弹性张量(切线模量)的分量形式为

$$C_{ijkl}^{SE} = \lambda C_{ij}^{-1}C_{kl}^{-1} + \mu(C_{ik}^{-1}C_{jl}^{-1} + C_{il}^{-1}C_{kj}^{-1}) \tag{5.4.56}$$

$$C_{ijkl}^{\tau} = \lambda\delta_{ij}\delta_{kl} + \mu(\delta_{ik}\delta_{jl} + \delta_{il}\delta_{kj}) \tag{5.4.57}$$

除了取决于变形的剪切模量 μ，公式(5.4.57)的切线模量与小应变弹性 Hooke 定律的形式相同。对于 $\lambda_0 \gg \mu_0$，获得了几乎不可压缩的行为。用 Voigt 矩阵标记，平面应变的 Neo-Hookean 材料的空间弹性模量为

$$[C_{ab}^{\tau}] = \begin{bmatrix} \lambda+2\mu & \lambda & 0 \\ \lambda & \lambda+2\mu & 0 \\ 0 & 0 & \mu \end{bmatrix} \tag{5.4.58}$$

5.4.11　改进的 Mooney-Rivlin 材料　Rivlin 和 Saunders(1951)发展了橡胶大变形的超弹性本构模型。模型是不可压缩和初始各向同性的，因此势能函数具有 5.4.9 节给出的形式，这里 $\psi=\psi(I_1, I_2, I_3)$。对于不可压缩材料，$J=\det\boldsymbol{F}=1$，因此，$I_3=\det\boldsymbol{C}=J^2=1$。势能可以写成 I_1 和 I_2 的系列扩展形式：

$$\psi = \psi(I_1, I_2) = \sum_{i=0}^{\infty}\sum_{j=0}^{\infty}\bar{c}_{ij}(I_1-3)^i(I_2-3)^j, \quad \bar{c}_{00} = 0 \tag{5.4.59}$$

这里 $\bar{c}_{ij}$ 是常数。Mooney 和 Rivlin 给出了简单的形式：

$$\psi = \psi(I_1, I_2) = c_1(I_1-3) + c_2(I_2-3) \tag{5.4.60}$$

它非常接近试验的结果。Mooney-Rivlin 材料是 Neo-Hookean 材料的一个例子。

考虑右 Cauchy-Green 变形张量(见公式(5.4.52))，对公式(5.4.60)微分得到第二 Piola-Kirchhoff 应力的分量。然而，由于材料是不可压缩的，变形受到限制，则 $I_3=1$。由公式(B5.2.1c)，这等价于 $J=1$。加强这种限制的一种方法是利用约束势能；另一种方法是应用罚函数公式。相应的罚函数表示为 $I_3=0$。在这种情况下，修正的应变能函数和本构方程分别表示为

$$\hat{\psi} = \psi + p_0\ln I_3 + \frac{1}{2}\beta(\ln I_3)^2 \tag{5.4.61}$$

$$\boldsymbol{S} = 2\frac{\partial\hat{\psi}}{\partial\boldsymbol{C}} = 2\frac{\partial\psi}{\partial\boldsymbol{C}} + 2(p_0 + \beta(\ln I_3))\boldsymbol{C}^{-1} \tag{5.4.62}$$

罚参数 β 必须足够大，这样可以忽略可压缩性误差(即 I_3 近似等于 1)。如果 β 没有足够大，可能会发生数值病态条件。对于 64 bits 的浮点字节长度，数值实验显示从 $\beta=10^3\times\max(c_1, c_2)$ 到 $\beta=10^7\times\max(c_1, c_2)$ 是足够的。在初始构形时选择常数 p_0 使 $\boldsymbol{S}$ 的分量皆为零，即 $p_0=-(c_1+2c_2)$。对 Lagrange 乘法和罚函数方法的描述参考第 6.3 节。

5.5 一维塑性

卸载后产生永久应变的材料称为塑性材料。许多材料(例如金属、土壤和混凝土)表现弹性行为所能达到的应力称为屈服强度。一旦加载超过了初始屈服强度,就会发生塑性应变。弹-塑性材料被进一步分类为应力独立于应变率的率无关材料和应力取决于应变率的率相关材料,后者也归类为率敏感材料。

塑性理论的主要内容有:

1. 应变的每一增量分解为弹性可逆部分 $d\varepsilon^e$ 和塑性不可逆部分 $d\varepsilon^p$。
2. 屈服函数 $f(\sigma,q_\alpha)$ 控制塑性变形的突变和连续,q_α 是内部变量的集合。
3. 流动法则控制塑性流动,即确定塑性应变增量。
4. 内部变量的演化方程控制屈服函数的演化,包括应变-硬化关系。

弹-塑性定律是路径相关和耗能的,大部分的功消耗在材料塑性变形中,不可逆功转换成其他形式的能量,特别是热。应力取决于整个变形的历史,并且不能表示成应变的单值函数,而它仅能指定应力和应变的率之间的关系。

5.5.1 一维率无关塑性 金属在单轴应力下的一条典型应力-应变曲线如图 5.8 所示。从初始加载至达到初始屈服应力,材料表现为弹性(一般假设线性)。跟随弹性区段的是弹-塑性区段,在该区段内进一步加载将导致永久的不可逆的塑性应变。应力的倒退称为卸载,在卸载过程中,假设应力-应变响应由弹性定律控制,应变的增量假设分解为弹性和塑性部分的和,这样我们可以写成

$$d\varepsilon = d\varepsilon^e + d\varepsilon^p \tag{5.5.1}$$

方程两边分别除以微分时间增量 dt,成为率形式:

$$\dot{\varepsilon} = \dot{\varepsilon}^e + \dot{\varepsilon}^p \tag{5.5.2}$$

应力增量(率)总是与弹性模量和弹性应变增量(率)有关:

$$d\sigma = E d\varepsilon^e, \quad \dot{\sigma} = E\dot{\varepsilon}^e \tag{5.5.3}$$

在非线性弹-塑性区段,给出应力-应变关系为

$$d\sigma = E d\varepsilon^e = E^{\tan} d\varepsilon, \quad \dot{\sigma} = E\dot{\varepsilon}^e = E^{\tan}\dot{\varepsilon} \tag{5.5.4}$$

这里弹-塑性切线模量 $E^{\tan}$ 是应力-应变曲线的斜率(图 5.8)。

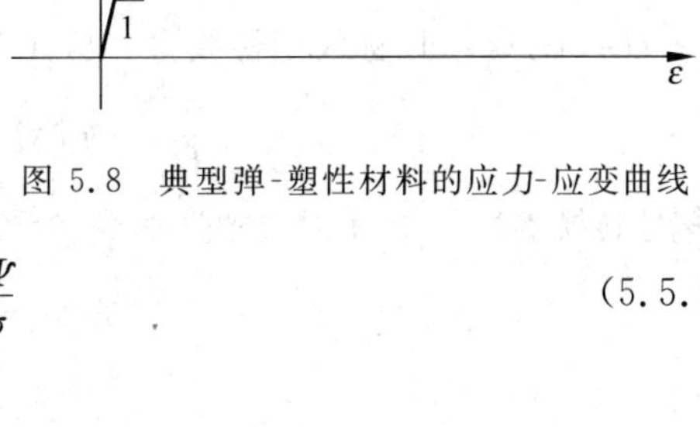

图 5.8 典型弹-塑性材料的应力-应变曲线

以上关系对于应力和应变的率是均匀的。所以,如果时间被任意的因子缩放,本构关系保持不变。因此,材料响应即便是用应变率表示也是率无关的。结果是本构关系将应用率形式,对于增量关系的标记,率形式可能是很不方便的,特别是对于大应变公式。

流动法则给出了塑性应变率,它常常指定为塑性流动势能 Ψ 的形式:

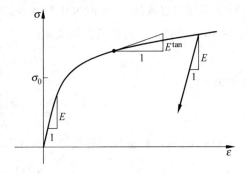

$$\dot{\varepsilon}^p = \dot{\lambda}\frac{\partial \Psi}{\partial \sigma} \tag{5.5.5}$$

式中$\dot{\lambda}$称为塑性率参数。流动势能的一个例子是

$$\Psi = |\sigma| = \bar{\sigma} = \sigma \text{sign}(\sigma), \quad \frac{\partial \Psi}{\partial \sigma} = \text{sign}(\sigma) \tag{5.5.6}$$

式中$\bar{\sigma}$称为等效应力。符号函数在术语表(Glossary)中定义。

屈服条件为

$$f = \bar{\sigma} - \sigma_Y(\bar{\varepsilon}) = 0 \tag{5.5.7}$$

式中$\sigma_Y(\bar{\varepsilon})$是单轴拉伸的屈服强度；$\bar{\varepsilon}$是等效塑性应变。在初始屈服之后屈服强度的增加称为功硬化或者应变硬化。材料的硬化行为一般是塑性变形历史的函数。在金属塑性中，塑性变形的历史常常表征为等效塑性应变，为

$$\bar{\varepsilon} = \int \dot{\bar{\varepsilon}} \, \mathrm{d}t, \quad \dot{\bar{\varepsilon}} = \sqrt{\dot{\varepsilon}^{\mathrm{p}} \dot{\varepsilon}^{\mathrm{p}}} \tag{5.5.8}$$

式中$\dot{\bar{\varepsilon}}$是等效塑性应变率。等效塑性应变$\bar{\varepsilon}$是用以表征材料非弹性反应的内部变量的一个例子。一个替代内部变量的硬化代表是塑性功(Hill, 1950)，表示为$W^{\mathrm{p}} = \int \sigma \dot{\varepsilon}^{\mathrm{p}} \mathrm{d}t$。

公式(5.5.7)给出的屈服行为称为各向同性硬化。拉伸和压缩的屈服强度总是相等并由$\sigma_Y(\bar{\varepsilon})$给出。一条典型的硬化曲线如图5.9所示，该曲线的斜率是塑性模量H，即$H = \mathrm{d}\sigma_Y(\bar{\varepsilon})/\mathrm{d}\bar{\varepsilon}$。下面给出了模型扩展到运动硬化的情况。更一般的本构关系应用内部变量的和。

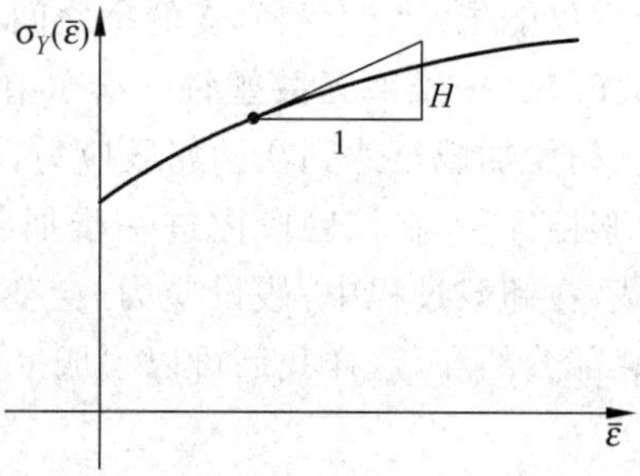

图 5.9　典型的硬化曲线$\sigma_Y(\bar{\varepsilon})$，塑性模量是$H = \mathrm{d}\sigma_Y(\bar{\varepsilon})/\mathrm{d}\bar{\varepsilon}$

对于一个特殊的模型，组合公式(5.5.6)、(5.5.5)和(5.5.8)，以及$\dot{\lambda} = \dot{\bar{\varepsilon}}$，因此塑性应变率(5.5.5)可以写成

$$\dot{\varepsilon}^{\mathrm{p}} = \dot{\bar{\varepsilon}} \text{sign}(\sigma) = \dot{\bar{\varepsilon}} \frac{\partial f}{\partial \sigma} \tag{5.5.9}$$

式中应用了$\partial f/\partial \sigma = \partial \bar{\sigma}/\partial \sigma = \text{sign}(\sigma)$的结果，这里我们看到$\partial f/\partial \sigma = \partial \Psi/\partial \sigma$。$\partial f/\partial \sigma \sim \partial \Psi/\partial \sigma$的塑性模型称为**关联的**，否则，塑性流动是**非关联的**。对于关联塑性，塑性流动沿着屈服面的法线方向。在多轴塑性模型中这些区别非常重要，将在第5.6节中详尽阐述。

当满足屈服条件$f=0$时发生塑性变形。当塑性加载时，应力必须保持在屈服表面，因此$\dot{f}=0$，这导致了一致性条件的实现：

$$\dot{f} = \dot{\bar{\sigma}} - \dot{\sigma}_Y(\bar{\varepsilon}) = 0 \tag{5.5.10}$$

这给出

$$\dot{\bar{\sigma}} = \frac{\mathrm{d}\sigma_Y(\bar{\varepsilon})}{\mathrm{d}\bar{\varepsilon}} \dot{\bar{\varepsilon}} = H \dot{\bar{\varepsilon}} \tag{5.5.11}$$

式中$H = \mathrm{d}\sigma_Y(\bar{\varepsilon})/\mathrm{d}\bar{\varepsilon}$称为塑性模量。应用公式(5.5.2)、(5.5.4)、(5.5.11)和(5.5.5)，得到

$$\frac{1}{E^{\tan}} = \frac{1}{E} + \frac{1}{H}, \quad 或者 \quad E^{\tan} = \frac{EH}{E+H} = E - \frac{E^2}{E+H} \tag{5.5.12}$$

设塑性转换参数β，$\beta=1$对应塑性加载，$\beta=0$对应纯弹性反应(加载或卸载)，则切线模量为

$$E^{\tan} = E - \beta \frac{E^2}{E+H} \tag{5.5.13}$$

加载-卸载条件也可以写成

$$\dot{\lambda} \geqslant 0, \quad f \leqslant 0, \quad \dot{\lambda} f = 0 \tag{5.5.14}$$

这些有时称为 Kuhn-Tucker 条件。上面第一个条件表明塑性率参数是非负的；第二个条件表明应力状态必须位于或者限制在塑性表面上；最后一个条件也可以作为已知一致性条件$\dot{f}=0$的率形式。对于塑性加载($\dot{\lambda}>0$)，应力状态必须保持在屈服面 $f=0$ 上，因此，$\dot{f}=0$。对于弹性加载或者卸载$\dot{\lambda}=0$，没有塑性流动。

5.5.2　扩展到运动硬化　在循环加载中，各向同性硬化模型为许多金属提供了应力-应变响应的粗糙模型。例如，图 5.10 展示了在循环塑性中所观察到的被称为 Bauschinger 效应的现象，即在拉伸初始屈服之后压缩屈服强度降低。认识这种行为的方法之一是观察屈服表面的中心沿着塑性流动方向移动。图 5.10(b)描绘的实际是多轴应力状态——圆环屈服表面扩张对应于各向同性硬化，它的中心平移对应于运动硬化。为了考虑这种现象，Prager (1945)和 Ziegler (1950) 引入了一个简单的运动硬化塑性模型。在运动硬化模型的塑性流动关系和屈服条件中，另外引入了一个称为背应力的内变量 α，给出如下：

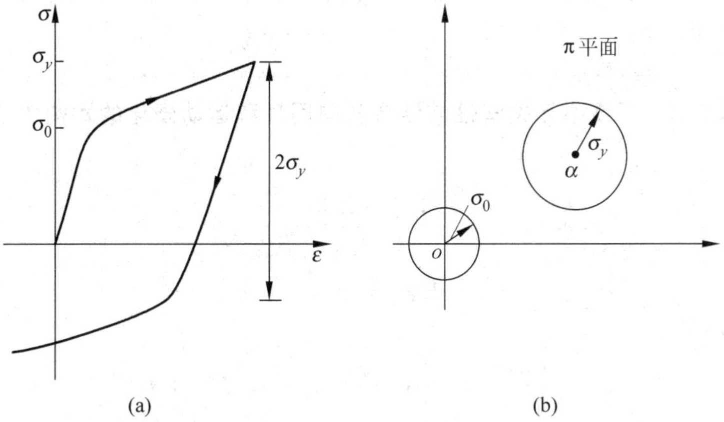

图 5.10　结合各向同性运动硬化

(a) Bauschinger 效应；(b) 屈服面的平移和扩展

塑性流动定律

$$\dot{\varepsilon}^{\mathrm{p}} = \dot{\lambda}\frac{\partial \Psi}{\partial \sigma}, \quad \Psi = |\sigma - \alpha| \tag{5.5.15}$$

屈服条件

$$f = |\sigma - \alpha| - \sigma_{\mathrm{Y}}(\bar{\varepsilon}) \tag{5.5.16}$$

注意到$\partial\Psi/\partial\sigma=\partial f/\partial\sigma=\mathrm{sign}(\sigma-\alpha)$。从公式(5.5.8)，也有$\dot{\bar{\varepsilon}}=\dot{\lambda}$。对于内变量 α(背应力)需要一个演化方程，最简单的形式称为线性运动硬化，特别表示为$\dot{\alpha}=\kappa\dot{\varepsilon}^{\mathrm{p}}$。

由微分式(5.5.16)，给出一致性条件：

$$\dot{f} = (\dot{\sigma} - \dot{\alpha})\,\mathrm{sign}(\sigma - \alpha) - H\dot{\bar{\varepsilon}} = 0 \tag{5.5.17}$$

这样

$$\dot{\bar{\varepsilon}} = \frac{1}{H}(\dot{\sigma} - \dot{\alpha})\,\mathrm{sign}(\sigma - \alpha) \tag{5.5.18}$$

由公式(5.5.3)、(5.5.15)和(5.5.18)，

$$\dot{\sigma} = E(\dot{\varepsilon} - \dot{\varepsilon}^{\mathrm{p}}) = E(\dot{\varepsilon} - \dot{\bar{\varepsilon}}\,\mathrm{sign}(\sigma - \alpha)) \tag{5.5.19}$$

减去 $\dot{\alpha}$，得

$$\begin{aligned}(\dot{\sigma} - \dot{\alpha}) &= E(\dot{\varepsilon} - \dot{\bar{\varepsilon}}\,\mathrm{sign}(\sigma - \alpha)) - \dot{\alpha} \\ &= E(\dot{\varepsilon} - \dot{\bar{\varepsilon}}\,\mathrm{sign}(\sigma - \alpha)) - \kappa\,\dot{\bar{\varepsilon}}\,\mathrm{sign}(\sigma - \alpha)\end{aligned} \tag{5.5.20}$$

这里应用了公式(5.5.15)和 $\dot{\alpha}$ 的表达式。由公式(5.5.18)和(5.5.20)，可获得一个等效塑性应变率的表达式：

$$\dot{\bar{\varepsilon}} = \frac{1}{H}[E\dot{\varepsilon}\,\mathrm{sign}(\sigma - \alpha) - E\,\dot{\bar{\varepsilon}} - \kappa\,\dot{\bar{\varepsilon}}] = \frac{E\dot{\varepsilon}\,\mathrm{sign}(\sigma - \alpha)}{E + (H + \kappa)} \tag{5.5.21}$$

将此表达式代入公式(5.5.19)给出 $\dot{\sigma} = E^{\tan}\dot{\varepsilon}$。在塑性加载时，这里有

$$E^{\tan} = \frac{E(H + \kappa)}{(H + \kappa) + E} = E - \frac{E^2}{(H + \kappa) + E} \tag{5.5.22}$$

对于弹性加载或者卸载，切线模量是简单的弹性模量，$E^{\tan} = E$。加卸载条件的交换形式可以写成 Kuhn-Tucker 条件(5.5.14)。框 5.3 总结了一维各向同性和(线性)运动硬化的率无关塑性本构方程。

框 5.3　一维率无关塑性与结合各向同性和运动硬化的本构关系

1. 应变率

$$\dot{\varepsilon} = \dot{\varepsilon}^{\mathrm{e}} + \dot{\varepsilon}^{\mathrm{p}} \tag{B5.3.1}$$

2. 应力率

$$\dot{\sigma} = E\,\dot{\varepsilon}^{\mathrm{e}} = E(\dot{\varepsilon} - \dot{\varepsilon}^{\mathrm{p}}) \tag{B5.3.2}$$

3. 塑性流动定律

$$\dot{\varepsilon}^{\mathrm{p}} = \dot{\lambda}\frac{\partial \Psi}{\partial \sigma},\ \dot{\bar{\varepsilon}} = \dot{\lambda},\ \sigma' = \sigma - \alpha,\ \Psi = |\sigma'| \tag{B5.3.3}$$

4. 背应力演化方程

$$\dot{\alpha} = \kappa\,\dot{\varepsilon}^{\mathrm{p}} \tag{B5.3.4}$$

5. 屈服条件

$$f = |\sigma - \alpha| - \sigma_{\mathrm{Y}}(\bar{\varepsilon}) = 0 \tag{B5.3.5}$$

6. 加载-卸载条件

$$\dot{\lambda} \geqslant 0,\quad f \leqslant 0,\quad \dot{\lambda} f = 0 \tag{B5.3.6}$$

7. 一致性条件

$$\dot{f} = 0 \Rightarrow \dot{\bar{\varepsilon}} \equiv \dot{\lambda} = \frac{E\,\dot{\varepsilon}\,\mathrm{sign}(\sigma')}{E + H + \kappa} \tag{B5.3.7}$$

8. 切线模量

$$\dot{\sigma} = E^{\tan}\dot{\varepsilon};\ E^{\tan} = E - \beta\frac{E^2}{E + (H + \kappa)} \tag{B5.3.8}$$

($\beta=1$ 为塑性加载，$\beta=0$ 为弹性加载或者卸载)

5.5.3 一维率相关塑性 在率相关塑性中，材料的塑性响应取决于加载率。前面(以率形式)给出了弹性响应：

$$\dot{\sigma} = E\dot{\varepsilon}^{e} = E(\dot{\varepsilon} - \dot{\varepsilon}^{p}) \tag{5.5.23}$$

与不能超过屈服条件的率无关塑性相比，为了发生塑性变形，率相关塑性必须满足或者超过屈服条件。塑性应变率(结合各向同性和运动硬化)为

$$\dot{\varepsilon}^{p} = \dot{\lambda}\frac{\partial \Psi}{\partial \sigma},\ \dot{\bar{\varepsilon}} = \dot{\lambda},\ \sigma' = \sigma - \alpha, \Psi = |\sigma'| \tag{5.5.24}$$

对于率相关材料，描述塑性响应的一种方法是借助于过应力模型：

$$\dot{\bar{\varepsilon}} = \frac{\phi(\sigma, \bar{\varepsilon}, \alpha)}{\eta} \tag{5.5.25}$$

式中 ϕ 是过应力，η 是粘性。在过应力模型中，等效塑性应变率取决于超过了多少屈服应力。代替获得 $\dot{\bar{\varepsilon}}$ 的一致性条件(5.5.17)～(5.5.18)，由经验定律给出了等效塑性应变率。例如，Perzyna(1971)的过应力模型为

$$\phi = \sigma_Y\left\langle \frac{|\sigma - \alpha|}{\sigma_Y} - 1 \right\rangle^{n} \tag{5.5.26}$$

式中 n 称为率敏感指数。当超越屈服条件 $|\sigma-\alpha|-\sigma_Y(\bar{\varepsilon})=0$ 时，发生塑性应变。结合使用 Macaulay 括号，如果 $f>0$，则 $\langle f\rangle=f$；如果 $f\leqslant 0$，则 $\langle f\rangle=0$。应用公式(5.5.2)～(5.5.3)和公式(5.5.24)～(5.5.25)，给出应力率的表达式为

$$\dot{\sigma} = E\left(\dot{\varepsilon} - \frac{\phi(\sigma, \bar{\varepsilon}, \alpha)}{\eta}\mathrm{sign}(\sigma')\right) \tag{5.5.27}$$

这是应力演化的微分方程。将此式与表达式(5.5.5)比较，可见公式(5.5.27)是率非齐次的，因此，材料响应是率相关的。Lubliner(1990)和 Khan 和 Huang(1995)给出了一些含有另外内变量的更复杂的模型。

在率相关塑性中，Peirce，Shih 和 Needleman(1984)给出了等效塑性应变率的一种交换形式：

$$\dot{\bar{\varepsilon}} = \dot{\varepsilon}_0\left(\frac{|\sigma - \alpha|}{\sigma_Y(\bar{\varepsilon})}\right)^{1/m} \tag{5.5.28}$$

这个模型没有包括明显的屈服表面。对于率为 $\dot{\varepsilon}_0$ 的塑性应变，获得了参照响应 $|\sigma-\alpha|=\sigma_Y$。对于率超过 $\dot{\varepsilon}_0$，应力增加超过了参照应力 σ_Y；而对于较低的率，应力则低于参照应力。当率敏感指数 $m\to 0$ 时，特别有趣的情况是接近率无关极限。由公式(5.5.28)(应用 $m\to 0$)可以看到，对于 $|\sigma-\alpha|<\sigma_Y$，等效塑性应变率是负值；而对于有限塑性，应变率 $|\sigma-\alpha|$ 近似等于参照应力 σ_Y。用这种方法，该模型同时展示了屈服、接近弹性的卸载和率无关响应。框 5.4 总结了一维率相关塑性的本构关系。

框 5.4 一维率相关塑性的本构关系，结合各向同性和(线性)运动硬化

1. 应变率

$$\dot{\varepsilon} = \dot{\varepsilon}^{e} + \dot{\varepsilon}^{p} \tag{B5.4.1}$$

2. 应力率

$$\dot{\sigma} = E\dot{\varepsilon}^{e} = E(\dot{\varepsilon} - \dot{\varepsilon}^{p}) \tag{B5.4.2}$$

3. 塑性流动定律

$$\sigma' = \sigma - \alpha,\ \Psi = |\sigma'| \tag{B5.4.3}$$

$$\dot{\varepsilon}^{\mathrm{p}} = \dot{\lambda}\frac{\partial \Psi}{\partial \sigma'} = \dot{\bar{\varepsilon}}\,\mathrm{sign}(\sigma') \tag{B5.4.4}$$

4. 过应力函数

$$\dot{\bar{\varepsilon}} = \frac{\phi}{\eta}(\sigma, \bar{\varepsilon}, \alpha) \quad 例如, \phi = \sigma_{\mathrm{Y}}\left\langle \frac{|\sigma - \alpha|}{\sigma_{\mathrm{Y}}} - 1 \right\rangle^{n} \tag{B5.4.5}$$

5. 应力演化方程

$$\dot{\sigma} = E\left(\dot{\varepsilon} - \frac{\phi}{\eta}(\sigma, \bar{\varepsilon}, \alpha)\,\mathrm{sign}(\sigma - \alpha)\right) \tag{B5.4.6}$$

6. 等效塑性应变率

$$\dot{\bar{\varepsilon}} = \frac{\phi}{\eta}(\sigma, \bar{\varepsilon}, \alpha) \tag{B5.4.7}$$

7. 背应力

$$\dot{\alpha} = \kappa\,\dot{\bar{\varepsilon}}\,\mathrm{sign}(\sigma') \tag{B5.4.8}$$

5～7 强调了将本构关系表示为应力和内变量的一组微分(演化)方程。

5.6 多轴塑性

在第 5.5 节中展示的一维塑性本构关系现在将推广到多轴情况。我们的讨论开始于大应变的次弹-塑性本构关系,这些公式典型地基于把变形率张量分解为弹性和塑性部分的和,并取弹性反应作为次弹性,然后给出特殊形式,如金属塑性的 J_2 流动理论、土壤塑性的 Drucker-Prager 模型和含孔隙固体塑性的 Gurson 本构模型。作为一种特殊情况,给出从一般的大应变公式退化到小应变的情况。描述修正率无关的结果而获得率相关塑性(粘塑性)的情况。然后,讨论了基于乘法分解把变形梯度分解为弹性和塑性部分的大变形弹塑性模型。弹-塑性行为是基于弹性响应的超弹性表示。也考虑单晶塑性的特殊情况。

5.6.1 次弹-塑性材料 当弹性应变小于塑性应变时,一般应用次弹-塑性模型。像在第 5.5 节所讨论的,次弹性材料在变形闭合回路中能量是非保守的。然而,对于弹性小应变,能量误差是不显著的,并且弹性响应的次弹性表述常常是合适的。在这些本构模型中,假设将变形率张量 $\boldsymbol{D}$ 分解成弹性和塑性部分的和:

$$\boldsymbol{D} = \boldsymbol{D}^{\mathrm{e}} + \boldsymbol{D}^{\mathrm{p}} \tag{5.6.1}$$

弹性响应是次弹性:一个合适的客观应力率与变形率张量的弹性部分有关(考虑第 5.5.1 节,在纯次弹性中应力率与总变形率张量有关,见公式(5.4.24))。在本构响应中客观应力率的选择取决于几个因素。如框 5.1 所示,Cauchy(真)应力的 Jaumann 率导致非对称切线刚度矩阵,而 Kirchhoff 应力的 Jaumann 率$\boldsymbol{\tau} = J\boldsymbol{\sigma}$ 可能导致对称刚度矩阵。我们将判断选择的这些情况是否合适以及选择某一种率有何优越性。客观应力率的选择决不能混淆于由不同应力率**给定**的本构关系表达式,后者伴随着在率之间恰当转换的简单应用。

根据 Cauchy 应力与弹性响应特别是应用 Jaumann 率的形式，我们首先展示一个模型，弹性响应指定对于变形率的弹性部分应用次弹性定律(5.4.24)，

$$\boldsymbol{\sigma}^{\nabla J} = \boldsymbol{C}_{el}^{\sigma J} : \boldsymbol{D}^{\mathrm{e}} = \boldsymbol{C}_{el}^{\sigma J} : (\boldsymbol{D} - \boldsymbol{D}^{\mathrm{p}}) \tag{5.6.2}$$

如果弹性模量 $\boldsymbol{C}_{el}^{\sigma J}$ 取为常数，它们必须各向同性才能满足材料框架无区别的原理(第5.10节)。

塑性流动率为

$$\boldsymbol{D}^{\mathrm{p}} = \dot{\lambda}\boldsymbol{r}(\boldsymbol{\sigma},\boldsymbol{q}), \quad D_{ij}^{\mathrm{p}} = \dot{\lambda} r_{ij}(\boldsymbol{\sigma},\boldsymbol{q}) \tag{5.6.3}$$

式中$\dot{\lambda}$是标量塑性流动率；$\boldsymbol{r}(\boldsymbol{\sigma},\boldsymbol{q})$是塑性流动方向。塑性流动方向经常特指为 $\boldsymbol{r}=\partial\psi/\partial\sigma$，这里 ψ 称为**塑性流动势**。为了避免塑性参数与 Lamé 常数混淆，将 Lamé 常数记为 λ^{e}。塑性流动方向取决于 Cauchy 应力$\boldsymbol{\sigma}$ 和一组共同标记为 $\boldsymbol{q}$ 的内部变量。标量内部变量的例子是累积等效塑性应变和孔洞体积分数。运动硬化模型的背应力是一个二阶张量内变量的例子。

大多数塑性模型需要内部变量的演化方程，可以特设为

$$\dot{\boldsymbol{q}} = \dot{\lambda}\boldsymbol{h}(\boldsymbol{\sigma},\boldsymbol{q}), \quad \dot{q}_{\alpha} = \dot{\lambda} h_{\alpha}(\boldsymbol{\sigma},\boldsymbol{q}) \tag{5.6.4}$$

式中 α 的取值范围为内部变量的数目。这里，内变量是标量的集合，而材料时间导数是一个客观率。注意塑性参数 λ 或者它的一些函数可能是内变量之一。通过下面的一致性条件可以获得塑性参数的演化方程。屈服条件为

$$f(\boldsymbol{\sigma},\boldsymbol{q}) = 0 \tag{5.6.5}$$

作为一维情况，给出加载-卸载条件为

$$\dot{\lambda} \geqslant 0, \quad f \leqslant 0, \quad \dot{\lambda} f = 0 \tag{5.6.6}$$

当塑性加载时($\dot{\lambda}>0$)，应力需要保持在屈服表面，$f=0$。这也可以用一致性条件表示，$\dot{f}=0$，并可以通过链规则扩展给出：

$$\dot{f} = f_{\sigma} : \dot{\boldsymbol{\sigma}} + f_{q} \cdot \dot{\boldsymbol{q}} = 0, \quad \dot{f} = (f_{\sigma})_{ij} : \dot{\sigma}_{ij} + (f_{q})_{\alpha} \cdot \dot{q}_{\alpha} = 0 \tag{5.6.7}$$

式中我们采用了标记 $f_{\sigma}=\partial f/\partial\boldsymbol{\sigma}$ 和 $f_{q}=\partial f/\partial\boldsymbol{q}$。

一致性条件包括屈服面的法线 f_{σ}。如果塑性流动方向与屈服面的法线成正比，即 $\boldsymbol{r}\sim f_{\sigma}$，则认为塑性流动是**关联**的，否则，认为是**非关联**的。当流动方向由塑性流动势能的导数给出时，关联塑性条件是 $\psi_{\sigma}\sim f_{\sigma}$。对于许多材料，塑性势能合适的选择是 $\psi=f$，由此给出关联流动法则。如果屈服面是凸向，并且应变硬化是正的，Drucker 证明了关联塑性模型对于小应变是稳定的。

第 3 章练习 3.6 给出了几个涉及 Jaumann 率的有用结果。根据这些结果，如果交换 f_{σ} 和 $\boldsymbol{\sigma}$，即

$$f_{\sigma} \cdot \boldsymbol{\sigma} = \boldsymbol{\sigma} \cdot f_{\sigma} \tag{5.6.8}$$

则

$$f_{\sigma} : \dot{\boldsymbol{\sigma}} = f_{\sigma} : \boldsymbol{\sigma}^{\nabla J} \tag{5.6.9}$$

(Prager，1961)。参考框 5.2 对于二阶张量基本不变量的导数，可见如果 f 是应力不变量的函数，交换 f_{σ} 和 $\boldsymbol{\sigma}$，则公式(5.6.8)和(5.6.9)成立。在第 5.10 节可看到，客观性要求形式(5.6.5)的屈服函数是应力的各向同性函数，从而是应力基本不变量的函数。例如，von Mises 屈服函数取决于偏量应力的第二不变量 $I_2(\boldsymbol{\sigma}^{\mathrm{dev}}) \equiv -J_2 = -\frac{1}{2}\boldsymbol{\sigma}^{\mathrm{dev}} : \boldsymbol{\sigma}^{\mathrm{dev}}$。将公式

(5.6.9)代入式(5.6.7),得

$$\dot{f} = f_{\boldsymbol{\sigma}} : \boldsymbol{\sigma}^{\nabla J} + f_{\boldsymbol{q}} \cdot \dot{\boldsymbol{q}} = 0 \tag{5.6.10}$$

在公式(5.6.10)中,应用次弹性关系(5.6.2)、塑性流动关系(5.6.3)和演化方程(5.6.4),得到

$$0 = f_{\boldsymbol{\sigma}} : \boldsymbol{C}_{el}^{\sigma J} : (\boldsymbol{D} - \boldsymbol{D}^{\mathrm{p}}) + f_{\boldsymbol{q}} \cdot \dot{\boldsymbol{q}} = f_{\boldsymbol{\sigma}} : \boldsymbol{C}_{el}^{\sigma J} : (\boldsymbol{D} - \dot{\lambda}\boldsymbol{r}) + f_{\boldsymbol{q}} \cdot \dot{\lambda}\boldsymbol{h} \tag{5.6.11}$$

求解$\dot{\lambda}$,得

$$\dot{\lambda} = \frac{f_{\boldsymbol{\sigma}} : \boldsymbol{C}_{el}^{\sigma J} : \boldsymbol{D}}{-f_{\boldsymbol{q}} \cdot \boldsymbol{h} + f_{\boldsymbol{\sigma}} : \boldsymbol{C}_{el}^{\sigma J} : \boldsymbol{r}} \tag{5.6.12}$$

例如,方程(5.6.9)对于其他基于旋转的应力率(见练习3.6)也成立,但是对于Truesdell率不成立。当用基于旋转的率指定弹性响应时,得到公式(5.6.11)的简单形式。采用Truesdell率,需要考虑补充的项。

将公式(5.6.12)与塑性流动法则(5.6.3)一起代入式(5.6.2),我们得到Cauchy应力的Jaumann率和总体变形率张量之间的关系:

$$\boldsymbol{\sigma}^{\nabla J} = \boldsymbol{C}_{el}^{\sigma J} : (\boldsymbol{D} - \dot{\lambda}\boldsymbol{r}) = \boldsymbol{C}_{el}^{\sigma J} : \left(\boldsymbol{D} - \frac{f_{\boldsymbol{\sigma}} : \boldsymbol{C}_{el}^{\sigma J} : \boldsymbol{D}}{-f_{\boldsymbol{q}} \cdot \boldsymbol{h} + f_{\boldsymbol{\sigma}} : \boldsymbol{C}_{el}^{\sigma J} : \boldsymbol{r}}\boldsymbol{r}\right) = \boldsymbol{C}^{\sigma J} : \boldsymbol{D} \tag{5.6.13}$$

四阶张量$\boldsymbol{C}^{\sigma J}$称为**连续体**弹-塑性切线模量。重新组合(5.6.13)中的表达式,得到

$$\boldsymbol{C}^{\sigma J} = \boldsymbol{C}_{el}^{\sigma J} - \frac{(\boldsymbol{C}_{el}^{\sigma J} : \boldsymbol{r}) \otimes (f_{\boldsymbol{\sigma}} : \boldsymbol{C}_{el}^{\sigma J})}{-f_{\boldsymbol{q}} \cdot \boldsymbol{h} + f_{\boldsymbol{\sigma}} : \boldsymbol{C}_{el}^{\sigma J} : \boldsymbol{r}},$$

$$C_{ijkl}^{\sigma J} = (C_{el}^{\sigma J})_{ijkl} - \frac{(C_{el}^{\sigma J})_{ijmn} : r_{mn} (f_{\sigma})_{pq} (C_{el}^{\sigma J})_{pqkl}}{-(f_q)_{\alpha} \cdot h_{\alpha} + (f_{\sigma})_{rs} (C_{el}^{\sigma J})_{rstu} r_{tu}} \tag{5.6.14}$$

符号$\otimes$表示张量或者矢量积,将在术语表中给出定义。弹-塑性切线模量包括弹性切线模量和一个塑性流动项,当写成Voigt矩阵的形式时,塑性流动贡献为一个一列矩阵,常常称为一列修正(对于弹性模量)。由于应力率和变形率具有对称性,则弹-塑性切线模量$\boldsymbol{C}^{\sigma J}$具有双重对称性。如果$\boldsymbol{C}_{el}^{\sigma J} : \boldsymbol{r} \sim f_{\boldsymbol{\sigma}} : \boldsymbol{C}_{el}^{\sigma J}$,则它有主对称性$C_{ijkl}^{\sigma J} = C_{klij}^{\sigma J}$;如果塑料流动是关联的,即$\boldsymbol{r} \sim f_{\boldsymbol{\sigma}}$,则它是可交换的(假设弹性模量主对称)。框5.5总结了上面的方程。

如果塑性流动是关联的,则公式(B5.5.8)中弹-塑性切线模量$\boldsymbol{C}^{\sigma J}$具有主对称性。然而,从框5.1可以看出,对于Cauchy应力的Truesdell率(在第6章中以线性化的弱形式出现)的相应模量$\boldsymbol{C}^{\sigma T}$不具有对称性。其原因是塑性流动方程基于Cauchy应力的结果。如果以Kirchhoff应力形式推导塑性方程,并且如果塑性流动是关联的,那么$\boldsymbol{C}^{\sigma T}$将具有主对称性(框5.1)。

经常用塑性屈服函数和流动律表示Cauchy应力,因为它是真应力。对于塑性流动基本是各向同性的塑性本构关系(体积保持不变),我们有$J \approx 1$(弹性应变很小),并且Kirchhoff应力与Cauchy应力实质上是没有区别的。这种情况适用于由典型的J_2流动理论所描述的各类金属,试验表明产生的塑性应变很小或者没有体积改变。

框5.5 次弹-塑性本构模型(Cauchy应力公式)

1. 变形率张量

$$\boldsymbol{D} = \boldsymbol{D}^{\mathrm{e}} + \boldsymbol{D}^{\mathrm{p}} \tag{B5.5.1}$$

2. 应力率

$$\boldsymbol{\sigma}^{\nabla J} = \boldsymbol{C}_{el}^{\sigma J} : \boldsymbol{D}^{\mathrm{e}} = \boldsymbol{C}_{el}^{\sigma J} : (\boldsymbol{D} - \boldsymbol{D}^{\mathrm{p}}) \tag{B5.5.2}$$

3. 塑性流动法则和演化方程

$$\boldsymbol{D}^{\mathrm{p}}=\dot{\lambda}\ \boldsymbol{r}(\boldsymbol{\sigma},\boldsymbol{q})\quad \dot{\boldsymbol{q}}=\dot{\lambda}\ \boldsymbol{h}(\boldsymbol{\sigma},\boldsymbol{q}) \tag{B5.5.3}$$

4. 屈服条件

$$f(\boldsymbol{\sigma},\boldsymbol{q})=0 \tag{B5.5.4}$$

5. 加载-卸载条件

$$\dot{\lambda}\geqslant 0,\quad f\leqslant 0,\quad \dot{\lambda}f=0 \tag{B5.5.5}$$

6. 塑性率参数(一致性条件)

$$\dot{\lambda}=\frac{\boldsymbol{f}_{\boldsymbol{\sigma}}:\boldsymbol{C}_{el}^{\sigma J}:\boldsymbol{D}}{-\boldsymbol{f}_{\boldsymbol{q}}\cdot\boldsymbol{h}+\boldsymbol{f}_{\boldsymbol{\sigma}}:\boldsymbol{C}_{el}^{\sigma J}:\boldsymbol{r}} \tag{B5.5.6}$$

7. 应力率-总变形率的关系

$$\boldsymbol{\sigma}^{\nabla J}=\boldsymbol{C}^{\sigma J}:\boldsymbol{D}\quad \sigma_{ij}^{\nabla J}=C_{ijkl}^{\sigma J}D_{kl} \tag{B5.5.7}$$

当弹性加载或卸载时，$\boldsymbol{C}^{\sigma J}=\boldsymbol{C}_{el}^{\sigma J}$；当塑性加载时，由连续体弹-塑性切线模量给出 $\boldsymbol{C}^{\sigma J}$：

$$\boldsymbol{C}^{\sigma J}=\boldsymbol{C}_{el}^{\sigma J}-\frac{(\boldsymbol{C}_{el}^{\sigma J}:\boldsymbol{r})\otimes(\boldsymbol{f}_{\boldsymbol{\sigma}}:\boldsymbol{C}_{el}^{\sigma J})}{-\boldsymbol{f}_{\boldsymbol{q}}\cdot\boldsymbol{h}+\boldsymbol{f}_{\boldsymbol{\sigma}}:\boldsymbol{C}_{el}^{\sigma J}:\boldsymbol{r}}$$

$$C_{ijkl}^{\sigma J}=(C_{el}^{\sigma J})_{ijkl}-\frac{(C_{el}^{\sigma J})_{ijmn}:r_{mn}(f_{\sigma})_{pq}(C_{el}^{\sigma J})_{pqkl}}{-(f_q)_{\alpha}\cdot h_{\alpha}+(f_{\sigma})_{rs}(C_{el}^{\sigma J})_{rstu}r_{tu}} \tag{B5.5.8}$$

对于膨胀材料和含孔隙塑性固体，如 Gurson 模型(下面介绍)，大的膨胀伴随着塑性变形，$J\approx 1$ 的假设不再有效。在这种情况下，最好将屈服函数表示成 Cauchy 应力的形式，并且导致切向刚度不是对称的。Kirchhoff 应力公式类似于 Cauchy 应力公式，并且可以从框 5.5 中以 Kirchhoff 应力处处代替 Cauchy 应力获得。J_2 塑性流动理论的特殊情况将在下节中描述。

对弹性模量和屈服函数各向同性的限制将在第 5.10 节中进一步讨论，这种限制是针对根据 Cauchy(或者 Kirchhoff)应力的次弹-塑性本构关系的限制。后面将看到在中间构形上，基于旋转应力和超弹-塑性模型推导的次弹-塑性模型，是不限制各向同性响应的。

5.6.2 J_2 塑性流动理论 上面展示的一般模型的特殊情况是基于 von Mises 屈服面的 J_2 流动模型，它特别适用于金属塑性，而且也是由此发展的。关于 J_2 塑性流动理论的详尽讨论见 Lubliner(1990)。该模型的关键假设是压力对在金属中的塑性流动没有影响，这已被 Bridgman(1949)的试验证明。屈服条件和塑性流动方向是基于应力张量的偏量部分。利用 von Mises 等效应力将观察到的单轴应力(推广到剪切)行为扩展到多轴应力状态。

框 5.6 给出了 J_2 塑性流动理论的 Kirchhoff 应力公式。

框 5.6 J_2 流动理论次弹-塑性本构模型

1. 变形率张量

$$\boldsymbol{D}=\boldsymbol{D}^{\mathrm{e}}+\boldsymbol{D}^{\mathrm{p}} \tag{B5.6.1}$$

2. 应力率关系

$$\boldsymbol{\tau}^{\nabla J}=\boldsymbol{C}_{el}^{\tau J}:\boldsymbol{D}^{\mathrm{e}}=\boldsymbol{C}_{el}^{\tau J}:(\boldsymbol{D}-\boldsymbol{D}^{\mathrm{p}}) \tag{B5.6.2}$$

3. 塑性流动法则和演化方程

$$\boldsymbol{D}^{\mathrm{p}}=\dot{\lambda}\boldsymbol{r}(\boldsymbol{\tau},\boldsymbol{q}),\ \boldsymbol{r}=\frac{3}{2\bar{\sigma}}\boldsymbol{\tau}^{\mathrm{dev}}\quad \boldsymbol{\tau}^{\mathrm{dev}}=\boldsymbol{\tau}-\frac{1}{3}\mathrm{trace}(\boldsymbol{\tau})\boldsymbol{I},\ \bar{\sigma}=\left[\frac{3}{2}\boldsymbol{\tau}^{\mathrm{dev}}:\boldsymbol{\tau}^{\mathrm{dev}}\right]^{1/2}$$

$$\dot{q}_1=\dot{\lambda}h_1\quad q_1=\bar{\varepsilon}=\int\dot{\bar{\varepsilon}}\mathrm{d}t\quad \dot{\lambda}=\dot{\bar{\varepsilon}}\quad h_1=1 \tag{B5.6.3}$$

这里唯一的内部变量是累积等效塑性应变 $q_1\equiv\bar{\varepsilon}$。$\boldsymbol{\tau}'$是 Kirchhoff 应力的偏量部分；$\bar{\sigma}$是 von Mises 等效应力。注意$\bar{\sigma}$和$\dot{\bar{\varepsilon}}$是塑性功共轭的：$\boldsymbol{\sigma}:\boldsymbol{D}^{\mathrm{p}}=\bar{\sigma}\dot{\bar{\varepsilon}}$。对于单轴应力的情况，$\bar{\sigma}=\sigma$。

4. 屈服条件

$$f(\boldsymbol{\tau},\boldsymbol{q})=\bar{\sigma}-\sigma_{\mathrm{Y}}(\bar{\varepsilon})=0 \tag{B5.6.4}$$

$$\frac{\partial f}{\partial\boldsymbol{\tau}}=\frac{3}{2\bar{\sigma}}\boldsymbol{\tau}^{\mathrm{dev}}=\boldsymbol{r}(\text{关联塑性}),\quad \frac{\partial f}{\partial q_1}=-\frac{\mathrm{d}}{\mathrm{d}\bar{\varepsilon}}\sigma_{\mathrm{Y}}(\bar{\varepsilon})=-H(\bar{\varepsilon}) \tag{B5.6.5}$$

式中 $\sigma_{\mathrm{Y}}(\bar{\varepsilon})$是单轴拉伸的屈服应力；$H(\bar{\varepsilon})$是塑性模量。

5. 加载-卸载条件

$$\dot{\lambda}\geqslant 0,\quad f\leqslant 0,\quad \dot{\lambda}f=0 \tag{B5.6.6}$$

6. 塑性率参数(一致性条件)

$$\dot{\lambda}=\frac{\boldsymbol{f}_{\boldsymbol{\tau}}:\boldsymbol{C}_{el}^{\tau J}:\boldsymbol{D}}{-\boldsymbol{f}_{\boldsymbol{q}}\cdot\boldsymbol{h}+\boldsymbol{f}_{\boldsymbol{\tau}}:\boldsymbol{C}_{el}^{\tau J}:\boldsymbol{r}}=\dot{\bar{\varepsilon}}=\frac{\boldsymbol{r}:\boldsymbol{C}_{el}^{\tau J}:\boldsymbol{D}}{H+\boldsymbol{r}:\boldsymbol{C}_{el}^{\tau J}:\boldsymbol{r}} \tag{B5.6.7}$$

7. 应力率-总变形率之间的关系

$$\boldsymbol{\tau}^{\nabla J}=\boldsymbol{C}^{\tau J}:\boldsymbol{D}\quad \tau_{ij}^{\nabla J}=C_{ijkl}^{\tau J}D_{kl} \tag{B5.6.8}$$

8. 连续体弹-塑性切线模量

$$\boldsymbol{C}^{\tau J}=\boldsymbol{C}_{el}^{\tau J}-\frac{(\boldsymbol{C}_{el}^{\tau J}:\boldsymbol{r})\otimes(\boldsymbol{f}_{\boldsymbol{\tau}}:\boldsymbol{C}_{el}^{\tau J})}{-\boldsymbol{f}_{\boldsymbol{q}}\cdot\boldsymbol{h}+\boldsymbol{f}_{\boldsymbol{\tau}}:\boldsymbol{C}_{el}^{\tau J}:\boldsymbol{r}}=\boldsymbol{C}_{el}^{\tau J}-\frac{(\boldsymbol{C}_{el}^{\tau J}:\boldsymbol{r})\otimes(\boldsymbol{r}:\boldsymbol{C}_{el}^{\tau J})}{H+\boldsymbol{r}:\boldsymbol{C}_{el}^{\tau J}:\boldsymbol{r}} \tag{B5.6.9}$$

用体积和偏量部分表示弹性模量：

$$\boldsymbol{C}_{el}^{\tau J}=K\boldsymbol{I}\otimes\boldsymbol{I}+2\mu\,\boldsymbol{I}^{\mathrm{dev}},\quad \boldsymbol{I}^{\mathrm{dev}}=\boldsymbol{I}-\frac{1}{3}\boldsymbol{I}\otimes\boldsymbol{I} \tag{B5.6.10}$$

并且注意到 $\boldsymbol{r}$ 是偏量，它服从

$$\boldsymbol{C}_{el}^{\tau J}:\boldsymbol{r}=2\mu\,\boldsymbol{r},\quad \boldsymbol{r}:\boldsymbol{C}_{el}^{\tau J}:\boldsymbol{r}=3\mu \tag{B5.6.11}$$

弹-塑性模量为

$$\boldsymbol{C}^{\tau J}=K\boldsymbol{I}\otimes\boldsymbol{I}+2\mu(\boldsymbol{I}^{\mathrm{dev}}-\gamma\,\hat{\boldsymbol{n}}\otimes\hat{\boldsymbol{n}})=\lambda^{\mathrm{e}}\boldsymbol{I}\otimes\boldsymbol{I}+2\eta\boldsymbol{I}-2\eta\gamma\hat{\boldsymbol{n}}\otimes\hat{\boldsymbol{n}} \tag{B5.6.12}$$

$$\gamma=\frac{1}{1+(H/3\mu)},\quad \hat{\boldsymbol{n}}=\sqrt{\frac{2}{3}}\boldsymbol{r}$$

这里用 λ^{e} 表示 Lamé 常数，以避免与塑性参数 λ 混淆。对于弹性加载或卸载，$\boldsymbol{C}^{\tau J}=\boldsymbol{C}_{el}^{\tau J}$。

9. 总切线模量

由框 5.1，给出与 Cauchy 应力的 Truesdell 率和变形率张量$\boldsymbol{\sigma}^{\nabla T}=\boldsymbol{C}^{\sigma T}:\boldsymbol{D}$ 有关的总切线模量：

$$\boldsymbol{C}^{\sigma T}=J^{-1}\boldsymbol{C}^{\tau J}-\boldsymbol{C}' \tag{B5.6.13}$$

它具有主和次对称性。对于平面应变，应用 Voigt 标记写成矩阵形式的切线模量：

$$[C_{ab}^{\sigma T}]=J^{-1}\begin{bmatrix}\lambda^{e}+2\mu & \lambda^{e} & 0\\ \lambda^{e} & \lambda^{e}+2\mu & 0\\ 0 & 0 & \mu\end{bmatrix}-2\mu\gamma J^{-1}\begin{bmatrix}\hat{n}_1\hat{n}_1 & \hat{n}_1\hat{n}_2 & \hat{n}_1\hat{n}_3\\ \hat{n}_2\hat{n}_1 & \hat{n}_2\hat{n}_2 & \hat{n}_2\hat{n}_3\\ \hat{n}_3\hat{n}_1 & \hat{n}_3\hat{n}_2 & \hat{n}_3\hat{n}_3\end{bmatrix}-$$

$$\frac{1}{2}\begin{bmatrix}4\sigma_1 & 0 & 2\sigma_3\\ 0 & 4\sigma_2 & 2\sigma_3\\ 2\sigma_3 & 2\sigma_3 & \sigma_1+\sigma_2\end{bmatrix} \tag{B5.6.14}$$

式中 $\hat{n}_1=\hat{n}_{11}$， $\hat{n}_2=\hat{n}_{22}$， $\hat{n}_3=\hat{n}_{12}$ 和 $\sigma_1=\sigma_{11}$， $\sigma_2=\sigma_{22}$， $\sigma_3=\sigma_{12}$。

5.6.3 扩展到运动硬化 按照第 5.5 节列出的同样过程，上面展示的各向同性硬化公式可以扩展到运动硬化结合各向同性硬化的情况。在多轴大应变运动硬化模型中，需要背应力张量 $\boldsymbol{\alpha}$ 的客观率。为了概括第 5.5 节中展示的一维运动硬化模型，引进过应力张量 $\boldsymbol{\Sigma}=\boldsymbol{\tau}-\boldsymbol{\alpha}$，这里 $\boldsymbol{\alpha}$ 是屈服表面的中心。以 Jaumann 率的形式给出背应力张量的演化，即 $\boldsymbol{\alpha}^{\nabla J}=\kappa\boldsymbol{D}^{p}$，这里 κ 是运动硬化模量。在大变形简单剪切中，Nagtegaal 和 DeJong(1981)演示了背应力演化定律的 Jaumann 率引起的非物理应力振荡，这些与例 3.13 所示的在弹性响应中的振荡有关。当应变小于 0.4 左右时该模型可以接受，我们在这里给予说明以免发生误解。框 5.7 总结了塑性流动方程和切线模量。

框 5.7 J_2 流动理论次弹-塑性本构模型结合各向同性运动硬化

1. 塑性流动法则和演化方程

$$\boldsymbol{D}^{p}=\dot{\lambda}\,\boldsymbol{r}(\boldsymbol{\Sigma},\boldsymbol{q}),\quad \boldsymbol{r}=\frac{3}{2\bar{\sigma}}\boldsymbol{\Sigma}^{\text{dev}},\boldsymbol{\Sigma}=\boldsymbol{\tau}-\boldsymbol{\alpha},$$

$$\boldsymbol{\Sigma}^{\text{dev}}=\boldsymbol{\tau}^{\text{dev}}-\boldsymbol{\alpha},\quad \boldsymbol{\tau}^{\text{dev}}=\boldsymbol{\tau}-\frac{1}{3}\text{trace}(\boldsymbol{\tau})\boldsymbol{I},\quad \bar{\sigma}=\left[\frac{3}{2}\boldsymbol{\Sigma}^{\text{dev}}:\boldsymbol{\Sigma}^{\text{dev}}\right]^{1/2}$$

$$\dot{q}_1=\dot{\lambda}h_1,\quad q_1=\bar{\varepsilon}=\int\dot{\bar{\varepsilon}}\,\mathrm{d}t,\quad \dot{\lambda}=\dot{\bar{\varepsilon}},\quad h_1=1,\quad \boldsymbol{\alpha}^{\nabla J}=\kappa\boldsymbol{D}^{p}=\kappa\dot{\lambda}\boldsymbol{r} \tag{B5.7.1}$$

这里 κ 是运动硬化模量；内变量是累积等效塑性应变 $\bar{\varepsilon}$ 和背应力张量 $\boldsymbol{\alpha}$。

2. 屈服条件

$$f(\boldsymbol{\Sigma},\boldsymbol{q})=\bar{\sigma}-\sigma_Y(\bar{\varepsilon})=0 \tag{B5.7.2}$$

$$\frac{\partial f}{\partial\boldsymbol{\Sigma}}=\frac{3}{2\bar{\sigma}}\boldsymbol{\Sigma}^{\text{dev}}=\boldsymbol{r}(\text{关联塑性}),\quad \frac{\partial f}{\partial q_1}=-\frac{\mathrm{d}}{\mathrm{d}\bar{\varepsilon}}\sigma_Y(\bar{\varepsilon})=-H(\bar{\varepsilon}) \tag{B5.7.3}$$

式中 $\sigma_Y(\bar{\varepsilon})$ 是单轴拉伸屈服应力；$H(\bar{\varepsilon})$ 是塑性模量。

3. 加载-卸载条件

$$\dot{\lambda}\geqslant 0,\ f\leqslant 0,\ \dot{\lambda}f=0 \tag{B5.7.4}$$

4. 塑性率参数(一致性条件)

$$\dot{\lambda}=\frac{f_{\Sigma}:\boldsymbol{C}_{el}^{\tau J}:\boldsymbol{D}}{-f_{q}\cdot\boldsymbol{h}+f_{\Sigma}:\kappa\boldsymbol{r}+f_{\Sigma}:\boldsymbol{C}_{el}^{\tau J}:\boldsymbol{r}}=\dot{\bar{\varepsilon}}=\frac{\boldsymbol{r}:\boldsymbol{C}_{el}^{\tau J}:\boldsymbol{D}}{H+\kappa'+\boldsymbol{r}:\boldsymbol{C}_{el}^{\tau J}:\boldsymbol{r}} \tag{B5.7.5}$$

这里 $\kappa'=\frac{3}{2}\kappa$。

5. 应力率-总变形率之间的关系

$$\boldsymbol{\tau}^{\nabla J} = \boldsymbol{C}^{\tau J} : \boldsymbol{D}, \quad \tau_{ij}^{\nabla J} = C_{ijkl}^{\tau J} D_{kl} \tag{B5.7.6}$$

6. 连续体弹-塑性切线模量

$$\boldsymbol{C}^{\tau J} = \boldsymbol{C}_{el}^{\tau J} - \frac{(\boldsymbol{C}_{el}^{\tau J} : \boldsymbol{r}) \otimes (f_{\boldsymbol{\Sigma}} : \boldsymbol{C}_{el}^{\tau J})}{-f_q \cdot \boldsymbol{h} + f_{\boldsymbol{\Sigma}} : \boldsymbol{\kappa}\, \boldsymbol{r} + f_{\boldsymbol{\Sigma}} : \boldsymbol{C}_{el}^{\tau J} : \boldsymbol{r}} = \boldsymbol{C}_{el}^{\tau J} - \frac{(\boldsymbol{C}_{el}^{\tau J} : \boldsymbol{r}) \otimes (\boldsymbol{r} : \boldsymbol{C}_{el}^{\tau J})}{H + \kappa' + \boldsymbol{r} : \boldsymbol{C}_{el}^{\tau J} : \boldsymbol{r}} \tag{B5.7.7}$$

弹-塑性切线模量也可以是

$$\boldsymbol{C}^{\tau J} = K\boldsymbol{I} \otimes \boldsymbol{I} + 2\mu(\boldsymbol{I}^{\mathrm{dev}} - \gamma\, \hat{\boldsymbol{n}} \otimes \hat{\boldsymbol{n}}) = \lambda^{\mathrm{e}} \boldsymbol{I} \otimes \boldsymbol{I} + 2\eta\, \boldsymbol{I} - 2\eta\gamma\, \hat{\boldsymbol{n}} \otimes \hat{\boldsymbol{n}} \tag{B5.7.8}$$

$$\gamma = \frac{1}{1 + ((H + \kappa')/3\mu)}, \quad \hat{\boldsymbol{n}} = \sqrt{\frac{2}{3}}\, \boldsymbol{r}$$

对于弹性加载或卸载，$\boldsymbol{C}^{\tau J} = \boldsymbol{C}_{el}^{\tau J}$，采用类似公式(B5.6.13)和(B5.6.14)的方式，获得了总切线模量。

Johnson 和 Bammann(1984)证明应力和背应力的 Green-Naghdi 率消除了非物理振荡。基于 Green-Naghdi 率的次弹-塑性公式将在后面给出。

5.6.4　Mohr-Coulomb 本构模型　对于土壤和岩石类的材料，摩擦和膨胀效果是明显的。上面展示的 J_2 流动模型不适合这些材料，为此而发展了代表材料摩擦行为的屈服函数。在这些材料中，塑性行为取决于压力，与 von Mises 塑性独立于压力正相反。因此，对于摩擦材料，关联塑性律常常是不适当的。为了描述摩擦行为，考虑图 5.11 中所示施加法向力 N 和切向力 Q 的块体，块体搁置在粗糙的表面上，其静态摩擦系数为 μ。如果假设 Coulomb 定律成立，则最大摩擦阻力为 $F_{\max} = \mu N$。开始发生滑移时需满足屈服条件：

$$f = Q - \mu N = 0 \tag{5.6.15}$$

屈服表面(5.6.15)如图 5.11 所示。注意滑移方向(塑性流动)是水平的(在 Q 的方向)，而不是垂直于屈服面。这是一个非关联塑性流动的简单例子。对于连续体和多轴应力应变状态的这一行为，Mohr-Coulomb 准则具有普遍性。它广泛应用于模拟颗粒状材料(土壤)和岩石。

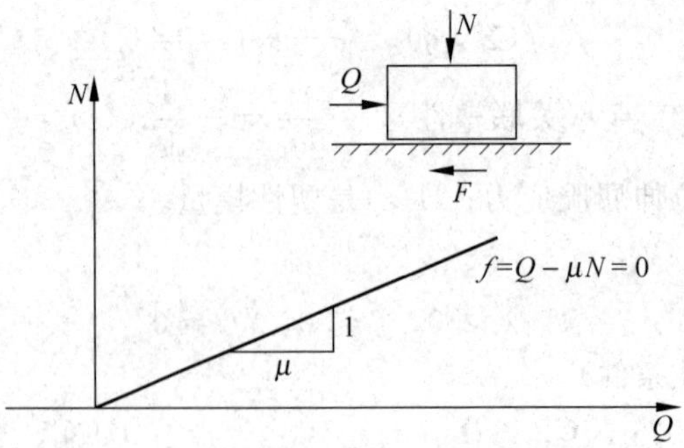

图 5.11　摩擦滑移屈服表面

Mohr-Coulomb 准则基于这样的概念，即当任意面上的切向应力和平均法向应力达到临界组合时在材料中发生屈服。准则表示为

$$\tau = c - \mu\, \sigma \tag{5.6.16}$$

式中 τ 是切应力的量值；σ 是面上的正应力；c 是内聚力。通过 $\mu=\tan\phi$ 定义内摩擦角 ϕ。在 Mohr 平面上的两条直线代表了方程式(5.6.16)，它们是 Mohr 圆的包络，称为 Mohr 破坏或者失效包络。这些线更一般的形式是曲线(Khan 和 Huang，1995)。如果与主应力有关的全部三个 Mohr 圆位于破坏包络之间，没有屈服发生；如果屈服表面与某一个 Mohr 圆相切，则发生屈服。例如，图 5.12(a)描绘了屈服时的应力状态，这里假设主应力 $\sigma_1>\sigma_2>\sigma_3$。给出应力状态为 $\tau=\frac{1}{2}(\sigma_1-\sigma_3)\cos\phi$ 和 $\sigma=\frac{1}{2}(\sigma_1+\sigma_3)+\frac{1}{2}(\sigma_1-\sigma_3)\sin\phi$。屈服准则(5.6.16)因此成为

$$f(\boldsymbol{\sigma})=\sigma_1-\sigma_3+(\sigma_1+\sigma_3)\sin\phi-2c\cos\phi=0 \tag{5.6.17}$$

这个方程是在主应力空间的锥形表面。屈服表面相交在 π 平面($\sigma_{kk}=0$)，如图 5.12(b)所示，可见它是非规则的六边形。考虑 $\phi=0$ 的特殊情况并令 $c=k$ 代表剪切屈服强度，公式(5.6.17)成为 $\sigma_1-\sigma_3-2k=0$，此即为 Tresca 准则(Hill，1950)。

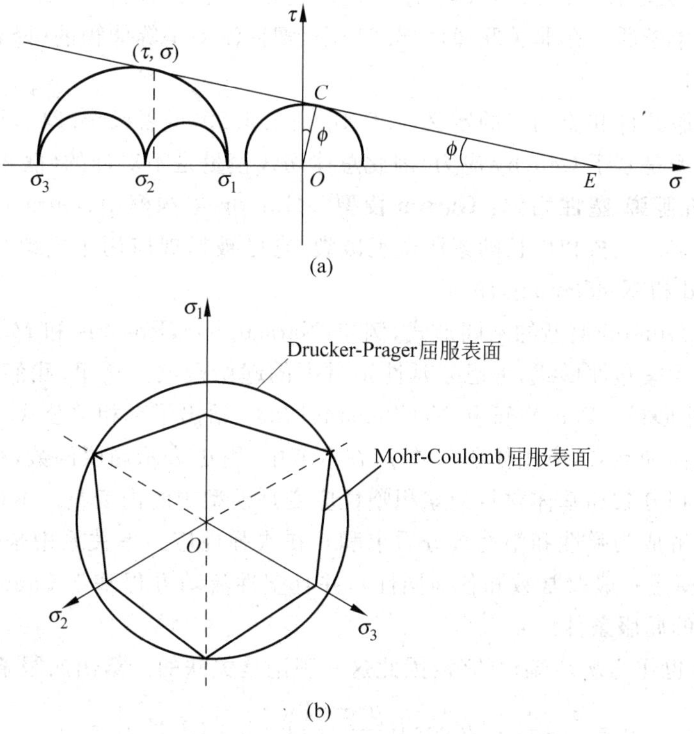

图 5.12

(a) Mohr-Coulomb 屈服行为；(b) Drucker-Prager 和 Mohr-Coulomb 屈服表面

5.6.5 Drucker-Prager 本构模型 在 Tresca 和 Mohr-Coulomb 屈服表面上的直线线段使得这些表面方便于塑性问题的解析处理。然而，从计算的观点看，夹角使得本构方程难以建立(例如，计算屈服面的法线)。通过改进 von Mises 屈服准则(B5.4.4)并结合压力的影响，Drucker-Prager 屈服准则避免了与夹角有关的问题：

$$f=\bar{\sigma}-\alpha\boldsymbol{\sigma}:\boldsymbol{I}-Y=0 \tag{5.6.18}$$

这是一个光滑的圆锥方程。在公式(5.6.18)中，$\bar{\sigma}$ 是等效 Cauchy 应力。通过选择常数 α 和

Y,有

$$\alpha = \frac{2\sin\phi}{3 \pm \sin\phi}, \quad Y = \frac{6c\cos\phi}{3 \pm \sin\phi} \tag{5.6.19}$$

Drucker-Prager 屈服表面通过了 Mohr-Coulomb 屈服表面上的内部或者外部顶点(加号对应于内部顶点,而减号对应于外部顶点)。

次弹性关系给出了 Cauchy 应力 Jaumann 率的弹性响应。可以发展关联的和非关联的模型,关联塑性流动法则为 $\boldsymbol{D}^{\mathrm{p}} = \dot{\lambda}\boldsymbol{r}(\boldsymbol{\sigma}, \boldsymbol{q})$,式中

$$\boldsymbol{r} = \frac{\partial f}{\partial \boldsymbol{\sigma}} = \frac{3}{2\bar{\sigma}}\boldsymbol{\sigma}^{\mathrm{dev}} - \alpha\boldsymbol{I} \tag{5.6.20}$$

可以发展许多非关联律,一个例子为

$$\boldsymbol{r} = \frac{\partial \psi}{\partial \boldsymbol{\sigma}} = \frac{3}{2\bar{\sigma}}\boldsymbol{\sigma}^{\mathrm{dev}}, \quad \psi = \bar{\sigma} \tag{5.6.21}$$

从上面可见,对于关联律(5.6.20),体积塑性流动是非零值,且材料在压缩下膨胀,这同颗粒状材料的观察现象矛盾。在非关联律(5.6.21)中,塑性流动是等体积的(译者注:塑性流动不引起体积改变)。

框 5.5 与屈服条件和流动律的定义(5.6.18)、(5.6.20)或者(5.6.21),给出了模型的全部公式。由于模型是基于 Cauchy 应力,因此总体切线模量是不对称的(框 5.1)。

5.6.6 含孔隙弹-塑性固体:Gurson 模型 Gurson 本构模型(Gurson, 1977)的发展是为了模拟通过空穴成核和生长的累积微观破裂,它已被扩展应用于模拟金属的延性破裂(例如,Tvergaard 和 Needleman,1984)。

可以推导出 Gurson 模型的不同形式,例如,Narasimhan,Rosakis 和 Moran(1992)使用模型的小应变率无关塑性形式,考虑了延性钢材中的起始裂纹。这里,我们展示大变形、次弹性、率无关塑性形式。Pan,Saje 和 Needleman(1983) 给出了率相关公式。

材料包含基体和空穴,应用体积分数 f(在本节中,用 Φ 表示屈服函数,用 f 表示空穴体积分数),空穴体积分数和基体材料的累积塑性应变是模型中的内变量。本构模型的起点是对变形率张量分解成为弹性和塑性部分后求和。在次弹性应力率关系中采用 Cauchy 应力的 Jaumann 率(模量一般取常数和各向同性),并且塑性流动方程基于 Cauchy(真)应力,应用 von Mises 型的屈服条件。

屈服函数 Φ 也作为塑性流动的势,因此这一理论是关联的。给出屈服条件为

$$\Phi = \frac{\sigma_{\mathrm{e}}^2}{\bar{\sigma}^2} + 2f^*\beta_1\cosh\left(\frac{\beta_2\,\boldsymbol{\sigma}:\boldsymbol{I}}{2\bar{\sigma}}\right) - 1 - (\beta_1 f^*)^2 = 0 \tag{5.6.22}$$

式中 $\sigma_{\mathrm{e}} = \left(\frac{3}{2}\boldsymbol{\sigma}^{\mathrm{dev}}:\boldsymbol{\sigma}^{\mathrm{dev}}\right)^{1/2}$ 是有效宏观 Cauchy 应力$\left(\boldsymbol{\sigma}^{\mathrm{dev}} = \boldsymbol{\sigma} - \frac{1}{3}\mathrm{trace}(\boldsymbol{\sigma})\boldsymbol{I}\right.$ 是偏量 Cauchy 应力$\left.\right)$;$\bar{\sigma}$ 是基体材料中的等效应力;f^* 是将在下面给出的空穴体积分数的函数。Gurson(1977)最初引进该模型时是为了率无关塑性,设 β_1 和 β_2 为单位值。Tvergaard(1981)引进参数 β_1 和 β_2,使模拟低空穴体积分数的行为更精确。Tvergaard 和 Needleman (1984)引进参数 f^* 模拟在空穴相互结合的最后阶段强度迅速下降。在 Gurson 的原始模型中,参数 f^* 是简单的空穴体积分数 f。在 Tvergaard-Needleman 的方法中,当空穴体积分数达到临界值 f_{c}时,引入修正后为

$$f^* = \begin{cases} f & f \leqslant f_c \\ f_c + (f_u - f_c)(f - f_c)/(f_f - f_c) & f > f_c \end{cases} \tag{5.6.23}$$

式中 $f_u = 1/\beta_1$；$f^*(f_f) = f_u$。注意 f_f是在材料完全丧失承载能力时的空穴体积分数。

由关联率 $\boldsymbol{D}^p = \dot{\lambda}\boldsymbol{r}$ 给出塑性流动方向，这里

$$\boldsymbol{r} = \frac{\partial \Phi}{\partial \boldsymbol{\sigma}} = \frac{3}{\bar{\sigma}^2}\boldsymbol{\sigma}^{\text{dev}} + (f^* \beta_1 \beta_2 / \bar{\sigma}) \sinh\left(\frac{\beta_2 \boldsymbol{\sigma} : \boldsymbol{I}}{2\bar{\sigma}}\right)\boldsymbol{I} \tag{5.6.24}$$

也需要对于内变量 $q_1 = f$ 和 $q_2 = \bar{\varepsilon}$ 的演化方程。在材料中空穴的增加是由于已存在空穴的长大和新空穴的成核，可以写成

$$\dot{f} = \dot{f}_{\text{growth}} + \dot{f}_{\text{nucleation}} \tag{5.6.25}$$

在不可压缩的基体中(忽略弹性应变的微小贡献)由空穴长大的运动和应用宏观塑性流动法则，得到空穴长大的表达式为

$$\dot{f}_{\text{growth}} = (1 - f)\text{trace}(\boldsymbol{D}^p) = \dot{\lambda}(1 - f)\text{trace}(\boldsymbol{r}) \tag{5.6.26}$$

形核典型地考虑到控制应变或控制应力。为简单起见，这里我们忽略了形核。

当塑性加载时，在基体材料中的等效应力必须位于基体屈服表面上 $\bar{\sigma} - \sigma_Y(\bar{\varepsilon}) = 0$。通过微分这个表达式，可获得在基体材料中的一致性条件，有

$$\dot{\bar{\sigma}} = H(\bar{\varepsilon})\dot{\bar{\varepsilon}} \tag{5.6.27}$$

式中 $H(\bar{\varepsilon}) = \mathrm{d}\sigma_Y(\bar{\varepsilon})/\mathrm{d}\bar{\varepsilon}$ 是基体塑性模量，它遵循公式(5.6.27)，即

$$\frac{\partial}{\partial q_2} \equiv \frac{\partial}{\partial \bar{\varepsilon}} = H\frac{\partial}{\partial \bar{\sigma}} \tag{5.6.28}$$

并将应用于下面以获得屈服函数的导数。

通过使宏观和微观的塑性功率相等，获得累积等效塑性应变的演化表达式，即，

$$\boldsymbol{\sigma} : \boldsymbol{D}^p = (1 - f)\bar{\sigma}\dot{\bar{\varepsilon}} \tag{5.6.29}$$

从这里我们获得

$$\dot{\bar{\varepsilon}} = \frac{\boldsymbol{\sigma} : \boldsymbol{D}^p}{(1 - f)\bar{\sigma}} = \dot{\lambda}\frac{\boldsymbol{\sigma} : \boldsymbol{r}}{(1 - f)\bar{\sigma}} \tag{5.6.30}$$

框 5.8 总结了 Gurson 模型的公式。

框 5.8 率无关 Gurson 模型

1. 变形率张量

$$\boldsymbol{D} = \boldsymbol{D}^e + \boldsymbol{D}^p \tag{B5.8.1}$$

2. 应力率关系

$$\boldsymbol{\sigma}^{\nabla J} = \boldsymbol{C}_{el}^{\sigma J} : \boldsymbol{D}^e = \boldsymbol{C}_{el}^{\sigma J} : (\boldsymbol{D} - \boldsymbol{D}^p) \tag{B5.8.2}$$

3. 塑性流动法则和演化方程

$$\boldsymbol{D}^p = \dot{\lambda}\boldsymbol{r}(\boldsymbol{\sigma}, \boldsymbol{q}), \quad \boldsymbol{r} = \frac{\partial \Phi}{\partial \boldsymbol{\sigma}}$$

$$\dot{\boldsymbol{q}} = \dot{\lambda}\boldsymbol{h}, \quad q_1 = f, \quad q_2 = \bar{\varepsilon} \tag{B5.8.3}$$

$$h_1 = (1 - f)\text{tr}(\boldsymbol{r}), \quad h_2 = \frac{\boldsymbol{\sigma} : \boldsymbol{r}}{(1 - f)\bar{\sigma}}, \quad \dot{\bar{\sigma}} = H\dot{\bar{\varepsilon}}$$

4. 屈服条件(见式(5.6.15))

$$\Phi(\boldsymbol{\sigma},\boldsymbol{q})=0 \tag{B5.8.4}$$

5. 加载-卸载条件

$$\dot{\lambda}\geqslant 0,\quad \Phi\leqslant 0,\quad \dot{\lambda}\,\Phi=0 \tag{B5.8.5}$$

6. 塑性率参数(由一致性条件 $\dot{\Phi}=0$)

$$\dot{\lambda}=\frac{\boldsymbol{\Phi}_{\sigma}:\boldsymbol{C}_{el}^{\sigma J}:\boldsymbol{D}}{-\boldsymbol{\Phi}_{q}\cdot\boldsymbol{h}+\boldsymbol{\Phi}_{\sigma}:\boldsymbol{C}_{el}^{\sigma J}:\boldsymbol{r}}=\frac{\boldsymbol{r}:\boldsymbol{C}_{el}^{\sigma J}:\boldsymbol{D}}{-\boldsymbol{\Phi}_{q}\cdot\boldsymbol{h}+\boldsymbol{r}:\boldsymbol{C}_{el}^{\sigma J}:\boldsymbol{r}} \tag{B5.8.6}$$

注意由公式(5.6.28)$\partial\Phi/\partial q_2=H\partial\Phi/\partial\bar{\sigma}$

7. 应力率-变形率之间的关系

$$\boldsymbol{\sigma}^{\nabla J}=\boldsymbol{C}^{\sigma J}:\boldsymbol{D},\quad \sigma_{ij}^{\nabla J}=C_{ijkl}^{\sigma J}D_{kl} \tag{B5.8.7}$$

8. 连续体弹-塑性切线模量

$$\boldsymbol{C}^{\sigma J}=\boldsymbol{C}_{el}^{\sigma J}-\frac{(\boldsymbol{C}_{el}^{\sigma J}:\boldsymbol{r})\otimes(\boldsymbol{\Phi}_{\sigma}:\boldsymbol{C}_{el}^{\sigma J})}{-\boldsymbol{\Phi}_{q}\cdot\boldsymbol{h}+\boldsymbol{\Phi}_{\sigma}:\boldsymbol{C}_{el}^{\sigma J}:\boldsymbol{r}}=\boldsymbol{C}_{el}^{\sigma J}-\frac{(\boldsymbol{C}_{el}^{\sigma J}:\boldsymbol{r})\otimes(\boldsymbol{r}:\boldsymbol{C}_{el}^{\sigma J})}{-\boldsymbol{\Phi}_{q}\cdot\boldsymbol{h}+\boldsymbol{r}:\boldsymbol{C}_{el}^{\sigma J}:\boldsymbol{r}} \tag{B5.8.8}$$

它具有主对称性。当弹性加载或卸载时 $\boldsymbol{C}^{\sigma J}=\boldsymbol{C}_{el}^{\sigma J}$,总体切线模量为 $\boldsymbol{C}^{\sigma T}=\boldsymbol{C}^{\sigma J}-\boldsymbol{C}^{*}$,它不具有主对称性,因为 $\boldsymbol{C}^{*}$ 是不对称的(框 5.1)。

当 $f=0$ 时,框 5.8 中的 Gurson 模型简化为率无关的 J_2 塑性流动理论。

5.6.7 旋转应力公式 前面描述的次弹-塑性公式典型地与常值弹性模量一起应用。我们将在第 5.9 节看到,客观性要求这些模量是各向同性的,并且像前面讨论的,屈服函数被限制成为应力的各向同性函数。我们将看到,尽管切线模量不是对称的,即使模量基于 Kirchhoff 应力,但本节介绍的旋转应力公式是不限制各向同性响应的。

旋转 Kirchhoff 应力张量 $\hat{\boldsymbol{\tau}}$ 定义为

$$\hat{\boldsymbol{\tau}}=\boldsymbol{R}^{\mathrm{T}}\cdot\boldsymbol{\tau}\cdot\boldsymbol{R}=J\hat{\boldsymbol{\sigma}} \tag{5.6.31}$$

式中 $\hat{\boldsymbol{\sigma}}$ 是旋转 Cauchy 应力,由框 3.2 给出。应力率和弹性应变率之间的关系为

$$\dot{\hat{\boldsymbol{\tau}}}=\hat{\boldsymbol{C}}_{el}^{\tau}:\hat{\boldsymbol{D}}^{\mathrm{e}} \tag{5.6.32}$$

式中 $\hat{\boldsymbol{D}}^{\mathrm{e}}$ 是旋转变形率张量 $\hat{\boldsymbol{D}}=\boldsymbol{R}^{\mathrm{T}}\cdot\boldsymbol{D}\cdot\boldsymbol{R}$ 的弹性部分(见公式(3.4.16b))。塑性方程和弹-塑性切线模量类似于在第 5.6.1 节描述的那些,并在框 5.9 给出。

框 5.9 次弹-塑性本构模型:旋转 Kirchhoff 应力公式

1. 变形率张量

$$\hat{\boldsymbol{D}}=\hat{\boldsymbol{D}}^{\mathrm{e}}+\hat{\boldsymbol{D}}^{\mathrm{p}} \tag{B5.9.1}$$

2. 应力率关系

$$\dot{\hat{\boldsymbol{\tau}}}=\hat{\boldsymbol{C}}_{el}^{\tau}:\hat{\boldsymbol{D}}^{\mathrm{e}}=\hat{\boldsymbol{C}}_{el}^{\tau}:(\hat{\boldsymbol{D}}-\hat{\boldsymbol{D}}^{\mathrm{p}}) \tag{B5.9.2}$$

3. 塑性流动法则和演化方程

$$\hat{\boldsymbol{D}}^{\mathrm{p}}=\dot{\lambda}\hat{\boldsymbol{r}}(\hat{\boldsymbol{\tau}},\hat{\boldsymbol{q}}),\quad \dot{\hat{\boldsymbol{q}}}=\dot{\lambda}\,\hat{\boldsymbol{h}}(\hat{\boldsymbol{\tau}},\hat{\boldsymbol{q}}) \tag{B5.9.3}$$

4. 屈服条件

$$\hat{f}(\hat{\boldsymbol{\tau}},\hat{\boldsymbol{q}})=0 \tag{B5.9.4}$$

5. 加载-卸载条件

$$\dot{\lambda} \geqslant 0, \quad \hat{f} \leqslant 0, \quad \dot{\lambda}\hat{f} = 0 \tag{B5.9.5}$$

6. 塑性率参数(一致性条件)

$$\dot{\lambda} = \frac{\hat{f}_{\hat{\boldsymbol{\tau}}} : \hat{\boldsymbol{C}}_{el}^{\tau} : \hat{\boldsymbol{D}}}{-\hat{f}_{\hat{q}} \cdot \hat{\boldsymbol{h}} + \hat{f}_{\hat{\boldsymbol{\tau}}} : \hat{\boldsymbol{C}}_{el}^{\tau} : \hat{\boldsymbol{r}}} \tag{B5.9.6}$$

7. 应力率-变形率之间的关系

$$\dot{\hat{\boldsymbol{\tau}}} = \hat{\boldsymbol{C}}^{\tau} : \hat{\boldsymbol{D}}, \quad \dot{\hat{\boldsymbol{\tau}}}_{ij} = \hat{C}_{ijkl}^{\tau} \hat{D}_{kl} \tag{B5.9.7}$$

弹性加载或卸载

$$\hat{\boldsymbol{C}}^{\tau} = \hat{\boldsymbol{C}}_{el}^{\tau}$$

8. 塑性加载(连续体弹-塑性切线模量)

$$\hat{\boldsymbol{C}}^{\tau} = \hat{\boldsymbol{C}}_{el}^{\tau} - \frac{(\hat{\boldsymbol{C}}_{el}^{\tau} : \hat{\boldsymbol{r}}) \otimes (\hat{f}_{\hat{\boldsymbol{\tau}}} : \hat{\boldsymbol{C}}_{el}^{\tau})}{-\hat{f}_{\hat{q}} \cdot \boldsymbol{h} + \hat{f}_{\hat{\boldsymbol{\tau}}} : \hat{\boldsymbol{C}}_{el}^{\tau} : \hat{\boldsymbol{r}}} \tag{B5.9.8}$$

$$\hat{C}_{ijkl}^{\tau} = (\hat{C}_{el}^{\tau})_{ijkl} - \frac{(\hat{C}_{el}^{\tau})_{ijmn} \hat{r}_{mn} (\hat{f}_{\hat{\tau}})_{pq} (\hat{C}_{el}^{\tau})_{pqkl}}{-(\hat{f}_{\hat{q}})_{\alpha} \hat{h}_{\alpha} + (\hat{f}_{\hat{\tau}})_{rs} (\hat{C}_{el}^{\tau})_{rstu} \hat{r}_{tu}}$$

Kirchhoff 应力的材料时间导数和旋转变形率张量之间的关系表示为

$$\dot{\hat{\boldsymbol{\tau}}} = \hat{\boldsymbol{C}}^{\tau} : \hat{\boldsymbol{D}} \tag{5.6.33}$$

现在注意到,Kirchhoff 应力的 Green-Naghdi 率为

$$\boldsymbol{\tau}^{\nabla G} = \dot{\boldsymbol{\tau}} - \boldsymbol{\Omega} \cdot \boldsymbol{\tau} - \boldsymbol{\tau} \cdot \boldsymbol{\Omega}^{\mathrm{T}} = \boldsymbol{R} \cdot \dot{\hat{\boldsymbol{\tau}}} \cdot \boldsymbol{R}^{\mathrm{T}} \tag{5.6.34}$$

然后从公式(5.6.33)我们获得

$$\boldsymbol{\tau}^{\nabla G} = \boldsymbol{C}^{\tau G} : \boldsymbol{D}, \quad C_{ijkl}^{\tau G} = R_{im} R_{jn} R_{kp} R_{lq} \hat{C}_{mnpq}^{\tau} \tag{5.6.35}$$

式中$\boldsymbol{D} = \boldsymbol{R} \cdot \hat{\boldsymbol{D}} \cdot \boldsymbol{R}^{\mathrm{T}}$。总体切线模量为$\boldsymbol{C}^{\sigma T} = J^{-1}\boldsymbol{C}^{\tau G} - \boldsymbol{C}' - \boldsymbol{C}^{\mathrm{spin}}$(见框 5.1),由于有$\boldsymbol{C}^{\mathrm{spin}}$,因此它是不对称的。

旋转应力公式的优点是框架不变性的要求不限制模型为各向同性弹性模量或者各向同性屈服行为,像前面描述的 Cauchy 应力或者 Kirchhoff 应力公式的 Jaumann 率情况。通过注意到转动应力对当前构形的刚体转动是不敏感的可以看出这一点(也见第 5.10.3 节):

$$\hat{\boldsymbol{\tau}}^{*} = \boldsymbol{R}^{*\mathrm{T}} \cdot \boldsymbol{\tau}^{*} \cdot \boldsymbol{R}^{*} = \boldsymbol{R}^{\mathrm{T}} \cdot \boldsymbol{Q}^{\mathrm{T}} \cdot \boldsymbol{Q} \cdot \boldsymbol{\tau} \cdot \boldsymbol{Q}^{\mathrm{T}} \cdot \boldsymbol{Q} \cdot \boldsymbol{R} = \boldsymbol{R}^{\mathrm{T}} \cdot \boldsymbol{\tau} \cdot \boldsymbol{R} = \hat{\boldsymbol{\tau}} \tag{5.6.36}$$

式中$\boldsymbol{R}^{*} = \boldsymbol{Q} \cdot \boldsymbol{R}$,$\boldsymbol{\tau}^{*} = \boldsymbol{Q} \cdot \boldsymbol{\tau} \cdot \boldsymbol{Q}^{\mathrm{T}}$(见第 5.10 节)。这样弹性模量$\hat{\boldsymbol{C}}^{\tau}$可以是各向异性的,并且屈服函数 f 可能是旋转应力$\hat{\boldsymbol{\tau}}$的任意函数。

5.6.8 小应变公式 展示在上面框 5.5 中的率无关大变形塑性的一般公式可以很容易地简化为下面的小应变情况。在应力度量之间无须区分,我们采用 Cauchy 应力$\boldsymbol{\sigma}$。因为客观性需要与建立小应变公式无关,材料时间导数与应力率有关,并且应变率$\dot{\boldsymbol{\varepsilon}}$代替了变形率。对于各向异性弹性模量 $\boldsymbol{C}$ 和屈服函数 f,小应变公式也有效。框 5.10 总结了小应变公式。

框 5.10　弹-塑性本构模型——小应变

1. 分解应变率为弹性和塑性部分的和

$$\dot{\boldsymbol{\varepsilon}} = \dot{\boldsymbol{\varepsilon}}^{\mathrm{e}} + \dot{\boldsymbol{\varepsilon}}^{\mathrm{p}} \tag{B5.10.1}$$

2. 应力率和弹性应变率之间的关系

$$\dot{\boldsymbol{\sigma}} = \boldsymbol{C} : \dot{\boldsymbol{\varepsilon}}^{\mathrm{e}} = \boldsymbol{C} : (\dot{\boldsymbol{\varepsilon}} - \dot{\boldsymbol{\varepsilon}}^{\mathrm{p}}) \tag{B5.10.2}$$

3. 塑性流动法则和演化方程

$$\dot{\boldsymbol{\varepsilon}}^{\mathrm{p}} = \dot{\lambda}\ \boldsymbol{r}(\boldsymbol{\sigma}, \boldsymbol{q}) \quad \dot{\boldsymbol{q}} = \dot{\lambda}\ \boldsymbol{h} \tag{B5.10.3}$$

4. 屈服条件

$$f(\boldsymbol{\sigma}, \boldsymbol{q}) = 0 \tag{B5.10.4}$$

5. 加载-卸载条件

$$\dot{\lambda} \geqslant 0, \quad f \leqslant 0, \quad \dot{\lambda} f = 0 \tag{B5.10.5}$$

6. 塑性率参数(一致性条件)

$$\dot{\lambda} = \frac{f_{\sigma} : \boldsymbol{C} : \dot{\boldsymbol{\varepsilon}}}{-f_q \cdot \boldsymbol{h} + f_{\sigma} : \boldsymbol{C} : \boldsymbol{r}} \tag{B5.10.6}$$

7. 应力率-应变率之间的关系

$$\dot{\boldsymbol{\sigma}} = \boldsymbol{C}^{\mathrm{ep}} : \dot{\boldsymbol{\varepsilon}} \tag{B5.10.7}$$

8. 连续体弹-塑性切线模量

$$\boldsymbol{C}^{\mathrm{ep}} = \boldsymbol{C} - \frac{(\boldsymbol{C} : \boldsymbol{r}) \otimes (f_{\sigma} : \boldsymbol{C})}{-f_q \cdot \boldsymbol{h} + f_{\sigma} : \boldsymbol{C} : \boldsymbol{r}} \tag{B5.10.8}$$

如果塑性流动是关联的($\boldsymbol{C} : \boldsymbol{r} \sim f_{\sigma} : \boldsymbol{C}$),则切线模量是对称的。

5.6.9　大应变粘塑性　通过扩展第 5.4 节中一维率相关塑性方程,和用上面描述的建立率无关方程的类似方式,可以将率相关塑性(粘塑性)本构关系推广到多维情况。而在率无关塑性中,从一致性条件得到塑性率参数,在率相关塑性中,这个参数作为应力和内变量的经验函数给出。将在下面看到,它典型地由一个过应力函数给出。因此,我们有同样形式的塑性流动法则和内变量演化方程,即

$$\boldsymbol{D}^{\mathrm{p}} = \dot{\lambda} \boldsymbol{r}(\boldsymbol{\sigma}, \boldsymbol{q}), \ \dot{\boldsymbol{q}} = \dot{\lambda} \boldsymbol{h} \tag{5.6.37}$$

这里塑性率参数给出为

$$\dot{\lambda} = \frac{\phi(\boldsymbol{\sigma}, \boldsymbol{q})}{\eta} \tag{5.6.38}$$

式中 ϕ 是一个过应力函数;η 是粘性。注意到 ϕ 具有应力的量纲,可以认为是对塑性应变率的驱动力;粘性 η 有应力×时间的量纲。

根据 Perzyna(1971),对于 J_2 塑性流动,过应力函数公式(5.6.38)的典型例子为

$$\phi = \sigma_Y(\bar{\varepsilon}) \left\langle \frac{\bar{\sigma}}{\sigma_Y(\bar{\varepsilon})} - 1 \right\rangle^n \tag{5.6.39}$$

式中〈·〉是 Macaulay 括号;$\bar{\sigma}$ 是 von Mises 等效应力(B5.6.3);n 是率敏感指数;$\sigma_Y(\bar{\varepsilon})$ 是单轴拉伸屈服应力。对于 J_2 流动理论,Peirce, Shih 和 Needleman(1984)给出了一个替代的粘塑性模型:

$$\dot{\lambda} = \dot{\bar{\varepsilon}} = \dot{\varepsilon}_0 \left(\frac{\bar{\sigma}}{\sigma_Y(\bar{\varepsilon})} \right)^{1/m} \tag{5.6.40}$$

式中 m 是率敏感指数；$\dot{\varepsilon}_0$ 是参考应变率。这个模型没有应用显式屈服函数。然而当 $m \to 0$ 时，率无关塑性与屈服应力 $\sigma_Y(\bar{\varepsilon})$ 是接近的。框 5.11 总结了率相关塑性本构方程。

框 5.11　大应变率相关塑性

1. 分解变形率张量为弹性和塑性部分的和

$$\boldsymbol{D} = \boldsymbol{D}^{\mathrm{e}} + \boldsymbol{D}^{\mathrm{p}} \tag{B5.11.1}$$

2. 应力率关系

$$\boldsymbol{\sigma}^{\nabla J} = \boldsymbol{C}_{el}^{\sigma J} : \boldsymbol{D}^{\mathrm{e}} = \boldsymbol{C}_{el}^{\sigma J} : (\boldsymbol{D} - \boldsymbol{D}^{\mathrm{p}}) \tag{B5.11.2}$$

3. 塑性流动法则和演化方程

$$\boldsymbol{D}^{\mathrm{p}} = \dot{\lambda}\boldsymbol{r}(\boldsymbol{\sigma},\boldsymbol{q}), \quad \dot{\lambda} = \frac{\phi(\boldsymbol{\sigma},\boldsymbol{q})}{\eta}, \quad \dot{\boldsymbol{q}} = \dot{\lambda}\, \boldsymbol{h}(\boldsymbol{\sigma},\boldsymbol{q}) \tag{B5.11.3}$$

4. 应力率-总体变形率之间的关系

$$\boldsymbol{\sigma}^{\nabla J} = \boldsymbol{C}_{el}^{\sigma J} : \boldsymbol{D} - \frac{\phi}{\eta} \boldsymbol{C}_{el}^{\sigma J} : \boldsymbol{r} \tag{B5.11.4}$$

5.7　超弹-塑性模型

在第 5.6 节中描述的次弹-塑性本构关系有几个缺陷：

1. 弹性响应是次弹性的，因此在变形的闭合回路中做功不精确为零。

2. 如果弹性模量假设为常数，框架不变性限制模量为各向同性。

3. 要求屈服函数是应力的各向同性函数。

4. 为了计算应力，次弹性关系必须对时间积分，次弹性公式要求增量客观应力更新算法(第 5.9 节)以保证有限转动不会导致不可接受的应力误差。

对于旋转公式，没有上面的第 2 项和第 3 项，即弹性和塑性响应不受各向同性的限制。

发展超弹-塑性本构模型是为了消除上面次弹-塑性公式的缺陷(Simo 和 Ortiz，1985；Moran，Ortiz 和 Shih，1990；Miehe，1994)。由于从超弹性势能获得弹性响应，在闭合弹性变形路径做功精确为零，因此，计算应力时不必对应力率方程积分，不需要增量客观应力更新算法。另外，对于各向异性弹性和各向异性塑性屈服的框架不变性公式，超弹-塑性公式提供了自然框架。

为了完全理解这种材料，读者必须熟悉后拉和前推运算方法以及 Lie 导数。对于本节的材料，这些与其他几个有用的结果和推导将在第 5.10.2 节描述。区分超弹-塑性材料和次弹-塑性材料的两个关键概念是：

1. 乘法分解变形梯度为弹性和塑性部分：

$$\boldsymbol{F} = \boldsymbol{F}^{\mathrm{e}} \cdot \boldsymbol{F}^{\mathrm{p}} \tag{5.7.1}$$

式中 $\boldsymbol{F}^{\mathrm{e}}$ 和 $\boldsymbol{F}^{\mathrm{p}}$ 分别是变形梯度的弹性和塑性部分。

2. 由超弹性势能计算以弹性应变表示的应力：

$$\bar{\boldsymbol{S}}=\frac{\partial\bar{w}(\bar{\boldsymbol{E}}^{\mathrm{e}})}{\partial\bar{\boldsymbol{E}}^{\mathrm{e}}}\tag{5.7.2}$$

上面的应力 $\bar{\boldsymbol{S}}$ 不是在参考构形中，因此它不同于 $\boldsymbol{S}$，它将在下面与 $\bar{\boldsymbol{E}}^{\mathrm{e}}$ 一起定义。

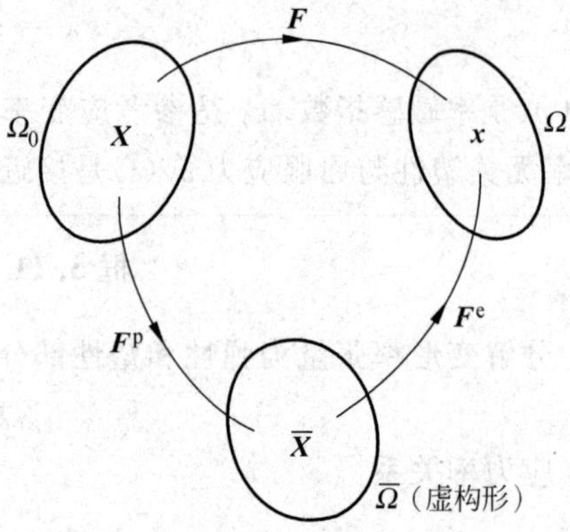

图 5.13　变形梯度的分解和中间构形 $\bar{\Omega}$ 的定义

5.7.1　变形梯度的乘法分解　变形梯度的乘法分解 $\boldsymbol{F}=\boldsymbol{F}^{\mathrm{e}}\cdot\boldsymbol{F}^{\mathrm{p}}$ 为弹性和塑性部分引入了三种构形，如图 5.13 所示（Lee，1969；Asaro 和 Rice，1977）。从图 5.13 可见，通过变形梯度 $\boldsymbol{F}^{\mathrm{p}}$ 将参考构形 $\boldsymbol{\Omega}_0$ 中的一点 $\boldsymbol{X}$ 映射到中间构形 $\bar{\Omega}$ 的 $\bar{\boldsymbol{X}}$，然后通过 $\boldsymbol{F}^{\mathrm{e}}$ 映射到空间构形 Ω 的 $\boldsymbol{x}$。物体的任何刚性转动与 $\boldsymbol{F}^{\mathrm{e}}$ 组合进行。中间构形实际上是个误称，作为连续映射这个构形并不存在，然而应用 $\boldsymbol{F}^{\mathrm{e}}$ 进行后拉，我们认为这些是对中间构形 $\bar{\Omega}$ 的后拉。分解公式(5.7.1)仅用来代表在材料点的本构响应。

为了在中间构形上推导弹性和塑性本构关系，我们将各种空间运动和应力度量的变形梯度 $\boldsymbol{F}^{\mathrm{e}}$ 的弹性部分应用后拉到 $\bar{\Omega}$。例如，弹性 Green 应变 $\bar{\boldsymbol{E}}^{\mathrm{e}}$ 定义为

$$\bar{\boldsymbol{E}}^{\mathrm{e}}=\frac{1}{2}(\bar{\boldsymbol{C}}^{\mathrm{e}}-\boldsymbol{I}),\quad \bar{\boldsymbol{C}}^{\mathrm{e}}=\boldsymbol{F}^{\mathrm{eT}}\cdot\boldsymbol{F}^{\mathrm{e}}=\boldsymbol{F}^{\mathrm{eT}}\cdot\boldsymbol{g}\cdot\boldsymbol{F}^{\mathrm{e}}\equiv\phi_{\mathrm{e}}^{*}\boldsymbol{g}\tag{5.7.3}$$

第二个方程说明 $\bar{\boldsymbol{C}}^{\mathrm{e}}$ 通过 $\boldsymbol{F}^{\mathrm{e}}$ 作为空间度量张量 $\boldsymbol{g}$ 的后拉。在平坦的 Euclidean 空间，$\boldsymbol{g}=\boldsymbol{I}$。

5.7.2　超弹性势能和应力　通过应用变形梯度的弹性部分对 Kirchhoff 应力进行后拉，定义第二 Piola-Kirchhoff 应力 $\bar{\boldsymbol{S}}$ 在 $\bar{\Omega}$ 上：

$$\bar{\boldsymbol{S}}=(\boldsymbol{F}^{\mathrm{e}})^{-1}\cdot\boldsymbol{\tau}\cdot(\boldsymbol{F}^{\mathrm{e}})^{-\mathrm{T}}\equiv\phi_{\mathrm{e}}^{*}\boldsymbol{\tau}\tag{5.7.4}$$

然后由超弹性势能给出弹性响应：

$$\bar{\boldsymbol{S}}=2\frac{\partial\bar{\psi}(\bar{\boldsymbol{C}}^{\mathrm{e}})}{\partial\bar{\boldsymbol{C}}^{\mathrm{e}}}=\frac{\partial\bar{w}(\bar{\boldsymbol{E}}^{\mathrm{e}})}{\partial\bar{\boldsymbol{E}}^{\mathrm{e}}}\tag{5.7.5}$$

式中 $\bar{\psi}(\bar{\boldsymbol{C}}^{\mathrm{e}})=\bar{w}(\bar{\boldsymbol{E}}^{\mathrm{e}})$是弹性势能。除了势能是弹性应变的函数之外（见公式(5.7.3)），这一关系与公式(5.4.35)是一致的。

在推导下面的弹-塑性切线模量时需要应力率的表达式。在公式(5.7.5)中取 $\bar{\boldsymbol{S}}$ 的材料时间导数，我们得到

$$\dot{\bar{\boldsymbol{S}}}=\frac{\partial^2\bar{w}}{\partial\bar{\boldsymbol{E}}^{\mathrm{e}}\partial\bar{\boldsymbol{E}}^{\mathrm{e}}}:\dot{\bar{\boldsymbol{E}}}^{\mathrm{e}}=\boldsymbol{C}_{el}^{\bar{S}}:\dot{\bar{\boldsymbol{E}}}^{\mathrm{e}}\tag{5.7.6}$$

式中 $\boldsymbol{C}_{el}^{\bar{S}}=\partial^2\bar{w}/\partial\bar{\boldsymbol{E}}^{\mathrm{e}}\partial\bar{\boldsymbol{E}}^{\mathrm{e}}$ 是弹性张量，它将在 $\bar{\Omega}$ 上的第二 Piola-Kirchhoff 应力的材料时间导数和 Green 应变的材料时间导数联系在一起。

注意到，在变换观察者后由于 $\bar{\boldsymbol{E}}^{\mathrm{e}}$ 是不变量（第 5.10 节），由公式(5.7.5)可见 $\bar{\boldsymbol{S}}$ 也是不变量。因此，以势能的形式定义弹性响应保证了客观性。进而由公式(5.7.6)，$\boldsymbol{C}_{el}^{\bar{S}}$ 也不会受转动的影响，所以，弹性模量可以是各向异性的。

5.7.3　变形率的分解　在中间构形上的塑性流动方程的公式需要变形率的弹性和塑性部分。弹性 Green 应变率的材料时间导数为

$$\dot{\boldsymbol{E}}^{\mathrm{e}} = \frac{1}{2}\dot{\boldsymbol{C}}^{\mathrm{e}} = (\boldsymbol{F}^{\mathrm{e}})^{\mathrm{T}} \cdot \boldsymbol{D}^{\mathrm{e}} \cdot \boldsymbol{F}^{\mathrm{e}} \equiv \bar{\boldsymbol{D}}^{\mathrm{e}} \tag{5.7.7}$$

第一个等式由公式(5.7.3)的微分获得。为了给出 $\bar{\boldsymbol{D}}^{\mathrm{e}}$,第二个等式等同于 Green 应变的材料时间导数作为变形率张量弹性部分的后拉(通过 $\boldsymbol{F}^{\mathrm{e}}$)。这可以解释为是在 $\bar{\Omega}$ 上变形率张量的弹性部分。这个关系与其他需要描述塑性流动的关系发展如下。

由公式(3.3.18),空间速度梯度为

$$\boldsymbol{L} = \dot{\boldsymbol{F}} \cdot \boldsymbol{F}^{-1} = \frac{\mathrm{D}}{\mathrm{D}t}(\boldsymbol{F}^{\mathrm{e}} \cdot \boldsymbol{F}^{\mathrm{p}}) \cdot (\boldsymbol{F}^{\mathrm{e}} \cdot \boldsymbol{F}^{\mathrm{p}})^{-1} = \dot{\boldsymbol{F}}^{\mathrm{e}} \cdot (\boldsymbol{F}^{\mathrm{e}})^{-1} + \boldsymbol{F}^{\mathrm{e}} \cdot \dot{\boldsymbol{F}}^{\mathrm{p}} \cdot (\boldsymbol{F}^{\mathrm{p}})^{-1} \cdot (\boldsymbol{F}^{\mathrm{e}})^{-1} \tag{5.7.8}$$

式中我们应用了公式(5.7.1),$\boldsymbol{F}=\boldsymbol{F}^{\mathrm{e}} \cdot \boldsymbol{F}^{\mathrm{p}}$。接着将 $\boldsymbol{L}$ 分解为弹性和塑性部分,即 $\boldsymbol{L}=\boldsymbol{L}^{\mathrm{e}}+\boldsymbol{L}^{\mathrm{p}}$,式中

$$\boldsymbol{L}^{\mathrm{e}} = \dot{\boldsymbol{F}}^{\mathrm{e}} \cdot (\boldsymbol{F}^{\mathrm{e}})^{-1}, \quad \boldsymbol{L}^{\mathrm{p}} = \boldsymbol{F}^{\mathrm{e}} \cdot \dot{\boldsymbol{F}}^{\mathrm{p}} \cdot (\boldsymbol{F}^{\mathrm{p}})^{-1} \cdot (\boldsymbol{F}^{\mathrm{e}})^{-1} \tag{5.7.9}$$

可见弹性部分具有速度梯度的一般结构,它由 $\boldsymbol{F}^{\mathrm{e}}$ 定义而不由 $\boldsymbol{F}$ 定义。由 $\boldsymbol{F}^{\mathrm{p}}$ 定义的塑性部分是经 $\boldsymbol{F}^{\mathrm{e}}$ 映射或者前推得到的。$\boldsymbol{L}^{\mathrm{e}}$ 和 $\boldsymbol{L}^{\mathrm{p}}$ 的对称和反对称部分为

$$\begin{aligned}\boldsymbol{D}^{\mathrm{e}} &= \frac{1}{2}(\boldsymbol{L}^{\mathrm{e}} + \boldsymbol{L}^{\mathrm{eT}}), \quad \boldsymbol{W}^{\mathrm{e}} = \frac{1}{2}(\boldsymbol{L}^{\mathrm{e}} - \boldsymbol{L}^{\mathrm{eT}}) \\ \boldsymbol{D}^{\mathrm{p}} &= \frac{1}{2}(\boldsymbol{L}^{\mathrm{p}} + \boldsymbol{L}^{\mathrm{pT}}), \quad \boldsymbol{W}^{\mathrm{p}} = \frac{1}{2}(\boldsymbol{L}^{\mathrm{p}} - \boldsymbol{L}^{\mathrm{pT}})\end{aligned} \tag{5.7.10}$$

在 $\bar{\Omega}$ 上的速度梯度 $\bar{\boldsymbol{L}}$ 由 $\boldsymbol{F}^{\mathrm{e}}$ 定义作为 $\boldsymbol{L}$ 的后拉:

$$\bar{\boldsymbol{L}} = \phi_e^* \boldsymbol{L} = (\boldsymbol{F}^{\mathrm{e}})^{-1} \cdot \boldsymbol{L} \cdot \boldsymbol{F}^{\mathrm{e}} = (\boldsymbol{F}^{\mathrm{e}})^{-1} \cdot \dot{\boldsymbol{F}}^{\mathrm{e}} + \dot{\boldsymbol{F}}^{\mathrm{p}} \cdot (\boldsymbol{F}^{\mathrm{p}})^{-1} = \bar{\boldsymbol{L}}^{\mathrm{e}} + \bar{\boldsymbol{L}}^{\mathrm{p}} \tag{5.7.11}$$

像在上面指出的,定义 $\bar{\boldsymbol{L}}^{\mathrm{e}}=(\boldsymbol{F}^{\mathrm{e}})^{-1} \cdot \dot{\boldsymbol{F}}^{\mathrm{e}}$ 和 $\bar{\boldsymbol{L}}^{\mathrm{p}}=\dot{\boldsymbol{F}}^{\mathrm{p}} \cdot (\boldsymbol{F}^{\mathrm{p}})^{-1}$ 分别为 $\boldsymbol{L}$ 的弹性和塑性部分。公式(5.7.11)中后拉的特殊形式将在第 5.10.2 节中讨论。在下面塑性流动方程的公式中应用塑性部分 $\bar{\boldsymbol{L}}^{\mathrm{p}}$。$\bar{\boldsymbol{L}}$,$\bar{\boldsymbol{L}}^{\mathrm{e}}$ 和 $\bar{\boldsymbol{L}}^{\mathrm{p}}$ 的对称部分定义如下:

$$\begin{aligned}\bar{\boldsymbol{D}} &= \operatorname{sym}\bar{\boldsymbol{L}} = \frac{1}{2}(\bar{\boldsymbol{C}}^{\mathrm{e}} \cdot \bar{\boldsymbol{L}} + \bar{\boldsymbol{L}}^{\mathrm{T}} \cdot \bar{\boldsymbol{C}}^{\mathrm{e}}) \\ \bar{\boldsymbol{D}}^{\mathrm{e}} &= \operatorname{sym}\bar{\boldsymbol{L}}^{\mathrm{e}} = \frac{1}{2}(\bar{\boldsymbol{C}}^{\mathrm{e}} \cdot \bar{\boldsymbol{L}}^{\mathrm{e}} + \bar{\boldsymbol{L}}^{\mathrm{eT}} \cdot \bar{\boldsymbol{C}}^{\mathrm{e}}) \\ \bar{\boldsymbol{D}}^{\mathrm{p}} &= \operatorname{sym}\bar{\boldsymbol{L}}^{\mathrm{p}} = \frac{1}{2}(\bar{\boldsymbol{C}}^{\mathrm{e}} \cdot \bar{\boldsymbol{L}}^{\mathrm{p}} + \bar{\boldsymbol{L}}^{\mathrm{pT}} \cdot \bar{\boldsymbol{C}}^{\mathrm{e}})\end{aligned} \tag{5.7.12}$$

在公式(5.7.12)中形成对称部分时 $\bar{\boldsymbol{C}}^{\mathrm{e}}$ 的应用,可以通过注意到 $\bar{\boldsymbol{D}}$,$\bar{\boldsymbol{D}}^{\mathrm{e}}$ 和 $\bar{\boldsymbol{D}}^{\mathrm{p}}$ 在公式(5.7.10)中是它们空间部分的后拉所证明,即

$$\bar{\boldsymbol{D}} = \boldsymbol{F}^{\mathrm{eT}} \cdot \boldsymbol{D} \cdot \boldsymbol{F}^{\mathrm{e}} = \bar{\boldsymbol{D}}^{\mathrm{e}} + \bar{\boldsymbol{D}}^{\mathrm{p}}, \quad \bar{\boldsymbol{D}}^{\mathrm{e}} = \boldsymbol{F}^{\mathrm{eT}} \cdot \boldsymbol{D}^{\mathrm{e}} \cdot \boldsymbol{F}^{\mathrm{e}}, \quad \bar{\boldsymbol{D}}^{\mathrm{p}} = \boldsymbol{F}^{\mathrm{eT}} \cdot \boldsymbol{D}^{\mathrm{p}} \cdot \boldsymbol{F}^{\mathrm{e}} \tag{5.7.13}$$

这可以由公式(5.7.10)、(5.7.11)和关系 $\bar{\boldsymbol{C}}^{\mathrm{e}}=(\boldsymbol{F}^{\mathrm{e}})^{\mathrm{T}} \cdot \boldsymbol{F}^{\mathrm{e}}$ 证明。将 $\bar{\boldsymbol{C}}^{\mathrm{e}}$ 的表达式代入公式(5.7.13)的第二项得到公式(5.7.7),$\dot{\boldsymbol{E}}^{\mathrm{e}}=\bar{\boldsymbol{D}}^{\mathrm{e}}$。在公式(5.7.12)中 $\bar{\boldsymbol{D}}^{\mathrm{p}}$ 的表达式以后将应用在 J_2 流动法则的公式中。

从公式(5.7.13)的 $\bar{\boldsymbol{D}}^{\mathrm{e}}=\bar{\boldsymbol{D}}-\bar{\boldsymbol{D}}^{\mathrm{p}}$,并注意到$\dot{\boldsymbol{E}}^{\mathrm{e}}=\bar{\boldsymbol{D}}^{\mathrm{e}}$,公式(5.7.6)可以写成

$$\dot{\boldsymbol{S}} = \boldsymbol{C}_{el}^{S} : \bar{\boldsymbol{D}}^{\mathrm{e}} = \boldsymbol{C}_{el}^{S} : (\bar{\boldsymbol{D}} - \bar{\boldsymbol{D}}^{\mathrm{p}}) \tag{5.7.14}$$

在下面,应用公式(5.7.14)的一般方法,联合流动率和一致性条件,我们描述塑性流动方程和导出切线模量。

5.7.4 流动法则 由塑性流动法则确定$\dot{\boldsymbol{F}}^{\mathrm{p}}$为

$$\bar{\boldsymbol{L}}^{\mathrm{p}} = \dot{\boldsymbol{F}}^{\mathrm{p}} \cdot (\boldsymbol{F}^{\mathrm{p}})^{-1} = \dot{\lambda}\, \bar{\boldsymbol{r}}(\bar{\boldsymbol{S}}, \bar{\boldsymbol{q}}) \tag{5.7.15}$$

式中$\bar{\boldsymbol{r}}$是塑性流动方向；$\dot{\lambda}$是塑性率参数；$\bar{\boldsymbol{q}}$是定义在$\bar{\Omega}$上内变量的集合。这区别于第5.6节中的次弹-塑性材料，其塑性流动指定为$\boldsymbol{D}^{\mathrm{p}}$的形式，它是变形率张量的塑性部分。假设以硬化(软化)率的形式推导内部变量的演化：

$$\dot{\bar{\boldsymbol{q}}} = \dot{\lambda}\, \bar{\boldsymbol{h}}(\bar{\boldsymbol{S}}, \bar{\boldsymbol{q}}) \tag{5.7.16}$$

式中$\bar{\boldsymbol{h}}$是塑性模量。屈服条件以$\bar{\boldsymbol{S}}$的形式表示为

$$\bar{f}(\bar{\boldsymbol{S}}, \bar{\boldsymbol{q}}) = 0 \tag{5.7.17}$$

因为在转动时$\bar{\boldsymbol{S}}$是不变的，在公式(5.7.17)中取决于泛函$\bar{\boldsymbol{S}}$的约束没有强加客观性，因此可以结合各向异性塑性屈服行为。

加载-卸载条件为$\dot{\lambda} \geqslant 0, \bar{f} \leqslant 0, \dot{\lambda}\, \bar{f} = 0$。由一致性条件$\dot{\bar{f}} = 0$，它遵循

$$\dot{\lambda} = \frac{\bar{f}_{\bar{S}} : \boldsymbol{C}_{el}^{\bar{S}} : \bar{\boldsymbol{D}}}{-\bar{f}_{\bar{q}} \cdot \bar{\boldsymbol{h}} + \bar{f}_{\bar{S}} : \boldsymbol{C}_{el}^{\bar{S}} : \mathrm{sym}\bar{\boldsymbol{r}}}, \quad \bar{f}_{\bar{S}} = \frac{\partial \bar{f}}{\partial \bar{\boldsymbol{S}}}, \quad \bar{f}_{\bar{q}} = \frac{\partial \bar{f}}{\partial \bar{\boldsymbol{q}}} \tag{5.7.18}$$

式中，应用了公式(5.7.15)和(5.7.10)，获得$\bar{\boldsymbol{D}}^{\mathrm{p}}$的表达式为

$$\bar{\boldsymbol{D}}^{\mathrm{p}} = \dot{\lambda}\mathrm{sym}\bar{\boldsymbol{r}} = \frac{1}{2}\dot{\lambda}(\bar{\boldsymbol{C}}^{\mathrm{e}} \cdot \bar{\boldsymbol{r}} + \bar{\boldsymbol{r}}^{\mathrm{T}} \cdot \bar{\boldsymbol{C}}^{\mathrm{e}}) \tag{5.7.19}$$

将此结果代入公式(5.7.14)，导出下面弹-塑性切线模量的表达式，以符号$\boldsymbol{C}^{\bar{S}}$表示为

$$\dot{\bar{\boldsymbol{S}}} = \boldsymbol{C}_{el}^{\bar{S}} : (\bar{\boldsymbol{D}} - \bar{\boldsymbol{D}}^{\mathrm{p}}) = \boldsymbol{C}^{\bar{S}} : \bar{\boldsymbol{D}},\ \boldsymbol{C}^{\bar{S}} = \boldsymbol{C}_{el}^{\bar{S}} - \frac{(\boldsymbol{C}_{el}^{\bar{S}} : \mathrm{sym}\,\bar{\boldsymbol{r}}) \otimes (\bar{f}_{\bar{S}} : \boldsymbol{C}_{el}^{\bar{S}})}{-\bar{f}_{\bar{q}} \cdot \bar{\boldsymbol{h}} + \bar{f}_{\bar{S}} : \boldsymbol{C}_{el}^{\bar{S}} : \mathrm{sym}\,\bar{\boldsymbol{r}}} \tag{5.7.20}$$

从而获得关于关联塑性的弹-塑性切线模量的对称性，式中$\mathrm{sym}\,\bar{\boldsymbol{r}} \sim \bar{f}_{\bar{S}}$。

另一方面，对于率相关塑性，我们应用公式(5.7.14)并写出应力率和弹性应变率之间的关系，为

$$\dot{\lambda} = \frac{\bar{\phi}(\bar{\boldsymbol{S}}, \bar{\boldsymbol{q}})}{\eta}, \quad \dot{\bar{\boldsymbol{S}}} = \boldsymbol{C}_{el}^{\bar{S}} : (\bar{\boldsymbol{D}} - \frac{\bar{\phi}}{\eta}\mathrm{sym}\,\bar{\boldsymbol{r}}) \tag{5.7.21}$$

式中ϕ是过应力函数；η是粘性。

5.7.5 切线模量 前面对超弹性材料模型给出了充分的描述。为了第6.4节进行线性协调，需要给出Truesdell率形式的切线模量。为了得到这些，我们首先以Kirchhoff应力**弹性**Lie导数的形式写出公式$(5.7.20)_1$，然后联系到Cauchy应力的Truesdell率。这引进了在$\bar{\Omega}$上的第二Piola-Kirchhoff应力的**塑性**Lie导数。在本节中我们将经常利用Lie导数。关于更详细的讨论，见第5.10节。

以动力学量Lie导数的一般形式给出Kirchhoff应力的弹性Lie导数(见后面框5.17)，对于后拉和前推利用了变形梯度的弹性部分：

$$L_v^{\mathrm{e}}\boldsymbol{\tau} \equiv \phi_*^{\mathrm{e}}\left(\frac{\mathrm{D}}{\mathrm{D}t}(\phi_{\mathrm{e}}^* \ \boldsymbol{\tau})\right) = \boldsymbol{F}^{\mathrm{e}} \cdot \frac{\mathrm{D}}{\mathrm{D}t}((\boldsymbol{F}^{\mathrm{e}})^{-1} \cdot \boldsymbol{\tau} \cdot (\boldsymbol{F}^{\mathrm{e}})^{-T}) \cdot \boldsymbol{F}^{\mathrm{eT}} \tag{5.7.22}$$

如上所示，由$\boldsymbol{F}^{\mathrm{e}}$执行了前推和后拉过程。公式(5.7.22)的最后形式可以写成

$$L_v^{\mathrm{e}}\boldsymbol{\tau} = \boldsymbol{F}^{\mathrm{e}} \cdot \dot{\bar{\boldsymbol{S}}} \cdot \boldsymbol{F}^{\mathrm{eT}} \tag{5.7.23}$$

这表明$L_v^{\mathrm{e}}\boldsymbol{\tau}$是$\dot{\bar{\boldsymbol{S}}}$借助$\boldsymbol{F}^{\mathrm{e}}$的前推。求解在公式(5.7.22)中的导数并利用公式(5.7.9)，得到

$$L_v^{\mathrm{e}}\boldsymbol{\tau} = \dot{\boldsymbol{\tau}} - \boldsymbol{L}^{\mathrm{e}} \cdot \boldsymbol{\tau} - \boldsymbol{\tau} \cdot \boldsymbol{L}^{\mathrm{eT}} \equiv \boldsymbol{\tau}^{\nabla ce} \tag{5.7.24}$$

即 Kirchhoff 应力的弹性 Lie 导数等价于应力$\boldsymbol{\tau}^{\nabla ce}$的弹性对流率。Cauchy 应力的 Truesdell 率与弹性 Lie 导数相关,如下面给出的(5.7.24)的修正式:

$$J\boldsymbol{\sigma}^{\nabla T}=L_v\boldsymbol{\tau}=\dot{\boldsymbol{\tau}}-\boldsymbol{L}\cdot\boldsymbol{\tau}-\boldsymbol{\tau}\cdot\boldsymbol{L}^{\mathrm{T}}=L_v^{\mathrm{e}}\boldsymbol{\tau}-\boldsymbol{L}^{\mathrm{p}}\cdot\boldsymbol{\tau}-\boldsymbol{\tau}\cdot\boldsymbol{L}^{\mathrm{pT}} \tag{5.7.25}$$

式中应用了公式(5.7.24)。将公式(5.7.25)的最后表达式后拉到中间构形,给出

$$\begin{aligned}\phi_{\mathrm{e}}^{*}(L_v\boldsymbol{\tau})&=\phi_{\mathrm{e}}^{*}(L_v^{\mathrm{e}}\boldsymbol{\tau}-\boldsymbol{L}^{\mathrm{p}}\cdot\boldsymbol{\tau}-\boldsymbol{\tau}\cdot\boldsymbol{L}^{\mathrm{pT}})\\&=\dot{\bar{\boldsymbol{S}}}-\bar{\boldsymbol{L}}^{\mathrm{p}}\cdot\bar{\boldsymbol{S}}-\bar{\boldsymbol{S}}\cdot\boldsymbol{L}^{\mathrm{pT}}\end{aligned} \tag{5.7.26}$$

式中的最后一项可以认为是 $\bar{\boldsymbol{S}}$ 的**塑性** Lie 导数,即

$$\begin{aligned}L_v^{\mathrm{p}}(\bar{\boldsymbol{S}})&=\phi_*^{\mathrm{p}}\left(\frac{\mathrm{D}}{\mathrm{D}t}(\phi_{\mathrm{p}}^*(\bar{\boldsymbol{S}}))\right)\\&=\boldsymbol{F}^{\mathrm{p}}\cdot\frac{\mathrm{D}}{\mathrm{D}t}((\boldsymbol{F}^{\mathrm{p}})^{-1}\cdot\bar{\boldsymbol{S}}\cdot(\boldsymbol{F}^{\mathrm{p}})^{-T})\cdot\boldsymbol{F}^{\mathrm{pT}}=\dot{\bar{\boldsymbol{S}}}-\bar{\boldsymbol{L}}^{\mathrm{p}}\cdot\bar{\boldsymbol{S}}-\bar{\boldsymbol{S}}\cdot\boldsymbol{L}^{\mathrm{pT}}\end{aligned} \tag{5.7.27}$$

式中应用变形梯度的塑性部分从 $\bar{\Omega}$ 到 Ω_0 的构形完成了后拉和前推过程。比较公式(5.7.26)和(5.7.27),有

$$\phi_{\mathrm{e}}^{*}(L_v\boldsymbol{\tau})=L_v^{\mathrm{p}}(\bar{\boldsymbol{S}}),\quad \phi_*^{\mathrm{e}}(L_v^{\mathrm{p}}\bar{\boldsymbol{S}})=L_v\boldsymbol{\tau} \tag{5.7.28}$$

还可以用另一种方式观察:

$$L_v\boldsymbol{\tau}=\boldsymbol{F}\cdot\dot{\boldsymbol{S}}\cdot\boldsymbol{F}^{\mathrm{T}}=\boldsymbol{F}^{\mathrm{e}}\cdot(\boldsymbol{F}^{\mathrm{p}}\cdot\dot{\boldsymbol{S}}\cdot\boldsymbol{F}^{\mathrm{pT}})\cdot\boldsymbol{F}^{\mathrm{eT}}=\boldsymbol{F}^{\mathrm{e}}\cdot L_v^{\mathrm{p}}\bar{\boldsymbol{S}}\cdot\boldsymbol{F}^{\mathrm{eT}}=\phi_*^{\mathrm{e}}(L_v^{\mathrm{p}}\bar{\boldsymbol{S}}) \tag{5.7.29}$$

为了获得需要的切线模量,我们将公式(5.7.20)的第 1 个公式代入式(5.7.27)的最后一个表达式,得到

$$L_v^{\mathrm{p}}(\bar{\boldsymbol{S}})=\boldsymbol{C}^{\bar{S}}:\bar{\boldsymbol{D}}-\bar{\boldsymbol{L}}^{\mathrm{p}}\cdot\bar{\boldsymbol{S}}-\bar{\boldsymbol{S}}\cdot\boldsymbol{L}^{\mathrm{pT}} \tag{5.7.30}$$

现在应用公式(5.7.15)和(5.7.19),并整理给出

$$L_v^{\mathrm{p}}(\bar{\boldsymbol{S}})=\left(\boldsymbol{C}^{\bar{S}}-\frac{(\bar{\boldsymbol{r}}\,\bar{\boldsymbol{S}}+\bar{\boldsymbol{S}}\cdot\bar{\boldsymbol{r}}^{\mathrm{T}})\otimes(\bar{f}_{\bar{S}}:\boldsymbol{C}_{el}^{\bar{S}})}{-\bar{f}_{\bar{q}}\cdot\bar{\boldsymbol{h}}+\bar{f}_{\bar{S}}:\boldsymbol{C}_{el}^{\bar{S}}:\mathrm{sym}\,\bar{\boldsymbol{r}}}\right):\bar{\boldsymbol{D}}=\widetilde{\boldsymbol{C}}^{\bar{S}}:\bar{\boldsymbol{D}} \tag{5.7.31}$$

式中定义了塑性转换模量 $\widetilde{\boldsymbol{C}}^{\bar{S}}$。由公式(5.7.28)获得了最终表达式:

$$L_v\boldsymbol{\tau}=\phi_*^{\mathrm{e}}(\widetilde{\boldsymbol{C}}^{\bar{S}}:\bar{\boldsymbol{D}})=\widetilde{\boldsymbol{C}}^{\tau}:\boldsymbol{D} \tag{5.7.32}$$

这里 $\boldsymbol{D}=\phi_*^{\mathrm{e}}(\bar{\boldsymbol{D}})=(\boldsymbol{F}^{\mathrm{e}})^{-\mathrm{T}}\cdot\bar{\boldsymbol{D}}\cdot(\boldsymbol{F}^{\mathrm{e}})^{\mathrm{T}}$,并且给出空间模量为

$$\widetilde{\boldsymbol{C}}^{\tau}=\phi_*^{\mathrm{e}}\widetilde{\boldsymbol{C}}^{\bar{S}},\quad \widetilde{C}_{ijkl}^{\tau}=F_{im}^{\mathrm{e}}F_{jn}^{\mathrm{e}}F_{kp}^{\mathrm{e}}F_{lq}^{\mathrm{e}}\widetilde{\boldsymbol{C}}_{mnpq}^{\bar{S}} \tag{5.7.33}$$

通过将公式(5.7.31)中 $\widetilde{\boldsymbol{C}}^{\bar{S}}$ 表达式的每一项前推到空间构形,也可以获得空间模量 $\widetilde{\boldsymbol{C}}^{\tau}$:

$$\widetilde{\boldsymbol{C}}^{\tau}=\boldsymbol{C}^{\tau}-\frac{(\boldsymbol{r}\cdot\boldsymbol{\tau}+\boldsymbol{\tau}\cdot\boldsymbol{r}^{\mathrm{T}})\otimes(f_{\boldsymbol{\tau}}:\boldsymbol{C}_{el}^{\tau})}{-f_{\boldsymbol{q}}\cdot\boldsymbol{h}+f_{\boldsymbol{\tau}}:\boldsymbol{C}_{el}^{\tau}:\mathrm{sym}\,\boldsymbol{r}} \tag{5.7.34}$$

式中

$$\begin{aligned}&\boldsymbol{\tau}=\phi_*^{\mathrm{e}}\bar{\boldsymbol{r}}=\boldsymbol{F}^{\mathrm{e}}\cdot\bar{\boldsymbol{r}}\cdot(\boldsymbol{F}^{\mathrm{e}})^{-1},\ \mathrm{sym}\,\boldsymbol{r}=\phi_*^{\mathrm{e}}\,\mathrm{sym}\bar{\boldsymbol{r}}=(\boldsymbol{F}^{\mathrm{e}})^{-\mathrm{T}}\cdot\mathrm{sym}\bar{\boldsymbol{r}}\cdot(\boldsymbol{F}^{\mathrm{e}})^{-1},\\&f=\phi_*^{\mathrm{e}}\bar{f}=\bar{f},\ \boldsymbol{q}=\phi_*^{\mathrm{e}}\bar{\boldsymbol{q}}=\bar{\boldsymbol{q}},\ \boldsymbol{h}=\phi_*^{\mathrm{e}}\bar{\boldsymbol{h}}=\bar{\boldsymbol{h}},\ f_{\boldsymbol{\tau}}=\phi_*^{\mathrm{e}}f_{\bar{S}}=(\boldsymbol{F}^{\mathrm{e}})^{-\mathrm{T}}\cdot f_{\bar{S}}\cdot(\boldsymbol{F}^{\mathrm{e}})^{-1}\\&\boldsymbol{C}_{el}^{\tau}=\phi_*^{\mathrm{e}}\boldsymbol{C}_{el}^{\bar{S}},\ (C_{el}^{\tau})_{ijkl}=F_{im}^{\mathrm{e}}F_{jn}^{\mathrm{e}}F_{kp}^{\mathrm{e}}F_{lq}^{\mathrm{e}}(C_{el}^{\bar{S}})_{mnpq},\ \boldsymbol{C}^{\tau}=\phi_*^{\mathrm{e}}\boldsymbol{C}^{\bar{S}},\ C_{ijkl}^{\tau}=F_{im}^{\mathrm{e}}F_{jn}^{\mathrm{e}}F_{kp}^{\mathrm{e}}F_{lq}^{\mathrm{e}}C_{mnpq}^{\bar{S}}\end{aligned} \tag{5.7.35}$$

5.7.6 J_2 流动理论 借助于含各向同性硬化和 neo-Hookean 弹性的弹-塑性 J_2 流动模型,我们描述超弹-塑性公式。我们开始于 neo-Hookean 弹性的超弹性势能[见公式(5.4.54)~(5.4.58)],这里指定是在中间构形 $\bar{\Omega}$ 上:

$$\bar{w}=\frac{1}{2}\lambda_0^{\mathrm{e}}(\ln J_e)^2-\mu_0\ln J_e+\frac{1}{2}\mu_0(\mathrm{trace}(\bar{\boldsymbol{C}}^{\mathrm{e}})-3) \tag{5.7.36}$$

式中 $J_e=\det\boldsymbol{F}^e$；λ_0^e 和 μ_0 为 Lamé 常数。由公式(5.7.5)的弹性势能推导应力，为

$$\bar{\boldsymbol{S}}=\lambda_0^e\ln J_e(\bar{\boldsymbol{C}}^e)^{-1}+\mu_0(\boldsymbol{I}-(\bar{\boldsymbol{C}}^e)^{-1}),\ \boldsymbol{\tau}=\lambda_0^e\ln J_e\,\boldsymbol{g}^{-1}-\mu_0(\boldsymbol{B}^e-\boldsymbol{g}^{-1}) \tag{5.7.37}$$

式中 $\boldsymbol{B}^e=\boldsymbol{F}^e\cdot\boldsymbol{F}^{eT}$（回忆 $\boldsymbol{g}=\boldsymbol{I}=\boldsymbol{g}^{-1}$）。在 J_e 中，令 $\lambda^e=\lambda_0$ 和 $\mu=\mu_0-\lambda^e\ln J_e$，由公式(5.7.6)，弹性张量的分量形式为

$$\begin{aligned}(C_{el}^{\bar{S}})_{ijkl}&=\lambda^e(\bar{C}^e)_{ij}^{-1}C_{kl}^{-1}+\mu((\bar{C}^e)_{ik}^{-1}(\bar{C}^e)_{jl}^{-1}+(\bar{C}^e)_{il}^{-1}(\bar{C}^e)_{kj}^{-1})\quad 在\ \bar{\Omega}\ 上\\(C_{el}^{\tau})_{ijkl}&=\lambda^e\delta_{ij}\delta_{kl}+\mu(\delta_{ik}\delta_{jl}+\delta_{il}\delta_{kj})\quad 在\ \Omega\ 上\end{aligned} \tag{5.7.38}$$

为了表示流动法则，我们引入 $\bar{\boldsymbol{S}}$ 的偏量部分 $\bar{\boldsymbol{S}}^{dev}$：

$$\bar{\boldsymbol{S}}^{dev}=\bar{\boldsymbol{S}}-\frac{1}{3}(\bar{\boldsymbol{S}}:\bar{\boldsymbol{C}}^e)\bar{\boldsymbol{C}}^{e-1},\quad \boldsymbol{\tau}^{dev}=\boldsymbol{\tau}-\frac{1}{3}(\boldsymbol{\tau}:\boldsymbol{g})\boldsymbol{g}^{-1}=\boldsymbol{F}^e\cdot\bar{\boldsymbol{S}}^{dev}\cdot\boldsymbol{F}^{eT}=\phi_*^e\bar{\boldsymbol{S}}^{dev} \tag{5.7.39}$$

式中的最后关系式表明 $\boldsymbol{\tau}^{dev}$ 是 $\bar{\boldsymbol{S}}^{dev}$ 的前推，并且展示在形成 $\bar{\boldsymbol{S}}$ 的偏量部分时 $\bar{\boldsymbol{C}}^e$ 的作用类似于在形成 $\boldsymbol{\tau}^{dev}$ 时 $\boldsymbol{g}=\boldsymbol{I}$ 的作用。在这里给出的唯像 J_2 流动理论中，假设塑性旋转为零，即 $\bar{\boldsymbol{W}}^p=0$。因此，通过 $\bar{\boldsymbol{L}}^p$ 的对称部分可以充分表示流动法则，即

$$\bar{\boldsymbol{D}}^p=\dot{\lambda}\mathrm{sym}\,\bar{\boldsymbol{r}}=\dot{\lambda}\frac{3}{2\bar{\sigma}}\bar{\boldsymbol{C}}^e\cdot\bar{\boldsymbol{S}}^{dev}\cdot\bar{\boldsymbol{C}}^e,\quad \boldsymbol{D}^p=\dot{\lambda}\mathrm{sym}\,\boldsymbol{r}=\dot{\lambda}\frac{3}{2\bar{\sigma}}\boldsymbol{g}\cdot\boldsymbol{\tau}^{dev}\cdot\boldsymbol{g} \tag{5.7.40}$$

在某种意义上它是偏量，有 $\bar{\boldsymbol{C}}^{e^{-1}}:\bar{\boldsymbol{D}}^p=\boldsymbol{g}^{-1}:\boldsymbol{D}^p=\boldsymbol{g}^{-1}:\boldsymbol{D}^p\equiv\boldsymbol{I}:\boldsymbol{D}^p=0$。因为在超弹性势能公式(5.7.5)中 $\bar{\boldsymbol{C}}^e$ 和 $\bar{\boldsymbol{S}}$ 是一一对应的，因此公式(5.7.40)具有公式(5.7.15)的形式。在上面公式(5.7.40)中，$\bar{\sigma}$ 是 von Mises 等效应力，为

$$\bar{\sigma}^2=\frac{3}{2}(\bar{\boldsymbol{S}}^{dev}\cdot\bar{\boldsymbol{C}}^e):(\bar{\boldsymbol{S}}^{dev}\cdot\bar{\boldsymbol{C}}^e)^T=\frac{3}{2}(\boldsymbol{\tau}^{dev}\cdot\boldsymbol{g}):(\boldsymbol{\tau}^{dev}\cdot\boldsymbol{g})^T \tag{5.7.41}$$

应用上面弹性和塑性响应的论述，可以由公式(5.7.31)推导弹-塑性切线模量。框 5.12 总结了在 von Mises 屈服面上超弹-塑性 J_2 流动理论公式。

框 5.12　超弹-塑性 J_2 流动理论本构模型

乘法分解

$$\boldsymbol{F}=\boldsymbol{F}^e\cdot\boldsymbol{F}^p \tag{B5.12.1}$$

超弹性响应

$$\bar{\boldsymbol{S}}=2\frac{\partial\bar{\psi}(\bar{\boldsymbol{C}}^e)}{\partial\bar{\boldsymbol{C}}^e}=\frac{\partial\bar{w}(\bar{\boldsymbol{E}}^e)}{\partial\bar{\boldsymbol{E}}^e} \tag{B5.12.2}$$

$$\boldsymbol{C}_{el}^{\bar{S}}=2\frac{\partial\bar{\boldsymbol{S}}}{\partial\bar{\boldsymbol{C}}^e}=4\frac{\partial^2\bar{\psi}(\bar{\boldsymbol{C}}^e)}{\partial\bar{\boldsymbol{C}}^e\partial\bar{\boldsymbol{C}}^e}=\frac{\partial^2\bar{w}(\boldsymbol{E}^e)}{\partial\boldsymbol{E}^e\partial\boldsymbol{E}^e} \tag{B5.12.3}$$

超弹性的率形式

$$\dot{\bar{\boldsymbol{S}}}=\boldsymbol{C}_{el}^{\bar{S}}:\bar{\boldsymbol{D}}^e \tag{B5.12.4}$$

塑性响应

流动法则

$$\bar{\boldsymbol{D}}^p=\dot{\lambda}\mathrm{sym}\bar{\boldsymbol{r}}(\bar{\boldsymbol{S}},\bar{\boldsymbol{q}}),\quad \dot{\bar{\varepsilon}}=\dot{\lambda} \tag{B5.12.5}$$

塑性流动方向

$$\mathrm{sym}\,\bar{\boldsymbol{r}}=\frac{3}{2\bar{\sigma}}\bar{\boldsymbol{C}}^e\cdot\bar{\boldsymbol{S}}^{dev}\cdot\bar{\boldsymbol{C}}^e,\ \mathrm{sym}\boldsymbol{r}=\frac{3}{2\bar{\sigma}}\boldsymbol{g}\cdot\boldsymbol{\tau}^{dev}\cdot\boldsymbol{g} \tag{B5.12.6}$$

等效应力

$$\bar{\sigma}^2=\frac{3}{2}(\bar{\boldsymbol{S}}^{\mathrm{dev}}\cdot\bar{\boldsymbol{C}}^{\mathrm{e}}):(\bar{\boldsymbol{S}}^{\mathrm{dev}}\cdot\bar{\boldsymbol{C}}^{\mathrm{e}})^{\mathrm{T}}=\frac{3}{2}(\boldsymbol{\tau}^{\mathrm{dev}}\cdot\boldsymbol{g}):(\boldsymbol{\tau}^{\mathrm{dev}}\cdot\boldsymbol{g})^{\mathrm{T}} \tag{B5.12.7}$$

屈服条件

$$\bar{f}(\bar{\boldsymbol{S}},\bar{\boldsymbol{q}})=\bar{\sigma}-\sigma_{\mathrm{Y}}(\bar{\varepsilon})=0 \tag{B5.12.8}$$

加载-卸载条件:

$$\dot{\lambda}\geqslant 0,\ \bar{f}\leqslant 0,\ \dot{\lambda}\ \bar{f}=0 \tag{B5.12.9}$$

塑性流动率-率无关

$$\dot{\lambda}=\frac{\bar{f}_{\bar{\boldsymbol{S}}}:\boldsymbol{C}_{el}^{\bar{S}}:\bar{\boldsymbol{D}}}{-\bar{f}_{\bar{\boldsymbol{q}}}\cdot\bar{\boldsymbol{h}}+\bar{f}_{\bar{\boldsymbol{S}}}:\boldsymbol{C}_{el}^{\bar{S}}:\mathrm{sym}\bar{\boldsymbol{r}}} \tag{B5.12.10}$$

塑性流动率-率相关

$$\dot{\lambda}=\dot{\bar{\varepsilon}}=\frac{\bar{\phi}(\bar{\boldsymbol{S}},\bar{\boldsymbol{q}})}{\eta} \tag{B5.12.11}$$

应力率

$$\dot{\bar{\boldsymbol{S}}}=\boldsymbol{C}^{\bar{S}}:\bar{\boldsymbol{D}}$$

$$\boldsymbol{C}^{\bar{S}}=\boldsymbol{C}_{el}^{\bar{S}}-\frac{(\boldsymbol{C}_{el}^{\bar{S}}:\mathrm{sym}\bar{\boldsymbol{r}})\otimes(\bar{f}_{\bar{\boldsymbol{S}}}:\boldsymbol{C}_{el}^{\bar{S}})}{-\bar{f}_{\bar{\boldsymbol{q}}}\cdot\bar{\boldsymbol{h}}+\bar{f}_{\bar{\boldsymbol{S}}}:\boldsymbol{C}_{el}^{\bar{S}}:\mathrm{sym}\bar{\boldsymbol{r}}} \tag{B5.12.12}$$

塑性 Lie 导数

$$L_{v}^{\mathrm{p}}(\bar{\boldsymbol{S}})=\tilde{\boldsymbol{C}}^{\bar{S}}:\bar{\boldsymbol{D}}$$

$$\tilde{\boldsymbol{C}}^{\bar{S}}=\boldsymbol{C}^{\bar{S}}-\frac{(\bar{\boldsymbol{r}}\cdot\bar{\boldsymbol{S}}+\bar{\boldsymbol{S}}\cdot\bar{\boldsymbol{r}}^{\mathrm{T}})\otimes(\bar{f}_{\bar{\boldsymbol{S}}}:\boldsymbol{C}_{el}^{\bar{S}})}{-\bar{f}_{\bar{\boldsymbol{q}}}\cdot\bar{\boldsymbol{h}}+\bar{f}_{\bar{\boldsymbol{S}}}:\boldsymbol{C}_{el}^{\bar{S}}:\mathrm{sym}\bar{\boldsymbol{r}}} \tag{B5.12.13}$$

对于弹性加载或卸载,已知有 $\tilde{\boldsymbol{C}}^{\bar{S}}=\boldsymbol{C}_{el}^{\bar{S}}$,由公式(5.7.33)和(5.7.34)可以获得空间切线模量

$$\tilde{\boldsymbol{C}}^{\tau}=J^{-1}\left(\boldsymbol{C}^{\tau}-\frac{(\boldsymbol{r}\cdot\boldsymbol{\tau}+\boldsymbol{\tau}\cdot\boldsymbol{r})\otimes(f_{\boldsymbol{\tau}}:\boldsymbol{C}_{el}^{\tau})}{-f_{\boldsymbol{q}}\cdot\boldsymbol{h}+f_{\boldsymbol{\tau}}:\boldsymbol{C}_{el}^{\tau}:\mathrm{sym}\,\boldsymbol{r}}\right) \tag{B5.12.14}$$

对于 Neo-Hookean 超弹性响应并令 $\hat{\boldsymbol{n}}=\sqrt{\frac{2}{3}}\boldsymbol{r}$,弹-塑性模量为

$$\boldsymbol{C}^{\tau}=\lambda^{\mathrm{e}}\boldsymbol{I}\otimes\boldsymbol{I}+2\mu\boldsymbol{I}-2\mu\gamma\hat{\boldsymbol{n}}\otimes\hat{\boldsymbol{n}},\ \gamma=\frac{1}{1+(H/3\mu)} \tag{B5.12.15}$$

这里在 J_e 中 $\lambda^{\mathrm{e}}=\lambda_0^{\mathrm{e}}$,$\mu=\mu_0-\lambda^{\mathrm{e}}\ln J_e$ 和 $J_e=\det\boldsymbol{F}^{\mathrm{e}}$,因此 Truesdell 模量为

$$\boldsymbol{C}^{\sigma T}=J^{-1}(\boldsymbol{C}^{\tau}-2\mu\ \gamma(\hat{\boldsymbol{n}}\cdot\boldsymbol{\tau}+\boldsymbol{\tau}\cdot\hat{\boldsymbol{n}})\otimes\hat{\boldsymbol{n}}) \tag{B5.12.16}$$

5.7.7 大转动数值方法的蕴涵 对于由材料客观性或者框架不变性引起的大转动问题,超弹性表达式(5.7.5)优于次弹性方法。参考第 5.10.3 节对于材料框架无区别性的更广泛的讨论,和第 5.10.8 节对于超弹-塑性模型的应用。为了满足框架不变性,材料响应必须与观察者的参考框架无关,这要求各种运动和应力度量是客观的,即在转动框架中为了保持正确的材料关系,它们必须恰当地转换。框架不变性的另一种方法是以张量的形式推导本构响应,因此不受转动的影响。在下面,我们看到超弹-塑性公式是框架不变的。令 $\boldsymbol{Q}$ 为

从不转动的参考构形和中间构形出发到当前构形的与时间相关的转动,转动后的变形梯度为 $\boldsymbol{F}^{*}=\boldsymbol{Q}\cdot\boldsymbol{F}$,并且由公式(5.7.1)弹性和塑性部分分别为 $\boldsymbol{F}^{*\mathrm{e}}=\boldsymbol{Q}\cdot\boldsymbol{F}^{\mathrm{e}}$,$\boldsymbol{F}^{*\mathrm{p}}=\boldsymbol{F}^{\mathrm{p}}$。接着由公式(5.7.3),有 $\bar{\boldsymbol{E}}^{\mathrm{e}*}=\bar{\boldsymbol{E}}^{\mathrm{e}}$,因此在 $\bar{\Omega}$ 上的 Lagrange 应变不受转动的影响。公式(5.7.5)给出了相应的应力,即 $\bar{\boldsymbol{S}}^{*}=\partial\bar{w}/\partial\bar{\boldsymbol{E}}^{\mathrm{e}*}=\partial\bar{w}/\partial\bar{\boldsymbol{E}}^{\mathrm{e}}=\bar{\boldsymbol{S}}$,因此也不受转动的影响。这样在中间构形上的应力是完全独立于转动的,这就免除了在次弹-塑性公式中对增量客观积分算法的需要。

5.7.8 单晶塑性 在单晶塑性模型中(Asaro 和 Rice, 1972; Asaro, 1983; Harren 等,1989),在一组晶体滑移面上发生塑性滑移,其流动法则表示如下:

$$\bar{\boldsymbol{L}}^{\mathrm{p}}=\sum_{\alpha}\dot{\gamma}^{(\alpha)}\boldsymbol{m}^{(\alpha)}\otimes\boldsymbol{n}^{(\alpha)} \tag{5.7.42}$$

式中 $\boldsymbol{m}^{(\alpha)}$ 是塑性滑移方向;$\boldsymbol{n}^{(\alpha)}$ 是滑移面 α 的法向,它将表示标量塑性应变率的 $\dot{\gamma}^{(\alpha)}$ 保持在滑移面上。已经发展了率无关和率相关的公式(Havner(1992)给出了详尽的论述)。对于率相关模型(Asaro, 1983; Harren 等,1989),取如下形式:

$$\dot{\gamma}^{(\alpha)}=\dot{\gamma}_0\left(\frac{|\tau^{(\alpha)}|}{g(\gamma^{(\alpha)})}\right)^{1/m} \tag{5.7.43}$$

式中 $\tau^{(\alpha)}=\boldsymbol{m}^{(\alpha)}\cdot(\bar{\boldsymbol{C}}^{\mathrm{e}}\cdot\bar{\boldsymbol{S}})\cdot\boldsymbol{n}^{(\alpha)}$ 是有效分切剪应力;$\gamma^{(\alpha)}$ 是在滑移系中的累积塑性应变。塑性应变率公式(5.7.43)类似于经验模型公式(5.6.40)的应变率,量值 $g(\gamma^{(\alpha)})$ 作为屈服强度。对于流动法则应用这些表达式,并采用考虑了晶体弹性的适当的超弹性势能形式的弹性响应表述,在框 5.12 中,平行地展示了本构关系的公式。

5.8 粘弹性

5.8.1 小应变 许多材料展示了率相关和时间相关的行为,例如聚合物,称为粘弹性行为。粘弹性材料响应的特征是变形历史相关性。线性粘弹性材料的一个简单示意图为 Maxwell 模型,如图 5.14 所示,它包括一个线性弹簧与一个粘性元件。我们将看到,Maxwell 模型展示了似流似固的行为。用刚度 E 表示的弹簧模拟弹性响应,用粘度 η 表示的粘性元件模拟粘性响应。弹簧和粘性元件组合的总体应变取为弹性和粘性应变的和:

$$\varepsilon=\varepsilon^{\mathrm{e}}+\varepsilon^{\nu} \tag{5.8.1}$$

对上式取材料时间导数,得到

$$\dot{\varepsilon}=\dot{\varepsilon}^{\mathrm{e}}+\dot{\varepsilon}^{\nu} \tag{5.8.2}$$

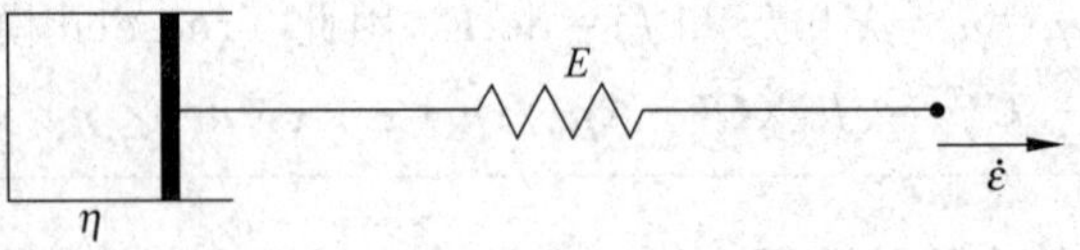

图 5.14 Maxwell 单元:弹簧刚度 E,粘性元件粘度 η

注意到 $\dot{\varepsilon}^{\mathrm{e}}=\dot{\sigma}/E$ 和 $\dot{\varepsilon}^{\nu}=\sigma/\eta$,公式(5.8.2)可以写成

$$\dot{\sigma}+\frac{\sigma}{\tau}=E\dot{\varepsilon} \tag{5.8.3}$$

式中 $\tau=\eta/E$ 称为松弛时间。公式(5.8.3)是关于应力 σ 的一个常系数常微分方程,右边项

$E\dot{\varepsilon}$ 可以转换成力的函数，通过卷积积分求得解答：

$$\sigma(t) = \int_{-\infty}^{t} E\exp[-(t-t')/\tau] \frac{\mathrm{d}\varepsilon(t')}{\mathrm{d}t'}\mathrm{d}t' \tag{5.8.4}$$

对于更一般的一维模型，应力为

$$\sigma(t) = \int_{-\infty}^{t} R(t-t') \frac{\mathrm{d}\varepsilon(t')}{\mathrm{d}t'}\mathrm{d}t' \tag{5.8.5}$$

式中的积分核函数 $R(t)$ 称为松弛模量。对于 Maxwell 模型的特殊情况，松弛模量由 $R(t)=E\exp(-t/\tau)$ 给出。

卷积积分(5.8.5)可以扩展到多轴情况：

$$\sigma_{ij} = \int_{-\infty}^{t} \hat{C}_{ijkl}(t-t') \frac{\partial\varepsilon_{ij}(t')}{\partial t'}\mathrm{d}t' \tag{5.8.6}$$

式中$\hat{C}_{ijkl}(t)$是松弛模量。松弛模量具有类似于线弹性模量的次对称性，并假设有主对称性。

作为一个例子，对于各向同性材料，公式(5.8.6)可以写成与应力和应变的偏量和静水压力部分有关的两个松弛函数的形式：

$$\sigma_{ij}^{\text{dev}} = 2\int_{-\infty}^{t} \hat{\mu}(t-t') \frac{\partial\varepsilon_{ij}^{\text{dev}}(t')}{\partial t'}\mathrm{d}t', \quad \sigma_{kk} = 3\int_{-\infty}^{t} K(t-t') \frac{\partial\varepsilon_{kk}(t')}{\partial t'}\mathrm{d}t' \tag{5.8.7}$$

为了适应聚合物行为，通过指数松弛函数的一个有限 Dirichlet 级数可以代表松弛模量(扩展的 Maxwell 模型)，即

$$K(t) = \sum_{i=1}^{N_b} K^i \exp(-t/\tau_i^b), \quad \mu(t) = \sum_{i=1}^{N_s} \mu^i \exp(-t/\tau_i^s) \tag{5.8.8}$$

式中 K^i 和 μ^i 是在级数中 N_b 和 N_s 单元的体积和剪切模量；τ_i^b 和 τ_i^s 是相应的松弛时间。对于交联聚合物(粘弹性固体)，上面的每个松弛时间之一将是无限的(因此函数 $K(t)$ 和 $\mu(t)$ 松弛至常数值，而不是零值，称为长期或者类似橡胶模量)。对于将上面的模量扩展至非线性范围的问题，可参见 Losi 和 Knauss(1992)。

5.8.2 有限应变粘弹性 可以用几种不同的方式将小应变粘弹性本构关系扩展至有限应变。当采用弹性时，可以应用许多不同的应力和应变度量，要必须确保本构方程是框架无关的。这里为了叙述的目的，我们发展了公式(5.8.6)的有限应变公式。我们考虑模型为简化至缺少粘性的超弹性材料和缺少弹性的 Newtonian 粘性流体的情况。

为了满足框架不变性，以第二 Piola-Kirchhoff 应力的形式，我们直接写出公式(5.8.6)的扩展公式：

$$\boldsymbol{S} = \int_{-\infty}^{t} R(t,t',\boldsymbol{E}) : \frac{\partial \boldsymbol{E}(t')}{\partial t'}\mathrm{d}t' \tag{5.8.9}$$

式中 R 是松弛函数。这里我们考虑将松弛函数写成 Prony 级数：

$$R(t,t',\boldsymbol{E}) = \sum_{\alpha=1}^{N} \boldsymbol{C}_{\alpha}^{SE}(\boldsymbol{E}(t'))\exp[-(t-t')/t_{\alpha}] \tag{5.8.10}$$

为了恢复纯超弹性材料的响应，我们设置公式(5.8.10)的松弛时间 t_α 至无穷，得

$$\boldsymbol{S} = \int_{-\infty}^{t} \boldsymbol{C}^{SE} : \frac{\partial \boldsymbol{E}}{\partial t'}\mathrm{d}t' = \frac{\partial w}{\partial \boldsymbol{E}}, \quad \boldsymbol{C}^{SE} = \sum_{\alpha=1}^{N} \boldsymbol{C}_{\alpha}^{SE} = \frac{\partial^2 w}{\partial \boldsymbol{E}\partial \boldsymbol{E}} \tag{5.8.11}$$

式中 $\boldsymbol{C}^{SE}$ 是弹性张量，并且我们已经指出它可以从势能中推导出来。

应用松弛函数公式(5.8.10),求导公式(5.8.9),得

$$\dot{\boldsymbol{S}}^{\alpha}+\frac{\boldsymbol{S}^{\alpha}}{t_{\alpha}}=\boldsymbol{C}_{\alpha}^{SE}:\dot{\boldsymbol{E}},\quad \boldsymbol{S}=\sum_{\alpha=1}^{N}\boldsymbol{S}^{\alpha} \tag{5.8.12}$$

这是一个(并)串联的 Maxwell 单元,$\boldsymbol{S}^{\alpha}$ 称为偏应力。前推表达式(5.8.12)至空间构形,给出

$$L_{v}\boldsymbol{\tau}^{\alpha}+\frac{\boldsymbol{\tau}^{\alpha}}{t_{\alpha}}=\boldsymbol{C}_{\alpha}^{\tau}:\boldsymbol{D},\quad \boldsymbol{\tau}=\sum_{\alpha=1}^{N}\boldsymbol{\tau}^{\alpha}=\sum_{\alpha=1}^{N}\phi_{*}\boldsymbol{S}^{\alpha}=\sum_{\alpha=1}^{N}\boldsymbol{F}\cdot\boldsymbol{S}^{\alpha}\cdot\boldsymbol{F}^{\mathrm{T}} \tag{5.8.13}$$

式中 $L_{v}\boldsymbol{\tau}^{\alpha}=\phi_{*}\dot{\boldsymbol{S}}^{\alpha}=\boldsymbol{F}\cdot\dot{\boldsymbol{S}}^{\alpha}\cdot\boldsymbol{F}^{\mathrm{T}}$ 是偏 Kirchhoff 应力的 Lie 导数;$\boldsymbol{C}_{\alpha}^{\tau}=\phi_{*}\boldsymbol{C}_{\alpha}^{SE}$ 是空间弹性模量,$(C_{\alpha}^{\tau})_{ijkl}=F_{im}F_{jn}F_{kp}F_{lq}(C_{\alpha}^{SE})_{mnpq}$。

对于大应变下的粘弹性材料本构模型,见 Green,Rivlin(1957),Coleman 和 Noll(1961)。本构发展和应用于聚合物的大变形由 Boyce,Parks 和 Argon(1988)给出。关于扩展模型(5.8.9)使其可以考虑基于自由体积概念的非线性热流变的效果,见 O'Dowd 和 Knauss(1995)。

5.9 应力更新算法

积分率本构方程的数值算法称为**本构积分算法**或者**应力更新算法**。对于率无关和率相关材料提供了本构积分算法。为简单起见,我们开始于小应变塑性,然后讨论将小应变算法扩展至大变形,希望将大变形分析的积分算法保持在基于本构方程客观性的基础上。展示了关于大变形塑性的增量客观积分算法。也讨论了关于大变形超弹-塑性材料的应力更新算法,并回避了对应力率方程的积分。我们也描述了与本构积分算法相关的**算法模量**,它在隐式求解算法中应用于推导材料的切向刚度矩阵(第 6 章)。

5.9.1 率无关塑性的图形返回算法 考虑框 5.10 给出的小应变、率无关弹-塑性的本构方程:

$$\begin{aligned}&\dot{\boldsymbol{\sigma}}=\boldsymbol{C}:\dot{\boldsymbol{\varepsilon}}^{\mathrm{e}}=\boldsymbol{C}:(\dot{\boldsymbol{\varepsilon}}-\dot{\boldsymbol{\varepsilon}}^{\mathrm{p}})\\&\dot{\boldsymbol{\varepsilon}}^{\mathrm{p}}=\dot{\lambda}\,\boldsymbol{r}\\&\dot{\boldsymbol{q}}=\dot{\lambda}\,\boldsymbol{h}\\&\dot{f}=f_{\boldsymbol{\sigma}}:\dot{\boldsymbol{\sigma}}+f_{\boldsymbol{q}}\cdot\dot{\boldsymbol{q}}=0\\&\dot{\lambda}\geqslant 0,\ f\leqslant 0,\ \dot{\lambda}f=0\end{aligned} \tag{5.9.1}$$

在时刻 n 给出一组($\boldsymbol{\varepsilon}_{n},\boldsymbol{\varepsilon}_{n}^{\mathrm{p}},\boldsymbol{q}_{n}$)和应变增量 $\Delta\boldsymbol{\varepsilon}=\Delta t\,\dot{\boldsymbol{\varepsilon}}$,本构积分算法的目的是计算($\boldsymbol{\varepsilon}_{n+1},\boldsymbol{\varepsilon}_{n+1}^{\mathrm{p}},\boldsymbol{q}_{n+1}$)并满足加载-卸载条件。注意在 $n+1$ 时刻的应力为$\boldsymbol{\sigma}_{n+1}=\boldsymbol{C}:(\boldsymbol{\varepsilon}_{n+1}-\boldsymbol{\varepsilon}_{n+1}^{\mathrm{p}})$。从框 5.10,对$\dot{\lambda}$求解的一致性条件给出

$$\dot{\lambda}=\frac{f_{\boldsymbol{\sigma}}:\boldsymbol{C}:\dot{\boldsymbol{\varepsilon}}}{-f_{\boldsymbol{q}}\cdot\boldsymbol{h}+f_{\boldsymbol{\sigma}}:\boldsymbol{C}:\boldsymbol{r}} \tag{5.9.2}$$

可以设想我们现在能够应用这个塑性参数值以提供更新的应力率、塑性应变率和内变量率,并且写出简单的向前 Euler 积分公式算法:

$$\begin{aligned}\boldsymbol{\varepsilon}_{n+1}&=\boldsymbol{\varepsilon}_{n}+\Delta\boldsymbol{\varepsilon}\\\boldsymbol{\varepsilon}_{n+1}^{\mathrm{p}}&=\boldsymbol{\varepsilon}_{n}^{\mathrm{p}}+\Delta\lambda_{n}\boldsymbol{r}_{n}\\\boldsymbol{q}_{n+1}&=\boldsymbol{q}_{n}+\Delta\lambda_{n}\boldsymbol{h}_{n}\end{aligned}$$

$$\boldsymbol{\sigma}_{n+1}=\boldsymbol{C}:(\boldsymbol{\varepsilon}_{n+1}-\boldsymbol{\varepsilon}_{n+1}^{\mathrm{p}})=\boldsymbol{\sigma}_n+\boldsymbol{C}^{\mathrm{ep}}:\Delta\boldsymbol{\varepsilon} \tag{5.9.3}$$

式中 $\Delta\lambda_n=\Delta t\dot{\lambda}_n$。但是在下一步,这些应力和内变量的更新值并不满足屈服条件,所以 $f_{n+1}=f(\boldsymbol{\sigma}_{n+1},\boldsymbol{q}_{n+1})\neq 0$,并且解答从屈服表面漂移,常常导致不精确的结果。积分算法公式(5.9.3)有时称为切线模量更新算法。这种方法形成了计算率无关塑性早期工作的基础,但是由于不精确性,这种方法不再受人青睐。

这导致我们考虑另外一些方法进行率本构方程的积分,这些方法的目的之一是强化在时间步**结束**时的一致性,即 $f_{n+1}=0$,以避免离开屈服表面的漂移。有许多不同的积分本构方程算法,Simo 和 Hughes(1998)总结了主要的方法。Hughes(1984)指出了一些关于本构模型数值增强的关键问题。这里我们主要关注一类方法,称为**图形返回算法**,它是强健和精确的,并且广泛应用于实际中。著名的关于 von Mises 塑性的**径向返回方法**是图形返回算法的特例。

图形返回算法包括一个初始的弹性预测步,包含(在应力空间)对屈服表面的偏离,以及塑性调整步使应力返回到更新后的屈服表面。该方法的两个组成部分是一个积分算法,它将一组本构方程转换为一组非线性代数方程,和一个对非线性代数方程的求解算法。这方法可以基于不同的积分算法,例如扩展梯形法则,扩展中点法则或者 Runge-Kutta 方法。这里基于向后 Euler 算法,我们考虑一个完全隐式方法和一个半隐式方法。

5.9.2 完全隐式的图形返回算法 在完全隐式的向后 Euler 方法中,在步骤结束时计算塑性应变和内变量的增量,同时强化屈服条件,这样,积分算法写成

$$\begin{aligned}
\boldsymbol{\varepsilon}_{n+1}&=\boldsymbol{\varepsilon}_n+\Delta\boldsymbol{\varepsilon}\\
\boldsymbol{\varepsilon}_{n+1}^{\mathrm{p}}&=\boldsymbol{\varepsilon}_n^{\mathrm{p}}+\Delta\lambda_{n+1}\boldsymbol{r}_{n+1}\\
\boldsymbol{q}_{n+1}&=\boldsymbol{q}_n+\Delta\lambda_{n+1}\boldsymbol{h}_{n+1}\\
\boldsymbol{\sigma}_{n+1}&=\boldsymbol{C}:(\boldsymbol{\varepsilon}_{n+1}-\boldsymbol{\varepsilon}_{n+1}^{\mathrm{p}})\\
f_{n+1}&=f(\boldsymbol{\sigma}_{n+1},\boldsymbol{q}_{n+1})=0
\end{aligned} \tag{5.9.4}$$

在时刻 n 给出一组($\boldsymbol{\varepsilon}_n,\boldsymbol{\varepsilon}_n^{\mathrm{p}},\boldsymbol{q}_n$)和应变增量 $\Delta\boldsymbol{\varepsilon}$,公式(5.9.4)是一组关于求解($\boldsymbol{\varepsilon}_{n+1},\boldsymbol{\varepsilon}_{n+1}^{\mathrm{p}},\boldsymbol{q}_{n+1}$)的非线性代数方程。注意到更新变量来自前一个时间步骤结束时的收敛值,这就避免了非物理意义的效果,例如当用不收敛的塑性应变和内变量值求解路径相关塑性方程时可能发生的伪卸载。在 $n+1$ 时刻,通过公式(5.9.4)或者式(5.9.31),方程系统的解答获得了应变 $\boldsymbol{\varepsilon}_{n+1}$。如果解答过程是隐式的,可以理解应变 $\boldsymbol{\varepsilon}_{n+1}$ 是在隐式解答算法的最后迭代后的总体应变。

下面给出该算法的几何解释。首先注意到由公式$(5.9.4)_2$,塑性应变增量为

$$\Delta\boldsymbol{\varepsilon}_{n+1}^{\mathrm{p}}\equiv\boldsymbol{\varepsilon}_{n+1}^{\mathrm{p}}-\boldsymbol{\varepsilon}_n^{\mathrm{p}}=\Delta\lambda_{n+1}\boldsymbol{r}_{n+1} \tag{5.9.5}$$

将此表达式代入式$(5.9.4)_4$,得到

$$\begin{aligned}
\boldsymbol{\sigma}_{n+1}&=\boldsymbol{C}:(\boldsymbol{\varepsilon}_{n+1}-\boldsymbol{\varepsilon}_n^{\mathrm{p}}-\Delta\boldsymbol{\varepsilon}_{n+1}^{\mathrm{p}})\\
&=\boldsymbol{C}:(\boldsymbol{\varepsilon}_n+\Delta\boldsymbol{\varepsilon}-\boldsymbol{\varepsilon}_n^{\mathrm{p}}-\Delta\boldsymbol{\varepsilon}_{n+1}^{\mathrm{p}})=\boldsymbol{C}:(\boldsymbol{\varepsilon}_n-\boldsymbol{\varepsilon}_n^{\mathrm{p}})+\boldsymbol{C}:\Delta\boldsymbol{\varepsilon}-\boldsymbol{C}:\Delta\boldsymbol{\varepsilon}_{n+1}^{\mathrm{p}}\\
&=(\boldsymbol{\sigma}_n+\boldsymbol{C}:\Delta\boldsymbol{\varepsilon})-\boldsymbol{C}:\Delta\boldsymbol{\varepsilon}_{n+1}^{\mathrm{p}}\\
&=\boldsymbol{\sigma}_{n+1}^{\mathrm{trail}}-\boldsymbol{C}:\Delta\boldsymbol{\varepsilon}_{n+1}^{\mathrm{p}}=\boldsymbol{\sigma}_{n+1}^{\mathrm{trail}}-\Delta\lambda_{n+1}\boldsymbol{C}:\boldsymbol{r}_{n+1}
\end{aligned} \tag{5.9.6}$$

式中 $\boldsymbol{\sigma}_{n+1}^{\mathrm{trail}}=\boldsymbol{\sigma}_n+\boldsymbol{C}:\Delta\boldsymbol{\varepsilon}$ 是**弹性预测的试应力**,而数值 $-\Delta\lambda_{n+1}\boldsymbol{C}:\boldsymbol{r}_{n+1}$ 是**塑性修正量**,它沿着一个方向,即规定为在结束点处塑性流动的方向(见图 5.15),返回或者投射试应力到

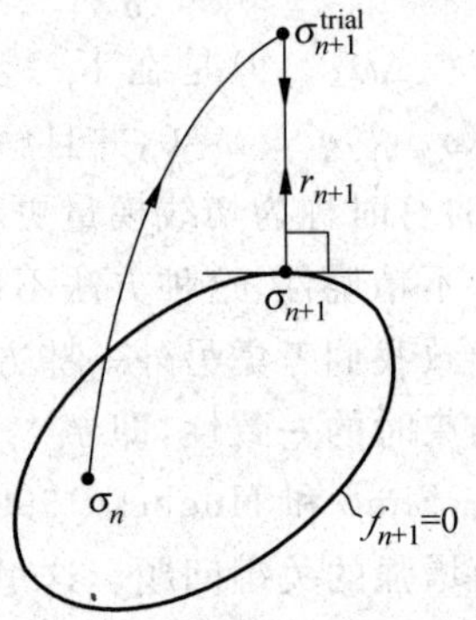

图 5.15 关联塑性的最近点投射方法：$\boldsymbol{r}_{n+1} \sim \partial f / \partial \boldsymbol{\sigma}_{n+1}$

适当更新的屈服表面(考虑硬化)。由总体应变的增量驱动弹性预测状态，而由塑性参数的增量$-\Delta\lambda_{n+1}$驱动塑性修正状态。因此，在弹性预测阶段，塑性应变和内变量保持固定；而在塑性修正阶段，总体应变是不变的。在弹性预测阶段，由公式(5.9.4)得到的结果为

$$\Delta\boldsymbol{\sigma}_{n+1} = -\boldsymbol{C} : \Delta\boldsymbol{\varepsilon}_{n+1}^{\mathrm{p}} = -\Delta\lambda_{n+1}\boldsymbol{C} : \boldsymbol{r}_{n+1} \tag{5.9.7}$$

在下面公式(5.9.4)的解答中我们将应用这个结果。

非线性代数方程组(5.9.4)的解答一般由 Newton 过程求解。如 Simo 和 Hughes (1998) 所论述的，基于分类线性化的方程组(5.9.4)的 Newton 过程，和根据最近投射点的概念引导塑性修正返回到屈服表面。在算法的塑性修正阶段中，总体应变是常数，线性化是相对于塑性参数增量 $\Delta\lambda$ 的。在 Newton 过程中我们应用下面的标记：对方程 $g(\Delta\lambda)=0$ 的线性化，有 $\Delta\lambda^{(0)}=0$，在第 k 次迭代时记为

$$g^{(k)} + \left(\frac{\mathrm{d}g}{\mathrm{d}\Delta\lambda}\right)^{(k)} \delta\lambda^{(k)} = 0, \quad \Delta\lambda^{(k+1)} = \Delta\lambda^{(k)} + \delta\lambda^{(k)} \tag{5.9.8}$$

式中 $\delta\lambda^{(k)}$ 是在第 k 次迭代时 $\Delta\lambda$ 的增量。在本章余下部分的大多数情况，我们将省略方程中荷载和时间增量的角标 $n+1$。这样，除非另外说明，所有方程在 $n+1$ 时刻赋值。

为适合 Newton 迭代，我们以公式(5.9.8)的形式写出式(5.9.4)中塑性更新和屈服条件：

$$\begin{aligned} \boldsymbol{a} &= -\boldsymbol{\varepsilon}^{\mathrm{p}} + \boldsymbol{\varepsilon}_n^{\mathrm{p}} + \Delta\lambda\boldsymbol{r} = \boldsymbol{0} \\ \boldsymbol{b} &= -\boldsymbol{q} + \boldsymbol{q}_n + \Delta\lambda\boldsymbol{h} = \boldsymbol{0} \\ f &= f(\boldsymbol{\sigma}, \boldsymbol{q}) = 0 \end{aligned} \tag{5.9.9}$$

这组方程的线性化给出(以 $\Delta\boldsymbol{\varepsilon}^{\mathrm{p}^{(k)}} = -\boldsymbol{C}^{-1} : \Delta\boldsymbol{\sigma}^{(k)}$ 的形式应用公式(5.9.7))

$$\begin{aligned} &\boldsymbol{a}^{(k)} + \boldsymbol{C}^{-1} : \Delta\boldsymbol{\sigma}^{(k)} + \Delta\lambda^{(k)}\Delta\boldsymbol{r}^{(k)} + \delta\lambda^{(k)}\boldsymbol{r}^{(k)} = \boldsymbol{0} \\ &\boldsymbol{b}^{(k)} - \Delta\boldsymbol{q}^{(k)} + \Delta\lambda^{(k)}\Delta\boldsymbol{h}^{(k)} + \delta\lambda^{(k)}\boldsymbol{h}^{(k)} = \boldsymbol{0} \\ &f^{(k)} + f_{\sigma}^{(k)} : \Delta\boldsymbol{\sigma}^{(k)} + f_q^{(k)} \cdot \Delta\boldsymbol{q}^{(k)} = 0 \end{aligned} \tag{5.9.10}$$

式中

$$\begin{aligned} \Delta\boldsymbol{r}^{(k)} &= \boldsymbol{r}_{\sigma}^{(k)} : \Delta\boldsymbol{\sigma}^{(k)} + \boldsymbol{r}_q^{(k)} \cdot \Delta\boldsymbol{q}^{(k)} \\ \Delta\boldsymbol{h}^{(k)} &= \boldsymbol{h}_{\sigma}^{(k)} : \Delta\boldsymbol{\sigma}^{(k)} + \boldsymbol{h}_q^{(k)} \cdot \Delta\boldsymbol{q}^{(k)} \end{aligned} \tag{5.9.11}$$

并且角标$\boldsymbol{\sigma}$和 $\boldsymbol{q}$ 表示偏导数。方程组(5.9.10)是一组三个方程，可以联立求解 $\Delta\boldsymbol{\sigma}^{(k)}$，$\Delta\boldsymbol{q}^{(k)}$ 和 $\delta\lambda^{(k)}$。将公式(5.9.11)代入公式(5.9.10)的前两式，并且以矩阵的形式写出方程的结果对，得到

$$[\boldsymbol{A}^{(k)}]^{-1}\begin{Bmatrix}\Delta\boldsymbol{\sigma}^{(k)} \\ \Delta\boldsymbol{q}^{(k)}\end{Bmatrix} = -\{\tilde{\boldsymbol{a}}^{(k)}\} - \delta\lambda^{(k)}\{\tilde{\boldsymbol{r}}^{(k)}\} \tag{5.9.12}$$

式中

$$[\boldsymbol{A}^{(k)}]^{-1} = \begin{bmatrix}\boldsymbol{C}^{-1} + \Delta\lambda\boldsymbol{r}_{\sigma} & \Delta\lambda\ \boldsymbol{r}_q \\ \Delta\lambda\boldsymbol{h}_{\sigma} & -\boldsymbol{I} + \Delta\lambda\boldsymbol{h}_q\end{bmatrix}^{(k)}, \quad \{\tilde{\boldsymbol{a}}^{(k)}\} = \begin{Bmatrix}\boldsymbol{a}^{(k)} \\ \boldsymbol{b}^{(k)}\end{Bmatrix}, \quad \{\tilde{\boldsymbol{r}}^{(k)}\} = \begin{Bmatrix}\boldsymbol{r}^{(k)} \\ \boldsymbol{h}^{(k)}\end{Bmatrix} \tag{5.9.13}$$

求解公式(5.9.12)的应力和内变量增量，给出

$$\begin{Bmatrix}\Delta\boldsymbol{\sigma}^{(k)}\\ \Delta\boldsymbol{q}^{(k)}\end{Bmatrix}=-[\boldsymbol{A}^{(k)}]\{\tilde{\boldsymbol{a}}^{(k)}\}-\delta\lambda^{(k)}[\boldsymbol{A}^{(k)}]\{\tilde{\boldsymbol{r}}^{(k)}\} \tag{5.9.14}$$

将此结果代入式(5.9.10)$_3$并求解 $\delta\lambda^{(k)}$，我们得到

$$\delta\lambda^{(k)}=\frac{f^{(k)}-\partial\boldsymbol{f}^{(k)}\boldsymbol{A}^{(k)}\tilde{\boldsymbol{a}}^{(k)}}{\partial\boldsymbol{f}^{(k)}\boldsymbol{A}^{(k)}\tilde{\boldsymbol{r}}^{(k)}} \tag{5.9.15}$$

式中我们使用了标记$\partial\boldsymbol{f}=[f_{\sigma}\quad f_{q}]$。

这样，塑性应变、内变量和塑性参数更新为

$$\begin{aligned}\boldsymbol{\varepsilon}^{\mathrm{p}(k+1)}&=\boldsymbol{\varepsilon}^{\mathrm{p}(k)}+\Delta\boldsymbol{\varepsilon}^{\mathrm{p}(k)}=\boldsymbol{\varepsilon}^{\mathrm{p}(k)}-\boldsymbol{C}^{-1}:\Delta\boldsymbol{\sigma}^{(k)}\\ \boldsymbol{q}^{(k+1)}&=\boldsymbol{q}^{(k)}+\Delta\boldsymbol{q}^{(k)}\\ \Delta\lambda^{(k+1)}&=\Delta\lambda^{(k)}+\delta\lambda^{(k)}\end{aligned} \tag{5.9.16}$$

以上采用了公式(5.9.14)和(5.9.15)给出的增量值。Newton 过程连续计算直到收敛至获得足以满足准则的更新的屈服表面为止。如 Simo 和 Hughes (1998) 所注明的，这个过程是隐式的并包括了方程(5.9.12)局部(在单元积分点水平的)系统的结果。该方法的复杂性在于需要塑性流动方向的梯度 $\boldsymbol{r}_{\sigma}$，$\boldsymbol{r}_{q}$，$\boldsymbol{h}_{\sigma}$ 和 $\boldsymbol{h}_{q}$ 以及塑性模量。对于复杂的本构模型，这些表达式可能难以得到。全部的应力更新算法列在框 5.13 中。

框 5.13　向后 Euler 图形返回算法

1. 设初始值：设塑性应变和内变量的初始值为前面时间步结束时的收敛值，对塑性参数增量置零，以及为弹性试应力赋值

$$k=0:\boldsymbol{\varepsilon}^{\mathrm{p}(0)}=\boldsymbol{\varepsilon}_{n}^{\mathrm{p}},\quad \boldsymbol{q}^{(0)}=\boldsymbol{q}_{n},\quad \Delta\lambda^{(0)}=0,\quad \boldsymbol{\sigma}^{(0)}=\boldsymbol{C}:(\boldsymbol{\varepsilon}_{n+1}-\boldsymbol{\varepsilon}^{\mathrm{p}(0)})$$

2. 在第 k 次迭代时检查屈服条件和收敛性

$$f^{(k)}=f(\boldsymbol{\sigma}^{(k)},\quad \boldsymbol{q}^{(k)}),\quad \{\tilde{\boldsymbol{a}}^{(k)}\}=\begin{Bmatrix}\boldsymbol{a}^{(k)}\\ \boldsymbol{b}^{(k)}\end{Bmatrix}$$

如果 $f^{(k)}<TOL_1$ 以及 $\|\tilde{\boldsymbol{a}}^{(k)}\|<TOL_2$，则收敛；否则，转 3。

3. 计算塑性参数的增量

$$[\boldsymbol{A}^{(k)}]^{-1}=\begin{bmatrix}\boldsymbol{C}^{-1}+\Delta\lambda\boldsymbol{r}_{\sigma} & \Delta\lambda\boldsymbol{r}_{q}\\ \Delta\lambda\,\boldsymbol{h}_{\sigma} & -\boldsymbol{I}+\Delta\lambda\boldsymbol{h}_{q}\end{bmatrix}^{(k)},\quad \{\tilde{\boldsymbol{r}}^{(k)}\}=\begin{Bmatrix}\boldsymbol{r}^{(k)}\\ \boldsymbol{h}^{(k)}\end{Bmatrix},$$

$$[\partial\boldsymbol{f}^{(k)}]=[f_{\sigma}^{(k)}\quad f_{q}^{(k)}]$$

$$\delta\lambda^{(k)}=\frac{f^{(k)}-\partial\boldsymbol{f}^{(k)}\boldsymbol{A}^{(k)}\tilde{\boldsymbol{a}}^{(k)}}{\partial\boldsymbol{f}^{(k)}\boldsymbol{A}^{(k)}\tilde{\boldsymbol{r}}^{(k)}}$$

4. 获得应力和内变量的增量

$$\begin{Bmatrix}\Delta\boldsymbol{\sigma}^{(k)}\\ \Delta\boldsymbol{q}^{(k)}\end{Bmatrix}=-[\boldsymbol{A}^{(k)}]\{\tilde{\boldsymbol{a}}^{(k)}\}-\delta\lambda^{(k)}[\boldsymbol{A}^{(k)}]\{\tilde{\boldsymbol{r}}^{(k)}\}$$

5. 更新塑性应变和内变量

$$\begin{aligned}\boldsymbol{\varepsilon}^{\mathrm{p}(k+1)}&=\boldsymbol{\varepsilon}^{\mathrm{p}(k)}+\Delta\boldsymbol{\varepsilon}^{\mathrm{p}(k)}=\boldsymbol{\varepsilon}^{\mathrm{p}(k)}-\boldsymbol{C}^{-1}:\Delta\boldsymbol{\sigma}^{(k)}\\ \boldsymbol{q}^{(k+1)}&=\boldsymbol{q}^{(k)}+\Delta\boldsymbol{q}^{(k)}\\ \Delta\lambda^{(k+1)}&=\Delta\lambda^{(k)}+\delta\lambda^{(k)}\\ \boldsymbol{\sigma}^{(k+1)}&=\boldsymbol{\sigma}^{(k)}+\Delta\boldsymbol{\sigma}^{(k)}=\boldsymbol{C}:(\boldsymbol{\varepsilon}_{n+1}-\boldsymbol{\varepsilon}^{\mathrm{p}(k+1)})\end{aligned}$$

$k\leftarrow k+1$，转 2

5.9.3　应用于 J_2 流动理论——径向返回算法　对于 J_2 流动塑性理论的特殊情况，前面的一般图形返回算法退化为众所周知的径向返回算法(Krieg 和 Key，1976；Simo 和 Taylor，1985)。为了便于描述，首先给出关于径向返回的一些重要结果，这些结果也将应用于确定一致算法模量。

回顾公式(5.9.6)给出的弹性预测的试应力，这里标记为$\boldsymbol{\sigma}^{(0)}$，即

$$\boldsymbol{\sigma}^{(0)} = \boldsymbol{C} : (\boldsymbol{\varepsilon}_{n+1} - \boldsymbol{\varepsilon}^{p(0)}) \tag{5.9.17}$$

应力在第 k 次迭代时为

$$\boldsymbol{\sigma}^{(k)} = \boldsymbol{\sigma}^{(0)} - \Delta\lambda^{(k)} \boldsymbol{C} : \boldsymbol{r}^{(k)} \tag{5.9.18}$$

参考框 5.10 关于在小应变时的弹-塑性本构关系和框 5.6 关于详细的 J_2流动理论，我们注意到塑性流动方向是在偏应力的方向，为 $\boldsymbol{r}=3\boldsymbol{\sigma}^{\text{dev}}/2\bar{\sigma}$，它也是屈服表面的法向，即 $\boldsymbol{r}=f_{\boldsymbol{\sigma}}$。在偏应力空间，von Mises 屈服表面是环状，因此屈服表面的法向是径向(见图 5.16)。在塑性流动的方向(径向)，我们定义单位法向矢量为

$$\hat{\boldsymbol{n}} = \boldsymbol{r}^{(0)} / \| \boldsymbol{r}^{(0)} \| = \boldsymbol{\sigma}^{(0)}_{\text{dev}} / \| \boldsymbol{\sigma}^{(0)}_{\text{dev}} \|, \quad \boldsymbol{r}^{(0)} = \sqrt{3/2}\,\hat{\boldsymbol{n}} \tag{5.9.19}$$

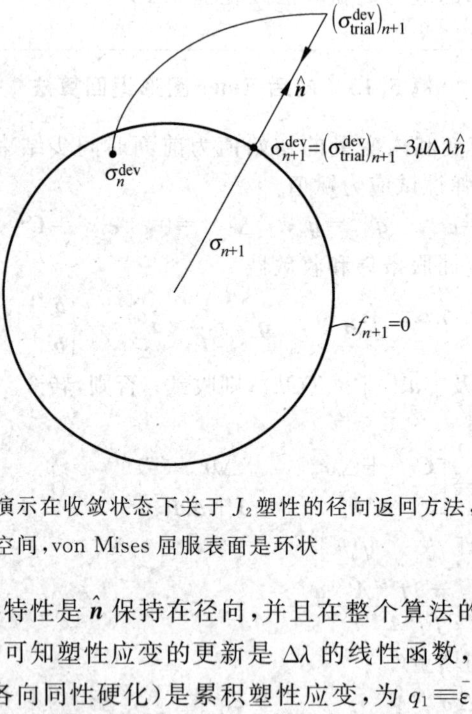

图 5.16　演示在收敛状态下关于 J_2 塑性的径向返回方法，在偏应力空间，von Mises 屈服表面是环状

径向返回方法的重要特性是 $\hat{\boldsymbol{n}}$ 保持在径向，并且在整个算法的塑性修正状态过程中不变化。参考公式(5.9.9)，可知塑性应变的更新是 $\Delta\lambda$ 的线性函数，而塑性流动残量恒为零：$\boldsymbol{a}^{(k)}=0$。唯一的内变量(各向同性硬化)是累积塑性应变，为 $q_1\equiv\bar{\varepsilon}=\lambda, h=1$。因此，内变量的更新也是 $\Delta\lambda$ 的线性函数，并且相应的残量为零，即 $\boldsymbol{b}^{(k)}=0$。

把塑性流动方向的表达式对应力求导数，我们得到结果

$$\boldsymbol{r}_{\boldsymbol{\sigma}} = \frac{3}{2\bar{\sigma}} \hat{\boldsymbol{I}}, \quad \hat{\boldsymbol{I}} = \boldsymbol{I}^{\text{dev}} - \hat{\boldsymbol{n}} \otimes \hat{\boldsymbol{n}}, \quad \boldsymbol{I}^{\text{dev}} = \boldsymbol{I} - \frac{1}{3}\boldsymbol{I} \otimes \boldsymbol{I} \tag{5.9.20}$$

式中 $\boldsymbol{I}^{\text{dev}}$ 是 4 阶对称偏张量，而投射张量 $\hat{\boldsymbol{I}}$ 的性能为

$$\hat{\boldsymbol{I}}^n = \hat{\boldsymbol{I}}\,\forall n, \quad \hat{\boldsymbol{I}} : \hat{\boldsymbol{n}} = 0, \quad \hat{\boldsymbol{I}} : \boldsymbol{I} = 0, \quad \hat{\boldsymbol{I}} : \boldsymbol{I}^{\text{dev}} = \hat{\boldsymbol{I}} \tag{5.9.21}$$

塑性流动方向是独立于累积塑性应变的，因而有 $\boldsymbol{r}_{\boldsymbol{q}}=0$。并且，由于 $h=1$，故有 $h_{\boldsymbol{\sigma}}=0$ 和 $h_{\boldsymbol{q}}=0$。屈服条件为 $f=\bar{\sigma}-\sigma_Y(\bar{\varepsilon})=0$，而 f 的导数是 $f_{\boldsymbol{\sigma}}=\boldsymbol{r}$ 和 $f_{\boldsymbol{q}}=-\mathrm{d}\sigma_Y/\mathrm{d}\bar{\varepsilon}=-H$。因此矩

阵 **A** 写成

$$[\boldsymbol{A}^{(k)}] = \begin{bmatrix} (\boldsymbol{C}^{-1} + \Delta\lambda\ \boldsymbol{r}_{\sigma})^{-1} & \boldsymbol{0} \\ \boldsymbol{0} & -\boldsymbol{I} \end{bmatrix}^{(k)} \tag{5.9.22}$$

现在注意到

$$(\boldsymbol{C}^{-1} + \Delta\lambda\boldsymbol{r}_{\sigma}) = (\boldsymbol{C}^{-1} + a\hat{\boldsymbol{I}}), \quad a = 3\Delta\lambda/2\bar{\sigma} \tag{5.9.23}$$

对于各向同性弹性模量并应用公式(5.9.21),逆矩阵可以写成

$$(\boldsymbol{C}^{-1} + \Delta\lambda\ \boldsymbol{r}_{\sigma})^{-1} = (\boldsymbol{C} - 2\mu b\hat{\boldsymbol{I}}),\ b = \frac{2\mu a}{1 + 2\mu a} \tag{5.9.24}$$

并且 **A** 为

$$[\boldsymbol{A}^{(k)}] = \begin{bmatrix} (\boldsymbol{C} - 2\mu b\hat{\boldsymbol{I}}) & \boldsymbol{0} \\ \boldsymbol{0} & -\boldsymbol{I} \end{bmatrix}^{(k)} \tag{5.9.25}$$

对于各向同性弹性模量,我们有等式 $\boldsymbol{C}:\boldsymbol{r} = 2\mu\ \boldsymbol{r} = 2\mu\sqrt{3/2}\hat{\boldsymbol{n}}$, $\hat{\boldsymbol{I}}:(\boldsymbol{C}:\boldsymbol{r}) = \boldsymbol{0}$ 和 $\boldsymbol{r}:\boldsymbol{C}:\boldsymbol{r} = 3\mu$。对于 **A** 应用这些等式和表达式(5.9.25),并且再利用 $\tilde{\boldsymbol{a}}^{(k)} = \boldsymbol{0}$(因为 $\boldsymbol{a}^{(k)} = \boldsymbol{b}^{(k)} = \boldsymbol{0}$),在塑性参数公式(5.9.15)中的增量为

$$\delta\lambda^{(k)} = \frac{f^{(k)}}{3\mu + H^{(k)}} \tag{5.9.26}$$

为了获得另一种表达式,我们注意到偏应力可以写成 $\boldsymbol{\sigma}^{\text{dev}} = \sqrt{2/3}\,\bar{\sigma}\hat{\boldsymbol{n}}$,由公式(5.9.18),得

$$\boldsymbol{\sigma}_{\text{dev}}^{(k)} = \boldsymbol{\sigma}_{\text{dev}}^{(0)} - 2\mu\Delta\lambda^{(k)}\boldsymbol{r}^{(k)} = \left(\sqrt{\frac{2}{3}}\bar{\sigma}^{(0)} - 2\mu\Delta\lambda^{(k)}\sqrt{\frac{3}{2}}\right)\hat{\boldsymbol{n}} \tag{5.9.27}$$

应用这个表达式,则等效应力为

$$\bar{\sigma}^{(k)} = \bar{\sigma}^{(0)} - 3\mu\Delta\lambda^{(k)} \tag{5.9.28}$$

为了给出下面塑性参数增量的表达式,将上式代入公式(5.9.26)的屈服函数 $f^{(k)}$:

$$\delta\lambda^{(k)} = \frac{(\bar{\sigma}^{(0)} - 3\mu\Delta\lambda^{(k)}) - \sigma_Y(\bar{\varepsilon}^{(k)})}{3\mu + H^{(k)}} \tag{5.9.29}$$

框 5.14 总结了径向返回算法。

框 5.14 径向返回算法

1. 设初始值

$$k=0:\ \varepsilon^{\mathrm{p}(0)} = \varepsilon_n^{\mathrm{p}},\quad \bar{\varepsilon}^{(0)} = \bar{\varepsilon}_n,\quad \Delta\lambda^{(0)} = 0,\quad \sigma^{(0)} = \boldsymbol{C}:(\varepsilon_{n+1} - \boldsymbol{\varepsilon}^{\mathrm{p}(0)})$$

2. 在第 k 次迭代时检查屈服条件

$$f^{(k)} = \bar{\sigma}^{(k)} - \sigma_Y(\bar{\varepsilon}^{(k)}) = (\bar{\sigma}^{(0)} - 3\mu\Delta\lambda^{(k)}) - \sigma_Y(\bar{\varepsilon}^{(k)})$$

如果 $f^{(k)} < TOL_1$,则收敛

否则,转 3

3. 计算塑性参数的增量

$$\delta\lambda^{(k)} = \frac{(\bar{\sigma}^{(0)} - 3\mu\Delta\lambda^{(k)}) - \sigma_Y(\bar{\varepsilon}^{(k)})}{3\mu + H^{(k)}}$$

4. 更新塑性应变和内变量

$$\hat{\boldsymbol{n}} = \boldsymbol{\sigma}_{\text{dev}}^{(0)} / \| \boldsymbol{\sigma}_{\text{dev}}^{(0)} \|,\quad \Delta \varepsilon^{p(k)} = -\delta\lambda^{(k)} \sqrt{\frac{3}{2}}\hat{\boldsymbol{n}},\quad \Delta\bar{\varepsilon}^{(k)} = \delta\lambda^{(k)}$$

$$\varepsilon^{p(k+1)} = \varepsilon^{p(k)} + \Delta\varepsilon^{p(k)}$$

$$\boldsymbol{\sigma}^{(k+1)} = \boldsymbol{C} : (\varepsilon_{n+1} - \varepsilon^{p(k+1)}) = \boldsymbol{\sigma}^{(k)} + \Delta\boldsymbol{\sigma}^{(k)} = \boldsymbol{\sigma}^{(k)} - 2\mu\delta\lambda^{(k)}\sqrt{\frac{3}{2}}\hat{\boldsymbol{n}}$$

$$\bar{\varepsilon}^{(k+1)} = \bar{\varepsilon}^{(k)} + \delta\lambda^{(k)}$$

$$\Delta\lambda^{(k+1)} = \Delta\lambda^{(k)} + \delta\lambda^{(k)}$$

$k \leftarrow k+1$，转 2

为了描述向后 Euler 图形返回算法，我们已经考虑了 J_2 塑性流动的情况并展示了如何由一般的方法退化到众所周知的径向返回算法。按照框 5.14，一般可直接编写径向返回算法的程序。对于更复杂的本构模型，可应用框 5.13 的一般方法。

5.9.4　算法模量　在隐式方法中，需要合适的切线模量。由于在屈服时突然转化为塑性行为，连续体弹-塑性切线模量可能引起伪加载和卸载。为了避免这点，采用了一个基于本构积分算法的系统线性化的**算法模量**（也称为**一致切线模量**），代替了连续体弹-塑性切线模量。下面给出关于完全隐式向后 Euler 方法的算法模量的推导。

向后 Euler 更新算法切线模量定义为

$$\boldsymbol{C}^{\text{alg}} = \left(\frac{\mathrm{d}\boldsymbol{\sigma}}{\mathrm{d}\boldsymbol{\varepsilon}}\right)_{n+1} \tag{5.9.30}$$

为了推导算法切线模量的表达式，我们将公式(5.9.4)写成增量的形式（再次省略角标 $n+1$）：

$$\begin{aligned} \mathrm{d}\boldsymbol{\sigma} &= \boldsymbol{C} : (\mathrm{d}\boldsymbol{\varepsilon} - \mathrm{d}\boldsymbol{\varepsilon}^{p}) \\ \mathrm{d}\boldsymbol{\varepsilon}^{p} &= \mathrm{d}(\Delta\lambda)\boldsymbol{r} + \Delta\lambda \mathrm{d}\boldsymbol{r} \\ \mathrm{d}\boldsymbol{q} &= \mathrm{d}(\Delta\lambda)\boldsymbol{h} + \Delta\lambda \mathrm{d}\boldsymbol{h} \\ \mathrm{d}f &= f_{\sigma} : \mathrm{d}\boldsymbol{\sigma} + f_{q} \cdot \mathrm{d}\boldsymbol{q} = 0 \end{aligned} \tag{5.9.31}$$

式中

$$\mathrm{d}\boldsymbol{r} = \boldsymbol{r}_{\sigma} : \mathrm{d}\boldsymbol{\sigma} + \boldsymbol{r}_{q} \cdot \mathrm{d}\boldsymbol{q},\quad \mathrm{d}\boldsymbol{h} = \boldsymbol{h}_{\sigma} : \mathrm{d}\boldsymbol{\sigma} + \boldsymbol{h}_{q} \cdot \mathrm{d}\boldsymbol{q} \tag{5.9.32}$$

将公式$(5.9.31)_2$代入式$(5.9.31)_1$，应用式(5.9.32)并求解 $\mathrm{d}\boldsymbol{\sigma}$ 和 $\mathrm{d}\boldsymbol{q}$，我们得到

$$\begin{Bmatrix} \mathrm{d}\boldsymbol{\sigma} \\ \mathrm{d}\boldsymbol{q} \end{Bmatrix} = [\boldsymbol{A}] \begin{Bmatrix} \mathrm{d}\boldsymbol{\varepsilon} \\ \boldsymbol{0} \end{Bmatrix} - \mathrm{d}(\Delta\lambda)\boldsymbol{A} : \tilde{\boldsymbol{r}} \tag{5.9.33}$$

式中

$$[\boldsymbol{A}] = \begin{bmatrix} \boldsymbol{C}^{-1} + \Delta\lambda\,\boldsymbol{r}_{\sigma} & \Delta\lambda\,\boldsymbol{r}_{q} \\ \Delta\lambda\,\boldsymbol{h}_{\sigma} & -\boldsymbol{I} + \Delta\lambda\,\boldsymbol{h}_{q} \end{bmatrix}^{-1} \tag{5.9.34}$$

为了方便标记，令 $\partial\boldsymbol{f} = [f_{\sigma}\quad f_{q}]$。将公式(5.9.33)代入增量一致条件$(5.9.31)_4$并求解 $\mathrm{d}(\Delta\lambda)$，给出

$$\mathrm{d}\Delta\lambda = \frac{-\partial\boldsymbol{f} : \boldsymbol{A} : \begin{Bmatrix} \mathrm{d}\boldsymbol{\varepsilon} \\ \boldsymbol{0} \end{Bmatrix}}{\partial\boldsymbol{f} : \boldsymbol{A} : \tilde{\boldsymbol{r}}} \tag{5.9.35}$$

将这一结果代入公式(5.9.33)，我们得到

$$\begin{Bmatrix}\mathrm{d}\boldsymbol{\sigma}\\ \mathrm{d}\boldsymbol{q}\end{Bmatrix}=\left[\boldsymbol{A}-\frac{(\boldsymbol{A}:\tilde{\boldsymbol{r}})\otimes(\partial\boldsymbol{f}:\boldsymbol{A})}{\partial\boldsymbol{f}:\boldsymbol{A}:\tilde{\boldsymbol{r}}}\right]:\begin{Bmatrix}\mathrm{d}\boldsymbol{\varepsilon}\\ \boldsymbol{0}\end{Bmatrix} \tag{5.9.36}$$

这就是关于应力和内变量增量的算法模量的表达式。

Ortiz 和 Martin(1989)验证了由公式(5.9.36)的算法模量保持本构对称性的条件，他们注意到如果从一般的势能推导塑性流动方向和塑性模量，即 $\boldsymbol{r}=\partial\boldsymbol{\Psi}/\partial\boldsymbol{\sigma}$ 和 $\boldsymbol{h}=\partial\boldsymbol{\Psi}/\partial\boldsymbol{q}$，能够保持基本的对称性，即 $\boldsymbol{A}$ 是对称的。如果公式(5.9.34)中的耦合项消失，即如果 $\partial\boldsymbol{r}/\partial\boldsymbol{q}=0$ 和 $\partial\boldsymbol{h}/\partial\boldsymbol{\sigma}=0$，则可以得到关于 $\boldsymbol{A}$ 的简单闭合形式的表达式，这相当于是分别对应于内变量和应力的解耦的塑性流动方向和塑性模量。在几个广泛应用的本构关系中，如 J_2 塑性流动理论，这些耦合项为零。在这些条件下，$\boldsymbol{A}$ 为

$$[\boldsymbol{A}]=\begin{bmatrix}(\boldsymbol{C}^{-1}+\Delta\lambda\boldsymbol{r}_{\sigma})^{-1} & \boldsymbol{0}\\ \boldsymbol{0} & (-\boldsymbol{I}+\Delta\lambda\boldsymbol{h}_q)^{-1}\end{bmatrix}=\begin{bmatrix}\tilde{\boldsymbol{C}} & \boldsymbol{0}\\ \boldsymbol{0} & \boldsymbol{Y}\end{bmatrix} \tag{5.9.37}$$

式中 $\tilde{\boldsymbol{C}}=(\boldsymbol{C}^{-1}+\Delta\lambda\boldsymbol{r}_{\sigma})^{-1}$，$\boldsymbol{Y}=(-\boldsymbol{I}+\Delta\lambda\boldsymbol{h}_q)^{-1}$。在公式(5.9.36)中应用这个结果，可以得到关于算法模量的一个表达式：

$$\boldsymbol{C}^{\mathrm{alg}}=\left(\tilde{\boldsymbol{C}}-\frac{(\tilde{\boldsymbol{C}}:\boldsymbol{r})\otimes(\boldsymbol{f}_{\sigma}:\tilde{\boldsymbol{C}})}{\boldsymbol{f}_{\sigma}:\tilde{\boldsymbol{C}}:\boldsymbol{r}+\boldsymbol{f}_q\cdot\boldsymbol{Y}\cdot\boldsymbol{h}}\right) \tag{5.9.38}$$

除了弹性模量由 $\tilde{\boldsymbol{C}}$ 代替和分母中的项 $-\boldsymbol{f}_q\cdot\boldsymbol{h}$ 由 $\boldsymbol{f}_q\cdot\boldsymbol{Y}\cdot\boldsymbol{h}$ 代替之外，该式具有公式(B5.10.8)连续体弹-塑性切线模量的同样形式。

5.9.5 算法模量：J_2流动和径向返回 对于 J_2流动理论的情况，算法模量是与径向返回应力更新一致的。对于各向同性硬化，$\boldsymbol{f}_{\sigma}=\boldsymbol{r}$，$\boldsymbol{h}_q=\boldsymbol{0}$，$\boldsymbol{Y}=-\boldsymbol{I}$。由公式(5.9.24)，$\tilde{\boldsymbol{C}}=\boldsymbol{C}-2\mu b\hat{\boldsymbol{I}}$，式中 $b=3\mu\Delta\lambda/(\bar{\sigma}+3\mu\Delta\lambda)$。按照公式(5.9.21)，即 $\tilde{\boldsymbol{C}}:\boldsymbol{r}=\boldsymbol{C}:\boldsymbol{r}$，算法模量可以写成

$$\boldsymbol{C}^{\mathrm{alg}}=\boldsymbol{C}^{\mathrm{ep}}-2\mu b\hat{\boldsymbol{I}} \tag{5.9.39}$$

式中 $\boldsymbol{C}^{\mathrm{ep}}$ 从公式(B5.6.12)的小应变形式由各向同性模量给出：

$$\boldsymbol{C}^{\mathrm{ep}}=K\boldsymbol{I}\otimes\boldsymbol{I}+2\mu\boldsymbol{I}^{\mathrm{dev}}-2\mu\gamma\hat{\boldsymbol{n}}\otimes\hat{\boldsymbol{n}},\quad \gamma=\frac{1}{1+(H/3\mu)} \tag{5.9.40}$$

将此表达式代入公式(5.9.39)，我们得到关于 J_2 流动理论的径向返回算法的一致算法模量：

$$\begin{aligned}&\boldsymbol{C}^{\mathrm{alg}}=K\boldsymbol{I}\otimes\boldsymbol{I}+2\mu\beta\boldsymbol{I}^{\mathrm{dev}}-2\mu\bar{\gamma}\hat{\boldsymbol{n}}\otimes\hat{\boldsymbol{n}},\quad \bar{\gamma}=\gamma-(1-\beta)\\ &\beta=(1-b)=\bar{\sigma}/(\bar{\sigma}+3\mu\Delta\lambda)=\sigma_Y/\bar{\sigma}^{(0)}\end{aligned} \tag{5.9.41}$$

在推导表达式中的 β 时，我们应用了公式(5.9.29)与 $\delta\lambda^{(k)}=0$，即在最后应力更新迭代的收敛状态，写成 $\bar{\sigma}=\sigma_Y$，$\bar{\sigma}+3\mu\Delta\lambda=\bar{\sigma}^{(0)}$。对于各向同性-运动硬化的组合模型，Simo 和 Taylor (1985)给出了径向返回算法和一致算法模量。

5.9.6 半隐式向后 Euler 方法 半隐式向后 Euler 方法(Moran, Ortiz 和 Shih, 1990)是对塑性参数采用隐式而对塑性流动方向和塑性模量采用显式的算法，即在步骤结束时计算塑性参数的增量，而在步骤开始时计算塑性流动的方向和塑性模量。为了避免从屈服面漂移，在步骤结束时强化屈服条件(见图 5.17)。积分方法为

$$\begin{aligned}&\boldsymbol{\varepsilon}_{n+1}=\boldsymbol{\varepsilon}_n+\Delta\boldsymbol{\varepsilon},\quad \boldsymbol{\varepsilon}_{n+1}^{\mathrm{p}}=\boldsymbol{\varepsilon}_n^{\mathrm{p}}+\Delta\lambda_{n+1}\boldsymbol{r}_n\\ &\boldsymbol{q}_{n+1}=\boldsymbol{q}_n+\Delta\lambda_{n+1}\boldsymbol{h}_n,\quad \boldsymbol{\sigma}_{n+1}=\boldsymbol{C}:(\boldsymbol{\varepsilon}_{n+1}-\boldsymbol{\varepsilon}_{n+1}^{\mathrm{p}})\\ &f_{n+1}=f(\boldsymbol{\sigma}_{n+1},\ \boldsymbol{q}_{n+1})=0\end{aligned} \tag{5.9.42}$$

遵从完全隐式方法的类似过程，我们写出公式(5.9.42)的塑性方程：

$$\begin{aligned} \boldsymbol{a} &= -\boldsymbol{\varepsilon}^{\mathrm{p}} + \boldsymbol{\varepsilon}_n^{\mathrm{p}} + \Delta\lambda \boldsymbol{r}_n = \boldsymbol{0} \\ \boldsymbol{b} &= -\boldsymbol{q} + \boldsymbol{q}_n + \Delta\lambda \boldsymbol{h}_n = \boldsymbol{0} \qquad (5.9.43) \\ f &= f(\boldsymbol{\sigma}, \boldsymbol{q}) = 0 \end{aligned}$$

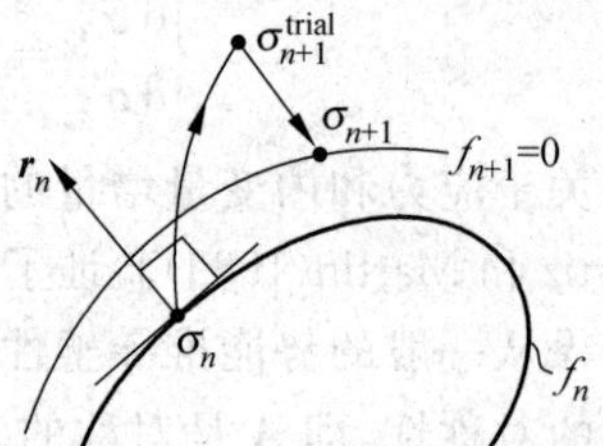

图 5.17 半隐式本构积分算法的图形返回方法 关联塑性：$\boldsymbol{r}_n \sim \partial f/\partial \boldsymbol{\sigma}_n$

线性化这些方程给出(为了方便，舍弃了下角标 $n+1$)

$$\begin{aligned} &\boldsymbol{a}^{(k)} + \boldsymbol{C}^{-1} : \Delta\boldsymbol{\sigma}^{(k)} + \delta\lambda^{(k)} \boldsymbol{r}_n = \boldsymbol{0} \\ &\boldsymbol{b}^{(k)} - \Delta\boldsymbol{q}^{(k)} + \delta\lambda^{(k)} \boldsymbol{h}_n = \boldsymbol{0} \\ &f^{(k)} + f_{\boldsymbol{\sigma}}^{(k)} : \Delta\boldsymbol{\sigma}^{(k)} + f_{\boldsymbol{q}}^{(k)} \cdot \Delta\boldsymbol{q}^{(k)} = 0 \end{aligned} \qquad (5.9.44)$$

以上可以求解 $\Delta\boldsymbol{\sigma}^{(k)}$，$\Delta\boldsymbol{q}^{(k)}$ 和 $\delta\lambda^{(k)}$。注意由于塑性流动方向和塑性模量是在时间步开始时赋值，因此它们的梯度没有在公式(5.9.44)中出现。此外，塑性应变和内变量的更新是 $\Delta\lambda$ 的线性函数，因此 $\tilde{\boldsymbol{a}}^{(k)} = \boldsymbol{0}$。求解公式(5.9.44)的前两式，得到应力和内变量的增量为

$$\begin{Bmatrix} \Delta\boldsymbol{\sigma}^{(k)} \\ \Delta\boldsymbol{q}^{(k)} \end{Bmatrix} = -[\boldsymbol{A}^{(k)}]\{\tilde{\boldsymbol{a}}^{(k)}\} - \delta\lambda^{(k)}[\boldsymbol{A}^{(k)}]\{\tilde{\boldsymbol{r}}_n\} = -\delta\lambda^{(k)}[\boldsymbol{A}^{(k)}]\{\tilde{\boldsymbol{r}}_n\} \qquad (5.9.45)$$

式中

$$[\boldsymbol{A}^{(k)}] = \begin{bmatrix} \boldsymbol{C} & \boldsymbol{0} \\ \boldsymbol{0} & -\boldsymbol{I} \end{bmatrix}^{(k)}, \quad \{\tilde{\boldsymbol{a}}^{(k)}\} = \begin{Bmatrix} \boldsymbol{a}^{(k)} \\ \boldsymbol{b}^{(k)} \end{Bmatrix}, \quad \{\tilde{\boldsymbol{r}}_n\} = \begin{Bmatrix} \boldsymbol{r}_n \\ \boldsymbol{h}_n \end{Bmatrix} \qquad (5.9.46)$$

根据这种对塑性流动方向和塑性模量的显式算法，获得了 $\mathbf{A}$ 的一个简单的闭合表达式，该表达式仅包含瞬时弹性模量。将公式(5.9.45)的结果代入公式$(5.9.44)_3$，并求解 $\delta\lambda^{(k)}$，得到

$$\delta\lambda^{(k)} = \frac{f^{(k)}}{\partial \boldsymbol{f}^{(k)} : \boldsymbol{A}^{(k)} : \tilde{\boldsymbol{r}}_n} \qquad (5.9.47)$$

这样，变量更新为

$$\begin{aligned} \boldsymbol{\varepsilon}^{\mathrm{p}(k+1)} &= \boldsymbol{\varepsilon}^{\mathrm{p}(k)} + \Delta\boldsymbol{\varepsilon}^{\mathrm{p}(k)} = \boldsymbol{\varepsilon}^{\mathrm{p}(k)} - \boldsymbol{C}^{-1} : \Delta\boldsymbol{\sigma}^{(k)} \\ \boldsymbol{q}^{(k+1)} &= \boldsymbol{q}^{(k)} + \Delta\boldsymbol{q}^{(k)} \\ \Delta\lambda^{(k+1)} &= \Delta\lambda^{(k)} + \delta\lambda^{(k)} \end{aligned} \qquad (5.9.48)$$

而增量由公式(5.9.47)和(5.9.45)给出。

5.9.7 算法模量——半隐式方法 因为获得了 $\mathbf{A}$ 的一个简单闭合表达式，因此对于一般的弹-塑性材料，可以获得闭合形式半隐式方法的算法模量。遵循与完全隐式方法同样的处理(并且注意在时间步开始时为塑性流动方向和塑性模量赋值)，类似公式(5.9.36)，我们得到

$$\begin{Bmatrix} \mathrm{d}\boldsymbol{\sigma} \\ \mathrm{d}\boldsymbol{q} \end{Bmatrix} = \left[\boldsymbol{A} - \frac{(\boldsymbol{A} : \tilde{\boldsymbol{r}}) \otimes (\partial \boldsymbol{f} : \boldsymbol{A})}{\partial \boldsymbol{f} : \boldsymbol{A} : \tilde{\boldsymbol{r}}}\right] : \begin{Bmatrix} \mathrm{d}\boldsymbol{\varepsilon} \\ \boldsymbol{0} \end{Bmatrix} \qquad (5.9.49)$$

应用公式(5.9.46)，算法模量为

$$\boldsymbol{C}^{\mathrm{alg}} = \left(\frac{\mathrm{d}\boldsymbol{\sigma}}{\mathrm{d}\boldsymbol{\varepsilon}}\right)_{n+1} = \left(\boldsymbol{C} - \frac{(\boldsymbol{C} : \boldsymbol{r}_n) \otimes (f_{\boldsymbol{\sigma}} : \boldsymbol{C})}{-f_{\boldsymbol{q}} \cdot \boldsymbol{h}_n + f_{\boldsymbol{\sigma}} : \boldsymbol{C} : \boldsymbol{r}_n}\right)_{n+1} \qquad (5.9.50)$$

在这个表达式中，除了塑性流动方向和塑性模量以外，所有量值是在 $n+1$ 时刻赋值。注意到由于在步骤**开始**时塑性流动方向 $\boldsymbol{r}_n$ 和在步骤**结束**时屈服面法线 $f_{\boldsymbol{\sigma}}$ 的出现，即使当塑性流动是关联的，这个算法模量也是一般性的，而不是对称的。由于非关联的塑性流动或者基于 Cauchy 应力的公式或者变形梯度的乘法分解，会引起对称性的缺乏，而半隐式方法的算法性质，引起的对称性的缺乏并不是缺点。然而由于变形过程的稳定性是紧密地与切线模量的对称性相关，因此在应用不能保持对称性的算法模量时必须小心。针对这个问题，对于导致非对称模量的本构关系，若明确稳定性是不关切的，则实际上应该仅采用模量的对称部分(假设基本上仅影响收敛速率)。

5.9.8 率相关塑性的图形返回算法 率无关塑性的图形返回本构积分算法和算法切线模量可以很容易地修改为考虑率相关的方法。对于率相关材料，可以应用其他积分方法，如 Runge-Kutta 法，来代替这里描述的图形返回算法。

框 5.11 总结了率相关模型。塑性参数的率关系可以用增量表示为

$$\Delta\lambda = \Delta t\frac{\phi(\boldsymbol{\sigma}, \boldsymbol{q})}{\eta} \tag{5.9.51}$$

式中 ϕ 是过应力函数；η 是粘性。目前这个变量是已知应力和内变量的函数。对于一个完全隐式算法，更新可以写成增量的形式：

$$\begin{aligned}&\boldsymbol{\varepsilon}_{n+1} = \boldsymbol{\varepsilon}_n + \Delta\boldsymbol{\varepsilon}, \quad \boldsymbol{\varepsilon}^{\mathrm{p}}_{n+1} = \boldsymbol{\varepsilon}^{\mathrm{p}}_n + \Delta\lambda_{n+1}\boldsymbol{r}_{n+1}\\ &\boldsymbol{q}_{n+1} = \boldsymbol{q}_n + \Delta\lambda_{n+1}\boldsymbol{h}_{n+1}, \quad \boldsymbol{\sigma}_{n+1} = \boldsymbol{C} : (\boldsymbol{\varepsilon}_{n+1} - \boldsymbol{\varepsilon}^{\mathrm{p}}_{n+1}), \quad \Delta\lambda_{n+1} = \frac{\Delta t}{\eta}\phi_{n+1}\end{aligned} \tag{5.9.52}$$

这些引导应力和内变量增量表达式的步骤与那些导致率无关塑性的公式(5.9.14)平行。为了方便，将表达式重新写在这里：

$$\begin{Bmatrix}\Delta\boldsymbol{\sigma}^{(k)}\\ \Delta\boldsymbol{q}^{(k)}\end{Bmatrix} = -[\boldsymbol{A}^{(k)}]\{\tilde{\boldsymbol{a}}^{(k)}\} - \delta\lambda^{(k)}[\boldsymbol{A}^{(k)}]\{\tilde{\boldsymbol{r}}^{(k)}\} \tag{5.9.53}$$

对率无关的情况，式中 $\boldsymbol{A}^{(k)}$ 由公式(5.9.13)给出。

当与一致性条件相反时，由公式$(5.9.52)_5$的增量形式获得 $\Delta\lambda^{(k)}$ 的数值。$(5.9.52)_5$的增量形式为

$$\begin{aligned}\delta\lambda^{(k)} &= \frac{\Delta t}{\eta}\phi_{\sigma}^{(k)} : \Delta\boldsymbol{\sigma}^{(k)} + \frac{\Delta t}{\eta}\phi_{q}^{(k)} : \Delta\boldsymbol{q}^{(k)}\\ &= \frac{\Delta t}{\eta}[\phi_{\sigma}^{(k)} \quad \phi_{q}^{(k)}]\begin{Bmatrix}\Delta\boldsymbol{\sigma}^{(k)}\\ \Delta\boldsymbol{q}^{(k)}\end{Bmatrix}\\ &= \frac{\Delta t}{\eta}[\partial\boldsymbol{\phi}^{(k)}]\begin{Bmatrix}\Delta\boldsymbol{\sigma}^{(k)}\\ \Delta\boldsymbol{q}^{(k)}\end{Bmatrix}\end{aligned} \tag{5.9.54}$$

式中引进最后一个方程是为了标记方便。将公式(5.9.53)代入表达式的最后式子，并求解 $\Delta\lambda^{(k)}$，得到

$$\delta\lambda^{(k)} = -\frac{\partial\boldsymbol{\phi}^{(k)} : \boldsymbol{A}^{(k)} : \tilde{\boldsymbol{a}}^{(k)}}{\dfrac{\eta}{\Delta t} + \partial\boldsymbol{\phi}^{(k)} : \boldsymbol{A}^{(k)} : \tilde{\boldsymbol{r}}^{(k)}} \tag{5.9.55}$$

本构方程的更新为

$$\boldsymbol{\varepsilon}^{\mathrm{p}(k+1)} = \boldsymbol{\varepsilon}^{\mathrm{p}(k)} + \Delta\boldsymbol{\varepsilon}^{\mathrm{p}(k)} = \boldsymbol{\varepsilon}^{\mathrm{p}(k)} - \boldsymbol{C}^{-1} : \Delta\boldsymbol{\sigma}^{(k)}$$

$$\begin{aligned}\boldsymbol{q}^{(k+1)} &= \boldsymbol{q}^{(k)} + \Delta\boldsymbol{q}^{(k)} \\ \boldsymbol{\sigma}^{(k+1)} &= \boldsymbol{C}:(\boldsymbol{\varepsilon}_{n+1}-\boldsymbol{\varepsilon}^{p(k+1)}) = \boldsymbol{\sigma}^{(k)} + \Delta\boldsymbol{\sigma}^{(k)} \\ \Delta\lambda^{(k+1)} &= \Delta\lambda^{(k)} + \delta\lambda^{(k)}\end{aligned} \tag{5.9.56}$$

向后 Euler 方法的算法切线模量的推导类似于率无关的情况，其结果为

$$\begin{Bmatrix}\mathrm{d}\boldsymbol{\sigma} \\ \mathrm{d}\boldsymbol{q}\end{Bmatrix} = \left[\boldsymbol{A} - \frac{(\boldsymbol{A}:\tilde{\boldsymbol{r}})\otimes(\partial\boldsymbol{\phi}:\boldsymbol{A})}{\frac{\eta}{\Delta t}+\partial\boldsymbol{\phi}:\boldsymbol{A}:\tilde{\boldsymbol{r}}}\right]:\begin{Bmatrix}\mathrm{d}\boldsymbol{\varepsilon} \\ \boldsymbol{0}\end{Bmatrix} \tag{5.9.57}$$

考虑到公式(5.9.13)，给出在表达式 $\boldsymbol{A}$ 中出现的参数 $\Delta\lambda$：$\Delta\lambda=\Delta t\phi/\eta$。在适当的条件下(像上面所讨论的率无关情况)，$\boldsymbol{A}$ 中的耦合项消失，我们得到闭合形式的表达式：

$$\boldsymbol{C}^{\mathrm{alg}} = \left(\frac{\mathrm{d}\boldsymbol{\sigma}}{\mathrm{d}\boldsymbol{\varepsilon}}\right)_{n+1} = \left(\tilde{\boldsymbol{C}} - \frac{(\tilde{\boldsymbol{C}}:\boldsymbol{r})\otimes(\phi_{\sigma}:\tilde{\boldsymbol{C}})}{\frac{\eta}{\Delta t}+\phi_{\sigma}:\tilde{\boldsymbol{C}}:\boldsymbol{r}+\phi_{q}:\boldsymbol{Y}:\boldsymbol{h}}\right)_{n+1} \tag{5.9.58}$$

在公式(5.9.37)中定义了算法切线模量表达式中的 $\tilde{\boldsymbol{C}}$。这个结果可以与公式(5.9.38)的算法模量比较。

半隐式方法　对于半隐式方法可以得到类似的结果。特别是对于任意本构响应，可以获得算法模量闭合形式的表达式，为

$$\boldsymbol{C}^{\mathrm{alg}} = \left(\frac{\mathrm{d}\boldsymbol{\sigma}}{\mathrm{d}\boldsymbol{\varepsilon}}\right)_{n+1} = \left(\boldsymbol{C} - \frac{(\boldsymbol{C}:\boldsymbol{r}_n)\otimes(\phi_{\sigma}:\boldsymbol{C})}{\frac{\eta}{\Delta t}+\phi_{\sigma}:\boldsymbol{C}:\boldsymbol{r}_n+\phi_{q}:\boldsymbol{h}_n}\right)_{n+1} \tag{5.9.59}$$

5.9.9　率切线模量方法　另一种普遍采用的率相关本构关系积分方法由 Peirce，Shih 和 Needleman(1984)提出，并由 Moran(1987)进一步讨论了率切线模量方法。这种方法的积分算法是对除了 $\Delta\lambda$ 之外的所有变量用向前 Euler 算法，而对 $\Delta\lambda$ 积分采用一般的梯形规则：

$$\begin{aligned}\boldsymbol{\varepsilon}_{n+1} &= \boldsymbol{\varepsilon}_{n} + \Delta\boldsymbol{\varepsilon} \\ \boldsymbol{\varepsilon}^{p}_{n+1} &= \boldsymbol{\varepsilon}^{p}_{n} + \Delta\lambda_n\boldsymbol{r}_n \\ \boldsymbol{q}_{n+1} &= \boldsymbol{q}_n + \Delta\lambda_n\boldsymbol{h}_n \\ \boldsymbol{\sigma}_{n+1} &= \boldsymbol{C}:(\boldsymbol{\varepsilon}_{n+1}-\boldsymbol{\varepsilon}^{p}_{n+1}) \\ \Delta\lambda &= \frac{\Delta t}{\eta}[(1-\theta)\phi_n+\theta\phi_{n+1}]\end{aligned} \tag{5.9.60}$$

为了给出塑性参数 $\Delta\lambda$ 的等效增量，应用一个向前梯形近似。在 n 时刻展开过应力函数 ϕ_{n+1}：

$$\phi_{n+1} = \phi_n + (\phi_{\sigma})_n:\Delta\boldsymbol{\sigma} + (\phi_q)_n\cdot\Delta\boldsymbol{q} \tag{5.9.61}$$

将该表达式代入式(5.9.60)，得到

$$\Delta\lambda = \frac{\Delta t}{\eta}\phi_n + \frac{\theta\Delta t}{\eta}((\phi_{\sigma})_n:\Delta\boldsymbol{\sigma}+(\phi_q)_n\cdot\Delta\boldsymbol{q}) \tag{5.9.62}$$

在这个表达式中采用的应力和内变量的增量可以将公式(5.9.60)写成增量形式：

$$\Delta\boldsymbol{\sigma} = \boldsymbol{C}:(\Delta\boldsymbol{\varepsilon}-\Delta\lambda\boldsymbol{r}_n),\quad \Delta\boldsymbol{q} = \Delta\lambda\boldsymbol{h}_n \tag{5.9.63}$$

在公式(5.9.62)中应用这些表达式，求解 $\Delta\lambda$，得

$$\Delta\lambda = \frac{\phi_n+\theta(\phi_{\sigma})_n:\boldsymbol{C}:\Delta\boldsymbol{\varepsilon}}{\frac{\eta}{\Delta t}+\theta((\phi_{\sigma})_n:\boldsymbol{C}:\boldsymbol{r}_n-(\phi_q)_n\cdot\boldsymbol{h}_n)} \tag{5.9.64}$$

当上式被代入公式(5.9.63)时将得到公式(5.9.65)(所有量在 n 时刻赋值)：

$$\Delta\boldsymbol{\sigma} = \boldsymbol{C}^{\mathrm{alg}} : \Delta\boldsymbol{\varepsilon} - \boldsymbol{p}$$

$$\boldsymbol{C}^{\mathrm{alg}} = \boldsymbol{C} - \frac{\theta(\boldsymbol{C} : \boldsymbol{r}) \otimes (\phi_{\sigma} : \boldsymbol{C})}{\dfrac{\eta}{\Delta t} + \theta(\phi_{\sigma} : \boldsymbol{C} : \boldsymbol{r} + \phi_{q} : \boldsymbol{h})}, \quad \boldsymbol{p} = \frac{\phi_{n}\boldsymbol{C} : \boldsymbol{r}}{\dfrac{\eta}{\Delta t} + \theta(\phi_{\sigma} : \boldsymbol{C} : \boldsymbol{r} + \phi_{q} : \boldsymbol{h})} \tag{5.9.65}$$

这里，$\boldsymbol{C}^{\mathrm{alg}}$有时称为率切线模量；$\boldsymbol{p}$ 是附加在外节点力矢量中的伪荷载，它是在一步中增量弱形式的结果。注意对于 $\theta=1$，这个算法模量与公式(5.9.59)的半隐式向后 Euler 算法第一次迭代的切线模量是一致的。伪荷载 $\boldsymbol{p}$ 出现在目前的一步算法中，在半隐式算法迭代中并不出现。

5.9.10 大变形的增量客观积分方法 大变形本构算法中的一个重要问题是框架不变形。许多研究者提倡本构算法必须准确保持本构关系的根本客观性，即在刚体转动中算法必须准确地计算应力的转动。Hughes 和 Winget (1980) 提出了**增量客观性**的观点：在刚体转动中有 $\boldsymbol{F}_{n+1}=\boldsymbol{Q}(t)\cdot\boldsymbol{F}_{n}$(式中 $\det\boldsymbol{Q}=1$)，如果 Cauchy 应力由$\boldsymbol{\sigma}_{n+1}=\boldsymbol{Q}(t)\cdot\boldsymbol{\sigma}_{n}\cdot\boldsymbol{Q}^{\mathrm{T}}(t)$给出，则一个更新算法是增量客观性的。Reshid (1993) 进一步区分了**弱**客观性和**强**客观性。弱客观性是当纯转动时更新算法恰当地转动应力张量；而强客观性是当运动包括伸长和转动时恰当地转动应力。基于 Lie 导数的概念，Simo 和 Hughes (1998)给出了增量客观应力更新算法的深入讨论。

作为增量客观性的例子，基于 Kirchhoff 应力的 Jaumann 率，我们考虑一个简单的更新算法。变形率是对于时间增量的等效率并且定义如下，应力更新为

$$\boldsymbol{\tau}_{n+1} = \boldsymbol{Q}_{n+1}\cdot\boldsymbol{\tau}_{n}\cdot\boldsymbol{Q}_{n+1}^{\mathrm{T}} + \Delta t\,\boldsymbol{\tau}^{\nabla J} \tag{5.9.66}$$

式中 $\boldsymbol{Q}_{n+1}=\exp[\boldsymbol{W}\Delta t]$是与等效旋转$\boldsymbol{W}$ 关联的增量转动张量。以 Jaumann 率的形式替换本构响应，给出

$$\boldsymbol{\tau}_{n+1} = \boldsymbol{Q}_{n+1}\cdot\boldsymbol{\tau}_{n}\cdot\boldsymbol{Q}_{n+1}^{\mathrm{T}} + \Delta t\,\boldsymbol{C}^{\tau J} : \boldsymbol{D} \tag{5.9.67}$$

式中 $\boldsymbol{D}$ 是等效变形率。应用不同算法计算等效变形率，基于增量变形梯度，我们这里采用直接向前方法：

$$\begin{aligned}\boldsymbol{F}_{n+1} &= \boldsymbol{F}_{n} + (\nabla_{0}\Delta\boldsymbol{u})^{\mathrm{T}} = \Delta\boldsymbol{F}_{n}\cdot\boldsymbol{F}_{n}\\ \Delta\boldsymbol{F}_{n} &= \boldsymbol{I} + (\nabla_{0}\Delta\boldsymbol{u})^{\mathrm{T}}\cdot\boldsymbol{F}_{n}^{-1} = \boldsymbol{I} + (\nabla_{n}\Delta\boldsymbol{u})^{\mathrm{T}}\end{aligned} \tag{5.9.68}$$

式中$\nabla_{n}=\partial/\partial\boldsymbol{x}_{n}$，$\Delta\boldsymbol{u}=\Delta t\ \boldsymbol{v}$ 是位移增量，而$\boldsymbol{v}$ 是关于增量的等效速度。通过 Green 应变增量的前推定义等效变形率：

$$\begin{aligned}\Delta\boldsymbol{E} &= \frac{1}{2}(\boldsymbol{F}_{n+1}^{\mathrm{T}}\cdot\boldsymbol{F}_{n+1} - \boldsymbol{F}_{n}^{\mathrm{T}}\cdot\boldsymbol{F}_{n})\\ \Delta t\boldsymbol{D} &= \boldsymbol{F}_{n+1}^{-\mathrm{T}}\cdot\Delta\boldsymbol{E}\cdot\boldsymbol{F}_{n+1}^{-1} = \frac{1}{2}(\boldsymbol{I} - (\Delta\boldsymbol{F}_{n})^{-\mathrm{T}}\cdot\Delta\boldsymbol{F}_{n}^{-1})\end{aligned} \tag{5.9.69}$$

在刚体转动中等效变形率 $\boldsymbol{D}$ 消失，从而取得了增量客观性。等效旋转定义为

$$\Delta t\boldsymbol{W} = \frac{1}{2}((\nabla_{0}\Delta\boldsymbol{u})^{\mathrm{T}}\cdot\boldsymbol{F}_{n+1}^{-1} - \boldsymbol{F}_{n+1}^{-\mathrm{T}}\cdot(\nabla_{0}\Delta\boldsymbol{u})) \tag{5.9.70}$$

在第 9 章中将给出计算 $\boldsymbol{Q}_{n+1}$ 的近似指数图形。

对于次弹-塑性材料公式(5.9.67),采取的形式为

$$\begin{aligned}\boldsymbol{\tau}_{n+1} &= \boldsymbol{Q}_{n+1}\cdot\boldsymbol{\tau}_n\cdot\boldsymbol{Q}_{n+1}^{\mathrm{T}} + \Delta t\,\boldsymbol{C}_{el}^{\tau J} : (\boldsymbol{D}-\boldsymbol{D}^{\mathrm{p}}) \\ &= (\boldsymbol{Q}_{n+1}\cdot\boldsymbol{\tau}_n\cdot\boldsymbol{Q}_{n+1}^{\mathrm{T}} + \Delta t\,\boldsymbol{C}_{el}^{\tau J} : \boldsymbol{D}) - \Delta t\,\boldsymbol{C}_{el}^{\tau J} : \boldsymbol{D}^{\mathrm{p}}\end{aligned} \tag{5.9.71}$$

弹性模量取为常数和各向同性。在括号中的项定义了试应力 $\boldsymbol{\tau}_{n+1}^{\mathrm{trail}} = \boldsymbol{Q}_{n+1}\cdot\boldsymbol{\tau}_n\cdot\boldsymbol{Q}_{n+1}^{\mathrm{T}} + \Delta t\,\boldsymbol{C}_{el}^{\tau J} : \boldsymbol{D}$。关于 von Mises 塑性的径向返回算法则平行于在第 5.9.3 节的小应变公式,例如,

$$\hat{\boldsymbol{n}} = \frac{(\boldsymbol{\tau}_{\mathrm{dev}}^{\mathrm{trail}})_{n+1}}{\|\boldsymbol{\tau}_{\mathrm{dev}}^{\mathrm{trail}}\|_{n+1}} \qquad \delta\lambda^{(k)} = \frac{f^{(k)}}{3\mu + H^{(k)}} \tag{5.9.72}$$

5.9.11　超弹-塑性本构模型的半隐式方法　在超弹-塑性本构关系中,如在第 5.7.7 节讨论的,可以不需要增量客观性算法。本节展示了第 5.7 节所描述的关于超弹-塑性模型的应力更新方法(率相关情况),其过程(Moran,Ortiz 和 Shih,1990)如框 5.15 所示。因为应力更新方法是在中间构形下的公式,它独立于刚体转动,这样它就自动满足了材料客观性的要求。因为它在塑性流动方向和塑性模量上是显式,即 $\bar{\boldsymbol{r}}_n$ 和 $\bar{\boldsymbol{h}}_n$ 可以在时间步骤开始时赋值,所以对于该应力更新方法的一致切线模量可以推导出闭合解答(Moran,Ortiz 和 Shih,1990)。

框 5.15　超弹-粘塑性模型的应力更新方法

1. 给出 $\boldsymbol{F}_{n+1},\boldsymbol{F}_n,\boldsymbol{F}_n^{\mathrm{p}},\bar{\boldsymbol{S}}_n,\bar{\boldsymbol{q}}_n$ 和时间增量 Δt,计算 $\boldsymbol{F}_{n+1}^{\mathrm{p}},\bar{\boldsymbol{S}}_{n+1},\bar{\boldsymbol{q}}_{n+1}$

$$\begin{aligned}\boldsymbol{F}_{n+1}^{\mathrm{p}} &= (\boldsymbol{I}+\Delta\lambda_{n+1}\bar{\boldsymbol{r}}_n)\cdot\boldsymbol{F}_n^{\mathrm{p}} \\ \boldsymbol{F}_{n+1}^{\mathrm{e}} &= \boldsymbol{F}_{n+1}\cdot(\boldsymbol{F}_{n+1}^{\mathrm{p}})^{-1} \\ \bar{\boldsymbol{C}}_{n+1}^{\mathrm{e}} &= \boldsymbol{F}_{n+1}^{\mathrm{eT}}\cdot\boldsymbol{F}_{n+1}^{\mathrm{e}} \\ \bar{\boldsymbol{S}}_{n+1} &= \bar{\boldsymbol{S}}(\bar{\boldsymbol{C}}_{n+1}^{\mathrm{e}}) = 2\partial\bar{\psi}/\partial\bar{\boldsymbol{C}}_{n+1}^{\mathrm{e}} \\ \bar{\boldsymbol{q}}_{n+1} &= \bar{\boldsymbol{q}}_n + \Delta\lambda_{n+1}\bar{\boldsymbol{h}}_n\end{aligned} \tag{B5.15.1}$$

从上面注意到,应力可以写成 $\Delta\lambda_{n+1}$ 的隐函数,弹性 Cauchy 变形张量的第一式作为 $\Delta\lambda_{n+1}$ 的函数:

$$\begin{aligned}\bar{\boldsymbol{C}}_{n+1}^{\mathrm{e}}(\Delta\lambda_{n+1}) &= \boldsymbol{F}_{n+1}^{\mathrm{eT}}\cdot\boldsymbol{F}_{n+1}^{\mathrm{e}} = ((\boldsymbol{F}_{n+1}^{\mathrm{p}})^{-\mathrm{T}}\cdot\boldsymbol{F}_{n+1}^{\mathrm{T}})\cdot(\boldsymbol{F}_{n+1}\cdot(\boldsymbol{F}_{n+1}^{\mathrm{p}})^{-1}) \\ &= (\boldsymbol{I}+\Delta\lambda_{n+1}\bar{\boldsymbol{r}}_n)^{-\mathrm{T}}\cdot(\boldsymbol{F}_n^{\mathrm{p}})^{-\mathrm{T}}\cdot(\boldsymbol{F}_{n+1}^{\mathrm{T}}\cdot\boldsymbol{F}_{n+1})\cdot(\boldsymbol{F}_n^{\mathrm{p}})^{-1}\cdot(\boldsymbol{I}+\Delta\lambda_{n+1}\bar{\boldsymbol{r}}_n)^{-1}\end{aligned} \tag{B5.15.2}$$

2. 应用上面的公式将塑性参数增量写成

$$\begin{aligned}\Delta\lambda_{n+1} &= \Delta t\,\frac{\bar{\phi}(\bar{\boldsymbol{S}}_{n+1},\bar{\boldsymbol{q}}_{n+1})}{\eta} \\ &= \frac{\Delta t}{\eta}\,\bar{\phi}(\bar{\boldsymbol{S}}(\bar{\boldsymbol{C}}_{n+1}^{\mathrm{e}}(\Delta\lambda_{n+1})),\bar{\boldsymbol{q}}_n+\Delta\lambda_{n+1}\bar{\boldsymbol{h}}_n)\end{aligned} \tag{B5.15.3}$$

应用 Newton 方法,可以解出 $\Delta\lambda_{n+1}$。

3. 可以获得关于上面应力更新方法的算法模量的闭合形式，为

$$
\begin{aligned}
&\boldsymbol{\sigma}^{\nabla T} = \boldsymbol{C}_{\mathrm{alg}}^{\sigma T} : \boldsymbol{D} \\
&\boldsymbol{C}_{\mathrm{alg}}^{\sigma T} = J^{-1}\boldsymbol{C}_{\mathrm{alg}}^{\tau} - \frac{(\hat{\boldsymbol{r}}\cdot\boldsymbol{\sigma}+\boldsymbol{\sigma}\cdot\hat{\boldsymbol{r}}^{\mathrm{T}})\otimes(\boldsymbol{\phi}_{\boldsymbol{\tau}} : \boldsymbol{C}_{el}^{\tau})}{\dfrac{\eta}{\Delta t}-\boldsymbol{\phi}_{\boldsymbol{q}}\cdot\boldsymbol{h}_n+\boldsymbol{\phi}_{\boldsymbol{\tau}} : \boldsymbol{C}_{el}^{\tau} : \mathrm{sym}\,\hat{\boldsymbol{r}}} \\
&\boldsymbol{C}_{\mathrm{alg}}^{\tau} = \boldsymbol{C}_{el}^{\tau} - \frac{(\boldsymbol{C}_{el}^{\tau} : \mathrm{sym}\hat{\boldsymbol{r}})\otimes(\boldsymbol{\phi}_{\boldsymbol{\tau}} : \boldsymbol{C}_{el}^{\tau})}{\dfrac{\eta}{\Delta t}-\boldsymbol{\phi}_{\boldsymbol{q}}\cdot\boldsymbol{h}_n+\boldsymbol{\phi}_{\boldsymbol{\tau}} : \boldsymbol{C}_{el}^{\tau} : \mathrm{sym}\,\hat{\boldsymbol{r}}} \\
&\hat{\boldsymbol{r}} = (\boldsymbol{F}^{\mathrm{e}})^{-\mathrm{T}}\cdot(\bar{\boldsymbol{C}}^{\mathrm{e}}\cdot\bar{\boldsymbol{r}}_n\cdot\boldsymbol{F}_n^{\mathrm{p}}\cdot(\boldsymbol{F}^{\mathrm{p}})^{-1})\cdot(\boldsymbol{F}^{\mathrm{e}})^{-1} \\
&\boldsymbol{\phi}_{\boldsymbol{\tau}} = \partial\phi/\partial\boldsymbol{\tau}, \quad \boldsymbol{\phi}_{\boldsymbol{q}} = \partial\phi/\partial\boldsymbol{q}
\end{aligned}
\tag{B5.15.4}
$$

除非另外说明，式中的量在 $n+1$ 时刻赋值。当设 $\eta=0$ 时，可以获得率无关情况的算法模量。

5.10 连续介质力学和本构模型

通过在拓扑空间的分析，可以深入地理解和获得大变形弹性和塑性的各种张量之间的关系和映射。感兴趣的读者可以参考 Marsden 和 Hughes (1983) 对这些问题的论述。本节简要介绍了拓扑空间解析的某些主要特点，给出本章前面推导的某些重要关系的联系。特别是在拓扑集合中可以更清楚地理解与框架不变量、应力率和本构模型公式相关的问题。

5.10.1 Euler, Lagrangian 和两点张量 对于材料框架相同性的处理，引进 Lagrangian, Eulerian 和两点张量的概念是有用的。线单元 $\mathrm{d}\boldsymbol{X}$ 是一个 Lagrangian 线单元，称为 Lagrangian 矢量。通过与 Lagrangian 矢量的约定，定义二阶张量为 Lagrangian 二阶张量。这样由公式(3.3.1)，Green 应变张量 $\boldsymbol{E}$ 是 Lagrangian 张量，而 $\boldsymbol{C}$ 是右 Cauchy-Green 变形张量。与 Green 应变张量功共轭的第二 Piola-Kirchhoff 应力是 Lagrangian 应力张量。Lagrangian 张量的材料时间导数仍然是 Lagrangian 张量。

当前构形中的线单元 $\mathrm{d}\boldsymbol{x}$ 是 Eulerian 线单元，称为 Eulerian 矢量。$\mathrm{d}\boldsymbol{x}$ 的材料时间导数是 $\mathrm{d}\boldsymbol{v}$，也是一个 Eulerian 矢量。通过与 Eulerian 矢量的约定，定义二阶张量为 Eulerian 二阶张量。这样由公式(3.3.13)，速度梯度 $\boldsymbol{L}$ 与它的对称部分 $\boldsymbol{D}$ 和非对称部分 $\boldsymbol{W}$ 是 Eulerian 张量。按照功共轭，Cauchy 应力 $\boldsymbol{\sigma}$ 和 Kirchhoff (加权 Cauchy)应力 $\boldsymbol{\tau}$ 是 Eulerian 张量。

通过与 Lagrangian 矢量和 Eulerian 矢量的约定，所定义的二阶张量属于一种两点张量。如果约定是 Eulerian 矢量在左侧而 Lagrangian 矢量在右侧，则称为 Eulerian-Lagrangian；如果颠倒顺序，则为 Lagrangian-Eulerian。因此，变形梯度 $\boldsymbol{F}$ 是一个 Eulerian-Lagrangian 两点张量，名义应力 $\boldsymbol{P}$ 是一个 Lagrangian-Eulerian 两点张量。

5.10.2 后拉、前推和 Lie 导数

基本概念 可以由后拉和前推运算给出 Eulerian-Lagrangian 张量之间映射的统一描述。例如，Lagrangian 矢量 $\mathrm{d}\boldsymbol{X}$ 由 $\boldsymbol{F}$ 前推到当前构形给出 Eulerian 矢量 $\mathrm{d}\boldsymbol{x}$，即

$$\mathrm{d}\boldsymbol{x} = \boldsymbol{F}\cdot\mathrm{d}\boldsymbol{X} \equiv \phi_*\,\mathrm{d}\boldsymbol{X} \tag{5.10.1}$$

Eulerian 矢量 $\mathrm{d}\boldsymbol{x}$ 由 $\boldsymbol{F}^{-1}$ 后拉到参考构形给出 $\mathrm{d}\boldsymbol{X}$，即

$$\mathrm{d}\boldsymbol{X} = \boldsymbol{F}^{-1} \cdot \mathrm{d}\boldsymbol{x} \equiv \phi^{*} \mathrm{d}\boldsymbol{x} \tag{5.10.2}$$

在上面的公式中，ϕ_{*} 和 ϕ^{*} 代表了前推和后拉的相应运算。

二阶张量的后拉和前推运算给出了在变形后构形和变形前构形情况下这些张量之间的关系。一些重要的二阶张量的后拉和前推在框 5.16 给出。这些定义取决于一个张量是动力学的还是运动学的，区别在于由这些张量所观察到的势的共轭性。若功共轭的运动学和动力学张量被后拉或前推，则势必须保持不变(这个问题将在下一小节中进一步解释)。许多关系来自于框 3.2，但是这些概念能使我们发展那些不容易显示的关系。

在第 5.7 节中我们遇到了度量张量 $\boldsymbol{g}$，并注意到在 Eulerian 空间度量张量是单位张量 $\boldsymbol{I}$。然而，为了描述基本规则我们在一些公式中仍然保持度量张量，它和它的各种后拉(如，$\boldsymbol{C}=\phi^{*}\boldsymbol{g}$)发挥了张量运算的作用，例如偏量或者张量的对称部分的构成(见框 5.16)。

框 5.16 后拉和前推运算的总结

(注意度量张量 $\boldsymbol{g}=\boldsymbol{I}$)

前推 ϕ_{*}	后拉 ϕ^{*}
运动学(协变-协变张量)	
$\phi_{*}(\cdot)=\boldsymbol{F}^{-\mathrm{T}}\cdot(\cdot)\cdot\boldsymbol{F}^{-1}$	$\phi^{*}(\cdot)=\boldsymbol{F}^{\mathrm{T}}\cdot(\cdot)\cdot\boldsymbol{F}$
$\phi_{*}\boldsymbol{C}=\boldsymbol{F}^{-\mathrm{T}}\cdot\boldsymbol{C}\cdot\boldsymbol{F}^{-1}=\boldsymbol{g}$	$\phi^{*}\boldsymbol{g}=\boldsymbol{F}^{\mathrm{T}}\cdot\boldsymbol{g}\cdot\boldsymbol{F}=\boldsymbol{C}$
$\phi_{*}\dot{\boldsymbol{E}}=\boldsymbol{F}^{-\mathrm{T}}\cdot\dot{\boldsymbol{E}}\cdot\boldsymbol{F}^{-1}=\boldsymbol{D}$	$\phi^{*}\boldsymbol{D}=\boldsymbol{F}^{\mathrm{T}}\cdot\boldsymbol{D}\cdot\boldsymbol{F}=\dot{\boldsymbol{E}}$
$\phi_{*}\dot{\boldsymbol{E}}^{\mathrm{dev}}=\boldsymbol{F}^{-\mathrm{T}}\cdot\dot{\boldsymbol{E}}^{\mathrm{dev}}\cdot\boldsymbol{F}^{-1}$	$\phi^{*}\boldsymbol{D}^{\mathrm{dev}}=\boldsymbol{F}^{\mathrm{T}}\cdot\boldsymbol{D}^{\mathrm{dev}}\cdot\boldsymbol{F}$
$=\boldsymbol{F}^{-\mathrm{T}}\cdot\left(\dot{\boldsymbol{E}}-\left(\frac{1}{3}\dot{\boldsymbol{E}}:\boldsymbol{C}^{-1}\right)\boldsymbol{C}\right)\cdot\boldsymbol{F}^{-1}$	$=\boldsymbol{F}^{\mathrm{T}}\cdot\left(\boldsymbol{D}-\left(\frac{1}{3}\boldsymbol{D}:\boldsymbol{g}^{-1}\right)\boldsymbol{g}\right)\cdot\boldsymbol{F}$
$=\boldsymbol{D}-\left(\frac{1}{3}\boldsymbol{D}:\boldsymbol{g}^{-1}\right)\boldsymbol{g}$	$=\dot{\boldsymbol{E}}-\left(\frac{1}{3}\dot{\boldsymbol{E}}:\boldsymbol{C}^{-1}\right)\boldsymbol{C}=\dot{\boldsymbol{E}}^{\mathrm{dev}}$
$\equiv\boldsymbol{D}-\left(\frac{1}{3}\boldsymbol{D}:\boldsymbol{I}\right)\boldsymbol{I}=\boldsymbol{D}^{\mathrm{dev}}$	
动力学(逆变-逆变张量)	
$\phi_{*}(\cdot)=\boldsymbol{F}\cdot(\cdot)\cdot\boldsymbol{F}^{\mathrm{T}}$	$\phi^{*}(\cdot)=\boldsymbol{F}^{-1}\cdot(\cdot)\cdot\boldsymbol{F}^{-\mathrm{T}}$
$\phi_{*}\boldsymbol{S}=\boldsymbol{F}\cdot\boldsymbol{S}\cdot\boldsymbol{F}^{\mathrm{T}}=\boldsymbol{\tau}$	$\phi^{*}\boldsymbol{\tau}=\boldsymbol{F}^{-1}\cdot\boldsymbol{\tau}\cdot\boldsymbol{F}^{-\mathrm{T}}=\boldsymbol{S}$
$\phi_{*}\dot{\boldsymbol{S}}=\boldsymbol{F}\cdot\dot{\boldsymbol{S}}\cdot\boldsymbol{F}^{\mathrm{T}}=L_{v}\boldsymbol{\tau}\equiv\boldsymbol{\tau}^{\nabla c}$	$\phi^{*}\boldsymbol{\tau}^{\nabla c}=\boldsymbol{F}^{-1}\cdot\boldsymbol{\tau}^{\nabla c}\cdot\boldsymbol{F}^{-\mathrm{T}}=\dot{\boldsymbol{S}}$
$\phi_{*}\boldsymbol{S}^{\mathrm{dev}}=\boldsymbol{F}\cdot\boldsymbol{S}^{\mathrm{dev}}\cdot\boldsymbol{F}^{\mathrm{T}}$	$\phi^{*}\boldsymbol{\tau}^{\mathrm{dev}}=\boldsymbol{F}^{-1}\cdot\boldsymbol{\tau}^{\mathrm{dev}}\cdot\boldsymbol{F}^{-\mathrm{T}}$
$=\boldsymbol{F}\cdot\left(\boldsymbol{S}-\left(\frac{1}{3}\boldsymbol{S}:\boldsymbol{C}\right)\boldsymbol{C}^{-1}\right)\cdot\boldsymbol{F}^{\mathrm{T}}$	$=\boldsymbol{F}^{-1}\cdot\left(\boldsymbol{\tau}-\left(\frac{1}{3}\boldsymbol{\tau}:\boldsymbol{g}\right)\boldsymbol{g}^{-1}\right)\cdot\boldsymbol{F}^{-\mathrm{T}}$
$=\boldsymbol{\tau}-\left(\frac{1}{3}\boldsymbol{\tau}:\boldsymbol{g}\right)\boldsymbol{g}^{-1}\equiv\boldsymbol{\tau}-\left(\frac{1}{3}\boldsymbol{\tau}:\boldsymbol{I}\right)\boldsymbol{I}$	$=\boldsymbol{S}-\left(\frac{1}{3}\boldsymbol{S}:\boldsymbol{C}\right)\boldsymbol{C}^{-1}=\boldsymbol{S}^{\mathrm{dev}}$
$=\boldsymbol{\tau}^{\mathrm{dev}}$	

后拉和前推的概念为定义张量的时间导数提供了数学上的一致性方法，称为 Lie 导数。如框 5.17 所示，Kirchhoff 应力的 Lie 导数是 Kirchhoff 应力的后拉的时间导数的前推。不严格地说，在 Lie 导数中，我们在固定的参考构形中对时间求导，然后前推到当前构形。框

5.17 给出了用势共轭方式定义的运动学张量的 Lie 导数(在框 5.16 中应用运动学的后拉和前推定义)。

下面将会看到,Kirchhoff 应力的对流率对应于它的 Lie 导数,我们由框 5.17 给出的定义开始,然后写出后拉和前推。

$$L_v\boldsymbol{\tau} = \phi_*\left(\frac{\mathrm{D}}{\mathrm{D}t}(\phi^*\boldsymbol{\tau})\right) = \boldsymbol{F}\cdot\frac{\mathrm{D}\boldsymbol{S}}{\mathrm{D}t}\cdot\boldsymbol{F}^{\mathrm{T}} = \boldsymbol{F}\cdot\frac{\mathrm{D}}{\mathrm{D}t}(\boldsymbol{F}^{-1}\cdot\boldsymbol{\tau}\cdot\boldsymbol{F}^{-\mathrm{T}})\cdot\boldsymbol{F}^{\mathrm{T}} \quad (5.10.3)$$

下一步,我们进行材料时间导数的计算:

$$\begin{aligned}L_v\boldsymbol{\tau} &= \phi_*\left(\frac{\mathrm{D}}{\mathrm{D}t}(\phi^*\boldsymbol{\tau})\right) = \boldsymbol{F}\cdot(\dot{\boldsymbol{F}}^{-1}\cdot\boldsymbol{\tau}\cdot\boldsymbol{F}^{-\mathrm{T}} + \boldsymbol{F}^{-1}\cdot\dot{\boldsymbol{\tau}}\cdot\boldsymbol{F}^{-\mathrm{T}} + \boldsymbol{F}^{-1}\cdot\boldsymbol{\tau}\cdot\dot{\boldsymbol{F}}^{-\mathrm{T}})\cdot\boldsymbol{F}^{\mathrm{T}} \\ &= \boldsymbol{F}\cdot(-\boldsymbol{F}^{-1}\cdot\dot{\boldsymbol{F}}\cdot\boldsymbol{F}^{-1}\cdot\boldsymbol{\tau}\cdot\boldsymbol{F}^{-\mathrm{T}} + \boldsymbol{F}^{-1}\cdot\dot{\boldsymbol{\tau}}\cdot\boldsymbol{F}^{-\mathrm{T}} - \boldsymbol{F}^{-1}\cdot\boldsymbol{\tau}\cdot\boldsymbol{F}^{-\mathrm{T}}\cdot\dot{\boldsymbol{F}}^{\mathrm{T}}\cdot\boldsymbol{F}^{-\mathrm{T}})\cdot\boldsymbol{F}^{\mathrm{T}}\end{aligned} \quad (5.10.4)$$

式中我们替换了$\dot{\boldsymbol{F}}^{-1} = -\boldsymbol{F}^{-1}\cdot\dot{\boldsymbol{F}}\cdot\boldsymbol{F}^{-1}$。回顾$\boldsymbol{L}=\dot{\boldsymbol{F}}\cdot\boldsymbol{F}^{-1}$,我们得到

$$L_v\boldsymbol{\tau} = \boldsymbol{\tau}^{\nabla c} = \dot{\boldsymbol{\tau}} - \boldsymbol{L}\cdot\boldsymbol{\tau} - \boldsymbol{\tau}\cdot\boldsymbol{L}^{\mathrm{T}} \quad (5.10.5)$$

这样,Lie 导数等价于在公式(5.4.22)中定义的 Truesdell 应力的对流率。

将张量后拉到中间构形 $\bar{\Omega}$(第 5.7 节)是由变形梯度的弹性部分完成的,如 $\bar{\boldsymbol{S}}=(\boldsymbol{F}^{\mathrm{e}})^{-1}\cdot\boldsymbol{\tau}\cdot(\boldsymbol{F}^{\mathrm{e}})^{-\mathrm{T}}=\phi_{\mathrm{e}}^*\boldsymbol{\tau}$。类似地,将张量从 $\bar{\Omega}$ 后拉到参考构形 Ω 是应用了变形梯度的塑性部分,如 $\boldsymbol{S}=(\boldsymbol{F}^{\mathrm{p}})^{-1}\cdot\bar{\boldsymbol{S}}\cdot(\boldsymbol{F}^{\mathrm{p}})^{-\mathrm{T}}=\phi_{\mathrm{p}}^*\bar{\boldsymbol{S}}$。

框 5.17 Lie 导数

Lie 导数 $L_v(\cdot)=\phi_*\left(\frac{\mathrm{D}}{\mathrm{D}t}\phi^*(\cdot)\right)$

$$L_v\boldsymbol{g}=\phi_*\left(\frac{\mathrm{D}}{\mathrm{D}t}(\phi^*\boldsymbol{g})\right)=\boldsymbol{F}^{-\mathrm{T}}\cdot\frac{\mathrm{D}}{\mathrm{D}t}(\boldsymbol{F}^{\mathrm{T}}\cdot\boldsymbol{g}\cdot\boldsymbol{F})\cdot\boldsymbol{F}^{-1}=\boldsymbol{F}^{-\mathrm{T}}\cdot\dot{\boldsymbol{C}}\cdot\boldsymbol{F}^{-1}=2\boldsymbol{D}$$

$$L_v\boldsymbol{\tau}=\phi_*\left(\frac{\mathrm{D}}{\mathrm{D}t}(\phi^*\boldsymbol{\tau})\right)=\boldsymbol{F}\cdot\frac{\mathrm{D}}{\mathrm{D}t}(\boldsymbol{F}^{-1}\cdot\boldsymbol{\tau}\cdot\boldsymbol{F}^{-\mathrm{T}})\cdot\boldsymbol{F}^{\mathrm{T}}=\boldsymbol{F}\cdot\dot{\boldsymbol{S}}\cdot\boldsymbol{F}^{\mathrm{T}}=\boldsymbol{\tau}^{\nabla c}$$

在后拉和前推运算中,可以由相应的弹性和塑性部分定义弹性和塑性 Lie 导数,即

$$L_v^{\mathrm{e}}\boldsymbol{\tau} = \phi_*^{\mathrm{e}}\left(\frac{\mathrm{D}}{\mathrm{D}t}(\phi_{\mathrm{e}}^*\boldsymbol{\tau})\right) = \boldsymbol{F}^{\mathrm{e}}\cdot\frac{\mathrm{D}}{\mathrm{D}t}((\boldsymbol{F}^{\mathrm{e}})^{-1}\cdot\boldsymbol{\tau}\cdot(\boldsymbol{F}^{\mathrm{e}})^{-\mathrm{T}})\cdot\boldsymbol{F}^{\mathrm{eT}} \quad (5.10.6)$$

是 Kirchhoff 应力的弹性 Lie 导数,而

$$L_v^{\mathrm{p}}\bar{\boldsymbol{S}} = \phi_*^{\mathrm{p}}\left(\frac{\mathrm{D}}{\mathrm{D}t}(\phi_{\mathrm{p}}^*\bar{\boldsymbol{S}})\right) = \boldsymbol{F}^{\mathrm{p}}\cdot\frac{\mathrm{D}}{\mathrm{D}t}((\boldsymbol{F}^{\mathrm{p}})^{-1}\cdot\bar{\boldsymbol{S}}\cdot(\boldsymbol{F}^{\mathrm{p}})^{-\mathrm{T}})\cdot\boldsymbol{F}^{\mathrm{pT}} \quad (5.10.7)$$

是 $\bar{\boldsymbol{S}}$ 的塑性 Lie 导数。

超弹-塑性模型的后拉和前推 在这一小节中,我们进一步详细描述上面讨论的后拉和前推运算。我们也提供基于变形梯度的乘法分解(第 5.7 节)的超弹-塑性本构模型的公式所引发的对于某些表达式的一些研究。首先回顾,在 $\bar{\Omega}$ 上的第二 Piola-Kirchhoff 应力可以视为 Kirchhoff 应力张量后拉(通过变形梯度的弹性部分)至 $\bar{\Omega}$ 的转化,即

$$\bar{\boldsymbol{S}} = (\boldsymbol{F}^{\mathrm{e}})^{-1}\cdot\boldsymbol{\tau}\cdot(\boldsymbol{F}^{\mathrm{e}})^{-\mathrm{T}} \equiv \phi_{\mathrm{e}}^*(\boldsymbol{\tau}) \quad (5.10.8)$$

后拉或者前推运算的特殊形式基于在一般拓扑空间上分析框架内张量的性质。在这一方法中,$\boldsymbol{\tau}$ 是一个逆变二阶张量,而后拉运算是由在左侧和右侧表示的$(\boldsymbol{F}^{\mathrm{e}})^{-1}$和$(\boldsymbol{F}^{\mathrm{e}})^{-\mathrm{T}}$进行的。然而,例如 $\boldsymbol{g}$ 和 $\boldsymbol{D}^{\mathrm{e}}$ 是协变二阶张量,应用 $\boldsymbol{F}^{\mathrm{eT}}$ 在左侧和 $\boldsymbol{F}^{\mathrm{e}}$ 在右侧进行相应的后拉计算。关

于这些概念的详细解释，感兴趣的读者可以参考 Marsden 和 Hughes (1983)。注意到当在 Euclidean(欧几里得)空间框架内计算时，这些概念事实上可以部分地避免，即使当采用一般的曲线坐标时它们再次出现。在本书中，详细的后拉或者前推运算应用显式给出。

可以应用前推运算获得关于 Kirchhoff 应力的有用表达式，通过替换在表达式(5.7.5)$_1$中的每一项，对于 $\bar{\boldsymbol{S}}$ 通过它的前推，有

$$\boldsymbol{\tau} = \phi^{e}_{*}\bar{\boldsymbol{S}} = 2\frac{\partial \psi}{\partial \boldsymbol{g}} \tag{5.10.9}$$

式中 $\psi(\boldsymbol{g},\boldsymbol{F}^{e})=\bar{\psi}(\phi_{e}^{*}(\boldsymbol{g}))=\bar{\psi}(\boldsymbol{F}^{eT}\cdot\boldsymbol{g}\cdot\boldsymbol{F}^{e})$是超弹性势 $\bar{\psi}$ 的前推。通过公式(5.7.6)获得弹性张量在 Ω 上的表达式，为

$$\boldsymbol{C}^{\tau}_{el} = 2\frac{\partial \boldsymbol{\tau}}{\partial \boldsymbol{g}} = 4\frac{\partial^2 \psi}{\partial \boldsymbol{g}\partial \boldsymbol{g}} \tag{5.10.10}$$

表达式(5.10.9)和(5.10.10)被称为 Doyle-Ericksen 公式(Doyle 和 Ericksen，1956)。

弹性右 Cauchy-Green 变形张量的时间导数可以联系到变形率张量弹性部分后拉至 $\bar{\Omega}$，即

$$\dot{\boldsymbol{C}}^{e} = 2\boldsymbol{F}^{eT}\cdot\boldsymbol{D}^{e}\cdot\boldsymbol{F}^{e} = \phi_{e}^{*}(\boldsymbol{D}^{e}) \tag{5.10.11}$$

但是

$$\dot{\boldsymbol{C}}^{e} = \frac{\mathrm{D}}{\mathrm{D}t}(\boldsymbol{F}^{eT}\cdot\boldsymbol{g}\cdot\boldsymbol{F}^{e}) \tag{5.10.12}$$

这样由公式(5.10.11)，

$$2\boldsymbol{D}^{e} = (\boldsymbol{F}^{e})^{-T}\cdot\frac{\mathrm{D}}{\mathrm{D}t}(\boldsymbol{F}^{eT}\cdot\boldsymbol{g}\cdot\boldsymbol{F}^{e})\cdot\boldsymbol{F}^{e} = \phi^{e}_{*}\left(\frac{\mathrm{D}}{\mathrm{D}t}\phi_{e}^{*}(\boldsymbol{g})\right) = L^{e}_{v}\boldsymbol{g} \tag{5.10.13}$$

即通过后拉度量张量至中间构形，得到了 2 倍变形率张量的弹性部分的表达式。取材料时间导数和前推结果至当前构形是度量张量的弹性 Lie 导数。应用 Lie 导数的概念，超弹性势 $\bar{\psi}$ 的时间导数可以写成

$$\dot{\bar{\psi}} = \frac{1}{2}\bar{\boldsymbol{S}}:\dot{\boldsymbol{C}}^{e} = \frac{1}{2}(\boldsymbol{F}^{e-1}\cdot\boldsymbol{\tau}\cdot\boldsymbol{F}^{e-T}):2(\boldsymbol{F}^{eT}\cdot\boldsymbol{D}^{e}\cdot\boldsymbol{F}^{e}) = \boldsymbol{\tau}:\boldsymbol{D}^{e} = \frac{1}{2}\boldsymbol{\tau}:L^{e}_{v}\boldsymbol{g} \tag{5.10.14}$$

并认为 $\boldsymbol{\tau}$ 和 $\boldsymbol{g}$ 是功共轭的。这些最后的结果可以从开始的表达式获得，通过采用它的前推来替换每一项$\left(即，\bar{\boldsymbol{S}} 由 \boldsymbol{\tau} 和 \frac{1}{2}\dot{\boldsymbol{C}}^{e} 由 L^{e}_{v}\boldsymbol{g}\right)$。

现在，注意到 $\boldsymbol{L}^{e}$ 和 $\boldsymbol{L}^{p}$(公式(5.7.10))的对称和反对称部分可以写成

$$\begin{aligned}\boldsymbol{D}^{e} &= \frac{1}{2}(\boldsymbol{g}\cdot\boldsymbol{L}^{e}+\boldsymbol{L}^{eT}\cdot\boldsymbol{g}),\quad \boldsymbol{W}^{e} = \frac{1}{2}(\boldsymbol{g}\cdot\boldsymbol{L}^{e}-\boldsymbol{L}^{eT}\cdot\boldsymbol{g})\\ \boldsymbol{D}^{p} &= \frac{1}{2}(\boldsymbol{g}\cdot\boldsymbol{L}^{p}+\boldsymbol{L}^{pT}\cdot\boldsymbol{g}),\quad \boldsymbol{W}^{p} = \frac{1}{2}(\boldsymbol{g}\cdot\boldsymbol{L}^{p}-\boldsymbol{L}^{pT}\cdot\boldsymbol{g})\end{aligned} \tag{5.10.15}$$

在这些表达式中度量张量 $\boldsymbol{g}=\boldsymbol{I}$ 显式保存在 Ω 上，是为了简化相应量值图形返回至中间构形的转换。空间速度梯度的弹性和塑性部分的后拉为

$$\begin{aligned}\bar{\boldsymbol{L}}^{e} &= \phi_{e}^{*}(\boldsymbol{L}^{e}) = (\boldsymbol{F}^{e})^{-1}\cdot\boldsymbol{L}^{e}\cdot\boldsymbol{F}^{e} = (\boldsymbol{F}^{e})^{-1}\cdot\dot{\boldsymbol{F}}^{e}\\ \bar{\boldsymbol{L}}^{p} &= \phi_{e}^{*}(\boldsymbol{L}^{p}) = (\boldsymbol{F}^{e})^{-1}\cdot\boldsymbol{L}^{p}\cdot\boldsymbol{F}^{e} = \dot{\boldsymbol{F}}^{p}\cdot(\boldsymbol{F}^{p})^{-1}\end{aligned} \tag{5.10.16}$$

式中应用了公式(5.7.9)以便获得最终的表达式。因此，$\boldsymbol{L}^{e}$ 是在 Ω 上速度梯度的弹性部分，

$\bar{\boldsymbol{L}}^{e}$ 是它的后拉；而 $\bar{\boldsymbol{L}}^{p}$ 是在 $\bar{\Omega}$ 上速度梯度的塑性部分，$\boldsymbol{L}^{p}$ 是它的前推。在一般拓扑空间的张量分析中，空间速度梯度 $\boldsymbol{L}$ 和它的弹性和塑性部分(相应的 $\boldsymbol{L}^{e}$ 和 $\boldsymbol{L}^{p}$)具有混合的逆变-协变性质。因此，公式(5.10.16)中的后拉运算也是混合的，在左侧应用$(\boldsymbol{F}^{e})^{-1}$(逆变)，在右侧应用 $\boldsymbol{F}^{e}$(协变)。

在 Ω 上，弹性和塑性速度梯度的对称和反对称部分为

$$\bar{\boldsymbol{D}}^{e}=\phi_{e}^{*}(\boldsymbol{D}^{e})=\frac{1}{2}(\bar{\boldsymbol{C}}^{e}\cdot\bar{\boldsymbol{L}}^{e}+\bar{\boldsymbol{L}}^{eT}\cdot\bar{\boldsymbol{C}}^{e}),\quad \bar{\boldsymbol{W}}^{e}=\phi_{e}^{*}(\boldsymbol{W}^{e})=\frac{1}{2}(\bar{\boldsymbol{C}}^{e}\cdot\bar{\boldsymbol{L}}^{e}-\bar{\boldsymbol{L}}^{eT}\cdot\bar{\boldsymbol{C}}^{e})$$

$$\bar{\boldsymbol{D}}^{p}=\phi_{e}^{*}(\boldsymbol{D}^{p})=\frac{1}{2}(\bar{\boldsymbol{C}}^{e}\cdot\bar{\boldsymbol{L}}^{p}+\bar{\boldsymbol{L}}^{pT}\cdot\bar{\boldsymbol{C}}^{e}),\quad \bar{\boldsymbol{W}}^{p}=\phi_{e}^{*}(\boldsymbol{W}^{p})=\frac{1}{2}(\bar{\boldsymbol{C}}^{e}\cdot\bar{\boldsymbol{L}}^{p}-\bar{\boldsymbol{L}}^{pT}\cdot\bar{\boldsymbol{C}}^{e})\tag{5.10.17}$$

式中 $\bar{\boldsymbol{C}}^{e}=\phi_{e}^{*}(\boldsymbol{g})$起到在中间构形上的度量作用。在这些表达式中，度量的作用类似于降低逆变的指标，因此张量是纯协变的，并且可以形成对称和反对称部分。

5.10.3 材料框架相同性 除了合适的应力和变形度量之外，将小应变本构关系扩展到有限应变需要考虑有限转动。本构关系必须独立于任何刚体转动。换句话说，对于在相对运动中(平动加转动)的两个观察者，本构关系必须相同，这被称作为**材料客观性原理**。这里，我们考虑了在有限应变时本构关系公式的本质。

设 $\boldsymbol{x}(\boldsymbol{X},t)$和 $\boldsymbol{x}^{*}(\boldsymbol{X},t)$是由两个相对运动的观察者所描述的物体运动，这里

$$\boldsymbol{x}^{*}=\boldsymbol{Q}(t)\cdot\boldsymbol{x}+\boldsymbol{c}(t),\quad \boldsymbol{Q}^{-1}=\boldsymbol{Q}^{T}\tag{5.10.18}$$

且 $\boldsymbol{Q}(0)=\boldsymbol{I},\boldsymbol{c}(0)=0$。方程(5.10.18)代表了两个观察者之间的转换，他们相互之间的参考框架被 $\boldsymbol{Q}$ 旋转和被 $\boldsymbol{c}$ 平移。在物体的当前构形上，对于一个刚体转动和平移的叠加，方程(5.10.18)在数学上也是等价的。从这第二点来看，常常是很方便地考虑客观性的需要(进一步详细的内容见 Malvern (1969) 和 Ogden (1984))。

由方程(5.10.18)得到

$$\mathrm{d}\boldsymbol{x}^{*}=\boldsymbol{Q}\cdot\mathrm{d}\boldsymbol{x}=\boldsymbol{Q}\cdot\boldsymbol{F}\cdot\mathrm{d}\boldsymbol{X}=\boldsymbol{F}^{*}\cdot\mathrm{d}\boldsymbol{X}\tag{5.10.19}$$

由于上式适合任意的 $\mathrm{d}\boldsymbol{X}$，在一个观察者变换时，变形梯度的转换像 Eulerian 矢量 $\mathrm{d}\boldsymbol{x}$ 的转换：

$$\boldsymbol{F}^{*}=\boldsymbol{Q}\cdot\boldsymbol{F}\tag{5.10.20}$$

取表达式(5.10.18)的材料时间导数，我们得到

$$\boldsymbol{v}^{*}=\boldsymbol{Q}\cdot\boldsymbol{v}+\dot{\boldsymbol{Q}}\cdot\boldsymbol{x}+\dot{\boldsymbol{c}}\tag{5.10.21}$$

从公式(5.10.19)和(5.10.21)可见，在刚体运动中，矢量 $\mathrm{d}\boldsymbol{x}$ 和速度矢量场 $\boldsymbol{v}$ 并没有以同样的方式转换。为了观察当一个观察者变换时(或者叠加刚体转动)其他运动量是如何转换的，利用公式(5.10.18)～(5.10.21)我们可以进行简单的推导。

例如，右 Cauchy-Green 变形张量的转换可以立刻从公式(5.10.20)得到：

$$\boldsymbol{C}^{*}=\boldsymbol{F}^{*T}\cdot\boldsymbol{F}^{*}=\boldsymbol{F}^{T}\cdot\boldsymbol{Q}^{T}\cdot\boldsymbol{Q}\cdot\boldsymbol{F}=\boldsymbol{F}^{T}\cdot\boldsymbol{F}=\boldsymbol{C}\tag{5.10.22}$$

应用公式(3.3.18)和(5.10.20)，空间速度梯度的转换为

$$\boldsymbol{L}^{*}=\dot{\boldsymbol{F}}^{*}\cdot(\boldsymbol{F}^{*})^{-1}=\boldsymbol{Q}\cdot\boldsymbol{L}\cdot\boldsymbol{Q}^{T}+\dot{\boldsymbol{Q}}\cdot\boldsymbol{Q}^{T}\tag{5.10.23}$$

变形率和旋转张量的转换为

$$\boldsymbol{D}^{*}=\boldsymbol{Q}\cdot\boldsymbol{D}\cdot\boldsymbol{Q}^{T},\quad \boldsymbol{W}^{*}=\boldsymbol{Q}\cdot\boldsymbol{W}\cdot\boldsymbol{Q}^{T}+\dot{\boldsymbol{Q}}\cdot\boldsymbol{Q}^{T}\tag{5.10.24}$$

方程(5.10.22)～(5.10.24)表示在当前构形上当观察者转换时或者叠加一个刚体转动时各种运动学的量是如何变化的。

现在考虑随着观察者转动的一个直角 Cartesian 坐标系统，即 $\boldsymbol{e}_i^* = \boldsymbol{Q} \cdot \boldsymbol{e}_i$。如果转换的张量在带星号的坐标系统与没有转换的张量在没有星号的系统具有相同的分量，则称 Eulerian 张量场是客观的。很容易看到 Eulerian 张量 $\mathrm{d}\boldsymbol{x}$ 和 $\boldsymbol{D}$ 是客观的，即

$$\mathrm{d}x_i^* = \boldsymbol{e}_i^* \cdot \mathrm{d}\boldsymbol{x}^* = \boldsymbol{e}_i \cdot \boldsymbol{Q}^{\mathrm{T}} \cdot \boldsymbol{Q} \cdot \mathrm{d}\boldsymbol{x} = \mathrm{d}x_i \tag{5.10.25}$$

和

$$D_{ij}^* = \boldsymbol{e}_i^* \cdot \boldsymbol{D}^* \cdot \boldsymbol{e}_j^* = \boldsymbol{e}_i \cdot \boldsymbol{Q}^{\mathrm{T}} \cdot \boldsymbol{Q} \cdot \boldsymbol{D} \cdot \boldsymbol{Q}^{\mathrm{T}} \cdot \boldsymbol{Q} \cdot \boldsymbol{e}_j = D_{ij} \tag{5.10.26}$$

可以用同样的方法证明量 $\boldsymbol{v}$，$\boldsymbol{L}$ 和 $\boldsymbol{W}$ 不是客观的，这是因为在转换关系公式(5.10.23)和(5.10.24)中出现了转动率的项。对更一般的情况，如果

$$\boldsymbol{a}^* = \boldsymbol{Q} \cdot \boldsymbol{a}, \quad \boldsymbol{A}^* = \boldsymbol{Q} \cdot A \cdot \boldsymbol{Q}^{\mathrm{T}} \tag{5.10.27}$$

则称 Eulerian 矢量 $\boldsymbol{a}$ 和 Eulerian 二阶张量 $\mathbf{A}$ 是客观的。

如果当观察者变换时 Lagrangian 张量场保持不变，则称它是客观的。由公式(5.10.18)在 $t=0$ 时，

$$\mathrm{d}\boldsymbol{X}^* = \mathrm{d}\boldsymbol{X} \tag{5.10.28}$$

是一个客观的 Lagrangian 矢量场。而由公式(5.10.22)，$\boldsymbol{C}$ 是一个客观的 Lagrangian 二阶张量。如果

$$\boldsymbol{a}_0^* = \boldsymbol{a}_0, \quad \boldsymbol{A}_0^* = \boldsymbol{A}_0 \tag{5.10.29}$$

则称 Lagrangian 矢量 $\boldsymbol{a}_0$ 和二阶张量 $\boldsymbol{A}_0$ 是客观的。根据需要可以写成分量的形式：

$$a_{0i}^* = \boldsymbol{e}_i \cdot \boldsymbol{a}_0^* = \boldsymbol{e}_i \cdot \boldsymbol{a}_0 = a_{0i}, \quad A_{0ij}^* = \boldsymbol{e}_i \cdot \boldsymbol{A}_0^* \cdot \boldsymbol{e}_j = \boldsymbol{e}_i \cdot \boldsymbol{A}_0 \cdot \boldsymbol{e}_j = A_{0ij} \tag{5.10.30}$$

关于 Eulerian-Lagrangian 张量场客观性的定义与以上两个定义相互联系。例如，变形梯度是一个两点张量，因为它将场量从参考构形映射到当前构形。如果

$$B_{ij}^* = \boldsymbol{e}_i^* \cdot \boldsymbol{B}^* \cdot \boldsymbol{e}_j = B_{ij} = \boldsymbol{e}_i \cdot \boldsymbol{B} \cdot \boldsymbol{e}_j \tag{5.10.31}$$

或者

$$\boldsymbol{B}^* = \boldsymbol{Q} \cdot \boldsymbol{B} \tag{5.10.32}$$

则称 Eulerian-Lagrangian 二阶张量 $\boldsymbol{B}$ 是客观的。因此，由公式(5.10.20)，变形梯度 $\boldsymbol{F}$ 是一个客观的 Eulerian-Lagrangian 二阶张量。

5.10.4 本构关系的实质 我们已经建立了当观察者变换时各种运动学的量是如何转换的。现在考虑框架不变性或者材料客观性的概念，以及强加于本构关系的限制。考虑用响应函数 $\boldsymbol{G}$ 表示 Cauchy 弹性材料：

$$\boldsymbol{\sigma} = \boldsymbol{G}(\boldsymbol{F}(\boldsymbol{X},t)) \tag{5.10.33}$$

这里如观察者 O 所见，在 t 时刻，Cauchy 应力由在 $\boldsymbol{X}$ 上变形梯度的响应函数 $\boldsymbol{G}$ 给出。对于相对于 O 移动的观察者 O^*，根据公式(5.10.18)，Cauchy 应力写成

$$\boldsymbol{\sigma}^* = \boldsymbol{G}^*(\boldsymbol{F}^*) \tag{5.10.34}$$

式中省略了变量 $\boldsymbol{X}$ 和 t 是为了标记方便。

材料客观性或者**材料框架相同性**的原理表明材料响应是与观察者无关的。原理的数学表述写成

$$\boldsymbol{G}^*(\boldsymbol{F}^*) = \boldsymbol{G}(\boldsymbol{F}^*) \tag{5.10.35}$$

即 $\boldsymbol{G}^*$ 和 $\boldsymbol{G}$ 为相同函数。此外，材料客观性的含义是，为了确定 Cauchy 应力，观察者 O^* 对待 $\boldsymbol{F}^*$ 采用观察者 O 对待 $\boldsymbol{F}$ 的相同方式。

Cauchy 应力是客观(Eulerian)张量,因此 Cauchy 应力的分量在转动坐标系中由观察者 O^* 所见的与观察者 O 在不转动坐标系中所见到的是相同的,即

$$\boldsymbol{\sigma}^* = \boldsymbol{Q}\cdot\boldsymbol{\sigma}\cdot\boldsymbol{Q}^{\mathrm{T}},\quad \sigma_{ij}^* = \boldsymbol{e}_i^*\cdot\boldsymbol{Q}\cdot\boldsymbol{\sigma}\cdot\boldsymbol{Q}^{\mathrm{T}}\cdot\boldsymbol{e}_j^* = \boldsymbol{e}_i\cdot\boldsymbol{\sigma}\cdot\boldsymbol{e}_j = \sigma_{ij} \tag{5.10.36}$$

应用公式(5.10.36)和(5.10.34),给出

$$\boldsymbol{Q}\cdot\boldsymbol{\sigma}\cdot\boldsymbol{Q}^{\mathrm{T}} = \boldsymbol{\sigma}^* = \boldsymbol{G}(\boldsymbol{Q}\cdot\boldsymbol{F}) \tag{5.10.37}$$

或者

$$\boldsymbol{\sigma} = \boldsymbol{Q}^{\mathrm{T}}\cdot\boldsymbol{G}(\boldsymbol{Q}\cdot\boldsymbol{F})\cdot\boldsymbol{Q} \tag{5.10.38}$$

根据极分解原理,变形梯度可以写成 $\boldsymbol{F}=\boldsymbol{R}\cdot\boldsymbol{U}$,式中 $\boldsymbol{R}$ 是转动张量;$\boldsymbol{U}$ 是右伸长张量。以上对所有转动 $\boldsymbol{Q}(t)$ 和特殊的 $\boldsymbol{Q}=\boldsymbol{R}^{\mathrm{T}}$ 必须是真实的。对于这个选择,公式(5.10.38)简化为

$$\boldsymbol{\sigma} = \boldsymbol{R}\cdot\boldsymbol{G}(\boldsymbol{U})\cdot\boldsymbol{R}^{\mathrm{T}} \tag{5.10.39}$$

由于材料客观性,方程(5.10.39)表示了对本构关系(5.10.33)的限制:取决于转动 $\boldsymbol{R}$ 的本构关系仅能采用方程(5.10.39)的形式,即本构关系仅能依赖于转动的当前值和右伸长张量(或者与度量有关,如 Green 应变)。因而,注意到转动 Cauchy 应力 $\hat{\boldsymbol{\sigma}}=\boldsymbol{R}^{\mathrm{T}}\cdot\boldsymbol{\sigma}\cdot\boldsymbol{R}$ 的响应函数必须采用简单的形式 $\hat{\boldsymbol{\sigma}}=\boldsymbol{G}(\boldsymbol{U})$。

5.10.5 客观标量函数 在本构关系中,经常引出张量变量的标量函数,一个例子是在弹-塑性问题中的屈服函数。当观察者转换时,客观标量函数 f 满足条件 $f^*=f$。考虑一个标量函数 $f(\boldsymbol{\sigma})$,这里 $\boldsymbol{\sigma}$ 是 Cauchy 应力,即客观 Eulerian 二阶张量。对于任意的转动 $\boldsymbol{Q}$,材料客观性表示为

$$f^*(\boldsymbol{\sigma}^*) = f(\boldsymbol{\sigma}),\quad f^* = f,\quad \text{或者}\quad f(\boldsymbol{Q}\cdot\boldsymbol{\sigma}\cdot\boldsymbol{Q}^{\mathrm{T}}) = f(\boldsymbol{\sigma}) \tag{5.10.40}$$

这要求 f 仅是 $\boldsymbol{\sigma}$ 的主不变量的函数。或者换句话说,f 是 $\boldsymbol{\sigma}$ 的各向同性函数。这意味着如果需要各向异性的屈服行为,它不能由 $f(\boldsymbol{\sigma})$ 形式的函数表示。为了表示各向异性屈服,较方便的方法是以度量到的应力定义屈服函数,该应力叠加在 Ω 上的转动后是不变的。例如,在 $\bar{\Omega}$ 上的二阶 Piola-Kirchhoff 应力在转动时是不变的。屈服函数的材料客观性要求

$$\bar{f}(\bar{\boldsymbol{S}}^*) = \bar{f}(\bar{\boldsymbol{S}}) \tag{5.10.41}$$

由公式(5.10.61),$\bar{\boldsymbol{S}}^*=\bar{\boldsymbol{S}}$,因此公式(5.10.41)自动满足,并且材料客观性没有强制对于 $\bar{f}$ 的限制。为了描述方便,考虑一个各向异性屈服函数:

$$\bar{f}(\bar{\boldsymbol{S}}) = \bar{f}(\bar{\boldsymbol{S}}:\bar{\boldsymbol{H}}:\bar{\boldsymbol{S}}) \tag{5.10.42}$$

式中 $\bar{\boldsymbol{H}}$ 取为材料常数的四阶张量。注意这个屈服函数满足公式(5.10.41),因此这里对于 $\bar{f}$ 或者 $\bar{\boldsymbol{H}}$ 没有框架不变性的限制。前推这个表达式至空间构形(用变形梯度的弹性部分),我们得到

$$f = \phi_*^{\mathrm{e}}\bar{f} = f(\boldsymbol{\tau}:\boldsymbol{H}:\boldsymbol{\tau}) \tag{5.10.43}$$

式中

$$\boldsymbol{\tau} = \phi_*^{\mathrm{e}}\bar{\boldsymbol{S}} = \boldsymbol{F}^{\mathrm{e}}\cdot\bar{\boldsymbol{S}}\cdot\boldsymbol{F}^{\mathrm{eT}},$$

$$\boldsymbol{H} = \phi_*^{\mathrm{e}}\bar{\boldsymbol{H}},\quad H_{ijkl} = (F_{im}^{\mathrm{e}})^{-T}(F_{jn}^{\mathrm{e}})^{-T}(F_{kp}^{\mathrm{e}})^{-T}(F_{lq}^{\mathrm{e}})^{-T}\bar{H}_{mnpq} \tag{5.10.44}$$

通过 f 的标量变量的不变量可以确定 $\bar{\boldsymbol{H}}$ 前推的特殊形式,即 $\boldsymbol{\tau}:\boldsymbol{H}:\boldsymbol{\tau}=\bar{\boldsymbol{S}}:\bar{\boldsymbol{H}}:\bar{\boldsymbol{S}}$,并且是以运动学张量的方式前推 $\bar{\boldsymbol{H}}$(与应力共轭)。注意到在观察者变换时,$\boldsymbol{\tau}^*=\boldsymbol{Q}\cdot\boldsymbol{\tau}\cdot\boldsymbol{Q}^{\mathrm{T}}$,$(\boldsymbol{F}^{\mathrm{e}})^*=\boldsymbol{Q}\cdot\boldsymbol{F}^{\mathrm{e}}$,并因此有 $(\boldsymbol{F}^{\mathrm{e}^*})^{-\mathrm{T}}=\boldsymbol{Q}\cdot(\boldsymbol{F}^{\mathrm{e}})^{-\mathrm{T}}$,由此可以证明 f 空间形式的不变性。

5.10.6 限制弹性模量 在第 5.4 节和第 5.6 节中,我们注意到如果空间弹性模量假设为常量,则材料客观性要求它们是各向同性的。为了证明这一点,考虑次弹性关系公式

(B5.6.2)与常数模量 $\boldsymbol{C}_{el}^{\tau J}$。对于客观 Eulerian 二阶张量应用转换公式(5.10.27),框架不变性要求$(\boldsymbol{\tau}^{\nabla J})^{*}=\boldsymbol{C}_{el}^{\tau J}:(\boldsymbol{D}^{e})^{*}$,可以将它写成分量形式:

$$Q_{im}Q_{jn}\tau_{mn}^{\nabla J}=(C_{el}^{\tau J})_{ijkl}(Q_{kr}Q_{ls}D_{rs}^{e}) \tag{5.10.45}$$

重新安排这个表达式,给出

$$\tau_{ij}^{\nabla J}=(Q_{mi}Q_{nj}Q_{pk}Q_{ql}(C_{el}^{\tau J})_{mnpq})D_{kl}^{e} \tag{5.10.46}$$

但是$\boldsymbol{\tau}^{\nabla J}=\boldsymbol{C}_{el}^{\tau J}:\boldsymbol{D}^{e}$,因此

$$(C_{el}^{\tau J})_{ijkl}=Q_{mi}Q_{nj}Q_{pk}Q_{ql}(C_{el}^{\tau J})_{mnpq},\quad \forall Q_{ij},\ \det Q_{ij}=1 \tag{5.10.47}$$

因而限制了模量是各向同性的。

如果弹性响应是在从空间构形后拉到某个中间构形形成的,则将取消对各向同性的限制。为了证明这一点,基于旋转 Kirchhoff 应力公式(5.6.31),考虑次弹性关系,应用转动 $\boldsymbol{R}$ 前推这个表达式至空间构形,我们得到

$$\boldsymbol{\tau}^{\nabla G}=\boldsymbol{C}_{el}^{\tau G}:\boldsymbol{D}^{e},\quad (C_{el}^{\tau G})_{ijkl}=R_{im}R_{jn}R_{kp}R_{lq}\hat{C}_{mnpq} \tag{5.10.48}$$

框架不变性要求本构关系转换为$(\boldsymbol{\tau}^{\nabla G})^{*}=(\boldsymbol{C}_{el}^{\tau G})^{*}:(\boldsymbol{D}^{e})^{*}$。注意到模量 $\boldsymbol{C}_{el}^{\tau G}$ 现在不是常量,是通过在转动 $\boldsymbol{R}$ 下 $\hat{\boldsymbol{C}}$ 的转换给出的。由极分解 $\boldsymbol{F}=\boldsymbol{R}\cdot\boldsymbol{U}$ 和变形梯度的转换公式(5.10.20),转动张量转换为 $\boldsymbol{R}^{*}=\boldsymbol{Q}\cdot\boldsymbol{R}$。应用这个表达式和转换公式(5.10.48),转换的本构关系(分量形式)是

$$(\tau^{\nabla G})_{ij}^{*}=(C_{el}^{\tau G})_{ijkl}^{*}(D^{e})_{rs}^{*}$$

$$\begin{aligned}Q_{im}Q_{jn}\tau_{mn}^{\nabla G}&=R_{im}^{*}R_{jn}^{*}R_{kp}^{*}R_{lq}^{*}\hat{C}_{mnpq}(Q_{kr}Q_{ls}D_{rs}^{e})\\&=Q_{it}R_{tm}Q_{ju}R_{un}Q_{kv}R_{vp}Q_{lw}R_{wq}\hat{C}_{mnpq}(Q_{kr}Q_{ls}D_{rs}^{e})\end{aligned} \tag{5.10.49}$$

重新安排这个表达式,得

$$\tau_{ij}^{\nabla G}=R_{im}R_{jn}R_{kp}R_{lq}\hat{C}_{mnpq}D_{kl}^{e}=(D_{el}^{\tau G})_{ijkl}D_{kl}^{e} \tag{5.10.50}$$

这是公式(5.10.48)的分量形式。刚体转动没有强制约束模量 $\boldsymbol{C}_{el}^{\tau G}$,因而它可以是各向异性的。

5.10.7　材料对称性　Noll(Malvern,1969)已经论述了由于材料对称性而限制了材料响应。为简单起见,我们再次考虑 Cauchy 弹性材料。如果在材料单元上的应力与是否首先被 $\boldsymbol{Q}$ 运算无关,则称张量 $\boldsymbol{Q}$ 为材料的对称集合的一个单元。我们仅考虑正交张量,即 $\det\boldsymbol{Q}=\pm1$,这允许进行转动的对称运算,$\det\boldsymbol{Q}=+1$ 和反射 $\det\boldsymbol{Q}=-1$。如果 $\boldsymbol{Q}$ 是对称集合的一个单元,则

$$\boldsymbol{G}(\boldsymbol{F})=\boldsymbol{G}(\boldsymbol{F}\cdot\boldsymbol{Q}) \tag{5.10.51}$$

式中 $\boldsymbol{G}$ 为材料($\boldsymbol{\sigma}=\boldsymbol{G}(\boldsymbol{F})$)的响应函数。在对称集合中包含所有转动的材料称为各向同性(对应于初始构形)。应用极分解 $\boldsymbol{F}=\boldsymbol{V}\cdot\boldsymbol{R}$ 的形式,并设 $\boldsymbol{Q}=\boldsymbol{R}^{\mathrm{T}}$,则公式(5.10.51)可以写成

$$\boldsymbol{G}(\boldsymbol{F})=\boldsymbol{G}(\boldsymbol{V}) \tag{5.10.52}$$

对于各向同性材料,它可以由代换原理进一步证明(Ogden,1984)

$$\boldsymbol{G}(\boldsymbol{V})=\boldsymbol{G}(\boldsymbol{I}_1(\boldsymbol{V}),\boldsymbol{I}_2(\boldsymbol{V}),\boldsymbol{I}_3(\boldsymbol{V})) \tag{5.10.53}$$

式中 $\boldsymbol{I}_1(\boldsymbol{V})$代表 $\boldsymbol{V}$ 的主不变量。框 5.2 定义了二阶张量的主不变量。对于各向同性材料,则有

$$\boldsymbol{\sigma}=\boldsymbol{G}(\boldsymbol{V})=\boldsymbol{R}\cdot\boldsymbol{G}(\boldsymbol{U})\cdot\boldsymbol{R}^{\mathrm{T}} \tag{5.10.54}$$

式中我们应用公式(5.10.39)写出了上面的第二个等式。

5.10.8　超弹-塑性模型的框架不变性　当由超弹性势能公式(5.7.5)给出弹性响应时，应力直接通过公式(5.7.5)赋值而不需要对应力率的积分，因此无须满足材料框架相同性的原理。为了进一步表示这点，考虑放置在空间构形上的刚体运动。设 $\boldsymbol{Q}(t)$ 是在空间构形 Ω 上与时间相关的转动，我们视 Ω_0 和 $\bar{\Omega}$ 为固定，即不受 $\boldsymbol{Q}(t)$ 转动的影响(Dashner，1986)。当施加转动 $\boldsymbol{Q}(t)$ 时，变形梯度为

$$\boldsymbol{F}^{*}=\boldsymbol{Q}\cdot\boldsymbol{F} \tag{5.10.55}$$

这样，变形梯度是连接参考构形和当前构形的两点张量，当施加转动 $\boldsymbol{Q}(t)$ 时它像矢量一样转换。将变形梯度 $\boldsymbol{F}^{*}$ 写成弹性和塑性部分的乘积，我们有

$$\boldsymbol{F}^{*}=\boldsymbol{F}^{*\mathrm{e}}\cdot\boldsymbol{F}^{*\mathrm{p}} \tag{5.10.56}$$

因为中间构形 $\bar{\Omega}$ 不受在当前构形 Ω 上转动的影响，我们有

$$\boldsymbol{F}^{*\mathrm{p}}=\boldsymbol{F}^{\mathrm{p}} \tag{5.10.57}$$

在公式(5.10.56)中应用这个结果，给出

$$\boldsymbol{F}^{*}=\boldsymbol{F}^{*\mathrm{e}}\cdot\boldsymbol{F}^{\mathrm{p}} \tag{5.10.58}$$

然后根据公式(5.10.55)，有

$$\boldsymbol{F}^{*}=\boldsymbol{Q}\cdot\boldsymbol{F}=\boldsymbol{Q}\cdot\boldsymbol{F}^{\mathrm{e}}\cdot\boldsymbol{F}^{\mathrm{p}},\quad \boldsymbol{F}^{*\mathrm{e}}=\boldsymbol{Q}\cdot\boldsymbol{F}^{\mathrm{e}} \tag{5.10.59}$$

由 $(\bar{\boldsymbol{C}}^{\mathrm{e}})^{*}=\boldsymbol{F}^{*\mathrm{eT}}\cdot\boldsymbol{g}^{*}\cdot\boldsymbol{F}^{*\mathrm{e}}$ 给出 Cauchy 变形张量的转换。然而，$\boldsymbol{g}^{*}=\boldsymbol{Q}\cdot\boldsymbol{g}\cdot\boldsymbol{Q}^{\mathrm{T}}=\boldsymbol{g}$(已知观察者为等距离转换，它使度量没有变化)，并根据公式(5.10.59)，我们得到结果 $(\bar{\boldsymbol{C}}^{\mathrm{e}})^{*}=\bar{\boldsymbol{C}}^{\mathrm{e}}$，它展示了当刚体在 Ω 上转动时 $\bar{\boldsymbol{C}}^{\mathrm{e}}$ 是不变量。它遵循材料框架相同性原理，并要求超弹性势能在 $\bar{\Omega}$ 上是客观标量值。则

$$\bar{\psi}=\bar{\psi}((\bar{\boldsymbol{C}}^{\mathrm{e}})^{*})=\bar{\psi}(\bar{\boldsymbol{C}}^{\mathrm{e}}) \tag{5.10.60}$$

由超弹性势能可以获得第二 Piola-Kirchhoff 应力：

$$\bar{\boldsymbol{S}}^{*}=2\frac{\partial\bar{\psi}((\bar{\boldsymbol{C}}^{\mathrm{e}})^{*})}{\partial(\bar{\boldsymbol{C}}^{\mathrm{e}})^{*}}=2\frac{\partial\bar{\psi}(\bar{\boldsymbol{C}}^{\mathrm{e}})}{\partial\bar{\boldsymbol{C}}^{\mathrm{e}}}=\bar{\boldsymbol{S}} \tag{5.10.61}$$

当刚体在 Ω 上转动时它也是不变量。这样，在中间构形 $\bar{\Omega}$ 上以超弹性势能的形式给出弹性响应，材料框架相同性原理自动满足，从而回避了与应力率积分和强迫增量客观性相关的问题。

5.10.9　Clausius-Duhem 不等式和稳定性假设　除了客观性，由热力学第二定律给出的在本构关系上的限制，将通过 Clausius-Duhem 不等式给出解释。这里，我们以各种形式推导不等式，并检验它对于关联和非关联塑性模型的意义。以 η 表示物体中的比熵，热力学第二定律表明在物体中熵的总增加率大于或等于熵的输入：

$$\frac{\mathrm{D}}{\mathrm{D}t}\int_{\Omega}\rho\eta\,\mathrm{d}\Omega\geqslant-\int_{\Gamma}\boldsymbol{h}\cdot\boldsymbol{n}\,\mathrm{d}\Gamma+\int_{\Omega}\frac{1}{\theta}\rho s\,\mathrm{d}\Omega \tag{5.10.62}$$

式中 θ 是绝对温度；$\boldsymbol{h}=\boldsymbol{q}/\theta$ 称为熵流矢量；$\boldsymbol{q}$ 是热通量矢量(不要与在塑性模型中的内变量集合混淆)；s/θ 是熵扩展的比率。应用散度原理于整个表面，并注意到不等式对任意体积都是有效的，给出

$$\rho\dot{\eta}\geqslant-\operatorname{div}\left(\frac{\boldsymbol{q}}{\theta}\right)+\frac{1}{\theta}\rho s,\quad\text{或者}\quad \rho\dot{\eta}\geqslant-\frac{1}{\theta}\operatorname{div}\boldsymbol{q}+\frac{1}{\theta^{2}}\boldsymbol{q}\cdot\nabla\theta+\frac{1}{\theta}\rho s \tag{5.10.63}$$

因为热流从热到冷流动，我们有 $-\left(\frac{1}{\theta^{2}}\right)\boldsymbol{q}\cdot\nabla\theta\geqslant0$。在更强的假设条件下，公式(5.10.63)有时写成

$$\rho \dot{\eta} \geqslant -\frac{1}{\theta}\mathrm{div}(\boldsymbol{q})+\frac{1}{\theta}\rho s, \quad \text{或者} \quad \rho\theta\dot{\eta}+\mathrm{div}(\boldsymbol{q})-\rho s \geqslant 0 \tag{5.10.64}$$

现在,定义比自由能为 $\psi = w^{\text{int}} - \theta\eta$。微分这个表达式,得到

$$\dot{\psi} = \dot{w}^{\text{int}} - \dot{\theta}\ \eta - \theta\dot{\eta} \tag{5.10.65}$$

根据能量方程(3.5.49),这一公式可以写成

$$\rho\dot{\psi} = \boldsymbol{\sigma} : \boldsymbol{D} - \mathrm{div}\boldsymbol{q} + \rho s - \rho\dot{\theta}\eta - \rho\theta\dot{\eta} \tag{5.10.66}$$

求解 $\rho\theta\dot{\eta}$ 并代入公式(5.10.64),得到

$$\boldsymbol{\sigma} : \boldsymbol{D} - \rho\dot{\psi} - \rho\theta\dot{\eta} \geqslant 0, \text{或者} \quad \boldsymbol{S} : \dot{\boldsymbol{E}} - \rho_0\dot{\psi} - \rho_0\theta\dot{\eta} \geqslant 0 \tag{5.10.67}$$

这里应用了变形梯度 $\boldsymbol{F}$ 并乘以 $J=\rho_0/\rho$,将第一个表达式后拉至参考构形得到第二个式子。考虑非弹性材料,其自由能是 $\rho_0\psi = \rho_0\psi(\boldsymbol{E}^{\mathrm{e}}, \xi_\alpha, \theta)$,式中 $\boldsymbol{E}^{\mathrm{e}} = \boldsymbol{E} - \boldsymbol{E}^{\mathrm{p}}$ 是 Green 应变张量的弹性部分,而 ξ_α 是内变量的集合(这里假设为标量)。取自由能的材料时间导数,给出

$$\rho_0\dot{\psi} = \boldsymbol{S} : \dot{\boldsymbol{E}}^{\mathrm{e}} + \rho_0\frac{\partial\psi}{\partial\xi_\alpha}\dot{\xi}_\alpha - \rho_0\eta\dot{\theta}, \quad \text{式中} \quad \boldsymbol{S} = \rho_0\frac{\partial\psi}{\partial\boldsymbol{E}^{\mathrm{e}}}, \quad \eta = -\frac{\partial\psi}{\partial\theta} \tag{5.10.68}$$

将该式的右侧代入在参考构形上的不等式,公式(5.10.67)可以写成

$$\boldsymbol{S} : \dot{\boldsymbol{E}}^{\mathrm{p}} - \rho_0\frac{\partial\psi}{\partial\xi_\alpha}\dot{\xi}_\alpha \geqslant 0 \tag{5.10.69}$$

将此结果前推至当前构形并除以 $J=\rho_0/\rho$,给出

$$\boldsymbol{\sigma} : \boldsymbol{D}^{\mathrm{p}} - \rho\frac{\partial\psi}{\partial\xi_\alpha}\dot{\xi}_\alpha \geqslant 0 \tag{5.10.70}$$

如果我们进一步关注这种材料,其自由能 ψ 没有**显式地**取决于内变量 ξ_α,则上面公式简化为

$$\boldsymbol{\sigma} : \boldsymbol{D}^{\mathrm{p}} \geqslant 0 \tag{5.10.71}$$

这说明塑性耗散必须是非负的并且塑性变形是不可逆的。注意如果自由能定义为 $\rho_0\psi = \rho_0\bar{\psi}(\bar{\boldsymbol{E}}^{\mathrm{e}}, \xi_\alpha, \theta)$,也可以获得同样的结果,它适合基于乘法分解的超弹-塑性模型。在这种情况下,公式(5.10.69)成为 $\bar{\boldsymbol{S}} : \bar{\boldsymbol{D}}^{\mathrm{p}} - \rho_0\dfrac{\partial\psi}{\partial\xi_\alpha}\dot{\xi}_\alpha \geqslant 0$,它除以 J 并前推 $\boldsymbol{F}^{\mathrm{e}}$ 给出公式(5.10.70),并且当没有显式地取决于内变量时,给出公式(5.10.71)。

对于弹-塑性本构关系,我们现在将检验塑性耗散不等式的意义。考虑由 $\boldsymbol{D}^{\mathrm{p}} = \dot{\lambda}\boldsymbol{r}$ 给出的塑性流动法则,塑性率参数定义非负,因此耗散不等式(5.10.71)要求$\boldsymbol{\sigma} : \boldsymbol{r} \geqslant 0$,所建立的本构方程必须确保该条件成立。对于具有包围原点的凸屈服表面的率无关问题(在应力空间),**塑性耗散不等式总是满足关联流动法则**。对于非关联塑性流动法则必须限制漂移的流动方向,它不能离开法向太远,否则不能回到屈服面上。耗散不等式应用于应变硬化和应变软化塑性材料。

最大塑性耗散原理　材料行为的另一个假设是最大塑性功原理:

$$(\boldsymbol{\sigma} - \boldsymbol{\sigma}^*) : \boldsymbol{D}^{\mathrm{p}} \geqslant 0 \tag{5.10.72}$$

式中$\boldsymbol{\sigma}^*$是在内部或者在屈服表面上的任意应力状态。注意取$\boldsymbol{\sigma}^* = 0$,我们恢复了耗散不等式(5.10.71)。如果满足不等式(5.10.72),可以看到(Lubliner, 1990)屈服表面必须是凸的并且塑性流动是关联的,即沿着屈服面的法线方向。对于应变硬化和应变软化材料,最大塑性耗散原理能够满足。

Drucker 假设　对于小应变 Drucker 假设给出了塑性稳定材料的定义。可以用不同的方式说明，其中之一为二阶塑性功非负，$\dot{\boldsymbol{\sigma}}:\dot{\boldsymbol{\varepsilon}}^{\mathrm{p}}\geqslant 0$。可以看到在 Drucker 意义下，对于材料是稳定的，最大塑性耗散不等式(5.10.72)是必要条件(Lubliner, 1990)。关于大变形稳定性的讨论将在第 6 章给出。关于其他材料和结构稳定性的讨论见 Bazant 和 Cedolin (1991)。

5.11　练习

1. 说明如果 p 是压力，则关系式 $3Jp=\boldsymbol{\tau}:\boldsymbol{g}=\bar{\boldsymbol{S}}:\bar{\boldsymbol{C}}^{\mathrm{e}}$ 成立。
2. 说明$(\mathrm{sym}\bar{\boldsymbol{r}}):(\bar{\boldsymbol{C}}^{\mathrm{e}})^{-1}=0$，因此有 $\bar{\boldsymbol{S}}^{\mathrm{dev}}:\bar{\boldsymbol{D}}^{\mathrm{p}}=\bar{\boldsymbol{S}}:\bar{\boldsymbol{D}}^{\mathrm{p}}$，见公式(5.7.39)和式(5.7.40)。
3. 以应力的材料时间导数和空间速度梯度 $\boldsymbol{L}$ 的形式推导 Lie 导数 $L_v\boldsymbol{\tau}^{\mathrm{dev}}$ 和 $L_v\boldsymbol{\tau}^{\mathrm{hyd}}$ 的表达式。

6

求解方法和稳定性

6.1 引言

本章描述非线性有限元离散的求解过程。描述瞬态问题的显式和隐式求解方法，以及平衡问题的解决方法，并且检验它们的实现和性质。在非线性有限元方法中，稳定性是一个重要的课题。这一章统一地展示了计算结果的稳定性、数值过程的稳定性和材料的稳定性。

我们从显式时间积分的描述开始。我们重点关注中心差分方法，在这一节的最后也给出了关于其他时间积分的一些评论。我们详细地描述了编程方法，同时也简要地考虑了相关技术，诸如质量缩放、子循环和动态松弛。

接着，我们以 Newmark β 方法为例描述了隐式方法。同时发展了静态问题的解决方法，即平衡问题的求解。描述了应用 Newton 方法求解离散方程，包括收敛性检验和线性搜索的技术。在隐式系统解答中的临界步长和平衡问题是控制方程的线性化。作为平衡方程的特殊情况，描述了运动方程的线性化过程。比较了显式和隐式方法并评价了它们的相对优越性。另外，描述了针对平衡方法的特殊技术，诸如连续性方法(参数法和弧长法)。

第 6.5 节涉及离散方程结果的稳定性。我们开始于稳定性的一般性描述，然后关注离散系统的线性稳定性分析。在线性稳定性分析中，摄动应用于非线性状态。描述了检验稳定性的简单方法，并给出了取决于 Jacobian 矩阵正定性的稳定性条件。

第 6.6 节则检验时间积分过程的稳定性，其基本概念紧密对应于在离散解答稳定性分析中的概念。由于线性稳定性估计常常指导非线性计算，因此我们侧重于线性系统的稳定性分析。为了提供一个简单的框架以便引出这些概念，首先检验一阶系统 Euler 方法的稳定性。接着，引进了 z 转换和 Hurwitz 矩阵，从而可以进行更复杂的中心差分方法和 Newmark β 方法的分析。这一节的结论证明了梯形方法非线性系统能量的稳定性。

第 6.7 节则介绍材料稳定性的问题，其方法同样是线性稳定性分析。我们建立了材料线性稳定性的条件，并表明具有正定响应矩阵的材料是线性稳定的。最后对于不稳定材料采用的规则化计算方法，也给出了简要的介绍。

6.2 显式方法

6.2.1 中心差分方法 在计算力学和计算物理中,应用最广泛的显式方法是中心差分方法。第 2 章已经讨论了这种方法,选择它以展示一维非线性问题的某些结果。中心差分方法是从速度和加速度的中心差分公式发展而来的。我们这里考虑它应用于 Lagrangian 网格。该方法应用于 Eulerian 和 ALE 网格将在第 7 章中讨论。我们可以包括几何和材料非线性,事实上,它们对时间积分算法几乎没有影响。

为了发展中心差分和其他时间积分方法,我们采用如下标记。令模拟时间 $0 \leqslant t \leqslant t_{\mathrm{E}}$ 划分成时间步 $\Delta t^n, n=1$ 到 n_{TS}。这里 n_{TS}是时间步的数量;t_{E}是模拟的结束时间。上角标表示时间步:t^n 和 $\boldsymbol{d}^n \equiv \boldsymbol{d}^n(t^n)$分别是在第 n 时间步的时间和位移。

这里,我们考虑采用变化时间步的算法。在大多数实际计算中这是必要的,因为当网格变形和由于应力而波速变化时,稳定时间步随之而改变。为了这一目的,我们定义时间增量为

$$\Delta t^{n+\frac{1}{2}} = t^{n+1} - t^n, \quad t^{n+\frac{1}{2}} = \frac{1}{2}(t^{n+1} + t^n), \; \Delta t^n = t^{n+\frac{1}{2}} - t^{n-\frac{1}{2}} \tag{6.2.1}$$

关于速度的中心差分公式为

$$\dot{\boldsymbol{d}}^{n+\frac{1}{2}} \equiv \boldsymbol{v}^{n+\frac{1}{2}} = \frac{\boldsymbol{d}^{n+1} - \boldsymbol{d}^n}{t^{n+1} - t^n} = \frac{1}{\Delta t^{n+\frac{1}{2}}}(\boldsymbol{d}^{n+1} - \boldsymbol{d}^n) \tag{6.2.2}$$

这里,在最后一步用到了在公式(6.2.1)中 $\Delta t^{n+\frac{1}{2}}$ 的定义。通过重新安排各项,可以将差分公式转化为积分公式:

$$\boldsymbol{d}^{n+1} = \boldsymbol{d}^n + \Delta t^{n+\frac{1}{2}} \boldsymbol{v}^{n+\frac{1}{2}} \tag{6.2.3}$$

加速度和相应的积分公式为

$$\ddot{\boldsymbol{d}}^n \equiv \boldsymbol{a}^n = \left(\frac{\boldsymbol{v}^{n+\frac{1}{2}} - \boldsymbol{v}^{n-\frac{1}{2}}}{t^{n+\frac{1}{2}} - t^{n-\frac{1}{2}}}\right) \qquad \boldsymbol{v}^{n+\frac{1}{2}} = \boldsymbol{v}^{n-\frac{1}{2}} + \Delta t^n \boldsymbol{a}^n \tag{6.2.4}$$

从上式可以看出,在时间间隔的中点定义速度,称之为半步长或中点步长。通过将公式(6.2.2)和它的前一时间步的变量代入(6.2.4)中,可以直接由位移的形式表示加速度:

$$\ddot{\boldsymbol{d}}^n \equiv \boldsymbol{a}^n = \left(\frac{\Delta t^{n-\frac{1}{2}}(\boldsymbol{d}^{n+1} - \boldsymbol{d}^n) - \Delta t^{n+\frac{1}{2}}(\boldsymbol{d}^n - \boldsymbol{d}^{n-1})}{\Delta t^{n+\frac{1}{2}} \Delta t^n \Delta t^{n-\frac{1}{2}}}\right) \tag{6.2.5}$$

在等时间步长的情况下,上述公式简化为

$$\ddot{\boldsymbol{d}}^n \equiv \boldsymbol{a}^n = \frac{(\boldsymbol{d}^{n+1} - 2\boldsymbol{d}^n + \boldsymbol{d}^{n-1})}{(\Delta t^n)^2} \tag{6.2.6}$$

这就是已知的关于函数二阶导数的中心差分公式。

现在我们考虑运动方程的时间积分。公式(4.4.24)在第 n 时间步给出为

$$\boldsymbol{M}\boldsymbol{a}^n = \boldsymbol{f}^n = \boldsymbol{f}^{\mathrm{ext}}(\boldsymbol{d}^n, t^n) - \boldsymbol{f}^{\mathrm{int}}(\boldsymbol{d}^n, t^n) \tag{6.2.7}$$

并有

$$g_I(\boldsymbol{d}^n) = 0, \quad I = 1, 2, \cdots, n_{\mathrm{c}} \tag{6.2.8}$$

上面公式(6.2.7)是对时间的二阶常微分方程,常称为半离散,因为它们在空间上是离散的,

而在时间上没有离散。方程(6.2.8)是 n_c 个位移边界条件和在模型中其他约束的通用表示。这些约束是节点位移的线性或者非线性的代数方程。如果约束包括积分或者微分关系,通过应用差分方程或者积分的数值近似,可以将它写成上面的形式。如在第 4.4.9 节所述,对于 Lagrangian 网格,其质量矩阵是常数。

内部和外部节点力是节点位移和时间的函数。外部荷载通常描述为时间的函数,它们也可以是节点位移的函数,因为它们可能取决于结构的构形,比如当压力施加在正在大变形的表面上。内部节点力对位移的依赖性是显而易见的:内部节点力取决于应力,而应力通过本构方程依赖于应变和应变率,应变和应变率则依次取决于位移和它们的导数。内部节点力也可以直接取决于时间,例如,当温度设定为时间的函数时,应力和相应的节点力也直接是时间的函数。

关于更新节点速度和位移的方程给出如下。将公式(6.2.7)代入式(6.2.4),得到

$$\boldsymbol{v}^{n+\frac{1}{2}} = \boldsymbol{v}^{n-\frac{1}{2}} + \Delta t^n \boldsymbol{M}^{-1} \boldsymbol{f}^n \tag{6.2.9}$$

在任意时间步 n,已知位移 $\boldsymbol{d}^n$,通过顺序地运算应变-位移方程、由 $\boldsymbol{D}^{n-\frac{1}{2}}$ 或 $\boldsymbol{E}^n$ 形式表示的本构方程和节点外力,可以确定节点力 $\boldsymbol{f}^n$。这样公式(6.2.9)右侧的全部项可以赋值,并且可以应用公式(6.2.9)获得 $\boldsymbol{v}^{n+\frac{1}{2}}$。然后可以由公式(6.2.3)确定位移 $\boldsymbol{d}^{n+1}$。

当质量矩阵 $\boldsymbol{M}$ 为对角阵时,实现节点速度和节点位移的更新可以不用求解任何方程,这是显式方法的一个突出特征。**在显式方法中,对离散动量方程的时间积分不需要求解任何方程**。当然,之所以能避免求解方程,关键在于应用了对角质量矩阵。

在数值分析中,根据时间差分方程的结构将积分方法分类。对于相应的一阶和二阶导数的差分方程,可以写成通用的表达式:

$$\sum_{k=0}^{n_S}(\alpha_k \boldsymbol{d}^{n_S-k} - \Delta t \beta_k \dot{\boldsymbol{d}}^{n_S-k}) = \boldsymbol{0}, \quad \sum_{k=0}^{n_S}(\bar{\alpha}_k \boldsymbol{d}^{n_S-k} - \Delta t^2 \bar{\beta}_k \ddot{\boldsymbol{d}}^{n_S-k}) = \boldsymbol{0} \tag{6.2.10}$$

这里 n_S 是差分方程的步数。如果 $\beta_0=0$ 或 $\bar{\beta}_0=0$,则相应的一阶或二阶导数的差分公式是显式的。如果在时间步 n_S,方程中的函数仅包括前一时间步的导数,则称差分公式是显式的。在二阶导数的中心差分公式(6.2.6)中,$\bar{\beta}_0=0$,$\bar{\beta}_1=1$,$\bar{\beta}_2=0$,因此它是显式的。根据这个一般性的分类,差分方程为显式是在不需求解方程的情况下得到解答。在大多数情况下,应用包含方程求解的显式算法是没有益处的,因此这种显式算法很少应用。这里存在例外,例如,在波传播问题中有时应用一致质量与中心差分方法,则更新过程包括求解方程。

6.2.2　编程　框 6.1 给出了显式时间积分的流程图。这个流程图概括了第 2 章给出的内容,包含非零初始条件、变化时间步、采用多于一个积分点的单元和阻尼。用线性粘性力 $\boldsymbol{f}^{\text{damp}}=\boldsymbol{C}^{\text{damp}}\boldsymbol{v}$ 模拟阻尼,因此在公式(6.2.9)中力的总和为 $\boldsymbol{f}-\boldsymbol{C}^{\text{damp}}\boldsymbol{v}$。速度更新的编程分为两个子步骤:

$$\boldsymbol{v}^n = \boldsymbol{v}^{n-\frac{1}{2}} + (t^n - t^{n-\frac{1}{2}})\boldsymbol{a}^n, \quad \boldsymbol{v}^{n+\frac{1}{2}} = \boldsymbol{v}^n + (t^{n+\frac{1}{2}} - t^n)\boldsymbol{a}^n \tag{6.2.11}$$

这样在积分时间步中能够检查能量的平衡。

在这个流程中的主要相关变量是速度和 Cauchy 应力。对于速度、Cauchy 应力和所有材料状态参数,必须给出初始条件。假设初始位移为零(除了应力一般取决于变形历史的超弹性材料外,初始位移对于非线性分析是没有意义的)。

框 6.1 显式时间积分的流程图

1. 初始条件和初始化
   设定 $\boldsymbol{v}^0$,$\boldsymbol{\sigma}^0$ 和其他材料状态参数的初始值;
   $\#\boldsymbol{d}^0=0$, $n=0$, $t=0$; 计算 $\boldsymbol{M}$
2. 给出**作用力**
3. 计算加速度 $\boldsymbol{a}^n=\boldsymbol{M}^{-1}(\boldsymbol{f}^n-\boldsymbol{C}^{\text{damp}}\boldsymbol{v}^{n-\frac{1}{2}})$
4. 时间更新:$t^{n+1}=t^n+\Delta t^{n+\frac{1}{2}}$,$t^{n+\frac{1}{2}}=\frac{1}{2}(t^n+t^{n+1})$
5. 第 1 次部分更新节点速度:$\boldsymbol{v}^{n+\frac{1}{2}}=\boldsymbol{v}^n+(t^{n+\frac{1}{2}}-t^n)\boldsymbol{a}^n$
6. 强迫速度边界条件:
   如果节点 I 在边界 Γ_{vi} 上:$v_{iI}^{n+\frac{1}{2}}=\bar{v}_i(\boldsymbol{x}_I,t^{n+\frac{1}{2}})$
7. 更新节点位移:$\boldsymbol{d}^{n+1}=\boldsymbol{d}^n+\Delta t^{n+\frac{1}{2}}\boldsymbol{v}^{n+\frac{1}{2}}$
8. 给出**作用力**
9. 计算 $\boldsymbol{a}^{n+1}$
10. 第 2 次部分更新节点速度:$\boldsymbol{v}^{n+1}=\boldsymbol{v}^{n+\frac{1}{2}}+(t^{n+1}-t^{n+\frac{1}{2}})\boldsymbol{a}^{n+1}$
11. 在第 $n+1$ 时间步检查能量平衡:见[式(6.2.14)~(6.2.18)]
12. 更新步骤数目:$n\leftarrow n+1$
13. 输出;如果模拟没有完成,返回 4。

子程序——给出**作用力**

0) 初始化:$\boldsymbol{f}^n=0$,$\Delta t_{\text{crit}}=\infty$

1) 计算总体外部节点力 $\boldsymbol{f}_{\text{ext}}^n$

2) 对所有单元 e 循环

   i. **集合**单元节点位移和速度

   ii. $\boldsymbol{f}_e^{\text{int},n}=\boldsymbol{0}$

   iii. 对积分点 $\boldsymbol{\xi}_Q$ 循环

      ① 如果 $n=0$,转到 4

      ② 计算变形的度量:$\boldsymbol{D}^{n-\frac{1}{2}}(\boldsymbol{\xi}_Q)$,$\boldsymbol{F}^n(\boldsymbol{\xi}_Q)$,$\boldsymbol{E}^n(\boldsymbol{\xi}_Q)$

      ③ 通过本构方程计算应力 $\boldsymbol{\sigma}^n(\boldsymbol{\xi}_Q)$

      ④ $\boldsymbol{f}_e^{\text{int},n}\leftarrow\boldsymbol{f}_e^{\text{int},n}+\mathcal{B}^{\mathrm{T}}\boldsymbol{\sigma}^n\bar{w}_Q J|_{\xi_Q}$

      结束积分点循环

   iv. 计算单元外部节点力,$\boldsymbol{f}_e^{\text{ext},n}$

   v. $\boldsymbol{f}_e^n=\boldsymbol{f}_e^{\text{ext},n}-\boldsymbol{f}_e^{\text{int},n}$

   vi. 计算 Δt_{crit}^e。如果 $\Delta t_{\text{crit}}^e<\Delta t_{\text{crit}}$,那么 $\Delta t_{\text{crit}}=\Delta t_{\text{crit}}^e$

   vii. 离散 $\boldsymbol{f}_e^n$ 到整体 $\boldsymbol{f}^n$

3) 结束单元循环

4) $\Delta t=\alpha\Delta t_{\text{crit}}$

流程的主要部分是计算节点力，这在给出作用力子程序中进行。这个子程序的主要步骤是：

1. 通过**集合**过程，从整体数组中提取单元的节点位移和速度。

2. 在单元的每个积分点上计算应变度量。

3. 在每个积分点上，通过本构方程计算应力。

4. 在整个单元域上，通过对$\mathscr{B}$矩阵和 Cauchy 应力的乘积进行积分，计算内部节点力。

5. **离散**单元的节点力进入整体数组。

在第 1 时间步中，没有计算应变度量和应力，而代之为直接从初始应力中计算内部节点力，如流程中所示。

在流程图中可见内力计算的矩阵形式，应力张量储存在一个方阵中。为了改变成 Voigt 形式，由 $\boldsymbol{B}$ 代替$\mathscr{B}$，并由列阵$\{\boldsymbol{\sigma}\}$代替应力的方阵。类似地，通过公式(B4.6.2)代替第 iii. ④步，内力计算可以转变到完全的 Lagrangian 格式。

在显式方法中，大多数基本边界条件是容易处理的。例如，如果将沿任意边界上的速度或位移描述为时间的函数，通过数据设置节点速度：

$$v_{iI}^{n+\frac{1}{2}} = \bar{v}_i(\boldsymbol{x}_I, t^{n+\frac{1}{2}}) \tag{6.2.12}$$

则可以强迫速度/位移边界条件。如果在节点上得不到数据，通过由第 2.4.5 节给出的最小二乘过程可以得到它们。如果边界条件以位移的形式提出，则公式(6.2.12)的强制条件包括对给定位移的数值微分以获得给定速度，这些速度随后在第 7 步中得到积分。通过在第 7 步后设置指定边界位移，可以避免这一循环过程。

速度边界条件也可以在局部坐标系中给定。在这种情况下，运动方程在这些节点上必须表示为局部坐标的分量，节点力在装配前必须转换成整体坐标的分量。局部坐标系的方向可能随着时间变化，为了考虑坐标系的转动，则必须修改时间积分公式。

当基本边界条件作为关于位移的线性或者非线性代数方程给出时，编程是非常复杂的。第 6.3.8 节将描述普遍应用的罚函数或者 Lagrange 乘子法。

系统中的任何阻尼将滞后半个时间步长，见框 6.1 的第 3 步。这也适合于在第 2 步 iii. **给出作用力**中在本构方程中计算的任何率相关项。如果编程是完全显式的，即不需要求解任何方程，时间滞后是不可避免的。正如我们将要在第 6.6.6 节看到的，这减少了该方法的稳定时间步长。

从流程图中可以看到，一个显式方法是很容易编程的。因此，显式时间积分是非常强健的，所谓强健的意思是显式程序很少因为数值运算的失败而终止。显式积分的明显缺点是**显式方法的条件稳定性**；而优点是方法的简单性和避免了方程的求解。如果时间步长超过了一个临界值 Δt_{crit}，其计算结果将会增长至无穷。

临界时间步长也称为**稳定时间步长**。对于采用率无关材料的常应变单元的网格，稳定时间步长为

$$\Delta t = \alpha \Delta t_{\text{crit}}, \quad \Delta t_{\text{crit}} = \frac{2}{\omega_{\max}} \leqslant \min_{e,I} \frac{2}{\omega_I^e} = \min_e \frac{l_e}{c_e} \tag{6.2.13}$$

这里 $\omega_{\max}$是线性系统的最大频率；l_e 是单元 e 的特征长度；c_e是单元 e 的当前波速；α 是考虑非线性不稳定性影响的折减系数，对于 α 的适当选择为 $0.8 \leqslant \alpha \leqslant 0.98$。上述问题的发展

和对于显式方法时间步长的进一步讨论将在第 6.6.6 节给出。

自从发现其中一个条件之后，在有限差分方法中，上面的问题称为 Courant 条件，首先由 Courant，Friedrichs 和 Lewy(1928)发表了这一结果。时间步长与临界时间步长的比值 α 称为 Courant 数。从公式(6.2.13)中可以看出，临界时间步长随着网格的细划和材料刚度的增加而减小。这里有趣的是显式模拟的计算成本是独立于频域的，它仅取决于模型的尺寸和时间步的数目。

对于弹-塑性材料，一个有趣的问题是在塑性响应中减慢波速是否能够增加时间步长。基于我们的经验，答案是否定的。弹-塑性材料可以在任何时刻卸载，由于数值的干扰在数值计算中常常发生卸载。在弹性卸载的过程中，临界时间步长取决于弹性波速，并且一个超过临界时间步长的时间步将导致不稳定。

从单元时间步长得到网格时间步长。对于每一个单元，计算单元时间步长，并选择最小的单元时间步长作为网格时间步长。以单元为基础设定临界时间步长的理论判据将在第 6.6.8～6.6.9 节给出。

6.2.3 能量平衡 从对线性运动方程积分的稳定性分析中，得到了上述稳定性条件。现在，还没有稳定性原理可以涵盖在工程中所遇到的全部非线性现象，例如接触-冲击、撕裂等。

即使当观察到公式(6.2.13)时，不稳定也可能进一步发展。对比线性问题，这里的不稳定将导致结果的指数性增长，因此不可轻视。非线性问题的不稳定解答有时不容易被识别。例如，Belytschko(1983)描述了一个数值现象，称为**抑制失稳**，其方案如下：由非线性诱发了不稳定，例如几何硬化，而材料是弹性的。这种不稳定引起了结果的局部指数增长，从而依次导致了塑性行为。而塑性响应软化了结构，并降低了波速，从而使积分又得到了稳定。

如此的抑制失稳可以导致远远超过预测的位移，但是，通过细致研究结果却无法察觉它们。然而，通过检验能量平衡可以容易地察觉它们。在伪能量生成中，任何不稳定的结果将导致能量守恒的破坏。因此，在非线性计算中，通过检验能量平衡可以知道是否保持着稳定性。

在低阶方法中，如中心差分方法，一般的方法是通过类似的阶数对时间积分得到能量，如梯形法则。内能和外能积分如下：

$$W_{\text{int}}^{n+1} = W_{\text{int}}^{n} + \frac{\Delta t^{n+\frac{1}{2}}}{2}(\boldsymbol{v}^{n+\frac{1}{2}})^{\mathrm{T}}(\boldsymbol{f}_{\text{int}}^{n} + \boldsymbol{f}_{\text{int}}^{n+1}) = W_{\text{int}}^{n} + \frac{1}{2}\Delta\boldsymbol{d}^{\mathrm{T}}(\boldsymbol{f}_{\text{int}}^{n} + \boldsymbol{f}_{\text{int}}^{n+1}) \tag{6.2.14}$$

$$W_{\text{ext}}^{n+1} = W_{\text{ext}}^{n} + \frac{\Delta t^{n+\frac{1}{2}}}{2}(\boldsymbol{v}^{n+\frac{1}{2}})^{\mathrm{T}}(\boldsymbol{f}_{\text{ext}}^{n} + \boldsymbol{f}_{\text{ext}}^{n+1}) = W_{\text{ext}}^{n} + \frac{1}{2}\Delta\boldsymbol{d}^{\mathrm{T}}(\boldsymbol{f}_{\text{ext}}^{n} + \boldsymbol{f}_{\text{ext}}^{n+1}) \tag{6.2.15}$$

这里 $\Delta\boldsymbol{d}=\boldsymbol{d}^{n+1}-\boldsymbol{d}^{n}$。动能为

$$W_{\text{kin}}^{n} = \frac{1}{2}(\boldsymbol{v}^{n})^{\mathrm{T}}\boldsymbol{M}\boldsymbol{v}^{n} \tag{6.2.16}$$

注意这里的积分时间步长是应用于速度的，这就是框 6.1 中在积分时间步中计算速度的原因。

在单元或积分点的水平，也可以计算内能：

$$W_{\text{int}}^{n+1} = W_{\text{int}}^{n} + \frac{1}{2}\sum_{e}\Delta\boldsymbol{d}_{e}^{\mathrm{T}}(\boldsymbol{f}_{e,\text{int}}^{n} + \boldsymbol{f}_{e,\text{int}}^{n+1})$$

$$= W_{\text{int}}^{n} + \frac{\Delta t^{n+\frac{1}{2}}}{2} \sum_{e} \sum_{n_Q} \overline{w}_Q \boldsymbol{D}_Q^{n+\frac{1}{2}} : (\boldsymbol{\sigma}_Q^{n} + \boldsymbol{\sigma}_Q^{n+1}) \boldsymbol{J}_{\xi Q} \tag{6.2.17}$$

式中$\boldsymbol{\sigma}_Q^n = \boldsymbol{\sigma}^n(\xi_Q)$等。能量守恒要求

$$| W_{\text{kin}} + W_{\text{int}} - W_{\text{ext}} | \leqslant \varepsilon \max(W_{\text{ext}}, W_{\text{int}}, W_{\text{kin}}) \tag{6.2.18}$$

这里 ε 是一个很小的容许极限，一般阶数为 10^{-2}。

如果系统非常庞大，则在 10^5 节点量级或者更多，能量平衡必须在模型的子区域中进行，相邻子区域的内力可以视为每一个子区域的外力。

6.2.4　精确性　中心差分方法在时间上是二阶的，即在位移上的截断误差具有 Δt^2 阶。对于线性完全单元，我们将看到在 L_2 范数的位移上，其空间误差具有 h^2 阶，这里 h 是单元尺寸。尽管在误差的两种度量之间存在一定的技术差别，但其结果是相似的。由于时间步长和单元尺寸必须是相同阶数才能满足稳定条件(6.2.13)，因此对于中心差分时间积分，时间积分误差和空间误差具有相同的阶数。然而，对于硬度会迅速改变的材料，如粘塑性材料，中心差分方法的精确性有时是不够的。在这种情况下，我们建议采用 Runge-Kutta 法。不需要所有的方程都应用 Runge-Kutta 法，它可以应用于本构方程，而通过中心差分方法对运动方程进行积分。

6.2.5　质量缩放、子循环和动态松弛　当一个模型包含几个非常小或者非常硬的单元时，显式积分的效率受到严重损害，因为整个网格的时间步长是根据这些非常硬的单元决定的。有几种技术可以避开这一困难：

1. 质量缩放：增加较硬单元的质量，使得时间步长不会因为这些单元而减小。

2. 子循环：对于较硬的单元采用较小的时间步长。

质量缩放必须应用于高频效果不重要的问题。例如在金属薄板成型中，这基本上是一个静态过程，不会发生困难。另一方面，如果高频响应是很重要的，不推荐应用质量缩放。

子循环是由 Belytschko，Yen 和 Mullen(1979)提出的。在这一技术中，模型被划分为几个子域，而每一子域的积分应用其自己的稳定时间步长。在子循环中的关键问题是对子域之间界面的处理。早期的方法采用线性内插。对于一阶系统，可以证明是稳定的(Belytschko，Smolinski 和 Liu，1985)。但是如 Daniel(1998)所证明的，在二阶系统中，线性内插将导致窄带的不稳定。通过增加人为的粘性，或者改为子循环等这些更复杂的方法，可以消除不稳定。二阶系统的稳定子循环方法，由 Smolinski，Sleith 和 Belytschko(1996)和 Daniel(1997)给出。

在显式程序中，经常采用动态松弛以获得静态的解答。基本思路是非常缓慢地施加外力，并应用足够的阻尼求解动态系统方程，从而使振荡最小。在路径相关的材料中，动态松弛常常得到较差的结果。因而，它是非常缓慢的。用 Newton 方法结合有效的迭代求解器，如预处理共轭梯度或者多栅的方法，是更快捷和更精确的。

6.3　平衡解答和隐式时间积分

6.3.1　平衡和瞬态问题　我们将对平衡方程求解的描述和隐式方法时间积分结合起来，因为它们具有许多共同的特点。首先在第 $n+1$ 时间步，以对平衡和动态问题都可以应用的形式，写出离散动量方程：

$$0 = \boldsymbol{r}(\boldsymbol{d}^{n+1}, t^{n+1}) = s_{\text{D}} \boldsymbol{M} \boldsymbol{a}^{n+1} + \boldsymbol{f}^{\text{int}}(\boldsymbol{d}^{n+1}, t^{n+1}) - \boldsymbol{f}^{\text{ext}}(\boldsymbol{d}^{n+1}, t^{n+1}) \tag{6.3.1}$$

这里 s_D 是一个开关，设置为：

$$s_D = \begin{cases} 0 & \text{对于静态(平衡)问题} \\ 1 & \text{对于动态(瞬时)问题} \end{cases} \tag{6.3.2}$$

列矩阵 $\boldsymbol{r}(\boldsymbol{d}^{n+1}, t^{n+1})$ 称为残数。对于运动方程的隐式更新和平衡方程，该离散方程是节点位移 $\boldsymbol{d}^{n+1}$ 的非线性代数方程。

6.3.2 平衡解答和平衡点 当加速度为零或者可以忽略时，系统处于平衡状态，公式(6.3.1)的结果称为**平衡解**。平衡方程由(6.3.1)给出，设 $s_D=0$，为

$$\boldsymbol{0} = \boldsymbol{r}(\boldsymbol{d}^{n+1}, t^{n+1}) = \boldsymbol{f}^{\text{int}}(\boldsymbol{d}^{n+1}, t^{n+1}) - \boldsymbol{f}^{\text{ext}}(\boldsymbol{d}^{n+1}, t^{n+1}) \tag{6.3.3}$$

在平衡问题中，残数对应于非平衡力。加速度可以忽略的问题称为**静态问题**。上述的结果称为**平衡点**，并且结果的连续轨迹称为**平衡分支**或者**平衡路径**。

在应用率无关材料的平衡问题中，不需要 t 是一个实际的时间，它可以是一个任意单调增的参数。如果本构方程是一个微分或者积分方程，它也必须对时间离散而得到一组关于系统的代数方程。

6.3.3 Newmark $\boldsymbol{\beta}$ 方程 为了说明离散方程的公式，我们考虑一个普遍应用的时间积分器，称为 Newmark β 方法。对于这个时间积分器，更新的位移和速度为

$$\boldsymbol{d}^{n+1} = \tilde{\boldsymbol{d}}^{n+1} + \beta\Delta t^2 \boldsymbol{a}^{n+1} \qquad \text{式中} \quad \tilde{\boldsymbol{d}}^{n+1} = \boldsymbol{d}^n + \Delta t \boldsymbol{v}^n + \frac{\Delta t^2}{2}(1-2\beta)\boldsymbol{a}^n \tag{6.3.4}$$

$$\boldsymbol{v}^{n+1} = \tilde{\boldsymbol{v}}^{n+1} + \gamma\Delta t \boldsymbol{a}^{n+1} \qquad \text{式中} \quad \tilde{\boldsymbol{v}}^{n+1} = \boldsymbol{v}^n + (1-\gamma)\Delta t \boldsymbol{a}^n \tag{6.3.5}$$

这里 $\Delta t = t^{n+1} - t^n$，而 β 和 γ 是参数。框 6.2 总结了它们的有用数值和稳定性性质。应用参数 γ 控制人为的粘性，即由于数值方法引进的阻尼，它应用于抑制结果的振荡。当 $\gamma = \frac{1}{2}$ 时，Newmark 积分器没有附加阻尼；当 $\gamma > \frac{1}{2}$ 时，由积分器附加了 $\gamma - \frac{1}{2}$ 的人工阻尼比例。在上面，我们分隔开了节点变量的过程值，即那些与时间步 n 有关的 $\tilde{\boldsymbol{v}}^{n+1}$ 和 $\tilde{\boldsymbol{d}}^{n+1}$。在前面的变量中，可能是更合理地应用了上角标 n，但是我们服从约定。上述对应于预估-修正的形式是由 Hughes 和 Liu(1978)给出的。

更新的加速度可以通过求解方程(6.3.4)得到：

$$\boldsymbol{a}^{n+1} = \frac{1}{\beta\Delta t^2}(\boldsymbol{d}^{n+1} - \tilde{\boldsymbol{d}}^{n+1}), \quad \beta > 0 \tag{6.3.6}$$

框 6.2 Newmark $\boldsymbol{\beta}$ 方法

$\beta=0, \gamma=\frac{1}{2}$ 显式中心差分方法

$\beta=\frac{1}{4}, \gamma=\frac{1}{2}$ 无阻尼梯形法则

$\gamma>\frac{1}{2}$ 用阻尼比例达到 $\gamma-\frac{1}{2}$ 数值阻尼积分器

稳定性

对于 $\beta \geqslant \frac{\gamma}{2} \geqslant \frac{1}{4}$ 无条件稳定

条件稳定：$\omega_{\max}\Delta t=\dfrac{\xi\bar{\gamma}+\left[\bar{\gamma}+\dfrac{1}{4}-\beta+\xi^2\bar{\gamma}^2\right]^{1/2}}{\left(\dfrac{\gamma}{2}-\beta\right)}, \bar{\gamma}\equiv\gamma-\dfrac{1}{2}\geqslant 0$

ξ＝频率 $\omega_{\max}$ 时的临界阻尼分数，参见公式(6.6.34)。

将公式(6.3.6)代入式(6.3.1)，给出

$$\mathbf{0}=\boldsymbol{r}=\frac{s_D}{\beta\Delta t^2}\boldsymbol{M}(\boldsymbol{d}^{n+1}-\tilde{\boldsymbol{d}}^{n+1})-\boldsymbol{f}^{\text{ext}}(\boldsymbol{d}^{n+1},t^{n+1})+\boldsymbol{f}^{\text{int}}(\boldsymbol{d}^{n+1}) \tag{6.3.7}$$

这是在节点位移 $\boldsymbol{d}^{n+1}$ 上的一组非线性代数方程。方程(6.3.7)适用于静态和动态问题，在这两种情况下的离散问题是：

$$\text{寻找 } \boldsymbol{d}^{n+1} \text{ 使 } \boldsymbol{r}(\boldsymbol{d}^{n+1},t^{n+1})=\mathbf{0} \text{ 服从于 } \boldsymbol{g}(\boldsymbol{d}^{n+1},t^{n+1})=\mathbf{0} \tag{6.3.8}$$

式中 $\boldsymbol{r}(\boldsymbol{d}^{n+1})$ 由式(6.3.7)给出。

6.3.4 Newton 方法　求解非线性代数方程(6.3.7)，应用最广泛和最强健的方法是 Newton 方法。在计算力学中，经常称该方法为 Newton-Raphson 方法。这和微积分入门教程中所讲授的 Newton 方法是一致的。

对于含有一个未知量 d 且没有位移边界条件的方程，我们首先描述 Newton 方法，然后生成到任意个未知量。对于一个未知量的情况，当 $\beta>0$ 时，公式(6.3.7)退化成为一个非线性代数方程：

$$r(d^{n+1},t^{n+1})=\frac{s_D}{\beta\Delta t^2}M(d^{n+1}-\tilde{d}^{n+1})-f(d^{n+1},t^{n+1})=0 \tag{6.3.9}$$

通过 Newton 方法，公式(6.3.9)的求解是一个迭代过程。迭代的次数由希腊字母的下角标表示，$d_\nu^{n+1}\equiv d_\nu$ 是在时间步 $n+1$ 上迭代 ν 次的位移。下面将省略时间步数 $n+1$。

要开始迭代过程，必须选择未知量的初始值。通常选择上一步的计算结果 d^n，因此 $d_0\equiv d^n$。在动态解答中应用 Newmark β 方法，一个较好的初始值是 $\tilde{\boldsymbol{d}}^{n+1}$。对节点位移 d_ν 当前值的残数进行 Taylor 展开，并设计算的残数等于零，得

$$0=r(d_{\nu+1},t^{n+1})=r(d_\nu,t^{n+1})+\frac{\partial r(d_\nu,t^{n+1})}{\partial d}\Delta d+O(\Delta d^2) \tag{6.3.10}$$

式中

$$\Delta d=d_{\nu+1}-d_\nu \tag{6.3.11}$$

如果略去在 Δd 中比线性高阶的项，则公式(6.3.10)给出一个关于 Δd 的线性方程：

$$0=r(d_\nu,t^{n+1})+\frac{\partial r(d_\nu,t^{n+1})}{\partial d}\Delta d \tag{6.3.12}$$

上式称为**非线性方程**的**线性模型**或**线性化模型**(Dennis 和 Schnabel，1983)。线性模型是非线性残差函数的正切。获得线性模型的过程称为**线性化**。

注意到在 Taylor 展开中，将残数写成时间 t^{n+1} 的形式。残数的时间相关性通常是显式地给出。例如，通常给出面力和体力是时间的函数，并且外部节点力的任何变化取决于节点位移的变化。因此，一般是应用时间 t^{n+1} 的荷载和节点位移的最后值计算残数。

对于位移增量，求解这个线性模型，得

$$\Delta d=-\left(\frac{\partial r(d_\nu)}{\partial d}\right)^{-1}r(d_\nu) \tag{6.3.13}$$

在 Newton 过程中，通过迭代求解一系列线性模型(6.3.13)，可以获得非线性方程的解答。在迭代的每一步中，通过将公式(6.3.11)重写为

$$d_{\nu+1} = d_\nu + \Delta d \tag{6.3.14}$$

获得未知数的更新值。这一过程如图 6.1 所示。持续这一过程直到获得理想的精确度水平为止。

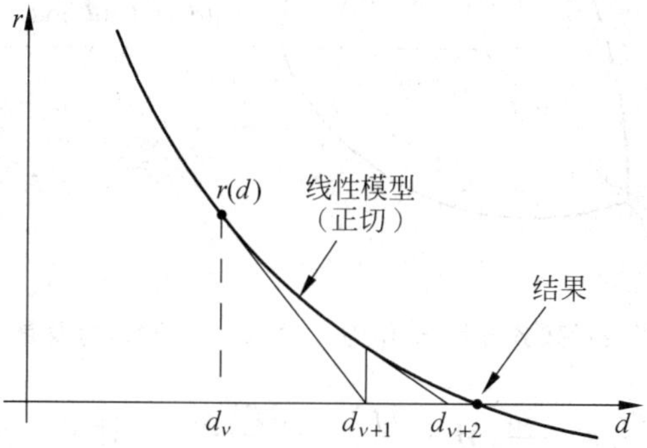

图 6.1 关于非线性方程 $r(d)=0$ 的线性模型

6.3.5 有 n 个未知量的 Newton 方法 通过用矩阵方程替换上述标量方程，可以将 Newton 方法生成到 n_{dof} 个未知量的情况。公式(6.3.10)的对应部分为：

$$\boldsymbol{r}(\boldsymbol{d}_\nu) + \frac{\partial \boldsymbol{r}(\boldsymbol{d}_\nu)}{\partial \boldsymbol{d}}\Delta \boldsymbol{d} + \boldsymbol{O}(\Delta \boldsymbol{d}^2) = \boldsymbol{0} \quad \text{或} \quad \boldsymbol{r}_a(\boldsymbol{d}_\nu) + \frac{\partial r_a(\boldsymbol{d}_\nu)}{\partial \boldsymbol{d}_b}\Delta d_b + \boldsymbol{O}(\Delta \boldsymbol{d}^2) = \boldsymbol{0} \tag{6.3.15}$$

这里仍然保留求和约定，指标 a,b 的范围是自由度 n_{dof} 的数目。称矩阵 $\partial \boldsymbol{r}/\partial \boldsymbol{d}$ **为系统的 Jacobian 矩阵**，并表示为 $\mathbf{A}$：

$$\mathbf{A} = \frac{\partial \boldsymbol{r}}{\partial \boldsymbol{d}}, \quad \text{或} \quad A_{ab} = \frac{\partial r_a}{\partial d_b} \tag{6.3.16}$$

将上式代入式(6.3.15)并忽略在 $\Delta \boldsymbol{d}$ 中阶数高于线性的项，得到

$$\boldsymbol{r} + \mathbf{A}\Delta \boldsymbol{d} = \boldsymbol{0} \tag{6.3.17}$$

这是非线性方程的**线性模型**。由于 $\boldsymbol{r}(\boldsymbol{d})$ 映射 $\mathbb{R}^n$ 到 $\mathbb{R}^n$，对于多于一个未知量的问题，线性模型难以绘图。对于含有两个未知量的函数，图 6.2 展示了残数的第一个分量的例子，线性模型是非线性函数 $r_1(d_1,d_2)$ 的一个切平面。另一个残数分量是对应于另一个非线性函数 $r_2(d_1,d_2)$ 的，没有画在图中。

在 Newton 迭代过程中，通过求解公式(6.3.17)得到节点位移的增量，给出了一个线性代数方程系统：

$$\mathbf{A}\Delta \boldsymbol{d} = -\boldsymbol{r}(\boldsymbol{d}_\nu, t^{n+1}) \tag{6.3.18}$$

一旦获得了节点位移的增量，将其迭加到前一步的迭代：

$$\boldsymbol{d}_{\nu+1} = \boldsymbol{d}_\nu + \Delta \boldsymbol{d} \tag{6.3.19}$$

对于这个新的位移，要检验其收敛性，见第 6.3.9 节。如果没有满足收敛准则，将构造一个新的线性模型，并重复上述过程，继续进行迭代直到满足收敛准则为止。

在计算力学中，称 Jacobian 矩阵为**等效切向刚度矩阵**，惯性力、内部和外部节点力的贡献被线性化地分开。从公式(6.3.7)中我们可以写出 Newmark 积分器的 Jacobian 矩阵：

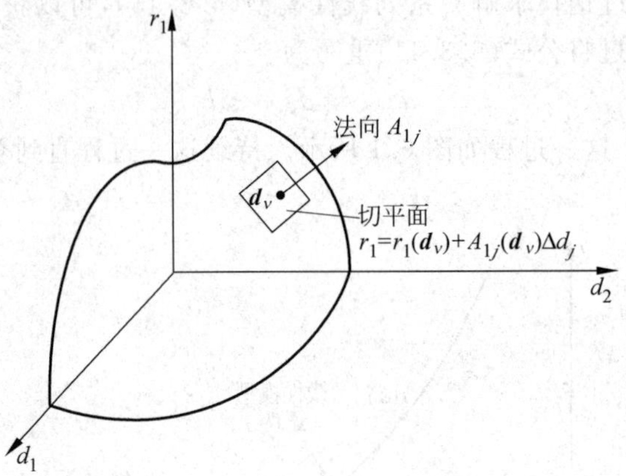

图 6.2　绘图表示残数分量 r_1 作为 d_1 和 d_2 的函数，以及是 $\boldsymbol{d}_v$ 的切平面

$$\boldsymbol{A}=\frac{\partial \boldsymbol{r}}{\partial \boldsymbol{d}}=\frac{s_D}{\beta\Delta t^2}\boldsymbol{M}+\frac{\partial \boldsymbol{f}^{\text{int}}}{\partial \boldsymbol{d}}-\frac{\partial \boldsymbol{f}^{\text{ext}}}{\partial \boldsymbol{d}} \qquad 对于 \quad \beta>0 \tag{6.3.20}$$

式中我们应用了这样一个事实，即质量矩阵在 Lagrangian 网格中是时间的常量。除了质量矩阵的系数外，Jacobian 矩阵对于其他积分器是相同的。对于平衡问题，开关 s_D 表示的质量矩阵的系数为零。内部节点力的 Jacobian 矩阵称为**切向刚度矩阵**，并表示为 $\boldsymbol{K}^{\text{int}}$：

$$K_{iIjJ}^{\text{int}}=\frac{\partial f_{iI}^{\text{int}}}{\partial u_{jJ}},\quad \boldsymbol{K}_{IJ}^{\text{int}}=\frac{\partial \boldsymbol{f}_I^{\text{int}}}{\partial \boldsymbol{u}_J},\quad K_{ab}^{\text{int}}=\frac{\partial f_a^{\text{int}}}{\partial d_b},\quad \boldsymbol{K}^{\text{int}}=\frac{\partial \boldsymbol{f}^{\text{int}}}{\partial \boldsymbol{d}} \tag{6.3.21}$$

我们给出了在本书中应用的以上 4 种表达式。

外部节点力的 Jacobian 矩阵称为**荷载刚度矩阵**，为

$$\boldsymbol{K}^{\text{ext}}=\frac{\partial \boldsymbol{f}^{\text{ext}}}{\partial \boldsymbol{d}} \tag{6.3.22}$$

我们也应用了其他（如公式(6.3.21)）的表示方法。荷载刚度的名称是相当奇怪的，因为荷载不可能有刚度，但是这个名称已经存在下来了。

这些矩阵的发展称为线性化，将在第 6.4 节中论述。从公式(6.3.21)～(6.3.22)，Jacobian 矩阵(6.3.20)可以写成

$$\boldsymbol{A}=\frac{s_D}{\beta\Delta t^2}\boldsymbol{M}+\boldsymbol{K}^{\text{int}}-\boldsymbol{K}^{\text{ext}} \tag{6.3.23}$$

通过开关 s_D，这一 Jacobian 矩阵应用于动态和平衡问题。

公式(6.3.21)～(6.3.22)中的 Jacobian 可以将节点力的微分与节点位移的微分联系起来，为

$$\mathrm{d}\boldsymbol{f}^{\text{int}}=\boldsymbol{K}^{\text{int}}\mathrm{d}\boldsymbol{d},\quad \mathrm{d}\boldsymbol{f}^{\text{ext}}=\boldsymbol{K}^{\text{ext}}\mathrm{d}\boldsymbol{d},\quad \mathrm{d}\boldsymbol{r}=\boldsymbol{A}\mathrm{d}\boldsymbol{d} \tag{6.3.24}$$

6.3.6　保守问题　对于在第 4.9.3 节中描述的驻值原理，我们下面建立离散问题。这一驻值原理仅应用于保守平衡问题，但是它提供了对非线性求解性质的深入理解，因此它是很重要的。通过设势能的导数等于零，得到平衡解答。从公式(4.9.41)～(4.9.42)和残数的定义(6.3.3)，我们得到

$$\boldsymbol{0}=\boldsymbol{r}=\frac{\partial W}{\partial \boldsymbol{d}}=\frac{\partial W^{\text{int}}}{\partial \boldsymbol{d}}-\frac{\partial W^{\text{ext}}}{\partial \boldsymbol{d}}=\boldsymbol{f}^{\text{int}}-\boldsymbol{f}^{\text{ext}} \tag{6.3.25}$$

如在第 6.5 节中所述，当势能为局部最小值时，一个平衡点是稳定的，如图 6.3 所示。因此，

通过势能 W 最小化可以找到稳定平衡解答。

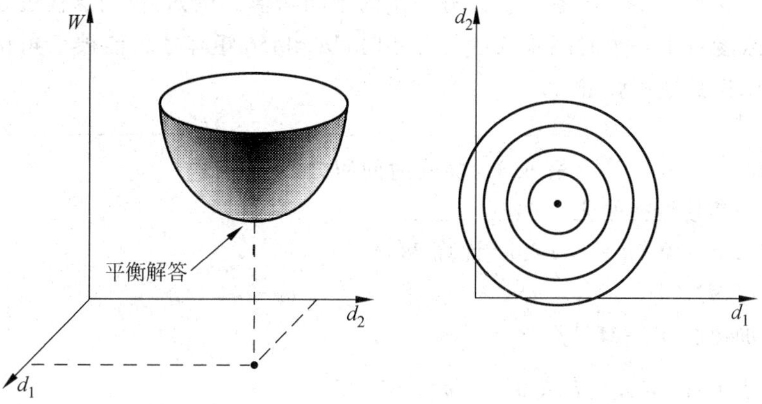

图 6.3 势能的图示,稳定平衡解答和势能等值线

对于稳定平衡解答的离散问题是:

$$\text{最小化 } W(\boldsymbol{d}),\text{ 根据 } g_I(\boldsymbol{d})=0,\ I=1 \text{ 到 } n_c \tag{6.3.26}$$

这里 $g_I(\boldsymbol{d})=0$ 是关于系统的约束。通过数学程序和优化技术,用这种形式可以得到平衡解答,如最速下降法。

如果希望得到稳定和非稳定解答,必须找到 $W(\boldsymbol{d})$的驻值点,则离散问题成为

$$\text{找到 } \boldsymbol{d},\text{ 使}\frac{\partial W(\boldsymbol{d})}{\partial \boldsymbol{d}}=-\boldsymbol{f}=\boldsymbol{r}=\boldsymbol{0},\text{ 根据 } g_I(\boldsymbol{d})=0 \tag{6.3.27}$$

为了得到保守系统的线性模型,我们写出关于最后一次迭代点的残数公式(6.3.27)的一阶 Taylor 展开,为

$$\boldsymbol{0}=\boldsymbol{r}(\boldsymbol{d}_\nu)+\frac{\partial \boldsymbol{r}(\boldsymbol{d}_\nu)}{\partial \boldsymbol{d}}\Delta \boldsymbol{d}=\boldsymbol{r}(\boldsymbol{d}_\nu)+\frac{\partial^2 W(\boldsymbol{d}_\nu)}{\partial \boldsymbol{d}\partial \boldsymbol{d}}\Delta \boldsymbol{d}\equiv \boldsymbol{r}(\boldsymbol{d}_\nu)+\boldsymbol{A}\Delta \boldsymbol{d} \tag{6.3.28}$$

见式(6.3.15)~(6.3.16)中,

$$A_{ab}=\frac{\partial^2 W}{\partial d_a \partial d_b}\quad \text{或者}\quad \boldsymbol{A}=\frac{\partial^2 W}{\partial \boldsymbol{d}\partial \boldsymbol{d}} \tag{6.3.29}$$

当定义为势能的二阶导数时,矩阵 $\boldsymbol{A}$ 称为 Hessian 矩阵。

Hessian 矩阵等同于 Jacobian 矩阵(两个不同的名称来自它们不同的起源)。对于离散连续体有限元模型,Hessian 矩阵是

$$\boldsymbol{A}=\boldsymbol{K}^{\text{int}}-\boldsymbol{K}^{\text{ext}},\quad K_{ab}^{\text{int}}=\frac{\partial^2 W^{\text{int}}}{\partial d_a \partial d_b},\quad K_{ab}^{\text{ext}}=\frac{\partial^2 W^{\text{ext}}}{\partial d_a \partial d_b} \tag{6.3.30}$$

保守系统的线性化方程则遵从公式(6.3.29)~(6.3.30):

$$(\boldsymbol{K}^{\text{int}}-\boldsymbol{K}^{\text{ext}})\Delta \boldsymbol{d}=-\boldsymbol{r}_\nu \tag{6.3.31}$$

除了忽略质量矩阵外,上式等同于公式(6.3.17),因为在保守问题中不可能包含动态影响。

6.3.7 Newton 方法的编程 对于隐式积分和平衡解答的流程图分别在框 6.3 和框 6.4 中给出。动态问题和平衡问题都是通过时间步得到解答:将外部荷载和其他条件描述为时间的函数,在感兴趣的范围设置增量。在平衡问题中,常常由一个单调增的参数代替时间。以这种方式获得的平衡过程解答,称为增量解答。

在流程图中所显示的过程通常称为完全 Newton 算法,这里在每一次迭代过程中

Jacobian 矩阵被赋值并且求逆。许多程序应用一个修正的 Newton 算法，Jacobian 矩阵被组合和三角化，只在每一步的开始或者在每一步的中间赋值。例如，仅当迭代过程似乎不能很好地收敛时，或者对于一个时间步的迭代开始时，Jacobian 矩阵才可能被三角化。这些修正的算法更快捷，但是缺乏强健性。

框 6.3　隐式时间积分的流程图

1. 初始状态和参数的初始化
   设置 $\boldsymbol{v}^0, \boldsymbol{\sigma}^0$；$\boldsymbol{d}^0=\boldsymbol{0}$，$n=0$，$t=0$；计算 $\boldsymbol{M}$
2. 得到 $\boldsymbol{f}^0=\boldsymbol{f}(\boldsymbol{d}^0, 0)$
3. 计算初始加速度 $\boldsymbol{a}^n=\boldsymbol{M}^{-1}\boldsymbol{f}^n$
4. 估计下一步解答：$\boldsymbol{d}_{\text{new}}=\boldsymbol{d}^n$ 或 $\boldsymbol{d}_{\text{new}}=\tilde{\boldsymbol{d}}^{n+1}$
5. 第 $n+1$ 步的 Newton 迭代
   a. 给出**作用力**计算 $\boldsymbol{f}(\boldsymbol{d}_{\text{new}}, t^{n+1})$，见框 6.1
   b. $\boldsymbol{a}^{n+1}=1/\beta\Delta t^2(\boldsymbol{d}_{\text{new}}-\tilde{\boldsymbol{d}}^{n+1})$，$\boldsymbol{v}^{n+1}=\tilde{\boldsymbol{v}}^{n+1}+\gamma\Delta t\boldsymbol{a}^{n+1}$，见(6.3.4—5)
   c. $\boldsymbol{r}=\boldsymbol{M}\boldsymbol{a}^{n+1}-\boldsymbol{f}$
   d. 计算 Jacobian $\boldsymbol{A}(\boldsymbol{d})$
   e. 对于基本边界条件，修正 $\boldsymbol{A}(\boldsymbol{d})$
   f. 解线性方程 $\Delta\boldsymbol{d}=-\boldsymbol{A}^{-1}\boldsymbol{r}$
   g. $\boldsymbol{d}_{\text{new}}\leftarrow\boldsymbol{d}_{\text{old}}+\Delta\boldsymbol{d}$
   h. 检验收敛准则：如果没有满足，返回到第 5a 步。
6. 更新位移、计数器和时间：$\boldsymbol{d}^{n+1}=\boldsymbol{d}_{\text{new}}$，$n\leftarrow n+1$，$t\leftarrow t+\Delta t$
7. 检验能量平衡
8. 输出：如果模拟没有完成，返回到第 4 步。

框 6.4　平衡解答的流程图

1. 初始条件和初始化
   设置 $\boldsymbol{\sigma}^0$，$\boldsymbol{d}^0=\boldsymbol{0}$；$n=0$，$t=0$，$\boldsymbol{d}_{\text{new}}=\boldsymbol{d}^0$
2. 对于荷载增量 $n+1$ 的 Newton 迭代：
   a. 给出**作用力**计算 $\boldsymbol{f}(\boldsymbol{d}_{\text{new}}, t^{n+1})$，$\boldsymbol{r}=\boldsymbol{f}(\boldsymbol{d}, t^{n+1})$
   b. 计算 $\boldsymbol{A}(\boldsymbol{d}_{\text{new}})$
   c. 对于基本边界条件，修正 $\boldsymbol{A}(\boldsymbol{d}_{\text{new}})$
   d. 解线性方程 $\Delta\boldsymbol{d}=-\boldsymbol{A}^{-1}\boldsymbol{r}$
   e. $\boldsymbol{d}_{\text{new}}\leftarrow\boldsymbol{d}_{\text{old}}+\Delta\boldsymbol{d}$
   f. 检验误差准则：如果没有满足，返回到第 2a 步。
3. 更新位移、计数器和时间：$\boldsymbol{d}^{n+1}=\boldsymbol{d}_{\text{new}}$，$n\leftarrow n+1$，$t\leftarrow t+\Delta t$
4. 输出：如果模拟没有完成，返回到第 2 步。

隐式方法从施加初始条件开始，初始条件可以按照显式方法同样处理。考虑初始位移为零，按照第 2 步和第 3 步计算初始加速度。

通过迭代过程得到位移 $\boldsymbol{d}^{n+1}$。为了开始迭代过程，需要 $\boldsymbol{d}$ 的初始值，通常应用前一时间步的结果。为了这个初始值则需要计算残数。在平衡解答中，残数仅依赖于内部和外部的节点力，在给出作用力的模块中获得。这一给出作用力的模块，除了稳定时间步的计算被忽略外，同显式过程一样，如框 6.1 所示。在瞬态隐式解答中，残数也依赖于加速度。

对于物体的最终状态，计算 Jacobian 矩阵。通过修正 Jacobian 矩阵，可以实现均匀的位移边界条件：对应于位移分量为零的方程或者是省略，或者被一个表示分量为零的等效方程代替。通过将 Jacobian 矩阵和方程右侧项中的对应行或者列的元素置为零，并且设在对角线上的元素为一个正常数，可以实现这一过程。对于更复杂的约束，可以应用 Lagrange 乘子法或者罚函数方法。这些将在下节中描述。

6.3.8 约束 关于处理约束条件(6.2.8)，我们将介绍四种方法，它们是：

1. 罚函数法
2. Lagrange 乘子法
3. Lagrangian 增广法
4. Lagrangian 摄动法

这些方法是从优化理论中衍生出来的，正如将看到的，我们可以很容易地将它们应用到离散动量和平衡方程的解答中。

为了说明这些技术，对于约束问题，首先考虑保守问题是有意义的，通过最小化求得它的解答。对于非保守问题的公式，它提供了指导。第 6.3.6 节已经描述了无约束的保守问题。

Lagrange 乘子法 在这个方法中，将约束附加到采用 Lagrange 乘子的目标函数上。保守问题中的目标函数是势能，即势能函数最小化。根据约束对一个函数最小化，可以形成一个 Lagrange 乘子问题：函数的最小化对应于和函数的驻值点和由 Lagrange 乘子权重的约束。公式(6.3.27)的解答是与寻找驻值点等价的：

$$W_{\mathrm{L}} = W + \lambda_I g_I \equiv W + \boldsymbol{\lambda}^{\mathrm{T}} \boldsymbol{g} \tag{6.3.32}$$

式中 $\boldsymbol{\lambda} = \{\lambda_I\}$ 是 Lagrange 乘子；下角标 L 表示 Lagrange 乘子修正的势能。在平衡点上有

$$0 = \mathrm{d}W_{\mathrm{L}} = \mathrm{d}W + \mathrm{d}(\lambda_I g_I) \equiv \mathrm{d}(W) + \mathrm{d}(\boldsymbol{\lambda}^{\mathrm{T}} \boldsymbol{g}) \quad \forall\, \mathrm{d}\boldsymbol{d} \quad \forall\, \mathrm{d}\boldsymbol{\lambda} \tag{6.3.33}$$

注意到稳定平衡点对应于 $\boldsymbol{d}$ 的最小值以及 $\boldsymbol{\lambda}$ 的最大值，即鞍点。对应于 $\boldsymbol{d}$ 和 $\boldsymbol{\lambda}$，在驻值点处公式(6.3.32)的导数为零。因此，

$$\frac{\partial W}{\partial d_a} = \frac{\partial W}{\partial d_a} + \lambda_I \frac{\partial g_I}{\partial d_a} \equiv r_a + \lambda_I \frac{\partial g_I}{\partial d_a} = 0, \quad a = 1, 2, \cdots, n_{\mathrm{dof}} \tag{6.3.34}$$

$$g_I = 0, \quad I = 1, 2, \cdots, n_{\mathrm{c}} \tag{6.3.35}$$

上面是由 $n_{\mathrm{dof}} + n_{\mathrm{c}}$ 个代数方程组成的系统。注意到重复的指标是求和。方程(6.3.34)可以通过(6.3.35)重写为

$$f_a^{\mathrm{int}} - f_a^{\mathrm{ext}} + \lambda_I \frac{\partial g_I}{\partial d_a} = 0 \quad \text{或} \quad \boldsymbol{f}^{\mathrm{int}} - \boldsymbol{f}^{\mathrm{ext}} + \boldsymbol{\lambda}^{\mathrm{T}} \frac{\partial \boldsymbol{g}}{\partial \boldsymbol{d}} = \boldsymbol{0} \tag{6.3.36}$$

从上式可以看到，约束引入了附加力 $\lambda_I \partial g_I / \partial d_a$，它是 Lagrange 乘子的线性组合。如果约束是线性的，附加力将独立于节点位移。

为了得到关于式(6.3.34)～(6.3.35)的线性模型，我们取式(6.3.34)～(6.3.35)的 Taylor 展开，并将结果设置为零。给出

$$r_a + \lambda_I \frac{\partial g_I}{\partial d_a} + \frac{\partial r_a}{\partial d_b}\Delta d_b + \frac{\partial g_I}{\partial d_a}\Delta\lambda_I + \lambda_I \frac{\partial^2 g_I}{\partial d_a \partial d_b}\Delta d_b = 0 \tag{6.3.37}$$

$$g_I + \frac{\partial g_I}{\partial d_a}\Delta d_a = 0 \tag{6.3.38}$$

注意到对重复指标求和。为了将此写成矩阵标记，我们定义

$$\boldsymbol{G} = [G_{Ia}] = \left[\frac{\partial g_I}{\partial d_a}\right], \quad \boldsymbol{H}_I = [H_{ab}] = \left[\frac{\partial^2 g_I}{\partial d_a \partial d_b}\right] \tag{6.3.39}$$

按照这种标记，线性模型(6.3.37)～(6.3.38)成为

$$\begin{bmatrix} \boldsymbol{A} + \lambda_I \boldsymbol{H}_I & \boldsymbol{G}^{\mathrm{T}} \\ \boldsymbol{G} & \boldsymbol{0} \end{bmatrix} \begin{Bmatrix} \Delta \boldsymbol{d} \\ \Delta \boldsymbol{\lambda} \end{Bmatrix} = \begin{Bmatrix} -\boldsymbol{r} - \boldsymbol{\lambda}^{\mathrm{T}} \boldsymbol{G} \\ -\boldsymbol{g} \end{Bmatrix} \tag{6.3.40}$$

式中 $\boldsymbol{A}$ 在公式(6.3.30)中定义。从上式可以看到，由于约束，线性模型具有 n_c 个附加方程。即使当矩阵 $\boldsymbol{A}$ 是正定时，方程的扩展系统也可能是非正定的，因为在矩阵右下角的对角线上有零元素。

对于具有线性约束 $\boldsymbol{Gd}=\boldsymbol{a}$ 的线性静态问题，方程为

$$\begin{bmatrix} \boldsymbol{K} & \boldsymbol{G}^{\mathrm{T}} \\ \boldsymbol{G} & \boldsymbol{0} \end{bmatrix} \begin{Bmatrix} \boldsymbol{d} \\ \boldsymbol{\lambda} \end{Bmatrix} = \begin{Bmatrix} \boldsymbol{f}^{\mathrm{ext}} \\ \boldsymbol{a} \end{Bmatrix} \tag{6.3.41}$$

为了从公式(6.3.40)中得到上式，我们应用了如下线性静态系统的性质：

1. $\boldsymbol{A}=\boldsymbol{K}$，式中 $\boldsymbol{K}$ 是线性刚度。
2. 对于线性约束，$\boldsymbol{H}_I=\boldsymbol{0}$。
3. 初始值为零，$\Delta\boldsymbol{d}=\boldsymbol{d}$，$\Delta\boldsymbol{\lambda}=\boldsymbol{\lambda}$。

对于包含非保守材料、动态等的一般问题，下面给出 Lagrange 乘子方法的公式。应用公式(6.3.33)作为构造微分的指导，并应用 Lagrange 乘子，我们有

$$0 = \mathrm{d}W_{\mathrm{L}} = \mathrm{d}W + \mathrm{d}(\lambda_I g_I) = 0 \tag{6.3.42}$$

其中由公式(B4.6.1)和(6.3.1)，

$$\begin{aligned} \mathrm{d}W &= \mathrm{d}W^{\mathrm{int}} - \mathrm{d}W^{\mathrm{ext}} + \mathrm{d}W^{\mathrm{kin}} \\ &= \mathrm{d}\boldsymbol{d}^{\mathrm{T}}(\boldsymbol{f}^{\mathrm{int}} - \boldsymbol{f}^{\mathrm{ext}} + s_{\mathrm{D}}\boldsymbol{M}\ddot{\boldsymbol{d}}) = \mathrm{d}\boldsymbol{d}^{\mathrm{T}}\boldsymbol{r} = \mathrm{d}d_a r_a \end{aligned} \tag{6.3.43}$$

将公式(6.3.43)代入式(6.3.42)并写出在第二项中的微分，给出

$$\mathrm{d}d_a r_a + \mathrm{d}\lambda_I g_I + \lambda_I \frac{\partial g_I}{\partial d_a}\mathrm{d}d_a = 0 \quad \forall\, \mathrm{d}d_a, \quad \mathrm{d}\lambda_I \tag{6.3.44}$$

分别应用微分项 $\mathrm{d}d_a$ 和 $\mathrm{d}\lambda_I$ 的任意性，在上式中隐含着

$$r_a + \lambda_I \frac{\partial g_I}{\partial d_a} = 0, \quad g_I = 0 \tag{6.3.45}$$

上式在形式上与公式(6.3.34)～(6.3.35)相同，但是残数可能包含动力，并且系统可以不需要是保守系统。线性化方程等同于那些保守系统中的方程(6.3.40)。由于已经建立了关于功 $\mathrm{d}W$ 的微分，因此它也可以应用于功率的微分。

罚函数法 我们首先再次考虑一个保守问题，它的解答是由最小值决定的。在罚函数法中，通过增加约束方阵 $g_I g_I$，并乘以一个称为罚参数的大数，实现施加约束。修正的势能为

$$W_{\mathrm{P}}(\boldsymbol{d}) = W(\boldsymbol{d}) + \frac{1}{2}\beta\, g_I(\boldsymbol{d}) g_I(\boldsymbol{d}) \equiv W + \frac{1}{2}\beta\, \boldsymbol{g}^{\mathrm{T}}\boldsymbol{g} \tag{6.3.46}$$

式中 β 是罚参数；下角标 P 表示势能的罚形式。所选择罚参数的数量级要高于问题中其他参数的数量级。其思路是如果 β 足够大，在没有满足约束的条件下不可能得到 $W_{\mathrm{P}}(\boldsymbol{d})$ 的最小值。

驻值(或最小值)为

$$\frac{\partial W_{\mathrm{P}}}{\partial d_a}=\frac{\partial W}{\partial d_a}+\beta g_I\frac{\partial g_I}{\partial d_a}=0 \quad \text{或} \quad \boldsymbol{r}+\beta\boldsymbol{g}^{\mathrm{T}}\boldsymbol{G}=\boldsymbol{0} \tag{6.3.47}$$

线性模型是

$$\left(\frac{\partial r_a}{\partial d_b}+\beta\frac{\partial g_I}{\partial d_b}\frac{\partial g_I}{\partial d_a}+\beta g_I\frac{\partial^2 g_I}{\partial d_a\partial d_b}\right)\Delta d_b=\left(-r_a-\beta g_I\frac{\partial g_I}{\partial d_a}\right) \tag{6.3.48}$$

或者用矩阵的形式表示为

$$\boldsymbol{A}_{\mathrm{P}}\Delta\boldsymbol{d}=(\boldsymbol{A}+\beta\boldsymbol{G}^{\mathrm{T}}\boldsymbol{G}+\beta g_I\boldsymbol{H}_I)\Delta\boldsymbol{d}_b=-\boldsymbol{r}-\beta\boldsymbol{g}^{\mathrm{T}}\boldsymbol{G} \tag{6.3.49}$$

这一系统与无约束系统是同样量级的。对于线性约束，如果 $\boldsymbol{A}>0$，则 $\boldsymbol{A}_{\mathrm{P}}>0$，即如果初始 Jacobian 矩阵是正定的，则扩展系统也是正定的。罚函数法的主要缺点是它们削弱了方程的适应性，并且需要选择罚参数。通常不可能设置足够大的罚参数以满足约束精度，由于约束的近似满足又难以确定误差。

应用对公式(6.3.46)的微分方程，可以获得关于非保守系统的离散方程：

$$0=\mathrm{d}W_{\mathrm{P}}=\mathrm{d}W+\frac{1}{2}\beta d(g_I g_I)=\mathrm{d}W+\beta g_I\mathrm{d}g_I \tag{6.3.50}$$

现在，用公式(6.3.43)代替上式的 dW，通过式(6.3.47)和(6.3.48)中的右侧方程可以分别得到离散方程和线性模型。

Lagrangian 增广法 Lagrangian 增广法可以视为是 Lagrange 乘子法和罚函数法的组合。在罚函数法中，线性化方程组的适应性随着 β 的增大而减弱。在 Lagrange 乘子法中，引入了多余的未知量从而导致方程系统是不需要正定的。Lagrangian 增广法改善了矩阵的适应性并改善了罚参数的选择。

对于 Lagrangian 增广法的数学编程问题可以表述如下。对于给定的罚参数 β，确定位移 $\boldsymbol{d}$ 和 Lagrange 乘子 $\boldsymbol{\lambda}$，因此，

$$W_{\mathrm{AL}}(\boldsymbol{d},\boldsymbol{\lambda},\beta)=W(\boldsymbol{d})+\boldsymbol{\lambda}^{\mathrm{T}}\boldsymbol{g}(\boldsymbol{d})+\frac{1}{2}\beta\boldsymbol{g}^{\mathrm{T}}(\boldsymbol{d})\boldsymbol{g}(\boldsymbol{d}) \tag{6.3.51}$$

是一个驻值点。需要注意的是如果我们设 $\boldsymbol{\lambda}=\boldsymbol{0}$，此方法就退化为罚函数法(6.3.46)；如果我们设 $\beta=0$，它就退化为 Lagrange 乘子法(6.3.32)。由于引入了 Lagrange 乘子，参数 β 不需要像在罚函数法中设置的那样足够大以满足约束 $\boldsymbol{g}(\boldsymbol{d})=\boldsymbol{0}$。这就改善了方程的适应性。

通过设对应于 $\boldsymbol{d}$ 和 $\boldsymbol{\lambda}$ 的偏微分分别为零，可以确定驻值点：

$$\frac{\partial W_{\mathrm{AL}}}{\partial d_a}=\frac{\partial W}{\partial d_a}+\lambda_I\frac{\partial g_I}{\partial d_a}+\beta g_I\frac{\partial g_I}{\partial d_a}=0 \tag{6.3.52}$$

$$\frac{\partial W_{\mathrm{AL}}}{\partial \lambda_I}=g_I=0 \tag{6.3.53}$$

以残数 $\boldsymbol{r}$ 和矩阵梯度 $\boldsymbol{G}$ 的形式，将上述方程重写为

$$\boldsymbol{r}+\boldsymbol{\lambda}^{\mathrm{T}}\boldsymbol{G}+\beta\boldsymbol{g}^{\mathrm{T}}\boldsymbol{G}=\boldsymbol{0} \tag{6.3.54}$$

$$\boldsymbol{g}(\boldsymbol{d})=\boldsymbol{0} \tag{6.3.55}$$

线性化模型为

$$r_a+\lambda_I\frac{\partial g_I}{\partial d_a}+\beta g_I\frac{\partial g_I}{\partial d_a}+\frac{\partial r_a}{\partial d_b}\Delta d_b+\Delta\lambda_I\frac{\partial g_I}{\partial d_a}+$$
$$\lambda_I\frac{\partial^2 g_I}{\partial d_a\partial d_b}\Delta d_b+\beta\frac{\partial g_I}{\partial d_a}\frac{\partial g_I}{\partial d_b}\Delta d_b+\beta g_I\frac{\partial^2 g_I}{\partial d_a\partial d_b}\Delta d_b=0 \tag{6.3.56}$$

和

$$g_I+\frac{\partial g_I}{\partial d_b}\Delta d_b=0 \tag{6.3.57}$$

上述方程组可以写为矩阵的形式：

$$\begin{bmatrix}\boldsymbol{A}+\lambda_I\boldsymbol{H}_I+\beta(\boldsymbol{G}^{\mathrm{T}}\boldsymbol{G}+g_I\boldsymbol{H}_I) & \boldsymbol{G}^{\mathrm{T}}\\ \boldsymbol{G} & \boldsymbol{0}\end{bmatrix}\begin{Bmatrix}\Delta\boldsymbol{d}\\ \Delta\boldsymbol{\lambda}\end{Bmatrix}=\begin{bmatrix}-(\boldsymbol{r}+\boldsymbol{\lambda}^{\mathrm{T}}\boldsymbol{G}+\beta\boldsymbol{g}^{\mathrm{T}}\boldsymbol{G})\\ -\boldsymbol{g}\end{bmatrix} \tag{6.3.58}$$

如果移去公式(6.3.49)中一个 $\boldsymbol{r}$ 和一个 $\boldsymbol{A}$，则上式是关于式(6.3.40)和(6.3.49)的简单组合。对于非保守系统，离散化方程是相同的。

Lagrangian 摄动法　在 Lagrangian 摄动法中，在 Lagrange 乘子项上附加一个小常数乘以 Lagrange 乘子的平方和。对于 Lagrangian 摄动法，其势能是

$$W_{\mathrm{PL}}(\boldsymbol{d},\quad\boldsymbol{\lambda},\quad\varepsilon)=W(\boldsymbol{d})+\boldsymbol{\lambda}^{\mathrm{T}}\boldsymbol{g}(\boldsymbol{d})-\frac{1}{2}\varepsilon\boldsymbol{\lambda}^{\mathrm{T}}\boldsymbol{\lambda} \tag{6.3.59}$$

我们将它留下作为练习，证明结果方程组为

$$\boldsymbol{r}+\boldsymbol{\lambda}^{\mathrm{T}}\boldsymbol{G}=\boldsymbol{0}\quad \boldsymbol{g}-\varepsilon\boldsymbol{\lambda}=\boldsymbol{0} \tag{6.3.60}$$

线性化方程为

$$\begin{bmatrix}\boldsymbol{A}+\lambda_I\boldsymbol{H}_I & \boldsymbol{G}^{\mathrm{T}}\\ \boldsymbol{G} & -\varepsilon\boldsymbol{I}\end{bmatrix}\begin{Bmatrix}\Delta\boldsymbol{d}\\ \Delta\boldsymbol{\lambda}\end{Bmatrix}=\begin{bmatrix}-(\boldsymbol{r}+\boldsymbol{\lambda}^{\mathrm{T}}\boldsymbol{G})\\ -(\boldsymbol{g}-\varepsilon\boldsymbol{\lambda})\end{bmatrix} \tag{6.3.61}$$

我们将它留给读者(练习 6.3)去证明上述方程与罚函数公式是一致的。因此，Lagrangian 摄动法主要是具有理论意义。

例 6.1　考虑一段长为 $l_0=a$ 并铰接在原点 O 上的非线性弹性杆 OA。应用超弹性、Kirchhoff 材料模型(5.4.39)。该杆受常数外力 $\boldsymbol{f}^{\mathrm{ext}}$(保守荷载)作用，并从 A 点拉伸到 A' 点，如图 6.4 所示。杆的右端被限定搁置在如图所示的圆形槽中。

(a) 应用定义(3.3.1)，单轴向应变状态可以写成 $2l_0E_{11}l_0=l^2-l_0^2$，并计算 E_{11}。

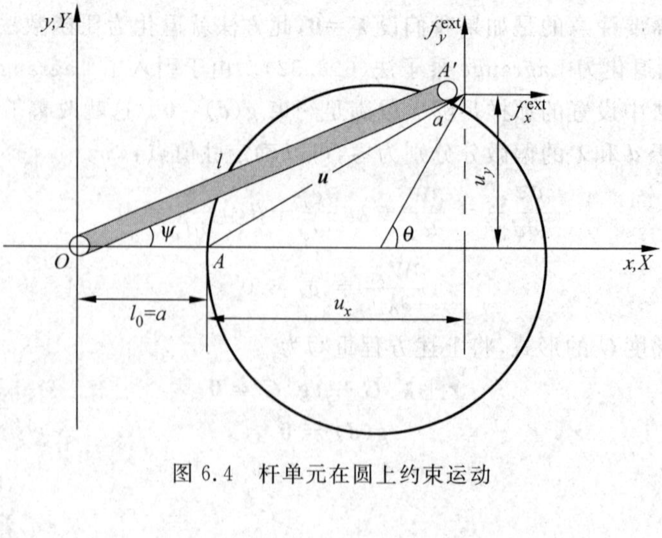

图 6.4　杆单元在圆上约束运动

(b) 建立非约束问题的势能以及它的一阶和二阶导数。

(c) 建立 Lagrange 乘子法公式。

(d) 应用罚函数法重复(c)。

解：(a) 从 Green 应变式(3.3.1)的定义，得到

$$E_{11}=\frac{l^2-l_0^2}{2l_0^2}=\frac{(a+u_{x1})^2+u_{y1}^2-a^2}{2a^2}=\frac{u_{x1}}{a}+\frac{1}{2a^2}(u_{x1}^2+u_{y1}^2) \tag{E6.1.1}$$

(b) 对于 Kirchhoff 材料，杆单元的内能为 $W^{\text{int}}=\frac{1}{2}\alpha E_{11}^2$，这里 $\alpha=A_0aE^{SE}$，其中 E^{SE} 在框 5.1 中定义。

对于保守荷载，外力势能为

$$W^{\text{ext}}=f_{x_1}^{\text{ext}}x_1+f_{y_1}^{\text{ext}}y_1=f_{x1}^{\text{ext}}(X_1+u_{x1})+f_{y1}^{\text{ext}}(Y_1+u_{y1}) \tag{E6.1.2}$$

这里的(X_1,Y_1)是节点 1 的初始位置。总势能为

$$W(u_{x1},u_{y1})=\frac{1}{2}\alpha\left(\frac{u_{x1}}{a}+\frac{1}{2a^2}(u_{x1}^2+u_{y1}^2)\right)^2-f_{x1}^{\text{ext}}(X_1+u_{x1})-f_{y1}^{\text{ext}}(Y_1+u_{y1}) \tag{E6.1.3}$$

W 对于 u_{x1} 和 u_{y1} 的偏微分给出残数 $\boldsymbol{r}$：

$$\begin{Bmatrix} r_{x1} \\ r_{y1} \end{Bmatrix}=\begin{Bmatrix} \dfrac{\partial W}{\partial u_{x1}} \\ \dfrac{\partial W}{\partial u_{y1}} \end{Bmatrix}=\begin{Bmatrix} \alpha\left(\dfrac{u_{x1}}{a^2}+\dfrac{3u_{x1}^2}{2a^3}+\dfrac{u_{y1}^2}{2a^3}+\dfrac{u_{x1}^3}{2a^4}+\dfrac{u_{x1}u_{y1}^2}{2a^4}\right)-f_{x1}^{\text{ext}} \\ \alpha\left(\dfrac{u_{x1}u_{y1}}{a^3}+\dfrac{u_{x1}^2u_{y1}}{2a^4}+\dfrac{u_{y1}^3}{2a^4}\right)-f_{x1}^{\text{ext}} \end{Bmatrix} \tag{E6.1.4}$$

切向刚度矩阵 $\boldsymbol{K}^{\text{int}}$ 为

$$\boldsymbol{K}^{\text{int}}=\begin{bmatrix} \dfrac{\partial r_{x1}}{\partial u_{x1}} & \dfrac{\partial r_{x1}}{\partial u_{y1}} \\ \dfrac{\partial r_{y1}}{\partial u_{x1}} & \dfrac{\partial r_{y1}}{\partial u_{y1}} \end{bmatrix}=\alpha\begin{bmatrix} \left(\dfrac{1}{a^2}+\dfrac{3u_{x1}}{a^3}+\dfrac{3u_{x1}^2}{2a^4}+\dfrac{u_{y1}^2}{2a^4}\right) & \left(\dfrac{u_{y1}}{a^3}+\dfrac{u_{x1}u_{y1}}{a^4}\right) \\ \left(\dfrac{u_{y1}}{a^3}+\dfrac{u_{x1}u_{y1}}{a^4}\right) & \left(\dfrac{u_{x1}}{a^3}+\dfrac{u_{x1}^2}{2a^4}+\dfrac{3u_{y1}^2}{2a^4}\right) \end{bmatrix} \tag{E6.1.5}$$

对于保守荷载，$\boldsymbol{K}^{\text{ext}}=\boldsymbol{0}$ 并且 Jacobian $\boldsymbol{A}=\boldsymbol{K}^{\text{int}}$。

(c) 下一步，我们借助于 Lagrange 乘子施加约束。由公式(6.3.42)给出修正势能为

$$W_{\text{L}}(u_{x1},u_{y1},\lambda)=W(u_{x1},u_{y1})+\lambda g(u_{x1},u_{y1}) \tag{E6.1.6}$$

式中 λ 是 Lagrange 乘子；而 $g=0$ 是约束。约束要求节点 1 保持在圆心$(2a,0)$处，以节点坐标的形式，约束为

$$\begin{aligned} 0=g(u_{x1},u_{y1})&=(x_1-2a)^2+y_1^2-a^2=(X_1+u_{x1}-2a)^2+(Y_1+u_{y1})^2-a^2 \\ &=u_{x1}^2-2au_{x1}+u_{y1}^2 \end{aligned} \tag{E6.1.7}$$

由于 $Y_1=0, X_1=a$，所以约束的梯度是

$$\boldsymbol{G}^{\text{T}}=\begin{Bmatrix} \dfrac{\partial g}{\partial u_{x1}} \\ \dfrac{\partial g}{\partial u_{y1}} \end{Bmatrix}=\begin{Bmatrix} 2(u_{x1}-a) \\ 2u_{y1} \end{Bmatrix} \tag{E6.1.8}$$

由公式(6.3.40)给出线性化方程，其中矩阵 $\boldsymbol{A}$ 和 $\boldsymbol{G}$ 的定义同上，而 $\boldsymbol{H}$ 为

$$\boldsymbol{H}=\begin{bmatrix}\dfrac{\partial^2 g}{\partial u_{x1}^2} & \dfrac{\partial^2 g}{\partial u_{x1}\partial u_{y1}}\\ \dfrac{\partial^2 g}{\partial u_{y1}\partial u_{x1}} & \dfrac{\partial^2 g}{\partial u_{y1}^2}\end{bmatrix}=\begin{bmatrix}2 & 0\\ 0 & 2\end{bmatrix} \tag{E6.1.9}$$

Lagrange 乘子 λ 对应于约束 $g=0$。

(d) 对于罚参数，修正势能由公式(6.3.46)给出，$W_{\mathrm{P}}=W+\dfrac{1}{2}\beta g^2$，这里 W 由公式(E6.1.3)给出；g 由式(E6.1.7)给出。驻值条件由式(6.3.47)给出，其中的 $\boldsymbol{G}$ 和 $\boldsymbol{r}$ 由式(E6.1.8)和(E6.1.4)给出。线性模型的矩阵形式为(6.3.49)式，其中 $\boldsymbol{H}$ 由式(E6.1.9)给出，并且

$$\boldsymbol{G}^{\mathrm{T}}\boldsymbol{G}=4\begin{bmatrix}(u_{x1}-a)^2 & (u_{x1}-a)u_{y1}\\ u_{y1}(u_{x1}-a) & u_{y1}^2\end{bmatrix} \tag{E6.1.10}$$

6.3.9　收敛准则　对于隐式和平衡求解，在 Newton 算法中是否终止迭代是由收敛准则决定的。这些准则适用于迭代求解 $\boldsymbol{r}(\boldsymbol{d}^n,t^n)=\boldsymbol{0}$ 的收敛，而不是求解偏微分方程的离散解答的收敛。应用三种收敛准则终止迭代：

1. 根据残数 $\boldsymbol{r}$ 的量级的准则。
2. 根据位移增量 $\Delta\boldsymbol{d}$ 的量级的准则。
3. 能量误差准则。

对于前两个准则，习惯上采用矢量的一个 ℓ_2 范数(见附录 2 关于范数的定义)，准则成为：

残数误差准则：

$$\|\boldsymbol{r}\|_{\ell_2}=\left(\sum_{a=1}^{n_{\mathrm{dof}}}r_a^2\right)^{\frac{1}{2}}\leqslant\varepsilon\max(\|\boldsymbol{f}^{\mathrm{ext}}\|_{\ell_2},\|\boldsymbol{f}^{\mathrm{int}}\|_{\ell_2},(\|\boldsymbol{Ma}\|)_{\ell_2}) \tag{6.3.62}$$

位移增量误差准则：

$$\|\Delta\boldsymbol{d}\|_{\ell_2}=\left(\sum_{a=1}^{n_{\mathrm{dof}}}\Delta d_a^2\right)^{\frac{1}{2}}\leqslant\varepsilon\|\boldsymbol{d}\|_{\ell_2} \tag{6.3.63}$$

当全部自由度上的平均误差得到控制的时候，ℓ_2 范数是适用的。如果用最大范数 $\|\cdot\|_{\ell_\infty}$ 取代上式，在任何自由度上我们可以限制最大误差。在公式(6.3.62)和(6.3.63)的右侧，范数是放大系数。如果没有这些，准则则取决于问题的参数。在终止迭代过程前，误差限 ε 确定位移计算的精度。应用 $\varepsilon<10^{-3}$ 和 ℓ_2 范数，节点位移的平均误差精确在第 3 位有效数字上。收敛限决定了计算的速度和精度。如果准则过于粗糙，解答可能十分不精确。另一方面，过于严密的准则将导致许多不必要的计算。

能量收敛准则测量流入到残数计算系统的能量，它类似于在能量中的误差(Belytschko 和 Schoeberle，1975)，为

$$|\Delta\boldsymbol{d}^{\mathrm{T}}\boldsymbol{r}|=|\Delta d_a r_a|\leqslant\varepsilon\max(W^{\mathrm{ext}},W^{\mathrm{int}},W^{\mathrm{kin}}) \tag{6.3.64}$$

第 6.2.3 节描述了在上式右侧的能量计算是对误差准则的缩放。上式的左侧表示了能量的误差，即与动量方程中误差有关的能量。

6.3.10　线搜索　由于残数的实际偏差来自于线性模型和残数的粗糙程度，因此当收敛较慢时，应用线搜索可以提高 Newton 方法的效率。线搜索的原理叙述如下。通过 Newton 方法找到的 $\Delta\boldsymbol{d}$ 的方向经常是较好的方向，然而步长 $\|\Delta\boldsymbol{d}\|$ 不是最佳的。通过几次残数的计算，沿着 $\Delta\boldsymbol{d}$ 的方向发现最佳点，要比应用一个新的 Jacobian 得到一个新的方向节

省得多。因此，在进行下一个方向之前，使残数的度量沿线最小化：

$$\boldsymbol{d} = \boldsymbol{d}_{\mathrm{old}} + \xi\Delta\boldsymbol{d} \tag{6.3.65}$$

式中 $\boldsymbol{d}_{\mathrm{old}}$ 是上次的迭代；ξ 是定义沿线位置的参数。换句话说，我们寻找一个参数 ξ，使得 $\boldsymbol{d}_{\mathrm{old}}+\xi\Delta\boldsymbol{d}$ 沿着线使某些残数的度量最小化。我们可以应用作为参数度量的 ℓ_2 范数、最大范数或者一些其他度量。

如果系统是保守的，则以势能的形式可以确定残数的能量度量。如果势能 $W(\boldsymbol{d})$ 沿着搜索方向是最小的，则对应于线参数的导数必须为零，即

$$0 = \frac{\mathrm{d}W(\xi)}{\mathrm{d}\xi} = \frac{\partial W}{\partial \boldsymbol{d}} \cdot \frac{\mathrm{d}\boldsymbol{d}}{\mathrm{d}\xi} = \boldsymbol{r}^{\mathrm{T}}\Delta\boldsymbol{d} \tag{6.3.66}$$

式中的最后一步遵循公式(6.3.25)和(6.3.65)。上式可以解释如下：当在最小值时，残数 $\boldsymbol{r}$ 是与方向 $\Delta\boldsymbol{d}$ 正交的。注意，这一准则等价于能量最小误差原理(比较公式(6.3.64))。它也可以应用到非保守系统。在编程中，类似于公式(6.3.64)，方程(6.3.66)必须进行标准化处理。

对于最小化一个单参数的函数，线搜索可以应用任何方法：对分法，或者基于内插值的搜索，或者由此得到的组合法。一个广泛应用的技术是基于二次插值的方法。一旦残数在两点赋值，通过一个 ξ 的二次函数插值残数的度量(它的值在 $\xi=0$ 处已知，因此我们有三个点)。这种二次插值应用于估计最小的位置，并且应用最后的三个点再次插值残数的度量。当度量最小化达到理想精度时，这一过程终止。

6.3.11 α 方法 Newmark 积分器的主要缺陷是在解答中存在保持高频振荡的趋势。另一方面，当线性阻尼或者通过参数 γ 引入人工粘性时，精度明显降低。在没有过多降低精度的前提下，α 方法(Hughes，Hiber 和 Taylor，1977)改善了高频的数值耗散。Chung 和 Hulbert (1993)为该方法发现了一个较好的变量。

在 α 方法中应用 Newmark β 公式(6.3.4)～(6.3.5)，但是对运动方程(6.3.1)作出修改，用下式替代方程(6.3.1)：

$$0 = \boldsymbol{r}(\boldsymbol{d}^{n+1}, t^{n+1}) = s_{\mathrm{D}}\boldsymbol{M}\boldsymbol{a}^{n+1} - \boldsymbol{f}^{\mathrm{ext}}(\boldsymbol{d}^{n+\alpha}, t^{n+1}) + \boldsymbol{f}^{\mathrm{int}}(\boldsymbol{d}^{n+\alpha}, t^{n+1}) \tag{6.3.67}$$

该式与 Newmark 方法比较，主要的变化在于驱动节点力的位移计算：

$$\boldsymbol{d}^{n+\alpha} = (1+\alpha)\boldsymbol{d}^{n+1} - \alpha\boldsymbol{d}^{n} \tag{6.3.68}$$

对于一个线性系统，上述节点内力向量的定义为 $\boldsymbol{f}^{\mathrm{int}}=\boldsymbol{K}\boldsymbol{d}^{n+\alpha}=(1+\alpha)\boldsymbol{K}\boldsymbol{d}^{n+1}-\alpha\boldsymbol{K}\boldsymbol{d}^{n}$。因此，为了应用 α 方法，增加了 $\alpha\boldsymbol{K}(\boldsymbol{d}^{n+1}-\boldsymbol{d}^{n})$ 项。这可以看作类似于刚度比例阻尼。

对应于公式(6.3.15)的残数线性化方程为

$$\boldsymbol{r}(\boldsymbol{d}_{v}^{n+\alpha}) + \frac{\partial \boldsymbol{r}(\boldsymbol{d}_{v}^{n+\alpha})}{\partial \boldsymbol{d}}\Delta\boldsymbol{d} + \boldsymbol{O}(\Delta\boldsymbol{d}^{2}) = 0 \tag{6.3.69}$$

对应于公式(6.3.20)的 Jacobian 矩阵(或者有效刚度矩阵)可以表示为

$$\boldsymbol{A} = \frac{\partial \boldsymbol{r}(\boldsymbol{d}_{v}^{n+\alpha})}{\partial \boldsymbol{d}} = \frac{s_{\mathrm{D}}}{\beta\Delta t^{2}}\boldsymbol{M} + (1+\alpha)\frac{\partial \boldsymbol{f}^{\mathrm{int}}(\boldsymbol{d}_{v}^{n+\alpha})}{\partial \boldsymbol{d}} - (1+\alpha)\frac{\partial \boldsymbol{f}^{\mathrm{ext}}(\boldsymbol{d}_{v}^{n+\alpha})}{\partial \boldsymbol{d}} \tag{6.3.70}$$

余下的公式与 Newmark 方法中的公式相同。如果 $\alpha=0$，则这里给出的方法对应于梯形法则。对于线性系统，当

$$\alpha \in \left[-\frac{1}{3}, 0\right], \quad \gamma = \frac{1-2\alpha}{2}, \quad \beta = \frac{(1-\alpha)^{2}}{4} \tag{6.3.71}$$

时，该方法为无条件稳定。在文献中关于非线性问题，对于这种方法没有一般性的稳定性结果。

6.3.12 隐式方法的精度和稳定性 隐式方法优于显式方法的特点是**对于线性瞬态问题，适用的隐式积分器是无条件稳定的**。对于某些给定的积分器，将在第6.6节中给出证明。尽管对于特殊情况的理论结果表明，至少对于一些非线性系统，无条件稳定是适用的，还不存在无条件稳定的证明能够涵盖在实践中所发现的范围广泛的条件。然而，经验表明隐式积分器的时间步长远远大于显式积分器的时间步长，并没有导致失稳。

在隐式方法中，对于时间步长的主要限制来自于对精度的要求，当时间步长增加时降低了 Newton 过程的强健性。Newmark 方法是**二阶精确的**，即截断误差具有 Δt^2 阶，与中心差分方法是同阶的。因此，对于较大的时间步长，必须关注截断误差。

较大的时间步长也削弱了 Newton 方法的收敛性，特别是在一些有非常粗糙响应的问题中，如接触-冲击。应用较大的时间步长，初始迭代可能远远偏离解答，因此，增加了 Newton 方法收敛失败的可能性。较小步长则改善了 Newton 算法的强健性。

作为对于它们增强稳定性的报答，隐式方法花费了高昂的代价：它们需要在每一个时间步求解非线性代数方程。对于 Newton 程序，经常包含线性模型的构造。因此，存储这些方程需要大量的内存。通过迭代线性方程求解器（一个 Newton 方法的迭代方法）可以有效地减少内存的需要。最近，迭代求解器有了惊人的改进，因此，现在隐式求解已适用于许多以前它们曾失效的问题。我们确信进一步的改进迫在眉睫。尽管如此，高昂的代价和没有足够的强健性仍然困扰着 Newton 方法。

6.3.13 Newton 迭代的收敛性和强健性 在 Newton 方法中，当 Jacobian 矩阵 $\boldsymbol{A}$ 满足某些条件时，迭代的收敛率是二次的。这些条件可以粗略地描述如下：

1. Jacobian 矩阵 $\boldsymbol{A}$ 必须是关于 $\boldsymbol{d}$ 的足够光滑函数。
2. Jacobian 矩阵 $\boldsymbol{A}$ 必须是规则的（可逆的），并且在迭代过程贯穿的位移空间的整个域内是条件良好的。

二次收敛意味着在每一次迭代中，在结果和迭代 $\boldsymbol{d}_\nu$ 之间的差的 ℓ_2 范数降低二阶。

$$\|\boldsymbol{d}_{\nu+1}-\boldsymbol{d}\| \leqslant c\|\boldsymbol{d}_\nu-\boldsymbol{d}\|^2 \tag{6.3.72}$$

式中 c 是依赖于问题的非线性的一个常数；$\boldsymbol{d}$ 是非线性代数方程组的结果。因此当 $\boldsymbol{A}$ 满足上述条件时，Newton 算法的收敛是非常迅速的。上式仅对主要项给出了收敛性的要求，并且对于 $\boldsymbol{A}$ 的许多特殊条件已经证明了收敛性。关于二次收敛的一组条件是：残数必须是连续可微的，Jacobian 矩阵的逆必须存在，并且在解答的邻域内是均匀有界的（Dennis 和 Schnabel，1983：90）。

对于工程问题，这些条件通常是不满足的。例如，在弹-塑性材料中，残数不是节点位移的连续可微函数：当一个单元的积分点从弹性变为塑性，或者从塑性变为弹性的时候，导数是不连续的。在应用 Lagrange 乘子的接触-冲击问题中，残数也缺乏光滑性。因此，在许多工程问题中，不满足关于 Newton 方法的二次收敛条件。虽然收敛速率确实降低了，然而，Newton 方法仍然是明显有效的。在一些问题中，满足了二次收敛的条件。例如，在应用 Mooney-Rivlin 材料的光滑加载模型中，当荷载足够小使得平衡解答是稳定时，这些条件是满足的。

在平衡问题中最经常发生的是收敛的困难。在一个不稳定点上，Jacobian 矩阵不再是规则的，并且二次收敛的证明无法应用。在不稳定状态的附近区域，Newton 方法经常收敛失败。在动态问题中，这些困难可以通过质量矩阵得到改善，使得 Jacobian 矩阵更加正定。

当时间步增加时，因为质量矩阵的系数与时间步长的平方成反比，因此质量矩阵对于Jacobian的有利效果就降低了，见公式(6.3.9)。对于很多问题，Newton方法的直接应用将导致完全失效，而需要对Newton方法进行增强，如弧长法。

6.3.14 积分方法的选择 积分方法的选择取决于：

1. 偏微分方程的类型
2. 数据的光滑性
3. 感兴趣的响应

对于抛物线偏微分方程(PDEs)，通常选用隐式积分方法。即便是很粗糙的数据，抛物线系统的求解也是光滑的。在一个抛物线系统中，每次单元尺寸减半，稳定时间步长降低到四分之一，因此在显式方法中的细划过程是过于昂贵的。事实上，Richtmeyer和Morton(1967)明确地指出抛物线系统决不应该使用显式方法积分。

然而，在当前仿真中，不管系统是部分的或者是完全的抛物线，有许多情况还是偏爱应用显式积分方法。例如，在汽车碰撞模拟中，模拟金属薄板的壳方程是抛物线(见第6.6节)，然而因为接触-冲击引起振荡，在这时仍偏爱应用显式方法。类似地，在复杂的热传导问题中，常常不可能获得由隐式方法提供的较大增量步的优势。因此，遗憾的是尽管在抛物线系统中，采用何种方法的答案并不明确。

在双曲线系统中，选择取决于对感兴趣的问题的响应。为了做出选择，双曲线问题可以按照波传播问题和惯性问题进行分类，后者也称为结构动态问题(由于弯曲，结构单元常有抛物线性质)。在结构动态问题中，输入的频率谱远远低于网格的划分限度。在感兴趣的频率带宽上，由于要求非常高的精度，控制了网格的细划。在这类问题中，隐式方法的确是更优越的。实例包括结构的地震响应和结构的震动，以及更小问题的振动，诸如汽车、工具和电子设备。

波传播问题是那些对谱的相对高频部分感兴趣的问题。它们包含的题目大到地球核心的地震研究，小到手机跌落时的波传播。这些仿真需要较小步长以跟踪响应的高频部分，这时显式方法更具有优越性。一般来说，对于双曲线系统，特别是粗糙的数据或者兴趣在于高频的情况，显式方法是更为有效的。

6.4 线性化

6.4.1 内部节点力的线性化 下面我们推导Lagrangian单元的切向刚度矩阵$\boldsymbol{K}^{\text{int}}$的表达式。正如将要看到的，推导的组合表达式与材料的响应无关。本构方程的线性化由两种方式导出：

1. 应用连续切线模量，不考虑实际的本构更新算法，得到的材料切向刚度矩阵称为**切向刚度矩阵**。
2. 应用算法切线模量，得到的称为**一致切向刚度**。

基于对实际的考虑做出选择，关系到是否容易编程和问题的平滑程度。连续切线模量容易编程，但是，当本构方程的导数不连续时，它可能遇到收敛的困难，如在弹-塑性材料的屈服点上。一致切向刚度基于算法模量，对于粗糙的本构方程，它展示了良好的收敛性。对于复杂的本构关系，该方法的一个缺点是应用算法模量并不总是能够推导出显式表达式。

有时应用数值微分获得算法模量。

下面，在完全的 Lagrangian 框架中，将切向刚度矩阵表示为 $\boldsymbol{C}^{SE}$ 的形式，切线模量将 PK2 应力率与 Green 应变率联系起来，而在更新的 Lagrangian 格式中，切向刚度矩阵表示为 $\boldsymbol{C}^{\sigma T}$ 的形式，切线模量将 Cauchy 应力的 Truesdell 率与变形率联系起来。这些切线模量是相互关联的：如果选择当前构形为参考构形，则 $\boldsymbol{C}^{\sigma T}=\boldsymbol{C}^{SE}$。我们将这些切向刚度的形式视为标准形式。其他任何应力和应变率的切向刚度可以通过转换切线模量得到。框 5.8 中的公式(B5.8.8)给出了其中的一种转换。

通过联系内部节点力的率 $\dot{\boldsymbol{f}}^{\text{int}}$ 和节点速度 $\dot{\boldsymbol{d}}$，我们将建立切向刚度矩阵。这一过程与联系节点力的无限小增量 $\mathrm{d}\boldsymbol{f}^{\text{int}}$ 和节点位移的无限小增量 $\mathrm{d}\boldsymbol{d}$ 是等同的，并且我们偶尔会以这种形式改写方程。为了方便选择上点标记。对于任意连续可微的残数，结果是精确的；对于粗糙的残数，需要方向导数。我们将在后面描述。

通过公式(4.9.10)～(4.9.11)，以完全的 Lagrangian 格式给出内部节点力：

$$\boldsymbol{f}^{\text{int}}=\int_{\Omega_0}\boldsymbol{\mathscr{B}}_0^{\mathrm{T}}\boldsymbol{P}\mathrm{d}\Omega_0,\quad f_{iI}^{\text{int}}=\int_{\Omega_0}\frac{\partial N_I}{\partial X_j}P_{ji}\,\mathrm{d}\Omega_0=\int_{\Omega_0}\mathscr{B}_{jI}^0 P_{ji}\,\mathrm{d}\Omega_0 \tag{6.4.1}$$

式中 $\boldsymbol{P}$ 是名义应力张量，用分量 P_{ij} 表示；N_I 是节点形函数，并且 $\mathscr{B}_{jI}^0=\partial N_I/\partial X_j$。我们选择完全的 Lagrangian 格式，因为这导致了最简单的推导。在完全的 Lagrangian 格式(6.4.1)中，依赖变形的唯一变量是名义应力，即它是唯一随时间变化的变量。在更新的 Lagrangian 格式(B4.3.2)中，单元(或物体)的域、空间导数 $\partial N_I/\partial x_j$ 和 Cauchy 应力依赖于变形，因此它们也依赖于时间，从而使切向刚度的导数复杂化。

因为 $\boldsymbol{\mathscr{B}}_0$ 和 $\mathrm{d}\Omega_0$ 是独立于变形或者时间的，取公式(6.4.1)的材料时间导数，给出

$$\dot{\boldsymbol{f}}^{\text{int}}=\int_{\Omega_0}\boldsymbol{\mathscr{B}}_0^{\mathrm{T}}\dot{\boldsymbol{P}}\mathrm{d}\Omega_0,\quad \dot{f}_{iI}^{\text{int}}=\int_{\Omega_0}\frac{\partial N_I}{\partial X_j}\dot{P}_{ji}\,\mathrm{d}\Omega_0 \tag{6.4.2}$$

为了得到刚度矩阵 $\boldsymbol{K}^{\text{int}}$，现在需要通过本构方程和应变度量，以节点速度的形式表示应力率 $\dot{\boldsymbol{P}}$。然而，本构方程通常不是直接以 $\dot{\boldsymbol{P}}$ 的形式表示的。因为这个应力率不是客观的，见第 3.7 节和第 5.10 节。因此，我们将应用 PK2 应力的材料时间导数，它是客观的。

通过取变换 $\boldsymbol{P}=\boldsymbol{S}\cdot\boldsymbol{F}^{\mathrm{T}}$ 的时间导数(框 3.2)，将 PK2 应力的材料时间导数与名义应力的材料时间导数联系起来：

$$\dot{\boldsymbol{P}}=\dot{\boldsymbol{S}}\cdot\boldsymbol{F}^{\mathrm{T}}+\boldsymbol{S}\cdot\dot{\boldsymbol{F}}^{\mathrm{T}},\quad \dot{P}_{ij}=\dot{S}_{ir}F_{rj}^{\mathrm{T}}+S_{ir}\dot{F}_{rj}^{\mathrm{T}} \tag{6.4.3}$$

将公式(6.4.3)代入式(6.4.2)，得到

$$\dot{f}_{iI}^{\text{int}}=\int_{\Omega_0}\frac{\partial N_I}{\partial X_j}(\dot{S}_{jr}F_{ir}+S_{jr}\dot{F}_{ir})\mathrm{d}\Omega_0\quad\text{或}\quad \mathrm{d}f_{iI}^{\text{int}}=\int_{\Omega_0}\frac{\partial N_I}{\partial X_j}(\mathrm{d}S_{jr}F_{ir}+S_{jr}\mathrm{d}F_{ir})\mathrm{d}\Omega_0 \tag{6.4.4}$$

上式说明内部节点力的率(或者增量)包含两个部分：

1. 第一部分包括应力率 $\dot{\boldsymbol{S}}$，因此依赖于材料响应，这一项称为材料切向刚度矩阵，用符号 $\boldsymbol{K}^{\text{mat}}$ 表示。
2. 第二部分包括当前状态应力 $\boldsymbol{S}$，并且考虑了变形的几何影响(包括转动和拉伸)，这一项称为几何刚度，也称为初始应力矩阵，以表示应力存在状态的作用，用符号 $\boldsymbol{K}^{\text{geo}}$ 表示。根据这两种影响在节点力中的变化，给出相对应的名字。因此公式(6.4.4)写成

$$\dot{\boldsymbol{f}}^{\text{int}} = \dot{\boldsymbol{f}}^{\text{mat}} + \dot{\boldsymbol{f}}^{\text{geo}} \quad \text{或} \quad \dot{f}_{iI}^{\text{int}} = \dot{f}_{iI}^{\text{mat}} + \dot{f}_{iI}^{\text{geo}} \tag{6.4.5}$$

式中

$$\dot{f}_{iI}^{\text{mat}} = \int_{\Omega_0} \frac{\partial N_I}{\partial X_j} F_{ir} \dot{S}_{jr} \mathrm{d}\Omega_0 \tag{6.4.6a}$$

$$\dot{f}_{iI}^{\text{geo}} = \int_{\Omega_0} \frac{\partial N_I}{\partial X_j} S_{jr} \dot{F}_{ir} \mathrm{d}\Omega_0 \tag{6.4.6b}$$

6.4.2 材料切线刚度 为了简化后续的推导，我们将上面表达式写成 Voigt 形式，见附录 1 关于这种标记的详细内容。在建立切线刚度矩阵时，Voigt 形式是很方便的，这是因为切线模量的张量 C_{ijkl} 是四阶的。该张量不能简单地由标准矩阵运算处理。以 Voigt 标记，我们可以重写内部节点力的材料率公式(6.4.6a)：

$$\dot{\boldsymbol{f}}^{\text{mat}} = \int_{\Omega_0} \boldsymbol{B}_0^{\mathrm{T}} \{\dot{\boldsymbol{S}}\} \mathrm{d}\Omega_0 \tag{6.4.7}$$

式中$\{\dot{\boldsymbol{S}}\}$是以 Voigt 列矩阵形式表示的 PK2 应力率。它强调了公式(6.4.7)与(6.4.6a)是相同的，这仅是标记的变化。以率形式表示的本构方程是

$$\dot{S}_{ij} = C_{ijkl}^{SE} \dot{E}_{kl} \quad \text{或} \quad \{\dot{\boldsymbol{S}}\} = [\boldsymbol{C}^{SE}]\{\dot{\boldsymbol{E}}\} \tag{6.4.8}$$

回顾公式(4.9.26)，它以 Voigt 标记将 Green 应变率与节点速度联系起来，$\{\dot{\boldsymbol{E}}\} = \boldsymbol{B}_0 \dot{\boldsymbol{d}}$。将它代入公式(6.4.8)，并将结果代入式(6.4.7)，给出

$$\dot{\boldsymbol{f}}_{\text{mat}}^{\text{int}} = \int_{\Omega_0} \boldsymbol{B}_0^{\mathrm{T}} [\boldsymbol{C}^{SE}] \boldsymbol{B}_0 \mathrm{d}\Omega_0 \, \dot{\boldsymbol{d}} \quad \text{或} \quad \mathrm{d}\boldsymbol{f}_{\text{mat}}^{\text{int}} = \int_{\Omega_0} \boldsymbol{B}_0^{\mathrm{T}} [\boldsymbol{C}^{SE}] \boldsymbol{B}_0 \mathrm{d}\Omega_0 \mathrm{d}\boldsymbol{d} \tag{6.4.9}$$

因此，材料切线刚度矩阵为

$$\boldsymbol{K}^{\text{mat}} = \int_{\Omega_0} \boldsymbol{B}_0^{\mathrm{T}} [\boldsymbol{C}^{SE}] \boldsymbol{B}_0 \mathrm{d}\Omega_0 \quad \text{或} \quad \boldsymbol{K}_{IJ}^{\text{mat}} = \int_{\Omega_0} \boldsymbol{B}_{0I}^{\mathrm{T}} [\boldsymbol{C}^{SE}] \boldsymbol{B}_{0J} \mathrm{d}\Omega_0 \tag{6.4.10}$$

根据材料响应，材料切线刚度将内部节点力的增量(或者率)和位移增量(或者率)联系起来，反映在切线模量 $\boldsymbol{C}^{SE}$ 中。它的形式与在线性有限元中的刚度矩阵是一致的。

6.4.3 几何刚度 几何刚度获得如下。根据定义$\mathscr{B}_{iI}^{0} = \partial N_I / \partial X_i$ 和公式(6.4.4)，我们可以写出

$$\dot{f}_{iI}^{\text{geo}} = \int_{\Omega_0} \mathscr{B}_{Ij}^{0} S_{jr} \dot{F}_{ir} \mathrm{d}\Omega_0 = \int_{\Omega_0} \mathscr{B}_{Ij}^{0} S_{jr} \mathscr{B}_{rJ}^{0} \mathrm{d}\Omega_0 \dot{u}_{iJ} = \int_{\Omega_0} \mathscr{B}_{Ij}^{0} S_{jr} \mathscr{B}_{rJ}^{0} \mathrm{d}\Omega_0 \delta_{ik} \dot{u}_{kJ} \tag{6.4.11}$$

上式的第二步中我们应用了公式(4.9.7)，$\dot{F}_{ir} = \mathscr{B}_{rI}^{0} \dot{u}_{iI}$，并且在第三步中加入了一个名义单位矩阵，因此在$\dot{f}_{iI}^{\text{geo}}$和 $\dot{u}_{kJ}$ 中的分量指标是不相同的。将上式写成矩阵形式：

$$\dot{\boldsymbol{f}}_I^{\text{geo}} = \boldsymbol{K}_{IJ}^{\text{geo}} \dot{\boldsymbol{u}}_J \quad \text{式中} \quad \boldsymbol{K}_{IJ}^{\text{geo}} = \boldsymbol{I} \int_{\Omega_0} \mathscr{B}_{0I}^{\mathrm{T}} \boldsymbol{S} \mathscr{B}_{0J} \mathrm{d}\Omega_0 \tag{6.4.12}$$

注意到上式中的 PK2 应力是张量形式，即方形矩阵。几何刚度矩阵的每一个子矩阵都是单位矩阵，因此几何刚度矩阵在转动时是不变量，即 $\hat{\boldsymbol{K}}_{IJ}^{\text{geo}} = \boldsymbol{K}_{IJ}^{\text{geo}}$，这里上帽表示几何刚度矩阵是在转动坐标系上。

通过设当前构形是参考构形，上面的形式很容易地转变为更新的 Lagrangian 格式，如第 4.9.2 节所述。我们再次调用公式(4.9.29)，取当前构形作为参考构形，给出 $\boldsymbol{B}_0 = \boldsymbol{B}$，$\mathscr{B}_0 =$

$\mathscr{B}$，$\boldsymbol{S}=\boldsymbol{\sigma}$ 和 $\mathrm{d}\Omega_0=\mathrm{d}\Omega$。我们也注意到在取当前构形作为参考构形时，$\boldsymbol{F}=\boldsymbol{I}$，$\boldsymbol{C}^{SE}=\boldsymbol{C}^{\sigma T}$。对于不同的本构关系，框 5.1 给出了 $\boldsymbol{C}^{\sigma T}$ 的表达式。因此，公式(6.4.10)和式(6.4.12)成为

$$\boldsymbol{K}_{IJ}^{\mathrm{mat}}=\int_{\Omega}\boldsymbol{B}_I^{\mathrm{T}}[\boldsymbol{C}^{\sigma T}]\boldsymbol{B}_J\,\mathrm{d}\Omega,\quad \boldsymbol{K}^{\mathrm{mat}}=\int_{\Omega}\boldsymbol{B}^{\mathrm{T}}[\boldsymbol{C}^{\sigma T}]\boldsymbol{B}\mathrm{d}\Omega$$
$$\boldsymbol{K}_{IJ}^{\mathrm{geo}}=\boldsymbol{I}\int_{\Omega}\mathscr{B}_I^{\mathrm{T}}\boldsymbol{\sigma}\mathscr{B}_J\,\mathrm{d}\Omega \tag{6.4.13}$$

若给定 I 和 J 的值，则几何刚度中的被积函数是一个标量，因此式(6.4.13)可以写成

$$\boldsymbol{K}_{IJ}^{\mathrm{geo}}=\boldsymbol{I}H_{IJ}\quad 式中\quad H_{IJ}=\int_{\Omega}\mathscr{B}_I^{\mathrm{T}}\boldsymbol{\sigma}\mathscr{B}_J\,\mathrm{d}\Omega \tag{6.4.14}$$

在第 5 章中已给出关于各种材料的切线模量。指定的有限单元的切线材料刚度矩阵在例 6.2 和 6.3 中给出。

与完全的 Lagrangian 格式比较，更新的 Lagrangian 格式(6.4.13)一般更容易应用，因为 $\boldsymbol{B}$ 比 $\boldsymbol{B}_0$ 更容易构造，并且许多材料本构是以 Cauchy 应力率的形式建立的。完全的 Lagrangian 格式的材料刚度可以与更新的 Lagrangian 格式的几何刚度组合，反之亦然。在完全的和更新的 Lagrangian 格式中，最后的数值解答是一致的，而选择应用哪一种格式应视方便程度而定。

我们下面讨论切线刚度矩阵的对称性问题。对称性是十分重要的，因为它加速了方程的求解，减少了存储的需求，并且简化了稳定性分析。从公式(6.4.10)可以看到，如果 Voigt 形式的切线模量矩阵 $[\boldsymbol{C}^{SE}]$ 是对称的，则材料切线刚度是对称的。当张量切线模量 C_{ijkl}^{SE} 具有主对称性时，则 Voigt 形式是对称的。因此，当切线模量具有主对称性时，切线刚度的材料部分是对称的。类似的讨论适用于更新的 Lagrangian 格式(6.4.13)：当切线模量 $C_{ijkl}^{\sigma T}$ 具有主对称性时，材料切线刚度是对称的。

上面给出的几何刚度总是对称的。因此，只要切线模量具有主对称性，则切线刚度矩阵 $\boldsymbol{K}^{\mathrm{int}}$ 是对称的。注意到这些结论仅属于在推导中所选择的指定应力率：$\dot{\boldsymbol{S}}$ 和 Truesdell 率 $\boldsymbol{\sigma}^{\nabla\mathrm{T}}$。关于其他的客观率，切线模量的主对称性不是切线刚度矩阵对称的充分必要的条件。例如，在例 6.1 中看到，当 $\boldsymbol{C}^{\sigma J}$ 有主对称性时，对于由 $\boldsymbol{\sigma}^{\nabla J}=\boldsymbol{C}^{\sigma J}:\boldsymbol{D}$ 描述的材料切线刚度是不对称的。

6.4.4　切线刚度的另一种推导　在这一节中，以 Kirchhoff 应力对流率的形式推导切线刚度矩阵。对于非线性力学中的许多关系，当以 Kirchhoff 应力的形式表达时，便呈现出一种特殊的优雅和简洁。

通过 $\boldsymbol{\tau}=\boldsymbol{F}\cdot\boldsymbol{P}$(框 3.2)，Kirchhoff 应力与名义应力建立了联系。对前面公式求时间导数，得

$$\dot{\boldsymbol{\tau}}=\dot{\boldsymbol{F}}\cdot\boldsymbol{P}+\boldsymbol{F}\cdot\dot{\boldsymbol{P}} \tag{6.4.15}$$

对于 $\dot{\boldsymbol{P}}$，计算上式得到

$$\dot{\boldsymbol{P}}=\boldsymbol{F}^{-1}(\dot{\boldsymbol{\tau}}-\dot{\boldsymbol{F}}\cdot\boldsymbol{P})=\boldsymbol{F}^{-1}(\dot{\boldsymbol{\tau}}-\boldsymbol{L}\cdot\boldsymbol{F}\cdot\boldsymbol{P}) \tag{6.4.16}$$

式中的第二步遵循公式(3.3.18)，$\dot{\boldsymbol{F}}=\boldsymbol{L}\cdot\boldsymbol{F}$。已有 $\boldsymbol{\tau}=\boldsymbol{F}\cdot\boldsymbol{P}$，则上式可以简化为

$$\dot{\boldsymbol{P}}=\boldsymbol{F}^{-1}\cdot(\dot{\boldsymbol{\tau}}-\boldsymbol{L}\cdot\boldsymbol{\tau}) \tag{6.4.17}$$

应用公式(5.4.49),联系 Kirchhoff 应力的材料率与它的对流率(或者 Lie 导数),$\boldsymbol{\tau}^{\nabla c}=\dot{\boldsymbol{\tau}}-\boldsymbol{L}\cdot\boldsymbol{\tau}-\boldsymbol{\tau}\cdot\boldsymbol{L}^{\mathrm{T}}$,则公式(6.4.17)成为

$$\dot{\boldsymbol{P}}=\boldsymbol{F}^{-1}(\boldsymbol{\tau}^{\nabla c}+\boldsymbol{\tau}\cdot\boldsymbol{L}^{\mathrm{T}})\quad \text{或}\quad \dot{P}_{ji}=F_{jk}^{-1}(\tau_{ki}^{\nabla c}+\tau_{kl}L_{il}) \tag{6.4.18}$$

这是一种典型的关系并且经常是有用的。它清晰地将名义应力率划分为材料和几何部分。

将上式代入式(6.4.2),给出

$$\dot{f}_{iI}^{\mathrm{int}}=\int_{\Omega_0}\frac{\partial N_I}{\partial X_j}\frac{\partial X_j}{\partial x_k}(\tau_{ki}^{\nabla c}+\tau_{kl}L_{il})\mathrm{d}\Omega_0=\int_{\Omega_0}\frac{\partial N_I}{\partial x_k}(\tau_{ki}^{\nabla c}+\tau_{kl}L_{il})\mathrm{d}\Omega_0 \tag{6.4.19a}$$

式中第二个表达式由第一个表达式通过链规则导出。这是公式(6.4.4)以 PK2 应力形式的对应部分。如公式(6.4.5)所示,分开材料和几何部分,给出

$$\dot{f}_{iI}^{\mathrm{mat}}=\int_{\Omega_0}N_{I,k}\tau_{ki}^{\nabla c}\mathrm{d}\Omega_0,\quad \dot{f}_{iI}^{\mathrm{geo}}=\int_{\Omega_0}N_{I,k}\tau_{kl}L_{il}\mathrm{d}\Omega_0 \tag{6.4.19b}$$

通过在当前域上的积分,这一结果可以容易地转换到更新的 Lagrangian 格式。从公式(3.2.23),$\mathrm{d}\Omega=J\mathrm{d}\Omega_0$,和关系式(5.4.22),Kirchhoff 应力的对流率与 Cauchy 应力的 Truesdell 率之间的关系,($\tau^{\nabla c}=J\sigma^{\nabla T}$),式(6.4.19a)成为

$$\dot{f}_{iI}=\int_{\Omega}N_{I,k}(\sigma_{ki}^{\nabla T}+\sigma_{kl}L_{il})\mathrm{d}\Omega \tag{6.4.20}$$

这是公式(6.4.4)中更新的 Lagrangian 部分。通过设当前构形为参考构形,也可以得到式(6.4.20)(练习 6.2)。

为了完成材料切线刚度矩阵的推导,有必要引进本构关系,联系对流应力率与节点速度。我们以下面的形式(见框 5.1)写出本构关系(率无关材料响应):

$$\tau_{ij}^{\nabla c}=C_{ijkl}^{\tau}D_{kl} \tag{6.4.21}$$

将上式代入公式(6.4.19b)的第一部分,得到

$$K_{ijIJ}^{\mathrm{mat}}\dot{u}_{jJ}=\int_{\Omega_0}\frac{\partial N}{\partial x_k}C_{kijl}^{\tau}D_{jl}\mathrm{d}\Omega_0 \tag{6.4.22}$$

由于变形率张量是空间速度梯度的对称部分,$D_{kl}=v_{(k,l)}=\mathrm{sym}(v_{kI}N_{I,l})$,将其代入式(6.4.22),我们得到

$$\begin{aligned}K_{ijIJ}^{\mathrm{mat}}\dot{u}_{jJ}&=\int_{\Omega_0}N_{I,k}C_{kijl}^{\tau}v_{j,l}\mathrm{d}\Omega_0=\int_{\Omega_0}N_{I,k}C_{kijl}^{\tau}N_{J,l}\dot{u}_{jJ}\mathrm{d}\Omega_0\\&=\int_{\Omega}N_{I,k}C_{kijl}^{\tau}N_{J,l}J\,\mathrm{d}\Omega_0\dot{u}_{jJ}=\int_{\Omega}N_{I,k}C_{kijl}^{\sigma T}N_{J,l}\mathrm{d}\Omega_0\dot{u}_{jJ}\end{aligned} \tag{6.4.23}$$

式中,在第二个表达式中,我们应用了 $C_{kijl}^{\tau}D_{jl}=C_{kijl}^{\tau}v_{j,l}$,它遵循切线模量矩阵的次对称性;在第三个表达式中,我们已经转换到当前构形,而最后一个由公式(5.4.51)得到。

现在我们转换上式为 Voigt 标记。应用次对称性,公式(6.4.23)成为

$$K_{rsIJ}^{\mathrm{mat}}=\int_{\Omega}N_{I,k}\delta_{ri}C_{kijl}^{\sigma\tau}N_{J,l}\delta_{sj}\mathrm{d}\Omega=\int_{\Omega}B_{ikrI}J^{-1}C_{kijl}^{\tau}B_{jlsJ}\mathrm{d}\Omega \tag{6.4.24}$$

式中在第二步应用了公式(4.5.18)。上式的 Voigt 矩阵形式为

$$\boldsymbol{K}_{IJ}^{\mathrm{mat}}=\int_{\Omega}\boldsymbol{B}_I^{\mathrm{T}}[\boldsymbol{C}^{\sigma T}]\boldsymbol{B}_J\mathrm{d}\Omega=\int_{\Omega}J^{-1}\boldsymbol{B}_I^{\mathrm{T}}[\boldsymbol{C}^{\tau}]\boldsymbol{B}_J\mathrm{d}\Omega \tag{6.4.25}$$

这与公式(6.4.13)中的材料切线刚度是一致的。

框 6.5 内部节点力的 Jacobian(切线刚度矩阵)

材料,$\boldsymbol{K}_{IJ}^{\text{mat}}$	几何,$\boldsymbol{K}_{IJ}^{\text{geo}}$	
$\boldsymbol{K}_{IJ}^{\text{mat}}=\int_{\Omega}\boldsymbol{B}_I^{\text{T}}[\boldsymbol{C}^{\sigma T}]\boldsymbol{B}_J\,\mathrm{d}\Omega$	$\boldsymbol{K}_{IJ}^{\text{geo}}=\boldsymbol{I}\int_{\Omega}\mathscr{B}_I^{\text{T}}\boldsymbol{\sigma}\mathscr{B}_J\,\mathrm{d}\Omega$	更新
$=\int_{\Omega_0}\boldsymbol{B}_{0I}^{\text{T}}[\boldsymbol{C}^{SE}]\boldsymbol{B}_{0J}\,\mathrm{d}\Omega_0$	$=\boldsymbol{I}\int_{\Omega_0}\mathscr{B}_{0I}^{\text{T}}\boldsymbol{S}\mathscr{B}_{0J}\,\mathrm{d}\Omega_0$	完全
$=\int_{\Omega_0}\boldsymbol{B}_I^{\text{T}}[\boldsymbol{C}^{\tau}]\boldsymbol{B}_J\,\mathrm{d}\Omega_0$	$=\boldsymbol{I}\int_{\Omega_0}\mathscr{B}_I^{\text{T}}\boldsymbol{\tau}\mathscr{B}_J\,\mathrm{d}\Omega_0$	
$=\int_{\Omega}\boldsymbol{B}_I^{\text{T}}[\boldsymbol{C}^{\sigma J}-\boldsymbol{C}^{*}]\boldsymbol{B}_J\,\mathrm{d}\Omega$		
$K_{rsIJ}^{\text{mat}}=\int_{\Omega}B_{ikrI}C_{kijl}^{\pi}B_{jlsJ}\,\mathrm{d}\Omega$	$K_{rsIJ}^{\text{geo}}=\int_{\Omega}\mathscr{B}_{Ij}\sigma_{jk}\mathscr{B}_{kJ}\,\mathrm{d}\Omega\delta_{rs}$	更新
$=\int_{\Omega_0}B_{ikrI}^{0\text{T}}C_{kijl}^{SE}B_{jlsJ}^{0}\,\mathrm{d}\Omega_0$	$=\int_{\Omega_0}\mathscr{B}_{Ij}^{0}S_{jk}\mathscr{B}_{kJ}^{0}\,\mathrm{d}\Omega\delta_{rs}$	完全

6.4.5 外荷载刚度 从属荷载是随着物体构形变化的荷载,它们出现在许多几何非线性的问题中。压力就是从属荷载的一个普遍例子。压力荷载总是垂直作用在表面上,因此当表面运动时,即使压力是常数,节点外力也要发生变化。这些影响已考虑在节点外力的 Jacobian 矩阵 $\boldsymbol{K}^{\text{ext}}$中,它也称为荷载刚度。

荷载刚度 $\boldsymbol{K}^{\text{ext}}$联系外部节点力的变化率与节点速度。考虑一个压力场 $p(\boldsymbol{x},t)$,通过在公式(B4.3.3)中设 $\bar{\boldsymbol{t}}=-p\boldsymbol{n}$,给出单元 e 表面的外部节点力:

$$\boldsymbol{f}_I^{\text{ext}}=-\int_{\Gamma}N_I p\boldsymbol{n}\,\mathrm{d}\Gamma \tag{6.4.26}$$

将表面 Γ 表示为两个变量 ξ 和 η 的函数。对于四边形表面单元,这些变量可以作为双单位长度正方形的母单元坐标。由于 $\boldsymbol{n}\mathrm{d}\Gamma=\boldsymbol{x}_{,\xi}\times\boldsymbol{x}_{,\eta}\mathrm{d}\xi\mathrm{d}\eta$(见式(E4.3.13)),上式成为

$$\boldsymbol{f}_I^{\text{ext}}=-\int_{-1}^{1}\int_{-1}^{1}p(\xi,\eta)N_I(\xi,\eta)\boldsymbol{x}_{,\xi}\times\boldsymbol{x}_{,\eta}\mathrm{d}\xi\mathrm{d}\eta \tag{6.4.27}$$

上式对时间求导,得到

$$\dot{\boldsymbol{f}}_I^{\text{ext}}=-\int_{-1}^{1}\int_{-1}^{1}N_I(\dot{p}\boldsymbol{x}_{,\xi}\times\boldsymbol{x}_{,\eta}+p\,\boldsymbol{v}_{,\xi}\times\boldsymbol{x}_{,\eta}+p\boldsymbol{x}_{,\xi}\times\boldsymbol{v}_{,\eta})\mathrm{d}\xi\mathrm{d}\eta \tag{6.4.28}$$

第一项是由于压力的改变率引起的外力变化率。在许多问题中,压力的改变率被指定为问题定义的一部分。在其他问题中,诸如流体-结构相互作用问题,压力可能引起几何的改变,这些影响必须线性化并附加到荷载刚度中。在下面的讨论中,我们将忽略这一项。

后面两项代表了由于表面的方向和面积的变化而引起的外部节点力的改变,它们都与外部荷载刚度有关。因此公式(6.4.28)的右侧成为

$$\boldsymbol{K}_{IK}^{\text{ext}}\boldsymbol{v}_K=-\int_{-1}^{1}\int_{-1}^{1}pN_I(\boldsymbol{v}_{,\xi}\times\boldsymbol{x}_{,\eta}+\boldsymbol{x}_{,\xi}\times\boldsymbol{v}_{,\eta})\mathrm{d}\xi\mathrm{d}\eta \tag{6.4.29}$$

在这一点上,它很方便地转换为指标标记。取上式与单位向量 $\boldsymbol{e}_I$的点积,给出

$$\boldsymbol{e}_i\cdot\boldsymbol{K}_{IK}^{\text{ext}}\boldsymbol{v}_K\equiv\boldsymbol{K}_{ikIJ}^{\text{ext}}\boldsymbol{v}_{kJ}=-\int_{-1}^{1}\int_{-1}^{1}pN_I(\boldsymbol{e}_i\cdot\boldsymbol{v}_{,\xi}\times\boldsymbol{x}_{,\eta}+\boldsymbol{e}_i\cdot\boldsymbol{x}_{,\xi}\times\boldsymbol{v}_{,\eta})\mathrm{d}\xi\mathrm{d}\eta$$

$$= -\int_{-1}^{1}\int_{-1}^{1} pN_I(e_{ikl}\boldsymbol{v}_{k,\xi}\boldsymbol{x}_{l,\eta} + e_{ikl}\boldsymbol{x}_{k,\xi}\boldsymbol{v}_{l,\eta})\mathrm{d}\xi\mathrm{d}\eta \tag{6.4.30}$$

下一步，通过 $\boldsymbol{v}_{i,\xi} = \boldsymbol{v}_{iJ}N_{J,\xi}$ 和在第二项中的指标互换，我们以形函数的形式扩展速度场，得到

$$K_{ikIJ}^{\text{ext}}v_{kJ} = -\int_{-1}^{1}\int_{-1}^{1} pN_I(e_{ikl}N_{J,\xi}\ x_{l,\eta} - e_{ikl}\ x_{l,\xi}N_{J,\eta})\mathrm{d}\xi\mathrm{d}\eta v_{kJ}$$

我们定义

$$H_{ik}^{\eta} \equiv e_{ikl}x_{l,\eta} \quad H_{ik}^{\xi} = e_{ikl}x_{l,\xi} \tag{6.4.31}$$

在公式(6.4.30)中应用这些定义，我们得到

$$\begin{aligned} K_{ijIJ}^{\text{ext}} &= -\int_{-1}^{1}\int_{-1}^{1} pN_I(N_{J,\xi}H_{ij}^{\eta} - N_{J,\eta}H_{ij}^{\xi})\mathrm{d}\xi\mathrm{d}\eta \quad \text{或者} \\ \boldsymbol{K}_{IJ}^{\text{ext}} &= -\int_{-1}^{1}\int_{-1}^{1} pN_I(N_{J,\xi}\boldsymbol{H}^{\eta} - N_{J,\eta}\boldsymbol{H}^{\xi})\mathrm{d}\xi\mathrm{d}\eta \end{aligned} \tag{6.4.32}$$

写出矩阵 $\boldsymbol{H}^{\xi}$ 和 $\boldsymbol{H}^{\eta}$：

$$\boldsymbol{K}_{IJ}^{\text{ext}} = -\int_{-1}^{1}\int_{-1}^{1} pN_I\left(N_{J,\xi}\begin{bmatrix} 0 & z_{,\eta} & -y_{,\eta} \\ -z_{,\eta} & 0 & x_{,\eta} \\ y_{,\eta} & -x_{,\eta} & 0 \end{bmatrix} - N_{J,\eta}\begin{bmatrix} 0 & z_{,\xi} & -y_{,\xi} \\ -z_{,\xi} & 0 & x_{,\xi} \\ y_{,\xi} & -x_{,\xi} & 0 \end{bmatrix}\right)\mathrm{d}\xi\mathrm{d}\eta \tag{6.4.33}$$

上述方程适用于由压力 p 施加荷载和双单位长度母单元表面生成的任何表面。对于采用三角形母单元的表面，上述方程以面积坐标的形式表示，并改变积分限。荷载刚度反映了几何变化对外部节点力的影响：加载表面方向和表面尺寸的变化都将改变节点力。通过应用 Nanson's 公式和表面积分的导数，也可以得到荷载刚度(见练习 6.1)。

从公式(6.4.33)立刻可以看到荷载刚度矩阵的子矩阵是不对称的，因此，在附加力的作用下，整体 Jacobian 矩阵通常也是不对称的。但是，可以证明对于在常压力场作用下的闭合结构，组合的外部荷载刚度是对称的。

例 6.2　2 节点杆单元　考虑在例 4.6 中图 4.9 所示的 2 节点杆单元。杆处于单轴应力状态。$\hat{x}$ 轴沿着杆轴方向并且随着杆转动，即它是转动坐标，仅有的非零 Cauchy 应力分量是 $\hat{\sigma}_{11} \equiv \hat{\sigma}_{xx}$。我们在更新的 Lagrangian 格式中，即在当前构形上推导切向和荷载刚度。

材料切线刚度矩阵　在当前构形上，率无关材料的切线刚度矩阵由公式(6.4.13)给出。在局部坐标系中写成如下形式：

$$\hat{\boldsymbol{K}}^{\text{mat}} = \int_{\Omega} \hat{\boldsymbol{B}}^{\mathrm{T}}[\hat{\boldsymbol{C}}^{\sigma T}]\hat{\boldsymbol{B}}\mathrm{d}\Omega \tag{E6.2.1}$$

通过增加零元素以反映变形率是独立于节点速度的 $\hat{y}$ 分量，将公式(E4.6.4)的 $\boldsymbol{B}$ 矩阵扩展为 4×1 的矩阵，并且$[\boldsymbol{C}^{\sigma T}] = [E^{\sigma T}]$，对于单轴应力已在框 5.1 中给出。因此(E6.2.1)成为

$$\hat{\boldsymbol{K}}^{\text{mat}} = \int_0^1 \frac{1}{l}\begin{Bmatrix} -1 \\ 0 \\ 1 \\ 0 \end{Bmatrix}[E^{\sigma T}]\frac{1}{l}[-1 \quad 0 \quad +1 \quad 0]Al\,\mathrm{d}\xi \tag{E6.2.2}$$

如果我们假设 $E^{\sigma T}$ 在单元中是常量，于是有

$$\hat{\boldsymbol{K}}^{\mathrm{mat}} = \frac{AE^{\sigma T}}{l}\begin{bmatrix} +1 & 0 & -1 & 0 \\ 0 & 0 & 0 & 0 \\ -1 & 0 & +1 & 0 \\ 0 & 0 & 0 & 0 \end{bmatrix} \tag{E6.2.3}$$

如果应用 Young's 模量 E 代替 $E^{\sigma T}$,则上式与杆的线性刚度矩阵是一致的。材料切线刚度与节点内力和速度的整体分量有关,由公式(4.5.42)给出

$$\boldsymbol{K}^{\mathrm{mat}} = \boldsymbol{T}^{\mathrm{T}}\hat{\boldsymbol{K}}^{\mathrm{mat}}\boldsymbol{T} \tag{E6.2.4a}$$

式中 $\boldsymbol{T}$ 为

$$\boldsymbol{T} = \begin{bmatrix} \cos\theta & \sin\theta & 0 & 0 \\ -\sin\theta & \cos\theta & 0 & 0 \\ 0 & 0 & \cos\theta & \sin\theta \\ 0 & 0 & -\sin\theta & \cos\theta \end{bmatrix} \tag{E6.2.4b}$$

因此

$$\boldsymbol{K}^{\mathrm{mat}} = \frac{AE^{\sigma T}}{l}\begin{bmatrix} \cos^2\theta & \cos\theta\sin\theta & -\cos^2\theta & -\cos\theta\sin\theta \\ & \sin^2\theta & -\cos\theta\sin\theta & -\sin^2\theta \\ & & \cos^2\theta & \cos\theta\sin\theta \\ \text{对称} & & & \sin^2\theta \end{bmatrix} \tag{E6.2.5}$$

几何刚度矩阵 考虑一个坐标系在时间 t 与杆的轴线重合,并在时间上固定。注意到由于坐标系的方向已固定,如图 4.9 所示,因此必须考虑用一个客观率进行转动修正。我们将应用 Truesdell 率。我们也可能考虑 $\hat{x},\hat{y}$ 坐标系的旋转,并且通过考虑转换矩阵 $\boldsymbol{T}$ 的变化,推导几何刚度。这些推导由 Crisfield 给出 (1991)。由于相同的力学效果被线性化,因此其结果是相同的,但是后者的推导一般来说更困难。几何刚度矩阵由公式(6.4.13)给出:

$$\hat{\boldsymbol{K}}_{IJ} = \hat{H}_{IJ}\boldsymbol{I},\quad \hat{\boldsymbol{H}} = \int_{\Omega}\hat{\mathscr{B}}^{\mathrm{T}}\sigma\hat{\mathscr{B}}\mathrm{d}\Omega \tag{E6.2.6}$$

为了简单起见,式中的几何刚度以局部坐标系的形式表示。从公式(E4.6.4)中由于$\mathscr{B}=\boldsymbol{B}$,得到

$$\hat{\boldsymbol{H}} = \int_{\Omega}\frac{1}{l}\begin{bmatrix} -1 \\ +1 \end{bmatrix}[\hat{\sigma}_{xx}]\frac{1}{l}[-1 \quad +1]\mathrm{d}\Omega \tag{E6.2.7}$$

假设应力是常量,给出

$$\hat{\boldsymbol{H}} = \frac{\hat{\sigma}_{xx}A}{l}\begin{bmatrix} +1 & -1 \\ -1 & +1 \end{bmatrix} \tag{E6.2.8}$$

通过(E6.2.6)扩展上式,得到

$$\hat{\boldsymbol{K}}^{\mathrm{geo}} = \frac{A\hat{\sigma}_{xx}}{l}\begin{bmatrix} +1 & 0 & -1 & 0 \\ 0 & +1 & 0 & -1 \\ -1 & 0 & +1 & 0 \\ 0 & -1 & 0 & +1 \end{bmatrix} \tag{E6.2.9}$$

通过转换公式(4.5.42),可以证明几何刚度独立于杆的方向:$\boldsymbol{K}^{\mathrm{geo}} = \boldsymbol{T}^{\mathrm{T}}\hat{\boldsymbol{K}}^{\mathrm{geo}}\boldsymbol{T} = \hat{\boldsymbol{K}}^{\mathrm{geo}}$。由材料和几何刚度叠加,给出整体切向刚度:

$$\boldsymbol{K}^{\text{int}}=\boldsymbol{K}^{\text{mat}}+\boldsymbol{K}^{\text{geo}} \tag{E6.2.10}$$

如上面所见，切向刚度矩阵是对称的。

荷载刚度 由公式(6.4.33)建立杆的荷载刚度。我们仅写出其非零项，注意到$N_{I,\eta}=0$和$x_{,\eta}=y_{,\eta}=0$，因为形函数仅是$\xi(\xi\in[0,1])$的函数。为了简单起见，我们首先在转动坐标系中计算式(6.4.33)：

$$\hat{\boldsymbol{K}}_{IJ}^{\text{ext}}=-\int_0^1 pN_I N_{J,\xi}\begin{bmatrix}0 & z_{,\eta}\\ -z_{,\eta} & 0\end{bmatrix}\mathrm{d}\xi \tag{E6.2.11}$$

在上式中，$z_{,\eta}$是单元a的宽度，即$z_{,\eta}=a$。

$$\hat{\boldsymbol{K}}_{IJ}^{\text{ext}}=-\int_0^1 pN_I N_{J,\xi}\begin{bmatrix}0 & 1\\ -1 & 0\end{bmatrix}a\,\mathrm{d}\xi \tag{E6.2.12}$$

令

$$H_{IJ}=\int_0^1 N_I N_{J,\xi}\mathrm{d}\xi=\int_0^1\begin{bmatrix}1-\xi\\ \xi\end{bmatrix}[-1\quad +1]\mathrm{d}\xi=\frac{1}{2}\begin{bmatrix}-1 & 1\\ -1 & 1\end{bmatrix} \tag{E6.2.13}$$

如果压力是常量，则根据公式(E6.2.13)和(6.2.12)，我们有

$$\hat{\boldsymbol{K}}_{IJ}^{\text{ext}}=-paH_{IJ}\begin{bmatrix}0 & 1\\ -1 & 0\end{bmatrix} \tag{E6.2.14}$$

写出上式，得到

$$\hat{\boldsymbol{K}}^{\text{ext}}=-\frac{pa}{2}\begin{bmatrix}0 & -1 & 0 & 1\\ 1 & 0 & -1 & 0\\ 0 & -1 & 0 & 1\\ 1 & 0 & -1 & 0\end{bmatrix} \tag{E6.2.15}$$

当旋转时上面矩阵也是不变的，即$\boldsymbol{K}^{\text{ext}}=\boldsymbol{T}^{\mathrm{T}}\hat{\boldsymbol{K}}^{\text{ext}}\boldsymbol{T}=\hat{\boldsymbol{K}}^{\text{ext}}$。

完全的 Lagrangian 格式的材料切线刚度矩阵 对于率无关材料，由公式(6.4.10)，以完全的 Lagrangian 格式给出材料切线刚度矩阵：

$$\boldsymbol{K}^{\text{mat}}=\int_{\Omega_0}\boldsymbol{B}_0^{\mathrm{T}}[\boldsymbol{C}^{SE}]\boldsymbol{B}_0\,\mathrm{d}\Omega_0 \tag{E6.2.16}$$

应用公式(E4.8.10)的$\boldsymbol{B}$矩阵和框 5.1 给出的$\boldsymbol{C}^{SE}$，我们得到

$$\boldsymbol{K}^{\text{mat}}=\int_0^1\frac{l}{l_0^2}\begin{Bmatrix}-\cos\theta\\ -\sin\theta\\ \cos\theta\\ \sin\theta\end{Bmatrix}[E^{SE}]\frac{l}{l_0^2}[-\cos\theta\quad -\sin\theta\quad \cos\theta\quad \sin\theta]A_0 l_0\,\mathrm{d}\xi \tag{E6.2.17}$$

在单轴应力状态下，式中的材料常数$\boldsymbol{E}^{SE}$将 PK2 应力率和 Green 应变率联系起来。如果我们假设$\boldsymbol{E}^{SE}$在单元中是常数，于是有

$$\boldsymbol{K}^{\text{mat}}=\frac{A_0E^{SE}}{l_0}\left(\frac{l}{l_0}\right)^2\begin{bmatrix}\cos^2\theta & \cos\theta\sin\theta & -\cos^2\theta & -\cos\theta\sin\theta\\ & \sin^2\theta & -\cos\theta\sin\theta & -\sin^2\theta\\ & & \cos^2\theta & \cos\theta\sin\theta\\ \text{对称} & & & \sin^2\theta\end{bmatrix} \tag{E6.2.18}$$

通过转换材料模量，我们证明上式与式(E6.2.5)是一致的。参考方程(E5.1.10)，模量之间

的关系为

$$E^{SE}=\frac{1}{\lambda^4}E^{\sigma T}=\frac{(Al/A_0 l_0)}{(l/l_0)^4}E^{\sigma T}=\frac{Al_0^3}{A_0 l^3}E^{\sigma J}$$

将上式代入式(E6.2.18)，得到式(E6.2.5)。

完全的 Lagrangian 格式的几何刚度矩阵　由公式(6.4.12)建立几何刚度：

$$\boldsymbol{K}_{IJ}^{\mathrm{geo}}=H_{IJ}\boldsymbol{I},\quad \boldsymbol{H}=\int_{\Omega}\mathscr{B}_0^{\mathrm{T}}\boldsymbol{S}\mathscr{B}\mathrm{d}\Omega_0 \tag{E6.2.19}$$

式中$\mathscr{B}_0$矩阵由公式(E4.8.5)给出，因此

$$\boldsymbol{H}=\int_{\Omega_0}\frac{1}{l_0}\begin{bmatrix}-1\\+1\end{bmatrix}[S_{11}]\frac{1}{l_0}[-1\quad +1]\mathrm{d}\Omega_0 \tag{E6.2.20}$$

假设应力是常数，得到

$$\boldsymbol{H}=\frac{S_{11}A_0}{l_0}\begin{bmatrix}+1 & -1\\-1 & +1\end{bmatrix} \tag{E6.2.21}$$

将上式代入式(E6.2.19)，我们获得几何刚度：

$$\boldsymbol{K}^{\mathrm{geo}}=\frac{A_0 S_{11}}{l_0}\begin{bmatrix}+1 & 0 & -1 & 0\\0 & +1 & 0 & -1\\-1 & 0 & +1 & 0\\0 & -1 & 0 & +1\end{bmatrix} \tag{E6.2.22}$$

上式适用于任意单元方向。通过材料和几何刚度叠加，而得到整体切向刚度。

例 6.3　3 节点三角形单元　我们考虑例 4.1 中的二维 3 节点三角形，单元处于平面应变状态。仅有的非零速度分量为 v_x 和 v_y，并且它们对 z 的导数为零。我们推导材料切线刚度矩阵，然后建立几何切向刚度矩阵，后者是独立于材料响应的。

材料切线刚度矩阵　对于率无关材料，由公式(6.4.25)给出材料切线刚度矩阵：

$$\boldsymbol{K}^{\mathrm{mat}}=\int_A \boldsymbol{B}^{\mathrm{T}}[\boldsymbol{C}^{\sigma T}]\boldsymbol{B}\mathrm{d}A \tag{E6.3.1}$$

式中 A 是单元的当前面积。我们设厚度 $a=1$，以 Voigt 形式表示的切线模量矩阵为

$$[\boldsymbol{C}^{\sigma T}]=\begin{bmatrix}C_{1111}^{\sigma T} & C_{1122}^{\sigma T} & C_{1112}^{\sigma T}\\C_{2211}^{\sigma T} & C_{2222}^{\sigma T} & C_{2212}^{\sigma T}\\C_{1211}^{\sigma T} & C_{1222}^{\sigma T} & C_{1212}^{\sigma T}\end{bmatrix} \tag{E6.3.2}$$

将上式和在式(E4.1.15)中给出的 $\boldsymbol{B}$ 矩阵代入式(E6.3.1)，给出

$$\boldsymbol{K}^{\mathrm{mat}}=\int_A\left(\frac{1}{2A}\right)^2\begin{bmatrix}y_{23} & 0 & x_{32}\\0 & x_{32} & y_{23}\\y_{31} & 0 & x_{13}\\0 & x_{13} & y_{31}\\y_{12} & 0 & x_{21}\\0 & x_{21} & y_{12}\end{bmatrix}\begin{bmatrix}C_{1111}^{\sigma T} & C_{1122}^{\sigma T} & C_{1112}^{\sigma T}\\C_{2211}^{\sigma T} & C_{2222}^{\sigma T} & C_{2212}^{\sigma T}\\C_{1211}^{\sigma T} & C_{1222}^{\sigma T} & C_{1212}^{\sigma T}\end{bmatrix}\times$$

$$\begin{bmatrix}y_{23} & 0 & y_{31} & 0 & y_{12} & 0\\0 & x_{32} & 0 & x_{13} & 0 & x_{21}\\x_{32} & y_{23} & x_{13} & y_{31} & x_{21} & y_{12}\end{bmatrix}\mathrm{d}A \tag{E6.3.3}$$

上面被积函数通常是常数。在这种情况下,切线刚度是被积函数和面积的乘积。

几何刚度矩阵 由公式(6.4.13)给出几何刚度矩阵:

$$\boldsymbol{K}_{IJ}^{\mathrm{geo}}=\boldsymbol{I}_{2\times2}\int_A \mathscr{B}_I^{\mathrm{T}}\boldsymbol{\sigma}\mathscr{B}_J\,\mathrm{d}A=\boldsymbol{I}_{2\times2}H_{IJ} \tag{E6.3.4}$$

由例 4.1

$$\mathscr{B}=\frac{1}{2A}\begin{bmatrix} y_{23} & y_{31} & y_{12}\\ x_{32} & x_{13} & x_{21}\end{bmatrix} \tag{E6.3.5}$$

将式(E6.3.5)代入式(E6.3.4),并假设被积函数是常数,得到

$$\boldsymbol{H}=\frac{1}{4A}\begin{bmatrix} y_{23} & x_{32}\\ y_{31} & x_{13}\\ y_{12} & x_{21}\end{bmatrix}\begin{bmatrix}\sigma_{xx} & \sigma_{xy}\\ \sigma_{xy} & \sigma_{yy}\end{bmatrix}\begin{bmatrix} y_{23} & y_{31} & y_{12}\\ x_{32} & x_{13} & x_{21}\end{bmatrix} \tag{E6.3.6}$$

则几何刚度矩阵为

$$\boldsymbol{K}^{\mathrm{geo}}=\frac{1}{4A}\begin{bmatrix} H_{11} & 0 & H_{12} & 0 & H_{13} & 0\\ 0 & H_{11} & 0 & H_{12} & 0 & H_{13}\\ H_{21} & 0 & H_{22} & 0 & H_{23} & 0\\ 0 & H_{21} & 0 & H_{22} & 0 & H_{23}\\ H_{31} & 0 & H_{32} & 0 & H_{33} & 0\\ 0 & H_{31} & 0 & H_{32} & 0 & H_{33}\end{bmatrix} \tag{E6.3.7}$$

几何刚度矩阵是独立于材料响应的。如在公式(E6.3.6)~(E6.3.7)中可以看到,它仅仅依赖于单元的当前应力状态和当前几何。

Jaumann 率 当以 Jaumann 率的形式表示本构方程时,由于切线模量的变化,改变了切向刚度矩阵,如框 5.1 所示。这一变化可能用两种方式实现:

1. 通过公式(5.4.27)替换 $\boldsymbol{C}^{\sigma T}$,改变材料切线刚度。

2. 在几何刚度中组合另外的应力相关项。

第一种方式是更为容易的。然而,在临界点上当应用切线刚度评估时是不合适的,如在第 6.5.8~6.5.9 节所述。这里我们应用第一种方式。写出由公式(5.4.28)给出的矩阵 $\boldsymbol{C}^*$,用 Voigt 标记为

$$[\boldsymbol{C}^*]=\begin{bmatrix}\sigma_{xx} & -\sigma_{xx} & \sigma_{yy}\\ -\sigma_{yy} & \sigma_{yy} & \sigma_{xy}\\ 0 & 0 & \frac{1}{2}(\sigma_{xx}+\sigma_{yy})\end{bmatrix} \tag{E6.3.8}$$

在公式(E6.3.3)中用 $\boldsymbol{C}^{\sigma T}$ 减去这个矩阵得到关于 Jaumann 率的材料切线刚度。几何刚度没有改变。

在第二种方式中,材料切线刚度没有改变,而几何刚度为

$$\boldsymbol{K}_{IJ}^{\mathrm{geo}}=\int_A(\boldsymbol{I}_{2\times2}\,\mathscr{B}_I^{\mathrm{T}}\boldsymbol{\sigma}\mathscr{B}_J-\boldsymbol{B}_I^{\mathrm{T}}[\boldsymbol{C}^*]\boldsymbol{B}_J)\,\mathrm{d}A \tag{E6.3.9}$$

在这两种情况下,如果关于 Jaumann 率的切线模量具有主对称性,则切线刚度矩阵是不对称的。

6.4.6　方向导数　在将传统的 Newton 方法应用到固体力学的问题中，会遇到四个困难：

1. 对于某些材料，如弹-塑性材料，节点力不是节点位移的连续可微函数。
2. 对于路径相关材料，在迭代过程中，由于中间结果 $\boldsymbol{d}_\nu$ 不是真实的加载路径，因此经典的 Newton 方法影响了本构模型。
3. 对于较大增量的转动和变形，线性化增量引入了显著的误差。
4. 导数和积分需要离散化，离散形式的切线模量取决于增量步长。

为了克服这些缺点，对 Newton 方法经常做出如下修正：

1. 应用方向导数建立切线刚度，也称为 Gateaux 导数。
2. 应用正割方法，取代切线方法，并且采用最后的收敛解答作为迭代点。
3. 采用依赖于增量大小的公式将力和位移的增量联系起来。

为了说明在构造弹-塑性材料的 Jacobian 时需要方向导数，考虑如下例子。承受荷载的两杆桁架，如图 6.5 所示，两杆中的应力均为压力并且相等，两杆都达到屈服压应力。为简单起见，我们仅考虑材料非线性，而忽略几何非线性。如果一个任意的荷载增量 $\Delta \boldsymbol{f}_1^{\text{ext}}$ 施加到节点 1，则切线刚度矩阵将取决于增量位移 $\Delta \boldsymbol{u}_1$，因为内部节点力的改变依赖于位移增量。其残数不是增量节点位移的连续可微函数。在这种情况下，在 Jacobian 中有 4 条不连续的线段，如图 6.5 所示。产生这些结果是因为，如果位移增量导致了拉伸应变增量，则杆弹性地卸载，因此，切线模量从弹性模量 E 变化到塑性模量 H_{p}。

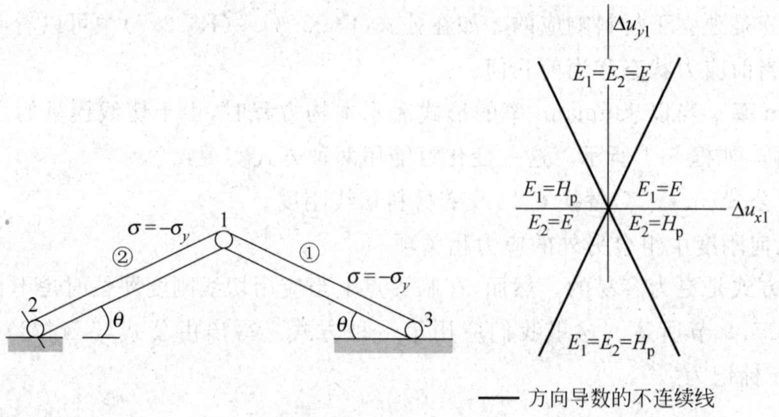

图 6.5　2 杆桁架并 2 杆均达到压缩屈服，以及方向导数的四个象限

在当前构形上的内部节点力为

$$\begin{Bmatrix} f_{x1} \\ f_{y1} \end{Bmatrix}^{\text{int}} = A\sigma_0 \begin{Bmatrix} 0 \\ 2\sin\theta \end{Bmatrix} \tag{6.4.34}$$

式中 σ_0 是当前屈服应力。如公式(E4.6.6)所示，通过组合杆单元的内部节点力得到上式。对于每一个杆单元，有依赖于增量位移的两种可能性：或者杆连续加载采用塑性模量，或者它卸载采用弹性模量。作为结果，在这种构形上的切线刚度可以取四种不同的值。

图 6.5 表示了不同节点力行为的区域。显然，因为它有四个不同的值，因此一个标准的导数无法计算。在四个象限中，关于位移增量的切线刚度如下：

在象限 1：

$$\boldsymbol{K}^{\text{int}} = \frac{AE}{l}\begin{bmatrix} 2\cos^2\theta & 0 \\ 0 & 2\sin^2\theta \end{bmatrix} \tag{6.4.35}$$

在象限 2：

$$\boldsymbol{K}^{\text{int}} = \frac{A}{l}\begin{bmatrix} (E+H_{\text{p}})\cos^2\theta & (E-H_{\text{p}})\sin\theta\cos\theta \\ (E-H_{\text{p}})\sin\theta\cos\theta & (E+H_{\text{p}})\sin^2\theta \end{bmatrix} \tag{6.4.36}$$

在象限 3：

$$\boldsymbol{K}^{\text{int}} = \frac{AH_{\text{p}}}{l}\begin{bmatrix} 2\cos^2\theta & 0 \\ 0 & 2\sin^2\theta \end{bmatrix} \tag{6.4.37}$$

在象限 4：

$$\boldsymbol{K}^{\text{int}} = \frac{A}{l}\begin{bmatrix} (E+H_{\text{p}})\cos^2\theta & (H_{\text{p}}-E)\sin\theta\cos\theta \\ (H_{\text{p}}-E)\sin\theta\cos\theta & (E+H_{\text{p}})\sin^2\theta \end{bmatrix} \tag{6.4.38}$$

为了处理这种行为，必须应用方向导数。方向导数通常定义为微分形式：

$$\text{d}_g f(\boldsymbol{d}) \equiv \text{d}_g f = \lim_{\varepsilon\to 0}\frac{f(\boldsymbol{d}+\varepsilon\boldsymbol{g})-f(\boldsymbol{d})}{\varepsilon} = \frac{\text{d}}{\text{d}\varepsilon}\bigg|_{\varepsilon=0} f(\boldsymbol{d}+\varepsilon\boldsymbol{g}) \tag{6.4.39}$$

下角标 g 给出方向。在有限元文献中，对于方向导数经常应用标记 $\text{D}f(\boldsymbol{d})[\boldsymbol{g}]$和$\text{D}f(\boldsymbol{d})\cdot\boldsymbol{g}$。

6.4.7 算法的一致切线刚度 连续切线模量与应力和应变的率或者其无限小增量相关。相比之下，算法模量与应力和应变的**有限**增量相关。当通过应力更新算法的一致线性化得到增量的应力-应变关系时，算法模量称为**一致**算法模量。当解答不平滑时，必须应用这种算法模量。关于隐式和半隐式向后 Euler 应力更新，以及关于率无关和率相关材料的算法模量的例子，在第 5 章中给出(例如，见式(5.9.38)、(5.9.41)和(5.9.58)～(5.9.59))。

标准 Newton 过程是不适合算法模量的，必须应用正割 Newton 方法取而代之。在正割和标准 Newton 方法之间的主要差别是在正割 Newton 迭代中，所有变量的值都在前一个时间步结束时更新，即最后一个收敛点，而不是最后的迭代。这就避免了应力的不收敛值和在路径相关材料中错误地驱动本构方程得到的内变量。对于平衡求解方法，框 6.6 给出了正割 Newton 方法。对隐式时间积分算法进行了类似地修改。有关详细内容见 Simo 和 Hughes (1998)和 Hughes 和 Pister (1978)。

框 6.6 平衡求解流程图：采用算法模量的 Newton 方法

1. 初始条件和初始化

   设 $\boldsymbol{d}^0=0$； $\boldsymbol{\sigma}^0$； $n=0$； $t=0$

2. 对第 $n+1$ 步荷载增量的 Newton 迭代

   (a) 设 $\boldsymbol{d}_{\text{new}}=\boldsymbol{d}^n$

   (b) 给出作用力计算 $\boldsymbol{f}(\boldsymbol{d}_{\text{new}},t^{n+1})$； $\boldsymbol{r}(\boldsymbol{d}_{\text{new}},t^{n+1})$

      i. 通过应力更新算法，计算新的应力和内变量

      $$\boldsymbol{\sigma}_{\text{new}} = \boldsymbol{\sigma}(\boldsymbol{d}_{\text{new}}-\boldsymbol{d}^n,\boldsymbol{\sigma}^n,\boldsymbol{q}^n),\quad \boldsymbol{q}_{\text{new}} = \boldsymbol{q}(\boldsymbol{d}_{\text{new}}-\boldsymbol{d}^n,\boldsymbol{\sigma}^n,\boldsymbol{q}^n);$$

      在时间 n 从收敛的值更新。

      ii. 计算 $\boldsymbol{f}$ 和 $\boldsymbol{r}$

(c) 计算 $\boldsymbol{A}(\boldsymbol{d}_{\text{new}})$，应用$\boldsymbol{\sigma}_{\text{new}}$和 $\boldsymbol{q}_{\text{new}}$形成 $\boldsymbol{K}^{\text{int}}=\boldsymbol{K}^{\text{mat}}+\boldsymbol{K}^{\text{geo}}$，利用算法模量 $\boldsymbol{C}^{\text{alg}}$计算 $\boldsymbol{K}^{\text{mat}}$（见第 5 章）

(d) 对于基本边界条件，修正 $\boldsymbol{A}(\boldsymbol{d})$

(e) 求解线性方程 $\Delta\boldsymbol{d}=-\boldsymbol{A}^{-1}\boldsymbol{r}$

(f) $\boldsymbol{d}_{\text{new}}\leftarrow\boldsymbol{d}_{\text{new}}+\Delta\boldsymbol{d}$

(g) 检查收敛准则；如果没有满足，返回 2(a)。

3. (a) 更新位移、应力和内部变量

$$\boldsymbol{d}^{n+1}=\boldsymbol{d}_{\text{new}},\quad \boldsymbol{\sigma}^{n+1}=\boldsymbol{\sigma}_{\text{new}},\quad \boldsymbol{q}^{n+1}=\boldsymbol{q}_{\text{new}}$$

(b) 更新步数和时间：$n\leftarrow n+1, t\leftarrow t+\Delta t$

4. 输出：如果没有完成模拟，返回到 2。

6.5　稳定性和连续方法

6.5.1　稳定性　在非线性问题中，需要考虑解答的稳定性。有许多关于稳定性的定义：稳定性是一个概念，取决于观察者和他的目的。然而，有一些通常被广泛接受的定义。这里我们将描述一个由 Liapunov 创立并在数学分析中得到广泛应用的稳定性理论，见 Seydel (1994) 关于各种计算问题应用性的清晰描述，以及 Bazant 和 Cedolin (1991) 的综述。我们关注这些理论在有限元方法中的应用。

我们首先给出稳定性的定义并探索它的内涵。考虑一个由演化方程控制的过程，诸如运动方程或者热传导。对于初始条件 $\boldsymbol{d}_A(0)=\boldsymbol{d}_A^0$，设结果用 $\boldsymbol{d}_A(t)$表示。现在考虑对于初始条件 $\boldsymbol{d}_B(0)=\boldsymbol{d}_B^0$ 的结果，这里 $\boldsymbol{d}_B^0$ 是 $\boldsymbol{d}_A^0$ 的一个小的扰动。这表明在某些范数下 $\boldsymbol{d}_B^0$ 接近于 $\boldsymbol{d}_A^0$（已经指定我们应用 ℓ_2 向量范数）：

$$\|\boldsymbol{d}_A^0-\boldsymbol{d}_B^0\|_{\ell_2}\leqslant\varepsilon \tag{6.5.1}$$

如果对于所有初始条件满足公式(6.5.1)，解答是稳定的，则结果满足

$$\|\boldsymbol{d}_A(t)-\boldsymbol{d}_B(t)\|_{\ell_2}\leqslant C\varepsilon\qquad\forall\, t>0 \tag{6.5.2}$$

注意所有满足公式(6.5.1)的初始条件位于一个以 $\boldsymbol{d}_A^0$ 为圆心的超球面上(一个二维圆)。简单地说就是："初始条件位于围绕 $\boldsymbol{d}_A^0$ 的球上"。根据这个定义，在任何时刻，只要 $\boldsymbol{d}_B^0$ 是 $\boldsymbol{d}_A^0$ 的一个小的扰动，如果所有结果 $\boldsymbol{d}_B(t)$位于包围结果 $\boldsymbol{d}_A(t)$的球上，则结果是稳定的。应用图 6.6 所示的两个相关变量的系统解释这个定义。图 6.6(a)显示了稳定系统的行为。我们这里仅仅显示由初始数据引起扰动的两个结果，因为不可能显示无限个结果。但是，对于稳定的系统，在围绕 $\boldsymbol{d}_A^0$ 球内应用初始条件的任何结果一定也是在围绕 $\boldsymbol{d}_A(t)$球内的。图 6.6(b)显示了一个不稳定系统。

从围绕 $\boldsymbol{d}_A^0$ 球内开始的单一结果如果与 $\boldsymbol{d}_A(t)$分开，则说明是一个不稳定的结果。

在下面的例子中将解释这一定义与稳定性直观概念的关系。考虑一根梁轴向加载的过程，如图 6.7 所示。如果通过一个 ε 或者 2ε 的距离，我们扰动加载位置，则平衡路径如图 6.7(c)所示。可以看到当荷载低于屈曲荷载时，对于不同初始条件的路径保持着与 AC 接近。然而，当荷载超过屈曲荷载时，对于不同初始条件的结果将分岔开。因此，当荷载超过屈曲荷载时，任何过程都是不稳定的。尽管没有在图中显示，但可以看到不稳定分支的方

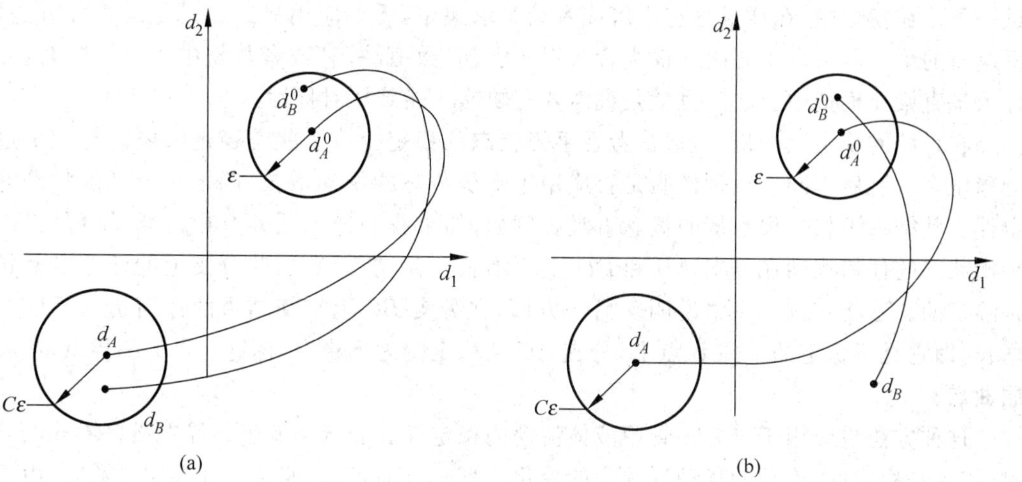

图 6.6　关于一个稳定系统和一个不稳定系统的结果迹线

(a) 稳定系统；(b) 不稳定系统

向依赖于初始缺陷的迹象。图中只显示了一个方向。

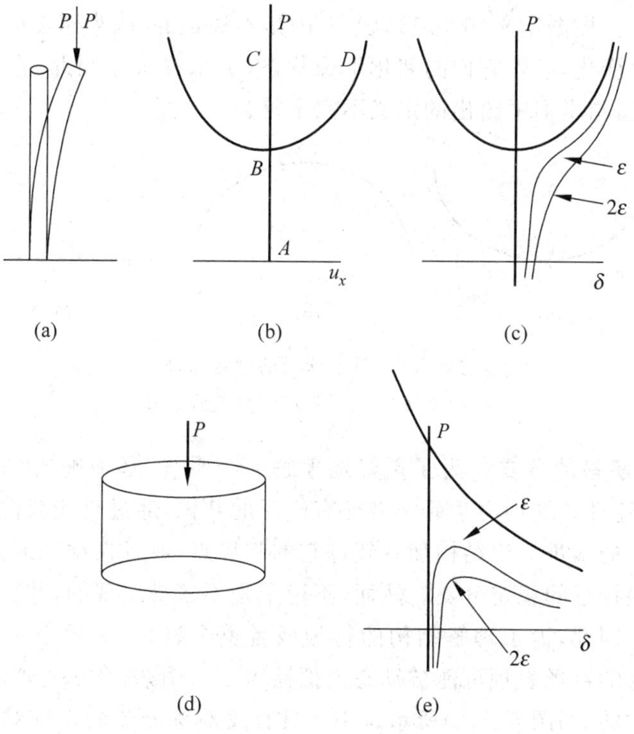

图 6.7　不稳定的例子

(a) 梁的稳定性；(b) 完好梁的平衡分支；(c) 含两个缺陷的梁的平衡分支；

(d) 受压缩的圆柱壳；(e) 含两个缺陷的圆柱壳的平衡分支

作为一个方面，我们指出当梁十分笔直的时候，数值结果一般保持在路径 AC 上，如图 6.7(b)所示。即使当荷载超出屈曲荷载时横向位移仍然是零。如果不相信这点，可以尝试一下。在模拟中，在增量静态求解或者动态求解中，无论应用显式还是隐式积分方法，一根笔直的梁一般不发生屈曲。仅当舍入误差引起"数值缺陷"或者数据中引入缺陷时，才会导致笔直梁在模拟中屈曲。也就是说需要有缺陷才能破坏对称性。

在系统的稳定性分析中，通常考虑**平衡状态**的稳定。一个状态稳定的概念与一个过程的稳定多少有所不同。通过检验是否应用于平衡状态的扰动增长，确定一个平衡状态的稳定性。其结果不如过程平衡的概念直观。例如，如果我们考虑图 6.9 中的梁，则可以看出，平衡状态的任何扰动在分支 AB 和 BD 上不增长。换句话说，这些分支上的任意平衡状态是稳定的。这将在例 6.4 中说明。另一方面，在分支 BC 上平衡结果的任何扰动可以看到增长，即它是不稳定的。在 B 点上，分支 AC 从稳定变为不稳定，称这一点为**临界点**，或者是**屈曲点**。

这种方法也应用于研究在管中液体流动的稳定性。当流速低于临界雷诺(Reynolds)数时，流动是稳定的，流动的扰动导致小的变化。另一方面，当流速超过临界雷诺数时，由于流动从层流变为湍流，小的扰动将导致大的改变。因此，高于临界雷诺数的流动是不稳定的。

在动力学引论教材中，经常给出的稳定和不稳定的例子如图 6.8 所示。很明显，状态(a)是稳定的，因为球的位置的小扰动将不能显著地改变系统的状态。状态(b)是不稳定的，因为任何一个小扰动将导致很大的变化：球可能向左或向右方向滚动。在教材中，状态(c)通常称为中性稳定。根据定义(6.5.1)，状态(c)是不稳定的，因为速度的小变化将导致位置在长时间内的很大变化，尽管它们的变化不像状态(b)那样大。因此，在动力学引论教材中给出的稳定性定义，与本书中给出的定义不完全符合。

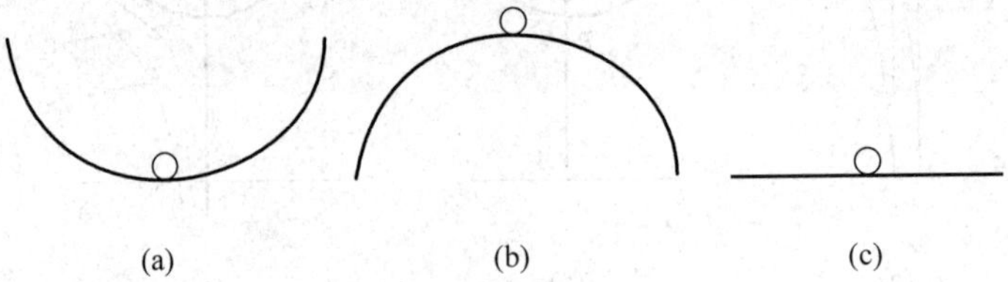

图 6.8 对于球面的稳定条件

(a) 稳定；(b) 不稳定；(c) 中性稳定

6.5.2 平衡解答的分支 为了更好地理解一个系统，必须确定它的平衡路径或者分支，以及它们的稳定性。结构力学研究者已有广泛的共识，通过直接获得动态解答可以回避与不稳定行为相关的困难。当结构加载超过它的临界点，或者在动态模拟中的分支点时，结构动态地通过了最接近的稳定分支。然而，不稳定是不容易出现的，并且缺陷敏感性的可能性也是不清晰的。因此，为了理解结构的行为或者整个过程，必须小心地检查它的平衡行为。许多结构行为的奇怪表现可能被动态模拟掩盖了。例如，在承受轴向荷载的圆柱壳中，交叉分支是反对称的，如图 6.7(e)所示。一个具有反对称分支的系统对于缺陷是非常敏感的。在图 6.7(e)中，从最大变化可以看到，最大荷载随着缺陷变化。一个完好结构的理论分岔点不是强度的真正度量，实际结构可以在一个远远低于理论值的荷载下屈曲，因为在实际结构中的缺陷是不可避免的。一个单一数值的模拟可能完全遗漏了这一敏感性。Koiter 分析了关于柱壳缺陷的敏感性，这成为了缺陷敏感性的典型例题。为了明确这种行为，必须了解平衡分支。

作为研究系统平衡行为的第一步,必须参数化荷载和任何其他感兴趣的参数,如温度。到目前为止,我们通过时间 t 已经将荷载参数化了,在许多实际问题中这是很方便的。然而,在平衡问题的研究中,一个单一参数总是不够的。现在我们将借助于 n_γ 对荷载参数 γ_a 参数化,因此,荷载由 $\gamma_a q_a$ 给出,这里 q_a 表示荷载分布。我们继续约定重复指标是在区域内求和,在这里指 n_γ。

为了达到确定非线性系统性质的目的,通常将平衡解答分成若干分支,当一个参数变化时,它是连续地线性描述系统的响应。称这些分支为**平衡分支**。我们关注的是追踪模型的平衡分支作为参数 γ_a 的函数。这个问题则是寻找 $\boldsymbol{d}(\gamma_a)$,使得残数为零(即系统是处于平衡的):

$$\boldsymbol{r}(\boldsymbol{d}(\gamma_a)) = \boldsymbol{0} \tag{6.5.3}$$

非线性系统显示了三种分岔行为:

1. 转折点,在结构分析中通常称为临界点,在这些点上分支的斜率改变符号。
2. 静止分岔,通常称为简单分岔,在这些点上两个平衡分支交叉。
3. Hopf 分岔,在这些点上平衡分支与一个周期运动的分支交叉。

可以从图 6.9 中看到,浅桁架的行为展示了一个转折点(或者临界点),点 A 和 B 是转折点。在转折点之后,一个分支可以是稳定的或者是不稳定的。在这种情况下,在例 6.4 的分析中将会看到,第一个转折点 A 后面的分支是不稳定的,而第二个转折点 B 后面的分支是稳定的。

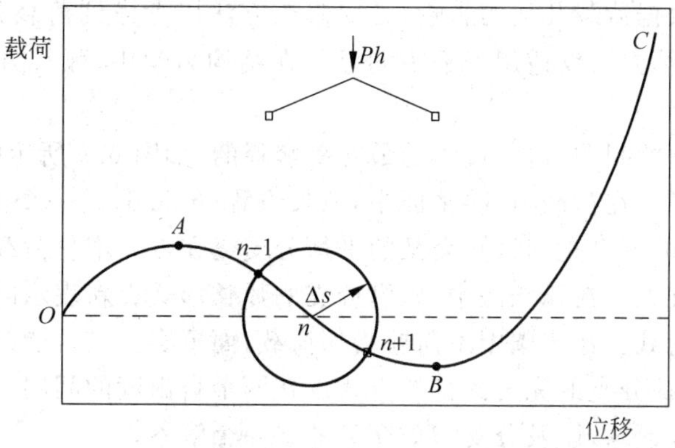

图 6.9 弧长法:下一个结果是平衡分支与上一个结果圆的交叉

在图 6.7(a)中显示的梁问题是分岔的一个典型例题。两个分支的交叉点 B 是分岔点。在分岔点后,基本分支的继续部分 BC 成为不稳定的。分岔点 B 对应于 Euler 梁的屈曲荷载。这种类型的分支通常称为音叉。

Hopf 分岔在率无关结构中是不常见的。它们发生在率相关材料或者主动控制的问题。在 Hopf 分岔中,在一个分支的终点不可能得到稳定平衡的结果。代之是这个平衡分支分成两个分支,其结果对时间是周期性变化的。

6.5.3 连续方法和弧长法 跟踪平衡分支的方法称为**连续方法**。平衡分支的跟踪是相当困难的,对于连续性,仍然没有实现强健的和自动化的过程。下面,我们描述基于参数化的连续方法,如弧长法。为了激发这一讨论,我们首先描述如何应用荷载参数跟踪分支。

在跟踪分支时，荷载参数通常从零开始并逐渐增加。对于参数 γ 的每一个增量，计算平衡解答，即我们找到关于方程

$$\boldsymbol{r}(\boldsymbol{d}^{n+1},\gamma^{n+1})=0 \quad \text{或者} \quad \boldsymbol{f}^{\text{int}}(\boldsymbol{d}^{n+1})-\gamma^{n+1}\boldsymbol{f}^{\text{ext}}=0 \tag{6.5.4}$$

的解 $\boldsymbol{d}^{n+1}$。这里 n 是步数；$\boldsymbol{f}^{\text{ext}}$ 是荷载分布。

在弧长法中，除了逐渐增加荷载参数 γ 之外，在位移-荷载参数空间中的弧长度量也需要逐渐增加，这是通过在平衡方程中增加参量化方程实现的：

$$p(\boldsymbol{d}^{n+1},\gamma^{n+1})=0 \tag{6.5.5}$$

在弧长法中，参数化方程为

$$p(\boldsymbol{d},\gamma)=(\boldsymbol{d}^{n+1}-\boldsymbol{d}^{n})^{\mathrm{T}}(\boldsymbol{d}^{n+1}-\boldsymbol{d}^{n})+\alpha\Delta\gamma^{2}-\Delta s^{2}=0,\quad \Delta\gamma=\gamma^{n+1}-\gamma^{n} \tag{6.5.6}$$

式中 Δs 是在步骤中弧长被横切的近似值；α 是比例因数。一个可能的比例因数与材料刚度矩阵的对角线单元有关，即

$$\alpha^{-1}=\frac{1}{n_{\text{dof}}}\sum_{a}K_{aa}^{\text{mat}}$$

可以产生许多其他类型的参数化方程。方程的整个系统则包括平衡方程和参数化方程：

$$\begin{Bmatrix}\boldsymbol{r}(\boldsymbol{d}^{n+1},\gamma^{n+1})\\ p(\boldsymbol{d}^{n+1},\gamma^{n+1})\end{Bmatrix}=\begin{Bmatrix}\boldsymbol{f}^{\text{int}}-\gamma\boldsymbol{f}^{\text{ext}}\\ p(\boldsymbol{d}^{n+1},\gamma^{n+1})\end{Bmatrix}=\begin{Bmatrix}\boldsymbol{0}\\ 0\end{Bmatrix} \tag{6.5.7}$$

这样，我们现在有了一个附加的方程和一个附加的未知数 γ^{n+1}。逐渐增加弧长 s，代替荷载参数 γ^{n+1}。我们假设节点外部荷载的分布不随模型的变形而改变，当荷载因子是从属荷载的系数时，如压力，根据荷载几何的影响，必须修改方法以考虑到荷载分布的变化。上述不包括惯性项，因为连续方法仅适用于平衡问题。在结构力学中，弧长方法经常称为 Riks 方法(Riks，1972)。

对于一个自由度的问题，这一过程是最容易解释的，如图 6.9 所示的浅桁架。我们假设在点 n 得到平衡解答。在荷载-位移平面中，弧长方程(6.5.6)是一个围绕点 n 的圆。下一个参数方程(6.5.7)的解答是与该圆交叉的平衡分支。在点 n 增量荷载参数是无效的，因为它将我们带回到分支上。在弧长法中，以沿分支的弧长形式重新表示问题，因此一个分支可能跟随一个下降的荷载。在步骤中不需要增加荷载，而事实上它可能是下降的，而仅需要增加弧长参数，这是跟踪分支的完美的自然方式。在两个自由度的问题中，弧长方程可以围绕平衡点定义一个球面或球，以及分支与球交叉的下一个解答。

于是，关于对称桁架的参数方程可以设置如下。找到如下方程的一个解答：

$$r(d^{n+1},\gamma^{n+1})=0 \tag{6.5.8}$$

根据

$$\alpha(\gamma^{n+1}(s)-\gamma^{n})^{2}+(d^{n+1}(s)-d^{n})^{2}-\Delta s^{2}=0 \tag{6.5.9}$$

在上面的方程中，d 是竖向位移；γ 是对应的残数。我们假设水平位移为零。另外，我们可以将上述方程以位移和荷载参数增量的形式写出。找到如下方程的一个解答：

$$\text{根据}\ r=0 \quad \text{得到} \quad \alpha\Delta\gamma^{2}+(\Delta d)^{2}=\Delta s^{2} \tag{6.5.10}$$

因此，含一个未知数的一组原始离散方程可以通过一个方程扩展，并增加一个未知数 γ。方程的解答可以通过我们已经描述的标准 Newton 方法得到，设

$$\delta\boldsymbol{d}=\boldsymbol{d}_{\nu+1}^{n+1}-\boldsymbol{d}_{\nu}^{n+1}=\boldsymbol{d}_{\text{new}}-\boldsymbol{d}_{\text{old}}$$

$$\delta\gamma=\gamma_{\nu+1}^{n+1}-\gamma_{\nu}^{n+1}=\gamma_{\text{new}}-\gamma_{\text{old}}$$

注意到在迭代中应用 δ 表示变量的变化，在这里它并不代表一个变量。引入这个符号，这样在弧长方程中我们可以应用标记 $\Delta\boldsymbol{d}$。Newton 方法的线性化方程组为

$$\begin{bmatrix} \partial \boldsymbol{r}/\partial \boldsymbol{d} & \partial \boldsymbol{r}/\partial \gamma \\ \partial p/\partial \boldsymbol{d} & \partial p/\partial \gamma \end{bmatrix} \begin{Bmatrix} \delta \boldsymbol{d} \\ \delta \gamma \end{Bmatrix} = \begin{Bmatrix} -\boldsymbol{r}_v \\ -p_v \end{Bmatrix} \tag{6.5.11}$$

应用节点力导数的定义(6.3.15)～(6.3.16)，由公式(6.5.4)，$\boldsymbol{r}_{,\gamma} = -\boldsymbol{f}^{\text{ext}}$，以及弧长方程(6.5.6)，得到

$$\begin{bmatrix} \boldsymbol{K}^{\text{int}} - \gamma \boldsymbol{K}^{\text{ext}} & -\boldsymbol{f}^{\text{ext}} \\ 2\Delta \boldsymbol{d}^{\text{T}} & 2\alpha \Delta \gamma \end{bmatrix} \begin{Bmatrix} \delta \boldsymbol{d} \\ \delta \gamma \end{Bmatrix} = \begin{Bmatrix} -\boldsymbol{r}_v \\ -p_v \end{Bmatrix} \tag{6.5.12}$$

可以看到，上述方程是不对称的，因此，需要分别求解参数化方程。这种解决大型问题的优越性是值得考虑的。但它也遇到了困难，因为扩展系统有两组结果(在图 6.9 中的 $n-1$ 点和 $n+1$ 点)，并且不希望重新跟踪路径而得到正确的结果。正确的结果通常是 $\delta \boldsymbol{d}^{\text{T}}(\boldsymbol{d}^n - \boldsymbol{d}^{n-1})$ 的一个最大值，即相同方向上前一步的解答。在上面的方程中，通过应用矩阵 $\boldsymbol{\gamma}$ 替换标量参数 γ，可以将上面过程扩展到多荷载参数。

6.5.4 线性稳定性 检验一个平衡解答的稳定性，最广泛应用的方法是线性稳定性分析。在这一过程中，对平衡状态摄动以获得动态解答。假设为小摄动，因此动态方程是线性的，即应用**线性化模型**。如果动态解答增长，则平衡解答称为**线性失稳**，否则它是**线性稳定**的。在大多数情况下，没有必要真正地对时间进行积分得到结果，以确定线性稳定性，而是可以从线性化系统的特征值中确定，如下面所述。

考虑与参数化荷载 $\gamma \boldsymbol{f}^{\text{ext}}$ 有关的一个率无关系统的平衡点 $\boldsymbol{d}^{\text{eq}}$。关于平衡结果 $\boldsymbol{f} = \boldsymbol{f}^{\text{int}} - \boldsymbol{f}^{\text{ext}}$ 的 Taylor 级数展开为

$$\boldsymbol{f}(\boldsymbol{d}^{\text{eq}} + \tilde{\boldsymbol{d}}) = \boldsymbol{f}(\boldsymbol{d}^{\text{eq}}) + \frac{\partial \boldsymbol{f}(\boldsymbol{d}^{\text{eq}})}{\partial \boldsymbol{d}} \tilde{\boldsymbol{d}} + \text{高阶项} \tag{6.5.13}$$

式中 $\tilde{\boldsymbol{d}}$ 是平衡解答的摄动。因为 $\boldsymbol{d}^{\text{eq}}$ 是平衡解答，所以在右侧的第一项为零。从公式(6.3.17)～(6.3.19)我们可以看出，第二项可以线性化如下：

$$\frac{\partial \boldsymbol{f}(\boldsymbol{d}^{\text{eq}})}{\partial \boldsymbol{d}} = \boldsymbol{K}^{\text{ext}}(\boldsymbol{d}^{\text{eq}}) - \boldsymbol{K}^{\text{int}}(\boldsymbol{d}^{\text{eq}}) \equiv -\tilde{\boldsymbol{A}}(\boldsymbol{d}^{\text{eq}}) \tag{6.5.14}$$

式中 $\tilde{\boldsymbol{A}}$ 为前面定义的节点力的 Jacobian。注意到质量矩阵不包括在 Jacobian 矩阵 $\tilde{\boldsymbol{A}}$ 中。我们现在将惯性力增加到系统中。由于质量矩阵不随位移而变化，因此对于平衡点的小摄动，我们可以写出运动方程：

$$\boldsymbol{M} \frac{\mathrm{d}^2 \tilde{\boldsymbol{d}}}{\mathrm{d}t^2} + \tilde{\boldsymbol{A}} \tilde{\boldsymbol{d}} = 0 \tag{6.5.15}$$

上述方程是关于 $\tilde{\boldsymbol{d}}$ 的一组线性常微分方程。由于此类线性常微分方程的解答为指数形式，因此我们假设解答的形式为

$$\tilde{\boldsymbol{d}} = \boldsymbol{y} e^{\mu t} \quad \text{或} \quad \tilde{d}_a = y_a e^{\mu t} \tag{6.5.16}$$

将上式代入式(6.5.15)中，得到

$$(\tilde{\boldsymbol{A}} + \mu^2 \boldsymbol{M}) \boldsymbol{y} e^{\mu t} = 0 \tag{6.5.17}$$

可以通过特征值问题得到系统的特征值 μ_i：

$$\tilde{\boldsymbol{A}} \boldsymbol{y}_i = \lambda_i \boldsymbol{M} \boldsymbol{y}_i \quad \text{这里} \quad \lambda_i = -\mu_i^2 \tag{6.5.18}$$

并且 λ_i 是特征值，$i = 1 \sim n$；$\boldsymbol{y}_i$ 是对应的特征向量。

系统的线性稳定性由特征值的平方根性质决定，$\mu_i = \sqrt{-\lambda_i}$，通常是一个复数。如果 μ_i 的实部是正的，结果将增加，即

$$\text{如果对于任意的 } i\text{，实部}(\mu_i) > 0\text{，则平衡点是线性不稳定的} \tag{6.5.19}$$

另一方面，如果所有特征值的实部是负值，那么关于平衡点的线性化解答将不增长，因此我们说

$$\text{如果对于所有的 } i\text{，实部}(\mu_i) < 0\text{，则平衡点是线性稳定的} \tag{6.5.20}$$

如果上面取等号，则对应于中性稳定。

在一个分支上从稳定到不稳定或者从不稳定到稳定的平衡点称为临界点。在一个临界点上，至少特征值中的一个必须为零，因此 $\tilde{\boldsymbol{A}}$ 的行列式为零。

6.5.5 对称系统 对于具有对称性 Jacobian 的系统，通过检查 Jacobian 矩阵的正定性，可以确定一个平衡点的稳定性。在没有从属荷载的情况下，线性化方程组(6.4.15)常常是对称的。对于 Lagrangian 连续网格，质量矩阵 $\boldsymbol{M}$ 总是对称的。在第 6.4.4 节中已经讨论了切线刚度对称的条件。

如果线性化方程组是对称的，特征值必须是实数。由于质量矩阵 $\boldsymbol{M}$ 是正定的，如果矩阵 $\tilde{\boldsymbol{A}}$ 也是正定的，则对于一个对称系统，公式(6.5.18)的特征值 λ_i 必须是正的，特征值 μ_i 则严格是虚数，而没有实部，因此由公式(6.5.20)，系统是稳定的。

另一方面，当 $\tilde{\boldsymbol{A}}$ 不是正定时，则至少特征值 λ_i 中存在一个负值，相对应的 μ_i 中有一个是正实数。所以，由公式(6.5.19)，系统是不稳定的。因此，对于具有对称性 Jacobian 的一个系统，**当且仅当节点力的 Jacobian 是正定时，平衡点是线性稳定的**。因此对有对称 Jacobian 的系统，通过简单地检验 Jacobian 的特征值，可以检验稳定性：如果它是正的，Jacobian 是正定的，并且系统是稳定的。在临界点，当平衡分支从稳定变成不稳定时，特征值中的一个必须为零(由于至少有一个特征值从正值变为负值)。在临界点，$\tilde{\boldsymbol{A}}$ 的行列式值也将为零，因为它是特征值的乘积。

6.5.6 保守系统 如果系统是保守的，即如果应力和荷载可以从势能中导出，从势函数的性质可以确定平衡点的稳定性。注意到对于一个保守系统，矩阵 $\tilde{\boldsymbol{A}}$ 是对称的，并且对应于势能的 Hessian，即由公式(6.3.29)，$\tilde{A}_{ab} = \partial^2 W / \partial d_a \partial d_b$。回顾一个平衡解答是势能的驻值点。$\tilde{\boldsymbol{A}}$ 的正定性隐含着

$$\Delta d_a \frac{\partial^2 W(\boldsymbol{d}^{\mathrm{eq}})}{\partial d_a \partial d_b} \Delta d_b = \tilde{\boldsymbol{A}}_{ab}(\boldsymbol{d}^{\mathrm{eq}}) \Delta d_a \Delta d_b = \Delta \boldsymbol{d}^{\mathrm{T}} \tilde{\boldsymbol{A}} \Delta \boldsymbol{d} > 0 \quad \forall \Delta \boldsymbol{d} \neq 0 \tag{6.5.21}$$

注意到对于局部最小化的条件等价于正定性的定义。因此，在任何稳定平衡解答中，Hessian 矩阵是正定的。

满足上述条件的任何平衡解答 $\boldsymbol{d}^{\mathrm{eq}}$ 一定是线性稳定的。另一方面，如果存在一个 $\Delta \boldsymbol{d}$ 不满足上述不等式，那么平衡解答一定是在鞍点或者是局部最大值，并且平衡解答不是线性稳定的。所以，不对应于势能局部最小值的任何平衡解答都是不稳定的。

6.5.7 关于线性稳定性分析的评价 从工程角度来看，由线性稳定性分析提供的信息是不能确信的。因为，在平衡求解的邻近区域，线性稳定性分析假设响应是线性的，摄动必须足够小以便可以通过一个线性模型预见响应。平衡解答的线性稳定性不可能预防一个物理地实际摄动的增长的可能性。在平衡解答的附近，如果系统是高度非线性的，系统的中等摄动可能导致不稳定的增长。线性稳定性分析仅仅揭示了如何通过系统行为的线性化获得

系统的性质。尽管如此，它提供了在系统工程和科学分析中有用的信息。

路径相关材料的线性稳定性分析显示了特殊的难度，因为切线矩阵没有描述系统直到卸载的行为。这导致了**弹性比较**材料的概念，其加载和卸载的行为一致。在这些材料中，切线矩阵基于塑性模量，并且忽略了卸载。这些模型有时候低估了分岔荷载，但是通常提供了非常好的估计值。

6.5.8 临界点的估计 当平衡路径通过连续方法生成的时候，通常希望估计到其分叉点。感兴趣的是已经通过的或者是即将到来的分叉点。通过检查 Jacobian 行列式改变符号的时间，确定是否已经通过了分叉点，尽管检验是没有结论的，因为 Jacobian 有时在分叉点处并不改变符号。在 Jacobian 行列式中符号的改变是特征值符号变化的标志。在临界点，Jacobian 行列式为零和通常改变符号，但它并不总是改变符号：当两个特征值在一个分叉点同时改变符号时，Jacobian 行列式并不改变符号。因此，行列式检验是不能令人确信的。

通过特征值问题，也可以估计临界点。为此目的，我们假设 Jacobian $\tilde{\boldsymbol{A}}$ 是当前状态 n 和前一个状态 $n-1$ 之间的线性函数：

$$\tilde{\boldsymbol{A}}(\boldsymbol{d},\gamma)=(1-\xi)\tilde{\boldsymbol{A}}(\boldsymbol{d}^{n-1},\gamma^{n-1})+\xi\tilde{\boldsymbol{A}}(\boldsymbol{d}^{n},\gamma^{n})\equiv(1-\xi)\tilde{\boldsymbol{A}}^{n-1}+\xi\tilde{\boldsymbol{A}}^{n} \tag{6.5.22}$$

类似地，荷载因数插值为

$$\gamma=(1-\xi)\gamma^{n-1}+\xi\gamma^{n} \tag{6.5.23}$$

在临界点，Jacobian $\tilde{\boldsymbol{A}}$ 的行列式为零：$\det\tilde{\boldsymbol{A}}(\boldsymbol{d},\gamma_{\text{crit}})=0$。由于含有零行列式的系统具有非平凡齐次解答，故存在一个 ξ 和 $\boldsymbol{y}$，使得

$$\tilde{\boldsymbol{A}}(\boldsymbol{d},\gamma_{\text{crit}})\boldsymbol{y}=(1-\xi)\tilde{\boldsymbol{A}}^{n-1}\boldsymbol{y}+\xi\tilde{\boldsymbol{A}}^{n}\boldsymbol{y}=0 \tag{6.5.24}$$

通过重新安排各项，可以得到广义特征值问题的标准形式：

$$\tilde{\boldsymbol{A}}^{n-1}\boldsymbol{y}=\xi(\tilde{\boldsymbol{A}}^{n-1}-\tilde{\boldsymbol{A}}^{n})\boldsymbol{y} \tag{6.5.25}$$

上述特征值问题的另一种形式为

$$\tilde{\boldsymbol{A}}^{n}\boldsymbol{y}=\mu\tilde{\boldsymbol{A}}^{n-1}\boldsymbol{y}\quad \text{这里}\quad \mu=\frac{\xi-1}{\xi},\ \xi=\frac{1}{1-\mu} \tag{6.5.26}$$

它在数值上更具有强健性，因为它不包括可能几乎相等的数值之间的差。

确定靠近临界点的位置则包括如下过程。存储上一步的 Jacobian，并且采用当前的 Jacobian，通过公式(6.5.25)或者式(6.5.26)得到特征值 ξ。我们感兴趣的是绝对值最小的特征值。当 $\xi>1$ 时，估计的临界点是在沿着分支的前面；当 $0\leqslant\xi\leqslant1$ 时，估计的临界点是在点 $n-1$ 和 n 之间；当 $\xi<0$ 时，估计的临界点是在平衡点 $n-1$ 的后面。在后一种情况下，当前的平衡点 $n-1$ 和/或 n 可能是不稳定的。

上面是临界点的估计过程。为了获得临界荷载的精确值，应用迭代过程。例如，可以应用由公式(6.5.25)估计的临界点作为状态之一和重复这些过程。同时，必须采用 Jacobian 行列式的更高阶插值以指导搜索，应用类似于线性搜索的过程。

6.5.9 临界点的初始估计 对于采用线性材料没有从属荷载的问题，在一个单一加载步后常常可以精确地估计临界点，经常称为屈曲荷载。这种估计基于如下的假设和论据：

1. 如果从初始构形到临界点构形的位移很小，则对于弹性材料的材料切线刚度矩阵没有明显改变。
2. 应力与荷载成比例，因此几何刚度线性地依赖于荷载参数（回顾如果位移是很小的，

则在应力中的几何刚度是线性的，可以从例6.2和例6.3中的几何刚度看到)。

3. 在没有从属荷载的情况下，荷载是独立于位移的，因此荷载刚度为零。

在这个过程中，一个单一荷载步取 $\gamma^1 \boldsymbol{f}^{\text{ext}}$，这里的上角标是步数。在该点上的Jacobian为

$$\boldsymbol{A}^1 = \boldsymbol{K}_{\text{mat}}^0 + \boldsymbol{K}_{\text{geo}}(\gamma^1) \tag{6.5.27}$$

式中 $\boldsymbol{K}_{\text{geo}}(\gamma^1)$ 是与荷载 $\gamma^1 \boldsymbol{f}^{\text{ext}}$ 相关的几何刚度。由于假设初始应力为零，则在初始构形上的Jacobian为

$$\boldsymbol{A}^0 = \boldsymbol{K}_{\text{mat}}^0 \tag{6.5.28}$$

将上式代入公式(6.5.25)并取 $n=1$，给出

$$\boldsymbol{K}^{\text{mat}} \boldsymbol{y} = -\xi \boldsymbol{K}_{\text{geo}}(\gamma^1) \boldsymbol{y} \tag{6.5.29}$$

则临界荷载为

$$\gamma_{\text{crit}} = \xi \gamma^1 \tag{6.5.30}$$

对于结构的屈曲荷载，这一公式一般在矩阵结构力学教材中给出。注意到它的假设，结构的几何随着荷载的增加几乎没有改变，因此几何刚度的第一次估计足以满足外推Jacobian到临界点。对于分岔点而言这一方法比对于临界点更为有效，因为在到达临界点之前，几何刚度通常有明显的改变。

在过去的40年里，稳定性是一个丰富的领域，伴随着许多令人振奋的聪明的发展。最值得注意的是突然失效理论和动态系统理论。在突然失效理论中，它证明了在一个具有势能的四自由度系统中，只可能有七种转折点。动态系统涵盖的主题有混沌、分形、吸引和排斥等。这些题目超出了本书的范围。

例6.4 具有稳定和不稳定路径问题的一个简单例子是通过转折点连接的浅桁架，如图6.10所示。单元的初始横截面面积为 A_0，两个单元的初始长度为 l_0，由 $l_0^2=a^2+b^2$ 给出。竖向荷载 p 施加在图示节点1上。由于这是唯一的荷载，我们设 p 为荷载参数。材料服从Kirchhoff法则，$S_{11}=E^{SE}E_{11}$，这里 E^{SE} 在框5.1中给出。因为系统是保守的，通过寻找势能的驻值点，我们将确定平衡路径。通过线性稳定性分析，将检验分支的稳定性。

通过中心节点的当前竖向坐标 y_1 描述桁架的变形，与以位移形式的方程相比，它导致了简单的方程。势能(E4.12.3)为

$$W = W^{\text{int}} - W^{\text{ext}}, \quad W^{\text{int}} = \frac{1}{2}\sum_{e=1}^{2}\int_{\Omega_0^e} E^{SE}\hat{E}_{11}^2 \,\mathrm{d}\Omega, \quad W^{\text{ext}} = p(b+y_1) \tag{E6.4.1}$$

由公式(E3.9.9)可以非常容易地计算两个单元的Green应变：

$$\hat{E}_{11} = \frac{1}{2}\frac{(l^2-l_0^2)}{l_0^2} = \frac{(a^2+y_1^2-a^2-b^2)}{2(a^2+b^2)} = \frac{y_1^2-b^2}{2(a^2+b^2)} \tag{E6.4.2}$$

因此两个单元的内能为

$$W^{\text{int}} = k(y_1^2-b^2)^2 \quad 式中 \quad k = \frac{E^{SE}A_0}{4l_0^3} \tag{E6.4.3}$$

组合上式和外力势能得到整体势能为

$$W = W^{\text{int}} - W^{\text{ext}} = k(y_1^2-b^2)^2 - p(b+y_1) \tag{E6.4.4}$$

通过应用势能驻值原理得到平衡方程。令上式的导数为零，得到

$$0 = \frac{\mathrm{d}W}{\mathrm{d}y_1} = 4ky_1(y_1^2-b^2) - p \tag{E6.4.5}$$

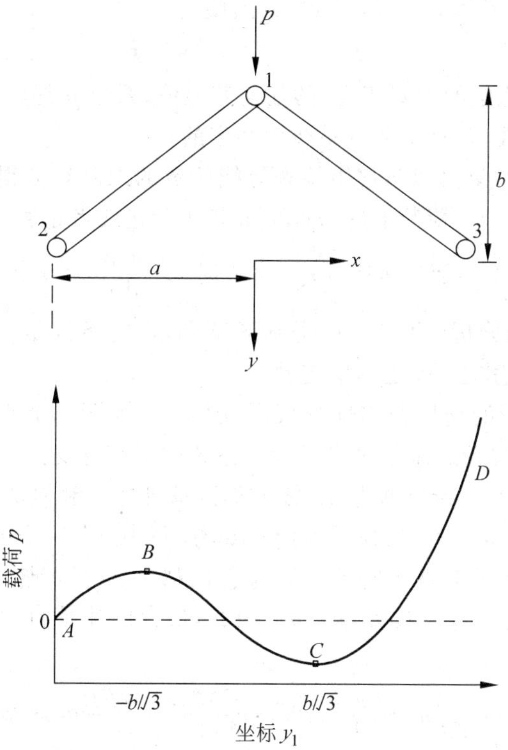

图 6.10 浅桁架例子的分叉和转折点

节点力是中心点竖向位置的三次函数。平衡分支在图 6.10 中显示。这里有两个转折点 B 和 C，在结构力学中称为临界点，有三个分支，分别由 AB，BC 和 CD 表示。

通过求解关于状态 y_1 的摄动的和线性化的运动方程，我们可以检查分支的稳定性。通常应用切线刚度矩阵获得线性化方程，但是在本例中，只是更简单地对节点力求导数。令节点 1 的位置为 y_1，按照公式(E6.4.5) 以 y_1 的形式给出荷载 $f_{y_1}^{\text{ext}}=p$。摄动解答为

$$y_1(t)=\bar{y}_1+\tilde{y}_1(t) \quad \text{式中} \quad \tilde{y}_1(t)=\varepsilon\, e^{\mu t} \tag{E6.4.6}$$

式中 ε 是一个小参数。运动方程为

$$0=M\frac{\mathrm{d}^2 y_1}{\mathrm{d}t^2}+f_{y_1}^{\text{int}}-f_{y_1}^{\text{ext}}=M\frac{\mathrm{d}^2\tilde{y}_1}{\mathrm{d}t^2}+4ky_1(y_1^2-b^2)-p \tag{E6.4.7}$$

式中 M 是节点的质量。应用公式(E6.4.6)，我们用 $\mathrm{d}^2\tilde{y}_1/\mathrm{d}t^2$ 替换了 $\mathrm{d}^2 y_1/\mathrm{d}t^2$。

将公式(E6.4.6)代入式(E6.4.7)中，给出

$$M\frac{\mathrm{d}^2\tilde{y}_1}{\mathrm{d}t^2}+4k(\bar{y}_1+\tilde{y}_1)((\bar{y}_1+\tilde{y}_1)^2-b^2)-p=0 \tag{E6.4.8}$$

展开上述方程，并舍弃在 $\tilde{y}_1$ 中高于线性项的高阶项，得到摄动的运动方程：

$$M\frac{\mathrm{d}^2\tilde{y}_1}{\mathrm{d}t^2}+4k[\bar{y}_1(\bar{y}_1^2-b^2)+\tilde{y}_1(3\bar{y}_1^2-b^2)]-p=0 \tag{E6.4.9}$$

由于 y_1 是平衡状态(见式(E6.4.5))，荷载 p 抵消了上式括号中的第一项，因此运动方程成为

$$M\frac{\mathrm{d}^2\tilde{y}_1}{\mathrm{d}t^2}+4k\tilde{y}_1(3\bar{y}_1^2-b^2)=0 \tag{E6.4.10}$$

将公式(E6.4.6)代入上式，得到 $\mu=\pm\mathrm{i}(3\bar{y}_1^2-b^2)^{1/2}$。对于 $3\bar{y}_1^2-b^2<0$，公式(E6.4.6) 中的

参数 μ 是实数且为正，于是摄动解答将增长。因此由

$$-b/\sqrt{3} < \bar{y}_1 < b/\sqrt{3} \tag{E6.4.11}$$

所定义的分支 BC 是不稳定的。对于 $\bar{y}_1$ 的任何其他值，系数 μ 是虚数，因此，摄动解答是具有常数幅值 ε 的调和函数，并且平衡点是线性稳定的。

上述稳定性分析的结果可以直接由检查势能函数的二阶导数得到，公式(E6.4.5)给出了 $\mathrm{d}^2W/\mathrm{d}y_1^2=4k(3y_1^2-b^2)$。检验上述 Jacobian 是否为正或者是否不能导致

$$\frac{\mathrm{d}^2W}{\mathrm{d}y_1^2}<0 \quad \text{当} -b<\sqrt{3}\,y_1<b\text{ 时，}\quad \frac{\mathrm{d}^2W}{\mathrm{d}y_1^2}\geqslant 0\text{ 其他情况} \tag{E6.4.12}$$

因此，对于其他通过摄动分析(E6.4.11)得到的结果，稳定条件是一致的。总之，平衡分支 AB 和 CD 是稳定的，而分支 BC 是不稳定的。

例 6.5　考虑梁单元的线性稳定性分析，如图 6.11 所示。节点 2 是夹支，节点 1 可以自由转动并且沿 x 方向移动。求解平衡方程和系统的平衡分支。

这个问题的参数是 Young's 模量 E、横截面的惯性矩 I 和梁的原始长度 l_0。通过采用一个线性轴向位移场和一个三次横向位移场，梁应用一个单元建模。未知量是 $\boldsymbol{d}^{\mathrm{T}}=[u_x \quad u_y \quad \theta]$，式中 θ 是节点的转动。因为它们都是参考节点 1，故省略了节点的下角标。位移边界条件是 $u_{x2}=u_{y2}=\theta_2=u_{y1}=0$。因此，仅存的非零自由度是 $u_{x1}\equiv u_1$ 和 θ_1。梁的势能为

$$W=\frac{EA}{2l}u_1^2-\frac{EA}{15}u_1\theta_1^2+\frac{EAl}{140}\theta_1^4+\frac{2EI}{l}\theta_1^2-pu_1 \tag{E6.5.1}$$

通过取势能对 u_1 和 θ_1 的导数，得到平衡方程，分别服从

$$\frac{EA}{l}u_1-\frac{EA}{15}\theta_1^2=p \tag{E6.5.2}$$

$$\left(\frac{4EI}{l}-\frac{2EA}{15}u_1+\frac{EAl}{35}\theta_1^2\right)\theta_1=0 \tag{E6.5.3}$$

上面关于两个未知量的两个非线性代数方程组拥有两个分支：

$$\text{分支 1：}\quad \theta_1=0,\quad u_1=\frac{pl}{EA} \tag{E6.5.4}$$

$$\text{分支 2：}\quad u_1=\frac{3l}{14}\theta_1^2+\frac{30I}{Al} \tag{E6.5.5}$$

这两条曲线画在图 6.11 中。可以看到在 $u_1=30I/Al$ 处发生一个音叉分岔。通过将这一位移和 $\theta_1=0$ 代入公式(E6.5.2)，可以解出相应的荷载，为 $p_{\mathrm{crit}}=30EI/l^2$。

由于系统方程是对称的，因此任何平衡路径的稳定性可以由切线刚度的特征值检验。通过势能的二阶导数给出切线刚度为：

$$\boldsymbol{K}^{\tan}=\frac{\partial^2 W}{\partial\boldsymbol{d}\partial\boldsymbol{d}}=\begin{bmatrix}\dfrac{\partial^2W}{\partial u_1^2} & \dfrac{\partial^2W}{\partial u_1\partial\theta_1}\\[2ex] \dfrac{\partial^2W}{\partial\theta_1\partial u_1} & \dfrac{\partial^2W}{\partial\theta_1^2}\end{bmatrix}=\frac{EA}{l}\begin{bmatrix}1 & -\dfrac{2\theta_1 l}{15}\\[2ex] -\dfrac{2\theta_1 l}{15} & 4r-\dfrac{2}{15}lu_1+\dfrac{3}{35}l^2\theta_1^2\end{bmatrix} \tag{E6.5.6}$$

式中 $r=I/A$。如果 $\theta_1=0$，则有

$$\boldsymbol{K}^{\tan}=\frac{EA}{l}\begin{bmatrix}1 & 0\\ 0 & 4r-\dfrac{2}{15}lu_1\end{bmatrix} \tag{E6.5.7}$$

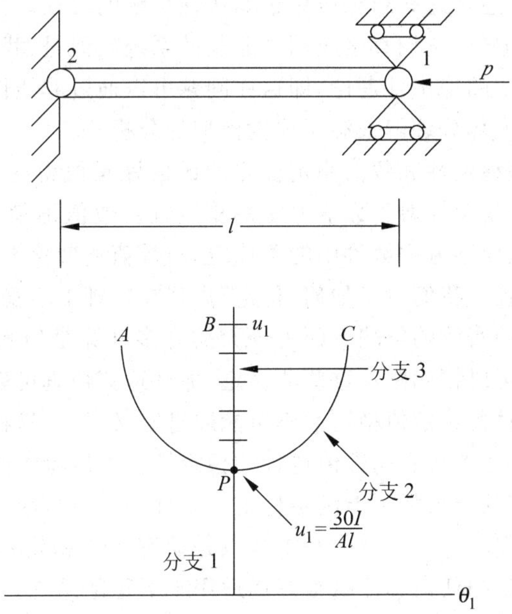

图 6.11 梁模型应用于稳定分析和平衡路径

当 $u_1 \leqslant 30I/Al$ 时,上面矩阵是正定的。当 $\theta_1 \neq 0$ 时,$\det(\boldsymbol{K}^{\tan}) = 62E^2A\theta_1^2/1575 > 0$。因此,当 $\theta_1 \neq 0$ 时,结构是稳定的。在分支 3 上,解答是不稳定的。

从例 6.4 中可以看到,从工程的角度上考虑,线性化稳定性分析是不能令人确信的。例如,如果 $y_1 = -0.99b$,试验表明平衡点是不稳定的。然而,当干扰该平衡点时,结构将位移 0.002 的距离,大多数工程师认为这不可能是不稳定的。基于系统的线性化性质,线性稳定性分析可以检验任何摄动是否增长,这些对于工程师的非稳定性的直觉观察,是不可能准确地确认的。

限制初始状态的摄动,也说明了它不能代表实际的物理过程,这里的缺陷产生于几何和材料性质中。在加载中摄动发生在全过程中。然而,正如 Thompson 和 Hunt (1984: 7)所述:"应用这一方法的唯一原因在于它使得问题容易被数学处理,并导致了有用的结果。"关于数学方法,我们想象不出更好的理由。

6.6 数值稳定性

6.6.1 定义和讨论 数值稳定性的定义类似于系统解答稳定性的定义(6.5.1)~(6.5.2)。在数值解答中,如果初始数据的小摄动只引起很小的变化,则数值过程是稳定的。更规范的表述是,如果

$$\| \boldsymbol{u}_A^n - \boldsymbol{u}_B^n \| \leqslant C\varepsilon \quad \forall n > 0 \quad \text{对于所有的 } \boldsymbol{u}_A^0 \text{ 有 } \| \boldsymbol{u}_A^0 - \boldsymbol{u}_B^0 \| \leqslant \varepsilon \tag{6.6.1}$$

则数值解答 $\boldsymbol{u}_A^n$ 是稳定的。在上式中 C 是一个任意的正常数。能够得到稳定数值解答的算法称为是稳定的。

对于时间积分器的数值稳定性的一般结果很大程度上基于线性系统的分析。通过检验非线性系统的线性化模型,这些结果可以外延到非线性系统。因此,我们首先建立线性系统

的稳定性理论。然后，描述将这些结果应用于非线性系统的过程。作为结论，我们将描述一些时间积分器的稳定性分析，它们直接应用于非线性系统。但是，我们强调在目前时期尚不存在可以包容非线性问题的稳定性理论，即这些问题可以通过非线性有限元方法编程求解，而我们对于稳定性的绝大部分理解来源于线性模型的分析。

在这点上，评论物理稳定性和数值稳定性之间的区别是值得的。物理稳定性属于模型的结果的稳定性，而数值稳定性属于数值方法的稳定性。数值不稳定产生于模型方程的离散化，而物理不稳定是在模型方程解答中的不稳定，与数值离散化无关。数值稳定性通常只检验物理上是稳定的过程。我们对于如何"稳定"表现在物理上不稳定过程的数值过程知之甚少。这一不足有重大的实质的影响。因为今天的许多计算是仿真物理的非稳定，如果我们不能保证我们的方法可以精确跟踪这些非稳定，那么这些仿真可能是值得怀疑的。

对于物理上不稳定过程的数值稳定性不可能通过定义(6.6.1)检验，即当应用于一个不稳定系统的时候，我们无法评价它的数值过程的稳定性。可以看到原因如下，如果一个系统是不稳定的，则对于系统的结果将不能满足稳定性条件(6.5.1)，因此，即便数值解答过程是稳定的，它将不能满足(6.6.1)。当今的基本观点是研究关于稳定系统的数值稳定性，然而希望对于稳定系统是稳定的任何算法将很好地适用于不稳定系统。

6.6.2　线性系统模型的稳定性：热传导　数值方法稳定性的大多数理论与线性和线性化系统有关。主要的概念是如果一种数值方法对于线性系统是不稳定的，那么它对于非线性系统也一定是不稳定的，因为线性系统是非线性系统的子集。幸运的是，上述说法反之成立：对于线性系统稳定的数值方法对于非线性系统的几乎所有情况，其结果也是稳定的。因此，线性系统数值过程的稳定性，对于它们在线性和非线性系统的行为提供了有用的指导。

为了开始我们关于数值过程稳定性的探索，并且特别是时间积分器的稳定性，我们首先考虑热传导方程：

$$\boldsymbol{M}\dot{\boldsymbol{u}} + \boldsymbol{K}\boldsymbol{u} = \boldsymbol{f} \tag{6.6.2}$$

式中 $\boldsymbol{M}$ 是电容矩阵；$\boldsymbol{K}$ 是电导矩阵；$\boldsymbol{f}$ 是荷载项；$\boldsymbol{u}$ 是节点温度矩阵。系统在起始点是闭合的，因为它是常微分方程的一阶系统；而运动方程是时间二阶的，它导致了分析的复杂性。

为了应用稳定性定义(6.6.1)，我们考虑相同系统的两种解答，应用相同的离散荷载函数，但是初始数据有微小的差别。我们将考虑时间积分过程的稳定性。对含有不均匀荷载项 $\boldsymbol{f}$ 的相同方程，两种解答都满足，即

$$\boldsymbol{M}\dot{\boldsymbol{u}}_A + \boldsymbol{K}\boldsymbol{u}_A = \boldsymbol{f} \qquad \boldsymbol{M}\dot{\boldsymbol{u}}_B + \boldsymbol{K}\boldsymbol{u}_B = \boldsymbol{f} \tag{6.6.3}$$

如果我们现在取两个方程的差，则得到

$$\boldsymbol{M}\dot{\boldsymbol{d}} + \boldsymbol{K}\boldsymbol{d} = \boldsymbol{0} \qquad \text{式中} \quad \boldsymbol{d} = \boldsymbol{u}_A - \boldsymbol{u}_B \tag{6.6.4}$$

根据公式(6.6.1)，稳定性要求 $\boldsymbol{d}(t)$ 不增长。

我们下面需要重新塑造半离散方程组(6.6.2)成为非耦合的方程组。为了这个目的，我们需要组合系统的特征向量。矩阵 $\boldsymbol{M}$ 是正定和对称的，而矩阵 $\boldsymbol{K}$ 是半正定和对称的。由于矩阵的对称性，组合特征问题的特征向量 $\boldsymbol{y}_I$

$$\boldsymbol{K}\boldsymbol{y}_I = \lambda_I \boldsymbol{M}\boldsymbol{y}_I \tag{6.6.5}$$

正交于矩阵 $\boldsymbol{M}$ 和 $\boldsymbol{K}$，而特征值 λ_I 是实数。正交性条件可以写成

$$\boldsymbol{y}_J^{\mathrm{T}}\boldsymbol{M}\boldsymbol{y}_I = \delta_{IJ}, \quad \boldsymbol{y}_J\boldsymbol{K}\boldsymbol{y}_I = \lambda_I\delta_{IJ} \quad (\text{对所有的 } I) \tag{6.6.6}$$

由于矩阵的半正定性，特征值是非负的。特征向量跨越空间 $R^{n_{\text{dof}}}$，所以任何向量 $\boldsymbol{d}\in R^{n_{\text{dof}}}$ 是这些特征向量的线性组合：

$$\boldsymbol{d}(t)=\eta_J(t)\boldsymbol{y}_J \tag{6.6.7}$$

将公式(6.6.7)代入式(6.6.4)，给出

$$\boldsymbol{M}\dot{\eta}_J\boldsymbol{y}_J+\boldsymbol{K}\eta_J\boldsymbol{y}_J=\boldsymbol{0} \tag{6.6.8}$$

左乘 $\boldsymbol{y}_K$ 并利用正交性条件(6.6.6)，给出一组非耦合的方程组：

$$\dot{\eta}_K+\lambda_K\eta_K=0,\quad K=1\text{ 到 }n_{\text{dof}}\quad(\text{对所有的 }K) \tag{6.6.9}$$

通过利用特征结构获得非耦合方程组的过程，通常称为谱分解或者模型分解。公式(6.6.9)时间积分的稳定性，等同于式(6.6.4)的积分稳定性：通过公式(6.6.7)，由于 $\boldsymbol{d}$ 与 η_J 是线性相关的，如果增大一个，则另一个也增大。有关离散方程组谱问题的关系，Hughes(1997：494)给出了一个很好的解释。

我们现在考虑对于离散方程组(6.6.2)的一个两步骤系列时间积分器：

$$\boldsymbol{d}_{n+1}=\boldsymbol{d}_n+(1-\alpha)\Delta t\,\dot{\boldsymbol{d}}_n+\alpha\Delta t\,\dot{\boldsymbol{d}}_{n+1} \tag{6.6.10}$$

采用 $\alpha\geqslant0$；时间步数由下角标表示。这被称为广义梯度法则。对于 $\alpha=0$，上式给出了向前 Euler 方法，一种对于一阶方程组的显式方法；对于 $\alpha=1$，上式给出了向后 Euler 方法，一种隐式方法；包含上面的最有用的隐式方法是标准梯度法则，由 $\alpha=\dfrac{1}{2}$ 给出。

当在时间步 n 指定系数 $\eta\equiv\eta_K$ 时，上述积分公式为

$$\eta_{n+1}=\eta_n+(1-\alpha)\Delta t\,\dot{\eta}_n+\alpha\Delta t\,\dot{\eta}_{n+1} \tag{6.6.11}$$

我们舍弃了给定模态数目的大写下角标，但是应该记住我们在处理 n_{dof} 个非耦合方程组。上式是线性差分方程，称为模型方程。线性差分方程的解是指数形式的，像那些线性常微分方程组的解。我们将结果写成

$$\eta_n=\mu^n\quad\text{式中}\quad\mu=\mathrm{e}^{\gamma\Delta t} \tag{6.6.12}$$

比较上式与线性常微分方程的解 $\eta=\mathrm{e}^{\bar{\gamma}t}$，这里 $\bar{\gamma}$ 是常微分方程的特征值。注意到对于差分方程和常微分方程，解答几乎是相同的：在离散解答中，时间 t 由 $n\Delta t$ 代替，γ 由 $\bar{\gamma}$ 代替。在 γ 和 $\bar{\gamma}$ 之间的区别是离散结果精确性的度量，然而，我们在这里将不研究这个问题。从离散解答的指数性质可以看到，如果 μ 是一个复数且对于结果是稳定的，μ 必须位于复平面的单位圆上。我们写出这一条件为 $|\mu|\leqslant1$。尽管，在这个稳定条件中包含了等式，我们告诫读者，当 $|\mu|=1$ 时，在某些时候结果是不稳定的。这将在后面讨论。

将公式(6.6.9)，$\dot{\eta}=-\lambda\eta$，代入式(6.6.11)中含导数的项，并应用式(6.6.12)给出

$$\mu^{n+1}=\mu^n-(1-\alpha)\Delta t\,\lambda\mu^n-\alpha\Delta t\,\lambda\mu^{n+1} \tag{6.6.13}$$

提出因数 μ^n，得到关于 μ 的线性方程：

$$(1+\alpha\Delta t\,\lambda)\mu-1+(1-\alpha)\Delta t\,\lambda=0 \tag{6.6.14}$$

上式称为积分特征方程。结果是

$$\mu=\frac{1-(1-\alpha)\Delta t\,\lambda}{1+\alpha\Delta t\,\lambda} \tag{6.6.15}$$

下面，我们减少对于数值稳定性必要时间步长的条件(对于谱系数和特征值，我们重新附加下角标，请读者记住我们正在处理公式(6.6.13)～(6.6.15)中的 n_{dof} 个非耦合方程组)。由于在这种情况下 μ 是实数，稳定性条件 $|\mu_J|\leqslant1$ 隐含下列条件：

$$\mu_J\leqslant1\quad\text{因此}\quad\frac{1-(1-\alpha)\Delta t\,\lambda_J}{1+\alpha\Delta t\,\lambda_J}\leqslant1 \tag{6.6.16a}$$

$$\mu_J \geqslant -1 \quad 因此 \quad \frac{1-(1-\alpha)\Delta t\,\lambda_J}{1+\alpha\Delta t\,\lambda_J} \geqslant -1 \tag{6.6.16b}$$

由于 $\lambda_J \Delta t \geqslant 0$，因此条件(6.6.16a)总能得到满足。根据条件(6.6.16b)，由简单代数运算给出

$$对于稳定性 \quad (1-2\alpha)\Delta t\,\lambda_J \leqslant 2 \tag{6.6.17}$$

公式(6.6.17)有两种结果。如果 $1-2\alpha \leqslant 0$，即 $\alpha \geqslant 0.5$，则无论时间步大小，该方法都是稳定的。于是这种方法称为是**无条件稳定**。当 $1-2\alpha > 0$ 时，即 $\alpha < 0.5$，则要求公式(6.6.16b)

$$\Delta t \leqslant \frac{2}{(1-2\alpha)\lambda_J} \quad \forall J \tag{6.6.18}$$

正如式中表明的，对于所有的 J，条件必须满足。最大特征值受到时间步大小的严格限制，并且服从临界时间步长。推导公式(6.6.18)，我们可以给出临界时间步长：

$$\Delta t_{\text{crit}} = \max_K \frac{2}{(1-2\alpha)\lambda_K} \quad 或者 \quad \Delta t_{\text{crit}} = \frac{2}{(1-2\alpha)\lambda_{\max}}, \quad \lambda_{\max} = \max_K \lambda_K \tag{6.6.19}$$

只有当时间步长低于临界值时，积分才是稳定的，称为**条件稳定**。

如果我们考虑广义梯度法则的显式形式：向前 Euler 方法。给定 $\alpha=0$，公式(6.6.19)为

$$\Delta t_{\text{crit}} = \frac{2}{\lambda_{\max}} \tag{6.6.20}$$

从上式看到，稳定时间步长与系统的最大特征值成反比。系统越硬，最大特征值越大，稳定时间步长越小。

为了获得对于指数不稳定迅速增长的估计，注意到当 $\mu=1.0001$ 时，对于 $n=10^5$，有 $\mu^n=2.2\times10^4$。在显式计算中，这一时间步的数目不是罕见的，并且如果其他的谱系数是一阶的，很明显不稳定的模态将完全消除余下的结果。指数增长真是十分惊人。如果你活得足够长久并且很早开始存钱，这也就是组合利息可以使你非常富有的原因。

总之，我们已经证明了对于半离散化初始值问题(6.6.2)，积分公式稳定性的确定可以退化到检验特征方程(6.6.14)的根。这些根是复数，并且稳定条件是 $|\mu| \leqslant 1$。稳定域对应于一个单位圆。为了证明这一点，令 $\mu=a+\mathrm{i}b$，这里 a 和 b 分别是 μ 的实部和虚部。则 $|\mu|^2=(a+\mathrm{i}b)(a-\mathrm{i}b)=a^2+b^2$，因此 μ 域的稳定部分对应于单位圆，如图 6.12 所示。如果任何根在单位圆之外，摄动按指数增长，则方法是不稳定的。否则，方法是稳定的。

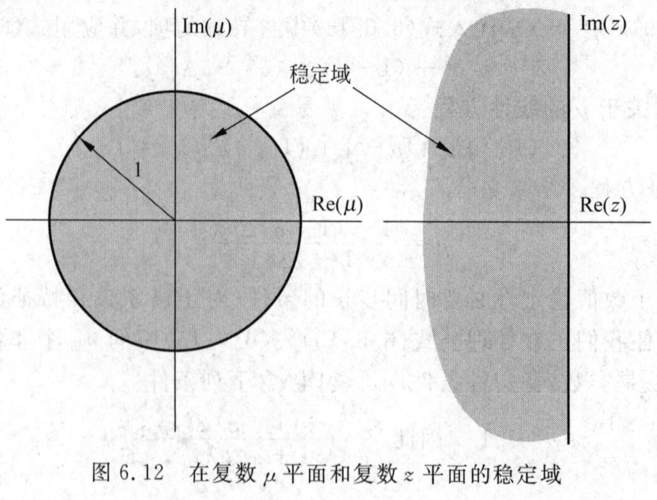

图 6.12 在复数 μ 平面和复数 z 平面的稳定域

这些稳定性条件与在第 6.5 节中离散系统的稳定性分析的条件是一致的。其差别一眼窥见，对于离散系统的条件，其实部是非正的，而时间积分的稳定特征值是在单位圆中。然而，离散系统条件是关于指数的，而数值稳定性条件考虑的是指数的值。

6.6.3 增广矩阵 积分方法的稳定性通常以一个增广矩阵特征值的形式检验，结果是同前面一致的。这种方法提供了关于稳定性分析的更广阔前景，并且经常需要应用于高阶常微分方程组的稳定性分析。

以上一时间步的结果形式，增广矩阵给出下一时间步的结果。我们可以以广义增广矩阵或者标准增广矩阵的形式表示，它依赖于系统：

$$\boldsymbol{B}\,\boldsymbol{d}_{n+1}=\boldsymbol{A}\boldsymbol{d}_n\text{（广义）}\qquad \boldsymbol{d}_{n+1}=\boldsymbol{A}\boldsymbol{d}_n\text{（标准）}\tag{6.6.21}$$

标准增广矩阵是广义增广矩阵在 $\boldsymbol{B}=\boldsymbol{I}$ 时的一个特例。如果增广矩阵的特征值位于在复平面上的单位圆内，我们将证明时间积分是稳定的。广义和标准的增广方程与广义和标准的特征值问题相联系：

$$\boldsymbol{A}\boldsymbol{y}_I=\mu_I\boldsymbol{B}\boldsymbol{y}_I\text{（广义）}\qquad \boldsymbol{A}\boldsymbol{y}_I=\mu_I\boldsymbol{y}_I\text{（标准）}\quad \text{对所有的 } I\tag{6.6.22}$$

上述特征向量跨越空间$\mathbb{R}^{n_{\text{dof}}}$，所以任何向量 $\boldsymbol{d}\in\mathbb{R}^{n_{\text{dof}}}$ 可以写成特征向量的线性组合。我们现在明确条件，当特征值 μ_i 落到单位圆中，它对应于稳定的数值积分。以特征向量的形式扩展初始条件，我们得到

$$\boldsymbol{d}_0=\sum_{I=1}^{n_{\text{dof}}}\alpha_I\boldsymbol{y}_I\tag{6.6.23}$$

式中 α_I 由初始条件决定。将上式代入公式(6.6.21)，同时应用(6.6.22)的特征向量 $\boldsymbol{y}_I$，并包含特征值 μ_I，我们得到

$$\boldsymbol{d}_1=\sum_{I=1}^{n_{\text{dof}}}\mu_I\alpha_I\boldsymbol{y}_I,\quad \boldsymbol{d}_2=\sum_{I=1}^{n_{\text{dof}}}(\mu_I)^2\alpha_I\boldsymbol{y}_I,\quad \boldsymbol{d}_n=\sum_{I=1}^{n_{\text{dof}}}(\mu_I)^n\alpha_I\boldsymbol{y}_I\tag{6.6.24}$$

上面的第二个方程通过重复过程得到，第三个方程由归纳法得到。

从上式中我们可以立刻看到，如果广义增广矩阵的特征值 μ_I 的任何模大于 1，结果将按指数增长。由于我们正在检验两个结果的差别的性质，因此它表明这个过程是不稳定的。一些读者可能会有争议，仅当初始值包含与 μ_I 相关的特征向量时，将发生不稳定的增长。而事实上，根据舍入误差，几乎在任何计算中，常数 α_I 初始时是非零或者在后来的计算中变成非零，无论这常数多么小，不稳定模态的指数增长最终将控制整个解答。

这一稳定条件如下：当与广义特征值问题(6.6.22)相关的所有特征值的模小于或者等于 1 时，即 $|\mu_I|\leqslant 1$，并且任何含有 $|\mu_I|=1$ 的特征值的倍数不大于 1 时，提供了更新公式(6.6.21)的稳定性条件。这最后一点将在下面解释。

对于 μ_I 的 2 重根，以及公式(6.6.24)，$\boldsymbol{d}_n=\sum_{I=1}^{n_{\text{dof}}}n(\mu_I)^n\alpha_I\boldsymbol{y}_I$ 也是一个解答。这个解答平行于常微分方程组的解，即当 a 是特征方程的多重根时，te^{at} 是一个解答。当 $|\mu_I|=1$ 时，离散结果将 n 倍地增长，这称为**弱不稳定性**，以区别与 $|\mu_I|>1$ 相联系的**指数不稳定性**。有关更详细的解释，见 Hughes(1997：497)。

6.6.4 广义梯度法则的增广矩阵 关于半离散热传导方程，我们现在以增广矩阵的形式表述梯度法则（公式(6.6.10)采用 $\alpha=0.5$）。我们首先将式(6.6.10)乘以 $\boldsymbol{M}$，然后通过式(6.6.4)消去结果方程 $\boldsymbol{M}\dot{\boldsymbol{d}}$，得到

$$(\boldsymbol{M}+\alpha\Delta t\,\boldsymbol{K})\boldsymbol{d}_{n+1}=(\boldsymbol{M}-(1-\alpha)\Delta t\,\boldsymbol{K})\boldsymbol{d}_n \tag{6.6.25}$$

由公式(6.6.22)，相关的特征值问题是

$$(\boldsymbol{M}-(1-\alpha)\Delta t\,\boldsymbol{K})\boldsymbol{z}=\mu(\boldsymbol{M}+\alpha\Delta t\,\boldsymbol{K})\boldsymbol{z} \tag{6.6.26}$$

上述系统的特征值控制了时间积分的稳定性。求解公式(6.6.26)特征值的最简单方法是系统对角化：在特征向量 $\boldsymbol{y}_I$ 中扩展 $\boldsymbol{z}$，并且左乘 $\boldsymbol{y}_J$ 和引入正交性。这服从(6.6.14)，余下的分析与第 6.6.2 节的内容是一致的。

6.6.5　z 转换　在 μ 平面的稳定性分析通常是很困难的，因为它需要决定第 m 阶代数方程的根。通过应用 z 转换和 Hurwitz 矩阵，可以使这些过程简单化，它与 Routh-Hurwitz 准则密切相关。通过确定一个特征方程是否具有非负实根，以检验稳定性，这是容易实现的。

z 转换给出

$$\mu=\frac{1+z}{1-z} \tag{6.6.27}$$

式中 μ 和 z 都可能是复数。这一转换将在复数 μ 平面中的单位圆映射到 z 平面的左侧，即开集 $|\mu|\equiv\mu\bar{\mu}<1$ 映射到 $\mathrm{Re}(z)<0$。这种映射和稳定性区域如图 6.12 所示。如我们所见，μ 平面中的稳定区域是单位圆的内部，而 z 平面的稳定部分是左侧平面。仅当特征方程的这些根是单根的时候，线 $|\mu|=1$ 和 $z=0$ 才是稳定的。

为了验证映射，令 $z=a+\mathrm{i}b$ 并代入式(6.6.27)，所以

$$|\mu|^2=(\mu\bar{\mu})=\left(\frac{1+a+\mathrm{i}b}{1-a-\mathrm{i}b}\right)\left(\frac{1+a-\mathrm{i}b}{1-a+\mathrm{i}b}\right)=\frac{1+2a+a^2+b^2}{1-2a+a^2+b^2}\leqslant 1 \tag{6.6.28}$$

由于分母是平方的和，所以它必须是正值。因此，我们可以在上式两边同时乘以分母，而不改变不等式。由简单代数运算得到 $a\leqslant 0$。这表明区域 $|\mu|<1$ 对应于 z 的实部是负数的区域，即左半平面。

通过检验根的实部，使得应用 z 转换可以确定数值积分的稳定性。通过将在下面描述 Hurwitz 矩阵，这将很容易实现。p 阶多项式方程的 Hurwitz 矩阵为

$$\sum_{i=0}^{p}c_i z^{p-i}=0\quad 和\quad c_0>0\ 时 \tag{6.6.29}$$

给出

$$H_{ij}=\begin{cases}c_{2j-i}, & 如果\quad 0\leqslant 2j-i\leqslant p\\ 0, & 否则\end{cases} \tag{6.6.30}$$

公式(6.6.29)的根的实部是负值，当且仅当 Hurwitz 矩阵的主余子式是正值时成立。第 i 个主余子式是指在删除所有行号和列号大于 i 的行和列之后的矩阵的行列式。

例 6.6　求解关于二次特征方程系数的条件：

$$a\mu^2+b\mu+c=0 \tag{E6.6.1}$$

因此 $|\mu|\leqslant 1$。将公式(6.6.27)的 z 转换应用到式(E6.6.1)，给出

$$a\left(\frac{1+z}{1-z}\right)^2+b\left(\frac{1+z}{1-z}\right)+c=0 \tag{E6.6.2}$$

将上式乘以 $(1-z)^2$（它是非零的，因为 $z=1$ 无意义），并重新整理上述各项：

$$z^2(a-b+c)+2z(a-c)+(a+b+c)=0 \tag{E6.6.3}$$

比较公式(6.6.29)，我们看到

$$c_0 = a - b + c, \quad c_1 = 2(a - c), \quad c_2 = a + b + c$$

Hurwitz 矩阵为

$$\boldsymbol{H} = \begin{bmatrix} c_1 & 0 \\ c_0 & c_2 \end{bmatrix} \tag{E6.6.4}$$

主余子式是

$$\begin{aligned} \Delta_1 &= c_1 \geqslant 0 \\ \Delta_2 &= c_1 c_2 \geqslant 0 \Rightarrow c_2 \geqslant 0 \end{aligned} \tag{E6.6.5}$$

组合上式并要求 $c_0 > 0$，给出

$$\begin{aligned} c_0 &= a - b + c \geqslant 0 \\ c_1 &= 2(a - c) \geqslant 0 \\ c_2 &= a + b + c \geqslant 0 \end{aligned} \tag{E6.6.6}$$

6.6.6 有阻尼中心差分方法的稳定性 有阻尼系统的线性运动方程是

$$\boldsymbol{M}\ddot{\boldsymbol{d}} + \boldsymbol{C}^{\nu}\dot{\boldsymbol{d}} + \boldsymbol{K}\boldsymbol{d} = \boldsymbol{f}^{\text{ext}} \tag{6.6.31}$$

式中 $\boldsymbol{C}^{\nu}$ 是阻尼矩阵。为了线性稳定性分析的目的，通过谱方法对上述方程对角化(解耦)是很方便的。在没有阻尼时，可以应用公式(6.6.5)的特征向量对上述方程对角化。阻尼矩阵与 $\boldsymbol{K}$ 和 $\boldsymbol{M}$ 矩阵耦合在一起，一般情况下不可能被对角化，除非它是这些矩阵的线性组合。其中的一个例子就是 Rayleigh 阻尼：

$$\boldsymbol{C}^{\nu} = a_1\boldsymbol{M} + a_2\boldsymbol{K} \tag{6.6.32}$$

式中 a_1 和 a_2 是任意参数。我们令 $\boldsymbol{d} = \sum_J \alpha_J(t)\boldsymbol{y}_J$，这里 $\boldsymbol{y}_J$ 是公式(6.6.5)的特征向量，并且左乘 $\boldsymbol{y}_K$。然后由公式(6.6.6)，利用对应于 $\boldsymbol{M}$ 的特征向量的正交性，给出

$$\ddot{\alpha} + (a_1 + a_2\omega_J^2)\dot{\alpha} + \omega_J^2\alpha = 0 \quad \text{这里 } \omega_J^2 = \lambda_J,\ J = 1,2,\cdots,n_{\text{dof}} \tag{6.6.33}$$

上式是关于有阻尼系统的模型方程，阻尼由(6.6.32)给出，注意到它们是公式(6.6.31)的简单的非耦合形式。通常阻尼作为临界阻尼 ξ 的比值给出：

$$\ddot{\alpha} + 2\xi\omega\dot{\alpha} + \omega^2\alpha = 0 \tag{6.6.34}$$

在上式中舍弃了模型的指标。对于 Rayleigh 阻尼，其与临界阻尼的比值为

$$\xi = \frac{a_1}{2\omega} + \frac{a_2\omega}{2} \tag{6.6.35}$$

在由显式中心差分方法积分运动方程时，任何速度相关项滞后方程半个时间步，即离散方程是

$$\boldsymbol{M}\ddot{\boldsymbol{d}}_n + \boldsymbol{C}^{\nu}\dot{\boldsymbol{d}}_{n-\frac{1}{2}} + \boldsymbol{K}\boldsymbol{d}_n = \boldsymbol{f}_n^{\text{ext}} \tag{6.6.36}$$

在框 6.1 中的内容解释了这种滞后的原因。对中心差分方法应用时间滞后，公式(6.6.34)的非耦合项为

$$\frac{\alpha_{n+1} - 2\alpha_n + \alpha_{n-1}}{\Delta t^2} + 2\xi\omega\frac{\alpha_n - \alpha_{n-1}}{\Delta t} + \omega^2\alpha_n = 0 \tag{6.6.37}$$

我们现在对上述问题进行稳定性分析。由于差分方程是线性的，因此解答是一个指数解 $\alpha_n = \mu^n$，将其代入公式(6.6.37)，得到(在提出因数 μ^n、乘以 Δt^2 并整理后)

$$\mu^2 + \mu(g + h - 2) + (1 - g) = 0 \quad \text{式中} \quad g = 2\xi\omega\Delta t,\ h = \omega^2\Delta t^2 \tag{6.6.38}$$

应用 z 转换得到关于 z 的二次方程。我们可以直接应用公式(E6.6.6)，得到稳定性的条件：

$$a-b+c=4-2g-h=4-4\xi\omega\Delta t-\omega^2\Delta t^2\geqslant 0 \tag{6.6.39}$$

$$a-c=g=2\xi\omega\Delta t\geqslant 0 \tag{6.6.40}$$

$$a+b+c=h=\omega^2\Delta t^2\geqslant 0 \tag{6.6.41}$$

第三个条件(6.6.41)是自动满足的。通过提供非负的阻尼，即 $\xi\geqslant 0$，式(6.6.40)得到满足。(6.6.39)服从关于因数 $\omega\Delta t$ 的一个二次方程，其解为

$$\omega\Delta t=-2\xi\pm 2\sqrt{\xi^2+1} \tag{6.6.42}$$

上面方程的负根是无用的，因为它服从一个负的时间步。在公式(6.6.39)等于零的点之间，不等式是满足的。因此，正根给出了临界时间步：

$$\Delta t_{\text{crit}}=\max_I\frac{2}{\omega_I}\left(\sqrt{\xi_I^2+1}-\xi_I\right)\equiv\max_I\frac{2}{\sqrt{\lambda_I}}\left(\sqrt{\xi_I^2+1}-\xi_I\right) \tag{6.6.43}$$

式中，我们包含了最后一项以强调由公式(6.6.33)，$\omega_I^2=\lambda_I$，推导而来。当 $\xi_I=0$ 时，圆括号中的项等于1；当 $\xi_I>0$ 时，圆括号中的项小于1。因此，系统在有阻尼的情况下，速度的滞后减小了稳定时间步长。对于由线性定律引起的直接阻尼，如 $\boldsymbol{C}^{\nu}\boldsymbol{v}$，和由材料定律引起的任意阻尼，它们都减小了临界时间步长。

负阻尼的问题是令人感兴趣的。尽管在自然界中可能从未发生过负阻尼，但它来自于简单的模型。例如，颤动通常利用负阻尼建模。根据这一分析，中心差分方法对于负阻尼总是不稳定的，见公式(6.6.40)。然而，这是我们稳定性定义的人为现象，在前面比较物理和数值稳定性时，我们已经进行了讨论。根据公式(6.6.1)，如果任何摄动增长，则数值积分是不稳定的。然而，有负阻尼的任何模型的响应将增长，并且违背公式(6.5.1)。对于有负阻尼的问题，如果应用中心差分方法，你将发现该方法可以很好地跟踪精确的解答(提供足够小的 Δt 以使截断误差合理化)。困惑产生于稳定性的定义中：在一个不稳定的过程中，这些方法不能分析数值方法的稳定性。进一步的验证参见 Belytschko，Kulkarni 和 Bayliss (1995)。

6.6.7　Newmark $\boldsymbol{\beta}$ 方法的线性化稳定性分析　我们现在进行 Newmark β 方法的线性稳定性分析。数值方法的线性化稳定性分析紧密平行于在第 6.5 节中描述的离散系统的线性稳定性分析。对线性化的运动方程应用积分，然后检验在小摄动下的稳定性，如果摄动没有增长，则认为积分是稳定的。

具有 Rayleigh 阻尼的线性化离散方程组(6.3.1)为

$$\boldsymbol{M}\boldsymbol{a}_n+\boldsymbol{C}^{\nu}\boldsymbol{v}_n+\boldsymbol{K}^{\text{int}}\boldsymbol{d}_n=0 \tag{6.6.44}$$

式中 $\boldsymbol{d}_n$，$\boldsymbol{v}_n$ 和 $\boldsymbol{a}_n$ 分别是在时间步 n 的节点位移、速度和加速度；$\boldsymbol{C}^{\nu}=\boldsymbol{C}^{\text{demp}}=a_1\boldsymbol{M}+a_2\boldsymbol{K}$ 是 Rayleigh 阻尼矩阵公式(6.6.32)。为了更易处理，我们将分析限制到对称的 Jacobian 并且忽略荷载刚度。注意到这里 $\boldsymbol{d}_n$ 代表在节点位移上的摄动。更新公式(6.3.4)～(6.3.6)可以写为

$$\boldsymbol{d}_{n+1}=\boldsymbol{d}_n+\Delta t\ \boldsymbol{v}_n+\Delta t^2(\bar{\beta}\boldsymbol{a}_n+\beta\boldsymbol{a}_{n-1}) \tag{6.6.45}$$

$$\boldsymbol{v}_{n+1}=\boldsymbol{v}_n+\Delta t(\bar{\gamma}\boldsymbol{a}_n+\gamma\boldsymbol{a}_{n+1}) \tag{6.6.46}$$

式中 $\bar{\gamma}=1-\gamma$，$\bar{\beta}=(1-2\beta)/2$。将式(6.6.45)和(6.6.46)乘以 $\boldsymbol{M}$，并将运动方程(6.6.44)代入其中有 $\boldsymbol{M}\boldsymbol{a}_n$ 和 $\boldsymbol{M}\boldsymbol{a}_{n+1}$ 的地方，我们得到

$$\boldsymbol{M}\boldsymbol{d}_{n+1}=\boldsymbol{M}\boldsymbol{d}_n+\Delta t\,\boldsymbol{M}\boldsymbol{v}_n-\Delta t^2\left[\bar{\beta}(\boldsymbol{C}^{\nu}\boldsymbol{v}_n+\boldsymbol{K}^{\text{int}}\boldsymbol{d}_n)+\beta(\boldsymbol{C}^{\nu}\boldsymbol{v}_{n+1}+\boldsymbol{K}^{\text{int}}\boldsymbol{d}_{n+1})\right] \tag{6.6.47}$$

$$\boldsymbol{M}\boldsymbol{v}_{n+1}=\boldsymbol{M}\boldsymbol{v}_n=-\bar{\gamma}\Delta t(\boldsymbol{C}^{\nu}\boldsymbol{v}_n+\boldsymbol{K}^{\text{int}}\boldsymbol{d}_n)-\gamma\Delta t(\boldsymbol{C}^{\nu}\boldsymbol{v}_{n+1}+\boldsymbol{K}^{\text{int}}\boldsymbol{d}_{n+1}) \tag{6.6.48}$$

现在通过重新组合各项，将上述方程组成广义增广矩阵的形式：

$$\begin{bmatrix} \boldsymbol{M}+\beta\Delta t^2\boldsymbol{K}^{\text{int}} & \beta\Delta t^2\boldsymbol{C}^{\nu} \\ \gamma\Delta t\boldsymbol{K}^{\text{int}} & \boldsymbol{M}+\gamma\Delta t\,\boldsymbol{C}^{\nu} \end{bmatrix}\begin{Bmatrix} \boldsymbol{d}_{n+1} \\ \boldsymbol{v}_{n+1} \end{Bmatrix}=\begin{bmatrix} \boldsymbol{M}-\bar{\beta}\Delta t^2\boldsymbol{K}^{\text{int}} & \Delta t\,\boldsymbol{M}-\bar{\beta}\Delta t^2\boldsymbol{C}^{\nu} \\ -\bar{\gamma}\Delta t\,\boldsymbol{K}^{\text{int}} & \boldsymbol{M}-\bar{\gamma}\Delta t\,\boldsymbol{C}^{\nu} \end{bmatrix}\begin{Bmatrix} \boldsymbol{d}_n \\ \boldsymbol{v}_n \end{Bmatrix} \tag{6.6.49}$$

相应的特征值问题是(见式(6.6.21)和(6.6.22))：

$$\begin{bmatrix} \boldsymbol{M}-\bar{\beta}\Delta t^2\boldsymbol{K}^{\text{int}} & \Delta t\,\boldsymbol{M}-\bar{\beta}\Delta t^2\boldsymbol{C}^{\nu} \\ -\bar{\gamma}\Delta t\,\boldsymbol{K}^{\text{int}} & \boldsymbol{M}-\bar{\gamma}\Delta t\,\boldsymbol{C}^{\nu} \end{bmatrix}\{\boldsymbol{z}\}=\mu\begin{bmatrix} \boldsymbol{M}+\beta\Delta t^2\boldsymbol{K}^{\text{int}} & \beta\Delta t^2\boldsymbol{C}^{\nu} \\ \gamma\Delta t\,\boldsymbol{K}^{\text{int}} & \boldsymbol{M}+\gamma\Delta t\,\boldsymbol{C}^{\nu} \end{bmatrix}\{\boldsymbol{z}\} \tag{6.6.50}$$

式中 μ 是上述广义增广问题的特征值。可以证明上式的特征向量是 $\boldsymbol{K}^{\text{int}}\boldsymbol{y}_I=\mu\boldsymbol{M}\boldsymbol{y}_I$ 的特征向量的线性组合，即 $\{\boldsymbol{z}\}^{\mathrm{T}}=\{a_K\boldsymbol{y}_K^{\mathrm{T}}\quad b_K\boldsymbol{y}_K^{\mathrm{T}}\}$。将这些关于 $\{\boldsymbol{z}\}$ 的表达式代入式(6.6.50)并且左乘 $\{\boldsymbol{y}_J\quad \boldsymbol{y}_J\}$，使得我们能够对每一个子矩阵对角化：

$$\begin{bmatrix} \boldsymbol{I}-\bar{\beta}\Delta t^2\boldsymbol{L} & \Delta t\boldsymbol{I}-\bar{\beta}\Delta t^2\boldsymbol{G} \\ -\bar{\gamma}\Delta t\,\boldsymbol{L} & \boldsymbol{I}-\bar{\gamma}\Delta t\,\boldsymbol{G} \end{bmatrix}\begin{Bmatrix} \boldsymbol{a} \\ \boldsymbol{b} \end{Bmatrix}=\mu\begin{bmatrix} \boldsymbol{I}+\beta\Delta t^2\boldsymbol{L} & \beta\Delta t^2\boldsymbol{G} \\ \gamma\Delta t\,\boldsymbol{L} & \boldsymbol{I}+\gamma\Delta t\,\boldsymbol{G} \end{bmatrix}\begin{Bmatrix} \boldsymbol{a} \\ \boldsymbol{b} \end{Bmatrix} \tag{6.6.51}$$

$$\boldsymbol{L}=\begin{bmatrix} \omega_1^2 & 0 & \cdot & 0 \\ 0 & \cdot & \cdot & 0 \\ \cdot & \cdot & \cdot & \cdot \\ 0 & 0 & 0 & \omega_{n_{\text{dof}}}^2 \end{bmatrix},\ \boldsymbol{G}=\begin{bmatrix} 2\xi_1\omega_1 & 0 & \cdot & 0 \\ 0 & 2\xi_2\omega_2 & \cdot & 0 \\ \cdot & \cdot & \cdot & \cdot \\ 0 & 0 & 0 & 2\xi_{n_{\text{dof}}}\omega_{n_{\text{dof}}} \end{bmatrix} \tag{6.6.52}$$

在上式中，ξ_I 是在模态 I 中临界阻尼的比值，见(6.6.35)。对于每一模态，(6.6.51)产生两个方程，它们是与其他模型方程组不耦合的。模态 I 的两个方程可以写为

$$\boldsymbol{H}\begin{Bmatrix} a_I \\ b_I \end{Bmatrix}=0 \quad \text{式中} \quad \boldsymbol{H}=\begin{bmatrix} A-a\mu & B-b\mu \\ C-c\mu & D-d\mu \end{bmatrix} \tag{6.6.53}$$

$$A=1-\bar{\beta}\Delta t^2\omega^2,\quad B=\Delta t-2\Delta t^2\bar{\beta}\,\xi\omega,\quad C=-\Delta t\bar{\gamma}\omega^2,\quad D=1-2\bar{\gamma}\Delta t\,\xi\omega$$
$$a=1+\beta\Delta t^2\omega^2,\quad b=2\beta\Delta t^2\xi\,\omega,\quad c=\Delta t\gamma\omega^2,\quad d=1+2\gamma\Delta t\,\xi\omega$$

通过设 $\det(\boldsymbol{H})=0$ 可以得到临界时间步长，并在框 6.2 中给出。中心差分方法的时间步长($\beta=0$, $\xi>0$)是与阻尼无关的，而根据公式(6.6.43)，中心差分方法的临界时间步长随着阻尼降低。引起这不一致的原因在于上述分析是关于阻尼的隐式处理。中心差分方法的形式必然引起当 $\beta=0$ 时方程的解答，并不是对于有阻尼系统的真正显示。

6.6.8 特征值不等式和时间步估计 在前面，以系统 $\boldsymbol{K}\boldsymbol{y}=\lambda\boldsymbol{M}\boldsymbol{y}$ 最大特征值的形式给出了临界时间步长。对于大的系统，即便一个单一特征值的计算也需要相当长的计算时间。在非线性系统中，刚度随着时间变化，所以需要频繁地重新计算最大特征值。因此，估计出最大特征值，并使其容易计算是十分有用的。

单元特征值不等式提供了这种估计。单元特征值不等式与对称矩阵 $\boldsymbol{A}$，$\boldsymbol{A}_e$，$\boldsymbol{B}$ 和 $\boldsymbol{B}_e$ 的特征值有关，这里

$$\boldsymbol{A}=\sum_e\boldsymbol{L}_e^{\mathrm{T}}\boldsymbol{A}_e\boldsymbol{L}_e,\quad \boldsymbol{B}=\sum_e\boldsymbol{L}_e^{\mathrm{T}}\boldsymbol{B}_e\boldsymbol{L}_e \tag{6.6.54}$$

$\boldsymbol{L}_e$ 是连接矩阵(见式(2.5.1))。单元和系统特征值问题是

$$\boldsymbol{A}_e\boldsymbol{y}_i^e=\lambda_i^e\boldsymbol{B}_e\boldsymbol{y}_i^e,\quad e=1,2,\cdots,n_e,\quad \boldsymbol{A}\boldsymbol{y}_i=\lambda_i\boldsymbol{B}\boldsymbol{y}_i \tag{6.6.55}$$

于是单元特征值不等式表示为

$$|\lambda^{\max}| \leqslant |\lambda_E^{\max}| \quad \text{式中} \quad \lambda_E^{\max} = \max_{i,e} \lambda_i^e \tag{6.6.56}$$

上式是首先由 Rayleigh 给出的一个原理的扩展，由 Belytschko，Smolinski 和 Liu (1985)给出证明。不过这一原理一般是对于有限元系统给出的，矩阵 $\boldsymbol{L}_e$ 可能是单位矩阵，所以这一原理可应用于任何矩阵的和。如 Lin(1991)指出，特征值不等式也应用于在每一个积分点上的刚度被积函数。通过注意到刚度和质量矩阵是在积分点上被积函数的和，可以很容易地看到这一点。

特征值不等式是 Rayleigh 嵌套原理的特殊情况。这一原理表述为：如果 λ_i 是$\boldsymbol{A}\boldsymbol{y}=\lambda\boldsymbol{B}\boldsymbol{y}$ 的特征值，如果系统被 $\boldsymbol{g}^{\mathrm{T}}\boldsymbol{y}=a$ 约束，式中 $\boldsymbol{g}$ 是常数列矩阵，则约束系统的特征值 $\bar{\lambda}_i$ 被无约束系统的特征值嵌套，即

$$\lambda_1 \leqslant \bar{\lambda}_1 \leqslant \lambda_2 \leqslant \bar{\lambda}_2 \leqslant \cdots \leqslant \lambda_{n_{\mathrm{dof}}} \tag{6.6.57}$$

为了说明嵌套原理，考虑两个不相连的没有边界条件的单元，它们的长度和材料性质相同。两个不相连的杆单元的刚度是

$$\boldsymbol{K} = \frac{AE}{l}\begin{bmatrix} 1 & -1 & 0 & 0 \\ -1 & 1 & 0 & 0 \\ 0 & 0 & 1 & -1 \\ 0 & 0 & -1 & 1 \end{bmatrix}, \quad \boldsymbol{d} = [d_1^{e=1} \quad d_2^{e=1} \quad d_2^{e=2} \quad d_3^{e=2}] \tag{6.6.58}$$

单元刚度的装配则对应于约束 $d_2^{e=1}=d_2^{e=2}$ 的施加。因此，如果公式(6.6.58)的特征值是 λ_i，$i=1$ 到 4，在约束后的特征值将是 $\bar{\lambda}_i$，$i=1,2,3$，并且后者被 λ_i 嵌套。类似地，每一个基本边界条件的施加则嵌套了下一组特征值，并减小了最大特征值。通过嵌套原理，与单元集合不相交的无约束的最大特征值，限制了最终装配系统的特征值，所以，$\bar{\lambda}^{\max} \leqslant \lambda_4$。

6.6.9　单元特征值　为了提高计算速度，单元特征值通常由简单公式获得。对于一维和多维单元，下面将给出这种公式。作为其中的部分内容，我们发展了一维网格的 Courant 条件。

为了说明单元特征值不等式的应用，考虑一个在单轴应变状态下的 2 节点单元，并具有对角线质量矩阵。单元代表了无限大板的一段。我们将应用更新的 Lagrangian 格式，并以 Truesdell 率的形式写出单轴本构方程，$\sigma_{xx}^{\nabla T}=C^{\sigma T}D_{xx}$，式中对于单轴应变，$C^{\sigma T}=C_{1111}^{\sigma T}$，如例 5.1 中所示。通过组合材料和几何刚度的相应公式(E6.2.3)和(E6.2.9)，并取对角线质量矩阵(E2.1.11)的右侧，得到关于杆的单元特征值问题 $\boldsymbol{K}_e^{\mathrm{int}}\boldsymbol{y}=\lambda_e\boldsymbol{M}_e\boldsymbol{y}$：

$$\frac{A(C^{\sigma T}+\sigma_{xx})}{l}\begin{bmatrix} 1 & -1 \\ -1 & 1 \end{bmatrix}\begin{Bmatrix} y_1 \\ y_2 \end{Bmatrix} = \frac{\lambda\rho Al}{2}\begin{Bmatrix} 1 & 0 \\ 0 & 1 \end{Bmatrix}\begin{Bmatrix} y_1 \\ y_2 \end{Bmatrix} \tag{6.6.59}$$

式中忽略了下角标 e。通过设行列式等于零得到上面方程的特征值：

$$\det\begin{bmatrix} 1-\alpha & -1 \\ -1 & 1-\alpha \end{bmatrix} = 0 \quad \text{式中} \quad \alpha = \frac{\lambda l^2}{2c^2}, \quad c^2 = \frac{C^{\sigma T}+\sigma_{xx}}{\rho} \tag{6.6.60}$$

式中 c 是瞬时波速。注意到瞬时波速取决于应力的状态。上式的根为 $\alpha=0$ 和 $\alpha=2$，它给出了 $\lambda_{\max}=4c^2/l^2$。对于没有阻尼的中心差分方法，单元特征值不等式(6.6.56)和式(6.6.20)给出了下面的临界时间步长：

$$\Delta t_{\mathrm{crit}} \leqslant \min_e \frac{l_e}{c_e} \tag{6.6.61}$$

(为了清晰增加了单元标识)。上式和式(6.2.13)给出的临界时间步长相同。这种估计也经

常应用于二维和三维问题，用 l_e 表示单元任何两节点之间的最短距离。

上述临界时间步长由 Courant，Lewy 和 Friedrichs(1928)首先在有限差分方法中得到。然而，他们的分析仅局限于均匀网格的无限大物体。这一理论已经包含在有限元方法中，并适用于有任意线性边界条件的任意网格。

当同样的步骤应用于完全的 Lagrangian 格式时，特征值问题是

$$\frac{A_0(F^2C^{SE}+S_{11})}{l_0}\begin{bmatrix}1 & -1\\ -1 & 1\end{bmatrix}\begin{Bmatrix}y_1\\ y_2\end{Bmatrix}=\frac{\lambda\rho_0A_0l_0}{2}\begin{Bmatrix}1 & 0\\ 0 & 1\end{Bmatrix}\begin{Bmatrix}y_1\\ y_2\end{Bmatrix} \tag{6.6.62}$$

式中 $F=l/l_0$，刚度取自例 6.2。最大的特征值为

$$\lambda_{\max}=\frac{4c_0^2}{l_0^2}\quad 式中\quad c_0^2=\frac{F^2C^{SE}+S_{11}}{\rho_0},\quad \Delta t_{\text{crit}}\leqslant\min_e\frac{l_0^e}{c_0^e} \tag{6.6.63}$$

如果用 E^{SE} 代替 C^{SE}，上述分析也适用于杆系，见例 5.1。为了证明对于在参考构形的时间步(6.6.63)等同于在当前构形上建立的时间步(6.6.1)，我们将它留作习题。因此，单元特征值问题的后拉导致了相同的特征值和相同的临界时间步长。

对于连续体单元，Flanagan 和 Belytschko(1981)给出了对于各向同性材料的 4 节点四边形和 4 节点到 8 节点一点积分单元的特征值估计。这两种问题的上界和下界以及最大特征值为

$$\frac{1}{n_{SD}}\boldsymbol{b}_i^{\mathrm{T}}(\boldsymbol{\xi}_Q)\boldsymbol{b}_i(\boldsymbol{\xi}_Q)\leqslant\frac{\lambda_{\max}}{n_Nc_{\tan}^2}\leqslant\boldsymbol{b}_i^{\mathrm{T}}(\boldsymbol{\xi}_Q)\boldsymbol{b}_i(\boldsymbol{\xi}_Q)\quad (对任意的\ Q) \tag{6.6.64}$$

式中 $1\leqslant n_{SD}\leqslant 3$ 是问题的维数；n_N 是在单元中节点的数目；$\boldsymbol{\xi}_Q$ 是积分点；$\boldsymbol{b}_I=N_{I,X}$(或者 $b_{iI}=\partial N_I/\partial x_i$)。这些不等式也可以应用于多于一个积分点的单元，如下面所述。由于特征值不等式适用于矩阵的任意求和，因此公式(6.6.64)对任意积分点成立(Lin，1991)。

表 6.1 给出了其他单元的时间步长。注意到从 l 和 c 中舍弃了下角标 e，并且 r_g 是回转半径。下面的评论可能是令人感兴趣的：

1. Δt_{crit} 对于一致质量小于对于对角线质量。
2. Δt_{crit} 对于高阶单元较小。
3. 对于梁，Δt_{crit} 的变化服从 l^2(当 $l/r_g<4\sqrt{3}$ 时)或者服从 l(当它更大时)。在推导偏微分方程中，由于抛物线和双曲线行为的相互作用得到的结果是：双曲线行为控制长单元的稳定时间步，而抛物线行为由于弯曲控制短单元的稳定时间步。

表 6.1 单元特征值和时间步长

单元	$\boldsymbol{M}$	$\omega_{\max}^e$	Δt_{crit}^e
2 节点杆	对角线，由行求和	$\frac{2c}{l}$	$\frac{l}{c}$
2 节点杆	一致	$\frac{2\sqrt{3}c}{l}$	$\frac{l}{\sqrt{3}c}$
3 节点杆	对角线，由行求和	$\frac{2\sqrt{6}c}{l}$	$\frac{l}{\sqrt{6}c}$
2 节点梁：3 次横向，线性轴向 $\boldsymbol{v}(\xi)$	对角线，由行求和		$\min\begin{Bmatrix}\sqrt{3}l^2/12cr_g\\ l/c\end{Bmatrix}$

基于特征值不等式和线性化的临界时间步估计非常适用于某些问题，它们具有 C^1 本构定律和平滑响应(没有冲击)，但是尽管如此，对于非线性问题，减小 2%～5%的步长是适当的。对于较粗糙的问题，在时间步中必须采用稍微大一点的减小量，大约 7%～20%。基于单元特征值不等式的临界时间步估计是偏于保守的，即估计的时间步小于或者等于临界时间步。对于均匀网格，它们的差别是很小的。然而，当在相邻单元之间的单元刚度或者单元尺寸发生很大改变时，这种估计变得非常保守，即对于网格，估计的时间步比临界时间步要小得多。在 LSDYNA 中有选项，通过一种迭代算法计算最大特征值。这是非常昂贵的，但是在长时间的计算中，增大时间步长比进行特征值计算能够得到更多的补偿。更好的求助对象是计算小单元集合的特征值，在集合中单元尺寸变化很大，并应用单元特征值不等式。

6.6.10　能量的稳定性　对于某些类型的非线性问题，通过显示正定量值是常数或者衰减，能够证明时间积分的无条件稳定性，如能量。对于运动方程的梯形法则 $\left(\text{Newmark}\ \beta\ \text{方法，其中}\ \beta=\dfrac{1}{4},\gamma=\dfrac{1}{2}\right)$，我们这里描述一个证明，由 Belytschko 和 Schoeberle (1975)给出。我们考虑在公式(6.2.14)～(6.2.16)中以 $\Delta\boldsymbol{d}$ 形式定义的能量，并且假设内部能量是关于位移的范数。初始条件是非零的，并且忽略了外力，我们将证明动能和内能的和是有界的，即有

$$W^{n+1} \equiv W_{\text{kin}}^{n+1} + W_{\text{int}}^{n+1} \leqslant (1+\varepsilon) W_{\text{kin}}^{0} \tag{6.6.65}$$

式中 ε 是小量。这里进行证明的概念多少区别于我们目前应用的稳定性定义(6.6.1)。我们没有考虑解答中的摄动，但是，对于任何有非零初始条件的解答，我们证明能量是有界的。由于动能是速度的正定函数，并且内能随着位移单调增加，因此整体能量的有界性隐含着其响应也是有界的，并且是稳定的。

为了得到上述能量不等式，我们采用在第 6.2.3 节中定义的能量：

$$W^{n+1} = W_{\text{kin}}^{n+1} + W_{\text{int}}^{n+1} = W_{\text{kin}}^{n+1} + W_{\text{int}}^{n} + \frac{1}{2}\Delta\boldsymbol{d}^{\mathrm{T}}(\boldsymbol{f}_{\text{int}}^{n} + \boldsymbol{f}_{\text{int}}^{n+1}) \tag{6.6.66}$$

式中 $\Delta\boldsymbol{d}=\boldsymbol{d}^{n+1}-\boldsymbol{d}^{n}$。应用(6.2.16)和(6.3.4)～(6.3.5)采用 $\beta=\dfrac{1}{4},\gamma=\dfrac{1}{2}$，给出

$$\begin{aligned}
W_{\text{kin}}^{n+1} &= W_{\text{kin}}^{n} + \frac{\Delta t}{4}(\boldsymbol{v}^{n})^{\mathrm{T}}\boldsymbol{M}(\boldsymbol{a}^{n}+\boldsymbol{a}^{n+1}) + \frac{\Delta t^{2}}{8}(\boldsymbol{a}^{n}+\boldsymbol{a}^{n+1})^{\mathrm{T}}\boldsymbol{M}(\boldsymbol{a}^{n}+\boldsymbol{a}^{n+1}) \\
&= W_{\text{kin}}^{n} + \frac{1}{2}\left(\frac{\Delta t}{2}\boldsymbol{v}^{n} + \frac{\Delta t^{2}}{4}(\boldsymbol{a}^{n}+\boldsymbol{a}^{n+1})\right)^{\mathrm{T}}\boldsymbol{M}(\boldsymbol{a}^{n}+\boldsymbol{a}^{n+1}) \\
&= W_{\text{kin}}^{n} + \frac{1}{2}\Delta\boldsymbol{d}^{\mathrm{T}}\boldsymbol{M}(\boldsymbol{a}^{n}+\boldsymbol{a}^{n+1})
\end{aligned} \tag{6.6.67}$$

式中最后一步服从公式(6.3.4)～(6.3.5)。将式(6.6.67)代入式(6.6.66)，给出

$$W^{n+1} = W^{n} + \frac{1}{2}\Delta\boldsymbol{d}^{\mathrm{T}}(\boldsymbol{M}\boldsymbol{a}^{n} + \boldsymbol{f}_{\text{int}}^{n} + \boldsymbol{M}\boldsymbol{a}^{n+1} + \boldsymbol{f}_{\text{int}}^{n+1}) \tag{6.6.68}$$

如果我们回顾 $\boldsymbol{r}=\boldsymbol{M}\boldsymbol{a}+\boldsymbol{f}_{\text{int}}-\boldsymbol{f}_{\text{ext}}$ 并且 $\boldsymbol{f}_{\text{ext}}=\boldsymbol{0}$，则公式(6.6.68)成为

$$W^{n+1} = W^{n} + \frac{1}{2}\Delta\boldsymbol{d}^{\mathrm{T}}(\boldsymbol{r}^{n} + \boldsymbol{r}^{n+1}) \tag{6.6.69}$$

从上式可以看出，在非线性代数方程组的解答中，能量仅能增加到与误差同一个量级。事实上，如果我们假设非线性方程组可以求解到无限精度，以至于 $\boldsymbol{r}=\boldsymbol{0}$，那么上式中右侧的最后一项为零，能量为常数。这表示能量不能增长。当能量衰减时，如在阻尼系统中，可以说能

量是有**收缩**能力的。收缩性和稳定性的等效性概念是由 Banach 引入的。由于动能是速度的正定函数并且内能随着位移增长，总能量的有界性暗示了结果不可能无限制的增长，因此它是稳定的。由于这个结果是独立于时间步的，所以积分是无条件稳定的。

6.7 材料稳定性

6.7.1 概述和早期工作 在非线性力学中，一个重要的问题是材料模型的稳定性。在这一节中，我们描述材料稳定性的准则。为了这个目的，我们考虑均匀状态材料的一个无限大板，并检验它对小摄动的响应。如前所述，摄动的增长表示了不稳定。作为补充，我们也讨论由于材料不稳定性引起的数值困难。

关于材料不稳定的文献可以远远追溯到 Hadamard(1903)，他检验了在小变形问题中，当切线模量是负值时会发生什么问题。具有负切线模量的材料被认为是**应变软化**。Hadamard 识别了关于加速度波的传播速度为零的条件，他标识这一条件为材料不稳定性。在材料不稳定性研究方面的里程碑是 Hill(1962)的工作。在材料稳定性的检测中，他考虑了一个在应力和变形为均匀状态下的无限大物体。然后，他对物体施加了一个小摄动，并从物体的响应中获得信息。如果摄动增长，则材料被视为是不稳定的；否则它是稳定的。另一篇里程碑论文是 Rudnicki 和 Rice(1975)的文章，他们证明了当塑性是非关联的，即使在应变硬化时仍然可以发生不稳定或者局部化。换句话说，当切线模量缺少主对称性时，尽管这里没有应变软化，材料仍可能是不稳定的。

材料的不稳定性通常与变形的局部增长有关，称为**局部化**。它对应于在自然界中观察到的一种现象：对于某些应力状态，金属、岩石和土壤将展示高度变形的窄带，通常称它们为**剪切带**，因为在这些窄带中变形模式通常是剪切。

6.7.2 材料稳定性分析 在下面的内容中，我们分析率无关材料模型的稳定性，这一分析基于 Rice(1976)。一个在均匀应力状态下的无限大物体受到一个摄动。考虑完全的 Lagrangian 格式的关于连续体的控制方程：动量方程、本构方程和 Green 应变率与变形梯度率之间的关系，它们是

$$\nabla_0 \cdot \boldsymbol{P} = \rho_0 \ddot{\boldsymbol{u}}, \quad \dot{\boldsymbol{S}} = \boldsymbol{C}^{SE} : \dot{\boldsymbol{E}}, \quad \dot{\boldsymbol{E}} = \frac{1}{2}(\dot{\boldsymbol{F}}^{\mathrm{T}} \boldsymbol{F} + \boldsymbol{F}^{\mathrm{T}} \dot{\boldsymbol{F}}) \tag{6.7.1}$$

（见框 3.3 和第 6.4.1 节，特别是公式(6.4.3)、(6.4.9)和(6.4.10)）。没有考虑体力，并忽略了热交换，因此省略了能量方程。由于是无限大体，故没有边界条件。在受摄动前物体的位置是 $\bar{\boldsymbol{x}}(\boldsymbol{X})$，名义应力和变形梯度的状态分别是 $\bar{\boldsymbol{P}}$ 和 $\bar{\boldsymbol{F}}$，在整个物体中两者皆为常数。

物体受到 $\tilde{\boldsymbol{u}}(\boldsymbol{X},t)$ 的摄动，于是整体的摄动运动是

$$\boldsymbol{\Phi}(\boldsymbol{X},t) = \bar{\boldsymbol{x}}(\boldsymbol{X}) + \tilde{\boldsymbol{u}}(\boldsymbol{X},t) \tag{6.7.2}$$

在上式和在下面中，任何与摄动有关的变量由上标 $(\tilde{\cdot})$ 表示。假设摄动是一个在参考构形中沿着任意一个由 $\boldsymbol{n}^0$ 定义方向上的平面谐波：

$$\tilde{\boldsymbol{u}} = \boldsymbol{g} e^{(\omega t + \mathrm{i}k\boldsymbol{n}^0 \cdot \boldsymbol{X})} \equiv \boldsymbol{g} e^{\alpha(\boldsymbol{X},t)} \quad 式中 \quad \alpha(\boldsymbol{X},t) = \omega t + \mathrm{i}k\boldsymbol{n}^0 \cdot \boldsymbol{X} \tag{6.7.3}$$

式中 k 是实数，$\boldsymbol{g}$ 是常数向量，并且 $i=\sqrt{-1}$。在变形梯度中的摄动为

$$\tilde{F}_{rs} = \frac{\partial \tilde{\boldsymbol{u}}_r}{\partial X_s} = \mathrm{i}k g_r n_s^0 e^{\alpha} \quad 或 \quad \tilde{\boldsymbol{F}} = \mathrm{i}k e^{\alpha} \boldsymbol{g} \otimes \boldsymbol{n}^0 \tag{6.7.4}$$

通过开始采用 $\boldsymbol{P}=\boldsymbol{S}\cdot\boldsymbol{F}^{\mathrm{T}}$(框 3.2),可以得到在应力中的摄动:

$$\tilde{P}_{ij}=\tilde{S}_{ik}\bar{F}_{kj}^{\mathrm{T}}+\bar{S}_{ik}\tilde{F}_{kj}^{\mathrm{T}}=C_{ikas}^{SE}\bar{F}_{ar}^{\mathrm{T}}\tilde{F}_{rs}\bar{F}_{kj}^{\mathrm{T}}+\bar{S}_{ib}\tilde{F}_{bj}^{\mathrm{T}}=A_{ijrs}\tilde{F}_{rs} \tag{6.7.5}$$

这里我们应用了 $\boldsymbol{C}^{SE}$ 的次对称性,并由下式定义 $\boldsymbol{A}$:

$$A_{ijrs}=\bar{F}_{jb}\bar{F}_{ra}C_{ibas}^{SE}+\bar{S}_{is}\delta_{rj} \tag{6.7.6}$$

当材料是超弹性时,张量 $\boldsymbol{A}$ 与第一弹性张量有关,因此它一般缺少次对称性,见第 5.4.8 节。注意到上式与公式(6.4.3)的相似性,它也是本构关系的线性化。

通过将 $\boldsymbol{P}=\bar{\boldsymbol{P}}+\tilde{\boldsymbol{P}}$ 代入公式(6.7.1),得到摄动运动方程(即线性化的),并注意到 $\bar{\boldsymbol{P}}$ 是平衡结果:

$$\frac{\partial\tilde{P}_{ji}}{\partial X_j}=\rho_0\frac{\partial^2\tilde{u}_i}{\partial t^2} \tag{6.7.7}$$

将公式(6.7.4)代入式(6.7.5),并将结果代入式(6.7.7),给出

$$\rho_0\frac{\partial^2\tilde{u}_i}{\partial t^2}=\frac{\partial}{\partial X_j}(A_{jisr}\tilde{F}_{rs})=-k^2e^{\alpha}A_{jisr}g_rn_s^0n_j^0 \tag{6.7.8}$$

将式(6.7.3)代入到上式的左侧,得到

$$(\rho_0\omega^2\delta_{ri}+k^2A_{jisr}n_s^0n_j^0)g_r=0 \qquad i=1\text{ 至 }n_{SD} \tag{6.7.9}$$

上式可以重写为如下形式

$$\left(\frac{\omega^2}{k^2}\delta_{ir}+\frac{1}{\rho_0}\bar{A}_{ir}\right)g_r=0 \quad \text{式中} \quad \bar{A}_{ir}(\boldsymbol{n}^0)=A_{jisr}n_j^0n_s^0 \tag{6.7.10}$$

$\bar{A}(\boldsymbol{n}^0)$ 称为**声学张量**。上式是一组均匀的线性代数方程,仅当行列式为零时存在非平凡解答。从而可以得到对于复数频率 ω_I 的特征方程:

$$\det\left[\frac{\omega_I^2}{k^2}\delta_{ir}+\frac{1}{\rho_0}\bar{A}_{ir}\right]=0 \tag{6.7.11}$$

通过公式(6.7.3),可以得到稳定性条件。如果我们令 $\omega_I=a+\mathrm{i}b$,则摄动(6.7.3)可以写成

$$\tilde{\boldsymbol{x}}=\tilde{\boldsymbol{u}}=\boldsymbol{g}e^{(at+\mathrm{i}bt+\mathrm{i}k\boldsymbol{n}^0\cdot\boldsymbol{X})}=\boldsymbol{g}\cdot\underbrace{e^{at}}_{\text{增长或者衰减}}\cdot\underbrace{e^{\mathrm{i}(bt+k\boldsymbol{n}^0\cdot\boldsymbol{X})}}_{\text{等幅波}} \tag{6.7.12}$$

从上面我们可以看到,解答包括一个等幅波和一个指数的乘积。由 a 表示的幂指数 ω_I 的实部,控制了摄动的增长或者衰减。如果 ω_I 的实部是负值,则摄动衰减,并且材料是稳定的。对于任何方向的响应一定都是稳定的,即 $\forall\boldsymbol{n}^0$。另一方面,对于传播的任何方向,如果 ω_I 的实部是正值,则响应是增长的,从而材料是不稳定的,总结如下:

如果 $\mathrm{Re}(\omega_I)=a\leqslant 0$ 对于所有的 I 和所有的 $\boldsymbol{n}^0$,材料是稳定的 (6.7.13)

如果 $\mathrm{Re}(\omega_I)=a>0$ 对于所有的 I 和所有的 $\boldsymbol{n}^0$,材料是不稳定的 (6.7.14)

注意到上述分析类似于在第 6.5 节中关于离散系统的线性稳定性分析。在这两种情况中,都是施加一个摄动并且推导特征值问题的指数解答。然后通过令特征矩阵的行列式为零,得到确定稳定性的特征方程。然而与第 6.5 节相比,在这种情况下的稳定性条件更不容易处理,因为频率 ω_I 的实部必须对所有的方向 $\boldsymbol{n}^0$ 是非正的。

在离散系统中,当声学张量 $\bar{A}$ 是对称时,可以推导出关于稳定性的一个足够简单的条件:对于所有的 $\boldsymbol{n}^0$,声学张量的半正定是稳定性的充分条件。当 A 具有主对称性时,声学张量 $\bar{A}$ 是对称的。对应于公式(6.7.10)的特征值问题是 $\bar{A}g=\lambda g$,式中 $\lambda_I=-\rho_0\omega_I^2/k^2$。对于

所有的 $\boldsymbol{n}^0$，如果声学张量是对称的和正定的，则特征值是正实数，即 $\lambda_I \geqslant 0$。因此，所有的 ω_I 将为虚数而没有实部，并且通过公式(6.7.13)，响应是稳定的。

对于所有的 $\boldsymbol{n}^0$，$\bar{A}$ 的正定性也可以表达为

$$A_{ijsr} n_i^0 n_s^0 h_j h_r > 0 \qquad \forall\, \boldsymbol{h} \text{ 和 } \boldsymbol{n}^0 \tag{6.7.15}$$

这称为**强椭圆条件**。当强椭圆条件成立时，关于平衡问题的偏微分方程是椭圆型的。

有时候也要检验 $\boldsymbol{A}$ 矩阵对应于任意二阶张量 ε_{ij} 的性质。稳定性的条件是

$$\varepsilon_{ij} A_{ijsr} \varepsilon_{sr} > 0 \quad \forall\, \boldsymbol{\varepsilon} \neq 0 \tag{6.7.16}$$

这是比强椭圆条件(6.7.14)更强的一个条件。通过注意到在公式(6.7.15)中 $\varepsilon_{ij} = n_i^0 h_j$，可以看到这点，所以 ε_{ij} 被限制为是一阶张量，见 Ogden(1984：349)。在公式(6.7.16)中，组秩为 1 的二阶张量 $\varepsilon_{ij} = n_i^0 h_j$ 是任意二阶张量 ε_{ij} 空间的子集。注意到(6.7.16)对应于正定的 $\boldsymbol{A}$。

如果我们通过公式(6.7.6)写出 $\boldsymbol{A}$，则强椭圆条件(6.7.15)成为

$$(\bar{F}_{ra}\bar{F}_{ib}C_{jbas}^{SE} + S_{js}\delta_{ir}) n_j^0 n_s^0 h_i h_r > 0 \qquad \forall\, \boldsymbol{h} \text{ 和 } \boldsymbol{n}^0 \tag{6.7.17}$$

注意到上面的稳定性条件依赖于应力的状态。材料的稳定性总是依赖于应力的状态。

通过取当前构形为参考构形，可以在当前构形中表示上面的条件。应用在第 6.4.4 节中的步骤，我们注意到当取当前构形为参考构形时，$\boldsymbol{F}=\boldsymbol{I}$，$\boldsymbol{C}^{SE}=\boldsymbol{C}^{\sigma T}$，$\boldsymbol{S}=\boldsymbol{\sigma}$ 及 $\boldsymbol{n}=\boldsymbol{n}^0$，材料的稳定性为

$$(C_{jirb}^{\sigma T} + \sigma_{jb}\delta_{ir}) n_b n_j h_i h_r > 0 \qquad \forall\, \boldsymbol{h} \text{ 和 } \boldsymbol{n} \tag{6.7.18}$$

必须牢牢记住在这一稳定性分析中的假设。我们取一个无限大板材料，在一个指定的变形和应力状态下，施加一个平面波摄动。根据切线模量矩阵 $\boldsymbol{C}^{SE}$ 或者它的空间部分 $\boldsymbol{C}^{\sigma T}$，我们假设材料的响应是线性的。在加载或者卸载过程中，我们也假设材料响应不发生变化，因此材料切线模量是常数。当应用于弹塑性时，这种材料称为**线性比固体**。在大多数情况下，它给出了较好的稳定性估计。

尽管这一分析模型是高度理想化的，但它在数学上是容易处理的并且得到应用。在复杂的非均匀应力状态下，根据这一理想化分析不稳定的材料将显示不稳定的行为。对于非均匀应力状态，材料的不稳定开始于一个窄带内，这种不稳定性是局部的，并且常常在类似带状的结构中增长，如剪切带。直到材料失稳或者局部化增长得足够明显以至于达到系统的失效，**系统**才成为不稳定的。因此，直到一个增长的剪切带横跨过物体或者一个裂纹横穿过结构时，系统才是不稳定的。

当 $\boldsymbol{C}^{\sigma T}$ 不具有主对称性时，声学矩阵 $\hat{\mathbf{A}}$ 是不对称的，像在基于 Cauchy 应力的 Jaumann 率的非关联塑性或者关联塑性那样(见框 5.4)。Rudnicki 和 Rice(1975)与 Dobpvsek 和 Moran(1996)给出了关于材料局部化的丰富和变化的可能性，后者证明了在一些粘塑性材料中，由 Hopf 分岔给出平衡分支。

6.7.3 一维偏微分方程的材料不稳定性和类型的变化 材料稳定性的丧失改变了偏微分方程的性质。为了简单起见，我们以在单轴应力状态下一块无限大板的一维问题证明。我们首先给出一维的摄动分析，公式(6.7.8)的一维部分是

$$\rho_0 \frac{\partial^2 \tilde{u}}{\partial t^2} = \frac{\partial (A\tilde{F}_{11})}{\partial X} \quad \text{式中} \quad A \equiv A_{1111} = E^{SE} F_{11}^2 + S_{11} \tag{6.7.19}$$

在上式中 $\boldsymbol{A}$ 是第一弹性张量的一个元素。如果我们施加摄动 $\tilde{u} = e^{(\omega t + ikX)}$，我们得到特征方程

$$\frac{\omega^2}{k^2}+\frac{A}{\rho_0}=0 \tag{6.7.20}$$

当 $A \geqslant 0$ 时，ω 是虚数，没有实部，因此响应是稳定的；如果 $A<0$，ω 是实数并且响应是不稳定的。

我们接着在当前构形下考虑公式(6.7.20)。当参考构形对应于当前构形有 $\rho_0=\rho$ 和 $A=E^{\sigma T}+\sigma_{11}$ 时，式(6.7.20)成为

$$\frac{\omega^2}{k^2}+\frac{E^{\sigma T}+\sigma_{11}}{\rho}=0 \tag{6.7.21}$$

可以立刻看到，当 $E^{\sigma T}+\sigma_{11}>0$ 时，材料的响应是稳定的；而当 $E^{\sigma T}+\sigma_{11}<0$ 时，材料的响应是不稳定的。作为一个例子，对于不可压缩材料在单轴应力作用下，考虑本构关系 $\sigma_{11}^{\nabla J}=E^{\sigma J}D_{11}$，其中 $E^{\sigma T}$ 是对于 Jaumann 率的材料切线刚度。从框 $\dot{\mathrm{F}}$5.1 中 Cauchy 应力的 Jaumann 和 Truesdell 率之间的关系，对于不可压缩材料在单轴应力作用下，它得到了 $E^{\sigma T}+2\sigma_{11}=E^{\sigma J}$。因此，材料变化从稳定到不稳定，$E^{\sigma T}+\sigma_{11}=0$ 对应于临界应力 $E^{\sigma T}=\sigma_{11}$。对于受拉伸杆产生颈缩。这就是著名的 **Considere 准则**。从公式(6.4.18)可以看出它对应于名义应力的最大值($\dot{P}_{11}=\lambda^{-1}(E^{\sigma T}+\sigma_{11})D_{11}=0$)。

当参考构形是当前构形时，摄动波方程(6.7.19)成为

$$\rho\tilde{u}_{,tt}=(E^{\sigma T}+\sigma_{11})\tilde{u}_{,xx} \tag{6.7.22}$$

比较式(6.7.22)和(1.5.9)我们可以看出，若材料是稳定的(和 $E^{\sigma T}+\sigma_{11}>0$)，则偏微分方程是双曲线型；若材料是不稳定的(和 $E^{\sigma T}+\sigma_{11}<0$)，则系统成为椭圆型(比较式(1.5.14))。因此，当 $E^{\sigma T}+\sigma_{11}$ 从正变为负时，方程改变类型从双曲线型到椭圆型。这称为偏微分方程的**双曲线型的消失**。如果我们考虑在二维中的出平面平衡方程，则摄动方程是 $G_1\tilde{u}_{,xx}+G_2\tilde{u}_{,yy}=0$。由于材料不稳定，当其中一个模量成为负值时，偏微分方程从椭圆型变为双曲线型(即它看起来像空间的波动方程)。这称为**椭圆型的消失**。因此，材料的不稳定性与偏微分方程类型的改变有关。

6.7.4　规则化　在 20 世纪 70 年代，非线性有限元程序应用之后不久，计算分析开始涉及不稳定材料模型，无论是有意的还是无意的，人们发现了许多难题。数值解答通常成为不稳定的，并且发现结果在很大程度上依赖于网格。当时，某些力学家指出绝对不能应用那些不符合稳定性条件的本构模型。他们的观点起到了一定的作用，除非在少数材料发生不稳定的情况下，才精心设计出不稳定的本构模型，但这时将会遇到很多数值困难。然而，如果没有展示应变软化的本构模型，就没有办法模拟出实验所观察到的某些现象，如剪切带。

在努力探索这些困难的过程中，对于一维含应变软化的率无关材料，Bazant 和 Belytschko(1985)建立了一个闭合解答。他们证明对于率无关材料，当材料达到一个不稳定状态时，应变在一个点上无限增长。因此，像所希望的那样，对于材料不稳定，应变发生局部化，但是它局部化到一个零度量集合中。他们也证明，在零度量集合中的耗散消失了，因此，这些模型不能够表达断裂，断裂总是伴随着显著的能量耗散。

这导致了对于控制方程的有效规则化的研究，也称为局部化限制。在美国西北大学，我们不久发现，梯度模型和非局部模型都可以规则化结果(Bazant，Belytschko 和 Chang，1984；Lasry 和 Belytschko，1998)。在另外的方面，得到了与负模量相关难题的解决办法，如热方程，Cahn 和 Hilliard 利用梯度理论克服了这一困难。这已成为著名的 **Cahn-Hilliard**

理论。附带说一句，Hilliard 也是在西北大学，但是，我们直到后来才了解了他的工作。Aifantis(1984)是在固体力学中首先研究梯度规则化的学者之一。Triantifyllides 和 Aifantis(1986)的工作也是令人感兴趣的。

随后，在这一领域中涌现了大量的工作。它有两个主要目的：得到规则化过程的物理证明，简化非局部化和梯度模型的处理。基于塑性参数$\dot{\lambda}$的梯度，Schreyer 和 Chen(1986)引入规则化(见公式(5.5.5))。在含损伤的材料模型中，Pijaudier-Cabot 和 Bazant(1987)引入了关于损伤参数的梯度。这些都是重要的贡献，因为在六个应变分量中引进非局部性的确是相当困难的。Mulhaus 和 Vardoulakis(1987)证明了一个偶应力理论也可以规则化方程，并且 Needleman(1988)证明粘塑性提供了一个应变软化的规则化。然而，Bayliss 等人(1994)证明粘性规则化仍然导致了指数性增长。deBorst 等人(1993)证明对塑性一致性的需求引进了另一个偏微分方程，这些偏微分方程的边界条件仍然是一个谜。Fleck 等人(1994)的实验表明，其结果是金属塑性取决于尺度，并且受位错运动启发而建立了梯度塑性理论。

对于不稳定材料已经提供了四种规则化技术：

1. 梯度规则化。一个场变量的梯度引入了本构方程。
2. 积分或者非局部规则化。本构方程是非局部变量的一个函数，如非局部损伤、应变的非局部不变量或者非局部应变。
3. 偶应力规则化。
4. 通过在材料中引入率相关的规则化。

除了最后一个，所有其他的方法还是在发展的初期阶段。几乎不知道关于这些模型的材料常数和材料长度尺度。

对于粘塑性材料定律的规则化已经达到了基本完善的程度。然而，粘塑性规则化具有某些特殊性：在粘塑性模型中没有内禀长度尺度，并且材料不稳定性与在局部带中响应的指数增长有关。因此，尽管在位移上没有发展成不连续，但是在位移上的梯度却成为无界的。Wright 和 Walter(1987)已经证明了这一异常现象可以修正，通过能量方程，耦合动量方程到热传导方程，计算的长度尺度则与在金属中观察到的剪切带的宽度一致。

局部化的计算仍然存在实际的困难。对于大多数材料，剪切带的特征宽度远比物体尺度小很多。因此，需要大量的计算以得到合理的精确的结果，见 Belytschko 等人(1994)关于 20 世纪 90 年代初期什么是高分辨率的计算。应用细划网格，局部化问题的解答收敛得非常慢。这一行为常常称为网格敏感性，或者缺乏客观性，尽管它与客观性无关，或者它没有客观性：它直接得到了粗糙网格求解尖锐梯度的不稳定性的结论。

对于不稳定材料，已经采用了一些技术以改进有限元模型粗糙网格的精度。这些包括在单元中嵌入不连续场或者加密部分区域。Ortiz，Leroy 和 Needleman(1987)首先在材料不稳定点改进一个单元，当声学张量表示在单元中材料不稳定时，他们在 4 节点四边形的单元中嵌入不连续应变区。Belytschko，Fish 和 Englemann(1988)在不稳定材料中嵌入了不连续位移，通过窄带加密了应变区。在窄带中，考虑材料行为是均匀的，然而这是不合理的，因为不稳定材料不可能保持应力的均匀状态。任何摄动将引发摄动按比例增长，这已是事后的认识。尽管如此，在位移上这些模型能够有效地引起内在的不连续性。Simo，Oliver 和 Armero(1993)引用分布理论证明了一个加密的类似方法。他们也归类为强不连续(在位移上)和弱不连续(在应变上)。

正如在剪切构件中剪切带可以视为材料不稳定性的输出,断裂也可以考虑作为材料不稳定性的输出,在构件中垂直于(在Ⅱ型断裂情况下为相切于)不连续。损伤和断裂的关系已长时间被注意到(见 Lemaitre 和 Chaboche,1994,这里假设当损伤变量达到 0.7 时发生断裂)。在大多数关于损伤力学的工作中,数值 0.7 的来源是相当模糊的,但是,基于逾渗理论的相变点 0.59275 的关系是令人感兴趣的。通过含损伤的本构模型进行断裂的模拟,具有某些在剪切带模拟中遇到的相同困难,因为当损伤超过一个门槛值的时候,材料本构成为不稳定的。所有与材料不稳定相关的特性发生:对于率无关模型,局部化到一个零度量集合中(或者对于简单率相关局部模型的指数增长),零能量耗散和缺乏长度尺度。

在早期有限元断裂模型的演变中,由 Hillerborg 等人(1976)应用一个新的方法解决了这些困难。他们的思路是将断裂中的耗散能量和在单元中超过稳定门槛值的能量耗散等同起来,其结果是将断裂能处理成为一个材料参数。在应变软化单元中的能量耗散等于断裂能:

$$W^{\text{fract}} = A^e W^{\text{cont}}(\varepsilon^{\text{final}}, h) \tag{6.7.23}$$

式中 W^{fract} 是与裂纹增长跨过单元有关的断裂能;A^e 是单元的面积;$\varepsilon^{\text{final}}$ 是应力等于零时的应变。显然,应变 $\varepsilon^{\text{final}}$ 是一个非真实量,它与材料的破坏应变并没有关系。之所以选择它,是因为这样会导致在离散模型中的能量与测量到的断裂能相等。当单元面积 A^e 改变时,应变 $\varepsilon^{\text{final}}$ 必须改变,因此由断裂引起的能量耗散对于单元尺寸是一个不变量。这样,本构方程依赖于单元尺寸!这是一个奇怪而有趣的概念,因为现在偏微分方程依赖于一个离散化的参数,单元尺寸。经验证明,它应用得非常好,这在直接以有限元的形式而不是用偏微分方程表达本构关系的方向上迈出了一步。

6.8　练习

1. 对于从母单元的双单位长度正方形映射的表面,应用 Nanson 定律和练习 3.4(第 3 章)得到的表面积分的材料时间微分,

$$\frac{\mathrm{d}}{\mathrm{d}t}\int_S g\boldsymbol{n}\,\mathrm{d}S = \int_S [(\dot{g} + g\,\nabla\cdot\boldsymbol{v})\boldsymbol{I} - g\boldsymbol{L}^{\mathrm{T}}]\cdot\boldsymbol{n}\,\mathrm{d}S$$

来建立线性化的荷载刚度 $\boldsymbol{K}^{\text{ext}} = \partial\boldsymbol{f}^{\text{ext}}/\partial\boldsymbol{d}$。

2. 证明公式(6.3.60)对应于式(6.3.59)的驻值点。
3. 证明公式(6.3.61)线性化摄动 Lagrangian 方程,通过删除 Lagrange 乘子,可以转化为线性化的罚函数方程。
4. 通过令在公式(6.4.4)中的参考构形是当前构形,获得(6.4.20)。
5. 证明分别由公式(6.6.61)和(6.6.63)给出的更新的和完全的 Lagrangian 格式的临界时间步长是相等的。对于单轴应变,应用例 5.1 中切线模量之间的关系。
6. 对于一个三维直边三角形单元,建立荷载刚度。
7. 以下面的方式检验二维热传导方程 $(k_{ij}\theta_{,j})_{,i}=0$ 的解答的稳定性。考虑在均匀温度下的无限大板,并施加摄动 $\tilde{\theta}=e^{\omega t+\mathrm{i}k\boldsymbol{n}\cdot\boldsymbol{x}}$,式中 k 是实数。应用热传导的瞬变方程,如果 k_{ij} 是对称的,确定结果是稳定的条件。

7

任意 Lagrangian 和 Eulerian 公式

7.1 引言

许多问题不能够通过应用 Lagrangian 网格有效地解决。当材料严重变形时，Lagrangian 单元同样发生严重的扭曲，因为它们随材料一起变形，从而使这些单元的近似精度变差，特别是对于高阶单元。在积分点的 Jacobian 行列式可能成为负值，从而使计算中止或者引起严重的局部误差。此外，也削弱了线性化 Newton 方程的条件，并且显式稳定时间步长明显下降。在许多发生严重大变形的模拟中，重新划分 Lagrangian 网格是不可避免的，这是一个沉重的负担，而且由于网格投影引入了误差。

在某些问题中，Lagrangian 方法是根本不适用的。例如，对于高速流动的流体力学问题，注意力通常集中在一个特定的空间子域上，如围绕机翼的区域。类似地，流动过程的模拟包括材料流动穿过固定的空间区域，如喷射。这些类型的问题更适合于应用 Eulerian 单元。在 Eulerian 有限元中，单元在空间上是固定的，材料从单元中流过。这样 Eulerian 有限元不会随着材料运动而扭曲。但是，由于材料通过单元对流，本构方程的处理和更新是复杂的。

遗憾的是，应用 Eulerian 单元处理移动边界和相互作用问题是十分困难的。因此，已经发展了组合 Eulerian 和 Lagrangian 方法优点的杂交技术，称它们为任意的 Lagrangian Eulerian 方法（Arbitrary Lagrangian Eulerian，ALE）。ALE 有限元格式的目的是集成 Lagrangian 和 Eulerian 有限元的优越性，而将它们的缺陷降至最低。如闻其名，ALE 描述的是 Lagrangian 描述和 Eulerian 描述的任意组合。这里任意一词实际上指组合是由用户通过对网格运动的选择指定的。当然，如果能够消除严重扭曲的网格，需要对网格运动作出明智的选择，而这通常给用户带来了额外的负担。

如同我们将要看到的，ALE 方法和 Eulerian 方法的格式是紧密平行的。事实上，Eulerian 方法是 ALE 方法的一个子集。相关文献已经相当丰富。读者可以参考 Belytschko 和 Kennedy(1978)；Hughes，Liu 和 Zimmerman(1981)；Liu(1981)；Liu 和 Ma (1982)；Liu 和 Chang(1984)；Belytschko 和 Liu(1985)；Liu 和 Chang(1985)；Liu，

Belytschko 和 Chang(1986)；Huerta 和 Liu(1988)；Liu，Chang，Chen 和 Belytschko (1988)；Benson(1989)；Liu，Chen，Belytschko 和 Zhang(1991)；Hu 和 Liu(1993)。

本章从第 7.2 节讨论一个在 ALE 框架内的运动开始。对于这个更一般的框架，需要另一个称为参考系的参考坐标系(我们也称它为 ALE 系)。在 ALE 系中，必须描述网格的运动，表示出材料和网格的速度和加速度。另外，我们检验 ALE 格式到 Lagrangian 和 Eulerian 格式的退化，以及在 ALE 描述中引入的映射指定条件。

第 7.3 节描述了 ALE 格式的守恒方程。从方便的角度选取，我们主要需要的方程是在第 3.5 节建立的 Eulerian 守恒方程。ALE 的弱形式非常类似于在更新的 Lagrangian 格式中的弱形式，一个主要的区别是在 ALE 描述中质量守恒方程必须由连续方程处理，即通过一个偏微分方程，而在 Lagrangian 格式中是通过一个代数方程完成的。

ALE 控制方程的综述在第 7.4 节中给出，并且在第 7.5 节中展示了弱形式。我们将在第 7.5.3 节中建立有限元近似，并以单元坐标的形式将它们写出。由于弱形式与更新的 Lagrangian 格式的相似性，离散动量方程也十分相似。主要的不同存在于惯性项中，弱形式包含了非常量的质量矩阵。

在 ALE 网格中，不再使用单元坐标代替材料坐标。需要精心设计程序更新应力和网格，这些描述分别在第 7.8 和 7.10 节中给出。

ALE 和 Eulerian 方法的一个主要特征是在动量和连续方程中出现了对流项。通过应用在第 6 章中描述的解决称为空间不稳定的方法，可以直接处理这些项。这类似于在第 6 章中所研究的时间不稳定问题，但是这些项也出现在与时间无关的问题中。它们本身依赖于某个变量在空间发生震荡。通过应用在第 7.6 节描述的迎风流线 Petrov-Galerkin (SUPG)方法，我们将对这些不稳定问题进行稳定化处理。在第 7.7 节将建立 Petrov-Galerkin 格式的动量方程。

在离散动量方程中，内力和外力的线性化将在第 7.9 节建立。一个弹-塑性波传播问题的更新的 ALE 数值的例子，将在第 7.11 节展示。最后，在第 7.12 节将推导完全的 ALE 方法。

7.2　ALE 连续介质力学

7.2.1　材料运动、网格位移、网格速度和网格加速度　在 ALE 方法中，必须描述网格和材料的运动。材料的运动如前面的描述为：

$$\boldsymbol{x} = \boldsymbol{\phi}(\boldsymbol{X}, t) \tag{7.2.1}$$

式中 $\boldsymbol{X}$ 是材料坐标。函数 $\boldsymbol{\phi}(\boldsymbol{X},t)$ 将物体从初始构形 Ω_0 映射到当前或者空间构形 Ω。尽管在本书中通篇称其为运动，但在这一章中我们将常常称它为**材料运动**以区别于网格运动。它和应用于描述 Lagrangian 单元运动的映射是一致的。

在 ALE 格式中，我们考虑另一个参考域 $\hat{\Omega}$，如图 7.1 所示。这个域称为**参考域**或者 **ALE 域**。由 $\boldsymbol{\chi}$ 表示质点位置的初始值，因此，

$$\boldsymbol{\chi} = \boldsymbol{\phi}(\boldsymbol{X}, 0) \tag{7.2.2}$$

坐标 $\boldsymbol{\chi}$ 称为**参考**或者 **ALE 坐标**。在多数情况下，$\boldsymbol{\phi}(\boldsymbol{X},0)=\boldsymbol{X}$，所以 $\boldsymbol{\chi}(\boldsymbol{X},0)=\boldsymbol{X}$。应用参考域 $\hat{\Omega}$ 描述网格的运动，独立于材料运动。在编程中，应用域 $\hat{\Omega}$ 构成初始网格，在整个计算

中，它与网格始终保持重合，因此它也被认为是**计算域**。

网格的运动描述为

$$\boldsymbol{x} = \hat{\boldsymbol{\phi}}(\boldsymbol{\chi}, t) \tag{7.2.3}$$

这个映射$\hat{\boldsymbol{\phi}}$在 ALE 有限元格式中扮演了一个关键的角色。通过这个映射，在 ALE 域 $\hat{\Omega}$ 中的点$\boldsymbol{\chi}$ 被映射到空间域 Ω 中的点 $\boldsymbol{x}$。

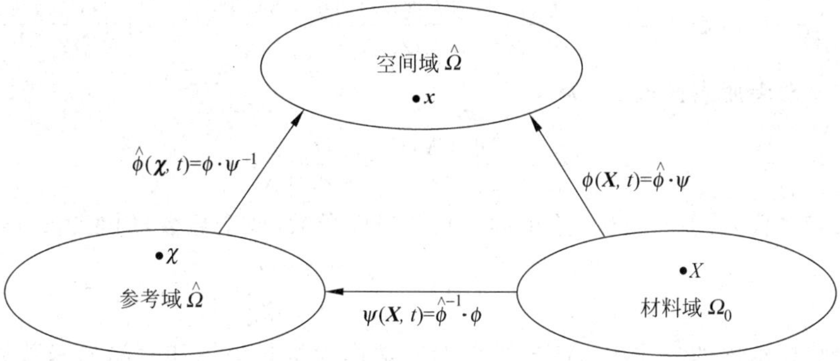

图 7.1 在 Lagrangian，Eulerian 和 ALE 域之间的映射

在图 7.1 中出现了公式(7.2.1)和(7.2.3)，通过函数的复合，我们可以将 ALE 坐标与材料坐标联系起来：

$$\boldsymbol{\chi} = \boldsymbol{\phi}^{-1}(\boldsymbol{x}, t) = \hat{\boldsymbol{\phi}}^{-1}(\boldsymbol{\phi}(\boldsymbol{X}, t), t) = \boldsymbol{\Psi}(\boldsymbol{X}, t) \quad \text{或者} \quad \boldsymbol{\Psi} = \hat{\boldsymbol{\phi}}^{-1} \circ \boldsymbol{\phi} \tag{7.2.4}$$

从上面可以看到，材料坐标和 ALE 坐标之间的关系是时间的一个函数。

由网格运动和$\boldsymbol{\Psi}$映射的复合可以表示材料运动：

$$\boldsymbol{x} = \boldsymbol{\phi}(\boldsymbol{X}, t) = \hat{\boldsymbol{\phi}}(\boldsymbol{\Psi}(\boldsymbol{X}, t), t) \quad \text{或者} \quad \boldsymbol{\phi} = \hat{\boldsymbol{\phi}} \circ \boldsymbol{\Psi} \tag{7.2.5}$$

将会看到，在 ALE 算法中，网格运动是预先设置的或者是由计算得到的。如果映射$\boldsymbol{\Psi}$是可逆的，通过上面函数的复合，则可以重新建立材料的运动。

我们现在定义网格运动的位移、速度和加速度，它们分别称为网格位移、网格速度和网格加速度。**网格位移** $\hat{\boldsymbol{u}}$ 定义为

$$\hat{\boldsymbol{u}}(\boldsymbol{\chi}, t) = \boldsymbol{x} - \boldsymbol{\chi} = \hat{\boldsymbol{\phi}}(\boldsymbol{\chi}, t) - \boldsymbol{\chi} \tag{7.2.6}$$

注意上面的定义与材料位移的定义($\boldsymbol{u}=\boldsymbol{x}-\boldsymbol{X}$)的相似之处。在材料描述中，为了得到网格位移，ALE 参考坐标代替了材料坐标。**网格速度**也类似地定义为材料速度：

$$\hat{\boldsymbol{v}}(\boldsymbol{\chi}, t) = \frac{\partial \hat{\boldsymbol{\phi}}(\boldsymbol{\chi}, t)}{\partial t} \equiv \left.\frac{\partial \hat{\boldsymbol{\phi}}}{\partial t}\right|_{\boldsymbol{\chi}} \equiv \hat{\boldsymbol{\phi}}_{,t}[\boldsymbol{\chi}] \tag{7.2.7}$$

在上面，ALE 坐标$\boldsymbol{\chi}$ 是固定的；在材料速度的表达式中，材料坐标 $\boldsymbol{X}$ 是固定的。在公式(7.2.7)中采用了 3 个标记。当直接给出独立变量时，我们简单地应用对时间的偏导数以表示网格的速度。如果没有直接给出独立变量，我们将指定固定坐标，其表示方式或者是在竖线后面跟随一个下角标，或者是在括号后面跟随下角标“，t”，如上所示。

网格加速度为

$$\hat{\boldsymbol{a}} = \frac{\partial \hat{\boldsymbol{v}}(\boldsymbol{\chi}, t)}{\partial t} = \frac{\partial^2 \hat{\boldsymbol{u}}(\boldsymbol{\chi}, t)}{\partial t^2} = \hat{\boldsymbol{u}}_{,tt[\boldsymbol{\chi}]} \tag{7.2.8}$$

在 ALE 网格而不是 Lagrangian 网格中，网格加速度和网格速度没有任何物理意义。当网格是 Lagrangian 时，它们对应于材料速度和加速度。

7.2.2　材料时间导数和传递速度　在 ALE 描述中，场通常表示为 ALE 坐标$\boldsymbol{\chi}$和时间 t 的函数。材料时间导数（或全导数）必须通过链规则得到，类似于在第 3.2.5 节中用 Eulerian 描述获得材料时间导数的过程。考虑一个指定的函数 $f(\boldsymbol{\chi},t)$，利用链规则，给出

$$\frac{\mathrm{D}f}{\mathrm{D}t}\equiv\dot{f}(\boldsymbol{\chi},t)=\frac{\partial f(\boldsymbol{\chi},t)}{\partial t}+\frac{\partial f(\boldsymbol{\chi},t)}{\partial\chi_i}\frac{\partial\Psi_i(\boldsymbol{X},t)}{\partial t}=f_{,t[\boldsymbol{\chi}]}+\frac{\partial f}{\partial\chi_i}\frac{\partial\chi_i}{\partial t}\tag{7.2.9}$$

我们现在定义**参考质点速度** w_i 为

$$w_i=\frac{\partial\Psi_i(\boldsymbol{X},t)}{\partial t}=\left.\frac{\partial\chi_i}{\partial t}\right|_{[\boldsymbol{X}]}\tag{7.2.10}$$

将公式(7.2.10)代入式(7.2.9)，给出如下材料时间导数（或全导数）的表达式：

$$\frac{\mathrm{D}f}{\mathrm{D}t}\equiv\dot{f}(\boldsymbol{\chi},t)=f_{,t[\boldsymbol{\chi}]}+\frac{\partial f}{\partial\chi_i}\omega_i\tag{7.2.11}$$

在下面将要给出的公式中，ALE 场变量通常作为材料坐标和时间的函数处理。因此，以空间梯度的形式可以很方便地建立材料时间导数。为了这个目的，我们首先建立材料速度、网格速度和参考速度之间的关系。我们从材料运动的表达式(7.2.1)开始，并使其等于函数$\hat{\boldsymbol{\phi}}\circ\boldsymbol{\Psi}$的组合，从图 7.1 可以很容易地看出它与材料运动之间的等价性。可以得到与公式(7.2.5)同样的表达式：

$$\boldsymbol{x}=\boldsymbol{\phi}(\boldsymbol{X},t)=\hat{\boldsymbol{\phi}}(\boldsymbol{\Psi}(\boldsymbol{X},t),t)=\hat{\boldsymbol{\phi}}\circ\boldsymbol{\Psi}\tag{7.2.12}$$

这里最后一个表达式证明了运动是网格运动和$\boldsymbol{\Psi}$映射的复合。对于材料速度，应用第三项建立链规则的表达式，给出

$$\boldsymbol{v}_j=\frac{\partial\phi_j(\boldsymbol{X},t)}{\partial t}=\frac{\partial\hat{\phi}_j(\boldsymbol{\chi},t)}{\partial t}+\frac{\partial\hat{\phi}_j(\boldsymbol{\chi},t)}{\partial\chi_i}\frac{\partial\Psi_i(\boldsymbol{X},t)}{\partial t}=\hat{\boldsymbol{v}}_j+\frac{\partial\chi_j}{\partial\chi_i}\left.\frac{\partial\chi_i}{\partial t}\right|_{[\boldsymbol{X}]}\tag{7.2.13}$$

这里我们利用了网格速度的定义(7.2.7)。由式(7.2.10)我们可以重写上式右侧的第二项：

$$\frac{\partial x_j(\boldsymbol{\chi},t)}{\partial\chi_i}\frac{\partial\chi_i(\boldsymbol{X},t)}{\partial t}=\frac{\partial x_j}{\partial\chi_i}w_i\tag{7.2.14}$$

现在我们定义**传递速度** $\boldsymbol{c}$，作为材料速度和网格速度之间的差：

$$c_i=v_i-\hat{v}_i\tag{7.2.15}$$

利用公式(7.2.13)表示 $v_i-\hat{v}_i$ 然后代入式(7.2.14)，得到

$$c_i=v_i-\hat{v}_i=\frac{\partial x_i(\boldsymbol{\chi},t)}{\partial\chi_j}\frac{\partial\chi_j(\boldsymbol{X},t)}{\partial t}=\frac{\partial x_i(\boldsymbol{\chi},t)}{\partial\chi_j}w_j\tag{7.2.16}$$

在 ALE 格式中，将经常应用传递速度 $\boldsymbol{c}$、材料速度 $\boldsymbol{v}$、网格速度 $\hat{\boldsymbol{v}}$和参考速度 $\boldsymbol{w}$ 之间的关系。

为了利用空间梯度建立材料时间导数的表达式，我们从公式(7.2.3)注意到，链规则给出：

$$\left.\frac{\partial f}{\partial\chi_i}\right|_t=\left.\frac{\partial f}{\partial x_j}\right|_t\left.\frac{\partial x_j}{\partial\chi_i}\right|_t$$

我们在这里加竖线是为了强调仅当时间固定时这个关系式成立。将上面代入公式(7.2.9),给出

$$\frac{\mathrm{D}f}{\mathrm{D}t} = f_{,t[\chi]} + \frac{\partial f}{\partial x_j}\frac{\partial x_j}{\partial \chi_i}\frac{\partial \chi_i}{\partial t}\bigg|_{[\boldsymbol{X}]} = f_{,t[\boldsymbol{\chi}]} + f_{,j}\frac{\partial x_j}{\partial \chi_i}w_i = f_{,t[\boldsymbol{\chi}]} + f_{,j}c_j \tag{7.2.17}$$

这里在第三个等式中应用了公式(7.2.10),并在最后一个等式中应用了式(7.2.16)。上面给出的材料时间导数,对应于以 ALE 固定坐标和空间梯度的函数对时间偏导数的形式。在本书的余下部分,注意跟随逗号后面的指标表示对应于 Eulerian 坐标的空间导数。以向量标记,上式可以写作为

$$\frac{\mathrm{D}f}{\mathrm{D}t} = f_{,t[\boldsymbol{\chi}]} + \boldsymbol{c}\cdot \operatorname{grad} f = f_{,t[\boldsymbol{\chi}]} + \boldsymbol{c}\cdot \nabla f \tag{7.2.18}$$

7.2.3 ALE 描述与 Eulerian 和 Lagrangian 描述的关系 现在有必要将 Lagrangian 和 Eulerian 描述与 ALE 描述联系起来。我们首先令$\boldsymbol{\chi}=\boldsymbol{X}$,即令 ALE 坐标与材料坐标重合,则网格运动(7.2.3)可以写成

$$\boldsymbol{x} = \hat{\boldsymbol{\phi}}(\boldsymbol{X},t)$$

由于现在网格运动与材料运动(7.2.1)一致,这表示网格现在是 Lagrangian 的形式。这也可以通过检验$\boldsymbol{\Psi}$映射(7.2.4)看到,它成为

$$\boldsymbol{X} = \boldsymbol{\Psi}(\boldsymbol{X},t) = I(\boldsymbol{X})$$

如上所示,$\boldsymbol{\Psi}$映射成为一致映射,即在这种情况下,ALE 坐标与材料坐标是一致的。这实际上没有什么创新,因为这是我们的出发点。尽管如此,它是令人感兴趣的,因为当我们检验 ALE 格式退化为 Eulerian 格式时,将出现对应性。

如果我们令 ALE 坐标等于 Eulerian 坐标,即$\boldsymbol{\chi}=\boldsymbol{x}$,那么网格运动为

$$\boldsymbol{x} = \hat{\boldsymbol{\phi}}(\boldsymbol{x},t) = I(\boldsymbol{x})$$

所以网格运动是一致映射,即网格在空间固定。Eulerian 描述的动力为

$$\boldsymbol{x} = \boldsymbol{\phi}(\boldsymbol{\Psi}^{-1}(\boldsymbol{x},t),t) = I(\boldsymbol{x}) \quad \text{或者} \quad \boldsymbol{\phi}\circ\boldsymbol{\Psi}^{-1} = I(\boldsymbol{x})$$

所以,当 ALE 描述退化到 Eulerian 描述时

$$\boldsymbol{\phi} = \boldsymbol{\Psi}$$

这样两种退化可以互相回复。在 ALE 退化为 Lagrangian 描述中,$\boldsymbol{\Psi}$映射变成一致映射,并且网格的运动成为材料运动;而在它退化到 Eulerian 描述中,网格运动成为一致映射,$\boldsymbol{\Psi}$映射成为材料运动。

考察材料时间导数的 Eulerian 和 Lagrangian 形式也是令人感兴趣的,它们被嵌入在 ALE 形式中。回顾一下关于不同描述的材料时间导数表达式:

$$\frac{\mathrm{D}f}{\mathrm{D}t} = \dot{f} = \frac{\partial f(\boldsymbol{X},t)}{\partial t} \qquad \text{Lagrangian 描述}(\boldsymbol{X},t) \tag{7.2.19}$$

$$= f_{,t[\boldsymbol{x}]} + \frac{\partial f}{\partial x_i}\frac{\partial x_i}{\partial t}\bigg|_{[\boldsymbol{X}]} = f_{,t[\boldsymbol{x}]} + f_{,i}v_i \qquad \text{Eulerian 描述}(\boldsymbol{x},t) \tag{7.2.20}$$

$$= f_{,t[\boldsymbol{\chi}]} + \frac{\partial f}{\partial \chi_i}\frac{\partial \chi_i}{\partial t}\bigg|_{[\boldsymbol{X}]} = f_{,t[\boldsymbol{\chi}]} + \frac{\partial f}{\partial \chi_i}w_i \qquad \text{ALE 描述}(\boldsymbol{\chi},t) \tag{7.2.21}$$

当描述成为 Lagrangian，$\boldsymbol{\chi}=\boldsymbol{X}$ 时，传递速度 $\boldsymbol{c}=0$，ALE 形式(7.2.21)退化为 Lagrangian 形式(7.2.19)；当描述成为 Eulerian，$\boldsymbol{\chi}=\boldsymbol{x}$ 时，传递速度等于材料速度，$\boldsymbol{c}=\boldsymbol{v}$，ALE 形式(7.2.21)退化为 Eulerian 形式(7.2.20)。

ALE，Lagrangian 和 Eulerian 描述之间的关系总结在表 7.1 中。在表中给出了每一种描述的材料运动、位移和速度，以及网格运动、位移和速度。从表中可以看出，材料运动是与描述无关的，而网格运动随着描述变化。只要用 ALE 坐标代替材料坐标，网格运动的定义则与材料运动的定义完全类似。

例 7.1　在 $t=0$ 时，物质、参考和空间域重合。假设杆以恒定速度 ω_1 转动，参考域以 ω_2 转动，如图 7.2 所示。材料域与空间域之间的夹角 θ_1 等于 $\omega_1 t$；空间域与参考域之间的夹角 θ_2 等于 $\omega_2 t$。材料、参考和空间坐标分别以 X_1, X_2, χ_1, χ_2 和 x_1, x_2 表示。

表 7.1　ALE 格式与 Lagrangian 和 Eulerian 描述的动力学对比

描述		通常 ALE	Lagrangian	Eulerian
运动	材料	$\boldsymbol{x}=\boldsymbol{\phi}(\boldsymbol{X},t)$	$\boldsymbol{x}=\boldsymbol{\varphi}(\boldsymbol{X},t)$	$\boldsymbol{x}=\boldsymbol{\varphi}(\boldsymbol{X},t)$
	网格	$\boldsymbol{x}=\hat{\boldsymbol{\phi}}(\boldsymbol{\chi},t)$	$\boldsymbol{x}=\boldsymbol{\varphi}(\boldsymbol{X},t)$ $(\boldsymbol{\chi}=\boldsymbol{X},\hat{\boldsymbol{\varphi}}=\boldsymbol{\varphi})$	$\boldsymbol{x}=I(\boldsymbol{x})$ $(\boldsymbol{\chi}=\boldsymbol{x},\hat{\boldsymbol{\varphi}}=\boldsymbol{I})$
位移	材料	$\boldsymbol{u}=\boldsymbol{x}-\boldsymbol{X}$	$\boldsymbol{u}=\boldsymbol{x}-\boldsymbol{X}$	$\boldsymbol{u}=\boldsymbol{x}-\boldsymbol{X}$
	网格	$\hat{\boldsymbol{u}}=\boldsymbol{x}-\boldsymbol{\chi}$	$\hat{\boldsymbol{u}}=\boldsymbol{x}-\boldsymbol{X}=\boldsymbol{u}$	$\hat{\boldsymbol{u}}=\boldsymbol{x}-\boldsymbol{x}=\boldsymbol{0}$
速度	材料	$\boldsymbol{v}=\boldsymbol{u}_{,t[X]}$	$\boldsymbol{v}=\boldsymbol{u}_{,t[X]}$	$\boldsymbol{v}=\boldsymbol{u}_{,t[X]}$
	网格	$\hat{\boldsymbol{v}}=\boldsymbol{u}_{,t[\chi]}$	$\hat{\boldsymbol{v}}=\hat{\boldsymbol{u}}_{,t[X]}=\boldsymbol{v}$	$\hat{\boldsymbol{v}}=\hat{\boldsymbol{u}}_{,t[\chi]}=\boldsymbol{0}$
加速度	材料	$\boldsymbol{a}=\boldsymbol{v}_{,t[X]}$	$\boldsymbol{a}=\boldsymbol{v}_{,t[X]}$	$\boldsymbol{a}=\boldsymbol{v}_{,t[X]}$
	网格	$\hat{\boldsymbol{a}}=\hat{\boldsymbol{v}}_{,t[\chi]}$	$\hat{\boldsymbol{a}}=\hat{\boldsymbol{v}}_{,t[X]}=\boldsymbol{a}$	$\hat{\boldsymbol{a}}=\hat{\boldsymbol{v}}_{,t[\chi]}=\boldsymbol{0}$

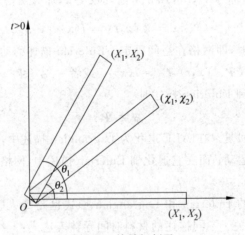

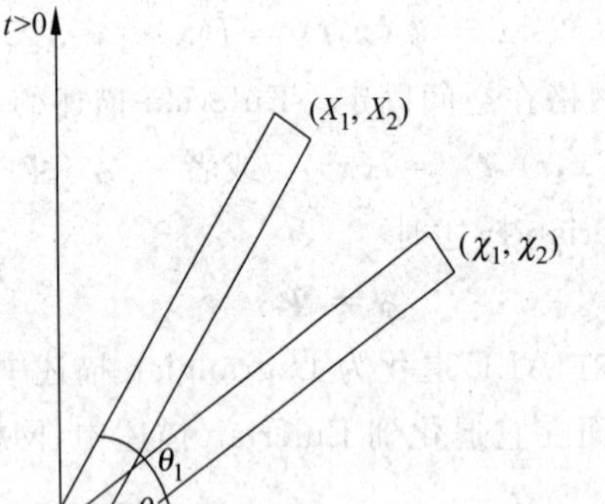

图 7.2　旋转杆例子

在空间坐标 $\boldsymbol{x}$ 和材料坐标 $\boldsymbol{X}$ 之间的关系可以描述为

$$\boldsymbol{\phi}(\boldsymbol{X})=\begin{Bmatrix}x_1\\x_2\end{Bmatrix}=\begin{bmatrix}\cos\theta_1 & \sin\theta_1\\-\sin\theta_1 & \cos\theta_1\end{bmatrix}\begin{bmatrix}X_1\\X_2\end{bmatrix}\tag{E7.1.1}$$

对上式求逆，我们可以得到$\boldsymbol{\phi}^{-1}(\boldsymbol{x})$：

$$\boldsymbol{\phi}^{-1}(\boldsymbol{x})=\begin{Bmatrix}X_1\\X_2\end{Bmatrix}=\begin{bmatrix}\cos\theta_1 & -\sin\theta_1\\ \sin\theta_1 & \cos\theta_1\end{bmatrix}\begin{bmatrix}x_1\\x_2\end{bmatrix} \tag{E7.1.2}$$

类似于我们在上面定义的关系，除了角度由 θ_2 代替 θ_1 之外，参考坐标$\boldsymbol{\chi}$ 和空间坐标 $\boldsymbol{x}$ 之间的关系可以表示为

$$\hat{\boldsymbol{\phi}}(\boldsymbol{\chi})=\begin{Bmatrix}x_1\\x_2\end{Bmatrix}=\begin{bmatrix}\cos\theta_2 & \sin\theta_2\\ -\sin\theta_2 & \cos\theta_2\end{bmatrix}\begin{bmatrix}\chi_1\\\chi_2\end{bmatrix} \tag{E7.1.3}$$

$$\hat{\boldsymbol{\phi}}^{-1}(\boldsymbol{x})=\begin{Bmatrix}\chi_1\\\chi_2\end{Bmatrix}=\begin{bmatrix}\cos\theta_2 & -\sin\theta_2\\ \sin\theta_2 & \cos\theta_2\end{bmatrix}\begin{bmatrix}x_1\\x_2\end{bmatrix} \tag{E7.1.4}$$

最后的映射包括参考坐标$\boldsymbol{\chi}$ 和材料坐标 $\boldsymbol{X}$ 之间的关系：

$$\boldsymbol{\Psi}(\boldsymbol{X})=\begin{Bmatrix}\chi_1\\\chi_2\end{Bmatrix}=\begin{bmatrix}\cos(\theta_1-\theta_2) & \sin(\theta_1-\theta_2)\\ -\sin(\theta_1-\theta_2) & \cos(\theta_1-\theta_2)\end{bmatrix}\begin{bmatrix}X_1\\X_2\end{bmatrix} \tag{E7.1.5}$$

$$\boldsymbol{\Psi}^{-1}(\boldsymbol{\chi})=\begin{Bmatrix}X_1\\X_2\end{Bmatrix}=\begin{bmatrix}\cos(\theta_1-\theta_2) & -\sin(\theta_1-\theta_2)\\ \sin(\theta_1-\theta_2) & \cos(\theta_1-\theta_2)\end{bmatrix}\begin{bmatrix}\chi_1\\\chi_2\end{bmatrix} \tag{E7.1.6}$$

到目前为止，所有的域都已经定义了，我们可以证明在上节中给出的关系。

为证明$\boldsymbol{\varphi}=\hat{\boldsymbol{\varphi}}\circ\boldsymbol{\Psi}$，我们利用(E7.13)和(E7.15)：

$$\begin{aligned}\hat{\boldsymbol{\varphi}}\circ\boldsymbol{\Psi}&=\begin{bmatrix}\cos\theta_2 & \sin\theta_2\\ -\sin\theta_2 & \cos\theta_2\end{bmatrix}\begin{bmatrix}\cos(\theta_1-\theta_2) & \sin(\theta_1-\theta_2)\\ -\sin(\theta_1-\theta_2) & \cos(\theta_1-\theta_2)\end{bmatrix}\begin{bmatrix}X_1\\X_2\end{bmatrix}\\&=\begin{bmatrix}\cos\theta_1 & \sin\theta_1\\ -\sin\theta_1 & \cos\theta_1\end{bmatrix}\begin{bmatrix}X_1\\X_2\end{bmatrix}\\&=\phi\end{aligned}$$

按照同样的程序，我们能够证明$\hat{\boldsymbol{\Psi}}=\hat{\boldsymbol{\varphi}}^{-1}\circ\boldsymbol{\varphi}$ 和$\hat{\boldsymbol{\varphi}}=\boldsymbol{\varphi}\circ\boldsymbol{\Psi}^{-1}$。

在参考和材料域之间，位移 $\boldsymbol{u}$ 可以定义为

$$\boldsymbol{u}=\boldsymbol{x}-\boldsymbol{X}=\begin{bmatrix}\cos\theta_1-1 & \sin\theta_1\\ -\sin\theta_1 & \cos\theta_1-1\end{bmatrix}\boldsymbol{X} \tag{E7.1.7}$$

速度和加速度可以分别得到：

$$\boldsymbol{v}=\omega_1\begin{bmatrix}-\sin\theta_1 & \cos\theta_1\\ -\cos\theta_1 & -\sin\theta_1\end{bmatrix}\boldsymbol{X} \tag{E7.1.8}$$

在空间和参考域之间，可以获得位移和速度分别为

$$\hat{\boldsymbol{u}}=\boldsymbol{x}-\boldsymbol{\chi}=\begin{Bmatrix}x_1\\x_2\end{Bmatrix}=\begin{bmatrix}\cos\theta_2-1 & \sin\theta_2\\ -\sin\theta_2 & \cos\theta_2-1\end{bmatrix}\boldsymbol{\chi} \tag{E7.1.9}$$

$$\boldsymbol{v}=\omega_2\begin{bmatrix}-\sin\theta_2 & \cos\theta_2\\ -\cos\theta_2 & -\sin\theta_2\end{bmatrix}\boldsymbol{\chi} \tag{E7.1.10}$$

参考速度 $\boldsymbol{w}$ 定义为

$$\boldsymbol{w}=\frac{\partial\boldsymbol{\Psi}(\boldsymbol{X},t)}{\partial t}=(\omega_1-\omega_2)\begin{bmatrix}-\sin(\theta_1-\theta_2) & \cos(\theta_1-\theta_2)\\ -\cos(\theta_1-\theta_2) & -\sin(\theta_1-\theta_2)\end{bmatrix}\boldsymbol{X} \tag{E7.1.11}$$

传递速度 $c_i=\dfrac{\partial x_i(\boldsymbol{\chi},t)}{\partial \chi_j}w_j$，可以应用公式(E7.1.3)和(E7.1.11)计算：

$$\boldsymbol{c}=(\omega_1-\omega_2)\begin{bmatrix}-\sin(\theta_1) & \cos(\theta_1)\\ -\cos(\theta_1) & -\sin(\theta_1)\end{bmatrix}\boldsymbol{X} \tag{E7.1.12}$$

最后，我们将公式(E7.1.12)、(E7.1.8)和(E7.1.10)代入 $\boldsymbol{c}=\boldsymbol{v}-\hat{\boldsymbol{v}}$，以验证速度之间的关系。这将留给读者作为练习。

7.3 ALE 描述中的守恒规则

我们将利用的守恒规则，在形式上与在第 3 章 Eulerian 描述中的那些几乎相同，唯一的修改是用材料时间导数的 ALE 形式(7.2.17)代替所有的材料时间导数，其结果是在更新的 Lagrangian 格式(框 4.1)中的 Eulerian 描述和 ALE 描述之间的**唯一**的区别是材料时间导数项。

与在第 4 章中建立的 Lagrangian 格式的主要区别是，我们现在需要以偏微分方程(即连续方程)的形式考虑质量守恒方程。因此，我们几乎总是在处理两个系统的偏微分方程：标量连续方程和向量动量方程。当它们与热交换或者其他能量转换耦合时，还必须包括能量方程。

7.3.1 质量守恒(连续方程) 在 Eulerian 描述中，连续方程为

$$\dot{\rho}+\rho v_{j,j}=0 \tag{7.3.1}$$

应用 ALE 形式(7.2.17)替换上面的材料时间导数项，连续方程成为

$$\rho_{,t[\chi]}+\rho_{,j}c_j+\rho v_{j,j}=0 \quad \rho_{,t[\chi]}+\boldsymbol{c}\cdot\mathrm{grad}\rho+\rho\,\nabla\cdot\boldsymbol{v}=0 \tag{7.3.2}$$

式中 $\nabla\cdot\boldsymbol{v}$ 是对空间坐标的散度。

推导连续方程的另一种方法是利用 Reynold 转换原理(3.5.14)：

$$\int_\Omega\left[\frac{\partial\rho}{\partial t}\bigg|_x+\frac{\partial(\rho v_i)}{\partial x_i}\right]\mathrm{d}\Omega=0 \tag{7.3.3a}$$

假设在线性动量中没有不连续，即线性动量是 C^0 函数，由对导数的乘积规则得到

$$\int_\Omega\left[\frac{\partial\rho}{\partial t}\bigg|_\chi+v_i\frac{\partial\rho}{\partial x_i}+\rho\frac{\partial v_i}{\partial x_i}\right]\mathrm{d}\Omega=0 \tag{7.3.3b}$$

观察到前两项对应于 ρ 的材料时间导数，利用公式(7.2.17)，上式成为

$$\int_\Omega\left[\frac{\partial\rho}{\partial t}\bigg|_\chi+c_i\frac{\partial\rho}{\partial x_i}+\rho\frac{\partial v_i}{\partial x_i}\right]\mathrm{d}\Omega=0 \tag{7.3.3c}$$

由于 Ω 是任意的，它得到

$$\frac{\partial\rho}{\partial t}\bigg|_\chi+c_i\frac{\partial\rho}{\partial x_i}+\rho\frac{\partial v_i}{\partial x_i}=0 \quad 在\ \Omega\ 内 \tag{7.3.3d}$$

这与公式(7.3.2)是一致的。如果线性动量是不连续的，那么我们无法将链规则应用于线性动量，因为在 ρv_i 中存在着跳跃。由于在动量中出现了不连续，我们只能利用守恒形式(7.3.3a)，而不是式(7.3.1)。

7.3.2 线和角动量的守恒 在 Eulerian 描述中的动量方程由公式(3.5.33)给出：

$$\rho\dot{v}_i=\sigma_{ji,j}+\rho b_i \tag{7.3.4}$$

在应用材料时间导数运算式(7.2.17)到式(7.3.4)之后,动量方程成为

$$\rho\{v_{i,t[\chi]}+c_j v_{i,j}\}=\sigma_{ji,j}+\rho b_i \quad \text{或者} \quad \rho\{\boldsymbol{v}_{,t[\chi]}+\boldsymbol{c}\cdot \operatorname{grad}\boldsymbol{v}\}=\operatorname{div}(\boldsymbol{\sigma})+\rho\boldsymbol{b} \tag{7.3.5}$$

同前,角动量守恒导致了Cauchy(真)应力张量的对称性$\boldsymbol{\sigma}=\boldsymbol{\sigma}^{\mathrm{T}}$。

7.3.3 能量守恒 能量守恒表示为(见公式(3.5.45))

$$\frac{\mathrm{D}}{\mathrm{D}t}\int_\Omega \rho E\,\mathrm{d}\Omega=\int_\Gamma \sigma_{ji}n_j v_i\,\mathrm{d}\Gamma+\int_\Omega b_i v_i\,\mathrm{d}\Omega-\int_{\Gamma_q} q_i n_i\,\mathrm{d}\Gamma+\int_\Omega \rho s\,\mathrm{d}\Omega \tag{7.3.6}$$

式中$q_i n_i$是在边界Γ_q向外流出的热量;w^{int}是指定的总能量密度,并且它与指定内能E的关系为

$$E=w^{\mathrm{int}}+\frac{V^2}{2} \tag{7.3.7a}$$

式中$E=(\theta,\rho)$。θ是温度;ρs是指定热源,即每单位空间体积的热源;$V^2=\boldsymbol{v}_i\boldsymbol{v}_i$。热传导的Fourier定率和热流边界条件是

$$q_i=-k_{ij}\theta_{,j} \quad q_i=-k_{ij}\theta_{,j}+k_i(\theta-\theta_0) \tag{7.3.7b}$$

这里k_{ij}和k_i分别是热传导矩阵和对流热交换系数的分量;θ_0是参考温度。

利用散度定理和式(7.2.17),可以证明能量方程是

$$\rho\{E_{,t[\chi]}+E_{,j}c_j\}=(\sigma_{ij}v_i)_{,j}+b_j v_j+(k_{ij}\theta_{,j})_{,i}+\rho s \tag{7.3.8}$$

7.4 ALE控制方程

在下面,我们给出ALE格式的系统方程、初始和边界条件。方程将以非保守的形式给出,包括能量转换,所以也包括能量方程。初始/边界值问题的目的是找出如下相关变量:

$\boldsymbol{u}(\boldsymbol{\chi},t)$	材料位移
$\boldsymbol{\sigma}(\boldsymbol{\chi},t)$	Cauchy应力张量
$\theta(\boldsymbol{\chi},t)$	热动力温度
$\hat{\boldsymbol{u}}(\boldsymbol{\chi},t)$	网格位移
$\rho(\boldsymbol{\chi},t)$	密度

在本构模型中,增加任何内变量以使它们满足场方程和本构(状态)方程,如框7.1所示。

框7.1 ALE控制方程

连续方程

$$\dot{\rho}+\rho v_{k,k}=0 \quad \text{或者} \quad \rho_{,t[\chi]}+\rho_{,i}c_i+\rho v_{k,k}=0 \tag{B7.1.1}$$

动量方程

$$\rho\dot{v}_i=\rho(v_{i,t[\chi]}+v_{i,j}c_j)=\sigma_{ji,j}+\rho b_i \tag{B7.1.2}$$

能量方程

$$\rho(E_{,t[\chi]}+E_{,i}c_i)=\sigma_{ij}D_{ij}+b_i v_i+(k_{ij}\theta_{,j})_{,i}+\rho s \tag{B7.1.3}$$

状态方程

由在第 5 章中给出的本构方程提供

自然边界条件

$$t_i(\boldsymbol{\chi},t)=n_j(\boldsymbol{\chi},t)\sigma_{ji}(\boldsymbol{\chi},t)\quad 在\ \Gamma_{t_i}\ 上 \tag{B7.1.4}$$

$$q_i(\boldsymbol{\chi},t)=-k_{ij}(\theta,\boldsymbol{\chi},t)\theta_{,j}(\boldsymbol{\chi},t)+k_i(\theta,t)(\theta-\theta_0)\quad 在\ \Gamma_q\ 上 \tag{B7.1.5}$$

基本位移边界

$$u_i(\boldsymbol{\chi},t)=\bar{U}_i(\boldsymbol{\chi},t)\quad 在\ \Gamma_{u_i}\ 上\qquad \theta(\boldsymbol{\chi},t)=\bar{\theta}(\boldsymbol{\chi},t)\quad 在\ \Gamma_{u\theta}\ 上 \tag{B7.1.6}$$

初始条件

$$\sigma(\boldsymbol{X},0)=\sigma_0(\boldsymbol{X})\qquad \theta(\boldsymbol{X},0)=\theta_0(\boldsymbol{X}) \tag{B7.1.7}$$

网格运动

$$除了在边界上,\hat{\boldsymbol{u}}(\boldsymbol{\chi},t)\ 有可能给出 \tag{B7.1.8}$$

7.5　弱形式

由于我们选择 Eulerian 坐标的形式并应用含空间导数的守恒方程，所以在更新的 Lagrangian 场方程和更新的 ALE 场方程之间的区别是材料时间导数。因此，动量方程的弱形式，以及随后的离散有限元运动方程都与第 4 章推导的结果一致。然而，每一个 ALE 单元的空间域取决于网格运动如何更新。

7.5.1　连续方程——弱形式　在 ALE 方法中，由于质量守恒被强加作为偏微分方程，所以需要建立一种弱形式。我们设一个试解答为 $\rho\in C^0$，通过在当前空间域内用变分函数 $\delta\tilde{\rho}\in C^0$ 乘以强形式(7.3.2)，获得连续方程的弱形式：

$$\int_\Omega \delta\tilde{\rho}\,\rho_{,t[\chi]}\,\mathrm{d}\Omega+\int_\Omega \delta\tilde{\rho}\,c_i\,\rho_{,i}\,\mathrm{d}\Omega+\int_\Omega \delta\tilde{\rho}\,\rho v_{i,i}\,\mathrm{d}\Omega=0 \tag{7.5.1}$$

7.5.2　动量方程——弱形式　通过用变分函数 $\delta\tilde{v}_i\in U^0$（关于 $\delta\tilde{v}_i$ 和 v_i 的定义见式(4.3.1)和(4.3.2)）乘以强形式(B7.1.2)，可以获得动量方程的弱形式。按照在第 4 章中相同的过程，我们得到如下弱形式：

$$\begin{aligned}\int_\Omega \delta\tilde{v}_i\rho\dot{v}_i\,\mathrm{d}\Omega&=\int_\Omega \delta\tilde{v}_i\rho v_{i,t[\chi]}\,\mathrm{d}\Omega+\int_\Omega \delta v_i\rho C_j v_{i,j}\,\mathrm{d}\Omega=\int_\Omega \delta\tilde{v}_i(\sigma_{ji,j}+\rho b_i)\,\mathrm{d}\Omega\\&=-\int_\Omega \delta\tilde{v}_{i,j}\sigma_{ij}\,\mathrm{d}\Omega+\int_\Omega \delta\tilde{v}_i\rho b_i\,\mathrm{d}\Omega+\int_{\Gamma_t}\delta\tilde{v}_i\bar{t}_i\,\mathrm{d}\Gamma\end{aligned} \tag{7.5.2}$$

7.5.3　有限元近似　在有限元近似中，我们定义所有的非独立变量为单元坐标的函数。划分 ALE 域为单元，对于单元 e，ALE 坐标为

$$\boldsymbol{\chi}(\boldsymbol{\xi}^e)=\boldsymbol{\phi}^e(\boldsymbol{\xi}^e)=\boldsymbol{\chi}_I N_I(\boldsymbol{\xi}^e)$$

式中 $\boldsymbol{\xi}^e$ 是单元 e 的坐标。网格运动为

$$\boldsymbol{x}(\boldsymbol{\xi}^e)=\hat{\boldsymbol{\phi}}^h(\boldsymbol{\chi}(\boldsymbol{\xi}^e),t)=\boldsymbol{x}_I(t)N_I(\boldsymbol{\xi}^e) \tag{7.5.3}$$

式中 $\boldsymbol{x}_I(t)$ 是节点的运动。注意到上式给出的网格运动与材料的运动不同，除非节点成为 Lagrangian 形式。以上代表两个映射的复合：从母单元到 ALE 的映射和网格运动的映射，

因此以复合的形式,我们将单元 e 写为 $\boldsymbol{x}=\hat{\boldsymbol{\phi}}^h \circ \boldsymbol{\phi}^e$。

通过应用公式(7.2.7)到上式,给出网格速度为

$$\hat{\boldsymbol{v}} = \frac{\partial \hat{\boldsymbol{\phi}}^h(\boldsymbol{\chi}, t)}{\partial t} = \dot{\boldsymbol{x}}_I(t) N_I(\boldsymbol{\xi}^e) \equiv \hat{\boldsymbol{v}}_I(t) N_I(\boldsymbol{\xi}^e) \tag{7.5.4}$$

在上式中,$\dot{\boldsymbol{x}}_I(t)$是节点 I 的网格速度。单元坐标$\boldsymbol{\xi}$、网格坐标$\boldsymbol{\chi}$、空间坐标 $\boldsymbol{x}$ 之间的映射描述在图 7.3 中。

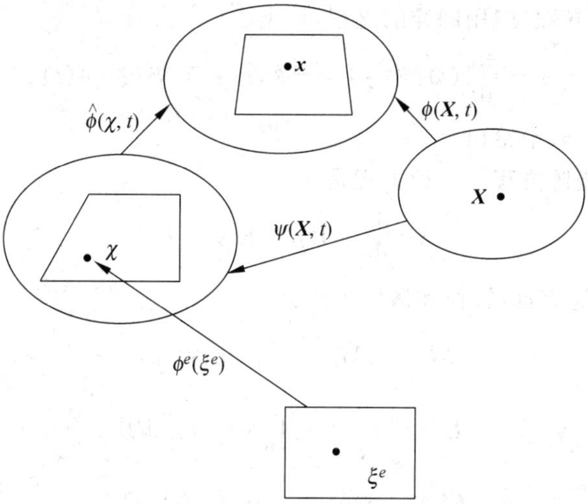

图 7.3 Lagrangian,Eulerian,ALE 和自然坐标域之间的映射

在 ALE 格式中,密度也是一个非独立变量。密度被近似为

$$\rho(\boldsymbol{\xi}^e, t) = \rho_I(t) N_I^\rho(\boldsymbol{\xi}^e) \tag{7.5.5}$$

其中 $N_I^\rho(\boldsymbol{\xi}^e)$是密度的形函数;这些可能不同于网格运动的形函数。

通过在第 4.4.6 节公式(4.4.42)中描述的一般的隐式微分公式,可以得到形函数的梯度。注意到由于在连续方程和动量方程中出现了传递项($\rho_{,i}c_i$ 和 $v_{i,j}c_j$),Galerkin 有限元格式将遇到数值不稳定。一种克服这些不稳定的方法,并将在本章中强调的是 Petrov-Galerkin 公式。在 Petrov-Galerkin 描述中,变分函数与试函数不同。对于速度和密度的试形函数分别用 $\boldsymbol{N}$ 和 $\boldsymbol{N}^\rho$ 表示。如果 $\bar{\boldsymbol{N}}=\boldsymbol{N}$,公式退化到 Galerkin 公式。$\bar{\boldsymbol{N}}$ 和 $\bar{\boldsymbol{N}}^\rho$ 的选择将稳定传递项,这将在第 7.7 节中描述。

用$\boldsymbol{v}$ 代替公式(7.2.17)中的 f,给出速度$\dot{\boldsymbol{v}}$ 的材料时间导数为

$$\dot{\boldsymbol{v}} = \boldsymbol{v}_{,t[\chi]} + \boldsymbol{c} \cdot \nabla \boldsymbol{v} \tag{7.5.6}$$

在离散运动方程中的动力学项将以网格加速度$\boldsymbol{v}_{,t[\chi]}$的形式表示。一旦 $\boldsymbol{v}_{,t[\chi]}$已知,由公式(7.5.6)可以得到材料加速度,通过对时间积分给出材料速度 $\boldsymbol{v}$。

通过插值得到材料速度为

$$\boldsymbol{v}(\chi(\boldsymbol{\xi}), t) = \boldsymbol{v}_I(t) N_I(\boldsymbol{\xi}) \tag{7.5.7}$$

应用类似的插值,得到传递速度:

$$\boldsymbol{c}(\boldsymbol{\chi}(\boldsymbol{\xi}), t) = \boldsymbol{c}_I(t) N_I(\boldsymbol{\xi}) \tag{7.5.8}$$

将公式(7.2.15)应用到上式,得到

$$\boldsymbol{c}(\boldsymbol{\chi}(\boldsymbol{\xi}),t)=(\boldsymbol{v}_I(t)-\hat{\boldsymbol{v}}_I(t))N_I(\boldsymbol{\xi}) \tag{7.5.9}$$

将插值公式(7.5.7)代入式(7.5.6)，我们获得材料速度的 ALE 时间导数：

$$\boldsymbol{v}_{,t[\chi]}=\frac{\mathrm{d}\boldsymbol{v}_I(t)}{\mathrm{d}t}N_I(\boldsymbol{\xi}) \tag{7.5.10}$$

结论是，对于材料速度的材料时间导数 $\dot{\boldsymbol{v}}$ 的表达式，出现在弱形式中为

$$\dot{\boldsymbol{v}}=\frac{\mathrm{d}\boldsymbol{v}_I(t)}{\mathrm{d}t}N_I(\boldsymbol{\xi})+\boldsymbol{c}(\boldsymbol{\xi},t)\cdot\nabla N_I(\boldsymbol{\xi})\boldsymbol{v}_I(t) \tag{7.5.11}$$

对于密度的材料时间导数，应用同样的过程，给出

$$\dot{\rho}=\frac{\mathrm{d}\rho_I}{\mathrm{d}t}(t)N_I^\rho(\boldsymbol{\xi})+\boldsymbol{c}(\boldsymbol{\xi},t)\cdot\nabla N_I^\rho(\boldsymbol{\xi})\rho_I(t) \tag{7.5.12}$$

其中密度在公式(7.5.5)中给出。

7.5.4　有限元矩阵方程　连续方程是

$$\boldsymbol{M}^\rho\frac{\mathrm{d}\boldsymbol{\rho}}{\mathrm{d}t}+\boldsymbol{L}^\rho\boldsymbol{\rho}+\boldsymbol{K}^\rho\boldsymbol{\rho}=\boldsymbol{0} \tag{7.5.13}$$

其中 $\boldsymbol{M}^\rho$，$\boldsymbol{L}^\rho$，$\boldsymbol{K}^\rho$ 分别为容量、转换和散度矩阵：

$$\boldsymbol{M}^\rho=[M_{IJ}^\rho]=\int_\Omega\bar{N}_I^\rho N_J^\rho\,\mathrm{d}\Omega \tag{7.5.14}$$

$$\boldsymbol{L}^\rho=[L_{IJ}^\rho]=\int_\Omega\bar{N}_I^\rho c_i N_{J,i}^\rho\,\mathrm{d}\Omega \tag{7.5.15}$$

$$\boldsymbol{K}^\rho=[K_{IJ}^\rho]=\int_\Omega\bar{N}_I^\rho v_{i,i}N_J^\rho\,\mathrm{d}\Omega \tag{7.5.16}$$

$$\boldsymbol{\rho}=[\rho_J];\quad\frac{\mathrm{d}\boldsymbol{\rho}}{\mathrm{d}t}=\left[\frac{\mathrm{d}\rho_J}{\mathrm{d}t}\right] \tag{7.5.17}$$

动量方程为

$$\boldsymbol{M}\frac{\mathrm{d}\boldsymbol{v}}{\mathrm{d}t}+\boldsymbol{L}\boldsymbol{v}+\boldsymbol{f}^{\mathrm{int}}=\boldsymbol{f}^{\mathrm{ext}} \tag{7.5.18}$$

其中 $\boldsymbol{M}$ 和 $\boldsymbol{L}$ 分别是广义质量和传递矩阵，对应于在参考构形描述下的速度；而 $\boldsymbol{f}^{\mathrm{int}}$ 和 $\boldsymbol{f}^{\mathrm{ext}}$ 分别是内力和外力向量，诸如

$$\boldsymbol{M}=\boldsymbol{I}[M_{IJ}]=\left(\int_\Omega\rho\bar{N}_I N_J\,\mathrm{d}\Omega\right)\boldsymbol{I} \tag{7.5.19}$$

$$\boldsymbol{L}=\boldsymbol{I}[L_{IJ}]=\left(\int_\Omega\rho\bar{N}_I c_i N_{J,i}\,\mathrm{d}\Omega\right)\boldsymbol{I} \tag{7.5.20}$$

$$\boldsymbol{f}^{\mathrm{int}}=[f_{iI}^{\mathrm{int}}]=\int_\Omega\bar{N}_{I,j}\sigma_{ij}\,\mathrm{d}\Omega \tag{7.5.21}$$

$$\boldsymbol{f}^{\mathrm{ext}}=[f_{iI}^{\mathrm{ext}}]=\int_\Omega\rho\bar{N}_I b_i\,\mathrm{d}\Omega+\int_{\Gamma_{ti}}\bar{N}_I\bar{t}_i\,\mathrm{d}\Gamma \tag{7.5.22}$$

$$\boldsymbol{v}=[\boldsymbol{v}_J];\quad\frac{\mathrm{d}\boldsymbol{v}}{\mathrm{d}t}=\left[\frac{\mathrm{d}\boldsymbol{v}_J}{\mathrm{d}t}\right] \tag{7.5.23}$$

注意到除了它们是以变分形函数的形式定义之外，内部和外部节点力与更新的 Lagrangian 格式(框 4.3)中的对应项是一致的。质量矩阵不是时间的常量，因为密度和域随时间变化。对于 Petrov-Galerkin 公式，质量矩阵不是对称的。所有定义在式(7.5.13)～(7.5.23)的矩阵和向量是在空间域 Ω 上积分。网格的更新过程将在第 7.10 节详述。

7.6 Petrov-Galerkin 方法介绍

在这节中，将建立 Petrov-Galerkin 方法的**迎风流线**(SUPG)公式。在这个方法建立之前，通过检验经典的对流-扩散方程引出迎风方法。对流-扩散方程是一个有用的方法，因为它对应于动量方程的线性化。对于离散的稳态对流-扩散方程，将得到闭合解答。它将证明当网格参数(已知的 Peclet 数)超过临界值时，这个解答在空间是振荡的。这是一个**空间不稳定**的例子。接着，将建立 Petrov-Galerkin 方法以消除这些振荡，即纠正该不稳定。

稳态线性对流-扩散方程为

$$\boldsymbol{u}\cdot\nabla\phi-\nu\nabla^2\phi=0 \tag{7.6.1}$$

其中 ϕ 是非独立变量；ν 是运动粘度；$\boldsymbol{u}$ 是给定的速度。对于数值不稳定的研究，我们将公式(7.6.1)限制为一维问题，因此

$$u\frac{\mathrm{d}\phi}{\mathrm{d}x}=\nu\frac{\mathrm{d}^2\phi}{\mathrm{d}x^2} \tag{7.6.2}$$

应用边界条件

$$\phi(0)=0 \quad 和 \quad \phi(L)=1 \tag{7.6.3}$$

这是在域 $0\leqslant x\leqslant L$ 上的两点边值问题。很容易证明公式(7.6.2)和(7.6.3)的精确解答是

$$\phi(x)=\frac{1-\mathrm{e}^{ux/\nu}}{1-\mathrm{e}^{uL/\nu}} \tag{7.6.4}$$

7.6.1 对流-扩散方程的 Galerkin 离散 在这一节中，我们应用线性形函数建立 Galerkin 离散，令变分函数为 $w(x)$。以 w 乘以公式(7.6.2)，并且在全域上积分，得到

$$\int_\Omega w(u\phi_{,x}-\nu\phi_{,xx})\mathrm{d}x=0,\ u>0 \tag{7.6.5}$$

将其进行分部积分并且应用散度原理，得到对流-扩散方程(7.6.2)的弱形式：

$$\int_\Omega wu\phi_{,x}\mathrm{d}x+\int_\Omega \nu w_{,x}\phi_{,x}\mathrm{d}x=0 \quad \forall w\in U_0 \tag{7.6.6}$$

将域$(0,L)$划分成相同尺寸的单元 Ω^e，在每个单元上的离散方程为

$$\left(\int_{\Omega^e}uN_aN_{b,x}\mathrm{d}x\right)\phi_b+\left(\int_{\Omega^e}\nu N_{a,x}N_{b,x}\mathrm{d}x\right)\phi_b=0,\quad a,b=1,2 \tag{7.6.7}$$

式中 N_a 和 N_b 是有限元的形函数。这可以写成指标形式：

$$L_{ab}\phi_b+K_{ab}\phi_b=0,\quad a,b=1,2 \tag{7.6.8}$$

其中对流和扩散矩阵分别为

$$L_{ab}=\int_{x_e}^{x_{e+1}}uN_aN_{b,x}\mathrm{d}x;\quad K_{ab}=\int_{x_e}^{x_{e+1}}\nu N_{a,x}N_{b,x}\mathrm{d}x \tag{7.6.9}$$

对于长度为 Δx 的单元，一个简单的练习是证明线性形函数

$$\boldsymbol{L}=\frac{u}{2}\begin{bmatrix}-1 & 1\\ -1 & 1\end{bmatrix},\quad \boldsymbol{K}=\frac{\nu}{\Delta x}\begin{bmatrix}1 & -1\\ -1 & 1\end{bmatrix} \tag{7.6.10}$$

装配之后，对于第 j 个节点的内部方程为

$$u\left(\frac{\phi_{j+1}-\phi_{j-1}}{2\Delta x}\right)-\nu\left(\frac{\phi_{j+1}-2\phi_j+\phi_{j-1}}{\Delta x^2}\right)=0 \tag{7.6.11}$$

这恰好是中心差分方程。可以方便地将上式重写成

$$\frac{u\Delta x}{2\nu}(\phi_{j+1}-\phi_{j-1})-(\phi_{j+1}-2\phi_j+\phi_{j-1})=0 \tag{7.6.12}$$

对于 Peclet 数 P_e,则可以定义为

$$P_e=\frac{u\Delta x}{2\nu} \tag{7.6.13}$$

以 Peclet 数的形式,公式(7.6.12)成为

$$(P_e-1)\phi_{j+1}+2\phi_j-(P_e+1)\phi_{j-1}=0 \tag{7.6.14}$$

忽略边界条件,公式(7.6.14)可以写成

$$\underbrace{P_e\begin{bmatrix} -1 & 0 & 1 & & \\ & -1 & 0 & 1 & \\ & & -1 & 0 & 1 \end{bmatrix}\begin{Bmatrix}\vdots\\ \phi_{j-1}\\ \phi_j\\ \phi_{j+1}\\ \vdots\end{Bmatrix}}_{\text{对流项}}+\underbrace{\begin{bmatrix} -1 & 2 & -1 & & \\ & -1 & 2 & -1 & \\ & & -1 & 2 & -1 \end{bmatrix}\begin{Bmatrix}\vdots\\ \phi_{j-1}\\ \phi_j\\ \phi_{j+1}\\ \vdots\end{Bmatrix}}_{\text{扩散项}}=\begin{bmatrix}\vdots\\ 0\\ 0\\ 0\\ \vdots\end{bmatrix} \tag{7.6.15}$$

因为离散方程是线性的,所以它的解答是指数形式的:

$$\phi(x_j)\equiv\phi_j=e^{ax_j}=e^{a(j\Delta x)}=e^{(a\Delta x)j}\equiv\mu^j \tag{7.6.16}$$

式中 $\mu=e^{a\Delta x}$,a 是一个未知待定系数。从公式(7.6.16)可以看到 $\phi_{j+1}=\mu^{j+1}$ 和 $\phi_{j-1}=\mu^{j-1}$。将式(7.6.16)代入式(7.6.14),得到

$$(P_e-1)\mu^{j+1}+2\mu^j-(P_e+1)\mu^{j-1}=0 \tag{7.6.17}$$

假设 $\mu^{j-1}\neq 0$,将上式除以 μ^{j-1},我们得到关于 μ 的一个一元二次方程(注意到类似于第 6.6 节,我们曾检验了时间积分器的数字稳定性):

$$(P_e-1)\mu^2+2\mu-(P_e+1)=0 \tag{7.6.18}$$

方程(7.6.18)的两个根是

$$\mu=1 \quad 和 \quad \mu=\frac{1+P_e}{1-P_e} \tag{7.6.19}$$

回顾到 $\phi_j=\mu^j$,方程(7.6.14)的离散解答为

$$\phi_j=c_1+c_2\left(\frac{1+P_e}{1-P_e}\right)^j \tag{7.6.20}$$

式中 c_1 和 c_2 是由边界条件确定的待定系数。公式(7.6.2)的精确解答由式(7.6.4)给出,在 $x=x_j$ 处计算得到

$$\phi(x_j)=\frac{1}{1-e^{uL/\nu}}[1-e^{ux_j/\nu}]=c_1+c_2e^{uj\Delta x/\nu} \tag{7.6.21}$$

用精确解(7.6.21)对比有限差分解答(7.6.20),可以看到:

1. 如果 Peclet 数小于 1,即 $P_e<1$,则离散解答类似于精确解答,因为$\left(\frac{1+P_e}{1-P_e}\right)^j>0$。

2. 如果 Peclet 数大于 1,即 $P_e>1$,则离散解答成为

$$\left(\frac{1+P_e}{1-P_e}\right)^j=(-m)^j,\quad m>0$$

因此解答随着 ϕ_j 的正或者负而振荡,取决于 j 的偶或者奇。若将这个分析与在第 6 章展示的内容对比,我们可以看到,我们已经进行了离散稳态方程的线性稳定性分析。对于 $P_e>1$

的不稳定是数值离散的空间不稳定。注意到与应用时间积分稳定性分析的相似性和区别。在两种情况下，线性方程都是指数解答，但是在这种情况下，我们要检验空间的稳定性。

7.6.2 Petrov-Galerkin 稳定性 在公式(7.6.5)中，通过将变分函数 w 替换为 $\tilde{w}$，得到式(7.6.2)的 Petrov-Galerkin(PG)公式，$\tilde{w}$ 的定义为

$$\tilde{w} = \underbrace{w}_{\substack{\text{Galerkin}\\ \text{变分函数}}} + \underbrace{\gamma w_{,x}}_{\text{不连续变分函数}} \tag{7.6.22}$$

式中 $\gamma=\alpha\dfrac{\Delta x}{2}$。应用 $\tilde{w}$ 代替 w，公式(7.6.5)成为

$$\int_{\Omega}\tilde{w}(u\,\phi_{,x}-\nu\,\phi_{,xx})\mathrm{d}x = 0 \tag{7.6.23}$$

注意到当 $w\in U_0$ 时，PG 变分函数 $\tilde{w}$ 不在这个空间上，即 $\tilde{w}\notin U_0$。参数 α 的选择是为了消除当 $P_e>1$ 时的振荡，并期望得到精确解。在一维情况下，有可能选择 α 以便于在节点上满足精确解。将 $\tilde{w}$ 的定义式(7.6.22)代入式(7.6.23)，得到

$$0 = \underbrace{\int_{\Omega}w(u\,\phi_{,x}-\nu\,\phi_{,xx})\mathrm{d}x}_{\text{Galerkin项}} + \underbrace{\sum_{e=1}^{Ne}\int_{\Omega^e}\gamma w_{,x}(u\,\phi_{,x}-\nu\,\phi_{,xx})\mathrm{d}x}_{\text{逆Petrov-Galerkin项}} \tag{7.6.24}$$

因为 $w_{,x}$ 和 $\phi_{,x}\in C^{-1}$（它们的导数都不连续），所以第 2 项被划分成单元进行积分。

在分部积分之后（应用 $w(0)=w(L)=0$），公式(7.6.24)成为

$$\boxed{0 = \int_{\Omega}wu\,\phi_{,x}\mathrm{d}x + \int_{\Omega}\nu\,w_{,x}\phi_{,x}\mathrm{d}x + \sum_{e=1}^{Ne}\int_{\Omega^e}\nu\gamma w_{,x}\phi_{,x}\mathrm{d}x - \sum_{e=1}^{Ne}\int_{\Omega^e}\nu\gamma w_{,x}\phi_{,xx}\mathrm{d}x} \tag{7.6.25}$$

以上就是已知的 Petrov-Galerkin 公式(Brooks 和 Hughes, 1982)。在这个公式中，需要 ϕ 的二阶导数。在下一节中，在展示仅要求应用 ϕ 的一阶导数的另外一种方法之后，将给出关于设置自由参数 α 的指导。在一维中，离散方程类似于标准迎风方程。然而在多维中，它们提供了沿着流线引导迎风项的一致理论框架。

7.6.3 SUPG 的另一种推导 SUPG 是一种广泛应用的稳定对流-扩散方程。它是 streamline upwind Petrov-Galerkin 的字首组合词。在一维问题中没有流线，我们只希望展现基本的特征。本节将描述 SUPG 的另一种形式的推导，它是由希望简化试函数的连续性而得到启发的。我们从一维的对流-扩散方程(7.6.23)的弱形式开始。

通过增加变分函数导数 $\tilde{w}$ 的阶次，减少试函数导数的阶次，因此放松了对试函数连续性的要求。为此，我们积分公式(7.6.23)的第 2 项，由分部积分：

$$I \equiv \int_{\Omega}w\nu\,\phi_{,xx}\mathrm{d}x = \int_{\Omega}(\tilde{w}\,\nu\,\phi_{,x})_{,x}\mathrm{d}x - \int_{\Omega}\tilde{w}_{,x}\nu\,\phi_{,x}\mathrm{d}x$$

应用散度定理并代入 $\tilde{w}$ 的定义，利用边界条件 $w(0)=0, w(L)=0$，给出

$$\begin{aligned} I &= \tilde{w}\nu\,\phi_{,x}\,|_0^L - \int_{\Omega}\tilde{w}_{,x}\nu\,\phi_{,x}\mathrm{d}x = [w+\gamma w_{,x}]\nu\,\phi_{,x}\,|_0^L - \int_{\Omega}\tilde{w}_{,x}\nu\,\phi_{,x}\mathrm{d}x \\ &= \gamma w_{,x}\nu\,\phi_{,x}\,|_0^L - \int_{\Omega}\tilde{w}_{,x}\nu\,\phi_{,x}\mathrm{d}x \end{aligned}$$

将上式与对流条件组合，得到下面的另一种弱形式：

$$\int_{\Omega}[\tilde{w}\,u\phi_{,x} + w_{,x}\nu\,\phi_{,x}]\mathrm{d}x - \gamma\tilde{w}_{,x}\nu\,\phi_{,x}\,|_0^L = 0$$

很明显，它减少了试函数导数的阶次，而引出了在前面描述的 Petrov-Galerkin 公式中没有展示的边界项。在特殊情况下，当 $\tilde{w}$ 如在公式(7.6.22)中所定义的那样时，它可以直接证明这另一种公式，与在前面一节中的公式得到相同的结果。为了证明这一点，我们将关于 $\tilde{w}$ 的显示表达式代入方程，给出

$$\boxed{\int_{\Omega}[w+\gamma w_{,x}]u\,\phi_{,x}\mathrm{d}x+\int_{\Omega}[w_{,x}+\gamma w_{,xx}]\nu\,\phi_{,x}\mathrm{d}x-\gamma w_{,x}\nu\,\phi_{,x}\,|_0^L=0}$$

由对第 4 项的分部积分给出

$$\int_{\Omega}\gamma w_{,xx}\nu\,\phi_{,x}\mathrm{d}x=\gamma w_{,x}\nu\,\phi_{,x}\,|_0^L-\int_{\Omega}\gamma\nu w_{,x}\phi_{,xx}\mathrm{d}x$$

然后，重新整理方程，得到的表达式与前面展示的 Petrov-Galerkin 公式(7.6.25)相同。

对于手中的问题，我们可以选择其中一种公式，这取决于哪一种是更便于计算的。最后，注意到当使用线性单元时，$\phi_{,xx}=0$，因此所有关于二阶导数的项都消失了，结果使得公式(7.6.25)可以写成

$$0=\sum_e\int_{\Omega^e}[wu\phi_{,x}+\nu^*w_{,x}\phi_{,x}]\mathrm{d}x \tag{7.6.26}$$

其中 ν^* 是在下面定义的两个粘性的和。

7.6.4 确定系数 在这一节中，我们检验公式(7.6.26)的物理解释。为此，我们给出下面的定义：

$$\nu^*=\nu+\bar{\nu}=\text{全部粘性}\quad\text{和}\quad\bar{\nu}=\alpha u\frac{\Delta x}{2},\alpha\geqslant 0 \tag{7.6.27a,b}$$

很清楚，可以将 $\bar{\nu}$ 看作是一个虚构的粘性，为了保证稳定性而增加到“正常”流动的粘性 ν 中。没有这个虚构的阻尼，我们的数值解答是空间不稳定的。

为了以 Peclet 数的形式定义这些粘性，考虑到下面关系：

$$P_e=\frac{u\Delta x}{2\nu};\quad \bar{P}_e=\frac{u\Delta x}{2\bar{\nu}};\quad P_e^*=\frac{u\Delta x}{2\nu^*};\quad \frac{1}{P_e^*}=\frac{2\nu^*}{u\Delta x}=\frac{2\nu}{u\Delta x}+\frac{2\bar{\nu}}{u\Delta x}=\frac{1}{P_e}+\frac{1}{\bar{P}_e} \tag{7.6.28}$$

其中右侧服从公式(7.6.27)。

在上式中，如果 $P_e^*<1$，则

$$\frac{2\nu}{u\Delta x}+\frac{2\bar{\nu}}{u\Delta x}>1\quad\text{或者}\quad\frac{1}{\bar{P}_e}>1-\frac{1}{P_e} \tag{7.6.29}$$

这个解答将不会发生振荡。由公式(7.6.14)，以 P_e^* 的形式可以将离散方程写成为 $(P_e-1)\phi_{j+1}+2\phi_j-(P_e^*+1)\phi_{j-1}=0$。

回顾当 $|\mu|>1$ 时离散解答是振荡的(因为 $\phi_N=\mu^N$)。修改后方程的根是 $\mu^N=c_1$ 或 $c_2((1+P_e^*)/(1-P_e^*))^N$。

由式(7.6.21)和上式，我们得到关于 P_e^* 的如下解答：

$$\left(\frac{1+P_e^*}{1-P_e^*}\right)=\mathrm{e}^{\left(\frac{u}{\nu}\Delta x\right)} \tag{7.6.30}$$

以 P_e 的形式可以表示式(7.6.30)的右侧为

$$\frac{1+P_e^*}{1-P_e^*}=\mathrm{e}^{\left(\frac{u}{\nu}\Delta x\right)}=\mathrm{e}^{2\left(\frac{u}{2\nu}\Delta x\right)}=\mathrm{e}^{2P_e}\quad\text{或者}\quad 1-\mathrm{e}^{2P_e}=-P_e^*(1+\mathrm{e}^{2P_e}) \tag{7.6.31}$$

因此，

$$P_e^* = \frac{e^{2P_e}-1}{e^{2P_e}+1} = \frac{e^{P_e}-e^{P_e}}{e^{P_e}+e^{P_e}} \quad 或者 \quad P_e^* = \tanh(P_e) \tag{7.6.32}$$

将公式(7.6.32)代入式(7.6.28)，得到

$$\frac{1}{\tanh(P_e)} = \frac{1}{P_e} + \frac{1}{\bar{P}_e} \quad 或者 \quad \frac{1}{\bar{P}_e} = \coth(P_e) - \frac{1}{P_e} \tag{7.6.33}$$

方程(7.6.28)和(7.6.33)可以组合得到

$$\bar{P}_e = \frac{u\Delta x}{2\bar{\nu}} = \left[\coth(P_e) - \frac{1}{P_e}\right]^{-1} \tag{7.6.34}$$

应用式(7.6.34)，我们也可以用 P_e 的形式表示 $\bar{\nu}$：

$$\bar{\nu} = \frac{1}{2}u\Delta x\left[\coth(P_e) - \frac{1}{P_e}\right] = \alpha\frac{u\Delta x}{2} \tag{7.6.35}$$

最后，很明显我们可以定义系数 α 为

$$\alpha = \left[\coth(P_e) - \frac{1}{P_e}\right] \tag{7.6.36}$$

注意到当 $\alpha=0$ 时，公式(7.6.23)简化为中心差分方法；而当 $\alpha=1$ 时，它是一个完全的迎风公式。

为了演示空间的不稳定性和其导致在节点上的振荡，我们考虑在公式(7.6.2)中给出的一维对流-扩散方程，并应用边界条件(7.6.3)。

例 7.2 一维对流-扩散方程 在图 7.4 中，对于没有迎风和完全迎风，对比了精确解与有限元解。在第一个例子中，应用了 10 个单元，Peclet 数 P_e 选为 1，与解析的结果对比，我们可以看到在节点上是非常精确的(图 7.4(a))。在第二个例子中，Peclet 数选为 3，在图 7.4(b)中可以看到在 Galerkin 方法中出现了振荡，而在 Petrov-Galerkin 方法中消除了不稳定性。从图 7.4 中的结果可以看到，应用 Galerkin 方法得到的数值解答在空间上是不稳定的，当采用的 Peclet 数越大，出现的振荡越大。但是，使用迎风 Petrov-Galerkin 方法，解答是稳定的。

7.6.5 多维 SUPG 在前面，在一维中建立了 SUPG 的基本概念。在下面，应用虚构粘性系数，我们将在流线方向建立对流-扩散方程的 SUPG 离散。

在多维中，对流-扩散方程是

$$\boldsymbol{u}\cdot\nabla\phi - \nu\nabla^2\phi = 0 \quad 在\ \Omega\ 内 \tag{7.6.37a}$$

其中边界条件是

$$\phi = g \quad 在\ \Gamma_g\ 上 \quad \nu\nabla\phi\cdot\boldsymbol{n} = 0 \quad 在\ \Gamma_t\ 上 \tag{7.6.37b}$$

通过用变分函数 $\tilde{w}$ 乘以式(7.6.37a)，并在整个域 Ω 上积分，得到关于公式(7.6.37a)的迎风流线/Petrov-Galerkin 公式的对流-扩散方程的弱形式：

$$\int_\Omega \tilde{w}(\boldsymbol{u}\cdot\nabla\phi - \nu\nabla^2\phi)\mathrm{d}\Omega = 0 \tag{7.6.37c}$$

类似于上面描述的一维公式，令 Petrov-Galerkin 变分函数定义为

$$\tilde{w} \equiv \underbrace{w}_{\text{Galerkin变分函数}} + \underbrace{\tau\boldsymbol{u}\cdot\nabla w}_{\text{不连续变分函数}} \tag{7.6.37d}$$

这样给出了

$$0 = \int_\Omega (w + \tau\boldsymbol{u}\cdot\nabla w)(\boldsymbol{u}\cdot\nabla\phi - \nu\nabla^2\phi)\mathrm{d}\Omega \tag{7.6.37e}$$

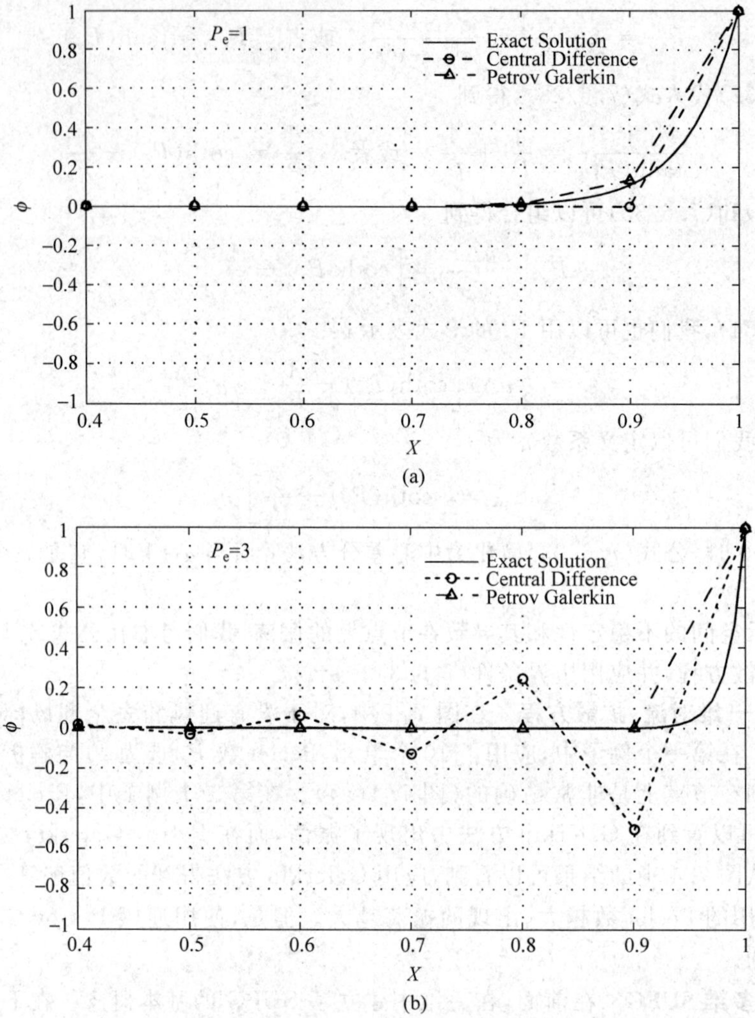

图　7.4

式中的稳定参数为

$$\tau = |\alpha| \frac{h}{\|\boldsymbol{u}\|} \quad \text{其中} \quad h \equiv \Delta x \tag{7.6.37f}$$

式中 α 由公式(7.6.36)给出。对于与时间相关的问题，稳定参数可以设置为 $\tau = |\alpha| \frac{\Delta t}{2}$。

注意到在一维情况下，$w \in U_0$ 并且 $\widetilde{w} \notin U_0$。应用分部积分和散度定理，可以证明式(7.6.37a)的弱形式是

$$0 = \underbrace{\int_\Omega w\boldsymbol{u} \cdot \nabla w \mathrm{d}\Omega + \int_\Omega \nu \nabla w \cdot \nabla \phi \mathrm{d}\Omega}_{\text{Galerkin项}} +$$

$$\underbrace{\sum_{e=1}^{Ne} \int_{\Omega^e} \tau (\boldsymbol{u} \cdot \nabla w)(\boldsymbol{u} \cdot \nabla \phi) \mathrm{d}\Omega - \sum_{e=1}^{Ne} \int_{\Omega^e} \tau (\boldsymbol{u} \cdot \nabla w) v \nabla^2 \phi \mathrm{d}\Omega}_{\text{迎风流线稳定项}} \tag{7.6.38}$$

在式(7.6.38)中,积分域近似地为所有单元内部的开集合。这样避免了$\nabla^2\phi$在边界上的奇异性。从上面方程可以看到,Petrov-Galerkin 项是简单地将标准 Galerkin 项加上迎风流线稳定性项的和,即

$$\text{Petrov-Galerkin} = \text{Galerkin} + \text{迎风流线稳定性}$$

从公式(7.6.38)的第二项,即第一稳定性项,可以看出,虚构的粘性只是在流线方向上发挥作用。设流线为 x 方向,则被积函数是$(u_x w_{,x})(u_x \phi_{,x})$,其他项均消失。因此,粘性只是沿着流动的方向,即流线方向。所以称为迎风流线 Petrov-Galerkin。

7.7 动量方程的 Petrov-Galerkin 公式

我们现在建立 ALE 动量方程(7.5.2)的 SUPG 离散。Petrov-Galerkin 公式包括变分函数的选择:

$$\delta\tilde{v}_i = \delta v_i + \delta v_i^{\mathrm{PG}} \tag{7.7.1}$$

式中,在 Γ_{v_i} 上 $\delta v_i=0$,即 $\delta v_i \in U_0$。现在,除了 $\delta v_i^{\mathrm{PG}} \in C^{-1}$之外,我们不再对 δv_i^{PG} 施加任何条件。在第 7.7.2 节中给出了 PG 变分函数 δv_i^{PG}。目前,在 Γ_{v_i} 上 $\delta\tilde{v}_i \neq 0$(在 Γ_{v_i} 上,$\delta\tilde{v}_i^{\mathrm{PG}} \neq 0$)。在运动方程的弱形式(7.5.2)中插入这个变分函数,得到

$$\int_\Omega \delta v_i \rho \dot{v}_i \mathrm{d}\Omega - \int_\Omega \delta v_i \sigma_{ji,j} \mathrm{d}\Omega - \int_\Omega \delta v_i \rho b_i \mathrm{d}\Omega + \int_\Omega \delta v_i^{\mathrm{PG}} (\rho \dot{v}_i - \sigma_{ji,j} - \rho b_i) \mathrm{d}\Omega = 0 \tag{7.7.2}$$

前三项是标准的 Galerkin 项,而应用最后一项作为稳定项,通过我们对稳定性试函数 δv_i^{PG} 的选择,控制它对公式的影响。

对第二项进行一般的分部积分和散度定理,并且注意到 $\delta v_i \in U_0$,动量方程的弱形式成为

$$\underbrace{\int_\Omega \delta v_i \rho \dot{v}_i \mathrm{d}\Omega - \int_\Omega \delta v_{i,j} \sigma_{ij} \mathrm{d}\Omega - \int_\Omega \delta v_i \rho b_i \mathrm{d}\Omega - \int_{\Gamma_t} \delta v_i \bar{t}_i \mathrm{d}\Gamma}_{\text{Galerkin项}} + \underbrace{\int_\Omega \delta v_i^{\mathrm{PG}} (\rho \dot{v}_i - \sigma_{ij,j} - \rho b_i) \mathrm{d}\Omega}_{\text{稳定项}} = 0 \tag{7.7.3}$$

上面的方程包括标准 Galerkin 项和稳定项。对于 Galerkin 项,$\delta v_i \in U_0$ 并且 $\sigma \in C^{-1}$是适当的。但是,稳定项要求 $\delta v_i^{\mathrm{PG}} \in C^{-1}$ 和 $\sigma \in C^0$。对于 Cauchy 应力,要求 C^0 连续性是这个 Petrov-Galerkin 公式的主要缺陷,因为它要求试函数 v_i 是 C^1 连续。我们将在第 7.8 节提出一种补偿。

在建立矩阵公式之前,我们希望描述另外一种 Petrov-Galerkin 公式,它要求$\sigma \in C^{-1}$,但是 $\delta v_{i,j}^{\mathrm{PG}} \in C^{-1}$。这个公式与在第 7.6.3 节建立的一个公式密切相关。

7.7.1 另一种稳定性公式 在这一节中,为了克服在前一节中列出的某些与更常规的 Petrov-Galerkin 方法相关的困难,我们描述另一种稳定性。我们的目的是避免计算 Cauchy 应力的梯度(即 $\sigma_{ji,j}$),如将在第 7.8 节所述,因为它通常非常复杂并且需要更多的计算时间。

从弱形式(7.5.2)和使用分部积分,对第二项应用散度原理,给出

$$\int_\Omega \delta\tilde{v}_i \rho \dot{v}_i \mathrm{d}\Omega + \int_\Omega \delta\tilde{v}_{i,j} \sigma_{ji} \mathrm{d}\Omega - \int_\Omega \delta\tilde{v}_i \rho b_i \mathrm{d}\Omega - \int_{\Gamma_t} \delta\tilde{v}_i \bar{t}_i \mathrm{d}\Gamma - \int_{\Gamma_v} \delta\tilde{v}_i \sigma_{ji} n_j \mathrm{d}\Gamma = 0 \tag{7.7.4}$$

式中变分函数式(7.7.1)适用于 $\delta v_i \in \Gamma_{v_i}$。注意到前四项对应于在式(7.5.2)中给出的 Galerkin 公式。在推导式(7.5.2)时,我们假设在 Γ_v 上 $\delta\tilde{v}_i=0$。如果我们的确可以选择在 Γ_v 上 $\delta\tilde{v}_i=0$,公式(7.7.4)的最后一项为零,因此式(7.7.4)退化到式(7.5.2)。

在这个公式中,我们要求在 Γ_v 上 $\delta v_i=0$,并且应用式(7.7.4):

$$\int_{\Gamma_v} \delta\tilde{v}_i \sigma_{ji} n_j \,\mathrm{d}\Gamma = \int_{\Gamma_v} \delta v_i^{\mathrm{PG}} \sigma_{ji} n_j \,\mathrm{d}\Gamma \tag{7.7.5}$$

这个额外的项强迫在 Γ_v 上 $\sigma_{ji} n_j = \bar{t}_i$ 作为未知数,并且由变分函数 δv_i^{PG} 给予权重。将式(7.7.5)和(7.2.17)代回式(7.7.4),给出

$$\begin{aligned}\int_\Omega \delta\tilde{v}_i \rho v_{i,t[x]} \,\mathrm{d}\Omega + \int_\Omega \delta\tilde{v}_i \rho c_j v_{i,j} \,\mathrm{d}\Omega = -\int_\Omega \delta\tilde{v}_{i,j} \rho \sigma_{ji} \,\mathrm{d}\Omega + \int_\Omega \delta\tilde{v}_i \rho b_i \,\mathrm{d}\Omega + \\ \int_{\Gamma_t} \delta\tilde{v}_i \bar{t}_i \,\mathrm{d}\Gamma + \int_{\Gamma_v} \delta v_i^{\mathrm{PG}} \sigma_{ji} n_j \,\mathrm{d}\Gamma\end{aligned} \tag{7.7.6}$$

动量方程的这个形式不包括应力梯度!由边界积分(7.7.5)代替了应力梯度的积分,因为 $\delta v_i^{\mathrm{PG}} \in C^0$。

在建立有限元方程之前,我们描述变分函数 δv_i^{PG}。我们的选择是基于第 7.6 节中应用于获得迎风流线的方法,对于每一个动量方程的分量,在流线方向提供了一个虚构的粘性。

7.7.2　变分函数 $\boldsymbol{\delta v_i^{\mathrm{PG}}}$　在第 7.6 节建立对流-扩散方程的 Petrov-Galerkin 公式之后,选择变分函数 δv_i^{PG} 为

$$\delta v_i^{\mathrm{PG}} = \tau c_j \delta v_{i,j} \quad 其中 \quad \tau = |\alpha| \frac{h}{2\|\boldsymbol{c}\|} \tag{7.7.7}$$

由公式(7.6.36)引出 τ 的选择。

在上式中,h 是单元的特征长度,$|\alpha|=1$。关于这个参数的讨论,见 Hughes 和 Mallt (1986),Hughes 和 Tezduyar(1984)和 Brooks 和 Hughes(1982)。

7.7.3　有限元方程　变分形式(7.7.3)的离散化紧随着第 7.5 节。我们应用试函数式(7.5.7)和变分函数

$$\delta\tilde{v}_i = \delta v_{iI} N_I + \delta v_i^{\mathrm{PG}}$$

公式(7.7.3)的离散化给出[参考式(7.5.18)~(7.5.23)]

$$\delta \boldsymbol{v}^{\mathrm{T}}\left(\boldsymbol{M}\frac{\mathrm{d}\boldsymbol{v}}{\mathrm{d}t} + \boldsymbol{L}\boldsymbol{v} + \boldsymbol{f}^{\mathrm{int}} - \boldsymbol{f}^{\mathrm{ext}}\right) + \int_\Omega \delta\boldsymbol{v}^{\mathrm{PG}} \cdot \left(\rho \left.\frac{\mathrm{d}\boldsymbol{v}}{\mathrm{d}t}\right|_\chi + \rho\,\boldsymbol{c}\cdot\nabla\boldsymbol{v} - \nabla\boldsymbol{\sigma} - \rho\,\boldsymbol{b}\right)\mathrm{d}\Omega = 0 \tag{7.7.8}$$

其中质量矩阵 $\boldsymbol{M}$、传递矩阵 $\boldsymbol{L}$,$\boldsymbol{f}^{\mathrm{int}}$,$\boldsymbol{f}^{\mathrm{ext}}$ 矩阵是在式(7.5.19)~(7.5.20)中令 $\bar{\boldsymbol{N}}=\boldsymbol{N}$ 给出的矩阵。

在公式(7.7.8)中,通过插入 δv_i^{PG} 得到稳定项的离散化为

$$\delta v_i^{\mathrm{PG}} = \tau c_j N_{I,j} \delta v_{iI} \tag{7.7.9}$$

假设 $\sigma_{ji,j}$ 是 C^{-1} 连续,导出稳定性矩阵为

$$\begin{aligned}&\int_\Omega \delta\boldsymbol{v}^{\mathrm{PG}} \cdot \left(\rho \left.\frac{\mathrm{d}\boldsymbol{v}}{\mathrm{d}t}\right|_\chi + \rho\,\boldsymbol{c}\cdot\nabla\boldsymbol{\sigma} - \rho\,\boldsymbol{b}\right)\mathrm{d}\Omega \\ &= \int_\Omega \delta\boldsymbol{v}^{\mathrm{T}} \cdot \left(\boldsymbol{M}_{\mathrm{stab}}\frac{\mathrm{d}\boldsymbol{v}}{\mathrm{d}t} + \boldsymbol{L}_{\mathrm{stab}}\boldsymbol{v} + \boldsymbol{f}_{\mathrm{stab}}^{\mathrm{int}} - \boldsymbol{f}_{\mathrm{stab}}^{\mathrm{ext}}\right)\mathrm{d}\Omega\end{aligned} \tag{7.7.10}$$

其中

$$\boldsymbol{M}_{\text{stab}} = \boldsymbol{I}[M_{IJ}]_{\text{stab}} = \left(\int_{\Omega}\rho\tau c_j N_{I,j}N_J \,\mathrm{d}\Omega\right)\boldsymbol{I} \tag{7.7.11a}$$

$$\boldsymbol{L}_{\text{stab}} = \boldsymbol{I}[L_{IJ}]_{\text{stab}} = \left(\int_{\Omega}\rho\tau c_j N_{I,j}N_{J,i} \,\mathrm{d}\Omega\right)\boldsymbol{I} \tag{7.7.11b}$$

$$\boldsymbol{f}_{\text{stab}}^{\text{int}} = [f_{iI}^{\text{int}}]_{\text{stab}} = \left(\int_{\Omega}\tau c_j N_{I,j}\sigma_{ki,k} \,\mathrm{d}\Omega\right) \tag{7.7.11c}$$

$$\boldsymbol{f}_{\text{stab}}^{\text{ext}} = [f_{iI}^{\text{ext}}]_{\text{stab}} = \left(\int_{\Omega}\rho\tau c_j N_{I,j}b_i \,\mathrm{d}\Omega\right) \tag{7.7.11d}$$

离散的 Petrov-Galerkin 动量方程是

$$(\boldsymbol{M}+\boldsymbol{M}_{\text{stab}})\frac{\mathrm{d}\boldsymbol{v}}{\mathrm{d}t}+(\boldsymbol{L}+\boldsymbol{L}_{\text{stab}})\boldsymbol{v}+(\boldsymbol{f}^{\text{int}}+\boldsymbol{f}_{\text{stab}}^{\text{int}})=(\boldsymbol{f}^{\text{ext}}+\boldsymbol{f}_{\text{stab}}^{\text{ext}}) \tag{7.7.12}$$

我们将其简写为

$$\boldsymbol{M}\frac{\mathrm{d}\boldsymbol{v}}{\mathrm{d}t}+\boldsymbol{L}\boldsymbol{v}+\boldsymbol{f}^{\text{int}}=\boldsymbol{f}^{\text{ext}} \tag{7.7.13}$$

注意到 $\boldsymbol{f}_{\text{stab}}^{\text{ext}}$不包括外力；$\boldsymbol{L}_{\text{stab}}$是一个对称矩阵($\boldsymbol{L}$ 是非对称矩阵)，可以解释为虚构的粘性，应用由 $\rho\tau\boldsymbol{c}\boldsymbol{c}^{\mathrm{T}}$ 给出的张量形式。重新将式(7.7.11b)写成三维的形式，可以看到：

$$[L_{IJ}]_{\text{stab}} = \int_{\Omega}\rho\tau[N_{I,x} \quad N_{I,z} \quad N_{I,z}]\begin{bmatrix} c_1c_1 & c_1c_2 & c_1c_3 \\ c_2c_1 & c_2c_2 & c_2c_3 \\ c_3c_1 & c_3c_2 & c_3c_3 \end{bmatrix}\begin{bmatrix} N_{J,x} \\ N_{J,y} \\ N_{J,z} \end{bmatrix}\mathrm{d}\Omega \tag{7.7.14}$$

仔细检验公式(7.7.6)，我们可以证明，如果忽略表面积分 Γ_v，则式(7.7.6)的离散与式(7.5.2)的离散是一致的。因此，通过式(7.5.23)给出有限元方程(7.5.18)，将式(7.7.7)代入式(7.7.1)，可以得到 $\bar{N}_I$ 的定义：

$$\delta\tilde{v}_i = N_I\delta v_{iI}+\tau c_j N_{I,j}\delta v_{iI}=(N_I+\tau c_j N_{I,j})\delta v_{iI}\equiv\bar{N}_I\delta v_{iI} \tag{7.7.15}$$

余下的 Γ_v 表面项可以解释为是一个反作用力项 $\boldsymbol{f}^{\text{react}}$：

$$[f_{iI}^{\text{react}}]=\int_{\Gamma_v}\tau c_j N_{i,j}\sigma_{ji}n_j\,\mathrm{d}\Gamma \tag{7.7.16}$$

离散动量方程的最终表达式成为

$$\boldsymbol{M}\frac{\mathrm{d}\boldsymbol{v}}{\mathrm{d}t}+\boldsymbol{L}\boldsymbol{v}+(\boldsymbol{f}^{\text{int}}-\boldsymbol{f}^{\text{react}})=\boldsymbol{f}^{\text{ext}} \tag{7.7.17}$$

式中的矩阵是在式(7.5.19)中定义的，通过式(7.5.22)并应用在式(7.7.15)中给出的 $\bar{N}_I$ 和在式(7.7.16)中给出的 $\boldsymbol{f}^{\text{react}}$，我们习惯上将 $\boldsymbol{f}^{\text{react}}$放在等式的左边，因为类似于 $\boldsymbol{f}^{\text{int}}$，$\boldsymbol{f}^{\text{react}}$也是$\boldsymbol{\sigma}$的函数，$\boldsymbol{\sigma}$也是速度的函数。

7.8 路径相关材料

在这节中，将展示路径相关材料的 ALE 公式。推导关于标准 Galerkin 离散化、迎风流线/ Petrov-Galerkin(SUPG)方法和算子分解方法的公式。所有其他与路径相关的变量必须类似地更新。将展示一种显式积分的计算方法和计算流程图。最后，给出一些弹性和弹-塑性波传播的例子。

在路径相关材料中，应力状态取决于材料点的历史。一种路径相关材料可以很容易地应用 Lagrangian 描述处理，因为，积分点与材料点重合，而与连续性的变形无关。另一方面，在 ALE 描述中，积分点与材料点不重合，所以，应力的历史需要通过相对速度 $\boldsymbol{c}$ 进行转换，如下面在公式(7.8.1)中所示。注意到在转换的项中包含应力的空间导数。当应用 C^{-1} 函数插值单元应力时，在公式(7.8.1)的传递项中应力导数的双重性在单元接触面上是模糊的。

7.8.1　应力更新的强形式　在第 5 章中，通过 Jaumann 率本构方程给出 Cauchy 应力：

$$\sigma_{ij,t[\chi]} + c_k\sigma_{ij,k} = C^{\sigma J}_{ijkl}D_{kl} + \sigma_{kj}W_{ik} + \sigma_{ki}W_{jk} \tag{7.8.1}$$

在上式中，D_{ij} 和 W_{ij} 分别是变形率张量和旋转张量的元素，见第 3 章；$C^{\sigma J}_{ijkl}$ 是材料响应张量，它将 Cauchy 应力的任意框架不变性与速度应变联系起来，它们都包括了几何非线性和材料非线性。

根据导数的乘法规则，公式(7.8.1)等价于下面的方程：

$$\sigma_{i,t[\chi]} + y_{ijk,k} - c_{k,k}\sigma_{ij} = C^{\sigma J}_{ijkl}D_{kl} + \sigma_{kj}W_{ik} + \sigma_{ki}W_{jk};\qquad y_{ijk} = \sigma_{ij}c_k \tag{7.8.2}$$

式中 y_{ijk} 是应力-速度乘积。在下面的有限元计算中，这两个方程将以弱形式代替式(7.8.1)。

7.8.2　应力更新的弱形式　如连续方程和动量方程，通过以变分函数乘以式(7.8.2)，我们可以得到本构方程的弱形式：

$$\begin{aligned}&\int_\Omega \delta\tilde{\sigma}_{ij}\sigma_{ij,t[\chi]}\,\mathrm{d}\Omega + \int_\Omega \delta\tilde{\sigma}_{ij}y_{ijk,k}\,\mathrm{d}\Omega - \int_\Omega \delta\tilde{\sigma}_{ij}c_{k,k}\sigma_{ij}\,\mathrm{d}\Omega \\ &= \int_\Omega \delta\tilde{\sigma}_{ij}C^{\sigma J}_{ijkl}D_{kl}\,\mathrm{d}\Omega + \int_\Omega \delta\tilde{\sigma}_{ij}\{\sigma_{kj}W_{ik} + \sigma_{ki}W_{jk}\}\,\mathrm{d}\Omega\end{aligned} \tag{7.8.3}$$

和

$$\int_\Omega \delta\tilde{y}_{ijk}y_{ijk}\,\mathrm{d}\Omega = \int_\Omega \delta\tilde{y}_{ijk}c_k\sigma_{ij}\,\mathrm{d}\Omega \tag{7.8.4}$$

7.8.3　有限元离散化　通过令 $\boldsymbol{N}^s$ 和 $\boldsymbol{N}^y$ 为一组形函数，我们获得本构方程的离散形式，令变分函数和试函数分别为 $\sigma_{ij}=N^s_I S_{ijI}$，$y_{ijk}=N^y_I y_{ijkI}$；$\delta\tilde{\sigma}_{ij}=\bar{N}^s_I\delta s_{ijI}$ 和 $\delta\tilde{y}_{ijk}=\bar{N}^y_I\delta y_{ijkI}$，注意到对于 Cauchy 应力，仅在本构方程中应用了变分函数和形函数。

推导出离散的本构方程是

$$\boldsymbol{M}^s\frac{\mathrm{d}\boldsymbol{s}}{\mathrm{d}t} + \sum_{k=1}^{N_{SD}}\boldsymbol{G}^{\mathrm{T}}_k\boldsymbol{Y}_k - \boldsymbol{D}\boldsymbol{s} = \boldsymbol{z} \tag{7.8.5}$$

$$\boldsymbol{M}^y\boldsymbol{Y}_k = \boldsymbol{L}^y_k\boldsymbol{s}\qquad (\text{对任意的 } k) \tag{7.8.6}$$

其中 $\boldsymbol{M}^s$ 和 $\boldsymbol{D}$ 是关于应力的广义质量和扩散矩阵；$\boldsymbol{G}^{\mathrm{T}}_k\boldsymbol{Y}_k$ 对应于广义对流项；对于应力-速度乘积，$\boldsymbol{M}^y$ 和 $\boldsymbol{L}^y_k$ 分别是广义质量和对流矩阵；$\boldsymbol{z}$ 是广义应力矢量。单位矩阵，$\boldsymbol{I}\in R^{N_\sigma}\times R^{N_\sigma}$。框 7.2 给出了这些矩阵。

框 7.2　关于 ALE 应力更新矩阵

$$\boldsymbol{M}^s = \boldsymbol{I}\mid M^S_{ij}\mid = \boldsymbol{I}\int_\Omega \bar{N}^s_I N^s_I\,\mathrm{d}\Omega \tag{B7.2.1}$$

$$\boldsymbol{D} = \boldsymbol{I}\mid D_{IJ}\mid = \boldsymbol{I}\int_\Omega \bar{N}^s_I c_{k,k}N^s_J\,\mathrm{d}\Omega \tag{B7.2.2}$$

$$\boldsymbol{z} = [\boldsymbol{z}_I] = \int_\Omega \bar{N}^s_I C^{\sigma J}_{ijkl}D_{kl}\,\mathrm{d}\Omega + \int_\Omega \bar{N}^s_I\{\sigma_{kj}W_{ik} + \sigma_{ki}W_{jk}\}\,\mathrm{d}\Omega \tag{B7.2.3}$$

$$\boldsymbol{M}^y = \boldsymbol{I}[M^y_{IJ}] = \boldsymbol{I}\int_\Omega \bar{N}^y_I N^y_J\,\mathrm{d}\Omega \tag{B7.2.4}$$

$$\boldsymbol{s} = [\boldsymbol{s}_J] = [s_{ijJ}] \tag{B7.2.5}$$

对于每一个传递速度分量 c_k，我们定义：

$$\boldsymbol{G}_k^{\mathrm{T}} = \boldsymbol{I}[G_{IJ}^{\mathrm{T}}]_k = \boldsymbol{I}\int_{\Omega} \bar{N}_I^s N_{J,k}^y \mathrm{d}\Omega \tag{B7.2.6}$$

$$\boldsymbol{L}_k^y = \boldsymbol{I}[L_{IJk}^y] = \boldsymbol{I}\int_{\Omega} \bar{N}_I^y c_k N_J^s \mathrm{d}\Omega \tag{B7.2.7}$$

$$\boldsymbol{Y}_k = [\boldsymbol{y}_{kJ}] = [y_{ijkJ}] \tag{B7.2.8}$$

对于每一个传递速度 c_k，应力-速度乘积 $\boldsymbol{Y}_k$ 作为 $n_\sigma \times 1$ 列矢量存储在每一个节点。通过在节点上定位数值积分点，可得到对角线形式的 $\boldsymbol{M}^y$。

7.8.4 应力更新过程

关于 Galerkin 的应力更新过程 对应的矩阵方程已经在公式(7.8.5)和式(7.8.6)中给出。通过对式(7.8.6)中的 $\boldsymbol{M}^y$ 求逆并代入式(7.8.5)中，可以消去应力-速度乘积项 $\boldsymbol{Y}_k$：

$$\boldsymbol{M}^s \frac{\mathrm{d}\boldsymbol{s}}{\mathrm{d}t} + \sum_{k=1}^{N_{SD}} \boldsymbol{G}_k^{\mathrm{T}} (\boldsymbol{M}^y)^{-1} \boldsymbol{L}_k^y \boldsymbol{s} - \boldsymbol{D}\boldsymbol{s} = \boldsymbol{z} \tag{7.8.7}$$

其中 $\sum_{k=1}^{N_{SD}} \boldsymbol{G}_k^{\mathrm{T}} (\boldsymbol{M}^y)^{-1} \boldsymbol{L}_k^y \boldsymbol{s}$ 可以视为传递项，必须采用迎风技术计算 $\boldsymbol{L}_k^y \boldsymbol{s}$。当 $\boldsymbol{c}=0$，即 $\boldsymbol{\chi} = \boldsymbol{X}$ 时，公式(7.8.7)退化到 Lagrangian 描述的一般应力更新格式，$\boldsymbol{M}^s \frac{\mathrm{d}\boldsymbol{s}}{\mathrm{d}t} = \boldsymbol{z}$。

所有路径相关材料特性，诸如屈服应变、等效塑性应变、屈服应力和背应力，必须通过公式(7.8.7)应用这些变量代替 $\boldsymbol{s}$ 进行转换，并且适当地修正 $\boldsymbol{z}$。

关于 SUPG 方法的应力更新过程 对于路径相关材料的非线性有限元公式，诸如弹-塑性材料，只有在积分点上才可以得到应力和状态变量。为了建立应力-速度乘积的节点值，需要弱形式的公式。基于一维的研究(Liu, Belytschko and Chang, 1986)，应用迎风过程定义中间变量。这里考虑虚构粘性技术(迎风流线)作为这种迎风过程到多维情况的生成。

为了调节虚构粘性张量 A_{ijkm}，将公式(7.8.2)中应力-速度乘积的关系修改为

$$y_{ijk} = \sigma_{ij} c_k - A_{ijkm,m} \tag{7.8.8}$$

虚构粘性张量的组成包括一个张量系数乘以应力：

$$A_{ijkm} = \mu_{km} \sigma_{ij} \tag{7.8.9}$$

式中张量系数的构成和标量 $\bar{\mu}$ 为

$$\mu_{km} = \bar{\mu}_k c_k c_m / c_n c_n \quad \text{和} \quad \bar{\mu} = \sum_{i=1}^{N_{SD}} \alpha_i c_i h_i / N_{SD} \tag{7.8.10}$$

这里 h_i 是沿着 i 方向的单元长度；N_{SD} 是空间维数的数目；α_i 是虚构粘性参数，为

$$\alpha_i = \begin{cases} \dfrac{1}{2}, & \text{对于 } c_i > 0 \\ -\dfrac{1}{2}, & \text{对于 } c_i < 0 \end{cases} \tag{7.8.11}$$

通过在空间域 Ω 上应用变分函数乘以应力-速度的乘积，可以得到对应于公式(7.8.8)的弱形式：

$$\int_{\Omega} \delta y_{ijk} y_{ijk} \mathrm{d}\Omega = \int_{\Omega} \delta y_{ijk} \sigma_{ij} c_k \mathrm{d}\Omega - \int_{\Omega} \delta y_{ijk} A_{ijkm,m} \mathrm{d}\Omega \tag{7.8.12}$$

通过应用散度定理，并假设在边界上没有与虚构粘性相关的外力，这个方程可以写为

$$\int_{\Omega}\delta y_{ijk}y_{ijk}\,\mathrm{d}\Omega=\int_{\Omega}\delta y_{ijk}\sigma_{ij}c_k\,\mathrm{d}\Omega+\int_{\Omega}\delta y_{ijk,m}A_{ijkm}\,\mathrm{d}\Omega \tag{7.8.13}$$

可以将 A_{ijkm} 的表达式(7.8.9)～(7.8.10)代入这个方程，得到

$$\int_{\Omega}\delta y_{ijk}y_{ijk}\,\mathrm{d}\Omega=\int_{\Omega}(\delta y_{ijk}+\delta\bar{y}_{ijk})\sigma_{ij}c_k\,\mathrm{d}\Omega\quad 式中\quad \delta\bar{y}_{ijk}=\delta y_{ijk,m}\bar{\mu}c_m/c_nc_n \tag{7.8.14}$$

由于应力-速度乘积的转换特性，以上可以看作是修正的 Galerkin 有限元方法。

对于应力-速度乘积的形函数，可以选择标准的 C^0 函数。在公式(7.8.14)中积分点的数量和位置必须选择是 Gauss 积分点，因为在式(7.8.14)中仅可能在这些点上记录应力的历史。

接着上面的过程，在每个节点上可以定义应力-速度乘积，也可以将它代入本构方程(7.8.5)，按照没有虚构粘性的同样过程计算应力的变化率。注意到对于应力的插值函数在单元的空间域内积分。对于位移有限元，选择积分点数目的任务是另一个重要的事情。例如，对于完全积分单元，当材料不可压缩时会产生体积自锁现象(见第 8.4 节)，而选择减缩积分可以克服这个困难，但是它的成本同完全积分是一样的。对于大规模计算，非线性的两个积分点单元(Liu 等，1988)显示出是良好的候选单元，因为它展示了几乎同样的精度与选择减缩积分单元，而成本仅为选择减缩积分单元的$\frac{1}{3}$。

按照 Liu, Belytschko 和 Chang 描述的过程，位移单元被划分成 M 个子域，这里 M 表示积分点的数量。每一个子域设计为 $\Omega_I(I=1\cdots M)$，它包含了积分点 $\boldsymbol{x}_I$，并且没有任何两个子域是重叠的。与 Ω_I 域联系起来，确定应力的插值函数 N_I^s，并且仅在积分点上 $\boldsymbol{x}=\boldsymbol{x}_I$，我们指定它的值为单位值，因此，$N_I^s(\boldsymbol{x}_J)=\delta_{IJ}$。在 Ω_I 中，变分函数选择的是 Dirac delta 函数 $\bar{N}_I^s=\delta(\boldsymbol{x}-\boldsymbol{x}_I)$。

将这些函数代入本构方程，数学表示要求在每个配置的积分点上弱形式的残数为零。因为配置点与积分点重合，所以从公式(7.8.5)求出的代数方程可以不用数值积分很容易地解出，给出如下。

一般的质量矩阵是

$$M_{ij}^{S}=\int_{\Omega}\bar{N}_I^sN_J^s\,\mathrm{d}\Omega \tag{7.8.15}$$

其中下标 I 和 J 的范围从 $1\sim M$，它们是每个单元应力积分点的数量。散度算子矩阵的转置为

$$G_{IJk}^{\mathrm{T}}=\int_{\Omega}\bar{N}_I^sN_{J,k}^{y}\,\mathrm{d}\Omega$$

对于二维 4 节点单元，它将是

$$\boldsymbol{G}_k^{\mathrm{T}}=\begin{bmatrix}N_{1,k}^{y}(x_1) & N_{2,k}^{y}(x_1) & \cdots & N_{M,k}^{y}(x_1)\\ N_{1,k}^{y}(x_2) & N_{2,k}^{y}(x_2) & \cdots & N_{M,k}^{y}(x_2)\\ \vdots & \vdots & & \vdots\\ N_{1,k}^{y}(x_M) & N_{2,k}^{y}(x_M) & \cdots & N_{M,k}^{y}(x_M)\end{bmatrix}_{M\times M} \tag{7.8.16}$$

应力的广义扩散矩阵为

$$D_{IJ}=\int_{\Omega}\bar{N}_I^sc_{k,k}N_J^s\,\mathrm{d}\Omega$$

或者

$$\boldsymbol{D}=\begin{bmatrix} c_{k,k}(x_1) & & & \\ & c_{k,k}(x_2) & & \\ & & \ddots & \\ & & & c_{k,k}(x_M) \end{bmatrix}_{M\times M} \tag{7.8.17}$$

广义应力向量为

$$z_{ijI}=\int_{\Omega}\overline{N}_I^s\{C_{ijkl}^{\sigma J}D_{kl}+\sigma_{kj}W_{ik}+\sigma_{ki}W_{jk}\}\mathrm{d}\Omega$$

或者

$$\boldsymbol{z}=\begin{bmatrix} (C_{ijkl}^{\sigma J}D_{kl}+\sigma_{kj}W_{ik}+\sigma_{ki}W_{jk})_{x_1} \\ (C_{ijkl}^{\sigma J}D_{kl}+\sigma_{kj}W_{ik}+\sigma_{ki}W_{jk})_{x_2} \\ \vdots \\ (C_{ijkl}^{\sigma J}D_{kl}+\sigma_{kj}W_{ik}+\sigma_{ki}W_{jk})_{x_M} \end{bmatrix}_{M\times 1} \tag{7.8.18}$$

算子分解方法的应力更新过程 除了在最后一节介绍完全耦合方程的方法之外，还应用了另一种算子分解的方法。从概念上，这种方法很简单，就是将一组偏微分方程的算子分解成为几组简单的偏微分方程算子，这样就可以连续求解。在推导方程时，将算子分解是解耦各种物理现象，以得到简单的更容易求解的方程。算子分解所提供的一般优越性，补偿了一定的精度损失：简单的方程导致了更简单和稳定的算法，尤其是根据不同的物理特性，可以分别处理每一个解耦的方程。

在算子分解方法中，分成两步进行应力更新：

$$\sigma^{\text{trial}}=\sigma_n+\left.\frac{\partial\sigma_n}{\partial t}\right|_{\boldsymbol{X}}\Delta t \qquad (\text{Lagrangian 步骤}) \tag{7.8.19}$$

$$\sigma_{n+1}=\sigma^{\text{trial}}+\left.\frac{\partial\sigma^{\text{trial}}}{\partial t}\right|_{\boldsymbol{\chi}}\Delta t+\frac{1}{2}\left.\frac{\partial^2\sigma^{\text{trial}}}{\partial t^2}\right|_{\boldsymbol{\chi}}\Delta t^2 \qquad (\text{Eulerian 步骤}) \tag{7.8.20}$$

其中$\left.\frac{\partial\sigma}{\partial t}\right|_X$，$\left.\frac{\partial\sigma^{\text{trial}}}{\partial t}\right|_{\boldsymbol{\chi}}$是应用通常的公式(7.8.21)计算的。为了解释算子分解的概念，我们考虑关于 Cauchy 应力一个分量的传递方程：

$$\sigma_{,t[\boldsymbol{X}]}=\sigma_{,t[\boldsymbol{\chi}]}+c_i\sigma_{,i}=q \tag{7.8.21}$$

其中 q 由本构定律确定。关于 q 的一个例子是公式(7.8.1)的右侧表达式。

算子分解的第一阶段是求解 Lagrangian 步骤，没有考虑下面的传递效应：

$$\sigma_{,t[\boldsymbol{X}]}^n=q,\ c_i=0 \tag{7.8.22}$$

在这个 Lagrangian 步骤，从 $\sigma^{(t)}$(在 t 时刻的应力)到 σ^{trial}(表示 Lagrangian 的更新应力)对时间积分以更新应力，而忽略传递项，这等价于假设网格点$\boldsymbol{\chi}$与材料质点 $\boldsymbol{X}$ 运动，即$\boldsymbol{\chi}=\boldsymbol{X}$。因此，Lagrangian 步骤可以按照一般更新的 Lagrangian 的同样方式进行。另外，已知在 Gauss 点上得到应力。

在得到 $\sigma_{,t[\boldsymbol{X}]}^n$ 后，我们可以通过公式(7.8.19)计算 σ^{trial}。在两个步骤之间，有一个再分区的过程，这是一个重要的重新划分网格的过程。我们可以将它表示为：$\boldsymbol{\chi}^{n+1}=\hat{\boldsymbol{\Phi}}^{-1}(\boldsymbol{x}^n,t^{n+1})$。这里$\hat{\boldsymbol{\Phi}}^{-1}$描述了在空间域和参考域之间的运动。在新的 ALE 网格$\boldsymbol{\chi}^{n+1}$建立之后，开始了

Eulerian 步骤，在相同的构形上根据对流算法，从坐标 $\boldsymbol{x}^n$ 到 $\boldsymbol{\chi}^{n+1}$，它重新映射所有的状态变量。

第二阶段涉及在 Lagrangian 步骤中没有考虑的传递项，其中控制偏微分方程是

$$\sigma_{,t[\boldsymbol{\chi}]} + c_i\sigma_{,i} = 0, \quad q = 0 \tag{7.8.23}$$

并且在这个过程中，应力从 σ^{trial} 更新到 $\sigma^{t_{n+1}}$。

整个过程的图解说明如图 7.5 所示。

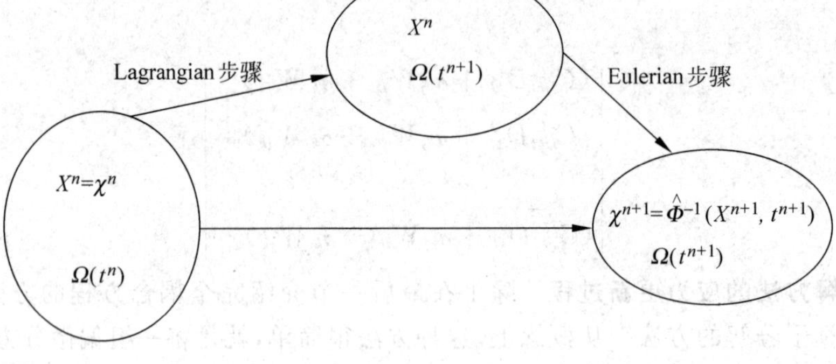

图　7.5

根据以上的两阶段策略，本构方程被分解为 Lagrangian 步骤的抛物线方程和传递步骤的双曲线方程。

这里，我们按照 Liu，Belytschko 和 Chang(1986)应用的显式方法积分传递项。为了计算应力场的梯度，需要采用 Lax-Wendroff 的显式平滑算法。

Lax-Wendroff 更新　Lax-Wendroff 方法的要点是在控制方程中应用空间导数代替相关变量的时间导数，对于公式(7.8.23)的偏微分方程，我们有

$$\sigma^{\text{trial}}_{,t[\boldsymbol{\chi}]} = -c_i^{t_{n+\frac{1}{2}}}\sigma^{\text{trial}}_{,i} \tag{7.8.24}$$

并且

$$\begin{aligned}\sigma^{\text{trial}}_{,tt[\chi]} &= (\sigma^{\text{trial}}_{,t[\boldsymbol{\chi}]})_{,t} = -(c_i^{t_{n+\frac{1}{2}}}\sigma^{\text{trial}}_{,t})_{,t} = -c_i^{t_{n+\frac{1}{2}}}(\sigma^{\text{trial}}_{,t[\chi]})_{,i}\\ &= -c_i^{t_{n+\frac{1}{2}}}(-c_j^{t_{n+\frac{1}{2}}}\sigma^{\text{trial}}_{,j})_{,i} = c_i^{t_{n+\frac{1}{2}}}c_j^{t_{n+\frac{1}{2}}}\sigma^{\text{trial}}_{,ij}\end{aligned} \tag{7.8.25}$$

在将上面两个方程代入 $\sigma^{t_{n+1}}$ 对应于时间的 Taylor 级数展开之后有

$$\sigma^{t_{n+1}} = \sigma^t - \sigma^{\text{trial}}_{,t[\boldsymbol{\chi}]}\Delta t + \frac{1}{2}\sigma^{\text{trial}}_{,tt[\boldsymbol{\chi}]}\Delta t^2 \tag{7.8.26}$$

我们得到 Lax-Wendroff 方法的更新方程为

$$\sigma^{t_{n+1}} = \sigma^t - c_i^{t_{n+\frac{1}{2}}}\sigma^{\text{trial}}_{,i}\Delta t + \frac{1}{2}c_i^{t_{n+\frac{1}{2}}}c_j^{t_{n+\frac{1}{2}}}\sigma^{\text{trial}}_{,ij}\Delta t^2 \tag{7.8.27}$$

其中 $c_i^{t_{n+\frac{1}{2}}}$ 是在中间步骤计算的传递速度。

在公式(7.8.27)中，在每一个 Gauss 积分点上要求应力梯度$\boldsymbol{\gamma}$和它的一阶导数$\dfrac{\partial}{\partial x_i}\boldsymbol{\gamma}$，其中 $\gamma_i = \dfrac{\partial}{\partial x_i}\sigma^{\text{trial}}$。为了得到$\boldsymbol{\gamma}$和它的一阶导数，应用了经典的最小二乘投影得到了应力梯度的光滑场，$\boldsymbol{\gamma}^{\text{h}}(x) = \sum N_I(x)\boldsymbol{\gamma}_I$，其中$\boldsymbol{\gamma}^{\text{h}}(x)$是 H^1 函数。由于初始$(\sigma^{\text{trial}})^{\text{h}}$ 是 C^{-1} 函数，所

以在节点上不可能得到应力梯度$\boldsymbol{\gamma}$。借助于散度定理得到$\boldsymbol{\gamma}_I$，我们有

$$\int_{\Omega}\boldsymbol{N}_I^{\gamma}\boldsymbol{\gamma}\mathrm{d}\Omega=-\int_{\Omega}\sigma\nabla\boldsymbol{N}_I^{\gamma}\mathrm{d}\Omega+\int_{\Gamma}\boldsymbol{N}_I^{\gamma}\sigma\boldsymbol{n}\mathrm{d}\Gamma \tag{7.8.28}$$

其中$\boldsymbol{n}$是在当前构形上的单位外法线；$\boldsymbol{N}^{\gamma}$是一组变分形函数。在装配之后，我们得到了一组线性方程：

$$\boldsymbol{M}^{\gamma}\boldsymbol{\gamma}=\boldsymbol{\Phi}\quad 其中\quad \boldsymbol{M}^{\gamma}=[M_{IJ}^{\gamma}]=\int_{\Omega}N_I^{\gamma}N_J^{\gamma}\mathrm{d}\Omega \tag{7.8.29}$$

$\boldsymbol{\gamma}$是应力梯度的节点光滑值向量，并且向量$\boldsymbol{\Phi}$定义为

$$\boldsymbol{\Phi}=[\Phi_I]=\sum_e\left[-\int_{\Omega}\sigma\nabla N_I^{\gamma}\mathrm{d}\Omega+\int_{\Gamma}N_I^{\gamma}\sigma\boldsymbol{n}\mathrm{d}\Gamma\right] \tag{7.8.30}$$

为了使得算法直观，采用集中质量矩阵代替了一致质量矩阵，这样，就可以直接求解应力梯度$\boldsymbol{\gamma}$。然后应用式(7.8.27)更新应力，为了获得在Gauss点的应力值，可以采用配置技术处理式(7.8.27)的弱形式。

7.8.5　一维应力更新过程的有限元实现　在这一节中，我们将比较各种应力更新。为了能够说明问题，我们考虑一维的情况。在一维中，对于密度、速度、能量和应力-速度乘积的形函数以及相应的变分函数，可以选择分段线性的C^0函数：

$$N_1=\frac{1}{2}(1-\xi),\quad N_2=\frac{1}{2}(1+\xi) \tag{7.8.31}$$

其中$\xi\in[-1,1]$。所有变量的变分函数和试函数都是一样的。完全迎风方法可以应用于所有的矩阵，包括传递效应。

采用均匀网格，将一维杆划分成M段长度h相等的部分。单元和节点的序列编号分别从$1\sim M$和$1\sim M+1$。指定c_m为节点m的传递速度，s_m代表在单元m中的应力。为了简单化，所有节点的传递速度都考虑为正值，并且每个单元仅有一个积分点。

一维情况SUPG的应用　根据应力更新公式(7.8.5)，它的矩阵和向量可以表示如下：

$$广义质量矩阵\quad \boldsymbol{M}^s=h\boldsymbol{I}_{M\times M} \tag{7.8.32}$$

离散散度算子矩阵的转置为

$$\boldsymbol{G}_x^{\mathrm{T}}=\begin{bmatrix}-1 & 1 & & & & \\ & \ddots & \ddots & & & \\ & & -1 & 1 & & \\ & & & \ddots & \ddots & \\ & & & & -1 & 1\end{bmatrix}_{M\times(M+1)} \tag{7.8.33}$$

通过在节点上定位积分点(Lobatto积分)，使矩阵$\boldsymbol{M}^y$对角化：

$$\mathrm{diag}(\boldsymbol{M}^y)=h\left\{\frac{1}{2},1,\cdots,1,\cdots,1,\frac{1}{2}\right\}_{(M+1)\times1}^{\mathrm{T}}$$

如果应用精确积分，更新的应力是：

$$\boldsymbol{L}_k^y\boldsymbol{s}=\frac{1}{6}h\{(2c_1+c_2)s_1,\cdots,(c_{m-1}+2c_m)s_{m-1}+(2c_m+c_{m+1})s_m,\cdots,(c_{M1}+2c_{M+1})s_M\}_{M\times1}^{\mathrm{T}} \tag{7.8.34}$$

如果应用完全迎风，它成为

$$\boldsymbol{L}_k^y \boldsymbol{s} = \frac{1}{2}h\{0,\cdots,(c_m + c_{m+1})s_m,\cdots,(c_M + c_{M+1})s_M\}^{\mathrm{T}}_{(M+1)\times 1} \tag{7.8.35}$$

广义扩散向量是

$$\boldsymbol{D}\boldsymbol{s} = \{(-c_{1,1} + c_{2,1})s_1,\cdots,(-c_{m,1} + c_{m+1})s_m,\cdots,(-c_{M,1} + c_{M+1,1})S_M\}^{\mathrm{T}}_{M\times 1} \tag{7.8.36}$$

由于材料变形，应力的变化率为(在一维情况，应力旋转为零)

$$\boldsymbol{z} = h\{\dot{s}_1,\cdots,\dot{s}_m,\cdots,\dot{s}_M\}^{\mathrm{T}}_{M\times 1} \tag{7.8.37}$$

其中 $\dot{s} = C^{\sigma J}_{1111} v_{(1,1)}$。

通过将公式(7.8.32)～(7.8.37)代入式(7.8.7)中，在一个 ALE 描述中，应力的变化率可以证明如下。

如果应用精确积分，则

$$\frac{\mathrm{d}s}{\mathrm{d}t} = \begin{Bmatrix} \mathrm{d}s_1/\mathrm{d}t \\ \vdots \\ \mathrm{d}s_m/\mathrm{d}t \\ \vdots \\ \mathrm{d}s_M/\mathrm{d}t \end{Bmatrix}_{M\times 1} = \frac{1}{h}\begin{Bmatrix} (-c_1 + c_2)s_1 \\ \vdots \\ (-c_m + c_{m+1})s_m \\ \vdots \\ (-c_M + c_{M+1})s_M \end{Bmatrix} - \frac{1}{6h}\begin{Bmatrix} (-3c_1)s_1 + (2c_2 + c_3)s_2 \\ \vdots \\ -(c_{m-1} + 2c_m)s_{m-1} \\ -(c_m - c_{m+1})s_m \\ +(2c_{m+1} + c_{m+2})s_{m+1} \\ \vdots \\ -(c_{M-1} + 2c_M)s_{M-1} \\ +3c_{M+1}s_M \end{Bmatrix} + \begin{Bmatrix} s_{1,t[x]} \\ \vdots \\ s_{m,t[x]} \\ \vdots \\ s_{M,t[x]} \end{Bmatrix} \tag{7.8.38}$$

如果应用完全迎风进行计算 $\boldsymbol{L}_k^y \boldsymbol{s}$，则

$$\frac{\mathrm{d}s}{\mathrm{d}t} = \begin{Bmatrix} \mathrm{d}s_1/\mathrm{d}t \\ \vdots \\ \mathrm{d}s_m/\mathrm{d}t \\ \vdots \\ \mathrm{d}s_M/\mathrm{d}t \end{Bmatrix}_{M\times 1} = \frac{1}{h}\begin{Bmatrix} (-c_1 + c_2)s_1 \\ \vdots \\ (-c_m + c_{m+1})s_m \\ \vdots \\ (-c_M + c_{M+1})s_M \end{Bmatrix} - \frac{1}{2h}\begin{Bmatrix} (-c_1 + c_2)s_1 \\ \vdots \\ (-c_{m-1} + c_m)s_{m-1} \\ +(c_m + c_{m+1})s_m \\ \vdots \\ -(c_{M-1} + c_M)s_{M-1} \\ +2(c_M + c_{M+1})s_M \end{Bmatrix} + \begin{Bmatrix} s_{1,t[x]} \\ \vdots \\ s_{m,t[x]} \\ \vdots \\ s_{M,t[x]} \end{Bmatrix} \tag{7.8.39}$$

在公式(7.8.38)右侧的第二个括号内，表示了关于应力传递的中心差分(或简单平均)的效果，而在式(7.8.39)中演示了细胞移植差分。这个可以进一步明确，通过令

$$c_1 = \cdots = c_m = \cdots = c_{M+1} = c(\text{常数})$$

如果应用精确积分，则

$$\frac{\mathrm{d}s}{\mathrm{d}t} = \begin{Bmatrix} \mathrm{d}s_1/\mathrm{d}t \\ \vdots \\ \mathrm{d}s_m/\mathrm{d}t \\ \vdots \\ \mathrm{d}s_M/\mathrm{d}t \end{Bmatrix}_{M\times 1} = -\frac{c}{2h}\begin{Bmatrix} -s_1 + s_2 \\ \vdots \\ -s_{m-1} + s_{m+1} \\ \vdots \\ -s_{M-1} + s_M \end{Bmatrix} + \begin{Bmatrix} s_{1,t[x]} \\ \vdots \\ s_{m,t[x]} \\ \vdots \\ s_{M,t[x]} \end{Bmatrix} \tag{7.8.40}$$

如果应用完全迎风，则

$$\frac{\mathrm{d}s}{\mathrm{d}t}=\begin{Bmatrix}\mathrm{d}s_1/\mathrm{d}t\\ \vdots\\ \mathrm{d}s_m/\mathrm{d}t\\ \vdots\\ \mathrm{d}s_M/\mathrm{d}t\end{Bmatrix}_{M\times 1}=-\frac{c}{h}\begin{Bmatrix}s_1\\ \vdots\\ -s_{m-1}+s_m\\ \vdots\\ -s_{M-1}+2s_M\end{Bmatrix}+\begin{Bmatrix}s_{1,t[x]}\\ \vdots\\ s_{m,t[x]}\\ \vdots\\ s_{M,t[x]}\end{Bmatrix} \tag{7.8.41}$$

方程(7.8.40)证明,在奇数和偶数单元,应力的转换趋向于是解耦的。因此,当简单的平均方法应用于计算应力的空间导数时,有可能出现物理上不符合实际的振荡。

在一维情况算子分解的应用 为了说明这个问题,我们将一个一维的杆分成长度 h 相等的 M 段,并假设

$$c_1=c_m=c_{M+1}=c(\text{常数})>0$$

因为公式(7.8.30)的右侧将为零,我们可以看到这个更新的过程不适用于常数应力和线性形函数。另外,我们可以看到对于 Law-Wendroff 更新,$\boldsymbol{s}$ 的形函数 $\boldsymbol{N}^s$ 必须与 $\boldsymbol{N}^\gamma$ 的阶次相同。假设它们都是线性形函数,我们可以得到

$$\mathrm{diag}(\boldsymbol{M}^\gamma)=h\left\{\frac{1}{2},1,\cdots,1,\cdots,1,\frac{1}{2}\right\}^{\mathrm{T}}_{(M+1)\times 1} \tag{7.8.42}$$

$$\boldsymbol{\Phi}=\frac{1}{2}[-s_1+s_2,-s_1+s_3,-s_2+s_4,\cdots,-s_{m-1}+s_{m+1},\cdots,-s_{M-1}+s_{M+1}]^{\mathrm{T}}_{(M+1)\times 1} \tag{7.8.43}$$

7.8.6 显式时间积分算法

显式时间积分将应用预测-改正方法(Hughes 和 Liu,1978)积分耦合的方程(7.5.13)和(7.5.18)。

这种预测-改正方法类似于 Newmark 算法,主要区别是前者算法是显式的,后者算法是隐式的。

连续方程为

$$\frac{\mathrm{d}\boldsymbol{\rho}}{\mathrm{d}t}=-(\boldsymbol{M}_n^\rho)^{-1}(\boldsymbol{L}_n^\rho\,\tilde{\boldsymbol{\rho}}_{n+1}+\boldsymbol{K}_n^\rho\,\tilde{\boldsymbol{\rho}}_{n+1})\quad 其中\quad \tilde{\boldsymbol{\rho}}_{n+1}=\boldsymbol{\rho}_n+(1-\alpha)\Delta t\frac{\mathrm{d}\boldsymbol{\rho}_n}{\mathrm{d}t} \tag{7.8.44}$$

$$\tilde{\boldsymbol{\rho}}_{n+1}=\tilde{\boldsymbol{\rho}}_{n+1}+\alpha\Delta t\frac{\mathrm{d}\tilde{\boldsymbol{\rho}}_{n+1}}{\mathrm{d}t} \tag{7.8.45}$$

动量方程是

$$\frac{\mathrm{d}\boldsymbol{v}}{\mathrm{d}t}=(\boldsymbol{M}_n)^{-1}(\boldsymbol{f}_{n+1}^{\mathrm{ext}}-\boldsymbol{f}_n^{\mathrm{int}}-\boldsymbol{L}_n\tilde{\boldsymbol{v}}_{n+1})\quad 其中\quad \tilde{\boldsymbol{v}}_{n+1}=\boldsymbol{v}_n+(1-\gamma)\Delta t\frac{\mathrm{d}\boldsymbol{v}_n}{\mathrm{d}t} \tag{7.8.46}$$

$$\boldsymbol{v}_{n+1}=\tilde{\boldsymbol{v}}_{n+1}+\gamma\Delta t\frac{\mathrm{d}\boldsymbol{v}_{n+1}}{\mathrm{d}t} \tag{7.8.47}$$

应用方程(7.8.46),并需要结合下面方程以计算内力项 $\boldsymbol{f}_n^{\mathrm{int}}$:

$$\tilde{\boldsymbol{d}}_{n+1}=\boldsymbol{d}_n+\Delta t\,\boldsymbol{v}_n+\left(\frac{1}{2}-\beta\right)\Delta t^2\frac{\mathrm{d}\boldsymbol{v}_n}{\mathrm{d}t} \tag{7.8.48}$$

$$\boldsymbol{d}_{n+1}=\tilde{\boldsymbol{d}}_{n+1}+\beta\Delta t^2\frac{\mathrm{d}\boldsymbol{v}_{n+1}}{\mathrm{d}t} \tag{7.8.49}$$

在上面方程中,α,β,γ 为计算参数。为了求解显式积分,应用下面的参数:

$$\alpha=0,\quad \beta=0,\quad \gamma\geqslant\frac{1}{2} \tag{7.8.50}$$

框 7.3 展示了算法。

框 7.3　显式时间积分

1. 初始化。令 $n=0$，输入初始条件。
2. 时间步骤循环，$t\in[0,t_{\max}]$。
3. 积分网格速度，得到网格的位移和空间坐标。
4. 通过公式(7.8.7)的积分，计算增量的应力、屈服应力和背应力。已经在上一节详细讨论了应力更新的过程：
   (a) 由于传递的应力率；
   (b) 由于旋转的应力率；
   (c) 由于变形的应力率。
5. 计算内力向量。
6. 由运动方程(7.8.46)计算加速度。
7. 由质量守恒方程(7.8.44)计算密度。
8. 积分加速度获得速度。
9. 如果$(n+1)\Delta t>t_{\max}$，停止计算；否则，用 $n+1$ 代替 n，并返回到第 2 步。

7.9　离散方程线性化

在第 6 章中，针对 Lagrangian 单元已经给出了 Jacobian 矩阵的导数，即切向刚度和荷载刚度矩阵。在本节中，为了 ALE 描述将修改切向矩阵，这主要包括考虑了传递项。然而，复杂的过程开始于在参考域中的时间导数(Liu 等，1991；Hu 和 Liu，1993)。

7.9.1　内部节点力　根据公式(4.4.11)，内部节点力可以写成如下在整个参考(ALE)域上的积分：

$$f_{iI}^{\text{int}}=\int_{\Omega}\frac{\partial N_I}{\partial x_k}\sigma_{ki}\,\mathrm{d}\Omega=\int_{\hat{\Omega}}\frac{\partial N_I}{\partial \chi_k}\frac{\partial \chi_k}{\partial x_m}\sigma_{mi}\hat{J}\,\mathrm{d}\hat{\Omega}\tag{7.9.1}$$

在第二个方程中，我们用到链规则和关系 $\mathrm{d}\Omega=\hat{J}\,\mathrm{d}\hat{\Omega}$，其中 $\hat{J}=\det\hat{\boldsymbol{F}}$ 并且 $F_{ij}=\dfrac{\partial x_i}{\partial \chi_j}$。我们定义在参考构形上的名义应力为

$$\hat{P}_{ki}=\hat{J}\frac{\partial \chi_k}{\partial x_m}\sigma_{mi}=\hat{J}\hat{F}_{km}^{-1}\sigma_{mi}\tag{7.9.2}$$

将这个表达式代入式(7.9.1)，内部节点力可以写成

$$f_{iI}^{\text{int}}=\int_{\hat{\Omega}}\frac{\partial N_I}{\partial \chi_k}\hat{P}_{ki}\,\mathrm{d}\hat{\Omega}\tag{7.9.3}$$

对上式求时间导数(注意到域 $\hat{\Omega}$ 是固定的，并且形函数与时间无关)，得到

$$\frac{\mathrm{d}f_{iI}^{\text{int}}}{\mathrm{d}t}=\int_{\hat{\Omega}}\frac{\partial N_I}{\partial \chi_k}\hat{P}_{ki,t[\chi]}\,\mathrm{d}\,\hat{\Omega}\tag{7.9.4}$$

按照类似于在第 6.4.1 节中的过程，注意到在 $\hat{\Omega}$ 上的名义应力可以写成 $\hat{\boldsymbol{P}}=\hat{\boldsymbol{S}}\hat{\boldsymbol{F}}^{\mathrm{T}}$，其中 $\hat{\boldsymbol{S}}$ 为在 $\hat{\Omega}$ 上的第二 Piola-Kirchhoff 应力。类似于从式(6.4.23)到式(6.4.10)的步骤，

$$\begin{aligned}\hat{\boldsymbol{P}}_{,t[\chi]}&=\hat{\boldsymbol{F}}^{-1}\cdot(\hat{\boldsymbol{F}}\cdot\hat{\boldsymbol{S}}_{,t[\chi]}\cdot\hat{\boldsymbol{F}}^{\mathrm{T}}+\hat{\boldsymbol{F}}\cdot\hat{\boldsymbol{S}}\cdot\hat{\boldsymbol{F}}^{\mathrm{T}}\cdot\hat{\boldsymbol{F}}^{-\mathrm{T}}\cdot\hat{\boldsymbol{F}}^{\mathrm{T}}_{,t[\chi]})\\&=\hat{\boldsymbol{F}}^{-1}\cdot(\hat{J}\boldsymbol{\sigma}^{\nabla\hat{T}}+\hat{J}\boldsymbol{\sigma}\cdot\hat{\boldsymbol{L}}^{\mathrm{T}})\end{aligned}\tag{7.9.5}$$

其中$\boldsymbol{\sigma}^{\nabla \hat{T}}=\hat{J}^{-1}\hat{\boldsymbol{F}}\cdot\hat{\boldsymbol{S}}_{,t[\chi]}\cdot\hat{\boldsymbol{F}}^{\mathrm{T}}=\boldsymbol{\sigma}_{,t[\chi]}-\hat{\boldsymbol{L}}\cdot\boldsymbol{\sigma}-\boldsymbol{\sigma}\cdot\hat{\boldsymbol{L}}^{\mathrm{T}}+(\mathrm{trace}\hat{\boldsymbol{L}})\boldsymbol{\sigma}$是Cauchy应力的Truesdell率,基于参考时间导数和网格速度梯度$\hat{\boldsymbol{L}}=\hat{\boldsymbol{F}}_{,t[\chi]}\cdot\hat{\boldsymbol{F}}^{-1}$。将式(7.9.5)代入式(7.9.4),给出

$$\begin{aligned}\frac{\mathrm{d}f_{iI}^{\mathrm{int}}}{\mathrm{d}t}&=\int_{\hat{\Omega}}\frac{\partial N_I}{\partial\chi_k}\hat{F}_{km}^{-1}(\sigma_{mi}^{\nabla\hat{T}}+\sigma_{mi}\hat{L}_{il})\hat{J}\,\mathrm{d}\hat{\Omega}\\&=\int_{\Omega}\frac{\partial N_I}{\partial x_k}(\sigma_{ki}^{\nabla\hat{T}}+\sigma_{ki}\hat{L}_{il})\mathrm{d}\Omega\end{aligned}\tag{7.9.6}$$

注意到$\sigma_{ki}^{\nabla\hat{T}}$也可以写成

$$\sigma_{ki}^{\nabla\hat{T}}=\sigma_{ki,t[\chi]}-\hat{v}_{k,m}\sigma_{mi}-\sigma_{km}\hat{v}_{i,m}+\hat{v}_{m,m}\sigma_{ki}\tag{7.9.7}$$

类似于在框 3.5 中 Truesdell 率的定义,公式(7.9.7)右侧的第一项也可以表示为

$$\sigma_{ki,t[\chi]}=\dot{\sigma}_{ki}-c_l\sigma_{ki,l}\quad\text{或者}\quad\frac{\partial\sigma_{ki}(\boldsymbol{\chi},t)}{\partial t}=\frac{\partial\sigma_{ki}(\boldsymbol{X},t)}{\partial t}-c_l\frac{\partial\sigma_{ki}}{\partial x_l}\tag{7.9.8a}$$

$$\hat{L}_{km}=L_{km}-c_{k,m};\quad v_{m,m}=v_{m,m}-c_{m,m}\tag{7.9.8b}$$

应用式(7.9.8),公式(7.9.7)成为

$$\sigma_{ki}^{\nabla\hat{T}}=\dot{\sigma}_{ki}-c_l\sigma_{ki,l}-(L_{km}-c_{k,m})\sigma_{mi}-\sigma_{km}(L_{im}-c_{i,m})+(v_{m,m}-c_{m,m})\sigma_{ki}\tag{7.9.9}$$

在重新组合(7.9.9)中的各项并且代入式(7.9.6)后,我们得到

$$\frac{\mathrm{d}f_{iI}^{\mathrm{int}}}{\mathrm{d}t}=\int_{\Omega}N_{I,k}[\dot{\sigma}_{ki}-\sigma_{mi}L_{km}+v_{m,m}\sigma_{ki}]\mathrm{d}\Omega+\int_{\Omega}N_{I,k}[\sigma_{mi}c_{i,m}-c_l\sigma_{ki,l}+c_{m,m}\sigma_{ki}]\mathrm{d}\Omega$$

或者

$$\frac{\mathrm{d}f_{iI}^{\mathrm{int}}}{\mathrm{d}t}=\int_{\Omega}N_{I,k}(\sigma_{ki}^{\nabla\tau}-\sigma_{kl}v_{i,l})\mathrm{d}\Omega+\int_{\Omega}N_{I,k}[\sigma_{km}c_{i,m}-c_l\sigma_{ki,l}+c_{m,m}\sigma_{ki}]\mathrm{d}\Omega\tag{7.9.10}$$

第一个积分与 Lagrangian 描述式(6.4.20)有关,而第二个积分与 ALE 传递效应有关。

在离散式(7.9.10)之后,$\mathrm{d}f_{iI}^{\mathrm{int}}/\mathrm{d}t$ 可以描述为

$$\frac{\mathrm{d}\boldsymbol{f}_{iI}^{\mathrm{int}}}{\mathrm{d}t}=\boldsymbol{K}^{\mathrm{lag}}\cdot\boldsymbol{v}+\boldsymbol{K}^{\mathrm{ale}}\cdot\boldsymbol{c}\quad\text{或者}\quad f_{iI}^{\mathrm{int}}{}_{,t[\chi]}=(\boldsymbol{K}_{iIjJ}^{\mathrm{lag}}v_{jJ}+\boldsymbol{K}_{ijIJ}^{\mathrm{ale}}c_{jJ})\tag{7.9.11}$$

其中$\boldsymbol{v}=[v_{jJ}]$,$\boldsymbol{c}=[c_{jJ}]$,$\boldsymbol{K}^{\mathrm{lag}}=[K_{iIjJ}^{\mathrm{lag}}]$,$\boldsymbol{K}^{\mathrm{ale}}=[K_{ijIJ}^{\mathrm{ale}}]$。在公式(7.9.11)中,$\boldsymbol{K}^{\mathrm{lag}}$来自于第一个积分,由$\boldsymbol{K}^{\mathrm{lag}}=\boldsymbol{K}^{\mathrm{mat}}+\boldsymbol{K}^{\mathrm{geo}}$组成,而$\boldsymbol{K}^{\mathrm{mat}}$和$\boldsymbol{K}^{\mathrm{geo}}$已在第 6.4.1 节中定义。

进一步展开$\boldsymbol{K}^{\mathrm{ale}}$,得到

$$K_{iIlJ}^{\mathrm{ale}}=\int_{\Omega}N_{I,k}\sigma_{km}N_{J,m}\delta_{il}\,\mathrm{d}\Omega-\int_{\Omega}N_{I,k}\sigma_{ki,l}N_J\,\mathrm{d}\Omega-\int_{\Omega}N_{I,k}\sigma_{ki}N_{J,l}\mathrm{d}\Omega\tag{7.9.12}$$

7.9.2 外部节点力 对于线性化 $\boldsymbol{f}^{\mathrm{ext}}$,我们从应用对表面积分的时间导数开始。在当前和参考(ALE)框架中,表面单元之间的 Nanson 关系是

$$\boldsymbol{n}\mathrm{d}\Gamma=\hat{J}\hat{\boldsymbol{n}}\cdot\hat{\boldsymbol{F}}^{-1}\mathrm{d}\hat{\Gamma}\tag{7.9.13}$$

式中 $\hat{\boldsymbol{n}}$ 是域 $\hat{\Omega}$ 表面的单位外法线。取上式的时间导数,给出

$$\begin{aligned}\frac{\mathrm{d}}{\mathrm{d}t}(\boldsymbol{n}\mathrm{d}\Gamma)&=\hat{J}_{,t[\chi]}\hat{\boldsymbol{n}}\cdot\hat{\boldsymbol{F}}^{-1}\mathrm{d}\Gamma+\hat{J}\hat{\boldsymbol{n}}\cdot(\hat{\boldsymbol{F}}^{-1})_{,t[\chi]}\mathrm{d}\hat{\Gamma}\\&=\hat{J}\,\mathrm{div}\,\hat{\boldsymbol{v}}\,\hat{\boldsymbol{n}}\cdot\hat{\boldsymbol{F}}^{-1}\mathrm{d}\Gamma+\hat{J}\hat{\boldsymbol{n}}\cdot(-\hat{\boldsymbol{F}}^{-1}\cdot\hat{\boldsymbol{L}})\mathrm{d}\hat{\Gamma}\\&=(\mathrm{div}\,\hat{\boldsymbol{v}}\boldsymbol{I}-\hat{\boldsymbol{L}}^{\mathrm{T}})\hat{J}\hat{\boldsymbol{n}}\cdot\hat{\boldsymbol{F}}^{-1}\mathrm{d}\hat{\Gamma}\\&=(\mathrm{div}\,\hat{\boldsymbol{v}}\boldsymbol{I}-\hat{\boldsymbol{L}}^{\mathrm{T}})\cdot\boldsymbol{n}\mathrm{d}\Gamma\end{aligned}\tag{7.9.14}$$

在式(7.9.14)的第二式中我们使用了结果 $\hat{J}_{,t[\chi]}=\hat{J}\,\mathrm{div}(\hat{\boldsymbol{v}})$ 和 $(\hat{\boldsymbol{F}}^{-1})_{,t[\chi]}=-\hat{\boldsymbol{F}}^{-1}\cdot\hat{\boldsymbol{L}}$。因此，表面积分的时间导数为

$$\frac{\mathrm{d}}{\mathrm{d}t}\int_{\Gamma} g\boldsymbol{n}\,\mathrm{d}\Gamma=\int_{\Gamma}[(g_{,t[\chi]}+g\nabla\cdot\hat{\boldsymbol{v}})\boldsymbol{I}-g\hat{\boldsymbol{L}}^{\mathrm{T}}]\cdot\boldsymbol{n}\mathrm{d}\Gamma \tag{7.9.15}$$

这样，式(7.9.15)也可以重新写为

$$\frac{\mathrm{d}}{\mathrm{d}t}\int_{\Gamma} g\boldsymbol{n}\,\mathrm{d}\Gamma=\int_{\Gamma}[(g_{,t[\chi]}+g\nabla\cdot(\boldsymbol{v}-\boldsymbol{c}))\boldsymbol{I}-g(\boldsymbol{L}^{\mathrm{T}}-\nabla\boldsymbol{c}^{\mathrm{T}})]\cdot\boldsymbol{n}\mathrm{d}\Gamma \tag{7.9.16}$$

再将关系 $g_{,t[\chi]}=\dot{g}-c_i g_{,i}$ 代入并重新组合传递速度项，上面的方程成为

$$\begin{aligned}\frac{\mathrm{d}}{\mathrm{d}t}\int_{\Gamma} g\boldsymbol{n}\,\mathrm{d}\Gamma=&\int_{\Gamma}[(\dot{g}+g\nabla\cdot\boldsymbol{v})\boldsymbol{I}-g\boldsymbol{L}^{\mathrm{T}}]\cdot\boldsymbol{n}\mathrm{d}\Gamma+\\&\int_{\Gamma}[(-g\nabla\cdot\boldsymbol{c})\boldsymbol{I}+g\nabla\boldsymbol{c}^{\mathrm{T}}-\boldsymbol{c}\cdot\nabla g]\cdot\boldsymbol{n}\mathrm{d}\Gamma\end{aligned} \tag{7.9.17}$$

公式(7.9.17)右边的第一项，在 Lagrangian 格式中类似于初始材料时间导数；为了求解在 ALE 算法参考域中的时间导数，第二项是额外传递项。

对于特殊情况的压力，令 $g=-pN_I$，外部节点力的时间导数可以写成

$$\frac{\mathrm{d}\boldsymbol{f}^{\mathrm{ext}}}{\mathrm{d}t}=(\boldsymbol{K}^{\mathrm{ext}})^{\mathrm{lag}}\cdot\boldsymbol{v}+(\boldsymbol{K}^{\mathrm{ext}})^{\mathrm{ale}}\cdot\boldsymbol{c}\quad \text{或者}\quad \frac{\mathrm{d}f_{iI}^{\mathrm{ext}}}{\mathrm{d}t}=(K_{iIjJ}^{\mathrm{ext}})^{\mathrm{lag}}v_{jJ}+(K_{iIjJ}^{\mathrm{ext}})^{\mathrm{ale}}c_{jJ} \tag{7.9.18}$$

式中 $(\boldsymbol{K}^{\mathrm{ext}})^{\mathrm{lag}}$ 在公式(6.4.32)中给出，并且 $(\boldsymbol{K}^{\mathrm{ext}})^{\mathrm{lag}}$ 定义为

$$(K_{iIjJ}^{\mathrm{ext}})^{\mathrm{ale}}=-\int_{\Gamma}(-pN_I)N_{J,j}\delta_{ki}n_k\mathrm{d}\Omega+\int_{\Gamma}(-pN_I)N_{J,i}n_j\mathrm{d}\Omega-\int_{\Gamma}(-pN_I)_{,j}N_Jn_i\mathrm{d}\Omega \tag{7.9.19}$$

7.10　网格更新方程

7.10.1　引言　在 ALE 描述中，令人感兴趣的是提供了任意移动网格选项的可能性。借助于 ALE，利用 Lagrangian 方法的精确特性能够跟踪移动边界(指材料表面)，并且可以移动内部网格以避免过度的单元扭曲和缠结。然而，这需要一种有效的算法进行网格更新，即必须指定网格速度 $\hat{\boldsymbol{v}}$。必须指定网格以避免网格扭曲，并使边界和接触面至少局部地保持 Lagrangian。

在这节中，我们将描述几种关于更新网格的过程。通过公式(7.2.16)建立材料和网格速度的关系。一旦给定它们其中的一个，另一个就自动确定了。非常重要的是要注意到，如果给定 $\hat{\boldsymbol{v}}$，即可以计算 $\hat{\boldsymbol{d}}$ 和 $\hat{\boldsymbol{a}}$，而且没有必要计算 $\boldsymbol{w}$。另一方面，如果 $\hat{\boldsymbol{v}}$ 是未知的，而只给定了 $\boldsymbol{w}$，则在更新网格前需要求解式(7.2.16)以计算 $\hat{\boldsymbol{v}}$。最后，可以给定混合的参考速度(即可以给定 $\hat{\boldsymbol{v}}$ 的分量和 $\boldsymbol{w}$ 的另外分量)。找到这些速度的**最佳**选择和更新网格的算法，构成了发展 ALE 描述的一种有效程序的主要障碍之一。问题取决于给定哪种速度(即 $\hat{\boldsymbol{v}}$ 或 $\boldsymbol{w}$ 或混合)，我们将研究这三种不同的情况。

7.10.2　预先给定网格运动　这种网格运动 $\hat{\boldsymbol{v}}$ 给定的情况对应于在每一时刻已知域边界的分析。当流体域的边界有一个已知运动时，可以预先给定沿着这一边界的网格运动。

7.10.3　Lagrange-Euler 矩阵方法　这种任意定义相对速度 $\boldsymbol{w}$ 的情况，由 Hughes，Liu

和 Zimmerman (1981) 讨论过。令 $\boldsymbol{w}$ 如下：

$$w_i = \left.\frac{\partial \chi_i}{\partial t}\right|_X = (\delta_{ij} - \alpha_{ij}) v_j \tag{7.10.1}$$

这里 δ_{ij} 是 Kronecker delta；而 α_{ij} 是一个参数矩阵，称为 Lagrange-Euler 参数矩阵。如果 $i \neq j$，则 $\alpha_{ij}=0$，并且 $\alpha_{\underline{ii}}$ 是实数(下划线指标表示不对它们求和)。一般来说，α_{ij} 可以在空间变化且与时间相关，然而，α_{ij} 通常取为时间独立的。根据公式(7.10.1)，相对速度 $\boldsymbol{w}$ 成为材料速度的一个线性函数。如此选择是因为，如果 $\alpha_{ij}=\delta_{ij}$，$\boldsymbol{w}=0$，可得到 Lagrangian 描述；而如果 $\alpha_{ij}=0$，$\boldsymbol{w}=\boldsymbol{v}$，可得到 Eulerian 描述。在每一个网格点上，Lagrange-Euler 矩阵需要给定一次，并应用于所有的网格点。

因为由式(7.10.1)给定了 $\boldsymbol{w}$，所以其他的速度可以由式(7.2.16)决定，它们分别成为

$$c_i = \frac{\partial x_i}{\partial \chi_j}(\delta_{jk} - \alpha_{jk}) v_k \tag{7.10.2}$$

和

$$\hat{v}_i = v_i - (\delta_{jk} - \alpha_{jk}) v_k \frac{\partial x_i}{\partial \chi_j} \tag{7.10.3}$$

在参考域内沿着它的边界，后一个方程必须满足。将式(7.2.7)代入式(7.10.3)，得到一个网格再分区的基本方程：

$$\left.\frac{\partial x_i}{\partial t}\right|_\chi + (\delta_{jk} - \alpha_{jk}) v_k \frac{\partial x_i}{\partial \chi_j} - v_i = 0 \tag{7.10.4}$$

在二维情况下，式(7.10.4)的显式形式列出为

$$\left.\frac{\partial x_1}{\partial t}\right|_\chi + (1-\alpha_{11}) v_1 \frac{\partial x_1}{\partial \chi_1} + (1-\alpha_{22}) v_2 \frac{\partial x_1}{\partial \chi_2} - v_1 = 0 \tag{7.10.5}$$

$$\left.\frac{\partial x_2}{\partial t}\right|_\chi + (1-\alpha_{11}) v_1 \frac{\partial x_2}{\partial \chi_1} + (1-\alpha_{22}) v_2 \frac{\partial x_2}{\partial \chi_2} - v_2 = 0 \tag{7.10.6}$$

方程(7.10.4)只是在最后一项与 Hughes, Liu 和 Zimmerman(1981)提出的方程不同。如果 Lagrange-Euler 参数 α_{ij} 选择等于 0 或者 1，这一区别是不会引起注意的。而且，方程(7.10.4)包含了 Jacobian 矩阵(即$\partial x_i/\partial \chi_i$)，这在 Liu 和 Ma(1982)的公式中是缺少的。最后，式(7.10.4)是一个没有任何扩散的传递方程，所以，只需考虑与传递方程有关的典型的数值困难。

基于 Lagrange-Euler 参数，采用网格更新的 ALE 技术，在表面波的问题上是非常有用的。我们假设自由表面相对于总体坐标是定向的，因此，它可以写成 $x_{3s}=x_{3s}(x_1, x_2, t)$。Eulerian 描述应用于在 x_1 和 x_2 方向(即 $x_1=\chi_1, x_2=\chi_2$)。通过一个空间坐标定义自由表面，它对其余两个空间坐标和时间是连续可微的函数。在这种情况下，Lagrange-Euler 矩阵仅有一个非零项 α_{33}(通常等于 1)，并且在公式(7.10.4)中，唯一的非平凡方程是

$$\left.\frac{\partial x_{3s}}{\partial t}\right|_\chi + v_1 \frac{\partial x_{3s}}{\partial \chi_1} + v_2 \frac{\partial x_{3s}}{\partial \chi_2} - v_3 = (\alpha_{33} - 1) v_3 \frac{\partial x_{3s}}{\partial \chi_3} \tag{7.10.7}$$

上述方程很容易被看作是表面的运动学方程，并且可以写为

$$\left.\frac{\partial x_{3s}}{\partial t}\right|_\chi + v_i n_i N_s = a(x_1, x_2, x_{3s}, t) \tag{7.10.8}$$

式中，$\boldsymbol{n}$ 的分量形成从表面向外的单位法线。法线向量的分量为

$$\frac{1}{N_s}\left(\frac{\partial x_{3s}}{\partial \chi_1}, \frac{\partial x_{3s}}{\partial \chi_2}, -1\right) \tag{7.10.9a}$$

其中 N_s 由下式给定：

$$N_s = \left[1 + \left(\frac{\partial x_{3s}}{\partial \chi_1}\right)^2 + \left(\frac{\partial x_{3s}}{\partial \chi_2}\right)^2\right]^{\frac{1}{2}} = \left[1 + \left(\frac{\partial x_{3s}}{\partial x_1}\right)^2 + \left(\frac{\partial x_{3s}}{\partial x_2}\right)^2\right]^{\frac{1}{2}} \tag{7.10.9b}$$

这里 $a(x_1, x_2, x_{3s}, t)$ 称为累计率函数，表示在自由表面得到或失去的质量。比较式(7.10.7)和(7.10.8)，可以看出累计率函数是

$$a(x_1, x_2, x_{3s}, t) = (\alpha_{33} - 1) v_3 \frac{\partial x_{3s}}{\partial \chi_3} = w_3 \frac{\partial x_{3s}}{\partial \chi_3} \tag{7.10.10}$$

自由表面是一个材料表面，沿着自由表面累计率必须为零，所以结果是 α_{33} 必须取 1。通过注意到没有质点可以穿过自由表面，也可以推导证明这点，所以 w_3 必须是零。尽管通过在这些方向上给定 α_{ij} 的非零值，公式(7.10.4)可以应用于当 x_1 和/或 x_2 是非 Eulerian 的问题，但是通过调整 α_{ij} 的值从而控制单元的形状是非常困难的。

通过式(7.10.1)控制网格有一些缺点。例如，$\hat{\boldsymbol{v}}$ 有明确的物理意义(即网格速度)，而 $\boldsymbol{w}$ 是很难想象的(除了在垂直于材料表面的方向它等于零之外)，这样，仅仅通过给定 α_{ij}，在流体域内部难以保持规则形状的单元。由于这个主要缺点，Huerta 和 Liu(1988)发展了一种混合方法，称为变形梯度法，这将在下面讨论。

7.10.4 变形梯度公式 由于 α 方法的限制，为了求解公式(7.2.16)，发展了一种混合公式。ALE 方法的目标之一是精确地跟踪运动的边界，通常是材料表面。因此，沿着这些表面，我们强制 $\boldsymbol{w} \cdot \boldsymbol{n} = 0$，这里 $\boldsymbol{n}$ 是外法线。ALE 技术的另一个目标是一旦边界已知，通过独立地给定网格的位移(例如，通过势能方程)或者速度，避免单元缠结和取得更好的结果，因为 $\hat{\boldsymbol{d}}$ 和 $\hat{\boldsymbol{v}}$ 直接控制着单元的形状。这样，我们可以沿着域边界给定 $\boldsymbol{w} \cdot \boldsymbol{n} = 0$，同时在内部定义节点位移或者给定速度 $\hat{\boldsymbol{d}}$ 或者 $\hat{\boldsymbol{v}}$。

在公式(7.2.16)中定义的微分方程系统必须沿着移动的边界求解。首先注意到以 $(v_i - v_i)$ 的形式求解 w_i。式(7.2.16)可以重新写为

$$c_j \equiv v_j - \hat{v}_j = F^{\chi}_{ji} w_i \tag{7.10.11}$$

在空间和 ALE 坐标之间，定义映射的 Jacobian 矩阵为

$$F^{\chi}_{ij} \equiv \frac{\partial x_i}{\partial \chi_j} \tag{7.10.12}$$

它的逆阵是

$$(\boldsymbol{F}^{\chi})^{-1} = \frac{1}{\hat{J}} \begin{bmatrix} \hat{J}^{11} & -\hat{J}^{12} & \hat{J}^{13} \\ -\hat{J}^{21} & \hat{J}^{22} & -\hat{J}^{23} \\ \hat{J}^{31} & -\hat{J}^{32} & \hat{J}^{33} \end{bmatrix} \equiv \frac{\hat{J}^{ij}}{\hat{J}} \tag{7.10.13}$$

式中 $\hat{J}^{ij}$ 是 F^{χ}_{ij} 的余子式；$\hat{J}$ 是 Jacobian 矩阵的行列式。公式(7.10.11)的两边同乘以 Jacobian 矩阵的逆，并将式(7.10.13)代入式(7.10.11)，得到

$$\frac{\hat{J}^{ij}}{\hat{J}}(v_j - \hat{v}_j) = w_i \qquad 或者 \qquad \hat{J}^{ji}(v_j - \hat{v}_j) = \hat{J} w_i \tag{7.10.14}$$

式(7.10.14)的两边同时除以 $\hat{J}^{ii}$,给出

$$\frac{\hat{J}^{ji}}{\hat{J}^{ii}}(\hat{v}_j - \hat{v}_j) = \frac{\hat{J}}{\hat{J}^{ii}}w_i = v_i - \left.\frac{\partial x_i}{\partial t}\right|_{\chi} + \sum_{\substack{j=1 \\ j\neq i}}^{N_{SD}} \frac{v_j - \hat{v}_j}{\hat{J}^{ii}}\hat{J}^{ji} \tag{7.10.15}$$

这里,利用了方程左边第一项等于 1 的结果推导出上述方程。当式(7.10.15)的左边简单化之后,使用式(7.2.7)中 $\hat{v}_j$ 的定义,它可以写成

$$\left.\frac{\partial x_i}{\partial t}\right|_{\chi} - v_i - \sum_{\substack{j=1 \\ j\neq i}}^{N_{SD}} \frac{v_j - \hat{v}_j}{\hat{J}^{ii}}\hat{J}^{ji} = -\frac{\hat{J}}{\hat{J}^{ii}}w_i \tag{7.10.16}$$

因为是在参考域 $\hat{\Omega}$ 上证明式(7.10.16),而不是在实际变形域 Ω 上,因此余子式 $\hat{J}^{ii}$ 出现在分母上,以考虑网格在垂直于 χ_i 的平面的运动。

关于式(7.10.16)在一维、二维和三维情况下的例子在框 7.4 中给出。

框 7.4 式(7.10.16)在一维、二维和三维的例子

一维

$$\left.\frac{\partial x_1}{\partial t}\right|_{\chi} - v_1 = -\frac{\hat{J}}{\hat{J}^{11}}w_1 \tag{B7.4.1}$$

其中 $\hat{J}^{11}=1$。

二维

$$\left.\frac{\partial x_1}{\partial t}\right|_{\chi} - v_1 - \frac{v_2 - \hat{v}_2}{\hat{J}^{11}}\hat{J}^{21} = -\frac{\hat{J}}{\hat{J}^{11}}w_1 \tag{B7.4.2}$$

$$\left.\frac{\partial x_2}{\partial t}\right|_{\chi} - v_2 - \frac{v_1 - \hat{v}_1}{\hat{J}^{22}}\hat{J}^{12} = -\frac{\hat{J}}{\hat{J}^{22}}w_2 \tag{B7.4.3}$$

其中 $\hat{J}^{11}=\dfrac{\partial x_2/\partial \chi_2}{\hat{J}}$, $\hat{J}^{22}=\dfrac{\partial x_1/\partial \chi_1}{\hat{J}}$。

三维

$$\left.\frac{\partial x_1}{\partial t}\right|_{\chi} - v_1 - \frac{v_2 - \hat{v}_2}{\hat{J}^{11}}\hat{J}^{21} - \frac{v_3 - \hat{v}_3}{\hat{J}^{11}}\hat{J}^{31} = -\frac{\hat{J}}{\hat{J}^{11}}w_1 \tag{B7.4.4}$$

$$\left.\frac{\partial x_2}{\partial t}\right|_{\chi} - v_2 - \frac{v_1 - \hat{v}_1}{\hat{J}^{22}}\hat{J}^{12} - \frac{v_3 - \hat{v}_3}{\hat{J}^{22}}\hat{J}^{32} = -\frac{\hat{J}}{\hat{J}^{22}}w_2 \tag{B7.4.5}$$

$$\left.\frac{\partial x_3}{\partial t}\right|_{\chi} - v_3 - \frac{v_1 - \hat{v}_1}{\hat{J}^{33}}\hat{J}^{13} - \frac{v_2 - \hat{v}_2}{\hat{J}^{33}}\hat{J}^{23} = -\frac{\hat{J}}{\hat{J}^{33}}w_3 \tag{B7.4.6}$$

为了简化的目的,我们假设运动的自由表面垂直于在参考域上的一个坐标轴。令自由表面垂直于 χ_3,因为在 χ_1 和 χ_2 方向的网格速度已经给定,所以在公式(7.10.16)的前两个方程是平凡解,因此网格运动已知,但是必须求解第三个方程的 $\hat{v}_3$。通过给定 w_3,$\hat{v}_1$ 和 $\hat{v}_2$,可以显式地写出

$$v_3 - \frac{\hat{J}^{13}}{\hat{J}^{33}}(v_1 - \hat{v}_1) - \frac{\hat{J}^{23}}{\hat{J}^{33}}(v_2 - \hat{v}_2) - v_3 = \frac{\hat{J}}{\hat{J}^{33}}w_3 \tag{7.10.17}$$

或者

$$\left.\frac{\partial x_{3s}}{\partial t}\right|_{\chi} - \frac{v_1 - \hat{v}_1}{\hat{J}^{33}}\hat{J}^{13}\left(\frac{\partial x_{3s}}{\partial \chi_1}, \frac{\partial x_{3s}}{\partial \chi_2}\right) - \frac{v_2 - \hat{v}_2}{\hat{J}^{33}}\hat{J}^{23}\left(\frac{\partial x_{3s}}{\partial \chi_1}, \frac{\partial x_{3s}}{\partial \chi_2}\right) - v_3$$

$$=-\frac{w_3}{\hat{J}^{33}}\hat{J}\left(\frac{\partial x_{3s}}{\partial \chi_1},\frac{\partial x_{3s}}{\partial \chi_2}\right) \tag{7.10.18}$$

这里 v_3 已被$\left.\frac{\partial x_{3s}}{\partial t}\right|_\chi$ 代替；$\hat{J}^{13}$，$\hat{J}^{23}$ 和 Jacobian$\hat{J}$ 是$\frac{\partial x_{3s}}{\partial \chi_1}$和$\frac{\partial x_{3s}}{\partial \chi_2}$的函数；$\hat{J}^{33}$是不依赖于 x_{3s} 的；x_{3s}是自由表面方程。在式(7.10.18)中，x_{3s} 是未知函数，而 $\hat{v}_1$，$\hat{v}_2$，w_3 是已知的。如果 $\hat{v}_1=\hat{v}_2=0$(Eulerian 描述使用 χ_1，χ_2)，再次得到了运动学表面方程(7.10.8)。然而，应用混合公式可以给定$\hat{v}_1$ 和$\hat{v}_2$，而且，可以比定义在式(7.10.7)中的 α_{11} 和 α_{22} 得到更好的数值结果，后者的物理意义是更为模糊的。

7.10.5　自动网格生成　关于网格重新划分的 Laplace 方法是基于节点位置的更新，将 Laplace 方程解空间的节点位置从(I, J)更新到实空间(x, y)。这个概念来自于 Laplace 方程解答的等值线近似于正交的事实。

ALE 节点位置的确定是必须找到 $x(I,J)$ 和 $y(I,J)$，使得它们满足如下方程：

$$L^2(x)=-\frac{\partial^2 x}{\partial I^2}+\frac{\partial^2 x}{\partial J^2}=0;\quad L^2(y)=-\frac{\partial^2 y}{\partial I^2}+\frac{\partial^2 y}{\partial J^2}=0 \quad 在\ \Omega\ 内 \tag{7.10.19}$$

式中 I 和 J 取为独立的变量，而当 I 和 J 取整数值时，$x(I)$和 $y(J)$是节点 I 和 J 的坐标。在二维情况下的边界条件是

$$x(I,J)=\bar{x}(I,J);\quad y(I,J)=\bar{y}(I,J) \quad 在\ \Gamma\ 上 \tag{7.10.20}$$

另一种有用的网格生成方法是通过求解四阶微分方程：

$$L^4(x)=-\frac{\partial^4 x}{\partial I^2 \partial J^2};\quad L^4(y)=-\frac{\partial^4 y}{\partial I^2 \partial J^2} \tag{7.10.21}$$

通过应用 Gauss-Seidel 迭代法的有限差分方法，可以求解方程(7.10.19)和(7.10.21)。当边界附近有高曲率时，由 Laplace 方程生成的网格会在边界附近扭曲。然而，因为采用了更高阶的微分，四阶方程给出了更好的网格形状。另外采用了一种等势线的方法，它考虑到网格线为两组交叉的等势线，每一组在内部满足 Laplace 方程。

7.10.6　应用修正的弹性方程更新网格　在这个网格运动方法中，通过修正后的无体力给定面力的线性弹性方程来控制网格的"流动"。当网格运动发生时，基于给定的位置，求解这些方程以便确定网格的内部节点位移。这个方法适用于任何类型的网格和任何类型的运动。所增加的通用性是以在每次网格变形时求解这个附加方程的系统为代价的。

考虑一个以 Γ 为边界占据 $\Omega\subset R^{N_{SD}}$ 的弹性体。由 $\hat{\boldsymbol{d}}(\hat{\boldsymbol{p}})$ 给定网格位移，并由无体力的弹性平衡方程控制。应变张量$\boldsymbol{\varepsilon}$ 与位移梯度的关系为

$$\boldsymbol{\varepsilon}=\frac{1}{2}(\nabla\hat{\boldsymbol{u}}+(\nabla\hat{\boldsymbol{u}})^{\mathrm{T}}) \tag{7.10.22}$$

局部坐标的刚度矩阵定义为

$$\boldsymbol{k}_e=\int_\xi \boldsymbol{B}^{\mathrm{T}}\boldsymbol{D}\boldsymbol{B}J\,\mathrm{d}\boldsymbol{\xi} \tag{7.10.23}$$

如果式(7.10.23)的被积函数乘以 J/J，则刚度矩阵成为

$$\boldsymbol{k}_e=\int_\xi \boldsymbol{B}^{\mathrm{T}}\frac{J\boldsymbol{D}}{J}\boldsymbol{B}J\,\mathrm{d}\boldsymbol{\xi} \tag{7.10.24}$$

这样，材料常数 $\boldsymbol{D}$ 可以重新定义为

$$\widetilde{\boldsymbol{D}}=J\boldsymbol{D} \tag{7.10.25}$$

将结构的网格限制在一个更细划的区域是理想的,并且多数变形趋向发生在网格的大单元区域。对于小单元有更大的刚度,为了实现这点,采用一个变化的刚度系数是理想的。通过将材料常数 $\widetilde{\boldsymbol{D}}$ 除以从单元域到物理域转换的 Jacobian 矩阵,我们实现了这一点。通过这样做,对扭曲更敏感的小单元位于网格细划的区域,重要的是使它们的形状保持更好。单元刚度矩阵 $\boldsymbol{k}_e$ 被装配进入总体刚度矩阵 $\boldsymbol{K}$。

7.10.7 网格更新的例子 作为 ALE 网格更新的例子,考虑在矩形流场中的流体围绕一个圆柱的流动,应用修正的弹性方程,考虑如图 7.6(a)所示的有限元网格。在圆柱沿着 y 方向移动 $0.25w$ 后的更新网格如图 7.6(b)所示。矩形域的边界保持固定。如在图中可以看到,圆柱附近的细划网格在更新后的网格中得以保持,并且单元没有发生明显的扭曲。

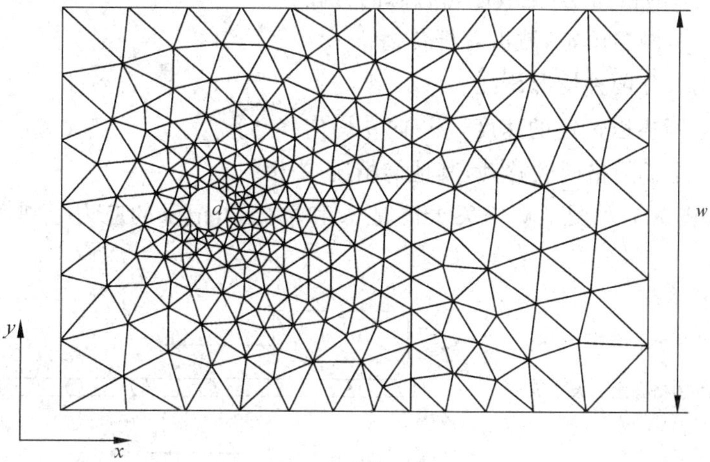

(a)

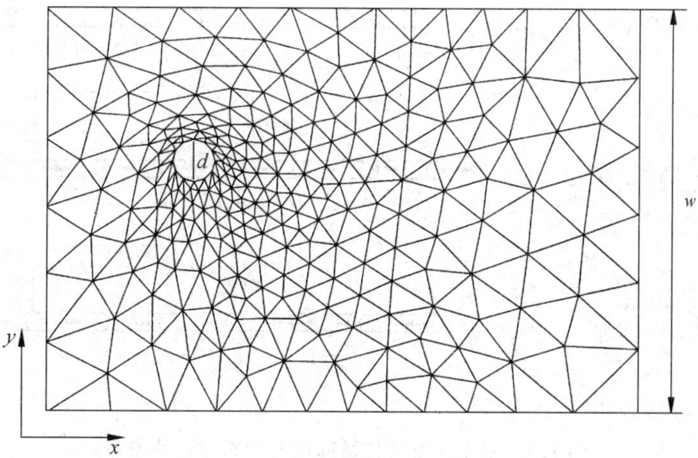

(b)

图 7.6

(a) 圆柱位移之前的网络变化;(b) 圆柱位移之后的网络变化

7.11　数值算例：一个弹-塑性波的传播问题

应用一个弹-塑性波的传播问题评估 ALE 方法，并联系到规则的固定网格方法。在图 7.7 中给出了这个问题的状态，它表示一个一维的无限长的弹-塑性硬化杆件，假设密度为常数和等温条件以使问题得到简化。这样，对于这个问题，只需要考虑动量方程和本构方程。必须注意到弹-塑性波的传播问题并不要求 ALE 网格，选择这个问题是因为它提供了应力更新过程的严格测试，并且可能得到解析解。解决这个问题采用了网格尺寸为 0.1 的 400 个单元，并且均匀分布。如此安排网格，因此在所考虑的时间间隔内没有反射波发生。在这个问题中包括四个步骤：

1. $t\in[0,t_1]$，网格固定，生成原始状态的方波。
2. $t\in[t_1,t_2]$，网格固定，波沿着杆传播。
3. $t\in[t_2,t_3]$，分两种情况研究：
   情况 A：网格以恒定的速度 $-v^*$ 向左均匀移动；
   情况 B：除了网格向右移动，其他与情况 A 相同。
4. $t=t_3$，在图 7.7 和图 7.8 中关于情况 A 和情况 B，记录的应力分别作为空间坐标的函数。

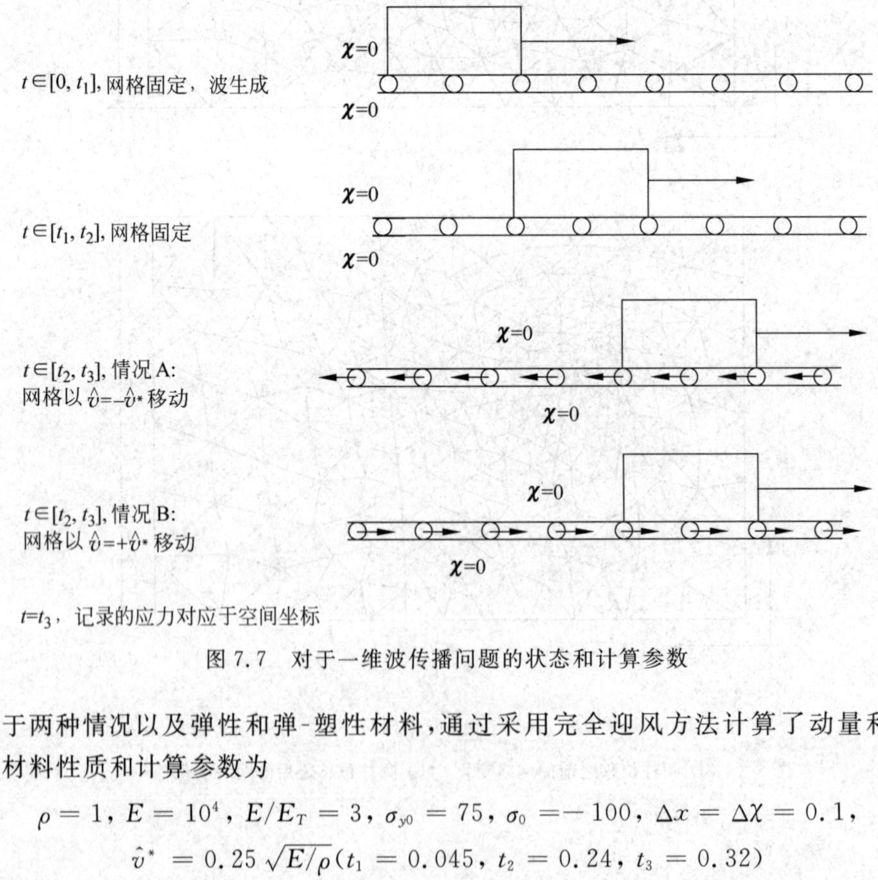

图 7.7　对于一维波传播问题的状态和计算参数

对于两种情况以及弹性和弹-塑性材料，通过采用完全迎风方法计算了动量和应力的传递。材料性质和计算参数为

$$\rho=1,\ E=10^4,\ E/E_T=3,\ \sigma_{y0}=75,\ \sigma_0=-100,\ \Delta x=\Delta\chi=0.1,$$
$$\hat{v}^*=0.25\sqrt{E/\rho}(t_1=0.045,\ t_2=0.24,\ t_3=0.32)$$

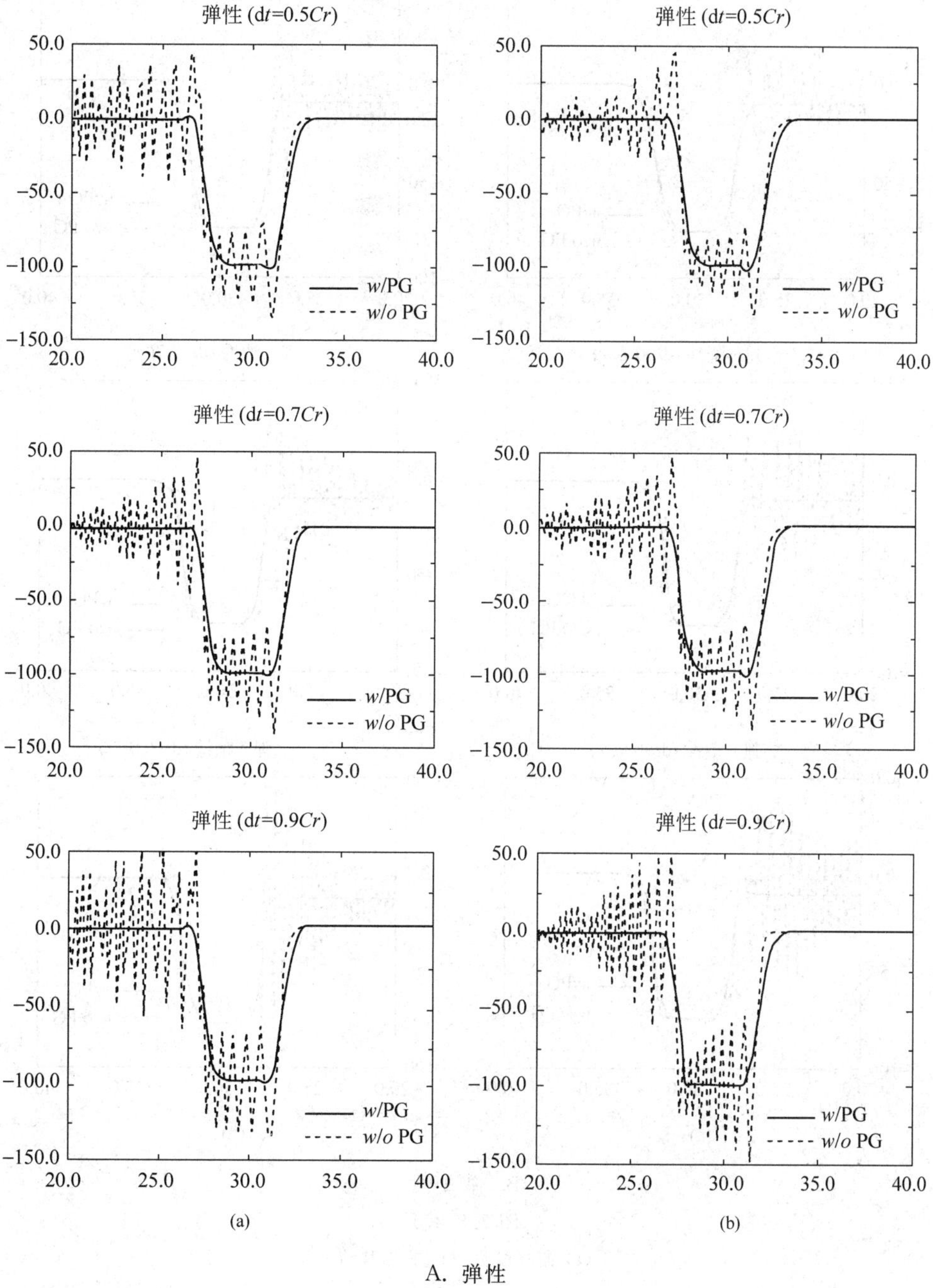

A. 弹性

图 7.8

(a) 向左移动；(b) 向右移动

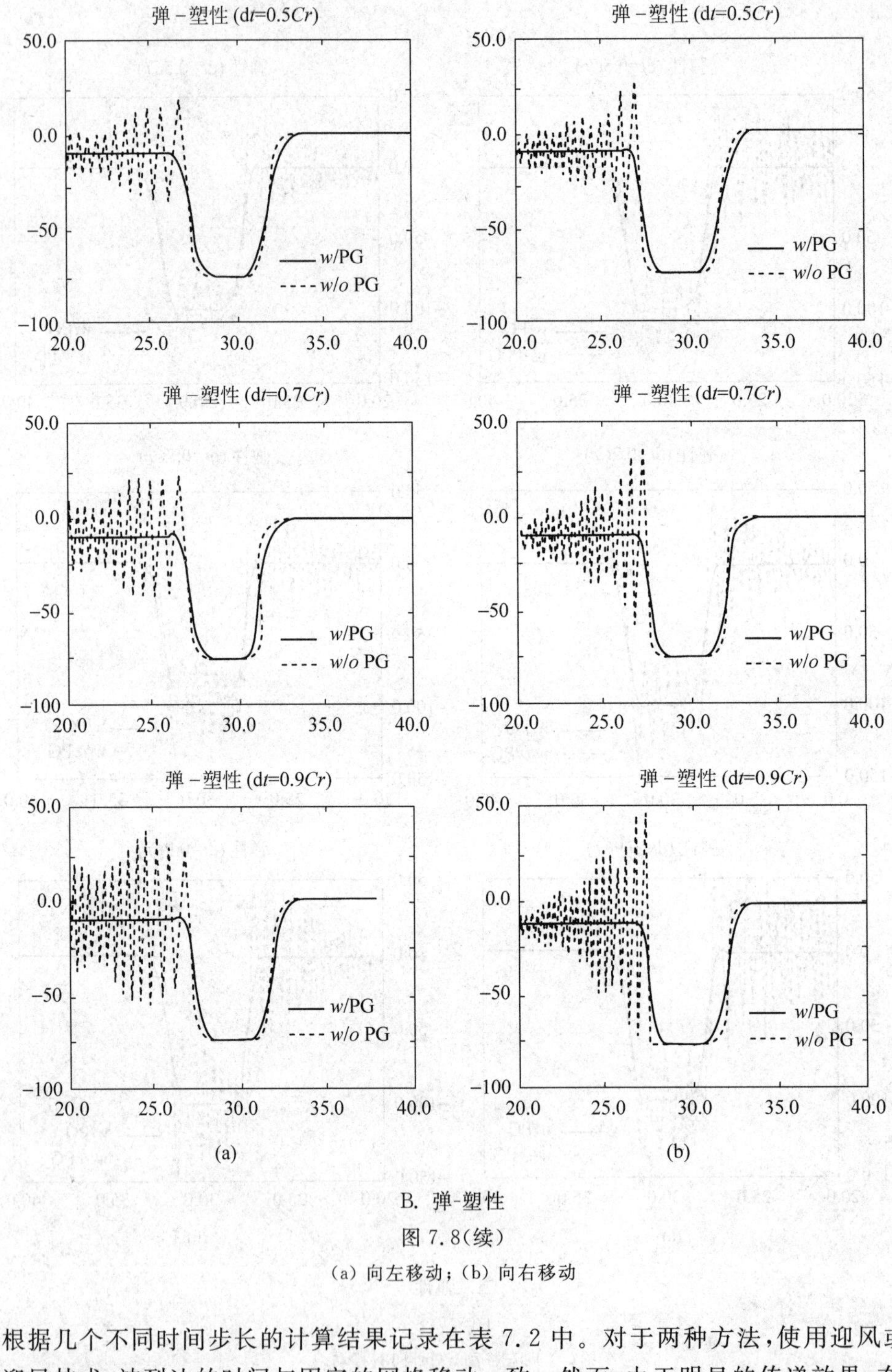

B. 弹-塑性

图 7.8(续)

(a) 向左移动；(b) 向右移动

根据几个不同时间步长的计算结果记录在表 7.2 中。对于两种方法，使用迎风或者不使用迎风技术，波到达的时间与固定的网格移动一致。然而，由于明显的传递效果，在 A 情况下不使用迎风技术的算法，引起了严重的不实际的空间振荡。这里给出的新方法则完全消除了这些振荡。基于这些研究，也可以发现应力以及屈服应力（和如果考虑运动硬化的背应力）的传递，在关于路径相关材料的 ALE 计算中发挥了重要的作用，并且展示的更新过程是相当精确和有效的。

表 7.2 关于弹-塑性波传播问题的参数

时间步长(Δt)	$\Delta t/Cr^a$	时间步数量
0.040×10^{-2}	0.5	400
0.056×10^{-2}	0.7	286
0.072×10^{-2}	0.9	222

$Cr^a=\Delta x/((E/\rho)^{\frac{1}{2}}+|c|)$。

7.12 完全的 ALE 格式

7.12.1 完全的 ALE 守恒定律 为了建立在 ALE 中守恒定律的积分形式，我们研究在参考构形上体积积分的材料时间导数。令 $G(t)$ 由体积积分定义：

$$G(t)=\int_{\hat{\Omega}}\hat{f}(\boldsymbol{\chi},t)\,\mathrm{d}\hat{\Omega}=\int_{\Omega}f(\boldsymbol{x},t)\,\mathrm{d}\Omega;\quad \hat{f}(\boldsymbol{\chi},t)=\hat{J}f(\boldsymbol{x},t);\quad \hat{J}=\det\left(\frac{\partial x_i}{\partial \chi_i}\right) \tag{7.12.1}$$

回顾在 Eulerian 描述中的 Reynold 转换原理 (3.2.16)，并应用到式(7.12.1)中，给出

$$\frac{\mathrm{D}G(t)}{\mathrm{D}t}=\int_{\Omega}\left.\frac{\partial f}{\partial t}\right|_{x}\mathrm{d}\Omega+\int_{\Gamma}v_in_if\,\mathrm{d}\Gamma \tag{7.12.2}$$

式中 v_i 是在空间坐标上观测到的质点速度；n_i 是空间体积 Ω 的表面(即 Γ)的外法线。在 Eulerian 描述中，生成应用于推导 Reynold 转换原理的同样过程，我们可以写一个参考构形：

$$\frac{\mathrm{D}G(t)}{\mathrm{D}t}=\int_{\hat{\Omega}}\left.\frac{\partial \hat{f}}{\partial t}\right|_{\chi}\mathrm{d}\hat{\Omega}+\int_{\hat{\Gamma}}w_i\hat{n}_i\hat{f}\,\mathrm{d}\hat{\Gamma} \tag{7.12.3}$$

式中 w_i 是由公式(7.2.10)定义的；$\hat{n}_i$ 是 $\hat{\Omega}$ 的表面(即 $\hat{\Gamma}$)的外法线。由于参考构架的相对运动，公式(7.12.3)的物理意义表明 $G(t)$ 的变化率等于同时在 $\hat{\Omega}$ 内产生的和通过边界表面 $\hat{\Gamma}$ 上流出的量的和。

动量守恒 动量守恒原理表明了在 t 时刻，充满参考体积 $\hat{\Omega}$ 的介质的线性动量的**总**变化率

$$\frac{\mathrm{D}}{\mathrm{D}t}\int_{\hat{\Omega}}\hat{\rho}(\boldsymbol{\chi},t)\,\boldsymbol{v}(\boldsymbol{\chi},t)\,\mathrm{d}\hat{\Omega} \tag{7.12.4a}$$

等于施加在 $\hat{\Omega}$ 上的净力

$$\int_{\hat{\Gamma}}\hat{\boldsymbol{t}}\,\mathrm{d}\hat{\Gamma}+\int_{\hat{\Omega}}\hat{\rho}\boldsymbol{b}\,\mathrm{d}\hat{\Omega} \tag{7.12.4b}$$

式中 $\hat{\rho}(\boldsymbol{\chi},t)=\hat{J}\rho(\boldsymbol{x},t)$；$\hat{\boldsymbol{t}}$ 是作用在物体表面 $\hat{\Gamma}$ 上每单位面积的力；$\boldsymbol{b}$ 是作用在 $\hat{\Omega}$ 内每单位质量的体力。在变形后的空间表面上每单位参考面积的力 $\hat{\boldsymbol{t}}$ 可以写成名义应力张量 $\hat{\boldsymbol{P}}$(见式(7.9.2))和在参考表面上单位外法线 $\hat{\boldsymbol{n}}$ 的函数：

$$\hat{t}_i=\hat{P}_{ji}\hat{n}_j \tag{7.12.5}$$

将式(7.12.5)代入式(7.12.4)，并应用散度定理将表面 $\mathrm{d}\Gamma_0$ 积分转换成为体积积分：

$$\frac{\mathrm{D}}{\mathrm{D}t}\int_{\hat{\Omega}}\hat{\rho}v_i\,\mathrm{d}\hat{\Omega}=\int_{\hat{\Omega}}\left[\frac{\partial\hat{P}_{ji}}{\partial\chi_j}+\hat{\rho}\,b_i\right]\mathrm{d}\hat{\Omega} \tag{7.12.6}$$

应用 Reynold 转换定理和散度定理，上面方程的左边转变为

$$\int_{\hat{\Omega}}\left[\left.\frac{\partial(\hat{\rho}v_i)}{\partial t}\right|_\chi+\frac{\partial(w_j\hat{\rho}v_i)}{\partial\chi_j}\right]\mathrm{d}\hat{\Omega}=\int_{\hat{\Omega}}\left[\frac{\partial\hat{P}_{ji}}{\partial\chi_j}+\hat{\rho}\,b_i\right]\mathrm{d}\hat{\Omega} \tag{7.12.7}$$

它简化为

$$\left.\frac{\partial(\hat{\rho}v_i)}{\partial t}\right|_\chi+\frac{\partial(w_j\hat{\rho}v_i)}{\partial\chi_j}=\frac{\partial\hat{P}_{ji}}{\partial\chi_j}+\hat{\rho}\,b_i\quad 在\ \hat{\Omega}\ 内 \tag{7.12.8}$$

在注意到 $\mathrm{d}\hat{\Omega}$ 是任意选择的之后，通过应用下面给出的连续方程(7.12.10)，可以进一步简化方程(7.12.8)，并将在下面给出。因此，可以以参考构形写出动量方程：

$$\hat{\rho}\left.\frac{\partial v_i}{\partial t}\right|_\chi+w_j\hat{\rho}\frac{\partial v_i}{\partial\chi_j}=\frac{\partial\hat{P}_{ij}}{\partial\chi_j}+\rho\,b_i\quad 在\ \hat{\Omega}\ 内 \tag{7.12.9}$$

质量守恒和能量守恒　留给读者作为一个练习，证明连续方程是

$$\left.\frac{\partial\hat{\rho}}{\partial t}\right|_\chi+\frac{\partial(w_j\hat{\rho})}{\partial\chi_j}=0\quad 在\ \hat{\Omega}\ 内 \tag{7.12.10}$$

并且能量方程为

$$\left.\frac{\partial(\hat{\rho}E)}{\partial t}\right|_\chi+\frac{\partial}{\partial\chi_i}(w_i\hat{\rho}E)=\frac{\partial(v_j\hat{P}_{ij})}{\partial\chi_i}+\hat{\rho}\,b_iv_i-\frac{\partial q_i}{\partial\chi_i}+\hat{\rho}s\quad 在\ \hat{\Omega}\ 内 \tag{7.12.11}$$

综合　定义向量 $\mathbf{V},\hat{\mathbf{E}}_i,\mathbf{F}$ 如下：

$$\mathbf{V}^{\mathrm{T}}=\{1\quad v_1\quad v_2\quad v_3\quad E\} \tag{7.12.12}$$

$$\hat{\mathbf{E}}_i=\begin{Bmatrix}0\\ \hat{P}_{i1}\\ \hat{P}_{i2}\\ \hat{P}_{i3}\\ \hat{P}_{i4}v_j\end{Bmatrix}+\begin{Bmatrix}0\\0\\0\\0\\-q_i\end{Bmatrix} \tag{7.12.13}$$

$$\mathbf{F}=\begin{Bmatrix}0\\ b_1\\ b_2\\ b_3\\ b_jv_j+s\end{Bmatrix} \tag{7.12.14}$$

连续方程(7.12.10)、动量方程(7.12.9)和能量方程(7.12.11)可以写为

$$\left.\frac{\partial(\hat{\rho}\mathbf{V})}{\partial t}\right|_\chi+\frac{\partial}{\partial\chi_i}(w_i\hat{\rho}\mathbf{V})=\frac{\partial\hat{\mathbf{E}}_i}{\partial\chi_i}+\hat{\rho}\mathbf{F}\quad 在\ \hat{\Omega}\ 内 \tag{7.12.15}$$

这是守恒定律的准 Eulerian 形式。

7.12.2　更新的 ALE 守恒定律的简化　公式(7.12.5)乘以 $\mathrm{d}\hat{\Omega}$ 并且在参考体积上积分，得到

$$\int_{\hat{\Omega}}\left[\left.\frac{\partial(\hat{\rho}\mathbf{V})}{\partial t}\right|_\chi+\frac{\partial}{\partial\chi_i}(w_i\hat{\rho}\mathbf{V})\right]\mathrm{d}\hat{\Omega}=\int_{\hat{\Omega}}\left[\frac{\partial\hat{\mathbf{E}}_i}{\partial\chi_i}+\hat{\rho}\mathbf{F}\right]\mathrm{d}\hat{\Omega} \tag{7.12.16}$$

将 $d\hat{\Omega}=\hat{J}^{-1}d\Omega$ 代入式(7.12.16)的左侧,得到

$$\int_{\Omega}\hat{J}^{-1}\left[\frac{\partial(\hat{\rho}\mathbf{V})}{\partial t}\bigg|_{\chi}+\frac{\partial}{\partial\chi_i}(w_i\hat{\rho}\mathbf{V})\right]d\Omega \tag{7.12.17}$$

如果没有振动或者不连续,动量分量可以通过链规则微分给出:

$$\int_{\Omega}J^{-1}\left[\mathbf{V}\frac{\partial\hat{\rho}}{\partial t}\bigg|_{\chi}+\hat{\rho}\frac{\partial\mathbf{V}}{\partial\chi_j}\bigg|_{\chi}+\hat{\rho}w_i\frac{\partial\mathbf{V}}{\partial\chi_i}+\mathbf{V}\frac{\partial(w_i\hat{\rho})}{\partial\chi_i}\right]d\Omega \tag{7.12.18}$$

在下面的表达式中重新组合各项:

$$\int_{\Omega}J^{-1}\left\{\mathbf{V}\left[\frac{\partial\hat{\rho}}{\partial t}\bigg|_{\chi}+\frac{\partial(w_i\hat{\rho})}{\partial\chi_i}\right]+\hat{\rho}\left[\frac{\partial\mathbf{V}}{\partial\chi}\bigg|_{\chi}+w_i\frac{\partial\mathbf{V}}{\partial\chi_i}\right]\right\}d\Omega \tag{7.12.19}$$

应用连续方程(7.12.10)和 $\rho=\hat{J}^{-1}\hat{\rho}$,使式(7.12.19)简化为

$$\int_{\Omega}\rho\left[\frac{\partial\mathbf{V}}{\partial t}\bigg|_{\chi}+w_i\frac{\partial\mathbf{V}}{\partial\chi_i}\right]d\Omega \tag{7.12.20}$$

对于式(7.12.20)的第二项应用链规则,为了进一步检验上面的表达式,给出

$$\int_{\Omega}\rho\left[\frac{\partial\mathbf{V}}{\partial t}\bigg|_{\chi}+w_j\frac{\partial\mathbf{V}}{\partial x_i}\frac{\partial x_i}{\partial\chi_j}\right]d\Omega \tag{7.12.21}$$

应用传递速度 c_i 的定义式(7.2.16),给出

$$\int_{\Omega}\rho\left[\frac{\partial\mathbf{V}}{\partial t}\bigg|_{\chi}+c_i\frac{\partial\mathbf{V}}{\partial x_i}\right]d\Omega \tag{7.12.22}$$

类似的体积转换应用到式(7.12.16)的右侧,给出

$$\int_{\hat{\Omega}}\hat{\rho}\boldsymbol{F}\,d\hat{\Omega}=\int_{\Omega}\rho\boldsymbol{F}\,d\Omega \tag{7.12.23}$$

由类似于前面的推导,我们也可以证明

$$\int_{\hat{\Omega}}\frac{\partial\hat{\mathbf{E}}_i}{\partial\chi_i}d\hat{\Omega}=\int_{\Omega}\frac{\partial\hat{\mathbf{E}}_i}{\partial x_i}d\Omega \tag{7.12.24}$$

式中 $\boldsymbol{E}_i$ 定义为

$$\boldsymbol{E}_i=\begin{Bmatrix}0\\ \sigma_{i1}\\ \sigma_{i2}\\ \sigma_{i3}\\ \sigma_{ij}v_j\end{Bmatrix}=\begin{Bmatrix}0\\ 0\\ 0\\ 0\\ -q_i\end{Bmatrix}\quad \text{在 }\Omega\text{ 内} \tag{7.12.25}$$

最后,组合从式(7.12.22)到(7.12.24),给出

$$\int_{\Omega}\left[\rho\frac{\partial\mathbf{V}}{\partial t}\bigg|_{\chi}+\rho c_i\frac{\partial\mathbf{V}}{\partial x_i}\right]d\Omega=\int_{\Omega}\left[\frac{\partial\boldsymbol{E}_i}{\partial x_i}+\rho\boldsymbol{F}\right]d\Omega \tag{7.12.26}$$

通过取任意体积 Ω,可以获得在第 7.3 节中给出的更新的 ALE 守恒定律,因此,守恒定律以张量形式给出为

$$\rho\frac{\partial\mathbf{V}}{\partial t}\bigg|_{\chi}+\rho c_i\frac{\partial\mathbf{V}}{\partial x_i}=\frac{\partial\boldsymbol{E}_i}{\partial x_i}+\rho\boldsymbol{F} \tag{7.12.27}$$

公式(7.12.27)的分量形式与在第 7.3 节中推导出的结果一致。

7.13 练习

编写程序(Matlab,Fortran,C,Maple 等),分别用 Galerkin 和 SUPG 方法求解一维对流扩散方程(参见例 7.2)

$$u\frac{\mathrm{d}\phi}{\mathrm{d}x}=v\frac{\mathrm{d}^2\phi}{\mathrm{d}x^2}$$

通过赋给真实世界中的边界条件和参数,来模拟颗粒的稳态扩散过程。在一个长的管道内充满了溶液,考虑其中 1m 长的一段。当达到稳态时,A 端的粒子浓度为 5%,B 端的粒子浓度为 20%,也就是 $\phi(x=0)=0.05$,$\phi(x=1)=0.2$。溶剂在管道中以一个恒定的速度 $u=2\mathrm{m/s}$ 从 A 端流向 B 端。颗粒在溶剂中的扩散系数为 $v=0.025\mathrm{m^2/s}$。求沿管道的颗粒浓度分布。

模拟和讨论下面的情形:

(1) 将区域分别划分成 10,20,50,100 和 200 个的均匀网格。对于每种网格,单元的 Peclet 数 P_e 分别是多少?将 Galerkin 和 SUPG 方法预测的结果和解析解进行比较。在 SUPG 方法中,对于每种情形,都选择 $\gamma=\frac{\Delta x}{2}\left(\coth(P_e)-\frac{1}{P_e}\right)$,讨论结果的稳定性和精确性。

(2) 对于网格数为 20 的情形,采用 SUPG 方法,分别选择 $\gamma=10\gamma_0, 2\gamma_0, 0.5\gamma_0$ 和 $0.1\gamma_0$ 进行计算,这里 $\gamma_0=\frac{\Delta x}{2}\left(\coth(P_e)-\frac{1}{P_e}\right)$。讨论 γ 对结果的影响。

(3) 采用不均匀分别的网格来划分求解区域,讨论下面的情形:

(a) 哪些区域需要对网格进行细化?

(b) 如何选择一个合适的 γ?

8

单元技术

8.1 引言

发展单元技术的目的是使单元具有更好的性能，特别是对于大规模计算和不可压缩材料。当应用于不可压缩材料的计算时，低阶单元趋向于体积自锁。在体积自锁时，往往严重低估位移：相对于其他情况合理的网格，由于体积自锁会引起小一个量级的位移。尽管在线性应力分析中很少是不可压缩材料，但是在非线性领域中，许多材料行为接近于不可压缩的性质。例如，von Mises 弹-塑性材料的塑性行为是不可压缩的，任何体积自锁的单元都不能很好地计算 von Mises 材料。橡胶也是不可压缩的。因此，在非线性有限元中，有效地处理不可压缩材料是非常重要的。然而，当应用于不可压缩或者接近于不可压缩材料时，大多数单元具有一定的弱点。在非线性分析中选择单元时，掌握这些弱点以及对它们的补救措施是至关重要的。

对于大规模计算，应用不完全积分以加快单元计算。对于三维问题，将不完全积分与完全积分比较，计算成本可减少 8 个量级。但是，不完全积分需要单元的稳定性。尽管稳定性在学术著作中并不常见，但是在工业上的大规模计算中它是普遍存在的。正如本章所证明的，从理论上它是有根据的并且能够结合多场的概念以获得高精度的单元。

为了消除体积自锁，可以采用两种方法：

1. 多场单元。这里压力或者应力和应变场都可以考虑作为非独立的变量。

2. 减缩积分程序。这里弱形式的某些项是采用不完全积分的。

多场单元基于多场弱形式或者多场变分原理，它们也被认为是混合单元和杂交单元。在多场单元中，除了位移，还要考虑变量，诸如应力或应变，作为非独立变量，并且是位移的独立插值。这样使得所设计的应变或者应力场能够避免体积自锁。我们将看到附加的变量事实上是 Lagrange 乘子，并且它们能够约束诸如不可压缩，以便于更有效地解决问题。

在某些情况下，对于梁弯曲或者其他特殊的问题，应变或者应力场也需要设计以达到更好的精度。必须指出混合单元虽然可以改善单元的能力，但仅适用于约束介质或者特殊类型的问题。当没有约束诸如不可压缩时，混合法不能改善一个单元的一般性能。许多关于混合法的文章似乎给人这样的印象，相比单一场单元，混合单元是具有先天优势的，但是这一说法缺少令人信服的证据。而可参考的证据是在没有约束的情况下，混合单元的收敛速度绝不可能超过相应的单一场单元的收敛速度，并且我们将提供某些数值结果以支持这一观点。因此，应用混合单元的唯一目标是避免自锁，并改善所选择某种类型问题的行为，诸如梁弯曲。

应用多场变分原理的负面后果是，在许多情况下导致单元在其他场具有不稳定性。因此，大多数基于多场弱形式的 4 节点四边形单元发生压力不稳定性。这就需要另外的约束，所以导致单元可能会非常复杂。发展真正强健的单元并不容易，特别是对于低阶的近似。

我们首先在第 8.2 节以单元性能的概述开始本章的讨论。在这节中描述了在模拟连续体中广泛应用的众多单元的特性。这些描述仅限于那些基于二阶或者低于二阶的多项式表示的单元，因为在非线性分析中目前很少应用高阶单元。我们定义了若干术语，诸如一致性、多项式完备性和再造条件。对于在线性问题中的各种单元，给出了收敛率。对于非线性问题，基于结果的光滑性以检验这些结果的内涵。我们忽略了升阶谱单元和 p 单元，因为这些单元在非线性分析中极少应用。

第 8.3 节描述了分片试验。对于一个单元的理论可靠性及其程序的正确性，这些是重要的有用的试验。分片试验可以用于检验单元是否收敛、是否避免了自锁和是否稳定。我们描述了各种形式的分片试验，它们可以应用于静态和显式问题。也展示了单元的正确的秩和亏损的秩的概念。

为了说明单元技术，我们将关注 4 节点等参四边形单元(Q4)。对于没有任何修正的可压缩材料，这种单元是收敛的，因此在这一章中，对于可压缩的材料没有任何技术而言。另一方面，对于不可压缩和接近不可压缩的材料，这种单元自锁，如在第 8.4.3 节所示。

第 8.5 节描述了某些主要的多场弱形式和它们在单元发展中的应用。第一个多场变分原理是 Hellinger-Reissner 变分原理，但是，因为它不容易应用于由应变控制的本构方程中，所以没有考虑它。因此，我们重点关注各种形式的三场弱形式，它们与 Hu-Washizu 变分原理有关，在弱形式中，应力、应变度量和位移是依赖于未知场变量的。我们也描述了 Pian 和 Sumihara(1985)的单元和 Simo 和 Rifai(1990)的单元，并给出完全的 Lagrangian 形式和变分原理的扩展。

尽管多场单元的主要目的是克服体积自锁，但总体来说，它们更一般地应用于称为约束介质的问题。这种问题的另一个重要类型是结构单元，如壳单元，这里约束应用到垂直于参考表面的运动。在本章中描述的技术将同样应用在第 9 章中以发展壳单元。

从理论角度看，对于基于多场变分原理的单元，不完全积分和选择减缩单元是十分相似的。对于某些类型的单元，Malkus 和 Hughes(1978)证明了它们的等价性。在 Lagrange 乘子场中，不完全积分和混合单元都遇到了不稳定性。对于不可压缩问题，这就是压力场。

第 8.6 节和 8.7 节将描述具有一个积分点的四边形单元。可以看到这种单元是秩亏损的，它导致了伪奇异模态，即已知的沙漏模式。接着描述了扰动沙漏控制。我们也建立了基于混合变分原理的稳定性方法。由于沙漏参数可以表示为材料和几何参数的形式，这就是已知的物理沙漏控制。最后，概述了将这些结果扩展到 8 节点六面体单元。

第 8.8 节展示了一些数值结果以演示各种单元的性能，可以看出多场单元和一个积分点单元避免了体积自锁。我们以简单考察混合单元的稳定性结束本章的内容。

8.2 单元性能

8.2.1 概述 这一节将概述几种最广泛应用的单元的性质。我们将关注二维单元，因为这些单元的性质平行于三维单元的性质。我们将要讨论的一些单元展示在图 8.1 中。概述仅限于连续体单元。将在第 9 章中描述壳单元。

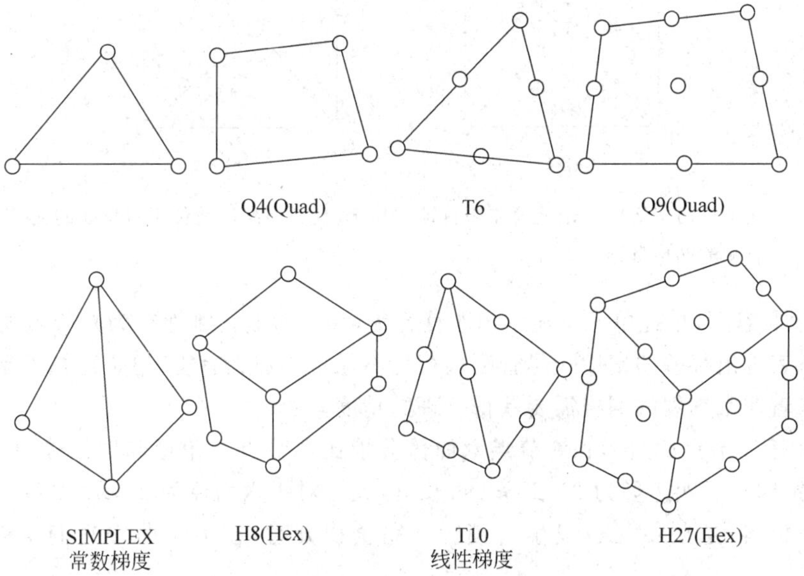

图 8.1 二维和三维的线性和二阶有限元，没有显示隐藏节点

在选择单元的过程中，对于容易生成网格的特殊单元必须牢牢记住。三角形和四面体单元是有吸引力的，因为它们是最容易划分网格的。对于四边形单元的网格生成趋向于更差的强健性。因此，对于给定的问题，当所有其他性能相类似的时候，我们优先选择三角形和四面体单元。

在二维问题中，最经常应用的低阶单元是 3 节点三角形和 4 节点四边形单元。对应于三维单元分别是 4 节点四面体和 8 节点六面体单元。对于任何熟悉线性有限元方法的读者而言，众所周知，三角形和四面体单元的位移场是线性的，并且位移场和速度场的梯度是常数。四边形和六面体单元的位移场分别是双线性和三线性的，并且应变是常数和线性项的组合，应变不是完全线性的。所有这些单元都可以精确地复制一个线性位移场和一个常数应变场。因此，它们满足标准分片试验，这将在第 8.3 节中描述。

最简单的单元在二维中是 3 节点三角形，而在三维中是 4 节点四面体。这些单元也已知是单纯单元，因为单纯指在 n 维中是一组 $n+1$ 个节点。对于不可压缩材料，这两种单纯单元表现很差。**在平面应变问题中**，三角形单元表现为**严重的自锁**。附带说明**平面应变**是因为体积自锁不发生在平面应力问题中，对于平面应力，可以改变单元的厚度以适应不可压缩材料。**对于不可压缩和接近于不可压缩材料，四面体单元自锁**。

通过对单元采用特殊的排列，可以避免单纯单元的体积自锁。例如，三角形的交叉对角排列消除了自锁，如图 8.2(a)中所示(Nagtegaal，Parks 和 Rice，1974)。但是，以这种形式排列单元的网格类似于划分四边形的网格，因此失去了三角形网格划分的优越性。进一步说，当中心节点没有恰好位于对角线的交叉点上时，如图 8.2(b)中所示，交叉对角网格自锁。在大位移问题中，如此构形总是在发展。另外，交叉对角网格不满足 LBB 条件，所以压力振动是可能发生的(见第 8.9 节中的 LBB 条件)。

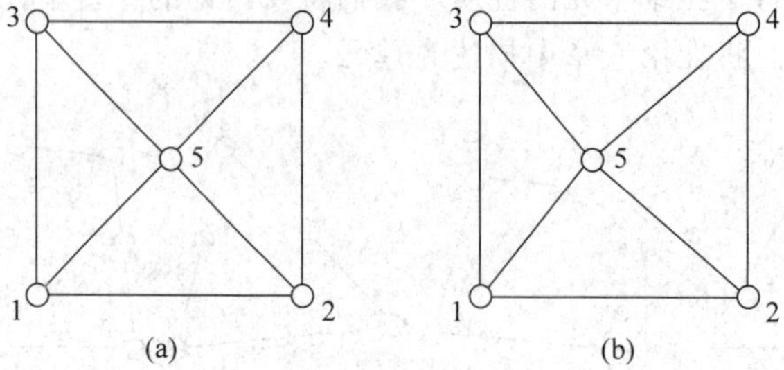

图 8.2 交叉对角网格模型避免了体积自锁，中心节点必须准确地位于对角线的交叉点上，右侧的网格自锁

在其他状态下，单纯单元也显示出刚性行为，如梁弯曲。刚性行为是收敛的，但是对于粗糙的网格表现出很差的精度。尽管刚性行为不像自锁那么有害，但是还是不受欢迎的，它的出现意味着非常细划的网格需要获得合理的精度。

一般而言，4 节点四边形和 8 节点六面体分别比 3 节点三角形和四面体更为精确。当完全积分时，即对于四边形为 2×2 Gauss 积分，或者对于六面体为 $2\times2\times2$ Gauss 积分，对于不可压缩材料，这些单元也发生自锁。当完全积分时，在梁弯曲中它们也趋向于刚性行为。

在这些单元中，通过减缩积分可以避免体积自锁，即一点积分，或者采用选择减缩积分，它包括在体积项上采用一点积分，而在偏量项上采用 2×2 点积分，在第 4.5.4 节中已经描述了这一点。对于不可压缩材料的位移计算结果，显示出单元有很好的收敛性能。

4 节点四边形和 8 节点六面体单元的不完全积分、选择减缩积分和多场形式都被一个主要的缺陷困扰着：在压力场下，它们表现出空间的不稳定性。作为结果，压力常常是振荡的，如图 8.3 的图形所示。在压力下这个振荡图形是已知的棋盘模式。棋盘模式有时是无害的。例如，由 von Mises 弹-塑性定律控制的材料，其应变率是独立于压力的，因此，尽管它们导致了弹性应变的误差，但压力振荡几乎是无害的。通过过滤或者借助粘性，可以避免棋盘模式。尽管如此，它仍是不受欢迎的，一个有限元的应用者必须意识到应用这些单元出现棋盘模式的可能性。对于基于多场变分原理的绝大多数单元，在应力中发生振荡是可能的。

四边形中最快的形式是不完全积分，一点积分单元，它通常比选择减缩积分四边形单元的速度快 3～4 倍。在三维中，相应的速度提高 6～8 阶。一点积分单元也遭受压力振荡，另外在位移场中出现不稳定性。这些不稳定性将在第 8.7.2 节中研究。它们有各种名称，沙漏、梯形、运动模式、伪零能量模式和铁丝网是关于这些模式应用的一些名称。这些模式可以十分有效地得到控制。事实上，通过这些模式的一致性控制，收敛率没有降低，所以，对于许多大型计算，带有沙漏控制的一点积分是非常有效的。第 8.7 节将描述沙漏控制。

另一种高阶单元是 6 节点三角形和 8 或者 9 节点四边形单元。在三维中，这些单元对

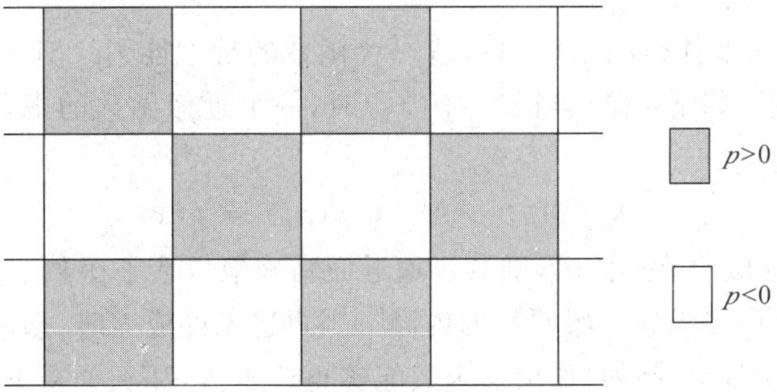

图 8.3 棋盘模式，压力不稳定性的结果

应的是 10 节点四面体和 20 或者 27 节点六面体。当单元边界是直线时，这些单元再造二次和线性场，但是当单元边界是曲线时，它们只能再造线性场。当单元边界不是直线时，这些单元不能再造精确的二次位移场。当然，曲线边界是有限元令人信服的优点，因为它们能够使边界条件满足曲线边界。然而，曲线单元边界必须只应用于外表面，因为它们的出现减少了单元的精度。Ciarlet 和 Raviart(1972)在一篇具有里程碑意义的论文中，证明当边界中间节点接近于中点时，这些单元的收敛性是二阶的，尽管多么接近是足够接近常常是一个悬念。

在大变形的非线性问题中，当边界中间的节点有明显移动时，这些单元的性能退化。在例子 2.5 的一维问题中，这些已经得到了讨论。对于大变形问题，高阶单元令人苦恼的缺陷是单元扭曲。当高阶单元被扭曲时，它们的收敛率明显地下降，因此，当过度扭曲时，计算程序常常中止。

对于不可压缩材料，6 节点三角形不满足 LBB 条件。在一个线性压力场作用下，由多场变分原理建立的 9 节点四边形单元满足 LBB 条件，并且不发生自锁。到目前为止，对于不可压缩材料，这是我们所讨论的唯一没有缺陷行为的单元。

应用 Lagrangian 网格，高阶单元不能很好地适用于动态或者大变形问题。对于这些单元，难以建立很好的对角质量矩阵。因此，对于高阶单元，因为光学模式的出现，波传播解答趋向于显著的振荡，见 Belytschko 和 Mullen(1978)。在大变形问题中，这些单元经常失效，并且比低阶单元更迅速地破坏精度，因为 Jacobian 行列式在积分点上可以很容易地成为负值。

8.2.2 完备性、一致性和再造条件 我们首先定义术语完备性、多项式完备性、再造条件和一致性。最后一项被赋予多种含义。在本书中，基于它在有限差分方法中的原始定义，我们采用一个特殊的定义。

完备性 完备性的一般性定义是对于在空间中的任意 Cauchy 序列，其极限在这个空间中。我们的兴趣在于什么样的完备性包含这样的能力，可以使一些基本函数的集合逼近一个函数。在空间 H_r 中，如果一些基本函数的集合 $\phi_I(\boldsymbol{x})$ 是完备的，那么对于任何函数 $f(\boldsymbol{x})\in H_r$，它得到

$$\| f(\boldsymbol{x})-a_I\phi_I(\boldsymbol{x}) \|_{H_r} \to 0, \quad n\to\infty \tag{8.2.1}$$

(见附录 2 范数的描述。注意重复的下角标隐含着求和)。合适的范数 H_r 取决于所关注的变量的光滑性和规则性，以及我们的兴趣所在。例如，如果我们只对变量的一阶导数感兴

趣，则将选择 H_1 范数。

再造条件　再造条件检测精确地再造一个函数的近似能力。对于一个变量为 $\boldsymbol{x}$ 的函数，这些条件可以表述如下：如果当 $u_J=p(\boldsymbol{x}_J)$ 时，一个近似函数的集合 $N_J(\boldsymbol{x})$ 再造 $p(\boldsymbol{x})$，则有

$$N_J(\boldsymbol{x})u_J = N_J(\boldsymbol{x})p(\boldsymbol{x}_J) = p(\boldsymbol{x}) \tag{8.2.2}$$

即当由 $p(\boldsymbol{x}_J)$ 给出近似的节点值时，则通过逼近而精确地再造了函数 $p(\boldsymbol{x})$。这个方程是十分费解的，并且包含许多无法一眼看穿的内涵。当再造条件成立时，形函数或者插值能够精确地再造给定函数 $p(\boldsymbol{x})$。例如，如果形函数能够再造常数，那么如果 $u_J=1$，近似值应该是精确的单位值：

$$N_J(\boldsymbol{x})u_J = \sum_J N_J(\boldsymbol{x}) = 1 \tag{8.2.3}$$

等参有限元形函数满足常数再造条件，因此它们的和为 1。具有这种性能的函数称为**整数分剖**。

类似地，如果形函数再造线性函数 x_i，那么如果 $u_I=x_{iI}$，它得到 $u=x_i$，因此，对于线性函数的再造条件是

$$N_J(\boldsymbol{x})u_J = N_J(\boldsymbol{x})x_{jJ} = x_j \tag{8.2.4}$$

任何满足线性再造条件的近似可以证明在 H_1 上是完备的。Hughes(1987)称其为线性完备性。但是术语再造条件似乎更为合适，因为完备性体现了由公式(8.2.1)描述的更一般的条件，满足(8.2.1)的函数是完备的，但是基于满足式(8.2.2)的函数不全是完备的。例如，Fourier 级数是完备的，但是不满足式(8.2.2)。因此在这个意义上，当应用完备性时，我们需要附加一个形容词，诸如线性完备性或者二次完备性。

一致性　与收敛性有关的第三个定义是一致性。一致性一般定义在有限差分方法的教材中(见，例如 Strikwerda，1989)。如果误差具有网格尺寸的量级，即如果

$$L(u) - L^h(u) = O(h^n) \quad \text{应用 } n \geqslant 1 \tag{8.2.5}$$

则一个偏微分方程 $L(u)$ 的离散近似 $L^h(u)$ 是一致的。上式表明当单元尺寸趋近于零时，一致离散近似的截断误差必须趋近于零。对于时间相关问题，离散误差将是时间步长和单元尺寸 h 的函数，并且时间和空间离散化的截断误差必须趋近于零。

不严格的等价原理　在有限差分方法中的一个里程碑是不严格的等价原理。它表示对于一个限制很好的问题，离散化是稳定的并且一致是收敛的。因此，它通常记为

一致性 + 稳定性 → 收敛性

在有限元方法中，相应的证明还没有得到。因此，有限元方法的第二个分支不是一致的，对于任意网格它是很难建立的。取而代之的是有限元收敛性的证明是基于完备性的。通过再造条件，包含了完备性。在伪矫顽性条件下的有限元证明中，经常出现稳定性。因此，在平衡问题的有限元求解中，我们可以写出

完备性 + 稳定性 → 收敛性

在单元的性能上，完备性扮演核心角色。如果一个单元可以再造足够高阶的多项式，并且是稳定的，那么它将会收敛(尽管在有限元中我们尚不知道这个一般原则的证明)。这些概念隐含在分片试验中。检验一个单元的再造条件和在某些情况下的稳定性，将在后面描述。

8.2.3　关于线性问题的收敛结果　下面将简要地总结关于有限元求解线性、椭圆问题

的一些收敛结果。如在第1章中总结的,椭圆问题包括大多数的平衡问题,其中材料是稳定的。以单元的再造能力的形式表示收敛结果:如果由单元生成的有限元解答 $\boldsymbol{u}^h(\boldsymbol{x})$ 可以精确地再造 k 阶多项式,并且如果解答 $\boldsymbol{u}(\boldsymbol{x})$ 是足够光滑和规则的,对于 Hilbert 范数 H_r 存在,则

$$\|\boldsymbol{u}-\boldsymbol{u}^h\|_{H_m} \leqslant Ch^{\alpha}\|\boldsymbol{u}\|_{H_r}, \quad \alpha=\min(k+1-m, r-m) \tag{8.2.6}$$

式中 h 是单元尺寸的度量; C 是独立于 h 的任意常数,并且根据不同的问题而变化(Strang 和 Fix,1973: 107; Hughes,1987: 269; Oden 和 Reddy,1976: 275)。注意到最后两篇参考文献在检索页中给出了插值估计,这些技术是不等价于收敛率的,而是关于收敛率的上限。

对于线性问题的各种单元,我们现在检验这个理论的内涵。参数 α 表示有限元解答的收敛率: α 的值越大,有限元解答收敛于精确解越快,并且单元的精度越高。

重要的是要注意到收敛率受到解答光滑性的限制。如果没有尖角或者裂纹,线性平衡解答是解析的,即无限光滑,因此 r 趋向于无穷大。关于在 α 定义中的第二项 $r-m$,对于光滑解答它没有作用。但是,如果解答是不光滑的,比如,如果在导数中存在着不连续,则 r 是有限的。例如,如果在二阶导数中存在着不连续,则 r 至多为2,所以 $r-m$ 项控制着收敛。

我们首先检验公式(8.2.6)对于各种单元在位移中的精确性和在弹性解答中的光滑性的意义。针对这种情况,我们考虑 H_0 范数,它等价于 L_2 范数,所以 $m=0$。3节点三角形、4节点四边形、4节点四面体和8节点六面体都可以精确地再造线性多项式,所以 $k=1$。因此,对于我们列出的单元满足线性再造条件,我们得到 $\alpha=\min(k+1-m, r-m)=\min(1+1-0, \infty-0)=2$。

这一结果在本章后面的图8.12中说明,该图展示了对于线性-完备单元的 H_0 误差范数的对数-对数图线。在对数-对数图中,位移的误差对应于单元尺寸的图形是一条直线,其斜率与收敛率成比例。当结果为二次收敛时,斜率为2,方程(8.2.6)是一个渐近线解,仅当单元尺寸趋近于零时成立,然而它与实际网格的数值结果十分吻合。

我们接着考虑高阶单元,即具有直线边界的6节点三角形、9节点四边形、10节点四面体和27节点六面体。在这种情况下,$k=2$,而其余的常数没有改变。于是 $\alpha=3$,所以位移的收敛率是三阶的。在收敛率上增加一阶效果是相当显著的。当结果光滑时,高阶单元明显地提高了精度。

对于应变的结果,即位移场的导数,可以由类似的讨论进行评估。在这种情况下,$m=1$,因为在应变中的误差由 H_1 范数度量。它的收敛率则比位移的收敛率低一阶:对于线性完备性的单元,$k=1$,对于误差在 H_1 范数和在应变中的收敛率是线性的,所以 $\alpha=1$。对于二次完备性的单元 $k=2$,因此 $\alpha=2$。

对于抛物线型偏微分方程,可以推出类似的结论。然而,对于双曲线型偏微分方程,情况更为复杂,并且很少采用高阶单元。回顾在双曲线型偏微分方程中,在结果的导数中可能出现不连续。因此,如果初始和边界条件的数据是不光滑的,结果将不是光滑的。然而,尽管是光滑的数据,也有可能出现不连续的结果,如震动。因此,仅当数据是光滑的并且期待着结果保持光滑时,高阶单元在双曲线型问题中才是有优越性的。

8.2.4 在非线性问题中的收敛性 对于非线性问题,应用这些结果确定单元的性能是可能的。对于将公式(8.2.6)应用于非线性的问题,插值评估是基本的形式,并且总是给出单元性能的上限。换句话说,对于一个单元的收敛,不可能比公式(8.2.6)所估计的速度

更快。

根据式(8.2.6),对于非线性问题的单元性能将依赖于解答的光滑性。这主要依赖于本构方程及其响应的光滑性。对于椭圆问题,如果本构方程是连续可微的,即 C^1,比如橡胶的超弹性模型,其收敛率则应该与线弹性材料的收敛率相同。然而,对于是 C^0 的本构方程,比如弹-塑性材料,在公式(8.2.6)中 α 的定义的第二项控制收敛率。例如,在一种弹-塑性材料中,应力和应变之间的关系是 C^0,因此,位移至多是 C^1 并且 $r=2$。从式(8.2.6)知位移的收敛率至多是2阶的,即 $\alpha=2$。这样,对于非光滑材料,高阶单元并没有显示出什么益处。类似的,对于弹-塑性材料,在应变中的收敛率至多是 $\alpha=1$。

总的来说,对于应用光滑本构方程并期望得到光滑解答的椭圆问题,高阶单元是有优越性的,因为它们有更高的收敛率。如果本构方程缺乏足够的光滑性,应用高阶单元则没有任何优越性。这些结果也关系到双曲线型问题。当数据非常光滑时,应用高阶单元是有一定优越性的,提供了一个一致质量矩阵的应用。对于缺乏光滑性或者由于非线性引起粗糙的数据,应用高阶单元几乎没有益处。在时间相关问题中,整体误差取决于时间离散误差和空间离散误差的组合效果。

在非线性问题中,由于单元扭曲,进一步降低了在 Lagrangian 网格中的精度。对于高阶单元,随着变形更加严重,弱化了单元的性能。在 Eulerian 网格中,由于网格不随时间改变,仅当初始网格是扭曲时,单元扭曲才成为问题。对于非线性分析,单元扭曲的量应该在一个单元的选择时加以考虑。对于有非常大变形的 Lagrangian 网格的解答,即使本构方程和响应是光滑的,采用高阶单元几乎是没有优越性的。

即使是线弹性解答,在导数中也存在着不连续现象。在不同材料之间的界面上,位移的导数是不连续的。然而,任何合理的分析是将单元边界与材料界面结合。在此情况下,高阶单元可以保留全部的精度,因为它们能够有效地表示沿单元边界上导数的不连续。另一方面,在弹-塑性和双曲线型问题中,不连续性影响到整个模型,并且它们作为问题演变和常常扩散。因此,在非线性问题中,粗糙本构方程和双曲线型的作用可以破坏精度。

应该强调的是收敛率(8.2.6)仅适用于没有奇异性的线性、椭圆问题。对于非线性问题,获得如此收敛结果的主要障碍可能是非线性解答缺乏稳定性。对于非病态、非线性椭圆问题,评估公式(8.2.6)代表了单元的性能。因此,务必记住它是精度的上限:一个解答不可能比近似插值的幂更精确了。

8.3 单元性质和分片试验

8.3.1 分片试验 对于检验单元公式的可靠性以及它们的完备性和稳定性,分片试验是极为有用的。为了检验非协调板单元的可靠性,由 Irons 创意分片试验并由 Bazeley 等人(1965)给出报告。在它的最初形式中,分片试验主要是检验多项式完备性的一个实验,即准确地再造一个 k 阶多项式的能力。由 Strang(1972)提出的分片试验等价于有限元收敛的必要条件。在引用的文章中,Strang 也指出,如果有限元方程考虑作为"一个有限差分形式,那么分片试验将等价于差分方程与标准微分方程的形式上的一致性"。事实上,对于二维非规则网格的有限元方程,在有限差分方程的意义上并没有体现出对于非规则网格的一致性,或者至少任何一致性都是难以实现的。但是,等价于差分方程的构想还是一直坚持着,并且许多作者,包括本书的作者,经常谈到 Galerkin 离散化的一致性。分片试验的功能主要来自于它对于收敛性所需要的另一个性质和近似的完备性的演示。在下面,我们将描述几种不同的分片试验。

8.3.2 标准分片试验 我们首先描述标准分片试验,它将检验位移场多项式的完备性,即单元再造一个指定阶数的多项式的能力。另外,试验检查编程和程序。有时候单元是正确的,但是失败于分片试验,其原因是一个编程的错误,或者是在程序中的一个错误。

在标准分片试验中,采用的单元分片如图 8.4 所示。单元必须是歪斜的,如图中所示,因为矩形单元可以满足分片试验,而任意的四边形单元不一定满足。绝对不能施加体积力,材料性质必须是均匀的线弹性。根据分片试验的阶数指定在分片周边节点的位移,因此 $\Gamma_u=\Gamma$。对于线性再造条件的试验,在 Γ_u 上的位移场描述为

$$\begin{aligned} u_x(\boldsymbol{x}) &= \alpha_{x0}+\alpha_{x1}x+\alpha_{x2}y \\ u_y(\boldsymbol{x}) &= \alpha_{y0}+\alpha_{y1}x+\alpha_{y2}y \end{aligned} \qquad \text{在二维中}, u_i(\boldsymbol{x}) = \alpha_{i0}+\alpha_{ij}x_j \text{一般意义下} \tag{8.3.1}$$

式中 α_{ij} 是由用户定义的常数,为了试验再造条件的完备性,它们必须都是非零的。在分片 Γ_u 的所有边界节点上,给出上述位移场,因此指定的位移是

$$\begin{aligned} u_{xI} &= \alpha_{x0}+\alpha_{x1}x_I+\alpha_{x2}y_I \\ u_{yI} &= \alpha_{y0}+\alpha_{y1}x_I+\alpha_{y2}y_I \end{aligned} \qquad \text{在二维中}, u_{iI} = \alpha_{i0}+\alpha_{ij}x_{ji} \text{一般意义下} \tag{8.3.2}$$

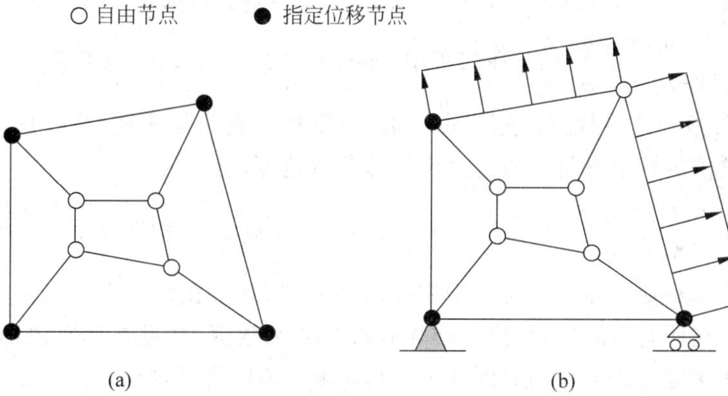

(a) (b)

图 8.4 标准分片试验

(a) 给出所有位移边界;(b) 关于稳定性的扩展分片试验

为了满足分片试验,整个分片的有限元解答必须由公式(8.3.1)给出,在内部节点的节点位移必须由式(8.3.2)给出,对于式(8.3.1)中的位移,应变必须为常数并且通过应用应变-位移方程给出:

$$\begin{aligned} \varepsilon_x &= u_{x,x} = \alpha_{x1} \\ \varepsilon_y &= u_{y,y} = \alpha_{y2} \\ 2\varepsilon_{xy} &= u_{x,y}+u_{y,x} = \alpha_{x2}+\alpha_{y1} \end{aligned} \qquad \text{在二维中}, \varepsilon_{ij} = \frac{1}{2}(\alpha_{ij}+\alpha_{ji}) \text{一般意义下} \tag{8.3.3}$$

应力也必须是常数。基于计算机的精度阶数,所有这些条件必须满足一个较高的精度。在一个有 8 位有效数字的机器中,结果必须精确到至少 5 位数字(数字的准确数目取决于计算机,因为数字的数目在机器的算法中变化)。

标准分片试验的意义在于它证明了再造条件。如果一个精确解在有限元近似的子空间

中,那么有限元解答必须对应于精确解答。公式(8.3.1)是线弹性问题的精确解答,可以证明如下:由于应变是常数,并且材料性质均匀,则应力是常数。因此,由于没有体力,平衡方程(3.5.37)是精确满足的。由于线弹性解答是唯一的,所以式(8.3.1)是精确解。

当分片试验失效时,或者是有限元不能精确地再造线性场,即它不是线性完备的,或者是在编程中存在错误。是否满足再造条件,通过在所有节点上设定节点位移,根据式(8.3.2)可以单独检验,并且在积分点上检验应变。事实上这个试验足以作为再造条件的试验。分片试验的余下问题是检验编程和程序,包括线性方程的求解。

8.3.3 在非线性程序中分片试验 所描述的分片试验可以扩展到非线性程序中。应用线性场(8.3.1)和 α_{ij} 的较大值,由于位移场是线性的,所以变形梯度和 Green 应变张量一定是常数,并且 PK2 应力和名义应力也是常数。因此,在无体力的情况下,平衡方程(3.6.10)得到满足,并且式(8.3.1)是其解答。然而,它不是一个唯一的解答,这是我们遗漏的一个困难的问题。在线性分片试验中,如果一个单元满足了再造条件,在非线性分片试验中,它必须满足线性再造条件。因此,增加非线性分片试验,是比再造条件的试验多一个非线性程序的试验。

8.3.4 在显式程序中的分片试验 上面描述的分片试验不适用于显式程序,因为显式程序不能求解平衡方程。然而,为了应用于显式程序,可以修改分片试验,如 Belytschko, Wong 和 Chiang(1992)所描述的。在这个分片试验中,由线性场指定初始速度为

$$\begin{aligned} v_x(\boldsymbol{x}) &= \alpha_{x0} + \alpha_{x1} x + \alpha_{x2} y \\ v_y(\boldsymbol{x}) &= \alpha_{y0} + \alpha_{y1} x + \alpha_{y2} y \end{aligned} \quad \text{在二维中,}\ v_i(\boldsymbol{x}) = \alpha_{i0} + \alpha_{ij} x_j \text{一般意义下} \tag{8.3.4}$$

式中 α_{ij} 是任意常数。这些数应该是非常小的,否则将引发几何非线性,并且这个分片试验将不能在它的整体区域中进行。通过设定初始节点速度,上式为

$$\begin{aligned} v_{xI} &= \alpha_{x0} + \alpha_{x1} x_I + \alpha_{x2} y_I \\ v_{yI} &= \alpha_{y0} + \alpha_{y1} x_I + \alpha_{y2} y_I \end{aligned} \quad \text{在二维中,}\ v_{iI} = \alpha_{i0} + \alpha_{ij} x_{ji} \text{一般意义下} \tag{8.3.5}$$

绝对不能施加外部载荷。在一个时间步积分运动方程,并且在每一个时间步结束时检验变形率和加速度。在所有单元中,变形率必须有适当的常数值,并且在所有内部节点上,加速度必须为零。加速度必须为零的原因如下:如果再造条件满足,应力应该是常数,并且在没有体力的情况下,从动量方程(3.5.33)可知加速度必须为零。

如果常数 α_{ij} 足够小,则试验应该达到一个较高的精度。例如,当常数具有 10^{-4} 数量级时,加速度必须具有 10^{-7} 数量级。

8.3.5 关于稳定性的分片试验 Taylor 等(1986)已经提出了一种改进的分片试验,并且检验位移场的空间稳定性。它也检验外力边界条件是否编程正确。与标准分片试验的主要区别是没有在边界的所有节点上给定位移。取而代之的是,为了防止刚体位移,位移边界条件是最低的要求,如图 8.4(b)所示(图中给出了离散边界条件,等价连续性边界条件是很难建立的)。

对于检测空间不稳定性,这一试验不是一向正确的,常常检测不到无法表达的虚假奇异性模式。因此,这一试验仅可以检测位移不稳定性,不能检测压力不稳定性。为了彻底检测一个单元的空间不稳定性,对于单一自由单元的特征值分析(即一个完全无约束的单元)和单元的分片必须进行。零特征值的数目应该等于刚体模态的数目。例如,在二维中,一个单元或者单元的一个分片应该具有 3 个零特征值,对应于 2 个平动和 1 个转动;而在三维中,

一个单元应该具有 6 个零特征值，3 个平动的和 3 个转动的刚体模态。如果有更多的零特征值，则模型具有位移不稳定性，这也称为是刚度矩阵的秩缺乏，如在第 8.3.8 节中所讨论的。

8.3.6 等参单元的线性再造条件 我们可以看到**任意阶的等参单元再造完备线性速度(位移)场**，即所有等参单元是线性完备的。考虑有 n 个节点的一个任意等参单元，在当前构形和母单元之间的映射为

$$x_i(\boldsymbol{\xi}) = N_I(\boldsymbol{\xi}) x_{iI} \tag{8.3.6}$$

对于一个等参单元，通过相同形函数的插值得到非独立变量 u，所以

$$u(\boldsymbol{\xi}) = N_I(\boldsymbol{\xi}) u_I \tag{8.3.7}$$

令非独立变量是空间坐标的一个线性函数，因此

$$u = \alpha_0 + \alpha_j x_j \tag{8.3.8}$$

式中 α_0 和 α_i 是任意参数。如果场的节点值如上面给出，那么

$$u_I = \alpha_0 + \alpha_j x_{ji} \quad \text{或者} \quad \boldsymbol{u} = \alpha_0 \boldsymbol{1} + \alpha_i \boldsymbol{x}_i \tag{8.3.9}$$

式中 $\boldsymbol{u}$ 是 n 阶列阵，n 为节点数目；$\boldsymbol{1}$ 是一个列阵，为 $1_J=1, J=1$ 到 n；$\boldsymbol{x}_i$ 是节点坐标的列阵。对于 4 节点四边形单元，这些列阵为

$$\boldsymbol{u} = [u_1 \quad u_2 \quad u_3 \quad u_4]^{\mathrm{T}}, \quad \boldsymbol{1} = [1 \quad 1 \quad 1 \quad 1]^{\mathrm{T}} \tag{8.3.10}$$

$$\boldsymbol{x}_1 \equiv \boldsymbol{x} = [x_1 \quad x_2 \quad x_3 \quad x_4]^{\mathrm{T}}, \quad \boldsymbol{x}_2 \equiv \boldsymbol{y} = [y_1 \quad y_2 \quad y_3 \quad y_4]^{\mathrm{T}} \tag{8.3.11}$$

将公式(8.3.9)给出的非独立变量的节点值代入式(8.3.7)中，得到

$$u = u_I N_I(\boldsymbol{\xi}) = (\alpha_0 1_I + \alpha_j x_{ji}) N_I(\boldsymbol{\xi}) \tag{8.3.12}$$

重新整理各项，给出

$$u = \alpha_0 (1_I N_I(\boldsymbol{\xi})) + \alpha_i (x_{iI} N_I(\boldsymbol{\xi})) \tag{8.3.13}$$

从式(8.3.6)可以认识到，在上式右侧最后求和的系数 α_i 对应于 x_i，所以

$$u = \alpha_0 1_I N_I(\boldsymbol{\xi}) + \alpha_i x_i = \alpha_0 + \alpha_i x_i \tag{8.3.14}$$

这里在最后一步，我们应用了公式(8.2.3)关于常数的再造条件。

这是一个精确的线性场(8.3.8)，在式(8.3.10)中利用该场定义节点值 u_I。换句话说，通过线性场给定节点值，形函数精确地再造了这个线性场。

因此，等参单元精确地再造常数和线性场。作为结果，单元满足线性分片试验。从这以后，我们将简单地提到再造的最高阶场，即当一个单元再造线性和常数场时，我们可以说它再造了线性场；当它再造二次、线性和常数场时，我们可以说它再造了二次场。

尽管等参单元的线性再造性能最初显得有些微不足道，但是它是有限元收敛证明的核心。它不是插值的一个内在属性，稍微注意就可以理解在一个单元的插值中，它不是对所有项都成立。在一个 3 节点一维单元中，当节点不是等间距时，不能再造二次项，并且在一个 4 节点四边形单元中，不能再造双线性项。

类似地，高阶等参单元在它们的等参场中不能再造所有的多项式项，除非在特殊的条件下。例如，9 节点 Lagrange 单元不能再造二次场，除非单元是具有等间距节点的直线边界。当边界是曲线时，不能再造二次多项式，并且单元的精度下降。Ciarlet 和 Raviart(1972)给出的收敛性证明指出在 L_2 范数中，对于 9 节点单元，仅当中间节点"接近"于边界的中点时，位移收敛的阶数才是 h^3 阶。

8.3.7 亚参元和超参元的完备性 在线性有限元中，术语亚参元和超参元代表这些单

元，其母单元对于空间映射 $\boldsymbol{x}(\boldsymbol{\xi})$ 与关于非独立变量的插值 $u(\boldsymbol{\xi})$ 相比，是分别具有低阶或者是高阶的。亚参和超参单元定义如下：

亚参：$\boldsymbol{x}(\boldsymbol{\xi})$ 比 $u(\boldsymbol{\xi})$ 的阶数低

超参：$\boldsymbol{x}(\boldsymbol{\xi})$ 比 $u(\boldsymbol{\xi})$ 的阶数高

图 8.5 描述了这些单元的例子。亚参元是线性完备的，但是超参元不是。为了说明这一点，对于一个亚参元，令非独立变量 $u(\boldsymbol{\xi})$ 由一个具有 n_u 个节点的 Lagrange 单元插值，并且当前构形是具有 n_x 节点的一个映射，所以

$$u(\xi,\eta) = \sum_{I=1}^{n_u} u_I N_I^u(\xi,\eta) \tag{8.3.15}$$

$$\boldsymbol{x} = \sum_{I=1}^{n_x} \boldsymbol{x}_I N_I^x(\xi,\eta) \quad \text{或者} \quad x_i = \sum_{I=1}^{n_x} x_{iI} N_I^x(\xi,\eta) \tag{8.3.16}$$

（在这一小节中，求和以显式表示）。位移插值区别于空间插值的上角标。我们现在定义一组 n_u 节点 $(\bar{x}_I, \bar{y}_I)$，它们可以通过在母单元中节点 n_u 上利用式(8.3.6)计算 (x,y) 得到。于是在母单元和当前构形之间的映射为

$$\boldsymbol{x} = \sum_{I=1}^{n_u} \bar{\boldsymbol{x}}_I N_I^u(\xi,\eta) \tag{8.3.17}$$

在从公式(8.3.8)～(8.3.14)中引出了这一论证，现在可以重复建立亚参元的线性完备性。

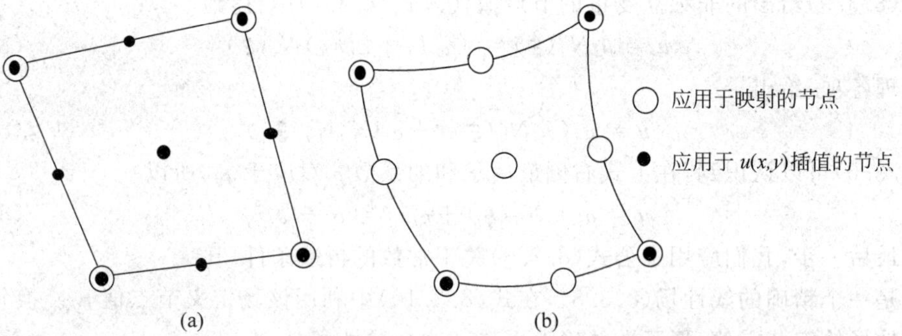

图 8.5 亚参元和超参元的例子，基于 4 节点和 9 节点 Lagrange 单元的形函数
(a) 亚参元；(b) 超参元

超参元在初始构形和母单元之间的映射与位移的插值相比是具有高阶的，它不能再造一个线性场，我们在上面利用的插入节点的步骤不再适用。

总的来说，等参元和亚参元可以再造线性场。因此，对于这些单元，当非独立变量是位移时，通过线性位移场可以得到适当的常数应变状态，并且将满足分片试验。由于这个运动是一个线性场，所以单元也可以精确地表现出刚体平移和转动。

8.3.8 单元秩和秩缺乏 为了自身稳定，一个单元必须具有合适的秩。如果一个单元的秩是缺乏的，则离散化将是不稳定的并且在动态解答中将表现出伪振荡。在静态问题中，秩的不足表现为它本身具有奇异性或者线性化方程组的近似奇异性。与秩的不足相关的不稳定性是一种弱不稳定性，与秩的不足相关的模式是**随时间线性地增长的零频率模式**，类似于在数值积分中的弱不稳定性。在很多情况下，单元的秩缺乏导致一个系统的最小特征值为正值，但是比正确的最低特征值要小得多。这一伪模式则有一个非常小的刚度，并且尽管

它们增长得比较缓慢，它们仍然可以增长得足够大以至于毁坏解答。如果一个单元的秩超出适当的秩，单元将在刚体运动中产生应变，并且或者失败于收敛或者收敛得非常缓慢。

一个单元切线刚度或者线性刚度矩阵的合适的秩是：

$$\text{合适的秩}(\boldsymbol{K}_e) = \text{阶}(\boldsymbol{K}_e) - n_{\text{RB}} \tag{8.3.18}$$

式中 n_{RB} 是刚体模式的数目。在这一章中我们应用符号 $\boldsymbol{K}_e$ 表示切线和线性刚度。一般刚度矩阵的秩缺乏为：

$$\text{秩缺乏}(\boldsymbol{K}_e) = \text{合适的秩}(\boldsymbol{K}_e) - \text{秩}(\boldsymbol{K}_e) \tag{8.3.19}$$

数值积分单元刚度的一般形式，给出(见框 6.5)

$$\boldsymbol{K}_e = \sum_{Q=1}^{n_Q} \bar{w}_Q (J_\xi \boldsymbol{B}^{\mathrm{T}} [\boldsymbol{C}] \boldsymbol{B}) \big|_{\xi_Q} \tag{8.3.20}$$

如果 $[\boldsymbol{C}]$ 是线弹性矩阵，则上式给出线弹性刚度矩阵。假设 Jacobian 行列式 J_ξ 在所有的积分点上为正，即单元不能达到极度扭曲。假设矩阵 $[\boldsymbol{C}]$ 是正定的，否则，即使对于一个合适的单元设计，单元的秩也可能是不足的。例如，如果由于材料失去了稳定性，切线模量矩阵在所有的积分点上为零，那么单元刚度将明显地具有零秩。在上面没有考虑几何刚度，因为我们希望单元秩对于任何应力都是适当的。我们不考虑由于几何不稳定引起的秩的减少。

表达式(8.3.18)的另一种形式是

$$\dim(\ker(\boldsymbol{K}_e)) = n_{\text{RB}} \quad \text{这里} \quad \boldsymbol{z} \in \ker(\boldsymbol{K}_e) \quad \text{如果} \quad \boldsymbol{K}_e \boldsymbol{z} = 0 \tag{8.3.21}$$

式中在右侧定义了 $\boldsymbol{K}_e$ 的核。因为能量是 $\frac{1}{2}\boldsymbol{z}^{\mathrm{T}}\boldsymbol{K}_e\boldsymbol{z}$，所以在刚度矩阵的核中的任何模式都是零能量模式。网格稳定性的充分条件是在网格中所有单元的秩是适当的。通过注意可以观察到，如果所有的单元都有适当的秩，则任何单元仅有的零能量模式是刚体模式。所以任何不是刚体运动的运动必须具有非零能量。前面所述不是一个必要条件，因为某些单元有称为非传递的模式。在某些单元中没有变形能，这些非传递零能量模式不能在网格中存在。即使单元没有合适的秩，但是将它们组合到一起可以得到合适的秩。

关于稳定性，为了解释为什么单元必须具有合适的秩，考虑在第 6.5.4 节中系统的一个线性稳定性分析。当且仅当模型是刚体模式时，线性化方程组的频率 μ 必须是零。然而，如果单元具有伪奇异模式，并且它在整体模型中存在，则特征值问题(6.5.15)将有一个非物理模式的零根。因此，这一模式将随着时间线性地增长：$\boldsymbol{d} = \boldsymbol{y}t$。这里 $\boldsymbol{y}$ 是伪奇异模式。伪模式是一个弱不稳定性，它不是指数地增长。注意到刚体模式，如果没有被约束消除，也随着时间线性地增长，但是这是一个正确的解答。伪奇异模式随着时间线性地增长并且破坏解答。

可以通过特征值分析发现伪模式：如果一个单元或者一个单元集合的零特征值的数目超出了刚体模式的数目，那么单元具有伪奇异模式。

8.3.9 数值积分单元的秩 现在我们检验一个数值积分刚度 $\boldsymbol{K}_e$ 的秩。我们假设切线模量 $\boldsymbol{C}$ 是正定的，并且 J_ξ 在所有积分点上是正值。数值积分单元刚度(8.3.20)可以重新写为

$$\boldsymbol{K}_e = \mathring{\boldsymbol{B}}^{\mathrm{T}} \mathring{\boldsymbol{C}} \mathring{\boldsymbol{B}} \tag{8.3.22}$$

式中

$$\mathring{\boldsymbol{B}}=\begin{bmatrix}\boldsymbol{B}(\xi_1)\\ \boldsymbol{B}(\xi_2)\\ \vdots\\ \boldsymbol{B}(\xi_{n_Q})\end{bmatrix}\quad \mathring{\boldsymbol{C}}=\begin{bmatrix}\bar{w}_1 J_\xi[\boldsymbol{C}]|_{\xi_1} & \boldsymbol{0} & \cdots & \boldsymbol{0}\\ \boldsymbol{0} & \bar{w}_2 J_\xi[\boldsymbol{C}]|_{\xi_2} & & \boldsymbol{0}\\ \vdots & & \ddots & \vdots\\ \boldsymbol{0} & \boldsymbol{0} & \cdots & \bar{w}_{n_Q} J_\xi[\boldsymbol{C}]|_{\xi_{n_Q}}\end{bmatrix} \tag{8.3.23}$$

从线性代数中可以知道两个矩阵乘积的秩总是小于或者等于其中任何一个矩阵的秩(见 Noble,1969)：

$$秩\ \boldsymbol{K}_e \leqslant \min(秩\ \mathring{\boldsymbol{B}},秩\ \mathring{\boldsymbol{C}}) \tag{8.3.24}$$

当 J_ξ 和 $\boldsymbol{C}$ 在所有积分点上是正值时,$\mathring{\boldsymbol{C}}$ 的秩总是大于或者等于 $\mathring{\boldsymbol{B}}$ 的秩,所以公式(8.3.24)可以替换为

$$秩\ \boldsymbol{K}_e \leqslant 秩\ \mathring{\boldsymbol{B}} \tag{8.3.25}$$

仅在很少的情况下应用这一不等式。$\mathring{\boldsymbol{B}}$ 的秩被界定如下：

$$秩\ \mathring{\boldsymbol{B}} \leqslant \dim(\boldsymbol{D}) \tag{8.3.26}$$

式中 $\boldsymbol{D}$ 的维数等于在 $\boldsymbol{D}$ 中的线性独立函数的数目。

对于各种积分方法,现在将检验四边形 Q4 单元的秩充分性。Q4 有四个节点,在每一节点上有两个自由度,所以阶数($\boldsymbol{K}_e$)＝8。刚体模式的数目是 3：在 x 和 y 方向的平动以及在(x,y)平面的转动。由公式(8.3.18),合适的秩 $\boldsymbol{K}_e=5$。

对于 Q4,最广泛应用的积分方式是 2×2 Gauss 积分。积分点的个数 $n_Q=4$,并且在每一 $\boldsymbol{B}(\boldsymbol{\xi}_\alpha)$中的行数为 3,因此在 $\mathring{\boldsymbol{B}}$ 中的行数为 12。这超出了合适的秩。然而,对于速度场(8.4.15),很容易证明变形率为

$$\{\boldsymbol{D}\}=\left\{\begin{matrix}\alpha_{x1}+\alpha_{x3}h_{,x}\\ \alpha_{x2}+\alpha_{y3}h_{,y}\\ \alpha_{x2}+\alpha_{y1}+\alpha_{x3}h_{,y}+\alpha_{y3}h_{,x}\end{matrix}\right\} \tag{8.3.27}$$

这个场中包含 5 个线性独立的向量：

$$\begin{Bmatrix}\alpha_{x1}\\0\\0\end{Bmatrix},\quad \begin{Bmatrix}0\\ \alpha_{y2}\\0\end{Bmatrix},\quad \begin{Bmatrix}0\\0\\ \alpha_{x2}+\alpha_{y1}\end{Bmatrix},\quad \begin{Bmatrix}\alpha_{x3}h_{,x}\\0\\ \alpha_{x3}h_{,y}\end{Bmatrix},\quad \begin{Bmatrix}0\\ \alpha_{y3}h_{,y}\\ \alpha_{y3}h_{,x}\end{Bmatrix} \tag{8.3.28}$$

因此 $\dim(\boldsymbol{D})=5$。$\mathring{\boldsymbol{B}}$ 中的行数为 12,但是至多 5 个可以是线性独立的,因此由式(8.3.26)可以知道秩($\mathring{\boldsymbol{B}}$)＝5。无论有多少个积分点,对于这个单元 $\mathring{\boldsymbol{B}}$ 的秩不能超过 5。如果在 $\mathring{\boldsymbol{B}}$ 中至少 5 行是线性独立的,则单元刚度具有合适的秩和有 2×2 积分点。对于任何非退化单元,这一点可以证明,但是它是很费劲的。

对于一点积分四边形的单元刚度的秩可以类似地得到。在一个积分点上,$\mathring{\boldsymbol{B}}$ 包含在一个单点计算的 $\boldsymbol{B}$：

$$\mathring{\boldsymbol{B}}=\boldsymbol{B}(\boldsymbol{0})=\begin{bmatrix}\boldsymbol{b}_x^{\mathrm{T}}(\boldsymbol{0}) & \boldsymbol{0}\\ \boldsymbol{0} & \boldsymbol{b}_y^{\mathrm{T}}(\boldsymbol{0})\\ \boldsymbol{b}_y^{\mathrm{T}}(\boldsymbol{0}) & \boldsymbol{b}_x^{\mathrm{T}}(\boldsymbol{0})\end{bmatrix} \tag{8.3.29}$$

式中,$\boldsymbol{b}_x$ 和 $\boldsymbol{b}_y$ 在后面的式(8.4.9)中给出。由于 $\mathring{\boldsymbol{B}}$ 矩阵有线性独立的 3 行,除非单元是退化的,否则它的秩为 3。因此由式(8.3.24),刚度矩阵 $\boldsymbol{K}_e$ 的秩是 3,并且从式(8.3.18)～(8.3.19),我们可以看出单元缺乏 2 个秩。这种秩如果不被纠正,会引起严重的困难。

8.4 Q4和体积自锁

8.4.1 单元描述 在整个这一章中，我们以4节点四边形单元的形式描述单元的各种性质。由于特殊性，采用的是Lagrangian格式，但是许多性能也应用了ALE和Eulerian格式。为了避免过多重复4节点四边形的名字，我们将经常应用它的名字简称Q4。这种单元将在例4.2中介绍，然而，我们应用标记重复对于这一单元分析有用的一些方程。

运动，即在当前构形和母单元之间的映射，对于Q4单元为(我们继续采用对重复下角标的隐含求和标记)

$$x_i(\boldsymbol{\xi},t) = N_I x_{iI} = \boldsymbol{N}\boldsymbol{x}_i \tag{8.4.1}$$

式中$\boldsymbol{N}$是包含4个等参形函数的行矩阵，$\boldsymbol{N}=[N_I]=[N_1,N_2,N_3,N_4]$。形函数由式(E4.2.2)给出，并且$\boldsymbol{x}_i$，$i=1,2$，是节点坐标的列矩阵：

$$\boldsymbol{x}_1 \equiv \boldsymbol{x} = [x_1,x_2,x_3,x_4]^{\mathrm{T}},\ \boldsymbol{x}_2 \equiv \boldsymbol{y} = [y_1,y_2,y_3,y_4]^{\mathrm{T}} \tag{8.4.2}$$

母单元是一个双单位长度的正方形，如图8.6所示，节点编号从左下角开始逆时针编号，如图所示。

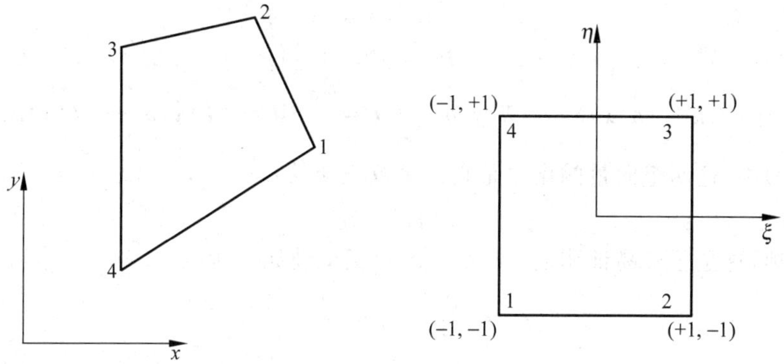

图8.6 关于4节点四边形QUAD4的空间和母单元域

位移和速度类似地写为

$$u_i = N_I u_{iI} = \boldsymbol{N}\boldsymbol{u}_i,\quad \boldsymbol{v}_i = N_I \boldsymbol{v}_{iI} = \boldsymbol{N}\boldsymbol{v}_i \tag{8.4.3}$$

式中$\boldsymbol{v}_x$和$\boldsymbol{v}_y$是单元节点速度的分量的列矩阵：

$$\boldsymbol{v}_x^{\mathrm{T}} = [\boldsymbol{v}_{x1},\boldsymbol{v}_{x2},\boldsymbol{v}_{x3},\boldsymbol{v}_{x4}]^{\mathrm{T}},\quad \boldsymbol{v}_y^{\mathrm{T}} = [\boldsymbol{v}_{y1},\boldsymbol{v}_{y2},\boldsymbol{v}_{y3},\boldsymbol{v}_{y4}]^{\mathrm{T}} \tag{8.4.4}$$

变形率场已经在例子4.2中获得，可以以Voigt形式写为

$$\begin{Bmatrix} D_x \\ D_y \\ 2D_{xy} \end{Bmatrix} = \begin{bmatrix} N_{I,x} & 0 \\ 0 & N_{I,y} \\ N_{I,y} & N_{I,x} \end{bmatrix} \begin{Bmatrix} \boldsymbol{v}_{xI} \\ \boldsymbol{v}_{yI} \end{Bmatrix} \quad \text{或者} \quad \{\boldsymbol{D}\} = \begin{bmatrix} \boldsymbol{N}_{,x} & \boldsymbol{0} \\ \boldsymbol{0} & \boldsymbol{N}_{,y} \\ \boldsymbol{N}_{,y} & \boldsymbol{N}_{,x} \end{bmatrix} \begin{Bmatrix} \boldsymbol{v}_x \\ \boldsymbol{v}_y \end{Bmatrix} \equiv \boldsymbol{B}\dot{\boldsymbol{d}} \tag{8.4.5}$$

在上式中的右侧不是标准形式。在$\boldsymbol{d}$矩阵中，所有节点速度的x分量首先出现，接着是所有节点速度的y分量。这里给出的形式简化了随后的一些分析。

单元Jacobian行列式J_ξ通过式(E4.2.9)和运动得到：

$$J_\xi = \frac{1}{8}[x_{24}y_{31} + x_{31}y_{42} + (x_{21}y_{34} + x_{34}y_{12})\xi + (x_{14}y_{32} + x_{32}y_{41})\eta] \tag{8.4.6}$$

注意到双线性项没有出现在单元 Jacobian 行列式 J_ξ 中。单元 Jacobian 行列式在母单元原点，通过在 $\xi=\eta=0$ 计算上式，给出

$$J_\xi = \frac{1}{8}(x_{24}y_{31} + x_{31}y_{42}) = \frac{A}{4} \tag{8.4.7}$$

式中 A 是单元的面积。从式(8.4.5)中可以看出，在母单元坐标系的原点，$\boldsymbol{B}$ 矩阵可以表示为

$$\boldsymbol{B}^{\mathrm{T}}(\boldsymbol{0}) = \begin{bmatrix} \boldsymbol{b}_x & \boldsymbol{0} & \boldsymbol{b}_y \\ \boldsymbol{0} & \boldsymbol{b}_y & \boldsymbol{b}_x \end{bmatrix} \tag{8.4.8}$$

式中

$$\begin{aligned} \boldsymbol{b}_x^{\mathrm{T}} &\equiv \boldsymbol{b}_1^{\mathrm{T}} = \boldsymbol{N}_{,x} = \frac{1}{2A}[y_{24}, y_{31}, y_{42}, y_{13}], \\ \boldsymbol{b}_y^{\mathrm{T}} &\equiv \boldsymbol{b}_2^{\mathrm{T}} = \boldsymbol{N}_{,y} = \frac{1}{2A}[x_{42}, x_{13}, x_{24}, x_{31}] \end{aligned} \tag{8.4.9}$$

8.4.2 Q4 近似的基本形式 对于 Q4，我们现在将建立速度近似的形式，以使得分析简单。这一形式首先由 Belytschko 和 Bachrach(1986) 给出，关于具体的推导，读者可以参考这篇文章。为了建立这一速度场，我们定义两组四列矩阵：

$$\boldsymbol{p}_I = [\bar{\boldsymbol{1}} \quad \boldsymbol{b}_x \quad \boldsymbol{b}_y \quad \boldsymbol{\gamma}], \quad \boldsymbol{q}_J = [\boldsymbol{1} \quad \boldsymbol{x} \quad \boldsymbol{y} \quad \boldsymbol{h}] \tag{8.4.10}$$

式中

$$\begin{aligned} &\boldsymbol{h}^{\mathrm{T}} = [1 \quad -1 \quad 1 \quad -1], \quad \boldsymbol{1}^{\mathrm{T}} = [1 \quad 1 \quad 1 \quad 1] \\ &\boldsymbol{\gamma} = \frac{1}{4}(\boldsymbol{h} - (\boldsymbol{h}^{\mathrm{T}}\boldsymbol{x})\boldsymbol{b}_x - (\boldsymbol{h}^{\mathrm{T}}\boldsymbol{y})\boldsymbol{b}_y) \quad \bar{\boldsymbol{1}} = \frac{1}{4}(\boldsymbol{1} - (\boldsymbol{1}^{\mathrm{T}}\boldsymbol{x})\boldsymbol{b}_x - (\boldsymbol{1}^{\mathrm{T}}\boldsymbol{y})\boldsymbol{b}_y) \end{aligned} \tag{8.4.11}$$

在式(8.4.10)中，这两组向量的用途是它们是双正交的：

$$\boldsymbol{p}_I^{\mathrm{T}}\boldsymbol{q}_J = \delta_{IJ} \tag{8.4.12}$$

对于大多数项，这是很容易证明的。b_i 和 x_i 的双正交性如下所示：

$$b_{iI}x_{jI} = \frac{\partial N_I}{\partial x_i}x_{jI} = \frac{\partial x_j}{\partial x_i} = \delta_{ij} \tag{8.4.13}$$

这里的第 2 步从式(8.4.9)得到，而第 3 步从(8.4.1)得到。因此，对于一个非退化的单元，两组向量 $\boldsymbol{p}_I$ 和 $\boldsymbol{q}_I$ 是线性独立的，于是每组都覆盖了空间 $\mathbb{R}^4$。因此，由这些组向量的任何一组的线性组合，都可以表示在 $\mathbb{R}^4$ 中的任何向量。

由于双线性速度场包含线性场，则速度场可以写为

$$v_i = \alpha_{i0} + \alpha_{i1}x + \alpha_{i2}y + \alpha_{i3}h \quad \text{这里} \quad h = \xi\eta, \; h_I = h(\xi_I, \eta_I) \tag{8.4.14}$$

节点速度则可以表示为

$$v_{iI} = \alpha_{i0} + \alpha_{i1}x_I + \alpha_{i2}y_I + \alpha_{i3}h_I \quad \text{或者} \quad \boldsymbol{v}_i = \alpha_{i0}\boldsymbol{1} + \alpha_{i1}\boldsymbol{x} + \alpha_{i2}\boldsymbol{y} + \alpha_{i3}\boldsymbol{h} \tag{8.4.15}$$

式中 $\boldsymbol{h}$ 由式(8.4.11)给出。用 $\boldsymbol{p}_K$ 左乘上式，并利用正交性(8.4.12)，我们有

$$\alpha_{iK} = \boldsymbol{p}_{K+1}^{\mathrm{T}}\boldsymbol{v}_i \quad \text{对于 } K = 0 \text{ 到 } 3 \tag{8.4.16}$$

或者

$$\alpha_{i0} = \tilde{\boldsymbol{1}}^{\mathrm{T}}\boldsymbol{v}_i, \quad \alpha_{i1} = \boldsymbol{b}_x^{\mathrm{T}}\boldsymbol{v}_i, \quad \alpha_{i2} = \boldsymbol{b}_y^{\mathrm{T}}\boldsymbol{v}_i, \quad \alpha_{i3} = \boldsymbol{\gamma}^{\mathrm{T}}\boldsymbol{v}_i \tag{8.4.17}$$

所以，通过将上式代入式(8.4.14)，速度场可以写为

$$v_i = (\tilde{\boldsymbol{1}}^{\mathrm{T}}\boldsymbol{v}_i) + (\boldsymbol{b}_x^{\mathrm{T}}\boldsymbol{v}_i)x + (\boldsymbol{b}_y^{\mathrm{T}}\boldsymbol{v}_i)y + (\boldsymbol{\gamma}^{\mathrm{T}}\boldsymbol{v}_i)h \tag{8.4.18}$$

这一形式对于解析 Q4 单元的性质十分有用。它提供了以线性分量和双线性项 $h=\xi\eta$ 的形

式的速度场。利用这种形式可以看出，我们有可能构造假设的应变场，以避免各种形式的自锁。

令人感兴趣的函数 $h=\xi\eta$ 具有十分有用的性质，它的导数正交于常数场：

$$\int_{\Omega_e} h_{,x}\mathrm{d}\boldsymbol{\Omega}=\int_{\Omega_e} h_{,y}\mathrm{d}\boldsymbol{\Omega}=0 \tag{8.4.19}$$

我们将看到作为一个结果，双线性速度的能量可以从线性速度的能量中解耦，并且刚度矩阵可以类似地解耦。

8.4.3 在Q4中的自锁 对于不可压缩或者接近于不可压缩的材料，当进行完全积分时，4节点四边形在平面应变中发生自锁。对于不可压缩材料的运动必须是等体积的，即 Jacobian $J=1$。以率形式，这意味着 $\dot{J}=0$，由公式(3.2.25)它等价于 $\boldsymbol{v}_{i,i}=0$。在下面，对于4节点四边形，我们给出体积自锁的两种解释。我们首先提出对于不可压缩材料的讨论，然后将它们扩展到接近于不可压缩材料。

考虑在图8.7中的单元1。仅有可能非零的节点速度是

$$\boldsymbol{v}_{x3}=-\beta_1 a,\quad \boldsymbol{v}_{y3}=+\beta_2 b \tag{8.4.20}$$

式中 β_K 是任意值(我们选择这种形式是为了简化下面的推导)。单元1的所有其他节点速度必须为零以满足边界条件。微分(8.4.18)证明，对于一个任意的运动，其膨胀率 D_{ii} 是

$$D_{ii}=\boldsymbol{v}_{x,x}+\boldsymbol{v}_{y,y}=\boldsymbol{b}_x^{\mathrm{T}}\boldsymbol{v}_x+\boldsymbol{b}_y^{\mathrm{T}}\boldsymbol{v}_y+\boldsymbol{\gamma}^{\mathrm{T}}\boldsymbol{v}_x h_{,x}+\boldsymbol{\gamma}^{\mathrm{T}}\boldsymbol{v}_y h_{,y} \tag{8.4.21}$$

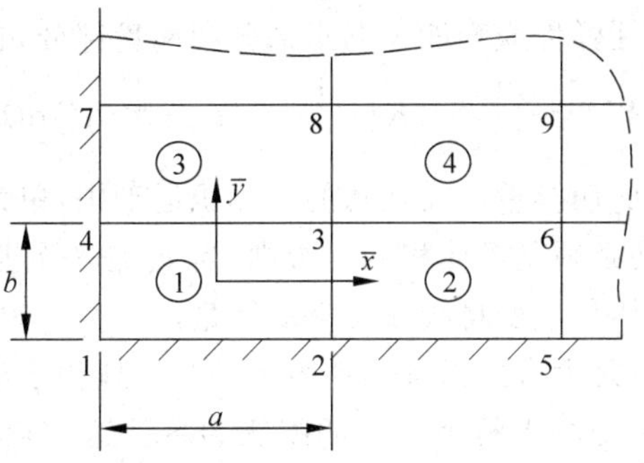

图8.7 矩形单元的网格，两边固定(仅显示了部分网格)

对于单元1我们可以证明 $\boldsymbol{b}_x^{\mathrm{T}}=\dfrac{1}{2ab}[-b\quad b\quad b\quad -b]$，$\boldsymbol{b}_y^{\mathrm{T}}=\dfrac{1}{2ab}[-a\quad -a\quad a\quad a]$，$\boldsymbol{\gamma}^{\mathrm{T}}=\dfrac{1}{4}[1\quad -1\quad 1\quad -1]$。节点速度(8.4.20)给出 $\boldsymbol{b}_x^{\mathrm{T}}\boldsymbol{v}_x=-\beta_1/2$，$\boldsymbol{b}_y^{\mathrm{T}}\boldsymbol{v}_y=\beta_2/2$。所以，膨胀率的常数项是非零的，除非 $\beta_1=\beta_2$。因此，一个等体积运动需要 $\beta_1=\beta_2$。在这种情况下，可以证明 $A=0$。但是，当 $\beta_1=\beta_2\equiv\beta$ 时，

$$D_{ii}=\frac{1}{4}\beta(bh_{,y}-ah_{,x})=\frac{\beta}{2}(\bar{x}-\bar{y})\quad 其中\quad \bar{x}=x/a,\bar{y}=y/b \tag{8.4.22}$$

只有沿着直线 $\bar{y}=\bar{x}$ 时，上式才为零！因此，尽管单元的运动是一个常数体积运动，除了在该直线上，膨胀率是处处非零的。对于在整个单元中是等体积的运动，β 必须为零，并且节点3不能移动。

如果节点3不能移动，对于单元2的左侧，则由节点2和节点3提供了刚性边界，并且对于单元2，由重复这些讨论可以证明节点6是不能移动的。这一讨论则可以对网格中的

所有单元重复,以证明所有节点的速度必须为零。即**有限元模型自锁**。这一讨论也适用于歪斜单元。

另一种检验这一行为的方法是考虑由式(8.4.14)表示的一个单元的速度。膨胀率为

$$D_{ii}=v_{x,x}+v_{y,y}=\alpha_{x1}+\alpha_{y2}+\alpha_{x3}h_{,x}+\alpha_{y3}h_{,y} \tag{8.4.23}$$

通过在整个单元域上积分膨胀率,我们可以计算一个单元面积的变化:

$$\int_{\Omega_e}D_{ii}\,\mathrm{d}A=\int_{\Omega_e}(\alpha_{x1}+\alpha_{y2}+\alpha_{x3}h_{,x}+\alpha_{y3}h_{,y})\,\mathrm{d}A \tag{8.4.24}$$

对式(8.4.24)中的右侧进行积分,应用式(8.4.19)和设定结果为零,以反映等体积运动:

$$\int_{\Omega_e}D_{ii}\,\mathrm{d}A=(\alpha_{x1}+\alpha_{y2})A=0 \tag{8.4.25}$$

这证明对于任意的等体积速度场,$\alpha_{y2}=-\alpha_{x1}$是必要的。保持单元面积为常数的运动的膨胀率则是

$$D_{ii}=\alpha_{x3}h_{,x}+\alpha_{y3}h_{,y} \tag{8.4.26}$$

尽管当所有单元的变形是保持体积不变的,这一膨胀率在单元中的任何区域都是非零的,除非沿着曲线$\alpha_{x3}h_{,x}=-\alpha_{y3}h_{,y}$。这样,单元不能再造一个等体积的运动。注意到上式也证明了引起困难的一部分运动是沙漏模式,因为它保持了体积,但是在单元内的膨胀率是非零的。

这些讨论可以很容易地扩展到接近于不可压缩的材料中。为了简单,我们考虑一个线性材料。如果我们分解线性弹性应变能为静水部分和偏量部分,它可以写为

$$W^{\mathrm{int}}=\frac{1}{2}\int_{\Omega_e}(K(u_{i,i})^2+2\,\mu\varepsilon_{ij}^{\mathrm{dev}}\varepsilon_{ij}^{\mathrm{dev}})\,\mathrm{d}\Omega \tag{8.4.27}$$

式中K是体积模量;μ是剪切模量。在任意的等体积运动中,单元的整个体积将保持常数。然而,在整个单元中的运动必须是等体积的。否则,当K是一个非常大的数时(一个接近于不可压缩材料),任何非零体积应变将吸收所有的能量。

因此,体积自锁源于单元没有能力准确地表示一个等体积运动。为了消除自锁,必须设计应变场,这样在假设的应变场中整个单元的膨胀为零。这一点可以表述如下:**为了避免自锁,对于任意保持单元体积的速度场,在整个单元的应变场必须是等体积的**。特别是对于四边形单元,因为这一运动是等体积的,所以对于沙漏模式,在整个单元中膨胀必须为零。

8.5 多场弱形式和单元

8.5.1 术语 多场弱形式,也称为混合弱形式,用于构造没有自锁和构成其他增强行为的单元,因而得到的单元经常称为是**假设应变**和**假设应力**单元,因为在这些单元中的应变和/或者应力场是位移场的独立插值。这些单元的其他名字有混合单元和杂交单元。对于约束介质问题,这些技术非常有利,诸如不可压缩问题,因为在约束介质问题中,完全积分的标准单元常常发生自锁。其他约束介质问题的例子为梁、壳和无旋流动。多场弱形式使得设计某些单元成为可能,这些单元即没有自锁也没有对于约束介质问题展示过硬的刚度。对于保守问题,可以建立混合或者多场**变分原理**。

8.5.2 Hu-Washizu 弱形式 最通用的多场弱形式是 Hu-Washizu 变分原理。这一变分原理是在两场原理的 Reissner 发展之后建立起来的,Hellinger-Reissner 两场原理是指位

移和应力是未知的两个场。在非线性分析中很少应用两场原理，因为它与应变控制的本构模型是不相容的。关于三场原理的一个有趣的轶事出现在 Reissner(1996：434)。显然，在 Eric Reissner 完成二场原理的工作后，Washizu 拜访了他，Washizu 告诉他有关对三场理论的发展。当 Ressner 叙述这个故事时，他"首先反对，因为只有应力和位移可以在问题的边界条件中出现，除了定义应变位移关系之外的方式，任何考虑应变位移关系都是不自然的。然而不久之后，我就被三场原理说服了，我个人认为，由 Washize 和 Hu 分别独立提出的三场原理是一个我所希望的有价值的进展。"

我们将首先给出源于这一变分原理的 Hu-Washizu 弱形式的表述，然后证明相应的强形式，它包含了动力方程(动量的保守，内部连续条件和外力边界条件)、应变-位移方程(以速度形式的变形率)和本构方程。

Hu-Washizu 弱形式包含三个非独立的张量变量：速度 $\boldsymbol{v}(\boldsymbol{X},t)$、变形率 $\bar{\boldsymbol{D}}(\boldsymbol{X},t)$和应力 $\bar{\boldsymbol{\sigma}}(\boldsymbol{X},t)$。变形率 $\bar{\boldsymbol{D}}$ 通常称为假设变形率，并且$\bar{\boldsymbol{\sigma}}$ 称为假设应力，因为它们的插值独立于速度场。上横线应用在所有假设场中，除了速度区别于它们之外，速度是以其他变量的形式计算的场。例如，速度应变 $\boldsymbol{D}$ 源于速度对应于运动的关系，而应力$\boldsymbol{\sigma}$ 是由源于假设速度应变的本构方程计算的。因此，$\boldsymbol{D}$ 和$\boldsymbol{\sigma}$ 表示 $\boldsymbol{D}(\boldsymbol{v})$和$\boldsymbol{\sigma}(\bar{\boldsymbol{D}})$。但是在下面的内容中，常常省略函数的相关性。

弱形式是

$$0=\delta\Pi^{\mathrm{HW}}(\boldsymbol{v},\bar{\boldsymbol{D}},\bar{\boldsymbol{\sigma}})=\int_{\Omega}\delta\bar{\boldsymbol{D}}:\boldsymbol{\sigma}(\bar{\boldsymbol{D}})\mathrm{d}\Omega+\int_{\Omega}\delta[\bar{\boldsymbol{\sigma}}:(\boldsymbol{D}(\boldsymbol{v})-\bar{\boldsymbol{D}})]\mathrm{d}\Omega-\delta p^{\mathrm{ext}}+\delta p^{\mathrm{kin}} \tag{8.5.1}$$

或者

$$0=\delta\Pi^{\mathrm{HW}}(\boldsymbol{v},\bar{\boldsymbol{D}},\bar{\boldsymbol{\sigma}})=\int_{\Omega}\delta\bar{D}_{ij}\sigma_{ij}(\bar{\boldsymbol{D}})\mathrm{d}\Omega+\int_{\Omega}\delta[\bar{\sigma}_{ij}(D_{ij}(\boldsymbol{v})-\bar{D}_{ij})]\mathrm{d}\Omega-\delta p^{\mathrm{ext}}+\delta p^{\mathrm{kin}} \tag{8.5.2}$$

在上式右侧的第二项中，δ 是一个算子，采用变分算子的规则，于是 $\delta(u\boldsymbol{v})=\delta u\boldsymbol{v}+u\delta\boldsymbol{v}$。虚外功率和虚内功率与单场原理中的一致，式(B4.2.6)～(B4.2.7)。应力$\boldsymbol{\sigma}(\bar{\boldsymbol{D}})$可以是应力和状态变量的函数，状态变量另外是 $\bar{\boldsymbol{D}}$ 的函数，但是，我们仅显式地表示它依赖于 $\bar{\boldsymbol{D}}$。注意到$\boldsymbol{\sigma}$ 是假设速度应变的一个函数。

在弱形式中不出现假设速度应变 $\bar{\boldsymbol{D}}$ 或者假设应力$\bar{\boldsymbol{\sigma}}$ 的导数，因此这些变量只需要是 $\boldsymbol{X}$ 的分段线性连续函数，即是 C^{-1} 函数。对于 $\bar{\boldsymbol{D}}$ 和$\bar{\boldsymbol{\sigma}}$ 的试函数不需要满足任何边界条件。在 Hu-Washizu 弱形式中出现了速度的一阶导数，所以速度必须是连续可微的，即$\boldsymbol{v}\in C^0$。所以 $\boldsymbol{v}$ 必须满足运动边界条件，而 $\delta\boldsymbol{v}$ 在运动边界上必须为零。因此，关于速度的变分和试函数条件与虚功率原理的条件一致，所以，$\boldsymbol{v}\in U$ 和 $\delta\boldsymbol{v}\in U_0$，这里 U_0 的定义在式(4.3.1)给出。可以看到，变分函数 $\delta\boldsymbol{v}(\boldsymbol{X})$，$\delta\bar{\boldsymbol{D}}(\boldsymbol{X})$和 $\delta\bar{\boldsymbol{\sigma}}(\boldsymbol{X})$是独立于时间的。一个值得注意的敏感问题是由于速度场的导数作为与假设应力的乘积出现，所以这里给出的连续性要求必须比对于能量限度的要求更强。然而，在有限元方法中，应用较低的连续性来实现编程是比较难处理的。

Hu-Washizu 弱形式可以视为单一场弱形式的 Lagrange 乘子形式。约束是在 $\bar{\boldsymbol{D}}$ 和$\boldsymbol{D}=\mathrm{sym}\nabla\boldsymbol{v}$ 之间的关系，Lagrange 乘子是假设的应力$\bar{\boldsymbol{\sigma}}$。

弱和强形式的等价性表述是：

如果在任意时间 t，$\boldsymbol{v}\in U$，$\bar{\boldsymbol{D}}\in C^{-1}$，$\bar{\boldsymbol{D}}=\bar{\boldsymbol{D}}^{\mathrm{T}}$，$\bar{\boldsymbol{\sigma}}\in C^{-1}$，$\bar{\boldsymbol{\sigma}}=\bar{\boldsymbol{\sigma}}^{\mathrm{T}}$ 并且

$$\delta\Pi^{\mathrm{HW}}(\boldsymbol{v},\bar{\boldsymbol{D}},\bar{\boldsymbol{\sigma}})=0\quad \forall\,\delta\boldsymbol{v}\in U_0,\ \forall\,\delta\bar{\boldsymbol{D}}\in C^{-1},\delta\bar{\boldsymbol{D}}=\delta\bar{\boldsymbol{D}}^{\mathrm{T}},\ \forall\,\delta\bar{\boldsymbol{\sigma}}\in C^{-1},\delta\bar{\boldsymbol{\sigma}}=\delta\bar{\boldsymbol{\sigma}}^{\mathrm{T}} \tag{8.5.3}$$

那么

$$\frac{\partial\bar{\sigma}_{ji}}{\partial x_j}+\rho b_i=\rho\dot{v}_i\quad（动量方程）\tag{8.5.4}$$

$$n_j\bar{\sigma}_{ij}=t_j^*\quad 在\ \Gamma_{t_j}\ 上\quad（外力边界条件）\tag{8.5.5}$$

$$\bar{\sigma}_{ij}=\sigma_{ij}(\bar{\boldsymbol{D}},\bar{\boldsymbol{\sigma}},\cdots,\mathrm{etc.})\quad（本构方程）\tag{8.5.6}$$

$$\bar{D}_{ij}=D_{ij}(\boldsymbol{v})=\frac{1}{2}\left(\frac{\partial\boldsymbol{v}_i}{\partial x_j}+\frac{\partial\boldsymbol{v}_j}{\partial x_i}\right)\quad（应变度量）\tag{8.5.7}$$

$$\|n_i\bar{\sigma}_{ij}\|=0\quad 在\ \Gamma_{\mathrm{int}}\ 上\quad（内部连续条件）\tag{8.5.8}$$

式中 $U=\{\boldsymbol{v}(\boldsymbol{X},t)\mid\boldsymbol{v}\in C^0,\boldsymbol{v}_i=\bar{\boldsymbol{v}}_i$ 在 Γ_{v_i} 上$\}$，$U_0=\{\delta\boldsymbol{v}_i(\boldsymbol{X})\mid\delta\boldsymbol{v}_i\in C^0,\delta\boldsymbol{v}_i=0$ 在 Γ_{v_i} 上$\}$。

关于在强形式中的两个方程可以给出一些解释。方程(8.5.6)是本构方程的强形式，它指出假设的应力等于由本构定律计算的应力；方程(8.5.7)是速度应变定义的强形式，它指出假设的速度应变等于速度场的对称梯度(我们采用符号 **D** 以简化标记)。

在下面，我们将演示弱形式(8.5.3)隐含着公式(8.5.4)～(8.5.8)。我们也将描述假设的应力场 $\bar{\boldsymbol{\sigma}}$ 是在速度应变和速度关系之间的一个 Lagrange 乘子。为了这个目的，我们将用一个对称的 Lagrange 乘子 $\boldsymbol{\lambda}=\boldsymbol{\lambda}^{\mathrm{T}}$ 代替 $\bar{\boldsymbol{\sigma}}$，它是一个二阶张量，并且在证明结束时可以看到这个 Lagrange 乘子等同于应力。为了简单，我们考虑简单的边界条件，这里给定力或者速度的全部分量，于是，$\Gamma_t=\Gamma-\Gamma_v$。

在公式(8.5.2)中，取第二项的变分，由 $\boldsymbol{\lambda}$ 代替 $\bar{\boldsymbol{\sigma}}$ 并且由 $\boldsymbol{v}_{i,j}$ 代替 D_{ij}，考虑到 λ_{ij} 的对称性，得到

$$\int_\Omega\delta[\lambda_{ij}(\boldsymbol{v}_{i,j}-\bar{D}_{ij})]\mathrm{d}\Omega=\int_\Omega[\delta\lambda_{ij}(\boldsymbol{v}_{i,j}-\bar{D}_{ij})+\lambda_{ij}(\delta\boldsymbol{v}_{i,j}-\delta\bar{D}_{ij})]\mathrm{d}\Omega \tag{8.5.9}$$

接下来考虑上式右侧的第三项：

$$\begin{aligned}\int_\Omega\delta\boldsymbol{v}_{i,j}\lambda_{ij}\,\mathrm{d}\Omega&=\int_\Omega[(\delta\boldsymbol{v}_i\lambda_{ij})_{,j}-\delta\boldsymbol{v}_i\lambda_{ij,j}]\mathrm{d}\Omega\\&=\int_{\Gamma_t}\delta\boldsymbol{v}_i\lambda_{ij}n_j\,\mathrm{d}\Gamma+\int_{\Gamma_{\mathrm{int}}}\delta\boldsymbol{v}_i[\lambda_{ij}n_j]\mathrm{d}\Gamma-\int_\Omega\delta\boldsymbol{v}_i\lambda_{ij,j}\mathrm{d}\Omega\end{aligned} \tag{8.5.10}$$

式中在第二行，我们对右侧的第一项应用了 Gauss 散度定理，并且立刻将 Γ 变为 Γ_t，因为在 $\Gamma_v=\Gamma-\Gamma_t$ 上，$\delta\boldsymbol{v}_i=0$。将式(8.5.10)代入式(8.5.9)，并且在式(8.5.2)中的结果给出

$$\begin{aligned}0=\delta\prod{}^{\mathrm{HW}}=&\int_\Omega[\delta\boldsymbol{v}_i(-\lambda_{ij,j}-\rho b_i+\rho\,\dot{\boldsymbol{v}}_i)+\delta\lambda_{ij}(\mathrm{sym}\,\boldsymbol{v}_{i,j}-\bar{D}_{ij})-\\&\delta\bar{D}_{ij}(\lambda_{ij}-\sigma_{ij}(\bar{\boldsymbol{D}}))]\mathrm{d}\Omega+\int_{\Gamma_t}\delta\boldsymbol{v}_i(\lambda_{ij}n_j-t_i^*)\mathrm{d}\Gamma+\int_{\Gamma_{\mathrm{int}}}\delta\boldsymbol{v}_i[\lambda_{ij}n_j]\mathrm{d}\Gamma\end{aligned} \tag{8.5.11}$$

应用变分函数的任意性，则给出的方程等同于公式(8.5.4)～(8.5.8)，除了它们是以 $\boldsymbol{\lambda}$ 而不是以 $\bar{\boldsymbol{\sigma}}$ 的形式表示之外。如果用 $\bar{\boldsymbol{\sigma}}$ 代替 $\boldsymbol{\lambda}$，我们可以获得强形式。强形式包括广义动量平衡(动量方程、力边界条件和内部应力连续条件)、本构方程和应变率-速度关系。上式也证明如

果一个 Lagrange 乘子限制了在变形率和速度之间的关系，则 Lagrange 乘子是应力。

8.5.3 另一种多场弱形式 为了消除体积自锁，只要设计变形率的膨胀部分和压力场就可以达到这个目的，一个仅包括这些场的弱形式是理想的。通过将公式(8.5.1)中的应力和速度应变项分解成为静水和偏量部分，并且令 $\bar{\boldsymbol{D}}^{\text{dev}}=\boldsymbol{D}^{\text{dev}}$，$\bar{\boldsymbol{\sigma}}^{\text{dev}}=\boldsymbol{\sigma}^{\text{dev}}$，$\delta\bar{\boldsymbol{D}}^{\text{dev}}=\delta\boldsymbol{D}^{\text{dev}}$ 以及 $\delta\bar{\boldsymbol{\sigma}}^{\text{dev}}=\delta\boldsymbol{\sigma}^{\text{dev}}$，可以实现这一目的。在 Hu-Washizu 弱形式(8.5.2)中的内部虚功率则可以简化为

$$\delta p^{\text{int}}=\int_{\Omega}(\delta D_{ij}^{\text{dev}}\sigma_{ij}^{\text{dev}}(\bar{D}_{kk},D_{ij}^{\text{dev}})-\delta\bar{D}_{ii}p(\bar{D}_{kk},D_{ij}^{\text{dev}}))\mathrm{d}\Omega-\int_{\Omega}\delta[\bar{p}(D_{ii}-\bar{D}_{ii})]\mathrm{d}\Omega \tag{8.5.12}$$

式中 D_{ii} 是从速度场中获得的膨胀率；$\bar{D}_{ii}$ 是假设膨胀率；$\bar{p}$ 是假设压力场；外部和动力功率不变。这一多场弱形式仅增加了两个未知标量场：假设膨胀率和假设应力场。这个弱形式可以应用于接近不可压缩的材料。

对于不可压缩材料，假设膨胀率必须为零，所以我们令 $\bar{D}_{ii}=0$ 和 $\delta\bar{D}_{ii}=0$。内部功率(8.5.12)则可以简化为

$$\delta p^{\text{int}}=\int_{\Omega}\delta D_{ij}^{\text{dev}}\sigma_{ij}^{\text{dev}}(\boldsymbol{D}^{\text{dev}})\mathrm{d}\Omega-\int_{\Omega}\delta[\bar{p}D_{ii}]\mathrm{d}\Omega \tag{8.5.13}$$

在上式中，不可压缩率条件 $D_{ii}=\boldsymbol{v}_{i,i}=0$ 是一个用 Lagrange 乘子假设压力 $\bar{p}$ 的约束。注意到这个偏量压力是 $\boldsymbol{D}(\boldsymbol{v})$ 的一个函数。这个弱形式只有一个附加未知量，即假设压力。

8.5.4 Hu-Washizu 的完全的 Lagrangian 形式 弱形式(8.5.1)可以用许多其他的方式表达，Atluri 和 Cazzani(1995)给出了考虑这些方式的综述。这里我们将描述其中的几种。在 Hu-Washizu 三场弱形式中，通过应用应力和应变的不同共轭度量，可以得到这些可替换的形式，但是有时候问题会变得错综复杂。

如果我们转化(8.5.2)为包含名义应力 $\boldsymbol{P}$ 和变形梯度 $\boldsymbol{F}$ 的共轭对时，三场弱形式成为

$$0=\delta\Pi^{\text{HW}}(\boldsymbol{u},\bar{\boldsymbol{F}},\bar{\boldsymbol{P}})=\int_{\Omega_0}\delta\bar{F}_{ij}P_{ji}(\bar{\boldsymbol{F}})\mathrm{d}\Omega_0+\int_{\Omega_0}\delta[\bar{P}_{ji}(F_{ij}(\boldsymbol{u})-\bar{F}_{ij})]\mathrm{d}\Omega_0-\delta W^{\text{ext}}+\delta W^{\text{kin}} \tag{8.5.14}$$

式中外部和动力虚能量由公式(B4.5.3)～(B4.5.4)给出。关于三场弱形式的内部虚功也可以用包含 PK2 应力 $\boldsymbol{S}$ 和 Green 应变 $\boldsymbol{E}$ 的能量共轭对的形式给出：

$$\delta W^{\text{int}}=\int_{\Omega_0}\delta\bar{F}_{ij}S_{ji}(\bar{\boldsymbol{E}})\mathrm{d}\Omega_0+\int_{\Omega_0}\delta[\bar{S}_{ij}(E_{ij}(\boldsymbol{u})-\bar{E}_{ij})]\mathrm{d}\Omega_0 \tag{8.5.15}$$

完全的 Lagrangian 形式是难以实现的。由于名义应力是不对称的，所以四个分量不得不在二维中进行插值，并且不得不考虑角动量的平衡。通过以 PK2 应力 $\boldsymbol{S}$ 的形式表达本构方程，并且令 $\bar{\boldsymbol{P}}=\bar{\boldsymbol{S}}\bar{\boldsymbol{F}}^{\mathrm{T}}$(框 3.2)，这些常常得以实现。其他的困难来自 $\boldsymbol{F}$ 不是应变的度量(在刚体转动中它不为零)，所以定义这个场是非常困难的。Green 应变使得问题复杂化，因为 $\bar{\boldsymbol{E}}$ 是关于线性梯度场的二次项，它的设计不像速度-应变场 $\bar{\boldsymbol{D}}$ 那样简单。

在完全的 Lagrangian 框架中，对于静力保守问题(即荷载和材料是有势的)，写出三场**变分原理**是可能的。对应于在第 4.9.3 节中单一场原理的三场形式是：

$$\Pi^{\text{HW}}(\boldsymbol{u},\bar{\boldsymbol{S}},\bar{\boldsymbol{E}})=\int_{\Omega_0}w(\bar{\boldsymbol{E}})\mathrm{d}\Omega_0+\int_{\Omega_0}\bar{\boldsymbol{S}}:(\boldsymbol{E}-\bar{\boldsymbol{E}})\mathrm{d}\Omega_0-W^{\text{ext}} \tag{8.5.16}$$

式中 $w(\bar{\boldsymbol{E}})$ 是以假设应变表示的内部势能。以名义应力和变形张量的形式，以及其他在能

量上共轭的应力-应变对的形式,也可以写出上式。

对于不可压缩和接近于不可压缩的材料,由 Simo,Taylor 和 Pister(1985)考察了下面的完全的 Lagrangian 形式:

$$W(\boldsymbol{u},\bar{p}) = \int_{\Omega_0} (w(\bar{J}^{-\frac{1}{3}}\boldsymbol{F}(\boldsymbol{u})) + \bar{p}(J(\boldsymbol{u}) - \bar{J}))\mathrm{d}\Omega_0 - W^{\mathrm{ext}} \tag{8.5.17}$$

式中 $\bar{p}$ 是假设压力;$\bar{J}$ 是关于 Jacobian 行列式的假设场。对于一个不可压缩材料,它可以简化为

$$W(\boldsymbol{u},\bar{p}) = \int_{\Omega_0} (w(J^{-\frac{1}{3}}\boldsymbol{F}(\boldsymbol{u})) + \bar{p}(J(\boldsymbol{u}) - 1))\mathrm{d}\Omega_0 - W^{\mathrm{ext}} \tag{8.5.18}$$

上式也可以视为 Lagrange 乘子方法,并且强加了不可压缩条件 $J=1$,见第 5.4.2 节。这里也注意到 $J^{-\frac{1}{3}}\boldsymbol{F}$ 是变形偏量的度量。由于 Jacobian J 在位移中是非线性的,所以这些弱形式比式(8.5.13)更难以实现。然而对于大的增量,这一方法强化不可压缩条件比率形式(8.5.13)更为精确。

8.5.5 压力-速度($\boldsymbol{p}$-$\boldsymbol{v}$)编程 公式(8.5.13)的离散化包括两个场:速度场 $\boldsymbol{v}(\boldsymbol{X},t)$ 和假设压力场 $\bar{p}(\boldsymbol{X},t)$。应用两种压力近似:

1. 整体定义的场 $\bar{p}(\boldsymbol{X},t)$。
2. 特殊单元场 $\bar{p}(\boldsymbol{X},t)$。这里的压力仅依赖于单一单元的相关参数,在从一个单元水平装配到整体方程之前,这些参数可以忽略,这要求摄动 Lagrangian。

我们首先从整体定义的场开始,然后修正它们以得到关于第 2 种方法的离散方程。

试速度和压力场为

$$v_i(\boldsymbol{\xi},t) = N_{iA}(\boldsymbol{\xi})\,\dot{d}_A(t) \quad 或 \quad \boldsymbol{v} = \boldsymbol{N}\dot{\boldsymbol{d}} \tag{8.5.19}$$

$$\bar{p}(\boldsymbol{\xi},t) = N_A^p(\boldsymbol{\xi})\,p_A(t) \quad 或 \quad \bar{p} = \boldsymbol{N}^p\boldsymbol{p} \tag{8.5.20}$$

$$\dot{\boldsymbol{d}}^{\mathrm{T}} = [\boldsymbol{v}_{x1},\boldsymbol{v}_{y1},\boldsymbol{v}_{x2},\boldsymbol{v}_{y2},\cdots], \quad \boldsymbol{p}^{\mathrm{T}} = [p_1,\ p_2,\ \cdots]$$

在上式中,对于速度形函数,我们已经包含一个分量指标。对于不同的分量,我们将不采用不同的形函数。选择这一标记是为了简化后面的一些推导过程。上角标“p”表示附加在压力插值上,因为它们可能区别于速度插值。

对于一个不可压缩材料的虚内功率,式(8.5.13)可以表达为(见第 4.5.4 节)

$$\delta p^{\mathrm{int}} = \delta\,\dot{d}_B\int_\Omega B_{ijB}^{\mathrm{dev}}\sigma_{ji}^{\mathrm{dev}}\mathrm{d}\Omega + \delta(p_A G_{AB}\,\dot{d}_B) \quad 这里 \quad G_{AB} = -\int_\Omega N_A^p N_{Bi,i}\mathrm{d}\Omega$$

$$B_{ijA} = \frac{1}{2}(N_{iA,j} + N_{jA,i}), \quad B_{ijA}^{\mathrm{dev}} = B_{ijA} - \frac{1}{3}B_{kkA}\delta_{ij} \tag{8.5.21}$$

如在框 4.3 中的单一场形式所示,外部和动力功率是没有变化的,因此

$$\delta p^{\mathrm{ext}} - \delta p^{\mathrm{kin}} = \delta\,\dot{d}_A(f_A^{\mathrm{ext}} - M_{AB}\,\ddot{d}_B) \tag{8.5.22}$$

在公式(8.5.21)中,取第二项的变分,给出

$$\delta p^{\mathrm{int}} = \delta\,\dot{d}_B\left[\int_\Omega B_{ijB}^{\mathrm{dev}}\sigma_{ji}^{\mathrm{dev}}\mathrm{d}\Omega + G_{AB}p_A\right] + \delta p_A G_{AB}\,\dot{d}_B \tag{8.5.23}$$

组合式(8.5.22)和(8.5.23),我们得到

$$M_{AB}\,\ddot{d}_B + f_A^{\mathrm{int}} = f_A^{\mathrm{ext}} \quad 这里 \quad f_A^{\mathrm{int}} = \int_\Omega B_{ijA}^{\mathrm{dev}}\sigma_{ji}^{\mathrm{dev}}\mathrm{d}\Omega + G_{BA}p_B \tag{8.5.24}$$

$$G_{AB}\,\dot{d}_B = 0 \tag{8.5.25}$$

方程(8.5.24)是运动的半离散化方程，其内部节点力已经重新定义以考虑压力近似。方程(8.5.25)是不可压缩条件。比较一下由多场方法得到的内部节点力与单一场的结果式(B4.3.2)是值得的。通过式(8.5.21)写出 $\boldsymbol{G}$，式(8.5.24)成为

$$f_A^{\text{int}} = \int_\Omega (B_{ijA}^{\text{dev}} \sigma_{ji}^{\text{dev}} - B_{iiA} N_B^p p_B) \mathrm{d}\Omega \tag{8.5.26}$$

所以，应力简单分解为偏量部分和静水部分，对于静水部分应用插值(8.5.20)。

以 Voigt 矩阵形式，运动方程和等体积约束(8.5.24)～(8.5.25)可以写成

$$\boldsymbol{M}\ddot{\boldsymbol{d}} + \boldsymbol{f}^{\text{int}} = \boldsymbol{f}^{\text{ext}} \quad \text{这里} \quad \boldsymbol{f}^{\text{int}} = \int_\Omega \boldsymbol{B}_{\text{dev}}^{\mathrm{T}} \{\boldsymbol{\sigma}^{\text{dev}}\} \mathrm{d}\Omega + \boldsymbol{G}^{\mathrm{T}} \boldsymbol{p} \tag{8.5.27}$$

$$\boldsymbol{G}\dot{\boldsymbol{d}} = 0 \tag{8.5.28}$$

线性化 通过在第 6.4 节的过程，可以得到关于上式的线性化方程。我们应用在第 6.5.3 节中的标记，采用 $\delta \boldsymbol{d}$ 为在牛顿迭代程序中的增量位移，$\Delta \boldsymbol{d}$ 为增量步长。线性化方程为

$$\begin{bmatrix} \boldsymbol{A} & \boldsymbol{G}^{\mathrm{T}} \\ \boldsymbol{G} & \boldsymbol{0} \end{bmatrix} \begin{Bmatrix} \delta \boldsymbol{d} \\ \delta \boldsymbol{p} \end{Bmatrix} = \begin{Bmatrix} -\boldsymbol{r}_v - \boldsymbol{G}^{\mathrm{T}} \boldsymbol{p}_v \\ -\boldsymbol{G}\Delta \boldsymbol{d}_v \end{Bmatrix} \tag{8.5.29}$$

式中 $\boldsymbol{A}$ 由式(6.3.23)给出，并且

$$\boldsymbol{K}_{IJ}^{\text{int}} = \int_\Omega (\boldsymbol{B}_I^{\mathrm{T}} [\boldsymbol{C}_{\text{dev}}^{\sigma T}] \boldsymbol{B}_J + \boldsymbol{I}\boldsymbol{B}_I^{\mathrm{T}} (\boldsymbol{\sigma} - \bar{p}\boldsymbol{I}) \mathscr{B}_J) \mathrm{d}\Omega \tag{8.5.30}$$

与公式(6.3.40)比较可以看出，上式是 Lagrange 乘子问题的标准形式。在这个公式中，压力场必须是整体的，它不能在单元水平上消除。这一多场形式是有用途的，因为仅在单一场形式上附加了一个未知场。压力不能在单元的水平上消除，因为在上式左侧压力的矩阵系数为零。

因此，多场弱形式基本上是单一场原理的约束形式。对于 p-$\boldsymbol{v}$ 公式，约束是不可压缩条件 $\boldsymbol{v}_{i,i}=0$，并且 Lagrange 乘子是假设压力。

8.5.6 单元特殊压力 在摄动的 Lagrangian 中，在单元水平上可以消除压力。将它留下作为练习以证明线性化方程是

$$\begin{bmatrix} \boldsymbol{A} & \boldsymbol{G}^{\mathrm{T}} \\ \boldsymbol{G} & \boldsymbol{H} \end{bmatrix} \begin{Bmatrix} \delta \boldsymbol{d} \\ \delta \boldsymbol{p} \end{Bmatrix} = \begin{Bmatrix} -\boldsymbol{r}_v - \boldsymbol{G}^{\mathrm{T}} \boldsymbol{p}_v \\ -\boldsymbol{G}\Delta \boldsymbol{d}_v - \boldsymbol{H}\boldsymbol{p}_v \end{Bmatrix} \tag{8.5.31}$$

式中

$$\boldsymbol{H} = [H_{AB}], \quad H_{AB} = \frac{1}{K} \int_\Omega N_A^p N_B^p \mathrm{d}\Omega \tag{8.5.32}$$

式中 K 是罚参数，它是在公式(6.3.45)中 β^{-1} 的部分。

如果压力是 C^{-1}，则它可以在单元水平上消除。我们用 $\bar{p} = \boldsymbol{N}\boldsymbol{p}^e$ 代替式(8.5.20)，这里 $\boldsymbol{p}^e$ 是单元压力变量，除了它们属于一个单元之外，离散方程与式(8.5.31)是一致的。

$$\begin{bmatrix} \boldsymbol{A}_e & \boldsymbol{G}_e^{\mathrm{T}} \\ \boldsymbol{G}_e & \boldsymbol{H}^e \end{bmatrix} \begin{Bmatrix} \delta \boldsymbol{d}^e \\ \delta \boldsymbol{p}^e \end{Bmatrix} = \begin{bmatrix} \boldsymbol{f}_e^{\text{int}} \\ \boldsymbol{0} \end{bmatrix} \tag{8.5.33}$$

在上式中第二行的约束方程是

$$\boldsymbol{G}^e \delta \boldsymbol{d}^e + \boldsymbol{H}^e \delta \boldsymbol{p}^e = 0 \tag{8.5.34}$$

式中 $\boldsymbol{G}^e$ 和 $\boldsymbol{H}^e$ 是上面定义的整体矩阵的单元对应部分。上式可以在单元水平上求解 $\delta \boldsymbol{p}^e$，

并且结果可以代入到式(8.5.33)的第一项中，以得到等效单元切线矩阵。

8.5.7 Hu-Washizu 的有限元编程 通过 Hu-Washizu 原理建立的有限元方程涉及 3 个张量场的近似。标量场的结果数目是非常大的：在三维中，与 $\bar{\boldsymbol{D}}(\boldsymbol{X},t)$，$\bar{\boldsymbol{\sigma}}(\boldsymbol{X},t)$ 和 $\boldsymbol{v}(\boldsymbol{X},t)$ 有关的标量场的数目分别是 6,6 和 3(已经引用了 $\bar{\boldsymbol{D}}$ 和 $\bar{\boldsymbol{\sigma}}$ 的对称性)；在二维中，标量场的数目分别是 3,3 和 2，总共有 8 个未知场。因此，Hu-Washizu 弱形式的应用是非常昂贵的，因为与单一场弱形式的未知场相比，在二维中它包含了 4 倍的未知场，而在三维中包含了 5 倍的未知场。因此，Hu-Washizu 很少直接编程。然而，对于检验它的程序，它是有益的。

Hu-Washizu 弱形式的这种编程，取得了对 $\bar{\boldsymbol{D}}(\boldsymbol{X},t)$ 和 $\bar{\boldsymbol{\sigma}}(\boldsymbol{X},t)$ 的连续性要求更弱的优越性：在单元水平上定义这些假设场，然后在装配前删除。非独立变量的有限元近似为

$$v_i(\boldsymbol{\xi},t) = N_{iA}(\boldsymbol{\xi})\,\dot{d}_A(t) \quad 或 \quad \boldsymbol{v} = \boldsymbol{N}\dot{\boldsymbol{d}} \tag{8.5.35}$$

$$\bar{D}_{ij}(\boldsymbol{\xi},t) = N^D_{ijA}(\boldsymbol{\xi})\alpha^e_A(t) \quad 或 \quad \bar{D}_a = N^D_{aA}\alpha^e_A, \quad 或 \quad \{\bar{\boldsymbol{D}}\} = \boldsymbol{N}_D\boldsymbol{\alpha}^e \tag{8.5.36}$$

$$\bar{\sigma}_{ij}(\boldsymbol{\xi},t) = N^\sigma_{ijA}(\boldsymbol{\xi})\beta^e_A(t) \quad 或 \quad \bar{\sigma}_a = N^\sigma_{aA}\beta^e_A, \quad 或 \quad \{\bar{\boldsymbol{\sigma}}\} = \boldsymbol{N}_\sigma\boldsymbol{\beta}^e \tag{8.5.37}$$

式中 $N_{iA}(\boldsymbol{\xi})$ 是 C^0 插值。右侧所示为 Voigt 形式，这里指标“ij”转化为单一指标。插值 $N^D_{ijI}(\boldsymbol{\xi})$ 和 $N^\sigma_{ijI}(\boldsymbol{\xi})$ 是 C^{-1}，并且在每一个单元中以只属于该单元的参数形式定义。指标“ij”对于假设应力和速度应变场的插值是对称的，即 $N^D_{ijA}=N^D_{jiA}$ 和 $N^\sigma_{ijA}=N^\sigma_{jiA}$。对于假设应力和速度应变，Hu-Washizu 弱形式也可以采用 C^0 场编程，但是代价是巨大的。变分函数是

$$\delta\boldsymbol{v}_i(\boldsymbol{\xi}) = N_{iA}(\boldsymbol{\xi})\delta\dot{d}_A \quad \delta\bar{D}_{ij}(\boldsymbol{\xi}) = N^D_{ijC}(\boldsymbol{\xi})\delta\alpha^e_C \quad \delta\bar{\sigma}_{ij}(\boldsymbol{\xi}) = N^\sigma_{ijB}(\boldsymbol{\xi})\delta\beta^e_B \tag{8.5.38}$$

将近似式(8.5.35)～(8.5.38)代入式(8.5.1)，我们得到

$$\begin{aligned}0 = \delta\Pi^{\mathrm{HW}} = &\sum_e \delta\alpha^e_C\int_{\Omega_e} N^D_{ijC}\sigma_{ij}(\bar{\boldsymbol{D}})\mathrm{d}\Omega + \\ &\sum_e\int_{\Omega_e}\delta[\beta^e_B N^\sigma_{ijB}(B_{ijA}\dot{d}_A - N^D_{ijC}\alpha^e_C)]\mathrm{d}\Omega - \delta p^{\mathrm{ext}} + \delta p^{\mathrm{kin}}\end{aligned} \tag{8.5.39}$$

速度应变和应力的插值既不在 δp^{ext} 也不在 δp^{kin} 中出现。因此，引自单一场虚功率原理中的这些项不变。所以(见第 4.4 节)，

$$\delta p^{\mathrm{ext}} - \delta p^{\mathrm{kin}} = \delta\dot{d}_A(f^{\mathrm{ext}}_A - M_{AB}\ddot{d}_B) \tag{8.5.40}$$

式中 f^{ext}_A 和 M_{AB} 是外部节点力和质量矩阵，在框 4.3 中给出。只有内部节点力区别于单一场形式。为了方便，在公式(8.5.39)中的内部功率重新写为

$$\delta p^{\mathrm{int}}_{\mathrm{HW}} = \sum_e(\delta\alpha^e_C\tilde{\sigma}^e_C + \delta(\beta^e_B\tilde{B}^e_{BA}\dot{d}_A - \beta^e_B G^e_{BC}\alpha^e_C)) \tag{8.5.41}$$

式中

$$\tilde{\sigma}^e_C = \int_{\Omega_e} N^D_{ijC}\sigma_{ij}(\bar{\boldsymbol{D}})\mathrm{d}\Omega = \int_{\Omega_e} N^D_{aC}\{\sigma_a(\bar{\boldsymbol{D}})\}\mathrm{d}\Omega \quad 或 \quad \{\tilde{\boldsymbol{\sigma}}_e\} = \int_{\Omega_e}(\boldsymbol{N}_D)^{\mathrm{T}}\{\boldsymbol{\sigma}(\bar{\boldsymbol{D}})\}\mathrm{d}\Omega \tag{8.5.42}$$

$$\tilde{B}^e_{BA} = \int_{\Omega_e} N^\sigma_{ijB}B_{ijA}\mathrm{d}\Omega = \int_{\Omega_e} N^\sigma_{aB}B_{aA}\mathrm{d}\Omega \quad 或 \quad \tilde{\boldsymbol{B}}_e = \int_{\Omega_e}\boldsymbol{N}^{\mathrm{T}}_\sigma\boldsymbol{B}\mathrm{d}\Omega \tag{8.5.43}$$

$$G^e_{BC} = \int_{\Omega_e} N^\sigma_{ijB}N^D_{ijC}\mathrm{d}\Omega = \int_{\Omega_e} N^\sigma_{aB}N^D_{aC}\mathrm{d}\Omega \quad 或 \quad \boldsymbol{G}_e = \int_{\Omega_e}\boldsymbol{N}^{\mathrm{T}}_\sigma\boldsymbol{N}_D\mathrm{d}\Omega \tag{8.5.44}$$

对式(8.5.41)的第二项取变分并写出结果表达式，给出

$$0 = \delta\Pi^{\mathrm{HW}} = \sum_e[\delta\alpha^e_C(\tilde{\sigma}^e_C - G^e_{BC}\beta^e_B) + \delta\beta^e_B(\tilde{B}^e_{BA}\dot{d}_A - G^e_{BC}\alpha^e_C) +$$

$$\delta \dot{d}_A \widetilde{B}_{KA}\beta_K^e] - \delta \dot{d}_A (f_A^{\text{ext}} - M_{AB} \ddot{d}_B) \tag{8.5.45}$$

借助于$\dot{d}_A^e = L_{AB}^e \dot{d}_B$，$\delta \dot{d}_A^e = L_{AB}^e \delta \dot{d}_B$，应用连接矩阵将单元节点速度与整体节点速度联系起来(第 2.5 节)。由 δd_A 的任意性，上式成为

$$\sum_e L_{BA}^e \widetilde{B}_{CB}^e \beta_C^e - f_A^{\text{ext}} + M_{AB} \ddot{d}_B = 0 \quad \forall A = n_{SD}(I-1)+i，\text{这里}(i,I) \notin \Gamma_{v_i} \tag{8.5.46}$$

式中右侧表示自由度 A 不在指定的速度边界上。

这些方程可以写成类似于单一场运动方程(B4.3.1)的形式。如果我们定义

$$f_A^{\text{int},e} = \widetilde{B}_{BA}^e \beta_B^e \quad 或 \quad \boldsymbol{f}_e^{\text{int}} = \widetilde{\boldsymbol{B}}_e^{\text{T}} \boldsymbol{\beta}_e \tag{8.5.47}$$

通过标准列矩阵的集成，从上面可以得到整体内力，运动方程则是

$$f_A^{\text{int}} - f_A^{\text{ext}} + M_{AB} \ddot{d}_B = 0 \quad 或 \quad \boldsymbol{f}^{\text{int}} - \boldsymbol{f}^{\text{ext}} + \boldsymbol{Ma} = \boldsymbol{0} \tag{8.5.48}$$

下面可以得到场 $\bar{\boldsymbol{D}}(\boldsymbol{X},t)$ 和 $\tilde{\boldsymbol{\sigma}}(\boldsymbol{X},t)$。引用在公式(8.5.45)中 $\delta\alpha_A^e$ 和 $\delta\beta_A^e$ 的任意性，分别给出

$$\tilde{\sigma}_C^e = G_{BC}^e \beta_B^e \quad 或 \quad \{\tilde{\boldsymbol{\sigma}}_e\} = \boldsymbol{G}_e^{\text{T}} \boldsymbol{\beta}_e \tag{8.5.49}$$

$$\widetilde{B}_{BA}^e \dot{d}_A^e = G_{BC}^e \alpha_C^e \quad 或 \quad \widetilde{\boldsymbol{B}}_e \dot{\boldsymbol{d}}_e = \boldsymbol{G}_e \boldsymbol{\alpha}_e \tag{8.5.50}$$

方程(8.5.49)是**离散本构方程**，方程(8.5.50)是**变形率的离散方程**。通过组合式(8.5.36)和(8.5.50)，可以得到假设变形率：

$$\bar{D}_{ij} = N_{ijA}^D (G_{AB}^e)^{-1} \widetilde{B}_{BD}^e \dot{d}_D \quad 或 \quad \{\bar{\boldsymbol{D}}(\boldsymbol{\xi},t)\} = \boldsymbol{N}^D(\boldsymbol{\xi}) \boldsymbol{G}_e^{-1} \widetilde{\boldsymbol{B}}_e \dot{\boldsymbol{d}}_e(t) \tag{8.5.51}$$

框 8.1 给出了在单元中计算内部节点力的算法。通过比较框 8.1 和框 4.3 可以看出，与单一场单元相比，需要更多的计算量。因此，基于这一多场弱形式的单元很少应用在大规模的计算中。

框 8.1 在混合单元中的内力计算

1. 通过求解(8.5.50)，由 $\dot{\boldsymbol{d}}_e$ 得到 $\boldsymbol{\alpha}_e$。
2. 通过式(8.5.51)，计算变形率 $\bar{\boldsymbol{D}}$。
3. 由本构方程计算应力 $\boldsymbol{\sigma}(\bar{\boldsymbol{D}})$。
4. 通过式(8.5.42)，计算 $\{\tilde{\boldsymbol{\sigma}}_e\}$。
5. 由式(8.5.49)计算 $\boldsymbol{\beta}_e$：$\boldsymbol{\beta}_e = \boldsymbol{G}^{-1}\{\tilde{\boldsymbol{\sigma}}_e\}$。
6. 通过式(8.5.47)计算内部节点力。

8.5.8 Simo-Hughes 的 *B* 杠方法 Simo 和 Hughes(1986)展示了一种技术可以明显地简化假设应变单元的编程。在这个编程中，直接以节点速度的形式表示假设速度应变(它常常是困难的)。速度应变是

$$\{\bar{\boldsymbol{D}}\} = \bar{\boldsymbol{B}} \dot{\boldsymbol{d}} \quad 或 \quad \bar{D}_{ij} = \bar{B}_{ijA} \dot{d}_A \tag{8.5.52}$$

其中 $\bar{\boldsymbol{B}}$ 矩阵起到了公式(8.5.36)中 $\boldsymbol{N}_D$ 的类似的作用：它是一个速度应变的插值，但是表示为节点速度的形式。

在发展这一方法中，一个关键步骤是假设应力被假设是正交于在假设速度应变和速度的对称梯度之间的差：

$$\int_{\Omega_e} \bar{\boldsymbol{\sigma}} : (\boldsymbol{D} - \bar{\boldsymbol{D}}) \mathrm{d}\Omega = 0 \quad 因此 \quad \int_{\Omega_e} \bar{\boldsymbol{\sigma}} : (\boldsymbol{B}\dot{\boldsymbol{d}} - \bar{\boldsymbol{B}}\dot{\boldsymbol{d}}) \mathrm{d}\Omega = 0 \quad \forall\, \dot{\boldsymbol{d}} \tag{8.5.53}$$

在 Hu-Washizu 弱形式(8.5.1)中的内部功率则是

$$\delta p_{\mathrm{HW}}^{\mathrm{int}} = \int_{\Omega} \delta \bar{D}_{ij} \sigma_{ij}(\bar{\boldsymbol{D}}) \mathrm{d}\Omega = \delta \dot{d}_A \int_{\Omega} \bar{B}_{ijA} \sigma_{ij}(\bar{\boldsymbol{D}}) \mathrm{d}\Omega \tag{8.5.54}$$

因为由(8.5.53)使得在(8.5.2)中的第二项为零。从内部节点力的定义，我们得到

$$f_A^{\mathrm{int}} = \int_{\Omega} \bar{B}_{ijA} \sigma_{ij}(\bar{\boldsymbol{D}}) \mathrm{d}\Omega \quad 或 \quad f^{\mathrm{int}} = \int_{\Omega} \bar{\boldsymbol{B}}^{\mathrm{T}} \{\boldsymbol{\sigma}(\bar{\boldsymbol{D}})\} \mathrm{d}\Omega \tag{8.5.55}$$

除了 $\boldsymbol{B}$ 矩阵由假设应变矩阵 $\bar{\boldsymbol{B}}$ 代替和应力是假设应变的函数之外，对于内部节点力的上述公式与在第 4 章中描述的单一场方法的公式是一致的。这一形式通常称为 B 杠形式，是由 Hughes(1987)开创的。它惊人的简单和典雅：所有的方程都等同于单一场的有限元形式，但是运动场可以设计以避免自锁，如采用三场 Hu-Washizu 原理。关于这一方程有趣的一点是它的构造需要一个正交应力场 $\bar{\boldsymbol{\sigma}}$，但是这个应力是从来不用的。因为，对于 $\bar{\boldsymbol{\sigma}}$ 的构造，连续函数的整个空间是可能的，它总是可以被构造的。但是，由于它从未用过，所以我们不需要构造它。

对于完全的 Lagrangian 格式，公式(8.5.15)中的第二项假设为零，对于节点力和 Green 应变率的 B 杠方程为

$$f_A^{\mathrm{int}} = \int_{\Omega_0} \bar{B}_{ijA}^0 S_{ij} \mathrm{d}\Omega_0 \quad 或 \quad \boldsymbol{f}^{\mathrm{int}} = \int_{\Omega_0} \bar{\boldsymbol{B}}_0^{\mathrm{T}} \{\boldsymbol{S}(\bar{\boldsymbol{E}})\} \mathrm{d}\Omega_0 \tag{8.5.56}$$

$$\dot{\bar{E}}_{ij} = \bar{B}_{ijA}^0 \dot{d}_A \quad 或 \quad \dot{\bar{\boldsymbol{E}}} = \bar{\boldsymbol{B}}_0 \dot{\boldsymbol{d}} \tag{8.5.57}$$

式中 $\bar{\boldsymbol{E}}$ 是假设 Green 应变；$\bar{\boldsymbol{B}}_0$ 是公式(4.9.20)的假设应变对应部分。

8.5.9 Simo-Rifai 公式 Simo 和 Rifai(1990)给出了三维弱形式的一个程序，称为一个增强单元公式。基本的思想是他们修正(或增强)了一个速度应变场 $\boldsymbol{D}$，而不是构造一个完全新的假设速度应变场。这为建立高阶三场单元提供了方便。假设速度应变场为

$$\bar{\boldsymbol{D}} = \boldsymbol{D} + \boldsymbol{D}^{\mathrm{enh}} \equiv \boldsymbol{D} + \tilde{\boldsymbol{D}} \tag{8.5.58}$$

式中 $\boldsymbol{D}^{\mathrm{enh}} \equiv \tilde{\boldsymbol{D}}$ 称为增强速度应变场。将式(8.5.58)代入式(8.5.1)，我们得到下面的三场弱形式：

$$0 = \delta\Pi^{\mathrm{HW}}(\boldsymbol{v}, \tilde{\boldsymbol{D}}, \bar{\boldsymbol{\sigma}}) = \int_{\Omega} (\delta\boldsymbol{D} + \delta\tilde{\boldsymbol{D}}) : \boldsymbol{\sigma}(\boldsymbol{D} + \tilde{\boldsymbol{D}}) \mathrm{d}\Omega - \int_{\Omega} \delta(\bar{\boldsymbol{\sigma}} : \tilde{\boldsymbol{D}}) \mathrm{d}\Omega - \delta p^{\mathrm{ext}} + \delta p^{\mathrm{kin}} \tag{8.5.59}$$

可以证明，对应于上面公式的强形式包括广义动量平衡式(8.5.4)～式(8.5.5)和式(8.5.8)，而式(8.5.7)由 $\boldsymbol{D}^{\mathrm{enh}} \equiv \tilde{\boldsymbol{D}} = \boldsymbol{0}$ 代替。最初这一结果是令人迷惑的，在强形式中增强速度应变为零！然而，在一个离散中，它将不为零，当设计得合适时，它改进了单元。

在这个弱形式的编程中，速度场的近似如前面公式(8.5.35)，以未知参数 α_A 表示增强速度应变场，为

$$\tilde{D}_{ij}(\xi, t) = N_{ijA}^D(\xi) \alpha_A(t) \tag{8.5.60}$$

用一个相似的变分函数。在离散化过程中，假设应力被假设是正交于增强速度应变 $\tilde{\boldsymbol{D}}$，如在 Simo-Hughes 公式中一样。将上式和式(8.5.35)代入式(8.5.59)并且应用正交性，则给出(对于平衡问题)

$$\int_{\Omega} (\delta \dot{d}_A B_{ijA} + \delta\alpha_A N_{ijA}^D) \sigma_{ij}(\bar{\boldsymbol{D}}) \mathrm{d}\Omega - \delta \dot{d}_A f_A^{\mathrm{ext}} = 0 \tag{8.5.61}$$

式中 f_A^{ext} 是外部节点力。则结果离散方程为

$$\int_\Omega B_{ijA}\sigma_{ij}(\bar{\boldsymbol{D}})\mathrm{d}\Omega - f_A^{\text{ext}} = 0,\quad \int_\Omega N_{ijA}^D\sigma_{ij}(\bar{\boldsymbol{D}})\mathrm{d}\Omega = 0 \tag{8.5.62}$$

从上面可以看到，除了应力是改进的速度应变的函数，内部节点力与框 4.3 中的单一场形式是一致的。增强场可以是有单元特性的，因此，式(8.5.62)中的右侧方程是有单元特性的。然而，当本构定律是非线性时，关于参数 α_A 的方程是非线性的。因此，对于每一个单元，非线性方程的解答包含寻找参数 α_A。

称谓"增强应变单元"有一点误导。如我们将从例 8.1 中和临界原理看到，三场方法不能够增强一个应变，它只能抑制在速度应变中的某些项。此外，由于不能够很容易地表示在速度应变中的高阶项，这一方法不能够完全抑制需要抑制的项。例如，在 Q4 中，希望抑制剪切中的非常数部分，当单元不是矩形时，Simo-Rifai 算法不能完全地抑制这些项。另一方面，在单元的阶数高于 Q4 时，Simo-Rifai 算法在计算工作中能够明显地节省计算成本。

例 8.1 2 节点杆单元 我们考虑一个一维 2 节点杆单元，具有线性速度和常速度应变和应力场，单元的描述如图 2.4 所示。单元的横截面面积是 A，它的长度是 l。

假设杆是轴向应力状态，所以，感兴趣的仅有非零分量是 $v_x(\xi,t)$，$D_{xx}(\xi,t)$ 和 $\sigma_{xx}(\xi,t)$。对于这些变量采用线性近似，给出

$$v_x(\xi,t) = [1-\xi\ \xi]\begin{Bmatrix} v_{x1}(t) \\ v_{x2}(t) \end{Bmatrix} = \boldsymbol{N}\dot{\boldsymbol{d}}^e,\ \xi = x/l = X/l_0 \tag{E8.1.1}$$

$$\bar{D}_{xx} = [1\ \xi]\begin{Bmatrix} \alpha_1 \\ \alpha_2 \end{Bmatrix} = \boldsymbol{N}_D\boldsymbol{\alpha},\quad \bar{\sigma}_{xx} = [1\ \xi]\begin{Bmatrix} \beta_1 \\ \beta_2 \end{Bmatrix} = \boldsymbol{N}_\sigma\boldsymbol{\beta} \tag{E8.1.2}$$

因为所有的矩阵属于一个单一单元，所以上标 e 可以省略。矩阵 $\boldsymbol{B}$ 等同于应用线性速度场的单一场单元：

$$\boldsymbol{B} = \frac{\partial}{\partial x}[N] = \frac{\partial}{\partial x}[1-\xi\quad \xi] = \frac{1}{l}[-1\quad 1] \tag{E8.1.3}$$

通过式(8.5.43)和式(8.5.44)得到 $\tilde{\boldsymbol{B}}$ 和 $\boldsymbol{G}$ 矩阵：

$$\tilde{\boldsymbol{B}} = \int_\Omega \boldsymbol{N}_\sigma^{\mathrm{T}}\boldsymbol{B}\,\mathrm{d}\Omega = \int_0^1 \begin{Bmatrix} 1 \\ \xi \end{Bmatrix}\frac{1}{l}[-1\quad 1]Al\,\mathrm{d}\xi = \frac{A}{2}\begin{bmatrix} -2 & +2 \\ -1 & +1 \end{bmatrix}$$

$$\boldsymbol{G} = \int_\Omega \boldsymbol{N}_\sigma^{\mathrm{T}}\boldsymbol{N}_D\,\mathrm{d}\Omega = \int_0^1 \begin{Bmatrix} 1 \\ \xi \end{Bmatrix}[1\ \xi]Al\,\mathrm{d}\xi = \frac{Al}{6}\begin{bmatrix} 6 & 3 \\ 3 & 2 \end{bmatrix} \tag{E8.1.4a}$$

$$\boldsymbol{G}^{-1} = \frac{2}{Al}\begin{bmatrix} 2 & -3 \\ -3 & 6 \end{bmatrix} \tag{E8.1.4b}$$

从式(8.5.50)中可以看出：

$$\boldsymbol{\alpha} = \boldsymbol{G}^{-1}\tilde{\boldsymbol{B}}\,\dot{\boldsymbol{d}}\quad 或 \quad \begin{Bmatrix} \alpha_1 \\ \alpha_2 \end{Bmatrix} = \frac{1}{l}\begin{bmatrix} -1 & +1 \\ 0 & 0 \end{bmatrix}\begin{Bmatrix} v_{x1} \\ v_{x2} \end{Bmatrix} \tag{E8.1.5}$$

所以，α_2 总是为零，即假设速度应变是常数。因此，应用缺少速度场的梯度项充实或者增强速度应变，无论如何是没有效果的。

由公式(8.5.47)给出内部节点力：

$$\boldsymbol{f}^{\text{int}} = \tilde{\boldsymbol{B}}^{\mathrm{T}}\boldsymbol{\beta} = \tilde{\boldsymbol{B}}^{\mathrm{T}}\boldsymbol{G}^{-1}\tilde{\boldsymbol{\sigma}} = \frac{1}{l}\begin{bmatrix} -1 & 0 \\ +1 & 0 \end{bmatrix}\int_\Omega \begin{Bmatrix} 1 \\ \xi \end{Bmatrix}\sigma_{xx}(\bar{D}_{xx})\mathrm{d}\Omega \tag{E8.1.6}$$

由于上面矩阵的第 2 列为零，所以 β_2 没有作用，即在应力插值中的线性项没有作用。因此，内部节点力仅取决于应力的平均值。如果应力是常数，则关于内部节点力的表达式成为

$$\begin{Bmatrix} f_{x1} \\ f_{x2} \end{Bmatrix}^{\mathrm{int}} = A\sigma_{xx} \begin{Bmatrix} -1 \\ +1 \end{Bmatrix} \tag{E8.1.7}$$

这等同于在第 2 章中建立的表达式。

因此，由这一多场变分方法获得的单元等同于由单一场弱形式获得的单元，其原因在于速度和假设速度应变的选择。如果假设速度应变包含了在速度场的梯度中的所有项，则混合弱形式将导致像单一场弱形式一样的单元。**在速度的梯度之外，在速度应变近似中增加项**对于线性本构定律**没有影响**。由 Stolarski 和 Belytschko(1987)证明了这一结果，并且称其为临界原理。两场变分原理的临界原理是由 Fraeijs de Veubeke(1965)发现的；多场变分原理的临界原理的一种典雅通则是由 Alfano 和 de Sciarra(1996)给出的。因为临界原理，对于那些通过移动部分的应变场可以得到好处的单元，混合变分方法的优点受到了限制，这是很清楚的。增加应变场没有得到益处。

8.6 多场四边形

在下面的内容中，通过假设应变的方法建立多场四边形。设计速度-应变场以避免体积自锁和在弯曲中由于剪切引起的自锁。自锁的单元是没有用处的，所以，消除自锁是绝对必要的。

8.6.1 为避免体积自锁的假设速度应变 在下面，假设所有的分量在转动坐标系中，该坐标系与在第 9.5.6 节中描述的单元坐标基矢量相协调。与速度-应变场相联系的速度场(8.4.18)是

$$\{\boldsymbol{D}\} = \begin{Bmatrix} v_{x,x} \\ v_{y,y} \\ v_{x,y} + v_{y,x} \end{Bmatrix} = \begin{bmatrix} \boldsymbol{b}_x^{\mathrm{T}} + h_{,x}\boldsymbol{\gamma}^{\mathrm{T}} & 0 \\ 0 & \boldsymbol{b}_y^{\mathrm{T}} + h_{,y}\boldsymbol{\gamma}^{\mathrm{T}} \\ \boldsymbol{b}_y^{\mathrm{T}} + h_{,y}\boldsymbol{\gamma}^{\mathrm{T}} & \boldsymbol{b}_x^{\mathrm{T}} + h_{,x}\boldsymbol{\gamma}^{\mathrm{T}} \end{bmatrix} \begin{Bmatrix} \boldsymbol{v}_x \\ \boldsymbol{v}_y \end{Bmatrix}$$

$$= \begin{Bmatrix} D_{xx}^c + \dot{q}_x h_{,x} \\ D_{yy}^c + \dot{q}_y h_{,y} \\ 2D_{xy}^c + \dot{q}_x h_{,y} + \dot{q}_y h_{,x} \end{Bmatrix} \tag{8.6.1}$$

式中

$$\dot{q}_i = \boldsymbol{\gamma}^{\mathrm{T}} \boldsymbol{v}_i$$

上角标“c”表示速度-应变场的常数部分。

在第 8.4.3 节，对于不可压缩材料，我们解释了为什么具有 2×2 积分点的 Q4 自锁。我们证明自锁是由于膨胀场与沙漏模式相联系。从公式(8.6.1)可以看出沙漏模式导致了扩展速度应变的非常数部分。

在构造一个速度应变插值时，它对于不可压缩材料将不发生自锁，我们则有两种办法：

1. 可以省略式(8.6.1)的前两行的非常数项。

2. 可以修正前两行，以使在沙漏模式中不发生体积速度应变。

第 1 种方法导致了假设速度应变为

$$\{\bar{\boldsymbol{D}}\} = \begin{Bmatrix} D_{xx}^c \\ D_{yy}^c \\ 2D_{xy}^c + \dot{q}_x h_{,y} + \dot{q}_y h_{,x} \end{Bmatrix} \tag{8.6.2}$$

在第 2 种方法中，假设速度应变场为

$$\{\bar{\boldsymbol{D}}\} = \begin{Bmatrix} D_{xx}^c + \dot{q}_x h_{,x} - \dot{q}_y h_{,y} \\ D_{yy}^c + \dot{q}_y h_{,y} - \dot{q}_x h_{,x} \\ 2D_{xy}^c + \dot{q}_x h_{,y} + \dot{q}_y h_{,x} \end{Bmatrix} \tag{8.6.3}$$

在式(8.6.3)中，膨胀率 $\bar{D}_{xx} + \bar{D}_{yy}$ 的高阶部分在沙漏模式中消失，无论 $\dot{q}_x$ 和 $\dot{q}_y$ 的取值如何：$\bar{D}_{xx} + \bar{D}_{yy} = D_{xx}^c + D_{yy}^c$。

于是引发了一个问题，就是这两种方法，式(8.6.2)或者式(8.6.3)，哪一种更好。我们将看到对于包含梁弯曲的单元，通过省略剪切的非常数项可以显著地改善单元的性能。常数剪切无法组合在式(8.6.2)中的扩展应变，因为应变场将只包含三个独立函数，并且单元将是秩缺乏的。因此，如果可以抑制高阶剪切项，式(8.6.3)是一个更好的方法。这给出了

$$\{\bar{\boldsymbol{D}}\} = \begin{Bmatrix} D_{xx}^c + \dot{q}_x h_{,x} - \dot{q}_y h_{,y} \\ D_{yy}^c + \dot{q}_y h_{,y} - \dot{q}_x h_{,x} \\ 2D_{xy}^c \end{Bmatrix} \tag{8.6.4}$$

上面速度-应变场对应于“最佳不可压缩性”或者称为在 Belytschko 和 Bachrach(1986)中的 OI 单元(Quintessential Incompressible)。当一组单元的边界平行于梁的轴线，并且单元没有过度扭曲的时候，这种单元在梁弯曲问题中表现很好。

在弯曲中，对于各向同性的弹性问题，可以进一步地增强 Q4 单元的性能，通过应用取决于泊松比的应变场：

$$\{\bar{\boldsymbol{D}}\} = \begin{Bmatrix} D_{xx}^c + \dot{q}_x h_{,x} - \bar{v}\dot{q}_y h_{,y} \\ D_{yy}^c + \dot{q}_y h_{,y} - \bar{v}\dot{q}_x h_{,x} \\ 2D_{xy}^c \end{Bmatrix} \quad \text{这里} \quad \bar{v} = \begin{cases} v & \text{对于平面应力} \\ v/(1-v) & \text{对于平面应变} \end{cases} \tag{8.6.5}$$

这被称为“典型的弯曲和不可压缩”单元，或者称为在 Belytschko 和 Bachrach(1986)中的 QBI(Quintessential Bending and Incompressible)，对于线弹性梁的弯曲，它有极高的精度。对于矩形，这个单元对应于 Wilson 等(1973)的非协调单元。

假设应变场(8.6.3)的一个更一般形式是

$$\{\bar{\boldsymbol{D}}\} = \bar{\boldsymbol{B}}\dot{\boldsymbol{d}} \quad \text{这里} \quad \bar{\boldsymbol{B}} = \begin{bmatrix} \boldsymbol{b}_x^{\mathrm{T}} + e_1 h_{,x}\boldsymbol{\gamma}^{\mathrm{T}} & e_2 h_{,y}\boldsymbol{\gamma}^{\mathrm{T}} \\ e_2 h_{,x}\boldsymbol{\gamma}^{\mathrm{T}} & \boldsymbol{b}_y^{\mathrm{T}} + e_1 h_{,y}\boldsymbol{\gamma}^{\mathrm{T}} \\ \boldsymbol{b}_y^{\mathrm{T}} + e_3 h_{,y}\boldsymbol{\gamma}^{\mathrm{T}} & \boldsymbol{b}_x^{\mathrm{T}} + e_3 h_{,x}\boldsymbol{\gamma}^{\mathrm{T}} \end{bmatrix} \tag{8.6.6}$$

式中 e_1，e_2 和 e_3 是任意常数。对于 $e_1 = -e_2$，假设速度应变场的整个家族是等体积的。

在单元水平上，常数 e_a 可以考虑是未知的，并且由式(8.5.62)确定。然而，对于每一单元节点力的计算，这样使方程的解答是在单元水平上的。在大多数情况下，通过观察可以充分确定这些未知数。对于适度细划的网格，如果场是等体积的并且剪切消失，则由于 e_i 的改变而导致的误差是不明显的。

8.6.2 剪切自锁及其消除 “寄生”剪切的影响多少是与“寄生”体积应变的影响有区别的。当发生体积自锁时，结果完全不能收敛；发生伪剪切，结果收敛但是收敛得非常缓

慢。因此术语,“超剪切刚度”可能是更准确的,但是常常应用的术语是剪切自锁。

为了解释剪切自锁,并通过投影将它消除,我们考虑一个由一行单元模拟的纯弯曲梁,如图 8.8 所示。在纯弯曲中力矩是常数,所以合成剪切 $s=\int\sigma_{xy}\,\mathrm{d}y$ 必须为零,因为通过平衡,剪切是力矩的导数:$s=m_{,x}$。然而,在弯曲时,所有的单元以 x 方向沙漏模式变形,$\dot{q}_x\neq 0$,并且由式(8.6.1),剪切是非零的。

为了消除剪切自锁,由于沙漏模式引起的剪切速度应变部分必须消失。这可以通过令式(8.6.6)中的 $e_3=0$ 实现。在纯弯曲中,局部坐标系中的节点位移通过 $\boldsymbol{u}_x=c\,\boldsymbol{h}$ 给出,如图 8.8 所示,这里 c 是一个任意常数。对于任意的 e_3,线性应变能是

$$W_{\text{shear}}=\frac{1}{4}\mu\,e_3^2c^2H_{yy}=0 \tag{8.6.7}$$

式中 μ 是剪切模量,并且

$$H_{ij}=\int_{\Omega}h_{,i}h_{,j}\,\mathrm{d}\Omega \tag{8.6.8}$$

因此,当 $e_3=0$ 时它消失。通过消除与沙漏模式有关的剪切应变,在弯曲中的寄生剪切为零。

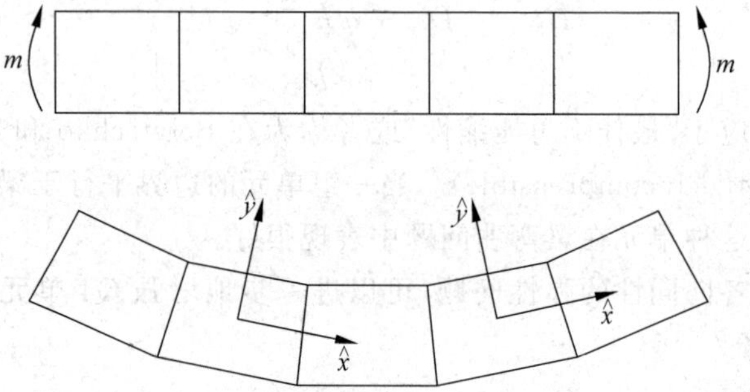

图 8.8　显示纯弯曲梁主要的变形是沙漏模式

对于这里考虑的假设应变单元,表 8.1 列出了关于公式(8.6.6)中的常数。注意到完全积分 Q4 单元对应于 $e_1=e_3=1, e_2=0$;单元 ADS 是假设偏量速度应变的单元;SRI 是在第 5.5 节中描述的选择减缩积分单元,不能通过假设应变的方法推导 SRI 的稳定性。ADS 是另外一种假设速度应变单元,采用基于假设偏量速度应变的等体积的高阶场。

表 8.1　关于假设速度-应变稳定的常数

单　元	e_1	e_2	e_3	c_1	c_2	c_3
Q4(平面应变)2×2 积分	1	0	1	$\frac{1-v}{1-2v}$	1/2	$\frac{1}{2(1-2v)}$
Q4(平面应力)2×2 积分	1	0	1	$\frac{1}{1-v}$	1/2	$\frac{1+v}{2(1-v)}$
SRI				1	1/2	1/2
ASQBI	1	$-\bar{v}$	0	$1+\bar{v}$	0	$-\bar{v}(1+\bar{v})$
ASOI	1	−1	0	2	0	−2
ADS	1/2	−1/2	0	1/2	0	−1/2

8.6.3 关于假设应变单元的刚度矩阵 任何假设应变四边形单元的线性刚度矩阵是

$$\boldsymbol{K}_e = \boldsymbol{K}_e^{1\text{pt}} + \boldsymbol{K}_e^{\text{stab}} \tag{8.6.9}$$

式中 $\boldsymbol{K}_e^{1\text{pt}}$ 是一点积分刚度，Belytschko 和 Bindeman(1991)。积分点是 $\xi=\eta=0$，并且 $\boldsymbol{K}_e^{\text{stab}}$ 是秩 2 的稳定刚度，为

$$\boldsymbol{K}_e^{\text{stab}} = 2\mu\begin{bmatrix}(c_1 H_{xx}+c_2 H_{yy})\boldsymbol{\gamma\gamma}^{\mathrm{T}} & c_3 H_{xy}\boldsymbol{\gamma\gamma}^{\mathrm{T}} \\ c_3 H_{xy}\boldsymbol{\gamma\gamma}^{\mathrm{T}} & (c_1 H_{yy}+c_2 H_{xx})\boldsymbol{\gamma\gamma}^{\mathrm{T}}\end{bmatrix} \tag{8.6.10}$$

这里的常数 c_1，c_2 和 c_3 在表 8.1 中给出。从上面可以推测出，对于接近于不可压缩的材料，在平面应变中当 $v\to 1/2$ 时，由于 c_1 和 c_3 变得非常大，Q4 单元将发生自锁。

8.6.4 在四边形单元中的其他技术 前面的叙述没有沿着历史的轨迹，并且没有提到某些关键的发展。单元技术的概念起源于 Wilson 等(1973)，他首先通过增加非协调模式改善了 4 节点四边形单元的性能。这些模式的效果等同于通过多场方法抑制部分的应变场。非协调模式总是造成教学上的困境，因为在发展单一场有限元中，一个教师首先强调协调场的重要性，然后通过引入非协调模式，又不得不拆除这种教学上的结构。因此，对于任意的网格，仅当积分是可控制时，非协调模式才通过分片试验。如 Strang 和 Fix(1973)所说："在 California 两个错误得到一个正确"(他们当时是指不正确的非协调模式组合一个修正的积分)。此刻，人们完成了非协调模式，单元是一个用复杂方法做简单事情(Rube Goldberg)的奇妙东西。应用假设应变的办法，单元的设计是更加清晰的。

在两场格式中，利用假设应变推导的一个重要单元是 Pian-Sumihara(1985)单元。这个单元应用如下假设的应力场：

$$\sigma_{\xi\xi} = \beta_1 + \beta_2\eta,\quad \sigma_{\eta\eta} = \beta_3 + \beta_4\xi,\quad \sigma_{\xi\eta} = \beta_5$$

式中 $\sigma_{\xi\xi}$，$\sigma_{\eta\eta}$ 和 $\sigma_{\xi\eta}$ 是应力的协变分量。这一概念出现很早，如 Wempner 等 (1982)。在转换到协变分量时，单元必须应用曲线坐标系的单一取向，否则，它将失败于分片试验。由于剪应力场是常数，所以在梁弯曲中单元工作得很好。

这种近似曲线分量的想法正吸引着某些研究者的注意，因为单元是框架不变的：不管单元与相关的坐标系如何连接，刚度则是保持不变的。如果以转动坐标系的形式表示应力和应变，如第 9.5 节所述，单元也是框架不变的。但是，这些曲线近似也有缺点。基于曲线分量的假设应力或者应变场，在曲线和物理分量之间需要许多转换。收敛率没有得到改善。因此，近似曲线分量的优越性是不明显的。

8.7 一点积分单元

8.7.1 节点力和 $\boldsymbol{B}$ 矩阵 在第 8.3 节中我们已经看到，当 Q4 单元应用一点积分时，单元是秩不足的。对于大规模的计算，因为一点积分单元的速度和精度，它是受欢迎的。然而，一点积分单元要求稳定性。在描述这些稳定化过程之前，我们先检验一点积分单元。

由公式(4.5.23)给出的内部节点力，其积分点对应于在参考平面内坐标系的原点：

$$\boldsymbol{f}^{\text{int}} = 4\boldsymbol{B}^{\mathrm{T}}(\boldsymbol{0})\,\boldsymbol{\sigma}(\boldsymbol{0})J_\xi(\boldsymbol{0}) = A\boldsymbol{B}^{\mathrm{T}}(\boldsymbol{0})\,\boldsymbol{\sigma}(\boldsymbol{0}) \tag{8.7.1}$$

应用 Voigt 标记为

$$\boldsymbol{f}^{\text{int}} = A\boldsymbol{B}^{\mathrm{T}}(\boldsymbol{0})\{\boldsymbol{\sigma}(\boldsymbol{0})\} = A\begin{bmatrix}\boldsymbol{b}_x & \boldsymbol{0} & \boldsymbol{b}_y \\ \boldsymbol{0} & \boldsymbol{b}_y & \boldsymbol{b}_x\end{bmatrix}\begin{Bmatrix}\sigma_{xx} \\ \sigma_{yy} \\ \sigma_{xy}\end{Bmatrix} \tag{8.7.2}$$

在积分点上的假设变形率为

$$\{\boldsymbol{D}(\boldsymbol{0})\} = \boldsymbol{B}(\boldsymbol{0})\,\dot{\boldsymbol{d}} \tag{8.7.3}$$

8.7.2　伪奇异模式(沙漏)　我们接着检验 Q4 单元伪奇异模式的结构。任何不是刚体运动并导致在单元中的没有应变的运动,是一个伪奇异模式。考虑节点速度

$$(\dot{\boldsymbol{d}}^{Hx})^{\mathrm{T}} = [\boldsymbol{v}_x^{\mathrm{T}}\ \boldsymbol{v}_y^{\mathrm{T}}] = [\boldsymbol{h}^{\mathrm{T}}\ \boldsymbol{0}],\quad (\dot{\boldsymbol{d}}^{Hy})^{\mathrm{T}} = [\boldsymbol{v}_x^{\mathrm{T}}\ \boldsymbol{v}_y^{\mathrm{T}}] = [\boldsymbol{0}\ \boldsymbol{h}^{\mathrm{T}}] \tag{8.7.4}$$

同前面,式中 $\boldsymbol{h}^{\mathrm{T}}=[+1\ \ -1\ \ +1\ \ -1]$。可以很容易地证明 $\boldsymbol{b}_x^{\mathrm{T}}\boldsymbol{h}=0$, $\boldsymbol{b}_y^{\mathrm{T}}\boldsymbol{h}=0$。因此,得到 $\boldsymbol{B}(\boldsymbol{0})\dot{\boldsymbol{d}}^{Hx}=\boldsymbol{0}$和 $\boldsymbol{B}(\boldsymbol{0})\dot{\boldsymbol{d}}^{Hy}=\boldsymbol{0}$,即对于这些模式,在积分点上速度应变为零。

图 8.9 展示了矩形单元的伪模式。这两种模式在左边分别单独表示,而由于两种模式作用的变形在右边表示。一种网格的沙漏模式展示在图 8.10 中。可以看出在这种模式下,在竖向的一对单元看起来像一个沙漏,通过沙子自上而下地流动,作为测量时间的一种工具。基于这个原因,该伪奇异模式常常称为沙漏模式或者沙漏。在图 8.10 中的伪模式称为 x 沙漏,因为它包含的运动仅能沿着 x 方向。

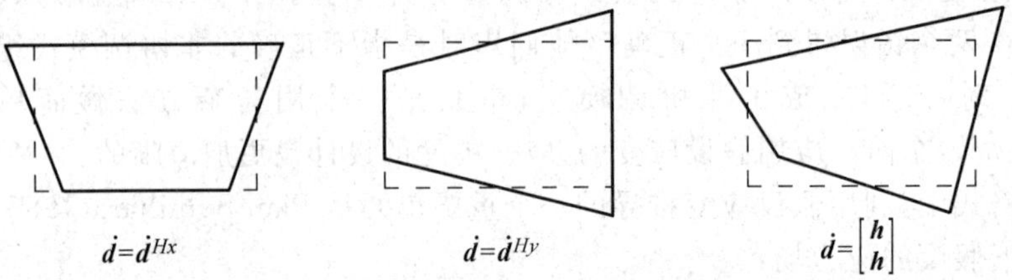

图 8.9　在一个四边形单元中变形的沙漏模式

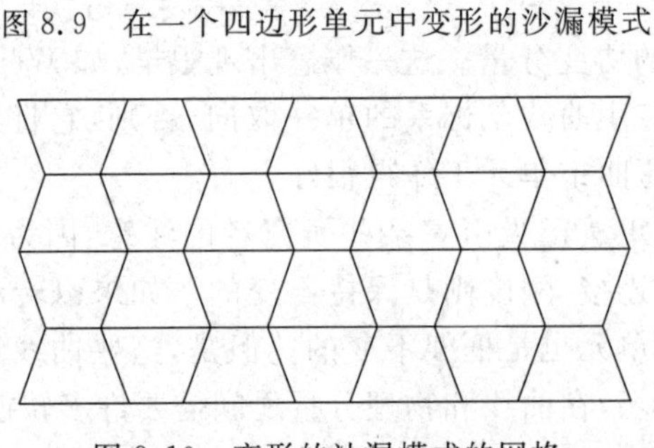

图 8.10　变形的沙漏模式的网格

沙漏模式是可以传播的,如图 8.10 中所示。这意味着,每一个单元都可以进入沙漏模式,在任何单元中没有任何应变。这种模式不吸收任何能量,并且它像传染性疾病一样扩散。当模式受到边界条件约束时,至少在几个没有应变的单元内是不可能发展沙漏模式的。然而,整体沙漏模式的刚度仍然是非常小的,并且相关的频率是非常低的(比真实的最低频率还要低得多)。沙漏模式是空间不稳定的,像在第 7 章中描述的对流-扩散不稳定一样。

沙漏首先出现在流体动力学的有限差分中,这里通过将导数转换到等值线上进行积分计算,见 Wilkins 和 Blum(1975)。在被每一条等直线包围的区域内,这一过程默认地假设导数是常数。这导致有限差分方程等价于一点积分的四边形有限单元。由 Belytschko, Kennedy 和 Schoeberle(1975)演示了这一等价关系,也可以见 Belytschko(1983)。有限差分的研究者们发展了许多关于沙漏控制的专门程序,诸如控制基于单元边界的相对转动。然而,这些方法不能保持完备性。

由于秩不足,离散模型的这种奇异性发生在许多其他设置中,所以包含了各种命名。例如,它们经常地发生在混合或者杂交单元中,它们在这里被称为是零能量模式或者伪零能量模式。沙漏模式是零能量模式,因为在这些模式中,在积分点上应变为零。因此,它们在离散模型中不做功,并且有$\dot{\boldsymbol{d}}_{Hx}^{\mathrm{T}}\boldsymbol{f}^{\mathrm{int}}=\boldsymbol{d}_{Hy}^{\mathrm{T}}\boldsymbol{f}^{\mathrm{int}}=0$。在结构分析中,当冗余度不充分时,即结构杆件或者支撑的数量不足以阻止部分结构的刚体运动时,发生伪奇异模式。这些模式常常发生在三维桁架模型中。在结构分析中,它们称为是运动模式,并且因为结构和有限元之间的密切关系,它的名字也采用了伪奇异模式。应用于这一现象的其他名字是梯形、铁丝网和网格不稳定性。

对于偏微分方程的有限元离散化,伪奇异模式似乎是最精确的命名。例如,命名运动模式和零能量模式不适合于 Laplace 方程。在伪奇异模式具有明显表现的单元中,如在 Q4 单元中的沙漏模型,我们也将应用这一命名。伪奇异模式是单元刚度秩缺乏的具体体现。

在瞬态问题中,一个沙漏模式的演化如图 8.11 所示。在这个问题中,梁被支撑在单一节点上,从而方便了沙漏模式的出现。如果将梁左端的所有节点固定,模拟夹持支座,沙漏模式将不会出现。然而,对于大型网格和非线性材料,它们可能会重新出现。尽管秩缺乏的单元可能有时表现是稳定的,但是在没有一个适当的稳定性时,绝不能应用它们。

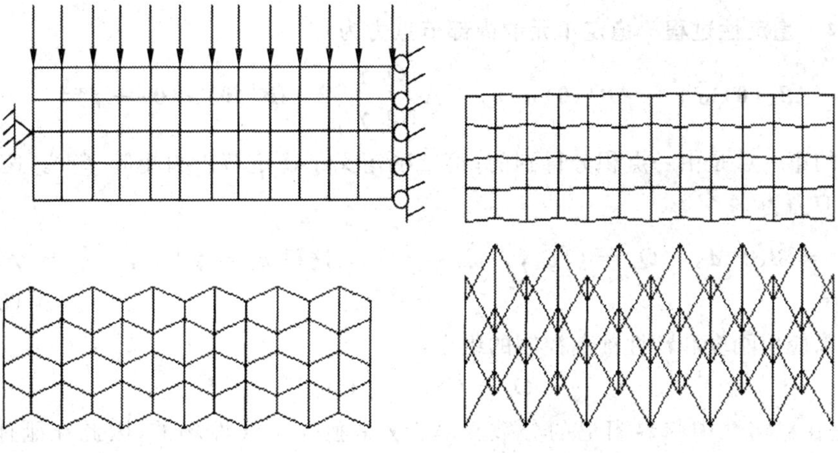

图 8.11 一根简支梁的 4 张快照以展示沙漏模式的演化

(由于对称,仅模拟半根梁)

8.7.3 扰动沙漏稳定 在扰动沙漏控制中,为了修复单元正确的秩,对于离散系统补充一个小的修正。在不干扰等参单元线性完备性的前提下,增加秩是很重要的。一种方法是通过正交于其他三行的两行,增广一点积分单元的 $\boldsymbol{B}$ 矩阵。正交性保证了增加的行与前三行是线性独立的,并且修正项不影响线性区的反应,所以 $\boldsymbol{B}$ 矩阵没有失去线性完备性。

在 $\boldsymbol{B}$ 矩阵中增加的两行选择在公式(8.4.11)中给出的$\boldsymbol{\gamma}$向量,它正交于所有的线性场。增加这两行对应于增加两个广义应变。对于一点积分的 Q4,单元矩阵应用次弹性定律,则

$$\widetilde{\boldsymbol{B}}=\begin{bmatrix}\boldsymbol{b}_x^{\mathrm{T}} & \boldsymbol{0}\\ \boldsymbol{0} & \boldsymbol{b}_y^{\mathrm{T}}\\ \boldsymbol{b}_y^{\mathrm{T}} & \boldsymbol{b}_x^{\mathrm{T}}\\ \boldsymbol{\gamma}^{\mathrm{T}} & \boldsymbol{0}\\ \boldsymbol{0} & \boldsymbol{\gamma}^{\mathrm{T}}\end{bmatrix},\quad [\widetilde{\boldsymbol{C}}^{\sigma T}]=\begin{bmatrix}C_{11} & C_{12} & C_{13} & 0 & 0\\ C_{21} & C_{22} & C_{23} & 0 & 0\\ C_{31} & C_{32} & C_{33} & 0 & 0\\ 0 & 0 & 0 & C^{Q} & 0\\ 0 & 0 & 0 & 0 & C^{Q}\end{bmatrix} \tag{8.7.5}$$

$$\{\boldsymbol{\sigma}\}=[\sigma_x\,\sigma_y\,\sigma_{xy}\,Q_x\,Q_y]^{\mathrm{T}},\quad \{\boldsymbol{D}\}=[D_x\,D_y\,2D_{xy}\,\dot{q}_x\,\dot{q}_y]^{\mathrm{T}} \tag{8.7.6}$$

式中 $\widetilde{C}^{\sigma T}$ 是二维本构矩阵，由二行和二列增广，它们与广义的沙漏应力-应变对相关；$\tilde{\boldsymbol{\sigma}}$ 和 $\widetilde{\boldsymbol{D}}$ 分别是应力和速度-应变矩阵，分别由稳定应力(Q_x,Q_y)和应变(q_x,q_y)增广。

为了满足线性完备性，当节点速度源于一个线性场时，稳定应变必须为零。

由于 $\boldsymbol{B}(\boldsymbol{0})$ 已经满足了线性再造条件，因此对于线性场要求 $\dot{q}_x=\dot{q}_y=0$，这意味着

$$\boldsymbol{\gamma}^{\mathrm{T}}\boldsymbol{v}_i^{\mathrm{lin}}=\boldsymbol{\gamma}^{\mathrm{T}}(\alpha_{i0}\boldsymbol{I}+\alpha_{i1}\boldsymbol{x}+\alpha_{i2}\boldsymbol{y})=0\quad \forall\,\alpha_{il} \tag{8.7.7}$$

上式可以解释为一个正交性条件：$\boldsymbol{\gamma}$ 必须正交于所有线性场。另外，为了稳定单元，$\boldsymbol{\gamma}$ 和 $\boldsymbol{b}_i$ 必须是线性独立的，所以 $\widetilde{\boldsymbol{B}}$ 的秩是 5。$\boldsymbol{\gamma}$ 矩阵在公式(8.4.11)中给出，$\boldsymbol{\gamma}=\frac{1}{4}[\boldsymbol{h}-(\boldsymbol{h}^{\mathrm{T}}\boldsymbol{x}_i)\boldsymbol{b}_i]$，满足这些条件。正交性性质已经由公式(8.4.12)～(8.4.13)证明。一些其他的条件留下作为练习。

8.7.4　稳定性过程　稳定单元的内部节点力为

$$\boldsymbol{f}^{\mathrm{int}}=A\widetilde{\boldsymbol{B}}^{\mathrm{T}}(\boldsymbol{0})\{\tilde{\boldsymbol{\sigma}}\}=A\boldsymbol{B}^{\mathrm{T}}(\boldsymbol{0})\,\boldsymbol{\sigma}(\boldsymbol{0})+A\begin{Bmatrix}Q_x\boldsymbol{\gamma}\\ Q_y\boldsymbol{\gamma}\end{Bmatrix}=A\boldsymbol{B}^{\mathrm{T}}(\boldsymbol{0})\,\boldsymbol{\sigma}(\boldsymbol{0})+\boldsymbol{f}^{\mathrm{stab}} \tag{8.7.8}$$

在内力中的第一项是由一点积分得到的；第二项定义了稳定节点力矩阵 $\boldsymbol{f}^{\mathrm{stab}}$。速度应变和广义沙漏应力为

$$\{\boldsymbol{D}\}=\boldsymbol{B}(\boldsymbol{0})\,\dot{\boldsymbol{d}},\quad \dot{Q}_x=C^{Q}\dot{q}_x,\quad \dot{Q}_y=C^{Q}\dot{q}_y,\text{ 这里 }\dot{q}_x=\boldsymbol{\gamma}^{\mathrm{T}}\boldsymbol{v}_x,\quad \dot{q}_y=\boldsymbol{\gamma}^{\mathrm{T}}\boldsymbol{v}_y \tag{8.7.9a,b}$$

我们也可以应用刚度和粘性沙漏控制的组合：

$$Q_i=C^{Q}q_i+\xi_D C^{Q}\dot{q}_i \tag{8.7.10}$$

式中 ξ_D 是在稳定性中临界阻尼的分数。由于 $\boldsymbol{\gamma}$ 是独立于线性场的，因此在刚体转动中，$\dot{q}_i=0$。注意到所有上面的计算必须是在一个转动坐标系中进行。对于完全的 Lagrangian 公式，转动的坐标系是不需要的，尽管为了获得单元不变性，最好将初始坐标系连接到单元的固有坐标上。然而，正如前面所述，单元不变性对于收敛没有影响。

对于这一稳定性，线性刚度矩阵是

$$\boldsymbol{K}_e=\boldsymbol{K}_e^{\mathrm{1pt}}+C^{Q}A\begin{bmatrix}\boldsymbol{\gamma\gamma}^{\mathrm{T}} & \boldsymbol{\gamma\gamma}^{\mathrm{T}}\\ \boldsymbol{\gamma\gamma}^{\mathrm{T}} & \boldsymbol{\gamma\gamma}^{\mathrm{T}}\end{bmatrix} \tag{8.7.11}$$

单元刚度的秩是 5，这是关于 Q4 正确的秩。

8.7.5　比例和评述　由于在公式(8.7.9)中参数 C^{Q} 不是真正的材料常数，因此必须对于任何几何和材料性质将其标准化，以提供近似于相同程度的稳定。我们的目的是获得一个比例，它足以扰动单元以保证正确的秩，但是对于一点积分单元的结果并不改变过多，因为它是收敛的并且不是体积自锁的。

Belytschko 和 Bindeman(1991)给出了选择 C^{Q} 的步骤。他们选择 C^{Q}，使得稳定性刚度

的最大特征值与不完全积分刚度的最大特征值是成比例的。在完全积分单元中的沙漏频率通常比在结果中感兴趣的频率要高很多,并且将沙漏频率移入频谱的这个范围之内是理想的。然而,为了避免自锁,稳定性参数不能够过大。

对于各向同性材料,根据 Flanagan 和 Belytschko(1981),对于一点积分单元,$\boldsymbol{K}_e\boldsymbol{z}=\lambda\boldsymbol{M}_e\boldsymbol{z}$的最大特征值由下式限制(见式(6.4.64)):

$$Ac^2\boldsymbol{b}_i^{\mathrm{T}}\boldsymbol{b}_i \leqslant 2\lambda_{\max} \leqslant 2Ac^2\boldsymbol{b}_i^{\mathrm{T}}\boldsymbol{b}_i \tag{8.7.12}$$

式中 c 是弹性膨胀波速。可以通过 Raleigh 商建立与沙漏模式有关的特征值。我们设特征向量的估计值为 $\boldsymbol{z}^{\mathrm{T}}=[\boldsymbol{h},\boldsymbol{0}]$。对应的特征值的估计值可以由下式得到:

$$\lambda^h = \frac{\boldsymbol{z}^{\mathrm{T}}\boldsymbol{K}_e\boldsymbol{z}}{\boldsymbol{z}^{\mathrm{T}}\boldsymbol{M}_e\boldsymbol{z}} = \frac{AC^Q\boldsymbol{h}^{\mathrm{T}}\boldsymbol{\gamma\gamma}^{\mathrm{T}}\boldsymbol{h}}{\boldsymbol{h}^{\mathrm{T}}\boldsymbol{M}_e\boldsymbol{h}} = \frac{C^Q}{\rho} \tag{8.7.13}$$

因为 $\boldsymbol{K}_e^{\mathrm{1pt}}\boldsymbol{z}=\boldsymbol{0}$,所以得到上面的第二个等式,并且从式(8.4.11)得到最后一项。在 Raleigh 商中,通过应用 y 沙漏模式,将得到一个等价的估计。从式(8.7.12)和(8.7.13),如果

$$C^Q = \frac{1}{2}\alpha_s c^2\rho A\boldsymbol{b}_i^{\mathrm{T}}\boldsymbol{b}_i \tag{8.7.14}$$

我们发现稳定性特征值 λ^h 与单元的最大特征值的下界成比例,这里 α_s 是比例参数,推荐值为 0.1。对于静态问题,基于 $\boldsymbol{K}_e\boldsymbol{z}=\lambda\boldsymbol{z}$ 的特征值的稳定性可能是更适合的。

稳定性参数的推荐值不包含出现沙漏模式。在沙漏模式中,当数据很丰富时,即使应用较大的稳定性参数,仍然难以抑制沙漏模式。例如,点集中荷载常常引起沙漏。有时候在非常差的程序算法中引起这些节点力。例如,一个广泛应用的程序对于沙漏却是声名狼藉的,在接触算法中,发现节点力交替改变符号。在这种状态下,防止沙漏不稳定几乎是不可能的。但是有许多时候,一个沙漏模式的出现是不明显的,特别是当材料不稳定或者接近于不稳定时。这时在这些出现沙漏的子域内,最好转换为完全积分单元。然而,如果材料是接近于不可压缩的,必须应用一种混合单元或者选择性减缩积分,或者通过锁定网格将沙漏消除!

对于接近于不可压缩的材料,扰动沙漏参数绝不能过大,因为它们可能引起自锁。如果沙漏控制的值需要很大,建议采用物理沙漏控制(见下一节)。必须监控沙漏能量占总能量的比例,如果它很大(达到 3%或者 5%),那么在结果中将会出现同样量级的误差。如果问题很大,则必须在子域上监控沙漏能量,正如我们在第 6.2.3 节中所推荐的能量平衡方法。

关于控制沙漏模式,也需要选择是否借助于粘性力或者通过刚度稳定性,见式(8.7.10)。当应用大的冲击荷载时,经常需要粘性稳定性。对于适度的变形和持续长时间的模拟,刚度稳定性是更好的选择,因为某些沙漏能量是可以恢复的。在许多情况下,组合是最好的。

8.7.6 物理的稳定性 在假设应变方法的基础上,建立了沙漏稳定性的过程。在这些过程中,稳定性参数基于材料的性能。这类稳定性也称为物理沙漏控制。对于不可压缩材料,即使当稳定性参数是一阶的时候,这些稳定性方法也将没有自锁。在这一节中,对于 Q4 单元将建立物理沙漏控制。

在建立物理沙漏控制中,必须做出两个假设:

1. 在单元内旋转是常数。
2. 在单元内材料响应是均匀的。

对于稳定性,假设速度应变场与在第 8.6.1 节中的场一致。在余下的推导中,考虑特殊

情况 $e_1=-e_2=1$，对应于 OI 单元，速度应变的转动分量则为

$$\begin{Bmatrix} \bar{D}_{\hat{x}} \\ \bar{D}_{\hat{y}} \\ 2\bar{D}_{\hat{x}\hat{y}} \end{Bmatrix} = \begin{bmatrix} \boldsymbol{b}_{\hat{x}}^{\mathrm{T}} + h_{,\hat{x}}\boldsymbol{\gamma}^{\mathrm{T}} & h_{,\hat{y}}\boldsymbol{\gamma}^{\mathrm{T}} \\ -h_{,\hat{x}}\boldsymbol{\gamma}^{\mathrm{T}} & \boldsymbol{b}_{\hat{y}}^{\mathrm{T}} + h_{,\hat{y}}\boldsymbol{\gamma}^{\mathrm{T}} \\ \boldsymbol{b}_{\hat{y}}^{\mathrm{T}} & \boldsymbol{b}_{\hat{x}}^{\mathrm{T}} \end{bmatrix} \begin{Bmatrix} \boldsymbol{v}_{\hat{x}} \\ \boldsymbol{v}_{\hat{y}} \end{Bmatrix} = \bar{\boldsymbol{B}}\dot{\boldsymbol{d}} \tag{8.7.15}$$

上式定义了 $\bar{\boldsymbol{B}}$ 矩阵。由公式(8.5.55)给出了内部节点力：

$$\hat{\boldsymbol{f}}^{\mathrm{int}} = \int_{\Omega} \bar{\boldsymbol{B}}^{\mathrm{T}}\{\hat{\boldsymbol{\sigma}}\}\mathrm{d}\Omega \tag{8.7.16}$$

对于次弹性材料，应力率则为

$$\frac{\{\partial\hat{\boldsymbol{\sigma}}(\boldsymbol{\xi},t)\}}{\partial t} = [\hat{\boldsymbol{C}}^{\sigma T}]\{\bar{\boldsymbol{D}}(\boldsymbol{0})\},\quad \begin{Bmatrix} \dot{\hat{\boldsymbol{Q}}}_x \\ \dot{\hat{\boldsymbol{Q}}}_y \end{Bmatrix} = \begin{Bmatrix} (\hat{C}_{11}-\hat{C}_{12})(\dot{q}_{\hat{x}}h_{,\hat{x}} - \dot{q}_{\hat{y}}h_{,\hat{y}}) \\ (\hat{C}_{22}-\hat{C}_{21})(\dot{q}_{\hat{y}}h_{,\hat{y}} - \dot{q}_{\hat{x}}h_{,\hat{x}}) \end{Bmatrix} \tag{8.7.17}$$

式中我们将应力分成常数部分和在单元内变化的部分；忽略了 $\boldsymbol{C}$ 的上角标。从上式可以看出，在单元内的转动应力率总是具有相同的分布，因此应力也有相同的形式。

采用这种形式的应力场的优点是，$h_{,i}$ 正交于常数场，(8.4.19)，并且事实上 $\hat{\boldsymbol{C}}$ 在单元中是常数，所以

$$\hat{\boldsymbol{f}}^{\mathrm{int}} = A\bar{\boldsymbol{B}}^{\mathrm{T}}(\boldsymbol{0})\{\hat{\boldsymbol{\sigma}}(\boldsymbol{0})\} + \boldsymbol{f}^{\mathrm{stab}} \tag{8.7.18}$$

式中 $\hat{\boldsymbol{f}}^{\mathrm{stab}}$ 是稳定性节点力，为

$$\hat{\boldsymbol{f}}^{\mathrm{stab}} = \begin{Bmatrix} Q_{\hat{x}}\hat{\boldsymbol{\gamma}} \\ Q_{\hat{y}}\hat{\boldsymbol{\gamma}} \end{Bmatrix}\quad \text{这里} \begin{Bmatrix} \dot{Q}_{\hat{x}} \\ \dot{Q}_{\hat{y}} \end{Bmatrix} = e_1^2(\hat{C}_{11}-\hat{C}_{12}-\hat{C}_{21}+\hat{C}_{22}) \begin{Bmatrix} H_{\hat{x}\hat{x}}\dot{q}_{\hat{x}} - H_{\hat{x}\hat{y}}\dot{q}_{\hat{y}} \\ H_{\hat{y}\hat{y}}\dot{q}_{\hat{y}} - H_{\hat{x}\hat{y}}\dot{q}_{\hat{x}} \end{Bmatrix} \tag{8.7.19}$$

注意到稳定性应力率是以转动分量表示的，因此它们是框架不变量。单元的这一过程总结在框 8.2 中。

框 8.2　单元节点力的计算

1. 更新转动坐标系。
2. 转换节点速度 $\boldsymbol{v}$ 和坐标 $\boldsymbol{x}$ 到转动坐标系。
3. 由式(8.7.15)在积分点上计算速度应变。
4. 由本构定律和更新应力计算应力率。
5. 由式(8.7.9b)计算广义沙漏应变率。
6. 由式(8.7.10)计算广义沙漏应力率，并且通过时间积分更新广义沙漏应力。
7. 由式(8.7.18)计算 $\hat{\boldsymbol{f}}^{\mathrm{int}}$。
8. 转换 $\hat{\boldsymbol{f}}^{\mathrm{int}}$ 到整体系统并且装配。

在物理沙漏控制中，对于沙漏稳定性不需要参数。为了获得稳定性力，通过假设材料响应是均匀的，以闭合解形式积分公式(8.7.19)是可能的。由于这些力基于没有自锁的一个假设速度应变场，所以单元非常适用于不可压缩材料。一个类似的单元 QBI 在弯曲中有很好的性能。其主要的缺点是在某些问题中，均匀材料响应的假设是不满足的。

下面给出评论。如果转动坐标系的转动是正确定义的，那么应力率将对应于 Green-Naghdi 率。从常量转动和材料性质的假设引起的偏差是与沙漏模式对于光滑材料的强度

成比例的，于是，在 h 自适应方法中，它的优越性在于能够细划这些显示出有明显的沙漏能量的单元，如 Belytschko，Wong 和 Plaskacz(1989)。对于粗糙材料，诸如弹-塑性材料，即使不存在沙漏模式的情况，在材料响应中也可能出现明显的非均匀性。

8.7.7 有多点积分的假设应变 一点积分一般有利于提高计算速度，然而，对于不光滑的应力场，多点积分有时候是必要的。例如，对于弹性梁的问题，在梁的深度方向上仅用1个单元就可以得到非常精确的解答。然而，对于弹-塑性梁，为了得到一个精确的解答，在深度方向需要4～10个单元，因为在深度方向上应力是不光滑的。通过细化网格或者在每一个单元中增加积分点，可以增加积分点的数量，后者的优点是在不减小稳定时间步长的同时增加了精度。

在第8.6.1节中建立的假设应变场可以应用于任何数量的积分点而不发生自锁，因为在整个单元域中应变场只有零膨胀应变。对于应用一个假设应变场的多点积分，其内力向量是

$$\boldsymbol{f}_e^{\text{int}} = \sum_{Q=1}^{n_Q} \bar{w}_Q J_\xi(\boldsymbol{\xi}_Q)\bar{\boldsymbol{B}}^{\text{T}}(\xi_Q)\boldsymbol{\sigma}(\xi_Q,t) \tag{8.7.20}$$

式中 ξ_Q 是积分点。

稳定性力可能必须依赖于积分点的位置。如果我们考虑应用转动坐标系的一个矩形 $a\times b$ 单元，参考轴平行于转动轴，所以 $\xi_{,\hat{x}}=1/a$，$\eta_{,\hat{y}}=1/b$，$\eta_{,\hat{x}}=\xi_{,\hat{y}}=0$。从前面，很显然沿着 η 轴，$h_{,\hat{x}}=0$，而沿着 ξ 轴，$h_{,\hat{y}}=0$。因此，如果所有的积分点都沿着一条参考轴，那么在该方向上还是需要稳定性，从而保证秩是足够的。公式(8.7.20)的完全 2×2 积分的秩是足够的，但是，采用这个两点积分方法：

$$\hat{f}_{iI}^{\text{int},e} = 2J_\xi(\boldsymbol{0})\sum_{Q=1}^{2} B_{Ij}(\boldsymbol{\xi}_Q)\hat{\sigma}_{ji}(\boldsymbol{\xi}_Q) \tag{8.7.21}$$

获得了几乎同样的结果。这两个积分点或者是 $\boldsymbol{\xi}_1=(-3^{-1/2}\quad -3^{-1/2})$ 和 $\boldsymbol{\xi}_2=(3^{-1/2}\quad 3^{-1/2})$，或者是 $\boldsymbol{\xi}_1=(-3^{-1/2}\quad 3^{-1/2})$ 和 $\boldsymbol{\xi}_2=(3^{-1/2}\quad -3^{-1/2})$。在积分点中的选择，对于结果的精度几乎没有影响，但是，会有非常小的差别。这种两点积分方法类似于 IPS2 单元，报导见 Liu，Chang 和 Belyschko(1988)。为了改善精度，这里的公式与在一个假设应变场中应用的公式是不同的。

8.7.8 三维单元 在前面三节中建立的概念可以扩展到三维六面体，尽管这里有某些额外的复杂性。下面的推导根据 Belytschko 和 Bindeman(1993)。在二维和三维中的单元的稳定性向量可以写成一般的形式：

$$\gamma_{\alpha I} = \beta(h_{\alpha I} - (h_{\alpha I}x_{ji})b_{ji}) \quad \text{这里} \quad \alpha = \begin{cases} 1, & \text{在二维中} \\ 4, & \text{在三维中} \end{cases} \tag{8.7.22}$$

速度场是

$$v_i(\boldsymbol{\xi},t) = \alpha_{i0}(t) + \alpha_{ij}(t)x_j(\boldsymbol{\xi}) + \alpha_{i\,\alpha+3}(t)h_\alpha(\boldsymbol{\xi}) \tag{8.7.23}$$

$$= (\boldsymbol{1} + \boldsymbol{b}_j x_j(\boldsymbol{\xi}) + \boldsymbol{\gamma}_\alpha h_\alpha(\boldsymbol{\xi}))^{\text{T}}\boldsymbol{v}_i \tag{8.7.24}$$

$$h_\alpha(\boldsymbol{\xi}) = [\eta\zeta \quad \zeta\xi \quad \xi\eta \quad \xi\eta\zeta], \quad \boldsymbol{b}_j = \boldsymbol{N}_{,j}(\boldsymbol{0}) \tag{8.7.25}$$

式中重复的 Green 指标在 4 的范围内求和。应用与前面同样的讨论，可以构造假设的速度应变场。例如，由 Belytschko 和 Bindeman(1993)给出的应用常数剪力的等体积场：

$$\bar{\boldsymbol{B}}^{\mathrm{T}}=\begin{bmatrix} \boldsymbol{b}_x+\frac{2}{3}\boldsymbol{g}_x^{1234} & -\frac{1}{3}\boldsymbol{g}_x^{1234} & -\frac{1}{3}\boldsymbol{g}_x^{1234} & \boldsymbol{g}_y^{12} & \boldsymbol{b}_z+\boldsymbol{g}_z^{13} & \boldsymbol{b}_y \\ -\frac{1}{3}\boldsymbol{g}_y^{1234} & \boldsymbol{b}_y+\frac{2}{3}\boldsymbol{g}_y^{1234} & -\frac{1}{3}\boldsymbol{g}_y^{1234} & \boldsymbol{b}_z+\boldsymbol{g}_x^{12} & \boldsymbol{0} & \boldsymbol{b}_x+\boldsymbol{g}_z^{23} \\ -\frac{1}{3}\boldsymbol{g}_z^{1234} & -\frac{1}{3}\boldsymbol{g}_z^{1234} & \boldsymbol{b}_z+\frac{1}{3}\boldsymbol{g}_z^{1234} & \boldsymbol{b}_y & \boldsymbol{b}_x+\boldsymbol{g}_x^{13} & \boldsymbol{g}_x^{23} \end{bmatrix} \tag{8.7.26}$$

其中

$$\boldsymbol{g}_i^{1234}=h_{\alpha,i}\boldsymbol{\gamma}_i \tag{8.7.27}$$

并且通过忽略从求和中失去的指标定义 $\boldsymbol{g}_i^{IJ}$。单元最好应用转动坐标系。对于任何节点速度，容易看出假设速度应变场是等体积的，但是也存在着许多其他会导致一个等体积场的组合。在三维中的单元结构比二维中的单元结构更为复杂。关于最佳结构的理论至今还没有建立起来。

8.8 举例

在下面的二维问题中，我们展示假设应变和完全积分的四边形的性能。对于不可压缩材料和梁的弯曲，我们的意图是证明如何通过假设应变场改善单元的性能。我们也证明对于不包含这些行为的问题，假设应变单元不会取得任何效果。在这里所研究的单元包括：

1. FB：Flanagan-Belytschko 刚度类型的扰动沙漏控制，指定刚度控制参数 α_S。
2. ASOI：假设速度应变单元。
3. ASQBI：假设典型弯曲。
4. ADS：假设应变的假设偏量。

除了第 1 个单元之外，所有的单元描述在公式(8.6.6)和表 8.1 中。

8.8.1　静态问题　对于矩形和斜四边形单元，表 8.2 给出了自由端的位移。在平面应变的一根弹性梁中，对于一种不可压缩、各向同性弹性材料，这些单元的收敛如图 8.12 所示。可以看出，除了应用 2×2 积分的 Q4＝QUAD4 之外，所有的单元具有同样的收敛率。正如我们所预料的，后者发生自锁。对于没有自锁的单元，在 l_2 范数中位移的收敛率几乎刚好是 2.0，而在能量范数中收敛率是 1.0（它几乎等价于 H_1 范数）。根据第 8.2.3 节，对于一个线性完备性单元，这些是所希望的收敛率。ASQBI 和 Pian-Sumihara 单元具有相同的精度。对于歪斜情况，Pian-Sumihara 单元比其他的单元稍微精确一些。换句话说，这些单元是差不多的。

表 8.2　弹性悬臂梁位移的计算与解析结果对比

材　料	MESH	QUAD4	ASQBI 和 Pian-Sumihara	ASOI	ADS
ν＝0.25	矩形	0.708	0.986	0.862	1.155
ν＝0.49999	矩形	0.061	0.982	0.982	1.205
ν＝0.25	斜四边形	0.689	0.948　0.955	0.834	1.112
ν＝0.49999	斜四边形	0.061	0.957　0.960	0.957	1.170

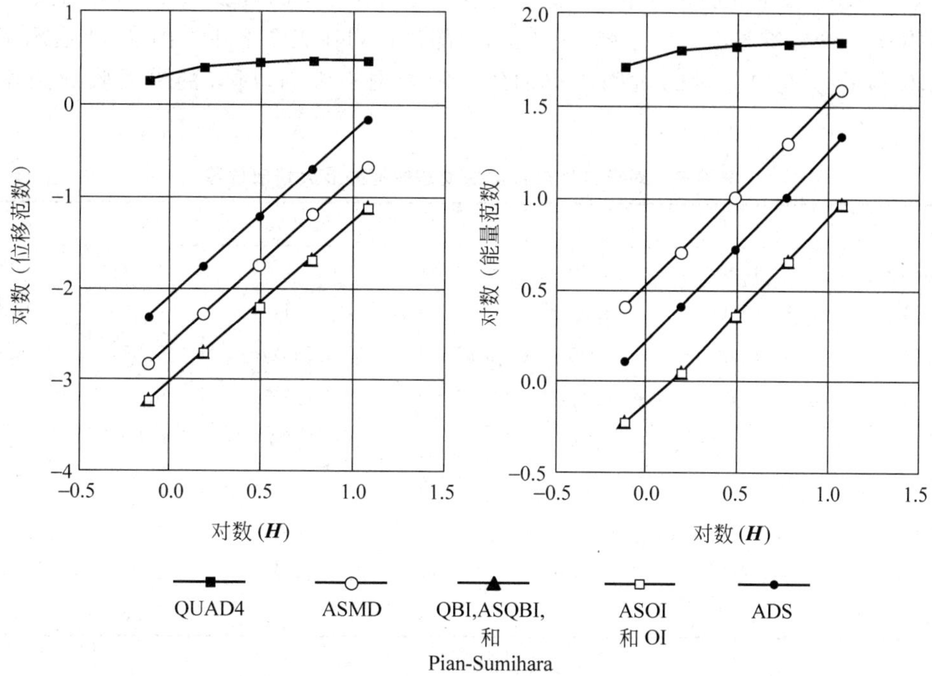

图 8.12 位移和能量的收敛误差范数；泊松比 $\nu=0.49999$，平面应变

我们的研究表明，对于弹性梁，具有一个积分点的 ASQBI 单元提供了粗糙网格的精确解答。然而，对于弹-塑性梁，其精度是很差的。在弹-塑性解答中的误差可以归因于没有足够的积分点。如果我们回顾在梁中的应力沿深度呈线性变化，就不会对此感到奇怪。所以，屈服首先发生在上下表面，然后向中线扩展。应用一点积分，应力仅在单元的中心取值，因此，积分点不能充分地反映在单元中的应力场。

通过在接近单元的边界处设置积分点，并且增加样本点的数目，两点积分算法(8.7.21)改善了精度。在梁弯曲时，通过沿着梁轴的垂直方向设置 3～10 个积分点，即便是粗糙的网格也可以获得精度。然而，这要求单元"认识"梁的几何或者分析者恰当地计算单元节点。

8.8.2 动态悬臂梁 平面应变悬臂梁如图 8.13 所示，它应用弹性和弹-塑性材料。材料是各向同性的，$\nu=0.25$，$E=1\times10^4$，并且密度为 $\rho=1$。应用了 von Mises 屈服函数和线性各向同性应变硬化，硬化模量为 $H=0.01E$。屈服应力 $\sigma_Y=300$。一个类似的问题由 Liu，Chang 和 Belytschko(1988)给出。

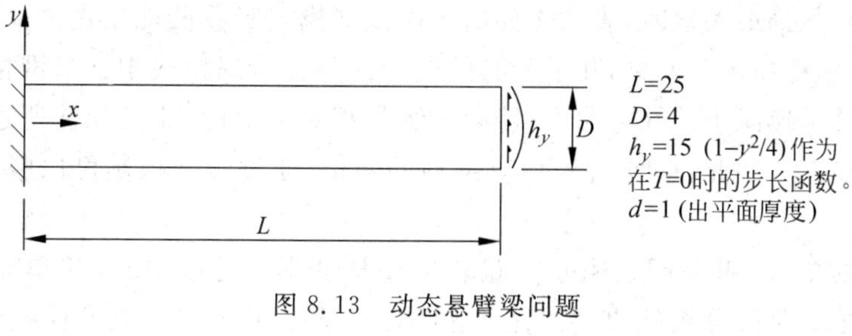

图 8.13 动态悬臂梁问题

这一问题涉及非常大的位移，其值达到梁长度三分之一的量级。32×192 个单元网格的结果作为一个标准答案。对于弹-塑性梁，端部位移列在表 8.3 中。图 8.14 展示了悬臂梁端部位移的 y 方向分量的时间历史曲线。随着网格细划，所有的单元收敛到相同的结果。

表 8.3　对于弹性悬臂梁的动态解答的最大端部位移

单　元	1×6	2×12	4×24	8×48	2×6	4×12
QUAD4(2×2)	4.69	6.30	7.31	7.85	4.94	6.61
FB(0.1)	15.9	8.39	8.18	8.14	7.22	7.67
FB(0.3)	7.68	7.05	7.59	7.92	5.35	6.69
ASOI	4.78	6.17	7.17	7.76	6.11	7.00
ASQBI	6.89	6.86	7.54	7.90	6.79	7.34
ASQBI(2×2)	6.98	7.52	7.86	8.05	7.27	7.68
ASQBI(2-pt)	7.00	7.53	7.87	8.06	7.28	7.69
ADS	14.2	8.15	8.12	8.12	7.94	7.94
ASSRI	6.05	6.63	7.42	7.86	5.23	6.60

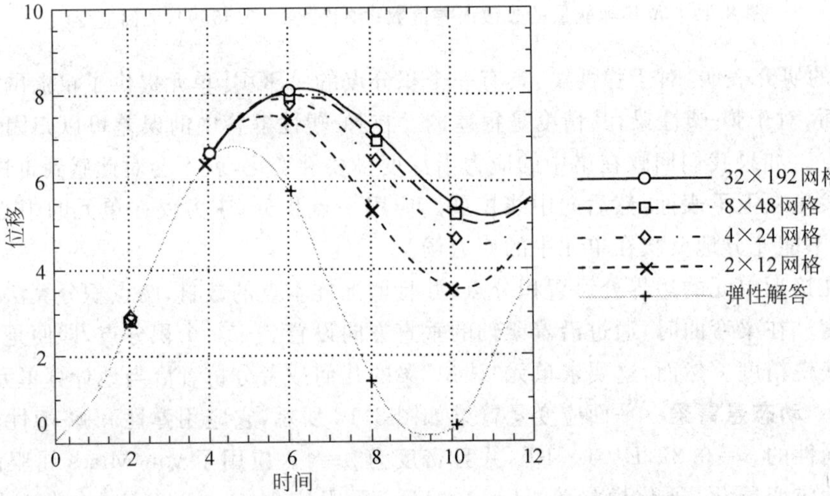

图 8.14　弹性悬臂梁的端部位移；ASQBI(两点积分)单元

当端部位移达到最大值时，表 8.4 列出了由沙漏模式吸收的能量占内能的比值。正如所预料的，对于粗糙(1×6)网格，几乎所有的应变能是在沙漏模式中。当网格细划后，在沙漏模式中的能量迅速减小。在弯曲中，沙漏控制是相对无效的，原因如前所述，所有的单元都陷入了沙漏模式。因此，即使对于相对细划的网格，通过沙漏控制可以吸收显著部分的能量。

对于所有的单元，粗糙网格阻止了最初的塑性变形。这在 ASQBI 单元中最为明显。ADS 或者 FB 单元是过分柔软的，它们往往掩饰由于积分点不足引起的误差。在弹-塑性弯曲中，在垂直于梁轴方向上的积分点数目是非常重要的。

表 8.4 当端部位移最大时在网格中的沙漏能量(占总应变能的比例)

网 格	FB(0.1)	ASOI	ASQBI	ADS
1×6	0.982	0.975	0.981	0.988
2×12	0.108	0.327	0.247	0.124
4×24	0.033	0.110	0.079	0.036
8×48	0.011	0.035	0.026	0.012

网格细划的每一水平,将一个显式运算减慢 8 倍因数,而增加积分点对于 ASQBI(两点积分)将减慢至少 2 倍,对于 ASQBI(2×2)单元减慢至少 4 倍。对于这个简单的本构方程,通过稳定性计算的消除,关于第二应力演化的附加计算将大量抵消,因此 ASQBI(两点积分)解答只比稳定性一点积分单元慢 10%。关于单元性能有如下评述:

1. 具有 2×2 积分点的 Q4 单元性能与稳定计算一点单元相比没有优势。
2. 当网格粗糙时,稳定性参数 α_S 的值对应用扰动稳定性(FB)弯曲问题的解答有显著的影响。

在梁弯曲中,对于高精度的期望来自于在工程和自然界中弯曲问题的普遍存在性。对于梁,一个具有近似完美精度的四边形单元将是令人高兴的。然而,对于进一步改善的大多数探索是误导的。MacNeal(1994)已经证明,对于非矩形单元,不可能避免寄生剪切。对于应用单层单元的弯曲,由于寄生剪切必须被完全抑制以便获得理想的结果,MacNeal 的分析证明它是不可能实现的。

8.8.3 圆柱形应力波 应用 4876 个四边形单元模拟在中心有一个圆孔的二维区域。在圆孔处施加压力荷载,并且通过显式时间积分得到动态解答。模型足够大以防止从外边界反射回来的波,应用弹性和弹-塑性材料,计算细节在 Belytschko 和 Bindeman(1991)给出。通过比较二维解答与一个采用非常细划网格的轴对称一维计算,给出了估计误差。在计算结束时,名义 ℓ_2 误差范数在表 8.5 中给出。

可以看出所有单元的精度是相差不大的。注意到误差包含了时间积分误差,并且我们不知道它与空间误差的比例。在任何情况下,稳定单元的精度等价于 2×2 积分单元的精度,并且对于多场单元没有改善。我们引用这些结果以支持我们的论点,仅当发生自锁或者当单元针对特殊类问题的时候,诸如梁弯曲,多场单元改善了精度。

表 8.5 关于轴对称波在位移中的名义 ℓ_2 误差范数

θ	QUAD4	FB(0.1)	ASMD	ASQBI	ASOI	弹/塑性
0°	0.014	0.014	0.014	0.014	0.013	弹性
45°	0.022	0.022	0.019	0.019	0.012	弹性
0°	0.006 3	0.006 3	0.006 1	0.006 1	0.006 1	塑性
45°	0.006 9	0.006 9	0.008 6	0.008 8	0.007 3	塑性

8.9 稳定性

在多场方法中,不稳定性通常发生在假设应变和应力场中。这些不稳定性非常普遍。事实上非常少的混合单元或不完全积分(或者 SRI 积分)单元具有稳定的应力场。具有讽刺意义的是如果混合方法解决了一个困难，则制约了它们适用于其他的问题。排除了体积自锁则导致了压力不稳定，在壳中应用混合法排除了剪切自锁则导致了剪切不稳定。这些不稳定性与 Lagrange 乘子的存在有关：任何由 Lagrange 乘子或者摄动罚函数方法处理的约束必须小心设计，不仅要满足约束，也要保证稳定，而后者更加困难。

压力不稳定性是一个空间不稳定性，像在对流-扩散方程中的不稳定性。通过我们前面应用的标准稳定性方法研究这一问题，我们需要检验离散方程的空间稳定性。遗憾的是，压力不稳定性不在一维问题中出现，并且二维稳定性分析需要大量的代数计算，而且，它是只对规则网格适用。

压力场的稳定性性质与 LBB 条件有关(字母 L 代表 Ladezhvanskaya，近来经常省略，它出现在 Ladezhvanskaya(1968))。这个条件对于假设应力和应变场强制了严格的约束。关于这一理论可以在 Bathe(1996：301)中读到。

关于压力近似的稳定性，由 Zienkiewicz 和 Taylor(1991)给出了必要但不充分的条件。除了我们提出的线性化稳定性问题之外，关于他们的讨论，我们将给出简要的概括和主要的结果。通过增加惯性力，获得了关于 Lagrange 乘子问题(8.5.29)线性化稳定性分析的方程：

$$\begin{bmatrix}\boldsymbol{K}^{\text{int}} & \boldsymbol{G}^{\mathrm{T}}\\ \boldsymbol{G} & \boldsymbol{0}\end{bmatrix}\begin{Bmatrix}\boldsymbol{d}\\ \boldsymbol{p}\end{Bmatrix}+\begin{bmatrix}\boldsymbol{M} & \boldsymbol{0}\\ \boldsymbol{0} & \boldsymbol{0}\end{bmatrix}\begin{Bmatrix}\ddot{\boldsymbol{d}}\\ \ddot{\boldsymbol{p}}\end{Bmatrix}=\boldsymbol{0} \tag{8.9.1}$$

为了进行这些方程的稳定性分析，我们令节点位移和压力解答为指数形式：$\boldsymbol{d}=\boldsymbol{a}\mathrm{e}^{\mu t}$，$\boldsymbol{p}=\boldsymbol{b}\mathrm{e}^{\mu t}$。将这些节点位移和压力代入式(8.9.1)中，我们得到特征值问题：

$$\begin{bmatrix}\boldsymbol{A} & \boldsymbol{G}^{\mathrm{T}}\\ \boldsymbol{G} & \boldsymbol{0}\end{bmatrix}\begin{Bmatrix}\boldsymbol{a}\\ \boldsymbol{b}\end{Bmatrix}=\begin{Bmatrix}\boldsymbol{0}\\ \boldsymbol{0}\end{Bmatrix}\quad \text{这里}\quad \boldsymbol{A}=\boldsymbol{M}+\mu^2\boldsymbol{K}^{\text{int}} \tag{8.9.2}$$

由 Raleigh 嵌套理论，约束系统的频率全部嵌套在 $\boldsymbol{A}$ 的频率之间。我们注意到通过应用第 1 个方程，如果我们从系统中消除 $\boldsymbol{a}$，则得到

$$\boldsymbol{G}\boldsymbol{A}^{-1}\boldsymbol{G}^{\mathrm{T}}\boldsymbol{b}=\boldsymbol{0} \tag{8.9.3}$$

对于压力解答 $\boldsymbol{b}$ 的结果存在，稳定性是至关重要的。在这一基础上，Zienkiewicz 和 Taylor (1991)提供了某些很好的指导。他们证明了对于 $\boldsymbol{b}$ 的存在，$\boldsymbol{A}$ 的秩必须大于或者等于 $\boldsymbol{G}$ 的秩。由于 $\boldsymbol{A}$ 的秩是 n_{dof}，这里 n_{dof} 是自由度的数目，则如果 n_{p} 是在模型中压力参数的数目，对于可解的系统(8.9.3)和对于压力变量，它服从的必要条件是

$$n_{\text{dof}}\geqslant n_{\text{p}}\quad \text{或者}\quad \min(n_{\text{dof}})\geqslant \max(n_{\text{p}}) \tag{8.9.4}$$

式中，如果我们希望单元压力场对于任何边界条件的有效组合是可解的，则需服从第 2 个条件。对于压力场的可解性，必须强调上述条件是必要条件，不是充分条件，即有可能满足了上述条件但是单元仍然是不稳定的。

显然，当混合单元提供了稳定的压力场时，简单条件(8.9.4)是一个极好的导向。一些广泛应用的单元显示在图 8.15 中，其网格应用在 Zienkiewicz 和 Taylor 的实验中。首先是应用常数压力的 4 节点四边形。围绕网格的周边指定位移，从而建立了 n_{dof} 是最小值的构形。指定其中的一种压力是用于消除常数压力模式的。可以看出当 $n_{\text{dof}}=2$ 时，由于只有 2 个自由度的一个节点是自由的，而 $n_{\text{p}}=3$，因此不满足(8.9.4)，并且应用压力场出现了预料的困难。如果单元失败于任何网格试验，它不是 LBB 稳定的。在另一方面，在 9 节点单元中，如图 8.15(b)所示，$n_{\text{dof}}=2$ 并且 $n_{\text{p}}=2$，于是满足条件。这个单元确实是对于单元特殊压

力场具有良好表现的少数几个单元之一。可以证明这种单元满足 LBB 条件。

可以通过特殊的例子更好地理解由于多场方法引入的困难的性质。我们考虑图 8.15(a)中的网格。它被留作一个练习，证明对于这一网格的约束矩阵 $\boldsymbol{G}$ 为

$$\boldsymbol{G}^{\mathrm{T}}=\begin{bmatrix}\Delta y & -\Delta y & -\Delta y & \Delta y\\ \Delta x & \Delta x & -\Delta x & -\Delta x\end{bmatrix} \tag{8.9.5}$$

式中 Δx 和 Δy 分别是单元沿 x 和 y 方向的长度。在 $\boldsymbol{G}^{\mathrm{T}}$ 的核心处有两个压力向量 $\boldsymbol{p}=1$ 和 $\boldsymbol{p}=\boldsymbol{h}$，这里的 $\mathbf{1}$ 和 $\boldsymbol{h}$ 在公式(8.4.11)中定义。第一个是常数压力模式，它是一个固有奇异模式；第二个是一个正负交替的棋盘模式(图 8.3)。注意到奇异压力模式类似于一点积分四边形的伪奇异模式：两者都可以由向量 $\boldsymbol{h}$ 描述。在两种情况下，结果随时间线性增长。像一个沙漏模式，压力是弱稳定性的。

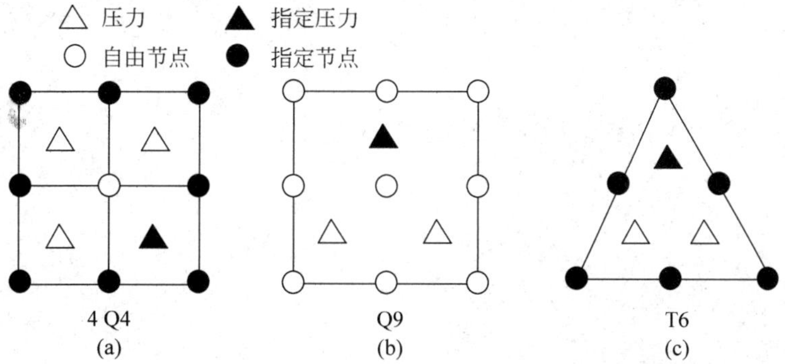

图 8.15 多场 p-v 单元和压力单元的稳定性检验

同样的伪压力模式在罚函数法中出现。回顾第 6.3 节，罚函数方法等价于 Lagrangian 摄动方法。于是很容易验证，伪压力模式是摄动 Lagrangian 形式的零频模式。因此，它应该也是罚函数方法的一种模式。在 Lagrange 乘子公式中，任何具有伪压力模式的单元将在罚函数公式中具有伪模式。

为了强健，一个单元必须满足 LBB 条件，或者压力场必须是稳定的。为了满足 LBB 条件，单元必须不是体积自锁的。在二维中，具有单元特殊压力场的低阶单元，只有线性压力场的 9 节点四边形单元和常数压力场的 6 节点三角形单元满足 LBB 条件。6 节点三角形也满足对于 C^0 线性压力的 LBB 条件，但是这必须是一个整体压力场的近似。LBB 条件的理论基础仅是针对线性问题建立起来的。当我们没有非线性理论的时候，我们再次将线性理论的结果应用于非线性问题，这是具有普遍意义的实践。

对于没有体积自锁但是具有压力不稳定性的单元，诸如常数压力下的 4 节点四边形单元和在交叉对角模型中的常应变三角形单元，必须应用压力稳定性。适用于 Q4 单元的压力稳定性已经由 Franca 和 Frey(1992)给出。

8.10 练习

1. 证明当 $X_2\neq\frac{1}{2}(X_1+X_3)$ 时，在例子 2.5 中的 3 节点单元不能再造二次位移场。提示：在 X 中的一个二次场设定节点位移，并检验结果场。

2. 证明弱形式(8.5.12)导致下面的强形式：

$$\bar{p}=p,\quad \bar{D}_{ii}=D_{ii},\quad \sigma_{ij,j}^{\mathrm{dev}}-\bar{p}_{,i}+\rho b_i=\rho\dot{v}_i$$

$$n_i(\sigma_{ij}^{\mathrm{dev}}-\bar{p}\delta_{ij})=\bar{t}_j\quad 在\ \Gamma_t\ 上,[n_i(\sigma_{ij}^{\mathrm{dev}}-\bar{p}\delta_{ij})]=0\quad 在\ \Gamma_{\mathrm{int}}\ 上$$

3. 证明弱形式(8.5.13)导致下面的强形式：

$$\sigma_{ij,j}^{\mathrm{dev}}-\bar{p}_{,i}+\rho b_i=\rho\dot{v}_i,\quad \bar{p}=p,\quad \bar{D}_{ii}=0$$

$$n_i(\sigma_{ij}^{\mathrm{dev}}-\bar{p}\delta_{ij})=\bar{t}_j\quad 在\ \Gamma_t\ 上,[n_i(\sigma_{ij}^{\mathrm{dev}}-\bar{p}\delta_{ij})]=0\quad 在\ \Gamma_{\mathrm{int}}\ 上$$

4. 通过应用关于应力的转换，并令 $\delta\boldsymbol{D}=\delta\boldsymbol{F}$，证明式(8.5.1)可以转换到式(8.5.14)。

9

梁和壳

9.1 引言

在许多工程构件和自然结构的模拟中，壳单元和其他结构单元都是极为重要的。薄壳出现在许多产品中，诸如汽车中的金属薄板，飞机的机舱、机翼和方向舵，以及某些产品的外壳，如手机、洗衣机和计算机。用连续体单元模拟这些构件需要大量的单元，从而导致非常昂贵的计算费用。像我们在第 8 章中看到的，采用六面体单元模拟一根梁沿厚度方向至少需要五个单元。因此，即便采用低阶的壳单元也能够代替五个或者更多个连续体单元，这将极大地改善运算效率。此外，应用连续体单元模拟薄壁结构常常导致较高的宽厚比，从而降低了方程的适应条件和解答的精度。在显式方法中，根据稳定性的要求，薄壁结构的连续体单元模型被限制在非常小的时间步。所以，在工程分析中结构单元是非常有用的。

结构单元可以分为以下几类：

1. 梁，运动由仅含一个独立变量的函数描述。
2. 壳，运动由包含两个独立变量的函数描述。
3. 板，即平面的壳，沿其表面法线方向加载。

在计算软件中，板通常由壳单元模拟。因为它们就是平面的壳，所以我们将不再分别考虑板单元。另一方面，梁则需要考虑一些辅助的理论，并且为学习结构单元基本原理的读者提供一些简单的模型，因此，本章的主要篇幅将是介绍梁。

可以通过两种途径建立壳体有限元：

1. 通过应用经典壳方程的动量平衡(或平衡)的弱形式。
2. 通过强制结构的假设直接由连续体单元建立单元，这称为基于连续体(CB)方法。

第一种途径是困难的，尤其是对于非线性壳，因为对于非线性壳的控制方程是非常复杂的，处理起来相当不方便，它们的公式通常由张量的曲线分量来表示，并且其特征，诸如厚度、连接件和加强件的变量一般也是难以组合的，而且对于什么是最佳的非线性壳方程的观点也是不一致的。另一方面，CB 方法(基于连续体)是直观的，能得到非常好的解答，它适用于任意的大变形问题并被广泛地应用于商业软件和研究中。因此，我们将关注 CB 方法。

这种方法也称为退化的连续体方法。我们更喜欢用 Stanley 在 1985 年创造的基于连续体的名字，因为关于这些单元没有任何退化。

CB 方法不仅简单，而且对发展壳单元提供了一种比经典壳理论更加令人感兴趣的框架。在大多数板和壳理论中，通过在运动中强制引入运动假设建立平衡或者动量方程，然后应用虚功原理推导偏微分方程。为了离散化，建立动量方程的弱形式则需要回顾一下虚功原理。在 CB 方法中，运动假设被强制引入连续体弱形式中的变分和试函数。因此，对于获得壳和其他结构的离散方程，CB 壳方法是更加直接的方法。

在关于壳的 CB 方法中，由两种途径强化运动假设：

1. 在连续体运动的弱形式中。
2. 在连续体的离散方程。

我们从二维梁的描述出发，以此入手进行关于各种结构理论的讨论并将它们与 CB 理论比较。与前几章的结构不同，我们将从介绍 CB 方法的编程开始，因为这最能体现它的简单性和主要特点，然后我们再应用第一种方法，从理论角度更全面地检验 CB 梁单元。

接着建立 CB 壳单元。我们再次从编程出发，阐述在前一章中应用于建立连续体单元的方法如何直接应用于 CB 壳中。这里发展的 CB 壳理论综合了在现有文献中报道的各种方法，而且也结合了由于大变形在厚度上变化的新的处理方法，还给出了在三维问题中关于描述大转动的方法。

然后描述 CB 壳单元的两点不足：剪切和膜自锁。这些现象将在关于梁的内容中检验，而得到的解释将应用于壳单元中。我们还描述了借助于假设应变场的方法防止发生这些问题，并且给出了缓和剪切和膜自锁的单元的例子。

我们在结论中描述了应用在显式程序中的 4 节点四边形壳单元，也经常称为一点积分单元。这些单元是快速的和强健的，并且适用于大规模问题的分析。我们还回顾和比较了这种类型的几种单元。

9.2 梁理论

9.2.1 梁理论的假设 区别结构和连续体的关键特征是对在单元中的运动和应力状态给出的假设，这些假设基于通过实验观察证实的推测。关于薄壳运动的假设称为运动学假设，而关于应力场的假设称为动力学假设。

主要的运动学假设关注垂直于梁的中线(也称为参考线)的运动。在线性结构理论中，中线通常选择梁的横截面形心的轨迹。然而，参考线的位置对于 CB 单元没有任何影响：任何近似对应于梁的形状的线都可以作为参考线。参考线的位置仅仅影响弯矩结果的值，而对于应力和总体响应没有影响。我们将采用所谓的参考线或者可以替之的中线，注意到即使所谓的中线采用梁的相关横截面的精确位置，它还是与 CB 单元无关。由垂直于中线定义的平面称之为法平面。图 9.1 显示了一根梁的参考线和法平面。

广泛应用的梁理论有两种：Euler-Bernoulli 梁理论和 Timoshenko 梁理论。这些理论的运动学假设是：

1. Euler-Bernoulli 梁理论：假设中线的法平面保持平面和法向。这也称为工程梁理论，而相应的壳理论称为 Kirchhoff-Love 壳理论。

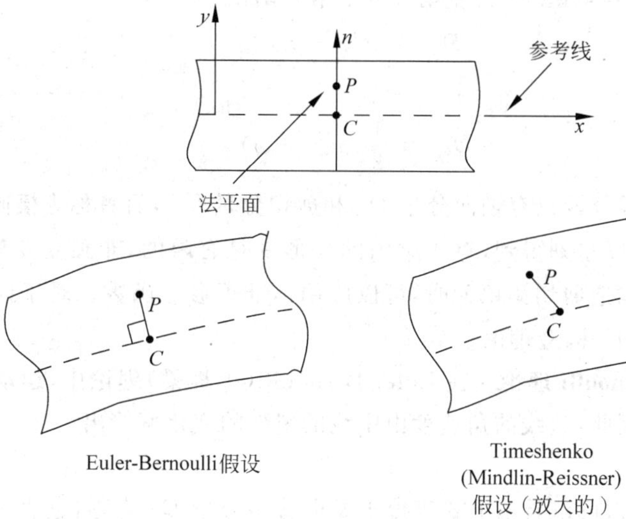

图 9.1 在 Euler-Bernoulli 梁和剪切梁(Timoshenko)中的运动；
在 Euler-Bernoulli 梁中,法平面保持平面和法向,
而在剪切梁中,法平面保持平面,但是不再保持法向。

2. Timoshenko 梁理论：假设中线的法平面保持平面,但是不一定是法向。这也称为剪切梁理论,并且相应的壳理论称为 Mindlin-Reissner 壳理论。

我们将要介绍的 Euler-Bernoulli 梁不允许任何横向剪切,而由第二种假设推导的梁允许横向剪切。Euler-Bernoulli 梁的运动是由剪切梁理论允许的运动的一部分。

为了描述这些运动学假设给出的结果,我们考虑一根沿着 x 轴的二维直梁,如图 9.1 所示。令 x 轴与中线重合,并且 y 轴垂直于中线。我们仅考虑一个指定当前构形的瞬时运动,因此,下面的方程并不构成一种非线性理论。我们首先在数学上表示运动学假设,并且建立变形率张量。变形率与线性应变具有相同的性质,因为在线性应变-位移关系中通过用速度替换位移,可以获得变形率的方程。接下来的目的是描述在应变场中运动学假设的结果,并不是构造一种值得应用的理论。

9.2.2 Timoshenko(剪切梁)理论 我们首先描述 Timoshenko 梁理论。这一理论主要的运动学假设是法平面保持平面,即平的,并且在平面内没有变形发生。因此,垂直于中线的平面转动时视为刚体。考虑一个点 P 的运动,它在中线上的正交投影为点 C。如果法平面转动视为一个刚体,则 P 点的速度相对于 C 点的速度为

$$\boldsymbol{v}_{PC} = \boldsymbol{\omega} \times \boldsymbol{r} \tag{9.2.1}$$

其中,$\boldsymbol{\omega}$ 是平面的角速度；$\boldsymbol{r}$ 是从 C 到 P 的矢量。在二维问题中,角速度的非零分量是 z 分量,所以$\boldsymbol{\omega} = \dot{\theta}\boldsymbol{e}_z \equiv \omega \boldsymbol{e}_z$,其中$\dot{\theta}(x,t)$是法线的角速率。由于 $\boldsymbol{r} = y\boldsymbol{e}_y$,则相对速度为

$$\boldsymbol{v}_{PC} = \boldsymbol{\omega} \times \boldsymbol{r} = -y\omega \boldsymbol{e}_x \tag{9.2.2}$$

中线上任何一点的速度是 x 和时间 t 的函数,因此$\boldsymbol{v}^M(x,t) = v_x^M \boldsymbol{e}_x + v_y^M \boldsymbol{e}_y$,即任何一点的速度是相对速度(9.2.1)和中线速度之和：

$$\boldsymbol{v} = \boldsymbol{v}^M + \boldsymbol{\omega} \times \boldsymbol{r} = (v_x^M - y\omega)\boldsymbol{e}_x + v_y^M \boldsymbol{e}_y \tag{9.2.3a}$$

$$v_x(x,y,t) = v_x^M(x,t) - y\omega(x,t), \quad v_y(x,y,t) = v_y^M(x,t) \tag{9.2.3b}$$

应用变形率的定义，$D_{ij}=\mathrm{sym}(v_{i,j})$（见第 3.3.2 节），给出

$$D_{xx}=v_{x,x}^M-y\omega_{,x} \tag{9.2.4a}$$

$$D_{yy}=0 \tag{9.2.4b}$$

$$D_{xy}=\frac{1}{2}(v_{y,x}^M-\omega) \tag{9.2.4c}$$

可以看到变形率的非零分量只有轴向分量 D_{xx} 和剪切分量 D_{xy}，后者称为**横向剪切**。

由公式(9.2.4)可以立刻得到，对于梁内的变形率是有限的，非独立变量 v_i^M 和 ω 只需要 C^0 连续。因此，在构造剪切梁单元时，可以应用标准等参形函数。对于插值函数仅需要是 C^0 连续的理论称为 C^0 构造理论。

9.2.3　Euler-Bernoulli 理论　在 Euler-Bernoulli（工程梁）理论中，运动学假设是法平面保持平面和法向。因此，法线的角速度由中线的斜率的变化率给出：

$$\omega=v_{y,x}^M \tag{9.2.5}$$

通过检验公式(9.2.4c)，可以看出上式等价于要求剪切分量 D_{xy} 为零，它表示在法线和中线之间的夹角没有变化，即法线保持法向。轴向速度则为

$$v_x(x,y,t)=v_x^M(x,t)-yv_{y,x}^M(x,t) \tag{9.2.6}$$

Euler-Bernoulli 梁理论的变形率为

$$D_{xx}=v_{x,x}^M-yv_{y,xx}^M,\quad D_{yy}=0,\quad D_{xy}=0 \tag{9.2.7}$$

在上式中两个特征值得注意：

1. 横向剪切为零。
2. 在变形率的表达式中出现了速度的二阶导数，即速度场必须为 C^1 连续。

而 Timoshenko 梁有 2 个非独立变量（未知），在 Euler-Bernoulli 梁中只有 1 个非独立变量。类似的简化发生在相应的壳理论中：在 Kirchhoff-Love 壳理论中只有 3 个非独立变量，而在 Mindlin-Reissner 壳理论中有 5 个非独立变量（实际上经常应用 6 个，这一讨论见第 9.5 节）。

Euler-Bernoulli 梁理论常称为 C^1 理论，因为它要求 C^1 近似。这种要求是 Euler-Bernoulli 和 Kirchhoff-Love 理论的最大缺陷，因为在多维空间中 C^1 近似是很难构造的。由于这个原因，在软件中除了针对梁外很少应用 C^1 构造理论。梁单元常常基于 Euler-Bernoulli 理论，因为在一维情况下，C^1 插值是很容易构造的。

横向剪切仅在厚梁中是明显的。然而，即使横向剪切对于响应没有影响，但它在 Timoshenko 梁和 Mindlin-Reissner 壳中是常常应用的。当梁是薄梁时，在 Timoshenko 梁模型中的横向剪切能在理想性能单元情况下将趋于零。因此，在数值结果中也观察到了垂直假设，它隐含着对于薄梁横向剪切为零。

这些假设主要是以实验为依据的，这一理论的预测与试验测量相吻合。对于弹性材料，梁的闭合形式的解析解也支持这一理论；对于任意非线性材料，由于构造假设，还没有解析地确定误差。

9.2.4　离散的 Kirchhoff 和 Mindlin-Reissner 理论　离散的 Kirchhoff 理论可以作为第 3 种途径，它仅应用在数值方法中。在离散的 Kirchhoff 理论中，Kirchhoff-Love 假设仅仅是离散地应用，即在有限个点上，一般为积分点。在单元的其他点上则发生横向剪切，但是忽略不计。类似地，通过离散地强制这些假设，建立离散的 Mindlin-Reissner 单元。

9.3 基于连续体的梁

下面，建立基于连续体(CB)的二维梁的公式，结构的控制方程与连续体的控制方程是一致的：

1. 质量守恒；
2. 线动量和角动量守恒；
3. 能量守恒；
4. 本构方程；
5. 应变-位移方程。

为了研究梁的这些方程，在运动和应力状态中强制引入梁理论的假设。

在这一节中，我们在离散方程中强制引入 CB 梁理论的动态约束，即修改连续体有限元，这样它的行为像梁一样。在下一节中，我们在建立弱形式和离散方程之前，通过在运动中强制引入动态假设以建立 CB 梁。这两节，即 9.3 节和 9.4 节，将介绍很多应用于 CB 壳单元的概念和技术。发展这些单元以适用于材料非线性和几何非线性。不仅可以用更新的 Lagrangian 描述，还可以用完全的 Lagrangian 描述，但是我们将强调前者。在壳体和结构中几乎一直在使用 Lagrangian 单元，因为它们包含紧密相连的分离表面，这种表面用 Eulerian 单元很难处理。

我们将不再重复在第 2，4 章和第 7 章中建立动量方程弱形式的过程和证明它与强形式的等价关系，而是将从在第 4 章中建立的连续体的离散方程出发。

9.3.1 定义和术语 图 9.2 所示为 CB 梁单元，母单元也表示于图中。连续体单元的节点仅在顶部和底部，如图 9.2 所示，在 η 方向的运动一定是线性的。这些节点称为**从属节点**。这里采用 6 节点四边形单元作为基本的连续体单元，但是，在顶面和底面有 n_N 个节点的任何其他的连续体单元也可以应用。参考线与 $\eta=0$ 线重合。

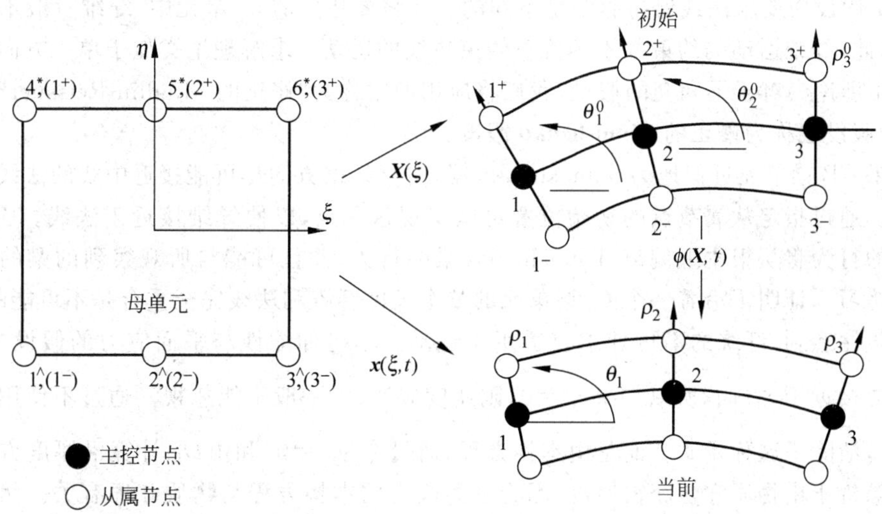

图 9.2 一个 3 节点 CB 梁单元和基本 6 节点连续体单元；显示基本连续体单元中从属节点的两种表示方法

ξ为常数的线称为**纤维**。沿着纤维的单位矢量称为方向矢量，由 $\boldsymbol{p}(\xi,t)$表示，也称做**伪法线**。在 CB 理论中的方向矢量与经典 Mindlin-Reissner 理论中的法线具有相同的作用，因此称其为伪法线。η 为常数的线称为**迭层**。

在纤维将从属节点与参考线连接的内部截面上，引入**主控节点**，这些节点的自由度描述了梁的运动。以主控节点的广义力和速度来建立运动方程。在一条公共纤维上，每一主控节点联系一对从属节点，如图 9.2 所示。节点号的上标或者为星号或者为加号或者为减号以表示从属节点，这样，I^+ 和 I^- 分别表示与主控节点 I 联系的梁上表面的从属节点(+)和下表面的从属节点(−)；有时用 I^* 表示连续体单元的节点号。每三个 I^-，I 和 I^+ 节点是共线的，而且位于同一纤维上。

使用“顶部”和“底部”没有确切的定义。或者可以将梁的表面设计作为“顶面”。

连续体单元的两组节点号的关系为

$$\begin{aligned} I^- &= I^* && \text{对于 } I^* \leqslant n_N \\ I^+ &= I^* - n_N && \text{对于 } I^* > n_N \end{aligned} \tag{9.3.1}$$

由上述规则，通过将从属节点号 I^* 转换成为上角标为+或者−的节点号，可以得到与任何从属节点联系的主控节点，其整数值给出主控节点号。

对于梁内的每一点，通过迭层的切线$\hat{\boldsymbol{e}}_x$ 定义了转动坐标系统。$\hat{\boldsymbol{e}}_y$ 垂直于迭层，它的方向沿梁的厚度可能会变化。与方向矢量共线是没有必要的。这个坐标系统也称为迭层坐标系统，因为其中的一个轴与迭层正切。

9.3.2 假设 下面的假设是针对运动和应力状态的：

1. 纤维保持直线。
2. 横向正应力忽略不计，即平面应力条件或者零正应力条件为

$$\hat{\sigma}_{yy} = 0 \tag{9.3.2}$$

3. 纤维是不伸缩的。

在本书中，第一个假设也称为**修正的 Mindlin-Reissner 假设**，它与经典的 Mindlin-Reissner 假设中要求法线保持直线是不同的。在将要建立的 C^0 单元中，纤维一般不垂直于中线，因此，纤维运动的约束并不等价于约束法线的运动。求解理论类似于单一方向矢量的 Cosserat 理论。对于梁和壳的假设，我们将应用通常称为“修正的 Mindlin-Reissner”。对于梁，这个假设也称为**修正的 Timoshenko 假设**。

如果 CB 梁单元近似地为 Timoshenko 梁，对于纤维方向尽可能接近中线的法线方向是必要的。通过指定从属节点的初始位置可以实现这一点，以便纤维接近于法线。否则，CB 梁单元的行为将从根本上偏离 Timoshenko 梁的行为，并且可能与所观察到的梁的行为不一致。练习 1 证明了沿着一个 C^0 型单元的整个长度纤维和法线完全重合是不可能的。

应该注意到，纤维的不可伸缩仅适用于运动。不可伸缩性与平面应力的假设相矛盾：纤维通常接近于$\hat{y}$方向，所以如果$\hat{\sigma}_{yy}=0$，则速度应变$\hat{D}_{yy}$一般不能忽视。通过不使用运动来计算$\hat{D}_{yy}$，消除了这种矛盾。而是由本构方程，通过令 $\hat{\sigma}_{yy}=0$，和由$\hat{D}_{yy}$ 计算沿厚度方向的变化。这等价于由物质守恒获得厚度，因为平面应力的本构方程与物质守恒有关。然后修正节点内力以反映沿厚度方向的变化。因此，不可伸缩的假设仅仅适用于运动。

我们没有以 PK2 应力或者名义应力的形式给出平面应力条件，因为除非做出简化的假

设，它们将比公式(9.3.2)更为复杂。平面应力条件要求物理应力的$\hat{y}$分量为零，这不等价于要求相应的 PK2 应力分量为零。

9.3.3 运动 通过主控节点的平移 $x_I(t)$，$y_I(t)$和节点方向矢量的旋转 $\theta_I(t)$描述梁的运动，见图 9.2。从 x 轴逆时针旋转的转角 $\theta_I(t)$为正。通过对连续体单元的标准等参映射，由从属节点运动的形式给出梁的运动：

$$\boldsymbol{x}(\boldsymbol{\xi},t)=\sum_{I^+=1}^{n_N}\boldsymbol{x}_{I^+}(t)N_{I^+}(\xi,\eta)+\sum_{I^-=1}^{n_N}\boldsymbol{x}_{I^-}(t)N_{I^-}(\xi,\eta)=\sum_{I^*=1}^{2n_N}\boldsymbol{x}_{I^*}(t)N_{I^*}(\xi,\eta) \tag{9.3.3}$$

在上式中，$N_{I^*}(\xi,\eta)$为**连续体的标准形函数**(在节点指标中用 * 或者上标为“+”或“-”的符号表示)。

为了使上面的运动与修正的 Mindlin-Reissner 假设相一致，**基本连续体单元的形函数在 $\boldsymbol{\eta}$ 方向必须是线性的**。因此，母单元在 η 方向只有两个节点，即沿着纤维方向只能有两个从属节点。

对上式取材料时间导数得到速度场：

$$\boldsymbol{v}(\boldsymbol{\xi},t)=\sum_{I^+=1}^{n_N}\boldsymbol{v}_{I^+}(t)N_{I^+}(\xi,\eta)+\sum_{I^-=1}^{n_N}\boldsymbol{v}_{I^-}(t)N_{I^-}(\xi,\eta)=\sum_{I^*=1}^{2n_N}\boldsymbol{v}_{I^*}(t)N_{I^*}(\xi,\eta) \tag{9.3.4}$$

在从属节点的运动中，我们现在强制引入不可伸缩条件和修正的 Mindlin-Reissner 假设，即

$$\boldsymbol{x}_{I^+}(t)=\boldsymbol{x}_I(t)+\frac{1}{2}h_I^0\boldsymbol{p}_I(t),\quad \boldsymbol{x}_{I^-}(t)=\boldsymbol{x}_I(t)-\frac{1}{2}h_I^0\boldsymbol{p}_I(t) \tag{9.3.5a,b}$$

其中，$\boldsymbol{p}_I(t)$为主控节点 I 的方向矢量；h_I^0 为节点 I 处梁的初始厚度(或者更精确地说是伪厚度，因为它是沿着纤维方向在单元的顶部与底部之间的距离)。这是连续体单元向 CB 梁单元转化的关键一步。

在节点 I 处的方向矢量是沿着纤维(I^-,I^+)的单位矢量，因此，当前节点的方向矢量为

$$\boldsymbol{p}_I(t)=\frac{1}{h_I^0}(\boldsymbol{x}_{I^+}(t)-\boldsymbol{x}_{I^-}(t))=\boldsymbol{e}_x\cos\theta_I+\boldsymbol{e}_y\sin\theta_I \tag{9.3.6}$$

其中，$\boldsymbol{e}_x$ 和 $\boldsymbol{e}_y$ 为总体基矢量。初始厚度由下式给出：

$$h_I^0=\|\boldsymbol{X}_{I^+}-\boldsymbol{X}_{I^-}\| \tag{9.3.7}$$

上式也可以从公式(9.3.5a)减去式(9.3.5b)得到。初始节点的方向矢量为

$$\boldsymbol{p}_I^0(t)=\frac{1}{h_I^0}(\boldsymbol{X}_{I^+}-\boldsymbol{X}_{I^-})=\boldsymbol{e}_x\cos\theta_I^0+\boldsymbol{e}_y\sin\theta_I^0 \tag{9.3.8}$$

其中，θ_I^0为节点 I 处方向矢量的初始角度。很容易证明在节点 I 处纤维方向上的运动公式(9.3.5)满足不可伸缩要求。根据 CB 梁理论，在 9.4 节中将证明所有的纤维长度保持常数。然而，对于 CB 有限元，这个结果不成立，见例 9.1。

从属节点的速度是公式(9.3.5)的材料时间导数，服从

$$\boldsymbol{v}_{I^+}(t)=\boldsymbol{v}_I(t)+\frac{1}{2}h_I^0\boldsymbol{\omega}_I(t)\times\boldsymbol{p}_I(t),\quad \boldsymbol{v}_{I^-}(t)=\boldsymbol{v}_I(t)-\frac{1}{2}h_I^0\boldsymbol{\omega}_I(t)\times\boldsymbol{p}_I(t) \tag{9.3.9}$$

其中，我们已经应用公式(9.2.1)以角速度的形式解释节点速度，注意到由主控节点到从属节点的顶部和底部的速度分别是$\frac{1}{2}h_I^0\boldsymbol{p}_I(t)$和$-\frac{1}{2}h_I^0\boldsymbol{p}_I(t)$。由于模型是二维的，因此有$\boldsymbol{\omega}=\dot{\theta}\boldsymbol{e}_z\equiv\omega\boldsymbol{e}_z$，并且从属节点的速度可以应用公式(9.3.6)、(9.3.7)和(9.3.9)写成：

$$\boldsymbol{v}_{I^+}=\boldsymbol{v}_I-\omega_{zI}((y_{I^+}-y_I)\boldsymbol{e}_x-(x_{I^+}-x_I)\boldsymbol{e}_y)=\boldsymbol{v}_I-\frac{1}{2}\omega_{zI}h_I^0(\boldsymbol{e}_x\sin\theta_I-\boldsymbol{e}_y\cos\theta_I) \tag{9.3.10}$$

$$\boldsymbol{v}_{I^-}=\boldsymbol{v}_I-\omega_{zI}((y_{I^-}-y_I)\boldsymbol{e}_x-(x_{I^-}-x_I)\boldsymbol{e}_y)=\boldsymbol{v}_I+\frac{1}{2}\omega_{zI}h_I^0(\boldsymbol{e}_x\sin\theta_I-\boldsymbol{e}_y\cos\theta_I) \tag{9.3.11}$$

由每个节点的三个自由度描述主控节点的运动：

$$\boldsymbol{d}_I(t)=\boldsymbol{d}_I^{\text{mast}}=[u_{xI}^M\quad u_{yI}^M\quad \theta_I]^{\text{T}},\quad \dot{\boldsymbol{d}}_I(t)=[v_{xI}^M\quad v_{yI}^M\quad \omega_I]^{\text{T}} \tag{9.3.12}$$

方程(9.3.10)～(9.3.11)可以写成矩阵的形式：

$$\begin{Bmatrix}v_{I^-}\\v_{I^+}\end{Bmatrix}^{\text{slave}}=\{v_{xI^-}\quad v_{yI^-}\quad v_{xI^+}\quad v_{yI^+}\}^{\text{T}}=\boldsymbol{T}_I\dot{\boldsymbol{d}}_I^{\text{mast}}(\text{不对 } I \text{ 求和}) \tag{9.3.13}$$

其中，我们增加上标“slave”和“mast”强调连续体节点是从属节点，梁节点为主控节点。对比公式(9.3.13)和式(9.3.10)～(9.3.11)，可以看出

$$\boldsymbol{T}_I=\begin{bmatrix}1&0&y_I-y_{I^-}\\0&1&x_{I^-}-x_I\\1&0&y_I-y_{I^+}\\0&1&x_{I^+}-x_I\end{bmatrix}\quad \text{这里我们定义 } \boldsymbol{T}=\begin{bmatrix}\boldsymbol{T}_1&\boldsymbol{0}&\cdot&\boldsymbol{0}\\\boldsymbol{0}&\boldsymbol{T}_2&\cdot&\boldsymbol{0}\\\cdot&\cdot&\cdot&\cdot\\\boldsymbol{0}&\boldsymbol{0}&\cdot&\boldsymbol{T}_n\end{bmatrix} \tag{9.3.14}$$

9.3.4 节点力 由第4.5.5节公式(4.5.35)给出的转换规则，主控节点内力是与从属节点内力相关的。通过公式(9.3.13)～(9.3.14)，由于从属节点速度是与主控节点速度相关的，所以节点力的关系为

$$\boldsymbol{f}_I^{\text{mast}}=\begin{Bmatrix}f_{xI}\\f_{yI}\\m_I\end{Bmatrix}^{\text{mast}}=\boldsymbol{T}_I^{\text{T}}\begin{Bmatrix}\boldsymbol{f}_{I^-}\\\boldsymbol{f}_{I^+}\end{Bmatrix}^{\text{slave}}=\begin{bmatrix}1&0&1&0\\0&1&0&1\\y_I-y_{I^-}&x_{I^-}-x_I&y_I-y_{I^+}&x_{I^+}-x_I\end{bmatrix}\begin{Bmatrix}f_{xI^-}\\f_{yI^-}\\f_{xI^+}\\f_{yI^+}\end{Bmatrix} \tag{9.3.15}$$

通过相同的转换，主控节点外力可以由从属节点外力得到。节点力的列矩阵包括两个力分量f_{xI}、f_{yI}和一个力矩m_I。节点力与主控节点的速度是功率耦合的，即在节点I处力的功率为$\dot{\boldsymbol{d}}_I^{\text{T}}\boldsymbol{f}_I$(不对$I$求和)。从现在起，上标“slave”和“mast”将被删掉。

9.3.5 本构更新 为了将标准连续体单元转化为CB梁，必须强化平面应力假设式(9.3.2)。为此目的，应用应力和速度应变的层间分量是比较方便的。构造每层的基矢量$\hat{\boldsymbol{e}}_i$，因此，$\hat{\boldsymbol{e}}_x$与迭层正切，而$\hat{\boldsymbol{e}}_y$垂直于迭层(见图9.3)：

$$\hat{\boldsymbol{e}}_x=\frac{\boldsymbol{x}_{,\xi}}{\|\boldsymbol{x}_{,\xi}\|}=\frac{x_{,\xi}\boldsymbol{e}_x+y_{,\xi}\boldsymbol{e}_y}{(x_{,\xi}^2+y_{,\xi}^2)^{1/2}},\quad \hat{\boldsymbol{e}}_y=\frac{-y_{,\xi}\boldsymbol{e}_x+x_{,\xi}\boldsymbol{e}_y}{(x_{,\xi}^2+y_{,\xi}^2)^{1/2}} \tag{9.3.16}$$

$$x_{,\xi}=\sum_{I^*}x_{I^*}N_{I^*,\xi}(\xi,\eta),\quad y_{,\xi}=\sum_{I^*}y_{I^*}N_{I^*,\xi}(\xi,\eta) \tag{9.3.17}$$

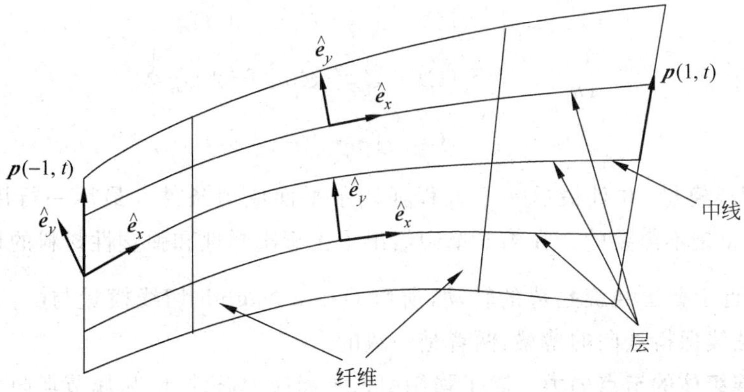

图 9.3 CB梁的简图表明叠层、转动单位矢量$\hat{e}_x$，$\hat{e}_y$和在端部的方向矢量 $\boldsymbol{p}_I(\xi,t)$；注意 $\boldsymbol{p}$ 一般不与$\hat{e}_y$重合

我们在叠层分量上加一个帽子，因为它们随着材料而转动，因此可以考虑是共旋的。除非垂直于参考线的法线保持法向，否则这个系统的角速度不是精确的 $\boldsymbol{W}$ 或 $\boldsymbol{\Omega}$，并且叠层的转动不是精确的 $\boldsymbol{R}$。但是，在大多数壳的问题中，剪切是很小的，因此差别是微小的。如果这个差别非常重要，则可以采用另外一个跟随极分解 $\boldsymbol{R}$ 旋转的坐标系，但是，应该牢牢记着，在叠层系统中必须加入平面应力的条件。

变形率的叠层分量由公式(3.4.16)给出：

$$\hat{\boldsymbol{D}} = \boldsymbol{R}_{\text{lam}}^{\text{T}} \boldsymbol{D} \boldsymbol{R}_{\text{lam}} \quad \text{其中} \quad \boldsymbol{R}_{\text{lam}} = \begin{bmatrix} \boldsymbol{e}_x \cdot \hat{\boldsymbol{e}}_x & \boldsymbol{e}_x \cdot \hat{\boldsymbol{e}}_y \\ \boldsymbol{e}_y \cdot \hat{\boldsymbol{e}}_x & \boldsymbol{e}_y \cdot \hat{\boldsymbol{e}}_y \end{bmatrix} \tag{9.3.18}$$

在应力计算中，必须观察平面应力约束$\hat{\sigma}_{yy}=0$。如果本构方程以率的形式，则约束是 $\mathrm{D}\hat{\sigma}_{yy}/\mathrm{D}t=0$。例如，对于各向同性次弹性材料，应力率分量为

$$\frac{\mathrm{D}}{\mathrm{D}t}\{\hat{\boldsymbol{\sigma}}\} = \frac{\mathrm{D}}{\mathrm{D}t}\begin{Bmatrix} \hat{\sigma}_{xx} \\ \hat{\sigma}_{xy} \\ \hat{\sigma}_{yy} \end{Bmatrix} = \frac{\mathrm{D}}{\mathrm{D}t}\begin{Bmatrix} \hat{\sigma}_{xx} \\ \hat{\sigma}_{xy} \\ 0 \end{Bmatrix} = \frac{E}{1-v^2}\begin{bmatrix} 1 & 0 & v \\ 0 & \frac{1}{2}(1-v) & 0 \\ v & 0 & 1 \end{bmatrix}\begin{Bmatrix} \hat{D}_{xx} \\ 2\hat{D}_{xy} \\ \hat{D}_{yy} \end{Bmatrix} \tag{9.3.19}$$

以 Voigt 形式的应力和速度应变分量已经重新进行了排列，因此“yy”分量在最后一行。对于$\hat{D}_{yy}$，求解最后一行得到$\hat{D}_{yy}=-v\hat{D}_{xx}$。将前面代入公式(9.3.19)，得到

$$\frac{\mathrm{D}\hat{\sigma}_{xx}}{\mathrm{D}t} = E\hat{D}_{xx}, \quad \frac{\mathrm{D}\hat{\sigma}_{xy}}{\mathrm{D}t} = \frac{E}{1+v}\hat{D}_{xy} \tag{9.3.20}$$

对于更为一般的材料(包括模型中缺少对称性的定律，诸如非关联塑性的材料)，本构率关系可以写成

$$\frac{\mathrm{D}}{\mathrm{D}t}\begin{Bmatrix}\hat{\sigma}_{xx}\\ \hat{\sigma}_{xy}\\ 0\end{Bmatrix}=\begin{bmatrix}\hat{C}_{11} & \hat{C}_{13} & \hat{C}_{12}\\ \hat{C}_{31} & \hat{C}_{33} & \hat{C}_{32}\\ \hat{C}_{21} & \hat{C}_{23} & \hat{C}_{22}\end{bmatrix}^{\mathrm{lam}}\begin{Bmatrix}\hat{D}_{xx}\\ 2\hat{D}_{xy}\\ \hat{D}_{yy}\end{Bmatrix} \tag{9.3.21}$$

其中，$\hat{\boldsymbol{C}}^{\mathrm{lam}}$为切线模量，并且最后一个方程强调了平面应力条件。最后一行用于求解$\hat{D}_{yy}$。对于转动的修正是不需要的。在第5章中给出了关于次弹性和弹塑性材料的切线模量的例子。$\boldsymbol{\Omega}$非常接近于叠层共旋趋势的转动，所以Green-Naghdi切线模量与$\hat{\boldsymbol{C}}^{\mathrm{lam}}$是很接近的。实际上，对于法线保持法向的薄梁，两者是一致的。

9.3.6 连续体的节点内力 除了强制引入平面应力条件外，从属节点内力的计算与基本的连续体单元中节点内力的计算是相同的。积分公式(E4.2.12)由数值积分求得。在CB梁中既不应用完全积分公式(4.5.23)，也不应用选择减缩积分公式(4.5.33)。这两种积分方法都会导致剪切自锁，我们将在第9.7节中描述它们。在2节点单元中，在$\xi=0$处采用一串积分点，可以避免剪切自锁。这种积分方法也称为选择减缩积分。它能精确地积分求得轴力(如果基本的连续体单元是矩形单元)，但是不能准确地积分横向剪切应力，见Hughes(1987)。在η方向积分点的数目依赖于材料定律和对精度的要求。对于平滑的超弹性材料定律，3个Gauss积分点是足够的；对于弹-塑性材料，大约至少需要5个积分点，因为它的应力分布不是连续可导的。弹-塑性应力分布具有不连续导数，如图9.4的证明。对于弹-塑性材料定律，Gauss积分并不是最佳选择，因为这些积分方法是基于高阶多项式的插值，其默认假设数据是平滑的。所以，对于非光滑函数，常常采用梯形规则，因为其运算效率更高。

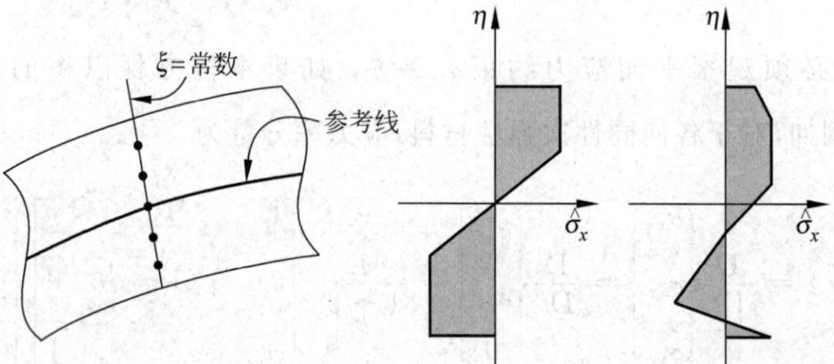

图9.4 一串积分点和对于一种弹-塑性材料轴向应力分布的例子

为了说明在剪切自锁情况下选择减缩积分的过程，我们考虑一个基于4节点四边形连续体单元的2节点梁单元。通过对在$\xi=0$处一串积分点的积分得到节点力：

$$[f_{xI^*} \quad f_{yI^*}]^{\mathrm{int}}=\frac{h}{h^0}\sum_{Q=1}^{n_Q}\left([N_{I^*,x} \quad N_{I^*,y}]\begin{bmatrix}\sigma_{xx} & \sigma_{xy}\\ \sigma_{xy} & \sigma_{yy}\end{bmatrix}\bar{w}_Q a J_{\xi}\right)\Bigg|_{(0,\eta_Q)} \tag{9.3.22}$$

其中，η_Q为沿着梁的厚度方向上的n_Q个积分点；$\bar{w}_Q$为积分的加权；a为梁在z方向的尺寸；J_ξ为对应于母单元坐标转换的Jacobian行列式(4.4.43)。与连续体单元关系式

(E4.2.14)的唯一不同之处是系数 h/h^0，它近似地考虑了厚度的变化。当采用公式(9.3.20)～(9.3.21)计算应力时，在应用公式(9.3.22)计算节点内力之前，必须将其旋转回到整体坐标系统。

通过公式(4.6.10)，以应力转动分量的形式，也可以计算节点内力：

$$[f_{xI^*} \quad f_{yI^*}]^{\text{int}} = \frac{h}{h^0}\sum_{Q=1}^{n_Q}\left([N_{I^*,\hat{x}} \quad N_{I^*,\hat{y}}]\begin{bmatrix}\hat{\sigma}_{xx} & \hat{\sigma}_{xy}\\ \hat{\sigma}_{xy} & 0\end{bmatrix}\begin{bmatrix}R_{x\hat{x}} & R_{y\hat{x}}\\ R_{x\hat{y}} & R_{y\hat{y}}\end{bmatrix}\bar{w}_Q a J_\xi\right)\Bigg|_{(0,\eta_Q)} \tag{9.3.23}$$

在公式(9.3.23)中，由于零正应力条件，所以应力分量$\hat{\sigma}_{yy}$为零。在上式中，转动的叠层坐标系一般对于每一个积分点是不同的。

框 9.1 给出了计算节点力的一种算法，以转动的迭层分量的形式，该算法采用了更新的 Lagrangian 格式和本构更新。

框 9.1 CB 梁单元的算法

1. 由公式(9.3.6)、(9.3.5)和(9.3.9)计算从属节点的位置和速度

$$\boldsymbol{p}_I(t) = \boldsymbol{e}_x\cos\theta_I + \boldsymbol{e}_y\sin\theta_I \tag{B9.1.1}$$

$$\boldsymbol{x}_{I^+}(t) = \boldsymbol{x}_I(t) + \frac{1}{2}h_I^0\boldsymbol{p}_I(t), \quad \boldsymbol{x}_{I^-}(t) = \boldsymbol{x}_I(t) - \frac{1}{2}h_I^0\boldsymbol{p}_I(t) \tag{B9.1.2}$$

$$\boldsymbol{v}_{I^+}(t) = \boldsymbol{v}_I(t) + \frac{1}{2}h_I^0\boldsymbol{\omega}_I(t)\times\boldsymbol{p}_I(t), \quad \boldsymbol{v}_{I^-}(t) = \boldsymbol{v}_I(t) - \frac{1}{2}h_I^0\boldsymbol{\omega}_I(t)\times\boldsymbol{p}_I(t) \tag{B9.1.3}$$

(在上式中不对 I 求和)

2. 在积分点，$Q=1$ 至 n_Q

 i. 由式(9.3.16)～(式 9.3.18)，建立叠层基矢量$\hat{\boldsymbol{e}}_x$，$\hat{\boldsymbol{e}}_y$，$\boldsymbol{R}_{\text{lam}}$

 ii. 计算叠层分量：$\hat{\boldsymbol{v}}_I = \boldsymbol{R}_{\text{lam}}^{\text{T}}\boldsymbol{v}_I$，$\hat{\boldsymbol{x}}_{I^*} = \boldsymbol{R}_{\text{lam}}^{\text{T}}\boldsymbol{x}_{I^*}$

 iii. 计算形函数梯度：$N_{I,\hat{x}}^{\text{T}} = N_{I,\xi}^{\text{T}}\hat{\boldsymbol{x}}_{,\xi}^{-1}$ (B9.1.4)

 iv. 计算速度梯度和速度应变：

$$\hat{\boldsymbol{L}} = \hat{\boldsymbol{v}}_I\boldsymbol{B}_I^{\text{T}} = \hat{\boldsymbol{v}}_I N_{I,\hat{x}}^{\text{T}}, \quad \hat{\boldsymbol{D}} = \frac{1}{2}(\hat{\boldsymbol{L}} + \hat{\boldsymbol{L}}^{\text{T}}) \tag{B9.1.5}$$

 v. 通过本构方程(9.3.5 节，第 5 章)更新应力$\hat{\boldsymbol{\sigma}}$

 vi. 由公式(9.3.23)，将应力贡献到从属节点力中

 完成循环

3. 由公式(9.3.15)，计算主控节点力

9.3.7 质量矩阵 CB 梁单元的质量矩阵可以由转换公式(4.5.38)得到：

$$\boldsymbol{M} = \boldsymbol{T}^{\text{T}}\hat{\boldsymbol{M}}\boldsymbol{T} \tag{9.3.24}$$

其中，$\hat{\boldsymbol{M}}$为基本连续体单元的质量矩阵。质量矩阵是时间相关的，这对于 Lagrangian 单元是不普遍的，并且是由 CB 理论的运动约束决定的。$\hat{\boldsymbol{M}}$可以是连续体单元的一致质量或者

是集中质量。即使当采用连续体单元的对角质量矩阵时，方程(9.3.24)也不是对角化矩阵。应用两种技术得到对角化矩阵：

1. 行求和技术。

2. 物理意义上的集中。

对于一个基于矩形4节点连续体单元的CB梁，由第二种技术得到：

$$\boldsymbol{M}=\frac{\rho_0 h_0 \ell_0 a_0}{420}\begin{bmatrix}210 & 0 & 0 & 0 & 0 & 0\\ 0 & 210 & 0 & 0 & 0 & 0\\ 0 & 0 & \alpha h_0^2 & 0 & 0 & 0\\ 0 & 0 & 0 & 210 & 0 & 0\\ 0 & 0 & 0 & 0 & 210 & 0\\ 0 & 0 & 0 & 0 & 0 & \alpha h_0^2\end{bmatrix} \tag{9.3.25}$$

其中，α 为转动惯量的比例系数。在显式程序中选择它，因此临界时间步长仅取决于平移的自由度，即因此时间步长避免 ℓ_2 相关，见表6.1。这是由 Key 和 Beisinger(1971)提出的。

上面的集中质量矩阵没有考虑 $\boldsymbol{T}$ 矩阵的时间相关性。如果我们考虑 $\boldsymbol{T}$ 矩阵的时间相关性，根据公式(4.5.41)，惯性力为

$$\boldsymbol{f}^{\text{kin}}=\boldsymbol{T}^{\mathrm{T}}\hat{\boldsymbol{M}}\boldsymbol{T}\ddot{\boldsymbol{d}}+\boldsymbol{T}^{\mathrm{T}}\hat{\boldsymbol{M}}\dot{\boldsymbol{T}}\dot{\boldsymbol{d}} \tag{9.3.26}$$

其中，$\hat{\boldsymbol{M}}$在例4.2中和 $\boldsymbol{T}_I$ 由公式(9.3.14)给出。取公式(9.3.14)的时间导数，获得矩阵$\dot{\boldsymbol{T}}$为

$$\dot{\boldsymbol{T}}_I=\frac{\mathrm{d}\boldsymbol{T}_I}{\mathrm{d}t}=\omega_I\begin{bmatrix}0 & 0 & x_I-x_{I^-}\\ 0 & 0 & y_I-y_{I^-}\\ 0 & 0 & x_I-x_{I^+}\\ 0 & 0 & y_I-y_{I^+}\end{bmatrix} \tag{9.3.27}$$

因此加速度将包含正比于角速度的平方的项，而在半离散方程中的惯性项不再是速度线性的。运动方程的时间积分则变得更为复杂。此外，这一项常常是小量，通常可以忽略。

9.3.8 运动方程 主控节点的运动方程为

$$\boldsymbol{M}_{IJ}\ddot{\boldsymbol{d}}_J+\boldsymbol{f}_I^{\text{int}}=\boldsymbol{f}_I^{\text{ext}} \tag{9.3.28}$$

其中，节点力和节点速度分别为

$$\boldsymbol{f}_I=\begin{Bmatrix}f_{xI}\\ f_{yI}\\ m_I\end{Bmatrix}\quad \ddot{\boldsymbol{d}}_I=\begin{Bmatrix}\dot{v}_{xI}\\ \dot{v}_{yI}\\ \dot{\omega}_I\end{Bmatrix} \tag{9.3.29}$$

对于对角化质量矩阵，在一个节点的运动方程为

$$\begin{bmatrix}M_{11} & 0 & 0\\ 0 & M_{22} & 0\\ 0 & 0 & M_{33}\end{bmatrix}_I\begin{Bmatrix}\dot{v}_{xI}\\ \dot{v}_{yI}\\ \dot{\omega}_I\end{Bmatrix}+\begin{Bmatrix}f_{xI}\\ f_{yI}\\ m_I\end{Bmatrix}^{\text{int}}=\begin{Bmatrix}f_{xI}\\ f_{yI}\\ m_I\end{Bmatrix}^{\text{ext}} \tag{9.3.30}$$

其中，M_{ii}($i=1$ 到 3)为在节点 I 处集成的对角化质量。尽管我们没有直接推导这些方程，但它们来自公式(4.4.24)，因为我们只是由公式(9.3.13)和式(9.3.15)转换了变量。对于平衡过程，舍弃了惯性项。

9.3.9 切线刚度 通过转换公式(4.5.42)，对于基本连续体单元从相应的矩阵得到了

切线和荷载刚度。对于CB梁,这些矩阵不必再另行推导。切线刚度矩阵基于例6.3:

$$\hat{\boldsymbol{K}}_{I^*J^*}^{\text{int}}=\int_{\boldsymbol{\Omega}}\hat{\boldsymbol{B}}_{I^*}^{\mathrm{T}}\,[\hat{\boldsymbol{C}}_P^{\text{lam}}]\hat{\boldsymbol{B}}_{J^*}^{\mathrm{T}}\,\mathrm{d}\boldsymbol{\Omega}+\boldsymbol{I}\int_{\boldsymbol{\Omega}}\hat{\mathscr{B}}_{I^*}^{\mathrm{T}}\,\boldsymbol{\sigma}\hat{\mathscr{B}}_{J^*}^{\mathrm{T}}\,\mathrm{d}\boldsymbol{\Omega} \tag{9.3.31}$$

$$[\hat{\boldsymbol{C}}_P^{\text{lam}}]=\hat{\boldsymbol{C}}_{aa}-\hat{\boldsymbol{C}}_{ab}\hat{\boldsymbol{C}}_{bb}^{-1}\hat{\boldsymbol{C}}_{ba},\quad \hat{\boldsymbol{B}}_{I^*}=\begin{bmatrix}N_{I^*,\hat{x}} & 0\\ N_{I^*,\hat{y}} & N_{I^*,\hat{x}}\end{bmatrix} \tag{9.3.32}$$

其中,$\hat{\boldsymbol{C}}_{aa}$,$\hat{\boldsymbol{C}}_{ab}$,$\hat{\boldsymbol{C}}_{ba}$,$\hat{\boldsymbol{C}}_{bb}$为在矩阵$[\hat{\boldsymbol{C}}^{\text{lam}}+\hat{\boldsymbol{C}}^{*}]$中去掉最后一行的子矩阵。注意到正确的矩阵$\hat{\boldsymbol{C}}^{*}$依赖于所选择的旋转方向。通过刚度转换公式(4.5.42),以主控节点的形式表示切线刚度,$\boldsymbol{K}=\boldsymbol{T}^{\mathrm{T}}\hat{\boldsymbol{K}}\boldsymbol{T}$,而转换矩阵$\boldsymbol{T}$由公式(9.3.14)给出。载荷刚度类似地从连续体单元的载荷刚度得到。

9.4 CB梁的分析

9.4.1 运动 为了更好地理解CB梁,我们有必要从更接近于经典梁理论的平行观点出发检验其运动。在本节的分析中所导出的离散方程与在前面一节中描述的方程是一致的。在概念上这是更令人愉快的,但是在这一框架下的工作是非常冗赘的,因为许多计算需要利用已经发展的标准化程序,比如求解切线刚度和质量矩阵,而在前一种方法中它们是从连续体单元中承接过来的。

我们从运动的描述出发。为了满足修正的Mindlin-Reissner假设,在η方向,即沿梁的厚度方向的运动必须是线性的。接下来,我们可以描述CB梁的运动

$$\boldsymbol{x}(\xi,\eta,t)=\boldsymbol{x}^{M}(\xi,t)+\frac{1}{2}\eta h^{0}(\xi)\boldsymbol{p}(\xi,t) \tag{9.4.1}$$

其中,$\boldsymbol{x}^{M}(\xi,t)$为参考线的当前构形;$\boldsymbol{p}(\xi,t)$为沿着中线的方向矢量场。等价于上式的关于运动的另一个表达式为

$$\boldsymbol{x}(\xi,\eta,t)=\boldsymbol{x}^{M}(\xi,t)+\eta\boldsymbol{x}^{B}(\xi,t) \tag{9.4.2}$$

其中,$\boldsymbol{x}^{B}(\xi,t)$为运动的弯曲部分,为

$$\boldsymbol{x}^{B}=\frac{1}{2}h^{0}\boldsymbol{p} \tag{9.4.3}$$

变量ξ和η为曲线坐标。注意到对于母单元坐标尽管我们应用了相同的名称,公式(9.4.1)也无须指明为母单元坐标。梁的顶面和底面分别由$\eta=1$和$\eta=-1$表示,而$\eta=0$对应于中线。在初始时刻由公式(9.4.1)给出了初始构形:

$$\boldsymbol{X}(\xi,\eta)=\boldsymbol{X}^{M}(\xi)+\eta\frac{h^{0}}{2}\boldsymbol{p}_{0}(\xi) \tag{9.4.4}$$

其中,$\boldsymbol{p}_0(\xi)$为初始方向矢量;$\boldsymbol{X}^{M}(\xi)$描述了初始的中线。

在这种形式的运动中,可以直接证明所有的纤维均为不可伸长的。纤维的长度为沿着纤维方向顶面和底面的距离,即当ξ取常数时,在点$\eta=-1$和点$\eta=1$之间的距离。应用公式(9.4.1)可以给出在变形后的构形中任意纤维的长度:

$$\begin{aligned}h(\xi,t)&=\|\boldsymbol{x}(\xi,1,t)-\boldsymbol{x}(\xi,-1,t)\|=\left\|\left(\boldsymbol{x}^{M}+\frac{h^{0}}{2}\boldsymbol{p}\right)-\left(\boldsymbol{x}^{M}-\frac{h^{0}}{2}\boldsymbol{p}\right)\right\|\\&=\|h^{0}\boldsymbol{p}\|=h^{0}\end{aligned} \tag{9.4.5}$$

其中，最后一步遵从这样的事实，即方向矢量 $\boldsymbol{p}$ 为一个单位矢量。因此，纤维的长度总是等于 $h^0(\xi)$。这个性质在有限元近似中不成立，在例 9.1 中将给出证明。

从公式(9.4.1)中减去式(9.4.4)得到位移：

$$\boldsymbol{u}(\xi,\eta,t)=\boldsymbol{u}^M(\xi,t)+\eta\frac{h^0}{2}(\boldsymbol{p}(\xi,t)-\boldsymbol{p}_0(\xi))=\boldsymbol{u}^M(\xi,t)+\eta\boldsymbol{u}^B(\xi,t) \tag{9.4.6}$$

其中，$\boldsymbol{u}^B(\xi,t)$称为弯曲位移。由于方向矢量为单位矢量，所以上式右端的第 2 项是**单一非独立变量**，即角速度 $\theta(\xi,t)$的函数，角速度的测量方向从 x 轴出发逆时针旋转，如图 9.2 所示。通过以整体基矢量的形式表示公式(9.4.6)中的第 2 项，可以理解取决于单一非独立变量的弯曲位移：

$$\boldsymbol{u}=\boldsymbol{u}^M+\eta\frac{h^0}{2}(\boldsymbol{e}_x(\cos\theta-\cos\theta_0)+\boldsymbol{e}_y(\sin\theta-\sin\theta_0)) \tag{9.4.7}$$

其中，$\theta_0(\xi)$为方向矢量的初始角度。速度是位移式(9.4.7)的材料时间导数：

$$\boldsymbol{v}(\xi,\eta,t)=\boldsymbol{v}^M(\xi,t)+\eta\frac{h^0}{2}\dot{\boldsymbol{p}}(\xi,t)=\boldsymbol{v}^M(\xi,t)+\eta\boldsymbol{v}^B(\xi,t) \tag{9.4.8}$$

其中由上式定义的弯曲速度 $\boldsymbol{v}^B(\xi,t)$为

$$\boldsymbol{v}^B=\frac{h^0}{2}\dot{\boldsymbol{p}} \tag{9.4.9}$$

利用公式(9.2.1)，将式(9.4.8)写为

$$\boldsymbol{v}=\boldsymbol{v}^M+\eta\frac{h^0}{2}\boldsymbol{\omega}\times\boldsymbol{p}=\boldsymbol{v}^M+\eta\frac{h^0}{2}\omega\boldsymbol{q} \tag{9.4.10}$$

其中 $\omega=\dot{\theta}$ 和 $\boldsymbol{\omega}=\omega(\xi,t)\boldsymbol{e}_z$ 为方向矢量的角速度，并且有

$$\boldsymbol{q}=\boldsymbol{e}_z\times\boldsymbol{p}=-\hat{\boldsymbol{e}}_x\cos\bar{\theta}+\hat{\boldsymbol{e}}_y\sin\bar{\theta} \tag{9.4.11}$$

其中 $\bar{\theta}$ 为中线法线与方向矢量的夹角，如图 9.5 所示。

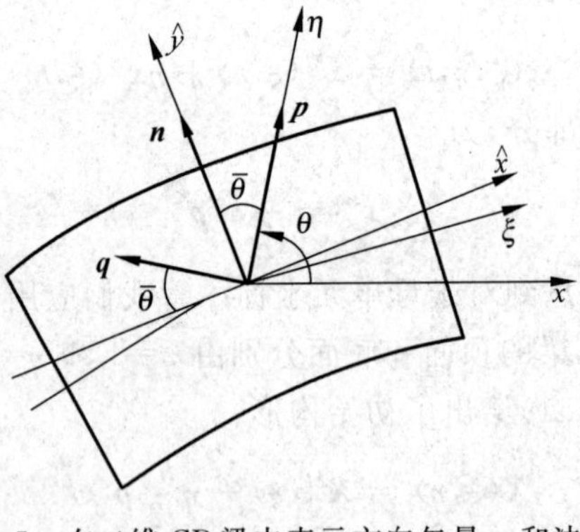

图 9.5 在二维 CB 梁中表示方向矢量 $\boldsymbol{p}$ 和法线 $\boldsymbol{n}$

我们现在将上式中的速度与 Timoshenko 梁理论的速度式(9.2.2)进行比较。为此，我们以顺旋转基矢量的形式表示矢量：

$$\boldsymbol{p}=\hat{\boldsymbol{e}}_z\sin\theta+\hat{\boldsymbol{e}}_y\cos\bar{\theta},\quad \boldsymbol{v}^M=\hat{v}_x^M\hat{\boldsymbol{e}}_x+\hat{v}_y^M\hat{\boldsymbol{e}}_y \tag{9.4.12}$$

然后以顺时针旋转基矢量的形式将速度写成

$$\boldsymbol{v}^M=\hat{v}_x^M\hat{\boldsymbol{e}}_x+\hat{v}_y^M\hat{\boldsymbol{e}}_y+\eta\frac{h^0}{2}\omega(-\hat{\boldsymbol{e}}_x\cos\bar{\theta}+\hat{\boldsymbol{e}}_y\sin\bar{\theta}) \tag{9.4.13}$$

由公式(9.4.2)和图 9.5,可以看出

$$\eta \frac{h^0}{2} \cos \bar{\theta} = \hat{y} \quad 故 \quad \eta \frac{h^0}{2} = \frac{\hat{y}}{\cos \bar{\theta}} \tag{9.4.14}$$

将上式代入式(9.4.13),并将速度矢量写成列矩阵,得到

$$\begin{Bmatrix} \hat{v}_x \\ \hat{v}_y \end{Bmatrix} = \begin{Bmatrix} \hat{v}_x^M \\ \hat{v}_y^M \end{Bmatrix} + \omega \hat{y} \begin{Bmatrix} -1 \\ \tan \bar{\theta} \end{Bmatrix} \tag{9.4.15}$$

将上式与公式(9.2.3)进行比较,我们可以看出,当 $\theta=0$ 时,上式精确地对应于经典的 Timoshenko 梁理论的速度场;而当$\bar{\theta}$很小时,它是一个很好的近似。然而,通过定位从属节点,分析者经常将$\bar{\theta}$取比较大的值,如 $\pi/4$,因此方向矢量不再与法线一致。当方向矢量与法线之间的夹角很大时,其速度场与经典 Timoshenko 梁理论的结果有显著的不同。

速度的材料时间导数给出加速度:

$$\dot{\boldsymbol{v}} = \dot{\boldsymbol{v}}^M + \eta \frac{h^0}{2} (\dot{\boldsymbol{\omega}} \times \boldsymbol{p} + \boldsymbol{\omega} \times (\boldsymbol{\omega} \times \boldsymbol{p})) \tag{9.4.16}$$

所以,公式(4.4.16)给出

$$\begin{aligned} \delta v_{iI} f_{iI}^{\text{kin}} &= \int_\Omega \delta \boldsymbol{v} \cdot \rho \left(\dot{\boldsymbol{v}}^M + \eta \frac{h^0}{2} (\dot{\boldsymbol{\omega}} \times \boldsymbol{p} + \boldsymbol{\omega} \times (\boldsymbol{\omega} \times \boldsymbol{p})) \right) \mathrm{d}\Omega \\ &= \int_\Omega \delta \boldsymbol{v} \cdot \rho \left(\dot{\boldsymbol{v}} M + \eta \frac{h^0}{2} (\dot{\omega} \boldsymbol{q} - \omega^2 \boldsymbol{p}) \right) \mathrm{d}\Omega \end{aligned} \tag{9.4.17}$$

因此,惯性力取决于 ω^2,如在前面的公式(9.3.26)所见。

关于梁的非独立变量是中线速度 $\boldsymbol{v}^M(\xi,t)$ 和角速度 $\omega(\xi,t)$ 的两个分量,也可以取中线的位移 $\boldsymbol{u}^M(\xi,t)$ 和方向 $\theta(\xi,t)$ 的当前角度为非独立变量。CB 梁理论的约束由中线的两个平动分量和方向矢量的旋转代替二维连续体的两个平动速度分量。然而,新的非独立变量是单一空间变量 ξ 的函数,而连续体的独立变量是两个空间变量的函数。结构理论的获益之一是减少了问题的维数。

9.4.2 速度应变 下一步我们将检验在 CB 梁中的速度应变。这是通过速度应变沿梁厚度方向的级数展开实现的,对于$\bar{\theta}=0$ 的结果为:

$$D_{\hat{x}\hat{x}} = v_{\hat{x},\hat{x}}^M - \eta \frac{h^0}{2} (\omega_{,\hat{x}} + p_{\hat{x},\hat{x}} v_{\hat{x},\hat{x}}^M) + O\left(\frac{\eta h^0}{R}\right)^2 \tag{9.4.18}$$

$$\hat{D}_{xy} = \frac{1}{2} (-\omega + v_{\hat{y},\hat{x}}^M) + O\left(\frac{\eta h^0}{R}\right) \tag{9.4.19}$$

轴向速度应变$\hat{D}_{xx}$沿梁宽度方向为线性变化,它包括三个部分:

1. $v_{\hat{x},\hat{x}}^M$:中线的伸长。因为这一项是在转动坐标系中,因此它也将弯曲耦合到轴向应变。
2. $\frac{\eta h^0}{2} \omega_{,\hat{x}}$:弯曲速度应变,它沿 η 方向为线性变化。
3. $\frac{\eta h^0}{2} p_{\hat{x},\hat{x}} v_{\hat{x},\hat{x}}^M$:由伸长引起的弯曲速度应变。它耦合了伸长和弯曲,但是与第一项相比,没有什么重要性。

横向剪切分量 $D_{\hat{x}\hat{y}}$ 沿宽度方向也是线性变化的,不过常数项占主导地位。这一线性变

化与观测到的横向剪切是不一致的。然而，在大多数梁的总体响应中，横向剪切的分布起到很小的作用。对于均匀的薄梁，这一项的影响更是微乎其微，剪切能量只是一种补偿，即为了强化法线保持法向的 Euler-Bernoulli 假设。因此，在均匀薄梁中，剪切的精确形式是不重要的。对于复合梁或者深梁，常常需要横向剪切的修正。

在 CB 梁中，上述方程一般不用于速度应变的计算，仅当速度为临界值或者将本构方程表示为结果应力的形式时，如应用公式(9.4.18)～(9.4.19)，上述方程才是有意义的。否则，在第 4 章给出的标准连续体表达式是最好的。

9.4.3　合成应力和内功率　在经典的梁和壳理论中，以总体应力的形式处理应力，即合成应力。应力的常数和线性部分的主导作用是基于将应力替换为合成应力。应该指出合成应力在计算中是不必要的，仅对于线性材料它的计算是有效的。

下面，我们检验 CB 梁理论的合成应力。为了使推导更加方便，我们假设方向矢量垂直于参考线，即$\bar{\theta}=0$。我们考虑一个用参考线 r 表示的二维曲梁，$0\leqslant r\leqslant L$，其中 r 为长度的物理尺度，与曲线坐标 ξ 不同的是，它是无量纲的。为了定义合成应力，我们将以 Cauchy 应力的转动分量表示虚内功率(式(4.6.12))。由于在平面应力假设中$\hat{\sigma}_{yy}$为零，我们忽略源于$\hat{\sigma}_{yy}$的功率，这样给出

$$\delta p^{\text{int}}=\int_0^L\int_A(\delta\hat{D}_{xx}\hat{\sigma}_{xx}+2\delta\hat{D}_{xy}\hat{\sigma}_{xy})\mathrm{d}A\mathrm{d}r \tag{9.4.20a}$$

在上式中，将三维域积分改变为一个面积分和一个线积分。如果在端点处的方向矢量垂直于参考线，并且厚度与半径的比值相对于单位值足够小，则上式积分相对于整个体积的积分是很好的近似。接着，我们考虑 CB 梁的运动，将公式(9.4.18)～(9.4.19)代入式(9.4.20a)，得到

$$\delta p^{\text{int}}=\int_0^L\int_A\left(\delta v^M_{\hat{x},\hat{x}}\hat{\sigma}_{xx}-\hat{y}(\delta\omega_{,\hat{x}}+p_{\hat{x},\hat{x}}\delta v^M_{\hat{x},\hat{x}})\hat{\sigma}_{xx}+(-\delta\omega+\delta v^M_{\hat{y},\hat{x}})\hat{\sigma}_{xy}\right)\mathrm{d}A\mathrm{d}r \tag{9.4.20b}$$

下面定义应力的面积分(也已知为零阶和一阶力矩)：

$$\begin{aligned}&\text{薄膜力}\quad && n=\int_A\hat{\sigma}_{xx}\mathrm{d}A\\&\text{弯矩}\quad && m=-\int_A\hat{y}\hat{\sigma}_{xx}\mathrm{d}A\\&\text{剪力}\quad && s=\int_A\hat{\sigma}_{xy}\mathrm{d}A\end{aligned} \tag{9.4.21}$$

上式称为合成应力或者广义应力，它们及其正号约定如图 9.6 所示。合成的 n 为法向力，也称为膜力或者轴力。这是源于轴向应力且与中线相切的净力，它也是轴向应力的零阶力矩。弯矩 m 是轴向应力绕参考线的一阶力矩。剪力 s 是横向剪应力的净合力(零阶力矩)。这些定义对应于在结构力学中的习惯定义。

应用这些定义，内虚功率式(9.4.20)成为

$$\delta p^{\text{int}}=\int_0^L\Big(\underbrace{\delta v^M_{\hat{x},\hat{x}}n}_{\text{轴向}}+\underbrace{(\delta\omega_{,\hat{x}}+p_{\hat{x},\hat{x}}\delta v^M_{\hat{x},\hat{x}})m}_{\text{弯曲}}+\underbrace{(-\delta\omega+\delta v^M_{\hat{y},\hat{x}})s}_{\text{剪切}}\Big)\mathrm{d}r \tag{9.4.22}$$

我们将说明各种功率的物理名称。轴向或者膜功率是在梁的伸长过程中消耗的功率，在梁的弯曲过程中消耗弯曲功率，横向剪切功率也是由弯曲引起的。因此，功率积分简化为一维

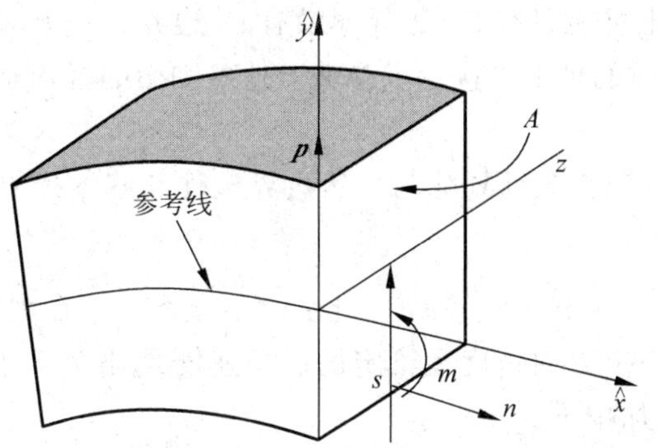

图 9.6 二维梁的合成应力，以及展示横截面面积 A

积分。这是结构理论的显著特点：通过在运动中强制约束可以将维数减少至一维。

9.4.4 合成外力 广义外力与我们刚刚推导的广义内力平行发展。我们从连续体的表达式出发，然后在运动中引入约束。由于约束，广义外力涉及沿 CB 梁整个厚度的积分。假设 $\boldsymbol{p}$ 与 $\hat{y}$ 在梁的端点处重合，梁的顶面和底面由 Γ_{tb} 表示，两端的表面由 Γ 表示。我们从连续体的虚外功率出发，即由公式(B4.2.5)给出：

$$\delta p^{\mathrm{ext}} = \int_{\Gamma_{\mathrm{tb}} \cup \Gamma} (\delta \hat{v}_x \hat{t}_x^* + \delta \hat{v}_y \hat{t}_y^*) \mathrm{d}\Gamma + \int_{\Omega} (\delta \hat{v}_x \hat{b}_x + \delta \hat{v}_y \hat{b}_y) \mathrm{d}\Omega \tag{9.4.23}$$

在上面和本章的余下部分中，我们用星号表示给定的面力。通过引入公式(9.4.15)给出的 CB 假设，我们现在约束运动。将公式(9.4.15)代入上式(令 $\bar{\theta}=0$)，得到

$$\delta p^{\mathrm{ext}} = \int_{\Gamma_{\mathrm{tb}} \cup \Gamma} ((\delta \hat{v}_x^M - \delta\omega \hat{y}) \hat{t}_x^* + \delta \hat{v}_y^M \hat{t}_y^*) \mathrm{d}\Gamma + \int_{\Omega} ((\delta \hat{v}_x^M - \delta\omega \hat{y}) \hat{b}_x + \delta \hat{v}_y^M \hat{b}_y) \mathrm{d}\Omega \tag{9.4.24}$$

现在，广义外力的定义类似于通过取面力的零阶和一阶力矩的合成应力：

$$n^* = \int_A \hat{t}_x^* \mathrm{d}A, \quad m^* = -\int_A \hat{y} \hat{t}_x^* \mathrm{d}A, \quad s^* = \int_A \hat{t}_y^* \mathrm{d}A \tag{9.4.25}$$

在梁理论中，在端点之间的面力和体积力成为广义体积力，它们定义为

$$\bar{f}_x = \int_{\Gamma_{\mathrm{tb}}} \hat{t}_x^* \mathrm{d}\Gamma + \int_A \hat{b}_x \mathrm{d}A, \quad \bar{f}_y = \int_{\Gamma_{\mathrm{tb}}} \hat{t}_y^* \mathrm{d}\Gamma + \int_A \hat{b}_y \mathrm{d}A, \quad M = -\int_{\Gamma_{\mathrm{tb}}} \hat{y} \hat{t}_x^* \mathrm{d}\Gamma + \int_A \hat{y} \hat{b}_y \mathrm{d}A \tag{9.4.26}$$

由 Mindlin-Reissner 假设，非独立变量已经从 $v_i(x,y)$ 变成为 $v_i^M(r)$ 和 $\omega(r)$，边界的定义也相应地发生了变化：边界成为梁的端点。端点是中线与 Γ 的交点。按照公式(9.4.25)～(9.4.26)的定义，外虚功率式(9.4.23)成为

$$\delta p^{\mathrm{ext}} = \int_0^L (\delta \hat{v}_x \hat{f}_x + \delta \hat{v}_y \hat{f}_y + \delta\omega M) \mathrm{d}r + \delta \hat{v}_x n^* \big|_{\Gamma_{\mathrm{n}}} + \delta \hat{v}_y s^* \big|_{\Gamma_{\mathrm{s}}} + \delta\omega_m^* \big|_{\Gamma_{\mathrm{m}}} \tag{9.4.27}$$

式中 Γ_{n}，Γ_{m} 和 Γ_{s} 为梁的端点。在这些端点处，分别给定了相应的法向(轴向)力、力矩和剪力。给定面力 $\hat{t}_x$ 的边界成为给定法向力边界 Γ_{n} 和力矩边界 Γ_{m}。因此，连续体转换到 CB 梁改变了面力边界条件的性质。面力边界条件是弱化了：仅给定了面力的零阶和一阶力矩。

在梁理论中，在边界 Γ 上可能只有 Γ_{m} 边界而没有 Γ_{n} 边界。一个例子是在一个边界上，沿 x 方向固定，而在与 $\boldsymbol{e}_z$ 共线的轴上连接一个弹簧。这些细微的区别是由于运动约束引起了独立变量的变化。

9.4.5　边界条件　边界条件划分为自然边界条件和基本边界条件。速度(位移)是基本边界条件，为

$$\text{在 } \Gamma_{\hat{v}x} \text{ 上：} \hat{v}_x^M = \hat{v}_x^{M^*}, \quad \text{在 } \Gamma_{\hat{v}y} \text{ 上：} \hat{v}_y^M = \hat{v}_y^{M^*}, \quad \text{在 } \Gamma_\omega \text{ 上：} \omega = \omega^* \tag{9.4.28}$$

其中，Γ 的下标表示那一个方向速度是给定的。角速度是独立于坐标系统的方向，所以，我们没有在角速度符号上加帽子。

广义面力边界条件为

$$\text{在 } \Gamma_{\mathrm{n}} \text{ 上：} n = n^*, \quad \text{在 } \Gamma_{\mathrm{s}} \text{ 上：} s = s^*, \quad \text{在 } \Gamma_{\mathrm{m}} \text{ 上：} m = m^* \tag{9.4.29}$$

注意到公式(9.4.28)和式(9.4.29)是运动学和动力学的与功率耦合的变量的边界条件。功率耦合的变量不能指定在同一个边界上，但是在任何边界上必须指定它们一对中的 1 个，因此得到

$$\begin{aligned}
&\Gamma_{\mathrm{n}} \cup \Gamma_{\hat{v}x} = \Gamma, \quad \Gamma_{\mathrm{n}} \cap \Gamma_{\hat{v}x} = 0 \\
&\Gamma_{\mathrm{s}} \cup \Gamma_{\hat{v}y} = \Gamma, \quad \Gamma_{\mathrm{s}} \cap \Gamma_{\hat{v}y} = 0 \\
&\Gamma_{\mathrm{m}} \cup \Gamma_\omega = \Gamma, \quad \Gamma_{\mathrm{m}} \cap \Gamma_\omega = 0
\end{aligned} \tag{9.4.30}$$

9.4.6　弱形式　梁的动量方程的弱形式为

$$\delta p^{\mathrm{kin}} + \delta p^{\mathrm{int}} = \delta p^{\mathrm{ext}} \quad \forall (\delta v_x, \delta v_y, \delta\omega) \in U_0 \tag{9.4.31}$$

其中，U_0 为分段可微函数的空间，即 C^0 函数，在相应的给定位移边界上为零。函数只需要是 C^0，因为在虚功率表达式中仅出现了非独立变量的一阶导数。注意到这个弱形式与连续体的弱形式具有相同的结构。

9.4.7　强形式　对于一个任意的几何构形，我们将不推导等价于公式(9.4.31)的强形式，这些可以实现，参考 Simo 和 Fox(1989)。然而，如果没有曲线张量，这是相当棘手的。作为代替，对于小应变理论的均匀横截面的沿着 x 轴的直梁，我们将建立强形式，其惯性力和施加的体积力矩忽略不计。对于上述的简化，应用公式(9.4.22)和式(9.4.27)的定义，则公式(9.4.31)简化为

$$\begin{aligned}
&\int_0^L (\delta v_{x,x} n + \delta\omega_{,x} m + (\delta v_{y,x} - \delta\omega) s - \delta v_x \bar{f}_x - \delta v_y \bar{f}_y) \mathrm{d}x - \\
&\qquad (\delta v_x n^*)\big|_{\Gamma_{\mathrm{n}}} - (\delta\omega m^*)\big|_{\Gamma_{\mathrm{m}}} - (\delta v_y s^*)\big|_{\Gamma_{\mathrm{s}}} = 0
\end{aligned} \tag{9.4.32}$$

因为在所有的点上局部坐标系与总体坐标系重合，故去掉了所有变量符号的帽子。推论等价强形式的过程则平行于在第 4.3 节中的过程。思路是消去在弱形式中变分函数的所有导数，这样，上式就可以写成变分函数与合力及其导数的函数的乘积。这可以通过对弱形式中的每一项进行分部积分来实现：

$$\int_0^L \delta v_{x,x} n \,\mathrm{d}x = -\int_0^L \delta v_x n_{,x} \mathrm{d}x + (\delta v_x n)\big|_{\Gamma_{\mathrm{n}}} - \sum_i [\![\delta v_x n]\!]_{\Gamma_i} \tag{9.4.33}$$

$$\int_0^L \delta\omega_{,x} m \,\mathrm{d}x = -\int_0^L \delta\omega m_{,x} \mathrm{d}x + (\delta\omega m)\big|_{\Gamma_{\mathrm{m}}} - \sum_i [\![\delta\omega m]\!]_{\Gamma_i} \tag{9.4.34}$$

$$\int_0^L \delta v_{y,x} s \,\mathrm{d}x = -\int_0^L \delta v_y s_{,x} \mathrm{d}x + (\delta v_y s)\big|_{\Gamma_{\mathrm{s}}} - \sum_i [\![\delta v_y s]\!]_{\Gamma_i} \tag{9.4.35}$$

式中 Γ_i 为不连续点。在上面每一个式子中，我们都应用了在第 2 章中给出的关于分段连续可微函数的微积分基本原理。我们也应用了这样的事实，即在给定的位移边界处变分函数为零，所以边界项仅应用到面力边界点。将公式(9.4.33)～(9.4.35)代入式(9.4.32)，给出(在符号变换之后)

$$\int_0^L (\delta v_x (n_{,x} + f_x) + \delta\omega(m_{,x} + s) + \delta v_y (s_{,x} + f_y))\mathrm{d}x +$$

$$\sum_i (\delta v_x [\![n]\!] + \delta v_y [\![s]\!] + \delta\omega [\![m]\!])_{\Gamma_i} -$$

$$\delta v_x (n^* - n)\big|_{\Gamma_\mathrm{n}} + \delta\omega(m^* - m)\big|_{\Gamma_\mathrm{m}} + \delta v_y (s^* - s)\big|_{\Gamma_\mathrm{s}} = 0 \tag{9.4.36}$$

应用第 4.3 节给出的密度理论，则给出下面的强形式：

$$n_{,x} + f_x = 0, \quad s_{,x} + f_y = 0, \quad m_{,x} + s = 0 \tag{9.4.37}$$

$$\text{在 } \Gamma_i \text{ 上：} [\![n]\!] = 0, \quad [\![s]\!] = 0, \quad [\![m]\!] = 0 \tag{9.4.38}$$

$$\text{在 } \Gamma_\mathrm{n} \text{ 上：} n = n^*, \quad \text{在 } \Gamma_\mathrm{s} \text{ 上：} s = s^*, \quad \text{在 } \Gamma_\mathrm{m} \text{ 上：} m = m^* \tag{9.4.39}$$

它们分别是平衡方程、内部连续条件和广义面力(自然的)边界条件。

上面的平衡方程在结构力学中是众所周知的。这些平衡方程并不等价于连续体的平衡方程，$\sigma_{ij,j} + b_j = 0$。作为代替，它们可以被看作是**连续体平衡方程的弱形式**，因为它们对于应力的积分，即力矩、剪力和法向力是成立的。通过 Timoshenko 假设，这些平衡方程是约束运动的直接结果。通过约束变分函数，平衡方程被弱化了。

9.4.8 有限元近似 借助于一维形函数 $N_I(\xi)$ 构造公式(9.4.1)的有限元近似：

$$\boldsymbol{x}(\xi,\eta,t) = \left(\boldsymbol{x}_I^M(t) + \eta\frac{h^0}{2}\boldsymbol{p}_I(t)\right)N_I(\xi) \tag{9.4.40}$$

式中，重复的大写字母表示对 n_N 求和。如上所示，**厚度与方向矢量的乘积是内部插值**。如果对厚度和方向矢量分别进行插值，则上式中的第二项在形函数中为二次的，并且运动与基本连续体单元的运动式(9.3.3)是不同的。从上面立即可以得到单元的初始构形：

$$\boldsymbol{X}(\xi,\eta) = \left(\boldsymbol{X}_I^M + \eta\frac{h^0}{2}\boldsymbol{p}_I^0\right)N_I(\xi) \tag{9.4.41}$$

通过取公式(9.4.40)和式(9.4.41)之差，获得位移为

$$\boldsymbol{u}(\xi,\eta,t) = \left(\boldsymbol{u}_I^M(t) + \eta\frac{h^0}{2}(\boldsymbol{p}_I(t) - \boldsymbol{p}_I^0)\right)N_I(\xi) \tag{9.4.42}$$

取上式的材料时间导数，得到速度为

$$\boldsymbol{v}(\xi,\eta,t) = \left(\boldsymbol{v}_I^M(t) + \eta\frac{h^0}{2}(\omega\boldsymbol{e}_z \times \boldsymbol{p}_I(t))\right)N_I(\xi) \tag{9.4.43}$$

这个速度场与将公式(9.3.9)代入式(9.3.4)后生成的速度场是一致的，见例 9.1。因此，由这种方法生成的任何单元与在第 9.3 节中编程的单元是一致的。所以，我们将不必进一步推论这种方法。

例 9.1 2 节点梁单元 应用 CB 梁理论建立基于 4 节点四边形连续体的 2 节点 CB 梁单元。单元如图 9.7 所示。我们将参考线(中线)置于上下表面的中间位置，在母单元域中该线与 $\eta=0$ 重合。尽管这个位置不是必要的，但是确实是很方便的。将主控节点放置在参考线与单元边界的交点处，而从属节点是角点并且由如前所述的两套编号方法标识。

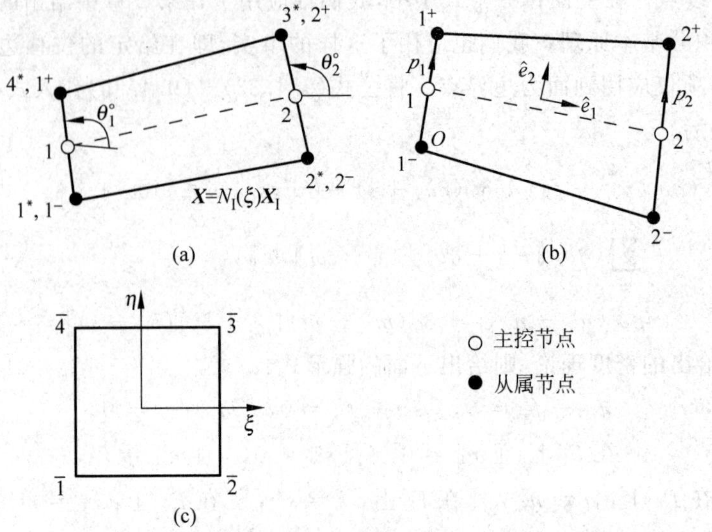

图 9.7　基于 4 节点四边形连续体单元的 2 节点 CB 梁单元

(a) 初始构形；(b) 当前构形；(c) 母单元

4 节点连续体单元的运动是

$$\boldsymbol{x} = \boldsymbol{x}_{I^*}(t)N_{I^*}(\xi,\eta) = \boldsymbol{x}_{1^*}N_{1^*} + \boldsymbol{x}_{2^*}N_{2^*} + \boldsymbol{x}_{3^*}N_{3^*} + \boldsymbol{x}_{4^*}N_{4^*} \tag{E9.1.1}$$

其中，$N_{I^*}(\xi,\eta)$是标准的 4 节点等参形函数：

$$N_{I^*}(\xi,\eta) = \frac{1}{4}(1+\xi_{I^*}\xi)(1+\eta_{I^*}\eta) \qquad (\text{不对 } I^* \text{ 求和}) \tag{E9.1.2}$$

写出上述的运动，得到

$$\begin{aligned}\boldsymbol{x} = \boldsymbol{x}_{I^*}N_{I^*} &= \frac{1}{4}\boldsymbol{x}_{1^*}(1-\xi)(1-\eta) + \frac{1}{4}\boldsymbol{x}_{2^*}(1+\xi)(1-\eta) + \\ &\quad \frac{1}{4}\boldsymbol{x}_{3^*}(1+\xi)(1+\eta) + \frac{1}{4}\boldsymbol{x}_{4^*}(1-\xi)(1+\eta) \\ &= \frac{1}{4}(\boldsymbol{x}_{1^*}+\boldsymbol{x}_{4^*})(1-\xi) + \frac{1}{4}(\boldsymbol{x}_{4^*}-\boldsymbol{x}_{1^*})\eta(1-\xi) + \\ &\quad \frac{1}{4}(\boldsymbol{x}_{2^*}+\boldsymbol{x}_{3^*})(1+\xi) + \frac{1}{4}(\boldsymbol{x}_{3^*}-\boldsymbol{x}_{2^*})\eta(1+\xi)\end{aligned} \tag{E9.1.3}$$

令

$$\boldsymbol{x}_1(t) = \frac{1}{2}(\boldsymbol{x}_{1^*}+\boldsymbol{x}_{4^*}) \equiv \frac{1}{2}(\boldsymbol{x}_{1^-}+\boldsymbol{x}_{1^+}), \quad \boldsymbol{x}_2(t) \equiv \frac{1}{2}(\boldsymbol{x}_{2^*}+\boldsymbol{x}_{3^*}) = \frac{1}{2}(\boldsymbol{x}_{2^-}+\boldsymbol{x}_{2^+})$$

$$\|\boldsymbol{x}_{4^*}-\boldsymbol{x}_{1^*}\| = h_1^0, \quad \|\boldsymbol{x}_{3^*}-\boldsymbol{x}_{2^*}\| = h_2^0, \quad \boldsymbol{p}_1 = \frac{\boldsymbol{x}_{4^*}-\boldsymbol{x}_{1^*}}{h_1^0}, \quad \boldsymbol{p}_2 = \frac{\boldsymbol{x}_{3^*}-\boldsymbol{x}_{2^*}}{h_2^0} \tag{E9.1.4}$$

将上式代入公式(E9.1.1)～(E9.1.2)，给出

$$\boldsymbol{x} = \frac{1}{2}\boldsymbol{x}_1(t)(1-\xi) + \frac{1}{2}\boldsymbol{x}_2(t)(1+\xi) + \eta\frac{h_1^0}{4}\boldsymbol{p}_1(t)(1-\xi) + \eta\frac{h_2^0}{4}\boldsymbol{p}_2(t)(1+\xi) \tag{E9.1.5}$$

这对应于运动公式(9.4.40)。因此，公式(E9.1.1)和式(E9.1.5)为同一运动的不同表示。

所有纤维的不可伸长性 尽管节点的纤维是不可伸长的,但在一个单元中的其他纤维可能发生长度的变化。通过考虑图 9.8 所示的指定条件,不用任何方程就可以很容易地看到,在中点处的纤维明显变短了。

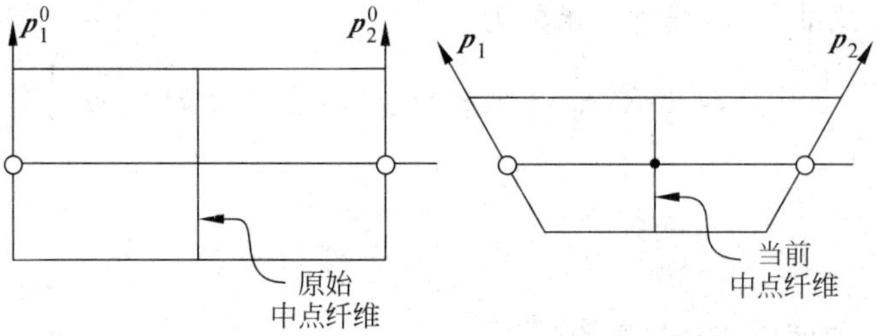

图 9.8 2 节点 CB 梁的变形表示中点纤维变短

节点力 主控节点力由公式(9.3.15)给出:

$$\begin{Bmatrix} f_{xI} \\ f_{yI} \\ m_I \end{Bmatrix} = \boldsymbol{T}_1^{\mathrm{T}} \begin{Bmatrix} f_{xI^-} \\ f_{yI^-} \\ f_{xI^+} \\ f_{yI^+} \end{Bmatrix} \qquad \text{其中 } \boldsymbol{T}_I = \begin{bmatrix} 1 & 0 & y_I - y_{I^-} \\ 0 & 1 & x_{I^-} - x_I \\ 1 & 0 & y_I - y_{I^+} \\ 0 & 1 & x_{I^+} - x_I \end{bmatrix} \tag{E9.1.6}$$

计算上式,得到

$$f_{xI} = f_{xI^+} + f_{xI^-} \quad f_{yI} = f_{yI^+} + f_{yI^-} \tag{E9.1.7}$$

$$m_I = (y_I - y_{I^-}) f_{xI^-} + (x_{I^-} - x_I) f_{yI^-} + (y_I - y_{I^+}) f_{xI^-} + (x_{I^+} - x_I) f_{yI^+} \tag{E9.1.8}$$

因此,这个变换给出了平衡的预期结果:主控节点力是从属节点力的合力,主控节点力矩是从属节点力绕主控节点的力矩。

Green 应变 这个单元的公式能够以 PK2 应力和 Green 应变的形式应用于本构方程。Green 应变的运算需要 θ_I 和 x_I 的知识。初始和当前构形的方向矢量为

$$p_{xI}^0 = \cos\theta_I^0, \quad p_{yI}^0 = \sin\theta^0, \quad p_{xI} = \cos\theta_I, \quad p_{yI} = \sin\theta_I \tag{E9.1.9}$$

则从属节点的位置可以通过指定公式(9.4.1)到节点得到:

$$\begin{aligned}
&X_{1^+} = X_1 + \frac{h_0}{2} p_{x1}^0, \quad Y_{1^+} = Y_1 + \frac{h_0}{2} p_{y1}^0, \quad x_{1^+} = x_1 + \frac{h}{2} p_{x1}, \quad y_{1^+} = y_1 + \frac{h}{2} p_{y1} \\
&X_{1^-} = X_1 - \frac{h_0}{2} p_{x1}^0, \quad Y_{1^-} = Y_1 - \frac{h_0}{2} p_{y1}^0, \quad x_{1^-} = x_1 - \frac{h}{2} p_{x1}, \quad y_{1^-} = y_1 - \frac{h}{2} p_{y1} \\
&X_{2^-} = X_2 - \frac{h_0}{2} p_{x2}^0, \quad Y_{2^-} = Y_2 - \frac{h_0}{2} p_{y2}^0, \quad x_{2^-} = x_2 - \frac{h}{2} p_{x2}, \quad y_{2^-} = y_2 - \frac{h}{2} p_{y2} \\
&X_{2^+} = X_2 + \frac{h_0}{2} p_{x2}^0, \quad Y_{2^+} = Y_2 + \frac{h_0}{2} p_{y2}^0, \quad x_{2^+} = x_2 + \frac{h}{2} p_{x2}, \quad y_{2^+} = y_2 + \frac{h}{2} p_{y2}
\end{aligned} \tag{E9.1.10}$$

通过取节点坐标的差值则得到从属节点的位移;通过由 $\boldsymbol{u} = \boldsymbol{u}_{I^*} N_{I^*}$ 给出的连续体位移场则可以得到任何点的位移;通过本构关系由公式(3.3.6)和 PK2 应力则可以计算 Green 应变。以上为进行运算的最简单方法。为了减小舍入误差,必须以在框 4.6 中的位移形式进行运算。

矩形单元的速度应变　当基本连续体单元为矩形，并且梁的中线沿着 x 轴时，由于方向矢量沿着 y 方向和 $\bar{\theta}=0$，则速度场式(9.4.15)是

$$\boldsymbol{v} = \boldsymbol{v}^M - y\omega \boldsymbol{e}_x \tag{E9.1.11}$$

用一维形式写出上式的分量，线性形函数为

$$v_x = v_{x1}^M \frac{1}{2}(1-\xi) + v_{x2}^M \frac{1}{2}(1+\xi) - y\left(\omega_1 \frac{1}{2}(1-\xi) + \omega_2 \frac{1}{2}(1+\xi)\right) \tag{E9.1.12}$$

$$v_y = v_{y1}^M \frac{1}{2}(1-\xi) + v_{y2}^M(1+\xi) \tag{E9.1.13}$$

其中 $\xi\in[-1,1]$。速度应变分量则为

$$D_{xx} = \frac{\partial v_x}{\partial x} = \frac{1}{\ell}(v_{x2}^M - v_{x1}^M) - \frac{y}{\ell}(\omega_2 - \omega_1) \tag{E9.1.14}$$

$$2D_{xy} = \frac{\partial v_y}{\partial x} + \frac{\partial v_x}{\partial y} = \frac{1}{\ell}(v_{y2}^M - v_{y1}^M) - \left(\omega_1 \frac{1}{2}(1-\zeta) + \omega_2 \frac{1}{2}(1+\xi)\right) \tag{E9.1.15}$$

由平面应力条件计算分量 D_{yy}。

9.5　基于连续体的壳

在本节中，我们将建立基于连续体(CB)的壳体有限元。这种方法由 Ahmad，Irons 和 Zienkiewicz(1970)首先提出，Hughes 和 Liu(1981a，b)展示这个理论的非线性部分，Buechter 和 Ramm(1992)以及 Simo 和 Fox(1989)将其扩展和推广。类似关于 CB 梁，在 CB 壳的实现过程中，没有必要重复连续体离散化的所有步骤，即建立弱形式、通过应用有限单元插值进行问题离散等。作为代替，通过在连续体单元上强化壳理论的约束，在本节中将建立壳单元。然后，在进行有限元离散化之前，通过在变分和试运动中强化约束，我们从更加理论化的观点检验 CB 壳。

9.5.1　经典壳理论中的假设　为了描述壳的运动学假设，我们需要定义一个参考面，经常称为中面。如第二个名字所暗示的，参考面一般是位于壳的初始上下表面的中间位置。像在非线性 CB 梁中一样，在非线性壳中参考面的精确位置是不重要的。

在建立 CB 壳理论之前，我们简要回顾经典壳理论的运动学假设。像梁一样，这里有两种运动学假设，一种允许横向剪切，而另一种不允许。允许横向剪切的理论称为 Mindlin-Reissner 理论，而不允许横向剪切的理论称为 Kirchhoff-Love 理论。在这两种壳理论中，运动学假设为：

1. Kirchhoff-Love 理论：中面的法线保持直线和法向。
2. Mindlin-Reissner 理论：中面的法线保持直线。

实验结果表明，薄壳满足 Kirchhoff-Love 假设。对于较厚的壳或者组合壳体，Mindlin-Reissner 假设是更为合适的，因为横向剪切的效果成为重要的。在组合壳体中，横向剪切的效果特别重要。Mindlin-Reissner 理论也可以应用于薄壳中，在这种情况下，法线将近似地保持法向，并且横向剪切将几乎为零。

需要指出的一点是，最初 Mindlin-Reissner 理论是针对小变形问题提出的，并且大多数

实验验证是关于小变形的。一旦产生较大应变,是否最好假设**当前法线保持直线或者初始法线保持直线**还是不清楚的。目前,在大多数理论工作中,假设初始法线保持直线,做出这个选择可能是因为它导出了更清晰的理论。我们知道还没有实验证明这个假设比当前的法线保持瞬时直线的假设更好。

9.5.2　坐标和定义　在 CB 壳单元的理论和实现过程中,壳由单层的三维单元模拟,为反映修正的 Mindlin-Reissner 假设,运动被约束。

图 9.9 展示了具有 9 个主控节点和连接三维连续体单元的一个 CB 单元。母单元坐标为 $\xi^i, i=1,2,3$。我们也采用如下记号:$\xi^1 \equiv \xi, \xi^2 \equiv \eta$ 和 $\xi^3 \equiv \zeta$。坐标 ξ^i 是曲线坐标。ζ 为常数的每一个面称为**层**,参考面对应于 $\zeta=0$。参考面是由两个曲线坐标(ξ,η)参数化的,指标符号采用 ξ^α(希腊字母表示范围为 2 的指标)。沿着 ζ 轴的线称为**纤维**,沿着纤维方向的单位矢量称为**方向矢量**。这些定义与前面给出的 CB 梁的定义是类似的。按如下方式定义厚度:用 $h^-(\xi,\eta,t)$表示在下表面和参考面之间沿着纤维方向的距离,用$h^+(\xi,\eta,t)$表示在上表面和参考面之间沿着纤维方向的距离,则厚度为 $h=h^-+h^+$。这并不是关于壳厚度的习惯定义,但是在 CB 壳理论中也是常用的。壳厚度的一般定义为在上下两个表面之间沿着法线的距离。

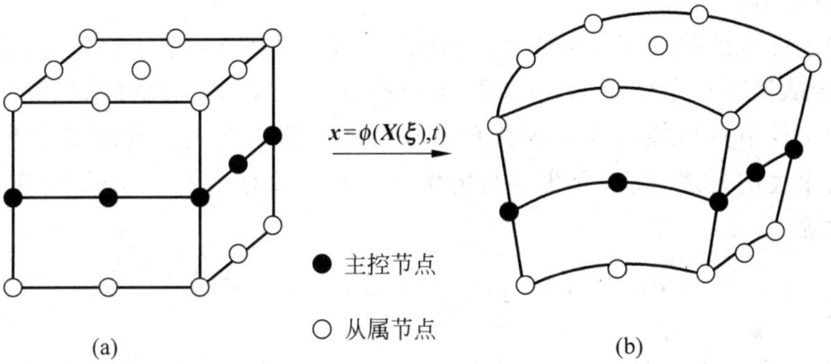

图 9.9　基于 18 节点连续体单元的 9 节点 CB 壳单元
(a) 母单元;(b) 当前单元

9.5.3　假设　在 CB 壳理论中,主要的假设是

1. 纤维保持直线(修正的 Mindlin-Reissner 假设)。
2. 垂直于中面的应力为零(也称为平面应力条件)。
3. 动量源于纤维的伸长,并且沿纤维方向忽略动量平衡。

第 1 个假设与经典 Mindlin-Reissner 理论的不同之处在于约束纤维保持直线,而不是法向。类似梁,应用 C^0 型插值不能精确地将经典的 Mindlin-Reissner 运动学假设引入到 CB 单元。必须布置节点,使纤维方向尽可能地接近于法线。当假设 1 可以看作经典 Mindlin-Reissner 假设的一个近似时,我们习惯上称其为修正的 Mindlin-Reissner 假设。

在 CB 壳理论中,我们还常常假设纤维是不可伸长的。但是,这个假设仅适用于上面表述的情况,而在整个公式中不成立。对于大变形,由于壳的厚度发生变化,某些纤维伸长的影响必须要考虑。

9.5.4　坐标系统　定义三种坐标系统:

1. 总体笛卡儿坐标系统(x, y, z),应用基矢量 $\boldsymbol{e}_i$。
2. 旋转的层坐标系统$(\hat{x},\hat{y},\hat{z})$,应用基矢量$\hat{\boldsymbol{e}}_i$,常称为层坐标。在每一点处构造它们,

因此由$\hat{e}_1$和$\hat{e}_2$定义的平面与在该点处的层相切。层基矢量随着点的位置变化，但是作为一个总体的笛卡儿系统观察它们，见第 3.4.3 节。层系统的构造将在后面描述。

3. 与主控节点相关的节点坐标系统，通过加上杠标记相关的正交基矢量，如$\bar{e}_I(t)$，并且用下角标标识节点。对于一个集中质量矩阵，基矢量是与质量矩阵的主坐标重合的，它们也可以定义为

$$\bar{\boldsymbol{e}}_{zI}(t) = \boldsymbol{p}_I(t) \tag{9.5.1}$$

其他两个基矢量的方向是任意的。

应用$\boldsymbol{R}$的极分解理论不能够对层坐标进行精确旋转。但是，特别是当横向剪切很小时，其差别是微小的，并且作为转动考虑层坐标是值得的。

9.5.5　运动的有限元近似　对于 CB 壳的基本连续体单元是具有$2n_N$个节点的三维等参单元，如图 9.9 所示，在上表面和下表面各有n_N个节点。为了观察修正的 Mindlin-Reissner 假设，即在ζ方向的运动为线性，连续体单元沿任何纤维上至多有两个从属节点。网格为 Lagrangian，可以采用更新的和完全的 Lagrangian 格式的任何一种。我们将描述更新的 Lagrangian 格式。但是提醒读者，更新的 Lagrangian 格式可以转换到完全的 Lagrangian 格式，如第 4 章所示。

在参考面上纤维连接一对从属节点的交点上，我们定义n_N个主控节点，如图 9.9 所示。如在梁中，对于从属节点采用了两种标记，与公式(9.3.1)相关有两种编号方法。

描述每个主控节点可能有 5 个或者 6 个自由度。我们将重点介绍 6 个自由度的描述，并讨论 5 个自由度的描述，接着介绍各自的优点。在 6 个自由度的描述中，在主控节点上的节点速度和力为

$$\dot{\boldsymbol{d}}_I = [v_{xI} \quad v_{yI} \quad v_{zI} \quad \omega_{xI} \quad \omega_{yI} \quad \omega_{zI}]^{\mathrm{T}} \tag{9.5.2a}$$

$$\boldsymbol{f}_I = [f_{xI} \quad f_{yI} \quad f_{zI} \quad m_{xI} \quad m_{yI} \quad m_{zI}]^{\mathrm{T}} \tag{9.5.2b}$$

其中ω_{iI}为节点I处的角速度分量；m_{iI}为节点I处的力矩分量。

以从属节点的形式，关于运动的有限元近似为

$$\boldsymbol{x}(\boldsymbol{\xi},t) \equiv \phi(\boldsymbol{\xi},t) = \sum_{I^-=1}^{n_N} \boldsymbol{x}_{I^-}(t)N_{I^-}(\boldsymbol{\xi}) + \sum_{I^+=1}^{n_N} \boldsymbol{x}_{I^+}(t)N_{I^+}(\boldsymbol{\xi})$$

$$= \sum_{I^*=1}^{2n_N} \boldsymbol{x}_{I^*}(t)N_{I^*}(\boldsymbol{\xi}) \tag{9.5.3}$$

其中$N_{I^*}(\boldsymbol{\xi})$为标准等参三维形函数；$\xi$为母单元坐标。从属节点编号的标记与在第 9.3.1 节中给出的梁的编号是一致的。回顾在 Lagrangian 单元中，可以应用单元坐标代替材料坐标。基本连续体单元的速度场为

$$\boldsymbol{v}(\boldsymbol{\xi},t) = \sum_{I^*=1}^{2n_N} \dot{\boldsymbol{x}}_{I^*}(t)N_{I^*}(\boldsymbol{\xi}) \equiv \sum_{I^*=1}^{2n_N} \boldsymbol{v}_{I^*}(t)N_{I^*}(\boldsymbol{\xi}) \tag{9.5.4}$$

其中$\dot{\boldsymbol{x}}_{I^*} \equiv \boldsymbol{v}_{I^*}$是从属节点$I^*$的速度。由于在$\zeta$方向 CB 壳的运动是线性的，所以上式可以写作

$$\boldsymbol{x} = \boldsymbol{x}^M + \zeta \boldsymbol{x}^B \equiv \boldsymbol{x}^M + \bar{\zeta}\boldsymbol{p} \tag{9.5.5a}$$

$$\boldsymbol{x}^B = h^+\boldsymbol{p} \text{ 且 } \bar{\zeta} = \zeta h^+, \quad \text{当 } \zeta > 0 \text{ 时；} \quad \boldsymbol{x}^B = h^-\boldsymbol{p} \text{ 且 } \bar{\zeta} = \zeta h^-, \quad \text{当 } \zeta < 0 \text{ 时} \tag{9.5.5b}$$

方程(9.5.3)和式(9.5.5a)是同一运动的两种描述。前者是3个独立空间变量的函数,即用连续体表示,而后者是2个独立变量的函数,即用在参考面上的曲线坐标表示。

通过取公式(9.5.5)的材料时间导数,获得速度场为

$$\boldsymbol{v} = \boldsymbol{v}^B + \zeta \boldsymbol{v}^B \equiv \boldsymbol{v}^M + \bar{\zeta} \dot{\boldsymbol{p}} + \dot{\bar{\zeta}} \boldsymbol{p} \tag{9.5.6}$$

接着,以主控节点转换速度$\boldsymbol{v}_I^M = [\boldsymbol{v}_{xI}^M, \boldsymbol{v}_{yI}^M, \boldsymbol{v}_{zI}^M]^{\mathrm{T}}$和方向矢量角速度$\boldsymbol{\omega}_I = [\bar{\boldsymbol{\omega}}_{xI}, \bar{\boldsymbol{\omega}}_{yI}, \bar{\boldsymbol{\omega}}_{zI}]^{\mathrm{T}}$的形式表示从属节点的速度。在节点处写出公式(9.5.6)和应用式(9.2.1),给出

$$\boldsymbol{v}_{I^+} = \boldsymbol{v}_I^M + h_I^+ \boldsymbol{\omega}_I \times \boldsymbol{p}_I + \dot{h}_I^+ \boldsymbol{p}_I, \quad \boldsymbol{v}_{I^-} = \boldsymbol{v}_I^M - h_I^- \boldsymbol{\omega}_I \times \boldsymbol{p}_I - \dot{h}_I^- \boldsymbol{p}_I \tag{9.5.7}$$

其中,$\dot{h}_I^+$和$\dot{h}_I^-$为厚度的变化率。

如在第3个假设中所表述的,关于$\boldsymbol{p}$方向的相关运动,并没有强制动量平衡(或者静态平衡)。所以,在构造运动方程时,忽略了在速度应变表达式中涉及$\dot{h}_I^+$和$\dot{h}_I^-$的项。在应变率计算中也忽略它们,因为由平面应力条件从本构方程中可以获得厚度。事实上,在CB壳理论中常常认为纤维是不可伸长的。这是矛盾的,因为当应用不可伸长的条件时,是为了忽略由于在$\boldsymbol{p}$方向的相关运动的动量平衡,在计算节点内力时,**厚度的改变是不能忽略的**。

为了得到沿着一根纤维方向的三个节点速度之间的关系,在公式(9.5.7)中,我们表示叉积为$h^+ \boldsymbol{\omega}_I \times \boldsymbol{p}_I = \boldsymbol{\Lambda}^+ \boldsymbol{\omega}_I$,其中$\boldsymbol{\Lambda}^+$为偏斜对称张量,$\boldsymbol{\Lambda}_{ij}^+ = h^+ e_{ijk} p_k$,见公式(3.2.44)。然后,对于$\boldsymbol{v}_{I^-}$应用一个简单的关系,我们可以将从属节点速度联系到主控节点速度为

$$\begin{Bmatrix} \boldsymbol{v}_{I^-} \\ \boldsymbol{v}_{I^+} \end{Bmatrix} = \boldsymbol{T}_I \dot{\boldsymbol{d}}_I (\text{不对 } I \text{ 求和}) \tag{9.5.8}$$

$$\boldsymbol{v}_{I^-} = [v_{xI^-}, v_{yI^-}, v_{zI^-}]^{\mathrm{T}}, \quad \boldsymbol{v}_{I^+} = [v_{xI^+}, v_{yI^+}, v_{zI^+}]^{\mathrm{T}} \tag{9.5.9}$$

$$\boldsymbol{T}_I = \begin{bmatrix} \boldsymbol{I} & \boldsymbol{\Lambda}^- \\ \boldsymbol{I} & \boldsymbol{\Lambda}^+ \end{bmatrix} \tag{9.5.10}$$

$$\boldsymbol{\Lambda}^- = -h_I^- \begin{bmatrix} 0 & p_z & -p_y \\ -p_z & 0 & p_x \\ p_y & -p_x & 0 \end{bmatrix} = \begin{bmatrix} 0 & z_{I^-} - z_I & y_I - y_{I^-} \\ z_I - z_{I^-} & 0 & x_{I^-} - x_I \\ y_{I^-} - y_I & x_I - x_{I^-} & 0 \end{bmatrix} \tag{9.5.11}$$

$$\boldsymbol{\Lambda}^+ = h_I^+ \begin{bmatrix} 0 & p_z & -p_y \\ -p_z & 0 & p_x \\ p_y & -p_x & 0 \end{bmatrix} = \begin{bmatrix} 0 & z_{I^+} - z_I & y_I - y_{I^+} \\ z_I - z_{I^+} & 0 & x_{I^+} - x_I \\ y_{I^+} - y_I & x_I - x_{I^+} & 0 \end{bmatrix} \tag{9.5.12}$$

从公式(9.5.11)和(9.5.12)可以看出,在主控节点力的计算中采用的是当前厚度,因此考虑了纤维的伸长。

9.5.6 局部坐标 关于CB壳的从属节点力,即在基本连续体单元节点上的力,是通过对连续体单元的一般计算过程得到的,如第4章所述。当然,必须考虑平面应力假设和厚度变化的计算。基于此目的,应用基矢量$\hat{\boldsymbol{e}}_i$,在每一个积分点上建立一个转动的层坐标系统,并且在该坐标系上更新本构关系。

建立基矢量$\hat{\boldsymbol{e}}_i$有几种不同的方法。下面是Hughes(1987:386)给出的方法。目的是找到一个正交集合基矢量$\hat{\boldsymbol{e}}_i$尽可能地接近协变基矢量$\boldsymbol{g}_\alpha$:

$$\boldsymbol{g}_{\alpha} = \frac{\partial \boldsymbol{x}}{\partial \xi^{\alpha}} \tag{9.5.13}$$

矢量 $\boldsymbol{g}_{\alpha}$ 定义一个与层正切的面,而基矢量$\hat{\boldsymbol{e}}_i$ 也将位于这个面内。垂直于这个面的基矢量为

$$\hat{\boldsymbol{e}}_z = \frac{\boldsymbol{g}_1 \times \boldsymbol{g}_2}{\| \boldsymbol{g}_1 \times \boldsymbol{g}_2 \|} \tag{9.5.14}$$

可以通过两个步骤建立基矢量。首先,定义一组辅助矢量:

$$\boldsymbol{a} = \frac{\boldsymbol{g}_1}{\| \boldsymbol{g}_1 \|} + \frac{\boldsymbol{g}_2}{\| \boldsymbol{g}_2 \|}, \quad \boldsymbol{b} = \hat{\boldsymbol{e}}_z \times \boldsymbol{a} \tag{9.5.15}$$

则新的基矢量为

$$\hat{\boldsymbol{e}}_x = \frac{\boldsymbol{a} - \boldsymbol{b}}{\| \boldsymbol{a} - \boldsymbol{b} \|}, \quad \hat{\boldsymbol{e}}_y = \frac{\boldsymbol{a} + \boldsymbol{b}}{\| \boldsymbol{a} + \boldsymbol{b} \|} \tag{9.5.16}$$

层分量可以由两种方法计算:

1. 如在例 4.3 中公式(E4.3.5)～(E4.3.8)计算 $\boldsymbol{D}$,并且转换分量:

$$\hat{\boldsymbol{D}} = \boldsymbol{R}_{\text{lam}}^{\text{T}} \boldsymbol{D} \boldsymbol{R}_{\text{lam}}, \quad (R_{ij})_{\text{lam}} = \boldsymbol{e}_i \cdot \hat{\boldsymbol{e}}_j \tag{9.5.17}$$

2. 在每一点计算速度,然后在层坐标系统中计算变形率应用:

$$\hat{\boldsymbol{v}}_I = \boldsymbol{R}_{\text{lam}}^{\text{T}} \boldsymbol{v}_I, \quad \hat{\boldsymbol{x}}_I = \boldsymbol{R}_{\text{lam}}^{\text{T}} \boldsymbol{x}_I, \quad \hat{\boldsymbol{L}} = \hat{\boldsymbol{v}}_I N_{I,\hat{x}} = \hat{\boldsymbol{v}}_I N_{I,\xi} \hat{\boldsymbol{x}}_{,\xi}^{-1}, \quad \hat{\boldsymbol{D}} = \frac{1}{2}(\hat{\boldsymbol{L}} + \hat{\boldsymbol{L}}^{\text{T}}) \tag{9.5.18}$$

应用在第 4 章中描述的关于三维 Lagrangian 连续体单元的标准程序计算除了$\hat{D}_{zz}$ 以外的所有分量,由平面应力条件$\hat{\sigma}_{zz}=0$ 计算沿厚度方向的分量$\hat{D}_{zz}$。

9.5.7 本构方程　第 5 章给出的连续介质材料的所有定律都可以应用于 CB 壳。但是,必须引入平面应力条件。第 6.3.8 节给出了强制引入约束的方法,如 Lagrange 乘子法和罚方法,可以应用强制这种约束。

对于以率形式给出的材料模型,平面应力约束可以采用如下。以 Voigt 形式写出的率更新方程为

$$\begin{Bmatrix} \hat{\sigma}_{xx} \\ \hat{\sigma}_{yy} \\ \hat{\sigma}_{xy} \\ \hat{\sigma}_{xz} \\ \hat{\sigma}_{yz} \\ \hat{\sigma}_{zz} \end{Bmatrix}^{n+1} = \begin{Bmatrix} \hat{\sigma}_{xx} \\ \hat{\sigma}_{yy} \\ \hat{\sigma}_{xy} \\ \hat{\sigma}_{xz} \\ \hat{\sigma}_{yz} \\ 0 \end{Bmatrix}^{n+1} = \begin{Bmatrix} \hat{\sigma}_{xx} \\ \hat{\sigma}_{yy} \\ \hat{\sigma}_{xy} \\ \hat{\sigma}_{xz} \\ \hat{\sigma}_{yz} \\ 0 \end{Bmatrix}^{n} + \Delta t \begin{bmatrix} \hat{\boldsymbol{C}}_{aa} & \hat{\boldsymbol{C}}_{ab} \\ \hat{\boldsymbol{C}}_{ab}^{\text{T}} & \hat{\boldsymbol{C}}_{bb} \end{bmatrix}^{\text{lam}} \begin{Bmatrix} \hat{D}_{xx} \\ \hat{D}_{yy} \\ 2\hat{D}_{xy} \\ 2\hat{D}_{xz} \\ 2\hat{D}_{yz} \\ \hat{D}_{zz} \end{Bmatrix}^{n+\frac{1}{2}} \tag{9.5.19}$$

令上式中$\hat{\sigma}_{zz}=0$,则引入了平面应力条件。应力和速度应变分量由标准的 Voigt 形式重新排序,因此最后一项为厚度分量。矩阵$\hat{\boldsymbol{C}}_{aa}$ 和$\hat{\boldsymbol{C}}_{ab}$ 分别是切线模量矩阵$\hat{\boldsymbol{C}}^{\text{lam}}$ 的 5×5 和 5×1 子矩阵。通过消去第六个方程,可以容易地获得与非零应力增量相关的修正矩阵$\tilde{\boldsymbol{C}}_{aa}$,服从

$$\tilde{\boldsymbol{C}}_{aa}^{\text{P}} = \tilde{\boldsymbol{C}}_{aa} - \tilde{\boldsymbol{C}}_{ab} \tilde{\boldsymbol{C}}_{bb}^{-1} \tilde{\boldsymbol{C}}_{ab}^{\text{T}} \tag{9.5.20}$$

从公式(9.5.19)的最后一行得到变形率分量$\hat{D}_{zz}$,并用来获得下面将要描述的厚度变化。

9.5.8 厚度 可以直接或者由率形式得到厚度。在任意时刻的厚度为

$$h^{+}=\int_{0}^{1}h_{I}^{+}F_{\zeta\zeta}(+\zeta)\mathrm{d}\zeta,\quad h^{-}=\int_{0}^{1}h_{0}^{-}F_{\zeta\zeta}(-\zeta)\mathrm{d}\zeta \tag{9.5.21}$$

式中$F_{\zeta\zeta}$通过$F_{\zeta\zeta}=F_{ij}(\boldsymbol{e}_i\cdot\boldsymbol{p})(\boldsymbol{e}_j\cdot\boldsymbol{p})$得到。注意到这里定义的厚度与通常条件下的厚度有些不同:它是沿纤维方向上表面和下表面之间的距离。h^{+}和h^{-}的率为

$$\dot{h}^{+}=\int_{0}^{1}h^{+}D_{\zeta\zeta}(+\zeta)\mathrm{d}\zeta,\quad \dot{h}^{-}=\int_{0}^{1}h^{-}D_{\zeta\zeta}(-\zeta)\mathrm{d}\zeta \tag{9.5.22}$$

式中$D_{\zeta\zeta}$通过$D_{\zeta\zeta}=\hat{D}_{ij}(\hat{\boldsymbol{e}}_i\cdot\boldsymbol{p})(\hat{\boldsymbol{e}}_j\cdot\boldsymbol{p})$得到。这里给出的更新厚度提供了关于厚度的双参数近似。在等参CB单元中,变形梯度在厚度方向近似为线性,这通常是足够的。单参数形式经常仅用于说明厚度的平均变化。双参数形式是更精确的,因为在伸长时叠加弯曲,在压缩边和拉伸边的厚度改变是不同的。另一种更加精确的方法是计算所有积分点的新位置,但是通常这是不必要的。

9.5.9 主控节点力 在主控节点的节点内力和外力可以通过公式(4.3.35)由从属节点力得到,即

$$\boldsymbol{f}_I=\boldsymbol{T}_I^{\mathrm{T}}\begin{Bmatrix}\boldsymbol{f}_{I^-}\\ \boldsymbol{f}_{I^+}\end{Bmatrix}\quad(\text{不对 }I\text{ 求和}) \tag{9.5.23}$$

式中$\boldsymbol{f}_I$由公式(9.5.2b)给出;$\boldsymbol{T}_I$由公式(9.5.10)给出。通过关于连续体单元的程序计算从属节点力见第4.5节和例4.3。

9.5.10 质量矩阵 利用基本连续体单元的质量矩阵$\hat{\boldsymbol{M}}$,通过转换公式(4.5.38)可以获得CB壳单元的质量矩阵。则质量矩阵的6×6子矩阵为

$$\boldsymbol{M}_{IJ}=\boldsymbol{T}_I^{\mathrm{T}}\hat{\boldsymbol{M}}_{IJ}\boldsymbol{T}_J(\text{不对 }I\text{ 或 }J\text{ 求和}) \tag{9.5.24}$$

其中$\boldsymbol{M}_{IJ}$为与节点I和J相关的质量矩阵的6×6子矩阵。

在显式程序中和对于低阶单元,经常采用对角化质量矩阵。对角化质量矩阵的对角化子矩阵为

$$\boldsymbol{M}_{II}=\begin{bmatrix}\boldsymbol{M}_{tI}&0\\0&\boldsymbol{M}_{rI}\end{bmatrix}=\begin{bmatrix}M_{tI}&0&0&0&0&0\\0&M_{tI}&0&0&0&0\\0&0&M_{tI}&0&0&0\\0&0&0&M_{xxI}&0&0\\0&0&0&0&M_{yyI}&0\\0&0&0&0&0&M_{zzI}\end{bmatrix} \tag{9.5.25}$$

其中$\boldsymbol{M}_{tI}=[M_{tI}]$为平移质量;$\boldsymbol{M}_{rI}=[\overline{M}]$为转动惯量,它对应于关于节点的惯量的乘积。如上所述,转动质量的分量习惯上以节点坐标系的形式表示。如各向同性材料,对角化质量矩阵具有$\overline{M}_{r}=M_{xx}=M_{yy}=M_{zz}$的性质,所以,在任何坐标系中,它的分量都是一致的。在显式程序中,为了避免由旋转行为引起对稳定时间步长的限制,经常应用Key-Beisinger(1971)比例,见第9.3.7节。

9.5.11 离散动量方程 对于上面给出的对角化质量矩阵,在节点处的平动运动方程为

$$\boldsymbol{M}_{tI}\dot{\boldsymbol{v}}_I+\boldsymbol{f}_I^{int}=\boldsymbol{f}_I^{ext}\quad (不对 I 求和) \tag{9.5.26}$$

其中，节点力和节点速度为

$$\boldsymbol{f}_I=\begin{Bmatrix}f_{xI}\\f_{yI}\\f_{zI}\end{Bmatrix},\quad \boldsymbol{v}_I=\begin{Bmatrix}v_{xI}\\v_{yI}\\v_{zI}\end{Bmatrix} \tag{9.5.27}$$

由三个节点基矢量 $\bar{e}_{iI}(i=1,2,3)$ 描述每个节点的转动运动。节点 I 的三个方向与该节点惯性张量的力矩 M_{ijI} 的主坐标是重合的。以节点坐标系统表示运动的转动方程，因为在这些坐标系中转动质量矩阵是不变量。对于一个各向异性的对角化质量，运动方程为

$$M_{xxI}\dot{\bar{\omega}}_{xI}+(\bar{M}_{zzI}-\bar{M}_{yyI})\bar{\omega}_{yI}\bar{\omega}_{zI}+\bar{m}_{xI}^{int}=\bar{m}_{xI}^{ext} \tag{9.5.28}$$

$$M_{yyI}\dot{\bar{\omega}}_{yI}+(\bar{M}_{xxI}-\bar{M}_{zzI})\bar{\omega}_{xI}\bar{\omega}_{zI}+\bar{m}_{yI}^{int}=\bar{m}_{yI}^{ext} \tag{9.5.29}$$

$$M_{zzI}\dot{\bar{\omega}}_{zI}+(\bar{M}_{yyI}-\bar{M}_{xxI})\bar{\omega}_{xI}\bar{\omega}_{yI}+\bar{m}_{zI}^{int}=\bar{m}_{zI}^{ext} \tag{9.5.30}$$

其中，上杠表示在节点系统的分量。上式就是著名的 Euler 运动方程。它们对于角速度是非线性的，但是，对于一个各向同性转动质量矩阵，二次项将消失。

9.5.12 切线刚度 可以由基本连续体单元刚度矩阵的标准变换公式(4.5.42)，得到切线刚度和荷载刚度矩阵：

$$\boldsymbol{K}_{IJ}=\boldsymbol{T}_I^{T}\bar{\boldsymbol{K}}_{IJ}\boldsymbol{T}_J\quad (不对 I 或 J 求和) \tag{9.5.31}$$

其中 $\bar{\boldsymbol{K}}_{IJ}$ 是连续体单元的切线刚度矩阵；$\boldsymbol{T}_I$ 由公式(9.5.10)给出。关于连续体单元的切线和荷载刚度矩阵在第 6.4 节中给出。

9.5.13 5 个自由度公式 在下一节中将会看到，如果没有扭转，每个节点处壳的运动可以用 5 个自由度描述。在这种情况下，主控节点的节点速度为

$$\boldsymbol{v}_I=[v_{xI},v_{yI},v_{zI},\bar{\omega}_{xI},\bar{\omega}_{yI}]^T \tag{9.5.32}$$

其中，省略了角速度分量 $\bar{\omega}_{zI}$。在 5 个自由度的描述中，必须在随节点一起转动的节点系统中表示角速度分量。节点力与节点速度是功率耦合的，为

$$\boldsymbol{f}_I=[f_{xI},f_{yI},f_{zI},\bar{m}_{xI},\bar{m}_{yI}]^T \tag{9.5.33}$$

对于沿着一条纤维的每 3 个节点，应用 5 个自由度描述从属和主控节点的速度之间的关系，类似于公式(9.5.8)～(9.5.12)，可以写出矩阵形式为

$$\begin{Bmatrix}\bar{\boldsymbol{v}}_{I^-}\\\bar{\boldsymbol{v}}_{I^+}\end{Bmatrix}=\boldsymbol{T}_I\dot{\boldsymbol{d}}_I\quad (不对 I 求和) \tag{9.5.34}$$

式中为了方便，我们以主控节点的节点坐标系统表示节点速度。在上式中，

$$\bar{\boldsymbol{v}}_{I^-}=[\bar{v}_{xI^-},\bar{v}_{yI^-},\bar{v}_{zI^-}]^T,\quad \bar{\boldsymbol{v}}_{I^+}=[\bar{v}_{xI^+},\bar{v}_{yI^+},\bar{v}_{zI^+}]^T \tag{9.5.35}$$

$$\dot{\boldsymbol{d}}_I=[\bar{v}_{xI},\bar{v}_{yI},\bar{v}_{zI},\bar{\omega}_{xI},\bar{\omega}_{yI}]^T \tag{9.5.36}$$

$$\boldsymbol{T}_I=\begin{bmatrix}\boldsymbol{I}_{3\times3}&\boldsymbol{\Lambda}^-\\\boldsymbol{I}_{3\times3}&\boldsymbol{\Lambda}^+\end{bmatrix},\quad \boldsymbol{\Lambda}^-=-h_I^-\begin{bmatrix}0&1\\-1&0\\0&0\end{bmatrix},\quad \boldsymbol{\Lambda}^+=h_I^+\begin{bmatrix}0&1\\-1&0\\0&0\end{bmatrix} \tag{9.5.37}$$

从属节点力到主控节点力的变换由公式(9.5.23)给出。

在下一节中可以清楚地看到，对于 CB 壳理论，5 个自由度的描述比 6 个自由度的描述更加合适。事实上，当壳为平坦时，对于 6 个自由度的描述其刚度为奇异的。另一方面，5 个自由度的描述必须在角点处进行修正，使其符合结构的特点，诸如刚度。对于在节点处采

用可变化自由度数目的软件，仅在需要增加附加自由度的那些节点处应用 6 个自由度可能是最合适的。

9.5.14 大转动 下面描述如何在三维中处理大转动。这个题目在大位移有限元方法和多体动力学的文献中有广泛的探讨，作为参考，见 Crisfield（1991，183），或者 Shabana（1998）。在经典动力学教材中，通常应用 Euler 角处理大转动。但是，对于确定方向和推导冗赘的运动方程，Euler 角不是唯一的。因此，经常采用其他更加清晰和更加强健的技术。

9.5.15 Euler 原理 在大转动中的一个基本概念是 Euler 原理。这个原理表明在任何刚体转动中，存在一条保持固定的线，刚体绕这条线旋转。基于这个原理，我们建立转动矩阵的一般公式。

考虑矢量 $\boldsymbol{r}$ 绕由单位矢量 $\boldsymbol{e}\equiv\boldsymbol{e}_1$ 定义的轴旋转 θ 角的转动。转动后的矢量用 $\boldsymbol{r}'$ 表示，如图 9.10 所示。将 $\boldsymbol{r}'$ 联系到 $\boldsymbol{r}$ 的转动矩阵 $\boldsymbol{R}$ 为

$$\boldsymbol{r}' = \boldsymbol{R}\boldsymbol{r} \tag{9.5.38}$$

式中 $\boldsymbol{R}$ 为待定。我们将首先推导公式

$$\boldsymbol{r}' = \boldsymbol{r} + \sin\theta\boldsymbol{e}\times\boldsymbol{r} + (1-\cos\theta)\boldsymbol{e}\times(\boldsymbol{e}\times\boldsymbol{r}) \tag{9.5.39}$$

式中 $\boldsymbol{e}$ 为沿着旋转轴方向的单位矢量，通过 Euler 原理我们知道它的存在。图 9.10 的右侧示意图表示沿 $\boldsymbol{e}$ 轴方向可见的物体。由示意图可以看出：

$$\boldsymbol{r}' = \boldsymbol{r} + \boldsymbol{r}_{PQ} = \boldsymbol{r} + \alpha\sin\theta\boldsymbol{e}_2 + \alpha(1-\cos\theta)\boldsymbol{e}_3 \quad 其中\ \alpha = r\sin\phi \tag{9.5.40}$$

由叉乘的定义可以得出

$$\alpha\boldsymbol{e}_2 = r\sin\phi\boldsymbol{e}_2 = \boldsymbol{e}\times\boldsymbol{r},\quad \alpha\boldsymbol{e}_3 = r\sin\phi\boldsymbol{e}_3 = \boldsymbol{e}\times(\boldsymbol{e}\times\boldsymbol{r}) \tag{9.5.41}$$

将上式 $\alpha\boldsymbol{e}_2=\boldsymbol{e}\times\boldsymbol{r}$ 和 $\alpha\boldsymbol{e}_3=\boldsymbol{e}\times(\boldsymbol{e}\times\boldsymbol{r})$ 代入公式(9.5.40)得到式(9.5.39)。

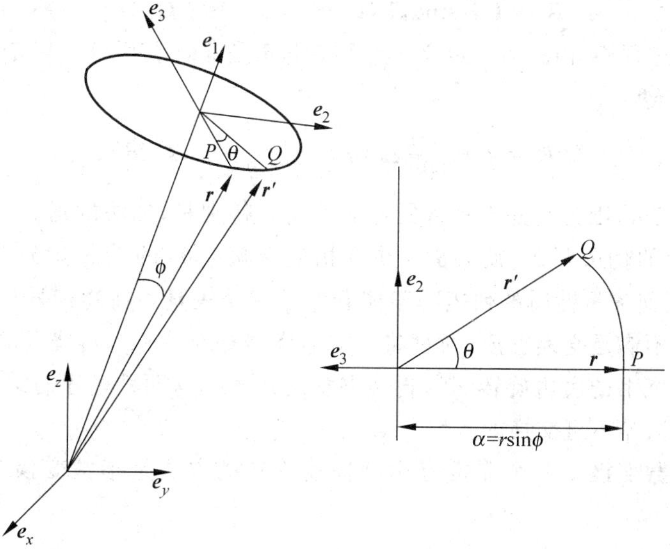

图 9.10 根据 Euler 原理，观察矢量 $\boldsymbol{r}$ 绕一根固定轴 $\boldsymbol{\theta}=\theta\boldsymbol{e}$ 的转动；右侧示意图表示沿 $\boldsymbol{\theta}$ 轴的俯视效果

然后，我们重将公式(9.5.39)写成矩阵形式。回顾公式(3.2.44)～(3.2.46)，通过 $\Omega_{ij}(\boldsymbol{v})=-e_{ijk}v_k$ 可以定义偏斜对称张量，其中 e_{ijk} 为一置换符号，所以有

$$\boldsymbol{v}\times\boldsymbol{r}=\boldsymbol{\Omega}(\boldsymbol{v})\boldsymbol{r}\quad 其中\quad \boldsymbol{\Omega}(\boldsymbol{v})=\begin{bmatrix}0 & -v_3 & v_2\\ v_3 & 0 & -v_1\\ -v_2 & v_1 & 0\end{bmatrix}\tag{9.5.42}$$

对于任意矢量$\boldsymbol{v}$,由$\boldsymbol{\Omega}(\boldsymbol{v})$的定义可以推出

$$\boldsymbol{\Omega}(\boldsymbol{e})\boldsymbol{r}=\boldsymbol{e}\times\boldsymbol{r},\quad \boldsymbol{\Omega}^2(\boldsymbol{e})\boldsymbol{r}=\boldsymbol{\Omega}(\boldsymbol{e})\boldsymbol{\Omega}(\boldsymbol{e})\boldsymbol{r}=\boldsymbol{e}\times(\boldsymbol{e}\times\boldsymbol{r})\tag{9.5.43}$$

上式表示在图 9.11 中,也表示了$\boldsymbol{\Omega}(\boldsymbol{v})$的较高次幂。

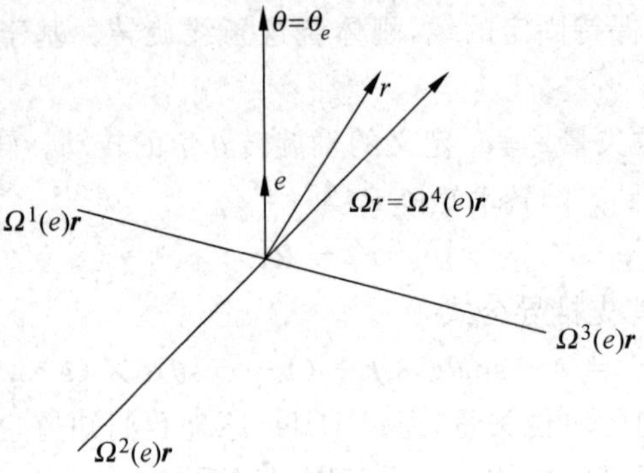

图 9.11　$\boldsymbol{\Omega}(\boldsymbol{v})$的幂

应用矢量积替换公式(9.5.39)中的叉积,得到

$$\boldsymbol{r}'=\boldsymbol{r}+\sin\theta\boldsymbol{\Omega}(\boldsymbol{e})\boldsymbol{r}+(1-\cos\theta)\boldsymbol{\Omega}^2(\boldsymbol{e})\boldsymbol{r}\tag{9.5.44}$$

比较公式(9.5.44)和式(9.5.38),得到

$$\boldsymbol{R}=\boldsymbol{I}+\sin\theta\boldsymbol{\Omega}(\boldsymbol{e})+(1-\cos\theta)\boldsymbol{\Omega}^2(\boldsymbol{e})\tag{9.5.45}$$

在写转动矩阵的过程中,由$\boldsymbol{\theta}=\theta\boldsymbol{e}$ 定义一个列矩阵$\boldsymbol{\theta}$ 是非常有用的。以$\boldsymbol{\Omega}(\boldsymbol{\theta})$的形式,公式(9.5.45)可以写成

$$\boldsymbol{R}=\boldsymbol{I}+\frac{\sin\theta}{\theta}\boldsymbol{\Omega}(\boldsymbol{\theta})+\frac{1-\cos\theta}{\theta^2}\boldsymbol{\Omega}^2(\boldsymbol{\theta})\tag{9.5.46}$$

列矩阵$\boldsymbol{\theta}$ 称为伪矢量,因为它并不具备矢量的性质。特别是,加法的运算是不可交换的:如果相应于旋转$\boldsymbol{\theta}_1$的伪矢量$\boldsymbol{\theta}_{12}$旋转$\boldsymbol{\theta}_2$,并且相应于旋转$\boldsymbol{\theta}_2$的伪矢量$\boldsymbol{\theta}_{21}$旋转$\boldsymbol{\theta}_1$,则$\boldsymbol{\theta}_{12}\neq\boldsymbol{\theta}_{21}$。一个缺少任何矢量性质的列矩阵不能看作是一个矢量。在物理教科书的引论中常常描述旋转的加法不满足交换性质,通过将一本书绕书脊旋转 90°,再绕书的底边旋转 90°,然后比较将一本书绕书的底边旋转 90°,再绕书脊旋转 90°,这两种过程的结果形式是不同的,这说明旋转的加法是不可交换的。

9.5.16　指数变换　一个非常有用的描述旋转的方法是**指数变换**,它给出了旋转矩阵 $\boldsymbol{R}$:

$$\boldsymbol{R}=\exp(\boldsymbol{\Omega}(\boldsymbol{\theta}))=\sum_{n=1}^{\infty}\frac{\boldsymbol{\Omega}^n(\boldsymbol{\theta})}{n!}=\boldsymbol{I}+\boldsymbol{\Omega}(\boldsymbol{\theta})+\frac{\boldsymbol{\Omega}^2(\boldsymbol{\theta})}{2}+\frac{\boldsymbol{\Omega}^3(\boldsymbol{\theta})}{6}+\cdots\tag{9.5.47}$$

这个形式可以用来得到旋转矩阵的近似值。为了建立指数变换,我们注意到矩阵$\boldsymbol{\Omega}(\boldsymbol{\theta})$满足如下递归关系,在图 9.11 中给出说明:

$$\boldsymbol{\Omega}^{n+2}(\boldsymbol{\theta})=-\theta^2\boldsymbol{\Omega}^n(\boldsymbol{\theta}),\quad 或\quad \boldsymbol{\Omega}^{n+2}(\boldsymbol{e})=-\boldsymbol{\Omega}^n(\boldsymbol{e})\tag{9.5.48}$$

对于任意矢量 $\boldsymbol{r}$,由公式(9.5.43)可以得到

$$\boldsymbol{\Omega}^{n+2}(\boldsymbol{e})\boldsymbol{r}=\boldsymbol{e}\times(\boldsymbol{e}\times\boldsymbol{\Omega}^{n}(\boldsymbol{e})\boldsymbol{r})=-\boldsymbol{\Omega}^{n}(\boldsymbol{e})\boldsymbol{r} \tag{9.5.49}$$

三角函数 $\sin\theta$ 和 $\cos\theta$ 可以由 Taylor 级数展开：

$$\sin\theta=\theta-\frac{\theta^3}{3!}+\frac{\theta^5}{5!}-\cdots,\quad \cos\theta=1-\frac{\theta^2}{2!}+\frac{\theta^2}{4!}-\cdots, \tag{9.5.50}$$

将公式(9.5.50)代入式(9.5.45)，得到

$$\boldsymbol{R}=\boldsymbol{I}+\left(\theta-\frac{\theta^3}{3!}+\cdots\right)\boldsymbol{\Omega}(\boldsymbol{e})+\left(\frac{\theta^2}{2!}-\frac{\theta^4}{4!}+\cdots\right)\boldsymbol{\Omega}^2(\boldsymbol{e}) \tag{9.5.51}$$

利用公式(9.5.48)，我们可以重写上式(注意改变 $\boldsymbol{\Omega}(\boldsymbol{\theta})=\theta\boldsymbol{\Omega}(\boldsymbol{e})$)，由此结果公式(9.5.47)立刻成为

$$\boldsymbol{R}=\boldsymbol{I}+\left(\boldsymbol{\Omega}(\boldsymbol{\theta})+\frac{1}{3!}\boldsymbol{\Omega}^3(\boldsymbol{\theta})-\cdots\right)+\left(\frac{1}{2}\boldsymbol{\Omega}^2(\boldsymbol{\theta})-\frac{1}{4!}\boldsymbol{\Omega}^4(\boldsymbol{\theta})+\cdots\right) \tag{9.5.52}$$

9.5.17 一阶和二阶更新 为了建立节点的三个 $\bar{\boldsymbol{e}}_i$ 的一阶和二阶更新，指数变换提供了一个简单的框架。由于通常应用的是位移增量，我们以增量 $\Delta\boldsymbol{\theta}$ 的形式建立公式。通过在指数变换式(9.5.47)中仅保留线性项得到一阶更新，给出

$$\bar{\boldsymbol{e}}_i^{\text{new}}=(\boldsymbol{I}+\boldsymbol{\Omega}(\Delta\boldsymbol{\theta}))\bar{\boldsymbol{e}}_i^{\text{old}}\equiv\boldsymbol{R}_{(1)}\bar{\boldsymbol{e}}_i^{\text{old}} \tag{9.5.53}$$

其中 $\boldsymbol{R}_{(1)}$ 为旋转张量的一阶近似。对于大多数情况，上面的更新是不精确的。

通过包含公式(9.5.47)的二次项，得到二阶更新：

$$\bar{\boldsymbol{e}}_i^{\text{new}}=\left(\boldsymbol{I}+\boldsymbol{\Omega}(\Delta\boldsymbol{\theta})+\frac{1}{2}\boldsymbol{\Omega}^2(\Delta\boldsymbol{\theta})\right)\bar{\boldsymbol{e}}_i^{\text{old}}\equiv\boldsymbol{R}_{(2)}\bar{\boldsymbol{e}}_i^{\text{old}} \tag{9.5.54}$$

其中 $\boldsymbol{R}_{(2)}$ 为 $\boldsymbol{R}$ 的二阶近似值。因为这三个基矢量并不保持正交，如不经过修正，上式是没有用处的。通过要求公式(9.5.54)中的 $\boldsymbol{R}$ 满足 $\boldsymbol{R}^{\mathrm{T}}\boldsymbol{R}=\boldsymbol{I}$，可以得到二阶更新的另外一种形式：

$$\boldsymbol{R}=\boldsymbol{I}+\frac{1}{1+\frac{1}{4}\theta^2}\left(\boldsymbol{\Omega}(\Delta\boldsymbol{\theta})+\frac{1}{2}\boldsymbol{\Omega}^2(\Delta\boldsymbol{\theta})\right) \tag{9.5.55}$$

可以认为上式是更新的径向返回，因此，三个基矢量保持为单位长度。

9.5.18 Hughes-Winget 更新 通过应用中点规则，也可以构造基于一阶旋转张量的三个矢量的二阶精确更新。旋转矩阵近似为

$$\boldsymbol{R}=\left(\boldsymbol{I}-\frac{1}{2}\boldsymbol{\Omega}(\Delta\boldsymbol{\theta})\right)^{-1}\left(\boldsymbol{I}+\frac{1}{2}\boldsymbol{\Omega}(\Delta\boldsymbol{\theta})\right) \tag{9.5.56}$$

可以证明 $\boldsymbol{R}^{\mathrm{T}}\boldsymbol{R}=\boldsymbol{I}$，因此三个矢量保持正交和单位长度。Hughes 和 Winget(1981)描述了这一更新，它也出现在 Frajeis de Veubeke(1965)。上式可以用如下方法得到。我们首先写出公式(3.2.42)的中心差分近似：

$$\boldsymbol{\Omega}=\dot{\boldsymbol{R}}\boldsymbol{R}^{\mathrm{T}}\rightarrow\boldsymbol{\Omega}\boldsymbol{R}=\dot{\boldsymbol{R}}\rightarrow\frac{1}{2}\boldsymbol{\Omega}^{n+\frac{1}{2}}(\boldsymbol{R}^{n+1}+\boldsymbol{R}^{n})=\frac{\boldsymbol{R}^{n+1}-\boldsymbol{R}^{n}}{\Delta t} \tag{9.5.57}$$

将上式整理得到

$$\left(\boldsymbol{I}-\frac{\Delta t}{2}\boldsymbol{\Omega}^{n+\frac{1}{2}}\right)\boldsymbol{R}^{n+1}=\left(\boldsymbol{I}+\frac{\Delta t}{2}\boldsymbol{\Omega}^{n+\frac{1}{2}}\right)\boldsymbol{R}^{n} \tag{9.5.58}$$

在上式中，令 $\boldsymbol{\Omega}(\Delta\boldsymbol{\theta})=\frac{\Delta t}{2}\boldsymbol{\Omega}^{n+\frac{1}{2}}$ 和 $\boldsymbol{R}^{n}=\boldsymbol{I}$，则得到公式(9.5.56)。

9.5.19 四变量 在这个方法中，旋转矩阵作为四个参数的一个函数处理：

$$q_0=\cos\frac{\theta}{2},\quad q_i=e_i\sin\frac{\theta}{2},\quad i=1,2,3 \tag{9.5.59}$$

参数 q_i 称为四变量。为了以四变量表示旋转矩阵，我们首先注意到

$$\boldsymbol{\Omega}^2(\boldsymbol{\theta})\boldsymbol{r} = \boldsymbol{\theta}\times(\boldsymbol{\theta}\times\boldsymbol{r}) = (\boldsymbol{\theta}\otimes\boldsymbol{\theta}-\theta^2\boldsymbol{I})\boldsymbol{r} \quad 或 \quad \boldsymbol{\Omega}^2(\boldsymbol{\theta}) = \boldsymbol{\theta}\otimes\boldsymbol{\theta}-\theta^2\boldsymbol{I} \tag{9.5.60}$$

将半角公式 $\sin\theta=2\sin\dfrac{\theta}{2}\cos\dfrac{\theta}{2}$ 和 $\cos\theta=2\cos^2\dfrac{\theta}{2}-1$ 以及公式(9.5.60)代入式(9.5.46)，得到

$$\begin{aligned}\boldsymbol{R} &= \left(2\cos^2\frac{\theta}{2}-1\right)\boldsymbol{I}+\frac{2}{\theta}\cos\frac{\theta}{2}\boldsymbol{\Omega}(\boldsymbol{\theta})+\frac{2}{\theta^2}\sin^2\frac{\theta}{2}\boldsymbol{\theta}\otimes\boldsymbol{\theta} \\ &= \left(2\cos^2\frac{\theta}{2}-1\right)\boldsymbol{I}+2\cos\frac{\theta}{2}\sin\frac{\theta}{2}\boldsymbol{\Omega}(\boldsymbol{e})+2\sin^2\frac{\theta}{2}\boldsymbol{e}\otimes\boldsymbol{e}\end{aligned}$$

式中，在最后一行中我们应用了 $\boldsymbol{\theta}=\theta\boldsymbol{e}$。现在我们以公式(9.6.59)给出的四参数形式表示上式：

$$\boldsymbol{R} = 2\left(q_0^2-\frac{1}{2}\right)\boldsymbol{I}+2q_0\,\boldsymbol{\Omega}(\boldsymbol{q})+2\boldsymbol{q}\otimes\boldsymbol{q} \equiv 2\left(q_0^2-\frac{1}{2}\right)\boldsymbol{I}+2q_0\,\boldsymbol{\Omega}(\boldsymbol{q})+2\boldsymbol{q}\boldsymbol{q}^{\mathrm{T}} \tag{9.5.61}$$

其中 $\boldsymbol{q}^{\mathrm{T}}=[q_1,q_2,q_3]$。写出上式为

$$\boldsymbol{R} = 2\begin{bmatrix} q_0^2+q_1^2-\dfrac{1}{2} & q_1q_2-q_0q_3 & q_1q_3+q_0q_2 \\ q_1q_2+q_0q_3 & q_0^2+q_2^2-\dfrac{1}{2} & q_2q_3-q_0q_1 \\ q_1q_3-q_0q_2 & q_2q_3+q_0q_1 & q_0^2+q_3^2-\dfrac{1}{2}\end{bmatrix} \tag{9.5.62}$$

9.5.20 应用 上面公式的任何一个都可以用来更新三个节点基矢量 $\boldsymbol{e}_I$。在动力学中，运动方程得出节点的角加速度，对其进行积分可以得到节点的角速度 $\bar{\omega}_{iI}$。则矩阵 $\Delta\boldsymbol{\theta}$ 为

$$\Delta\boldsymbol{\theta}_I = \boldsymbol{\omega}_I\Delta t \tag{9.5.63}$$

在静态问题中，为了描述转动，习惯上选择增量 $\Delta\theta_{iI}$ 作为自由度。在两种情况下，都是由 $\boldsymbol{R}(\Delta\boldsymbol{\theta}_I)$ 更新三个矢量。

9.6 CB 壳理论

9.6.1 运动 我们现在从更多的理论观点出发检验 CB 壳的行为。目的是检验运动作为两个独立变量 ξ 和 η 的函数，并推导速度应变场。在下面的讨论中，ξ 和 η 是壳面上的曲线坐标，它们与相应的单元坐标发挥同样的作用。但是在本节中，它们提供了壳的参考面的参数记法。壳的参考面是在三维空间中的二维集合。

根据修正的 Mindlin-Reissner 假设，纤维保持直线，因此在 ζ 上的运动应该是线性的，即

$$\boldsymbol{x}(\xi,\eta,\zeta,t) = \boldsymbol{x}^M(\xi,\eta,t)+\zeta h^-(\zeta,\eta,t)\boldsymbol{p}(\xi,\eta,t) \quad 对于\ \zeta<0 \tag{9.6.1a}$$

$$\boldsymbol{x}(\xi,\eta,\zeta,t) = \boldsymbol{x}^M(\xi,\eta,t)+\zeta h^+(\xi,\eta,t)\boldsymbol{p}(\xi,\eta,t) \quad 对于\ \zeta>0 \tag{9.6.1b}$$

其中，$h^-(\xi,\eta,t)$ 和 $h^+(\xi,\eta,t)$ 分别为沿着方向矢量从参考面到上表面和下表面之间的距离。假设初始中面位于上表面和下表面的中间，因此 $h_0^-=h_0^+=\dfrac{h_0}{2}$。上式也可以缩写成式(9.5.5a)的形式：

$$\boldsymbol{x} = \boldsymbol{x}^M + \xi \boldsymbol{x}^B \equiv \boldsymbol{x}^M + \bar{\zeta}\boldsymbol{p} \tag{9.6.2}$$

式中，$\boldsymbol{x}^B$ 是由于弯曲的运动，如在公式(9.5.5b)中所定义的，并且在式(9.5.5b)中也定义了 $\bar{\zeta}$。在初始构形中，通过在初始时刻计算公式(9.6.2)可以得到壳的坐标：

$$\boldsymbol{X}(\xi,\eta,\zeta) = \boldsymbol{X}^M(\xi,\eta) + \bar{\zeta}_0 \boldsymbol{p}_0(\xi,\eta) = \boldsymbol{X}^M + \zeta \boldsymbol{X}^B \tag{9.6.3}$$

其中 $\boldsymbol{p}_0 = \boldsymbol{p}(\xi,\eta,0)$，并且以初始构形的形式定义 $\bar{\zeta}_0$。通过取公式(9.6.2)与(9.6.3)的差得到位移场：

$$\boldsymbol{u}(\xi,\eta,\zeta,t) = \boldsymbol{u}^M + \zeta \boldsymbol{u}^B = \boldsymbol{u}^M + \bar{\zeta}_0(\boldsymbol{p} - \boldsymbol{p}_0) + \Delta\bar{\zeta}\boldsymbol{p} = \boldsymbol{u}^M + \zeta \boldsymbol{u}^B + \Delta\bar{\zeta}\boldsymbol{p} \tag{9.6.4}$$

其中

$$\begin{aligned} &\boldsymbol{u}^M = \boldsymbol{x}^M - \boldsymbol{X}^M, \quad \boldsymbol{u}^B = \boldsymbol{x}^B - \boldsymbol{X}^B = \frac{h_0}{2}(\boldsymbol{p} - \boldsymbol{p}_0) \\ &\Delta\bar{\zeta} = \bar{\zeta} - \bar{\zeta}_0 = \zeta(h^+ - h_0^+) \qquad \text{对于 } \zeta > 0 \\ &\Delta\bar{\zeta} = \bar{\zeta} - \bar{\zeta}_0 = \zeta(h^- - h_0^-) \qquad \text{对于 } \zeta < 0 \end{aligned} \tag{9.6.5}$$

由上式可以看出，弯曲位移 $\boldsymbol{u}^B$ 依赖于两个单位矢量的差，$\boldsymbol{p} - \boldsymbol{p}_0$。因此，弯曲位移 $\boldsymbol{u}^B$ 可以由两个非独立变量描述。运动则可以由 5 个非独立变量描述：中面的 3 个平动，$\boldsymbol{u}^M = [u_x^M, u_y^M, u_z^M]$和2个描述弯曲位移的变量，$\boldsymbol{u}^B$。

取位移或者运动的材料时间导数得到速度场，利用公式(9.2.1)写出方向矢量的率：

$$\boldsymbol{v}(\xi,\eta,\zeta,t) = \boldsymbol{v}^M(\zeta,\eta,t) + \bar{\zeta}\boldsymbol{\omega}(\xi,\eta,t) \times \boldsymbol{p} + \dot{\bar{\zeta}}\boldsymbol{p} \tag{9.6.6}$$

上式的最后一项表示沿着厚度的变化率。上面速度场也可以记为

$$\boldsymbol{v}(\xi,\eta,\zeta,t) = \boldsymbol{v}^M + \zeta \boldsymbol{v}^B + \dot{\bar{\zeta}}\boldsymbol{p} \quad \text{其中} \quad \begin{cases} \boldsymbol{v}^B = h^+ \boldsymbol{\omega} \times \boldsymbol{p} & \text{对于 } \zeta > 0 \\ \boldsymbol{v}^B = h^- \boldsymbol{\omega} \times \boldsymbol{p} & \text{对于 } \zeta < 0 \end{cases} \tag{9.6.7}$$

从上式可以看出，在壳中任何一点的速度组成包括参考平面的速度 $\boldsymbol{v}^M$、弯曲的速度 $\boldsymbol{v}^B$ 和由于厚度变化的速度。弯曲速度取决于方向矢量的角速度。平行于方向矢量 $\boldsymbol{p}$ 的角速度分量是无关的，因为它不引起 $\boldsymbol{p}$ 的变化。这个分量称为**刚体转动分量**，或简称为**刚体转动**。因为刚体转动对变形没有影响，显然，应用 5 个自由度的描述比 6 个自由度的描述更适合于CB壳。

9.6.2 速度应变 我们将检验CB壳理论的速度应变。为了简单，我们考虑参考面位于中面的壳，并且忽略厚度的变化。研究速度应变，取关于中面的级数展开。所导出的公式一般不推荐应用于计算，除非当应用合成应力时。这种分析是基于 Belytschko，Wong 和 Stolarski(1989)。为了简化，假定方向矢量与法线是共线的，且参考面为中面，因此 $h^- = h^+ = h/2$。

考虑一般函数 $f(\boldsymbol{x})$ 的导数。我们的目的是以 $\tilde{\zeta} = \zeta h/2R$ 的幂形式展开速度应变的表达式，这个变量对于壳是个小量。因此，对于二阶以上的项可以忽略。我们从链规则的三维形式出发(注意到我们已经写出了一般形式的转置)：

$$\begin{Bmatrix} f_{,\xi} \\ f_{,\eta} \\ f_{,\zeta} \end{Bmatrix} = \hat{\boldsymbol{x}}_{,\xi}^{\mathrm{T}} f_{,\hat{x}} = \begin{bmatrix} \hat{x}_{,\xi} & \hat{y}_{,\xi} & \hat{z}_{,\xi} \\ \hat{x}_{,\eta} & \hat{y}_{,\eta} & \hat{z}_{,\eta} \\ \hat{x}_{,\zeta} & \hat{y}_{,\zeta} & \hat{z}_{,\zeta} \end{bmatrix} \begin{Bmatrix} f_{,\hat{x}} \\ f_{,\hat{y}} \\ f_{,\hat{z}} \end{Bmatrix}$$

$$= \begin{bmatrix} \hat{x}^M_{,\xi} + \zeta \hat{x}^B_{,\xi} & \hat{y}^M_{,\xi} + \zeta \hat{y}^B_{,\xi} & \hat{z}^M_{,\xi} + \zeta \hat{z}^B_{,\xi} \\ \hat{x}^M_{,\eta} + \zeta \hat{x}^B_{,\eta} & \hat{y}^M_{,\eta} + \zeta \hat{y}^B_{,\eta} & \hat{z}^M_{,\eta} + \zeta \hat{z}^B_{,\eta} \\ \hat{x}^B & \hat{y}^B & \hat{z}^B \end{bmatrix} \begin{Bmatrix} f_{,\hat{x}} \\ f_{,\hat{y}} \\ f_{,\hat{z}} \end{Bmatrix} \tag{9.6.8}$$

我们仅考虑 x 和 y 的导数。因为坐标系统为顺时针的，所以在参考面上有 $\hat{z}_{,\zeta} \simeq \dfrac{h}{2}$，$\hat{z}_{,\xi} = \hat{z}_{,\eta} = 0$。对上式求逆，得到与 x 和 y 导数有关的子矩阵的闭合形式：

$$\hat{\boldsymbol{x}}^{-1}_{,\xi} = \frac{1}{J_\zeta} \begin{bmatrix} \hat{y}^M_{,\eta} + \zeta \hat{y}^B_{,\eta} & -(\hat{x}^M_{,\eta} + \zeta \hat{x}^B_{,\eta}) \\ -(\hat{y}^M_{,\zeta} + \zeta \hat{y}^B_{,\zeta}) & \hat{x}^M_{,\zeta} + \zeta \hat{x}^B_{,\zeta} \end{bmatrix} \tag{9.6.9}$$

其中

$$\begin{aligned} J_\zeta &= J_0 \left(1 + \frac{J_1}{J_0} \zeta\right) + O(\zeta^2), \quad J_0 = \hat{x}^M_{,\zeta} \hat{y}^M_{,\eta} - \hat{x}^M_{,\eta} \hat{y}^M_{,\zeta} \\ J_1 &= \frac{h}{2} (\hat{x}^M_{,\zeta} p_{\hat{y},\eta} + \hat{y}^M_{,\eta} p_{\hat{x},\zeta} - \hat{x}^M_{,\eta} p_{\hat{y},\zeta} - \hat{y}^M_{,\zeta} p_{\hat{x},\eta}) \end{aligned} \tag{9.6.10}$$

在公式(9.6.9)中，以方向矢量分量的形式表示弯曲运动 $\boldsymbol{x}^B$，给出

$$\hat{\boldsymbol{x}}^{-1}_{,\xi} = \underbrace{\frac{1}{J_\zeta} \begin{bmatrix} \hat{y}^M_{,\eta} & -\hat{x}^M_{,\eta} \\ -\hat{y}^M_{,\zeta} & \hat{x}^M_{\zeta} \end{bmatrix}}_{\boldsymbol{A}} + \zeta \frac{h}{2J_\zeta} \underbrace{\begin{bmatrix} p_{\hat{y},\eta} & -p_{\hat{x},\eta} \\ -p_{\hat{y},\zeta} & p_{x,\zeta} \end{bmatrix}}_{\boldsymbol{B}} \tag{9.6.11}$$

我们注意到曲率 R 的半径为

$$\frac{1}{R} = \max((p^2_{\hat{x},\zeta} + p^2_{\hat{y},\zeta})^{1/2}, (p^2_{\hat{x},\eta} + p^2_{\hat{y},\eta})^{1/2}) \tag{9.6.12}$$

所以，在公式(9.6.11)中 $\boldsymbol{B}$ 具有 R^{-1} 阶，并且我们可以将式(9.6.11)重写为

$$\hat{\boldsymbol{x}}^{-1}_{,\xi} = \frac{1}{J_0(1 + b\tilde{\zeta})} (\boldsymbol{A} + \tilde{\zeta} \boldsymbol{RB}) \quad \text{其中} \quad b = \frac{2RJ_1}{hJ_0} \tag{9.6.13}$$

我们现在假定

$$\tilde{\zeta} \equiv \zeta \frac{h}{2R} \ll 1 \quad \text{或} \quad \frac{h}{2R} \ll 1 \tag{9.6.14}$$

其中 R 为曲率半径。由于 $|\zeta| \leqslant 1$，所以上面的第二个方程追随第一个。关于厚度与曲率半径比值的这个条件是对于壳理论的适用性的重要要求。当它不满足时，壳理论将是不适用的。

将公式(9.6.13)的分子和分母同乘以 $1 - b\tilde{\zeta}$，并消去在 $\bar{\zeta}$ 中二阶和二阶以上的项（通过公式(9.6.14)，在用 ζ 替换 $\tilde{\zeta}$ 之后），则给出

$$\boldsymbol{x}^{-1}_{,\xi} = \underbrace{\frac{1}{J_0} \begin{bmatrix} \hat{y}^M_{,\eta} & -\hat{x}^M_{,\eta} \\ -\hat{y}^M_{,\zeta} & \hat{x}^M_{,\zeta} \end{bmatrix}}_{\boldsymbol{x}^{-1}_{M,\xi}} + \underbrace{\frac{\zeta h}{2J_0} \begin{bmatrix} p_{\hat{y},\eta} - c\hat{y}^M_{,\eta} & -(p_{\hat{x},\eta} - c\hat{x}^M_{,\eta}) \\ -(p_{\hat{y},\zeta} - c\hat{y}^M_{,\zeta}) & (p_{\hat{x},\zeta} - c\hat{x}^M_{,\zeta}) \end{bmatrix}}_{\boldsymbol{x}^{-1}_{B,\xi}} \tag{9.6.15}$$

其中 $c = \dfrac{2J_1}{hJ_0}$。注意到乘积后分母为 $J_0(1 - \tilde{\zeta}^2 + O(\tilde{\zeta}^3))$，所以保留在分子中的唯一项是 J_0。

速度梯度 $\boldsymbol{L}$ 由 $\boldsymbol{L} = \boldsymbol{v}_{,\xi} \boldsymbol{x}^{-1}_{,\xi}$ 给出。变形率 $\hat{D}_{\alpha\beta}$ 是 $\boldsymbol{L}$ 的对称部分，因此它在厚度方向也是线性

的。这对应于在经典壳理论中沿厚度方向的应变分布。注意到**经典壳理论的适用性**和**经典壳理论与 CB 壳理论的等价性**都是以不等式(9.6.14)为基准的。

9.6.3 合成应力 内部功率为

$$\delta p^{\text{int}} = \int_{\Omega} (\delta \hat{D}_{\alpha\beta} \hat{\sigma}_{\alpha\beta} + 2\delta \hat{D}_{3\alpha} \hat{\sigma}_{3\alpha}) \mathrm{d}\Omega \tag{9.6.16}$$

其中由平面应力假设有$\hat{\sigma}_{33}=0$。如果我们注意到$\delta \hat{D}_{\alpha\beta}=\delta \hat{D}^{M}_{\alpha\beta}+\bar{\zeta}\delta \hat{D}^{B}_{\alpha\beta}$,并定义合力为

$$\hat{n}_{\alpha\beta} = \int_{-1}^{1} \hat{\sigma}_{\alpha\beta} \frac{h}{2} \mathrm{d}\zeta, \quad \hat{m}_{\alpha\beta} = \int_{-1}^{1} \zeta \hat{\sigma}_{\alpha\beta} \frac{h}{2} \mathrm{d}\zeta, \quad \hat{s}_{\alpha} = \int_{-1}^{1} \hat{\sigma}_{\alpha 3} \mathrm{d}\zeta \tag{9.6.17}$$

则内部功率为

$$\delta p^{\text{int}} = \int_{S} (\delta \hat{D}_{\alpha\beta} \hat{n}_{\alpha\beta} + 2\delta \hat{D}_{3\alpha} \hat{s}_{\alpha} + \delta \hat{k}_{\alpha\beta} \hat{m}_{\alpha\beta}) \mathrm{d}S \tag{9.6.18}$$

其中 S 为参考面。上式中的功率是分别对应于膜力、剪切和弯曲的。

9.6.4 边界条件 边界是一条曲线 C,它是基本连续体的侧面与壳的参考面的交线,如图 9.12 所示。作用在上下表面的面力可以看作体力。边界条件可以用局部坐标系表示,其基矢量为$\hat{\boldsymbol{e}}_x$,$\hat{\boldsymbol{e}}_y$和$\hat{\boldsymbol{e}}_z$其中$\hat{\boldsymbol{e}}_y$与 C 相切,$\hat{\boldsymbol{e}}_z$垂直于参考面,且满足$\hat{\boldsymbol{e}}_x=\hat{\boldsymbol{e}}_y\times\hat{\boldsymbol{e}}_z$。作用在 C 上的面力可以分解为零阶和一阶力矩:

$$\hat{f}_i^* = \int_{-1}^{1} \hat{t}_i \frac{h}{2} \mathrm{d}\zeta, \quad \hat{m}_i^* = \int_{-1}^{1} e_{ijk} \hat{x}_j \hat{t}_k \frac{h}{2} \mathrm{d}\zeta \tag{9.6.19}$$

只有前两个力矩对 CB 壳的响应有影响。

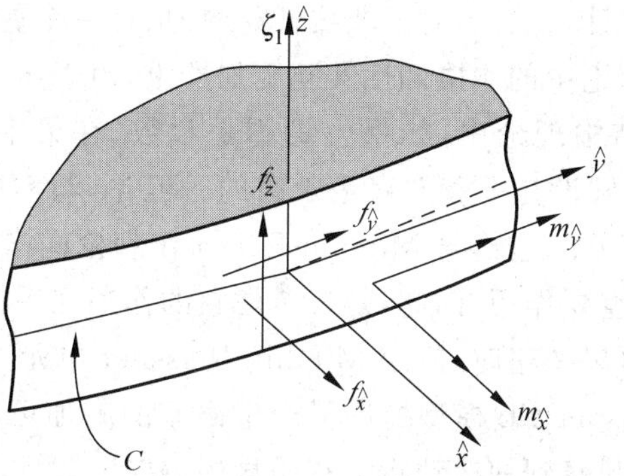

图 9.12 施加面力与合成外力和力矩

外部功率为

$$\delta p^{\text{ext}} = \int_{C} (\delta \hat{v}_i \hat{f}_i^* + \delta \hat{\omega}_i \hat{m}_i^*) \mathrm{d}s \tag{9.6.20}$$

其中 ds 为沿 C 曲线的弧形长度的微分。当边界位于平面上时,施加的非零面力所导致的节点外力为

$$\hat{f}_{iI}^{\text{ext}} = \int_{C} N_I(\xi) \hat{f}_i^* \mathrm{d}s \tag{9.6.21}$$

$$\hat{m}_{iI}^{\text{ext}} = \int_{C} N_I(\xi) \hat{m}_i^* \mathrm{d}s \quad \text{对于 6 个自由度:} i = 1,2,3 \quad \text{对于 5 个自由度:} i = 1,2 \tag{9.6.22}$$

其中 $N_I(\xi)$为在 $\zeta=0$ 边上 CB 形函数的投影。

对于 Mindlin-Reissner 壳，边界条件则表示为

$$\hat{v}_i = \hat{v}_i^* \text{ 在 } C_{\hat{v}i} \text{ 上}, \quad \hat{f}_i = \hat{f}_i^* \text{ 在 } C_{\hat{f}i} \text{ 上}, \quad C_{\hat{v}i} \cap C_{\hat{f}i} = 0, \quad C_{\hat{v}i} \cup C_{\hat{f}i} = C \tag{9.6.23}$$

$$\hat{\omega}_\alpha = \hat{\omega}_\alpha^* \text{ 在 } C_{\hat{\omega}\alpha} \text{ 上}, \quad \hat{m}_\alpha = \hat{m}_\alpha^* \text{ 在 } C_{\hat{m}\alpha} \text{ 上}, \quad C_{\hat{\omega}\alpha} \cap C_{\hat{m}\alpha} = 0, \quad C_{\hat{\omega}\alpha} \cup C_{\hat{m}\alpha} = C \tag{9.6.24}$$

在经典壳理论中和在 5 个自由度的运算中，沿着边界只给出 2 个力矩分量，因为刚体转动自由度不是一个非独立变量。但是，当应用 6 个自由度的描述时，必须给出所有 3 个力矩分量。仅当边界 C 位于平面时，上面的边界条件才是精确的。对于一般的边界，必须以面力的形式直接定义广义力矩：

$$f_{iI}^{\text{ext}} = \int_C \int_{-1}^{+1} N_I(\xi,\eta,\zeta) t_i^* \frac{h}{2} \mathrm{d}\zeta \mathrm{d}s, \quad m_{iI}^{\text{ext}} = \int_C \int_{-1}^{+1} N_I(\xi,\eta,\zeta) e_{ijk} \hat{x}_j t_k^* \frac{h}{2} \mathrm{d}\zeta \mathrm{d}s \tag{9.6.25}$$

9.6.5　结构理论的非协调性和特殊性　Mindlin-Reissner 和 Kirchhoff-Love 假设介绍几种非协调性。在 Mindlin-Reisssner 理论中，剪应力 $\hat{\sigma}_{xz}$ 和 $\hat{\sigma}_{yz}$ 在壳的宽度方向为常数。但是，除非一个剪切面力施加在上表面或者下表面，否则由于应力张量的对称性，在这些表面的横向剪力必须为零。对平衡状态下弹性梁的分析表明，沿梁的宽度方向，横向剪切应力应该为二次的，而在上下表面处为零。因此，常值剪切应力分布高估了剪切能量。通常采用一个修正因数，称为剪切修正，来减少与横向剪切相关的能量，并且对于弹性梁和壳可以作出关于这个因数的精确估计。然而，对于非线性材料，估计一个剪切修正因数是困难的。

在 Kirchhoff-Love 理论中的非协调性甚至更加严重，由于运动学的假设，导致了横向剪力为零。在众所周知的结构理论中，如果力矩不是常数，在梁中的剪力必须非零。因此，Kirchhoff-Love 的运动学假设与平衡方程是矛盾的。但是，与实验结果比较证明它是相当精确的，并且对于薄的均匀壳，它恰与 Mindlin-Reissner 理论同样精确。在薄壁结构的变形中，横向剪力并没有起到重要作用，因此，是否考虑它的作用几乎没有影响。由于它们简单，甚至当横向剪力的影响可以忽略时，应用 Mindlin-Reissner 单元。

修正的 Mindlin-Reissner CB 模型提供了产生误差的附加可能性。如果方向矢量不垂直于中面，则运动与实验观察到的运动将会有明显的偏差。

当一个法向面力施加在壳的任何面上时，零法向应力的假设是矛盾的。为了平衡，明显地，法向应力必须等于所施加的法向面力。然而，在结构理论中它们被忽略了，因为与轴向应力相比它们是非常小的。法向应力仅仅吸收了很小部分的能量，并且对变形几乎没有影响。

在壳体的分析中，也要注意严重的边界效应。某些边界条件导致了边界效应，在较窄的边界层处性能发生了剧烈的变化。对于某些边界条件，在边界的角点处可能发生奇异性。

应用结构运动学假设的一个原因是它们改善了离散方程的适应性。如果一个壳体由三维的连续体单元模拟，那么自由度是在所有节点的平动，与厚度方向应变相关的自然模态具有非常大的特征值。其结果，对于一个隐式更新算法，线性化平衡方程或者线性化方程的适应性可能是非常差的。壳方程的适应性也不如标准连续体模型那样好，但是比薄壳的连续体模型的适应性要明显强一些。在显式方法中，由于沿厚度方向模态的较大特征值，导致薄

壁结构的连续体模型需要非常小的临界时间步长。CB 壳模型可以提供更大的临界时间步长。

9.7 剪切和膜自锁

9.7.1 描述和定义 壳单元的最大困难特性是剪切和薄膜自锁。剪切自锁源于出现了伪横向剪切。更确切地说,它源于许多单元没有能力表现变形,所以横向剪力必须为零。由于剪切刚度通常远远大于弯曲刚度,所以,伪剪切吸收了大部分由外力产生的能量,而预计的挠度和应变是非常小的量值,这就是所谓的剪切自锁。

观察到的薄梁和薄壳的性能表明中线的法线保持直线和法向,从而横向剪力为零。这种行为可以看作是连续体运动的约束。在剪切梁或者 CB 壳理论中,当不能精确地引入正常状态的约束时,正常状态的约束一般作为剪切能出现,即在能量中的罚数项。罚因子随着壳厚度的减少而增加,因此,当厚度减薄时,剪切自锁变得非常明显。在 C^1 单元中不会出现剪切自锁,因为在 C^1 单元中运动被定义了,因此法线保持法向。在 C^0 单元中,法线可以相对于中线旋转,所以,能够出现伪横向剪切和自锁。

薄膜自锁的出现源于在壳有限单元中没有能力表现变形的不可伸长模式。壳弯曲而没有伸长:拿一张纸,你会看到能够很容易地将其弯曲,这称为不可伸长弯曲。然而,用手拉伸一张纸几乎是不可能的。壳的行为类似:它们的弯曲刚度很小,而它们的薄膜刚度很大。当有限元没有伸长不能弯曲时,能量不准确地转换成薄膜能,于是导致低估了位移和应变。在屈曲模拟中,薄膜自锁尤为重要,因为许多屈曲模态是完全的或者接近于不可伸缩的。

剪切和薄膜自锁与在第 8 章中描述的体积自锁是相似的:当有限元近似的运动不能满足约束时,约束模式比正确运动的刚度表现得更为刚硬。在体积自锁的情况中,约束是不可压缩的,而对于剪切和薄膜自锁,在弯曲中的约束为 Kirchhoff-Love 正常状态约束和不可伸长约束(与纤维的不可伸长没有任何关系)。表 9.1 总结比较了自锁现象。应该注意的是薄壳的自由剪切行为不是一个精确的约束。对于较厚的壳和梁,我们期望出现某些横向剪切,但是,就像对几乎不可压缩的材料体积自锁的单元表现很差一样,对于厚度适中的壳,即使当横向剪切出现时,壳单元的剪切表现也是很差的。

表 9.1 自锁现象比较

约　束	有限元运动的缺陷	自锁类型
不可压缩,等体积运动,$J=$ 常数,$v_{i,i}=0$	在单元中出现体积应变	体积自锁
Kirchhoff-Love 约束,$\hat{D}_{xz}=\hat{D}_{yz}=0$	在纯弯曲中出现横向剪切应变	剪切自锁
不可伸缩约束	在不可伸缩弯曲模式中出现薄膜应变	薄膜自锁

9.7.2 剪切自锁 下面我们将应用线性应变位移方程,它仅适用于小应变和小转动。剪切和薄膜自锁的描述主要来自 Stolarski,Belytschko 和 Lee(1994)。为了检验剪切自锁的原因,我们考虑在例 9.1 中描述的 2 节点梁单元。为了简单,令单元位于 x 轴方向,且考虑线性响应,因此,在运动学关系中,我们用线性应变 ε_{ij} 代替 D_{ij},并且用位移代替速度。由公式(E9.1.15)的对应部分给出横向剪切应变:

$$2\varepsilon_{xy}=\frac{1}{\ell}(u_{x2}^{M}-u_{x1}^{M})-\theta_1\frac{1}{2}(1-\xi)-\theta_2\frac{1}{2}(1+\xi)\quad 其中\ \xi\in[-1,+1]\tag{9.7.1}$$

我们现在考虑在纯弯状态下的单元：有 $u_{x1}=u_{x2}=0,\theta_1=-\theta_2=\alpha$。对于这些节点位移，公式(9.7.1)给出

$$2\varepsilon_{xy}=\alpha\xi\tag{9.7.2}$$

由平衡方程(9.4.37)，当力矩为常数时，剪力 $s(x)$ 应该为零。但是，由公式(9.7.2)我们看到，在大多数单元中，横向剪切应变和横向剪切应力 $\sigma_{xy}=2G\varepsilon_{xy}$ 并不为零。事实上，除了在 $\xi=0$ 外它们处处不为零。在纯弯状态时出现的横向剪切常常称为**附加剪切**。

附加的横向剪切对于单元的性能具有很大的影响。为了解释这种影响的严重性，对于一个单位宽度矩形横截面的线弹性梁，我们检验与弯曲和剪切应变有关的能量。上面节点位移的弯曲能量为

$$W_{\text{bend}}=\frac{E}{2}\int_{\Omega}y^2\theta_{,x}^2\,\mathrm{d}\Omega=\frac{Eh^3}{24}\int_0^{\ell}\theta_{,x}^2\,\mathrm{d}x=\frac{Eh^3}{24\ell}(\theta_2-\theta_1)^2=\frac{Eh^3\alpha^2}{6\ell}\tag{9.7.3}$$

其中，在最后的表达式中应用了与弯曲模式有关的转动，$\theta_1=-\theta_2=\alpha$。梁的剪切能量为

$$W_{\text{shear}}=\frac{E}{(1+v)}\int_{\Omega}\varepsilon_{xy}^2\,\mathrm{d}\Omega=\frac{Eh}{(1+v)}\int_0^{\ell}(\theta-u_{y,x})^2\,\mathrm{d}x=\frac{Eh\ell\alpha^2}{3(1+v)}\tag{9.7.4}$$

这两种能量的比值是 $W_{\text{shear}}/W_{\text{bend}}$，它正比于 $(\ell/h)^2$。因此，当 $\ell>h$ 时，剪切能量显著地大于弯曲能量。由于在纯弯曲中剪切能量应该为零，所以这个附加剪切能量吸收了大部分可能的能量，其结果是明显地低估了总体位移。但是，相对于观察不到收敛结果的体积自锁，采用单元细划后在剪切中自锁的单元收敛于精确解，只是非常慢。

由方程(9.7.2)立即提出问题，在这些单元中为什么采用不完全积分可以消除剪切自锁。注意到在 $\xi=0$ 处横向剪力为零，这对应于在一点积分中的积分点。因此，通过对剪切相关项的不完全积分消除了伪横向剪切。

相对于 2 节点梁，在采用二次插值的 3 节点梁中，剪切自锁是很不明显的。考虑一个长为 ℓ 的 3 节点梁单元，采用母坐标 $\xi=2x/\ell,-1\leqslant\xi\leqslant1$。在这个单元中的剪切应变为

$$\begin{aligned}2\varepsilon_{xy}=u_{\hat{y},x}-\theta=&\frac{1}{\ell}[(2\xi-1)u_{y1}-4\xi u_{y2}+(2\xi+1)u_{y3}]-\\&\frac{1}{2}(\xi^2-\xi)\theta_1-(1-\xi^2)\theta_2-\frac{1}{2}(\xi^2+\xi)\theta_3\end{aligned}\tag{9.7.5}$$

考虑纯弯曲的状态，$\theta_1=-\theta_3=\alpha,\theta_2=0,u_{y1}=u_{y3}=0$ 和 $u_{y2}=\alpha\ell/4$。将这些节点位移代入公式(9.7.5)，证明在单元中横向剪切为零。基于这个结果，这里没有理由出现自锁。但是，考虑另外一种变形，$u_y=\alpha\xi^3,\theta=u_y,x=6\alpha\xi^2/\ell$。由于法线保持法向，剪力应该为零。但是，由公式(9.7.5)却给出了横向剪切，相应于这种变形的节点位移是

$$2\varepsilon_{xy}=\frac{2\alpha}{\ell}(1-3\xi^2)\tag{9.7.6}$$

所以，除了 $\xi=\pm1/\sqrt{3}$ 处外，有限元近似处给出了非零剪力。因此，对于自由剪切模式，大量的横向剪切将发生在这种单元中，而在模拟薄梁时，它将是无效的。

9.7.3　薄膜自锁　为了说明薄膜自锁，我们利用 Maguerre 浅梁方程：

$$\varepsilon_{xx}=u_{x,x}^{M}+w_{,x}^{0}u_{y,x}-y\theta_{,x},\quad 2\varepsilon_{xy}=u_{y,x}-\theta\tag{9.7.7a,b}$$

其中，w^0 是中线即 x 轴，沿 z 方向偏离梁弦的初始位移。变量 w^0 反映了梁的曲率：对于直梁，$w^0=0$。应该强调的是当这些运动学关系不同于 CB 梁方程时，对于浅梁，即当 $w^0(x)$ 很

小时，它们更接近于线性 CB 梁方程。

考虑一个长为 ℓ 的 3 节点梁单元，采用母坐标为 $\xi=2x/\ell$，$-1\leqslant\xi\leqslant1$。在一个不可伸缩的模式中，薄膜应变 ε_{xx} 必须为零。对在公式(9.7.7a)中的表达式 $u^M_{x,x}$ 进行积分，对于 $y=0$ 令 $\varepsilon_{xx}=0$，给出

$$u^M_{x3}-u^M_{x1}=-\int_0^\ell w^0_{,x}u_{y,x}\,\mathrm{d}x \tag{9.7.8}$$

考虑一个梁的纯弯模式，有 $\theta_1=-\theta_3=\alpha$，$u_{z1}=u_{z3}=0$。在没有横向剪切时，由公式(9.7.7b)可以得到

$$u_{y2}=\int_0^{\ell/2}\theta(x)\,\mathrm{d}x=\frac{\alpha\ell}{4} \tag{9.7.9}$$

在一个初始对称构形中，$\theta^0_1=\theta^0_3=\theta_0$，$\theta^0_2=0$。如果 $u_{x1}=-u_{x3}=\dfrac{\theta_0\alpha\ell}{6}$，$u_{x2}=0$，则满足公式(9.7.8)。由公式(9.7.7a)计算薄膜应变，为

$$\varepsilon_{xx}=\alpha\theta_0\left(\frac{1}{3}-\xi^2\right) \tag{9.7.10}$$

因此，在这种变形的特殊的不可伸缩模式下，除了在 $\xi=\pm1/\sqrt{3}$ 处外，伸缩应变处处不为零。如果单元包括伸缩应变不为零的积分点，则单元将展示薄膜自锁。

通过检验位移场的次数也可以解释薄膜自锁。变量 u_x，u_y 和 w^0 为关于 x 的二次式，而在纯弯模式中这些二次场发挥作用。由于 $u_{x,x}$ 仅为线性，在纯弯模式中，如果 w^0 是非零的，则薄膜应变公式(9.7.7a)在整个单元中不可能处处为零。因此，薄膜自锁可以看作是源于有限元插值不能够表示不可伸缩的运动；剪切自锁也可以类似地解释为源于有限元插值不能够表示纯弯模式。

从前面的分析中可以看到，薄膜和剪切自锁的一个明显改善将是针对运动的分量采用不同的插值次数。例如，对于二次 u_y，一个三次位移场 u_x 将改善不可伸缩模式的表现。但是，这与 CB 等参单元的框架是不协调的。对于不同分量采用不同次数的插值，在程序中是很麻烦的，并且削弱了单元精确地表示刚体运动的能力，而这对于收敛性是至关重要的。

如果单元是直线，则 w^0 为零，并且不会发生薄膜自锁。对于一个直线单元，弯曲不会生成薄膜应变，见公式(9.7.7a)。薄膜自锁也不会发生在平壳单元中。因此，2 节点梁单元绝不会出现薄膜自锁，4 节点的二次壳单元仅仅在翘曲构形中显示薄膜自锁。

尽管这个薄膜自锁的模型基于 Maguerre 的浅梁方程，但是它能够准确地估计由其他梁和壳理论以及 CB 壳单元建立的单元的表现。一旦单元很薄，壳单元的力学行为几乎是独立于壳的理论。此外，当网格细划时，单元更加符合薄壳假设。然而，将这些分析扩展到一般壳单元是相当困难的，尤其是当单元不是矩形时。

9.7.4 消除自锁 在第 9.7.2 节中，我们已经提到通过在积分点 $\xi=0$ 处对剪切能进行不完全积分，如何避免剪切自锁。限制对该点的剪切能的取值避免了附加剪切，从而使单元不会自锁。由在第 8 章中描述的多场方法，通过设计合适的应变场，也可以回避自锁。例如，如果应用 Hu-Washizu 弱形式，通过使得横向剪切为常数可以回避剪切自锁。横向剪切速度和剪切应力场为

$$\bar{D}_{xy}=\alpha_1,\quad \bar{\sigma}_{xy}=\beta_1 \tag{9.7.11}$$

式中，α_1 和 β_1 由离散协调方程和本构方程确定。

应用在第 8.5.8 节中描述的假设应变方法也可以避免自锁。假设应变方法的实质是设计横向剪切场和薄膜应变场，从而使得附加剪切和薄膜自锁为最小。必须设计假设的应变场，以保证刚度矩阵是正确的秩。对于 2 节点的梁，假设的应变场必须是常数，并且在纯弯时必须为零。我们可以实现这些目的，如果

$$\bar{D}_{xy} = D_{xy}(0) \tag{9.7.12}$$

它是在中点处等于 D_{xy} 的常数场。对于这个场，在纯弯时整个单元中的假设应变率将为零。

对于 3 节点的 CB 梁，在第 9.7.2 节的分析中也提供了如何克服剪切和薄膜自锁的指导。很明显，在公式(9.7.6)中给出的剪切和在式(9.7.10)中给出的薄膜应变，它们都在点 $\xi=\pm 1/\sqrt{3}$ 处为零，即两点积分的 Gauss 积分点。这些点常称为 Barlow 点，因为 Barlow(1976)首先指出，如果一个 8 节点等参单元的节点位移是由三次场建立的，那么在这些积分点处的应力对应于由三次位移场得到的应力。他总结到"如果应用单元表示一般的三次位移场，在 2×2 Gauss 点处的应力将与节点位移具有相同的精度"。在设计有效的壳单元中，这一发现已经证明是非常有用的。例如，它解释了由 Zienkiewicz，Taylor 和 Too(1971)提出的减缩积分的成果。因此，应用两点 Gauss 积分的剪切和薄膜功率，减缩积分将消除剪切和薄膜自锁。

通过多场方法以避免剪切自锁，令横向剪切和薄膜速度应变为线性：

$$\bar{D}_{xy} = \alpha_1 + \alpha_2\xi, \quad \bar{\sigma}_{xy} = \beta_1 + \beta_2\xi \tag{9.7.13}$$

Hu-Washizu 弱形式将从速度得到的速度应变映射到这些线性场。为了运算，如果以由速度计算得到的速度应变的形式假设速度应变场是很方便的。通过取我们刚刚描述的 Barlow 点的属性的优点可以构造这种形式的一个假设应变场。该场为

$$\begin{aligned} \bar{D}_{xy} &= D_{xy}(-\bar{\xi})\frac{\xi-\bar{\xi}}{-2\bar{\xi}} + D_{xy}(\bar{\xi})\frac{\xi+\bar{\xi}}{2\bar{\xi}}, \\ \bar{D}_{xy} &= D_{xx}(-\bar{\xi})\frac{\xi-\bar{\xi}}{-2\bar{\xi}} + D_{xx}(\bar{\xi})\frac{\xi+\bar{\xi}}{2\bar{\xi}} \end{aligned} \tag{9.7.14}$$

其中，D_{xy} 和 D_{xx} 由速度场得到，且有 $\bar{\xi}=1/\sqrt{3}$。在这种运动中，横向剪切将为零，并且在不可伸缩的变形中，薄膜场为零。因此，避免了附加能量，单元将不会自锁。

9.8　假设应变单元

在壳单元中，通过假设应变方法和选择减缩积分也可以避免剪切和薄膜自锁。然而，这些方法的设计对于壳比对于梁或者连续体更加困难。例如，在 Hughes(1978：327)与 Hughes，Cohen 和 Haroun(1978)描述的应用选择减缩积分处理四边形 4 节点板单元中，单元始终存在一个伪奇异模式，即 w 沙漏模式。因此，选择减缩积分为连续体提供了强健的单元，而对于壳体是不成功的。

9.8.1　假设应变 4 节点四边形　由公式(9.7.2)提出横向剪切场的构造。从这些方程中我们可以推论，对于一个弯曲的梁，如果横向剪切分布是线性的，且在中间为零，则它在常数场中的映射也为零。我们首先考虑一个平面矩形壳单元。矩形壳单元的性能类似于梁：当弯矩施加到两端时，如图 9.13 所示，横向剪力 σ_{xz} 必须为零；当材料是各向同性时，横向剪切 $\bar{D}_{xz}$ 也必须为零。通过使剪切为常数可以满足这些条件，即令 $\bar{D}_{xz}=\alpha_1$，其中 α_1 为常数，

并且应用 Hu-Washizu 弱形式计算 α_1。对于常数力矩,假设横向剪切为零。但是,一个常数横向剪切将会导致秩缺乏,从而出现不稳定单元。为了保存稳定性,增加一个取决于 y 的项,因此假设横向剪切是

$$\bar{D}_{xz} = \alpha_1 + \alpha_2 y \tag{9.8.1}$$

在弯矩 m_{yy} 作用下,线性项对于力学性能没有影响,所以不会干扰不自锁行为。对于 $\bar{D}_{yz}$,类似的讨论给出

$$\bar{D}_{yz} = \beta_1 + \beta_2 x \tag{9.8.2}$$

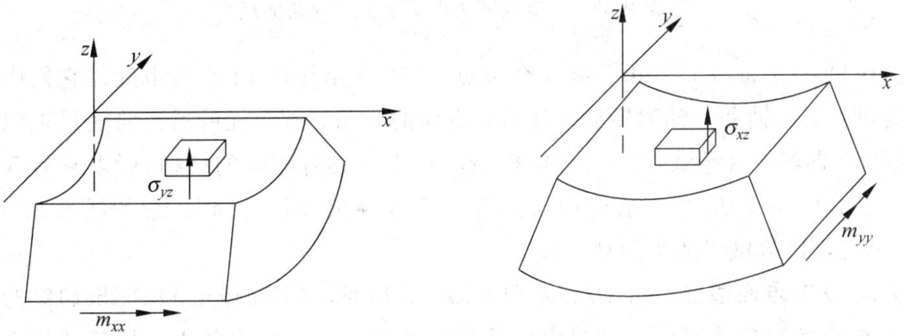

图 9.13 在纯弯下的矩形单元,如果没有压缩,通过假设应变的方法表明获得的横向剪切。对于变形证明 m_{xx} 和 m_{yy} 为负值

这个概念可以拓展到下面的四边形。为了避免附加剪切,假设横向剪切 $\bar{D}_{\xi\hat{z}}$ 在 ξ 方向为常数,为了单元保持稳定,假设其在 η 方向为线性。对于 $\bar{D}_{\eta\hat{z}}$,类似的讨论给出

$$\bar{D}_{\xi\hat{z}}(\xi,\eta,\zeta,t) = \alpha_1 + \alpha_2\eta, \quad \bar{D}_{\eta\hat{z}}(\xi,\eta,\zeta,t) = \beta_1 + \beta_2\xi \tag{9.8.3}$$

其中,α_i 和 β_i 为任意参数。

在 Hu-Washizu 弱形式的应用中,由离散的协调方程计算参数 α_i 和 β_i。但是,这使得程序复杂化了。作为代替,在选择的点处以 $\boldsymbol{D}$ 的形式可以插值得到假设的变形率 $\bar{\boldsymbol{D}}$。选择边界的中点作为插值点。对于一个矩形单元,在这些点处横向剪切为零,如在第 9.7.1 节中描述的梁单元。很明显,对于常力矩,在边界中点处剪切为零的性质对于任意的四边形都成立。我们可以取其优点,通过令假设的横向剪切速度率为

$$\bar{D}_{\xi\zeta} = \frac{1}{2}(D_{\xi\zeta}(\boldsymbol{\xi}_a,t) + D_{\xi\zeta}(\boldsymbol{\xi}_b,t)) + \frac{1}{2}(D_{\xi\zeta}(\boldsymbol{\xi}_a,t) - D_{\xi\zeta}(\boldsymbol{\xi}_b,t))\eta \tag{9.8.4}$$

$$\bar{D}_{\eta\zeta} = \frac{1}{2}(D_{\eta\zeta}(\boldsymbol{\xi}_c,t) + D_{\eta\zeta}(\boldsymbol{\xi}_d,t)) + \frac{1}{2}(D_{\eta\zeta}(\boldsymbol{\xi}_c,t) - D_{\eta\zeta}(\boldsymbol{\xi}_d,t))\zeta \tag{9.8.5}$$

式中,$\boldsymbol{\xi}_a=(0,-1,0)$,$\boldsymbol{\xi}_b=(0,1,0)$,$\boldsymbol{\xi}_c=(-1,0,0)$,$\boldsymbol{\xi}_d=(1,0,0)$。插值点如图 9.14 所示。在上式插值中,$\xi\zeta$ 分量代替了 $\xi\hat{z}$ 分量。由速度场计算在插值点的变形率。这个假设的应变场首先是由 MacNeal(1982)与 Hughes 和 Tezduyar(1981)在关于物理的讨论中构造的,参考的插值是由 Wempner, Talaslidis 和 Hwang(1982)给出的,它们应用了三场 Hu-Washizu 弱形式。Dvorkin 和 Bathe(1984)发展了上面的插值应变场。

9.8.2 单元的秩 上面的单元是否是满秩可以通过第 8.3.9 节给出的方法进行检查。我们利用一个位于 x-y 面的平面壳单元说明这一点。仅考虑弯曲性能,每个节点则有 3 个

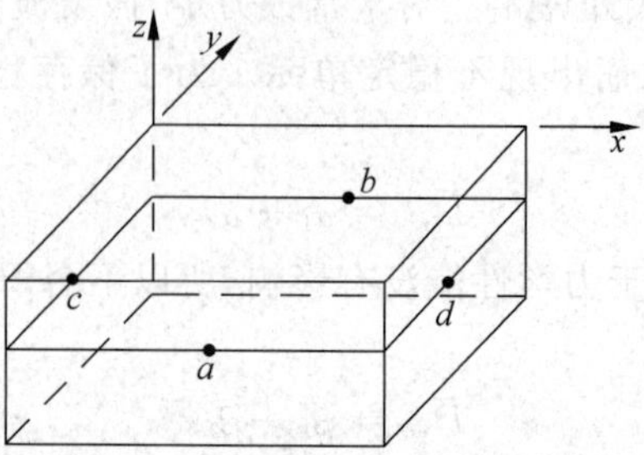

图 9.14　4 节点四边形关于剪切的插值点

相关的自由度：$v_{zI}, \omega_{zI}, \omega_{yI}$。由于有 4 个节点，所以单元共有 12 个自由度。它们中的 3 个是刚体运动：绕 x 轴和 y 轴的转动以及沿 z 方向的平动。则单元的适当的秩是 9。以 ω_x 和 ω_y 的形式，弯曲场与在公式(8.3.28)中检验的平面场具有相同的结构，所以它有 5 个线性独立场。公式(9.8.3)的 2 个横向剪切具有 4 个线性独立场。因此，总的线性独立场有 9 个，对于单元足以提供了适当的秩。

9.8.3　9 节点四边形　由 Huang 和 Hinton(1986)与 Bucalem 和 Bathe(1993)给出了关于 9 节点壳的避免薄膜和剪切自锁的假设应变场。后者提出的由点插值的假设速度应变，如图 9.15(a)所示：

$$\bar{D}_{\xi\xi} = \sum_{I=1}^{2}\sum_{J=1}^{3} D_{\xi\xi}(\xi_I, \eta_J, \zeta, t) N_{IJ}^{(1,2)}(\xi, \eta) \tag{9.8.6}$$

$$\bar{D}_{\xi\zeta} = \sum_{I=1}^{2}\sum_{J=1}^{3} D_{\xi\zeta}(\xi_I, \eta_J, \zeta, t) N_{IJ}^{(1,2)}(\xi, \eta) \tag{9.8.7}$$

其中，I 和 J 代表通常的编号，有 $\xi_I = (-3^{-1/2}, 3^{-1/2})$，$\eta_J = (-3^{-1/2}, 0, 3^{-1/2})$，$N_{IJ}^{a,b}(\xi, \eta)$ 为

$$N_{IJ}^{(a,b)}(\xi, \eta) = N_I^{(a)}(\xi) N_J^{(b)}(\eta) \tag{9.8.8}$$

其中，$N_I^{(a)}(\xi)$ 为 a 次一维 Lagrange 插值。在前一节中给出的梁的例子已经阐明了关于上面的一些基本原理：在 Gauss 积分点，在弯曲时横向剪切为零，而在不可伸缩的弯曲时薄膜应变为零。因此，单元不会展示附加的横向剪切或者薄膜应变。在 $\bar{D}_{\xi\xi}$ 和 $\bar{D}_{\xi\zeta}$ 场中的高次项 η^2 和 $\eta^2\xi$ 提供了稳定性。应用点插值的速度应变 $\bar{D}_{\eta\eta}$ 和 $\bar{D}_{\eta\zeta}$ 如图 9.15(c)所示；应用 $N_{IJ}^{(1,1)}(\xi, \eta)$，由点插值的剪切分量 $\bar{D}_{\xi\eta}$ 如图 9.15(b)所示。

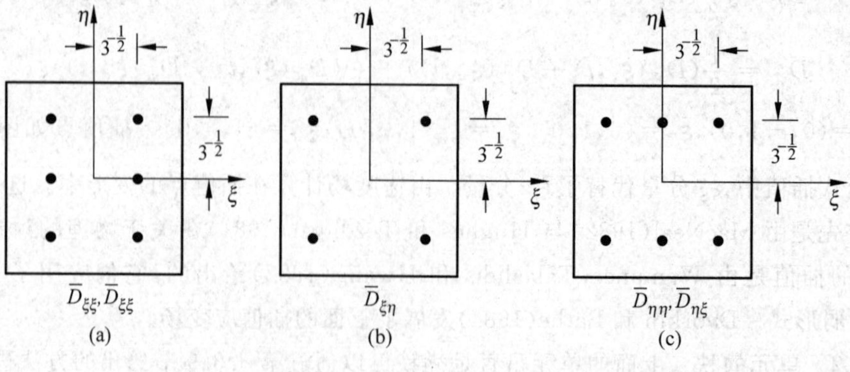

图 9.15　在 9 节点壳单元中关于假设速度应变的插值点

9.9　一点积分单元

在显式软件中，最常用的壳单元是采用一点积分的 4 节点四边形。这里一点积分是指在参考面上积分点的数目，实际上，它取决于非线性材料响应的复杂程度，在厚度方向的任何位置可以采用 3～30 或者更多的积分点。因此，我们经常涉及一堆积分点。这些单元一般地是应用于大规模的工业分析中，因为它们采用对角化质量矩阵工作很好，并且极为强健。高阶单元，诸如那些基于二次等参插值的，很快收敛到平滑的结果。但是，大多数大模型问题包括不平滑的现象，诸如弹-塑性和接触-碰撞，因此，在这些问题中，高阶单元的更高次近似的功能是不能实现的，见第 8.2 节。

我们将总结在计算软件中最频繁应用的单元。表 9.2 列出了这些单元，以及它们的一些特点和缺陷。我们下面将详细地描述这些单元中的两种，为了缩短表述以首字母描述材料。最早的一点积分四边形壳单元是 Belytschko-Tsay(BT)单元(Belytschko 和 Tsay，1983；Belytschko，Lin 和 Tsay，1984)。通过组合一个平板 4 节点单元和一个平面四边形 4 节点薄膜单元，构造了壳单元。如表 9.2 所示，当它的构形是翘曲时，它不能够正确地作出反应(主要是当应用单元的一条或者两条线模拟扭曲梁时，这个缺点就自己暴露了)。

部分地描述在 Hughes 和 Liu(1981 a,b)中的 Hughes-Liu(HL)单元，基于 CB 壳理论。在显式程序中，应用由 Belytschko，Lin 和 Tsay(1984)发展的技术，它采用单一系列的积分点，因此，也需要沙漏控制。在运算中它明显地慢于 BT 单元。

BWC 单元(见表 9.2)修正了扭曲，即在 BT 单元中翘曲构形的缺陷。否则，它是相当类似的。在 BL 单元中，引入了在第 8 章中描述的物理沙漏控制。这个沙漏控制基于多场变分原理和 Dvorkin-Bathe 应变近似公式(9.8.4)～(9.8.5)。对于弹性材料，它复制那个单元。但是，在实际中，应变和应力状态的非均匀性限制了精确的物理沙漏控制。不过，沙漏控制的这种形式提供了实质上的优点，它可以增加到适度大小的值而没有自锁。而在 BT 单元中，沙漏控制参数较高时将导致剪切自锁。

表 9.2　4 节点四边形壳单元

单　　元	简称	是否通过分片试验	在扭转中正确与否	成本	强健
Belytschko-Tsay(1983)	BT	否	否	1.0	高
Hughes-Liu(1981a, b)	HL	否	是		高
Belytschko-Wong-Chiang(1992)	BWC	否	是	1.2	中等
Belytschko-Leviathan(1994b)	BL	是	是	2.0	中等以下
Englemann-Whirley(1990)	YASE	否	否	—	中等
完全积分 MacNeal-Wempner(Dvorkin-Bathe，1984)	DB	是	是	3.5	中等以下

BL 单元和完全积分单元都被另一个缺陷困扰着。在具有大扭曲的问题中，这些单元会突然地和戏剧性地失效，并终止模拟。另一方面，BT 单元在严重扭曲下是非常强健的，并且很少终止运算。在工业应用中，这具有很高的实用价值。因此，单一积分点单元的优

点，不仅仅归于它们的高速度，在希望出现严重扭曲的问题中，诸如汽车碰撞模拟，它们趋向于更加强健。

YASE 单元（"yet another shell element"的缩称）整合了 Pian-Sumihara（1985）薄膜场，以改善在梁弯曲时的薄膜响应，即改进的弯曲运算，见第 8.6.4 节。否则，它与 BT 单元是一致的。

BT，BWC 和 BL 单元都是基于离散的 Mindlin-Reissner 理论；它们不是基于连续体单元。"离散"指这样的事实，即仅在积分点处，将 Mindlin-Reissner 假设应用于运动。通过要求当前的法线保持直线，对运动施加约束。这可以看作是对 Mindlin-Reissner 假设的另一种修正：不是要求**初始法线**保持直线，而是要求**当前法线**保持直线。采用了转动的公式。尽管在原始文章中，转动坐标系是用沿 $\boldsymbol{x}_{,\xi}$ 方向定位 $\hat{\boldsymbol{e}}_x$，但这可能导致困难，所以，推荐使用在第 8.9 节描述的技术。

速度场为

$$\boldsymbol{v}(\boldsymbol{\xi},t)=\boldsymbol{v}^M(\xi,\eta,t)+\bar{\zeta}(\boldsymbol{\omega}(\xi,\eta,t)\times\tilde{\boldsymbol{p}}(\xi,\eta,t)) \tag{9.9.1}$$

式中，在方向矢量上加符号"～"，即用 $\tilde{\boldsymbol{p}}$ 表示它可能区别于第 9.6 节定义的方向矢量，它是当前参考面的法线。运动的有限元近似为

$$\boldsymbol{v}(\boldsymbol{\xi},t)=\sum_{I=1}^{4}(\boldsymbol{v}_I(t)+\bar{\zeta}\boldsymbol{\omega}_I(t)\times\tilde{\boldsymbol{p}}_I)N_I(\xi,\eta) \tag{9.9.2}$$

将叉乘转换为矩阵相乘，上式可以写作

$$\boldsymbol{v}(\boldsymbol{\xi},t)=\sum_{I=1}^{4}(\boldsymbol{v}_I(t)+\bar{\zeta}\boldsymbol{\Omega}(\boldsymbol{\omega}_I)\tilde{\boldsymbol{p}}_I)N_I(\xi,\eta) \tag{9.9.3}$$

其中，N_I 为 4 节点等参形函数；$\boldsymbol{\Omega}(\boldsymbol{\omega}_I)$ 在公式（9.5.42）中定义。在积分点 $\xi=\eta=0$ 处的转动变形率为

$$\hat{D}_{\alpha\beta}=\hat{D}_{\alpha\beta}^M+\bar{\zeta}\hat{k}_{\alpha\beta} \tag{9.9.4}$$

其中，$\hat{k}_{\alpha\beta}$ 是曲率。通过在第 8.7 节和框 8.2 中给出的程序，在转动坐标系中计算薄膜应变和薄膜沙漏控制。在积分点处的曲率为

$$\hat{k}_{xx}=\frac{1}{2A}(\hat{y}_{24}\hat{\omega}_{y13}+\hat{y}_{31}\hat{\omega}_{y42})+\frac{2z_\gamma}{A^2}(\hat{x}_{13}\hat{v}_{x13}+\hat{x}_{42}\hat{v}_{x24}) \tag{9.9.5}$$

$$\hat{k}_{yy}=-\frac{1}{2A}(\hat{x}_{42}\hat{\omega}_{x13}+\hat{x}_{13}\hat{\omega}_{x24})+\frac{2z_\gamma}{A^2}(\hat{y}_{13}\hat{v}_{y13}+\hat{y}_{42}\hat{v}_{y24}) \tag{9.9.6}$$

$$\begin{aligned}2\hat{k}_{xy}=&\frac{1}{2A}(\hat{x}_{42}\hat{\omega}_{y13}+\hat{x}_{13}\hat{\omega}_{y24}-\hat{y}_{24}\hat{\omega}_{x13}+\hat{y}_{31}\hat{\omega}_{x24})+\\&\frac{2z_\gamma}{A^2}(\hat{x}_{13}\hat{v}_{y13}+\hat{x}_{42}\hat{v}_{y24}+\hat{y}_{13}\hat{v}_{x13}+\hat{y}_{42}\hat{v}_{x24})\end{aligned} \tag{9.9.7}$$

其中，$z_\gamma=\hat{\boldsymbol{\gamma}}^{\mathrm{T}}\boldsymbol{z}$，而 $\hat{\boldsymbol{\gamma}}$ 由公式（8.4.11）给出。在一个任意的坐标系中，对于刚体转动，在曲率表达式中的最后一项不为零。在转动坐标系中，刚体转动的节点速度 $\hat{v}_x$ 和 $\hat{v}_y$ 是正比于 $z_y\boldsymbol{h}$，并且可以证明对于刚体转动，曲率为零。

由于仅利用了一个系列的积分点，没有稳定性，所以单元是秩缺乏的。通过在第 9.8.2

节中比较秩的分析，可以很容易地看到这一点。在横向剪切和在曲率中，由于单元缺少线性项，所以对于一点积分，弯曲部分的秩是 5：变形率场包含 3 个常数力矩和 2 个常数剪切。所以，弯曲部分的秩缺乏为 4。Hughes(1987：333)证明了伪奇异模式。模式中的 3 个是可以相互表示的，而 1 个平面内的扭曲模式是不能的。由沙漏控制来控制这 3 个相关模式：

$$\dot{q}_{\alpha}^{B}=\hat{\gamma}_{I}\hat{\omega}_{\alpha I},\quad \dot{q}_{3}^{B}=\hat{\gamma}_{I}\hat{v}_{zI},\quad \dot{Q}_{\alpha}^{B}=C_{1}^{QB}\dot{q}_{\alpha}^{B},\quad \dot{Q}_{3}^{B}=C_{2}^{QB}\dot{q}_{3}^{B} \tag{9.9.8}$$

$$C_{1}^{QB}=\frac{1}{192}r_{\theta}(Eh^{3}A)\boldsymbol{b}_{\alpha}^{\mathrm{T}}\boldsymbol{b}_{\alpha},\quad C_{2}^{QB}=\frac{1}{12}r_{w}(Gh^{3})\boldsymbol{b}_{\alpha}^{\mathrm{T}}\boldsymbol{b}_{\alpha} \tag{9.9.9}$$

其中，E 和 G 为杨氏模量和剪切模量；A 为单元的面积；在公式(8.4.9)中定义了 $\boldsymbol{b}_{\alpha}$。参数 r_{θ} 和 r_{w} 由用户自己设定，其范围必须在 0.01～0.05 之间。对于翘曲构形，这些广义的沙漏应变率不是正交于刚体转动的，因此，消除刚体影响的映射是必要的，见 Belytschko 和 Leviathan(1994b)。此外，有两个沙漏模式与薄膜响应有关，在第 8.7 节中已经描述了它们和它们的控制。除 BL 外，所有的单元都采用了扰动沙漏控制。

由于公式建立在一个转动的层坐标系，所以应力率紧密地对应于 Green-Naghdi 率。因此，公式需要一个本构定律，它将 Green-Naghdi 率联系到转动变形率张量。如在第 9.5.7 节，必须强化平面应力条件。在这些条件下，对于任意的大变形，公式依然成立。

9.10 练习

1. 考虑 3 节点 CB 单元，如图 9.16 所示。形函数对于 ξ 是二次的。在转动坐标系下建立速度场和变形率，给出节点力的表达式。建立中线的伪法线和真实法线之间角度的表达式。

   考虑主控节点沿 x 轴的梁单元，建立变形率的表达式。

2. 考虑一块由 Mindlin-Reissner 理论推导的位于 x-y 面的板(平面壳)，证明变形率为

$$D_{xx}=\frac{\partial v_{x}^{M}}{\partial x}+z\frac{\partial\omega_{y}}{\partial x},\quad D_{yy}=\frac{\partial v_{y}^{M}}{\partial y}-z\frac{\partial\omega_{x}}{\partial y},\quad D_{xy}=\frac{1}{2}\left(\frac{\partial v_{x}^{M}}{\partial y}+\frac{\partial v_{x}^{M}}{\partial x}\right)+\frac{z}{2}\left(\frac{\partial\omega_{y}}{\partial y}-\frac{\partial\omega_{x}}{\partial x}\right)$$

$$D_{xz}=\frac{1}{2}\left(\omega_{y}+\frac{\partial v_{z}^{M}}{\partial x}\right),\quad D_{yz}=\frac{1}{2}\left(-\omega_{x}+\frac{\partial v_{z}^{M}}{\partial y}\right)$$

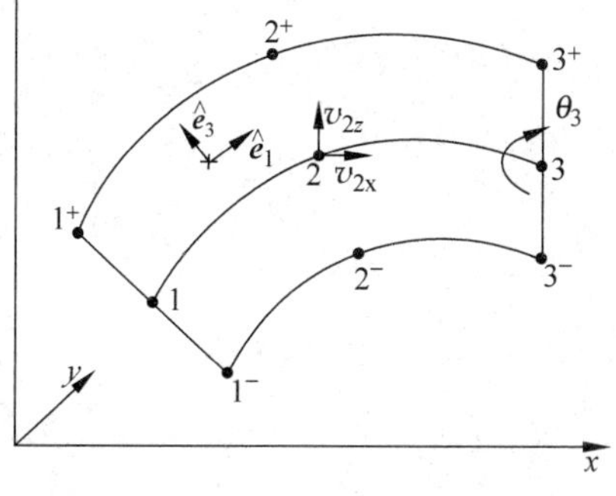

图 9.16 3 节点 CB 梁

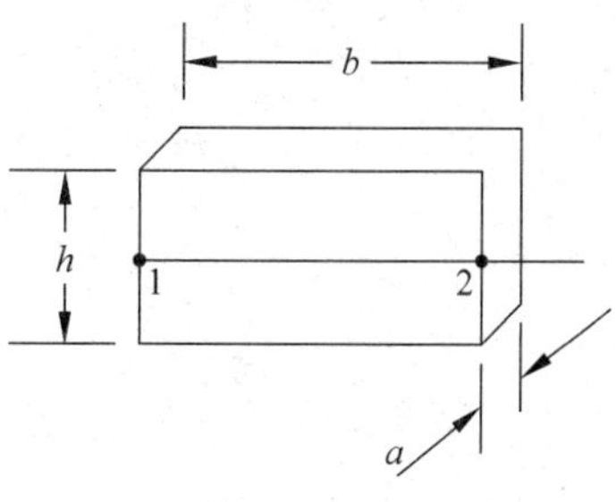

图 9.17 2 节点 CB 梁

3. 对于一个矩形 CB 梁单元(图 9.17)，考虑集中质量，$\hat{\boldsymbol{M}}=\frac{1}{8}m\boldsymbol{I}$，$m=\rho_0 a_0 b_0 h_0$，这里 ρ_0，a_0，b_0，h_0 分别是位于梁单元下面矩形连续体单元的初始密度和尺寸。应用转换公式(9.3.24)，对于 2 节点 CB 单元，建立一个质量矩阵，并利用行-列求和技术将其结果对角化。

4. 对于一个矩形连续体单元，建立一致质量矩阵。

(a) 应用公式(9.3.24)，对于 CB 梁建立一致质量，即对于图 9.17 所示的位于 x 轴的梁单元，建立 $\boldsymbol{M}=\boldsymbol{T}^{\mathrm{T}}\hat{\boldsymbol{M}}\boldsymbol{T}$。

(b) 建立完全惯性项，包括在公式(9.3.26)中的时间相关项。

10

接触-碰撞

所有能够解决的问题都是不重要的，所有重要的问题都是尚未解决的。

——Santayana

10.1 引言

本章将介绍接触和碰撞的模拟。在样机试验和制造过程的仿真中有许多问题涉及接触和碰撞。例如，在跌落试验的仿真中，部件必须通过所谓的滑移界面来分离，它可以模拟接触、滑移和分离；在制造过程的仿真中，滑移界面也是非常重要的：在薄金属板的成型中，模具和工件之间的接触面的模拟，在机器加工中，工具和工件的接触面的模拟，以及挤压的模拟，这些是需要滑移界面的例子。在汽车的碰撞仿真中，许多部件，包括引擎、车轮、散热器等，在碰撞时可能接触，并且将它们的表面作为滑移面处理。碰撞问题的处理总是需要伴随着处理接触，因为发生碰撞的物体将保持接触，直到被稀疏波释放开。

对于接触-碰撞，本章将展示 Lagrangian 网格的控制方程和有限元程序；在这里不考虑采用 Eulerian 网格的接触的模拟。在接触中，物体的控制方程与前面介绍的方程是一致的，但是在接触界面上，它需要增加动力学和运动学的条件。关键的条件是**不可侵彻性条件**，即两个物体不能互相侵入的条件。不可侵彻性不能表示为一个简单的方程，所以，已经发展了几种简单的方法。我们将考虑它们其中的两个：对于显式动态问题适用的率形式和基于最近点映射的形式。后者主要适用于隐式方法和平衡解答。此外，描述了经典的 Coulomb 摩擦模型和界面本构模型。

然后，发展了控制方程的弱形式。给出了处理接触界面约束的四种方法：

1. Lagrange 乘子法；
2. 罚方法；
3. 增广的 Lagrangian 法；
4. 摄动的 Lagrangian 法。

这些弱形式包括了各种施加约束的方式，已经在第6章和第8章中讨论过。

关于接触-碰撞的 Lagrange 乘子弱形式与单个物体的 Lagrange 乘子弱形式是不同的，前者是一个不等式，常常被称为弱不等式，对应的变分原理称为变分不等式。采用 Lagrange 乘子法，对接触问题进行离散化时，在接触界面上乘子必须是近似的。乘子必须满足法向面力是压力的约束。在罚方法中，面力不等式源于 Heaviside 阶跃函数，该函数被嵌入在罚力之中。

接触-碰撞问题是最困难的非线性问题之一，因为在接触-碰撞问题中的响应是不平滑的。当发生碰撞时，垂直于接触界面的速度是瞬时不连续的。对于 Coulomb 摩擦模型，当出现粘性滑移行为时，沿着界面的切向速度是不连续的。接触-碰撞问题的这些特性给离散方程的时间积分带来了明显的困难，削弱了 Newton 算法的功能。因此，选择适当的方法和算法对于模拟的成功是至关重要的，并且在获得强健的求解过程中，规则化的技术是非常有用的。

10.2　接触界面方程

10.2.1　标记和预备知识　在通用软件中，接触-碰撞算法能够处理多个物体的相互作用，然而多个物体的接触包含成对物体的相互作用。因此，我们考虑两个物体的问题，如图10.1所示。我们分别用 Ω^A 和 Ω^B 表示两个物体的当前构形，并且采用 Ω 表示两个物体的组合，物体的边界分别由 Γ^A 和 Γ^B 表示。就它们的力学性能而论，尽管两个物体是可以互换的，但是在一些方程和算法中，作为主控和从属的物体是有区别的：设计物体 A 为主控体，物体 B 为从属体。当我们希望区分与一个特定物体相关的场变量时，我们用上角标 A 或者 B 标识；如果没有出现这些上角标的任何一个，则场变量应用于两个物体的组合。因此，速度场 $\boldsymbol{v}(\boldsymbol{X},t)$ 表示在两个物体中的速度场，而 $\boldsymbol{v}^A(\boldsymbol{X},t)$ 表示在物体 A 中的速度。

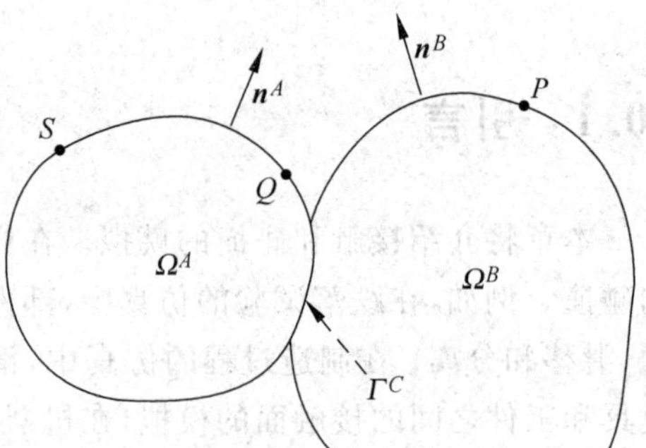

图10.1　模拟接触-碰撞问题的标记表示

接触界面包含两个物体表面的交界，用 Γ^C 表示：

$$\Gamma^C = \Gamma^A \cap \Gamma^B \tag{10.2.1}$$

这个接触界面包括两个物体处于接触的两个物理表面，由于它们是重合的，所以我们用一个单一界面 Γ^C 表示。在数值计算中，两个表面一般是不重合的。在这些情况下，Γ^C 表示主控表面。此外，尽管两个物体可能是在若干个不连续界面发生接触，但我们用单一符号 Γ^C 表示它们的组合。接触界面是时间的函数，它的确定是接触-碰撞问题解答的重要部分。

在构造界面方程时，以接触表面局部分量的形式表示矢量是很方便的。在主控接触表面的每一点建立了局部坐标系统，如图10.2所示。在每一点，我们可以构造相切于主控物体表面的单位矢量 $\hat{\boldsymbol{e}}_1^A = \hat{\boldsymbol{e}}_x^A$ 和 $\hat{\boldsymbol{e}}_2^A \equiv \hat{\boldsymbol{e}}_y^A$。获得这些单位矢量的过程是与应用在壳单元中的过程

一致的，见第9章。物体 A 的法线为

$$\boldsymbol{n}^A=\hat{\boldsymbol{e}}_1^A\times\hat{\boldsymbol{e}}_2^A \tag{10.2.2}$$

在接触界面上

$$\boldsymbol{n}^A=-\boldsymbol{n}^B \tag{10.2.3}$$

即两个物体的法线方向相反。以局部分量的形式表示速度场：

$$\boldsymbol{v}^A=v_N^A\boldsymbol{n}^A+\hat{v}_\alpha^A\hat{\boldsymbol{e}}_\alpha^A=v_N^A\boldsymbol{n}^A+\boldsymbol{v}_T^A \tag{10.2.4}$$

$$\boldsymbol{v}^B=v_N^B\boldsymbol{n}^A+\hat{v}_\alpha^B\hat{\boldsymbol{e}}_\alpha^A=-v_N^B\boldsymbol{n}^B+\boldsymbol{v}_T^B \tag{10.2.5}$$

其中，在三维问题中希腊字母下角标的取值范围为2。当问题是二维时，接触表面成为一条线，因此，我们有一个单位矢量 $\hat{\boldsymbol{e}}_I\equiv\hat{\boldsymbol{e}}_x$ 与这条线相切，在公式(10.2.4)中，希腊字母下角标的取值范围则为1。如上式所示，分量是在主控表面 A 的局部坐标系统中。法向速度为

$$v_N^A=\boldsymbol{v}^A\cdot\boldsymbol{n}^A,\quad v_N^B=\boldsymbol{v}^B\cdot\boldsymbol{n}^A \tag{10.2.6}$$

获得上式是用公式(10.2.4)～(10.2.5)中的表达式点乘 $\boldsymbol{n}^A$，并且利用法线是正交于与平面相切的单位矢量的事实。

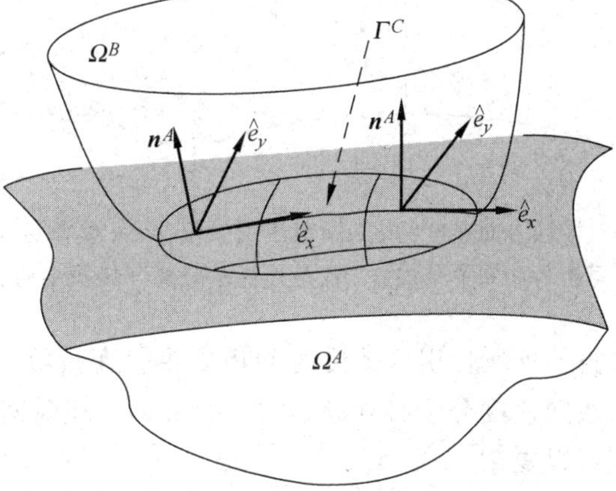

图10.2 接触界面显示局部单位矢量表示主控表面 A

物体由框4.1和框5.1给出的标准场方程控制：质量、动量和能量的守恒，应变度量，以及本构方程。接触增加了下面的条件：在界面上，两个物体不可相互侵入和面力必须满足动量守恒。此外，横跨接触界面的法向面力不能为拉力。我们将按照要求分类，对位移和速度的要求作为运动学条件，而对面力的要求作为动力学条件。

10.2.2 不可侵彻性条件 在多物体问题中，物体必须满足不可侵彻性条件。一对物体的不可侵彻性条件可以表示为

$$\Omega^A\cap\Omega^B=0 \tag{10.2.7}$$

即，两个物体的交叉部分是零集。换句话说，两个物体是不允许重叠的，这也可以看成一个协调条件。对于大位移问题，不可侵彻性条件是高度非线性的，并且一般不能以位移的形式表示为一个代数方程或者微分方程。其困难来源于在一个任意的运动中，不可能预先估计到两个物体的哪些点将发生接触。例如，在图10.1中，如果物体是在旋转中，那么对于 P

点接触点 Q 是可能的，而一个不同的相对运动可能导致 P 点与 S 点接触。结论是，除了以一般的形式，诸如公式(10.2.7)，找不到其他的方程表示 P 点没有侵入物体 A 的事实。

由于以位移的形式表示公式(10.2.7)是不可能的，所以，在接触过程的每一阶段中以率形式或者增量形式表示不可侵彻性方程是很方便的。不可侵彻性条件的率形式应用到物体 A 和 B 上已经发生接触的部分，即位于接触表面 Γ^C 上的那些点，它可以写成

$$\gamma_N = \boldsymbol{v}^A \cdot \boldsymbol{n}^A + \boldsymbol{v}^B \cdot \boldsymbol{n}^B = (\boldsymbol{v}^A - \boldsymbol{v}^B) \cdot \boldsymbol{n}^A \equiv v_N^A - v_N^B \leqslant 0 \quad 在\ \Gamma^C 上 \tag{10.2.8}$$

其中，v_N^A 和 v_N^B 由公式(10.2.6)定义。这里 $\gamma_N(\boldsymbol{X},t)$ 为两个物体的相互侵彻速率，见图 10.3。对于在接触表面上的任意点，不可侵彻性条件(10.2.8)限制了相互侵彻速率成为负值，即它表示的事实是当两个物体发生接触时，它们或者必须保持接触($\gamma_N=0$)，或者必须分离($\gamma_N<0$)。对于接触区域上的所有点当公式(10.2.8)满足时，不可侵彻性条件将精确满足。然而，公式(10.2.8)和式(10.2.7)不是等价的。如在大多数数值方法中，仅当瞬时时刻观察到公式(10.2.8)，对于接近分离而没有接触的点，相互侵彻是可能的。方程(10.2.8)仅适用于处于接触的成对点，γ_N 的积分依赖于路径，我们不推荐它作为相互侵彻的一种度量。

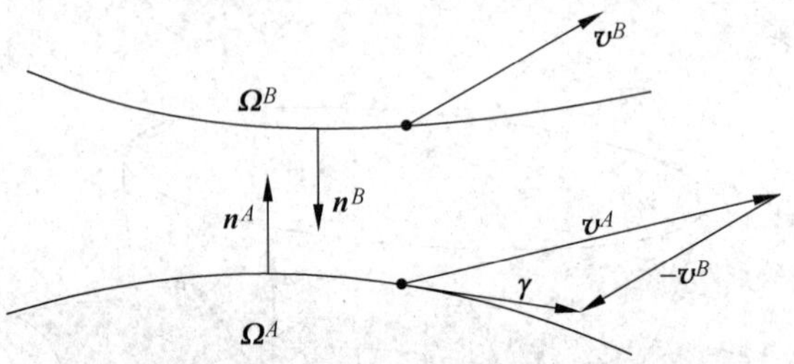

图 10.3　关于接触表面速度的名称；对于增量位移 $\Delta\boldsymbol{u}$ 或者变分 $\delta\boldsymbol{u}$ 或者 $\delta\boldsymbol{v}$，相同的名称和关系成立；清楚地显示分离开接触中的表面

强化公式(10.2.8)将不连续性引入速度时间历史中。在接触之前，法向速度是不相等的，而在随后发生碰撞，法向速度分量必须满足式(10.2.8)。在时间上的这些不连续性使得离散方程的时间积分变得很复杂。

很多研究者采用量值 $-\gamma_N$ 表征两个物体的相互作用，并称之为间隙率。**间隙率是相互侵彻率的负数**。当不可侵彻性是解答的基本条件时，对于相互侵彻率它可能出现不一致性。但是，在许多数值方法中，小量的相互侵彻是允许的，并且不等式(10.2.8)将不是精确满足的。

相对切向速度为

$$\boldsymbol{\gamma}_T = \hat{\gamma}_{Tx}\,\hat{\boldsymbol{e}}_x + \hat{\gamma}_{Ty}\,\hat{\boldsymbol{e}}_y = \boldsymbol{v}_T^A - \boldsymbol{v}_T^B \tag{10.2.9}$$

包含中间一项说明在三维情况下的相对切向速度是两个分量的矢量。从公式(10.2.9)可以看出，相对切向速度的表达式类似于法向相对速度的表达式(10.2.8)。

10.2.3　面力条件　横跨接触界面，面力必须服从动量平衡。由于界面上没有质量，这就要求两个物体上的面力的合力为零：

$$\boldsymbol{t}^A + \boldsymbol{t}^B = \boldsymbol{0} \tag{10.2.10}$$

由 Cauchy 定律定义的两个物体表面的面力为

$$\boldsymbol{t}^A = \boldsymbol{\sigma}^A \cdot \boldsymbol{n}^A \quad 或 \quad t_i^A = \sigma_{ij}^A n_j^A \tag{10.2.11}$$

$$\boldsymbol{t}^B = \boldsymbol{\sigma}^B \cdot \boldsymbol{n}^B \quad 或 \quad t_i^B = \sigma_{ij}^B n_j^B \tag{10.2.12}$$

法向面力定义为

$$t_N^A = \boldsymbol{t}^A \cdot \boldsymbol{n}^A \quad 或 \quad t_N^A = t_j^A n_j^A \tag{10.2.13}$$

$$t_N^B = \boldsymbol{t}^B \cdot \boldsymbol{n}^A \quad 或 \quad t_N^A = t_j^A n_j^A \tag{10.2.14}$$

注意到法向分量代表主控物体。通过取公式(10.2.10)与法向矢量 $\boldsymbol{n}^A$ 的点积,可以得到动量平衡的法向分量:

$$t_N^A + t_N^B = 0 \tag{10.2.15}$$

在法线方向上,我们不考虑在接触表面之间的任何粘性,所以,法向面力不能是拉力。法向面力不能是拉力的条件表示为

$$t_N \equiv t_N^A(\boldsymbol{x},t) = -t_N^B(\boldsymbol{x},t) \leqslant 0 \tag{10.2.16}$$

即它们是压力,于是,这个条件要求 t_N^B 为正数,因为 t_N^B 是物体 B 上的面力在 A 的单位法线上的投影,它指向物体 B。对应于物体 A 和 B,注意到上面的表达式是不对称的。为了定义法向面力,选择其中一个物体的法向,并且物体法向面力的符号将取决于法向的这个选择。

定义切向面力为

$$\boldsymbol{t}_T^A = \boldsymbol{t}^A - t_N^A \boldsymbol{n}^A, \quad \boldsymbol{t}_T^B = \boldsymbol{t}^B - t_N^B \boldsymbol{n}^A \tag{10.2.17}$$

因此,切向面力是投影到主控接触表面上的合面力。动量平衡要求

$$\boldsymbol{t}_T^A + \boldsymbol{t}_T^B = \boldsymbol{0} \tag{10.2.18}$$

通过将公式(10.2.17)代入到式(10.2.10),并且应用式(10.2.15),可以得到上面这个方程。

当应用接触的无摩擦模型时,切向面力为零:

$$\boldsymbol{t}_T^A = \boldsymbol{t}_T^B = \boldsymbol{0} \tag{10.2.19}$$

我们已经应用了"接触的无摩擦模型"的说法以明确地强调摩擦是不存在的,并非在模型中忽略了摩擦,而是认为它是不重要的。因此,我们将称为无摩擦接触,但是必须知道在实际中摩擦绝不为零。

在前面建立接触界面方程的过程中,尽管选择了其中一个物体为主控物体,但当两个接触表面重合,且满足公式(10.2.3)时,对应于物体的这些方程是对称的。因此,选择哪个物体作为主控物体是没有关系的。但是,如果两个表面是不重合的,如在大多数数值求解中,则主控物体的选择多少会改变结果。

10.2.4 归一化接触条件 条件(10.2.8)和式(10.2.16)可以合并为一个方程:

$$t_N \gamma_N = 0 \tag{10.2.20}$$

它称为**归一化接触条件**。这个方程也可以表示为接触力的法向分量不工作的事实,即在接触表面上这个条件必须成立。下面可以看到:当物体发生接触并且保持接触时,$\gamma_N = 0$;而当接触停止时,$\gamma_N \leqslant 0$,并且法向面力消失,所以乘积总是为零。

10.2.5 表面描述 正在接触的物体表面可以由曲线坐标 $\boldsymbol{\zeta}^A = [\zeta_1^A, \zeta_2^A]$ 和 $\boldsymbol{\zeta}^B = [\zeta_1^B, \zeta_2^B]$ 描述,其中上角标代表物体。在二维情况下,接触表面是由 ζ^A 和 ζ^B 为参数的线。

通过任一物体的参考坐标可以指定在接触表面上的点,但是,选择一个物体作为主控体并且应用它的参考坐标是很方便的。物体 A 为主控体,而接触界面的运动由 $\boldsymbol{x}(\boldsymbol{\xi}^A, t) = \boldsymbol{\varphi}^A(\boldsymbol{\zeta}^A, t)$ 描述。物体 A 接触表面的协变基矢量为

$$\boldsymbol{a}_\alpha = \frac{\partial \boldsymbol{\varphi}^A}{\partial \xi^\alpha} \equiv \boldsymbol{\varphi}^A_{,\alpha} \equiv \boldsymbol{x}^A_{,\alpha} \tag{10.2.21}$$

在程序中,协变基矢量通常由定义的笛卡儿基矢量代替,如在第 9.5 节中描述的。

10.2.6 相互侵彻度量 下面我们将建立一个相互侵彻的表达式。这个推导是相当复杂的,并且不容易应用于有限元中,所以在第一遍阅读时可以跳过下几小节。我们按照 Wriggers (1995)与 Wriggers 和 Miehe(1994),考虑如图 10.4 所示的情况,这里点 P 已经侵入物体 A。我们希望发现相互侵彻的度量,它表示为 $g_N(\boldsymbol{\zeta}^B,t)$。

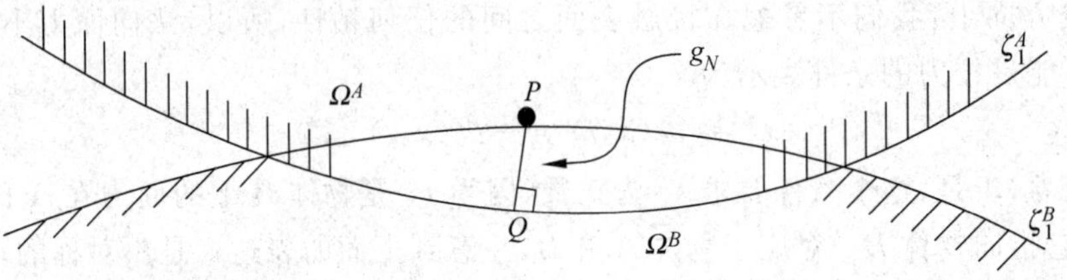

图 10.4 在物体 A 上的点 Q 是最接近于物体 B 上的点 P:
它是 A 上 P 的正交映射

在物体 B 上的点 P 侵入到物体 A 的内部,定义为至物体 A 的表面上任意点的最小距离。用坐标 $\boldsymbol{x}^B(\boldsymbol{\zeta}^B,t)$表示的点 P 到物体 A 表面上的任意点之间的距离为

$$\ell_{AB} = \| \boldsymbol{x}^B(\boldsymbol{\zeta}^B,t) - \boldsymbol{x}^A(\boldsymbol{\zeta}^A,t) \| \equiv [(x^B - x^A)^2 + (y^B - y^A)^2 + (z^B - z^A)^2]^{\frac{1}{2}} \tag{10.2.22}$$

相互侵彻量 $g_N(\boldsymbol{\zeta}^B,t)$为上式的最小值,并且考虑到仅当 P 在物体 A 内部时才是非零的。通过检验法线到物体 A 在 $\boldsymbol{x}^B-\boldsymbol{x}^A$ 上的投影,可以检验后面的条件:当投影是负值时,点 P 在物体 A 的内部,因此有相互侵彻,否则 P 不在 A 的内部,因而没有相互侵彻。所以,相互侵彻的定义是

$$g_N(\boldsymbol{\zeta}^B,t) = \min_{\boldsymbol{\zeta}^A} \alpha \ell_{AB}, \quad \alpha = \begin{cases} 1, & \text{如果}(\boldsymbol{x}^B - \boldsymbol{x}^A)\cdot \boldsymbol{n}^A \leqslant 0 \\ 0, & \text{如果}(\boldsymbol{x}^B - \boldsymbol{x}^A)\cdot \boldsymbol{n}^A > 0 \end{cases} \tag{10.2.23}$$

当坐标$\bar{\boldsymbol{\zeta}} = \boldsymbol{\zeta}^A$时,使 $g_N(\boldsymbol{\zeta}^B,t)$取得最小值,即通过令 ℓ_{AB} 的导数在坐标点$\bar{\boldsymbol{\zeta}}$处为零得到使 ℓ_{AB}取最小值的点 $\boldsymbol{x}^A(\bar{\boldsymbol{\zeta}},t)$:

$$\frac{\partial \ell_{AB}}{\partial \bar{\zeta}^\alpha} = \frac{\partial}{\partial \bar{\zeta}^\alpha} \| \boldsymbol{x}^B - \boldsymbol{x}^A \| = \frac{\boldsymbol{x}^B - \boldsymbol{x}^A}{\| \boldsymbol{x}^B - \boldsymbol{x}^A \|} \cdot \left(\frac{-\partial \boldsymbol{x}^A}{\partial \bar{\zeta}^\alpha} \right) \equiv - \boldsymbol{e} \cdot \boldsymbol{a}_\alpha = 0 \tag{10.2.24}$$

其中 $\boldsymbol{a}_\alpha$ 由公式(10.2.21)给出,并且有 $\boldsymbol{e} = (\boldsymbol{x}^B - \boldsymbol{x}^A)/\| \boldsymbol{x}^B - \boldsymbol{x}^A \|$,所以 $\boldsymbol{e}$ 是从物体 A 到物体 B 的单位矢量。根据公式(10.2.24),由于 $\boldsymbol{e}$ 正交于切向矢量 $\boldsymbol{a}_\alpha$,所以它垂直于表面 A。因此,当 $\boldsymbol{e}$ 垂直于表面 A 时,ℓ_{AB} 是最小值;$\boldsymbol{x}^A(\bar{\boldsymbol{\zeta}},t)$称为点 P 在表面 A 上的正交投影。这是一个普遍的数学结果:从一个点到一个空间或者一个拓扑空间的最短距离是正交投影。在二维情况下,在图 10.4 中表示了这个结果。注意到当物体相互侵彻时,$\boldsymbol{e}$ 指向外法线方向的反方向,因此,$\boldsymbol{e} = -\boldsymbol{n}^A$。

通过求解非线性代数方程(10.2.24),获得了 $\bar{\zeta}$ 的最小值。在三维情况下,公式(10.2.24)涉及 2 个未知数的两个方程;在二维情况下,它只包含一个方程。一旦确定了 $\bar{\zeta}$,可

以由公式(10.2.23)得到相互侵彻 g_N。

当两个物体不光滑或者不是局部凸状时,这种定义相互侵彻的方法将会遇到困难。例如,在图 10.5 所示的情况下,ℓ_{AB} 的最小值是不唯一的:这里有两个点为 P 的正交投影。在这种情况下,难以建立一种方法唯一地定义相互侵彻的度量。

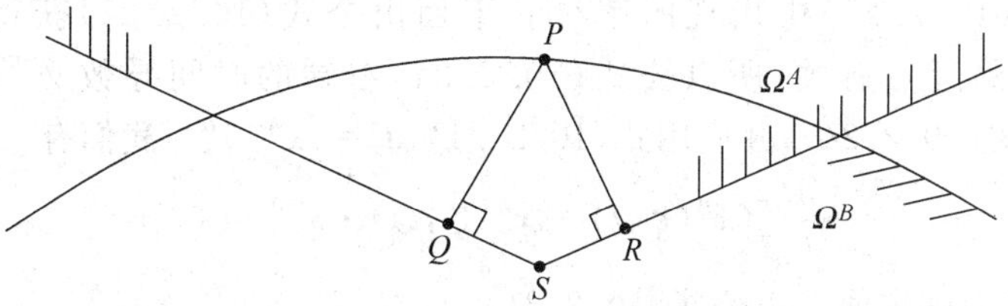

图 10.5 通过一个有转折表面的侵彻,说明正交映射点求解的不唯一性

10.2.7 路径无关相互侵彻率 在本节中,我们由公式(10.2.23)给出的 $g_N(\boldsymbol{\zeta},t)$ 建立相互侵彻率,$\dot{g}_N(\boldsymbol{\zeta},t)$ 的积分是路径无关的。如在式(10.2.23)给出的,仅当 $\alpha\neq 0$ 时,我们定义相互侵彻率 $g_N(\boldsymbol{\zeta},t)$:

$$\dot{g}_N=\frac{\partial g_N(\boldsymbol{\zeta},t)}{\partial t}=\frac{\boldsymbol{x}^B(\boldsymbol{\zeta},t)-\boldsymbol{x}^A(\bar{\boldsymbol{\zeta}},t)}{\|\boldsymbol{x}^B(\boldsymbol{\zeta},t)-\boldsymbol{x}^A(\bar{\boldsymbol{\zeta}},t)\|}\cdot\left(\frac{\partial\boldsymbol{x}^B(\boldsymbol{\zeta},t)}{\partial t}-\frac{\partial\boldsymbol{x}^A(\bar{\boldsymbol{\zeta}},t)}{\partial t}\right)\qquad(10.2.25)$$

基于对公式(10.2.24)的讨论,我们知道当$(\boldsymbol{x}^B-\boldsymbol{x}^A)/\|\boldsymbol{x}^B-\boldsymbol{x}^A\|$对应于物体 A 的法线时,取得最小值。利用这个结论和 $\boldsymbol{v}^B=\partial\boldsymbol{x}^B(\boldsymbol{\zeta},t)/\partial t$ 的事实,上式可以改写为

$$\dot{g}_N=\boldsymbol{n}^B\cdot\left(\boldsymbol{v}^B-\frac{\partial\boldsymbol{x}^A(\bar{\boldsymbol{\zeta}},t)}{\partial t}\right)\qquad(10.2.26)$$

很重要地是注意到$\bar{\boldsymbol{\zeta}}$不是材料坐标,因为,为了保证最近点的映射,这个点独立于材料移动。因此,在公式(10.2.26)右端括弧内的第二项不是材料导数。这个点可以认为是一个 ALE 点,它既不固定于空间上的一点,也不与材料点重合。应用在第 7 章中给出的 ALE 导数(或者简单的链规则),推导出

$$\boldsymbol{v}^A=\frac{\partial\boldsymbol{x}^A(\boldsymbol{\zeta},t)}{\partial t}=\frac{\partial\boldsymbol{x}^A}{\partial t}(\bar{\boldsymbol{\zeta}},t)+\frac{\partial\boldsymbol{x}^A}{\partial\bar{\zeta}^\alpha}\frac{\partial\bar{\zeta}^\alpha}{\partial t}$$

故
$$\frac{\partial\boldsymbol{x}^A(\bar{\boldsymbol{\zeta}},t)}{\partial t}=\boldsymbol{v}^A-\frac{\partial\boldsymbol{x}^A}{\partial\bar{\zeta}^\alpha}\frac{\partial\bar{\zeta}^\alpha}{\partial t}\equiv\boldsymbol{v}^A-\boldsymbol{x}^A_{,\alpha}\frac{\partial\bar{\zeta}^\alpha}{\partial t}\qquad(10.2.27)$$

将公式(10.2.27)代入式(10.2.26),并且应用式(10.2.3),得到

$$\dot{g}_N=\boldsymbol{n}^B\cdot\left(\boldsymbol{v}^B-\boldsymbol{v}^A+\boldsymbol{x}^A_{,\alpha}\frac{\partial\bar{\zeta}^\alpha}{\partial t}\right)=\boldsymbol{n}^A\cdot\boldsymbol{v}^A-\boldsymbol{n}^A\cdot\boldsymbol{v}^B-\boldsymbol{n}^A\cdot\boldsymbol{x}^A_{,\alpha}\frac{\partial\bar{\zeta}^\alpha}{\partial t}\qquad(10.2.28)$$

比较公式(10.2.8)和(10.2.28),可以看出除非$\bar{\boldsymbol{\zeta}}_{,t}=0$,否则法向相互侵彻率区别于相对速度 γ_N 的法向投影。一旦接触物体的两个表面发生重合,$\bar{\boldsymbol{\zeta}}_{,t}=0$,因此

$$\gamma_N=\dot{g}_N\qquad(10.2.29)$$

上面关于相互侵彻率的建立,要求物体必须是连续可微的,即 C^1连续。否则,在如图 10.5 所示的情况中,如当最近点从 Q 移动到 R 时,$\bar{\boldsymbol{\zeta}}$将不是一个时间的连续函数。

10.2.8 相互侵彻物体的切向相对速度 如果物体有相互侵彻,则公式(10.2.9)没有给出在接触面上两个点的切向相对速度。仅当两个物体发生接触但是还没有发生相互侵彻

时,公式(10.2.9)才是精确的。为了得到对于相互侵彻物体的切向速度的关系,我们按照 Wriggers(1995)。在这个方法中,以在物体 B 上 P 点的速度和它在最近点的投影,定义相对切向速度为

$$\dot{\boldsymbol{g}}_T = \bar{\zeta}^{\alpha}_{,t}\boldsymbol{a}_\alpha \tag{10.2.30}$$

上式包含在公式(10.2.27)中出现的率 $\bar{\zeta}^{\alpha}_{,t}$。下面由公式(10.2.24)获得 $\bar{\zeta}^{\alpha}_{,t}$。由于公式(10.2.24)总是与最近点有关,所以公式(10.2.24)右端的时间导数必然为零。因此,用 $\|\boldsymbol{x}^B-\boldsymbol{x}^A\|$ 乘以式(10.2.24),并应用式(10.2.21),$\boldsymbol{a}_\alpha=\partial\boldsymbol{x}^A/\partial\zeta^\alpha$,我们有

$$\frac{\partial}{\partial t}[(\boldsymbol{x}^B(\boldsymbol{\zeta},t)-\boldsymbol{x}^A(\bar{\boldsymbol{\zeta}},t))\cdot\boldsymbol{a}_\alpha]=0 \tag{10.2.31}$$

其中在上式中的 $\boldsymbol{\zeta}$ 为固定值。由公式(10.2.21),

$$\frac{\partial\boldsymbol{a}_\alpha}{\partial t}=\frac{\partial}{\partial t}\left(\frac{\partial\boldsymbol{x}^A}{\partial\zeta^\alpha}\right)=\frac{\partial}{\partial\zeta^\alpha}\left(\frac{\partial\boldsymbol{x}^A}{\partial t}+\frac{\partial\boldsymbol{x}^A}{\partial\zeta^\beta}\frac{\partial\bar{\zeta}^\beta}{\partial t}\right)=\boldsymbol{v}^A_{,\alpha}+\boldsymbol{x}^A_{,\alpha\beta}\bar{\zeta}^\beta_{,t} \tag{10.2.32}$$

余下的步骤如下(当方便时可以消去独立变量):

对公式(10.2.31)中的乘积求导:

$$(\boldsymbol{x}^B_{,t}(\boldsymbol{\zeta},t)-\boldsymbol{x}^A_{,t}(\bar{\zeta},t))\cdot\boldsymbol{a}_\alpha+(\boldsymbol{x}^B-\boldsymbol{x}^A)\cdot\boldsymbol{a}_{\alpha,t}=0 \tag{10.2.33}$$

应用公式(10.2.27)的 $\boldsymbol{v}^{BA}=\boldsymbol{v}^B-\boldsymbol{v}^A$ 和式(10.2.32)的 $\boldsymbol{x}^{BA}=\boldsymbol{x}^B-\boldsymbol{x}^A$,对于 $\boldsymbol{a}_{\alpha,t}$:

$$(\boldsymbol{v}^{BA}+\boldsymbol{x}^A_{,\beta}\bar{\zeta}^\beta_{,t})\cdot\boldsymbol{a}_\alpha+\boldsymbol{x}^{BA}\cdot(\boldsymbol{v}^A_{,\alpha}+\boldsymbol{x}^A_{,\alpha\beta}\bar{\zeta}^\beta_{,t})=0 \tag{10.2.34}$$

利用 $\boldsymbol{x}^A_{,\beta}=\boldsymbol{a}_\beta$,并且整理上式,得到

$$(-\boldsymbol{a}_\alpha\cdot\boldsymbol{a}_\beta-\boldsymbol{x}^{BA}\cdot\boldsymbol{x}^A_{,\alpha\beta})\bar{\zeta}^\beta_{,t}=\boldsymbol{x}^{BA}\cdot\boldsymbol{v}^A_{,\alpha}+\boldsymbol{v}^{BA}\cdot\boldsymbol{a}_\alpha \tag{10.2.35}$$

以上是关于两个未知数 $\bar{\zeta}^\beta_{,t}$ 的两个线性代数方程组,在右侧的所有项均为已知。一旦获得了时间导数 $\zeta^\beta_{,t}$,由公式(10.2.30)可以确定 $\dot{\boldsymbol{g}}_T$。

当 $\boldsymbol{x}^{BA}=\boldsymbol{0}$ 时,公式(10.2.35)可以简化为

$$\boldsymbol{a}_\alpha\cdot\boldsymbol{a}_\beta\bar{\zeta}^\beta_{,t}=(\boldsymbol{v}^A-\boldsymbol{v}^B)\cdot\boldsymbol{a}_\alpha \tag{10.2.36}$$

公式(10.2.9)的右端为 $\boldsymbol{\gamma}_T$ 的分量,而上式的左端为 $\dot{\boldsymbol{g}}_T$ 的分量,因此,当表面重合时,我们可以看到有 $\dot{\boldsymbol{g}}_T=\boldsymbol{\gamma}_T$。

因此,在没有发生相互侵彻时,基于位移定义的相对切向速度公式(10.2.30)与公式(10.2.9)定义的切向速度是一致的。框 10.1 总结了动力学和运动学接触界面方程。

框 10.1　接触界面条件

动力学条件

$$\boldsymbol{t}^A+\boldsymbol{t}^B=\boldsymbol{0} \tag{B10.1.1}$$

法向:$t^A_N+t^B_N=0,\ t^A_N\equiv\boldsymbol{t}^A\cdot\boldsymbol{n}^A,\ t^B_N\equiv\boldsymbol{t}^B\cdot\boldsymbol{n}^A,\ t_N\equiv t^A_N\leqslant 0$　(B10.1.2)

切向:$\boldsymbol{t}^A_T+\boldsymbol{t}^B_T=0,\ \boldsymbol{t}^A_T\equiv\boldsymbol{t}^A-t^A_N\boldsymbol{n}^A,\ \boldsymbol{t}^B_T\equiv\boldsymbol{t}^B-t^B_N\boldsymbol{n}^A$　(B10.1.3)

以速度形式的运动学条件

$$\boldsymbol{\gamma}\equiv\boldsymbol{\gamma}_N=(\boldsymbol{v}^A-\boldsymbol{v}^B)\cdot\boldsymbol{n}^A\equiv v^A_N-v^B_N\leqslant 0 \tag{B10.1.4}$$

$$\boldsymbol{\gamma}_T=\boldsymbol{v}^A_T-\boldsymbol{v}^B_T=\boldsymbol{v}^A-\boldsymbol{v}^B-\boldsymbol{n}^A(\boldsymbol{v}^A-\boldsymbol{v}^B)\cdot\boldsymbol{n}^A \tag{B10.1.5}$$

归一化接触条件

$$t_N\boldsymbol{\gamma}_N=0 \tag{B10.1.6}$$

以位移形式表示的运动学条件和定义

$$g \equiv g_N = \min_{\bar{\zeta}} \| \boldsymbol{x}^B(\zeta,t) - \boldsymbol{x}^A(\bar{\zeta},t) \| \quad \text{如果}[\boldsymbol{x}^B(\zeta,t) - \boldsymbol{x}^A(\bar{\zeta},t)] \cdot \boldsymbol{n}^A \leqslant 0 \tag{B10.1.7}$$

$$\dot{g}_N = \boldsymbol{n}^A \cdot \boldsymbol{v}^A + \boldsymbol{n}^B \cdot \boldsymbol{v}^B - \boldsymbol{n}^A \cdot \boldsymbol{x}^A_{,\alpha} \bar{\zeta}^{\alpha}_{,t} \tag{B10.1.8}$$

例 10.1 考虑发生部分侵彻的两个表面。主控物体是 9 节点等参单元，所以表面 A 的三个节点是二次映射定义：

$$\begin{Bmatrix} x \\ y \end{Bmatrix}^A = (1-r^2)\begin{Bmatrix} 2 \\ 1 \end{Bmatrix} + \frac{1}{2}r(1+r)\begin{Bmatrix} 3 \\ 3 \end{Bmatrix} \quad \text{其中 } r \equiv \zeta^A, -1 \leqslant r \leqslant 1 \tag{E10.1.1}$$

从属物体 B 的表面为一条水平线，为

$$\begin{Bmatrix} x \\ y \end{Bmatrix}^B = \begin{Bmatrix} 4s \\ 1.5 \end{Bmatrix}, \quad s \equiv \zeta^B, 0 \leqslant s \leqslant 1 \tag{E10.1.2}$$

在例子中的相互侵彻已经被夸大了。注意到沿着界面有 $\boldsymbol{n}^B \neq -\boldsymbol{n}^A$。对于在表面 B 上的点 P 的坐标(1,1.5)，我们将找到相互侵彻。取点 Q 正交投影的最小值 ℓ_{PQ}：

$$\begin{aligned} \ell_{PQ} &= \| \boldsymbol{x}^B(\zeta^B) - \boldsymbol{x}^A(\zeta^A) \| = ((x^B - x^A)^2 + (y^B - y^A)^2)^{1/2} \\ &= \left\{ \left[1 - \left(2(1-r^2) + \frac{3}{2}r(1+r) \right) \right]^2 + \left[\frac{3}{2} - \left((1-r^2) + \frac{3}{2}r(1+r) \right) \right]^2 \right\}^{1/2} \end{aligned} \tag{E10.1.3}$$

取最小化，为

$$0 = \frac{\mathrm{d}\ell_{PQ}}{\mathrm{d}r} = \frac{1}{\ell_{PQ}}\left(r^3 + 3r + \frac{3}{4} \right) \tag{E10.1.4}$$

数值求解上式的根为 $r=-0.2451$，因此，$(x_Q, y_Q) = (1.6023, 0.6624)$。

10.3 摩擦模型

10.3.1 分类 总体来说，我们将切向面力的模型称之为摩擦模型。基本上有 3 种形式的摩擦模型：

1. Coulomb 摩擦模型。它是基于经典摩擦理论的模型，一般在大学本科的力学和物理课程中讲授。
2. 界面本构方程。它由方程给出切向力，类似于材料的本构方程。
3. 粗糙-润滑模型。它模拟界面的物理特性的行为，常用于微观尺度。

这些分类之间的界线是不明显的，一些模型适用于上面的不止一种特性。

10.3.2 Coulomb 摩擦 Coulomb 摩擦模型源于刚体的摩擦模型。当 Coulomb 摩擦模型应用于连续体时，它们应用在接触界面的每一点，给出

如果 A 和 B 是在 $\boldsymbol{x}$ 处接触，则

a) 如果 $\| \boldsymbol{t}_T(\boldsymbol{x},t) \| < -\mu_F t_N(\boldsymbol{x},t), \quad \boldsymbol{\gamma}_T(\boldsymbol{x},t) = \boldsymbol{0}$ (10.3.1)

b) 如果 $\| \boldsymbol{t}_T(\boldsymbol{x},t) \| = -\mu_F t_N(\boldsymbol{x},t), \quad \boldsymbol{\gamma}_T(\boldsymbol{x},t) = -k(\boldsymbol{x},t)\boldsymbol{t}_T(\boldsymbol{x},t) \quad k \geqslant 0$ (10.3.2)

其中 k 是一个变量，由动量方程的解答确定。两个物体在一点处接触的条件意味着法向力 $t_N \leqslant 0$，因此，两个表达式的右端项，$-\mu_F t_N$，总是正值。已知条件 a)作为粘着条件：当在一

点处的切向面力小于临界值时，不允许相对的切向运动，**即两个物体为粘着的**。条件 b)对应于滑动，该方程的第二部分表示这样的事实，即切向摩擦的方向必须与相对切向速度的方向相反。

Coulomb 摩擦更类似于刚塑性材料。如果将切向速度 γ_T 理解为应变，将切向面力理解为应力，则在公式(10.3.1)中的第一个关系式可以理解为屈服函数。根据式(10.3.1)，当屈服准则不满足时，切向速度将为零，一旦满足了屈服函数，则切向速度沿着由公式(10.3.2)确定的方向。这些特征平行于刚塑性材料模型。

还有其他几种与上面等价的方法表述 Coulomb 定律。例如，Demkowicz 和 Oden(1981)给出 Coulomb 定律为(为了简单，删除了变量的空间非独立性)：

如果 A 和 B 是在 $\boldsymbol{x}$ 处接触，则

$$\|\boldsymbol{t}_T\| \leqslant -\mu_F t_N \quad 且 \quad \boldsymbol{t}_T \cdot \boldsymbol{\gamma}_T + \mu_F |t_N| |\boldsymbol{\gamma}_T| = 0 \tag{10.3.3}$$

Coulomb 摩擦的粘着条件是其最棘手的性质，因为它引入了相对切向速度在时间历史上的不连续性。当一点的运动从滑动变化为粘着时，相对切向速度 $\boldsymbol{\gamma}_T$ 不连续地跃迁到零。因此，切向速度是不光滑的，这使得数值运算非常困难。

10.3.3　界面本构方程　Michalowski 和 Mroz(1978)与 Curnier(1984)首先提出定义界面本构的一种不同方法。这种方法源于塑性理论和上面我们提到的 Coulomb 摩擦和弹-塑性之间的相似性，界面行为的本构模型源于凸凹不平导致的表面粗糙度，如图 10.6 所示，在微观尺度上即使是最光滑的表面也会有。在滑动中，摩擦是由粗糙部分的相互作用生成的。最初的滑动引起了这些粗糙部分的弹性变形，所以，真正的粘着条件不会自然产生，即粘着条件是所观察到的行为的理想化。在滑动过程中，伴随着粗糙部分的弹性变形是粗糙表面的"研磨"。粗糙的弹性变形是可逆的，而研磨是不可逆的，因此，我们自然地将初始滑动归属于弹性特性，而后面的滑动归属于塑性特性。

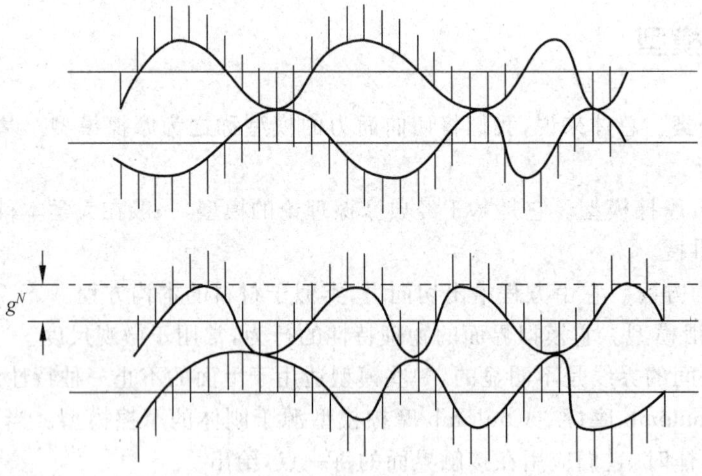

图 10.6　在接触表面上的粗糙部分

作为界面本构的一个例子，我们描述 Curnier(1984)塑性理论关于摩擦的应用。这个模型包含了连续体塑性理论的所有内容：变形分解成为可逆的和不可逆的分量，即屈服函数和流动律。在这个 Curnier 模型的描述中，我们用相对速度替换了相对位移，所以，下面对

于问题的应用包括任意的时间历史和大的相对滑动。

相对切向速度$\boldsymbol{\gamma}_T$可以分解为一个粘着(它是粗糙部分的弹性变形)和一个滑动(它是粗糙部分的研磨):

$$\boldsymbol{\gamma}_T = \boldsymbol{\gamma}_T^{\text{adh}} + \boldsymbol{\gamma}_T^{\text{slip}} \tag{10.3.4}$$

其中$\boldsymbol{\gamma}^{\text{adh}}$为可逆部分;$\boldsymbol{\gamma}^{\text{slip}}$为不可逆部分。磨损函数定义为

$$D^C = \int_0^t (\boldsymbol{\gamma}_T^{\text{slip}} \cdot \boldsymbol{\gamma}_T^{\text{slip}})^{\frac{1}{2}} \mathrm{d}t \tag{10.3.5}$$

它使我们回忆起等效塑性应变的定义。

为了构造塑性界面本构,我们定义两个面力$\boldsymbol{t}$的函数:

1. 屈服函数$f(\boldsymbol{t})$。

2. 流动律的势函数$h(\boldsymbol{t})$。

屈服函数确定了塑性响应的起始,而势函数确定了在滑动(塑性应变率)和切向面力之间的关系。

这个理论类似于在第5.6节中给出的非关联塑性理论。因此,我们将仅概述步骤,并指出非关联塑性的要求。对于Coulomb类型性能的屈服函数,对应于Coulomb摩擦条件:

$$f(t_N, \boldsymbol{t}_T) = \| \boldsymbol{t}_T \| + \mu_F t_N = 0 \tag{10.3.6}$$

注意到它类似于公式(10.3.1)。在二维情况下,这个屈服函数采取的形式如图10.7所示。在二维中,$\boldsymbol{t}_T = t_T \hat{\boldsymbol{e}}_x$,所以屈服函数包括斜率为$\pm\mu_F$的两条直线,如图所示;在三维中,$\boldsymbol{t}_T = \hat{t}_\alpha \hat{\boldsymbol{e}}_\alpha = \hat{t}_x \hat{\boldsymbol{e}}_x + \hat{t}_y \hat{\boldsymbol{e}}_y$,并且公式(10.3.6)成为

$$f(t_N, \boldsymbol{t}_T) = (\hat{t}_x^2 + \hat{t}_y^2)^{1/2} + \mu_F t_N = 0 \tag{10.3.7}$$

因此,屈服函数是一个圆锥,如图10.8所示。

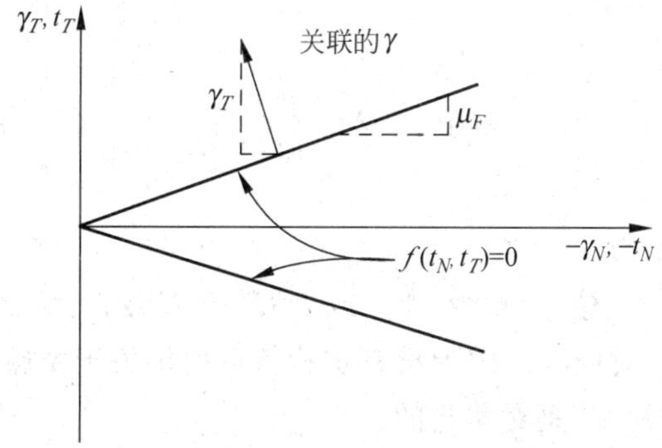

图10.7 在二维中的Coulomb屈服函数

在非关联的塑性中,滑动的势函数区别于屈服函数。关于非关联理论的一个可能的势函数是

$$h(t_N, \boldsymbol{t}_T) = \| \boldsymbol{t}_T \| - \beta = 0 \tag{10.3.8}$$

其中β是一个常数,它的量值是无关的。这个势函数如图10.9所示。

在二维和三维情况下,为了写出摩擦的塑性理论的全部关系,很方便地定义

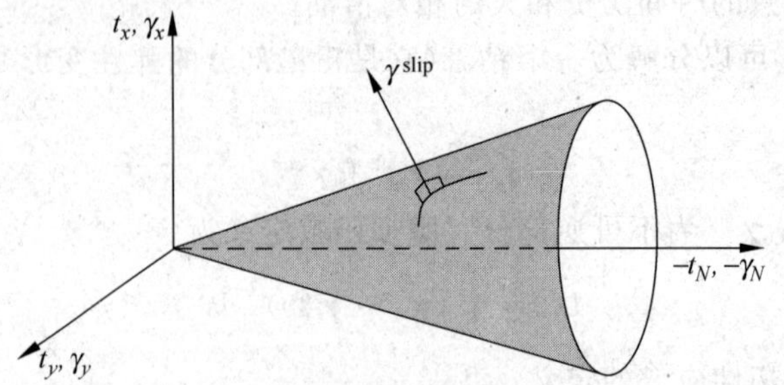

图 10.8　在三维中关于接触的 Coulomb 表面和关联滑动

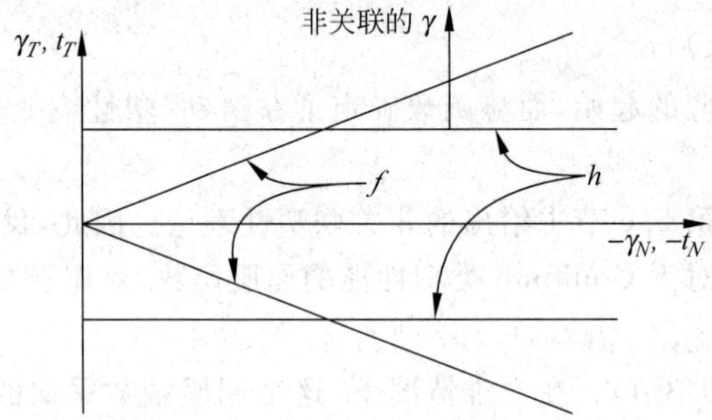

图 10.9　在二维中的非关联流动律表示屈服函数 f 和势函数 h

$$\boldsymbol{\gamma}=\begin{Bmatrix}\gamma_N\\ \gamma_T\end{Bmatrix}\text{ 在二维中，}\quad \boldsymbol{\gamma}=\begin{Bmatrix}\gamma_N\\ \boldsymbol{\gamma}_T\end{Bmatrix}=\begin{Bmatrix}\gamma_N\\ \hat{\gamma}_x\\ \hat{\gamma}_y\end{Bmatrix}\text{ 在三维中} \tag{10.3.9}$$

$$\boldsymbol{Q}=\begin{Bmatrix}t_N\\ t_T\end{Bmatrix}\text{在二维中，}\quad \boldsymbol{Q}=\begin{Bmatrix}t_N\\ \boldsymbol{t}_T\end{Bmatrix}=\begin{Bmatrix}t_N\\ \hat{t}_x\\ \hat{t}_y\end{Bmatrix}\text{ 在三维中} \tag{10.3.10}$$

则粘着应变与应力的关系为

$$\boldsymbol{Q}^{\nabla}=\boldsymbol{C}^{Q}\boldsymbol{\gamma}^{\text{adh}}\quad\text{或}\quad Q_i^{\nabla}=C_{ij}^{Q}\gamma_j^{\text{adh}} \tag{10.3.11}$$

它是连续体次弹性本构的对应项。因为没有实验信息提供关于摩擦面力的不同分量和相对运动之间的耦合，所以通常 C^Q 是对角化的。

由非关联流动定律给出粘着滑动率。我们考虑理想的塑性滑移，随着滑动的累积，没有增加面力：

$$\boldsymbol{\gamma}^{\text{slip}}=\alpha\frac{\partial h}{\partial \boldsymbol{Q}}\quad\text{或}\quad \gamma_i^{\text{slip}}=\alpha\frac{\partial h}{\partial Q_i} \tag{10.3.12}$$

我们定义

$$\boldsymbol{f}\equiv\frac{\partial f}{\partial \boldsymbol{Q}},\quad \boldsymbol{h}\equiv\frac{\partial h}{\partial \boldsymbol{Q}} \tag{10.3.13}$$

对于摩擦表面，建立本构方程的步骤则为

$$\boldsymbol{f}^{\mathrm{T}}\dot{\boldsymbol{Q}}=0\quad\text{一致性} \tag{10.3.14}$$

$$\boldsymbol{Q}^{\nabla} = \boldsymbol{C}^{Q}(\boldsymbol{\gamma} - \boldsymbol{\gamma}^{\mathrm{slip}}) \quad 式(10.3.11)和(10.3.4) \tag{10.3.15}$$

$$\boldsymbol{f}^{\mathrm{T}}\boldsymbol{C}^{Q}(\boldsymbol{\gamma} - \alpha\boldsymbol{h}) = 0 \quad 将式(10.3.12)和(10.3.14)代入式(10.3.15) \tag{10.3.16}$$

$$\alpha = \frac{\boldsymbol{f}^{\mathrm{T}}\boldsymbol{C}^{Q}\boldsymbol{\gamma}}{\boldsymbol{f}^{\mathrm{T}}\boldsymbol{C}^{Q}\boldsymbol{h}} \quad 解式(10.3.16)得出 \alpha \tag{10.3.17}$$

$$\boldsymbol{Q}^{\nabla} = \boldsymbol{C}^{Q}\left(\boldsymbol{\gamma} - \frac{\boldsymbol{f}^{\mathrm{T}}\boldsymbol{C}^{Q}\boldsymbol{\gamma}}{\boldsymbol{f}^{\mathrm{T}}\boldsymbol{C}^{Q}\boldsymbol{h}}\boldsymbol{h}\right) \quad 式(10.3.17)和(10.3.12)代入式(10.3.15) \tag{10.3.18}$$

客观率(即构架不变性)与材料率有关,为

$$\frac{\partial \boldsymbol{Q}(\boldsymbol{\xi},t)}{\partial t} = \boldsymbol{Q}^{\nabla} + \boldsymbol{Q}\cdot\boldsymbol{W} \tag{10.3.19}$$

其中 $\boldsymbol{W}$ 是由公式(3.3.11)给出的旋转在表面上的投影。可以应用的更新过程类似于第 5.6 节给出的弹-塑性方法。

通过检验在二维情况下的滑动,可以解释关于选择一个非关联流动律的原因。对于一个关联流动律,由 $\gamma_N^{\mathrm{slip}} = \alpha\partial f/\partial t_N = \alpha\mu_F$ 和 $\gamma_T^{\mathrm{slip}} = \alpha\partial f/\partial t_N = \alpha\mathrm{sign}(t_T)$ 给出不可逆的滑动。由于在接触中 $\alpha \geqslant 0$ 和 $t_N < 0$,这意味着 $\gamma_N^{\mathrm{slip}} < 0$,因此在滑动开始后,物体将分离(回顾在相互侵彻中 γ_N 为正数)。应用非关联势式(10.3.8),如果滑动由势流动律给出,则在二维情况下的滑动可以记为

$$\gamma_N^{\mathrm{slip}} = \alpha\frac{\partial h}{\partial t_N} = 0, \quad \gamma_T^{\mathrm{slip}} = \alpha\frac{\partial h}{\partial t_N} = \alpha\mathrm{sign}(t_T) \tag{10.3.20}$$

因此,法向滑动为零,即在应用非关联律的滑动中,没有发生不可逆的法向分离。

像弹-塑性那样,也可以包括硬化,见第 5.6 节。当法向面力很大时,粗糙的表面将被碾平,并且发展了不可逆的"应变"γ_N^{slip}。这可以由帽子模型模拟,见 DiMaggio 和 Sandler (1971 年)。

10.4 弱形式

10.4.1 标记和预备知识 对于 Lagrangian 网格,我们将建立动量方程和接触界面条件的弱形式。当接触表面作为 Lagrangian 格式处理时,这一形式也适用于 ALE 网格。为了简单,我们从无摩擦接触开始,将切向面力的处理推迟到本节的最后部分。我们将下面的公式限制在面力或者位移边界的情况,进而描述相应的所有面力或者速度分量。

接触表面既不是面力也不是位移边界。物体 A 的全部边界为

$$\Gamma^{A} = \Gamma_t^{A} \cup \Gamma_u^{A} \cup \Gamma^{C} \tag{10.4.1}$$

并且我们注意到

$$\Gamma_t^{A} \cap \Gamma_u^{A} = 0, \quad \Gamma_t^{A} \cap \Gamma^{C} = 0, \quad \Gamma_u^{A} \cap \Gamma^{C} = 0 \tag{10.4.2}$$

$$\Gamma_t = \Gamma_t^{A} \cup \Gamma_t^{B}, \quad \Gamma_u = \Gamma_u^{A} \cup \Gamma_u^{B} \tag{10.4.3}$$

对于物体 B,上面的关系式成立。

试结果在**运动学的容许速度**的空间中,如在第 4 章中我们选择速度为主要的非独立变量;而位移可以通过时间积分得到。试结果 $\boldsymbol{v}(\boldsymbol{X},t) \in u$,其中,试函数的空间定义如下

$$u = \{\boldsymbol{v}(\boldsymbol{X},t) \mid \boldsymbol{v} \in C^0(\Omega^A), \quad \boldsymbol{v} \in C^0(\Omega^B), \quad \boldsymbol{v} = \bar{\boldsymbol{v}} \text{ 在 } \Gamma_u \text{ 上}\} \tag{10.4.4}$$

这个试函数空间类似于单一物体问题的空间,但是在两个物体中的速度是分别近似的,在 u 中的速度场横跨接触界面是不连续的。这里,容许的速度场为 C^0 连续,即在 H^1。但是为了

达到收敛的目的,在线弹性静力分析中,位移必须是在 $H^{1/2}$,见 Kikuchi 和 Oden(1988)。这是类似于在断裂力学问题中处理在裂纹尖端处的奇异应力所应用的函数空间。在接触问题中,奇异性发生在边界。然而,与断裂力学不同的是,在接触问题中的奇异性没有显示任何的工程意义,因为表面粗糙度的存在抵消了在应力中出现的更接近奇异性的行为。

变分函数的空间定义为

$$U_0 = \{U \text{ 当 } \bar{\boldsymbol{v}} = 0\} \tag{10.4.5}$$

与在第 4.3 节中的定义是平行的。

10.4.2　Lagrange 乘子弱形式　强加接触约束的通常方法是借助于 Lagrange 乘子。我们将按照由 Belytschko 和 Neal(1991)给出的描述。令 Lagrange 乘子试函数为 $\lambda(\boldsymbol{\zeta},t)$,并且相应的变分函数为 $\delta\lambda(\boldsymbol{\zeta},t)$。这些函数存在于下面的空间:

$$\lambda(\boldsymbol{\zeta},t) \in j^+, j^+ = \{\lambda(\boldsymbol{\zeta},t) \mid \lambda \in C^{-1}, \lambda \geqslant 0 \quad \text{在 } \Gamma^C \text{ 上}\} \tag{10.4.6}$$

$$\delta\lambda(\boldsymbol{\zeta}) \in j^-, j^- = \{\delta\lambda(\boldsymbol{\zeta}) \mid \delta\lambda \in C^{-1}, \delta\lambda \leqslant 0 \quad \text{在 } \Gamma^C \text{ 上}\} \tag{10.4.7}$$

弱形式为

$$\delta p_L(\boldsymbol{v},\delta\boldsymbol{v},\lambda,\delta\lambda) \equiv \delta p + \delta G_L \geqslant 0 \; \forall\, \delta\boldsymbol{v} \in U_0, \forall\, \delta\lambda \in j^- \tag{10.4.8}$$

其中

$$\delta G_L = \int_{\Gamma^C} \delta(\lambda\gamma_N)\,\mathrm{d}\Gamma \tag{10.4.9}$$

在上式中,δp 是在框 4.2 中定义的,并且 $\boldsymbol{v}\in U, \lambda\in j^+$。这个弱形式等价于动量方程、面力边界条件、内部连续条件(广义的动量平衡)和下面的接触界面条件:不可侵彻性(10.2.8)、法向面力的动量平衡(10.2.15)和无摩擦条件(10.2.19)。Lagrange 乘子场仅要求 C^{-1} 连续,因为它的导数并不出现在弱形式中。要求法向界面力是压力,这是对 Lagrange 乘子在试空间的一种限制。注意到上面的**弱形式是一个不等式**。

比较 Hu-Washizu 变分原理,借助于 Lagrange 乘子,上面的方法是在弱形式中附加约束的标准方法。与 Hu-Washizu 形式的唯一区别是约束为一个不等式。

与第 4.2 节中的过程同步,证明弱形式与动量方程、面力边界条件和接触条件的等价性(通过假设足够的光滑而省略了内部连续性条件)。回顾在框 4.2 中给出的 δp:

$$\delta p = \int_\Omega [\delta v_{i,j}\sigma_{ji} - \delta v_i(\rho b_i - \rho\dot{v}_i)]\mathrm{d}\Omega - \int_{\Gamma_t} \delta v_i \bar{t}_i\,\mathrm{d}\Gamma \tag{10.4.10}$$

其中,我们采用了逗号表示对于空间变量的导数,用上点表示材料时间导数。上式中的所有积分适用于两个物体的集合,即 $\Omega = \Omega^A \cup \Omega^B, \Gamma_t = \Gamma_t^A \cup \Gamma_t^B$ 等。第一步是通过分部积分和应用高斯原理积分内部虚功率:

$$\int_\Omega (\delta v_i \sigma_{ji})_{,j}\,\mathrm{d}\Omega = \int_{\Gamma_t} \delta v_i \sigma_{ji} n_j\,\mathrm{d}\Gamma + \int_{\Gamma^C} (\delta v_i^A t_i^A + \delta v_i^B t_i^B)\,\mathrm{d}\Gamma \tag{10.4.11}$$

我们已经应用了这样的事实,在位移边界 Γ_u 上的积分为零,因为在 Γ_u 上有 $\delta v_i = 0$,并且在最后一个积分中,应用了 Cauchy 定律(B3.1.1)获得了表达式。由定义(10.4.3)可以看出,上式右端的第一个积分适用于两个物体。当应用高斯原理时,在每一物体上求解接触表面的积分,所以,在整个接触表面上以一个单积分表示结果,附属到物体上的变量的识别是通过上角标 A 和 B 表示的。

将上式右端第二个积分的被积函数现在分解为垂直和相切于接触表面的分量。用指标标记表示为

$$\delta v_i^A t_i^A = \delta v_N^A t_N^A + \delta \hat{v}_\alpha^A \hat{t}_\alpha^A \tag{10.4.12}$$

式中 α 的范围，对于二维问题是 1，而对于三维问题是 2。对于物体 B 也可以写出类似的关系式。对于某些读者，可能以矢量标记表示上式是更清晰的，其中

$$\delta \boldsymbol{v}^A \cdot \boldsymbol{t}^A = (\delta v_N^A \boldsymbol{n}^A + \delta \boldsymbol{v}_T^A) \cdot (t_N^A \boldsymbol{n}^A + \boldsymbol{t}_T^A) = \delta v_N^A t_N^A + \delta v_N^A \cdot \boldsymbol{t}_T^A \tag{10.4.13}$$

通过注意到 $\boldsymbol{n}$ 是垂直于切向矢量 $\boldsymbol{t}_T$ 和 $\boldsymbol{v}_T$ 的，得到了后一个简化的表达式。在公式(10.4.13)中的第二项是 $\delta \hat{v}_\alpha \hat{t}_\alpha$ 的另一个表达式。

将公式(10.4.11)和(10.4.12)代入式(10.4.10)，给出

$$\delta p = \int_{\Gamma^C} \delta \dot{v}_i - (\rho \dot{v}_i - b_i - \sigma_{ij,j}) \mathrm{d}\Omega + \int_{\Gamma_t} \delta v_i (\sigma_{ji} n_j - \bar{t}_i) \mathrm{d}\Gamma + \int_{\Gamma^C} (\delta v_N^A t_N^A + \delta v_N^B t_N^B + \delta \hat{v}_\alpha^A \hat{t}_\alpha^A + \delta \hat{v}_\alpha^B \hat{t}_\alpha^B) \mathrm{d}\Gamma \tag{10.4.14}$$

现在考虑公式(10.4.9)：

$$\delta G_L = \int_{\Gamma^C} \delta(\lambda \gamma_N) \mathrm{d}\Gamma = \int_{\Gamma^C} (\delta\lambda \gamma_N + \delta\gamma_N \lambda) \mathrm{d}\Gamma \tag{10.4.15}$$

将公式(10.2.8)代入上式，给出

$$\delta G_L = \int_{\Gamma^C} (\delta\lambda \gamma_N + \lambda(\delta v_N^A - \delta v_N^B)) \mathrm{d}\Gamma \tag{10.4.16}$$

合并式(10.4.14)和(10.4.16)，得到

$$0 \leqslant \delta p_L = \int_\Omega \delta v_i (\sigma_{ji,j} - \rho b_i - \rho \dot{v}_i) \mathrm{d}\Omega + \int_{\Gamma_t} \delta v_i (\sigma_{ji} n_j - \bar{t}_i) \mathrm{d}\Gamma + \int_{\Gamma^C} [\delta v_N^A (t_N^A + \lambda) + \delta v_N^B (t_N^B - \lambda) + (\delta \hat{v}_\alpha^A \hat{t}_\alpha^A + \delta \hat{v}_\alpha^B \hat{t}_\alpha^B) + \delta\lambda \gamma_N] \mathrm{d}\Gamma \tag{10.4.17}$$

从弱不等式推导出强形式类似于在第 4.3.2 节中描述的过程。但是，我们必须考虑关于变分函数的不等式。一旦变分函数不受约束时，对于与变分函数相乘的项的符号则没有限制，并且由密度原理该项必须为零。从上式中的前两个积分得到

$$\sigma_{ji,j} - \rho b_i = \rho \dot{v}_i \quad \text{在 } \Omega \text{ 内}, \quad \sigma_{ji} n_j = \bar{t}_i \quad \text{在 } \Gamma_t \text{ 上} \tag{10.4.18}$$

即在物体 A 和 B 上，满足动量方程和自然边界条件。在接触表面被积函数的所有项中，除最后一项外，变分函数是没有限制的，因此我们获得了等式

$$\hat{t}_\alpha^A = 0 \quad \text{且} \quad \hat{t}_\alpha^B = 0 \text{ 在 } \Gamma^C \text{ 上}, \quad \text{或} \quad \boldsymbol{t}_T^A = \boldsymbol{t}_T^B = \boldsymbol{0} \text{ 在 } \Gamma^C \text{ 上} \tag{10.4.19a}$$

$$\lambda = -t_N^A \quad \text{且} \quad \lambda = t_N^B \text{ 在 } \Gamma^C \text{ 上} \tag{10.4.19b}$$

从公式(10.4.19b)中消去 λ，我们得到关于法向面力的动量平衡条件：

$$t_N^A + t_N^B = 0 \text{ 在 } \Gamma^C \text{ 上} \tag{10.4.20}$$

由公式(10.4.7)，在公式(10.4.17)中被积函数最后一项的变分函数 $\delta\lambda$ 为负值。因此，γ_N 不一定必须为零。但是，可以推论 γ_N 必然是非正的，即**弱不等式**表示

$$\gamma_N \leqslant 0 \text{ 在 } \Gamma^C \text{ 上} \tag{10.4.21}$$

这是相互侵彻不等式(10.2.8)。

方程(10.4.18)～(10.4.21)构成了对应于弱形式(10.4.8)的强形式。这一组合包括两个物体的动量方程、内部连续条件和面力(自然的)边界条件。在接触表面，强形式包括法向

面力的动量平衡和关于相互侵彻率的不等式。由 Lagrange 乘子变分函数的限制式(10.4.6)得出法向面力为压力的性质。

10.4.3　虚功率对接触表面的贡献　为了简化后面的证明过程，我们在这里仅观察 δp 对于接触界面条件的贡献：

$$\delta p_1(\Gamma^C)=\int_{\Gamma^C}(\delta v_i^A t_i^A+\delta v_i^B t_i^B)\mathrm{d}\Gamma=\int_{\Gamma^C}(\delta v_N^A t_N^A+\delta v_N^B t_N^B+\delta \boldsymbol{v}_T^A\cdot \boldsymbol{t}_T^A+\delta \boldsymbol{v}_T^B\cdot \boldsymbol{t}_T^B)\mathrm{d}\Gamma \tag{10.4.22}$$

在 δp 中的剩余项等价于动量方程和在没有发生接触的表面上的面力边界条件。因此，利用 δp_1 替换 δp 是与前面等价的。

如果接触表面是无摩擦的，则在公式(10.4.22)中的最后两项为零，因此 δp 对于接触界面的贡献为

$$\delta p_2(\Gamma^C)\equiv\int_{\Gamma^C}(\delta v_N^A t_N^A+\delta v_N^B t_N^B)\mathrm{d}\Gamma \tag{10.4.23}$$

利用 δp_2 代替 δp 表示了动量方程、面力边界条件和无摩擦条件(10.2.19)。这些结果将应用于下面的证明中。

10.4.4　率相关的罚方法　在罚方法中，以沿接触表面施加不可侵彻性约束作为罚法向面力。对比 Lagrange 乘子法，罚方法允许一些相互侵彻。然而，它更容易编程并且应用相当广泛。我们考虑两种形式的罚方法：

1. 罚数正比于相互侵彻率 γ_N 的平方。
2. 罚数为相互侵彻及其率的任意函数。

在非线性问题的应用中，第 2 种方法是更有用的，因为严格的速度相关罚数允许更多的相互侵彻。

在罚方法中，变分和试函数是与在 Lagrange 乘子法式(10.4.4)～(10.4.5)中的变分和试函数完全相同的。对于罚方法，弱形式到强形式的等价性可以表述如下：

如果　　$\boldsymbol{v}\in U$　且　$\delta p_P(\boldsymbol{v},\delta\boldsymbol{v})=\delta p+\delta G_P=0\ \forall\,\delta\boldsymbol{v}\in U_0$　　(10.4.24)

其中

$$\delta G_P=\int_{\Gamma^C}\frac{\beta}{2}\delta(\gamma_N^2)H(\gamma_N)\mathrm{d}\Gamma \tag{10.4.25}$$

则在两个物体中满足了动量方程和自然边界条件，在 Γ^C 上的法向面力满足动量平衡，并且是压力，在 Γ^C 上切向面力为零。

在上式中，$H(\gamma_N)$ 是 Heaviside 阶跃函数，

$$H(\gamma_N)=\begin{cases}1 & \text{如果 } \gamma_N>0\\ 0 & \text{如果 } \gamma_N<0\end{cases} \tag{10.4.26}$$

泛函 δp 由公式(10.4.10)定义；β 为**罚参数**。罚参数可以是空间坐标的函数。相应于罚方法的弱形式不是一个不等式。由在公式(10.4.25)中出现的 Heaviside 阶跃函数引入了接触-碰撞问题的非连续性性质。这种弱形式并不意味着不可侵彻条件，在罚方法中，它仅仅近似地得到满足。

为了证明弱形式包含着强形式，我们由取 δG_P 的变分开始，它给出

$$\delta G_P=\int_{\Gamma^C}\beta\gamma_N\delta\gamma_N H(\gamma_N)\mathrm{d}\Gamma \tag{10.4.27}$$

在上式中应用公式(10.2.8)，给出

$$\delta G_P = \int_{\Gamma^C} \beta \gamma_N^+ (\delta v_N^A - \delta v_N^B) \mathrm{d}\Gamma \quad \text{其中} \ \gamma_N^+ = \gamma_N H(\gamma_N) \qquad (10.4.28\mathrm{a,b})$$

然后，我们将上式与公式(10.4.23)给出的 $\delta p_2(\Gamma^C)$ 组合，得到

$$\delta p_P = \int_{\Gamma^C} [\delta v_N^A (t_N^A + \beta \gamma_N^+) + \delta v_N^B (t_N^B - \beta \gamma_N^+)] \mathrm{d}\Gamma = 0 \qquad (10.4.29)$$

在 Γ^C 上，由变分 δv_N^A 和 δv_N^B 的任意性，则得到

$$t_N^A + \beta \gamma_N^+ = 0 \quad \text{在} \ \Gamma^C \ \text{上} \qquad (10.4.30)$$

$$t_N^B - \beta \gamma_N^+ = 0 \quad \text{在} \ \Gamma^C \ \text{上} \qquad (10.4.31)$$

组合上面两个方程，给出

$$t_N^A = - t_N^B = - \beta \gamma_N^+ \leqslant 0 \qquad (10.4.32)$$

其中，由于违背了不可侵彻性约束，当罚数主动作用时，不等式服从这样的事实，即 $\gamma_N^+ \geqslant 0$。因此，弱形式默认为法向面力满足动量平衡，并且为压力。通过在公式(10.4.29)中应用式(10.4.23)，默认了动量方程、面力边界条件和无摩擦条件。

不像 Lagrange 乘子弱形式，罚弱形式没有强制横跨接触界面的速度的连续性。事实上，横跨界面的速度将是不连续的。可以从公式(10.4.28b)和式(10.4.32)中得到不连续的量级，给出

$$\gamma_N^+ = (v_N^A - v_N^B) H(\gamma_N) = - t_N^A / \beta$$

因此，在相关的法向速度分量中的不连续反比于罚参数 β。随着 β 的增加，在速度中的不连续将减小。

10.4.5 依赖相互侵彻的罚方法 罚方法的上述形式在运算中常常是非常困难的，由于它可能允许过度的侵彻。仅当相对速度导致连续的相互侵彻时，法向面力才是非零的。一旦两个表面的相邻点的相对速度成为相等或者负值，则法向面力为零。因而，在解答中可能存在一定量的相互侵彻。因此，在罚方法中，推荐法向面力也是相互侵彻的一个函数，如在公式(10.2.23)中定义的。为此目的，我们定义界面压力 $p = \bar{p}(g_N, \gamma_N) H(\bar{p})$，其中 g_N 是由式(10.2.23)定义的。弱形式则由式(10.4.24)给出：

$$\delta G_P = \int_{\Gamma^C} \delta \gamma_N p \, \mathrm{d}\Gamma \qquad (10.4.33)$$

如前面同样的过程，给出

$$t_N^A + p = 0 \quad \text{且} \quad t_N^B - p = 0 \quad \text{在} \ \Gamma^C \ \text{上} \qquad (10.4.34)$$

组合上面两个方程，得到

$$t_N^A = - t_N^B = - p = - \bar{p}(g_N, \gamma_N) H(\bar{p}) \qquad (10.4.35)$$

因此，面力总是压力，并且满足动量平衡。面力为相互侵彻和相互侵彻率的函数。罚函数的一个例子是

$$\bar{p} = (\beta_1 g_N + \beta_2 \gamma_N) \qquad (10.4.36)$$

其中 β_1 和 β_2 为罚参数。另外一个表达式为

$$\bar{p} = \beta_1 g_N H(g_N) + \beta_2 \gamma_N H(\gamma_N) \qquad (10.4.37)$$

10.4.6 摄动的 Lagrangian 弱形式 摄动的 Lagrangian 弱形式为

$$\boldsymbol{v} \in U, \lambda \in C^{-1} \ \text{且} \ \delta p_{PL} = \delta p + \delta G_{PL} = 0 \ \forall \, \delta \boldsymbol{v} \in U_0, \forall \, \delta \lambda \in C^{-1} \qquad (10.4.38)$$

在上式中

$$\delta G_{PL} = \int_{\Gamma^C} \delta\left(\lambda\gamma_N^+ - \frac{1}{2\beta}\lambda^2\right)\mathrm{d}\Gamma \tag{10.4.39}$$

其中 γ_N^+ 由公式(10.4.28b)和式(10.2.8)定义，并且 β 是一个大的常数，即罚参数。可以看出，在上式被积函数的第二项为 Lagrange 乘子弱形式(10.4.8)的摄动。由于 β 是大数，所以 $\lambda^2/2\beta$ 很小。

在这个弱形式中，Lagrange 乘子的变分和试函数均没有限制。在接触界面上，这个弱形式等价于广义的动量平衡和面力不等式(10.2.16)。我们将证明在罚方法中，不可侵彻性条件(10.2.8)是仅仅近似地得到满足。

关于强形式的等价性证明如下。由公式(10.4.39)，有

$$\delta G_{PL} = \int_{\Gamma^C} \left(\delta\lambda\gamma_N^+ + \lambda\delta\gamma_N^+ - \frac{1}{\beta}\lambda\,\delta\lambda\right)\mathrm{d}\Gamma \tag{10.4.40}$$

将 δG_{PL} 和曾在动量方程中出现的 δp 项合并，满足面力边界条件和无摩擦界面条件，在公式(10.4.22)中的 $\delta p_2(\Gamma^C)$ 成为

$$0 = \delta G_{PL} + \delta p_2 = \int_{\Gamma^C} \delta\left(\lambda\gamma_N^+ - \frac{\lambda}{\beta}\right)\mathrm{d}\Gamma + \int_{\Gamma^C} \delta v_N^A(t_N^A + \lambda H(\gamma_N)) + \delta v_N^B(t_N^B - \lambda H(\gamma_N))\mathrm{d}\Gamma \tag{10.4.41}$$

由于变分函数 δv_N^A 和 δv_N^B 的任意性，上式得到

$$t_N^A = -\lambda H(\gamma_N) \quad 在\ \Gamma^C\ 上 \tag{10.4.42}$$

$$t_N^B = \lambda H(\gamma_N) \quad 在\ \Gamma^C\ 上 \tag{10.4.43}$$

变分函数 $\delta\lambda$ 是没有限制的，因此由公式(10.4.41)得到

$$\lambda = \beta\gamma_N^+ \quad 在\ \Gamma^C\ 上 \tag{10.4.44}$$

组合上面各式，得到

$$t_N^A = -t_N^B = -\beta\gamma_N^+ = -\beta(v_N^A - v_N^B)H(\gamma_N) \quad 在\ \Gamma^C\ 上 \tag{10.4.45}$$

因此，在接触界面上，面力满足动量平衡，且为压力。

上面接触表面条件的强形式几乎是与源于罚方法中的形式一致的。在离散方程中，也可以发现这种相似性：有摄动的 Lagrangian 弱形式是伪罚弱形式。

10.4.7 增广的 Lagrangian 为了开创解决 Lagrange 乘子问题的改进方法，发展了增广的 Lagrangian 格式(参阅 Bertsekas，1984)。弱形式为

$$\delta p_{AL}(\boldsymbol{v},\delta\boldsymbol{v},\lambda,\delta\lambda) = \delta p + \delta G_{AL} \geqslant 0\ \forall\,\delta\boldsymbol{v}\in U_0,\delta\lambda\in j^- \tag{10.4.46}$$

$$\delta G_{AL} = \int_{\Gamma^C} \delta\left[\lambda\gamma_N(\boldsymbol{v}) + \frac{\alpha}{2}\gamma_N^2(\boldsymbol{v})\right]\mathrm{d}\Gamma \tag{10.4.47}$$

其中 $\boldsymbol{v}\in U$，$\lambda\in j^+(\Gamma^C)$；由公式(10.2.8)定义 $\gamma_N(\boldsymbol{v})$；而 α 作为分布求解过程待定的正参数。

在下面，证明这个弱形式到强形式的等价性。展开公式(10.4.47)中的被积函数，给出

$$\delta G_{AL} = \int_{\Gamma^C} [\delta\lambda\gamma_N + \lambda(\delta v_N^A - \delta v_N^B) + \alpha\gamma_N(\delta v_N^A - \delta v_N^B)]\mathrm{d}\Gamma \tag{10.4.48}$$

其中，对于 $\delta\gamma_N$ 应用了公式(10.2.8)。将上式与式(10.4.23)组合，给出

$$\int_{\Gamma^C} [\delta\lambda\gamma_N + \delta v_N^A(\lambda + \alpha\gamma_N + t_N^A) - \delta v_N^B(\lambda + \alpha\gamma_N - t_N^B)]\mathrm{d}\Gamma \geqslant 0 \tag{10.4.49}$$

由于所有的变量均为任意的，所以在 Γ^C 上我们有

$$\delta\lambda:\ \gamma_N = v_N^A - v_N^B \leqslant 0 \tag{10.4.50}$$

$$\delta v_N^A:\ \lambda = -\alpha\gamma_N - t_N^A \tag{10.4.51}$$

$$\delta v_N^B:\ \lambda = -\alpha\gamma_N + t_N^B \tag{10.4.52}$$

合并方程(10.4.51)和(10.4.52)，可以得到

$$t_N^A = -t_N^B = -\lambda - \alpha\gamma_N \tag{10.4.53}$$

因此，法向界面面力满足动量平衡。

10.4.8 借助 Lagrange 乘子的切向面力 通过在弱形式中附加上强化切向面力连续性的一项，所有上面的公式可以修改以便处理界面摩擦。我们令

$$\delta p_C = \delta p + \delta G_N + \delta G_T \tag{10.4.54}$$

对于 Lagrange 和增广的 Lagrange 方法，弱形式是一个不等式：

$$\delta p_C \geqslant 0 \qquad \text{当 } \delta G_N = \delta G_L \text{ 或 } \delta G_{AL} \text{ 时} \tag{10.4.55}$$

对于罚方法和摄动的 Lagrange 方法，弱形式是一个等式：

$$\delta p_C = 0 \qquad \text{当 } \delta G_N = \delta G_P \text{ 或 } \delta G_{PL} \text{ 时} \tag{10.4.56}$$

在两种情况中，

$$\delta G_T = \int_{\Gamma^C} \delta\boldsymbol{\gamma}_T \cdot \boldsymbol{t}_T \mathrm{d}\Gamma \equiv \int_{\Gamma^C} \delta\hat{\gamma}_\alpha \hat{t}_\alpha \mathrm{d}\Gamma \tag{10.4.57}$$

其中 $\boldsymbol{t}_T$ 为与接触界面相切的面力，通过摩擦模型计算得到。在以指标标记的表达式上面，我们放上帽子以表示这些分量位于在接触界面的切向平面的局部坐标中。

与前面类似，为了获得强形式，在提出沿着法向的动量方程、面力边界条件和接触条件后，我们取 δp 中的剩余项：

$$0 = \int_{\Gamma^C} (\delta\boldsymbol{v}_T^A \cdot \boldsymbol{t}_T^A + \delta\boldsymbol{v}_T^B \cdot \boldsymbol{t}_T^B + \delta\boldsymbol{\gamma}_T \cdot \boldsymbol{t}_T)\mathrm{d}\Gamma \tag{10.4.58}$$

注意到 $\boldsymbol{t}_T$ 区别于 $\boldsymbol{t}_T^A$ 和 $\boldsymbol{t}_T^B$：$\boldsymbol{t}_T$ 是由界面本构方程给出的切向面力，而 $\boldsymbol{t}_T^A$ 和 $\boldsymbol{t}_T^B$ 是在界面处的面力，它们分别由在物体 A 和 B 中的相应应力导出。由 $\boldsymbol{\gamma}_T$ 的定义，公式(10.2.9)，我们可以写出 $\delta\boldsymbol{\gamma}_T = \delta\boldsymbol{v}_T^A - \delta\boldsymbol{v}_T^B$。将其代入上式并整理各项，我们得到

$$0 = \int_{\Gamma^C} [\delta\boldsymbol{v}_T^A \cdot (\boldsymbol{t}_T^A + \boldsymbol{t}_T) + \delta\boldsymbol{v}_T^B \cdot (\boldsymbol{t}_T^B - \boldsymbol{t}_T)]\mathrm{d}\Gamma \tag{10.4.59}$$

由此我们提取出

$$\boldsymbol{t}_T^A = -\boldsymbol{t}_T \quad \text{且} \quad \boldsymbol{t}_T^B = \boldsymbol{t}_T \quad \text{在 } \Gamma^C \text{ 上} \tag{10.4.60}$$

从上式中消去 $\boldsymbol{t}_T$，我们得到

$$\boldsymbol{t}_T^A + \boldsymbol{t}_T^B = \boldsymbol{0} \quad \text{或} \quad \hat{t}_\alpha^A + \hat{t}_\alpha^B = 0 \quad \text{在 } \Gamma^C \text{ 上} \tag{10.4.61}$$

因此，在弱形式中的附加项 δG_T 对应于在接触界面处切向面力的动量平衡。在弱形式中没有这个附加项，切向面力为零，即界面是无摩擦的。

当在部分接触界面上应用粘着条件时，通过 Lagrange 乘子可以施加无切向滑动的约束。为了简单，我们考虑整个接触表面上均为粘着条件。因此，我们增加一个 Lagrange 乘子项以施加粘着条件，如在第 8.4 节。该项用 δG_{TS} 表示，为

$$\delta G_{TS} = \int_{\Gamma^C} \delta(\boldsymbol{\gamma}_T \cdot \boldsymbol{\lambda}_T)\mathrm{d}\Gamma \equiv \int_{\Gamma^C} \delta(\hat{\gamma}_\alpha \hat{\lambda}_\alpha)\mathrm{d}\Gamma \tag{10.4.62}$$

对应于 $\delta p_C = \delta p + \delta G_N + \delta G_{TS} = 0$ 的强形式和由上面给出的 δG_{TS} 是广义的动量平衡、法向面

力平衡、切向面力平衡 $\boldsymbol{t}_T^A = -\boldsymbol{\lambda}$，$\boldsymbol{t}_T^B = \boldsymbol{\lambda}$，并且在 Γ^C 上的粘着条件为 $\boldsymbol{\gamma}_T = 0$。由前面在面力和 Lagrange 乘子之间的关系可以消去 Lagrange 乘子，给出公式(10.4.61)。

框 10.2　弱形式

$$\delta p_C = \delta p + \delta G + \delta G_T \tag{B10.2.1}$$

切向面力：$$\delta G_T = \int_{\Gamma^C} \delta \boldsymbol{\gamma}_T \cdot \boldsymbol{t}_T \mathrm{d}\Gamma \equiv \int_{\Gamma^C} \delta \hat{\gamma}_\alpha \hat{t}_\alpha \mathrm{d}\Gamma \quad \text{见式(10.4.57)} \tag{B10.2.2}$$

Lagrangian：$$\delta G = \delta G_L = \int_{\Gamma^C} \delta(\lambda \gamma_N) \mathrm{d}\Gamma, \quad \delta p_C \geqslant 0 \tag{B10.2.3}$$

罚数：$$\delta G = \delta G_P = \int_{\Gamma^C} \frac{1}{2} \beta \delta(\gamma_N^2) \mathrm{d}\Gamma, \quad \delta p_C = 0 \tag{B10.2.4}$$

增广的 Lagrangian：$$\delta G = \delta G_{AL} = \int_{\Gamma^C} \delta\left(\lambda \gamma_N + \frac{\alpha}{2} \gamma_N^2\right) \mathrm{d}\Gamma, \quad \delta p_C \geqslant 0 \tag{B10.2.5}$$

摄动的 Lagrangian：$$\delta G_N = \delta G_{PL} = \int_{\Gamma^C} \delta\left(\lambda \gamma_N - \frac{1}{2\beta} \lambda^2\right) \mathrm{d}\Gamma, \quad \delta p_C = 0 \tag{B10.2.6}$$

10.5　有限元离散

10.5.1　概述　对于接触-碰撞的各种解决方案，建立了有限元方程。对于接触-碰撞问题的所有方法(罚方法、Lagrange 乘子法，等等)，在弱形式的表述中涉及了标准虚功率和接触界面贡献的合成。当在无接触状态时，可以精确地离散标准虚功率，因此，我们将利用第 4 章建立的结果。本节关注各种接触界面弱形式的离散化。

接下来的工作是应用到 Lagrangian 网格，包括更新的 Lagrangian 和完全的 Lagrangian 格式。但是，在完全的 Lagrangian 格式中，必须以变形表面的形式施加接触界面条件。下面的离散化也适用于 ALE 格式，只要在接触表面的节点为 Lagrangian 节点。**它们不能直接应用到 Eulerian 格式**，因为我们假设已经有了供我们应用的描述接触表面的参考坐标系。这个坐标系不能在一个 Eulerian 网格中定义。在 Lagrangian 网格中，接触表面对应于网格边界的一个子集。

首先，对于用指标标记表示的 Lagrange 乘子法，我们将建立有限元方法的离散化。指标标记使我们可以进入一些精妙的步骤，而在随后的矩阵推导中，这些步骤将被越过。对于其他的格式，任何读者如果希望重复这些步骤，可以用指标标记推导这些过程。

10.5.2　Lagrange 乘子法　每个物体的速度场 $\boldsymbol{v}(\boldsymbol{X}, t)$ 可以采用 C^0 插值近似，如在单个物体问题中。从公式(10.4.4)可以看到，横跨接触界面，两个物体的速度不一定必须是连续的，相互侵彻条件将源于弱形式的离散化。我们注意到速度场的近似也定义了位移场的近似，如在第 4 章中。

由于我们处理的是 Lagrangian 网格，所以我们以材料坐标的形式表示关于速度场的有限元近似。也可以将它写成单元坐标的形式，如在第 4 章中指出的，因为这两组坐标是等价的。为了阐述某些问题，我们在开始时省略有关重复节点指标的求和约定，而显式地表示求和。速度场为

$$v_i^A(\boldsymbol{X}, t) = \sum_{I \in \Omega^A} N_I(\boldsymbol{X}) v_{iI}^A(t) \tag{10.5.1}$$

$$v_i^B(\boldsymbol{X},t)=\sum_{I\in\Omega^B}N_I(\boldsymbol{X})v_{iI}^B(t) \tag{10.5.2}$$

如果物体 A 和 B 的节点编号是不同的,则两个速度场可以写成一个表达式:

$$v_i(\boldsymbol{X},t)=N_I(\boldsymbol{X})v_{iI}(t) \tag{10.5.3}$$

其中,关于重复的节点指标默认在所有的节点隐含求和。

如在公式(10.4.6)中看到的,在接触表面上 Lagrange 乘子场 $\lambda(\boldsymbol{\zeta},t)$ 是由一个 C^{-1} 场近似的:

$$\lambda(\boldsymbol{\zeta},t)=\sum_{I\in\Gamma^C}\Lambda_I(\boldsymbol{\zeta})\lambda_I(t)\equiv\Lambda_I(\boldsymbol{\zeta})\lambda_I(t),\quad \lambda(\boldsymbol{\zeta},t)\geqslant 0 \tag{10.5.4}$$

其中 $\Lambda_I(\boldsymbol{\zeta})$ 是 C^{-1} 形函数。Lagrange 乘子场的形函数常常区别于速度场的形函数,因此,对于两种近似采用了不同的符号。当物体 A 和 B 的节点不重合时,Lagrange 乘子场的网格可能区别于速度场的网格。关于不同的节点结构对 Lagrange 乘子的需求将在后面讨论。

变分函数为

$$\delta v_i(\boldsymbol{X})=N_I(\boldsymbol{X})\delta v_{iI},\quad \delta\lambda(\boldsymbol{\zeta})=\Lambda_I(\boldsymbol{\zeta})\delta\lambda_I,\quad \delta\lambda(\boldsymbol{\zeta})\leqslant 0 \tag{10.5.5}$$

为了建立半离散化的方程,上面关于速度和 Lagrange 乘子场,以及变分函数的近似被代入到弱形式(B10.2.1)中。出现在 δp 中的项与在第 4 章中建立的节点力是相同的,因此,对它们不再另行推导,其结果在框 4.3 中给出。由公式(B4.3.1)可以推出

$$\delta p=\delta v_{iI}(f_{iI}^{\text{int}}-f_{iI}^{\text{ext}}+M_{ijIJ}\dot{v}_{jJ})\equiv\delta\dot{\boldsymbol{d}}^{\mathrm{T}}(\boldsymbol{f}^{\text{int}}-\boldsymbol{f}^{\text{ext}}+\boldsymbol{M}\ddot{\boldsymbol{d}})\equiv\delta\boldsymbol{v}^{\mathrm{T}}\boldsymbol{r} \tag{10.5.6}$$

在式中并在以后,$\boldsymbol{v}$ 表示节点速度。由公式(10.2.8)和(10.5.1),以节点速度的形式可以表示相互侵彻率:

$$\gamma_N=\sum_{I\in\Gamma^C\cap\Gamma^A}N_Iv_{iI}^An_i^A+\sum_{I\in\Gamma^C\cap\Gamma^B}N_Iv_{iI}^Bn_i^B \tag{10.5.7}$$

如在式中所示,第一个求和是关于物体 A 位于接触界面上的所有节点,而第二个求和是关于物体 B 位于接触界面上的所有节点。如果我们以不同的编号标识这些节点,我们可以消除在物体 A 和 B 的节点之间的区别。将上式表示为

$$\gamma_N=N_Iv_{NI} \tag{10.5.8}$$

在公式(10.5.7)中给出了重复指标 I 的求和范围。通过公式(10.2.6)定义了法向分量,为

$$v_{NI}=v_{iI}^An_i^A\quad \text{如果 } I \text{ 在 } A \text{ 内};\quad v_{NI}=v_{iI}^Bn_i^B\quad \text{如果 } I \text{ 在 } B \text{ 内} \tag{10.5.9}$$

利用形函数,上式给出了法向分量和速度的乘积的近似,由公式(10.5.17)将给出更精确的形式。然后应用近似公式(10.5.1)~(10.5.3),得到

$$\int_{\Gamma^C}\delta(\lambda\gamma_N)\mathrm{d}\Gamma=\delta v_{NI}\hat{G}_{IJ}^{\mathrm{T}}\lambda_J+\delta\lambda_I\hat{G}_{IJ}v_{NJ}\quad \text{其中}\quad \hat{G}_{IJ}=\int_{\Gamma^C}\Lambda_IN_J\mathrm{d}\Gamma \tag{10.5.10}$$

在 $\hat{G}_{IJ}$ 上面放上帽子,表示它属于在接触界面上的局部坐标系中的速度。组合公式(10.5.6)和式(10.5.10),我们可以将离散弱形式写成

$$\sum_{I\in\Omega}\delta v_{iI}r_{iI}+\sum_{I\in\Gamma_\lambda^C}\delta v_{NI}\hat{G}_{IJ}^{\mathrm{T}}\lambda_J+\sum_{I\in\Gamma_\lambda^C}\delta\lambda_I\hat{G}_{IJ}v_{NI}\geqslant 0 \tag{10.5.11}$$

其中,关于指标 J 的隐含求和成立,但是,关于指标 I 的求和为显式,表示对有关的节点求和。

因为是不等式,所以控制方程的提取必须小心。对于那些没有在接触界面上的节点,可以直接地从第一个求和项中提取方程。由于节点速度的变分为任意的,所以得到标准的节

点运动方程：

$$r_{iI}=0 \quad 或 \quad M_{IJ}\dot{v}_{iJ}=f_{iI}^{\mathrm{ext}}-f_{iI}^{\mathrm{int}} \quad 对于 I\in\Omega-\Gamma^{C}-\Gamma_{u} \tag{10.5.12}$$

为了得到在接触界面上的方程，在提取公式(10.5.12)后，在第一个求和项中的余下部分重新以接触界面的局部坐标系写成，并组合第二个求和项，给出

$$\sum_{I\in\Gamma^{C}}(\delta v_{NI}r_{NI}+\delta\hat{v}_{aI}\hat{r}_{aI}+\delta v_{NI}\hat{G}_{IJ}^{\mathrm{T}}\lambda_{J})+\sum_{I\in\Gamma_{\lambda}^{C}}\delta\lambda_{I}\hat{G}_{IJ}v_{NJ}\geqslant 0 \tag{10.5.13}$$

由于切向节点速度是没有约束的，所以对于节点速度的系数，弱不等式服从一个等式。首先我们令 $\delta\hat{v}_{aI}$ 的系数为零，得到

$$\hat{r}_{aI}=0 \quad 或 \quad M_{IJ}\dot{\hat{v}}_{aJ}=\hat{f}_{aI}^{\mathrm{ext}}-\hat{f}_{aI}^{\mathrm{int}} \quad 对于 I\in\Gamma^{C} \tag{10.5.14}$$

关于在接触界面节点公式(10.5.13)中法向分量的方程，对于一个无摩擦界面，给出

$$r_{NI}+\hat{G}_{IJ}^{\mathrm{T}}\lambda_{J}=0 \quad 或 \quad M_{IJ}\dot{v}_{NJ}+f_{NI}^{\mathrm{ext}}-f_{NI}^{\mathrm{int}}+\hat{G}_{IJ}^{\mathrm{T}}\lambda_{J}=0 \quad 对于 I\in\Gamma^{C} \tag{10.5.15}$$

为了提取与 Lagrange 乘子相关的方程，我们注意到 $\delta\lambda_I\leqslant 0$，因此不等式(10.5.13)默认为

$$\hat{G}_{IJ}v_{NJ}\leqslant 0 \tag{10.5.16}$$

此外，由公式(10.4.6)，试 Lagrange 乘子场必须为正：$\lambda(\boldsymbol{\xi},t)\geqslant 0$。这个不等式是难以施加的。对于采用分段线性边界位移的单元，由于 $\lambda(\boldsymbol{\xi})$ 的所有最小值发生在节点处，所以仅在 $\lambda_I\geqslant 0$ 的节点处施加这个条件。对于高阶近似，必须更详尽地验证这个条件。

上面的方程，加上应变-位移方程和本构方程，对于半离散模型组成了方程的封闭系统。半离散方程包括运动方程和接触界面条件。对于没有在接触界面上的节点的运动方程是与没有约束的情况一样的。在接触界面上，出现了代表法向接触面力的附加力 $\hat{G}_{IJ}\lambda_J$。另外，在弱形式(10.5.16)中，必须引入不可侵彻性约束。像无接触的方程一样，半离散方程是普通的微分方程，但是，变量遵从关于速度和 Lagrange 乘子的代数不等式的约束。在大多数时间积分过程中，由于默认的光滑性的假设是缺乏的，因此这些不等式约束实质上使得时间积分复杂化。

为了实现不可侵彻性的目的，应用总体分量的矩阵形式写出上面的方程是很方便的。让我们以节点速度的形式定义相互侵彻率：

$$\gamma_N=\Phi_{iI}(\boldsymbol{\xi})v_{iI}(t) \quad 其中\ \Phi_{iI}(\boldsymbol{\xi})=\begin{cases}N_I(\boldsymbol{\xi})n_i^A(\boldsymbol{\xi}) & 如果 I 在 A 上\\ N_I(\boldsymbol{\xi})n_i^B(\boldsymbol{\xi}) & 如果 I 在 B 上\end{cases} \tag{10.5.17}$$

则接触弱形式为

$$G_L=\int_{\Gamma^C}\lambda\gamma_N\mathrm{d}\Gamma=\int_{\Gamma^C}\lambda_I\Lambda_I\Phi_{jJ}v_{jJ}\mathrm{d}\Gamma=\boldsymbol{\lambda}^{\mathrm{T}}\boldsymbol{G}\boldsymbol{v} \tag{10.5.18}$$

其中

$$G_{IjJ}=\int_{\Gamma^C}\Lambda_I\Phi_{jJ}\mathrm{d}\Gamma,\quad \boldsymbol{G}=\int_{\Gamma^C}\boldsymbol{\Lambda}^{\mathrm{T}}\Phi\mathrm{d}\Gamma \tag{10.5.19}$$

由 Voigt 列矩阵规则，式中的 jJ 已经转换为一个单指标，形成了在右边的矩阵表达式。

以矩阵形式可以写出运动方程，通过组合这种形式与内部、外部和惯性的功率的矩阵形式，给出

$$\delta \boldsymbol{v}^{\mathrm{T}}(\boldsymbol{f}^{\mathrm{int}}-\boldsymbol{f}^{\mathrm{ext}}+\boldsymbol{M}\ddot{\boldsymbol{d}})+\delta(\boldsymbol{v}^{\mathrm{T}}\boldsymbol{G}^{\mathrm{T}}\boldsymbol{\lambda})\geqslant 0\ \forall\ \delta v_{iI}\notin \Gamma_u \text{ 且 } \forall\ \delta\lambda_I\leqslant 0 \tag{10.5.20}$$

我们将越过由公式(10.5.7—17)表达的步骤，并且考虑到 $\delta\boldsymbol{v}$ 和 $\delta\boldsymbol{\lambda}$ 的任意性，得到运动方程和相互侵彻条件：

$$\boldsymbol{M}\ddot{\boldsymbol{d}}+\boldsymbol{f}^{\mathrm{int}}-\boldsymbol{f}^{\mathrm{ext}}+\boldsymbol{G}^{\mathrm{T}}\boldsymbol{\lambda}=\boldsymbol{0} \tag{10.5.21}$$

$$\boldsymbol{G}\boldsymbol{v}\leqslant\boldsymbol{0} \tag{10.5.22}$$

Lagrange 乘子网格　构造 Lagrange 乘子的网格具有一定的难度。一般说来，两个接触物体的节点是不重合的，如图 10.10(a)所示。因此，有必要建立一种方法处理不相邻的节点。一种可能性表示在图 10.10(b)中，选择 Lagrange 乘子场中的节点为主控物体的接触节点。当一个物体的网格比另一个的网格更加细划时，这种简单的方法是无效的。Lagrange 乘子的粗网格则导致相互侵彻。另一种方法是无论在物体 A 还是在 B 上出现一个节点，则放置 Lagrange 乘子节点，如图 10.10(b)所示。这种方法的不足之处在于当物体 A 和 B 上的节点接近时，一些 Lagrange 乘子单元非常小。这可能导致方程的病态条件。在三维情况下，这种方法是不可行的。关于一般性的应用，对于 Lagrange 乘子必须单独构造网格，这种网格独立于其他任何网格，但是，至少细划到二者之中较为细划的那个网格程度。

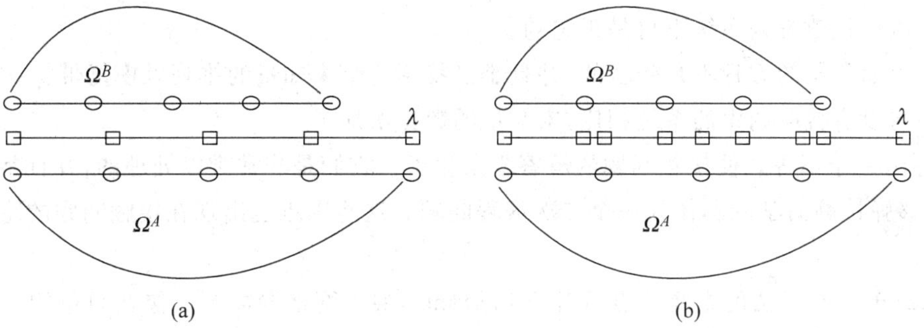

图 10.10　对于没有相邻节点的两个接触物体，节点安排显示
(a) 基于主控物体的 Lagrange 应变乘子网格；
(b) 独立的 Lagrange 乘子网格，无论在任何物体上出现节点

10.5.3　界面矩阵的装配　像任何其他的总体矩阵一样，可以由"单元"矩阵装配 $\boldsymbol{G}$ 矩阵。为了说明装配过程，我们以总体矩阵的形式表示单元 e 的列矩阵：

$$\boldsymbol{v}_e=\boldsymbol{L}_e\boldsymbol{v},\quad \boldsymbol{\lambda}_e=\boldsymbol{L}_e^{\lambda}\boldsymbol{\lambda} \tag{10.5.23}$$

其中 $\boldsymbol{L}_e$ 是在第 2.5 节定义的。将上式代入到公式(10.5.18)，给出

$$\boldsymbol{\lambda}^{\mathrm{T}}\boldsymbol{G}\boldsymbol{v}=\int_{\Gamma^C}\lambda\gamma_N\mathrm{d}\Gamma=\sum_e\int_{\Gamma_e^C}\lambda\gamma_N\mathrm{d}\Gamma=\boldsymbol{\lambda}^{\mathrm{T}}\sum_e(\boldsymbol{L}_e^{\lambda})^{\mathrm{T}}\int_{\Gamma_e^C}\boldsymbol{\Lambda}^{\mathrm{T}}\boldsymbol{\Phi}\mathrm{d}\Gamma\boldsymbol{L}_e\boldsymbol{v} \tag{10.5.24}$$

对于任意的 $\boldsymbol{v}$ 和 $\boldsymbol{\lambda}$，由于上式必须成立，所以通过比较上式中的第一项和最后一项，可以看到有

$$\boldsymbol{G}=\sum_e(\boldsymbol{L}_e^{\lambda})^{\mathrm{T}}\boldsymbol{G}_e\boldsymbol{L}_e,\quad \boldsymbol{G}_e=\int_{\Gamma_e^C}\boldsymbol{\Lambda}^{\mathrm{T}}\boldsymbol{\Phi}\,\mathrm{d}\Gamma \tag{10.5.25}$$

因此，从 $\boldsymbol{G}_e$ 装配到 $\boldsymbol{G}$ 的过程是与总体矩阵的装配过程一致的，诸如刚度矩阵。

10.5.4　小位移弹性静力学的 Lagrange 乘子法　这里，线弹性材料连续体的小位移分

析称为小位移弹性静力学。我们采用这个名称而不用线弹性静力学是因为，根据接触条件在位移上的不等式约束，这些问题不是线性的。对于小位移弹性静力学，在公式(10.5.22)中用位移替换速度可以得到离散的不可侵彻性约束。因此，公式(10.2.8)和(10.5.17)改变为

$$g_N=(\boldsymbol{u}^A-\boldsymbol{u}^B)\cdot\boldsymbol{n}^A\leqslant 0\quad 在\ \Gamma^C\ 上,\ g_N=\boldsymbol{\Phi d}\tag{10.5.26}$$

除了用位移替换速度和省略了惯性项，离散化的过程与前面是一致的，给出

$$\delta\boldsymbol{d}^{\mathrm{T}}(\boldsymbol{f}^{\mathrm{int}}-\boldsymbol{f}^{\mathrm{ext}})+\delta(\boldsymbol{d}^{\mathrm{T}}\boldsymbol{G\lambda})\geqslant 0\ \forall\,\delta d_{iI}\notin\Gamma_{ui}\quad 且\quad \forall\,\delta\lambda_I\leqslant 0\tag{10.5.27}$$

由于内部节点力不受接触的影响，所以小位移弹性静力学问题可以用刚度矩阵的形式表示为

$$\boldsymbol{f}^{\mathrm{int}}=\boldsymbol{Kd}\tag{10.5.28}$$

导出的离散化方程则为

$$\begin{bmatrix}\boldsymbol{K} & \boldsymbol{G}^{\mathrm{T}}\\ \boldsymbol{G} & \boldsymbol{0}\end{bmatrix}\begin{Bmatrix}\boldsymbol{d}\\ \boldsymbol{\lambda}\end{Bmatrix}\begin{matrix}=\\ \leqslant\end{matrix}\begin{Bmatrix}\boldsymbol{f}^{\mathrm{ext}}\\ \boldsymbol{0}\end{Bmatrix}\tag{10.5.29}$$

这是 Lagrange 乘子问题的标准形式，除了在第二个矩阵方程中出现了一个不等式，见公式(6.3.41)。

像关于其他的 Lagrange 乘子离散化，关于上面方程的几点评论为：

1. 线性代数方程系统不再是正定的。

2. 上面给出的方程不是带状的，并且难以找到一个未知量的排列以恢复带状。

3. 与没有接触约束的系统相比，未知量的数目增加了。

此外，由于不等式使接触问题的解答复杂化了。它们是非常难以处理的，并且常常提出将小位移弹性静力学问题作为一个二次编程问题。这些困难也出现在接触问题的隐式时间积分中。

Lagrange 乘子法的主要缺点是对于 Lagrange 乘子网格的需要。像在简单的二维例子中我们已经看到的，这可能引入了复杂性，即使是在二维问题中。在三维问题中，这个工作是更为复杂的。当接触界面变化时，网格必须随着时间变化。在罚方法中，没有必要建立附加的网格。

与罚方法相比较，Lagrange 乘子法的优点是这里没有用户设定的参数，并且当节点相邻时，接触约束几乎可以精确地得到满足。当节点不相邻时，可能会稍微地违背不可侵彻性，但是不会像罚方法那么明显。然而，对于高速碰撞，Lagrange 乘子法常常导致非常不平顺的结果，因此，Lagrange 乘子法更适合于静态和低速问题。

10.5.5　关于非线性无摩擦接触的罚方法　对于非独立形式侵彻的罚方法，仅建立离散方程。在罚方法中，只需要速度场的近似。再者，在每个物体内部，速度场为 C^0 连续。在两个物体之间的连续性没有作出约定，但是是由罚方法强制引入的。我们将仅建立由公式(10.4.33)给出的罚数项 δG_P 的离散化形式。对于无约束问题，余下的项不变。将公式(10.5.17)代入式(10.4.33)，给出

$$\delta G_P=\delta\boldsymbol{v}^{\mathrm{T}}\int_{\Gamma^C}\boldsymbol{\Phi}^{\mathrm{T}}p\mathrm{d}\Gamma\equiv\delta\boldsymbol{v}^{\mathrm{T}}\boldsymbol{f}^C\quad 其中\ \boldsymbol{f}^C=\int_{\Gamma^C}\boldsymbol{\Phi}^{\mathrm{T}}p\mathrm{d}\Gamma\tag{10.5.30}$$

在弱形式(10.4.24)中，应用公式(10.5.30)和(10.5.6)，给出

$$\delta p_P = \delta \boldsymbol{v}^{\mathrm{T}} \boldsymbol{r} + \delta \boldsymbol{v}^{\mathrm{T}} \boldsymbol{f}^{C} \tag{10.5.31}$$

所以，由 $\delta \boldsymbol{v}$ 的任意性和在公式(10.5.6)中 $\boldsymbol{r}$ 的定义，得到

$$\boldsymbol{f}^{\mathrm{int}} - \boldsymbol{f}^{\mathrm{ext}} + \boldsymbol{Ma} + \boldsymbol{f}^{C} = \boldsymbol{0} \tag{10.5.32}$$

因此，对于无约束问题，在罚方法中方程的数目是不变的。在离散方程中，不等式不会显式地出现，而是由阶跃函数施加接触罚力。

10.5.6 对于小位移弹性静力学的罚方法 对于小位移弹性静力学，如前所述，我们用位移替换速度。方程(10.4.37)与 $\beta_2=0$ 和(10.5.17)给出

$$\bar{p} = \beta_1 g_N = \beta_1 \boldsymbol{\Phi d} \tag{10.5.33}$$

将上式代入式(10.5.30)，给出

$$\boldsymbol{f}^{C} = \int_{\Gamma^C} \boldsymbol{\Phi}^{\mathrm{T}} \bar{p}(g_N) H(g_N) \mathrm{d}\Gamma = \int_{\Gamma^C} \beta_1 \boldsymbol{\Phi}^{\mathrm{T}} \boldsymbol{\Phi} H(g_N) \mathrm{d}\Gamma \boldsymbol{d} \tag{10.5.34}$$

或者

$$\boldsymbol{f}^{C} = \boldsymbol{p}_C \boldsymbol{d}, \quad \boldsymbol{p}_C = \int_{\Gamma^C} \beta_1 \boldsymbol{\Phi}^{\mathrm{T}} \boldsymbol{\Phi} H(g_N) \mathrm{d}\Gamma \tag{10.5.35}$$

将公式(10.5.35)和(10.5.28)代入式(10.5.32)，并且舍弃惯性项，给出

$$(\boldsymbol{K} + \boldsymbol{p}_C)\boldsymbol{d} = \boldsymbol{f}^{\mathrm{ext}} \tag{10.5.36}$$

这是一个与无接触问题具有相同次数的代数方程系统。通过罚力 $\boldsymbol{p}_C \boldsymbol{d}$ 施加接触约束。如在公式(10.5.35)中可以看出，代数方程不是线性的，因为矩阵 $\boldsymbol{p}_C$ 包括取决于位移间隔的 Heaviside 阶跃函数。

对比 Lagrange 乘子法，可以看到：

1. 通过引入接触约束，未知量的数目没有增加。

2. 由于 $\boldsymbol{G}$ 是正定的，所以系统方程保持正定。

罚方法的缺点在于不可侵彻性条件的引入仅仅是近似的，并且它的效果取决于罚参数的选择。如果罚参数太小，就会发生过量的相互侵彻。在碰撞问题中，小的罚参数会减小最大的计算应力。因此，选择正确的罚参数是一个挑战。

10.5.7 增广的 Lagrangian 在增广的 Lagrangian 方法中，弱接触项为

$$\delta G_{AL} = \int_{\Gamma^C} \delta\left(\lambda \gamma_N + \frac{\alpha}{2} \gamma_N^2\right) \mathrm{d}\Gamma \tag{10.5.37}$$

应用关于速度和 Lagrange 乘子的近似、公式(10.5.17)和(10.5.4)，给出

$$\delta G_{AL} = \int_{\Gamma^C} \delta\left(\boldsymbol{\lambda}^{\mathrm{T}} \boldsymbol{\Lambda}^{\mathrm{T}} \boldsymbol{\Phi} \boldsymbol{v} + \frac{\alpha}{2} \boldsymbol{v}^{\mathrm{T}} \boldsymbol{\Phi}^{\mathrm{T}} \boldsymbol{\Phi} \boldsymbol{v}\right) \mathrm{d}\Gamma \tag{10.5.38}$$

取变分得到

$$\delta G_{AL} = \delta \boldsymbol{\lambda}^{\mathrm{T}} \boldsymbol{G v} + \delta \boldsymbol{v}^{\mathrm{T}} \boldsymbol{G}^{\mathrm{T}} \boldsymbol{\lambda} + \delta \boldsymbol{v}^{\mathrm{T}} \boldsymbol{p}_C \boldsymbol{v} \tag{10.5.39}$$

其中 $\boldsymbol{p}_C$ 在框 10.3 中定义。应用公式(10.5.37)～(10.5.39)写出弱形式 $\delta p_{AL} = \delta p + \delta G_{AL} \geqslant 0$，则给出

$$\boldsymbol{f}^{\mathrm{int}} - \boldsymbol{f}^{\mathrm{ext}} + \boldsymbol{Ma} + \boldsymbol{G}^{\mathrm{T}} \boldsymbol{\lambda} + \boldsymbol{p}_C \boldsymbol{v} = \boldsymbol{0} \quad 和 \quad \boldsymbol{G v} \leqslant \boldsymbol{0} \tag{10.5.40}$$

比较公式(10.5.40)与(B10.3.1)～(B10.3.2)，我们可以看出，在增广的 Lagrangian 方法中，接触力是在 Lagrangian 和罚方法中的接触力之和。不可侵彻性约束是与在 Lagrange 乘子法中的那些约束一致的。

对于小位移弹性静力学，采用如前面相同的过程。我们用节点位移替换节点速度，并应

用公式(10.5.28)，给出

$$\begin{bmatrix} \boldsymbol{K}+\boldsymbol{p}_C & \boldsymbol{G}^{\mathrm{T}} \\ \boldsymbol{G} & \boldsymbol{0} \end{bmatrix} \begin{Bmatrix} \boldsymbol{d} \\ \boldsymbol{\lambda} \end{Bmatrix} \begin{matrix} = \\ \leqslant \end{matrix} \begin{Bmatrix} \boldsymbol{f}^{\mathrm{ext}} \\ \boldsymbol{0} \end{Bmatrix} \tag{10.5.41}$$

这进一步说明了增广的 Lagrangian 方法是罚方法和 Lagrange 乘子法的综合，公式(10.5.29)和(10.5.36)。

10.5.8　摄动的 Lagrangian　从公式(10.4.38)的速度和 Lagrange 乘子近似式(10.5.3)～(10.5.5)得到摄动的 Lagrangian 格式的半离散化。由于这些步骤与前面的离散化的步骤是相同的，我们将不再重复。离散方程为

$$\boldsymbol{f}^{\mathrm{int}} - \boldsymbol{f}^{\mathrm{ext}} + \boldsymbol{M}\boldsymbol{a} + \boldsymbol{G}^{\mathrm{T}}\boldsymbol{\lambda} = \boldsymbol{0} \tag{10.5.42}$$

$$\boldsymbol{G}\boldsymbol{v} - \boldsymbol{H}\boldsymbol{\lambda} = \boldsymbol{0} \tag{10.5.43}$$

上式为动量方程和不可侵彻性条件。矩阵 $\boldsymbol{G}$ 由公式(10.5.19)定义，并且

$$\boldsymbol{H} = \int_{\Gamma^C} \frac{1}{\beta}\boldsymbol{\Lambda}^{\mathrm{T}}\boldsymbol{\Lambda}\,\mathrm{d}\Gamma \tag{10.5.44}$$

可以应用约束方程(10.5.43)消去$\boldsymbol{\lambda}$：

$$\boldsymbol{f}^{\mathrm{int}} - \boldsymbol{f}^{\mathrm{ext}} + \boldsymbol{M}\boldsymbol{a} + \boldsymbol{G}^{\mathrm{T}}\boldsymbol{H}^{-1}\boldsymbol{G}\boldsymbol{v} = \boldsymbol{0} \tag{10.5.45}$$

由于上式应用了出现在矩阵 $\boldsymbol{H}$ 中的罚参数β，因此类似于离散的罚方程(10.5.32)。上式中的最后一项 $\boldsymbol{G}^{\mathrm{T}}\boldsymbol{H}^{-1}\boldsymbol{G}\boldsymbol{v}$ 代表接触力。

对于小位移弹性静力学，关于摄动的 Lagrangian 方法的半离散方程为

$$\begin{bmatrix} \boldsymbol{K} & \boldsymbol{G}^{\mathrm{T}} \\ \boldsymbol{G} & -\boldsymbol{H} \end{bmatrix} \begin{Bmatrix} \boldsymbol{d} \\ \boldsymbol{\lambda} \end{Bmatrix} = \begin{Bmatrix} \boldsymbol{f}^{\mathrm{ext}} \\ \boldsymbol{0} \end{Bmatrix} \tag{10.5.46}$$

将上式与 Lagrangian 方法公式(10.5.29)比较，我们可以看出仅区别在右下面的子矩阵，它在 Lagrangian 乘子法中为 **0**。

框 10.3　非线性接触的半离散方程

Lagrange 乘子法

$$\boldsymbol{M}\boldsymbol{a} - \boldsymbol{f} + \boldsymbol{G}^{\mathrm{T}}\boldsymbol{\lambda} = \boldsymbol{0},\quad \boldsymbol{G}\boldsymbol{v} \leqslant \boldsymbol{0},\quad \boldsymbol{\lambda}(\boldsymbol{x}) \geqslant 0,\quad \boldsymbol{f} = \boldsymbol{f}^{\mathrm{ext}} - \boldsymbol{f}^{\mathrm{int}} \tag{B10.3.1}$$

罚方法

$$\boldsymbol{M}\boldsymbol{a} - \boldsymbol{f} + \boldsymbol{f}^{C} = \boldsymbol{0},\quad \boldsymbol{f}^{C} = \int_{\Gamma^C} \boldsymbol{\Phi}^{\mathrm{T}} p(g_N) H(g_N)\,\mathrm{d}\Gamma \tag{B10.3.2}$$

增广的 Lagrangian 法

$$\boldsymbol{M}\boldsymbol{a} - \boldsymbol{f} + \boldsymbol{G}^{\mathrm{T}}\boldsymbol{\lambda} + \boldsymbol{p}_C \boldsymbol{v} = \boldsymbol{0},\quad \boldsymbol{G}\boldsymbol{v} \leqslant \boldsymbol{0} \tag{B10.3.3}$$

摄动的 Lagrangian 法

$$\boldsymbol{M}\boldsymbol{a} - \boldsymbol{f} + \boldsymbol{G}^{\mathrm{T}}\boldsymbol{\lambda} = \boldsymbol{0},\quad \boldsymbol{G}\boldsymbol{v} - \boldsymbol{H}\boldsymbol{\lambda} = \boldsymbol{0}$$

$$\boldsymbol{G} = \int_{\Gamma^C} \boldsymbol{\Lambda}^{\mathrm{T}}\boldsymbol{\Phi}\,\mathrm{d}\Gamma,\quad \boldsymbol{H} = \frac{1}{\beta}\int_{\Gamma^C} \boldsymbol{\Lambda}^{\mathrm{T}}\boldsymbol{\Lambda}\,\mathrm{d}\Gamma,\quad \boldsymbol{p}_C = \int_{\Gamma^C} \alpha\,\boldsymbol{\Phi}^{\mathrm{T}}\boldsymbol{\Phi}\,\mathrm{d}\Gamma \tag{B10.3.4}$$

例 10.2　一维接触-碰撞的有限元方程　考虑在图 10.11 所示的两个杆。我们考虑横截面为单位面积的杆。接触界面包含在杆的端部的节点，它们的编号为 1 和 2。如图 10.11 所示，单位法线是 $n_x^A = 1, n_x^B = -1$。在一维问题中的接触界面是相当特殊的，因为它仅包含一个点。在靠近接触界面的两个单元的速度场为

$$v(\xi,t)=\boldsymbol{N}(\xi,t)\dot{\boldsymbol{d}}=[\xi^{A}\quad 1-\xi^{B}\quad \xi^{B}]\dot{\boldsymbol{d}}\quad 其中\quad \dot{\boldsymbol{d}}^{T}=[v_1\quad v_2\quad v_3] \tag{E10.2.1}$$

由公式(10.5.19)给出了矩阵 $\boldsymbol{G}$。在一维问题中，积分被一个单函数值取代，在接触点处函数取值为：

$$\begin{aligned}\boldsymbol{G}&=[\xi^A n_x^A\quad (1-\xi^B)n_x^B\quad \xi^B]\,|_{\xi^B=1,\xi^B=0}\\&=[(1)(1),1(-1),0]=[1,-1,0]\end{aligned} \tag{E10.2.2}$$

率形式的不可侵彻性条件(10.5.22)为

$$\boldsymbol{G}\dot{\boldsymbol{d}}\leqslant 0\quad 或\quad [1\quad -1\quad 0]\dot{\boldsymbol{d}}=v_1-v_2\leqslant 0 \tag{E10.2.3}$$

Lagrange 乘子法 可以通过观察得到上述接触条件，$v_1-v_2\leqslant 0$：当两个节点发生接触时，节点 1 的速度必须小于或者等于节点 2 的速度。如果两个节点的速度相等，则节点保持接触状态；而当不等式成立时，它们将分开。这些条件是不足以检查初始接触的，因此还必须以节点位移的形式检查初始接触：在前一个时间步中，$x_1-x_2\geqslant 0$ 表示已经发生了接触。

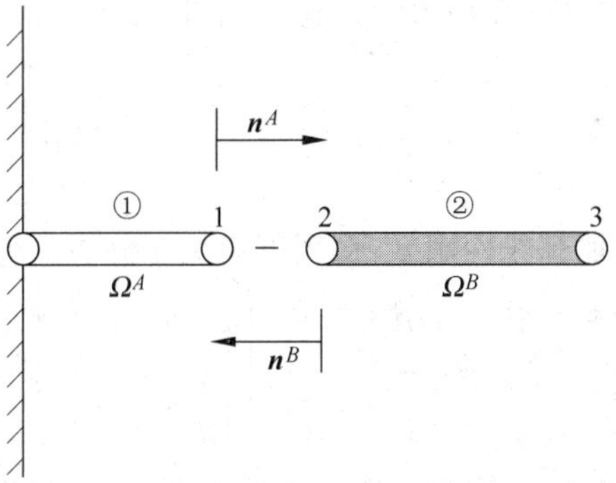

图 10.11 接触的一维例子，见例 10.2

由于仅有一个接触点，为了施加接触约束，只需要一个 Lagrange 乘子。运动方程(B10.3.1)为

$$\begin{bmatrix}M_{11}&M_{12}&M_{13}\\M_{21}&M_{22}&M_{23}\\M_{31}&M_{32}&M_{33}\end{bmatrix}\begin{Bmatrix}\ddot{d}_1\\\ddot{d}_2\\\ddot{d}_3\end{Bmatrix}-\begin{Bmatrix}f_1\\f_2\\f_3\end{Bmatrix}+\begin{Bmatrix}1\\-1\\0\end{Bmatrix}\lambda_1=0\quad 且\quad \lambda_1\geqslant 0 \tag{E10.2.4}$$

公式(E10.2.4)左端的最后一项是在节点 1 和 2 之间由接触引起的节点力。这些力大小相等且方向相反，当 Lagrange 乘子为零时消失。除了在发生接触的节点外，运动方程与关于无约束的有限元网格的方程是一致的。对于取单位面积的对角化质量矩阵的方程可以写成

$$M_1a_1-f_1+\lambda_1=0,\quad M_2a_2-f_2-\lambda_1=0,\quad M_3a_3-f_3=0 \tag{E10.2.5}$$

其中 $a_I=\ddot{d}_I$。第 4 个方程是公式(E10.2.3)。

通过组合 $\boldsymbol{G}$ 矩阵(E10.2.2)与装配刚度得到关于小位移弹性静力学的方程(10.5.29)：

$$\begin{bmatrix}k_1&0&0&1\\0&k_2&-k_2&-1\\0&-k_2&k_2&0\\1&-1&0&0\end{bmatrix}\begin{Bmatrix}d_1\\d_2\\d_3\\\lambda_1\end{Bmatrix}\begin{matrix}=\\=\\=\\\geqslant\end{matrix}\begin{Bmatrix}f_1\\f_2\\f_3\\0\end{Bmatrix}^{\text{ext}} \tag{E10.2.6}$$

其中，k_I 为单元 I 的刚度。在无接触的装配刚度矩阵中，即左上角的 3×3 矩阵是奇异的，而当应用附加的接触界面条件时，完整的 4×4 矩阵成为非奇异的。

罚方法 为了写出罚方法的方程，我们将应用罚定律 $p=\beta g=\beta(x_1-x_2)H(g)=\beta(X_1-X_2+u_1-u_2)H(g)$，$g\equiv g_N$。则计算公式(10.5.30)给出

$$\boldsymbol{f}^C=\int_{\Gamma^C}\boldsymbol{\Phi}^{\mathrm{T}}p\mathrm{d}\Gamma=\begin{Bmatrix}1\\-1\\0\end{Bmatrix}\beta g \tag{E10.2.7}$$

在上式的积分中，在界面点处(Γ^C是一个点)计算被积函数。对于一个对角化质量，方程(B10.3.2)则为

$$M_1a_1-f_1+\beta g=0,\quad M_2a_2-f_2-\beta g=0,\quad M_3a_3-f_3=0 \tag{E10.2.8}$$

这些方程类似于 Lagrange 乘子法中的方程(E10.2.5)，除了用罚力替换 Lagrange 乘子和缺少式(E10.2.3)之外。

为了构造罚方法的小位移弹性静力学方程，我们首先由公式(10.5.35)计算 $\boldsymbol{p}_C$：

$$\boldsymbol{p}_C=\int_{\Gamma^C}\bar{\beta}\boldsymbol{\Phi}^{\mathrm{T}}\boldsymbol{\Phi}\mathrm{d}\Gamma=\bar{\beta}\begin{bmatrix}+1\\-1\\0\end{bmatrix}\begin{bmatrix}+1&-1&0\end{bmatrix}=\bar{\beta}\begin{bmatrix}+1&-1&0\\-1&+1&0\\0&0&0\end{bmatrix} \tag{E10.2.9}$$

其中 $\bar{\beta}=\beta_1H(g)$。将 $\boldsymbol{p}_C$ 增加到线性刚度，得到下面关于静态的方程：

$$\begin{bmatrix}k_1+\bar{\beta}&-\bar{\beta}&0\\-\bar{\beta}&k_2+\bar{\beta}&-k_2\\0&-k_2&k_2\end{bmatrix}\begin{Bmatrix}d_1\\d_2\\d_3\end{Bmatrix}=\begin{Bmatrix}f_1\\f_2\\f_3\end{Bmatrix}^{\mathrm{ext}} \tag{E10.2.10}$$

由上式可以看出，在节点 1 和 2 之间，罚方法附加了一个刚度为 $\bar{\beta}$ 的弹簧。由于 $\bar{\beta}$ 为 $g=u_1-u_2$ 的一个非线性函数，所以上面的方程是非线性的。

例 10.3 二维问题 采用 4 节点四边形单元模拟发生接触的两个物体，如图 10.12 所示。以物体 A 上边界坐标的形式(单元坐标投影到接触线上)写出在接触线上的速度场：

$$\begin{Bmatrix}v_x(\xi,t)\\v_y(\xi,t)\end{Bmatrix}=\begin{bmatrix}N_1^A&0&N_2^A&0&N_3^B&0&N_4^B&0\\0&N_1^A&0&N_2^A&0&N_3^B&0&N_4^B\end{bmatrix}\dot{\boldsymbol{d}} \tag{E10.3.1}$$

其中

$$\dot{\boldsymbol{d}}^{\mathrm{T}}=\begin{bmatrix}v_{x1}&v_{y1}&v_{x2}&v_{y2}&v_{x3}&v_{y3}&v_{x4}&v_{y4}\end{bmatrix} \tag{E10.3.2}$$

$$N_1^A=N_3^B=1-\xi,\quad N_2^A=N_4^B=\xi,\quad \xi=x/\ell \tag{E10.3.3}$$

如图 10.12 所示，单位法线由 $\boldsymbol{n}^A=[n_x^A\quad n_y^A]^{\mathrm{T}}=[0\quad -1]^{\mathrm{T}}$，$\boldsymbol{n}^B=[0\quad 1]^{\mathrm{T}}$ 给出。由公式(10.5.17)给出$\boldsymbol{\Phi}$矩阵：

$$\begin{aligned}\boldsymbol{\Phi}&=[N_1n_x^A\quad N_1n_y^A\quad N_2n_x^A\quad N_2n_y^A\quad N_3n_x^B\quad N_3n_y^B\quad N_4n_x^B\quad N_4n_y^B]\\&=[0\quad -N_1^A\quad 0\quad -N_2^A\quad 0\quad N_3^B\quad 0\quad N_4^B]\end{aligned} \tag{E10.3.4}$$

由一个线性场近似 Lagrange 乘子：

$$\lambda(\xi,t)=\boldsymbol{\Lambda\lambda}=[1-\xi\quad \xi]\begin{Bmatrix}\lambda_1\\\lambda_2\end{Bmatrix} \tag{E10.3.5}$$

$\boldsymbol{G}$ 矩阵(10.5.19)为

$$G=\int_0^1 \boldsymbol{\Lambda}^{\mathrm{T}}\boldsymbol{\Phi}\ell\mathrm{d}\xi=\frac{\ell}{6}\begin{bmatrix}0 & -2 & 0 & -1 & 0 & 2 & 0 & 1\\0 & -1 & 0 & -2 & 0 & 1 & 0 & 2\end{bmatrix} \tag{E10.3.6}$$

上面的矩阵类似于杆的一致质量矩阵：在节点 1 处的接触导致在节点 2 处的力，反之亦然。接触节点力严格地沿着 y 方向。由于 $\boldsymbol{G}$ 矩阵的奇数列为零，因此所有接触节点力的 x 方向分量为零。这是我们所期望的，不仅由于垂直于接触边界的方向是 y 方向，也因为接触界面是无摩擦的。

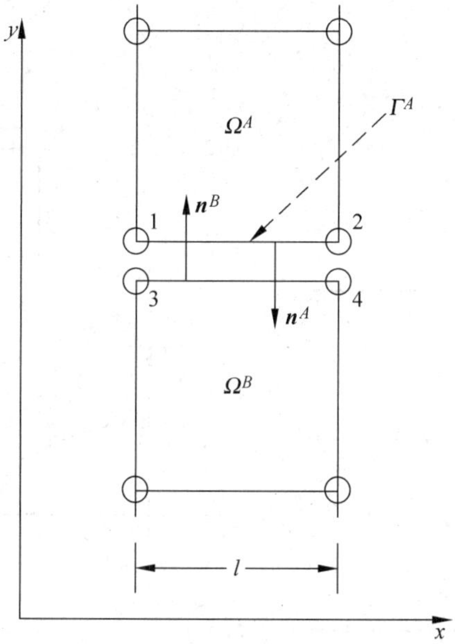

图 10.12 两个碰撞四边形；分别清晰地画出了接触线的两条边界，见例 10.3

10.5.9 规则化 在规则化的过程中，使得难以处理的解答，即由于解答引起的不连续性或者奇异性，经过人为处理，得到平顺化和规则化的结果。规则化的一个典型例子是为了平顺振荡，von Neumann 对 Euler 流体方程附加了人工粘性。如果缺少这种人工粘性，在振荡附近的 Euler 方程的中心差分解答是非常振荡的。von Neumann 证明他的规则化保存了动量，因此，规则化并没有破坏守恒性质。

在碰撞中，罚方法发挥了类似的作用。在 Lagrange 乘子法中，在接触界面处发生碰撞的时刻，速度在时间上是不连续的，如图 10.13(a)所示。这些不连续性在物体中传播，并且导致不可忽视的振荡。罚方法可以考虑作为接触界面条件的规则化：它平顺了不连续的速度，如图 10.13(b)所示，并且保持了动量守恒。通过允许两个物体的部分重叠，它仅放松了一个条件，即不可侵彻性条件。这是为了平滑结果所付出的一个小的代价。

Crunier-Mroz 摩擦模型也可以考虑作为一种规则化：光滑模型替换了不连续的 Coulomb 摩擦定律。Coulomb 摩擦的不连续性性质可以由一个简单的图解说明。考虑在刚性表面上的一个单元，其界面面力由 Coulomb 摩擦模拟。施加一个竖向力和一个水平力，如图 10.13(c)所示，我们忽略单元的变形可能性。竖向力保持常数，而水平力随着时间历程产生一个水平速度，如图 10.13(d)所示。Coulomb 摩擦定律则给出了不连续的摩擦力，如图 10.13(e)所示。Crunier-Mroz 塑性模型将给出一个更光滑的力，如在图 10.13(e)

中标有"规则化"的曲线。

Coulomb 摩擦的规则化区别于相互侵彻性的规则化，通过引入附加的力学量，即粗糙度的行为，它平顺了响应，而对相互侵彻性条件的放松通常是很特殊的，并且不能给出物理上的论据。事实上，人们也可以将在接触-碰撞问题中的某些相互侵彻归于粗糙度的压缩。然而，法向力的罚参数一般不是基于力学量的，而是被选择的，所以，它们消除或者降低了高于某一临界值的频率。

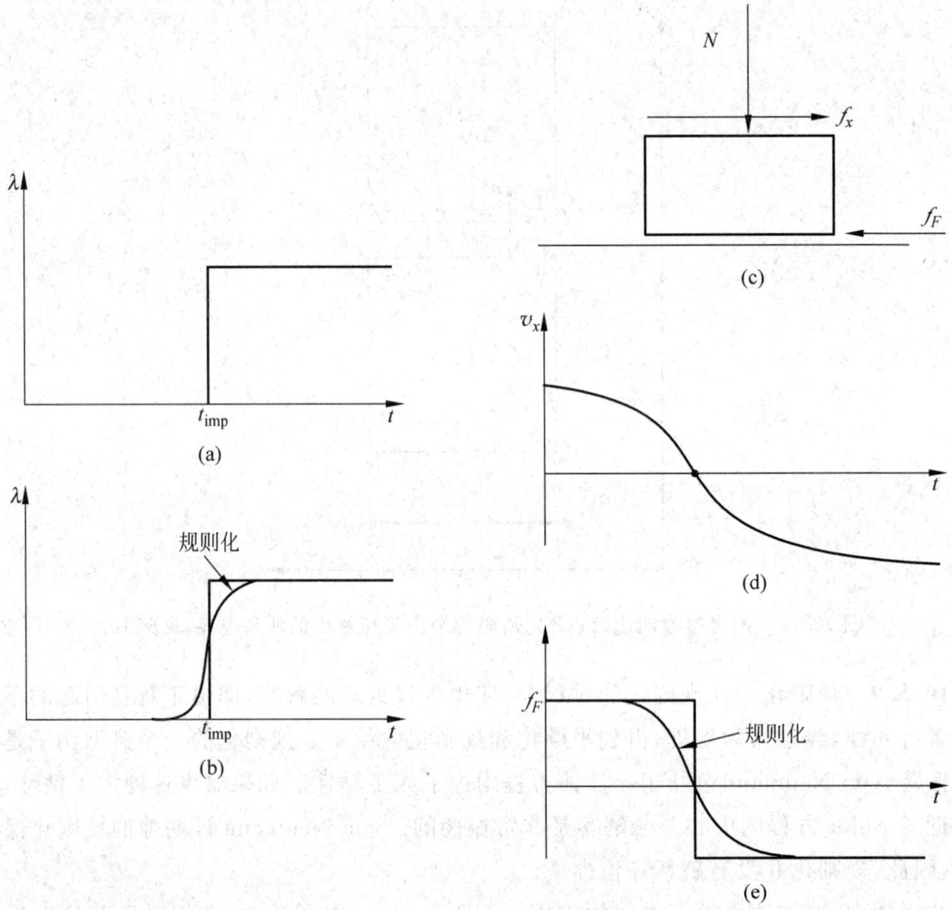

图 10.13　碰撞力和摩擦的规则化

10.6　关于显式方法

10.6.1　显式方法　在本节中，我们描述应用显式时间积分处理接触-碰撞问题的过程。由于下面的原因，显式时间积分更适合于动态接触-碰撞问题。

1. 因为稳定性的要求，时间步长是小量，所以由于接触-碰撞的不连续性几乎不会引起严重的破坏。
2. 既不需要线性化也不需要 Newton 求解器，因此避免了不连续性对 Newton 求解器的有害影响。

由无条件稳定的隐式方法可能产生的大的时间步长对于不连续的响应是无效的。因此，接触-碰撞在 Jacobian 中引入了不连续性，从而妨碍了 Newton 方法的收敛性。

在显式算法中，在每一个时间步，物体首先完全独立地被积分，就像没有发生接触一样。这种非耦合的更新能够正确地表明物体的哪一部分将在时间步结束时发生接触，然后施加接触条件，不需要通过迭代建立接触界面。

我们将描述应用显式方法的 Lagrange 乘子和罚接触-碰撞算法的过程。这个问题将要讨论的内容包括：

1. 算法的结构。
2. 接触-碰撞方法对于数值稳定性的效果。
3. 对于预测接触界面，非耦合更新的正确性。

我们也将描述源于物理和数值方面的接触-碰撞问题的显式解答的某些特性。

10.6.2 一维接触 为了阐明在简单背景下接触-碰撞的性质，我们首先考虑一个一维问题。一维的模型如图 10.14 所示。我们首先考虑物体 A 和 B 的非耦合更新，紧接着对接触-碰撞节点的相互侵彻性进行修正，从而导出正确的解答。对于节点 1 和 2，在时间步中有四种可能性：

1. 节点 1 和 2 没有发生接触，并且在时间步中不发生接触。
2. 节点 1 和 2 没有发生接触，但是在时间步中发生碰撞。
3. 节点 1 和 2 发生接触，并且保持接触。
4. 节点 1 和 2 发生接触，但是在时间步中分离，常称为**放松**。

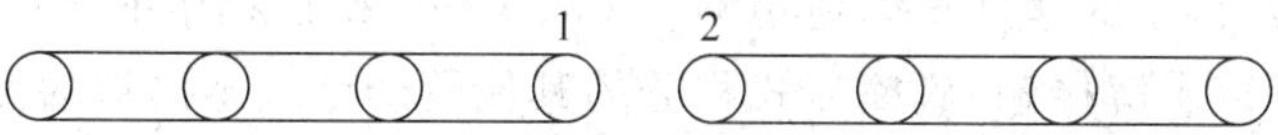

图 10.14 两杆碰撞模型

关于第三种情况，在二维或三维问题中，“保持接触”的说明并不意味着两个点必须保持相邻，因为它们可能有相对的切向移动或者滑动。当两个物体保持接触时，仅仅考虑到速度的法向分量是连续的。

通过一个非耦合的更新，可以正确地处理所有这些可能性，接下来是在时间步中相互侵彻节点的速度和位移的调整。需要解释的可能性是情况 2，3，4。

由公式(E10.2.5)给出了关于节点 1 和 2 的离散动量方程。我们将证明从非耦合更新的速度当预测到产生相互侵彻时，则 Lagrange 乘子 $\lambda \geqslant 0$。非耦合更新的结果称为**试变量**，并且由**上横线**加以标识。节点 1 和 2 的**试加速度**和**试速度**为

$$M_1\bar{a}_1 - f_1 = 0, \quad M_2\bar{a}_2 - f_2 = 0, \quad \bar{v}_1^+ = v_1^- + \Delta t\bar{a}_1, \quad \bar{v}_2^+ = v_2^- + \Delta t\bar{a}_2 \tag{10.6.1}$$

由公式(E10.2.5)的中心差分更新，修正的速度为

$$M_1 v_1^+ - M_1 v_1^- - \Delta t f_1 + \Delta t\lambda = 0, \quad M_2 v_2^+ - M_2 v_2^- - \Delta t_2 f - \Delta t\lambda = 0 \tag{10.6.2a,b}$$

其中$(\cdot)^+ \equiv (\cdot)^{n+\frac{1}{2}}$，$(\cdot)^- \equiv (\cdot)^{n-\frac{1}{2}}$。所有没有标识的变量是在第 n 个时间步。在时间步中当物体接触时，这些方程必须满足附加条件 $v_1^+ = v_2^+$。如果在时间步中节点已经发生相互侵彻，则应用接触约束 $v_1^+ = v_2^+$ 从上面方程中消去 λ，从而给出修正后的速度：

$$v_1^+ = v_2^+ = \frac{M_1 v_1^- + M_2 v_2^- + \Delta t(f_1 + f_2)}{M_1 + M_2} \tag{10.6.3}$$

对于刚性物体的塑性碰撞,上式为著名的动量守恒方程。关于它的更多内容将在后面介绍。

我们现在证明只要试速度发生相互侵彻,则 Lagrange 乘子将为正数,即相互侵彻力将是压力。换句话说,在任何相互侵彻的节点上,Lagrange 乘子将具有正确的符号。这对应于如下表达:

$$\text{如果} \quad \bar{v}_1^+ \geqslant \bar{v}_2^+, \quad \text{则} \quad \lambda \geqslant 0 \tag{10.6.4}$$

用 M_2 乘以公式(10.6.2a),和 M_1 乘以式(10.6.2b),然后取两个方程的差,给出

$$M_1 M_2 (v_1^- - v_2^-) + \Delta t(M_2 f_1 - M_1 f_2) = \lambda \Delta t(M_1 + M_2) \tag{10.6.5}$$

将公式(10.6.1)中关于 f_1 和 f_2 的表达式代入上式并整理,给出

$$\frac{\Delta t(M_1 + M_2)}{M_1 M_2}\lambda = (v_1^- - v_2^-) + \Delta t(\bar{a}_1 - \bar{a}_2) = \bar{v}_1^+ - \bar{v}_2^+ \tag{10.6.6}$$

对于两个物体,通过应用中心差分更新得到了最后一个等式:$\bar{v}_I^+ = v_I^- + \Delta\bar{a}_I$。$\lambda$ 的系数为正数,所以右端的符号给出 λ 的符号。因此,公式(10.6.4)得到证明。

为了更详细地验证这一点,我们现在考虑上面列出的 3 种情况(情况 1 是不重要的,由于它不需要节点速度的修正):

2. 不接触/在 Δt 内发生接触:由公式(10.6.6),则 $\bar{v}_1^+ > \bar{v}_2^+$ 和 $\lambda \geqslant 0$。

3. 接触/保持接触:由公式(10.6.6),则 $\bar{v}_1^+ > \bar{v}_2^+$ 和 $\lambda \geqslant 0$。

4. 接触/在 Δt 内分离:由公式(10.6.6),则 $\bar{v}_1^+ < \bar{v}_2^+$ 和 $\lambda < 0$。

因此,由非耦合更新得到的速度正确地预测了 Lagrange 乘子 λ 的符号。

从这个例子可以了解接触-碰撞显式积分的其他两个令人感兴趣的性质:

1. 在同一个时间步内初始接触时不发生分离,即碰撞。

2. 在碰撞中消耗了能量。

第一个说明基于这样的事实,即在第 n 时间步计算 Lagrange 乘子,所以在第 $n+\frac{1}{2}$ 时间步速度匹配。因此,在发生碰撞的时间步内,在显式方法中没有关于分离的机制。这个性质与波传播的力学是一致的。在发生碰撞的物体中,由于微弱的波引起分离,这种波是由于碰撞产生的压缩波从一个自由表面反射并到达接触点时产生的。当这种弱波的量级足以达到拉伸时,横跨接触界面将发生分离。因此,在碰撞发生后,分离所要求的最短时间是两次横穿最接近的自由表面的时间(除非源于其他因素的一个弱波到达接触表面)。你可能回顾到,在一个时间步中,一个稳定的时间步允许任何波横穿最多一个单元。在显式时间积分中,在一个稳定的时间步中,这里没有足够的时间使波能够横穿过最接近的自由表面的两倍距离,因此,当碰撞时,在同一个时间步内不能发生分离。

第二个说明可以由公式(10.6.3)解释,该式可以认为是塑性碰撞条件。这些过程总是伴随着能量耗散。随着网格的细划耗散减弱了。在连续碰撞问题中,即对于 PDE 的结果,在界面处同样的条件成立,但是没有能量耗散。因为在碰撞后,等速的条件被限制在碰撞表面。表面是度量为零的一个集合,因此在表面上的能量变化对总能量没有影响(对于一维问题,碰撞表面是一个点,其度量也是一个零集)。在离散模型中,碰撞节点代表邻近接触表面的厚度为 $h/2$ 的材料层。因此,在离散模型中的能量耗散是有限的。应该强调的是,这些论

点不适合于用梁、壳和杆组成的多体模型，没有模拟其沿着厚度方向的刚度。分离和碰撞的条件则是更加复杂的。

10.6.3 罚方法 对于两个物体的问题，在碰撞节点上的离散方程为公式(E10.2.8)：

$$M_1a_1 - f_1 + f_1^C = 0, \quad M_2a_2 - f_2 + f_2^C = 0 \tag{10.6.7}$$

在初始时节点是重合的，则 $x_1 = x_2$，并且界面法向面力可以写成

$$f^C = p = \beta_1 g + \beta_2 \dot{g} = \beta_1(u_1 - u_2)H(g) + \beta_2(v_1 - v_2)H(g) \tag{10.6.8}$$

现在，因为法向面力是正的，而相互侵彻率也是正的，因此它的乘积不再为零，违背了不可分离的条件。后碰撞速度取决于罚参数。由于罚方法仅仅是近似地施加了不可侵彻性约束，故两个节点的速度不相等。当罚参数增加时，更接近于满足不可侵彻性条件。但是，罚参数不可能任意地增大。

在罚方法中，碰撞和分离可能发生在同一时间步内。如果罚力非常大，那么在碰撞的时间步内，有可能使有关的节点速度发生逆向。通过限定罚力的上限值，可以消除这种异常，因此，碰撞至多是理想的塑性。换句话说，必须限制罚力，在碰撞时间步结束时使得速度为公式(10.6.3)给出的值。这样得到下式表达的接触力的上限：

$$f^C \leqslant \frac{M_1M_2(v_1^- - v_2^-)}{\Delta t(M_1 + M_2)} \tag{10.6.9}$$

由于它提供了关于罚方法的一个上限，所以这个限制可能是非常有用的。

与 Lagrange 乘子法不同，罚方法总是减小稳定时间步长。对于线性化模型，通过应用单元特征值不等式可以估计稳定时间步长：应该考虑包含罚弹簧和两个围绕单元的一组单元，因为罚单元没有质量，因而有无限高的频率。这种分析证明，对于一个刚度罚数，当率相关罚数为零时($\beta_2 = 0$)，关于非独立的相互侵彻罚方法的稳定时间步长为(Belytschko 和 Neal，1991)

$$\Delta t_{\text{crit}} = \sqrt{2}\,\frac{h}{c}\left(1 + \beta_1 + \sqrt{1 + \beta_1^2}\right)^{-\frac{1}{2}} \tag{10.6.10}$$

临界时间步的衰减逆变化于罚弹簧的刚度 β_1：当 β_1 增加时，稳定时间步减小。这种稳定时间步的估计是非保守的，即使它是基于单元特征值不等式，也就是说没有必要过高地估计稳定时间步长。因为接触-碰撞是高度非线性的，而分析假设为线性行为，因此，失去了估计的有界特性。

10.6.4 显式算法 在边界条件后立刻施加接触-碰撞条件，如在框 6.1 中所示。在接触-碰撞步骤之前，在模型中的所有节点已经被更新，包括在前一时间步中接触的节点，就像它们过去没有发生接触一样。

在边界条件施加之后，因为接触-碰撞产生了修正，可能会发生一些困难。例如，对于在平面对称下的一对接触节点，在接触-碰撞修正中可能导致对称性条件的破坏。因此，有时在修正后，在接触节点处不得不再强化一次边界条件。

对于低阶单元，最大的相互侵彻总是发生在节点。因此，对于相互侵入到另一个物体的单元，我们仅需要检验节点。这是相当有挑战性的。在一个大模型中，可能需要检验量级为 10^5 的节点数目以防止侵入到同样数目量级的单元。显然，对于这个问题，一个蛮力的方法是无济于事的。

11

扩展有限单元法

11.1 引言

对于具有非连续性、奇异性、局部变形和复杂几何形状特征的问题，标准的有限元网格需要与这些特征形态保持一致，因此在处理此类问题时显得非常笨拙。本章我们将关注采用扩展有限单元法(XFEM)模拟非连续性问题。非连续性问题可以划分成两类：弱间断和强间断，这两类问题将在本章中给予讨论。关于 XFEM 方法更加全面的描述，读者可以参考 Fries 和 Belytschko(2010)的工作。

11.1.1 强间断 强间断最常见的例子是断裂问题，我们将在本章重点给予讨论。描述裂纹的方法也可以用来刻画其他强间断问题，例如位错或无约束夹杂。下面对模拟强间断的其他方法进行简要地描述。

在标准有限元方法中模拟断裂，一般是采用单元边界追踪裂纹前端和裂纹面重新划分网格的方法(类似于在第 7 章中介绍的网格更新过程)。这种方法具有以下缺点：(1)生成几何特征契合的网格更依赖于网格划分程序；(2)可观的计算资源花费在网格重划分上；(3)投影方案可能在求解过程中引入误差；(4)不断变化的网格给后处理和解读计算结果带来困难。图 11.1 展示了含有一条扩展裂纹的板的网格重划分过程。毋庸置疑，更好的网格算法和更多的用户干预可以减少两个网格之间的差异。

在经典有限元框架中，单元删除法也被广泛地用于模拟断裂问题。类似于基于某种失效准则的开关，单元删除法能够简单地在本构方程中实现，因此可以很容易地将其嵌入到现有软件中。采用具有零应力的被删除的一组单元模拟一条裂纹，即单元没有承载能力。然而，当单元删除时能量也随之消失，我们不得不调整相对于单元尺寸的本构方程，以免引入依赖于断裂能的虚假网格。然而，即便使用这种扩展的本构方程，单元删除方法仍然具有很强的网格依赖性。图 11.2 展示了在结构网格中如何通过删除单元来追踪裂纹路径。

另一种模拟间断的方法是内部单元开裂法。Xu 和 Needleman(1994)通过在单元之间嵌入内聚力准则(其行为类似于单元边界之间的弹簧)，在模拟开始时在所有单元边界嵌入了用于分离行为的内聚力。Camacho 和 Ortiz(1996)提出了一种更加灵活的方法，即应用一

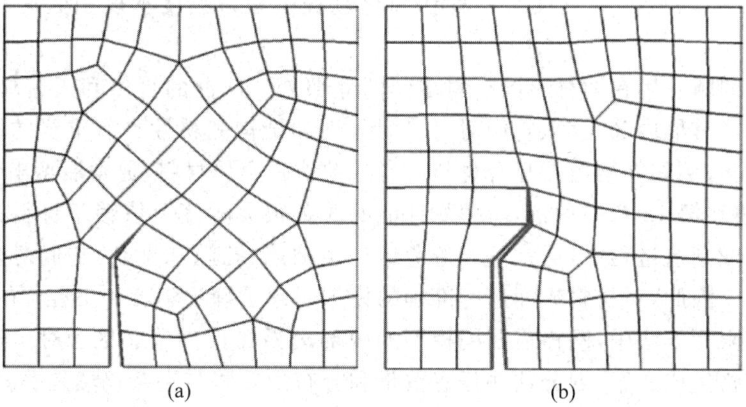

图　11.1

（a）裂纹与网格保持一致性；（b）网格再生成追踪裂纹演化

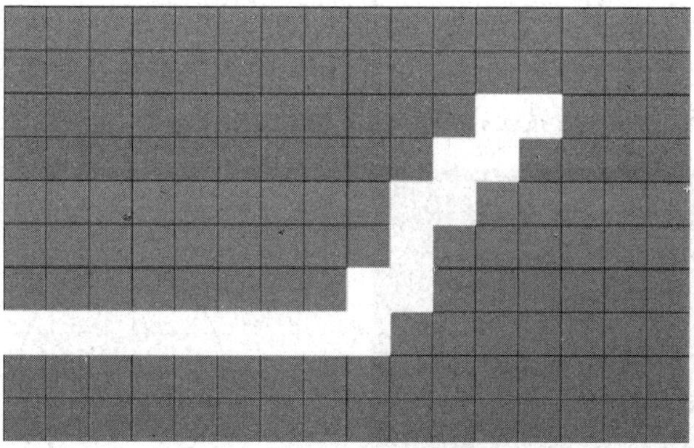

图 11.2　删除单元追踪裂纹路径

个断裂准则来确定一对单元是否允许沿着共同边界分离。如果满足断裂准则，沿着单元边界将嵌入内聚力代表的间断。由于裂纹路径必须与单元边界保持一致，对路径的预测依赖于局部网格，并且对于裂纹路径的准确追踪需要精细的网格。图 11.3 展示了两种内部单元法的不同之处的示意图。

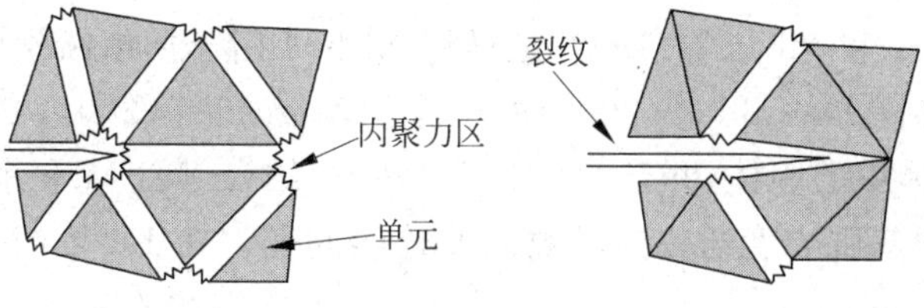

图　11.3

（a）在计算开始时给出具有内聚力的全部潜在裂纹（Xu 和 Needleman，1994）；（b）根据需要增加具有内聚力的裂纹（Camacho 和 Ortiz，1996）。来自 Song J H，Wang H and Belytschko T. A comparative study on finite element methods for dynamic fracture. *Computational Mechanics*，2008，42(2)：239-250. Copyright © 2008，Springer

11.1.2　弱间断　弱间断是在位移场中引起应变突跳的非连续问题。一个弱间断具有 C^0 连续，这与在位移场中的有限元近似是一样的，然而，模拟这些弱间断问题仍然具有挑战性。例如，Chessa 等(2002)发展了一种在固化过程中考虑温度梯度引起两相界面演化的方法。

常见的弱间断发生在两种不同材料之间的界面处。广泛的自然和人造材料包含多相、缺陷、夹杂和\或其他内部界面，它们对材料耐久性和结构完整性具有重要的影响。通过不同组分增强材料，例如纤维增强复合材料或者颗粒增强金属材料，通常展示出更强的宏观力学性能(这些将在第 12 章中讨论)。力学性能的改善很大程度上依赖于材料在界面处的相互作用。在工业制造过程中，通常不可避免地产生缺陷、孔隙和夹杂，它们对整体材料行为有很大的影响。因此，对材料界面进行准确的模拟引起了理论学者和工程师的浓厚兴趣。

在传统有限元方法中，网格需要同模型的内部边界保持一致。尽管对于这些任务存在相对粗糙的网格生成方案，划分这些任意数量和分布的缺陷与夹杂仍然是费时的，并且会导致畸形单元。此外，如果界面随时间进行演化，例如相变，则必须重新划分网格。

11.1.3　XFEM 模拟间断　应用于模拟弱和强间断的传统方法需要网格拓扑与间断保持一致(一致网格)，而 XFEM 方法允许网格独立于间断(非一致网格)，图 11.4 展示了二者对于网格需求之间的差异，关于这类问题的深入讨论可以参考 Tian 等(2011)的工作。网格完全独立于实际物体是 XFEM 方法的主要优势，它大大简化了对问题的求解，例如：(1)裂纹扩展，(2)位错演化，(3)晶界模拟，(4)相界演化。

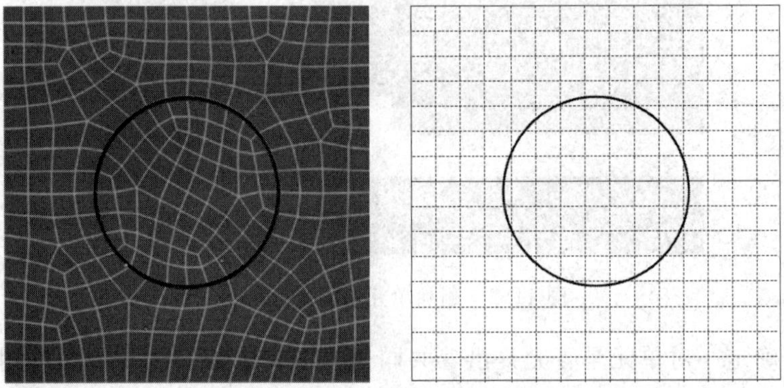

(a)　　　　　　　　(b)

图　11.4

(a) 传统 FEM 方法需要网格的一致性；(b) XFEM 方法允许网格的非一致性

Belytschko、Black 和 Moës 等(1999)最早将 XFEM 用于模拟断裂问题，而在复杂几何中的位错演化可以参考 Oswald 等(2009)的工作。Wagner 等(2001, 2003)应用 XFEM 方法模拟在 Stokes 流体中的固体，并且 Duddu 等(2008)结合 XFEM 和水平集方法模拟在生物薄与流体界面处的基质浓度场法向导数的非连续问题。在 Lu 等(2005)工作中，讨论了另一种处理间断的方法。

XFEM 使用非固有的结构扩充方法，类似于其他的扩充方法，首先是采用单位分解法(PUM)和广义有限单元法(GFEM)。这些方法中的扩充项是通过 Melenk 和 Babuška(1996)提出的单位分解(PU)概念实现的。在 XFEM 和其他方法的早期工作之间的一个重要区别是仅局部化地扩充域；这是通过扩充节点的一个子集来完成的。

11.2 单位分解与扩充项

为了满足收敛性和通过分片实验，有限元近似必须能够准确地表征刚体位移，所有的拉格朗日有限元形函数均满足这一要求，因为它们都具有单位分解性质，表示为

$$\sum_{\forall I}\varphi_I(\boldsymbol{X}) = 1, \quad \forall \boldsymbol{X} \in \Omega_0 \tag{11.2.1}$$

事实上，在 XFEM 中使用的任何函数 $\Psi(x)$ 均可以通过与满足单位分解的函数的乘积再造 $\Psi(x)$（例如，$\Psi(x)\cdot 1=\Psi(x)$），这也称为再造条件，由 Liu 等(1995a,b)在无网格文献中引入。另一方面，我们也注意到 Liu 等(1997)提出的再造核质点法（无网格法）和再造核单元法(Liu 等，2004；Li 等，2004；Lu 等，2004；Simkins 等，2004)，全部都是基于这个条件。

在这个广义的观点下，我们可以重新构造标准的有限元近似为

$$\boldsymbol{u}^h(\boldsymbol{X}) = \sum_{\forall I} N_I(\boldsymbol{X})\Psi(\boldsymbol{X})\boldsymbol{u}_I \tag{11.2.2}$$

其中，N_I 是标准有限元形函数；$\boldsymbol{u}_I$ 是标准节点自由度；这里 $\Psi(\boldsymbol{X})$只是简单的函数 $1(\boldsymbol{X})=1$。实现 XFEM 的关键一步是采用可能更有趣的 $\Psi(\boldsymbol{X})$的替代形式，例如，关于 $1(\boldsymbol{X})$的一个间断函数。此外，这种替代仅需要应用在感兴趣的局部区域，例如裂纹、晶界或位错。在域内的其他部分，仍然能够保留标准的有限元近似。它所导致的扩充形式为

$$\boldsymbol{u}^h(\boldsymbol{X}) = \underbrace{\sum_{\forall I} N_I(\boldsymbol{X})1(\boldsymbol{X})\boldsymbol{u}_I}_{\boldsymbol{u}^{\mathrm{FE}}} + \underbrace{\sum_{\forall I}\varphi_I(\boldsymbol{X})\Psi(\boldsymbol{X})\boldsymbol{q}_I}_{\boldsymbol{u}^{\mathrm{enr}}} \tag{11.2.3}$$

其中，我们保持了 $1(\boldsymbol{X})$项的完整性以强调两个求和项的相似性。等号右侧的第一部分是标准有限元近似($\boldsymbol{u}^{\mathrm{FE}}$)，而第二部分是单位分解扩充项($\boldsymbol{u}^{\mathrm{enr}}$)。节点值 $\boldsymbol{q}_I$ 是一个能够调节扩充项的未知参数，以便能够获得最佳近似的结果。该扩充项并不需要精确到问题的局部解，而是仅需要捕捉到局部特征的性质。对于这种近似结构的另外一个优点是：当函数 $\varphi_I(\boldsymbol{X})$具有紧支性（例如，仅在该问题的一个很小子域内是非零的），则该系统对应的离散方程是稀疏的。相比之下，直接增加一个全局扩充形函数来近似，将会形成非稀疏离散方程，这将导致增加很大的计算量。然而，值得注意的是位移场已经分解成传统自由度 $\boldsymbol{u}_I$ 和扩充自由度 $\boldsymbol{q}_I$ 的组合，以至于 $\boldsymbol{u}_I$ 和 $\boldsymbol{q}_I$ 均失去了它们本身的运动学意义。

注意到，当 $\boldsymbol{q}_I=\mathbf{1}$ 和 $\boldsymbol{u}_I=\mathbf{0}$ 时，由单位分解的性质通过近似可以准确地再造函数 $\Psi(\boldsymbol{X})$。需要指出的是标准近似项和扩充项的形函数并不要求是同一个函数，如在方程(11.2.3)所指出，但是通常采用同一个函数，即 $\varphi_I(\boldsymbol{X})=N_I(\boldsymbol{X})$。

11.3 一维 XFEM

11.3.1 强间断 我们首先考虑一维(1D)断裂问题。由于 1D 裂纹是一个驻点，并且呈现出结构的失联，1D 裂纹不能阐明在 2D 和 3D 断裂中呈现的一些有趣特征，然而，1D 问题具有简单性和代表性，是让读者熟悉 XFEM 基本概念的很好例子。

为了模拟一个强间断（裂纹）问题，函数 $\Psi(\boldsymbol{X})$应该包含强间断行为的描述。一个通常

的选择是使用嵌入了强间断描述的 Heaviside 函数，定义为

$$H(\alpha)=\begin{cases}1, & \alpha\geqslant 0\\ 0, & \text{其他}\end{cases} \tag{11.3.1}$$

Heaviside 函数如图 11.5 所示。

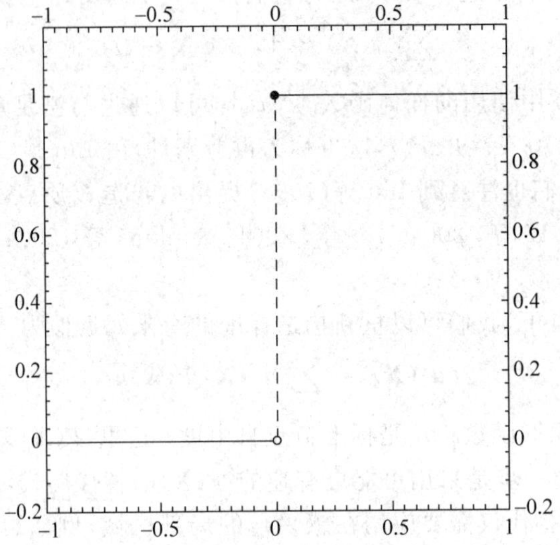

图 11.5　模拟强间断的 Heaviside 函数

为了描述裂纹，我们使用符号距离函数，也称为水平集(关于水平集描述的更多细节，参考 11.7 节：然而，对于完全理解水平集的描述，这里并不重要)。针对这个问题的符号距离函数可以表示为

$$\varphi(X)=X-X_c \tag{11.3.2}$$

其中，X_c 是断裂位置。这里可以与公式(11.3.1)联立给出描述裂纹间断表面的公式。组合方程(11.2.3)，我们可以获得被强间断切开单元的位移：

$$u^h(X)=\sum N_I(X)u_I+\sum N_J(X)H(\phi(X))q_J \tag{11.3.3}$$

公式(11.3.3)中给出的扩充项很好地描述了一个单元，可以很容易看出，对于仅使用非扩充位移场的相邻单元，将会导致在共享节点处的不相容。为了克服这个问题，我们将引入平移概念，一种能够消除单元边界不相容影响的优选方法。平移的目标是消除 q_i 在节点处的影响。为了达到该目的，我们构造如下的 $\boldsymbol{\Psi}(\boldsymbol{X})$ 函数：

$$\Psi_J(X)=H(\phi(X))-H(\phi(X_J)) \tag{11.3.4}$$

其中，X_J 是 X 在节点 J 的值。

这里非常重要的是如何理解使用不同形式的扩充函数(例如，一对考虑或不考虑平移的 Heaviside 扩充函数)来模拟相同间断位移场的 XFEM 解答。但是，这个解将会产生不同的 u_I 和 q_I，因为这些系数与不同的基函数有关。这意味着 u_I 和 q_I 都失去了它们本身的运动学意义，只有将它们组合起来才能给出关于这个解答的完整描述。

例 11.1　应用 XFEM 模拟含裂纹的杆　考虑一根 1D 含裂纹的杆件，如图 11.6 所示。该杆被一条裂纹在 X_c 处截断，初始时裂纹面没有大的张开。杆的原始长度为 l_0，截面面积为常数 A_0。在之后的任何时间 t，两个端点的位移分别为 u_1 和 u_2；这种运动也引起裂纹的

逐渐张开，并且裂纹两个面的位移分别为 u_c^- 和 u_c^+，上标分别表示裂纹面的左侧和右侧。注意这里没有明显地写出这些位移对时间 t 的依赖性，而是假设的。分别使用含 Heaviside 扩充项的 XFEM 和平移该扩充项的 XFEM 模拟这根杆，并比较它们之间的不同。我们也鼓励读者使用标准形式的 FEM 方法模拟这个杆，并将结果与 XFEM 模拟的结果进行对比。

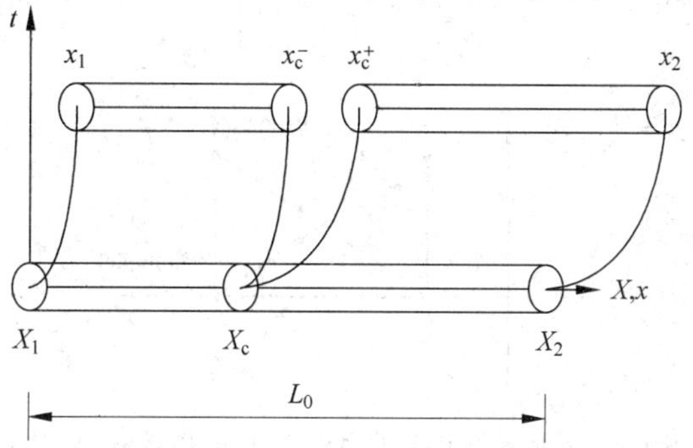

图 11.6 1D 含裂纹杆的初始构形和当前构形

基于 Heaviside 扩充项的位移场 我们假设被裂纹截开的杆段发生线性位移，因此，这种运动完全可以通过四个指定的位移来确定。因为它们是在开始时使用的，我们称其为初始自由度。直观地说，我们很容易看到这两个裂纹面的位移及其相互作用，但是，这使得我们的推导明显地依赖于裂纹的位置。对于这个简单的问题，网格依赖性不是一个问题，但是对于高维问题却变得非常棘手，尤其是当裂纹也同时随着时间逐步扩展的时候。因此除了依赖裂纹面的位移来描述运动，我们模拟这根杆时通过使用 1 个 TXFEM 单元消除网格依赖性，采用两个端点作为节点，每个端点有两个自由度，u_i^H 和 q_i^H，$i=1,2$。通过材料坐标的扩充项，给出相应的位移场：

$$u(X,t)=\frac{1}{l_0}\begin{Bmatrix} X_2-X \\ X-X_1 \\ (X_2-X)H(X-X_c) \\ (X-X_1)H(X-X_c) \end{Bmatrix}^{\mathrm{T}}\begin{Bmatrix} u_1^H(t) \\ u_2^H(t) \\ q_1^H(t) \\ q_2^H(t) \end{Bmatrix} \tag{11.3.5}$$

采用 Heaviside 函数扩充的 XFEM 单元的形函数如图 11.7 所示。

为了理解这些自由度如何全面地描述相同的运动，我们用它们表示初始位移。

$$\begin{aligned}
u_1 &= \frac{1}{\ell_0}[(X_2-X_1)\cdot u_1^H+(X_1-X_1)\cdot u_2^H+0\cdot q_1^H+0\cdot q_2^H] \\
u_c^- &= \frac{1}{\ell_0}[(X_2-X_c)\cdot u_1^H+(X_c-X_1)\cdot u_2^H+0\cdot q_1^H+0\cdot q_2^H] \\
u_c^+ &= \frac{1}{\ell_0}[(X_2-X_c)\cdot u_1^H+(X_c-X_1)\cdot u_2^H+(X_2-X_c)\cdot q_1^H+(X_c-X_1)\cdot q_2^H] \\
u_2 &= \frac{1}{\ell_0}[(X_2-X_2)\cdot u_1^H+(X_2-X_1)\cdot u_2^H+(X_2-X_2)\cdot q_1^H+(X_2-X_1)\cdot q_2^H]
\end{aligned} \tag{11.3.6}$$

采用初始位移项，我们可以应用 Heaviside 扩充项求解这些自由度：

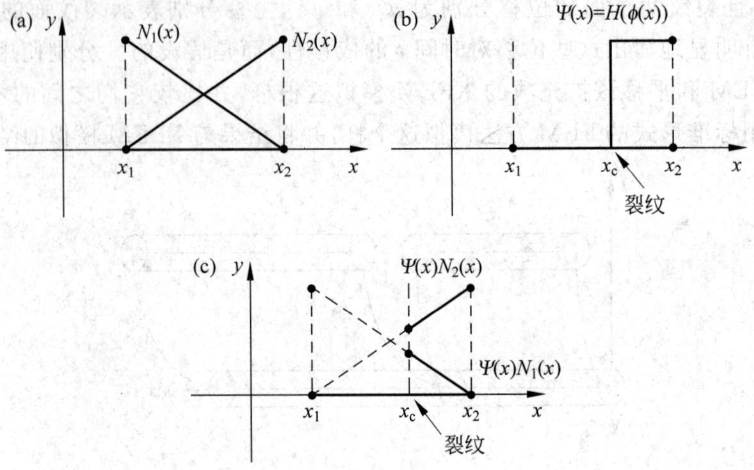

图 11.7　采用 Heaviside 函数扩充的 XFEM 单元形函数，其中 $\phi(X)=X-X_c$

$$
\begin{aligned}
u_1^H &= u_1 \\
u_2^H &= \frac{(u_1-u_c)X_2+X_1u_c^- - X_cu_1}{X_1-X_c} \\
q_1^H &= \frac{(u_2-u_c^+)X_1+(u_2-u_c^+)X_2-(u_1-u_2)X_c}{X_2-X_c} \\
q_2^H &= \frac{(u_2-u_c^-)X_1+(u_1-u_c^-)X_2-(u_1-u_2)X_c}{X_1-X_c}
\end{aligned} \tag{11.3.7}
$$

可以明显地看出，除了 u_1^H 项，所有其他的位移项均没有明确的运动学意义。

基于平移 Heaviside 扩充项的位移场　现在，我们采用平移 Heaviside 扩充项，与前面一样通过材料坐标的扩充项，给出相应的位移场：

$$
u(X,t)=\frac{1}{\ell_0}\begin{Bmatrix} X_2-X \\ X-X_1 \\ (X_2-X)[H(X-X_c)-H(X_1-X_c)] \\ (X-X_1)[H(X-X_c)-H(X_2-X_c)] \end{Bmatrix}^{\mathrm{T}}\begin{Bmatrix} u_1^S(t) \\ u_2^S(t) \\ q_1^S(t) \\ q_2^S(t) \end{Bmatrix} \tag{11.3.8}
$$

其中，上标 S 表示使用平移 Heaviside 扩充项，并且在图 11.8 中画出 XFEM 单元的新的形函数。类似于在公式(11.3.6)中的工作，我们以初始位移项求解相应的自由度：

$$
\begin{aligned}
u_1^S &= u_1 \\
u_2^S &= u_2 \\
q_1^S &= \frac{(u_2-u_c^+)X_1-(u_1-u_c^+)X_2+(u_1-u_2)X_c}{X_2-X_c} \\
q_2^S &= \frac{(u_2-u_c^-)X_1-(u_1-u_c^-)X_2+(u_1-u_2)X_c}{X_1-X_2}
\end{aligned} \tag{11.3.9}
$$

使用平移扩充项，我们可以看出传统的自由度保留了它们本身的运动学意义。注意，q_1^S 和 q_1^H 是一样的；但是对比 q_2^H，q_2^S 是等比例缩小的。

位移场对比　为了进一步阐述使用不同扩充形函数引起的差异，对于这些自由度，我们绘制了使用同样数值的位移场。记住这种情况，我们绘制两种不同的位移场，即使它们的自

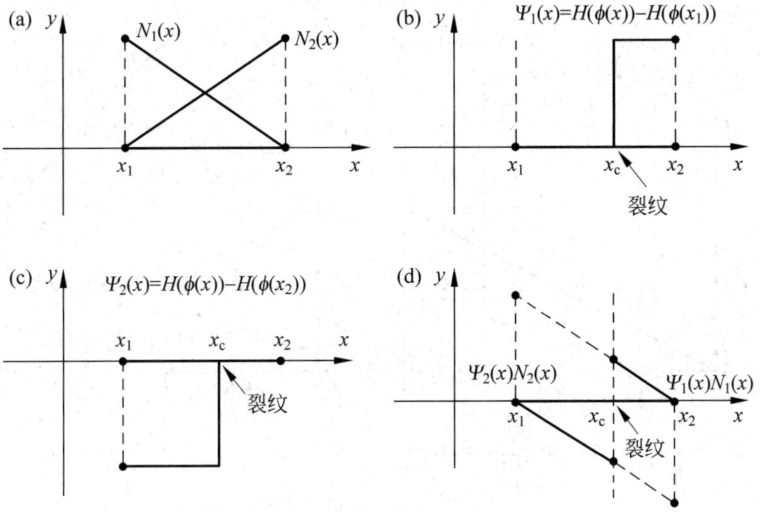

图 11.8 采用平移 Heaviside 扩充项的 XFEM 单元的形函数，其中 $\phi(X)=X-X_c$

由度有相同数值。我们使用的数值如下：

$$u_1=0,\quad u_2=1,\quad q_1=2,\quad q_2=1 \tag{11.3.10}$$

注意，上式没有使用上标，因为它们是用于标记扩充形函数的两种形式。相应的位移场如图 11.9 和图 11.10 所示。

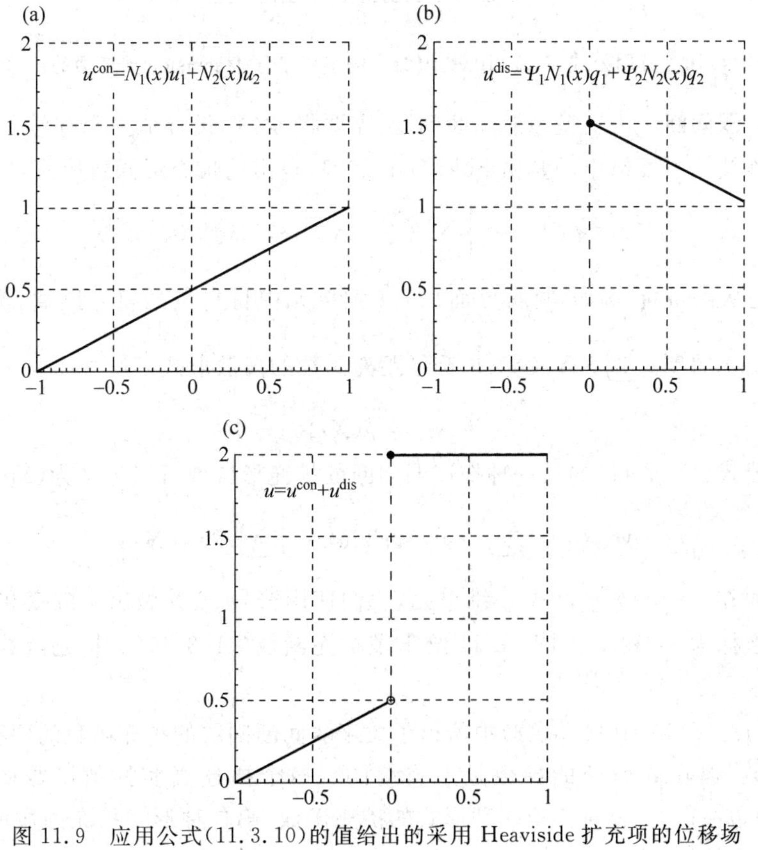

图 11.9 应用公式(11.3.10)的值给出的采用 Heaviside 扩充项的位移场

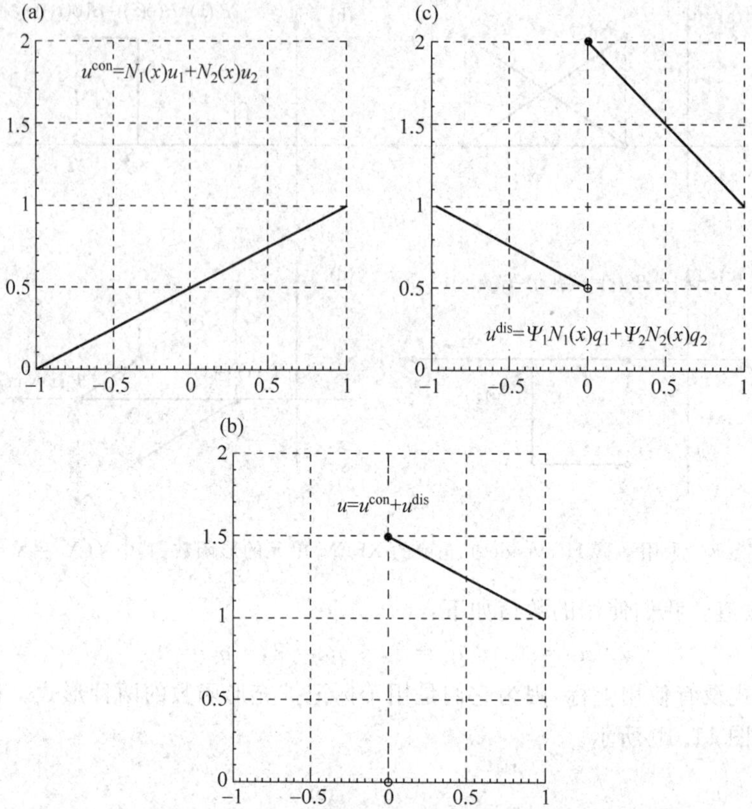

图 11.10　应用公式(11.3.10)的值给出的采用平移 Heaviside 扩充项的位移场

11.3.2　弱间断　为了模拟弱间断问题，需要将 $\boldsymbol{\Psi}(\boldsymbol{X})$设计成一个连续函数，而其导数在界面处不连续。下面给出的是由 Sukumar(2001)提出的扩充形函数形式：

$$\Psi(X)=\left|\sum_{I=1}^{n}\phi_I N_I(X)\right|=|\phi(X)| \tag{11.3.11}$$

其中，$\phi(X)$是从弱间断(例如，材料界面)(x_m)到单元中材料点的符号距离，类似于在公式(11.3.2)中给出的项。$\sum_{I=1}^{n}\phi_I N_I(X)$ 是符号距离函数的离散形式。

$$\phi_I=\phi(X_I) \tag{11.3.12}$$

相对于公式(11.3.11)的另一种描述弱间断的扩充形函数可以定义为(Moës,2003)：

$$\Psi(X)=\sum_{i=1}^{n}|\phi_i|N_i(X)-\left|\sum_{i=1}^{n}\varphi_i N_i(X)\right| \tag{11.3.13}$$

考虑材料界面在 $x=x_c$ 处的一个一维单元，我们使用符号 x，并做出小应变和位移的假设。两个节点的坐标为 x_1 和 x_2。图 11.11 给出了扩充函数(11.3.11)。扩充函数(11.3.13)如图 11.12 所示。

在公式(11.3.11)和(11.3.13)中给出了关于弱间断问题的扩充函数的两种形式。二者都是连续函数，但在界面处的导数是不连续的。一个描述真实插值函数的好的例子是 $N_I(X)\Psi(X)$，$I=1,2$。相对于第一种形式的扩充函数，第二种形式扩充函数的主要优点是

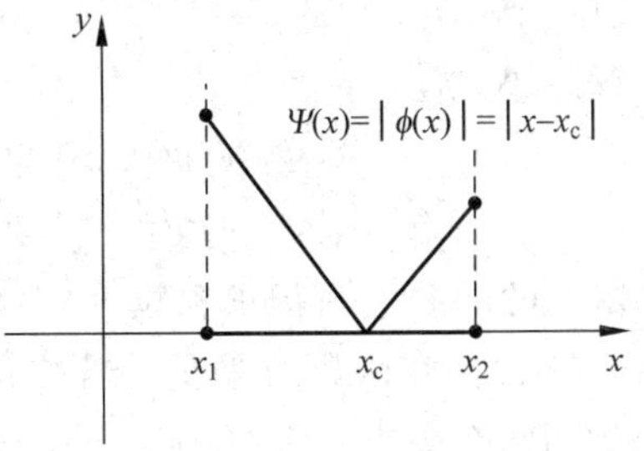

图 11.11 弱间断的扩充函数 $\Psi(X)=\left|\sum_{I=1}^{n}\varphi_I N_I(X)\right|=|\phi(x)|$

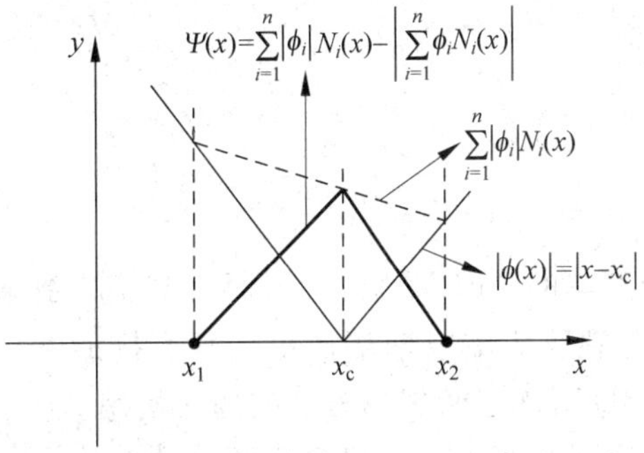

图 11.12 弱间断的扩充函数 $\Psi(X)=\sum_{i=1}^{n}|\phi_i|N_i(X)-\left|\sum_{i=1}^{n}\phi_i N_i(X)\right|$

传统自由度 u_i(即位移)仍然保持它们的运动学意义,由于函数 $\Psi(X)$在节点处消失:

$$\Psi(x_1)=0,\quad \Psi(x_2)=0 \tag{11.3.14}$$

因此,例如在节点 1 处的位移为

$$\begin{aligned} u(x_1) &= \sum_{i=1}^{2}N_i(x_1)u_i+\sum_{j=1}^{2}N_j(x_1)\Psi(x_1)q_j \\ &= N_1(x_1)u_1+N_2(x_1)u_2 \\ &= u_1 \end{aligned} \tag{11.3.15}$$

11.3.3 质量矩阵 对于扩充单元的一致质量矩阵可以写为

$$\boldsymbol{M}=\begin{bmatrix}\boldsymbol{M}_{uu} & \boldsymbol{M}_{uq}\\ \boldsymbol{M}_{uq}^{\mathrm{T}} & \boldsymbol{M}_{qq}\end{bmatrix} \tag{11.3.16}$$

其中,$\boldsymbol{M}_{uu}$和$\boldsymbol{M}_{qq}$分别是传统自由度和附加自由度的质量矩阵,$\boldsymbol{M}_{uq}$是耦合项。对于动态裂纹问题,显式时间积分是通常选用的时间积分方法。在显式方法中,广泛使用一个对角化的质量矩阵,即集中质量矩阵。在文献(Menouillard,2006, 2008)中提供了多种集中质量技术。为了保持编程的简单性,质量集中过程的方案之一是包括两个步骤。首先,忽略质量矩阵中的耦合项。

$$\boldsymbol{M}=\begin{bmatrix}\boldsymbol{M}_{uu} & \boldsymbol{0}\\ \boldsymbol{0} & \boldsymbol{M}_{qq}\end{bmatrix}$$

$$= \rho\int_{\Omega}\begin{bmatrix} N_1N_1 & N_1N_2 & 0 & 0 \\ N_1N_2 & N_2N_2 & 0 & 0 \\ 0 & 0 & N_1\Psi_1N_1\Psi_1 & N_1\Psi_1N_2\Psi_2 \\ 0 & 0 & N_1\Psi_1N_2\Psi_2 & N_2\Psi_2N_2\Psi_2 \end{bmatrix}\mathrm{d}\Omega \tag{11.3.17}$$

然后，对在质量矩阵中保留下的部分应用行求和技术。这里需要注意的是当写出公式(11.3.17)时，采用了平移 Heaviside 扩充函数的假设。当扩充函数在每一个节点处都相同的情况下，例如，在本章中给出的弱间断或非平移 Heaviside 扩充项，则在公式(11.3.17)中有

$$\Psi(x) = \Psi_1(x) = \Psi_2(x) \tag{11.3.18}$$

因此，在行求和过程之后，对于附加自由度的质量矩阵可以写成为

$$\boldsymbol{M}_{qq} = \rho\int_{\Omega}\begin{bmatrix} N_1\Psi^2 & 0 \\ 0 & N_2\Psi^2 \end{bmatrix}\mathrm{d}\Omega \tag{11.3.19}$$

11.4　多维 XFEM

我们前面描述了一个简单的 XFEM 版本，下面将其推广到多维情况。在 2D 和 3D 的多维情况下，断裂因其包含裂纹尖端或前端而更加具有挑战性。例如，Sukumar 等(2000)和 Duan 等(2009)模拟了 3D 下动态断裂的若干问题。使用 XFEM 模拟裂纹尖端场需要能够模拟与应力集中或应力奇异场相关的高梯度问题。

为了处理在 XFEM 中的高梯度和其他类似现象，需要增加多重扩充项。对于 m 个扩充项，有限元近似为

$$\boldsymbol{u}^h(\boldsymbol{x}) = \sum_{\forall I} N_I(\boldsymbol{x})\boldsymbol{u}_I + \sum_{j=1}^{m}\sum_{i\in I_j}\varphi_I(\boldsymbol{x})[\Psi^j(\boldsymbol{x}) - \Psi^j(\boldsymbol{x}_i)]\boldsymbol{q}_i^j \tag{11.4.1}$$

其中，I_j 和 Ψ^J 分别是扩充节点的子集合和相应的扩充函数。注意在方括号内的节点值的差集，称为平移，其作用是恢复对于扩充项的克罗内克-δ 性能(见 11.3 节例题)。这里需要特别注意的是确保沿着单元边界的求解的位移近似空间是连续的(Fries，2008)。

11.4.1　裂纹模拟　考虑一个开裂物体的 2D 有限元模型，如图 11.13 所示。将有限元网格中所有节点的集合用 S 表示，裂尖附近(或者三维裂纹前端)单元的所有节点的集合用 S_C 表示，而用 S_H 表示被裂纹切断(即间断)的单元的节点集合，它们不包含在 S_C 中。用户可以选择含有在集合 S_C 中节点的单元作为裂尖单元，通常一个单元就够了，如图 11.13 中裂尖 B 处所示，但是也可以通过使用几个单元来改善计算精度，如图中裂尖 A 处所示。注意在 S_C 和 S_H 中的节点将分别用来作为裂尖扩充节点和逐步切断单元的扩充节点，把它们统称为扩充节点。

利用一个隐式函数描述裂纹面，即水平集 $\phi(\boldsymbol{x})=0$，并且让 $\phi(\boldsymbol{x})$ 在裂纹面两侧符号相反。在大多数应用中，我们使用 $\varphi_I = N_I$ 的关系式，则裂尖附近的 XFEM 位移场为

$$\boldsymbol{u}^h(\boldsymbol{X}) = \sum_{\forall I} N_I(\boldsymbol{X})\boldsymbol{u}_I + \sum_{J\in S_H} N_J(\boldsymbol{X})[H(\phi(X)) - H(\phi(X_J))]\boldsymbol{q}_J^0 + \sum_{j}\sum_{K\in S_C} N_K(\boldsymbol{X})[\Psi^{(j)}(\boldsymbol{X}) - \Psi^{(j)}(\boldsymbol{X}_K)]\boldsymbol{q}_K^{(j)} \tag{11.4.2}$$

其中，$H(\cdot)$是 Heaviside 函数，$\Psi^{(j)}$ 是一组用来近似裂尖附近行为的扩充函数，$\boldsymbol{q}_K^{(j)}$ 是节点

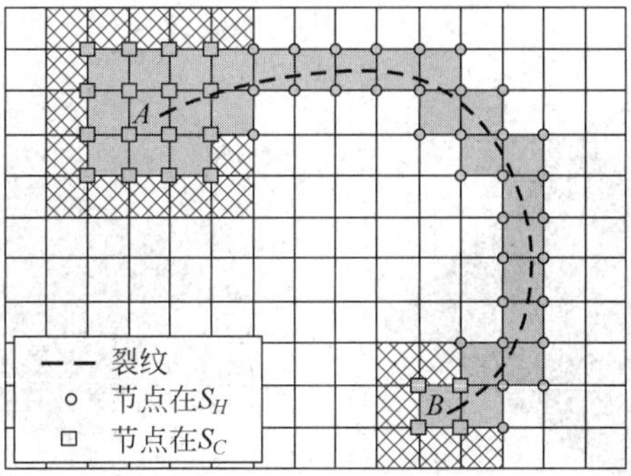

图 11.13　在结构网格中含逐步扩充和裂尖扩充单元的一条任意裂纹线(虚线),注意在集合 S_C 和 S_H 中的节点分别用方框和圆圈标记,交叉影线标记的单元为混合单元

处附加的待定扩充系数,$\boldsymbol{X}_J$ 是节点 J 的位置。

应该强调的是,前面的近似是一种局部单位分解,即扩充只是加在需要应用的地方。与进行全局性单位分解比较,因为引入了更少的未知量,所以实质性地改善了计算效率。对于裂尖扩充单元附近的混合单元则存在一定的困难,图 11.13 中用交叉影线表示的混合单元,可以考虑采用含有扩充的位移场来代替,即对于节点不在 S_C 内,将 q_k 的值设为 0。

注意,如何通过这种近似引入间断呢?因为 $\phi(\boldsymbol{X})$定义了裂纹,并且 $\phi(\boldsymbol{X})$在裂纹两侧改变符号,于是 $H(\phi(\boldsymbol{X}))$沿着裂纹是不连续的。我们可以进一步证明:对于被裂纹切断的单元,裂纹 Γ_c 两侧位移场的突跳可以表示为

$$[\![\boldsymbol{u}^h(\boldsymbol{X})_{\Gamma_c^0}]\!] = \sum_{J \in S_H} N_J(\boldsymbol{X})\boldsymbol{q}_J^0, \quad \boldsymbol{X} \in \Gamma_c^0 \tag{11.4.3}$$

因此,裂纹张开位移的量值直接取决于 $\boldsymbol{q}_J^0$。

注意,因为平移了扩充函数,所以形函数 N_I 和扩充函数的乘积在每一个节点处等于零。因此,间断的阶跃扩充函数在没有被断开的所有单元的边界处为零,并且 $u^h(\boldsymbol{x}_J)=\boldsymbol{u}_J$。因此,只有那些被间断的单元需要特殊处理。此外,这种平移简化了扩充单元和标准单元的结合。这种平移有时能够使其满足位移边界条件,类似于在标准有限元方法中,通过设置节点位移近似来满足边界条件,但是这不是严格正确的:只是这样做了,位移边界条件才能够得到满足。

11.4.2　裂尖扩充　应用非线性本构关系和损伤模型可以模拟裂纹前端的断裂过程区。如果这个过程区相对于试件(或开裂物体)的特征尺寸很小,并且在过程区外的材料行为是线弹性的,则线弹性断裂力学(LEFM)条件能够成立。在线弹性断裂力学中,材料可以全部采用线弹性模型,裂纹尖端的应力-应变场(有时称为渐进裂纹尖端场)呈现出所谓的裂尖径向距离的平方根奇异性。对于感兴趣了解更多线弹性断裂力学知识的读者,建议参考相关书籍,例如,Hertzberg(2012)年的书。这里基于这个渐进解,我们给出裂尖扩充函数 $\Psi^{(j)}$。通过以下的函数,可以构造有效的裂尖附近扩充项:

$$\{\Psi_i\}_{i=1}^4 = \sqrt{r}\{\sin(\theta/2), \cos(\theta/2), \sin(\theta/2)\sin(\theta), \cos(\theta/2)\sin(\theta)\} \tag{11.4.4}$$

其中,r 和 θ 是裂尖为原点的极坐标系;$\theta=0$ 表示与裂尖相切。这些函数在图 11.14 中给出。

对于韧性材料,公式(11.4.4)给出的平方根形式不再成立。对于裂尖场,尽管已经求出某些特殊情况的解答,但是弹-塑性断裂力学的解析解(FPFM)一般已经不再适用。对于幂

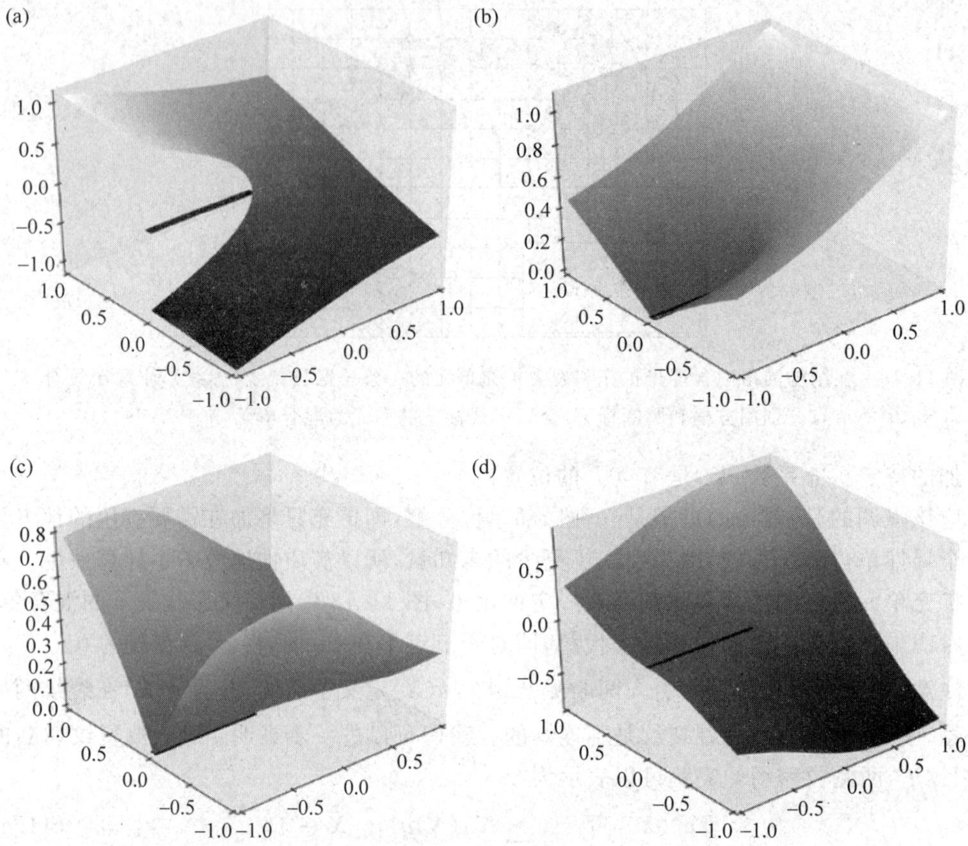

图 11.14　常用的裂尖扩充函数及裂尖处的极坐标系

(a) $\sqrt{r}\sin(\theta/2)$；(b) $\sqrt{r}\cos(\theta/2)$；(c) $\sqrt{r}\sin(\theta/2)\sin(\theta)$；(d) $\sqrt{r}\cos(\theta/2)\sin(\theta)$

硬化材料，Hutchinson(1968)与 Rice 和 Rosengren(1968)发展了裂尖附近的渐进场，这些裂纹尖端场通常被称为 HRR 场。由 Rice 和 Rosengren 给出的应力为

$$\sigma_{\theta\theta} = r^{\frac{N}{1+N}} h(\theta) \tag{11.4.5}$$

$$\sigma_{r\theta} = \frac{1+N}{2+N} r^{\frac{N}{1+N}} h'(\theta) \tag{11.4.6}$$

$$\sigma_{rr} = (1+N) r^{\frac{N}{1+N}} \left[h(\theta) + \frac{1+N}{2+N} h''(\theta) \right] \tag{11.4.7}$$

和位移

$$u_r = r^{\frac{N}{1+N}} g'(\theta) \tag{11.4.8}$$

$$u_\theta = \frac{1+2N}{1+N} r^{-\frac{N}{1+N}} g(\theta) \tag{11.4.9}$$

其中，N 是硬化指数；$h(\theta)$和 $g(\theta)$是非独立的，且必须依赖于硬化准则和应力-应变关系。

Elguedj 等(2006)应用 XFEM 模拟 HRR 场，通过傅里叶变换分析确定了如下的裂尖扩充函数 $\Psi^{(j)}$：

$$\{\Psi_i\}_{i=1}^{6} = r^{\frac{N}{1+N}} \left\{ \sin\left(\frac{\theta}{2}\right), \cos\left(\frac{\theta}{2}\right), \sin\left(\frac{\theta}{2}\right)\sin(\theta), \cos\left(\frac{\theta}{2}\right)\sin(\theta), \sin\left(\frac{\theta}{2}\right)\sin(3\theta), \cos\left(\frac{\theta}{2}\right)\sin(3\theta) \right\} \tag{11.4.10}$$

尽管前四项分担了函数的三角函数部分，还增加了两个三角函数扩充项，并且在括号前面的半径项中将指数提高到$\frac{N}{1+N}$次幂，与之相比的是公式(11.4.4)的$\frac{1}{2}$次幂。对于韧性材料，这些裂尖扩充函数极大地改善了 XFEM 裂尖场的计算精度。图 11.15 绘出了六个裂尖扩充函数的曲面。我们建议读者查阅韧性断裂的相关文献，以便了解弹-塑性断裂力学的更多内容。

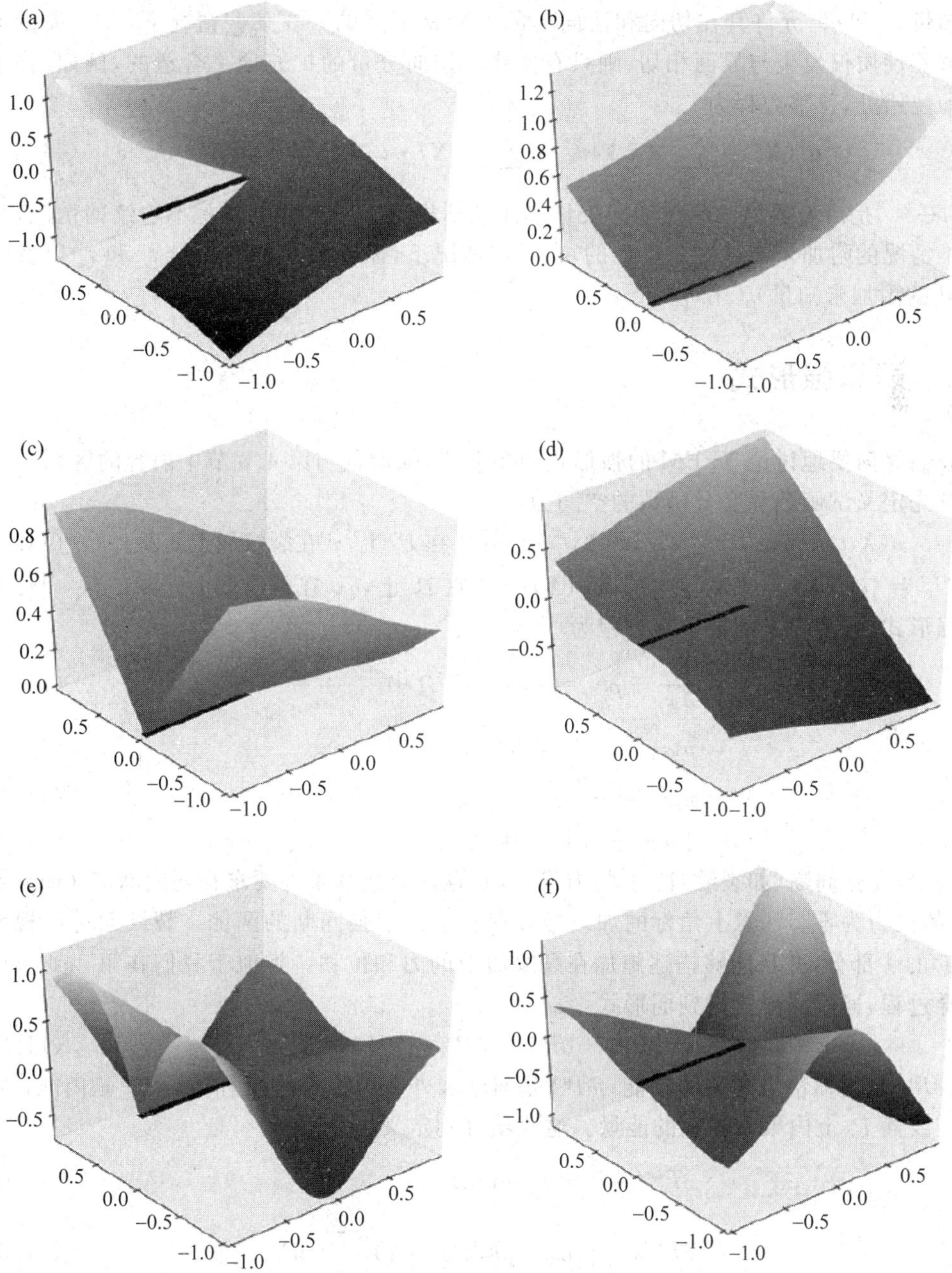

图 11.15　基于 HRR 场的扩充位移场，所有图中的裂纹位于如图(a)所示的间断处，所有场的硬化指数是 $N=39$。(a)～(f)图中的所有场均是同阶次的，如公式(11.4.10)所示

11.4.3　在局部坐标系中的扩充项　有时无须写出整体坐标分量形式的扩充项，而是以局部坐标形式写出扩充项，例如，可以让坐标系相切和垂直于间断面。2D 情况的例子有：

$$\boldsymbol{u}^h(\boldsymbol{X}) = \sum_{\forall I} N_I(\boldsymbol{X})\boldsymbol{u}_I + \sum_{i \in I^*} \varphi_I(\boldsymbol{X}) \cdot \boldsymbol{t}[\Psi(\boldsymbol{X}) - \Psi(\boldsymbol{X}_i)]q_i^t + \sum_{i \in I^*} \varphi_I(\boldsymbol{X}) \cdot \boldsymbol{n}[\Psi(\boldsymbol{X}) - \Psi(\boldsymbol{X}_i)]q_i^n \tag{11.4.11}$$

其中，$\boldsymbol{t},\boldsymbol{n} \in \mathbb{R}^d$ 并且分别是沿着界面的单位切向矢量和单位法向矢量。注意，两组 XFEM 的未知量 q_i^t 和 q_i^n，允许其在切向和法向上的间断是不同的。在某些情况下，一个矢量场的特殊解答性质仅发生与界面相切，则只有位移场切向分量的扩充项是合适的，例如，在滑移界面和位错处，位移方程为

$$\boldsymbol{u}^h(\boldsymbol{X}) = \sum_{\forall I} N_I(\boldsymbol{X})\boldsymbol{u}_I + \sum_{i \in I^*} \varphi_I(\boldsymbol{X}) \cdot \boldsymbol{t}[\Psi(\boldsymbol{X}) - \Psi(\boldsymbol{X}_i)]q_i^t \tag{11.4.12}$$

其中，$\boldsymbol{t} \in \mathbb{R}^d$ 是沿着界面的单位切向矢量。注意到相对于所有分量都是不连续的情况，只需要一维情况的附加未知量 q_i^t。类似的，在三维情况下，需要两个切向矢量 t_1 和 t_2 以及两组 XFEM 的附加未知量 q_i^{t1} 和 q_i^{t2}。

11.5　弱和强形式

我们将简要地讨论 XFEM 的强形式和弱形式，强调其与第 4.3 节中内容的区别。

首先定义试函数和变分函数的空间为：

$$U = \{\boldsymbol{v}(\boldsymbol{X},t) \mid \boldsymbol{v}(\boldsymbol{X},t) \in \mathbb{C}^0, \boldsymbol{v}(\boldsymbol{X},t) = \bar{\boldsymbol{v}}(t) \text{ 在 } \Gamma_v \text{ 上}, \boldsymbol{v} \text{ 在裂纹面上间断}\} \tag{11.5.1}$$

$$U_0 = \{\delta\boldsymbol{v}(\boldsymbol{X}) \mid \boldsymbol{v}(\boldsymbol{X}) \in \mathbb{C}^0, \delta\boldsymbol{v}(\boldsymbol{X}) = 0 \text{ 在 } \Gamma_v \text{ 上}, \delta\boldsymbol{v} \text{ 在裂纹面上间断}\} \tag{11.5.2}$$

强形式，或者广义动量平衡方程为

$$\frac{\partial \sigma_{ji}}{\partial x_j} + \rho b_i = \rho \ddot{u}_i \quad \text{在 } \Omega \text{ 中} \tag{11.5.3}$$

$$n_j\sigma_{ji} = \bar{t}_i \quad \text{在 } \Gamma_{t_i} \text{ 上} \tag{11.5.4}$$

$$n_j\sigma_{ji}^+ = -n_j\sigma_{ji}^- = \tau_i [\![u_i]\!] \quad \text{在 } \Gamma_c \text{ 上} \tag{11.5.5}$$

$$[\![n_i\sigma_{ij}]\!] = 0 \quad \text{在 } \Gamma_w \text{ 上} \tag{11.5.6}$$

其中，τ_i 是在强间断（如裂纹）Γ_c 上的内聚力，并且内力连续条件要求在弱间断 Γ_w（如材料界面）上的拉力为零。注意上角标的加减号分别表示位于强间断的两侧。裂纹面可以视为是边界 Γ 的一部分，并且能够描述施加在裂纹面上的力和位移。类似于我们在第 4.3 节所做的推导过程，通过强形式得到弱形式：

$$\delta P^{\text{kin}} = \delta P^{\text{ext}} - \delta P^{\text{int}} - \delta P^{\text{coh}}, \quad \forall\, \delta\boldsymbol{v}(\boldsymbol{X}) \in U_0 \tag{11.5.7}$$

其中，δP^{kin} 是与惯性力相关的动能；δP^{ext} 是与施加外载荷相关的外力功；δP^{int} 是内能；δP^{coh} 是与裂纹面 Γ_c 上内聚力相关的能量。这些项分别定义为

$$\delta P^{\text{kin}} = \int_\Omega \delta\boldsymbol{v} \cdot \rho\dot{\boldsymbol{v}}\,\mathrm{d}\Omega \tag{11.5.8}$$

$$\delta P^{\text{ext}} = \int_\Omega \delta\boldsymbol{v} \cdot \rho\boldsymbol{b}\,\mathrm{d}\Omega + \int_{\Gamma_t} \delta\boldsymbol{v} \cdot \bar{\boldsymbol{t}}\,\mathrm{d}\Gamma_t \tag{11.5.9}$$

$$\delta P^{\text{int}} = \int_\Omega \frac{\partial \delta\boldsymbol{v}}{\partial \boldsymbol{x}} : \sigma\,\mathrm{d}\Omega \tag{11.5.10}$$

$$\delta P^{\text{int}} = -\int_{\Gamma_c} \delta \| \boldsymbol{u} \| \cdot \tau^c \, \mathrm{d}\Gamma_c \tag{11.5.11}$$

我们鼓励读者给出强形式和弱形式等价性的详细证明。

11.6 离散方程

通过将扩充近似方程(11.4.2)代入虚功原理,可以获得离散 XFEM 方程。假设这个系统是静态和线性的,进而可以获得如下离散方程组,

$$\begin{bmatrix} \boldsymbol{K}^{uu} & \boldsymbol{K}^{u0} & \cdots & \boldsymbol{K}^{u4} \\ \boldsymbol{K}^{u0^{\mathrm{T}}} & \boldsymbol{K}^{00} & \cdots & \boldsymbol{K}^{04} \\ \vdots & \vdots & \ddots & \vdots \\ \boldsymbol{K}^{u4^{\mathrm{T}}} & \boldsymbol{K}^{14^{\mathrm{T}}} & \cdots & \boldsymbol{K}^{u4} \end{bmatrix} \begin{Bmatrix} \boldsymbol{d}^u \\ \boldsymbol{q}^0 \\ \vdots \\ \boldsymbol{q}^4 \end{Bmatrix} = \begin{Bmatrix} \boldsymbol{f}^{\text{ext}} \\ \boldsymbol{Q}^0 \\ \vdots \\ \boldsymbol{Q}^4 \end{Bmatrix} \quad \text{或} \quad \begin{bmatrix} \boldsymbol{K}^{uu} & \boldsymbol{K}^{uq} \\ \boldsymbol{K}^{uq^{\mathrm{T}}} & \boldsymbol{K}^{qq} \end{bmatrix} \begin{Bmatrix} \boldsymbol{d}^u \\ \boldsymbol{q} \end{Bmatrix} = \begin{Bmatrix} \boldsymbol{f}^{\text{ext}} \\ \boldsymbol{Q} \end{Bmatrix} \tag{11.6.1}$$

其中,标准有限元自由度的矢量是 $\boldsymbol{d}^u = \{\boldsymbol{u}_1, \cdots, \boldsymbol{u}_n\}^{\mathrm{T}}$;扩充自由度的矢量是 $\boldsymbol{q}^0 = \{\boldsymbol{q}_1^0, \cdots, \boldsymbol{q}_{n_H}^0\}^{\mathrm{T}}$ 和 $\boldsymbol{q}^i = \{\boldsymbol{q}_1^i, \cdots, \boldsymbol{q}_{n_C}^i\}^{\mathrm{T}}$。标量 n, n_H 和 n_C 分别是在 S, S_H 和 S_C 中节点的数量。给出刚度矩阵为

$$\boldsymbol{K}_{IJ}^{uu} = \int_{\Omega} \boldsymbol{B}_I \boldsymbol{C} \boldsymbol{B}_J \, \mathrm{d}\Omega \tag{11.6.2}$$

$$\boldsymbol{K}_{IJ}^{uj} = \int_{\Omega} \boldsymbol{B}_I \boldsymbol{C} \boldsymbol{B}_J^{(j)} \, \mathrm{d}\Omega, \quad j \in \{0,1,2,3,4\} \tag{11.6.3}$$

$$\boldsymbol{K}_{IJ}^{ij} = \int_{\Omega} \boldsymbol{B}_J^{(i)} \boldsymbol{C} \boldsymbol{B}_J^{(j)} \, \mathrm{d}\Omega, \quad i,j \in \{0,1,2,3,4\} \tag{11.6.4}$$

其中,$\boldsymbol{C}$ 是弹性矩阵,$\boldsymbol{B}_I$ 是标准有限元应变-位移矩阵,在 2D 情况下为

$$\boldsymbol{B}_I = \begin{bmatrix} N_{I,x} & 0 \\ 0 & N_{I,y} \\ N_{I,y} & N_{I,x} \end{bmatrix} \quad \forall I \tag{11.6.5}$$

其中,逗号表示微分。公式(11.6.1)的第一部分可以写成像第二部分一样的更紧凑形式,对比两个部分,第二部分中各项的定义可以很容易得出。我们也注意到在公式(11.6.1)中的子矩阵排列与将位移场分解成标准部分及扩充部分的公式(11.4.2)之间有一个直接的对应关系。与位移近似扩充部分相关的扩充应变-位移矩阵为

$$\mathscr{B}_J^{(i)} = \begin{bmatrix} (N_I H(\phi(\boldsymbol{x})) - H(\phi(\boldsymbol{x}_I)))_{,x} & 0 \\ 0 & (N_I H(\phi(\boldsymbol{x})) - H(\phi(\boldsymbol{x}_I)))_{,y} \\ (N_I H(\phi(\boldsymbol{x})) - H(\phi(\boldsymbol{x}_I)))_{,y} & (N_I H(\phi(\boldsymbol{x})) - H(\phi(\boldsymbol{x}_I)))_{,x} \end{bmatrix} \quad \forall I \in S_H \tag{11.6.6}$$

并且,对于 $j \in \{1,2,3,4\}$

$$\mathscr{B}_J^{(i)} = \begin{bmatrix} (N_I \Psi_j(\phi(\boldsymbol{x})) - \Psi_j(\phi(\boldsymbol{x}_I)))_{,x} & 0 \\ 0 & (N_I \Psi_j(\phi(\boldsymbol{x})) - \Psi_j(\phi(\boldsymbol{x}_I)))_{,y} \\ (N_I \Psi_j(\phi(\boldsymbol{x})) - \Psi_j(\phi(\boldsymbol{x}_I)))_{,y} & (N_I \Psi_j(\phi(\boldsymbol{x})) - \Psi_j(\phi(\boldsymbol{x}_I)))_{,x} \end{bmatrix} \quad \forall I \in S_C \tag{11.6.7}$$

则 Cauchy 应力为

$$\sigma = \boldsymbol{C}\left(\sum_{\forall I}\boldsymbol{B}_I\boldsymbol{u}_I + \sum_{J\in S_H}\mathscr{B}_J^0\boldsymbol{q}_J^0 + \sum_{K\in S_C}\sum_{j=1}^{4}\mathscr{B}_K^j\boldsymbol{q}_K^j\right) \tag{11.6.8}$$

不考虑体力，由外载荷产生的力矢量为

$$\boldsymbol{f}_I^{\text{ext}} = \int_{\Gamma_t} N_I\,\bar{\boldsymbol{t}}\,\mathrm{d}\Gamma \quad \forall I \tag{11.6.9}$$

$$\boldsymbol{Q}_I^0 = \int_{\Gamma_t}(N_I H(\phi(\boldsymbol{x})) - H(\phi(\boldsymbol{x}_I)))\,\bar{\boldsymbol{t}}\,\mathrm{d}\Gamma \quad \forall I \in S_H \tag{11.6.10}$$

$$\boldsymbol{Q}_I^j = \int_{\Gamma_t}(N_I\Psi_j(\phi(\boldsymbol{x})) - \Psi_j(\phi(\boldsymbol{x}_I)))\,\bar{\boldsymbol{t}}\,\mathrm{d}\Gamma \quad \forall I \in S_C \text{ 和 } j \in \{1,2,3,4\} \tag{11.6.11}$$

其中，$\bar{\boldsymbol{t}}$ 是施加在域边界 Γ_t 上的拉力。

值得注意离散方程的两个重要特征：

1. 在被裂纹切断的单元中，与扩充自由度有关的 **B** 矩阵是不连续的。因此，刚度矩阵的被积函数和力矢量是不连续的。因而，**B** 矩阵在裂纹尖端处（三维情况下的裂纹前端）是奇异的。所以，对于计算这些积分，标准高斯积分是不充分的。
2. 集合 S_H 和 S_C 是全部节点数目的小的子集，因此，仅在一小部分单元上的积分是非零的。

例 11.2　推导含裂纹 1D 单元的 *B* 矩阵　考虑一个 1D 杆单元，在位置 x_c 处有一条裂纹（参考图 11.6）。推导 **B** 矩阵为：

1. 材料点 A 在 x_A 处，其中 $x_A<x_c$
2. 材料点 B 在 x_A 处，其中 $x_A>x_c$

对于一维线性单元，形函数的形式为

$$N_1 = \frac{x_2 - x}{x_2 - x_1},\quad N_2 = \frac{x - x_1}{x_2 - x_1} \tag{E11.2.1}$$

$$\frac{\partial N_1}{\partial x} = \frac{-1}{x_2 - x_1},\quad \frac{\partial N_2}{\partial x} = \frac{1}{x_2 - x_1} \tag{E11.2.2}$$

对于一个线性单元，应变总是常数。这个单元的两个节点的符号距离值（水平集）为

$$\phi_1 = \phi(x_1) = x_1 - x_c < 0 \tag{E11.2.3}$$

$$\phi_2 = \phi(x_2) = x_2 - x_c > 0 \tag{E11.2.4}$$

在材料点 A 和 B 处，水平集函数和扩充函数为

$$\begin{aligned}
&\phi(x_B) = x_B - x_c > 0 && \phi(x_A) = x_A - x_c < 0\\
&\Psi_1(x_B) = H(\phi_B) - H(\phi_1) && \Psi_1(x_A) = H(\phi_A) - H(\phi_1)\\
&\qquad = H(x_B - x_c) - H(x_1 - x_c) && \qquad = H(x_A - x_c) - H(x_1 - x_c)\\
&\qquad = 1 && \qquad = 0\\
&\Psi_2(x_B) = H(\phi_B) - H(\phi_2) && \Psi_2(x_A) = H(\phi_A) - H(\phi_2)\\
&\qquad = H(x_B - x_c) - H(x_2 - x_c) && \qquad = H(x_A - x_c) - H(x_2 - x_c)\\
&\qquad = 0 && \qquad = -1
\end{aligned} \tag{E11.2.5}$$

对于 1D 单元的 **B** 矩阵为

$$\boldsymbol{B}=\Big[\underbrace{\frac{\partial N_1}{\partial x},\frac{\partial N_1}{\partial x}\Psi_1}_{\boldsymbol{B}_1},\underbrace{\frac{\partial N_2}{\partial x},\frac{\partial N_2}{\partial x}\Psi_2}_{\boldsymbol{B}_2}\Big] \tag{E11.2.6}$$

对于材料点 A

$$\boldsymbol{B}(x_A)=[-1,0,1,-1]\frac{1}{x_2-x_1} \tag{E11.2.7}$$

对于材料点 B

$$\boldsymbol{B}(x_B)=[-1,-1,1,0]\frac{1}{x_2-x_1} \tag{E11.2.8}$$

11.6.1 弱间断的应变-位移矩阵 应变-位移矩阵(假设小变形)为

$$\frac{\partial \boldsymbol{u}}{\partial \boldsymbol{x}}=\sum_{I=1}^{n}\frac{\partial N_I(\boldsymbol{x})}{\partial \boldsymbol{x}}\boldsymbol{u}_I+\sum_{J=1}^{n}\frac{\partial(N_I(\boldsymbol{x})\Psi(\boldsymbol{x}))}{\partial \boldsymbol{x}}\boldsymbol{q}_J \tag{11.6.12}$$

公式(11.6.12)等号右侧的第一部分通常表示为 $\boldsymbol{B}_I$ 矩阵。

在 XFEM 编程中,传统自由度形成了 $\boldsymbol{B}$ 矩阵的标准形式。对于附加自由度,$\boldsymbol{B}$ 矩阵定义为

$$\mathscr{B}_J=\begin{bmatrix}\frac{\partial N_J}{\partial x}\Psi+\frac{\partial \Psi}{\partial x}N_J & 0\\ 0 & \frac{\partial N_J}{\partial y}\Psi+\frac{\partial \Psi}{\partial y}N_J\\ \frac{\partial N_J}{\partial y}\Psi+\frac{\partial \Psi}{\partial y}N_J & \frac{\partial N_J}{\partial x}\Psi+\frac{\partial \Psi}{\partial x}N_J\end{bmatrix},\quad \forall J \tag{11.6.13}$$

对于扩充单元的每个节点 I,最终推导出的位移场形式为

$$\boldsymbol{B}_I\boldsymbol{u}=\begin{bmatrix}\frac{\partial N_I}{\partial x} & 0 & \frac{\partial N_I}{\partial x}\Psi+\frac{\partial \Psi}{\partial x}N_I & 0\\ 0 & \frac{\partial N_I}{\partial y} & 0 & \frac{\partial N_I}{\partial y}\Psi+\frac{\partial \Psi}{\partial y}N_I\\ \frac{\partial N_I}{\partial y} & \frac{\partial N_I}{\partial x} & \frac{\partial N_I}{\partial y}\Psi+\frac{\partial \Psi}{\partial y}N_I & \frac{\partial N_I}{\partial x}\Psi+\frac{\partial \Psi}{\partial x}N_I\end{bmatrix},\quad \forall I \tag{11.6.14}$$

其中,对于弱间断的扩充函数导数为

$$\begin{aligned}\frac{\partial \Psi(\boldsymbol{x})}{\partial \boldsymbol{x}}&=\frac{\partial\left(\sum_{I=1}^{n}|\phi_I|N_I(\boldsymbol{x})-\left|\sum_{I=1}^{n}|\phi_I|N_I(\boldsymbol{x})\right|\right)}{\partial \boldsymbol{x}}\\ &=\sum_{I=1}^{n}|\phi_I|\frac{\partial N_I(\boldsymbol{x})}{\partial \boldsymbol{x}}-\frac{\partial|\phi|}{\partial \boldsymbol{x}}\end{aligned} \tag{11.6.15}$$

由于附加自由度的引入,切记已经扩展了 $\boldsymbol{B}$ 矩阵的维度。然而,定义为 $\boldsymbol{B}_I\boldsymbol{u}$ 的应变张量和应力张量的维度没有改变。

例 11.3 推导含弱间断 1D 单元的 $\boldsymbol{B}$ 矩阵 考虑在 x_c 处含有材料界面的一个一维单元。推导材料点 $x_A(x_A<x_c)$ 的 $\boldsymbol{B}$ 矩阵。

在材料点 A 处,水平集函数、扩充函数,以及扩充函数的导数分别为

$$\phi(x_A) = x_A - x_c < 0$$

$$\begin{aligned}\Psi(x_A) &= |\phi_1| N_1(x_A) + |\phi_2| N_1(x_A) - |\phi(x_A)| \\ &= |x_1 - x_c| \frac{x_2 - x_A}{x_2 - x_1} + |x_2 - x_c| \frac{x_A - x_1}{x_2 - x_1} + x_A - x_c \\ &= \frac{2(x_A - x_1)(x_2 - x_c)}{x_2 - x_1}\end{aligned} \tag{E11.3.1}$$

$$\begin{aligned}\frac{\partial \Psi(x_A)}{\partial x} &= |\phi_1| \frac{\partial N_1(x_A)}{\partial x} + |\phi_2| \frac{\partial N_1(x_A)}{\partial x} - \frac{\partial |\phi(x_A)|}{\partial x} \\ &= -(x_1 - x_c) \cdot \left(-\frac{1}{x_2 - x_1}\right) + (x_2 - x_c) \cdot \frac{1}{x_2 - x_1} + 1 \\ &= \frac{2x_2 - 2x_c}{x_2 - x_1}\end{aligned}$$

对于 1D 单元，$\boldsymbol{B}$ 矩阵为

$$\boldsymbol{B} = \Big[\underbrace{\frac{\partial N_1}{\partial x}, \frac{\partial N_1}{\partial x}\Psi + \frac{\partial \Psi}{\partial x}N_1}_{\boldsymbol{B}_1}, \underbrace{\frac{\partial N_2}{\partial x}, \frac{\partial N_2}{\partial x}\Psi + \frac{\partial \Psi}{\partial x}N_2}_{\boldsymbol{B}_2}\Big] \tag{E11.3.2}$$

对于材料点 A：

$$\begin{aligned}\boldsymbol{B}_1(x_A) &= \left[\frac{-1}{x_2 - x_1}, \frac{-1}{x_2 - x_1} \cdot \frac{2(x_A - x_1)(x_2 - x_c)}{x_2 - x_1} + \frac{2x_2 - 2x_c}{x_2 - x_1} \frac{x_2 - x_A}{x_2 - x_1}\right] \\ &= \left[\frac{-1}{x_2 - x_1}, \frac{2(x_2 - x_c)(-2x_A + x_1 + x_2)}{(x_2 - x_1)^2}\right] \\ \boldsymbol{B}_2(x_A) &= \left[\frac{1}{x_2 - x_1}, \frac{1}{x_2 - x_1} \cdot \frac{2(x_A - x_1)(x_2 - x_c)}{x_2 - x_1} + \frac{2x_2 - 2x_c}{x_2 - x_1} \frac{x_A - x_1}{x_2 - x_1}\right] \\ &= \left[\frac{1}{x_2 - x_1}, \frac{4(x_2 - x_c)(x_A - x_1)}{(x_2 - x_1)^2}\right] \\ \boldsymbol{B}(x_A) &= [\boldsymbol{B}_1(x_A), \boldsymbol{B}_2(x_A)]\end{aligned} \tag{E11.3.3}$$

关于在材料点 B 处的 $\boldsymbol{B}$ 矩阵的推导，留给读者作为练习。

框 11.1 给出了计算内部节点力的编程过程。

框 11.1 扩充单元的内部节点力计算

1. $\boldsymbol{f}^{\text{int}} = \boldsymbol{0}$。
2. 计算每个节点的符号距离函数值(φ,水平集)。
3. 对于所有积分点$\boldsymbol{\xi}_Q$
   i. 计算$[B_{iI}] = [\partial N_I(\xi_Q)/\partial x_i]$，对于所有节点 I 的传统自由度，
   ii. 计算$[B_{iI}] = [\psi_I(\xi_Q)\partial N_I(\xi_Q)/\partial x_i]$，对于所有节点 I 的扩充自由度，
   iii. $\boldsymbol{H} = B_I\boldsymbol{u}_I + \mathscr{B}_I\boldsymbol{q}_I$；$H_{ij} = \partial u_i/\partial x_j$，
   iv. $\boldsymbol{F} = \boldsymbol{I} + \boldsymbol{H}$，
   v. 基于本构方程，计算柯西应力(σ)或 PK2 应力($\boldsymbol{S}$)，

vi. $\boldsymbol{f}^{\text{int}} \leftarrow \boldsymbol{f}^{\text{int}} + [\boldsymbol{B}_I \boldsymbol{\mathscr{B}}_I]^{\mathrm{T}} \boldsymbol{\sigma} J_{\xi} \bar{w}_Q$,

循环结束。

注意：为了获得更高的精度，在扩充单元中通常在被裂纹分离的两个子域内分别进行高斯积分。因此，根据每个子域的等参数映射来选择积分点坐标

11.7 水平集方法

水平集方法(LSM)是追踪移动界面的一种数值技术，并且已被证明是对 XFEM 的有用补充。我们将强调一些经常应用于 XFEM 编程的水平集的关键内容；然而，这并不是对水平集的全面指导，我们鼓励读者去查询资料，以便获得更加全面的理解。一些 XFEM 结合水平集的应用例子，可以查询 Sukumar 等(2001)和 Bordas 等(2006)的工作。主要的思想是用一条水平集曲线表示界面，定义为函数 $\phi(\boldsymbol{x},t)$，水平集的维度比界面本身的维度高出一维。

11.7.1 1D 水平集 为了描述 1D 水平集，我们考虑一条长度为 1 的线段，$x\in[0,1]$。现在，考虑一个点作为在这条线段上的界面，$\Gamma(t)\in(0,1)$。这里，我们也考虑了界面随时间的变化。温度计是能够采用这个简单模型描述的一种应用，水银柱接触到真空的位置就是界面。

这个界面可以应用水平集曲线通过函数 $\phi:[0,1]\times\mathbb{R}\to\mathbb{R}$ 来表述，即

$$\Gamma(t) = \{x \in (0,1) : \phi(x,t) = 0\} \tag{11.7.1}$$

函数 ϕ 是符号距离函数；在一维情况下，简单描述为

$$\phi(x,t) = x - \Gamma(t) \tag{11.7.2}$$

11.7.2 2D 水平集 对于 2D 水平集，我们考虑一个在平面上随时间扩大的圆孔。圆孔的中心在 x_c 处，半径 $r(t)$ 随时间变化。圆孔的移动界面可以通过一个函数 $\phi:\mathbb{R}^2\times\mathbb{R}\to\mathbb{R}$ 的水平集曲线确定，即：

$$\Gamma(t) = \{x \in \mathbb{R}^2 : \phi(\boldsymbol{x},t) = 0\} \tag{11.7.3}$$

可以选择水平集函数作为到孔的周边的符号距离：

$$\phi(\boldsymbol{x},t) = \| \boldsymbol{x} - \boldsymbol{x}_{\mathrm{c}} \| - r(t) \tag{11.7.4}$$

这里展示了用零水平集曲线表征界面几何，$\phi\equiv\phi(\boldsymbol{x},t)=0$，其本质是将界面的物理描述转换为函数表征。在一组固定集合 $\boldsymbol{X}_I$(节点集合)，通过组合 LSM 和 XFEM，创建了 ϕ 的离散表示。这些几何自由度确定了 ϕ，因此获得了界面的位置。对于水平集函数，我们可以用几何自由度连接网格中的每一个单元节点，并且在域内任何点处，用标准形函数插值获得 ϕ

$$\phi(\boldsymbol{X},t) = \sum_I N_I(\boldsymbol{X})\phi_I(t) \tag{11.7.5}$$

这里对包含 $\boldsymbol{X}$ 的单元的所有节点求和，$\boldsymbol{N}_I(\boldsymbol{X})$ 是标准有限元形函数，$\phi_I(t)$ 是随时间演化的水平集函数的节点值。以这种方式插值的界面，对于 3 节点三角形单元是精确线性的，对于 4 节点四边形单元是双线性的(近似线性)，对于 8 节点六面体单元是三线性的。

由于水平集可以随时间演化，因此给出了追踪移动间断的方法。为了及时更新水平集，必须求解一个双曲型控制方程。这个控制方程可以表示为

$$\frac{\partial \phi}{\partial u} + \boldsymbol{v}(\boldsymbol{x}) \cdot \nabla \phi = 0 \tag{11.7.6}$$

其中,$\boldsymbol{v}$ 是水平集场的速度。

11.7.3　更新水平集描述动态裂纹扩展　为了描述一条在 2D 或 3D 中的裂纹,需要使用两个水平集。首先,应用 ϕ^c 追踪裂纹本身,同时采用 ϕ^t 追踪裂纹尖端或在 3D 中裂纹前端的位置。裂纹尖端/前端以速度 v 移动,在裂尖处形成一个与裂纹相切的 θ_c 角。基于载荷、材料性能和动态响应等条件,应用断裂力学方法可以计算这两个运动学的量,然而,这些内容超出了本章的范围。这里强调的是将该速度分解为两个水平集的速度,然后应用公式(11.7.6)进行更新,如图 11.16 所示。

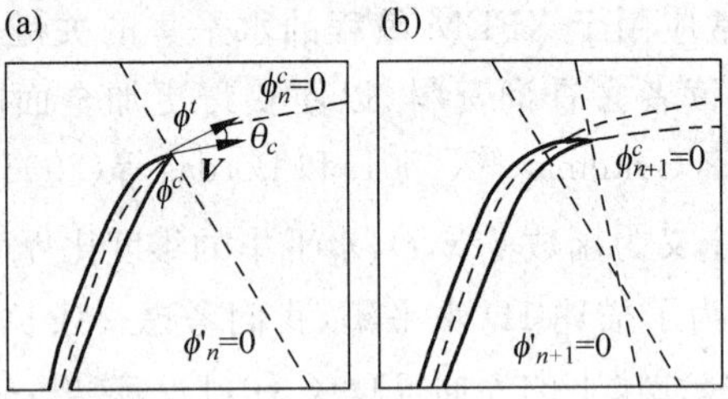

图 11.16　一条 2D 面上正在扩展的裂纹

(a) 在 t_n 时刻;(b) 在 t_{n+1} 时刻

在 XFEM 模拟中,水平集方法可以很大程度上简化和加速几何计算。然而,最初设计水平集是用来追踪移动界面,裂纹面并不是真正地属于它。所以,当 ϕ^t 和与其对应的裂尖随时间演化时,在 ϕ^t 有裂纹一侧的 ϕ^c 不能够发生变化。然而,在 ϕ^t 无裂纹一侧的 ϕ^c 可以发生变化。Ventura 等人(2002)发展了水平集描述的几何概念,使其更加适用于裂纹面的不可逆性,并且也删除了求解微分方程(11.7.6)的必要性。

11.8　虚拟节点法

XFEM 和经典 FE 程序有三个主要的区别:(1)积分必须考虑扩充项的特殊性质;(2)必须使用扩充函数编程;(3)控制在单元层面上(单元矩阵具有不同维度)以及整个系统矩阵,程序必须能够处理每个节点数量可变的自由度。对于包含内部单元间断的结果可视化问题,在后处理工具中能够进一步地做出适当调整。特别是前面提到的第三个方面——每个节点的可变自由度数目——如果将 XFEM 嵌入到已有的 FE 程序中,可能导致严重的问题,并且可能需要用户具有大量的背景知识。(通过把扩充未知量分配到附加节点上,可以避免该问题。例如,对于一个含有间断扩充的 4 节点双线性四边形单元,可以编程为一个 8 节点双线性四边形单元,其中附加的 4 个节点存储了扩充信息)。考虑到程序的并行计算,每个节点如果含有可变自由度数目可能是很麻烦的。然而,为了实现计算能力,从开始编程就要考虑到 XFEM 的需求,计算量的规模恰好类似于经典 FE 的模拟。

Song 等(2006)发展了一套 XFEM 公式,称为虚拟节点法,它特别适合于显式时间积分和采用低阶单元,尤其是一点积分单元。该公式与 Hansbo 和 Hansbo(2004)给出的形式类似。在虚拟节点法中,一个间断单元可以用含有附加虚拟节点或虚拟自由度的两个单元来代替,因此,在现有的有限元程序中,实现这种算法就几乎不需要修改了。

11.8.1 1D 单元分解 虚拟节点法只考虑 Heaviside 扩充，因此只能处理强间断。对于 1D 情况，我们的讨论始于采用平移间断场的标准 XFEM 描述

$$\boldsymbol{u}(X,t)=\sum_{I=1}^{2}N_I(X)\{\boldsymbol{u}(t)+\boldsymbol{q}_I[H(X-a)-H(X_I-a)]\} \tag{11.8.1}$$

现在将其转换成一种单元叠加形式。假设节点 1 在间断的左侧，写出公式

$$u=u_1N_1+u_2N_2+q_1N_1H+q_2N_2(H-1) \tag{11.8.2}$$

其中，$H_a=H(X-a)$。使用 $N_1=N_1H_a+N_1(1-H_a)$ 和 $N_2=N_2H_a+N_2(1-H_a)$，我们可以重新写出公式为

$$u=(u_1+q_1)N_1H_a+u_1N_1(1-H_a)+(u_2-q_2)N_2(1-H_a)+u_2N_2H_a \tag{11.8.3}$$

现在，如果我们定义

$$\begin{aligned}&\text{单元 1}\begin{cases}u_1^{(1)}\equiv u_1\\ u_2^{(1)}\equiv u_2-q_2\end{cases}\\ &\text{单元 2}\begin{cases}u_1^{(2)}\equiv u_1+q_1\\ u_2^{(2)}\equiv u_2\end{cases}\end{aligned} \tag{11.8.4}$$

其中，上标和下标分别表示单元和节点编号。通过这些定义，我们得到

$$u=u_1^{(1)}N_1(1-H_a)+u_2^{(1)}N_2(1-H_a)+u_1^{(2)}N_1H_a+u_2^{(2)}N_2H_a \tag{11.8.5}$$

采用这种方法，我们可以考虑位移场是由两个单元的位移场组成：单元 1，由于有$(1-H_a)$项，只在 $X<a$ 时激活；单元 2，由于有 H_a 项，只在 $X>a$ 时激活。我们看到的间断场是可以通过增加一个附加单元来构造，例如单元 2，如图 11.17 所示。然后，增加两个虚拟节点：对于这种情况，它们分别是 $u_2^{(1)}$ 和 $u_1^{(2)}$。这个模型的两部分是完全不相交的，除非施加一个内聚力准则，用其联系间断处的拉力与位移跳跃关系。跨过裂纹的位移跳跃为

$$\begin{aligned}[\![u_{X=a}]\!]&=\lim_{\varepsilon\to0}[u(X+\varepsilon)-u(X-\varepsilon)]_{X=a}\\&=(N_1(a)u_1^{(2)}+N_2(a)u_2^{(2)})-(N_1(a)u_1^{(1)}+N_2(a)u_2^{(1)})\\&=N_1(a)(u_1^{(2)}-u_1^{(1)})+N_2(a)(u_2^{(2)}-u_2^{(1)})\\&=q_1N_1(a)+q_2N_2(a)\end{aligned} \tag{11.8.6}$$

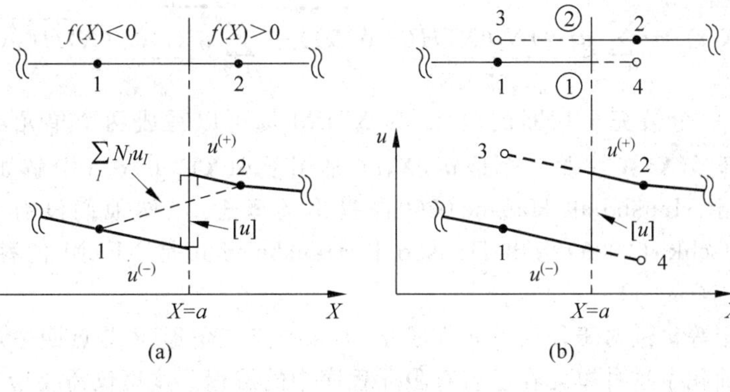

图 11.17 在 1D 模型中表征间断

(a) 标准 XFEM；(b) 虚拟节点法；实心圆表示真实节点，空心圆表示虚拟节点。转载于 Song JH，Areias P，and Belytschko T. A method for dynamic crack and shear band propagation with phantom nodes[J]. *International Journal for Numerical Methods in Engineering*，2006，67(6)：868-893. Copyright © 2006，John Wiley & Sons，Ltd.

11.8.2　多维单元分解　现在，对于被裂纹完全切断的2D或3D多节点单元，我们可以建立类似的双单元位移场形式。首先采用传统的XFEM位移场，

$$\boldsymbol{u}(X,t)=\sum_{I=1}^{n^N}N_I(\boldsymbol{X})\{\boldsymbol{u}_I(t)+\boldsymbol{q}_I[H(\phi(\boldsymbol{X}))-H(\phi(\boldsymbol{X}_I))]\} \tag{11.8.7}$$

类似在1D算例的方法，通过把每一项划分为与 $\phi(\boldsymbol{X})<0$ 和 $\phi(\boldsymbol{X})>0$ 分别相关的部分，拓展公式(11.8.7)，得到

$$\boldsymbol{u}=\sum_{I=1}^{n^N}[\boldsymbol{u}_I N_I(1-H)+\boldsymbol{u}_I N_I H+\boldsymbol{q}_I N_I(H-H_I)] \tag{11.8.8}$$

其中，$H=H(\phi(\boldsymbol{X}))$。现在，通过采用乘子 $H_I^-=H(-\phi(\boldsymbol{X}_I))$ 和 $H_I^+=H(\phi(\boldsymbol{X}_I))$ 的复制，我们进一步拓展前面两个位移场，而不是改变相应的位移场，并利用如下的事实：

$$\begin{aligned}&H-H_I=H-1,\quad H_I^+\neq 0\\&H-H_I=H,\qquad\quad H_I^-\neq 0\end{aligned} \tag{11.8.9}$$

$$\begin{aligned}\boldsymbol{u}=\sum_{I=1}^{n^N}[&\boldsymbol{u}_I N_I(1-H)H_I^+ +\boldsymbol{u}_I N_I(1-H)H_I^- +\boldsymbol{u}_I N_I H H_I^+\\&+\boldsymbol{u}_I N_I H H_I^- +\boldsymbol{q}_I N_I(1-H)H_I^+ +\boldsymbol{q}_I N_I H H_I^-]\end{aligned} \tag{11.8.10}$$

然后，我们将公式(11.8.7)重新写为

$$\boldsymbol{u}=\sum_{I=1}^{n^N}[(\boldsymbol{u}_I-\boldsymbol{q}_I)N_I(1-H)H_I^+ +\boldsymbol{u}_I N_I(1-H)H_I^- +\boldsymbol{u}_I N_I H H_I^+ +(\boldsymbol{u}_I+\boldsymbol{q}_I)N_I H H_I^-] \tag{11.8.11}$$

如果令

$$\begin{aligned}\boldsymbol{u}_I^1&=\begin{cases}\boldsymbol{u}_I, & \phi(\boldsymbol{X}_I)<0\\ \boldsymbol{u}_I-\boldsymbol{q}_I, & \phi(\boldsymbol{X}_I)>0\end{cases}\\ \boldsymbol{u}_I^2&=\begin{cases}\boldsymbol{u}_I+\boldsymbol{q}_I, & \phi(\boldsymbol{X}_I)<0\\ \boldsymbol{u}_I, & \phi(\boldsymbol{X}_I)>0\end{cases}\end{aligned} \tag{11.8.12}$$

我们获得位移场的双单元形式为

$$\boldsymbol{u}(\boldsymbol{X},t)=\sum_{I\in S_1}\underbrace{\boldsymbol{u}_I^1(t)N_I(X)}_{\boldsymbol{u}^1(\boldsymbol{X},t)}H(-\phi(\boldsymbol{X}))+\sum_{I\in S_2}\underbrace{\boldsymbol{u}_I^2(t)N_I(\boldsymbol{X})}_{\boldsymbol{u}^2(\boldsymbol{X},t)}H(\phi(\boldsymbol{X})) \tag{11.8.13}$$

因此，对于一个被完全切断的单元，其XFEM场可以写成两个单元场的和：一个是 $\boldsymbol{u}_1(\boldsymbol{X},t)$，适用于 $\phi(\boldsymbol{X})<0$；另一个是 $\boldsymbol{u}_2(\boldsymbol{X},t)$，适用于 $\phi(\boldsymbol{X})>0$，这个分解如图11.18所示。这种形式对应于Hansbo和Hansbo(2004)提出的概念，虽然他们没有给出这种形式。Aerias和Belytschko(2006)指出Hansbo和Hansbo形式是XFEM位移场的另外一种形式。

注意到这个等价性对于任何单元都成立，即3节点三角形，8节点四边形等。以这种形式重组间断场简化了这种单元在已有有限元程序中的编程。这里仅需要增加一个额外的单元(如这个例子中的单元2)、虚拟节点和修改单元积分。虚拟节点定义为

$$\text{节点 } I \text{ 是个虚拟节点，在}\begin{cases}\text{单元 1 中，如果 } \phi(\boldsymbol{X}_I)>0\\ \text{单元 2 中，如果 } \phi(\boldsymbol{X}_I)<0\end{cases} \tag{11.8.14}$$

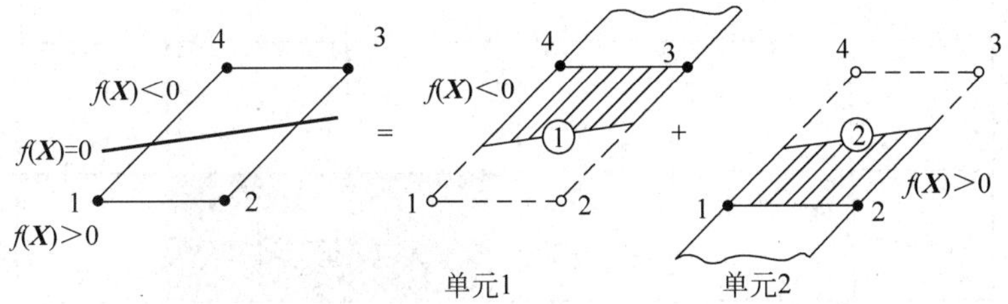

图 11.18 一个被裂纹切断的单元分解成两个单元,实心和空心圆分别表示原始节点和附加虚拟节点

11.9 积分

采用特殊性质的扩充函数 $\Psi(\boldsymbol{x})$ 延伸近似空间,例如间断,从而复杂化了弱形式的积分。在经典 FEM 中常常使用的标准高斯积分,需要一个光滑的被积函数和有限阶次的多项式。在每一个单元内部,经典 FEM 均满足这些需求。在单元内部出现跳跃或畸变时,高斯积分和其他具有类似光滑性假设的方法的精度急剧降低。另一种观察高斯积分缺陷的方法是为了精确求和,则要求积分点的数量随被积函数多项式的阶次线性增加,而且一个间断只能通过有限阶次的多项式来近似描述。因此,对于间断扩充,需要特殊的程序用于弱形式的准确积分。

11.9.1 间断扩充的积分 环绕(circumnavigating)间断的一个流行方法是将单元分解成若干子单元(积分单元),它们与间断排成一行。这是在 XFEM 的早期工作中提出的。当时采用子单元是合适的,与重新划分网格相比,在 XFEM 中采用它们仍然具有明显的优势。这些子单元没有引入新的自由度,不影响临界时间步长,或者也不需要特殊的高宽比。

我们通过一个例子,假设通过离散水平集函数(通过经典形函数插值)隐式地描述界面,展示如何分解单元,因此,给出零水平集为

$$\phi^h(\boldsymbol{X}) = \sum_{i\in I} N_i(\boldsymbol{X})\phi_i = 0 \tag{11.9.1}$$

为了简化,我们排除水平集函数在节点处等于零的情况,即对于所有 $i\in I$,均有 $\phi_i\neq 0$。一般情况下,界面在当前单元几何中是弯曲的,因为它源自将参考单元的这些点投影到当前单元几何(例如,等参映射)。仅在线性插值时,单元内部的界面是平面(例如,3 节点三角形和 4 节点四面体单元)。平面界面可以使单元分解成二维多边形和三维多面体。在将多边形分解成四边形和三角形时,可以使用高斯积分对多项式进行精确积分。

使用子单元存在的一个问题是数据一定要映射到它们的积分点上,这可能引起一些误差。因此,失去了参考单元的“精确积分”性质。此外,当把一个 4 节点单元拆分成线性或双线性子单元时,断面的准确映射是不可能的,因为它是双线性的,并且沿着子单元的边界是线性的。对于四边形单元,用一条直线代替弯曲界面是合理的,可以从界面和单元边界的交叉位置确定这条直线。通常将四边形参考单元分解成两个三角形,并且在每一个三角形中使用线性插值确定界面。然而,界面总是分段直线,并且用于积分的多边形子单元也很容易获得,图 11.19 展示一个算例。

Ventura 等(2005)提出了另一种不需要单元分解的方法,应用于单元内部含有跳跃或畸变的被积函数的积分。假设被积函数由一个任意多项式 P 乘以间断函数 D(强或弱形式):

$$\int_{\Omega_e} P\cdot D\mathrm{d}\Omega \tag{11.9.2}$$

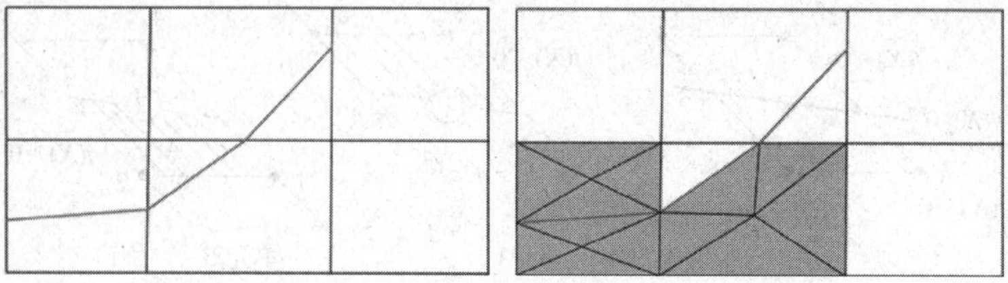

(a)　(b)

图　11.19

(a) 单元被裂纹切断形成的多边形；(b) 由三角形多边形创建的子域(阴影区)应用于弱形式的精确积分(画出了两种情况,即由三角形组成的四边形和五边形)

其中 Ω_e 是单元域。理想的方法是用一个多项式$\widetilde{D}$取代间断函数 D,如此得到的结果与之前描述的分解单元方法获得的结果是精确一致的。函数$\widetilde{D}$称为**等效多项式**。被积函数的阶次增加了。该方法的重要优点是在整个单元上可以使用标准高斯积分。然而,该方法的一个缺点是等效多项式依赖于扩充项和单元类型。而且,对于一个给定的弱形式,可以有不同的多项式 P 乘以间断项 D.´针对每种情况,都需要确定一个单独的等效多项式$\widetilde{D}$。

11.9.2　奇异扩充项积分　对于单元内部具有奇异性的扩充函数,推荐采用特殊积分规则。因为在经典的 FEM 框架下,我们已经研究了奇异点恰好就是单元节点的情况,这里不再给予考虑。我们也注意到在边界元方法中,奇异多项式的积分是符合标准的。

由于奇异点附近的高梯度,在该点附近的密集积分点将显著地改善计算结果。这可以通过使用 Laborde 等(2005)和 Béchet 等(2005)提出的二维极积分算法获得,如图 11.20(b)所示。Laborde 等已经证明这种方法消除了来自积分的奇异项。理想的方法是分解含裂尖的单元为三角形,这样每个三角形均有一个节点在奇异点("奇异节点")处。在一个四边形参考单元中,张量积型高斯点被映射到每一个三角形中,因此四边形的两个节点恰好是每一个三角形的奇异节点。这种方法非常适合于点的奇异性;然而,将其扩展到三维情况并不是一件容易的事情,在 3D 情况下,奇异性可能沿着前端出现。

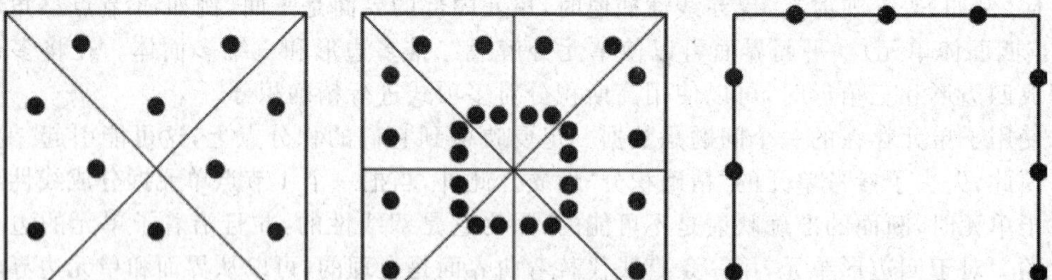

(a)　(b)　(c)

图 11.20　对比不同的积分方案(Ventura 等,2009)

(a) 子域积分;(b) 采用 8 个子域的近极点积分方法和一个映射的二阶双单位平方积分规则;(c)沿着每条边采用五阶精确积分规则的边界积分方法。转载于 Ventura G, Gracie R, Belytschko T. Fast integration and weight function blending in the extended finite element method[J]. *International Journal for Numerical Methods in Engineering*, 2009, 77(1): 1-29. Copyright © 2009, John Wiley & Sons, Ltd

对于在线弹性框架内的裂纹和位错扩充项，Ventura 等(2009)提出将包含奇异性的积分域转换为围道积分，如图 11.20(c)所示。围道积分相比域积分使用更少的计算成本。在三维问题中，这些方法也可以将域积分退化为表面积分。

11.10　XFEM 模拟的例题

这些模拟主要关注 Kalthoff 和 Winkler(1988)报道的一个实验。一块带有两条初始边缘裂缝的马氏体钢 18Ni1900 板，受到弹体冲击，如图 11.21 所示。材料性能为 $\rho=8000\mathrm{kg/m^3}$，$E=190\mathrm{GPa}$ 和 $v=0.30$。在实验中，通过修改弹体速度可以观察到两种不同的失效模式。在高速冲击下，从裂缝处发射出一个与初始裂缝呈 $-10°$ 角的剪切带；在低速冲击下，可以观察到裂纹扩展角度约为 70°的脆性断裂。我们关注脆性断裂模式。

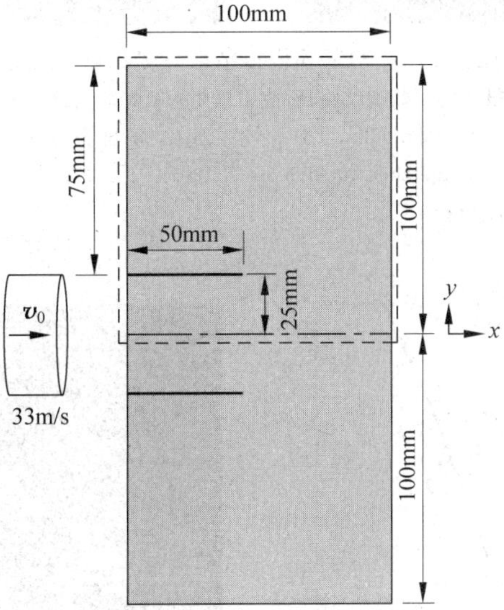

图 11.21　设置 Kalthoff 实验。虚线框代表选取对称模型的一半进行数值计算

在模拟这个问题时，我们采用水平对称性。在模型底部边缘施加了对称边界条件($u_y=0$)，并在裂缝边缘的 $0\leqslant y\leqslant 25\mathrm{mm}$ 高度施加了冲击速度，其他边界是力的自由边界。我们假设弹体与被冲击板有相同的弹性阻抗，因此，冲击速度近似为弹体速度的一半(Lee 和 Freund，1990)。选择冲击速度为 $v=16.5\mathrm{m/s}$。在这个例子中，应用双曲型缺失准则(Belytschko，2003)驱动裂纹扩展。双曲型条件的物理意义是运动方程能够保持双曲型偏微分方程的形式，视其为材料稳定性的条件。因此，不满足这个条件则作为裂纹扩展的断裂准则。这个条件与平衡方程的椭圆型条件是一致的。

为了例题的完整性，其余细节汇总如下：选取断裂模式Ⅰ的能量释放率 $G_f=2.213\times10^4\mathrm{J/m^2}$ 为内聚能，临界裂纹张开位移为 $\delta_{\max}=5.378\times10^{-5}\mathrm{m}$。采用 Lemaitre's 损伤模型(Lemaitre，1971)，其损伤参数为 $A=1.0$，$B=200$，损伤阈值为 $\varepsilon_{D_0}=3\times10^{-3}$。使用 100×100 的结构网格。

图 11.22 展示了随时间变化的损伤参数场。图 11.23 给出了实验的最终裂纹路径与不同数值结果的对比。XFEM 给出的裂纹扩展结果画出了一条几乎接近直线的裂纹路径，整条裂纹角度大约为 58°，与实验数据给出的 70°角度吻合较好。

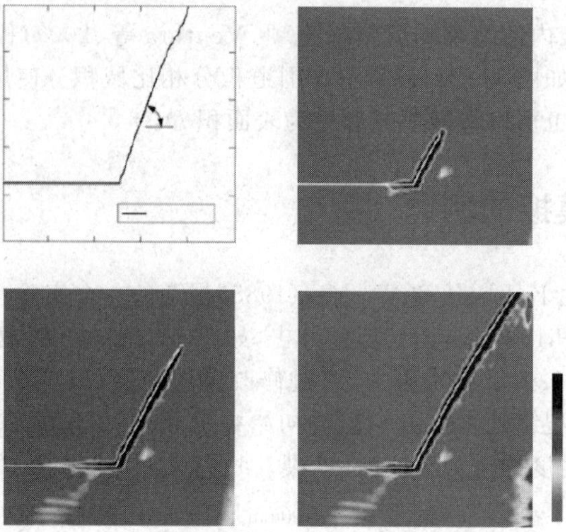

图 11.22　XFEM 模拟结果与实验数据对比

(a) Kalthoff 和 Winkler(1988)报道的实验裂纹路径，使用双曲率缺失准则给出的 XFEM 裂纹路径，100×100 的四边形网格；(b) $t=42.64\mu s$；(c) $t=53.58\mu s$；(d) $t=88.58\mu s$。源自 Song JH，Wang H and Belytschko T. A comparative study on finite element methods for dynamic fracture[J]. *Computational Mechanics*，2008，42(2)，239-250. Copyright © 2008，Springe

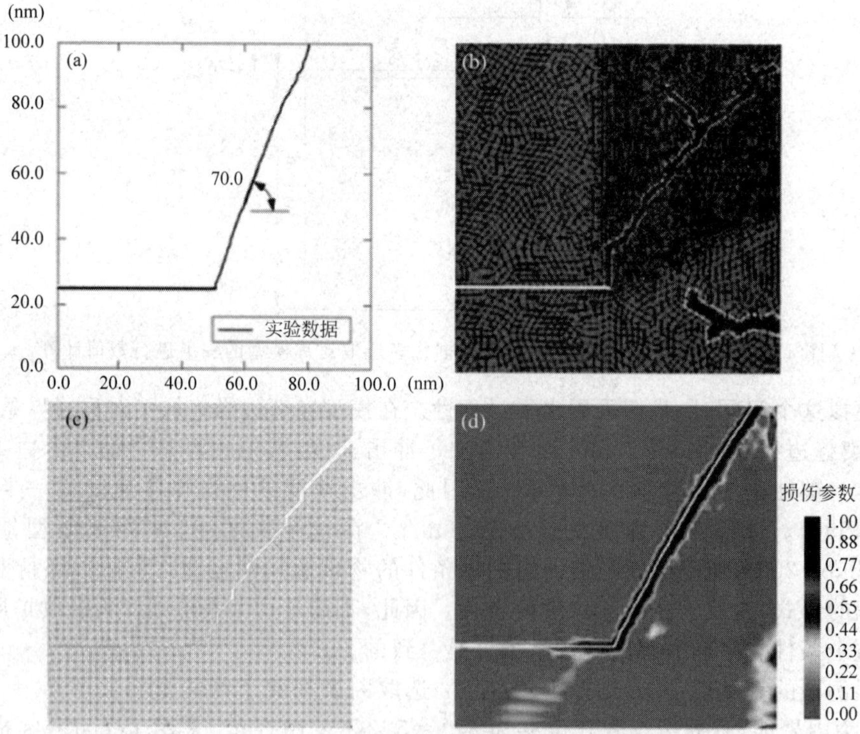

图 11.23　关于 Kalthoff 实验的 XFEM 模拟结果和其他数值方法结果的对比

(a) 实验数据(Kalthoff 和 Winkler，1988)；(b) 非结构网格的单元删除方法(Song，2008)；(c) Needleman 的内部单元(inter-element)方法，40×40 三角形结构网格(Song，2008)；(d) XFEM 的 100×100 四边形网格。源自 Song JH，Wang H，Belytschko T. A comparative study on finite element methods for dynamic fracture[J]. *Computational Mechanics*，2008，42(2)，239-250. Copyright © 2008，Springer

11.11 练习

考虑一根长度为 20mm 的 1D 杆，杆的左端在 −10mm 处和右端在 10mm 处，其中的间断面在 $x_c=0$mm 处。在杆的左端施加拉伸外载荷（$P=1$MPa），杆的右端固定。假设杆由线弹性材料制成，材料性能为 $E=200$GPa，$\rho=7.83$g/cm^3 和 $v=0.3$。

写出 1D 程序求解这个问题，使用标准 Verlet 时间积分的显式形式，实现 XFEM 编程模拟裂纹面。为了简化求解，不需要在裂纹表面考虑内聚力。采用两种方法之一进行 XFEM 编程：原始 XFEM 或虚拟节点法。下面给出实现原始 XFEM 编程的提示。

提示：

(a) 计算每一节点的水平集数值（至裂纹面的符号距离函数）。注意在这个例子中，仅对被裂纹切断的一个单元进行扩充，因此将会有正和负的节点水平集数值。

(b) 推导扩充单元的 $\boldsymbol{B}$ 矩阵，使用在本章中引入的强间断的平移扩充函数。由于含有了之前自由度的双倍自由度，需要记住此时 $\boldsymbol{B}$ 矩阵的维数已经发生变化。然而，应力的维数没有发生变化。对于所有其他没有扩充的单元，仍然保持 $\boldsymbol{B}$ 矩阵的标准形式。

(c) 为了获得内力，在全部扩充单元上小心地积分 $\boldsymbol{B}^{\mathrm{T}}\boldsymbol{\sigma}$。因为现在 $\boldsymbol{B}$ 是整个扩充域内的一个间断函数，使用与未扩充单元同样数量的高斯积分点将得到差的结果。这里有两种解决方法：(i) 使用大量的积分点；(ii)对因裂纹形成的扩充单元的两个部分分别积分。

12

多尺度连续理论概述

12.1 动机：材料是含微结构的连续体

科学和工程的大多数应用是宏观尺度的。最早引起人们兴趣的是材料的宏观力学行为。材料在宏观上呈现连续性，正是基于这个事实，方可直接应用连续介质力学理论模型描述材料的工程行为。显然，不同材料呈现出不同的工程特性。鉴于此，在连续介质理论中发展了大量的本构理论模型，目的是使各组材料性能与实际数据相一致，例如屈服强度的增加、延性失效、应变率敏感性，或热膨胀敏感性。然而，在传统的连续介质力学本构理论中很少注意到材料行为的区别，甚至于最初的材料本身之间的区别，通常只满足于对观测到的宏观现象的描述。因此，这些本构理论被称为唯象的本构理论。

另一方面，材料学家很早就知道材料的宏观性能在很大程度上依赖于其**微观结构**，通过各种显微镜技术可以揭示这些微结构特性，它们构成材料并且经常跨越了多个长度尺度(见Polmear, 2006)。

人们很快就认识到微结构可以通过化学合成和加工参数进行控制，如添加合金元素、提高工作温度、控制引入塑性应变(例如，每次轧制中减小面积)和应变率(例如，加工速率)。总体目标是创造和优化微结构，使其实现特殊性能和设计准则、可靠性和最低成本的材料属性(例如强度、韧性)，在这一过程中力学理论只能发挥部分作用。达到这个目标的步骤可以归纳如下，如图12.1所示(Olson, 1997)：(1)在加工过程的各个阶段将微结构与加工参数联系起来；(2)发展联系材料性能与其微结构的模型；(3)作为结构的函数来预测材料性能，然后通过实验数据验证预测结果。如果该性能不能满足准则，通常是基于实验和经验，需要考虑合成和加工新的微结构，以此方式改善材料性能。

以图12.2中展示的金属为例，经常用它来呈现微结构特征的多样性。在低放大倍数显微镜下，金属的二维结构看起来像一块七巧板，每一块板被称为晶粒。晶粒是在凝固过程中依据单晶取向排列形成的原子集合体，由晶界将其分隔开，晶界是描述在相邻晶粒之间晶向错配的面。在凝固过程中，晶粒取向的确定是以横跨晶粒的原子点阵空间为基础，原子沿着优选方向有序排列。只有通过先进的显微镜才能观察到点阵及其方向，这需要相当高的放

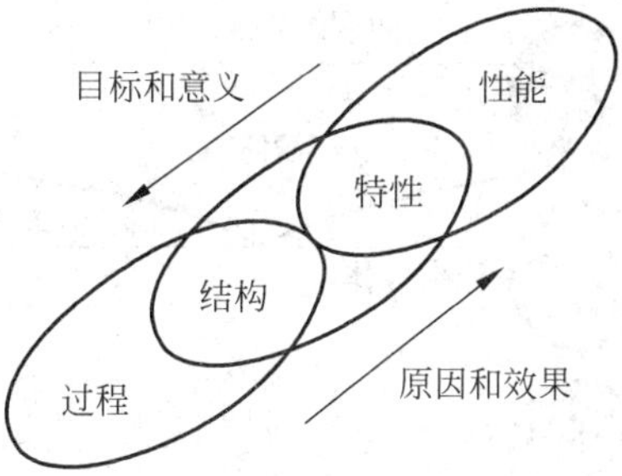

图 12.1 材料的结构、性能，以及它们之间的关系

源自 Olson G B. Computational design of hierarchically structured materials. Science, 1997

大倍数。为了对已知的晶体结构分类，通过更高放大倍数的显微镜可以观察到在阵列中原子排列的不同方式(Kelly, Groves 等，2000；De Graef 和 McHenry，2007)。通过重复放大展示嵌套的材料结构(例如，试件、晶粒、原子点阵、晶体结构)，以此来强调工程材料的多层次特性(例如，Xiao 和 Belytschko，2004；Liu，Qian 等，2010)。

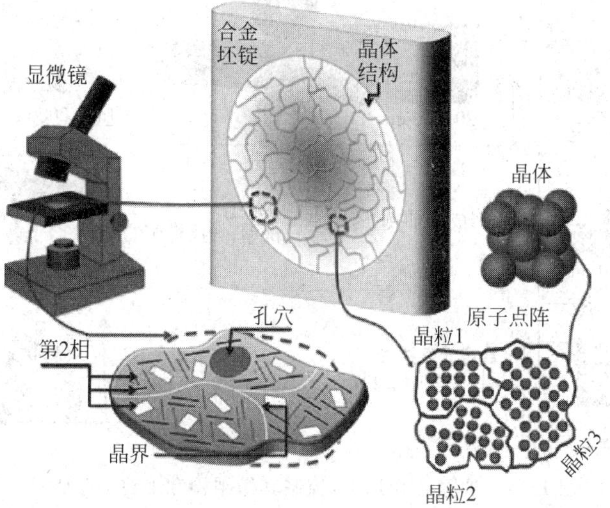

图 12.2 通过依次放大展示材料结构的复杂度

我们继续讨论金属的例子，在凝固过程中，通过添加合金元素改变其化学成分，即使非常少量地添加合金元素也能够显著地影响材料体系的热力学性能，有助于原子的非均匀团簇的分隔或者第二相晶粒的跨晶粒分散(Polmear, 2006)。考虑图 12.3，假设在高温下，将元素 B 加入元素 A，使其贡献合金质量的 5%，然后将熔化的 AB 混合物从液态冷却至室温。首先观察到发生了单相的晶体凝固(称为 γ)，形成了 B 在 A 中的均匀固体。进一步地冷却，由于溶解度与温度相关，B 在 A 中的溶解度降低，因此一部分 B 需要从 γ 相中析出形成次要相 δ，而 δ 相可能是或者可能不是结构中的晶体。

通过改变合金组分和加工温度，通常可以控制构成合金的各相比例和构形。由实验确定的所谓相图，如图 12.3 所示，可以指导冶金科学家合成具有改进微结构的新合金。对于同一种组分，通过进一步控制合金生产的后续步骤，可以产生不同的合金性能，如图 12.4 所示。通过施加热处理，激活不同的反应，将得到改变综合热力学性能的理想微结构。

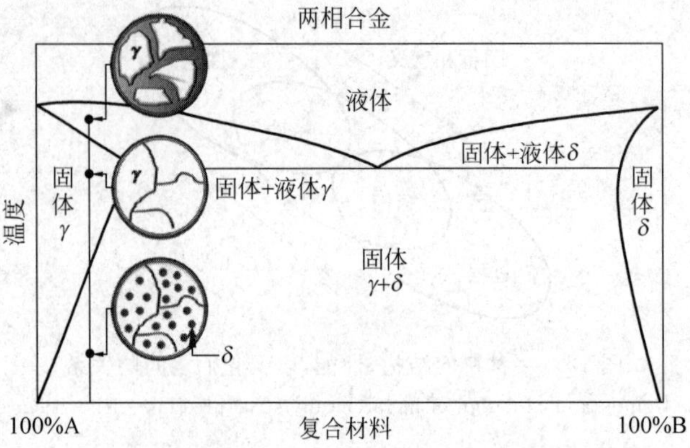

图 12.3　两相合金的相图,通过沉淀分离出了次要相 δ

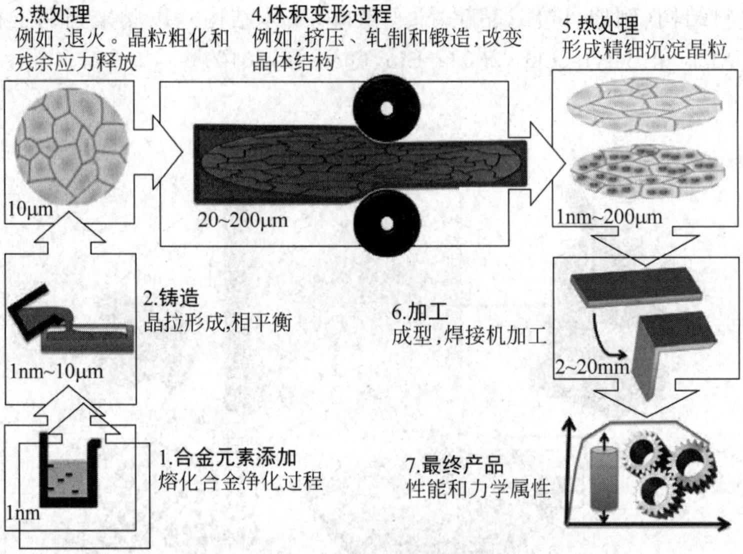

图 12.4　通过合金加工,控制其微结构和最终力学性能

例如,通过混合多种元素,在它们熔融状态下形成最初的合金,然后浇铸成铸锭,使它们凝固并锁定在晶粒结构中。接着对固体加热(退火),通过释放残余应力而使晶粒变粗,同时合金通常变软使其容易通过挤压、轧制或者其他体积变形的过程加工成形,使铸锭变形成中间产品。随后发生的加热和受控冷却能够在一些合金中诱发细小颗粒的沉淀(离析)。对于大多数合金,由于这些颗粒能够阻碍位错的运动,通常作为主要的增强媒介(关于位错的更多内容,见第 13 章)。

通过化学合成和加工过程,总体上满足需求并且能够实现控制合金微结构的大部分特征,例如晶粒尺度、次要相等。这些控制手段可以极大地增强合金的强度、韧度和延性(Hull 和 Bacon,2006),这是合金加工的基本目标。材料科学令人印象深刻的最新进展表明,超过金属和合金,可以进一步地整体控制材料结构(如纳米制造),然而却被昂贵的实验成本所限制,由此减缓了新材料进军日益扩张的世界市场的速率。为了加快新材料进入市场的周期,预测和检验它们的性能应该是不太昂贵的。

在力学领域中正在上升的一种趋势是发展理论并提供给材料学家，根据他们对材料微结构的认知预测材料性能，从而只进行最低限度的实验。这些努力已经导致产生了大量的**广义力学**公式，它们将结构信息更加直接地与扩展的平衡定律相联系。广义力学是指考虑到局部和非局部变形物理现象的统计描述，基于物理机制的近似来构造模型。由于产生的数学形式的复杂性，特别是物理主控规律的非线性和影响变形的大量参数，促使力学家通过有限元方法求解他们的理论模型，通常利用高性能计算完成。因此，许多计算力学的现代理论旨在产生快速、低耗、可靠和通用的有限元程序，进行材料的虚拟性能实验。这些理论将材料结构和它们的性能高保真地联系起来，并且可以通过有限元方法进行模拟。

多尺度连续理论(MCT)就是这样一种理论(Mc Veigh，Vernerey 等，2006；Vernerey，Liu 等，2007；Mc Veigh 和 Liu，2008；Mc Veigh 和 Liu，2009；Liu，Qian 等，2010；Mc Veigh 和 Liu，2010；Tian，Chan 等，2010；Greene，Liu 等，2011)。基于微结构的多层次构图，提供了对全部隐含微结构特征的连续描述，因此，它能够独立或耦合地提供在工程尺度下观测到的材料力学行为演化。每个结构层次均假设为呈现不同的材料性质和不同的变形状态。究其原因，一般是材料点在局部载荷下的微观响应偏离于试件在施加外载和边界条件下的宏观响应，宏观响应趋向于在大体积(有效)内被平均化的微观响应的集合。因此，MCT 允许分别建立与每个层次微结构相关的应变、应力和基于物理机制的材料定律，这些微结构可以由宏观试件的材料点表示。为了理解 MCT 方法，我们首先回顾微结构连续体的块体变形和受力的基本描述。

12.2　微结构连续体的宏观变形

我们在前面一节中强调了微结构在确定材料力学性质中扮演的支配角色。此外，在大多数工程应用中，对材料及其结构的观察尺度都大到足以使其性质呈现连续性，即在所需要的性能层次上不能辨别离散的原子点阵或分子结构。同样令人感兴趣的是作为原子集体运动的近似，可以用连续函数描述材料微结构的变形。借助于连续近似来描述变形有两方面的优势。一方面，在工程观察尺度(≈1cm 或更大，≈1s 或更长)，保留原子细节在计算上是不可能的。另一方面，因为相邻原子趋向于跟随宏观变形的趋势运动，通常是不需要描述原子细节的，它们的位置可以近似地认为与宏观变形的允许模式一致，可以通过连续方法更有效地确定变形。

12.3　块体微结构连续体的广义力学

12.3.1　对广义力学的需求　考虑图 12.5 和图 12.6，我们应用基于连续体的方法模拟块体变形，仍然存在如何捕捉局部微结构的问题。

图 12.5 绘出一小片材料变形前后的示意图，取自于具有多个次要相和晶界的非均匀微结构。从图中可以看出每个相的变形不同，在晶界或其他区域可以生成裂纹。虽然没有展示周围材料发生的变化，但是可以假设所显示出来的一小片材料仍然与它的母体试件相连接。另一方面，图 12.6(a)展现了理想试件从韧性变形至失效的过程。在这幅图中，不能辨别次要相和晶粒，在这个尺度下也不能观测到在图 12.5 中生成的微裂纹。相对应的，在试

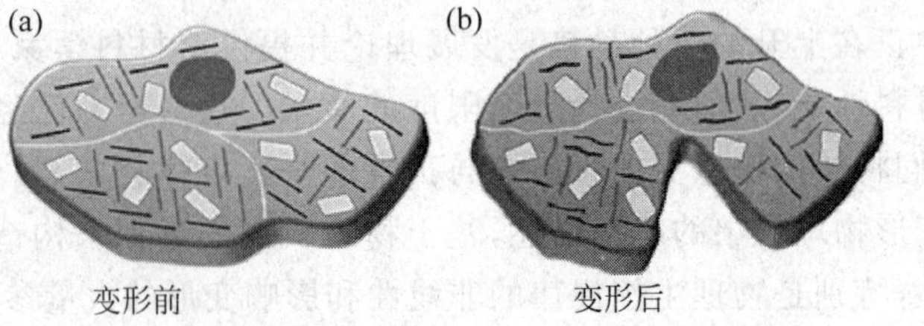

图 12.5　变形的局部视图和微结构的断裂

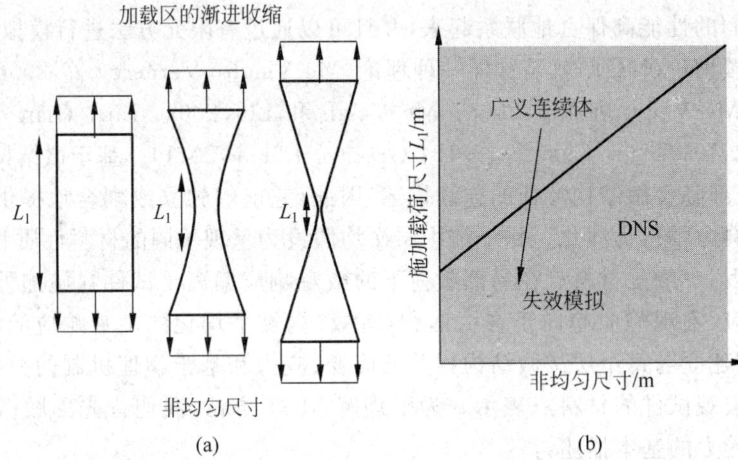

图　12.6

(a) 变形的总体视图和试件的断裂；(b) 广义连续理论的适用范围

样中间部分发生了预测的颈缩，减小了承载区的面积直至断裂。尽管图 12.5 和图 12.6(a)表示了同一个试样的变形特征，即使在不同尺度，看起来也非常不同。此外，图 12.5 的边界条件需要满足这一小片材料与其周围材料的变形协调，这是随着变形不断演化的。然而，在图 12.6(a)中，上下表面被限制以恒定的速度运动，周围边界是自由的，这些边界条件不需要随着变形而改变。

为了将图 12.5 和图 12.6(a)的力学机制协调一致，我们知道在工程应用中感兴趣的尺度通常对应于图 12.6(a)或者更大的尺度，于是想到了两种方法。第一种方法是将图 12.5 中的小片连同它的结构细节拓展至整个样本，然后利用**直接数值模拟法**(DNS)模拟真实的载荷和边界条件。因为在具有复杂微结构的模型中可能存在数百万个次要相、晶粒等，该种方法通常在计算上是不可行的。第二种方法是借助于**广义连续**理论模拟整个试件，在平衡方程中添加了考虑微结构对宏观变形影响的附加项。

广义连续方法适用一类典型的问题，即由于计算能力限制或者没有必要采用 DNS 方法的问题，其特点是能够有效地捕捉内部结构的相互作用和激发反映空间频率的能量。当承载区域缩减至特征长度尺度(例如颗粒的间距)并导致微结构的局部变形时，它们是非常准确的。在图 12.6(b)中图解了广义连续理论的适用性。因此，当存在两个关键条件之一时，广义连续理论是有效的：

(1) 在观测尺度上变形近似是连续的。

(2) 由于对变形的局部非均匀模式发生作用，因此，不能忽略亚尺度微结构和载荷的相互作用。

为了捕捉非均匀变形，每个材料点的响应(如图 12.5 中的每个点代表了微结构的一部分)都受制于它相邻的材料点，因此，在平衡方程中必须包含相邻区域的信息，才能准确地给出反映微结构长度尺度的力学特征。

注意到，如果可能不发生非均匀的局部变形，可以通过微观力学的方法(Mura，1987；Nemat-Nasser 和 Hori，1999)将有效的微结构属性分配到每个材料点上，这样，通过标准的有限元程序离散，使经典连续介质力学方法得以满足。

12.3.2　广义力学的主要概念　我们可能通过两种主要方法引入相邻材料点的信息，取决于能否在材料点的原有自由度(DOF)处获得这些信息，如图 12.7 所示。如果能从原有自由度处获得，该信息将会被具有同样自由度的高阶梯度项采用，则建立了高阶连续介质理论(如 Mindlin，1965；Ahmadi 和 Firoozbakhsh，1975；Muhlhaus 和 Aifantis，1991a，b；Fleck，Muller 等，1994；Fleck 和 Hutchinson，1997；Borst，Pamin 等，1999；Chambon，Cailerie 等，2001；Geers，Kouznetsova 等，2001；Gurtin，2002；Kouznetsova，Geers 等，2002；Wagner 和 Liu，2003；Chambon，Cailerie 等，2004；Georgiadis，Vardoulakis 等，2004；Kouznetsova，Geers 等，2004；Gurtin 和 Anand，2005；Engelen，Fleck 等，2006；Fleck 和 Willis，2009a，b；Luscher，McDowell 等，2010)。如果不能，每个材料点处需要增加额外自由度来提供相邻材料点的信息，则建立了高级连续介质理论(如 Cosserat 和 Cosserat，1909；Mindlin，1964；Germain，1973；Eringen，1999；Nappa，2001；Iesan，2002；Chen 和 Lee，2003a，b；Lee 和 Chen，2005；Forest 和 Sievert，2006；Zeng，Chen 等，2006；Venerey，Liu 等，2007；Forest，2009；Jänicke，Diebels 等，2009；Regueiro，2009)。正如在本章中将要讨论的，由于在现代材料中丰富的微结构的变形复杂性，MCT 拓展了高级连续理论，适用于每个材料点需要定义多个相邻区域的情况。

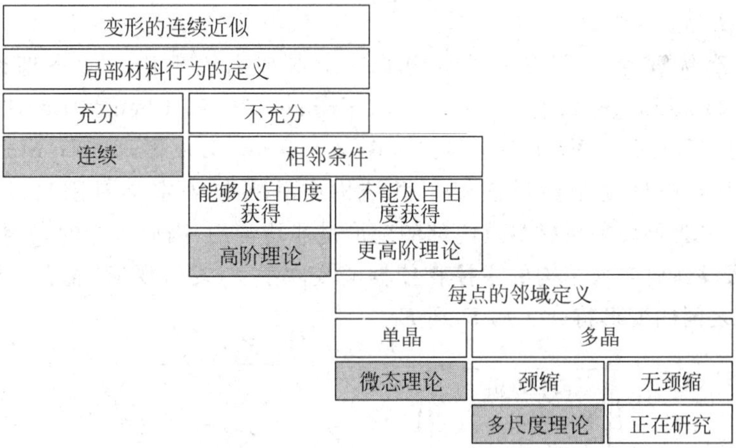

图 12.7　广义力学的主要概念，构成了多尺度连续理论

12.3.3　高阶理论　梯度现象的简单例子是弯曲和扩散，如图 12.8 所示。弯曲的物理现象取决于曲率，可以通过计算应变的一阶梯度得到，而扩散的物理现象取决于扩散物浓度的梯度。从这两个例子可以清楚地看出梯度现象需要涉及有限范围的微结构，因此自然地将相邻区域和微结构特征尺寸联系起来。

曲率也是位移的二阶梯度，只有当材料点的变形高度不均匀时，例如，局部非均匀，在连

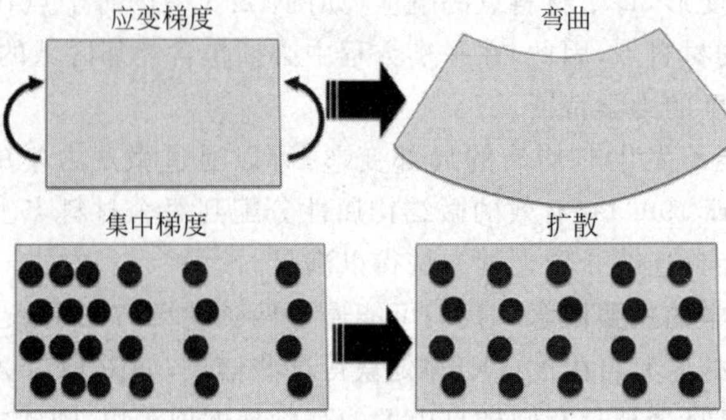

图 12.8　自然地出现梯度的两个例子

续介质力学的公式中才值得保留该项。为了便于理解，考虑如下非均匀变形单元 d$\boldsymbol{x}$ 的展开（如图 12.8 中的弯曲）

$$\mathrm{d}\boldsymbol{x} = \boldsymbol{F} \cdot \mathrm{d}\boldsymbol{X} + \frac{1}{2}\mathrm{d}\boldsymbol{X} \cdot \nabla_0 \boldsymbol{F} \cdot \mathrm{d}\boldsymbol{X} + \cdots \tag{12.3.1}$$

其中 $\boldsymbol{F} = \nabla_0 \boldsymbol{\phi}$ 是任意非线性运动 $\boldsymbol{\phi}(\boldsymbol{X}, t)$ 的变形梯度。如果变形是局部均匀的，只需要保留 $\boldsymbol{\phi}(\boldsymbol{X}, t)$ 展开后的第一项。当 $\nabla_0 \boldsymbol{F}$ 比材料单元 d$\boldsymbol{X}$ 和微结构特征长度大时，在连续介质力学公式中包含应变梯度是重要的。在采用率形式的情况下，应该代之以考虑速度梯度的梯度。例如，内能密度可以写为(例如，Mindlin 和 Tiersten，1962)，

$$p_{\mathrm{int}} \equiv \boldsymbol{\sigma} : \boldsymbol{L} + \boldsymbol{\sigma\sigma} \ \vdots \ \nabla \boldsymbol{L} \tag{12.3.2}$$

其中 $\nabla \boldsymbol{L} = L_{ij,k}$ 是速度梯度的空间梯度，即速度的二阶梯度，$\boldsymbol{\sigma\sigma}$ 是与运动学描述的能量共轭的**偶应力**，是每单位面积弯曲概念的推广。三点积表示对张量的全部三个指标进行缩并，即 $\boldsymbol{\sigma\sigma} \ \vdots \ \nabla \boldsymbol{L} = \sigma\sigma_{ijk} L_{ij,k}$。

12.3.4　高级理论　应用于微结构的一个典型高级理论是微态理论(Eringen 和 Suhubi，1964；Mindlin，1964；Germain，1973；Eringen，1999；Chen 和 Lee，2003a，b，c)，经常会有些变动(McVeigh，Vernerey 等，2006；Vernerey，Liu 等，2007；McVeigh 和 Liu，2008，2009，2010)，该理论是通过嵌套于微结构中的颗粒来定义有限尺寸的材料点，如图 12.9 所示。主要思想是在材料点内部的变形是非均匀的，因此人们的兴趣在于捕捉它的变化。通常，假设远离嵌入结构的主控相依据畸变映射 $\boldsymbol{F}_0$ 发生变形，而嵌入结构的相的变形为 $\boldsymbol{F}_1$；它们之间的变形将介于从 $\boldsymbol{F}_0$ 到 $\boldsymbol{F}_1$。

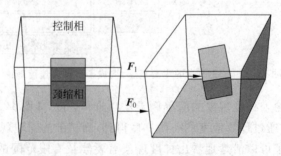

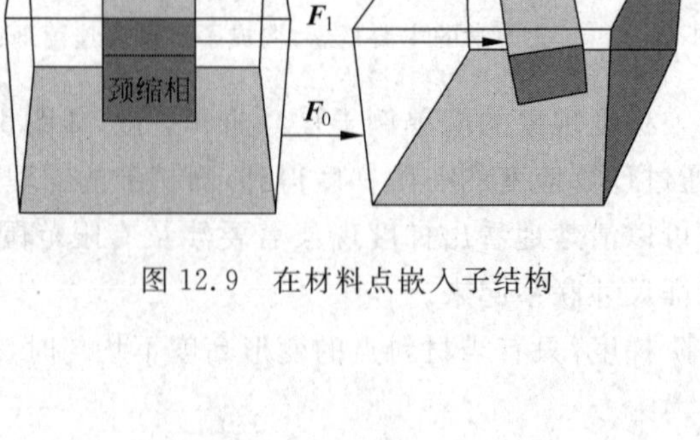

图 12.9　在材料点嵌入子结构

嵌入相的位移 $\boldsymbol{u}_1(\boldsymbol{X})$（见图 12.9）可作为自由度（DOFs）的一组基本集合。另一方面，主控相展示了远场位移 $\boldsymbol{u}_0(\boldsymbol{X})$，如图 12.10 所示。可以采用嵌入相和远场之间的相对位移或速度得到附加的自由度。

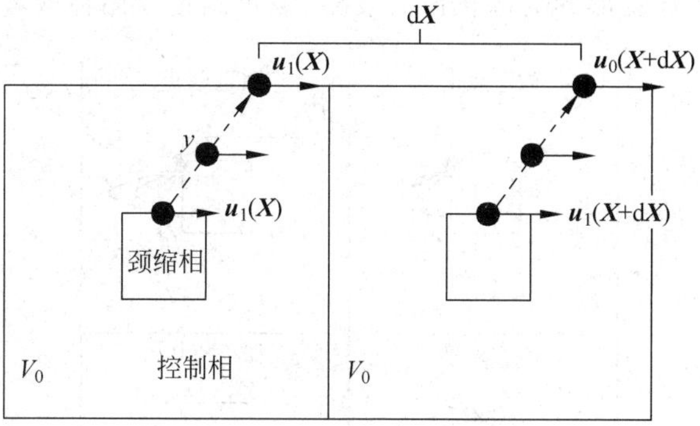

图 12.10 在参考构形中微态理论的两个相邻材料点

在微态理论材料点（图 12.10），采用 $\boldsymbol{F}_1$ 和内部位置矢量 $\boldsymbol{y}$ 能够表示任意处的变形梯度。为此，首先假设在材料点内任意点 $\boldsymbol{y}$ 的位移具有以下形式

$$\boldsymbol{u}(\boldsymbol{X},\boldsymbol{y}) = \boldsymbol{u}_1(\boldsymbol{X}) + \boldsymbol{f}_1 \cdot \boldsymbol{y} \tag{12.3.3}$$

其中 $\boldsymbol{f}_1 \equiv \boldsymbol{I} + \dfrac{\partial \boldsymbol{u}}{\partial \boldsymbol{y}}$ 是常值二阶相对微畸变张量，视其为表征微变形的附加自由度的集合。注意我们这里采用小写的黑体符号 $\boldsymbol{f}$ 表示微畸变张量，以避免与宏观变形张量 $\boldsymbol{F}$ 混淆。

通过分解 $\boldsymbol{f}_1$ 以仅允许某种微变形，则可以生成微态理论的几种变体。例如在微极理论中（Eringen，1965；Yang and Lakes，1982；Kennedy and Kim，1993；Kadowaki and Liu，2005；Yan，Larsson 等，2006）仅允许微转动，即 $\boldsymbol{f}_1 = \boldsymbol{R}_1$，其中 $\boldsymbol{R}_1$ 是旋转张量。类似的，微应变理论（Forest 和 Sievert，2006）仅允许自由旋转的应变，即 $\boldsymbol{f}_1 = \boldsymbol{U}_1$，其中 $\boldsymbol{U}_1$ 是微应变张量。另一种变体是假设由扩张和收缩引起微转动，即 $\boldsymbol{f}_1 = \lambda \boldsymbol{R}_1$，其中 λ 是伸缩量，称其为**微伸缩理论**（Eringen，1990）。

微态材料点 $\boldsymbol{X}$ 内的一点 $\boldsymbol{y}$ 的宏观变形梯度，通常为（见图 12.10）

$$\boldsymbol{F}(\boldsymbol{X},\boldsymbol{y}) = \boldsymbol{I} + \frac{\partial \boldsymbol{u}(\boldsymbol{X},\boldsymbol{y})}{\partial \boldsymbol{X}} = \boldsymbol{I} + \frac{\partial(\boldsymbol{u}_1(\boldsymbol{X}) + \boldsymbol{f}_1 \cdot \boldsymbol{y})}{\partial \boldsymbol{X}} \tag{12.3.4}$$

令 $\boldsymbol{F}_1$ 等于 $\boldsymbol{I} + \dfrac{\partial \boldsymbol{u}_1}{\partial \boldsymbol{X}}$，则以 $\boldsymbol{F}_1$ 的形式表示宏观变形梯度为

$$\boldsymbol{F}(\boldsymbol{X},\boldsymbol{y}) = \boldsymbol{F}_1(\boldsymbol{X}) + \nabla_X \boldsymbol{f}_1 \cdot \boldsymbol{y} \tag{12.3.5}$$

梯度算子带有下角标 ∇_X，以避免在材料点坐标 $\boldsymbol{X}$ 和嵌套坐标 $\boldsymbol{y}$ 之间的混淆。在图 12.11(a)、(b)中给出了关于这些方程的解释，每幅图都描述了四个邻近的微态材料点，水平方向和竖直方向各两个。图 12.11(a)展示了在靠近主控相（例如基体）和嵌入相（例如杂质）右界面附近区域的每个材料点的局部应变放大图，我们发现在相距 $\mathrm{d}\boldsymbol{X}$ 的任意两个对应点 $\boldsymbol{y}^*$ 处都有 $\boldsymbol{f}_1(\boldsymbol{X},\boldsymbol{y}^*) = \boldsymbol{f}_1(\boldsymbol{X}+\mathrm{d}\boldsymbol{X},\boldsymbol{y}^*)$。即在相邻的微态材料点中，导致局部或者亚尺度变形放大的微观机制是同等活跃的，所以 $\nabla_X \boldsymbol{f}_1 = 0$。将这种变形行为与图 12.11(b)中的变形进行对比。在左侧的两个材料点比右侧的两个材料点表现出更活跃的亚尺度变形机制，所以 $\nabla_X \boldsymbol{f}_1 \neq 0$。因此，可以预测图 12.11(b)左侧的微态材料点的局部化宏观变形（加深了颜色），根据公式

(12.3.5)，它们比右侧邻近区域材料点具有更大的变形。我们注意到，在微态方法中引起的变形局部化来自于亚尺度的活跃，这两个尺度采用不同(非耦合)的本构关系建模。也注意到，在如图12.11(a)的例子中，当 $\boldsymbol{f}_1 \neq 0$ 但是 $\nabla_X \boldsymbol{f}_1 = 0$ 时，需要考虑由亚尺度机制活跃引起的附加内能，即使当宏观变形的局部化没有发生，该机制也会储存或者耗散能量。

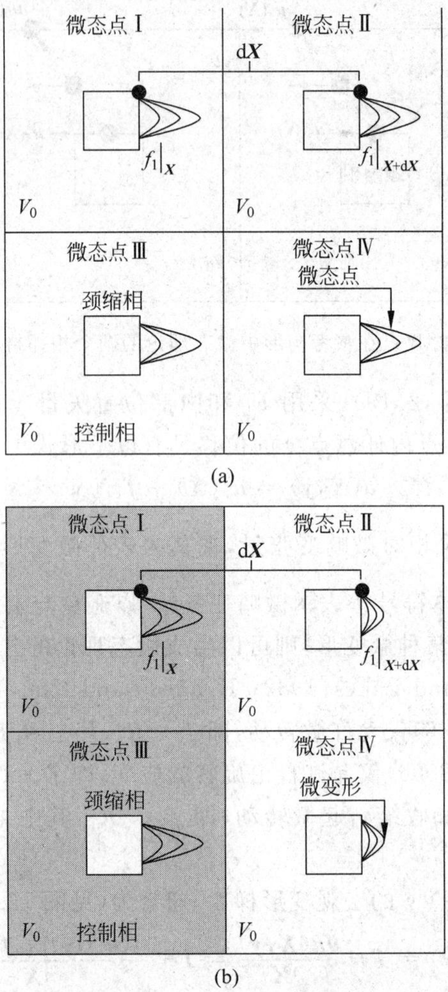

图　12.11

(a) 不同微态材料点具有相同的微变形；(b) 微态材料点在 x 方向展示了微变形梯度

由于采用率形式更方便处理大变形问题，为了简化对大变形力学行为的描述，微态理论通常以当前构形的形式表示速度场 $\boldsymbol{v}(\boldsymbol{x})$(Germain，1973)。因此，在任意嵌入点 $\boldsymbol{y}$ 处的宏观速度梯度 $\boldsymbol{L}$ 表示为

$$\boldsymbol{L}(\boldsymbol{x},\boldsymbol{y}) = \boldsymbol{L}_1(\boldsymbol{x}) + \nabla_x \boldsymbol{l}_1 \cdot \boldsymbol{y} \tag{12.3.6}$$

其中 $\boldsymbol{l}_1 \equiv \dfrac{\partial \boldsymbol{v}}{\partial \boldsymbol{y}}$ 是相关的微观速度梯度，是一组附加的自由度。这里，∇_x 表示是一个材料点对空间坐标 $\boldsymbol{x}$ 的梯度，同样要避免与嵌入点的坐标混淆。

通过修改平衡方程可以考虑这些附加自由度对于力学变形行为的贡献。例如，通过这些附加的自由度并与应力度量共轭，扩展动量平衡的虚功率原理，这些内容将在下一节中讨论。

12.3.5 微态理论描述块体微结构材料

1. 内部功率

为了准备讨论多尺度连续理论的基础，以便于获得复杂微结构的内部功率，我们从上一节描述的微态理论出发来解释公式(12.3.6)中运动学的量，把速度梯度改写为

$$\boldsymbol{L}(\boldsymbol{x},\boldsymbol{y})=\boldsymbol{L}_0(\boldsymbol{x})+(\boldsymbol{L}_1(\boldsymbol{x})-\boldsymbol{L}_0(\boldsymbol{x}))+\nabla_x\boldsymbol{l}_1(\boldsymbol{x})\cdot\boldsymbol{y} \tag{12.3.7}$$

其中 $\boldsymbol{L}_0$ 是材料点 $\boldsymbol{x}$ 处的某个参考速度梯度。相关的微观速度梯度重新定义为 $\boldsymbol{l}_1\equiv\boldsymbol{L}_1-\boldsymbol{L}_0$，它的宏观空间梯度为 $\nabla_x\boldsymbol{l}_1\equiv\nabla_x\boldsymbol{L}_1$，即 $\nabla_x\boldsymbol{L}_0\rightarrow 0$，或者在材料点处假设参考速度梯度 $\boldsymbol{L}_0$ 为常数，这样有

$$\boldsymbol{L}(\boldsymbol{x},\boldsymbol{y})=\boldsymbol{L}_0+\boldsymbol{l}_1+\nabla_x\boldsymbol{L}_1\cdot\boldsymbol{y} \tag{12.3.8}$$

因此可以定义内部功率密度为(在当前构形中)，

$$p_{\text{int}}=\boldsymbol{\sigma}_0:\boldsymbol{L}_0+\boldsymbol{s}_1:\boldsymbol{l}_1+\boldsymbol{ss}_1 \vdots (\nabla_x\boldsymbol{L}_1) \tag{12.3.9}$$

$\boldsymbol{\sigma}_0$ 是参考 Cauchy 应力，它与参考速度梯度 $\boldsymbol{L}_0$ 共轭。这里参考值 $\boldsymbol{L}_0$ 代替了微态理论在图 12.11 中的远场值。$\boldsymbol{s}_1$ 是与微观变形 $\boldsymbol{l}_1$(高级自由度)关联的应力，$\boldsymbol{ss}_1$ 是与微观变形梯度相关的偶应力。

现在，可以呈现这一重新描述的物理意义。在公式(12.3.9)中定义的内部功率可以改写为

$$p_{\text{int}}=p_{\text{hom}}+p_{\text{inhom}} \tag{12.3.10}$$

其中 $p_{\text{hom}}\equiv\boldsymbol{\sigma}_0:\boldsymbol{L}_0$ 来自于在当前构形中材料点变形的均匀部分，而 $p_{\text{imhom}}\equiv\boldsymbol{s}_1:\boldsymbol{l}_1+\boldsymbol{ss}_1\vdots\nabla_x\boldsymbol{L}_1$ 来自于非均匀部分，后者是由亚尺度机制的局部化作用引起的远离均匀模式的变形，如图 12.12 所示。

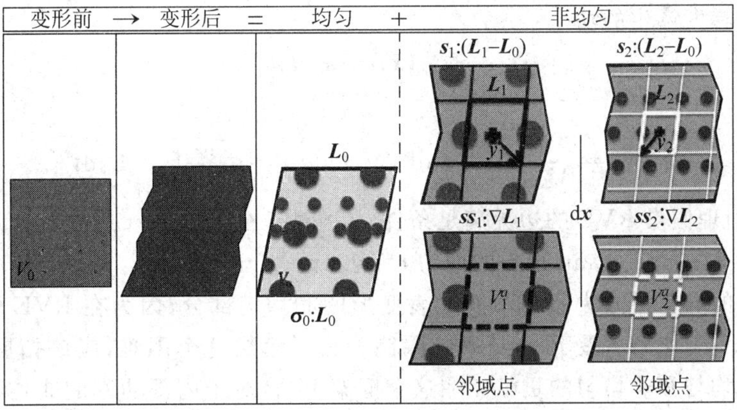

图 12.12 将材料点变形按多尺度分解为均匀和非均匀部分，通过宏观梯度扩展每个非均匀部分，以此帮助量化相邻材料点处活跃的微观机制状态

通过在当前构形中的体积平均，定义 $\boldsymbol{s}_1$ 为(McVeigh，Vernerey 等，2006；Vernerey，Liu 等，2007)，

$$\boldsymbol{s}_1=\frac{V_0}{V_1^{\text{a}}}\left(\frac{1}{V_0}\int_{V_1^{\text{a}}}\boldsymbol{\sigma}_p\,\mathrm{d}V\right)=\frac{1}{V_1^{\text{a}}}\int_{V_1^{\text{a}}}\boldsymbol{\sigma}_p\,\mathrm{d}V \tag{12.3.11}$$

其中 $V_1^a(\boldsymbol{x}) \subset V_0(\boldsymbol{x})$ 是材料点 $\boldsymbol{x}$（体积为 $V_0(\boldsymbol{x})$）的子域，在给定的亚尺度机制下（用下标 1 表示）激活的该子域，V_1^a 的上标 a 代表 active。图 12.12 给出了 V_1^a 的例子，即在当前构形中将具有体积 V_0 的材料点分解成许多网格，在网格中取出其中一个四边形作为第一种非均匀模式。

σ_p 为作用在微态材料点的每个嵌入点 $\boldsymbol{y}$ 处的 Cauchy 罚应力。$\boldsymbol{\sigma}_p$ 促使在周边均匀场中产生非均匀的局部变形。在微态材料点中，将活跃在体积内所嵌入的非均匀机制对应于全部应力求和（例如积分），然后除以全部材料点的体积，其结果产生了应力密度。将材料点展成约 $\frac{V_0}{V_1^a}$ 个子区域，假设每个区域都是活跃的（为了简单起见），且以相同的率 $\boldsymbol{l}_1$ 贡献到内部功率中，由此求解公式(12.3.11)。类似的，通过体积平均定义偶应力 $\boldsymbol{ss}_1$ 为

$$\boldsymbol{ss}_1 = \frac{1}{V_1^a}\int_{V_1^a} \boldsymbol{\sigma}_m \otimes \boldsymbol{y}\,\mathrm{d}V \tag{12.3.12}$$

其中 $\boldsymbol{\sigma}_m$ 是定义在当前构形中，并在相同活跃区域内微结构点处的 Cauchy 应力，下标 m 表示微结构内的局部场。

2. 与 RVE 模拟的连接

为了求解复杂微结构的应力，很少通过积分来计算公式(12.3.11)和(12.3.12)的解析解，代之以采用**均匀化**的计算方法。在相似的载荷作用下，在连续体中任意点的均匀功率密度可以近似地通过叠加实际微结构的代表性体积单元(RVE)的功率密度再求平均而获得。因此，以在 RVE 中的局部应力 $\boldsymbol{\sigma}_m$ 和速度梯度 $\boldsymbol{L}_m$ 的形式获得 p_{hom}，其中下标 m 表示在 RVE（微结构模型）中的局部场，即

$$p_{\text{hom}} = \frac{1}{V_{\text{RVE}}}\int_{V_{\text{RVE}}} \boldsymbol{\sigma}_m : \boldsymbol{L}_m \,\mathrm{d}V \tag{12.3.13}$$

应用 Hill-Mandel 引理(McVeigh，2007)，某一体积内的平均功率等同于由平均 Cauchy 应力和平均速度梯度产生的功率：

$$p_{\text{hom}}(\boldsymbol{x}) = \boldsymbol{\sigma}_0 : \boldsymbol{L}_0 \tag{12.3.14}$$

其中，

$$\boldsymbol{\sigma}_0(\boldsymbol{x}) = \frac{1}{V_{\text{RVE}}}\int_{V_{\text{RVE}}} \boldsymbol{\sigma}_m \,\mathrm{d}V, \quad \boldsymbol{L}_0(\boldsymbol{x}) = \frac{1}{V_{\text{RVE}}}\int_{V_{\text{RVE}}} \boldsymbol{L}_m \,\mathrm{d}V \tag{12.3.15}$$

Hill-Mandel 引理假设 RVE 的边界满足条件：(1)对于在 Dirichlet 边界的任意点 $\boldsymbol{x}$ 指定速度 $\boldsymbol{v} = \boldsymbol{L}_0 \cdot \boldsymbol{x}$，(2)在 Neumann 边界的面力 $\boldsymbol{t} = \boldsymbol{\sigma}_0 \cdot \boldsymbol{n}$。

这种传统的均匀化方法似乎不能代表变形的非均匀部分，因为在 RVE 尺度进行平均化处理得到的均匀化解答受到分辨率的限制。为了解决这个困难，应该拓展 Hill-Mandel 方法以便考虑均匀和非均匀的贡献。在这个框架下，将对于内部功率的非均匀贡献定义为两个部分的差值：在活跃体积 V_1^a 中源自亚尺度力学行为演化的平均功率密度，和整体 RVE 体积 V_{RVE} 代表的材料点处体积 V_0 的平均功率密度，即

$$p_{\text{inhom}}(\boldsymbol{x}) = \frac{1}{V_1^a}\int_{V_1^a} p_m \,\mathrm{d}V - \frac{1}{V_{\text{RVE}}}\int_{V_{\text{RVE}}} p_m \,\mathrm{d}V, \quad \text{其中 } V_1^a \subset V_{\text{RVE}} \tag{12.3.16}$$

为了匹配公式(12.3.8)中的运动学量，假设在非均匀变形演化的微结构中任意点 $\boldsymbol{y}$ 的局部内部功率 p_m 依赖于速度梯度和二阶梯度，即 $p_m \equiv f(\boldsymbol{L}_m, \nabla_x \boldsymbol{L}_m)$。为了充分定义这种依赖关系，进一步假设与速度梯度共轭的是由 RVE 模型计算得到的应力 $\boldsymbol{\sigma}_m$，并且与二阶梯度共轭

的是张量积$\boldsymbol{\sigma}_m \otimes \boldsymbol{y}$。采用这些假设后，将公式(12.3.13)和(12.3.14)代入公式(12.3.16)，我们得到

$$
\begin{aligned}
p_{\text{inhom}}(\boldsymbol{x}) &= \frac{1}{V_1^{\mathrm{a}}}\int_{V_1^{\mathrm{a}}} (\boldsymbol{\sigma}_m : \boldsymbol{L}_m + \boldsymbol{\sigma}_m \otimes \boldsymbol{y} \vdots \nabla_x \boldsymbol{L}_m)\,\mathrm{d}V - \boldsymbol{\sigma}_0 : \boldsymbol{L}_0 \\
&= \frac{1}{V_1^{\mathrm{a}}}\int_{V_1^{\mathrm{a}}} (\boldsymbol{\sigma}_m : \boldsymbol{L}_m - \boldsymbol{\sigma}_0 : \boldsymbol{L}_0 + \boldsymbol{\sigma}_m \otimes \boldsymbol{y} \vdots \nabla_x \boldsymbol{L}_m)\,\mathrm{d}V \qquad (12.3.17)
\end{aligned}
$$

然后，我们采用局部相对速度梯度 $\boldsymbol{l}_m \equiv \boldsymbol{L}_m - \boldsymbol{L}_0$ 和产生功率等效的罚应力$\boldsymbol{\sigma}_p$ 的形式写出非均匀内部功率，即$\boldsymbol{\sigma}_p : (\boldsymbol{L}_m - \boldsymbol{L}_0) = \boldsymbol{\sigma}_m : \boldsymbol{L}_m - \boldsymbol{\sigma}_0 : \boldsymbol{L}_0$，由此得到

$$
p_{\text{inhom}}(\boldsymbol{x}) = \frac{1}{V_1^{\mathrm{a}}}\int_{V_1^{\mathrm{a}}} (\boldsymbol{\sigma}_p : (\boldsymbol{L}_m - \boldsymbol{L}_0) + \boldsymbol{\sigma}_m \otimes \boldsymbol{y} \vdots \nabla_x \boldsymbol{L}_m)\,\mathrm{d}V \qquad (12.3.18)
$$

最后一步，为了恢复源自 RVE 模拟对应的连续量，我们假设

$$
\boldsymbol{L}_1(\boldsymbol{x}) = \frac{1}{V_1^{\mathrm{a}}}\int_{V_1^{\mathrm{a}}} \boldsymbol{L}_m\,\mathrm{d}V \qquad (12.3.19\mathrm{a})
$$

$$
\nabla_x \boldsymbol{L}_1(\boldsymbol{x}) = \frac{1}{V_1^{\mathrm{a}}}\int_{V_1^{\mathrm{a}}} \nabla_x \boldsymbol{L}_m\,\mathrm{d}V \qquad (12.3.19\mathrm{b})
$$

将公式(12.3.19a)、(b)代入公式(12.3.18)，现在再次应用 Hill-Mandel 引理可以写出非均匀内部虚功率密度为(McVeigh 和 Liu，2008)

$$
p_{\text{inhom}}(\boldsymbol{x}) = \boldsymbol{s}_1 : (\boldsymbol{L}_1 - \boldsymbol{L}_0) + \boldsymbol{ss} \vdots \nabla_x \boldsymbol{L}_1 \qquad (12.3.20)
$$

其中 $\boldsymbol{s}_1$ 和 $\boldsymbol{ss}_1$ 分别由相应的公式(12.3.11)和(12.3.12)定义。这些体积平均量可以解释为连续介质微观应力，通过 RVE 模拟在 $V_1^{\mathrm{a}} \subset V_{\text{RVE}}$ 中的活跃力学行为对其进行求解。在这种方法中，V_{RVE} 代表材料点体积 V_0。

当出现 $\boldsymbol{L}_1 - \boldsymbol{L}_0 \simeq \boldsymbol{0}$ 的情况，将忽略公式(12.3.20)中对应的功率项。当 $\| \boldsymbol{L}_1 | \gg | \boldsymbol{L}_0 \|$ 时，局部机制占主导，罚应力近似等于微结构应力$\boldsymbol{\sigma}_p \simeq \boldsymbol{\sigma}_m$。因此通过 RVE 模型，可以很容易地计算 $\boldsymbol{s}_1 = \frac{1}{V_1^{\mathrm{a}}}\int_{V_1^{\mathrm{a}}} \boldsymbol{\sigma}_m\,\mathrm{d}V$。对于取值介于 $\boldsymbol{L}_1$ 与 $\boldsymbol{L}_0$ 之间的情况，需要采用更精细的方法计算 $\boldsymbol{\sigma}_p$，这些将会在第 12.6 节中讨论。

因为在平衡方程中包括了变形梯度和相应变形的附加自由度，这种用微态理论重新描述的方法比梯度方法更具有一般性。事实上，如果将 $\boldsymbol{s}_1$ 解释为 Lagrange 乘子，这些公式将退化到二阶梯度方法，如果注意到相应变形可以忽略，并且 $\boldsymbol{L}_1 = \boldsymbol{L}_0$，则可以从公式(12.3.20)中看出以上结果。

12.4　多尺度微结构及连续理论

将 12.3 节中重新解释的微态方法直接应用于模拟微结构的困难在于事实上微结构具有多重嵌入尺度。例如，图 12.11 采用的在材料点中心含有一个夹杂的模型通常不能代表真实的材料。为了捕捉真实微结构多嵌套的相邻区域，提出了扩展到 N 尺度的方法以解决这一困难，如图 12.12 所示，以此成为了**多尺度连续理论**(MCT)的基础。对于微结构材料点的邻域不能视为嵌套的情况，也提出了类似的方法(Elkhodary，Greene 等，2013)，这里不再赘述。

在多尺度力学的率形式中，假设 N 尺度活跃力学行为满足线性叠加。在非均匀变形的

每个尺度分别引入微应力和微偶应力，这样可以通过求和来表示它们对非均匀内部功率密度的贡献为

$$p_{\text{int}}=\boldsymbol{\sigma}_0:\boldsymbol{L}_0+\sum_{n=1}^{N}(\boldsymbol{s}_n:\boldsymbol{l}_n+\boldsymbol{ss}_n \vdots \nabla_x \boldsymbol{L}_n), \tag{12.4.1}$$

其中 $\boldsymbol{l}_n \equiv \boldsymbol{L}_n-\boldsymbol{L}_0$ 是第 n 个相关微变形率，它相对于均匀变形率 $\boldsymbol{L}_0$。$\boldsymbol{L}_n$ 是第 n 个微变形率，代表在活跃体积 V_n^{a} 中的平均变形率。

在图 12.12 中，假设第 n 个非均匀力学行为在材料点变形中引起的扰动为在材料点的某些区域为正，并在相同多的一些区域为负，因此，由于第 n 个非均匀模式引起的偏差之和为零。这样，可以采用 $\boldsymbol{L}_0$ 作为全部非均匀变形模式的参考状态，并证明了在功率描述公式(12.4.1)中采用 $\boldsymbol{l}_n=\boldsymbol{L}_n-\boldsymbol{L}_0$ 作为罚参量。这种采用 $\boldsymbol{L}_0$ 作为全部非均匀变形模式的参考状态的假设，产生了将所有尺度的罚应力直接耦合于最终强形式的形式，在第 12.5.4 节中会有论述。然而，这个假设成为了争论的起源，因为当 $n\geqslant 2$ 且假设 $\boldsymbol{L}_0$ 为全部非均匀模式的参考状态不再合理时，它会导致能量的重复计算(Luscher，McDowell 等，2010)。在最近发展的 MCT 公式中，已经克服了这一困难，重新定义了 $\boldsymbol{l}_n \equiv \boldsymbol{L}_n-\boldsymbol{L}_{n-1}$，这里仅在第 $n-1$ 个力学行为激活后再考虑第 n 个微变形。然而，当假设 $\boldsymbol{l}_n \equiv \boldsymbol{L}_n-\boldsymbol{L}_{n-1}$ 时，在 MCT 控制方程的强形式中，所有尺度的同步耦合并没有显式地表示出来。在下面的章节中，假设满足合适的条件，我们仍然采用原来的定义 $\boldsymbol{l}_n \equiv \boldsymbol{L}_n-\boldsymbol{L}_0$。

一个给定的非均匀变形模式的功率贡献(见图 12.12)，可能会引起一部分材料点向前倾斜和其他相同部分的材料点向后倾斜，由此则对应于均匀模式，我们可以考虑对这些贡献的每一部分求和，从而得到相等的平均功率值。因此，在内部功率密度定义中，必须考虑复制第 n 个微变形子域的所有 $\dfrac{V_0}{V_n^{\mathrm{a}}}$，因此，可以定义共轭的动力学量为

$$\boldsymbol{s}_n \equiv \frac{1}{V_n^{\mathrm{a}}}\int_{V_n^{\mathrm{a}}} \boldsymbol{\sigma}_p^n(\lambda_1,\cdots,\lambda_{n-1},\phi_n,\cdots,\phi_N)\,\mathrm{d}V \tag{12.4.2a}$$

$$\boldsymbol{ss}_n \equiv \frac{1}{V_n^{\mathrm{a}}}\int_{V_n^{\mathrm{a}}} \boldsymbol{\sigma}_p^n(\lambda_1,\cdots,\lambda_{n-1},\phi_n,\cdots,\phi_N)\otimes \boldsymbol{y}_n\,\mathrm{d}V \tag{12.4.2b}$$

在功率公式(12.4.1)中，当非均匀变形和超出均匀变形(如粗糙的)的模式引起第 n 个尺度的力学行为发生演化时，$\boldsymbol{s}_n$ 的作用是对该模式施加罚力。$\boldsymbol{ss}_n$ 的作用是对微观变形的梯度施加罚力。λ_i 是联系第 i 个邻域的第 n 个尺度的一组局部化变量的集合，$i\in\{1,2,\cdots,n-1\}$，而 ϕ_j 是包含第 j 个嵌入尺度的内部状态变量。典型地，一个给定尺度的局部化变量是通过粗糙尺度内部变量的函数进行演化的，即 $\lambda_i\in\{f_j(\phi_{i-1},\cdots,\phi_1),j\in\mathbb{N}\}$。这样，这个多尺度方法要求嵌入的子域满足的一个简单假设就是在多层次算法中定义应力 $\boldsymbol{s}_n$ 和偶应力 $\boldsymbol{ss}_n$，然而这个假设不是功率密度公式(12.4.1)所必需的。

在该方法中，我们认为在第 n 个尺度活跃的局部非均匀并引起应力 $\boldsymbol{s}_n$ 的机制，尽管它借助于与之相关其他内部变量的演化可能影响粗糙尺度以及它们的应力，但是与主导粗糙的 $n-1$ 个尺度相应的均匀变形机制，并不是同一种机制。同时需要注意的是，该方法不考虑在给定尺度 n 中变形的 $\dfrac{V_0}{V_n^{\mathrm{a}}}$ 子域之间协调的附加条件。因此，为了简单起见，在内部功率表达式中，可以假设对它们的贡献直接求和，由此导出了公式(12.4.2a)、(b)的定义。

图 12.12 中强调的子区域，提取其中一块复制在图 12.13 中。一般来说，嵌入在以 $\mathrm{d}\boldsymbol{x}$

距离分布的连续材料点中且相距有限跨度 $2\boldsymbol{y}_1$ 的两个相关子区域，可能以不同的速率 $\boldsymbol{L}_1(\boldsymbol{x})$ 和 $\boldsymbol{L}_1(\boldsymbol{x}+\mathrm{d}\boldsymbol{x})$ 变形。然后，可以假设这两个子区域被线性地连接在一起，因此，量值 $\nabla_x\boldsymbol{L}_1(\boldsymbol{x})$ 代表了微变形的局部梯度。由该局部梯度表征的微变形的非均匀性将被相距有限跨度子区域的偶应力演化所抵消。在图 12.13 的简单描述中，假设剪切率分量的梯度 $\partial_x\dot{\gamma}$ 被作用力臂为 $2\boldsymbol{y}_1$ 的一对剪应力所抵消。

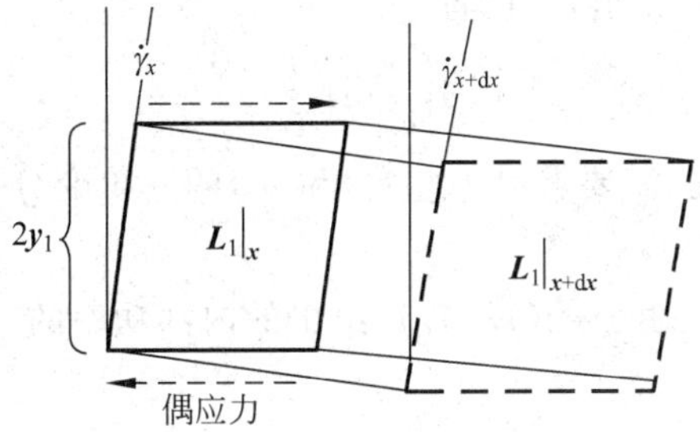

图 12.13 在多尺度连续理论中，诠释速度的宏观梯度、微观梯度和偶应力

注意 $\boldsymbol{L}_2$ 和 $\boldsymbol{L}_1$ 是非均匀变形的两个独立模式，每一个归属于不同的微结构机制，假设作为它们梯度的罚函数的偶应力也是独立的。因此，除了在某些特定的简化假设前提下，在公式(12.4.2)中出现的罚应力 σ_p 不再直接等同于在 RVE 模型中的局部微结构应力 σ_m。在第 12.6 节中，将展示关于从 RVE 模型预测微结构量，进而推导罚应力的更详细论述。

在表 12.1 中总结了对于 MCT 的重要 RVE 关系，在此采用了微应力的情况。每个尺度对应的子区域为 V_n，通常 $V_n\subset V_{n-1}\subset\ldots\subset V_0$。所有域以当前构形表示。

表 12.1 在 RVE 中的连续量及它们的原始量

连续点张量…	…是场的体积平均…	…所在尺度
$\boldsymbol{\sigma}_0$	$\boldsymbol{\sigma}_m$	V_0
$\boldsymbol{s}_n$	$\boldsymbol{\sigma}_p^n$	V_n
$\boldsymbol{ss}_n$	$\boldsymbol{\sigma}_p^n\otimes\boldsymbol{y}_n$	V_0
$\boldsymbol{L}_0$	$\boldsymbol{L}_m$	V_0
$\boldsymbol{L}_n$	$\boldsymbol{L}_m$	V_n
$\nabla_x\boldsymbol{L}_n$	$\nabla_x\boldsymbol{L}_m$	V_n
功率等效	$\boldsymbol{\sigma}_p^n:(\boldsymbol{L}_n-\boldsymbol{L}_0)=\boldsymbol{\sigma}_m:\boldsymbol{L}_m-\boldsymbol{\sigma}_0:\boldsymbol{L}_0$	V_n
内部功率密度	$p_{\mathrm{int}}=\boldsymbol{\sigma}_0:\boldsymbol{L}_0+\sum_{n=1}^{N}(\boldsymbol{s}_n:\boldsymbol{l}_n+\boldsymbol{ss}_n\,⋮\,\nabla_x\boldsymbol{L}_n)$	V_0

12.5 多尺度连续理论的控制方程

适用于动态大变形问题的多尺度连续理论(MCT)，其完整的控制方程可以通过推导功率平衡获得状态方程，即在外部施加的功率 p_{ext} 和内部产生的功率 p_{int} 之间的任何差值必须通过系统的运动补偿，运动的惯性力生成了动力学的功率 p_{kin}，因此有

$$p_{\mathrm{ext}}-p_{\mathrm{int}}=p_{\mathrm{kin}} \tag{12.5.1}$$

或者定义 Lagrangian 密度 π：

$$\pi = p_{\text{kin}} - (p_{\text{ext}} - p_{\text{int}}) = 0 \tag{12.5.2}$$

在 MCT 模型中，任意材料点的轨迹在每一瞬时都要服从这个规律：$\pi=0, \forall t$。在控制广义位移场的模拟中，在某个瞬时给出 p_{ext} 和 p_{kin}，则产生了使得系统满足平衡的内部功率 p_{int}。当任意轨迹接近于但并不是 MCT 模型的解答时，将呈现 $\pi\neq 0$。因此，π 可以理解为是一个泛函，通过虚功率原理寻求其最小化或最大化，为了得到 MCT 模型的解答，在解的邻域内搜索所有轨迹来找到正确的 π 值，可设置

$$\delta\int_{\Omega}\pi \mathrm{d}\Omega = 0 \tag{12.5.3}$$

为了得到 MCT 的控制方程，需要求得 p_{int}、p_{ext} 和 p_{kin} 的一阶变分，其中全部积分在体积 Ω 中进行。

12.5.1　内部虚功率　由公式(12.4.1)给出的内部功率的一阶变分是均匀和非均匀两部分的和，因此

$$\delta P_{\text{int}} = \int_{\Omega}\left(\boldsymbol{\sigma}_0 : \delta\boldsymbol{L}_0 + \sum_{n=1}^{N}(\boldsymbol{s}_n : \delta\boldsymbol{l}_n + \boldsymbol{ss}_n \vdots \delta\,\nabla_x\boldsymbol{L}_n)\right)\mathrm{d}\Omega, \tag{12.5.4}$$

12.5.2　外部虚功率　通过拓展的 Cauchy 型表达式给出外部虚功率

$$\delta P_{\text{ext}} = \int_{\Omega}\left(\boldsymbol{b}\cdot\delta\boldsymbol{v}_0 + \sum_{n=1}^{N}\boldsymbol{B}_n : \delta\boldsymbol{l}_n\right)\mathrm{d}\Omega + \int_{\Gamma}\left(\boldsymbol{t}\cdot\delta\boldsymbol{v}_0 + \sum_{n=1}^{N}\boldsymbol{T}_n : \delta\boldsymbol{l}_n\right)\mathrm{d}\Gamma \tag{12.5.5}$$

上式是以在边界 Γ 上的宏观面力密度 $\boldsymbol{t}$ 和对应的罚微观偶面力 $\boldsymbol{T}_n$ 的形式，和以在体积 Ω 中的宏观体力密度 $\boldsymbol{b}$ 和对应的罚微观偶体力 $\boldsymbol{B}_n$ 的形式。$\boldsymbol{v}_0$ 是 MCT 材料点在进行均匀变形的速度。

12.5.3　动力虚功率　由 Mindlin(1964)发展的动力虚功率表达式被拓展到多个尺度(Vernerey，Liu 等，2007)。首先在 MCT 中，动能密度的变分必须定义为

$$\delta e_{\text{kin}} = \bar{\rho}_0\boldsymbol{v}_0\cdot\delta\boldsymbol{v}_0 + \sum_{n}\left(\frac{1}{V_n^{\mathrm{a}}}\int_{V_n^{\mathrm{a}}}(\bar{\rho}_n - \bar{\rho}_{n-1})(\boldsymbol{v}_0 + \boldsymbol{v}_n)\cdot\delta(\boldsymbol{v}_0 + \boldsymbol{v}_n)\mathrm{d}V\right) \tag{12.5.6}$$

式中 $\boldsymbol{v}_{(n)} = \boldsymbol{l}_{(n)}\cdot\boldsymbol{y}_{(n)}$，其中 $\boldsymbol{l}_n$ 是相关的微速度梯度，$\boldsymbol{y}_n$ 是在活跃子域 V_n^{a} 中演化的第 n 个非均匀机制的长度尺度。$\bar{\rho}_0$ 是 MCT 材料点的平均质量密度，$\bar{\rho}_n$ 是在活跃子域 V_n^{a} 中的平均质量密度。对公式(12.5.6)的体积积分取材料时间导数，并应用 Reynold 输运定理和质量守恒，将获得的功率变分并可以简化为

$$\delta P_{\text{kin}} = \int_{\Omega}\left(\rho\,\dot{\boldsymbol{v}}_0\cdot\delta\,\boldsymbol{v}_0 + \sum_{n=1}^{N}\alpha_n\cdot\boldsymbol{P}_n : \delta\,l_n\right)\mathrm{d}\Omega \tag{12.5.7}$$

其中，$\rho = \bar{\rho} + \sum_{n}(\bar{\rho}_n - \bar{\rho}_{n-1})$。$\boldsymbol{\alpha}_{(n)} \equiv \dot{\boldsymbol{l}}_{(n)} + \boldsymbol{l}_{(n)}\cdot\boldsymbol{l}_{(n)}$ 定义了第 n 个尺度子域的相关微加速度，$\boldsymbol{P}_{(n)} \equiv \frac{1}{V_n^{\mathrm{a}}}\int_{V_n^{\mathrm{a}}}(\bar{\rho}_n - \bar{\rho}_{n-1})\boldsymbol{y}_{(n)}\otimes\boldsymbol{y}_{(n)}\mathrm{d}V$ 定义了局部子体积 V_n^{a} 的质量密度的相关二次矩，代表了子体积的惯性。从公式(12.5.6)推导出公式(12.5.7)，留作读者练习(见练习 12.1)。

12.5.4　MCT 方程的强形式　在推导强形式的过程中，可以假设满足分量形式$(\boldsymbol{L}_n - \boldsymbol{L}_0) = \boldsymbol{l}_n \simeq \boldsymbol{L}_n$，典型的 MCT 方程的应用聚焦在模拟变形局部化问题。因此，在虚功率原理中，可以采用对 $\boldsymbol{L}_n$ 的直接变分代替 p_{ext} 和 p_{kin} 对于 $\boldsymbol{l}_n$ 的变分。然而，对 p_{int} 的变分写成$(\boldsymbol{L}_n - \boldsymbol{L}_0)$的形式以保持在强形式中不同尺度直接的应力耦合。这样，$\boldsymbol{L}_n$ 代替 $\boldsymbol{l}_n$，作为第 n 个尺度的一组高级自由度。

记住这个假设，通过对虚功率原理(公式(12.5.1))应用散度定理，并利用变分 $\delta\boldsymbol{v}$ 和 $\delta\boldsymbol{L}_n$ 的任意性，获得了 MCT 理论的平衡方程：

$$\begin{cases}\left(\boldsymbol{\sigma}-\sum_{n=1}^{N}\boldsymbol{s}_n\right)\cdot\nabla_x+\boldsymbol{b}=\dot{\boldsymbol{v}}_0\rho, & \text{在 } \Omega \text{ 内} \quad (12.5.8a)\\ \boldsymbol{ss}_n\cdot\nabla_x-\boldsymbol{s}_n+\boldsymbol{B}_n=\boldsymbol{\alpha}_n\cdot\boldsymbol{P}_n, & \text{在 } \Omega \text{ 内} \quad (12.5.8b)\end{cases}$$

和边界条件：

$$\begin{cases}\boldsymbol{t}-\left(\boldsymbol{\sigma}-\sum_{n=1}^{N}\boldsymbol{s}_n\right)\cdot\boldsymbol{n}=0, & \text{在 } \Gamma_t \text{ 上} \quad (12.5.9a)\\ \boldsymbol{T}_n-\boldsymbol{ss}_n\cdot\boldsymbol{n}=0, & \text{在 } \Gamma_{T_n} \text{ 上} \quad (12.5.9b)\end{cases}$$

关于方程(12.5.8a)、(b)和方程(12.5.9a)、(b)的推导留给读者作为练习(见练习 12.2)。

可以做出进一步的简化假设。当局部化主导均匀变形时，可以将罚微应力简单地视为由 RVE 模型得到的局部应力，即$\boldsymbol{\sigma}_p^n\cong\boldsymbol{\sigma}_m$ 分量。这个假设极大地简化了亚尺度非均匀模式的本构模型。同样可以将 $\boldsymbol{T}_n$ 视同为 $\frac{1}{V_n^{\mathrm{a}}}\int_{V_n^{\mathrm{a}}}\boldsymbol{t}\otimes\boldsymbol{y}_n\mathrm{d}V$，$\boldsymbol{B}_n$ 视同为$\frac{1}{V_n^{\mathrm{a}}}\int_{V_n^{\mathrm{a}}}\boldsymbol{b}\otimes\boldsymbol{y}_n\mathrm{d}V$，以简化在典型的 MCT 模拟中边界条件和体力的定义。对于这样的等同关系，将微应力 $\boldsymbol{T}_n$ 和 $\boldsymbol{B}_n$ 限制为代表一对宏观场 $\boldsymbol{t}$ 和 $\boldsymbol{b}$，作用在材料点所在的有限子空间 $\boldsymbol{y}_n$上。

12.6 构造 MCT 本构关系

为了求解 MCT 控制方程，需要应力的材料时间导数，

$$\dot{\boldsymbol{\sigma}}=\dot{\boldsymbol{\sigma}}(\boldsymbol{L}_0),\quad \dot{\boldsymbol{s}}_n=\dot{\boldsymbol{s}}_n(\boldsymbol{L}_n-\boldsymbol{L}_0),\quad \boldsymbol{s}\dot{\boldsymbol{s}}_n=\boldsymbol{s}\dot{\boldsymbol{s}}_n(\nabla_x\boldsymbol{L}_n) \tag{12.6.1}$$

需要通过本构关系定义这些率的客观分量，当然，这取决于材料的微结构和所采取的模拟策略。典型的，为了处理第 n 个嵌入的本构关系，只考虑变形的非均匀率 $\boldsymbol{D}_n-\boldsymbol{D}_0$(例如，速度梯度的对称部分，$\boldsymbol{D}=\mathrm{sym}(\boldsymbol{L})$)。发展这些本构模型的任何一个都可以通过微结构的 RVE 计算模型，并在各个尺度 V_n上平均来实现。典型的，根据框 12.1 中的策略，建立率形式的本构模型。

框 12.1 在 MCT 中本构模拟策略

1. 定义一个 RVE，并在给定的边界条件下加载。
2. 记录与 RVE 变形相关的平均应力$\boldsymbol{\sigma}_0$和速度梯度 $\boldsymbol{L}_0$，以此标定宏观尺度的本构模型，即针对预先定义的本构模型来确定材料参数。
3. 然后，检验 RVE 模型以识别变形极不均匀的区域。这些非均匀变形通常由微结构特性之间的相互作用引起。
4. 对于每一个非均匀变形机制，确定一个合适的平均体积 V_n^{a}。当需要计算变形梯度时，需要足够大的平均体积以捕获非均匀变形场的线性变化。
5. 然后，由在非均匀变形区域 V_n^{a} 中的平均应变和来自第 2 步的平均 RVE 速度梯度之间的差值，计算相关的速度梯度($\boldsymbol{L}_n-\boldsymbol{L}_0$)。

6. 通过功率互等关系(公式(12.6.7))计算在 V_n^a 中的罚微应力$\boldsymbol{\sigma}_p^n$。然后将这个场在 V_n^a 上做平均化处理,得到连续的微应力 $\boldsymbol{s}_n$(公式(12.4.2a)和表 12.1)。
7. 接着,计算连续微应力 $\boldsymbol{s}_n$的主值。对于多种加载的条件必须重复这一步骤以产生一个非均匀机制的塑性势 Φ_n。
8. 由第 7 步集成的数据构造第 n 个非均匀机制的塑性势 Φ_n,它具有基于力学机制的硬化参数和内部变量。塑性势 Φ_n的形式可能是:(a)当通过罚应力的形式可以容易地描述物理机制时(如内部摩擦或界面活动),可预先定义;或者(b)由第 7 步得到的数据生成拟合曲线。
9. 通过应用于活跃子体积 V_n^a 的简单微观力学准则,例如**混合规则**(Kubin 和 Mortensen,2003),来构造第 n 个非均匀机制的弹性性质,由此次弹性关系(公式(12.6.3))更新应力率。
10. 在 V_n^a(表 12.1)中计算平均宏观速度的二阶梯度$\nabla_x \boldsymbol{L}_n$。
11. 根据公式(12.4.2b)计算在 V_n^a 中的连续偶微应力 $\boldsymbol{ss}_n$。
12. 然后,假设偶微应力 $\boldsymbol{ss}_n$的塑性势 $\Phi\Phi_n$,并通过 RVE 的结果进行标定。然而,通常采用的是单一塑性势结合 $\boldsymbol{s}_n$和 $\boldsymbol{ss}_n$,以此耦合第一个自由度和更高级自由度的机制。

让我们进行更详细的讨论,考虑第 n 个亚尺度机理,假设变形率和它的梯度存在附加的弹塑性分解:

$$\boldsymbol{D}_n = \boldsymbol{D}_n^e + \boldsymbol{D}_n^p \quad \text{和} \quad \nabla_x \boldsymbol{D}_n = \nabla_x \boldsymbol{D}_n^e + \nabla_x \boldsymbol{D}_n^p \tag{12.6.2a,b}$$

根据广义胡克定律,由变形率的弹性部分计算得到相应客观应力率和偶应力率为

$$\overset{\nabla}{\boldsymbol{s}}_n \equiv \boldsymbol{C}_n : (\boldsymbol{D}_n^e - \boldsymbol{D}_0^e), \quad \overset{\nabla}{\boldsymbol{ss}}_n \equiv \boldsymbol{CC}_n \vdots \nabla_x \boldsymbol{D}_n^e \tag{12.6.3a,b}$$

其中 $\boldsymbol{C}_n$是弹性张量,它刻画了第 n 个子区域微结构的属性,可以通过微观力学定律来构造,如混合规则。$\boldsymbol{CC}_n$是一个六阶弹性张量,特别是可以通过$\boldsymbol{CC}_n = \frac{1}{V_n^a}\int_{V_n^a} \boldsymbol{y}_n \otimes \boldsymbol{C}_n \otimes \boldsymbol{y}_n \mathrm{d}V$ 公式近似计算,所以在描述梯度现象时,除了 $\boldsymbol{C}_n$的分量外不需要定义额外的材料常数。注意到为了在有限元计算中更新应力增量,需要应力和偶应力的材料导数。例如,可以通过 Jaumann 客观率($\overset{\nabla J}{\boldsymbol{s}}_n$,$\overset{\nabla J}{\boldsymbol{ss}}_n$)得到,计算如下(其中式(12.6.3)中的切线模量需要合适的定义,如在第 5 章中的讨论),

$$\begin{aligned} (\dot{\boldsymbol{s}}_n)_{ij} &= (\overset{\nabla J}{\boldsymbol{s}}_n)_{ij} + (\boldsymbol{W})_{ik}(\boldsymbol{s}_n)_{kj} + (\boldsymbol{s}_n)_{ik}(\boldsymbol{W})_{jk} \\ (\boldsymbol{s}\dot{\boldsymbol{s}}_n)_{ijk} &= (\overset{\nabla J}{\boldsymbol{ss}}_n)_{ijk} + (\boldsymbol{ss}_n)_{ojk}(\boldsymbol{W})_{io} + (\boldsymbol{ss}_n)_{iok}(\boldsymbol{W})_{jo} + (\boldsymbol{ss}_n)_{ijo}(\boldsymbol{W})_{ko} \end{aligned} \tag{12.6.4a,b}$$

为了计算客观应力率(公式(12.6.3)),需要计算变形率的塑性部分 $\boldsymbol{D}_n^p$ 和它的梯度 $\nabla_x \boldsymbol{D}_n^p$,根据公式(12.6.2),这些量可以从相应的总变形率和它的梯度中减去弹性部分得到。通常可由塑性势 Φ_n和 $\Phi\Phi_n$并应用关联流动法则计算得到这些塑性部分。因此,

$$\boldsymbol{D}_n^p - \boldsymbol{D}_0^p = \lambda \frac{\partial \phi_n}{\partial \boldsymbol{s}_n} \tag{12.6.5a}$$

$$\nabla_x \boldsymbol{D}_n^p = \lambda \frac{\partial \phi\phi_n}{\partial \boldsymbol{ss}_n} \tag{12.6.5b}$$

其中 λ 是一个塑性乘子,参考在第 5 章中的讨论。与发展亚尺度机理的本构模型的其余相关工作是找到合适的基于物理机制的塑性势 Φ_n 和 $\Phi\Phi_n$ 的表达式。特别的,在许多模拟情况中不容易观察出 Φ_n,因为它是一个罚应力的势,而罚应力是与一个关联变形而不是绝对变形功共轭的;不像 $\Phi\Phi_n$,由于假设了 $\nabla_x \boldsymbol{D}_0^p \to \boldsymbol{0}$,$\Phi\Phi_n$ 是与绝对变形功共轭的。

因此,从 RVEs 构造 ϕ_n,我们立刻认识到需要一个系统的方法,该方法首先是由(McVeigh 和 Liu,2008)提出来的。这里展示的内容拓展了该方法的某些方面。总之,在 V_n^a 中局部塑性功率的等价性定义为

$$\boldsymbol{\sigma}_p^n : (\boldsymbol{D}_m^p - \boldsymbol{D}_0^p) \equiv \boldsymbol{\sigma}_m : \boldsymbol{D}_m^p - \boldsymbol{\sigma}_0 : \boldsymbol{D}_0^p \tag{12.6.6}$$

其中 $\boldsymbol{D}_m^p$ 是第 n 个子体积的局部塑性变形率,$\boldsymbol{D}_0^p$ 是均匀塑性变形率。可以通过下面的关系式定义一个满足公式(12.6.6)的罚应力,

$$\boldsymbol{\sigma}_p^n \equiv \frac{1}{3} p_n (\boldsymbol{D}_m^p - \boldsymbol{D}_0^p)^{-1} \tag{12.6.7}$$

其中在 V_n^a 中,$p_n \equiv (\boldsymbol{\sigma}_m : \boldsymbol{D}_m^p - \boldsymbol{\sigma}_0 : \boldsymbol{D}_0^p)$ 提供了大量的发生演化的非均匀变形,且 $(\boldsymbol{D}_m^p - \boldsymbol{D}_0^p)$ 是可逆的。当模拟非均质材料的大变形时,这些条件通常是满足的。当 $\boldsymbol{D}_m^p$ 的分量形式与 $\boldsymbol{D}_0^p$ 几乎相等时,我们有理由假设 $\boldsymbol{\sigma}_p^n \equiv 0$。由于 p_n 是标量,在这一假设下,$\boldsymbol{\sigma}_p^n$ 的特征向量将与非均匀变形模态的特征向量一致。此外,定义等价的关联塑性变形率度量 δ_n 常常是有帮助的,如

$$\delta_n = \sqrt{\frac{2}{3}(\boldsymbol{D}_m^p - \boldsymbol{D}_0^p) : (\boldsymbol{D}_m^p - \boldsymbol{D}_0^p)} \tag{12.6.8}$$

在 V_n^a 上,相应的等效关联变形定义为

$$d_n = \frac{1}{V_n^a} \int_{V_n^a} \delta_n \mathrm{d}V \tag{12.6.9}$$

将每一个 d_n 与其相应的等价罚应力 s_n 配对,产生势能面上的一个点。等价罚应力定义为

$$s_n = \frac{1}{V_n^a} \int_{V_n^a} \sqrt{\frac{3}{2} \boldsymbol{\sigma}_p^n : \boldsymbol{\sigma}_p^n} \, \mathrm{d}V \tag{12.6.10}$$

其中 $\boldsymbol{\sigma}_p^n$ 由公式(12.6.7)定义。对于一个给定的 (d_n, s_n) 对,应该找到由公式(12.4.2)定义的罚应力 $\boldsymbol{s}_n$ 的主值。接着,在以 $\boldsymbol{s}_n$ 的主轴为坐标轴的应力空间中,画出对应于不同 (d_n, s_n) 对的多个应力点,如图 12.14 所示。应力点的采样应该从 RVE 中所关心的不同区域,和/或从正在运行的不同加载条件的多个模拟中,例如扭转、纯剪切、双轴拉伸,和/或从不同时间阶段的 RVE 的多个区域中进行。如果将具有相似 d_n 的多个应力点分组,通过曲线拟合可以得到通过它们的一个屈服面 ϕ_n。当把 d_n 的值从小到大排序时,可以根据某些合适的历史变量模拟屈服面 ϕ_n 的演化。全面发展这个方法需要结合统计分析的元素,这些内容超出了本章范围,但仍是一个活跃的研究题目。

经常采用的从 RVEs 获得本构的一个更简单方法(McVeigh,Vernerey 等,2006;Liu 和 McVeigh,2008;McVeigh 和 Liu,2008;McVeigh 和 Liu,2009;McVeigh 和 Liu,2010)。基于对所模拟的物理现象的认识,通常可以假设屈服面 ϕ_n 具有一个给定的形式,所以只需要基于 RVE 结果进行参数拟合(例如,McVeigh 和 Liu,2008)。然后,利用从 RVE 获得的有效的 Euler-Almansi 塑性应变 $\varepsilon_n^{\text{eff}}$ 与有效的 Cauchy 罚应力 Σ_n^{eff} 的关系图可以拟合一个预先定义的硬化率,伴随一个关联流动法则(例如,McVeigh 和 Liu,2008)。可以从等效塑性

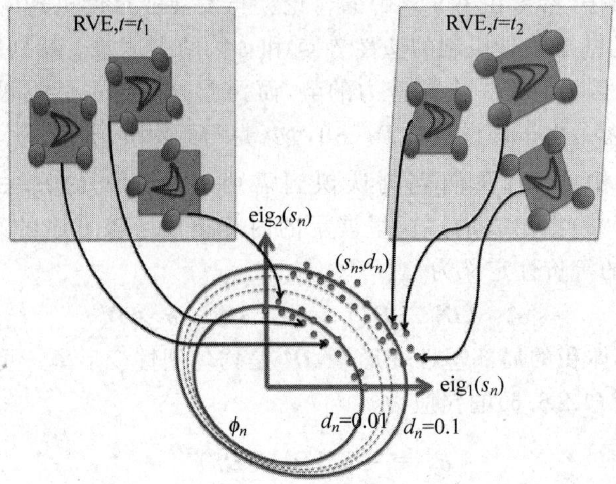

图 12.14　寻找第 n 个尺度非均匀机制的塑性势

功率计算得到有效应力 Σ_n^{eff}：

$$\Sigma_n^{\text{eff}} \equiv p_n / \| \boldsymbol{D}_m^p - \boldsymbol{D}_0^p \| \tag{12.6.11}$$

这里需要注意的是前面关于$\nabla_x \boldsymbol{D}_0^p \to \boldsymbol{0}$ 的假设对于高阶现象并不合适，所以需要一个类似的从 RVE 模拟构造 $\phi\phi_n$ 的方法(现在这里刻画了关联梯度而不是绝对梯度)。偶应力张量的高维度致使这种方法更复杂和更耗时，因此，这是特别需要避免的。

关于 MCT 模型，基于 RVEs 计算的量总结在表 12.2 中。

表 12.2　在 MCT 模拟中采用的均匀和非均匀量

RVE 量	描　述
V_n^{a}	第 n 个尺度机制的平均活跃体积
$\boldsymbol{\sigma}_p^n$	$\boldsymbol{\sigma}_p^n \equiv \frac{1}{3} p_n (\boldsymbol{D}_m^p - \boldsymbol{D}_0^p)^{-1}$
s_n	$s_n = \frac{1}{V_n^{\text{a}}} \int_{V_n^{\text{a}}} \sqrt{\frac{3}{2} \boldsymbol{\sigma}_p^n : \boldsymbol{\sigma}_p^n} \, \mathrm{d}V$
$\boldsymbol{s}_n$	$\boldsymbol{s}_n = \frac{1}{V_n^{\text{a}}} \int_{V_n^{\text{a}}} \boldsymbol{\sigma}_p^n \mathrm{d}V$
d_n	$d_n = \frac{1}{V_n^{\text{a}}} \int_{V_n^{\text{a}}} \delta_n \mathrm{d}V$
$\boldsymbol{\Phi}_n$	用于拟合塑性势的历史变量的任意集合
$\phi, \phi\phi_n$	塑性势

12.7　RVE 模拟的基本指南

一个 MCT 材料点，如图 12.12 所示，代表了一个有限体积中非均匀微结构的有效行为。在 12.6 节中讨论的一系列本构关系给出了无穷小尺寸 d$\boldsymbol{x}$ 的连续材料点和它代表的微结构之间的联系。这些本构关系的每一个都由一个数学模型刻画，通过变形的物理机制预先确定具体形式。数学模型可能包含多种需要标定的参数，目的是实现与所模拟的特定材料的变形模式一致,这可以通过将数学本构模型关联到:(1)实验观察到的材料响应,或(2)取自代表性材料体积的直接数值模拟(DNS)的平均响应,代表性体积通常要取得足够大以捕获所关心的非均匀变形模式的演化。如在12.6节描述的那样,这样的材料体积被称为**代表性体积单元**(RVE)。为了找到难以测量现象的本构关系,RVEs特别有用,例如亚表面损伤、绝热温升或动态裂纹扩展。

在一个典型的通过有限元方法实现的RVE模拟中,有三项基本考虑。首先是什么样的本构模型分配给DNS模型中的每个微结构成分。基于模拟中需要捕获的现象(例如,超弹性、粘弹性、塑性等),第5章提供了各种可供选择的本构模型。另一方面,在第13章中描述的晶体材料的例子,是在RVE模拟中经常应用的一个更加详细的基于物理机制的本构模型。

第二个考虑是RVE模型的尺寸,即需要多少微结构捕获所关心的非均匀模态。第三个基本考虑是施加到RVE计算模型上的边界条件。在本节的余下部分,我们简单地讨论后两项考虑。

12.7.1 确定RVE胞元尺寸 为了选择合适的RVE模型尺寸,我们首先必须考虑三个特征长度(McVeigh,2007)(见图12.15)。第一个,称为L,是宏观上考虑物体的变形及其变化的尺度。第二个,称为λ,是在感兴趣的状态变量中宏观变化的近似波长(例如宏观应变ε)相对于它的平均值$\bar{\varepsilon}$。因此,从图12.15中可以看出,λ对应于可以通过均匀变形$\bar{\varepsilon}$合理表示的微结构的跨度。第三个尺度,称为a,是材料基本属性相对于其平均值历经可能变化的跨度,对应于微结构的长度尺度(例如,颗粒之间的距离)。因此,多尺度微结构将呈现出一系列这样的长度尺度,然后,采用A代表整个集合。为了模拟一个特殊的非均匀模式,如果已知主导的物理机制仅被在α中的长度尺度控制,在RVE模型中可能经常仅包含微结构长度尺度的一个子集$\alpha \subset A$。在图12.15中的a则被定义为$a=\max(\alpha)$。

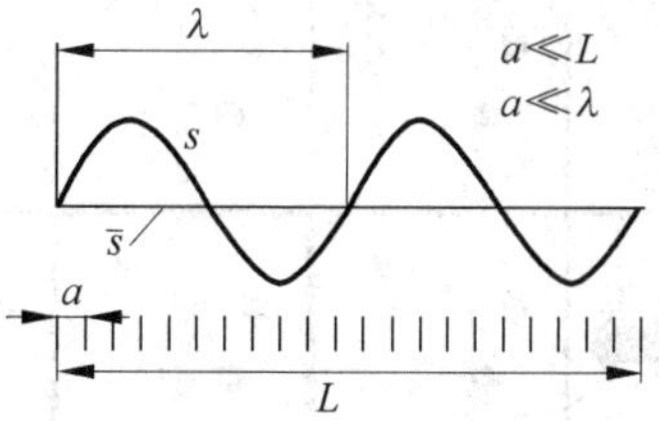

图12.15 RVE胞元尺度远小于结构尺度和宏观变形的变化尺度。转载自McVEigh,C.J.. *Linking Properties to Microstructure through Multiresolution Mechanics*[D]. Doctor of Philosophy thesis, Northwestern University,2007

然后,RVE胞元尺寸可认为与λ等同,可以根据下面的准则确定。

准则(1):L和λ一定要比a大。这是分离尺度的准则(Auriault,1991);特别地,均匀应变$\bar{\varepsilon}$应当合理地表示在跨度$\lambda \gg a$上宏观平均的材料响应。

准则(2):在一个体积单元a^3中所关心的微结构属性应该与在物体中任意其他区域的属性相同。这保证了在RVE中模拟的微结构在整个物体内都是相似的,因此,它确实能够代表在物体内任意一点的材料响应。

12.7.2 RVE边界条件 在RVE中,需要施加边界条件产生变形。这里,描述了施加到计算的RVEs上通常的几种边界条件。

1. 力边界条件

通过在 RVE 表面 S_0 上施加力 $\boldsymbol{t}$,使得在 RVE 中产生均匀应力$\boldsymbol{\sigma}_0$,

$$\boldsymbol{t}=\boldsymbol{\sigma}_0\cdot\boldsymbol{n},\quad 在 S_0 上 \tag{12.7.1}$$

实际中,如果由于软化或材料不稳定,平均应力减小,力边界条件将是不稳定的。基于这个原因,经常偏爱的是基于速度的边界条件。

2. 速度边界条件

在 RVE 表面 S_0 上施加速度边界条件$\boldsymbol{v}$,可以在 RVE 中产生均匀的变形率 $\boldsymbol{D}_0$,满足方程,

$$\boldsymbol{v}=\boldsymbol{D}_0\cdot\boldsymbol{x},\quad 在 S_0 上 \tag{12.7.2}$$

其中 $\boldsymbol{x}$ 的原点在 RVE 的中心。在这种情况下,边界保持平面并且刚性,RVE 存在过约束的趋势并将导致非物理的压力。

3. 周期性边界条件

可以通过将 RVE 模型一个面上的速度与相对面上的速度等同来施加代表周期性运动学场的边界条件。即

$$\boldsymbol{v}(\boldsymbol{x})=\boldsymbol{v}(\boldsymbol{x}+\boldsymbol{r}) \tag{12.7.3}$$

其中 $\boldsymbol{x}\in S_0$ 和$(\boldsymbol{x}+\boldsymbol{r})\in S_1$ 是在 RVE 的相对表面(S_0,S_1)上对应的点。

图 12.16 给出了周期性边界条件的例子以及它们的基本含义。本质上,RVE 模型和它的变形代表了在周期结构中可重复的单元。这样,在保持一定距离的周期表面的对应点之间,变形的模式是容许的,而不变形的模式是不容许的,在图 12.16 中展示了几个例子。关于周期性边界条件领域的研究还在进行中(例如 Mesarovic 和 Padbidri,2005)。

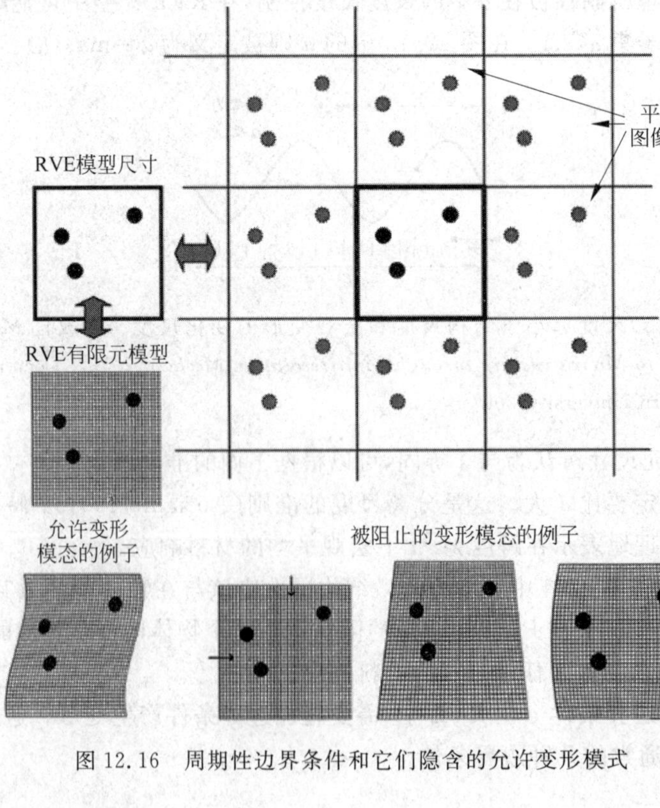

图 12.16　周期性边界条件和它们隐含的允许变形模式

在有限元软件中，在对立面之间(例如周期性边界)通过定义“tie 约束”施加周期性边界条件(Hibbitt，Karlson 等，2007)。关于约束，定义一个从属表面，这样，在面上的所有节点都被约束到并遵循主控表面上的对应点。如果主控面上对应点不是节点，则由主控面上对应点周围的节点插值得到从属节点的运动。采用这个方法，删除了从属面上的自由度。

4. 一般线性约束

作为较少约束的边界条件，很可能通过线性方程约束相对面上点的运动。考虑在图 12.17 中所示的 RVE 面上的 4 个节点。线性约束可以施加到节点自由度上，例如速度 $\boldsymbol{v}$，

$$\begin{cases} v_1\left(\dfrac{l}{2},x_2\right)-v_1\left(-\dfrac{l}{2},x_2\right)=d_1, \quad v_2\left(x_1,\dfrac{l}{2}\right)-v_2\left(x_1,-\dfrac{l}{2}\right)=d_2 \\ v_1\left(x_1,\dfrac{l}{2}\right)-v_1\left(x_1,-\dfrac{l}{2}\right)=d_3, \quad v_2\left(\dfrac{l}{2},x_2\right)-v_2\left(-\dfrac{l}{2},x_2\right)=d_4 \end{cases} \tag{12.7.4}$$

d_1, d_2, d_3 和 d_4 是常值的速度，由它们定义了均匀速度梯度 $(\boldsymbol{L}_0)_{11}$，$(\boldsymbol{L}_0)_{22}$，$(\boldsymbol{L}_0)_{12}$ 和 $(\boldsymbol{L}_0)_{21}$ 为

$$\begin{cases} (\boldsymbol{L}_0)_{11}=\log\left(1+\dfrac{d_1}{l}\right), \quad (\boldsymbol{L}_0)_{22}=\log\left(1+\dfrac{d_2}{l}\right) \\ (\boldsymbol{L}_0)_{12}=\log\left(1+\dfrac{d_3}{l}\right), \quad (\boldsymbol{L}_0)_{21}=\log\left(1+\dfrac{d_4}{l}\right) \end{cases} \tag{12.7.5}$$

因此，在二维 RVE 模型中，只需要 4 个速度就能定义平均变形率 $\boldsymbol{L}_0$。

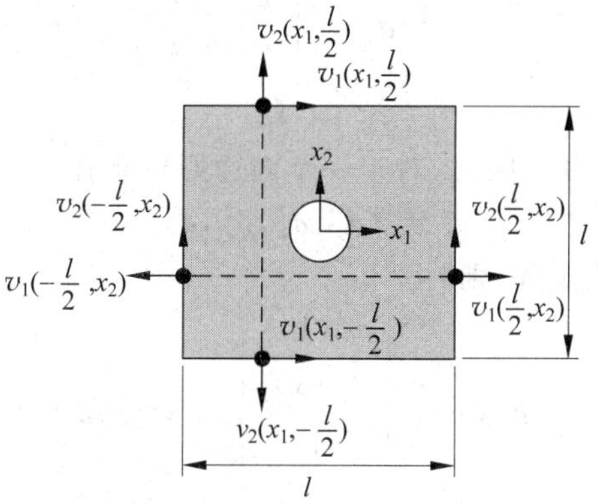

图 12.17 在 RVE 中定义线性约束的 4 个节点。授权转载自 Auriault J. L.，Is an equivalent macroscopic description possible? *International Journal of Science and Engineering*，1991. 29(7)，785-795. Copyright © 1991，Elsevier

在图 12.17 中，应当注意的是相对边界上对应点的速度将相差一个常数，但是对应的速度梯度将是相同的，在 RVE 中变形结果的周期性模式也是相同的。

5. 其他边界条件

可以施加许多其他的边界条件。例如在 RVE 中，通过连续更新所施加的侧向压力(Socrate，1995)，保持三轴应力状态。当在 RVE 中研究与孔洞形核和长大相关的非均匀机制时，三轴状态特别令人关注。

另一个关于动态模拟的特殊例子是无反射边界(Keller 和 Givoli，1989；Givoli，1991)。当波从 RVE 表面传播或从其非均匀内部发射时，经过一段时间之后它们势必会与 RVE 边界碰撞。这些波反射回 RVE 内的激励能量势必会破坏模拟结果，因为 RVE 边界通常是没

有物理意义的。因此，在其他方案中引入无限元（Bettess，1977；Zienkiewicz，Emson 等，1983）来吸收 RVE 边界的入射波，并且可用于定义 RVE 的边界条件。

也采用了子模型策略（Hibbitt，Karlson 等，2007），首先实施粗糙尺度的模拟，在结构层次上获得总体场变量的解答（例如速度、位移）。然后，从一系列内部节点，特别是追踪那些由这些节点处解答驱动的 RVE 区域边界的节点，提取这些场变量解答。对于 RVE 模拟，为了达到对变形局部机制的更高求解精度，可以在网格中添加内部细节（例如微结构）。这一方法可以根据细节需要重复任意次，其中每个 RVE 都可以作为后续更小尺度 RVE 的粗尺度模拟。

可以使用有限元商业软件较为方便地施加以上这些和更多的边界条件（例如接触条件，见第 10 章），并与多种材料模型结合。观察 RVE 模拟为 MCT 本构模型的发展带来了引人注目的曙光。

12.8 MCT 的有限元编程

在有限元框架下，这里提出的 MCT 公式容许 C^0 连续的离散化。我们首先定义一个矢量 $\boldsymbol{d}_\alpha$，它在节点 α 具有自由度，

$$\boldsymbol{d}_\alpha = \begin{bmatrix} \boldsymbol{v}_\alpha \\ \boldsymbol{L}_\alpha^1 \\ \vdots \\ \boldsymbol{L}_\alpha^{N-1} \end{bmatrix} \tag{12.8.1}$$

令 $\boldsymbol{d}^e$ 代表单元的自由度矢量。因此，对于一个四边形单元有

$$\boldsymbol{d}^e = [\boldsymbol{d}_1^{\mathrm{T}}, \boldsymbol{d}_2^{\mathrm{T}}, \boldsymbol{d}_3^{\mathrm{T}}, \boldsymbol{d}_4^{\mathrm{T}}]^{\mathrm{T}} \tag{12.8.2}$$

如果 $\boldsymbol{N}^e$ 代表节点插值函数矩阵，则

$$\boldsymbol{d}(\boldsymbol{x}) = \begin{bmatrix} \boldsymbol{v}(\boldsymbol{x}) \\ \boldsymbol{L}_1(\boldsymbol{x}) \\ \vdots \\ \boldsymbol{L}_{N-1}(\boldsymbol{x}) \end{bmatrix} = \boldsymbol{N}^e(\boldsymbol{x})\boldsymbol{d}^e \tag{12.8.3}$$

同样的，如果 $\boldsymbol{B}^e$ 是 $\boldsymbol{N}^e$ 的空间导数矩阵，则宏观应变和微观应变梯度的矢量表示为

$$\boldsymbol{E}(\boldsymbol{x}) = \begin{bmatrix} \boldsymbol{L}_0(\boldsymbol{x}) \\ \nabla_x \boldsymbol{L}_1(\boldsymbol{x}) \\ \vdots \\ \nabla_x \boldsymbol{L}_{N-1}(\boldsymbol{x}) \end{bmatrix} = \boldsymbol{B}^e(\boldsymbol{x})\boldsymbol{d}^e \tag{12.8.4}$$

广义的体力和面力可以相应地表示为

$$\boldsymbol{\beta}^e = [\boldsymbol{b}, \boldsymbol{B}_1, \cdots, \boldsymbol{B}_{N-1}] \quad 和 \quad \boldsymbol{\tau}^e = [\boldsymbol{t}, \boldsymbol{T}_1, \cdots, \boldsymbol{T}_{N-1}] \tag{12.8.5}$$

经过必要的简化后，惯性矩阵为

$$\boldsymbol{\mu}^e = \begin{bmatrix} \rho \boldsymbol{I} & & & \\ & \boldsymbol{P}_1 & & \\ & & \ddots & \\ & & & \boldsymbol{P}_{N-1} \end{bmatrix} \tag{12.8.6}$$

其中在公式(12.5.7)中定义密度 ρ,$\boldsymbol{I}$ 是单位矩阵,$\boldsymbol{P}_i$ 是在子体积 i 中质量密度的二次矩。

通过相应的材料子程序求解所有 N 个尺度的材料应力率,然后,可以组合为矢量 $\dot{\Sigma}$:

$$(\dot{\Sigma}) = [V(\dot{\boldsymbol{\sigma}}), V(\dot{\boldsymbol{s}}_1), V(\dot{\boldsymbol{s}}\boldsymbol{s}_1), \cdots, V(\dot{\boldsymbol{s}}_{N-1}), V(\dot{\boldsymbol{s}}\boldsymbol{s}_{N-1})] \tag{12.8.7}$$

其中 $V(\cdot)$表示根据 Voigt 标记写出的每个张量。这样,从一阶更新中更新应力张量为

$$\Sigma_{t+\Delta t} = \Sigma_t + \Delta t \dot{\Sigma} \tag{12.8.8}$$

利用前面的定义,MCT 有限元离散的结果变为:对于内部功率的变分,

$$\delta P_{\text{int}} = \sum_{e=1}^{e=e_{\max}} \left\{ \int_{\Omega_e} (\delta \boldsymbol{d}^e)^{\mathrm{T}} (\boldsymbol{B}^e)^{\mathrm{T}} \Sigma_{t+\Delta t} \mathrm{d}\Omega \right\} \tag{12.8.9}$$

对于外部功率的变分,

$$\delta P_{\text{ext}} = \sum_{e=1}^{e=e_{\max}} \left\{ \int_{\Omega_e} (\delta \boldsymbol{d}^e)^{\mathrm{T}} (\boldsymbol{N}^e)^{\mathrm{T}} \boldsymbol{\beta}^e \mathrm{d}\Omega \right\} + \sum_{e=1}^{e=e_{\max}} \left\{ \int_{\Gamma_e} (\delta \boldsymbol{d}^e)^{\mathrm{T}} (\boldsymbol{N}^e)^{\mathrm{T}} \tau^e \mathrm{d}\Gamma \right\} \tag{12.8.10}$$

对于动力学功率的变分,

$$\delta P_{\text{kin}} = \sum_{e=1}^{e=e_{\max}} \left\{ \int_{\Omega_e} (\delta \boldsymbol{d}^e)^{\mathrm{T}} (\boldsymbol{N}^e)^{\mathrm{T}} \boldsymbol{\mu}^e \boldsymbol{N}^e \mathrm{d}\Omega \right\} \tag{12.8.11}$$

在显式动态环境中,可以建立内力矢量 $\boldsymbol{f}_{\text{int}}$,并且这些功率可以改写为

$$\delta P_{\text{int}} = \sum_{e=1}^{e=e_{\max}} \{ (\delta \boldsymbol{d})^{\mathrm{T}} (\boldsymbol{X}^e)^{\mathrm{T}} \boldsymbol{f}_{\text{int}}^e \} \tag{12.8.12a}$$

$$\delta P_{\text{ext}} = \sum_{e=1}^{e=e_{\max}} \{ (\delta \boldsymbol{d})^{\mathrm{T}} (\boldsymbol{X}^e)^{\mathrm{T}} \boldsymbol{f}_{\text{ext}}^e \} \tag{12.8.12b}$$

$$\delta P_{\text{kin}} = \sum_{e=1}^{e=e_{\max}} \{ (\delta \boldsymbol{d})^{\mathrm{T}} (\boldsymbol{X}^e)^{\mathrm{T}} \boldsymbol{M}^e \boldsymbol{X}^e \ddot{\boldsymbol{d}} \} \tag{12.8.12c}$$

其中 $\boldsymbol{d}$ 表示矢量,是定义在实体 Ω 中 MCT 体系的自由度上的全部增量,$\boldsymbol{X}^e$ 是连接矩阵,对于一个单元的内力矢量 $\boldsymbol{f}_{\text{int}}^e$ 定义为

$$\boldsymbol{f}_{\text{int}}^e = \int_{\Omega_e} (\boldsymbol{B}^e)^{\mathrm{T}} \Sigma_{t+\Delta t} \mathrm{d}\Omega \tag{12.8.13}$$

对于一个单元的外力矢量 $\boldsymbol{f}_{\text{ext}}^e$ 为

$$\boldsymbol{f}_{\text{ext}}^e = \int_{\Omega_e} (\boldsymbol{N}^e)^{\mathrm{T}} \boldsymbol{\beta}^e \mathrm{d}\Omega + \int_{\Gamma_e} (\boldsymbol{N}^e)^{\mathrm{T}} \boldsymbol{\tau}^e \mathrm{d}\Gamma \tag{12.8.14}$$

对于一个单元的质量矩阵为

$$\boldsymbol{M}^e = \int_{\Omega_e} (\boldsymbol{N}^e)^{\mathrm{T}} \boldsymbol{\mu}^e \boldsymbol{N}^e \mathrm{d}\Omega \tag{12.8.15}$$

12.9 数值算例

12.9.1 高强度合金中的孔隙成片机制 现在,将本章介绍的 MCT 计算策略应用于高强度合金。特别是提出了考虑了孔隙成片机制的多层次材料模型,如图 12.18 所示。

合金以均匀的方式发生初始塑性变形,直到在最大的次级颗粒处产生孔隙形核,如图 12.18 中(2)所示(Vernerey,2006)。随着这些孔隙的长大,在这些颗粒之间演化着局部

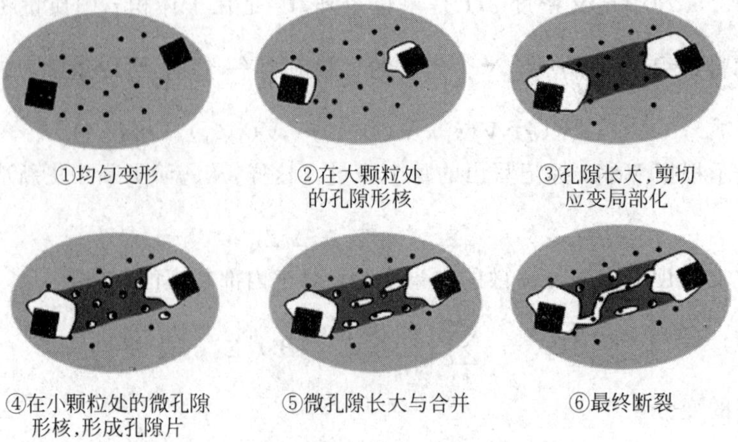

图 12.18 通过 MCT 模拟捕捉非均匀变形的孔隙成片机制。转载自 Vernerey, F. J. *Multi-scale Continuum Theory for Materials with Microstructure* [D]. Doctor of Philosophy thesis, Northwestern University, 2006

化剪切变形，即非均匀变形，如(3)所示。不久之后，在众多小的次级颗粒的界面处会形成大量孔隙，如(4)所示，生成片状孔隙。然后，所有孔隙将会长大并合并到一起，从而引起 MCT 材料点的失效，如(5)和(6)所示。在(2)～(6)展示的机制被称为孔隙成片机制，它是高强度合金宏观失效的延性模式的主要成因(Rogers, 1960)。

12.9.2 MCT 多尺度本构模拟概述 通过引入孔隙成片机制的 RVE 的 Ω_1 和均匀变形模式的 Ω，开始本构模拟，Ω 的尺度大于 Ω_1。然后，对结果进行均匀化。对于孔隙成片的尺度，应用混合规则构造一个弹性张量 $\boldsymbol{C}_1$。采用第 12.6 节的方法，确定孔隙成片机制的塑性势。然而在这个例子中，由于希望局部变形远远超过均匀水平的变形机制，对孔隙成片假设 $\boldsymbol{l}_1 \cong \boldsymbol{L}_1$ 的分量形式。此外，在这个数值算例中只保留速度梯度的对称部分 $\boldsymbol{D}_1$，参见练习 12.4。塑性势 ϕ_1 被认为是一个刻画孔隙成片的函数，代替了在均匀变形中罚偏量的势。假设势函数的形式为

$$\phi_1(\boldsymbol{s}_1, \boldsymbol{ss}_1) = \phi_1(\boldsymbol{\sigma}_1, \boldsymbol{\sigma\sigma}_1) = s_1^{\mathrm{eq}} - s_1^{\mathrm{y}} = 0 \tag{12.9.1}$$

参照 Fleck 和 Hutchinson(1993, 1997, 2001)的研究，其中，

$$s_1^{\mathrm{eq}} \equiv \sqrt{\frac{3}{2}\boldsymbol{\sigma}_1^{\mathrm{dev}} : \boldsymbol{\sigma}_1^{\mathrm{dev}} + \left(\frac{a_1}{l_1}\right)^2 \boldsymbol{\sigma\sigma}_1^{\mathrm{dev}} \vdots \boldsymbol{\sigma\sigma}_1^{\mathrm{dev}}} \tag{12.9.2}$$

是在孔隙成片出现处并在 Ω_1 上平均化的等效微观应力，s_1^{y} 是相应的屈服值。l_1 是刻画偶应力跨度的微结构长度尺度，a_1 是需要数值校正的参数。假设没有塑性梯度，从 RVE 模型中构造的弹性张量 $\boldsymbol{C}_1$ 能够足以完整地刻画弹性梯度行为，定义为

$$\boldsymbol{CC}_1 = \frac{1}{V_1^{\mathrm{a}}}\int_{V_1^{\mathrm{a}}} \boldsymbol{y}_1 \otimes \boldsymbol{C}_1 \otimes \boldsymbol{y}_1 \mathrm{d}V \tag{12.9.3}$$

其中 $\boldsymbol{y}_1$ 表示 Ω_1 的半个跨度。

然后通过一个弹性张量 $\boldsymbol{C}_0$ 描述均匀变形，再次采用混合规则，但是这次是在 RVE 体积 Ω 上。采用 Gurson 型屈服面构造一个相应的宏观塑性势 ϕ，例如参考 Vernerey, Liu 等的研究(2007)：

$$\phi = \left(\frac{\sigma_0^{\text{eff}}}{\sigma_y}\right)^2 + 2q_0^1 f_0 \cosh\left(\frac{3q_0^2 p_1}{2\sigma_y}\right) - (1 + q_0^3 (f_0)^2) = 0 \tag{12.9.4}$$

其中 q_0^1, q_0^2, q_0^3 是常数，通过拟合在 Ω 中均匀化 RVE 的响应来确定它们，f_0 随着孔隙增大、形核与合并演化，并在 Ω 上取平均，它刻画了孔隙成片行为。可以指定不同函数形式的 f_1，这里采用的形式源自 Vernerey, Liu 等的研究(2007)。

12.9.3 二维拉伸试件设计的有限元问题 研究一个拉伸试件的二维平面应变模型。对比一个双尺度 MCT 模型与直接数值模拟(DNS)。在图 12.19 中描述了试样的几何尺寸、边界条件和有限元离散。

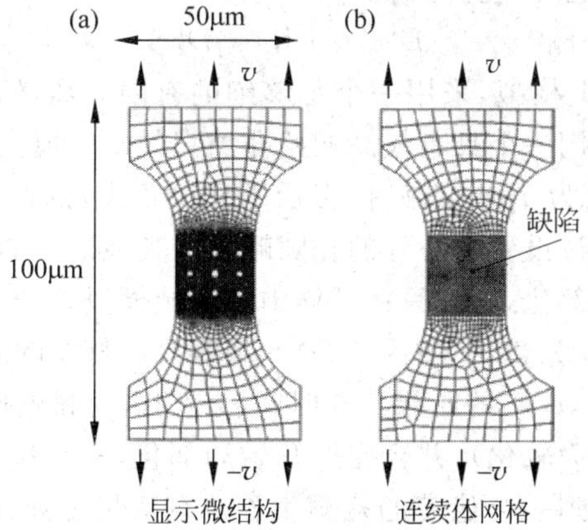

图 12.19 在 DNS 和 MCT 模拟中的网格。转载自 Vernerey, F. J.. *Multi-scale Continuum Theory for Materials with Microstructure*[D]. Doctor of Philosophy thesis, Northwestern University, 2006

发展了具有 2×2 个高斯积分点的 4 节点四边形单元。对于两个尺度的 MCT 模型，可以给出每个单元自由度的矢量为

$$\boldsymbol{v}^e = [v_1(1) \quad v_2(1) \quad D_{11}^1(1) \quad D_{22}^1(1) \quad D_{12}^1(1) \cdots v_1(4) \quad v_2(4) \quad D_{11}^1(4) \quad D_{22}^1(4) \quad D_{12}^1(4)]^{eT}$$

对于每一个分量，括号内的数字指定了节点编号，上标表示非均匀变形的尺度，下标表示速度或速度微应变的分量。对应的形函数矩阵可以表示为

$$\boldsymbol{N}^e(\boldsymbol{x}) = \begin{bmatrix} N_1^1 & 0 & 0 & 0 & 0 & N_1^2 & 0 & 0 & 0 & 0 & N_1^3 & 0 & 0 & 0 & 0 & N_1^4 & 0 & 0 & 0 & 0 \\ 0 & N_2^1 & 0 & 0 & 0 & 0 & N_2^2 & 0 & 0 & 0 & 0 & N_2^3 & 0 & 0 & 0 & 0 & N_2^4 & 0 & 0 & 0 \\ 0 & 0 & N_3^1 & 0 & 0 & 0 & 0 & N_3^2 & 0 & 0 & 0 & 0 & N_3^3 & 0 & 0 & 0 & 0 & N_3^4 & 0 & 0 \\ 0 & 0 & 0 & N_4^1 & 0 & 0 & 0 & 0 & N_4^2 & 0 & 0 & 0 & 0 & N_4^3 & 0 & 0 & 0 & 0 & N_4^4 & 0 \\ 0 & 0 & 0 & 0 & N_5^1 & 0 & 0 & 0 & 0 & N_5^2 & 0 & 0 & 0 & 0 & N_5^3 & 0 & 0 & 0 & 0 & N_5^4 \end{bmatrix}_{[5\times20]}$$

所有自由度($I=1,\cdots,5$)通过双线性函数进行插值，所以例 4.2 中的插值函数 $N_1^I = N_2^I = N_3^I = N_4^I = N_5^I \equiv N_I(\boldsymbol{x})$ 和形函数矩阵成为

$$\boldsymbol{N}^e(\boldsymbol{x}) = \begin{bmatrix} N_1 & 0 & 0 & 0 & 0 & N_2 & 0 & 0 & 0 & 0 & N_3 & 0 & 0 & 0 & 0 & N_4 & 0 & 0 & 0 & 0 \\ 0 & N_1 & 0 & 0 & 0 & 0 & N_2 & 0 & 0 & 0 & 0 & N_3 & 0 & 0 & 0 & 0 & N_4 & 0 & 0 & 0 \\ 0 & 0 & N_1 & 0 & 0 & 0 & 0 & N_2 & 0 & 0 & 0 & 0 & N_3 & 0 & 0 & 0 & 0 & N_4 & 0 & 0 \\ 0 & 0 & 0 & N_1 & 0 & 0 & 0 & 0 & N_2 & 0 & 0 & 0 & 0 & N_3 & 0 & 0 & 0 & 0 & N_4 & 0 \\ 0 & 0 & 0 & 0 & N_1 & 0 & 0 & 0 & 0 & N_2 & 0 & 0 & 0 & 0 & N_3 & 0 & 0 & 0 & 0 & N_4 \end{bmatrix}_{[5\times20]}$$

然后，利用公式(12.8.15)和 $\boldsymbol{N}^e(\boldsymbol{x})$ 计算 MCT 质量矩阵。相应的广义应变插值矩阵 $\boldsymbol{B}^e(\boldsymbol{x})$

可以表示为

$$
\boldsymbol{B}^e=\begin{bmatrix}
N_{1,x} & 0 & 0 & 0 & 0 & N_{2,x} & 0 & 0 & 0 & 0 & N_{3,x} & 0 & 0 & 0 & 0 & N_{4,x} & 0 & 0 & 0 & 0\\
0 & N_{1,y} & 0 & 0 & 0 & 0 & N_{2,y} & 0 & 0 & 0 & 0 & N_{3,y} & 0 & 0 & 0 & 0 & N_{4,y} & 0 & 0 & 0\\
N_{1,y} & N_{1,x} & 0 & 0 & 0 & N_{2,y} & N_{2,x} & 0 & 0 & 0 & N_{3,y} & N_{3,x} & 0 & 0 & 0 & N_{4,y} & N_{4,x} & 0 & 0 & 0\\
0 & 0 & N_{1,x} & 0 & 0 & 0 & 0 & N_{2,x} & 0 & 0 & 0 & 0 & N_{3,x} & 0 & 0 & 0 & 0 & N_{4,x} & 0 & 0\\
0 & 0 & N_{1,y} & 0 & 0 & 0 & 0 & N_{2,y} & 0 & 0 & 0 & 0 & N_{3,y} & 0 & 0 & 0 & 0 & N_{4,y} & 0 & 0\\
0 & 0 & 0 & N_{1,x} & 0 & 0 & 0 & 0 & N_{2,x} & 0 & 0 & 0 & 0 & N_{3,x} & 0 & 0 & 0 & 0 & N_{4,x} & 0\\
0 & 0 & 0 & N_{1,y} & 0 & 0 & 0 & 0 & N_{2,y} & 0 & 0 & 0 & 0 & N_{3,y} & 0 & 0 & 0 & 0 & N_{4,y} & 0\\
0 & 0 & 0 & 0 & N_{1,x} & 0 & 0 & 0 & 0 & N_{2,x} & 0 & 0 & 0 & 0 & N_{3,x} & 0 & 0 & 0 & 0 & N_{4,x}\\
0 & 0 & 0 & 0 & N_{1,y} & 0 & 0 & 0 & 0 & N_{2,y} & 0 & 0 & 0 & 0 & N_{3,y} & 0 & 0 & 0 & 0 & N_{4,y}
\end{bmatrix}_{[9\times 20]}
$$

由此产生了 MCT 的广义速度-应变矢量，

$$
E(\boldsymbol{x})=[\varepsilon_{11}\quad \varepsilon_{22}\quad \gamma_{12}\quad D^1_{11,1}\quad D^1_{11,2}\quad D^1_{22,1}\quad D^1_{22,2}\quad D^1_{12,1}\quad D^1_{12,2}]^{\mathrm{T}}
$$

对于两个尺度的 MCT 模拟，采用一个足够细的有限元离散来捕捉孔隙和缺陷尺度的尺寸效应。在试样中心采用一个具有较高初始孔隙率的本构模型进行初始局部化。

通过周期排列的直径为 $1\mu m$ 的圆孔表示 DNS（显式）的微结构，孔隙的体积分数为 3%，如图 12.19 所示。通过设置中心处的孔隙略大于其他地方的孔隙而引入了缺陷。缺陷附近发生了如期而至的局部化，孔洞只在试样中心区域模拟。

12.9.4　结果　在图 12.20 中展示了 DNS 和双尺度材料的宏观塑性应变分布的比较。显示了四个不同时间 t_1, t_2, t_3, t_4 的结果。在时间 $t=t_1$ 时，材料响应达到了宏观的失稳点（由于孔洞生长导致的宏观行为软化），并且变形开始局部化，在与拉伸呈 45°方向形成剪切带。在时间 $t=t_2$ 时，可以观察到一个稳定的孔洞生长。在双尺度连续体中，它是通过偶微应力的出现来考虑的（未显示在图中）。在时间 $t=t_3$ 时，一旦孔洞开始合并，微应力达到相应的屈服值，降低了材料的阻力而导致微观变形。因此，在时间 $t=t_4$ 时，可以看到在试样中心区域发展形成一个强烈的塑性应变区。通过将这些结果与显式微结构模型的应变分布比较，这个例子表明，双尺度 MCT 模型很好地捕捉到了变形的各个阶段。在图 12.20 中，展示了均匀塑性应变 E_p 和非均匀塑性应变 E_p^1 的演化。从图中可以清楚地看到，随着变形局部化，由于微观塑性应变的出现而形成了水平剪切带，即孔隙成片机制。

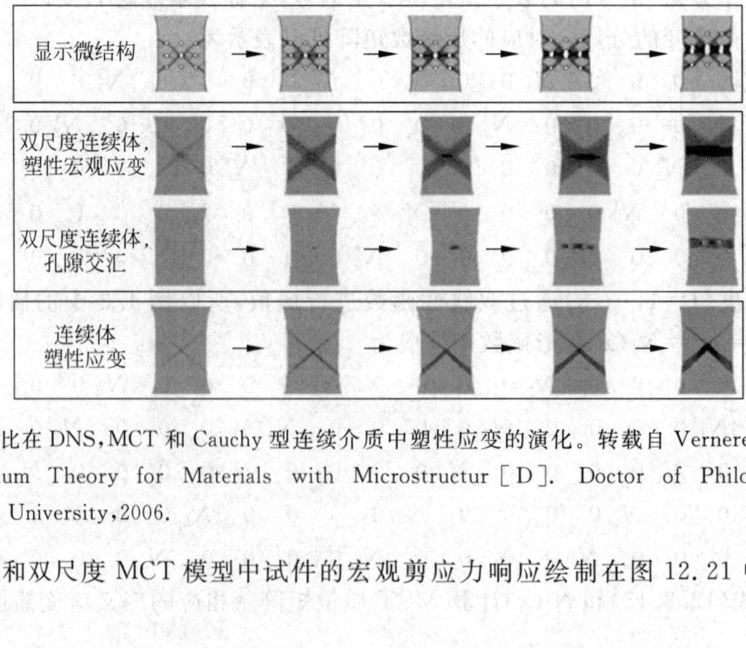

图 12.20　对比在 DNS，MCT 和 Cauchy 型连续介质中塑性应变的演化。转载自 Vernerey，F J. Multiscale Continuum Theory for Materials with Microstructur［D］. Doctor of Philosophy thesis，Northwestern University，2006.

在 DNS 和双尺度 MCT 模型中试件的宏观剪应力响应绘制在图 12.21 中。在变形的第一阶段到软化点之前，可以观察到两条曲线能够很好地吻合。只有在非常靠近失效的最后阶段，双尺度材料的软化显得更加剧烈。这归因于孔洞合并后尺寸效应的缺失。

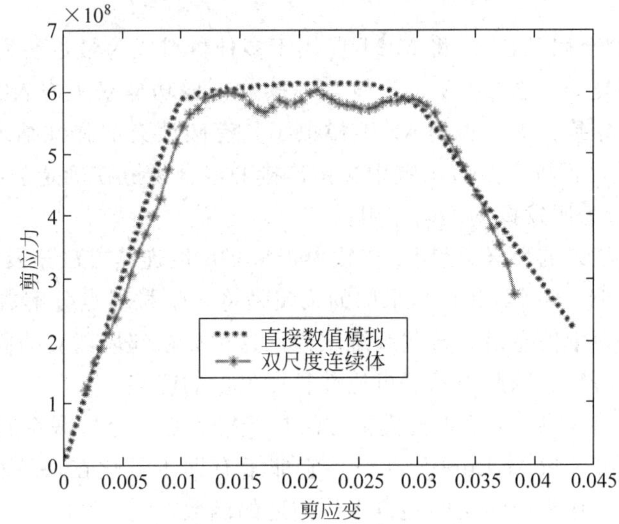

图 12.21 显式(DNS)和 MCT 剪切应力的预测。转载自 Vernerey, F J. *Multi-scale Continuum Theory for Materials with Microstructure* [D]. Doctor of Philosophy thesis, Northwestern University, 2006.

为了与 MCT 的结果对比，我们也进行了一个采用 Cauchy 型连续体，即传统连续介质的模拟，如图 12.20 所示，再次绘制了 $t=t_4$ 时的结果，如图 12.22 所示。经典连续介质的结果不能预测宏观失稳发生后的孔隙成片行为。在这种情况下，其结果是具有网格依赖性的，并且局部化发生在与拉伸轴呈 45°的狭窄剪切带中，其行为与通过显式微结构模型得到的真实解是相当不同的，而双尺度 MCT 模型结果与显式微结构的行为比较得很好。双尺度 MCT 模型的另一个主要优点表现在减少了计算用时。例如，双尺度 MCT 模型的典型单元尺寸是大于在 DNS 中采用的网格尺寸 10 倍(相应的 1μm 和 0.1μm)。此外，不需要微结构的(显式)几何模拟。这暗示着当微结构(如本例中的孔洞尺寸，间隙)改变时，并不需要修改试样的有限元离散。这些特性在本质上使得多尺度 MCT 模拟成为一个吸引人的框架，用来对非均匀微结构的非线性变形进行参数化研究。

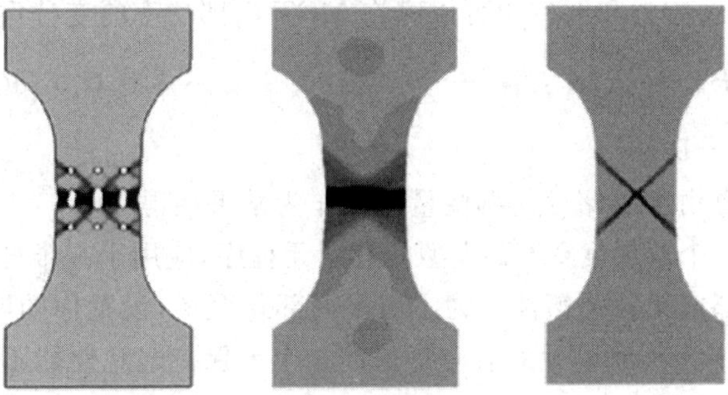

图 12.22 塑性应变图：左，显式(DNS)，中，MCT 和右，Cauchy 型连续介质。转载自 Vernerey F J. *Multi-scale Continuum Theory for Materials with Microstructure*[D]. Doctor of Philosophy thesis, Northwestern University, 2006.

12.10　MCT 模拟的未来研究方向

除了这里强调的金属和合金，将 MCT 应用于多种材料成为最近研究的热点。例如，用 MCT 模拟了陶瓷基复合材料(McVeigh 和 Liu，2009)，成功捕获了嵌入在内部界面的非均匀剪切模式，它们将导致失效。也用 MCT 模拟了具有碳填充的弹性纳米复合材料(Tang，Greene 等，2012)，成功区别出从自由链中交错连接的聚合物链在确定裂纹尖端附近的纳米复合材料的粘弹性行为所发挥的不同作用。

如在图 12.7 中建议的那样，近期工作致力于将多尺度连续方法拓展到长度尺度非嵌套的情况(Elkhodary，Greene 等，2013)，采取的策略是将一个材料点分解成连续的相邻区域，并将分解区域联合，力学信息沿着某些纤维取样。这种放松邻域嵌套的假设，有助于促进复杂细观结构的多尺度模拟，以此展示了可比性长度尺度的优势。

在第 12.6 节中建议将 MCT 本构模拟方法与严格的统计分析联系起来，这种需求也是目前正在进行的研究(Greene，Liu 等，2011)，它非常有助于量化在块体材料性质预测中的不确定性，该材料性质作为微结构的随机本构描述的函数。

最后，随着现代超强计算机计算能力的扩展，例如百亿亿次计算(Kogge，Bergman 等，2008)，目前的研究是将 MCT 框架的并行耦合计算功能发展到高级材料模拟方法中，例如晶体塑性(见第 13 章)、相场理论(Chen，2002)和分子动力学(Yamakov，Wolf 等，2002)，更好地捕捉非均匀变形的局部化机制。

12.11　练习

1. 在第 12.5.3 节中，定义了 MCT 理论的动力学功率。从动能密度的定义公式(12.5.6)出发，说明公式(12.5.7)导致了动力学功率。(提示：参考 Vernerey，Liu 等于 2007 年的推导。)
2. 利用第 12.5.4 节中描述的假设，推导 MCT 的强形式公式(12.5.8)和(12.5.9)。(提示：参考 Vernerey，Liu 等于 2007 年的推导。)
3. 证明在公式(12.5.9)中的应力率$\overset{\nabla}{\boldsymbol{s}}_n$ 和偶应力率$\overset{\nabla}{\boldsymbol{ss}}_n$ 是客观的。
4. (a) 在什么条件下，应力和偶应力可以容许 MCT 内部功率的变分重新改写为

$$\delta P_{\text{int}} = \int_{\Omega} \Big(\boldsymbol{\sigma}_0 : \delta \boldsymbol{D}_0 + \sum (\boldsymbol{s}_n : \delta \boldsymbol{d}_n + \boldsymbol{ss}_n \ \vdots\ \delta\, \nabla_x \boldsymbol{D}_n) \Big) \mathrm{d}\Omega,$$

其中 $\boldsymbol{d}_n = \boldsymbol{D}_n - \boldsymbol{D}_0$。

(b) 在每个节点自由度中储存的哪些量可以作为结果获得?

5. **计算课题**：编写一个双尺度 MCT 模型的有限元程序，应用于一维杆的模拟，采用显式时间步；每个尺度都定义为弹塑性。为了引入局部化变形，设置你的网格中间单元的屈服强度和相应的应变为其他单元的对应量值的一半。保持宏观性能不变，对于嵌入尺度的不同弹塑性性能，绘制杆中的应力分布。

13

单晶塑性理论

13.1 引言

本章关注晶体材料，即主要是由晶体组成微结构的材料（Hull and Bacon，2006；Plomear，2006）的计算模拟。由合适的本构模型捕获到晶体特性是模拟大变形塑性的核心。

如在图 13.1 中所看到的实验结果，表明较大尺度的多晶体与单晶体的应力-应变行为不同，在晶体塑性模型中的应力-应变曲线定义了材料点的局部响应。单晶体的局部塑性响应通常划分为三个不同的阶段：(1)易滑移段，(2)硬化段，(3)恢复段，主要是由晶体缺陷的运动，即在本章后续部分提到的**位错**来控制（Hull and Bacon，2006）。这三个阶段在宏观尺度上一般不能区分出来（如图 13.1(a)），在多晶体中被认为可能是所有局部响应的平均化。

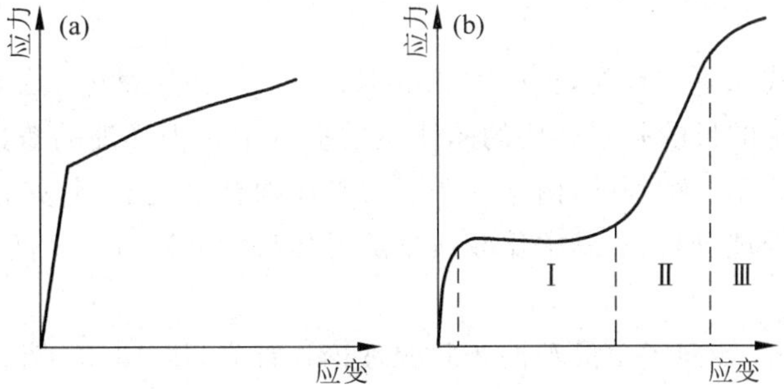

图 13.1　应力-应变曲线

(a) 多晶体；(b) 单晶体

局部和全局变形率也有所不同，全局变形率是局部变形率的合适的体积平均。当位错的演化是稳定的，局部塑性响应将在整个均匀变形的样本上被平均化。当位错的演化在某些材料点是不稳定的，只有部分晶体发生塑性变形，对于单晶体将发生变形的局部化（Estrin and Kubin，1986）。对于由大量随机取向晶体组成的样品，它们的塑性响应可能出现各向同性。然而，单晶在它们进入塑性时表现出强烈的各向异性。这种矛盾被解释为位错趋向于在晶体某些特定面上形核，并且沿着这些特定面上的某些方向运动，具体参见本章后续部分的描述。

总之，尽管宏观上塑性变形表现出均匀性以及某种程度上的各向同性，但其在微观尺度上既非均匀也非各向同性。塑性变形的非均匀性是大变形力学的一个非常重要的方面，这是唯象本构理论所无法准确捕获的。例如，在深冲压等金属成型的应用中，回弹和翻边的效果对模型和控制都很重要，并且表现出对塑性非均匀性演变的依赖（综述见 Roters, Eisenlohr 等, 2010)，而这是唯象塑性模型难以捕捉到的。

从原子角度上讲，塑性涉及晶体中原子在平衡位置之间的运动(Bulatov and Cai, 2006; Hull and Bacon, 2006)，因此，合理地描述塑性，有必要追踪原子运动的模式。然而，为了有效模拟塑性变形并满足大规模的工程应用，仅仅保持在原子尺度上的求解是不够的，因此需要连续介质的求解方法。为此，发展了单晶塑性理论(Rice and Asaro, 1977)，该理论对控制一般性晶体力学行为的微观机制提供了独特的理论模型，尤其是对金属或合金材料。

晶体塑性理论认为塑性变形发生在晶体内部的特定面和特定方向上，因此，在材料点上仅某些特定方向可用于构建塑性变形张量。如此，塑性的各向异性也将自动地体现在本构模型中。

已经证明产生非均匀塑性变形的可能性主要依赖于位错密度的演化(Estrin and Kubin, 1986)，事实上，位错密度在晶体中承载了塑性。因此，将有明显关联的位错密度作为内部变量，需要建立晶体塑性公式，以真实地复现控制塑性变形及其非均匀模式的滑移、硬化和恢复机制。本章旨在提出能够准确地表征晶体微观机制的单晶本构方程。进而自然地为多晶体构造合适的均匀化技术（例如，见 Van Houtte,1987; Van Houtte,Li 等,2005)，以获得多晶体的响应。但是，模拟这种均匀化响应会引起附加的难度，例如对于多晶体，更具挑战性的问题是确定激活的滑移方向(Boyce,Weber 等,1989)。因此，本章将关注在代表性体积单元(RVEs)中单晶体的计算模拟，在第 12 章中已经介绍了 RVE 模拟的作用。

本章的撰写方式如下。首先，在第 13.2～13.4 节中，拓展讨论了晶体及其结构、伯格斯矢量和滑移系。讨论的目的是对必要的晶体性质提供了相当详细的概述，这些性质作为单晶塑性模型的输入数据。特别的，由于并非所有晶体拥有正交基，事实上需要对一些滑移相关数据做额外的前处理，如在文献中比较典型的滑移系的米勒指数。框 13.1 对这些前处理步骤给出了总结。

然后，本章的关注转向了单晶塑性背后的理论。首先，第 13.5 节讨论了在单晶中滑移的运动学，并且在本章最后提供了在晶体塑性算法中采用的简化假设。接着，在一个自下而上的算法中考虑了单晶塑性动力学。第 13.6 节描述了通过位错密度演化机制表征的、由滑移引起的晶体内部结构的变化。第 13.7 节概述了基于位错密度演化引起的晶体相关硬化机制。然后，联系在第 13.6 节和第 13.7 节中概述的位错密度理论与第 13.8 节中的单晶应力，完成了动力学方程。

结合前 8 节的内容，在第 13.9 节的框 13.2 中汇集了基于单晶塑性的位错密度的最终算法。第 13.10 节用一个数值算例总结了本章。

13.2 立方和非立方晶体的描述

本节介绍通过晶体塑性模拟具有不同结构的晶体，展示了在晶体中确定晶面和晶向的方法，在晶体塑性定义中，此方法为确定滑移系奠定了基础。

晶体材料的特征是其原子趋向于自我排列并形成确定的空间点阵(Azaroff，1984；Kelly，Groves 等，2000；Giacovazzo，Monaco 等，2002)，即在三维空间中形成无限延伸的原子列阵。在空间点阵中，每个可以重复的单元称为一个**晶胞**。这些晶胞在三维空间中通过采用离散的方式生成了晶格点阵。按照晶胞的形状定义，存在七种点阵系统(Azaroff，1984)，如图 13.2 中所示。通过三个轴 ***a***、***b*** 和 ***c*** 和它们之间的三个夹角 α(***b*** 和 ***c*** 的夹角)，β(***a*** 和 ***c*** 的夹角)以及 γ(***a*** 和 ***b*** 的夹角)来定义晶胞的形状。

在这七种点阵系统中分布 14 个可能的 Bravais 点阵，其定义根据晶胞是否为：(1)基元(P)，即仅在角点处有晶格点；(2)侧心(C、或 B、或 A)，即除了角点之外，在一对面中心沿轴向有一对晶格点；(3)体心(I)，即除了角点之外，在晶胞中心有一个晶格点；(4)面心(F)，即除了角点之外，在每个面的面心有一个晶格点。并非每个点阵系统可以像 P、C、I 和 F 这样以晶胞显示，因此，在图 13.2 中描绘了那些可能存在的 14 个 Bravais 点阵。在金属和合金中，所有显示在晶胞上的点(无论是在顶点、在面上、或在晶胞内部)都对应于原子的位置。然而，对于更一般的材料，这些点将是简单地对应于点群(Azaroff，1984)。为了标记感兴趣的方向与平面，引入米勒指数(Kelly，Groves 等，2000)。

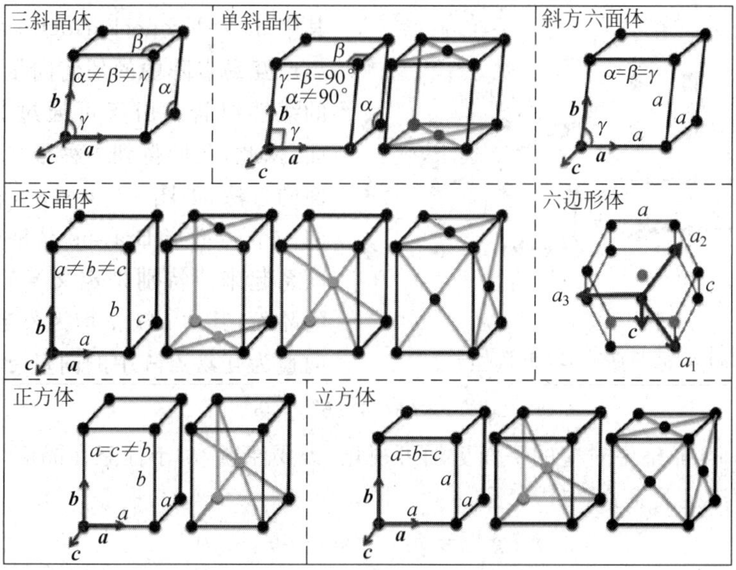

图 13.2 晶体中可能的晶胞结构

13.2.1 指定方向 对于在 Bravais 晶格中标识方向的米勒指数，可以从第一个原子的分数坐标(更一般的是晶格点)截取理想的方向矢量。通过从固定在晶胞某个角点处的原点出发的位置向量可以度量原子的坐标(如图 13.3)。我们以 Bravais 晶格基向量的形式写出位置向量，一组三个原始向量定义了晶胞的晶轴(记作[***x***，***y***，***z***])，

$$r_{uvw} = u\boldsymbol{x} + v\boldsymbol{y} + w\boldsymbol{z} \tag{13.2.1}$$

其中 u、v 和 w 分别是原子的 $\boldsymbol{x}$、$\boldsymbol{y}$ 和 $\boldsymbol{z}$ 分数坐标，它们的位置待定。一旦定义了位置向量，它的系数以方括号编组，即$[uvw]$，该方向的任何分数都清楚地服从米勒指数，记作$[hkl]$，其中 h、k 和 l 为整数。例如，一点坐标$\left(-1,\dfrac{3}{4},\dfrac{1}{2}\right)$将生成采用米勒指数$[\bar{4}32]$的一个方向。按照惯例，若为负数，则用上横杠标记替代负号。

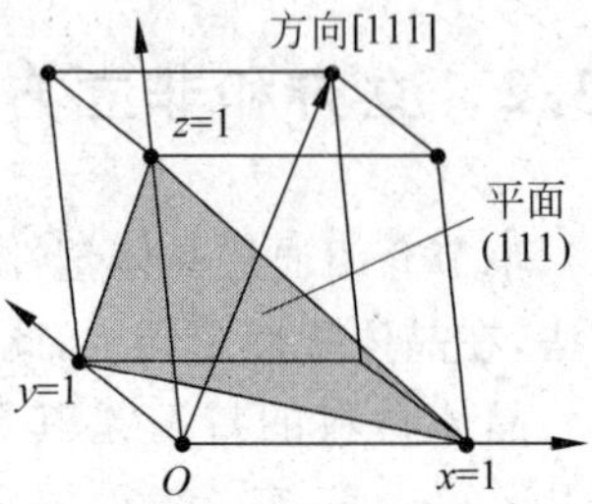

图 13.3　晶胞中的面和方向

13.2.2　指定平面　在我们介绍平面的米勒指数之前，首先概述**互易点阵的概念**是有益的(Azaroff，1984；Kelly，Groves 等，2000；Giacovazzo，Monaco 等，2002)。为 Bravais 晶格选定一组原始向量作为基向量，记作$[\boldsymbol{a}_1,\boldsymbol{a}_2,\boldsymbol{a}_3]$，应用基向量$[\boldsymbol{b}^1,\boldsymbol{b}^2,\boldsymbol{b}^3]$可以定义互易点阵，则有

$$[\boldsymbol{b}^1,\boldsymbol{b}^2,\boldsymbol{b}^3]^{\mathrm{T}} = [\boldsymbol{a}_1,\boldsymbol{a}_2,\boldsymbol{a}_3]^{-1} \tag{13.2.2}$$

其中，逆矩阵的每一行对应在互易点阵中的一个基向量。

更明确的定义为

$$\boldsymbol{b}^1 = \frac{\boldsymbol{a}_2 \times \boldsymbol{a}_3}{\det[\boldsymbol{a}_1,\boldsymbol{a}_2,\boldsymbol{a}_3]},\quad \boldsymbol{b}^2 = \frac{\boldsymbol{a}_3 \times \boldsymbol{a}_1}{\det[\boldsymbol{a}_1,\boldsymbol{a}_2,\boldsymbol{a}_3]},\quad \boldsymbol{b}^3 = \frac{\boldsymbol{a}_1 \times \boldsymbol{a}_2}{\det[\boldsymbol{a}_1,\boldsymbol{a}_2,\boldsymbol{a}_3]} \tag{13.2.3}$$

根据叉积的定义，在互易点阵中的每一个向量 $\boldsymbol{b}^i$ 垂直于 Bravais 晶格由两个相应基向量$(\boldsymbol{a}_j,\boldsymbol{a}_k)$所定义的平面。因此，互易点阵的基向量与 Bravais 晶格中的基向量互为对偶，则有

$$\boldsymbol{b}^i \cdot \boldsymbol{a}_j = \delta^i_j,\quad 1 \leqslant i,j \leqslant 3 \tag{13.2.4}$$

其中 δ^i_j 为 Kronecker delta 函数。

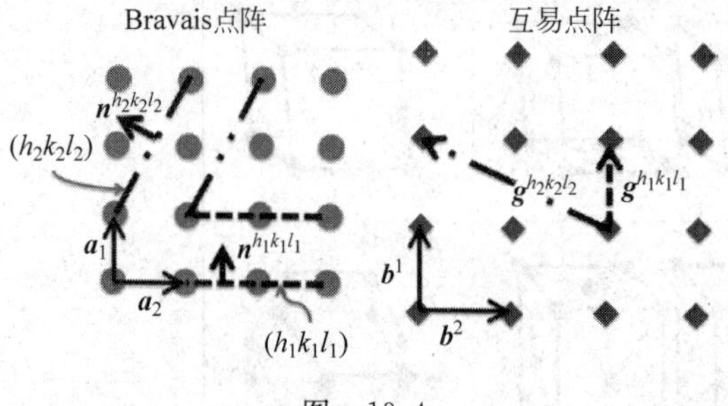

图　13.4

(a) Bravais 晶格点阵；(b) 互易点阵

互易点阵中的任何向量均为基向量 $\boldsymbol{b}^i$ 的线性组合。由于可通过其法线定义晶面，据此，我们得到一种很自然的标记原子面的方法，如图 13.4 所示，将互易点阵中的一个向量与 Bravais 晶格中相应的晶面联系起来。特别是定义米勒指数为(hkl)的晶面，其中 h、k、l 均为整数，该晶面的法向量为互易点阵中的向量 $\boldsymbol{g}^{hkl}$，其形式为

$$\boldsymbol{g}^{hkl} = h\boldsymbol{b}^1 + k\boldsymbol{b}^2 + l\boldsymbol{b}^3 \tag{13.2.5}$$

为了使在 Bravais 晶格中对应的平面更加可视化，需要注意，对于任意在晶面(hkl)内的向量(例如 $\boldsymbol{r}$)，必须满足关系式：

$$\boldsymbol{r} \cdot \boldsymbol{g}^{hkl} = hr_1 + kr_2 + lr_3 = 0 \tag{13.2.6}$$

该方程可以理解为一个穿过 Bravais 晶格原点的晶面。当晶面的转向与自身平行使得方程(13.2.6)的右边等于单位 1 时，可以从晶面与晶轴的截距获得晶面的方向，即

$$hr_1 + kr_2 + lr_3 = 1 \tag{13.2.7}$$

据此我们立刻得到在 Bravais 晶格中米勒指数为(hkl)的晶面在各晶轴上的截距为$(1/h,1/k,1/l)$，如图 13.3 所示的(111)晶面。反之，给定一个在晶胞中截距为$(1/h,1/k,1/l)$的晶面，其米勒指数将是(hkl)，并且其对应的单位法向量简单地表示为

$$\boldsymbol{n}^{hkl} = |\boldsymbol{g}^{hkl}|^{-1}\boldsymbol{g}^{hkl} \tag{13.2.8}$$

不难证明，在立方晶系中，晶面(hkl)的法向量指向[hkl]，该问题留作练习（见习题13.1）。然而，该现象并不适用于非立方晶系。前面描述的互易点阵向量的计算，对于正确求解单晶塑性是很有必要的。

在材料工程中，由于各种材料属性的方向依赖性，即各向异性，例如光学特性、活性、表面张力和位错运动等，通过米勒指数正确地标记晶体中的晶面和晶向显得尤为重要。位错沿着特定方向和平面的各向异性运动，是后续发展晶体塑性的基础（Rice and Asaro，1977）。

13.3 单晶塑性的原子机制和伯格斯矢量

本节给出了在晶体塑性中原子机制的简要讨论，主要目的是定义伯格斯矢量，它是建立晶体塑性剪应变公式的基础。在金属中的塑性变形是等体积的，即保持体积不变或不可压缩（见5.4.2节），因此，塑性剪切始终是令人感兴趣的机制，对该过程的模拟是晶体塑性的基础。

如果剪应力作用在一个所有原子均未偏离的完美晶体点阵上，从一层原子上面滑移另一层原子所需的剪应力 τ 作为位移 x 的函数为（Hull and Bacon，2006）

$$\tau = \frac{Gc}{2\pi a}\sin\frac{2\pi x}{c} \tag{13.3.1}$$

其中 $\boldsymbol{a}$ 是原子之间的垂直距离，c 为水平距离，G 为剪切模量。据此可推断，对于完美晶体，其理论剪切强度(τ_{yield})是在 $\frac{1}{2\pi}G$ 的量级。估算的更精确的完美晶体理论剪切强度为 $\frac{1}{30}G$（Hull and Bacon，2006）。但是，实验测量发现晶体的剪切强度远低于这些估算值，一般的范围是（Hull and Bacon，2006）：

$$1\times 10^{-8}G \leqslant \tau_{yield} \leqslant 1\times 10^{-4}G \tag{13.3.2}$$

为了解释这种差异，提出了**位错理论**（Orowan，1934；Taylor，1934）。位错是一种拓扑缺陷（Anthony and Azirhi，1995；Bulatov and Cai，2006），即在点阵中的某些原子在与相邻原子连接时出现缺陷。而位错特指**线缺陷**，被认为是介于滑移和未滑移材料的交界。在晶体中位错有两种基本存在形式：**刃位错**和**螺位错**（Hirth and Lothe，1982），如图13.5所示。

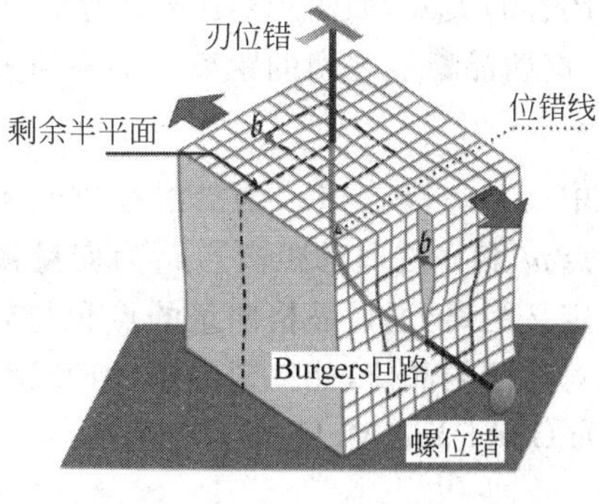

图13.5 晶体中的位错线

通过在晶体中部终止原子的平面而形成刃位错，这可以从原子的剩余半平面的边缘观察到，如图13.6(c)和图13.5的顶面所示。通过沿某一平面（如垂直面）将部分晶体切断，可以直观地理解螺位错。将右半部分与左边相对滑移，使得右边的原子占据晶格点位置，而左边新的原子占据新的位置（以此保持结晶性），在畸变之后，发现在剖切面的尖端边界线定义了螺位错线。在实际晶体中，位错是混合型的，从某种意义上可以将其分解为刃位错和螺位错分量。混合型位错线可以直观地视为一条起始于螺位错而终止于刃位错的曲线，如图13.5所示。

螺位错和刃位错均在其核心区域引起局部残余剪切应力。除了剪切应力之外，由于自然地非对称性，刃位错还会引起正应力。在剩余半平面的一边引起压缩，在“缺失”平面的一边引起拉伸(Hull and Bacon, 2006)。位错凭借其在点阵中引起的畸变和残余应力，使得它更容易在包含它们的原子层中发生滑移，并且与其运动相关的能障也足够低，以此可以解释实验测得的晶体剪切强度低于估算值的原因(Hull and Bacon, 2006)。

图 13.6(a)显示一个承受剪切的正方形晶格的侧视图。剩余半平面的边缘(图中所示倒“T”形)对应于位错线的侧视图。从图 13.6(b)可以推断由位错引起的拓扑缺陷，其位错线上的原子只有 5 个相邻原子，而三维的简单立方晶体中有 6 个相邻原子。

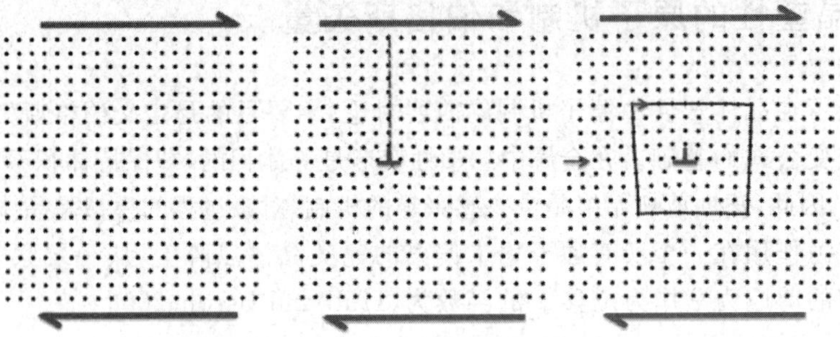

(a)　　(b)　　(c)

图　13.6

(a) 剪切作用下的正方晶格；(b) 剪切作用下有位错的正方晶格；(c) 位错运动

通常借助于伯格斯矢量来量化位错引起的晶格缺陷。当围绕一个位错通过晶格所画任意回路时，伯格斯矢量度量了回路闭合失效(Hull and Bacon, 2006)。即在晶体的完美部分取一个连接晶格点的闭合长方形回路，假设该回路闭合。然后，如果在围绕位错取相同的回路，发现该回路的起点和终点将不再重合。例如，由于该回路需要覆盖剩余的半平面，引起了闭合的失效，如图 13.6(c)所示。为了保持结晶性，伯格斯矢量的值必须对应于晶格矢量，即两晶格点之间的距离。伯格斯矢量的幅值($\boldsymbol{b}$)为(De Graef and McHenry, 2007),

$$|\boldsymbol{b}| = \sqrt{g_{ij}\Delta s^j \Delta s^i} \quad (\text{对 } i, j \text{ 求和}) \tag{13.3.3}$$

其中$|\Delta s| = |\boldsymbol{P}_m - \boldsymbol{P}_n|$为沿滑移方向 $\boldsymbol{s}$ 的重复距离，即分别位于 $\boldsymbol{P}_m$ 和 $\boldsymbol{P}_n$ 位置的两个连续晶格点 m 和 n 之间的距离。g_{ij} 为**度量张量**的分量，在晶体中可能出现非正交基时，用它来帮助定义距离，通过晶格向量的点积得到，即$g_{ij} = \boldsymbol{a}_i \cdot \boldsymbol{a}_j$。因此，它的一般形式可用于具有最低对称性的晶体，如三斜晶系，以及具有最高对称性的晶体，如立方晶系。度量张量形式为(De Graef and McHenry, 2007)

$$\boldsymbol{g} = \begin{bmatrix} a^2 & ab\cos\gamma & ac\cos\beta \\ ab\cos\gamma & b^2 & bc\cos\alpha \\ ac\cos\beta & bc\cos\alpha & c^2 \end{bmatrix} \tag{13.3.4}$$

其中长度 a、b、c 和角度 α、β、γ 的定义见图 13.1。它的逆向量 $\boldsymbol{G}$ 代表在互易点阵中的度量张量，且可以表示如下(De Graef and McHenry, 2007)：

$$\boldsymbol{G} = \frac{1}{V^2}\begin{bmatrix} b^2c^2\sin^2\alpha & abc^2\phi(\alpha,\beta,\gamma) & abc^2\phi(\gamma,\alpha,\beta) \\ abc^2\phi(\alpha,\beta,\gamma) & a^2c^2\sin^2\beta & abc^2\phi(\beta,\gamma,\alpha) \\ abc^2\phi(\gamma,\alpha,\beta) & abc^2\phi(\beta,\gamma,\alpha) & a^2b^2\sin^2\gamma \end{bmatrix} \tag{13.3.5}$$

其中$V^2=a^2b^2c^2(1-\cos^2\alpha-\cos^2\beta-\cos^2\gamma+2\cos\alpha\cos\beta\cos\gamma)$为 $\boldsymbol{g}$ 的行列式，而顺序角度的函数 $\phi(A,B,C)=\cos A\cos B-\cos C$。

对于刃位错，伯格斯矢量垂直于位错线，而对于螺位错，伯格斯矢量平行于位错线，可以将二者汇集在图 13.5 中。在混合型位错中，伯格斯矢量既不平行也不垂直于位错线。当晶体发生塑性变形时，位错在运动的过程中保持特性不变，从这个角度考虑，可以视位错为一种**孤立子**(Bulatov and Cai, 2006)，因此，伯格斯矢量是保守的。

在连续介质力学中，假设伯格斯矢量定义如下(Kroner, 1981; Bulatov and Cai, 2006; Gurtin, 2006)：

$$\boldsymbol{b}=\oint \boldsymbol{F}^e \mathrm{d}\boldsymbol{x} \tag{13.3.6}$$

其中 $\boldsymbol{F}^e$ 为变形梯度的弹性部分，通过乘法分解 $\boldsymbol{F}=\boldsymbol{F}^e\boldsymbol{F}^p$(见 5.7.1 节)得到。由于假设晶体使用连续的拓扑来替代离散的点阵结构，公式服从 **Volterra 位错**的形式(Bulatov and Cai, 2006)。

当变形为完全弹性 $\boldsymbol{F}=\boldsymbol{F}^e=\nabla_0\boldsymbol{u}$，即弹性变形成为位移向量场的梯度。弹性变形可被看作是一种保守场，其势能就是位移。因此，式(13.3.6)中闭合路径的积分必须为 0，才能得到伯格斯矢量为 0 的结果。在塑性的情况下，由乘法分解式 $\boldsymbol{F}=\boldsymbol{F}^e\boldsymbol{F}^p$ 清楚地给出，$\boldsymbol{F}^e\neq\nabla_0\boldsymbol{u}$。由此推论相应的弹性变形不再是保守场，闭合回路积分不再为 0，其结果即为伯格斯矢量。从这个意义上讲，一个 Volterra 位错量化了弹性变形不为保守运动的程度，并最终与变形晶体的位错演化程度关联起来。

13.4 在一般单晶中定义滑移面和滑移方向

本节将定义晶体中的滑移面和滑移方向，这些内容是阐释单晶塑性运动学的基础，并且总结在框 13.1 中，对在单晶体塑性算法中输入的晶体学数据的预处理步骤，将在本章剩余部分加以说明。

位错的运动代表了晶体材料的塑性特征。正如在图 13.6(c)中箭头所示，利用剪切激活位错线的运动，在包含位错的平面上，沿着运动的方向留下一个幅值为$|\boldsymbol{b}|$的台阶，定义为**单位滑移**。在金属和合金的塑性变形中，有多个位错运动并相互作用。然而，应当注意的是，在它们之间的晶体材料始终保持无畸变(除了可以忽略不计的弹性晶格畸变)。

一般情况下，位错在晶体密排面内沿着密排方向移动。图 13.7 展示的是一个面心立方(FCC)晶体。挑选出(001)和(111)平面，用以说明它们之间原子堆积的区别，可以看出，在(111)面比(001)面具有更大的原子面密度。该图还可以表明，在每个平面上实线箭头指向可滑动方向(最紧密堆积方向)，而点线箭头指向非密排方向。例如，位错运动可以发生在(111)面上并沿着$[0\bar{1}1]$、$[\bar{1}01]$和$[\bar{1}10]$方向(Kelly, Groves 等, 2000)。这些方向为同一个族。同一方向族可以用角括号来标记，例如：$\langle 1\bar{1}0\rangle$。

在 FCC 晶体中存在三个不同但在晶体学上与(111)等价的平面，称其为$(\bar{1}11)$、$(\bar{1}\bar{1}1)$和$(1\bar{1}1)$。这四个平面也属于同一族。一般情况下，同一族系的平面由大括号标识，例如$\{111\}$。一族晶面和晶向的例子如图 13.8 所示。

以三个基本晶体为例，在表 13.1 中给出了滑移面和滑移方向，称为 FCC、体心立方(BCC)和密排六方(HCP) (Kelly, Groves 等, 2000)。注意到在 HCP 晶体中，材料科学家

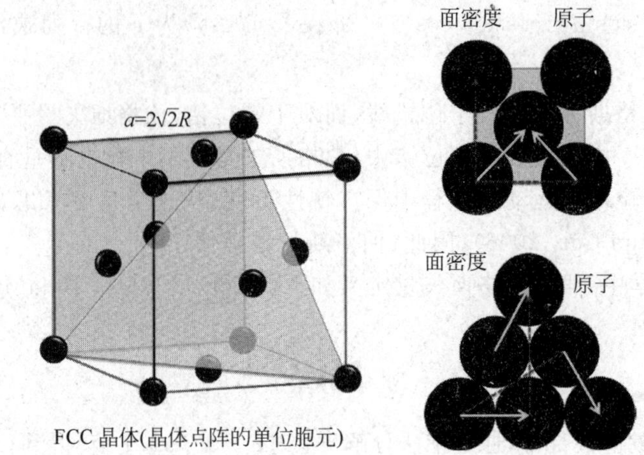

(a) (b)

图 13.7

(a) FCC 晶体；(b) (001)和(111)面

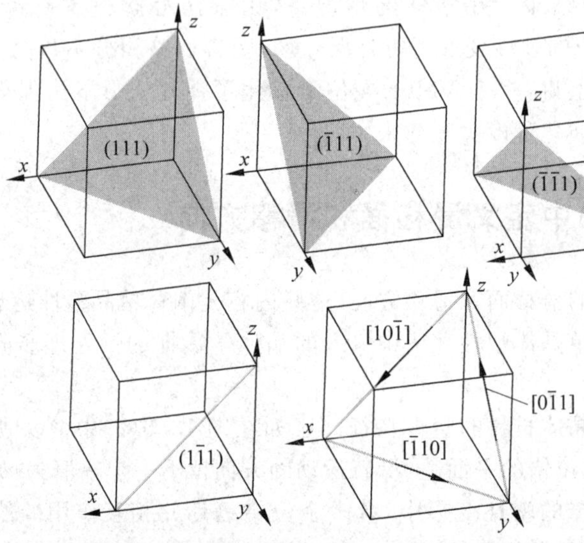

图 13.8 立方晶体中的{111}平面族，和$\langle\bar{1}10\rangle$方向族

发现使用 4 个指标定义其平面及方向非常方便，采用 3 个指标来描述六边晶体底部(在图 13.2 中沿 $\boldsymbol{a}_1$，$\boldsymbol{a}_2$ 和 $\boldsymbol{a}_3$)，而余下 1 个指标来定义晶胞的高度(沿 $\boldsymbol{c}$ 轴方向)。在 HCP 晶体中，为了符合 3 个指标标记，将第 1 个与第 3 个指标加起来，即$(a_1, a_2, a_3, d) \rightarrow (a_2, (a_1 + a_3), d)$。这种 3 个指标标记更适合在本章建立的晶体塑性算法。

表 13.1 滑移系

晶 体	滑 移 系	Bravais 点阵(13.2 节)
面心立方金属：Al，Cu 等	$\langle 1\bar{1}0\rangle\{111\}$	F(Face centered)
体心立方金属：Fe，W，Na 等	$\langle 1\bar{1}1\rangle\{110\}$	I(Body centered)
密排六方金属：Zn，Mg，Cd 等	$\langle 11\bar{2}0\rangle(0001)$，$\langle 11\bar{2}0\rangle\{10\bar{1}1\}$ $\langle 11\bar{2}0\rangle\{10\bar{1}0\}$，$\langle 11\bar{2}0\rangle\{11\bar{2}2\}$	P(Primitive)

在一般情况下，表征位错运动需要一对向量：滑移面法向 $\boldsymbol{n}$ 和滑移方向 $\boldsymbol{s}$，这一对向量定义了**滑移系统**(表 13.1)并自动定义了晶体材料的塑性。这一对向量必须满足 $\boldsymbol{n}\cdot\boldsymbol{s}=0$ 才能构成滑移系。如[110]和(111)不会组成滑移系，因为它们的点积的值为 2；另一方面，成对向量$[1\bar{1}0]$与(110)、或$[\bar{1}10]$与(111)、或[110]与$(\bar{1}11)$等可以组成滑移系，因为它们的点积为零。

在很多应用中，晶体的滑移系相对于加载轴具有预定的方位关系。例如，在金属坯料冷轧时经常能够引入晶粒的择优晶向，称其为纹理(Van Houtte，Li 等，2005)。因此，在加载冷轧样件时，晶体取向相对于加载轴具有特定的分布，这种现象对各向异性塑性变形作出了巨大的贡献(Roters，Eisenlohr 等，2010)。通过应用下面的转换，在单晶塑性中可以很容易地捕获这种取向效果，即将晶体的滑移方向和滑移系 α 的法向$(\boldsymbol{s}_c^\alpha,\boldsymbol{n}_c^\alpha)$映射到实验室坐标系$(\boldsymbol{s}_l^\alpha,\boldsymbol{n}_l^\alpha)$：

$$[\boldsymbol{s}_l^\alpha,\boldsymbol{n}_l^\alpha]=\boldsymbol{T}_l^c[\boldsymbol{s}_c^\alpha,\boldsymbol{n}_c^\alpha] \tag{13.4.1}$$

其中，$\boldsymbol{T}_c^l$是由三个基本欧拉角(ϕ,θ,ψ)定义的 3D 旋转矩阵，这里对于欧拉角的定义有多种约定，取决于旋转的顺序。对晶体比较常用的为 Bunge 约定(Randle 和 Engler，2009)。在该约定中假设的 3D 旋转顺序如图 13.9 所示：(1) 绕 Z-轴旋转 ϕ，将改变 X-Y 平面上向量的方向；(2) 由于采用(1)的旋转，现在得到新的位置，在此基础上绕 X-轴旋转 θ；(3)在采用(1)和(2)旋转后的新位置上，绕 Z-轴旋转 ψ。如此，获得了 3D 的旋转矩阵为

$$\boldsymbol{T}_c^l=\begin{bmatrix} c_1c_3-c_2s_1s_3 & -c_1s_3-c_2c_3s_1 & s_1s_2 \\ c_3s_1-c_1c_2s_3 & c_1c_2c_3-s_1s_2 & -c_1s_2 \\ s_2s_3 & c_3s_2 & c_2 \end{bmatrix} \tag{13.4.2}$$

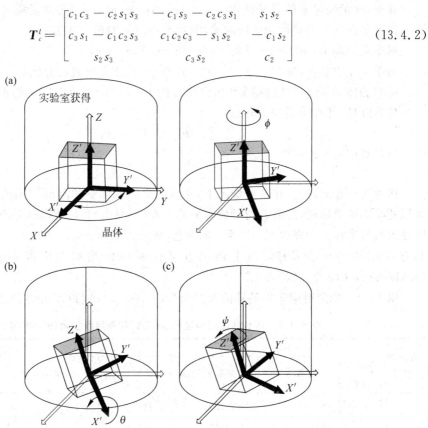

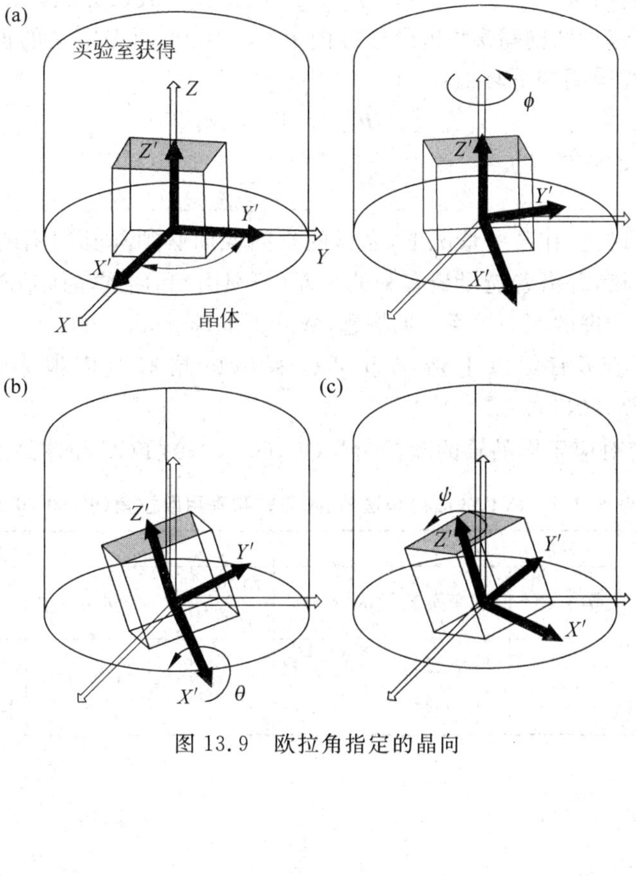

图 13.9 欧拉角指定的晶向

其中，$c_i=\cos(\delta_i)$，$s_i=\sin(\delta_i)$，δ_i 取下标 $i=1,2$ 或 3 分别对应于 ϕ,θ 或 ψ 的值。可以通过实验得到的极像图读取欧拉角（Randle 和 Engler，2009）。在材料样本中，极像图是晶体平面取向分布的二维图。在附录 4 中给出了简要讨论。

在框 13.1 中总结了在 13.2～13.4 节中的主要公式。关于单晶塑性材料子程序，在框中生成了有关滑移的输入数据，在本章余下的部分将发展应用这些输入数据的塑性算法。

框 13.1 前处理：确定初始滑移方向和法向

1. 为晶体模拟确定 3 个基矢量，$\{\boldsymbol{a}_1,\boldsymbol{a}_2,\boldsymbol{a}_3\}$
2. 基矢量无量纲化为 $\boldsymbol{a}_i=\boldsymbol{a}_i/\sqrt{a_{1i}^2+a_{2i}^2+a_{3i}^2}$，$i\in\{1,2,3\}$
3. 获得晶体所有滑移面 $\{(hkl)^a,1\leqslant a\leqslant nss\}$ 和滑移方向 $\{(uvw)^a,1\leqslant a\leqslant nss\}$ 的米勒指数。在缺乏实验数据的情况下，可以从文献中找到有关米勒指数的资料，或者选择晶体的密排面和方向来确定。
4. 定义和无量纲化每个滑移方向的向量为
$$\boldsymbol{s}^{uvw}=(u^2+v^2+w^2)^{-1/2}[u\boldsymbol{a}_1+v\boldsymbol{a}_2+w\boldsymbol{a}_3]$$
5. 将滑移方向向量与合适的伯格斯矢量量值配对。可以在文献中找到特定晶体的伯格斯矢量资料，或者通过计算晶格沿着相应滑移方向的重复距离来获取：
$$|\boldsymbol{b}|=\sqrt{g_{ij}\Delta s^j\Delta s^i}$$
其中，度量矢量 $\boldsymbol{g}$ 的定义见式(13.3.4)，$|\Delta s|=|\boldsymbol{p}_m-\boldsymbol{p}_n|$ 为重复距离。
6. 转换平面的米勒指数到法向向量，利用互易点阵的概念构造：
对于立方晶格：$\boldsymbol{n}^{hkl}=(h^2+k^2+l^2)^{-1/2}[h\boldsymbol{e}_1+k\boldsymbol{e}_2+l\boldsymbol{e}_3]$
对于非立方晶格：$\boldsymbol{n}^{hkl}=|\boldsymbol{g}^{hkl}|^{-1}\boldsymbol{g}^{hkl}$，其中 $\boldsymbol{g}^{hkl}$ 的定义见式(13.2.5)。
7. 排列晶体的滑移面法向量 $\boldsymbol{n}^{hkl}$ 和滑移方向 $\boldsymbol{s}^{uvw}$，对应于预先定义的加载轴，或是根据样本纹理，通过采用如下转换：
$$[\boldsymbol{s}_t^a,\boldsymbol{n}_t^a]=\boldsymbol{T}_t^c[\boldsymbol{s}_c^a,\boldsymbol{n}_c^a]$$
应用式(13.4.2)中的 $\boldsymbol{T}_l^c$。

作为进一步的讨论，在某些情况下，晶体的空间取向必须与其周围的材料协调。例如，沉积的晶体可能形核，并沿着能量最有利的平面（习惯面）和周围晶体基质的特定方向生长，所导致的结果称为合理的取向关系；见例题（Wang 和 Starink，2005）。通过首先提供平面和方向转换的正确顺序，以上情况也可以利用单晶塑性模拟来实现。见例 13.1（Elkhodary，Lee 等，2011）。

例 13.1 确定对应于样品轴的欧拉角为(0°,60°,0°)的 FCC 晶体的滑移面和法向

表 E13.1 FCC 的晶向和法向，未旋转和采用欧拉角(0°,60°,0°)

滑移系编号	方向			平面		
	Miller 指数	矢量 $\boldsymbol{s}_c$	变换的矢量($\boldsymbol{s}_t$)	Miller 指数	矢量 $\boldsymbol{n}_c$	变换的矢量($\boldsymbol{n}_t$)
1	$[\bar{1}01]$	$\frac{1}{\sqrt{2}}[-1,0,1]$	[−0.7071 −0.6124 0.3536]	(111)	$\frac{1}{\sqrt{3}}[1,1,1]$	[0.5774 −0.2113 0.7887]

续表

滑移系编号	方向			平面		
	Miller 指数	矢量 s_c	变换的矢量(s_t)	Miller 指数	矢量 n_c	变换的矢量(n_t)
2	$[\bar{1}10]$	$\frac{1}{\sqrt{2}}[-1,1,0]$	[−0.7071 −0.3536 0.6124]	(111)	$\frac{1}{\sqrt{3}}[1,1,1]$	[0.5774 −0.2113 0.7887]
3	$[0\bar{1}1]$	$\frac{1}{\sqrt{2}}[0,-1,1]$	[0 −0.9659 −0.2588]	(111)	$\frac{1}{\sqrt{3}}[1,1,1]$	[0.5774 −0.2113 0.7887]
4	[011]	$\frac{1}{\sqrt{2}}[0,1,1]$	[0 −0.2588 0.9659]	$(\bar{1}\bar{1}1)$	$\frac{1}{\sqrt{3}}[-1,-1,1]$	[−0.5774 −0.7887 −0.2113]
5	$[\bar{1}10]$	$\frac{1}{\sqrt{2}}[-1,1,0]$	[−0.7071 0.3536 0.6124]	$(\bar{1}\bar{1}1)$	$\frac{1}{\sqrt{3}}[-1,-1,1]$	[−0.5774 −0.7887 −0.2113]
6	[101]	$\frac{1}{\sqrt{2}}[1,0,1]$	[0.7071 −0.6124 0.3536]	$(\bar{1}\bar{1}1)$	$\frac{1}{\sqrt{3}}[-1,-1,1]$	[−0.5774 −0.7887 −0.2113]
7	[101]	$\frac{1}{\sqrt{2}}[1,0,1]$	[0.7071 −0.6124 0.3536]	$(\bar{1}11)$	$\frac{1}{\sqrt{3}}[-1,1,1]$	[−0.5774 −0.2113 0.7887]
8	[110]	$\frac{1}{\sqrt{2}}[1,1,0]$	[0.7071 0.3536 0.6124]	$(\bar{1}11)$	$\frac{1}{\sqrt{3}}[-1,1,1]$	[−0.5774 −0.2113 0.7887]
9	$[0\bar{1}1]$	$\frac{1}{\sqrt{2}}[0,-1,1]$	[0 −0.9659 0.2588]	$(\bar{1}11)$	$\frac{1}{\sqrt{3}}[-1,1,1]$	[−0.5774 −0.2113 0.7887]
10	[011]	$\frac{1}{\sqrt{2}}[0,1,1]$	[0 −0.2588 0.9659]	$(1\bar{1}1)$	$\frac{1}{\sqrt{3}}[1,-1,1]$	[0.5774 −0.7887 −0.2113]
11	[110]	$\frac{1}{\sqrt{2}}[1,1,0]$	[0.7071 0.3536 0.6124]	$(1\bar{1}1)$	$\frac{1}{\sqrt{3}}[1,-1,1]$	[0.5774 −0.7887 −0.2113]
12	$[\bar{1}01]$	$\frac{1}{\sqrt{2}}[-1,0,1]$	[−0.7071 −0.6124 0.3536]	$(1\bar{1}1)$	$\frac{1}{\sqrt{3}}[1,-1,1]$	[0.5774 −0.7887 −0.2113]

根据表 13.1 的结果，在 FCC 晶体中的晶向和晶面族为$\langle 1\bar{1}0\rangle\{111\}$，只需考虑满足条件 $\boldsymbol{n}\cdot\boldsymbol{s}=0$ 的晶向和晶面对。如果我们把正和负的滑移方向确定为同一滑移系，则只有 12 对是独立的。可以由表 E13.1 中的米勒指数表示 FCC 滑移系。通过简单地无量纲化米勒指数的方向为单位矢量来获得滑移矢量($\boldsymbol{s}_c$)，如表 E13.1 所示。根据在框 13.1 中的第 6 步，通过应用公式 $\boldsymbol{n}^{hkl}=(h^2+k^2+l^2)^{-1/2}[h\boldsymbol{e}_1+k\boldsymbol{e}_2+l\boldsymbol{e}_3]$获得在表中的 FCC 立方晶体的滑移法向($\boldsymbol{n}_c$)。利用在公式(13.4.2)中 $\boldsymbol{T}_1^c$的定义和欧拉角为$(0,\pi/3,0)$，我们得到

$$\boldsymbol{T}_1^c=\begin{bmatrix}1 & 0 & 0\\ 0 & 0.5 & -0.866\\ 0 & 0.866 & 0.5\end{bmatrix}$$

最后，利用在框 13.1 中的步骤 7，获得表 E13.1 中的 $\boldsymbol{s}_l$ 和 $\boldsymbol{n}_l$。

13.5 单晶塑性的运动学

在本节中，采用在本章中发展的经过适当简化的算法，我们将描述求解单晶塑性所必需的运动学方程的具体形式，并给出最终的评论。

13.5.1 晶体力学相关的内部构形 如图 13.10 所示，在细观尺度下，固态晶体的结构可被视为体积单元的聚集体或晶格块体，后者是晶格的未变形部分，可由位错来描述。对于受连续变形梯度 $\boldsymbol{F}$ 的固态晶体，可假设同时发生两种基本变形机制：(1)晶格块体之间的滑移，引起弹性晶格扭曲；(2)由总体变形梯度 $\boldsymbol{F}$ 引起的晶格旋转，导致可观察到的现象，如晶体的**几何软化**(Asaro, 1979)。为了更好地描述单晶体的本构关系，可将变形梯度 $\boldsymbol{F}$ 分解为变形和旋转两种机制。已经采用的梯度 $\boldsymbol{F}$ 的两个典型分解，其区别在于是首先在变形构形中引入晶格旋转(Asaro, 1983)，还是在中间构形中引入旋转(Onat, 1982)，如图 13.10 所示。

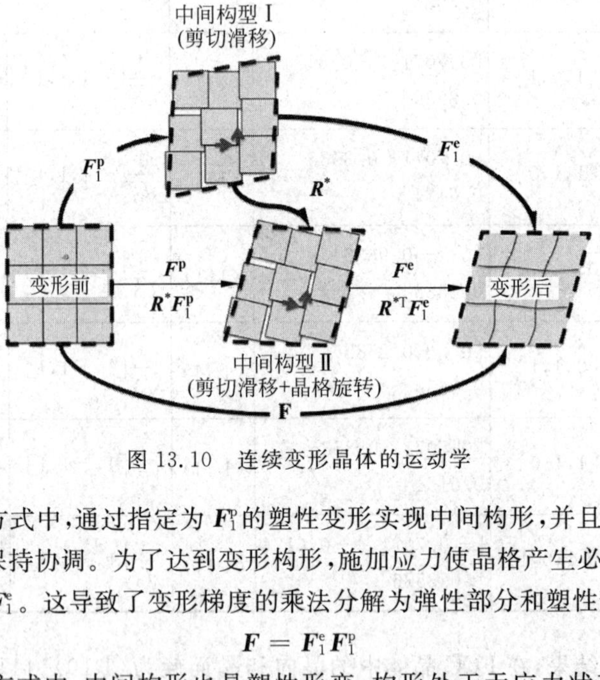

图 13.10 连续变形晶体的运动学

在第一种分解方式中，通过指定为 $\boldsymbol{F}_1^p$ 的塑性变形实现中间构形，并且处于无应力状态，其晶格与未变形构形保持协调。为了达到变形构形，施加应力使晶格产生必要的旋转，并需要施加指定的弹性变形 $\boldsymbol{F}_1^e$。这导致了变形梯度的乘法分解为弹性部分和塑性部分(见 5.7.1 节)：

$$\boldsymbol{F} = \boldsymbol{F}_1^e \boldsymbol{F}_1^p \tag{13.5.1a}$$

在第二种分解方式中，中间构形也是塑性形变，构形处于无应力状态，但是晶格已通过 $\boldsymbol{R}^*$ 旋转至最终方向。该过程通过塑性形变 $\boldsymbol{F}^p$ 得到中间构形，然后施加引起晶格拉伸的对称弹性变形 $\boldsymbol{F}^e$ 达到最终构形。第二种方法导致如下分解：

$$\boldsymbol{F} = \boldsymbol{F}^e \boldsymbol{F}^p \tag{13.5.1b}$$

这两种方法彼此相关。如图 13.10 所示，在中间构形 Ⅰ 旋转后即可得到中间构形 Ⅱ，据此有，$\boldsymbol{F}^p = \boldsymbol{R}^* \boldsymbol{F}_1^p$。类似地，由于 $\boldsymbol{F}^e = \boldsymbol{R}^{*T} \boldsymbol{F}_1^p$，第二种方法的弹性变形与第一种方法相关。由于 $\boldsymbol{F}^e$ 要求对称，可以证明 $\boldsymbol{F}^e = \boldsymbol{V}_1^e$，通过极分解 $\boldsymbol{F}_1^e = \boldsymbol{V}_1^e \boldsymbol{R}_1$ 和 $\boldsymbol{R}_1 = \boldsymbol{R}^*$ 获得左伸长张量(见练习 13.2)。上述两种分解方式得到一致的结果，选择其中哪一种主要看使用方便(Boyce, Weber 等, 1989)。定义在所有构形 Ⅱ 中的张量上方加一横杠，而在构形 Ⅰ 中以波浪线

表示。

速度梯度($\boldsymbol{L}=\dot{\boldsymbol{F}}\boldsymbol{F}^{-1}$)也可以类似地分解为弹性部分和塑性部分，将公式(13.5.1b)代入其定义式(见公式(5.7.8))，得

$$\boldsymbol{L} = \dot{\boldsymbol{F}}^{e}(\boldsymbol{F}^{e})^{-1} + \boldsymbol{F}^{e}\dot{\boldsymbol{F}}^{p}(\boldsymbol{F}^{p})^{-1}(\boldsymbol{F}^{e})^{-1} \tag{13.5.2}$$

将$\dot{\boldsymbol{F}}^{p}(\boldsymbol{F}^{p})^{-1}$的结果记作$\bar{\boldsymbol{L}}^{p}$，表示在中间构形Ⅱ中速度梯度的塑性部分。我们可以利用加法分解进一步定义变形和旋转部分的塑性率：

$$\bar{\boldsymbol{L}}^{p} = \bar{\boldsymbol{D}}^{p} + \bar{\boldsymbol{W}}^{p} \tag{13.5.3}$$

其中，$\bar{\boldsymbol{D}}^{p}=\text{sym}(\bar{\boldsymbol{L}}^{p})$，$\bar{\boldsymbol{W}}^{p}=\text{skew}(\bar{\boldsymbol{L}}^{p})$。注意到中间构形Ⅱ中$\bar{\boldsymbol{L}}^{p}$的对称和反对称部分需写作协变形式(见5.10节)，因此需通过其空间构形的后拉来定义。因此，当定义对称部分sym()和反对称部分skew()时，必须应用张量$\bar{\boldsymbol{C}}^{e}=\boldsymbol{F}^{eT}\boldsymbol{F}^{e}$，如公式(5.7.12)。

由于利用了$\boldsymbol{F}^{e}$的对称性，证明通过数学关系可以完全地定义$\bar{\boldsymbol{W}}^{p}$(Onat, 1982; Boyce, Weber等, 1989)：

$$\bar{\boldsymbol{W}}^{p} = \boldsymbol{W} - \boldsymbol{\mathcal{W}}:(\boldsymbol{D} + \bar{\boldsymbol{D}}^{p}) \tag{13.5.4}$$

其中，$\boldsymbol{\mathcal{W}}$是一个四阶张量，其分量与弹性应变具有相同阶数(见练习13.5)。另一方面，一个完整的本构关系还需要定义$\bar{\boldsymbol{D}}^{p}$，讨论如下。首先，中间构形Ⅱ经历了剪切滑移和晶格旋转。因此，在公式(13.5.2)中的塑性变形$\boldsymbol{F}^{p}$可以分解为$\boldsymbol{F}^{p}=\boldsymbol{R}^{*}\boldsymbol{F}^{\text{slip}}$，其中$\boldsymbol{F}^{\text{slip}}=\boldsymbol{F}_{\text{I}}^{p}$引起晶格的塑性变形，如图13.10所示，而$\boldsymbol{R}^{*}$引起晶格旋转。将该分解代入$\bar{\boldsymbol{L}}^{p}$(例如$\dot{\boldsymbol{F}}^{p}(\boldsymbol{F}^{p})^{-1}$)的定义中，可得

$$\bar{\boldsymbol{L}}^{p} = \dot{\boldsymbol{R}}^{*}\boldsymbol{R}^{*T} + \boldsymbol{R}^{*}\dot{\boldsymbol{F}}^{p}(\boldsymbol{F}^{p})^{-1}\boldsymbol{R}^{*T} \tag{13.5.5}$$

由公式(13.5.5)和(13.5.3)，我们得到$\bar{\boldsymbol{D}}^{p}=\boldsymbol{R}^{*}\tilde{\boldsymbol{D}}^{p}\boldsymbol{R}^{*T}$，其中$\tilde{\boldsymbol{D}}^{p}=\text{sym}(\dot{\boldsymbol{F}}^{p}(\boldsymbol{F}_{\text{I}}^{p})^{-1})$为未旋转晶格的塑性变形率，即图13.10所示的中间构形Ⅰ。因此，$\bar{\boldsymbol{D}}^{p}$即为$\tilde{\boldsymbol{D}}^{p}$从中间构形Ⅰ到Ⅱ的前推。$\bar{\boldsymbol{W}}^{p}=\dot{\boldsymbol{R}}^{*}\boldsymbol{R}^{*T}+\boldsymbol{R}^{*}\tilde{\boldsymbol{W}}^{p}\boldsymbol{R}^{*T}$，其中$\tilde{\boldsymbol{W}}^{p}=\text{skew}(\dot{\boldsymbol{F}}^{p}(\boldsymbol{F}_{\text{I}}^{p})^{-1})$为未旋转晶格的自旋。这样，$\bar{\boldsymbol{W}}^{p}$组合了$\tilde{\boldsymbol{W}}^{p}$从中间构形Ⅰ到Ⅱ的前推，以及晶格自旋，自此表示为$\boldsymbol{\Omega}^{*}=\dot{\boldsymbol{R}}^{*}\boldsymbol{R}^{*T}$。注意在定义对称部分sym()和反对称部分skew()时，必须利用在构形Ⅰ中的张量$\tilde{\boldsymbol{C}}^{e}=\boldsymbol{F}_{\text{I}}^{eT}\boldsymbol{F}_{\text{I}}^{e}$。

13.5.2 变形率和旋转率的塑性部分本构定义 在实际晶体中，多滑移系能够允许在任何时刻的位错运动。这种状态引起多滑移位错，即取决于晶体相对于载荷的取向，在多个滑移系中同时滑移。现在，在中间构形Ⅰ中，晶格为弹性未畸变且无旋转状态，通过定义，

$$\tilde{\boldsymbol{D}}^{p} = \sum_{\alpha}\tilde{\boldsymbol{P}}^{\alpha}\dot{\gamma}^{\alpha}, \quad \tilde{\boldsymbol{W}}^{p} = \sum_{\alpha}\tilde{\boldsymbol{Q}}^{\alpha}\dot{\gamma}^{\alpha} \tag{13.5.6}$$

将变形率$\tilde{\boldsymbol{D}}^{p}$和旋转率$\tilde{\boldsymbol{W}}^{p}$的塑性部分与在所有激活滑移系中的瞬时晶体剪切滑移率相关联，其中$\tilde{\boldsymbol{P}}^{\alpha}=\text{sym}(\tilde{\boldsymbol{S}}^{\alpha})$，$\tilde{\boldsymbol{Q}}^{\alpha}=\text{skew}(\tilde{\boldsymbol{S}}^{\alpha})$，而$\tilde{\boldsymbol{S}}^{(\alpha)}=\tilde{\boldsymbol{s}}^{(\alpha)}\otimes\tilde{\boldsymbol{n}}^{(\alpha)}$为Schmidt张量(Rice和Asaro, 1977)定义滑移系α，即在中间构形Ⅰ中的由滑移方向向量$\tilde{\boldsymbol{s}}^{(\alpha)}$和滑移面法线$\tilde{\boldsymbol{n}}^{(\alpha)}$定义的并向量积。同样，为了得到协变分量，在这些定义中，sym()和skew()必须应用$\tilde{\boldsymbol{C}}^{e}$。据此，变形率$\tilde{\boldsymbol{D}}^{p}$和旋转率$\tilde{\boldsymbol{W}}^{p}$可以表达为演化在全部滑移系中剪切滑移的线性组合，循着晶体能够发生的塑性变形，共同旋转到所有可能的方向。根据公式(13.5.6)，需要强调的是晶体只能沿特

定的面和特定方向发生塑性变形，这些区别于均匀连续介质材料点在任何方向上能够发生应变的经典假设。

注意到运动学公式(13.5.6)，单晶塑性基本是不可压缩的变形，可以从以下方面理解。塑性膨胀率可以按照下式计算(对比式(5.7.40))：

$$\widetilde{\boldsymbol{C}}^{\mathrm{e}-1}:\widetilde{\boldsymbol{D}}^{\mathrm{p}}=\sum_{\alpha}\widetilde{\boldsymbol{C}}^{\mathrm{e}-1}:\widetilde{\boldsymbol{P}}^{\alpha}\dot{\gamma}^{\alpha}=0 \tag{13.5.7}$$

这里利用了滑移方向$\tilde{\boldsymbol{s}}^{(\alpha)}$和滑移面法线$\tilde{\boldsymbol{n}}^{(\alpha)}$的正交性(见练习 13.3)。

如图 13.10 所示，中间构形Ⅱ中要求晶格按 $\boldsymbol{R}^*$ 旋转。因此，式(13.5.6)中的各项的前推项 $\bar{\boldsymbol{P}}^{\alpha}$ 和 $\bar{\boldsymbol{Q}}^{\alpha}$ 定义如下：

$$\begin{aligned}\bar{\boldsymbol{P}}^{\alpha}&=\boldsymbol{R}^{*}\ \widetilde{\boldsymbol{P}}^{\alpha}\boldsymbol{R}^{*\mathrm{T}}\\ \bar{\boldsymbol{Q}}^{\alpha}&=\boldsymbol{R}^{*}\ \widetilde{\boldsymbol{Q}}\boldsymbol{R}^{*\mathrm{T}}\end{aligned} \tag{13.5.8}$$

因此，对于方程(13.5.3)，塑性变形率和旋转率为

$$\bar{\boldsymbol{D}}^{\mathrm{p}}=\sum_{\alpha}\bar{\boldsymbol{P}}^{\alpha}\dot{\gamma}^{\alpha},\quad \bar{\boldsymbol{W}}^{\mathrm{p}}=\boldsymbol{\Omega}^{*}+\sum_{\alpha}\bar{\boldsymbol{Q}}^{\alpha}\dot{\gamma}^{\alpha} \tag{13.5.9}$$

在晶体塑性算法中，需要将 $\bar{\boldsymbol{P}}^{\alpha}$ 和 $\bar{\boldsymbol{Q}}^{\alpha}$ 作为张量的内部变量存储和更新，使得在模拟过程中当 $\boldsymbol{R}^*$ 随着时间演化时，能准确确定中间构形Ⅱ的晶格方向。$\bar{\boldsymbol{P}}^{\alpha}$ 和 $\bar{\boldsymbol{Q}}^{\alpha}$ 的共旋率为

$$\begin{aligned}\overset{\nabla}{\bar{\boldsymbol{P}}}{}^{\alpha}&=\dot{\bar{\boldsymbol{P}}}{}^{\alpha}-\Omega^{*}\bar{\boldsymbol{P}}^{\alpha}+\bar{\boldsymbol{P}}^{\alpha}\Omega^{*}=\boldsymbol{0}\\ \overset{\nabla}{\bar{\boldsymbol{Q}}}{}^{\alpha}&=\dot{\bar{\boldsymbol{Q}}}{}^{\alpha}-\Omega^{*}\bar{\boldsymbol{Q}}^{\alpha}+\bar{\boldsymbol{Q}}^{\alpha}\Omega^{*}=\boldsymbol{0}\end{aligned} \tag{13.5.10}$$

在时间 $t\sim t+\Delta t$ 之间，中间构形Ⅱ的任何旋转需要满足微分方程：

$$\dot{\boldsymbol{R}}=\boldsymbol{\Omega}^{*}\boldsymbol{R} \tag{13.5.11}$$

在给定时间增量步的模拟中，初始条件 $\boldsymbol{R}(t)=\boldsymbol{I}$，由式(13.5.11)求解 $\boldsymbol{R}(t+\Delta t)$，例如，利用在 9.5.18 节中的 Hughes-Winget 更新，能够更新 $\bar{\boldsymbol{P}}^{\alpha}$ 和 $\bar{\boldsymbol{Q}}^{\alpha}$ 为

$$\begin{aligned}\bar{\boldsymbol{P}}^{\alpha}_{t+\Delta t}&=\boldsymbol{R}_{t+\Delta t}\bar{\boldsymbol{P}}^{\alpha}_{t}\boldsymbol{R}^{\mathrm{T}}_{t+\Delta t}\\ \bar{\boldsymbol{Q}}^{\alpha}_{t+\Delta t}&=\boldsymbol{R}_{t+\Delta t}\bar{\boldsymbol{Q}}^{\alpha}_{t}\boldsymbol{R}^{\mathrm{T}}_{t+\Delta t}\end{aligned} \tag{13.5.12}$$

13.5.3　限制在弹性小应变的运动学简化　若忽略晶格的弹性拉伸，前述的运动学方程可以得到简化，这种假设特别适合于金属晶体的大变形，在这种情况下，$\boldsymbol{F}^{\mathrm{e}}=\boldsymbol{V}^{\mathrm{e}}_{1}=\boldsymbol{I}$。则中间构形Ⅱ实际上与在图 13.10 中变形后的构形是相同的。这种简化是该算法开发的核心，其重要的贡献是使得计算更加简便，且对于承受大变形的各类晶体材料都是近似有效的(例如，典型的金属或合金)。

这样，利用关系式 $\boldsymbol{F}^{\mathrm{e}}=\boldsymbol{I}$，将考虑塑性变形是直接在变形构形上演化。尽管这里认为 $\boldsymbol{F}^{\mathrm{e}}$ 是常量(一致性)，但是不可忽略弹性变形率 $\boldsymbol{D}^{\mathrm{e}}$，因为它为定义 Cauchy 应力提供了有效的途径。因此，在该简化中采用 $\boldsymbol{D}^{\mathrm{p}}=\bar{\boldsymbol{D}}^{\mathrm{p}}$，可获得弹性变形率 $\boldsymbol{D}^{\mathrm{e}}=\boldsymbol{D}-\boldsymbol{D}^{\mathrm{p}}$。然后，通过次弹性关系可以很容易计算 Cauchy 应力(见第 5 章)。这样，对于这里所发展的单晶塑性的率相关算法，感兴趣的运动学量为

$$\begin{aligned}\boldsymbol{D}^{\mathrm{p}}&=\sum_{\alpha}\boldsymbol{P}^{\alpha}\dot{\gamma}^{\alpha}\\ \boldsymbol{D}^{\mathrm{e}}&=\boldsymbol{D}-\boldsymbol{D}^{\mathrm{p}}\\ \boldsymbol{W}^{\mathrm{p}}&=\sum_{\alpha}\boldsymbol{Q}^{\alpha}\dot{\gamma}^{\alpha}\\ \boldsymbol{\Omega}^{*}&=\boldsymbol{W}-\boldsymbol{W}^{\mathrm{p}}\ (\text{由于}\ \boldsymbol{W}=\boldsymbol{W}^{\mathrm{p}}\text{，当}\ \boldsymbol{W}\rightarrow\boldsymbol{0}\ \text{时})\end{aligned} \tag{13.5.13}$$

其中，$\boldsymbol{P}^{\alpha}=\boldsymbol{I}\bar{\boldsymbol{P}}^{\alpha}\boldsymbol{I}=\bar{\boldsymbol{P}}^{\alpha}$，$\boldsymbol{Q}^{\alpha}=\boldsymbol{I}\bar{\boldsymbol{Q}}^{\alpha}\boldsymbol{I}=\bar{\boldsymbol{Q}}^{\alpha}$分别为对称和反对称部分的 Schmidt 张量从中间构形Ⅱ到变形构形的简单前推。

13.5.4 结语 我们注意到，如果滑移发生在多滑移面，如图 13.10 所示，在晶格块之间会出现小缝隙、重叠或位移不连续，导致非紧密的中间构形(Kroner，1981)，即非简单连接，所以，$\boldsymbol{F}^{\mathrm{p}}$不再是塑性位移场的梯度。因此，变形映射 $\boldsymbol{F}^{\mathrm{p}}$通常与唯一存在的位移场不再相容了(Kroner，1981)，从非紧密中间构形到当前构形的变形映射 $\boldsymbol{F}^{\mathrm{e}}$也不再相容了。然而，如同任何连续体那样，要求紧密参考构形被一个相容变形 $\boldsymbol{F}$ 映射到紧密的当前构形，即没有缝隙、重叠或不连续。因此，$\boldsymbol{F}^{\mathrm{p}}$和 $\boldsymbol{F}^{\mathrm{e}}$必须以一致性的方式演化，这样，它们的乘积 $\boldsymbol{F}^{\mathrm{p}}\boldsymbol{F}^{\mathrm{e}}$是相容的，通过取绕变形材料点的任意闭合回路可以表示这种相容条件(Kroner,1981)：

$$\delta=\oint\boldsymbol{F}^{\mathrm{e}}\boldsymbol{F}^{\mathrm{p}}\mathrm{d}\boldsymbol{X}=\boldsymbol{0} \tag{13.5.14}$$

在有限元编程中，应用本章发展的算法是采用定义在公式(13.5.13)中的运动学量，并保证其满足公式(13.5.14)。

13.6 位错密度演化

在本节中，我们介绍位错的演化，并最终应用于单晶塑性理论，在任意材料点上进行自下而上的 Cauchy 应力更新，即在代表位错结构的材料点上进行内部变量的演化，能够追踪晶体强度和相应应力的演化。

对于金属晶体，每平方厘米存在 $10^{6}\sim10^{12}$ 量级的位错，这取决于材料加工处理的历史过程，例如其经历的变形程度以及在热处理过程中形成的各种微结构特征(Hull 和 Bacon，2006；Polmear，2006)。为了预测材料的工程性能，比较方便的方法是用位错密度表征位错的量，以便研究它们在近似的连续体中的演变(引起塑性变形)。将单位体积中所有位错线的总长度，定义为位错密度 ρ($[\mathrm{m}\cdot\mathrm{m}^{-3}]=[\mathrm{m}^{-2}]$)。

假设在多滑移系中，当任意应变增量超过弹性极限，位错结构将发生改变，该假设定义了晶体整体塑性的活跃程度。在每一个滑移系中，位错结构被进一步看作是由可动位错(glissile)和不可动位错(sessile)组成。即对于材料的一个给定状态，可由总位错密度ρ^{α}表示在滑移系 α 中的位错结构，并进一步通过加法分解为可动位错密度($\rho_{\mathrm{m}}^{\alpha}$)和不可动位错密度($\rho_{\mathrm{im}}^{\alpha}$)(Estrin，Krausz 等，1996)，

$$\rho^{\alpha}=\rho_{\mathrm{m}}^{\alpha}+\rho_{\mathrm{im}}^{\alpha} \tag{13.6.1}$$

这种分解遵循了位错运动引起塑性变形并导致材料延性的观点，而不可动位错贡献了晶体的强化和硬化。注意，在某一时刻，一根位错线可能同时具有可动段和不可动段。所有由材料点的局部应变激活的塑性机制，则可以看作是在各滑移系或其相交滑移系中可动和不可动位错密度的生成和湮灭所导致的。而且，在变形过程中，可动位错可能变为不可动位错，而不可动位错也可能被释放，这表明可动和不可动位错的演化规律需要结合起来。因此，对于大块晶体材料，位错密度演化规律可能采用如下形式(Estrin 和 Kubin，1986)：

$$\begin{aligned}\dot{\rho}_{\mathrm{m}}^{\alpha}&=\dot{\rho}_{\mathrm{generatation}}^{\alpha}-\dot{\rho}_{\mathrm{interaction}}^{\alpha}\\ \dot{\rho}_{\mathrm{im}}^{\alpha}&=-\dot{\rho}_{\mathrm{annihilation}}^{\alpha}+\dot{\rho}_{\mathrm{interaction}}^{\alpha}\end{aligned} \tag{13.6.2}$$

为了完整地定义在公式(13.6.2)中的术语，通常需要对材料做特殊的假设。然而，适用

于不同晶体结构金属的更加通用的演化规律已经得出，见(Estrin 和 Kubin，1986)，且后续研究对其进行了完善(例如，见 Kameda 和 Zikry，1996；Rezvanian，Zikry 等，2007；Shi 和 Zikry，2009；Shanthraj 和 Zikry，2011)。

在细观尺度，总是假设材料点代表足以引起位错密度生成、湮灭以及交互作用机制的晶体结构。一个演化规律的例子是遵循各种可动和不可动机制的线性叠加，且在一个材料点处获得公式(13.6.2)中的术语(见 Estrin，Krausz 等，1996；Shanthraj 和 Zikry，2011)：

$$\dot{\rho}_{\mathrm{m}}^{(\alpha)}=|\dot{\gamma}^{(\alpha)}|\left(g_{\mathrm{s}}^{(\alpha)}(\rho_{\mathrm{im}}^{(\alpha)}\rho_{\mathrm{m}}^{(\alpha)})^{-1}-g_{\mathrm{m0}}^{(\alpha)}\rho_{\mathrm{m}}^{(\alpha)}-g_{\mathrm{im0}}^{(\alpha)}\sqrt{\rho_{\mathrm{im}}^{(\alpha)}}\right) \tag{13.6.3a}$$

$$\dot{\rho}_{\mathrm{im}}^{(\alpha)}=|\dot{\gamma}^{(\alpha)}|\left(g_{\mathrm{m1}}^{(\alpha)}\rho_{\mathrm{m}}^{(\alpha)}+g_{\mathrm{im1}}^{(\alpha)}\sqrt{\rho_{\mathrm{im}}^{(\alpha)}}-g_{\mathrm{r}}^{(\alpha)}\rho_{\mathrm{im}}^{(\alpha)}\exp\left(\frac{-\Delta H_0}{kT}\left[1-\sqrt{\frac{\rho_{\mathrm{im}}^{(\alpha)}}{\rho_{\mathrm{im}}^{\mathrm{sat}}}}\right]\right)\right) \tag{13.6.3b}$$

ΔH_0为位错机制的激活焓，k 是 Boltzmann 常数，T 为当前绝对温度，$\rho_{\mathrm{im}}^{\mathrm{sat}}$为实验确定的不可动位错密度的饱和值。

在公式(13.6.3)中的一组系数是说明指定位错机制的激活程度的材料依赖性：g_s是指可动位错密度的生成；g_{m0}是由可动位错自相互作用导致的可动位错湮灭；g_{m1}是由可动位错自相互作用形成的位错环或碎片；g_r是不可动位错的恢复；g_{im1}和g_{im0}是由于不可动位错与可动位错的相互作用导致的可动位错的固定(Estrin 和 Kubin，1986)。关于位错生成、湮灭和相互作用机制的这些系数的显式表述，及其在金属中的典型取值见表 13.2(Estrin 和 Kubin，1986)。对于在本章中发展的有限元算法，这些典型取值已经足够了。然而，对于这些系数的得来以及在表 13.2 中出现的不同术语和符号的解释，感兴趣的读者可参见附录 5。

偏爱利用在表 13.2 中给出的典型系数来表示指定位错机制的激活程度的原因，是这样不仅可以大大简化计算，还能够直接运用非线性稳定性分析技术预测出现非均匀变形的条件，以便于解释重要的局部化现象，例如局部剪切带的形成(Estrin 和 Kubin，1986)。需要强调的是，公式(13.6.3)和这些系数只是可能的位错密度演化规律的一个例子，我们可以在文献中找到各种其他的演化规律，取决于材料或感兴趣的塑性现象。

表 13.2　位错密度演化方程的系数

系　数	公　式	典型数值
g_{s}^{α}	$\dfrac{\phi^{(\alpha)}}{\lvert\boldsymbol{b}^{(\alpha)}\rvert}\cdot\sum_{\eta}c_{\alpha\eta}(\rho_{\mathrm{im}}^{\eta})^{1/2}$	$\dfrac{1}{\lvert\boldsymbol{b}^{(\alpha)}\rvert}\times 2.76\mathrm{e}^{-5}$
g_{m0}^{α}	$\phi^{(\alpha)}\cdot l_{\mathrm{c}}\cdot\sum_{\eta}\left(\sqrt{a_{(\alpha)\eta}}\left[\dfrac{\rho_{\mathrm{m}}^{\eta}}{\rho_{\mathrm{m}}^{(\alpha)}\lvert\boldsymbol{b}^{(\alpha)}\rvert}+\dfrac{\dot{\gamma}^{\eta}}{\dot{\gamma}^{(\alpha)}\lvert\boldsymbol{b}^{\eta}\rvert}\right]\right)$	$\dfrac{1}{\lvert\boldsymbol{b}^{(\alpha)}\rvert}\times 5.53$
$g_{\mathrm{im0}}^{\alpha}$	$\dfrac{\phi^{(\alpha)}\cdot l_{\mathrm{c}}}{(\rho_{\mathrm{im}}^{(\alpha)})^{1/2}}\cdot\sum_{\eta}\left(\sqrt{a_{(\alpha)\eta}}\cdot\rho_{\mathrm{im}}^{\eta}\right)$	$\dfrac{1}{\lvert\boldsymbol{b}^{(\alpha)}\rvert}\times 0.0127$
g_{m1}^{α}	$\dfrac{\phi^{(\alpha)}\cdot l_{\mathrm{c}}}{\lvert\boldsymbol{b}^{(\alpha)}\rvert\dot{\gamma}^{(\alpha)}\rho_{\mathrm{m}}^{(\alpha)}}\cdot\sum_{\eta,\kappa\leqslant\eta}\left(z_{(\alpha)}^{\eta\kappa}\sqrt{\alpha_{\eta\kappa}}\left[\dfrac{\rho_{\mathrm{m}}^{\eta}\dot{\gamma}^{\kappa}}{\lvert\boldsymbol{b}^{\kappa}\rvert}+\dfrac{\rho_{\mathrm{m}}^{\kappa}\dot{\gamma}^{\eta}}{\lvert\boldsymbol{b}^{\eta}\rvert}\right]\right)$	$\dfrac{1}{\lvert\boldsymbol{b}^{(\alpha)}\rvert}\times 5.53$
$g_{\mathrm{im1}}^{\alpha}$	$\dfrac{\phi^{(\alpha)}\cdot l_{\mathrm{c}}}{\lvert\boldsymbol{b}^{(\alpha)}\rvert\dot{\gamma}^{(\alpha)}(\rho_{\mathrm{im}}^{(\alpha)})^{1/2}}\cdot\sum_{\eta,\kappa\leqslant\eta}\left(z_{(\alpha)}^{\eta k}\sqrt{a_{\eta\kappa}}\cdot\rho_{\mathrm{m}}^{\kappa}\dot{\gamma}^{\eta}\right)$	$\dfrac{1}{\lvert\boldsymbol{b}^{(\alpha)}\rvert}\times 0.0127$
g_{r}^{α}	$\dfrac{\phi^{(\alpha)}\cdot l_{\mathrm{c}}}{\dot{\gamma}^{(\alpha)}}\cdot\sum_{\eta}\left(\sqrt{a_{(\alpha)\eta}}\cdot\dfrac{\dot{\gamma}^{\eta}}{\lvert\boldsymbol{b}^{\eta}\rvert}\right)$	$6.69\mathrm{e}^{5}$

13.7 位错运动所需应力

本节利用在 13.6 节中的位错密度演化来确定晶体强度，这是在单晶的应力更新算法中的重要组成部分。

如前所述，围绕每一个位错核，一定存在一个与晶格畸变相关的位移场，它恢复了晶格顺序。因此，如果一个可动位错要在一个已经包含许多不可动位错的晶体中运动，它必须与之相互作用，并克服围绕这些位错附加的应力场。在这种情况下，不可动位错对于可动位错起着障碍物的作用，在很大程度上它们的密度决定了位错在滑移面上运动（塑性）所需的临界应力。该临界值为已知的**临界分切应力**（$\bar{\tau}_{\mathrm{ref}}^{\alpha}$），并定义了晶体强度。而其变化率表征了晶体的硬化并决定应力-应变曲线的形状（见图 13.1(b)）。如果 $\bar{\tau}_{\mathrm{ref}}^{\alpha}$ 增加，则称晶体硬化；如果它减小，则称晶体**软化**。分切应力 $\bar{\tau}^{\alpha}$，即为在图 13.10 的中间构形 Ⅱ 的滑移面 α 上的偏应力张量的分量，必须总是对比 $\bar{\tau}_{\mathrm{ref}}^{\alpha}$，而滑移产生的条件可能表示为

$$|\bar{\tau}^{\alpha}| > \bar{\tau}_{\mathrm{ref}}^{\alpha}(\Phi) \tag{13.7.1}$$

除了取决于不可动位错的密度，$\bar{\tau}_{\mathrm{ref}}^{\alpha}$ 的值通常取决于晶体结构、与滑移面相互作用阻碍位错运动的点缺陷，以及温度和其他内部变量（Hull 和 Bacon，2006）。在公式(13.7.1)中，Φ 的作用相当于一个函数符号，代表在晶体中控制临界切应力演化的一系列可能的内部变量。Taylor(1934)证明了对于单滑移发生所必需的 $\bar{\tau}_{\mathrm{ref}}^{\alpha}$，为

$$\bar{\tau}_{\mathrm{ref}}^{(\alpha)} = \frac{G\,|\,\boldsymbol{b}^{(\alpha)}\,|}{d^{(\alpha)}} = G\,|\,\boldsymbol{b}^{(\alpha)}\,|\,\sqrt{\rho_{\mathrm{im}}^{(\alpha)}} \tag{13.7.2}$$

其中 $\rho_{\mathrm{im}}^{(\alpha)}$ 为在滑移面 α 上不可动位错的密度，$d^{(\alpha)}$ 为在滑移系中的平均位错间距。这个关系式说明需要公式(13.6.3)定义晶体的强度演化，相应的应力-应变曲线的形状，以及确定在晶体塑性理论和位错理论之间的联系。为了更好地考虑在多滑移情况下的位错相互作用，以及热效应，提出了对公式(13.7.2)的各种修正。例如(Elkhodary，Lee 等，2011)，

$$\bar{\tau}_{\mathrm{ref}}^{\alpha} = \left(\bar{\tau}_{y}^{\alpha} + G\sum_{\beta=1}^{\mathrm{nss}}|\,\boldsymbol{b}^{\beta}\,|\,\sqrt{a_{\alpha\beta}\rho_{\mathrm{im}}^{\beta}}\right)\left(\frac{T}{T_0}\right)^{-\xi} \tag{13.7.3}$$

其中，$\bar{\tau}_{y}{}^{\alpha}$ 为滑移系（$\boldsymbol{\alpha}$）的静态屈服应力，nss 为滑移系的数量，$|\boldsymbol{b}^{\beta}|$ 为伯格斯矢量的值，Taylor 系数 $a_{\alpha\beta}$ 反映了在滑移系之间相互作用的强度，取值在 0～1 之间变化，并可以从关系式 $a_{\alpha\beta}=2\sqrt{P_{ij}^{\alpha}P_{ij}^{\beta}}$ 近似地得到简化(Elkhodary，Lee 等，2011)。T 为当前温度，T_0 为参考温度，ξ 表示热软化指数。

13.8 率相关单晶塑性的应力更新

为了完善单晶塑性公式，本节讨论在 Cauchy 应力更新中所需要的对分切应力的更新。在下一节中将总结完整的公式，作为在有限元框架下的材料子程序的编程算法。

13.8.1 分切应力 通过后拉偏 Cauchy 应力 σ^{dev} 到中间构形 Ⅱ（如图 13.10），并且映射到滑移系$\boldsymbol{\alpha}$ 上，定义分切应力 $\bar{\tau}^{\alpha}$ 为(Havner，1992)，

$$\bar{\tau}^{\alpha} = |\,\boldsymbol{F}^{\mathrm{e}}\,|\,((\boldsymbol{F}^{\mathrm{e}})^{-1}\boldsymbol{\sigma}^{\mathrm{dev}}(\boldsymbol{F}^{\mathrm{e}})^{-T} : (\bar{\boldsymbol{s}}^{\alpha}\otimes\bar{\boldsymbol{n}}^{\alpha})) \tag{13.8.1}$$

如在第 13.5 节中所述，在本章开发的算法中，我们作出简化假设 $\boldsymbol{F}^{\mathrm{e}}=\boldsymbol{I}$，即忽略晶体在塑性

变形中的弹性晶格畸变。在这种近似下，分切应力 τ^{α} 可以作为在变形构形中的切应力 τ^{α}，并由 $\boldsymbol{\sigma}^{\text{dev}}$ 计算，

$$\tau^{\alpha} = \boldsymbol{\sigma}^{\text{dev}} : (\bar{\boldsymbol{s}}^{\alpha} \otimes \bar{\boldsymbol{n}}^{\alpha}) = \boldsymbol{\sigma}^{\text{dev}} : \boldsymbol{P}^{\alpha} \tag{13.8.2}$$

这里应用了 $\boldsymbol{\sigma}^{\text{dev}}$ 的对称性。

13.8.2　分切应力率　在任意单晶塑性算法中，要求更新分切应力 τ^{α}，这需要对材料率的积分，

$$\dot{\tau}^{(\alpha)} = \dot{\boldsymbol{\sigma}}^{\text{dev}} : \boldsymbol{P}^{\alpha} + \boldsymbol{\sigma}^{\text{dev}} : \dot{\boldsymbol{P}}^{\alpha} \tag{13.8.3}$$

在当前的近似中，偏 Cauchy 应力与其后拉到中间构形Ⅱ中的形式是可区分的。即应力张量必须与晶格共同旋转，因此，材料的率形式为

$$\dot{\boldsymbol{\sigma}}^{\text{dev}} = \overset{\nabla}{\boldsymbol{\sigma}}^{\text{dev}} + \boldsymbol{\Omega}^{*} \boldsymbol{\sigma}^{\text{dev}} - \boldsymbol{\sigma}^{\text{dev}} \boldsymbol{\Omega}^{*} \tag{13.8.4}$$

结合式(13.5.10)的第一式(使用 $\boldsymbol{P}^{\alpha}$ 代替 $\bar{\boldsymbol{P}}^{\alpha}$)和式(13.8.4)，并代入式(13.8.3)，导出材料率为

$$\begin{aligned} \dot{\tau}^{(\alpha)} &= (\overset{\nabla}{\boldsymbol{\sigma}}^{\text{dev}} + \boldsymbol{\Omega}^{*} \boldsymbol{\sigma}^{\text{dev}} - \boldsymbol{\sigma}^{\text{dev}} \boldsymbol{\Omega}^{*}) : \boldsymbol{P}^{\alpha} + \boldsymbol{\sigma}^{\text{dev}} : (\boldsymbol{\Omega}^{*} \boldsymbol{P}^{\alpha} - \boldsymbol{P}^{\alpha} \boldsymbol{\Omega}^{*}) \\ \dot{\tau}^{(\alpha)} &= \overset{\nabla}{\boldsymbol{\sigma}}^{\text{dev}} : \boldsymbol{P}^{\alpha} \end{aligned} \tag{13.8.5}$$

式(13.8.5)中最后部分为晶格旋转张量 $\boldsymbol{\Omega}^{*}$ 的反对称部分，其证明留作习题(见练习 13.4)。偏 Cauchy 应力率的定义源于次弹性本构关系，

$$\overset{\nabla}{\boldsymbol{\sigma}}^{\text{dev}} \equiv \boldsymbol{C}^{*} : (\boldsymbol{D}^{\text{e}})^{\text{dev}} \tag{13.8.6}$$

其中 $\boldsymbol{C}^{*}$ 为弹性张量。如果假设弹性张量为各向同性，只需保留剪切模量 G。而如果晶体为弹性各向异性，当模拟大的非弹性变形时，该简化引起的误差相对较小。在这种情况下，分切应力的材料率可以重新表示为

$$\dot{\tau}^{(\alpha)} = \boldsymbol{n}^{(\alpha)} \cdot 2G(\boldsymbol{D}^{\text{dev}} - \boldsymbol{D}^{\text{P}}) \cdot \boldsymbol{s}^{(\alpha)} \tag{13.8.7}$$

13.8.3　在率相关材料中分切应力的更新　对于率相关材料，一个恰当的经验幂律公式可以将滑移系中的剪切率与施加的切应力联系起来(Kocks，1987)，因此，本构方程为

$$\dot{\gamma}^{(\alpha)} = \dot{\gamma}^{\alpha}_{\text{ref}} \left(\frac{\tau^{(\alpha)}}{\tau^{(\alpha)}_{\text{ref}}} \right)^{1/m} \tag{13.8.8}$$

其中，$\dot{\gamma}^{\alpha}_{\text{ref}}$ 为参考剪切应变率，对应于临界分切应力 $\tau^{\alpha}_{\text{ref}}$，$m$ 为率敏感因数。该幂律公式适用于应变率低于临界值 $\dot{\gamma}_{\text{cr}}$ 的情况，后者的声子曳引效应被激活(仅出现在极端动态载荷下)。

将运动学关系式(13.5.9)(用 $\bar{\boldsymbol{D}}^{\text{P}} = \boldsymbol{D}^{\text{P}}$)以及幂律公式(13.8.8)代入公式(13.8.7)，分切应力的材料率可以给出为

$$\dot{\tau}^{(\alpha)} = \boldsymbol{n}^{(\alpha)} \cdot 2G\left(\boldsymbol{D}^{\text{dev}} - \sum_{\eta} \boldsymbol{P}^{\eta} \left(\dot{\gamma}^{\eta}_{\text{ref}} \left(\frac{\tau^{\eta}}{\tau^{\eta}_{\text{ref}}} \right)^{\frac{1}{m}} \right) \right) \cdot \boldsymbol{s}^{(\alpha)} \quad \forall \alpha \tag{13.8.9}$$

这是一个稳定的非线性常微分方程的耦合系统(Zikry，1994)。该系统将在滑移面 $\boldsymbol{\alpha}$ 上切应力的材料率联系到：在方向 $\boldsymbol{P}^{\eta}$ 的每一个激活滑移系 η 中的切应力(τ^{η})、剪切模量 G、在材料点上施加的偏变形率张量($\boldsymbol{D}^{\text{dev}}$)和当前滑移系 α($\boldsymbol{n}^{\alpha}$，$\boldsymbol{S}^{\alpha}$)的方向。

对于该系统公式的积分，已经提出了各种方案，例如依赖于显式 Runge-Kutta 方法的加速方案，但是一旦检测刚度的时候转向向后 Euler 积分(Zikry，1994)。最近，应用 FORTRAN 和 C 语言，实现了有特色多重算法的常微分方程稳定求解器，例如来自 Lawrence Livermore 国家实验室的 ODEPACK 和 Intel 的 IntelODE，可以在材料子程序中

直接调用来计算分切应力。

13.8.4 更新 Cauchy 应力 对于所有滑移系，一旦所有的分切应力更新完成，可将它们代回到幂律公式(13.8.8)，并服从当前的滑移率。然后，再把它们代回到公式(13.5.9)，计算变形率 $\boldsymbol{D}^{\mathrm{P}}$ 的塑性部分。接着，通过 $(\boldsymbol{D}^{\mathrm{e}})^{\mathrm{dev}}=\boldsymbol{D}^{\mathrm{dev}}-\boldsymbol{D}^{\mathrm{P}}$ 计算弹性部分的偏张量，最后，通过一阶方程可以更新材料点的 Cauchy 应力：

$$\boldsymbol{\sigma}_{t+\Delta t}=\boldsymbol{\sigma}_t+\Delta\boldsymbol{\sigma}=\boldsymbol{\sigma}_t+(\kappa\boldsymbol{I}\,\dot{e}+2G(\boldsymbol{D}^{\mathrm{dev}})^{\mathrm{e}}-\boldsymbol{\sigma}_t\boldsymbol{\Omega}^*+\boldsymbol{\Omega}^*\boldsymbol{\sigma}_t)\Delta t \tag{13.8.10}$$

其中，$\boldsymbol{\sigma}_t$ 为在初始时间步的 Cauchy 应力，κ 为体积模量，$\dot{e}$ 为通过变形率张量 $\boldsymbol{D}$ 的迹给出的体积应变率，Δt 为显式时域算法的稳定时间步长。

13.8.5 更新绝热温度 作为最后小结，对于高应变率的应用，**Fourier 系数**，导热率与蓄热率的比值都特别小(Zikry and Nemat-Nasser, 1990)。因此，可以假设为绝热条件。基于能量平衡，在没有热传导的情况下，材料点的局部温度变化率为

$$\dot{T}=\chi(\rho c_P)^{-1}\boldsymbol{\sigma}:\boldsymbol{D}^{\mathrm{P}} \tag{13.8.11}$$

其中，χ 为塑性功转化为热的部分，通常 $\chi=0.9\sim1.0$，ρ 为材料点的质量密度，c_P 为常压下的比热。该简化能量方程可以对温度进行积分，然后将结果代入公式(13.7.3)进行下一个时间步的计算，当采用高应变率条件时，可以捕获到单晶的热软化效应。

13.9 基于率相关位错密度的晶体塑性算法

为了编写基于率相关位错密度的单晶塑性算法的程序，作为由位移控制的有限元框架的材料子程序，在本节中，我们将展示必要的公式。框 13.2 包含了基于位错密度的单晶塑性算法的编写步骤，它是一个易于实现的半隐式算法。即当求解分切应力($\boldsymbol{\tau}^\alpha$)时，该算法描述了利用在初始时间步(例如，在时间 t)的滑移面法向和滑移方向($\boldsymbol{n}^\alpha,\boldsymbol{S}^\alpha$)，并在时间 t 的位错密度($\rho_{\mathrm{im}}^\alpha,\rho_{\mathrm{m}}^\alpha$)来计算晶体强度(在公式(13.7.3)中，$\tau_{\mathrm{ref}}^\alpha=\bar{\tau}_{\mathrm{ref}}^\alpha$)，以及在时间 $t+\Delta t$ 下求解局部温度 T。接着，在时间($t+\Delta t$)，更新($\boldsymbol{n}^\alpha,\boldsymbol{S}^\alpha$)和($\rho_{\mathrm{im}}^\alpha,\rho_{\mathrm{m}}^\alpha$)。在该算法中，进一步假设 $\boldsymbol{\Omega}^*=\boldsymbol{W}-\sum_\alpha\boldsymbol{Q}^\alpha\dot{\gamma}^\alpha\equiv\boldsymbol{W}^{\mathrm{e}}$，即为了简化，晶格旋转率对应于弹性旋转。

框 13.2 基于位错密度的单晶塑性算法

1. 计算变形梯度的材料率 $\dot{F}_{ij}^{t+\Delta t}=\Delta t^{-1}(F_{ij}^{t+\Delta t}-F_{ij}^{t})$
2. 计算速度梯度 $L_{ij}=\dot{F}_{ik}^{t+\Delta t}(F_{kj}^{t+\Delta t})^{-1}$
3. 计算变形率 $D_{ij}=\dfrac{1}{2}(L_{ij}+L_{ji})$
4. 计算旋转率 $W_{ij}=\dfrac{1}{2}(L_{ij}-L_{ji})$
5. 在增量步开始时刻，集合 Schmidt 张量(对称和反对称部分)(参见公式(13.5.6)和(13.5.9))

$$P_{ij}^{(\alpha)}=\frac{1}{2}(n_i^{(\alpha)}s_j^{(\alpha)}+n_j^{(\alpha)}s_i^{(\alpha)})\big|_t$$

$$Q_{ij}^{(\alpha)}=\frac{1}{2}(n_i^{(\alpha)}s_j^{(\alpha)}-n_j^{(\alpha)}s_i^{(\alpha)})\big|_t$$

6. 为了得到分切应力($\tau_{t+\Delta t}^{\alpha}$),对于所有的$\boldsymbol{\alpha}$,从非线性常微分方程(ODE)系统中设置和求解耦合的 ODE 系统(注意:当变形构形即为中间构形Ⅱ时,在公式(13.7.3)中,$\tau_{\mathrm{ref}}^{\alpha}=\bar{\tau}_{\mathrm{ref}}^{\alpha}$)

$$\dot{\tau}^{(1)} = \boldsymbol{n}_t^{(1)} \cdot \mathbf{MAT} \cdot \boldsymbol{s}_t^{(1)}$$

$$\dot{\tau}^{(2)} = \boldsymbol{n}_t^{(2)} \cdot \mathbf{MAT} \cdot \boldsymbol{s}_t^{(2)}$$

$$\vdots$$

$$\dot{\tau}^{(\mathrm{nss})} = \boldsymbol{n}_t^{(\mathrm{nss})} \cdot \mathbf{MAT} \cdot \boldsymbol{s}_t^{(\mathrm{nss})}$$

$$\mathbf{MAT} = 2G\left(\boldsymbol{D}_{t+\Delta t}^{\mathrm{dev}} - \sum_{\eta}\boldsymbol{P}_t^{\eta}\left(\dot{\gamma}_{\mathrm{ref}}^{\eta}\left(\frac{\tau_t^{\eta}}{\tau_{\mathrm{ref}}^{\eta}\big|_t}\right)^{1/m}\right)\right)$$

7. 在所有滑移系上,更新晶体剪切滑移率(率相关材料)

$$\dot{\gamma}^{(\alpha)} = \dot{\gamma}_{\mathrm{ref}}^{(\alpha)}\left(\frac{\tau^{\alpha}\big|_{t+\Delta t}}{\tau_{\mathrm{ref}}^{\alpha}\big|_t}\right)^{1/m}$$

8. 更新变形率和旋转率的塑性部分

$$D_{ij}^{\mathrm{P}} = \sum_{\alpha} P_{ij}^{\alpha}\dot{\gamma}^{\alpha}$$

9. 计算变形率和旋转率相应的弹性部分

$$D_{ij}^{\mathrm{e}} = D_{ij} - D_{ij}^{\mathrm{P}}, \quad W_{ij}^{\mathrm{e}} = W_{ij} - \sum_{\alpha} Q_{ij}^{\alpha}\dot{\gamma}^{\alpha}$$

10. 更新 Cauchy 应力

$$\boldsymbol{\sigma}_{t+\Delta t} = \boldsymbol{\sigma}_t + (\kappa \boldsymbol{I}\,\dot{e} + 2G \cdot \mathrm{dev}(\boldsymbol{D}^{\mathrm{e}}) - \boldsymbol{\sigma}_t\boldsymbol{W}^{\mathrm{e}} + \boldsymbol{W}^{\mathrm{e}}\,\boldsymbol{\sigma}_t)\Delta t$$

11. 更新晶体滑移系方向(为下一个时间步,在第5,6和8步骤中使用),该步骤替代了公式(13.5.10～13.5.12)

$$\boldsymbol{n}_{t+\Delta t}^{\alpha} = \boldsymbol{n}_t^{\alpha}(\boldsymbol{I} + \boldsymbol{W}^{\mathrm{e}}\Delta t), \quad \boldsymbol{s}_{t+\Delta t}^{\alpha} = \boldsymbol{s}_t^{\alpha}(\boldsymbol{I} + \boldsymbol{W}^{\mathrm{e}}\Delta t)$$

12. 建立并求解位错密度的耦合 ODE 系统(为下一个时间步)。若在 ODE 中的系数均取为常数,每个滑移系可以分别更新。通过对 α 循环计算获得 $\rho_{\mathrm{m}}^{\alpha}|_{t+\Delta t}$ 和 $\rho_{\mathrm{im}}^{\alpha}|_{t+\Delta t}$:

$$\dot{\rho}_{\mathrm{m}}^{(\alpha)} = |\dot{\gamma}^{(\alpha)}|(g_{\mathrm{s}}^{(\alpha)}\rho_{\mathrm{im}}^{(\alpha)}(\rho_{\mathrm{m}}^{\alpha})^{-1} - g_{\mathrm{m0}}^{(\alpha)}\rho_{\mathrm{m}}^{(\alpha)} - g_{\mathrm{im0}}^{(\alpha)}\sqrt{\rho_{\mathrm{im}}^{(\alpha)}})$$

$$\dot{\rho}_{\mathrm{im}}^{(\alpha)} = |\dot{\gamma}^{(\alpha)}|(g_{\mathrm{m1}}^{(\alpha)}\rho_{\mathrm{m}}^{(\alpha)} + g_{\mathrm{im1}}^{(\alpha)}\sqrt{\rho_{\mathrm{im}}^{(\alpha)}} - g_{\mathrm{r}}^{(\alpha)}\rho_{\mathrm{im}}^{(\alpha)})$$

13. 更新温度,对于应用高应变率,采用绝热假设

$$T|_{t+\Delta t} = T|_t + \chi(\rho c_v)^{-1}\,\boldsymbol{\sigma} : \boldsymbol{D}^{\mathrm{P}}\Delta t$$

14. 更新晶体的剪切强度(为下一个时间步;在步骤6中应用)

$$\tau_{\mathrm{ref}}^{(\alpha)}\big|_{t+\Delta t} = \left(\tau_y^{(\alpha)} + G\sum_{\beta=1}^{\mathrm{nss}}|b^{\beta}|\sqrt{a_{(\alpha)\beta}\,\rho_{\mathrm{im}}^{\beta}\big|_{t+\Delta t}}\right)\left(\frac{T|_{t+\Delta t}}{T_0}\right)^{-\xi}$$

15. 更新在晶体中累积的塑性剪切滑移(为后处理)

$$\gamma_{t+\Delta t}^{\mathrm{p}} = \gamma_t^{\mathrm{P}} + \Delta t\sqrt{\frac{2}{3}D_{ij}^{\mathrm{P}}D_{ij}^{\mathrm{P}}}$$

16. 更新晶格旋转矩阵(为后处理)

$$\psi_{ij}^{t+\Delta t} = \psi_{ij}^{t} + \Delta t W_{ij}^{\mathrm{e}}$$

13.10　数值算例：局部剪切和非均匀变形

在本章中描述的基于多滑移位错密度的单晶塑性方程，借助于编写的用户自定义子程序 VUmat，在显式动态有限元软件 ABAQUS\Explicit 中完成计算（Hibbitt, Karlson, Sorensen, 2007）。目的在于研究 FCC 单晶铝承受 30%名义拉应变下的力学行为，通过以 $5\mathrm{ms}^{-1}$ 速度拉伸上和下表面，与动态加载条件一致(图 13.11)。

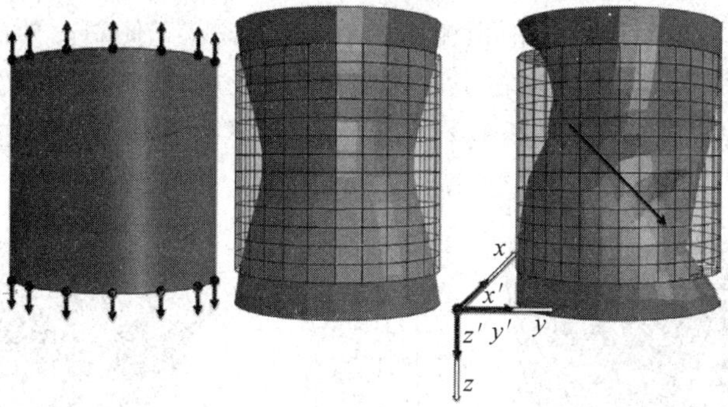

图　13.11

(a) 单晶；(b) J_2塑性；(c) 单晶塑性

该晶体模型为直径 15μm×长度 15μm，之所以选择圆柱形是为了避免在角点的变形局部化。对于曲表面，选择自由边界条件。采用(0°,0°,0°)Euler 角排列晶体与模型坐标轴。在表 13.3 中，总结了在本例中使用的材料性能参数。网格包含了 2028 个 8 节点三线性六面体单元(在 ABAQUS 中称为 C3D8R)，采用不完全积分和物理(假设应变)沙漏控制(见 8.7.6 节和 8.7.8 节)。

表 13.3　铝的材料性能参数

参　量	描　述	铝	
		数值	参考文献
E/GPa	杨氏模量	69	(Zhu, Shiflet 等, 2006)
v	泊松比	0.34	
τ_y/MPa	静态屈服应力	35	—
$\rho/(\mathrm{g/cm^3})$	质量密度	2.70	—
$c_p/(\mathrm{J/kgK})$	导热系数	902	(Smithells, 2004)
$\Delta H/k$/K	激活热焓量与 Boltzmann 常数的比值	2500	(Ali, Podus 等, 1979)
$\dot{\gamma}_{\mathrm{ref}}/\mathrm{s}^{-1}$	参考应变率	0.001	(Zikry and Kao, 1997)
$\dot{\gamma}_{\mathrm{crit}}/\mathrm{s}^{-1}$	临界应变率	3×10^4	
$\lvert b\rvert$/m	伯格斯矢量(在所有滑移系取相同值)	3×10^{-10}	
$\rho_{\mathrm{im}}^{0}/\mathrm{m}^{-2}$	初始不可动位错密度	10^{12}	—
$\rho_{\mathrm{im}}^{\mathrm{sat}}/\mathrm{m}^{-2}$	不可动位错密度饱和值	10^{16}	—
$\rho_{\mathrm{m0}}^{0}/\mathrm{m}^{-2}$	初始可动位错密度	10^{10}	—

续表

参　量	杨氏模量	铝	
		数值	参考文献
T_0/K	参考温度	293	—
M	应变率敏感值	0.02	(Zikry,1994)
ξ	热软化指数	0.5	
χ	塑性耗散热比例	0.9	

如图 13.11 所示，单晶塑性理论预测的变形局部化沿 45°倾斜。然而，简单的 J_2 塑性理论并不能预测这种行为，而是预测在中心区域沿各个方向的颈缩，更像宏观上的多晶体聚合。对数应变的等值面计算结果绘制在图 13.12。图中明显表示出变形的局部化，达到 120%应变的最大值，而名义应变为 30%。

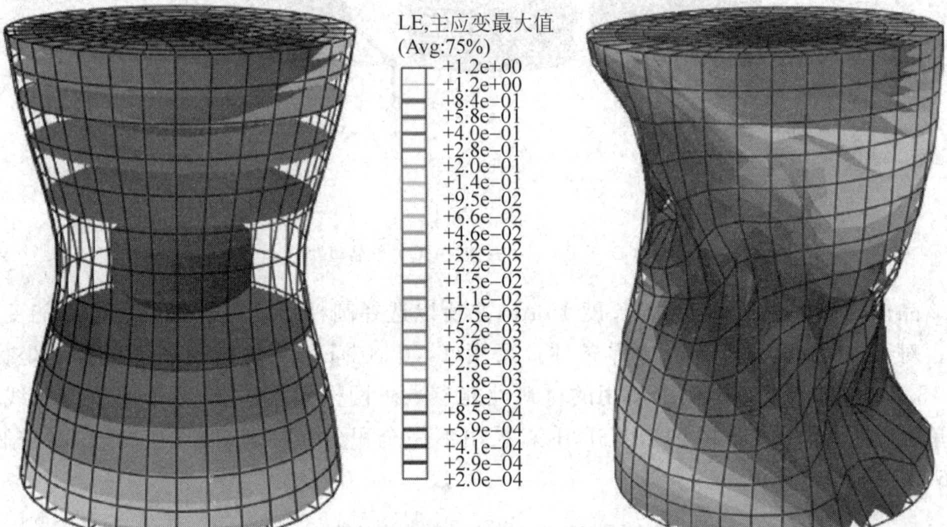

图 13.12　单晶塑性理论与 J_2 塑性流动理论的对数应变比较

该简单模拟描述了在单晶体中塑性的非均匀性和各向异性，而典型的唯象本构理论不能捕捉到这一点，即本例中的 J_2 塑性理论。特别是回顾公式(13.5.9)$\left(\overline{\boldsymbol{D}}^{\mathrm{p}} = \sum_{\alpha}\overline{\boldsymbol{P}}^{\alpha}\dot{\gamma}^{\alpha}\right)$，单晶的塑性剪切被迫沿着 Schmidt 张量 $\overline{\boldsymbol{P}}^{\alpha}=\mathrm{sym}(\overline{\boldsymbol{n}}^{\alpha}\otimes\overline{\boldsymbol{s}}^{\alpha})$指定的方向演化。但是，对于 J_2 塑性理论不存在这种约束，它允许材料点在任意方向发生应变。

此外，不可动位错密度($\rho_{\mathrm{im}}^{\alpha}$，公式(13.6.3))在 7 个最活跃滑移系的演化，如图 13.13 所示。这些是在晶体强度($\tau_{\mathrm{ref}}^{\alpha}$，公式(13.7.2))更新中的需要。应用晶体强度计算滑移率($\dot{\gamma}^{\alpha}$，公式(13.8.8))，由此完成了对 $\overline{\boldsymbol{D}}^{\mathrm{p}}$ 的定义。从图中可以看到，在每个单元中的塑性行为随着滑移系而变化，从而确认了在单晶中剪切的取向依赖性。在 J_2 塑性理论中，并不考虑这种方向依赖性，即各向异性，从而保证了沿所有方向的颈缩，如图 13.12 所示。

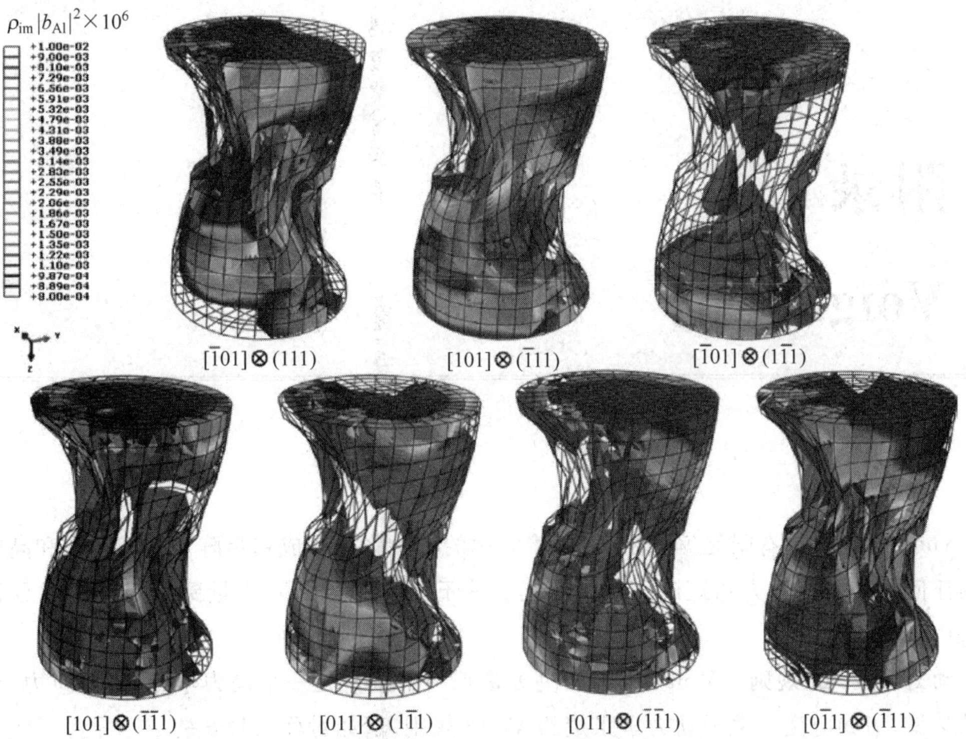

图 13.13 不可动位错密度等值面,表明在柱状样本中塑性行为的非均匀分布。由于塑性行为(位错演化代表的)随滑移系改变,故剪切滑移为各向异性

13.11 练习

1. 证明立方晶体关于平面(hkl)的单位法向量：
   $\boldsymbol{n}^{hkl}=(h^2+k^2+l^2)^{-1/2}(h\boldsymbol{e}_1+k\boldsymbol{e}_2+l\boldsymbol{e}_3)$,其中 $\boldsymbol{e}_i$ 为笛卡儿坐标的单位基矢量。
2. 根据图 13.10,证明 $\boldsymbol{F}_e=\boldsymbol{V}_1^e$和 $\boldsymbol{R}_1=\boldsymbol{R}^*$,其中 $\boldsymbol{F}_1^e=\boldsymbol{V}_1^e\boldsymbol{R}_1$。
3. 证明晶体塑性是不可压缩的(提示：利用式(13.5.7)。)
4. 证明公式(13.8.5)第二式的结果来自$\boldsymbol{\Omega}^*$的反对称性。
5. 以分量形式,写出公式(13.5.4)中 $\boldsymbol{W}$ 的显式表达式。(提示：见文献(Boyce, Weber 等,1989)的推导。)
6. 计算题目：
   (a) 根据框 13.2 和表 13.3,编写多滑移系、率相关、单晶塑性的子程序,计算再现图 13.11～图 13.13 的结果。
   (b) 将欧拉角改为(0°,60°,0°),比较在 30%名义应变下的变形模式。利用框 13.1 或表 E13.1 帮助正确地重新定义滑移方向和法向。

附录 1

Voigt 标记

Voigt 标记　在有限元编程中，常常将对称的二阶张量写成列矩阵。我们将它和高阶张量的任何其他换算称为列矩阵 Voigt 标记。关于转换对称二阶张量到列矩阵的过程称为 Voigt 规则。

动力学 Voigt 规则　Voigt 规则取决于是否一个张量是一个动力学量，诸如应力，或者运动学量，诸如应变。关于动力学张量的 Voigt 规则，诸如对称张量 σ 是

张量→ Voigt

二维（表 A1.1）：

$$\sigma=\begin{bmatrix}\sigma_{11} & \sigma_{12}\\ \sigma_{21} & \sigma_{22}\end{bmatrix}\rightarrow\begin{Bmatrix}\sigma_{11}\\ \sigma_{22}\\ \sigma_{12}\end{Bmatrix}=\begin{Bmatrix}\sigma_{1}\\ \sigma_{2}\\ \sigma_{3}\end{Bmatrix}\equiv\{\sigma\} \tag{A1.1}$$

三维（表 A1.2）：

$$\sigma=\begin{bmatrix}\sigma_{11} & \sigma_{12} & \sigma_{13}\\ \sigma_{21} & \sigma_{22} & \sigma_{23}\\ \sigma_{31} & \sigma_{32} & \sigma_{33}\end{bmatrix}\rightarrow\begin{Bmatrix}\sigma_{11}\\ \sigma_{22}\\ \sigma_{33}\\ \sigma_{23}\\ \sigma_{13}\\ \sigma_{12}\end{Bmatrix}=\begin{Bmatrix}\sigma_{1}\\ \sigma_{2}\\ \sigma_{3}\\ \sigma_{4}\\ \sigma_{5}\\ \sigma_{6}\end{Bmatrix}\equiv\{\sigma\} \tag{A1.2}$$

表 A1.1（二维）和表 A1.2（三维）给出了在二阶张量的指标和列矩阵的指标之间的对应项。如表所示，可以记住在列矩阵中项的阶数，通过沿着张量的主对角线向下画一条线，然后在最后一列向上，并返回横向第一行（如果还存在任何元素）。任何通过 Voigt 规则转换的张量或者矩阵称为 Voigt 形式，并且由括号括起来，如上所示。

在 Voigt 形式中，当应用指标表示张量时，我们应用始于 $a\sim g$ 的下角标。这样，从张量到 Voigt 形式，由 σ_a 替换了 σ_{ij}。

表 A1.1　二维 Voigt 规则

σ_{ij}		σ_a
i	j	a
1	1	1
2	2	2
1	2	3

表 A1.2　三维 Voigt 规则

σ_{ij}		σ_a
i	j	a
1	1	1
2	2	2
3	3	3
2	3	4
1	3	5
1	2	6

运动学 Voigt 规则　Voigt 规则对于二阶张量，运动学张量，诸如应变 ε_{ij}，也可以在表 A1.1 中给出。但是，剪切应变，即用不相同指标表示的分量，需要乘以 2。因此，关于应变的 Voigt 规则为

张量→ Voigt

二维：

$$\boldsymbol{\varepsilon} = \begin{bmatrix} \varepsilon_{11} & \varepsilon_{12} \\ \varepsilon_{21} & \varepsilon_{22} \end{bmatrix} \rightarrow \begin{Bmatrix} \varepsilon_{11} \\ \varepsilon_{22} \\ 2\varepsilon_{12} \end{Bmatrix} = \begin{Bmatrix} \varepsilon_1 \\ \varepsilon_2 \\ \varepsilon_3 \end{Bmatrix} \equiv \{\boldsymbol{\varepsilon}\} \tag{A1.3}$$

三维：

$$\boldsymbol{\varepsilon} = \begin{bmatrix} \varepsilon_{11} & \varepsilon_{12} & \varepsilon_{13} \\ & \varepsilon_{22} & \varepsilon_{23} \\ \text{对称} & & \varepsilon_{33} \end{bmatrix} \rightarrow \begin{Bmatrix} \varepsilon_{11} \\ \varepsilon_{22} \\ \varepsilon_{33} \\ 2\varepsilon_{23} \\ 2\varepsilon_{13} \\ 2\varepsilon_{12} \end{Bmatrix} \equiv \{\boldsymbol{\varepsilon}\} \tag{A1.4}$$

在剪切应变中的系数 2 是源于能量表达式的需要，采用 Voigt 标记和指标标记的能量是等价的。对于在能量中的增量，可以很容易地证明下面的表达式是完全相等的：

$$\rho \mathrm{d}w^{\mathrm{int}} = \mathrm{d}\varepsilon_{ij}\sigma_{ij} = \mathrm{d}\boldsymbol{\varepsilon} : \boldsymbol{\sigma} = \{\mathrm{d}\boldsymbol{\varepsilon}\}^{\mathrm{T}}\{\boldsymbol{\sigma}\} \tag{A1.5}$$

通过观察在 Voigt 标记中的应变为工程剪切应变，可以记住在剪切应变中的系数为 2。

矩阵的向量化　我们经常将其他的矩阵也转换到列矩阵，在计算科学中称为向量(注意力学意义上的区别，这里向量是一阶张量)；有时我们称它是向量化。这一项决不能与在程序中的向量化混淆。我们将用双角标表示节点的一阶张量，诸如 u_{iI}，其中 i 是分量指标，而 I 是节点编号。分量指标总是小写，节点编号指标总是大写；有时它们的次序是调换的。

下面的规则用来转换一个诸如 f_{iI} 的矩阵到列矩阵：

$$\boldsymbol{f}\text{ 的元素是 } f_a = f_{iI} \quad \text{式中} \quad a = (I-1)n_{SD} + i \quad \text{而 } n_{SD} \text{ 是空间维数的数目} \tag{A1.6}$$

Voigt 规则应用于高阶张量　在编写程序中，对于将非常棘手的四阶张量变换为二阶矩阵，Voigt 规则是特别有用的。例如，采用指标标记的线弹性定律包括四阶张量 C_{ijkl}：

$$\sigma_{ij} = C_{ijkl}\varepsilon_{kl} \quad \text{或者采用张量标记} \quad \sigma = C : \varepsilon \tag{A1.7}$$

上式的 Voigt 矩阵形式是

$$\{\sigma\} = [\boldsymbol{C}]\{\varepsilon\} \quad \text{或者} \quad \sigma_a = C_{ab}\varepsilon_b \tag{A1.8}$$

式中 $a \to ij$ 和 $b \to kl$,如在表 A1.1 中对于二维情况和在表 A1.2 中对于三维情况。当以矩阵指标形式写成 Voigt 表达式时,采用以字母顺序开始的指标。

例如,平面应变的弹性本构矩阵的 Voigt 矩阵形式为

$$[\boldsymbol{C}] = \begin{bmatrix} C_{11} & C_{12} & C_{13} \\ C_{21} & C_{22} & C_{23} \\ C_{31} & C_{32} & C_{33} \end{bmatrix} = \begin{bmatrix} C_{1111} & C_{1122} & C_{1112} \\ C_{2211} & C_{2222} & C_{2212} \\ C_{1211} & C_{1222} & C_{1212} \end{bmatrix} \tag{A1.9}$$

第一个矩阵表示采用 Voigt 标记的弹性系数,第二个矩阵表示采用了张量标记;角标的编号表明是否采用 Voigt 或者张量标记表示矩阵。为了证明上面的变换,例如由公式(A1.7),注意 σ_{12} 的表达式:

$$\sigma_{12} = C_{1211}\varepsilon_{11} + C_{1212}\varepsilon_{12} + C_{1221}\varepsilon_{21} + C_{1222}\varepsilon_{22} \tag{A1.10}$$

采用 Voigt 标记,上式转换为

$$\sigma_3 = C_{31}\varepsilon_1 + C_{33}\varepsilon_3 + C_{32}\varepsilon_2 \tag{A1.11}$$

如果我们应用 $\varepsilon_3 = \varepsilon_{12} + \varepsilon_{21} = 2\varepsilon_{12}$ 和 $\boldsymbol{C}$ 的次对称性,即 $C_{1212} = C_{1221}$,可以证明它是等价于公式(A1.10)。关于线弹性平面应力,在大多数教材中给出了上式的修正。

有时将 Voigt 规则和向量化组合。例如,联系应变到节点位移,常常应用高阶矩阵 B_{ijkK} 为

$$\varepsilon_{ij} = B_{ijkK} u_{kK} \tag{A1.12}$$

式中指标 i, j 属于运动学张量。为了将其转换到 Voigt 标记,对于 ε_{ij} 和 B_{ijkK} 的前两个指标采用运动学 Voigt 规则,并且对于 B_{ijkK} 的第二对指标和 u_{kK} 的指标采用向量化。因此有

$$[\boldsymbol{B}] \text{ 的元素是 } B_{ab}\text{,由 Voigt 规则,式中}(i,j) \to a \tag{A1.13}$$

和

$$b = (K-1)n_{SD} + k \tag{A1.14}$$

在二维中,B_{ijkK} 的矩阵对应部分则写成为

$$[\boldsymbol{B}]_K = \begin{bmatrix} B_{111K} & B_{112K} \\ B_{221K} & B_{222K} \\ 2B_{121K} & 2B_{122K} \end{bmatrix} = \begin{bmatrix} B_{11xK} & B_{11yK} \\ B_{22xK} & B_{22yK} \\ 2B_{12xK} & 2B_{12yK} \end{bmatrix} \tag{A1.15}$$

在上面第二个表达式中,我们已经将第三个指标编号替换为拉丁指标;我们将应用两种形式。如果 K 的范围是 3,则$[\boldsymbol{B}]$矩阵为

$$[\boldsymbol{B}] = \begin{bmatrix} B_{xxx1} & B_{xxy1} & B_{xxx2} & B_{xxy2} & B_{xxx3} & B_{xxy3} \\ B_{yyx1} & B_{yyy1} & B_{yyx2} & B_{yyy2} & B_{yyx3} & B_{yyy3} \\ 2B_{xyx1} & 2B_{xyy1} & 2B_{xyx2} & 2B_{xyy2} & 2B_{xyx3} & 2B_{xyy3} \end{bmatrix} \tag{A1.16}$$

式中的前两个指标已经被相应的字母替换。对应于公式(A1.12),上面的表达式则可以写成为

$$\varepsilon_a = B_{ab}u_b \quad \text{或者} \quad \{\boldsymbol{\varepsilon}\} = [\boldsymbol{B}]\boldsymbol{d} \tag{A1.17}$$

注意到我们没有给 $\boldsymbol{d}$ 加上括号,因为关于 $\boldsymbol{d}$ 还没有应用 Voigt 规则;我们在括号中括上一个变量,仅当对其已经采用了 Voigt 规则时。

在刚度矩阵的编程中,Voigt 规则是特别有用的。采用指标标记,刚度矩阵为

$$K_{rIsJ}=\int_{\Omega}B_{ijrI}C_{ijkl}B_{klsJ}\,\mathrm{d}\Omega \tag{A1.18}$$

通过运动学 Voigt 规则和向量化变换上面矩阵的指标，给出

$$K_{ab}=\int_{\Omega}B_{ae}C_{ef}B_{fb}\,\mathrm{d}\Omega\rightarrow[\boldsymbol{K}]=\int_{\Omega}[\boldsymbol{B}]^{\mathrm{T}}[\boldsymbol{C}][\boldsymbol{B}]\mathrm{d}\Omega=\int_{\Omega}\boldsymbol{B}^{\mathrm{T}}[\boldsymbol{C}]\boldsymbol{B}\mathrm{d}\Omega \tag{A1.19}$$

式中，由向量化将指标“rI”和“sJ”已经分别地变换到“a”和“b”，由运动学的 Voigt 规则将指标“ij”和“kl”已经分别地变换到“e”和“f”。在最后的表达式中，去掉了关于 $\boldsymbol{B}$ 的括号，当前后关系形式已经明确时，我们经常这样做。另一种获得刚度矩阵的有用形式是通过保留节点坐标，它给出

$$[\boldsymbol{K}]_{IJ}=\int_{\Omega}[\boldsymbol{B}]_I^{\mathrm{T}}[\boldsymbol{C}][\boldsymbol{B}]_J\,\mathrm{d}\Omega \tag{A1.20}$$

式中$[\boldsymbol{B}]_I$ 在公式(A1.15)中给出。

附录 2
范数

在本书中，应用范数主要是为了简化标记。没有给出依赖于范数空间的性质的证明，所以仅要求学生学习下面给出的范数的定义。了解范数作为尺度的相互转换也是有意义的。首先，通过学习矢量范数 L_n，我们会很容易地掌握它。我们将范数直接扩展到函数空间中，诸如 Hibert 空间和 Lebesque 可积函数 L_2 的空间（我们常常称它为空间"eltwo"）。

我们从范数 L_2 开始，它是简单的 Euclidean 距离。如果我们考虑一个 n 维矢量 $\boldsymbol{a}$，常常写成为 $\boldsymbol{a}\in\mathbb{R}^n$，则 L_2 范数给出为

$$\|\boldsymbol{a}\|_2 \equiv \|\boldsymbol{a}\|_{L_2} = \left(\sum_{i=1}^{n} a_i^2\right)^{\frac{1}{2}} \tag{A2.1}$$

在上式中，符号 $\|\cdot\|$ 表示一个范数，括号中的变量是矢量，与下角标 2 组合成为这样的事实，即表示我们提出的 L_2 范数。对于相应地 $n=2$ 或者 $n=3$，L_2 范数简单地是括号中矢量的长度。在两点之间的距离，或者在两个矢量之间的差，可以写成为

$$\|\boldsymbol{a}-\boldsymbol{b}\|_{l_2} = \left(\sum_{i=1}^{n} (a_i - b_i)^2\right)^{\frac{1}{2}} \tag{A2.2}$$

L_2 范数的基本性质是：

1. 它是正数；
2. 它满足三角不等式；
3. 它是线性的。

对于将上面的定义扩展到任意的 $k>1$，如下的 L_k 范数是广义的：

$$\|\boldsymbol{a}\|_k = \left(\sum_{i=1}^{n} |a_i|^k\right)^{\frac{1}{k}} \tag{A2.3}$$

对于 $k\neq 2$ 的范数是极少用的，除了称为最大范数的 $k=\infty$。无限范数用最大绝对值给出矢量的分量：

$$\|\boldsymbol{a}\|_\infty = \max_i |a_i| \tag{A2.4}$$

这些范数的主要应用之一是定义误差。这样，对于一组离散方程，如果我们有了近似结果 $\boldsymbol{d}^{\mathrm{app}}$，而且精确结果是 $\boldsymbol{d}^{\mathrm{exact}}$，则误差的度量是

$$\text{error} = \| \boldsymbol{d}^{\text{app}} - \boldsymbol{d}^{\text{exact}} \|_2 \tag{A2.5}$$

如果你关注的是结果的任何分量的最大误差，则你必须选择无限范数。主要的想法是利用范数得到你所需要的：它们不是不可改变的。在应用范数评估结果中的误差时，建议将误差无量纲化，例如

$$\text{error} = \frac{\| \boldsymbol{d}^{\text{app}} - \boldsymbol{d}^{\text{exact}} \|_2}{\| \boldsymbol{d}^{\text{app}} \|_2} \tag{A2.6}$$

类似于上面，定义函数的范数：可以将一个函数想象成为一个无限维矢量。这样，在函数空间中对应于 L_2 的范数给出为

$$\| a(x) \|_{L_2} = \left(\sum_{i=1}^{n} a^2(x_i) \Delta x \right)^{\frac{1}{2}} = \left(\int_0^1 a^2(x) \mathrm{d}x \right)^{\frac{1}{2}} \tag{A2.7}$$

这个范数称为 L_2 范数，并且确切地定义和划界了关于该范数的函数空间，称其为 L_2 函数的空间；常常仅由范数给出角标“2”，如 $\| \cdot \|_2$。这个空间是开方可积的所有函数的集合，并且它包括所有分段连续的函数的空间，即 C^0 连续。

定义 Dirac δ 函数 $\delta(x-y)$ 为

$$f(x) = \int_{-\infty}^{+\infty} f(y) \delta(x-y) \mathrm{d}y \tag{A2.8}$$

Dirac δ 函数不是开方可积的！可以将其想象成为在 $x=y$ 处取无限值的函数，而除此之外处处为零。这个函数的数学定义是 Schwartz 分布理论的题目。对于更好地理解收敛性定理，这一理论是很重要的，但是它不是本书的题目。

函数 L_2 的空间是一组更为一般的空间，称为 Hibert 空间的一个特殊情况。在 Hibert 空间 H_1 定义范数为

$$\| a(x) \|_{H_1} = \left(\int_0^1 (a^2(x) + a_{,x}^2(x)) \mathrm{d}x \right)^{\frac{1}{2}} \tag{A2.9}$$

就像矢量范数，这些范数的主要应用是度量在函数中的误差。因此，在一维问题中，如果关于位移的有限元解答由 $u^h(x)$ 表示，并且精确解答是 $u(x)$，则可以度量到在位移中的误差为

$$\text{error} = \| u^h(x) - u(x) \|_{L_2} \tag{A2.10}$$

在应变中的误差，即位移的一阶导数，可以通过 H_1 范数度量。当这个范数也包含函数本身的误差，在导数中的误差总是起主导作用的。另一方面，通过一阶导数的 L_2 范数，你能够度量在应变中的误差。在数学上，这并不是一个真正的范数，因为对于一个非零函数它可以为零（只取常数），因此，称它为半范数。

通过仅改变积分和被积函数，这些范数在多维空间中可以生成到任意域，生成矢量和张量。因此，在域上给出位移的 L_2 范数为

$$\| \boldsymbol{u}(\boldsymbol{x}) \|_{L_2} = \left(\int_{\Omega} u_i(\boldsymbol{x}) u_i(\boldsymbol{x}) \mathrm{d}\Omega \right)^{\frac{1}{2}} \tag{A2.11}$$

H_1 范数的定义是

$$\| \boldsymbol{u}(\boldsymbol{x}) \|_{H_1} = \left(\int_{\Omega} u_i(\boldsymbol{x}) u_i(\boldsymbol{x}) + u_{i,j}(\boldsymbol{x}) u_{i,j}(\boldsymbol{x}) \mathrm{d}\Omega \right)^{\frac{1}{2}} \tag{A2.12}$$

总之，没有给出范数归属的明确的空间。通常地，由范数符号仅出现一个整数。则必须是从上下文中推论范数。

在线性应力分析中，常常应用能量范数度量误差。它给出为

$$\text{error norm} = \left(\int_{\Omega} \varepsilon_{ij}(\boldsymbol{x}) C_{ijkl} \varepsilon_{kl}(\boldsymbol{x}) \mathrm{d}\Omega \right)^{\frac{1}{2}} \tag{A2.13}$$

它的行为是类似于 H_1 范数的行为。

附录 3

单元形函数

3 节点三角形 考虑 3 节点三角形母单元，如图 A3.1 所示，采用母(也称为面积或者 barycentric)坐标 ξ_1,ξ_2,ξ_3。面积坐标满足关系式 $\xi_1+\xi_2+\xi_3=1$。我们取 ξ_1 和 ξ_2 作为独立的母坐标。参数化的 $\xi_3=$常数，因此，包括一族直线平行于边界 1-2。直线 $\xi_3=1$ 与边界 1-2 重合，而直线 $\xi_3=0$ 通过了原点。对于线性(常应变)三角形的形函数 N_I 是等价于面积坐标，即 $N_I=\xi_I$，这里 I 表示节点编号。

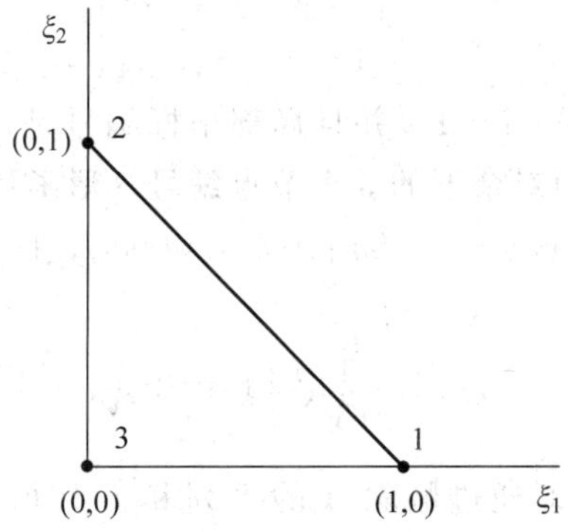

图 A3.1　3 节点三角形

面积坐标为

$$\boldsymbol{\xi}=\begin{Bmatrix}\xi_1\\\xi_2\\\xi_3\end{Bmatrix}=\frac{1}{2A}\begin{bmatrix}y_{23} & x_{32} & x_2y_3-x_3y_2\\y_{31} & x_{13} & x_3y_1-x_1y_3\\y_{12} & x_{21} & x_1y_2-x_2y_1\end{bmatrix}\begin{Bmatrix}x\\y\\1\end{Bmatrix}\tag{A3.1}$$

$$x_{IJ}=x_I-x_J,\quad y_{IJ}=y_I-y_J$$

式中 $2A=(x_{32}y_{21}-x_{12}y_{32})$是三角形面积的 2 倍。由上式对 x 和 y 的微分，即分别对方阵的第一和第二列，获得了面积坐标的导数的表达式。关于对整个单元进行积分，一个有用的公式是

$$\int_A \xi_1^i\xi_2^j\xi_3^k\,\mathrm{d}A=\frac{(i!j!k!)}{(i+j+k+2)!}2A\tag{A3.2}$$

6 节点三角形 对于 6 节点(二次位移)三角形，在边的中点增加节点，如图 A3.2 所示。

形函数为

$$
\begin{aligned}
&N_I = \xi_I(2\xi_I - 1), \quad I = 1,2,3 \\
&N_4 = 4\xi_1\xi_2, \quad N_5 = 4\xi_2\xi_3, \quad N_6 = 4\xi_1\xi_3
\end{aligned}
\tag{A3.3}
$$

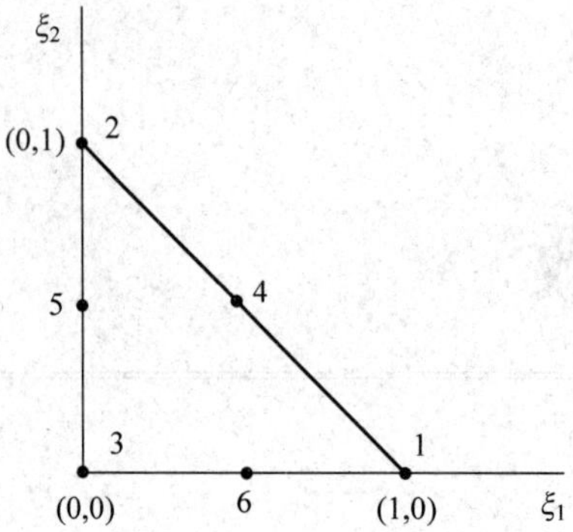

图 A3.2 6 节点三角形

4 节点四面体 对于 4 节点四面体单元的形函数可以给定如下(见图 A3.3)。定义矩阵 $\boldsymbol{A}$:

$$
\boldsymbol{A} = \begin{bmatrix} 1 & x_1 & y_1 & z_1 \\ 1 & x_2 & y_2 & z_2 \\ 1 & x_3 & y_3 & z_3 \\ 1 & x_4 & y_4 & z_4 \end{bmatrix}
\tag{A3.4}
$$

式中(x_I, y_I, z_I)是节点坐标($I=1\sim4$),并且局部坐标编号是定义为先选择第一个节点,然后从第一个节点按逆时针方向对余下的 3 个节点编号。形函数为

$$
N_I(x,y,z) = m_{1I} + m_{2I}x + m_{3I}y + m_{4I}z
\tag{A3.5}
$$

其中

$$
m_{IJ} = \frac{1}{6V}(-1)^{(I+J)}\hat{A}_{IJ}
\tag{A3.6}
$$

并且式中$\hat{A}_{IJ}$是 $\boldsymbol{A}$ 的子矩阵,即通过删除 $\boldsymbol{A}$ 的 I 列和 J 行得到的矩阵的行列式。由 $V=\det\boldsymbol{A}/6$ 给出单元体积。

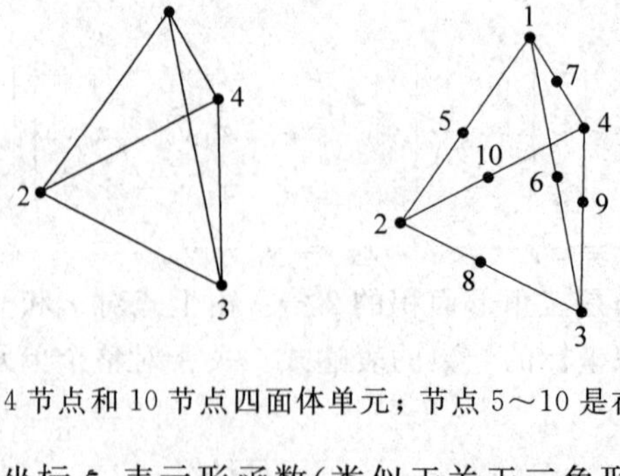

图 A3.3 4 节点和 10 节点四面体单元;节点 5~10 是在边的中点

也可以考虑采用体积坐标 ξ_I 表示形函数(类似于关于三角形的面积坐标),例如,对于节点 I,有

$$\xi_I = N_I(x,y,z) = \frac{\text{volume}\,pJKL}{V} \tag{A3.7}$$

式中 $pJKL$ 是由位于(x,y,z)的点 p 形成的四面体，并且保持三个节点 J,K,L。对于单元公式，下面的积分公式是有用的：

$$\int_V \xi_1^i \xi_2^j \xi_3^k \xi_4^m \mathrm{d}V = \frac{(i!j!k!m!)}{(i+j+k+m+3)!}6V \tag{A3.8}$$

10 节点四面体　对于 10 节点四面体(图 A3.3)的形函数为

$$\begin{aligned} &N_I = \xi_I(2\xi_I - 1), \quad I = 1 \sim 4 \\ &N_5 = 4\xi_1\xi_2, \quad N_6 = 4\xi_1\xi_3, \quad N_7 = 4\xi_1\xi_4 \\ &N_8 = 4\xi_2\xi_3, \quad N_9 = 4\xi_3\xi_4, \quad N_{10} = 4\xi_2\xi_4 \end{aligned} \tag{A3.9}$$

4 节点四边形　对于一个直边四边形单元的域，是由它在$\mathbb{R}^2$ 平面的 4 个节点的点 $\boldsymbol{x}_I, I=1,2,\cdots,4$ 的位置定义的。我们假设节点的点是以对应于逆时针方向从低到高的顺序编号的，见图 A3.4。

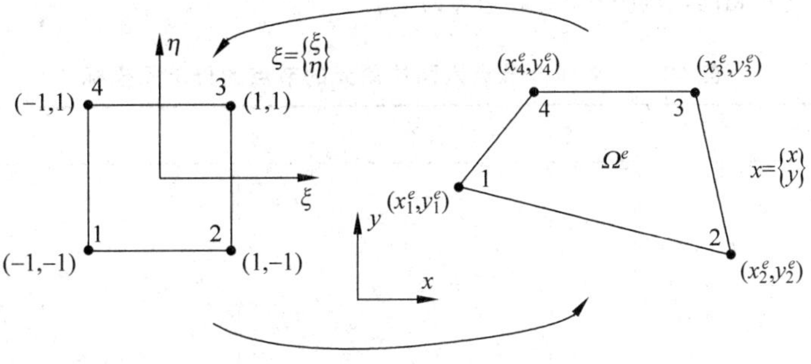

图 A3.4　双线性四边形单元域和局部节点次序

由表 A3.1 给出了节点坐标，而形函数为

$$N_I(\boldsymbol{\xi}) = N_I(\xi,\eta) = \frac{1}{4}(1+\xi_I\xi)(1+\eta_I\eta), \quad I = 1,2,\cdots,4 \tag{A3.10}$$

表 A3.1　对于 4 节点四边形的节点的母单元坐标

I	ξ_I	η_I
1	−1	−1
2	1	−1
3	1	1
4	−1	1

9 节点等参单元　关于 9 节点等参单元(图 A3.5)形函数为

$$\begin{aligned} &N_I = \frac{1}{4}(\xi_I\xi + \xi^2)(\eta_I\eta + \eta^2), \quad I = 1,2,\cdots,4 \\ &N_5 = \frac{1}{2}(1-\xi^2)(\eta^2-\eta), \quad N_6 = \frac{1}{2}(\xi^2+\xi)(1-\eta^2) \\ &N_7 = \frac{1}{2}(1-\xi^2)(\eta^2+\eta), \quad N_8 = \frac{1}{2}(\xi^2-\xi)(1-\eta^2) \\ &N_9 = \frac{1}{2}(1-\xi^2)(1-\eta^2) \end{aligned} \tag{A3.11}$$

8 节点六面体单元 对于 8 节点三线性六面体单元(图 A3.6),节点坐标由表 A3.2 给出,并且形函数为

$$N_I(\boldsymbol{\xi}) = N_I(\xi,\eta,\zeta) = \frac{1}{8}(1+\xi_I\xi)(1+\eta_I\eta)(1+\zeta_I\zeta), \quad I=1,2,\cdots,8 \quad (A3.12)$$

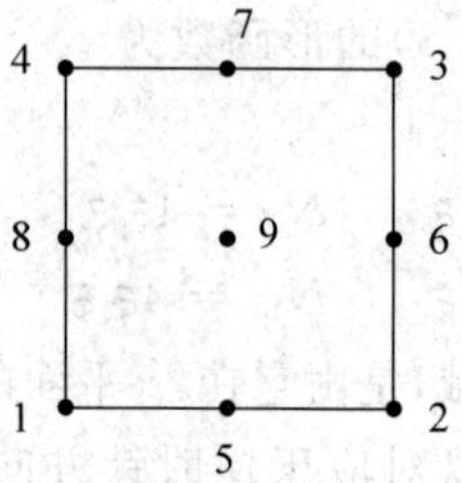

图 A3.5 9 节点等参单元,母单元域是与 4 节点四边形相同,节点 5~9 是在边界的中点

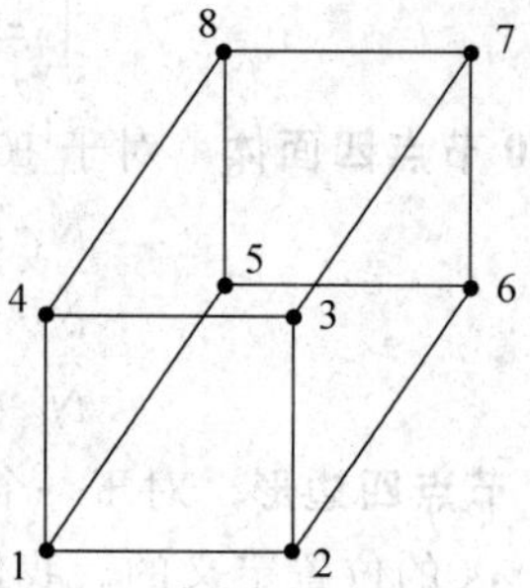

图 A3.6 8 节点六面体单元

表 A3.2 对于 8 节点六面体单元的节点的母单元坐标

I	ξ_I	η_I	ζ_I
1	−1	−1	−1
2	1	−1	−1
3	1	1	−1
4	−1	1	−1
5	−1	−1	1
6	1	−1	1
7	1	1	1
8	−1	1	1

Gaussian 积分 对于在[−1,1]间隔的一维积分的 Gauss 点和权重由表 A3.3 给出。对于四边形和六面体单元,这个表可以与在第 4 章中给出的多维积分公式联合应用,方程(4.5.21)~(4.5.24)。

表 A3.3 Gauss 点和权重(p 是多项式的次数,它是通过积分方法精确地再产生)

n_Q	ξ_i	w_i	$p=2n_Q-1$
1	0	2	1
2	$\pm 1/\sqrt{3}$	1	3
3	0	8/9	
	$\pm\sqrt{3/5}$	5/9	5
4	$\pm\sqrt{\dfrac{3-2\sqrt{6/5}}{7}}$	$\dfrac{1}{2}+\dfrac{1}{6\sqrt{6/5}}$	
	$\pm\sqrt{\dfrac{3+2\sqrt{6/5}}{7}}$	$\dfrac{1}{2}-\dfrac{1}{6\sqrt{6/5}}$	7

附录 4
由极图确定欧拉角

在这个附录中，我们简单地介绍极图的作用，以及如何从极图来确定欧拉角。更深入的讨论请参阅 Kelly 等(2000)、Cullity 和 Stock(2001)的研究。

如图 A4.1 所示，在多晶体中，每种晶粒具有不同的晶向。为了在二维中画出这些不同的晶向，我们需要采用**立体投影**。在每个晶体中，为了标识一个给定的平面，比如(001)平面，画一个单位法线到这个平面。由于平面可以沿着三维空间中的任意方向，它的单位法线可能相交在单位球面上的任意一点，如在图 A4.1(b)～(d)中所示。通过这个交点与球的南极(在图中用 S 标出)画一条直线。然后，这条直线与赤道面的交点(在图中用一个黑点标出)将表示晶体的晶向，这个图称为**极图**(例如，图 A4.1(e)～(f)中用黑点标识出的赤道圆周)。

对于法线(极点处)指向赤道下方的情况，从球表面到北极点(N)画一条线，取代到南极点，由此生成了一个独立的低半球极图。画在图 A4.1(e)中的极图包含晶体 1,2 和 3 的(001)平面(如灰色圈)，即如图 A4.1(b)～(d)所表示的。它进一步表示了交点的一种分布，表明对于这个假设的多晶体，没有空间上的优势晶向。这种情况归类为**没有纹理**。另一方面，在图 A4.1(f)中，显示在极图的特别区域上有聚集的点，这表明样品中的晶体具有空间优势晶向，即**纹理**。例如，在金属轧制过程中，经常观察到后者。

我们能够从极图中提取对应平面欧拉角的分布，在框 13.2 描述的单晶塑性算法中，这是为了准确地排布滑移方向和法向所需要的，如在框 13.1 中所示(参考 13 章)。在图 A4.2 中描述了一种代表性的过程。

在这个例子中，晶体学等价平面法线被确定为[001]，[010]和[100]。首先，施加绕 Z 轴转动 ϕ 角的位移，使得 Y 轴通过[001]极，如图 A4.2(b)所示，因此创建了新的轴 X'，Y' 和 Z'。第二步，施加绕 X' 轴转动 θ 角的位移，使得 Z' 轴与[001]极一致。这里 Z' 轴重新命名为 Z'' 轴，X' 轴重新命名为 X'' 轴，如图 A4.2(c)所示。然后，从通过相同 θ 角的外圆直径找到并确认法线是 Z'' 轴的平面为主要圆平面，如图 A4.2(c)所示。最后，施加绕 Z'' 轴转动 ψ 角的位移，使得 X'' 轴与[100]极一致，并标记其为 X'''。至此，由所给出的极图测量到的三个欧拉角完全确定了晶向，而且[010]极被确定为 Y''' 轴和[001]极被确定为 Z''' 轴。

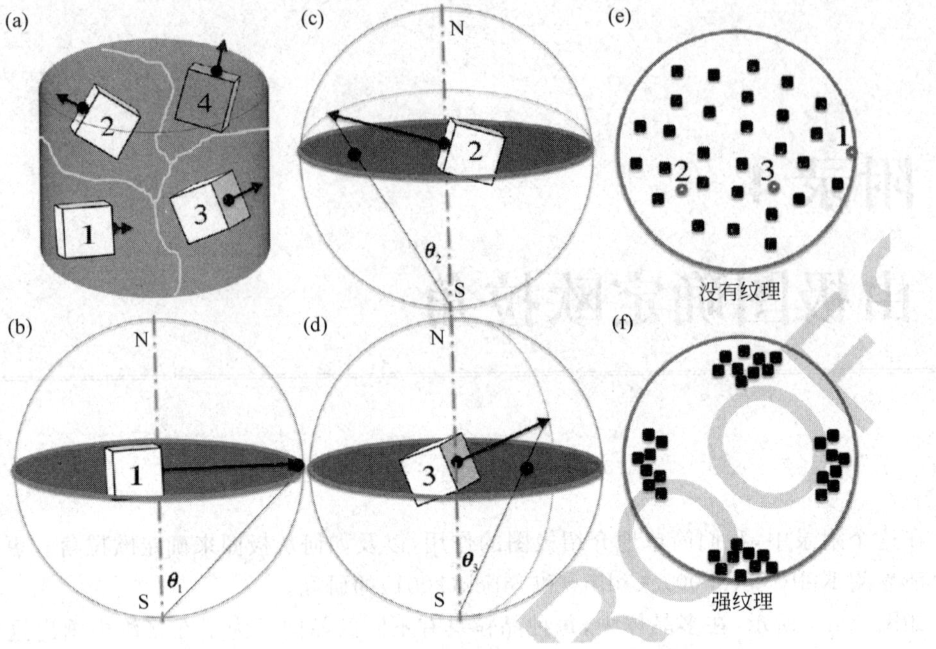

图　A4.1

(a) 多晶体显示 4 个晶粒；(b)～(d) 发现晶粒 1～3 的立体投影；(e) 没有纹理的极图；(f) 有强纹理的极图

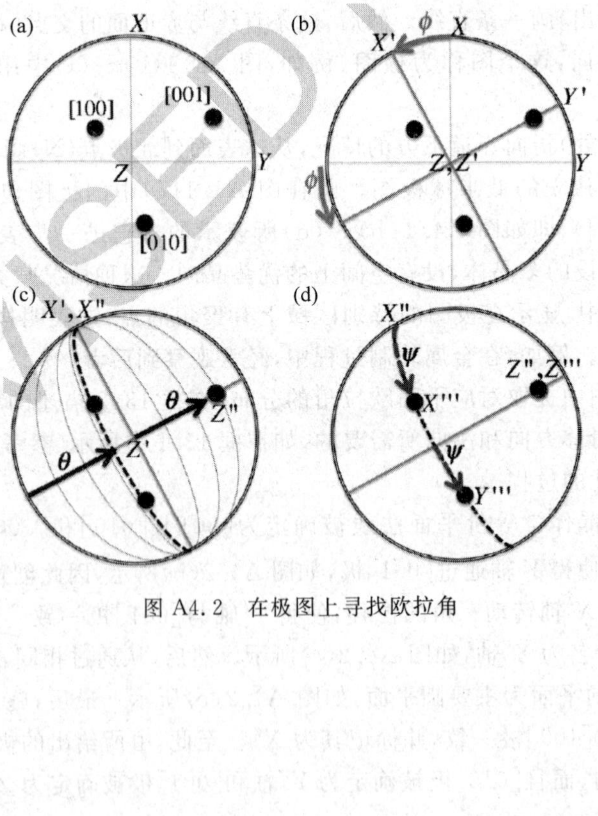

图 A4.2　在极图上寻找欧拉角

附录 5

位错密度演化方程的算例

在本附录中，展示了对具体的位错密度演化律的解释和推导过程，所选择的是公式(13.6.3)，即

$$\dot{\rho}_{\mathrm{m}}^{(\alpha)} = |\,\dot{\gamma}^{(\alpha)}\,|\,(g_{\mathrm{s}}^{(\alpha)}(\rho_{\mathrm{im}}^{(\alpha)}\rho_{\mathrm{m}}^{(\alpha)})^{-1} - g_{\mathrm{m0}}^{(\alpha)}\rho_{\mathrm{m}}^{(\alpha)} - g_{\mathrm{im0}}^{(\alpha)}\sqrt{\rho_{\mathrm{im}}^{(\alpha)}}) \tag{A5.1a}$$

$$\dot{\rho}_{\mathrm{im}}^{(\alpha)} = |\,\dot{\gamma}^{(\alpha)}\,|\left(g_{\mathrm{m1}}^{(\alpha)}\rho_{\mathrm{m}}^{(\alpha)} + g_{\mathrm{im1}}^{(\alpha)}\sqrt{\rho_{\mathrm{im}}^{(\alpha)}} - g_{\mathrm{r}}^{(\alpha)}\rho_{\mathrm{im}}^{(\alpha)}\exp\left(\frac{-\Delta H_0}{kT}\left[1-\sqrt{\frac{\rho_{\mathrm{im}}^{(\alpha)}}{\rho_{\mathrm{im}}^{\mathrm{sat}}}}\right]\right)\right) \tag{A5.1b}$$

在文献中，这些公式不是唯一的，这里的讨论采用一般性层面的概述，仅是描述了一种可能选择的演化规律，却抓住了位错密度模拟方法的核心。首先简要地讨论位错运动。

A5.1 位错运动 位错一般以两种方式运动：保守的和/或非保守的，取决于作为运动的结果，即原子数目在位错核附近是否变化(Bulatov 和 Cai，2006)。如图 A5.1 所示，一个刃型位错(a)通过在滑移方向上的滑行(b)，可以是保守地运动；如前面所讨论的，或者它通过沿滑移面的法线方向攀移，可以是非保守地运动(c)。对于一个刃型位错向上攀移，一条线上的原子必须从上面的位错核处不断地发射；而发生如图所示的向下攀移，一条线上的原子必须被下面的位错核不断地吸收。在实际晶体中，当大量的热扰动辅助原子运动时，则可能发生这个过程(例如，在高温下发生的变形)；而当晶体中存在一簇点缺陷时，即原子插入和空穴(见图 A5.2)，它们可能是被位错核吸引，形成相互作用应力场的效果(Bulatov 和 Cai，2006)，如图 A5.1(c)所示。

相反的，螺位错能够从一个滑移系移动到另一个滑移系，通过交滑移机制，共享相同滑移方向，如图 A5.1(d)～(f)所示。事实上，通过平行位错线和伯格斯矢量定义的螺位错，可以理解这个过程，这样不存在唯一的滑移面法线。因此，对于许多晶体(如 BCC 结构)，多重平面可以允许螺位错运动，并且对于相同的施加载荷，可以观察到交滑移沿着不同滑移系演化，如图 A5.1(e)、(f)所示。在此过程中，因为不需要原子增加或移除，交滑移和螺位错通常是保守的。

这样在变形中，混合位错的螺位错分量和刃位错分量均可以运动。通常，依托于准确的机制(滑移、攀移、交滑移)，它们以率的形式运动演化。然而，通过联系细观塑性剪切率($\dot{\gamma}^{\alpha}$)与可动位错密度(ρ_m^{α})、伯格斯矢量($b^{(\alpha)}$)和有效位错速度 $v^{(\alpha)}$ (Hull 和 Bacon，2006)，Orowan 法则总结了这个结果，

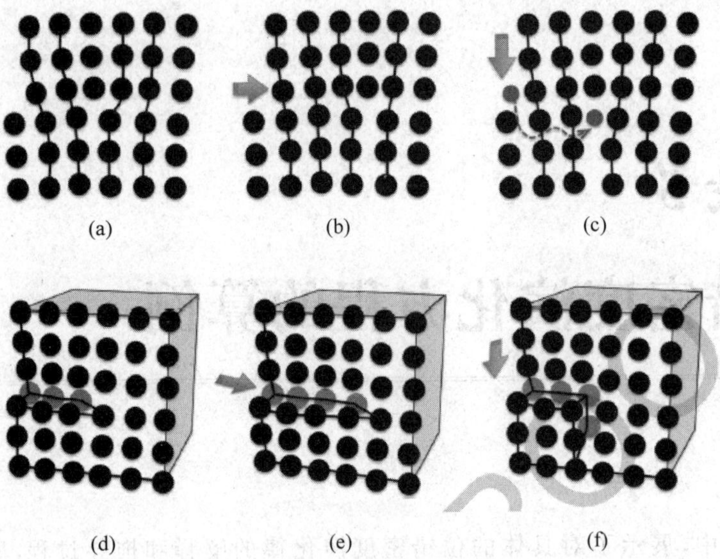

图 A5.1　保守和非保守的位错运动

(a) 刃位错；(b) 滑移(保守)；(c) 攀移(非保守)；(d) 螺位错；(e) 滑移(保守)；(f) 交滑移(保守)

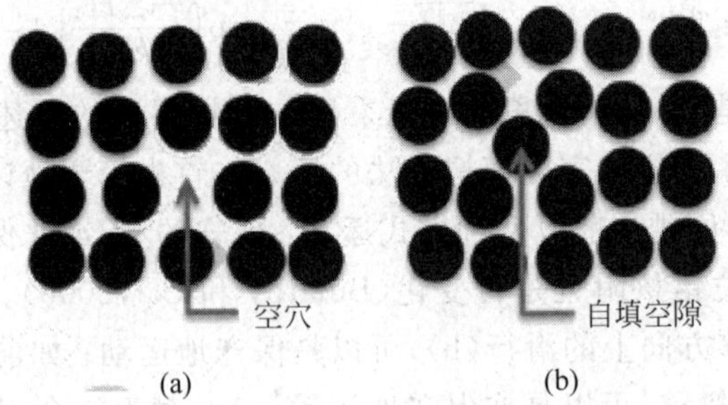

图　A5.2

(a) 空穴；(b) 插入(引自 Bulatov 和 Cai，2006)

$$\dot{\gamma}^{\alpha} = \rho_{\mathrm{m}}^{\alpha} \mid b^{(\alpha)} \mid v^{(\alpha)} \tag{A5.2}$$

通过参考图 A5.3，可以理解这个关系式。对于一个晶体的体积 $V=Lwh$，当一个位错横穿过整个晶体，则建立了平均剪应变 $\gamma^{\alpha}=|b^{(\alpha)}|h^{-1}$(图 A5.3(c))。当一个位错仅横穿了一部分晶体，则平均剪应变缩减为 $\gamma^{\alpha}=\Delta L\cdot L^{-1}\cdot|b^{(\alpha)}|h^{-1}$(图 A5.3(b))。当在滑移系统中有 N 个这类位错，得到的平均剪应变将是 $\gamma^{(\alpha)}=N^{(\alpha)}\Delta L\cdot L^{-1}\cdot|b^{(\alpha)}|h^{-1}$。我们可以重新整理该公式为 $\gamma^{(\alpha)}=N^{(\alpha)}wV^{-1}\cdot|b^{(\alpha)}|\Delta L$，其中 V 是体积和 $wV^{-1}=L^{-1}h^{-1}$。我们知道，$\rho^{\alpha}=N^{\alpha}wV^{-1}$，即位错密度是每单位体积中位错线的总长度，于是得到 $\gamma^{(\alpha)}=\rho^{(\alpha)}|b^{(\alpha)}|\Delta L$。对时间求导数，得到公式(A5.2)。

有许多表征位错速度 v^{α} 的公式，取决于具体的位错演化机制，但是它们都必须由公式(A5.2)确定(Caillard 和 Martin，2003)。相当普遍的是可以采用如下关系式来描述位错速度 v^{α}：

$$v^{\alpha} = v_0\left(\frac{\tau^{*\alpha}}{\tau_{\mathrm{ref}}}\right)^{n}\exp\left(-\frac{\Delta E}{kT}\right) \tag{A5.3}$$

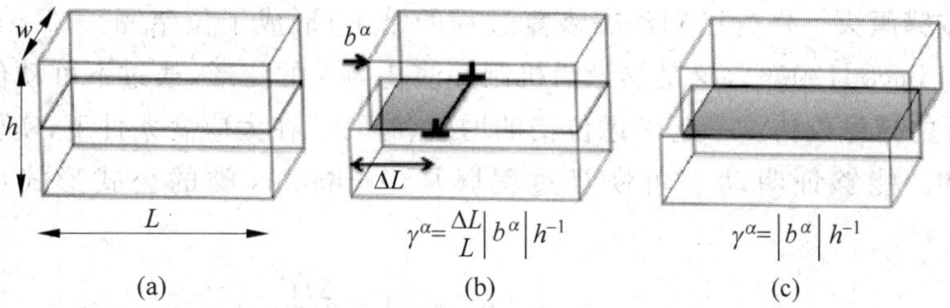

图 A5.3 Orowan 法则的内在机制

其中，$\bar{\tau}^{*\alpha}=\bar{\tau}^{\alpha}-a\sqrt{\rho^{\alpha}}$ 为有效分切应力，而 $\bar{\tau}^{\alpha}\equiv\bar{s}^{T(\alpha)}\bar{\sigma}^{\mathrm{dev}}\bar{n}^{(\alpha)}$ 是 Cauchy 应力张量的偏量部分 $\bar{\sigma}^{\mathrm{dev}}$ 在滑移系 α 上的投影，并被拉回到中间构形，且 a 是常数，采用的单位为 MPa·m。圆括号表示对指标不求和。上角标 α 适用于在晶体中所有可动滑移系的计算，n 为应力的指数，ΔE 为位错运动激活的能量，k 为 Boltzmann（玻耳兹曼）常数，T 为当前绝对温度。对于保守和非保守的位错运动，需要 $n,a,\Delta E$ 和 v_0 的不同值。关系式(A5.2)是发展各种位错密度演化规律的核心公式。下面，建立公式(A5.1)中的各项，其将与(Shanthraj 和 Zikry，2011)是一致的。

A5.2 位错增殖 当任意变形超过了弹性极限，位错密度趋于增加，因为它们是在晶体中塑性的载体。在晶体中，位错的增殖来自于各种位错源，并采用形式（例如，Estrin 和 Kubin，1986；Estrin，Krausz 等，1996；Shanthraj 和 Zikry，2011）：

$$\dot{\rho}_{\mathrm{generation}}^{(\alpha)}=\rho_{\mathrm{source}}^{(\alpha)}\frac{v^{(\alpha)}}{l_{\mathrm{c}}}\tag{A5.4}$$

其中，$\rho_{\mathrm{source}}^{(\alpha)}$ 为在滑移系 α 中位错增殖区域的局部密度，$v^{(\alpha)}$ 为从源中发射位错的平均速度，l_{c} 为源之间的特征距离。

在不同载荷条件下，由于位错可能在多个区域增殖，且微观结构不同，因此确定 $\rho_{\mathrm{source}}^{(\alpha)}$ 是相当困难的。通常将不可动位错形成的连接网络，称为 Frank 网，并扩展到整个晶体(Gurtin，2006)。在滑移系 α 中，一些片段的可动位错线将不可避免地被钉扎和固定到这个网上。借助于 Frank-Read 机制，这些不可动位错段常常对新的位错起到源的作用(Estrin 和 Kubin，1986；Gurtin，2006)。

如图 A5.4 所示，一个位错段的两端被固定和钉扎在障碍物上（如 Frank 网），在施加的剪应力下，它能够向外弯曲形成一个远离障碍物的发射位错环。在这个过程中，不可动位错段重新构形并保持钉扎，因此可以维持位错环的形成和发射机制。对于这个例子，可以假设 $\rho_{\mathrm{source}}^{(\alpha)}=\phi^{(\alpha)}\cdot\rho_{\mathrm{im}}^{(\alpha)}$ 为有助于激活 Frank-Read 机制，其中 $\phi^{(\alpha)}$ 为在滑移系 α 中不可动位错的概率。从 Orowan 关系式可以计算在公式(A5.4)中采用的发射速度 $v^{(\alpha)}$，并且从公式 $l_{\mathrm{c}}=\left(\sum_{\eta}(\rho_{\mathrm{im}}^{\eta})^{1/2}\right)^{-1}$ 中可以确定 Franc 网的距离 l_{c}。

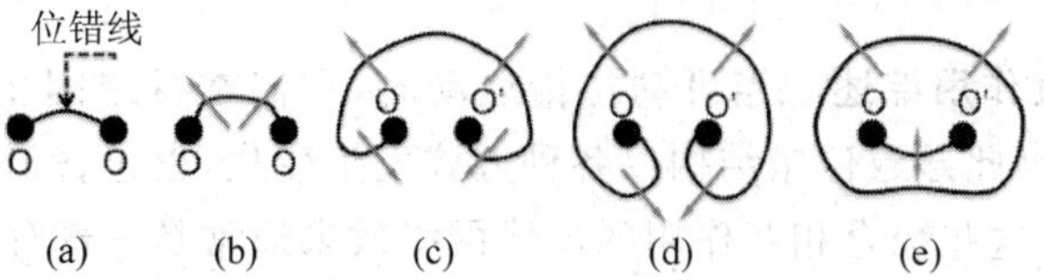

图 A5.4 Frank-Read 机制

A5.3　位错湮灭　作为已知**动态恢复**过程的结果，形成了位错湮灭(Estrin 和 Kubin，1986；Hull 和 Bacon，2006)，这是热激活机制并演化为大的变形，通过不可动位错的释放立即抵消了附近的异号位错。一起考虑位错的增殖和湮灭，在大应变条件下，实验观察到位错密度趋于饱和。能够证明动态可恢复过程服从 Arrhenius 类的公式形式(Shanthraj 和 Zikry，2011)：

$$\dot{\rho}^{(\alpha)}_{\text{annihilation}} = \dot{A}^{(\alpha)}\rho^{(\alpha)}_{\text{im}}\exp\left(-\frac{\Delta H^{(\alpha)}}{kT}\right) \tag{A5.5}$$

由位错攀移和交滑移的基本机制引起位错湮灭，$\dot{A}^{(\alpha)}$ 为位错湮灭的**尝试率**，如图 A5.5 中所示的理想化的矩形位错环，它由两个刃位错分量(细线)和两个分离的螺位错分量(粗线)组合而成。因此，$\dot{A}^{(\alpha)}$ 是以 s^{-1} 度量并反映出：(1)那些通过异号攀移湮灭其他位错的可动刃位错片段的比率，和(2)那些通过异号攀移湮灭其他位错的可动螺位错片段的比率。因此，对于非保守和保守的运动，尝试率与 Orowan 速度相关，并且试探性地给出为(Shanthraj 和 Zikry，2011)：

$$\dot{A}^{(\alpha)} = \phi^{(\alpha)}\sum_{\eta}(\sqrt{a_{(\alpha)\eta}l_c}\,\dot{\gamma}^{\eta}\mid b^{\eta}\mid^{-1}) \tag{A5.6}$$

其中，$\phi^{(\alpha)}$ 为在给定温度条件下，相互作用的位错被湮灭的概率。在公式(A5.5)中的 ΔH 为对应于位错湮灭的攀移和交滑移机制的激活焓，对于晶体，它的取值可以从参考值 ΔH_0 减少至零，并正比于不可动位错密度与观察到的饱和位错密度的比值，当位错密度饱和时，这样的湮灭过程达到它的最大比值，这与实验观察的结果一致。即(Shanthraj 和 Zikry，2011)：

$$\Delta H^{\alpha} = \Delta H_0(1 - \sqrt{\rho^{\alpha}_{\text{im}}(\rho^{\text{sat}}_{\text{im}})^{-1}}) \tag{A5.7}$$

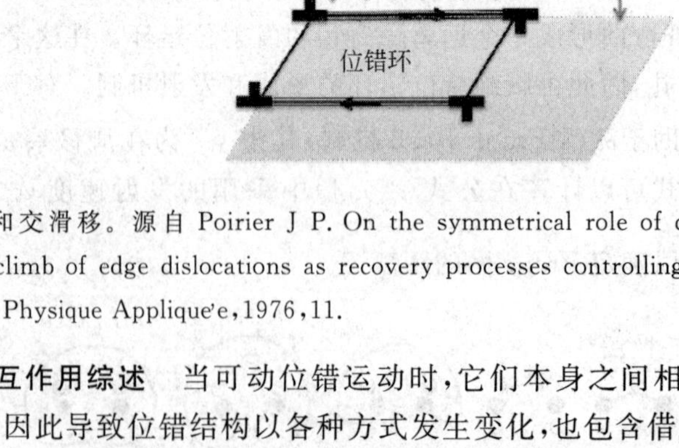

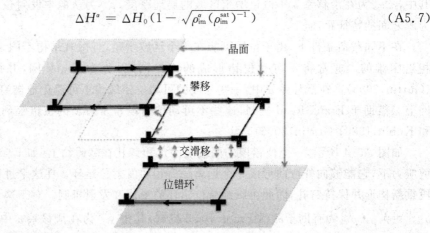

图 A5.5　攀移和交滑移。源自 Poirier J P. On the symmetrical role of cross-slip of screw dislocations and climb of edge dislocations as recovery processes controlling high temperature creep. Revue De Physique Applique'e，1976，11.

A5.4　位错相互作用综述　当可动位错运动时，它们本身之间相互作用，以及与不可动位错亦相互作用，因此导致位错结构以各种方式发生变化，也包含借助于前面描述的增殖和热激活湮灭机制。这些综合相互作用的位错网络效果通常是一部分可动位错密度成为不可动的，它一方面减少了可动位错密度，却另一方面增加了不可动位错的连接。可动位错密

度的减少可以表示为可动-可动和可动-不可动的相互作用结果(Shanthraj 和 Zikry,2011):

$$\dot{\rho}_{\text{interaction}}^{(\alpha)-} = \phi^{(\alpha)} \cdot l_c \sum_{\eta} \rho_m^{(\alpha)} (\rho_m^{\eta} \bar{v}_{\alpha\eta} + \rho_{im}^{\eta} v_{\alpha}) \tag{A5.8}$$

其中速度$\bar{v}_{\alpha\eta} = \frac{1}{2}(v_{\alpha} + v_{\eta})$度量了在滑移系 α 和 η 的位错平均运动,从前面描述的 Orowan 关系式可以确定该值。

为了确定形成稳定位错连接的比率,需要在所有的相互作用连接处应用 Frank 能量准则。准则判定对于来自滑移系 β 和 γ 的相交位错是否在能量上有利于在滑移系 α 上形成连接。通过一组二选一系数 $z_{\alpha}^{\beta\gamma} \in [0,1]$来度量是否有利于连接,如果有利于连接而没有连接上,则取 0;如果有利于连接且连接上则取 1。这种连接程度的实验可以表述为(Shanthraj 和 Zikry,2011)

$$G \mid b^{\alpha} \mid^2 < G(\mid b^{\beta} \mid^2 + \mid b^{\gamma} \mid^2) \quad \text{和} \quad b^{\alpha} = b^{\beta} + b^{\gamma} \tag{A5.9}$$

其中已知采用 $G|b^{\eta}|^2$ 作为应变能尺度。一旦确定了 $z_{\alpha}^{\beta\gamma}$,可以给出在滑移系 α 上的位错连接构成率为(Shanthraj and Zikry,2011)

$$\dot{\rho}_{\text{interaction}}^{(\alpha)+} = \phi^{(\alpha)} \cdot l_c \sum_{\beta,\gamma \leqslant \beta} z_{\alpha}^{\beta\gamma} \sqrt{\alpha_{\beta\gamma}} (\rho_m^{\beta} \rho_m^{\gamma} \bar{v}_{\beta\gamma} + \rho_m^{\beta} \rho_{im}^{\gamma} v_{\beta} + \rho_m^{\gamma} \rho_{im}^{\beta} v_{\gamma}) \tag{A5.10}$$

A5.5 小结 最后,我们将对附录 5 中推导的位错密度增殖、湮灭和相互作用公式进行组合和处理,能够获得公式(A5.1)的形式,在 13 章表 13.2 中定义了其中的系数。

当在大变形情况下位错密度趋向于饱和时,在表 13.2 中的系数取近似的常值,可以覆盖大多数的应变范围。为了简化,可以进一步假设 $g_{m1} = g_{m0}$ 和 $g_{im1} = g_{im0}$(例如,Estrin 和 Kubin,1986;Estrin,Krausz 等,1996),由此导出了在表 13.2 中的常数值。

术语汇编

符号

$\dot{f}$	对于一个场,加上点表示材料时间导数,即$\dot{f}(\boldsymbol{X},t)=\partial f(\boldsymbol{X},t)/\partial t$;对于仅是时间的函数,它是普通时间导数,即$\dot{f}(t)=\mathrm{d}f(t)/\mathrm{d}t$
$f_{,x}$	对于变量x的导数;当一个指标跟在逗号后面时,诸如i,j,k,至s,它是对应于相应空间坐标的导数,即$f_{,i}=\partial f/\partial x_i$
ϕ^*	应用变形梯度,将一个张量从空间到参考构形的后拉。正确的运算取决于上下文。例如,对于应变率,$\dot{\boldsymbol{E}}=\phi^*\boldsymbol{D}=\boldsymbol{F}^{\mathrm{T}}\cdot\boldsymbol{D}\cdot\boldsymbol{F}$;对于应力$\boldsymbol{S}=\phi^*\boldsymbol{\tau}=\boldsymbol{F}^{-1}\cdot\tau\cdot\boldsymbol{F}$
ϕ_*	一个张量从参考构形到空间构形的前推,即$\boldsymbol{D}=\phi_*\boldsymbol{E}=\boldsymbol{F}^{-\mathrm{T}}\cdot\dot{\boldsymbol{E}}\cdot\boldsymbol{F}^{-1}$,$\boldsymbol{\tau}=\phi_*\boldsymbol{S}=\boldsymbol{F}\cdot\boldsymbol{S}\cdot\boldsymbol{F}^{\mathrm{T}}$
ϕ_e^*,ϕ_*^e	分别为后拉和前推,应用变形梯度的弹性部分
$L_v\boldsymbol{\tau}$	Lie 导数——一个量的后拉的材料时间导数的前推(也称为对流率),如$L_v\boldsymbol{\tau}=\phi_*\left(\frac{D}{Dt}(\phi^*\boldsymbol{\tau})\right)$
・例如$\boldsymbol{a}\cdot\boldsymbol{b}$	内部指标的缩并;对于矢量,$\boldsymbol{a}\cdot\boldsymbol{b}$是标量乘积$a_ib_i$;如果一个或者多个变量是二阶或者高阶张量,缩并是关于内部指标的,即$\boldsymbol{A}\cdot\boldsymbol{B}$代表$A_{ij}B_{jk}$,$\boldsymbol{A}\cdot\boldsymbol{a}$代表$A_{ij}a_j$
:例如$\boldsymbol{A}:\boldsymbol{B}$	内部指标的双缩并:由$A_{ij}B_{ij}$给出$\boldsymbol{A}:\boldsymbol{B}$,$\boldsymbol{C}:\boldsymbol{D}$是$C_{ijkl}D_{kl}$;注意指标的阶!也注意到如果$\boldsymbol{A}$或者$\boldsymbol{B}$是对称的,$\boldsymbol{A}:\boldsymbol{B}=A_{ij}B_{ji}$
$\times$	例如$\boldsymbol{a}\times\boldsymbol{b}$表示叉乘;在指标标记中,$\boldsymbol{a}\times\boldsymbol{b}\to\boldsymbol{e}_{ijk}a_jb_k$
$\otimes$	例如$\boldsymbol{a}\otimes\boldsymbol{b}$表示矢量乘积;在指标标记中,$\boldsymbol{a}\otimes\boldsymbol{b}\to a_ib_j$;在矩阵标记中,$\boldsymbol{a}\otimes\boldsymbol{b}\to\{a\}\{b\}^{\mathrm{T}}$

变量

$\boldsymbol{A}$	系统 $\boldsymbol{r}=\boldsymbol{0}$ 的 Jacobian 矩阵；在除了第 6 章以外的各章中适用于其他目的
$A^{(i)}$	首先出现的四阶弹性张量,分别对应于 $i=1\sim4$
$\mathscr{B}_I,\mathscr{B}$	$\mathscr{B}_I$ 是形函数的空间导数的 I 列矩阵,为 $B_{iI}=\partial N_I/\partial x_i$；$\mathscr{B}$ 是一个由 $[\mathscr{B}_1,\mathscr{B}_2,\cdots,\mathscr{B}_n]$ 构成的矩形矩阵
$\mathscr{B}_{0I},\mathscr{B}_0$	B_{0I}是形函数的材料导数的 I 列矩阵,为 $\mathscr{B}_{0iI}=\partial N_I/\partial x_i$；$\mathscr{B}_0$ 是一个由 $[\mathscr{B}_{01},\mathscr{B}_{02},\cdots,\mathscr{B}_{0n}]$ 构成的矩形矩阵
$\boldsymbol{B}_i,\boldsymbol{B}$	用 Voigt 标记表示的形函数的空间导数的矩阵,因此 $\{\boldsymbol{D}\}=\boldsymbol{B}_I\boldsymbol{d}_I$；$\boldsymbol{B}$ 是矩形矩阵 $[\boldsymbol{B}_1,\boldsymbol{B}_2,\cdots,\boldsymbol{B}_n]$
$\boldsymbol{B}_{0I},\boldsymbol{B}_0$	用 Voigt 标记表示的形函数的材料导数的矩阵,因此 $\{\dot{\boldsymbol{E}}\}=\boldsymbol{B}_{0I}\dot{\boldsymbol{d}}_I$；$\boldsymbol{B}_0$ 是矩形矩阵 $[\boldsymbol{B}_{01},\boldsymbol{B}_{02},\cdots,\boldsymbol{B}_{0n}]$
$\boldsymbol{C}$	Cauchy Green 张量,$\boldsymbol{C}=\boldsymbol{F}^{\mathrm{T}}\cdot\boldsymbol{F}$；它区别于附加上角标的材料响应矩阵
$\boldsymbol{C}^{SE},C^{SE}_{ijkl},[\boldsymbol{C}^{SE}]$	关于 $\dot{\boldsymbol{S}}$ 和 $\dot{\boldsymbol{E}}$ 之间的材料切向模量
$\boldsymbol{C}^{\tau},C^{\tau}_{ijkl},[\boldsymbol{C}^{\tau}]$	关于 Kirchhoff 应力 $\tau^{\nabla C}$ 的对流率和 $\boldsymbol{D}$ 之间的材料切向模量
$\boldsymbol{C}^{\sigma J},C^{\sigma J}_{ijkl},[\boldsymbol{C}^{\sigma J}]$	关于 Cauchy 应力 $\boldsymbol{\sigma}^{\nabla J}$ 的 Jaumann 率和 $\boldsymbol{D}$ 之间的材料切向模量
$\boldsymbol{C}^{\sigma T},C^{\sigma T}_{ijkl},[\boldsymbol{C}^{\sigma T}]$	关于 Cauchy 应力 $\boldsymbol{\sigma}^{\nabla T}$ 的 Truesdell 率和 $\boldsymbol{D}$ 之间的材料切向模量
$\boldsymbol{C}^{\mathrm{alg}},C^{\mathrm{alg}}_{ijkl},[\boldsymbol{C}^{\mathrm{alg}}]$	关于 Cauchy 应力 $\boldsymbol{\sigma}^{\nabla T}$ 的 Truesdell 率和 $\boldsymbol{D}$ 之间的算法模量(这里率是基于有限增量)
$\boldsymbol{D},D_{ij},\{\boldsymbol{D}\}$	变形率,速度应变,$\boldsymbol{D}=\mathrm{sym}(\nabla\boldsymbol{v})$
$\boldsymbol{E},E_{ij}$	Green 应变张量,$\boldsymbol{E}=\frac{1}{2}(\boldsymbol{F}^{\mathrm{T}}\cdot\boldsymbol{F}-\boldsymbol{I})$
$\boldsymbol{F},F_{ij}$	变形梯度,$F_{ij}=\partial x_i/\partial X_j$
$\boldsymbol{F}^{\mathrm{e}},\boldsymbol{F}^{\mathrm{p}}$	变形梯度的弹性和塑性部分,$\boldsymbol{F}=\boldsymbol{F}^{\mathrm{e}}\cdot\boldsymbol{F}^{\mathrm{p}}$
J	在空间和材料坐标之间的 Jacobian 的行列式,$J=\det[\partial x_i/\partial X_j]$
$\hat{J}_{ij}$	F^{χ}_{ij} 的余因子
J_{ξ}	在空间和单元坐标之间的 Jacobian 的行列式,$J_{\xi}=\det[\partial x_i/\partial\xi_j]$
J^0_{ξ}	在材料和单元坐标之间的 Jacobian 的行列式,$J^0_{\xi}=\det[\partial X_i/\partial\xi_j]$
$\boldsymbol{K}$	线性刚度矩阵
$\boldsymbol{K}^{\mathrm{int}},\boldsymbol{K}^{\mathrm{ext}}$	关于内部和外部节点力的切线刚度矩阵,$\boldsymbol{K}^{\mathrm{int}}=\partial\boldsymbol{f}^{\mathrm{int}}/\partial\boldsymbol{d}$,$\boldsymbol{K}^{\mathrm{ext}}=\partial\boldsymbol{f}^{\mathrm{ext}}/\partial\boldsymbol{d}$
$\boldsymbol{K}^{\mathrm{mat}},\boldsymbol{K}^{\mathrm{geo}}$	分别为材料和几何切线刚度
$\boldsymbol{K}^{\mathrm{ale}}$	对于动量方程,考虑 ALE 部分的刚度矩阵
$\boldsymbol{L},L_{ij}$	速度场的空间梯度：见式(3.3.18)
$\boldsymbol{L}_{\mathrm{e}}$	连接矩阵
$\boldsymbol{M},\boldsymbol{M}_{IJ},M_{ijIJ}$	质量矩阵：见第 4.4.3 节和 4.4.9 节
N_I	形函数
$\boldsymbol{P},P_{ij}$	名义应力(第一 Piola-Kirchhoff 应力的变换)

$\boldsymbol{Q}$	转动张量/矩阵，在框架不变性和材料对称性中应用
$\boldsymbol{R}, R_{ij}$	转动矩阵：见第 3.2.8 节
$\boldsymbol{S}, S_{ij}$	第二 Piola-Kirchhoff(PK2)应力
$\boldsymbol{U}, U_{ij}$	右伸长张量
U, U_0	运动允许位移和速度的空间；U_0 是预先给定的随着函数消失的空间 U_0：见式(4.3.1)、(4.3.2)
W	功
$W^{\text{int}}, W^{\text{ext}}, W^{\text{inert}}$	内部，外部和惯性功
$\boldsymbol{X}$	材料(Lagrangian)坐标
$X_{iI}, \boldsymbol{X}_I$	$\boldsymbol{X}_I=[X,Y,Z]$=节点材料坐标
$\boldsymbol{\chi}$	参考坐标(ALE 公式)
$\boldsymbol{b}, b_i$	体力：见第 3.5.5 节
$\boldsymbol{d}$	以 Voigt 形式保存的节点位移
$\boldsymbol{e}_i, e_i$	$[\boldsymbol{e}_x, \boldsymbol{e}_y, \boldsymbol{e}_z]$，坐标的基矢量
f	在弹-塑性本构模型中的屈服函数
$\boldsymbol{f}, \boldsymbol{f}_I, f_{iI}$	节点力
$\boldsymbol{f}^{\text{int}}, \boldsymbol{f}_I^{\text{int}}, \boldsymbol{f}_{iI}^{\text{int}}$	内部节点力
$\boldsymbol{f}^{\text{ext}}, \boldsymbol{f}_I^{\text{ext}}, \boldsymbol{f}_{iI}^{\text{ext}}$	外部节点力
$\boldsymbol{h}$	在弹-塑性本构模型中的塑性模量
$\boldsymbol{n}, n_i, \boldsymbol{n}_0, n_i^0$	在当前(变形的)构形和初始(参考的，未变形的)构形的单位法线
$\boldsymbol{q}, q_i$	热流量，也是在本构模型中内部变量的集成
$\boldsymbol{t}, t_i$	表面面力：见第 3.5.5 节
$\boldsymbol{u}, u_i$	位移场
$\boldsymbol{u}_I, u_{iI}$	在节点 I 处位移分量的矩阵
$\boldsymbol{v}_I, v_{iI}$	在节点 I 处速度分量的矩阵
$\boldsymbol{v}, v_i$	速度场
$w, \bar{w}$	分别为在参考构形和中间构形中的超弹性势，例如，$\boldsymbol{S}=\partial w/\partial \boldsymbol{E}$
$\boldsymbol{x}_{IJ} \equiv \boldsymbol{x}_I - \boldsymbol{x}_J$	节点坐标差
$\boldsymbol{x}, x_i$	空间(Eulerian)坐标
$x_{iI}, \boldsymbol{x}_I$	$\boldsymbol{x}_I=[x_I, y_I, z_I]$=节点空间坐标
Γ, Γ_0	在当前(变形的)构形和初始(参考，未变形的)构形中物体的边界
Γ_{int}	内部不连续的表面
$\boldsymbol{\xi}, \xi_i$	$[\xi, \eta, \zeta]$是母单元坐标，也应用在曲线坐标中
ρ, ρ_0	当前密度和初始密度
$\boldsymbol{\sigma}, \sigma_{ij}, \{\boldsymbol{\sigma}\}$	Cauchy(物理的)应力张量
$\boldsymbol{\tau}, \tau_{ij}, \{\boldsymbol{\tau}\}$	Kirchhoff 应力张量
$\boldsymbol{\phi}(\boldsymbol{X}, t)$	从初始构形 Ω_0 到当前构形或者空间构形 Ω 的映射

ϕ	粘塑性过应力函数
$\hat{\boldsymbol{\phi}}(\boldsymbol{\chi}, t)$	从参考构形 $\hat{\Omega}$ 到空间构形 Ω 的映射
$\boldsymbol{\Psi}(\boldsymbol{X}, t)$	从初始构形 Ω_0 到参考构形 $\hat{\Omega}$ 的映射
$\psi, \bar{\psi}$	分别为在参考构形或者中间构形中的超弹性势,如,$\boldsymbol{S}=2\partial\psi/\partial\boldsymbol{C}$
$\Omega, \Omega_0, \hat{\Omega}$	当前(变形的)、初始(未变形的)构形和参考构形

索引

参考文献

Abeyaratne R and Knowles JK (1988) Unstable elastic materials and the viscoelastic response of bars in tension, *J. Appl. Mech.*, **55**, 491–492.

Ahmad S, Irons BB and Zienkiewicz OC (1970) Analysis of thick and thin shell structures by curved finite elements, *International Journal for Numerical Methods in Engineering*, **2**, 419–151.

Ahmadi G and Firoozbakhsh K (1975) First strain gradient theory of thermoelasticity. *International Journal of Solids and Structures* **11**(3), 339–345.

Aifantis EC (1984) On the structural origin of certain inelastic models, *J. Engrg. Mat. Tech.*, **106**, 326–330.

Alfano G and de Sciarra FM (1996) Mixed finite element formulations and related limitation principles; a general treatment, *Computer Methods in Applied Mechanics and Engineering*, **104**, 105–130.

Ali AA, Podus GN, Sirenko AF *et al.* (1979) Determining the thermal activation parameters of plastic deformation of metals from data on the kinetics of creep and relaxation of mechanical stresses, *Strength of Materials*, **11**(5), 496.

Anthony K-H and Azirhi A (1995) Dislocation dynamics by means of Lagrange formalism of irreversible processes – complex fields and deformation Processes, *International Journal of Engineering Science*, **33**(15), 2137–2148.

Areias P and Belytschko T (2006) A comment on the article 'A finite element method for simulation of strong and weak discontinuities in solid mechanics' by A. Hansbo and P. Hansbo [*Comput. Methods Appl. Mech. Eng.*, **193**(2004) 3523–3540], *Computer Methods in Applied Mechanics and Engineering*, **195**, 1275–1276.

Argyris JH (1965), Elasto-plastic matrix displacement analysis of three-dimensional continua, *J. Royal Aeronautical Society*, **69**, 633–635.

Asaro RJ (1979) Geometrical effects in the inhomogeneous deformation of ductile single crystals, *Acta Metallurgica*, **27**(3), 445–453.

Asaro RJ (1983) *Micromechanics of Crystals and Polycrystals*, Advances in Applied Mechanics, Vol. **23**, Academic Press, New York.

Asaro RJ (1983) Crystal plasticity, *Journal of Applied Mechanics*, **50**, 921–934.

Asaro RJ and Rice JR (1977) Strain localization in ductile single crystals, *J. Mech. Phys. Solids*, **25**, 309–338.

Atluri SN and Cazzani A (1995) Rotations in computational solid mechanics, *Arch. Comp. Mech.*, **2**, 49–138.

Auriault JL (1991) Is an equivalent macroscopic description possible? *International Journal of Science and Engineering* **29**(7), 785–795.

Azaroff LV (1984) *Introduction to Solids*, Tata McGraw-Hill Education.

Nonlinear Finite Elements for Continua and Structures, Second Edition.
Ted Belytschko, Wing Kam Liu, Brian Moran, and Khalil I. Elkhodary.

Companion Website: www.wiley.com/go/belytschko

Barlow J (1976) Optimal stress locations in finite element models, *International Journal for Numerical Methods in Engineering*, **10**, 243–251.

Bathe KJ (1996) *Finite Element Procedures*, Prentice-Hall, Englewood Cliffs, NJ.

Bayliss A, Belytschko T, Kulkarni M and Lott-Crumpler DA (1994) On the dynamics and the role of imperfections for localization in thermoviscoplastic materials, *Modeling and Simulation in Materials Science and Engineering*, **2**, 941–964.

Bazant ZP and Belytschko T (1985) Wave propagation in strain softening bar: exact solution, *J. Engrg. Mech. ASCE*, **111**, 381–389.

Bazant ZP and Cedolin L (1991) *Stability of Structures*, Oxford University Press, Oxford.

Bazant ZP, Belytschko T and Chang TP (1984) Continuum theory for strain softening, *J. Engrg. Mech., ASCE*, **110** (3), 1666–1692.

Bazeley GP, Cheung YK, Irons BM and Zienkiewicz OC (1965) *Triangular elements in plate bending*, *Proc. First Conf. on Matrix Methods in Structural Mechanics*, Wright-Patterson AFB, Ohio.

Béchet E, Minnebo H, Moës N and Burgardt B (2005) Improved implementation and robustness study of the X-FEM for stress analysis around cracks, *International Journal for Numerical Methods in Engineering*, **64**(8), 1033–1056.

Belytschko T (1976) Methods and programs for analysis of fluid–structure systems, *Nucl. Engrg. Design*, **42**, 41–52.

Belytschko T (1983) Overview of semidiscretization, in *Computational Methods for Transient Analysis*, T Belytschko and TJR Hughes (eds), North-Holland, Amsterdam.

Belytschko T and Bachrach WE (1986) Efficient implementation of quadrilaterals with high coarse-mesh accuracy, *Computer Methods in Applied Mechanics and Engineering*, **54**, 279–301.

Belytschko T, Bazant ZP, Hyun YW and Chang TP (1986) Strain softening materials and finite element solutions, *Comput. Struct.*, **23** (2), 163–180.

Belytschko T and Bindeman LP (1991) Assumed strain stabilization of the 4-node quadrilateral with 1-point quadrature for nonlinear problems, *Computer Methods in Applied Mechanics and Engineering*, **88**, 311–340.

Belytschko T and Bindeman LP (1993) Assumed strain stabilization of the eight node hexahedral element, *Computer Methods in Applied Mechanics and Engineering*, **105**, 225–260.

Belytschko T and Black T (1999) Elastic crack growth in finite elements with minimal remeshing. *International Journal for Numerical Methods in Engineering*, **45**(5), 601–620.

Belytschko T, Chen H, Xu J and Zi G (2003) Dynamic crack propagation based on loss of hyperbolicity and a new discontinuous enrichment, *International Journal for Numerical Methods in Engineering*, **58**(12), 1873–1905.

Belytschko T, Chiang HY and Plaskacz E (1994) High resolution two-dimensional shear band computations: imperfections and mesh dependence, *Computer Methods in Applied Mechanics and Engineering*, **119**, 1–15.

Belytschko T, Fish J and Englemann B (1988) A finite element method with embedded localization zones, *Computer Methods in Applied Mechanics and Engineering*, **70**, 59–90.

Belytschko T and Hsieh BJ (1973) Nonlinear transient finite element analysis with convected coordinates, *International Journal for Numerical Methods in Engineering*, **7**, 255–271.

Belytschko T and Hughes TJR (1983) *Computational Methods for Transient Analysis*, North-Holland, Amsterdam.

Belytschko T and Kennedy JM (1978) Computer models for subassembly simulation, *Nucl. Engrg. Design*, **49**, 17–38.

Belytschko T, Kennedy JM and Schoeberle DF (1975) On finite element and finite difference formulations of transient fluid structure problems, *Proc. Comp. Methods in Nucl. Engrg.*, American Nuclear Society, Savannah, GA, **2**, IV: 39–43.

Belytschko T and Leviathan I (1994a) Physical stabilization of the 4-node shell element with one-point quadrature, *Computer Methods in Applied Mechanics and Engineering*, **113**, 321–350.

Belytschko T and Leviathan I (1994b) Projection scheme for one-point quadrature shell elements, *Computer Methods in Applied Mechanics and Engineering*, **115**, 277–286.

Belytschko T, Lin JI and Tsay CS (1984) Explicit algorithms for the nonlinear dynamics of shells, *Computer Methods in Applied Mechanics and Engineering*, **42**, 225–251.

Belytschko T and Liu WK (1985) Computer methods for transient fluid–structure analysis of nuclear reactors, *Nuclear Safety*, **26**, 14–31.

Belytschko T, Moran B and Kulkarni M (1990) On the crucial role of imperfections in quasistatic viscoplastic solutions, *Appl. Mech. Review*, **43** (5), 251–256.

Belytschko T and Mullen R (1978) On dispersive properties of finite element solutions, in *Modern Problems in Wave Propagation*, J Achenbach and J Miklowitz (eds), John Wiley & Sons, Inc., New York, 67–82.

Belytschko T and Neal MO (1991) Contact-impact by the pinball algorithm with penalty and Lagrangian methods, *International Journal for Numerical Methods in Engineering*, **31**, 547–572.

Belytschko T and Schoeberle DF (1975) On the unconditional stability of an implicit algorithm for structural dynamics, *J. Appl. Mech.*, **42**, 865–869.

Belytschko T, Smolinski P and Liu WK (1985a) Stability of multi-time step partitioned integrators for first order finite element systems, *Computer Methods in Applied Mechanics and Engineering*, **49**, 281–297.

Belytschko T, Stolarski H, Liu WK, Carpenter N and Ong JSJ (1985b) Stress projection for membrane and shear locking in shell finite elements, *Computer Methods in Applied Mechanics and Engineering*, **51**, 221–258.

Belytschko T and Tsay CS (1983) A stabilization procedure for the quadrilateral plate element with one-point quadrature, *International Journal for Numerical Methods in Engineering*, **19**, 405–419.

Belytschko T, Wong BL and Chiang HY (1992) Advances in one-point quadrature shell elements, *Computer Methods in Applied Mechanics and Engineering*, **96**, 93–107.

Belytschko T, Wong BL and Stolarski H (1989) Assumed strain stabilization procedure for the 9-node Lagrange shell element, *International Journal for Numerical Methods in Engineering*, **28**, 385–114.

Belytschko T, Yen HJ and Mullen R (1979) Mixed methods in time integration, *Computer Methods in Applied Mechanics and Engineering*, **17/18**, 259–275.

Benson DJ (1989) An efficient, accurate simple ALE method for nonlinear finite element programs, *Computer Methods in Applied Mechanics and Engineering*, **72**, 205–350. Bertsekas DP (1984) *Constrained Optimization and Lagrange Multiplier Methods*, Academic Press, New York.

Bettess P (1977) Infinite elements. *International Journal for Numerical Methods in Engineering* **11**(1), 53–64.

Bonet J and Wood RD (1997) *Nonlinear Continuum Mechanics for Finite Element Analysis*, Cambridge University Press, New York.

Bordas S and Moran B (2006) Enriched finite elements and level sets for damage tolerance assessment of complex structures, *Engineering Fracture Mechanics*, **73**(9), 1176–1201.

Borst Rd, Pamin J and Marc GC (1999) On coupled gradient-dependent plasticity and damage theories with a view to localization analysis. *European Journal of Mechanics – A/Solids*, **18**, 939–962.

Boyce MC, Parks DM and Argon AS (1988) Large inelastic deformation of glassy polymers; Part 1: Rate dependent constitutive model, *Mech. Mater.*, **7**, 15–33.

Boyce MC, Weber G, Parks DM *et al.* (1989) On the kinematics of finite strain plasticity, *Journal of the Mechanics and Physics of Solids*, **37**(5), 647–665.

Bridgman P (1949) *The Physics of High Pressure*, Bell and Sons, London.

Brooks AN and Hughes TJR (1982) Streamline upwind/Petrov–Galerkin formulations for convection dominated flows with particular emphasis on the incompressible Navier–Stokes equations, *Computer Methods in Applied Mechanics and Engineering*, **32**, 199–259.

Bucalem M and Bathe KJ (1993) Higher order MITC general shell elements, *International Journal for Numerical Methods in Engineering*, **36**, 3729–3754.

Buechter N and Ramm E (1992) Shell theory versus degeneration – a comparison of large rotation finite element analysis, *International Journal for Numerical Methods in Engineering*, **34**, 39–59.

Bulatov V and Cai W (2006) *Computer Simulations of Dislocations*, Oxford University Press, Oxford.

Caillard D and Martin J-L (2003) *Thermally Activated Mechanisms in Crystal Plasticity*, Elsevier Science, Amsterdam.

Camacho GT and Ortiz M (1996) Computational modeling of impact damage in brittle materials, *International Journal of Solids and Structures*, **33**(20), 2899–2938.

Chambon R, Caillerie D and Matsuchima T (2001) Plastic continuum with microstructure, local second gradient theories for geomaterials: localization studies. *International Journal of Solids and Structures*, **38**(46–47), 8503–8527.

Chambon R, Caillerie D and Tamangnini C (2004) A strain space gradient plasticity theory for finite strain. *Computer Methods in Applied Mechanics and Engineering*. **193**(27–29), 2797–2826.

Chandrasekharaiah DD and Debnath L (1994) *Continuum Mechanics*, Academic Press, Boston, MA.

Chen LQ (2002) Phase-field models for microstructure evolution. *Annual Review of Materials Research*, **32**(1), 113–140.

Chen Y and Lee JD (2003a) Connecting molecular dynamics to micromorphic theory. (I) Instantaneous and averaged mechanical variables. *Physica A: Statistical Mechanics and its Applications*, **322**, 359–376.

Chen Y and Lee JD (2003b) Connecting molecular dynamics to micromorphic theory. (II) Balance laws. *Physica A: Statistical Mechanics and its Applications*, **322**, 377–392.

Chen Y and Lee JD (2003c) Determining material constants in micromorphic theory through phonon dispersion relations. *International Journal of Engineering Science*, **41**, 871–886.

Chessa J, Smolinski, P and Belytschko T (2002) The extended finite element method (XFEM) for solidification problems, *International Journal for Numerical Methods in Engineering*, **53**(8), 1959–1977.

Chung L and Hulbert G (1993) A time integration algorithm for structural dynamics with improved numerical dissipation; the generalized α-method, *J. Appl. Mech.*, **60**, 371–375.

Ciarlet PG and Raviart PA (1972) Interpolation theory over curved elements, *Computer Methods in Applied Mechanics and Engineering*, **1**, 217–249.

Coleman BD and Noll W (1961) Foundations of linear viscoelasticity, *Rev. Modern Phys.*, **33**, 239–249.

Cook RD, Malkus DS and Plesha ME (1989) *Concepts and Applications of Finite Element Analysis*, 3rd edn, John Wiley & Sons, Ltd, Chichester.

Cosserat EMP and Cosserat F (1909) *Theorie des Corps Deformables*. A. Hermann et Fils, Paris.

Costantino CJ (1967) Finite element approach to stress wave problems, *Journal of Engineering Mechanics Division, ASCE*, **93**, 153–166.

Courant R, Friedrichs KO and Lewy H (1928) Über die partiellen Differenzensleichungen der Mathematischen Physik, *Math. Ann.*, **100**, 32.

Crisfield MA (1980) A fast incremental/iterative solution procedure that handles 'snap-through', *Comput. Struct.*, **13**, 55–62.

Crisfield MA (1991) *Non-linear Finite Element Analysis of Solids and Structures*, Vol. **1**, John Wiley & Sons, Inc., New York.

Cuitino A and Ortiz M (1992) A material-independent method for extending stress update algorithms from small-strain plasticity to finite plasticity with multiplicative kinematics, *Engrg. Comput.*, **9**, 437–451.

Cullity BD and Stock SR (2001) *Elements of X-Ray Diffraction*, Prentice Hall, Upper Saddle River, NJ.

Curnier A (1984) A theory of friction, *Int. J. Sol. Struct.*, **20**, 637–647.

Daniel WJT (1997) Analysis and implementation of a new constant acceleration subcycling algorithm, *International Journal for Numerical Methods in Engineering*, **40**, 2841–2855.

Daniel WJT (1998) A study of the stability of subcycling algorithms in structural dynamics, *Computer Methods in Applied Mechanics and Engineering*, **156**, 1–13.

Dashner PA (1986) Invariance considerations in large strain elasto-plasticity, *J. Appl. Mech.*, **53**, 55–60.

de Borst R (1987) Computation of post-bifurcation and post-failure behaviour of strain softening solids, *Comput. Struct.*, **25** (2), 211–224.

de Borst R and Mulhaus HB (1993) Gradient-dependent plasticity-formulation and algorithmic aspects, *International Journal for Numerical Methods in Engineering*, **35**, 521–539.

De Graef M and McHenry ME (2007) *Structure of Materials: An Introduction to Crystallography, Diffraction and Symmetry*, Cambridge University Press, Cambridge.

Demkowicz L and Oden JT (1981) On some existence and uniqueness results in contact problems with nonlocal friction, Report 81–13, Texas Institute of Computational Mechanics (TICOM), University of Texas at Austin.

Dennis JE and Schnabel RB (1983) Numerical Methods for Unconstrained Optimization and Nonlinear Equations, Prentice-Hall, Englewood Cliffs, NJ.

Dhatt G and Touzot G (1984) *The Finite Element Method Displayed*, John Wiley & Sons, Ltd, Chichester.

Dienes JK (1979) On the analysis of rotation and stress rate in deforming bodies, *Acta Mechanica*, **32**, 217–232.

DiMaggio FL and Sandler IS (1971) Material model for granular soils, *Journal of Engineering Mechanics Division* ASCE, 935–950.

Dobovsek I and Moran B (1996) Material instabilities in rate in dependent solids, *European Journal of Mechanics and Solids*, **15** (2), 267–294.

Doyle TC and Ericksen JL (1956) *Nonlinear Elasticity, Advances in Applied Mechanics*, Vol. **4**, Academic Press, New York.

Duan Q, Song JH, Menouillard T and Belytschko T (2009) Element-local level set method for three-dimensional dynamic crack growth, *International Journal for Numerical Methods in Engineering*, **80**(12), 1520–1543.

Duddu R, Bordas S, Chopp D and Moran B (2008) A combined extended finite element and level set method for biofilm growth, *International Journal for Numerical Methods in Engineering*, **74**(5), 848–870.

Dvorkin EN and Bathe KJ (1984) A continuum mechanics based four-node shell element for general nonlinear analysis, *Engrg. Comput.*, **1**, 77–88.

Elguedj, T, Gravouil A and Combescure A (2006) Appropriate extended functions for X-FEM simulation of plastic fracture mechanics, *Computer Methods in Applied Mechanics and Engineering*, **195**(7–8) 501–515.

Elkhodary K, Greene S, Tang S and Liu WK (2013) The archetype-blending continuum theory. *Comp. Meth. Appl. Mech. Eng.*, **254**, 309–333.

Elkhodary K, Lee W, Suna LP, *et al.* (2011) Deformation mechanisms of an Ω precipitate in a high-strength aluminum alloy subjected to high strain rates, *Journal of Materials Research*, **26**(04), 487–497.

Engelen RAB, Fleck NA, Peerlings RHJ and Geers MGD (2006) An evaluation of higher-order plasticity theories for predicting size effects and localisation. *International Journal of Solids and Structures*, **43**(7–8), 1857–1877.

Englemann BE and Whirley RG (1990) *A new elastoplastic shell element formulation for DYNA3D, Report UCRL-JC-104826*, Lawrence Livermore National Laboratory, CA.

Eringen AC (1965) *Linear theory of micropolar elasticity*, DTIC Document.

Eringen AC (1990) Theory of thermo-microstretch elastic solids. *International Journal of Engineering Science*, **28**(12), 1291–1301.

Eringen AC (1999) *Microcontinuum Field Theories I: Foundations and Solids*. Springer, New York.

Eringen AC and Suhubi ES (1964) Nonlinear theory of simple microelastic solids. *International Journal of Engineering and Science*, **2**, 189–203, 389–404.

Estrin Y and Kubin L (1986) Local strain hardening and nonuniformity of plastic deformation, *Acta Metallurgica*, **34**(12), 2455–2464.

Estrin Y, Krausz A, *et al.* (1996) *Unified Constitutive Laws of Plastic Deformation*. Academic Press, New York, p. 69.

Estrin Y, Krausz AS and Krausz K (1996) Dislocation-density related constitutive modelling, in *Unified Constitutive Laws of Plastic Deformation*, (eds) AS Krausz and K Krausz, Academic Press, New York, pp. 69–106.

Flanagan DP and Belytschko T (1981) A uniform strain hexahedron and quadrilateral with orthogonal hourglass control, *International Journal for Numerical Methods in Engineering*, **17**, 679–706.

Fleck NA and Hutchinson JW (1993) A phenomenological theory for strain gradient effects in plasticity. *Journal of the Mechanics and Physics of Solids*, **41**(12), 1825–1857.

Fleck NA and Hutchinson JW (1994) A phenomenological theory for strain gradient effects in plasticity, *J. Mech. Physics of Solids*, **41**, 1825–1857.

Fleck NA and Hutchinson JW (1997) Strain gradient plasticity. In *Advances in Applied Mechanics, Volume 33*, WH John and YW Theodore (eds), Elsevier. pp. 295–361.

Fleck NA and Hutchinson JW (2001) A reformulation of strain gradient plasticity. *Journal of the Mechanics and Physics of Solids*, **49**, 2245–2271.

Fleck NA and Willis JR (2009a) A mathematical basis for strain-gradient plasticity theory - Part I: Scalar plastic multiplier. *Journal of the Mechanics and Physics of Solids*, **57**(1), 161–177.

Fleck NA and Willis JR (2009b) A mathematical basis for strain-gradient plasticity theory. Part II: Tensorial plastic multiplier. *Journal of the Mechanics and Physics of Solids*, **57**(7), 1045–1057.

Fleck NA, Muller GM, Ashby MF and Hutchinson JW (1994) Strain gradient plasticity: Theory and experiment. *Acta Metallurgica et Materialia*, **42**(2), 475–487.

Forest S (2009) Micromorphic approach for gradient elasticity, viscoplasticity, and damage. *Journal of Engineering Mechanics*, **135**(3), 117–131.

Forest S and Sievert R (2006) Nonlinear microstrain theories. *International Journal of Solids and Structures*, **43**(24), 7224–7245.

Fraeijs de Veubeke, F (1965) Displacement equilibrium models in the finite element method, in *Stress Analysis*, OC Zienkiewicz and GS Holister (eds), John Wiley & Sons, Ltd, London, 145–196.

Franca LP and Frey SL (1992) Stabilized finite element methods: II The incompressible Navier–Stokes equations, *Computer Methods in Applied Mechanics and Engineering*, **99**, 209–233.

Fries TP (2008) A corrected XFEM approximation without problems in blending elements, *International Journal for Numerical Methods in Engineering*, **75**(5), 503–532.

Fries TP and Belytschko T (2010) The extended/generalized finite element method: An overview of the method and its applications, *International Journal for Numerical Methods in Engineering*, **84**(3), 253–304.

Geers M, Kouznetsova VG and Brekelmans WAM (2001) Gradient-enhanced computational homogenization for the micro–macro scale transition. *J. Phys. IV France*, **11**(PR5), Pr5-145–Pr145-152.

Georgiadis HG, Vardoulakis I and Velgaki EG (2004) Dispersive Rayleigh-wave propagation in microstructured solids characterized by dipolar gradient elasticity. *Journal of Elasticity*, **74**(1), 17–45.

Germain P (1973) The method of virtual power in continuum mechanics. Part 2: microstructure. *SIAM Journal on Applied Mathematics*, **25**(3), 556–575.

Giacovazzo C, Monaco HL, Artioli G *et al.* (2002) *Fundamentals of Crystallography. Part of International Union of Crystallography Monographs on Crystallography Series.* Oxford University Press, New York, pp. 74–76.

Givoli D (1991) Non-reflecting boundary conditions. *Journal of Computational Physics*, **94**(1), 1–29.

Green AE and Rivlin RS (1957) The mechanics of non-linear materials with memory: Part I, *Arch. Rat. Mech. Anal.*, **1**, 1–21.

Greene MS, Liu Y, Chen W and Liu WK (2011) Computational uncertainty analysis in multiresolution materials via stochastic constitutive theory. *Computer Methods in Applied Mechanics and Engineering*, **200**, 309–325.

Gurson AL (1977) Continuum theory of ductile rupture by void nucleation and growth: Part I – Yield criteria and flow rules for porous ductile media, *Journal of Engineering Materials and Technology*, **99**, 2–15.

Gurtin ME (2002) A gradient theory of single-crystal viscoplasticity that accounts for geometrically necessary dislocations. *Journal of the Mechanics and Physics of Solids*, **50**(1), 5–32.

Gurtin ME (2006) The Burgers vector and the flow of screw and edge dislocations in finite-deformation single-crystal plasticity, *Journal of the Mechanics and Physics of Solids*, **54**, 1882–1898.

Gurtin ME and Anand L (2005) A theory of strain-gradient plasticity for isotropic, plastically irrotational materials. Part II: Finite deformations. *International Journal of Plasticity*, **21**(12), 2297–2318.

Hallquist JO (1994) *LS-DYNA Theoretical Manual.*

Hallquist JO and Whirley RG (1989) *DYNA3D Users' manual: nonlinear dynamic analysis of structures in three dimensions, UCID-19592, Rev. 5*, Lawrence Livermore National Laboratory, CA.

Hansbo A and Hansbo P (2004) A finite element method for the simulation of strong and weak discontinuities in solid mechanics, *Computer Methods in Applied Mechanics and Engineering*, **193**(33), 3523–3540.

Harren SV, Lowe T, Asaro RJ and Needleman A (1989) Analysis of large-strain shear in rate-dependent face-centred cubic polycrystals: correlation of micro-and macromechanics, *Phil. Trans. R. Soc. Lond.*, **A328**, 433–500.

Havner KS (1992) *Finite Plastic Deformation of Crystalline Solids*, Cambridge University Press, New York.

Hertzberg RW, Vinci RP and Hertzberg JL (2012) *Deformation and Fracture Mechanics of Engineering Materials*, John Wiley & Sons, Inc., Hoboken, NJ.

Hibbitt D, Karlsson B, Sorensen P *et al.* (2007) *ABAQUS Analysis User's Manual.* ABAQUS Inc., Providence, RI.

Hilber HM, Hughes TJR and Taylor RL (1977) Improved numerical dissipation for time integration algorithms in structural dynamics, *Earthquake Engineering and Structural Dynamics*, **5**, 282–292.

Hill R (1950) *The Mathematical Theory of Plasticity*, Oxford University Press, Oxford.

Hill R (1962) Acceleration waves in solids, *J. Mech. Phys. Solids*, **10**, 1–16.

Hill R (1975) Aspects of Invariance in Solid Mechanics, *Advances in Applied Mechanics*, **18**, Academic Press, New York.

Hillerborg A, Modeer M and Peterson PE (1976) Analysis of crack formation and crack growth in concrete by means of fracture mechanics and finite elements. *Cement Concrete Res.*, **6**, 773–782.

Hirth JP and Lothe J (1982) *Theory of Dislocations*, John Wiley & Sons, Ltd, Chichester.

Hodge PG (1970) *Continuum Mechanics*, McGraw-Hill, New York.

Hu YK and Liu WK (1993) An ALE hydrodynamic lubrication finite element method with application to strip rolling, *International Journal for Numerical Methods in Engineering*, **36**, 855–880.

Huang HC and Hinton E (1986) A new nine-node degenerated shell element with enhanced membrane and shear interpolants, *International Journal for Numerical Methods in Engineering*, **22**, 73–92.

Huerta A and Liu WK (1988) Viscous flow with large free surface motion, *Computer Methods in Applied Mechanics and Engineering*, **69**, 277–324.

Hughes TJR (1984) Numerical Implementation of Constitutive Models: Rate-Independent Deviatoric Plasticity, *Theoretical Foundation for Large-Scale Computations of Nonlinear Material Behavior*, S Nemat-Nemat-Nasser, RJ Asaro and GA Hegemier (eds), Martinus Nijhoff Publishers, Dordrecht, pp. 29–57.

Hughes TJR (1987) *The Finite Element Method*, Linear Static and Dynamic Finite Element Analysis, Prentice-Hall, Englewood Cliffs, NJ.

Hughes TJR (1996) personal communication.

Hughes TJR, Cohen M and Haroun M (1978) Reduced and selective integration techniques in the finite element analysis of plates, *Nuclear Engineering and Design*, **46**, 203–222.

Hughes TJR and Liu WK (1978) Implicit – explicit finite elements in transient analysis, *J. Appl. Mech.*, **45**, 371–378.

Hughes TJR and Liu WK (1981a) Nonlinear finite element analysis of shells: Part 1, Two-dimensional shells, *Computer Methods in Applied Mechanics and Engineering*, **26**, 167–181.

Hughes TJR and Liu WK (1981b) Nonlinear finite element analysis of shells: Part 2, Three-dimensional shells, *Computer Methods in Applied Mechanics and Engineering*, **26**, 331–362.

Hughes TJR, Liu WK and Zimmerman TK (1981) Lagrangian–Eulerian finite element formulation for incompressible viscous flows, *Computer Methods in Applied Mechanics and Engineering*, **29**, 329–349.

Hughes TJR and Mallet M (1986) A new finite element formulation for computational fluid dynamics: iii The generalized streamline operator for multidimensional advective-diffusive systems, *Computer Methods in Applied Mechanics and Engineering*, **58**, 305–328.

Hughes TJR and Pister KS (1978) Consistent Linearization in Mechanics of Solids and Structures, *Computers and Structures*, **8**, 391–397.

Hughes TJR, Taylor RL and Kanoknukulchai W (1977) A simple and efficient element for plate bending, *International Journal for Numerical Methods in Engineering*, **11**, 1529–1543.

Hughes TJR and Tezduyar TE (1981) Finite elements based upon Mindlin plate theory with particular reference to the four-node isoparametric element, *J. Appl. Mech.*, **58**, 587–596.

Hughes TJR and Tezduyar TE (1984) Finite element methods for first-order hyperbolic systems with particular emphasis on the compressible Euler equations, *Computer Methods in Applied Mechanics and Engineering*, **45**, 217–284.

Hughes TJR and Winget J (1980) Finite rotation effects in numerical integration of rate-constitutive equations arising in large-deformation analysis, *International Journal for Numerical Methods in Engineering*, **15**, 1862–1867.

Hull D and Bacon DJ (2006) *Introduction to Dislocations*. Butterworth-Heinemann, Oxford.

Hutchinson JW (1968) Singular behavior at the end of a tensile crack in a hardening material, *Journal of the Mechanics and Physics of Solids*, **16**(1), 13–31.

Iesan D (2002) On the micromorphic thermoelasticity. *International Journal of Engineering Science*, **40**(5), 549–567.

Jänicke R and Diebels S (2009) Two-scale modelling of micromorphic continua. Continuum *Mechanics and Thermodynamics*, **21**(4), 297–315.

Johnson G and Bammann DJ (1984) A discussion of stress rates in finite deformation problems, *International Journal for Numerical Methods in Engineering*, **20**, 735–737.

Kadowaki H and Liu WK (2005) A multiscale approach for the micropolar continuum model. *Computer Modelling in Engineering Sciences*, **7**(3), 269–282.

Kalthoff JF and Winkler S (1988) Failure mode transition at high rates of shear loading, DGM Informationsgesellschaft mbH, *Impact Loading and Dynamic Behavior of Materials*, **1**, 185–195.

Kameda T and Zikry MA (1996) Three dimensional dislocation-based crystalline constitutive formulation for ordered intermetallics, *Scripta Materialia*, **38**(4), 631–636.

Keller JB and Givoli D (1989) Exact non-reflecting boundary conditions. *Journal of Computational Physics*, **82**(1), 172–192.

Kelly A, Groves GW and Kidd P (2000) *Crystallography and Crystal Defects*. John Wiley & Sons, Ltd, Chichester.

Kennedy TC and Kim JB (1993) Dynamic analysis of cracks in micropolar elastic materials. *Engineering Fracture Mechanics*, **44**(2), 207–216.

Key SW and Beisinger ZE (1971) The transient dynamic analysis of thin shells by the finite element method, *Proc. 3rd Conf. on Matrix Methods in Structural Analysis*, Wright-Patterson AFB, Ohio.

Khan AS and Huang S (1995) *Continuum Theory of Plasticity*, John Wiley & Sons, Inc., New York.

Kikuchi N and Oden JT (1988) *Contact Problems in Elasticity: A Study of Variational Inequalities and Finite Element Methods*, SIAM, Philadelphia, PA.

Kleiber M (1989) *Incremental Finite Element Modelling in Non-linear Solid Mechanics*, Ellis Horwood, Chichester.

Knowles JK and Sternberg E (1977) On the failure of ellipticity of the equations for finite elastostatics in plane strain, *Arch. Rat. Mech. Anal.*, **63**, 321–336.

Kocks U (1987) Constitutive behaviour based on crystal plasticity, In *Constitutive Equations for Creep and Plasticity*, AK Miller (ed.), Elsevier, Amsterdam.

Kogge P, Bergman K, Borkar S, *et al.* (2008) *Exascale Computing Study: Technology Challenges in Achieving Exascale Systems. DARPA*, available online at http://users.ece.gatech.edu/mrichard/ExascaleComputingStudyReports/exascale_final_report_100208.pdf (accessed June 13, 2013)

Kouznetsova VG, Geers MGD and Brekelmans WAM (2002) Multi-scale constitutive modelling of heterogeneous materials with a gradient-enhanced computational homogenization scheme. *International Journal for Numerical Methods in Engineering*, **54**(8), 1235–1260.

Kouznetsova VG, Geers MGD and Brekelmans WAM (2004) Multi-scale second-order computational homogenization of multi-phase materials: a nested finite element solution strategy. *Computer Methods in Applied Mechanics and Engineering*, **193**(48–51), 5525–5550.

Krajcinovic D (1996) *Damage Mechanics*, North-Holland, Amsterdam and New York.

Krieg RD and Key SW (1976) Implementation of a time dependent plasticity theory into structural computer programs, in *Constitutive Equations in Viscoplasticity: Computational and Engineering Aspects*, JA Stricklin and KJ Saczalski (eds), ASME, New York.

Kroner E (1981) Continuum theory of defects. In *Les Houches, Session XXXV, 1980-Physics of Defects*. R Balian, M Kleman and JP Poitier (eds), North-Holland, Amsterdam, pp. 219–315.

Kubin LP and Mortensen A (2003) Geometrically necessary dislocations and strain-gradient plasticity: a few critical issues. *Scripta Materialia*, **48**, 119–125.

Kulkarni M, Belytschko T and Bayliss A (1995) Stability and error analysis for time integrators applied to strain-softening materials, *Computer Methods in Applied Mechanics and Engineering*, **124**, 335–363.

Laborde P, Pommier J, Renard Y and Salaün M (2005) High-order extended finite element method for cracked domains, *International Journal for Numerical Methods in Engineering*, **64**(3), 354–381.

Ladyzhesnkaya OA (1968) *Linear and Quasilinear Elliptic Equations*, Academic Press, New York.

Lasry D and Belytschko T (1988) Localization limiters in transient problems, *International Journal of Solids and Structures*, **24**(6), 581–597.

Lee EH (1969) Elastic–plastic deformation at finite strains, *J. Appl. Mech.*, **36**, 1–6.

Lee JD and Chen Y (2005) Material forces in micromorphic thermoelastic solids. *Philosophical Magazine*, **85**(33), 3897–3910.

Lee YJ and Freund LB (1990) Fracture initiation due to asymmetric impact loading of an edge cracked plate. *Journal of Applied Mechanics*, **57**(1), 104–111.

Lemaitre J (1971) Evaluation of dissipation and damage in metal submitted to dynamic loading. *Proceedings of ICM 1, Kyoto, Japan.*

Lemaitre J and Chaboche JL (1990) *Mechanics of Solid Materials*, Cambridge University Press, Cambridge.

Li S, Lu H, Han W, Liu WK and Simkins DC (2004) Reproducing kernel element method Part II: Globally conforming Im/Cn hierarchies, *Computer Methods in Applied Mechanics and Engineering*, **193**(12), 953–987.

Lin JI (1991) Bounds on eigenvalues of finite element systems, *International Journal for Numerical Methods in Engineering*, **32**, 957–967.

Liu WK (1981) Finite element procedures for fluid–structure interactions with application to liquid storage tanks, *Nucl. Engrg. Design*, **65**, 221–238.

Liu WK, Belytschko T and Chang H (1986) An arbitrary Lagrangian–Eulerian finite element method for path-dependent materials, *Computer Methods in Applied Mechanics and Engineering*, **58**, 227–246.

Liu WK and Chang HG (1984) Efficient computational procedures for long-time duration fluid–structure interaction problems, *J. Pressure Vessel Tech.*, **106**, 317–322.

Liu WK and Chang HG (1985) A method of computation for fluid structure interactions, *Comput. Struct.*, **20**, 311–320.

Liu WK, Chang H and Belytschko T (1988) Arbitrary Lagrangian and Eulerian Petrov–Galerkin finite elements for nonlinear continua, *Computer Methods in Applied Mechanics and Engineering*, **68**, 259–310.

Liu WK, Chen JS, Belytschko T and Zhang YF (1991) Adaptive ALE finite elements with particular reference to external work rate on frictional interface, *Computer Methods in Applied Mechanics and Engineering*, **93**, 189–216.

Liu WK, Han W, Lu H, Li S and Cao J (2004) Reproducing kernel element method. Part I: Theoretical formulation. *Computer Methods in Applied Mechanics and Engineering*, **193**(12), 933–951.

Liu WK, Jun S and Zhang YF (1995a) Reproducing kernel particle methods, *International Journal for Numerical Methods in Fluids*, **20**(8–9), 1081–1106.

Liu WK, Jun S, Li S, Adee J and Belytschko T (1995b) Reproducing kernel particle methods for structural dynamics, *International Journal for Numerical Methods in Engineering*, **38**(10), 1655–1679.

Liu WK and Ma DC (1982) Computer implementation aspects for fluid–structure interaction problems, *Computer Methods in Applied Mechanics and Engineering*, **31**, 129–148.

Liu WK and McVeigh C (2008) Predictive multiscale theory for design of heterogeneous materials. *Computational Mechanics*, **42**(2), 147–170.

Liu WK, Qian D, Gonella S et al. (2010) Multiscale methods for mechanical science of complex materials: bridging from quantum to stochastic multiresolution continuum. *International Journal for Numerical Methods in Engineering*, **83**, 1039–1080.

Liu WK, Uras RA and Chen Y (1997) Enrichment of the finite element method with the reproducing kernel particle method, *Journal of Applied Mechanics*, **64**, 861–870.

Losi GU and Knauss WG (1992) Free volume theory and nonlinear thermo-viscoelasticity, *Polym. Sci. Engng.*, **32** (9), 542–557.

Lu H, Kim DW and Liu WK (2005) Treatment of discontinuity in the reproducing kernel element method. *International Journal for Numerical Methods in Engineering*, **63**(2), 241–255.

Lu H, Li S, Simkins Jr DC, Kam Liu W and Cao, J (2004) Reproducing kernel element method Part III: Generalized enrichment and applications, *Computer Methods in Applied Mechanics and Engineering*, **193**(12), 989–1011.

Lubliner L (1990) *Plasticity Theory*, Macmillan, New York.

Luscher DJ, McDowell DL and Bronkhorst CA (2010) A second gradient theoretical framework for hierarchical multiscale modeling of materials. *International Journal of Plasticity*, **26**(8), 1248–1275.

MacNeal RH (1982) Derivation of element stiffness matrices by assumed strain distributions, *Nucl. Engrg. Design*, **33**, 1049–1058.

MacNeal RH (1994) *Finite Elements: Their Design and Performance*, Marcel Dekker, New York.

Malkus D and Hughes TJR (1978) Mixed finite element methods – reduced and selective integration techniques: a unification of concepts, *Computer Methods in Applied Mechanics and Engineering*, **15**, 63–81.

Malvern LE (1969) *Introduction to the Mechanics of a Continuous Medium*, Prentice-Hall, Englewood Cliffs, NJ.

Marcal PV and King IP (1967) Elastic–plastic analysis of two dimensional stress systems by the finite element method, *Int. J. Mechanical Sciences*, **9**, 143–155.

Marin EB and McDowell DL (1997) A semi-implicit integration scheme for rate-dependent and rate-independent plasticity, *Comput. Struct.*, **63** (3), 579–600.

Marsden JE and Hughes TJR (1983) *Mathematical Foundations of Elasticity*, Prentice-Hall, Englewood Cliffs, NJ.

Mase GF and Mase GT (1992) *Continuum Mechanics for Engineers*, CRC Press, Boca Raton, FL.

McVeigh CJ (2007) *Linking Properties to Microstructure through Multiresolution Mechanics*. Doctor of Philosophy, Northwestern University.

McVeigh CJ and Liu WK (2008) Linking microstructure and properties through a predictive multiresolution continuum. *Computer Methods in Applied Mechanics and Engineering*, **197**(41–42), 3268–3290.

McVeigh CJ and Liu WK (2009) Multiresolution modeling of ductile reinforced brittle composites. *Journal of the Mechanics and Physics of Solids*, **57**(2), 244–267.

McVeigh CJ and Liu WK (2010) Multiresolution continuum modeling of micro-void assisted dynamic adiabatic shear band propagation. *Journal of the Mechanics and Physics of Solids*, **58**(2), 187–205.

McVeigh CJ, Vernerey F, Liu WK et al. (2006) Multiresolution analysis for material design. *Computer Methods in Applied Mechanics and Engineering*, **195**(37–40), 5053–5076.

Mehrabadi MM and Nemat-Nasser S (1987) Some basic kinematical relations for finite deformations of continua, *Mech. Mater.*, **6**, 127–138. Michalowski R and Mroz Z (1978) Associated and non-associated sliding rules in contact friction problems, *Arch. Mech.*, **30**, 259–276.

Melenk JM and Babuška I (1996) The partition of unity finite element method: basic theory and applications. *Computer Methods in Applied Mechanics and Engineering*, **139**(1), 289–314.

Menouillard T, Réthoré J, Combescure A and Bung H (2006) Efficient explicit time stepping for the eXtended Finite Element Method (X-FEM), *International Journal for Numerical Methods in Engineering*, **68**(9), 911–939.

Menouillard T, Réthoré J, Moës N, Combescure A and Bung H (2008) Mass lumping strategies for X-FEM explicit dynamics: Application to crack propagation, *International Journal for Numerical Methods in Engineering*, **74**(3), 447–474.

Mesarovic SD and Padbidri J (2005) Minimal kinematic boundary conditions for simulations of disordered microstructures. *Philosophical Magazine* **85**(1), 65–78.

Miehe C (1994) Aspects of the formulation and finite element implementation of large strain isotropic elasticity, *International Journal for Numerical Methods in Engineering*, **37**, 1981–2004.

Mindlin RD (1964) Micro-structure in linear elasticity. *Archive for Rational Mechanics and Analysis*, **16**(1), 51–78.

Mindlin RD (1965) Second gradient of strain and surface-tension in linear elasticity. *International Journal of Solids and Structures*, **1**(4), 417–438.

Mindlin RD and Tiersten HF (1962) Effects of couple-stresses in linear elasticity. *Archive for Rational Mechanics and Analysis*, **11**(1), 415–448.

Moës N, Cloirec M, Cartraud P and Remacle JF (2003) A computational approach to handle complex microstructure geometries, *Computer Methods in Applied Mechanics and Engineering*, **192**(28), 3163–3177.

Moës N, Dolbow J and Belytschko T (1999) A finite element method for crack growth without remeshing, *International Journal for Numerical Methods in Engineering*, **46**(1), 131–150.

Molinari A and Clifton RJ (1987) Analytical characterization of shear localization in thermoviscoplastic materials, *J. Appl. Mech.*, **54**, 806–812.

Moran B (1987) A finite element formulation for transient analysis of viscoplastic solids with application to stress wave propagation problems, *Comput. Struct.*, **27**, 241–247.

Moran B, Ortiz M and Shih CF (1990) Formulation of implicit finite element methods for multiplicative finite deformation plasticity, *International Journal for Numerical Methods in Engineering*, **29**, 483–514.

Mühlhaus HB and Aifantis E (1991a) The influence of microstructure-induced gradients on the localization of deformation in viscoplastic materials. *Acta Mechanica*, **89**(1), 217–231.

Mühlhaus HB and Alfantis EC (1991b) A variational principle for gradient plasticity. *International Journal of Solids and Structures*, **28**(7), 845–857.

Mülhaus HB and Vardoulakis I (1987) The thickness of shear bands in granular materials, *Geotechnique*, **37**, 271–283.

Mura T (1987) *Micromechanics of Defects in Solids*. Kluwer Academic Publishers, Amsterdam.

Nagtegaal JD and DeJong JE (1981) Some computational aspects of elastic–plastic large strain analysis, *International Journal for Numerical Methods in Engineering*, **17**, 15–41.

Nagtegaal JD, Parks DM and Rice JR (1974) On numerically accurate finite element solutions in the fully plastic range, *Computer Methods in Applied Mechanics and Engineering*, **4**, 153–178.

Nappa L (2001) Variational principles in micromorphic thermoelasticity. *Mechanics Research* Communications, **28**(4), 405–412.

Narasimhan R, Rosakis AJ and Moran B (1992) A three dimensional numerical investigation of fracture initiation by ductile failure mechanisms in 4340 steel, *Int. J. Fracture*, **56**, 1–24.

Needleman A (1982) Finite elements for finite strain plasticity problems, in *Plasticity of Metals at Finite Strain: Theory, Computation and Experiment*, EH Lee and RL Mallett (eds), pp. 387–436.

Needleman A (1988) Material rate dependence and mesh sensitivity in localization problems, *Computer Methods in Applied Mechanics and Engineering*, **67**, 69–85.

Needleman A and Tvergaard V (1984) An analysis of ductile rupture in notched bars, *J. Mech. Phys. Solids*, **32**, 461–490.

Nemat-Nasser S and Hori M (1999) *Micromechanics: Overall Properties of Heterogeneous Materials*. Elsevier, Amsterdam.

Noble B (1969) *Applied Linear Algebra*, Prentice-Hall, Englewood Cliffs, NJ.

Nocedal J and Wright SJ (1999) *Numerical Optimization*, Springer, New York.

Nye JF (1985) *Physical Properties of Crystals*, Oxford University Press, Oxford.

O'Dowd NP and Knauss WG (1995) Time dependent large principal deformation of polymers. *J. Mech. Phys. Solids*, **43** (5), 771–792.

Oden JT (1972) *Finite Elements of Nonlinear Continua*, McGraw-Hill, New York.

Oden JT and Reddy JN (1976) *An Introduction to the Mathematical Theory of Finite Elements*, John Wiley & Sons, Inc., New York.

Ogden RW (1984) *Non-linear Elastic Deformations*, Ellis Horwood, Chichester.

Olson GB (1997) Computational design of hierarchically structured materials. *Science*, **277**(5330), 1237–1242.

Onat ET (1982) Representation of inelastic behaviour in the presence of anisotropy and finite deformations. In: *Recent Advances in Creep and Fracture of Engineering Materials and Structures*, DRJ Owen and B Wilshire (eds). Pineridge Press, Swansea, pp. 231–264.

Orowan E (1934) Plasticity of crystals, *Z. Phys*, **89**(9–10), 605–659.

Ortiz M and Martin JB (1989) Symmetry-preserving return mapping algorithms and incrementally extremal paths: a unification of concepts, *International Journal for Numerical Methods in Engineering*, **28**, 1839–1853.

Ortiz M, Leroy Y and Needleman A (1987) A finite element for localized failure analysis, *Computer Methods in Applied Mechanics and Engineering*, **61**, 189–214.

Oswald J, Gracie R, Khare R and Belytschko T (2009) An extended finite element method for dislocations in complex geometries: Thin films and nanotubes, *Computer Methods in Applied Mechanics and Engineering*, **198**(21–26), 1872–1886.

Pan J, Saje M and Needleman A (1983) Localization of deformation in rate-sensitive porous plastic solids, *Int. J. Fracture*, **21**, 261–278.

Park KC and Stanley GM (1987) An assumed covariant strain based nine-node shell element, *J. Appl. Mech.*, **53**, 278–290.

Peirce D, Shih CF and Needleman A (1984) A tangent modulus method for rate dependent solids, *Comput. Struct.*, **18**, 875–887.

Perzyna P (1971) *Thermodynamic Theory of Viscoplasticity*, Advances in Applied Mechanics, Vol. **11**, Academic Press, New York.

Pian THH and Sumihara K (1985) Rational approach for assumed stress elements, *International Journal for Numerical Methods in Engineering*, **20**, 1685–1695.

Pijauder-Cabot G and Bazant ZP (1987) Nonlocal damage theory, *J. Engrg. Mech.*, **113**, 1512–1533.

Polmear IJ (2006) *Light Alloys: From Traditional Alloys to Nanocrystals.* Elsevier/Butterworth-Heinemann, Burlington, MA.

Prager W (1945) Strain hardening under combined stress, *J. Appl. Phys.*, **16**, 837–840.

Prager W (1961) *Introduction to Mechanics of Continua*, Ginn & Co., New York.

Randle V and Engler O (2009) *Introduction to Texture Analysis: Macrotexture, Microtexture, and Orientation Mapping*, CRC Press, Boca Raton.

Rashid MM (1993) Incremental kinematics for finite element applications, *International Journal for Numerical Methods in Engineering*, **36**, 3937–3956.

Regueiro RA (2009) Finite strain micromorphic pressure-sensitive plasticity. *Journal of Engineering Mechanics*, **135**(3), 178–191.

Reissner E (1996) *Selected Works in Applied Mechanics and Mathematics*, Jones and Bartlett, Boston, MA.

Rezvanian O, Zikry MA and Rajendran AM (2007) Statistically stored, geometrically necessary and grain boundary dislocation densities: microstructural representation and modelling, *Proceedings of the Royal Society*, **463**, 2833–2853.

Rice JR (1971) Inelastic constitutive relations for solids: internal-variable theory and its application to metal plasticity, *J. Mech. Phys. Solids*, **19**, 443–455.

Rice JR and Asaro R (1977) Strain localization in ductile single crystals, *Journal of Physics and Solids*, **25**, 309–338.

Rice JR and Rosengren GF (1968) Plane strain deformation near a crack tip in a power-law hardening material, *Journal of the Mechanics and Physics of Solids*, **16**(1), 1–12.

Richtmeyer RD and Morton KW (1967) *Difference Methods for Initial Value Problems*, John Wiley & Sons, Inc., New York.

Riks E (1972) The application of Newton's method to the problem of elastic stability, *J. Appl.* Mech., **39**, 1060–1066.

Rivlin RS and Saunders DW (1951) Large elastic deformations of isotropic materials: VII Experiments on the deformation of rubber, *Phil. Trans. Roy. Soc. Lond.*, **A243**, 251–288.

Rogers HC (1960) The tensile fracture of ductile metals. *AIME Trans.*, **218**(3), 498–506.

Roters F, Eisenlohr P, Hantcherli L, *et al.* (2010) Overview of constitutive laws, kinematics, homogenization and multiscale methods in crystal plasticity finite-element modeling: Theory, experiments, applications, *Acta Materialia*, **58**(4), 1152–1211.

Rudnicki JW and Rice JR (1975) Conditions for localization in pressure sensitive dilatant materials, *J. Mech. Phys. Solids*, **23**, 371–394.

Saje M, Pan J and Needleman A (1982) Void nucleation effects on shear localization in porous plastic solids, *Int. J. Fracture*, **19**, 163–182.

Schreyer HL and Chen Z (1986) One dimensional softening with localization, *J. Appl. Mech.*, **53**, 791–797.

Seydel R (1994) *Practical Bifurcation and Stability Analysis: From Equilibrium to Chaos*, Springer-Verlag, Heidelberg.

Shabana AA (1998) *Dynamics of Multi-Body Systems*, Cambridge University Press, Cambridge.

Shanthraj P and Zikry M (2011) Dislocation density evolution and interactions in crystalline materials, *Acta Materialia*, **59**(20), 7695–7702.

Shi J and Zikry MA (2009) Grain-boundary interactions and orientation effects on crack behavior in polycrystalline aggregates, *Int. J. Solids and Structures*, **46**, 3914–3925.

Simkins Jr DC, Li S, Lu H and Kam Liu W (2004) Reproducing kernel element method. Part IV: globally compatible Cn (n⊠1) triangular hierarchy, *Computer Methods in Applied Mechanics and Engineering*, **193**(12), 1013–1034.

Simo JC and Fox DD (1989) On a stress resultant geometrically exact shell model, Part I: Formulation and optimal parametrization, *Computer Methods in Applied Mechanics and Engineering*, **72**, 267–304.

Simo JC and Hughes TJR (1986) On the variational foundations of assumed strain methods, *J. Appl. Mech.*, **53**, 1685–1695.

Simo JC and Hughes TJR (1998) *Computational Inelasticity*, Springer-Verlag, New York.

Simo JC and Ortiz M (1985) A unified approach to finite deformation plasticity based on the use of hyperelastic constitutive equations, *Computer Methods in Applied Mechanics and Engineering*, **49**, 221.

Simo JC and Rifai MS (1990) A class of mixed assumed strain methods and the method of incompatible modes, *International Journal for Numerical Methods in Engineer*, **29**, 1595–1638.

Simo JC and Taylor RL (1985) Consistent tangent operators for rate independent elastoplasticity, *Computer Methods in Applied Mechanics and Engineering*, **48**, 101–119.

Simo JC, Oliver J and Armero F (1993) An analysis of strong discontinuities induced by strain-softening in rate-independent inelastic solids, *Computational Mechanics*, **12**, 277–296.

Simo JC, Taylor RL and Pister KS (1985) Variational and projection methods for the volume constraint in finite deformation elastoplasticity, *Computer Methods in Applied Mechanics and Engineering*, **51**, 177–208.

Smithells CJ (2004) *Smithells Metals Reference Book*. Elsevier/Butterworth-Heinemann, Oxford, Burlington, MA.

Smolinski T, Sleith S and Belytschko T (1996) Explicit-explicit subcycling with non-integer time step ratios for linear structural dynamics systems, *Comp. Mech.*, **18**, 236–244.

Socrate S (1995) *Mechanics of Microvoid Nucleation and Growth in High-Strength Metastable Austenitic Steels*. MIT Press.

Song JH, Areias P and Belytschko T (2006) A method for dynamic crack and shear band propagation with phantom nodes, *International Journal for Numerical Methods in Engineering*, **67**(6), 868–893.

Song JH, Wang H and Belytschko T (2008) A comparative study on finite element methods for dynamic fracture, *Computational Mechanics*, **42**(2), 239–250.

Spivak M (1965) *Calculus on Manifolds*, Benjamin, New York.

Stanley GM (1985) *Continum-based shell elements*, PhD thesis, Stanford University, CA.

Stolarski H and Belytschko T (1982) Membrane locking and reduced integration for curved elements, *J. Appl. Mech.*, **49**, 172–177.

Stolarski H and Belytschko T (1983) Shear and membrane locking in curved elements, *Computer Methods in Applied Mechanics and Engineering*, **41**, 279–296.

Stolarski H and Belytschko T (1987) Limitation principles for mixed finite elements based on the Hu–Washizu variational formulation, *Computer Methods in Applied Mechanics and Engineering*, **60**, 195–216.

Stolarski H, Belytschko T and Lee SH (1994) A review of shell finite elements and corotational theories, *Comp. Mech. Adv.*, **2**, 125–212.

Strang G (1972) Variational crimes in the finite element method, in *The Mathematical Foundations of the Finite Element Method with Applications to Partial Differential Equations*, AK Aziz (ed.), Academic Press, New York, pp. 689–710.

Strang G and Fix GJ (1973) *An Analysis of the Finite Element Method*, Prentice-Hall, Englewood Cliffs, NJ.

Strikwerda JC (1989) *Finite Difference Schemes and Partial Differential Equations*, Wadsworth, Belmont, CA.

Sukumar N, Chopp DL and Moran B (2003) Extended finite element method and fast marching method for three-dimensional fatigue crack propagation, *Engineering Fracture Mechanics*, **70**(1), 29–48.

Sukumar N, Chopp DL, Moës N and Belytschko T (2001) Modeling holes and inclusions by level sets in the extended finite-element method, *Computer Methods in Applied Mechanics and Engineering*, **190**(46), 6183-6200.

Sukumar N, Moës N, Moran B and Belytschko, T (2000) Extended finite element method for three-dimensional crack modelling, *International Journal for Numerical Methods in Engineering*, **48**(11), 1549–1570.

Tang S, Greene MS and Liu WK (2012) Two-scale mechanism-based theory of nonlinear viscoelasticity. *J. Mech. Phys. Solids*. **60**, 199–226.

Taylor G (1934) The mechanism of plastic deformation of crystals. Part I. Theoretical, Proceedings of the Royal Society of London. Series A, *Containing Papers of a Mathematical and Physical Character*, **145**(855), 362–387.

Taylor RL, Simo JC, Zienkiewicz OC and Chan AHC (1986) The patch test: a condition for assessing FEM convergence, *International Journal for Numerical Methods in Engineering*, **22**, 39–62.

Thompson JMT and Hunt GW (1984) *Elastic Instability Phenomena*, John Wiley & Sons, Ltd, Chichester.

Tian R, Chan S, Tang S, *et al.* (2010) A multiresolution continuum simulation of the ductile fracture process. *Journal of the Mechanics and Physics of Solids*, **58**, doi: 1681\961700.

Tian R, To, AC and Liu WK (2011) Conforming local meshfree method, International *Journal for Numerical Methods in Engineering*, **86**(3), 335–357.

Truesdell C and Noll W (1965) The non-linear field theories of mechanics, in *Encyclopedia of Physics*, S Flugge (ed.), 3/3, Springer-Verlag, Berlin.

Turner MR, Clough R, Martin H and Topp L (1956) Stiffness and deflection analysis of complex structures, *J. Aero. Sci.*, **23** (9), 805–823.

Tvergaard V (1981) Influence of voids on shear band instabilities under plane strain conditions, *Int. J. Fracture*, **17**, 389–407.

Tvergaard V and Needleman A (1984) Analysis of the cup-cone fracture in a round tensile bar, *Acta Metallurgica*, **32**, 157–169.

Van Houtte P (1987) The Taylor and the relaxed Taylor theory, *Textures and Microstructures*, **7**, 29–72.

Van Houtte P, Li S, Seefeldt M, *et al.* (2005) Deformation texture prediction: from the Taylor model to the advanced Lamel model, *International Journal of Plasticity*, **21**(3), 589–624.

Ventura G, Gracie R and Belytschko T (2009) Fast integration and weight function blending in the extended finite element method, *International Journal for Numerical Methods in Engineering*, **77**(1), 1–29.

Ventura G, Moran B and Belytschko T (2005) Dislocations by partition of unity, *International Journal for Numerical Methods in Engineering*, **62**(11), 1463–1487.

Ventura G, Xu JX and Belytschko T (2002) A vector level set method and new discontinuity approximations for crack growth by EFG, *International Journal for Numerical Methods in Engineering*, **54**(6), 923–944.

Vernerey FJ (2006) *Multi-scale Continuum Theory for Materials with Microstructure*. Doctor of Philosophy, Northwestern University.

Vernerey FJ, Liu WK and Moran B (2007) Multi-scale micromorphic theory for hierarchical materials. *Journal of the Mechanics and Physics of Solids*, **55**, 2603–2651.

Wagner GJ, Ghosal S and Liu WK (2003) Particulate flow simulations using lubrication theory solution enrichment. *International Journal for Numerical Methods in Engineering*, **56**(9), 1261–1289.

Wagner GJ and Liu WK (2003) Coupling of atomistic and continuum simulations using a bridging scale decomposition. *Journal of Computational Physics*, **190**(1), 249–274.

Wagner GJ, Moës N, Liu WK and Belytschko T (2001) The extended finite element method for rigid particles in Stokes flow. *International Journal for Numerical Methods in Engineering*, **51**(3), 293–313.

Wang SC and Starink MJ (2005) Precipitates and Intermetallic phases in precipitation hardening Al-Cu-Mg-(Li) based alloys, *International Materials Review*, **50**, 193–215

Wempner GA (1969) Finite elements, finite rotations and small strains, *Int. J. Sol. Struct.*, **5**, 117–153.

Wempner GA, Talaslidis D and Hwang CM (1982) A simple and efficient approximation of shells via finite quadrilateral elements, *J. Appl. Mech.*, **49**, 331–362.

Wilkins ML (1964) Calculation of elastic–plastic flow, in *Methods of Computational Physics*, Vol. **3**, B Alder, S Fernbach and M Rotenberg (eds), Academic Press, New York.

Wilson EL, Taylor RL, Doherty WP and Ghaboussi J (1973) Incompatible displacement models, in *Numerical and Computer Models in Structural Mechanics*, SJ Fenves *et al.* (eds), Academic Press, New York.

Wriggers P (1995) Finite element algorithms for contact problems, *Arch. Comp. Meth. Engrg.*, **2** (4), 1–49.

Wriggers P and Miehe C (1994) Contact constraints within coupled thermomechanical analysis: a finite element model, *Computer Methods in Applied Mechanics and Engineering*, **113**, 301–319.

Wright TW and Walter JW (1987) On stress collapse in adiabatic shear, *J. Mech. Phys. Solids*, **35** (6), 205–212.

Xiao SP and Belytschko T (2004) A bridging domain method for coupling continua with molecular dynamics. *Computer Methods in Applied Mechanics and Engineering*, **193**(17–20), 1645–1669.

Xu XP and Needleman A (1994) Numerical simulations of fast crack growth in brittle solids, *Journal of the Mechanics and Physics of Solids*, **42**(9), 1397–1434.

Yamakov V, Wolf D, Phillpot SR, et al. (2002) Dislocation processes in the deformation of nanocrystalline aluminium by molecular-dynamics simulation. *Nature Materials*, **1**(1), 45–49.

Yan Z, Larsson R, Jing-yu F, *et al.* (2006) Homogenization model based on micropolar theory for the interconnection layer in microsystem packaging. *IEEE Xplore, High Density Microsystem Design and Packaging and Component Failure Analysis, HDP 2006.*

Yang JFC and Lakes RS (1982) Experimental study of micropolar and couple stress elasticity in compact bone in bending. *Journal of Biomechanics*, **15**(2), 91–98.

Zeng X, Chen Y and Lee JD (2006) Determining material constants in nonlocal micromorphic theory through phonon dispersion relations. *International Journal of Engineering Science*, **44**(18–19), 1334–1345.

Zhong ZH (1993) *Finite Element Procedures for Contact-Impact Problems*, Oxford University Press, New York.

Zhu AW, Shiflet GJ and Stark EA (2006) First principles calculations for alloy design of moderate temperature age-hardenable Al alloys, *Materials Science Forum*, **519–521**, 35–43.

Ziegler H (1950) A modification of Prager's hardening rule, *Quart. J. Appl. Math.*, **17**, 55–65.

Zienkiewicz OC, Emson C and Bettess P (1983) A novel boundary infinite element. *International Journal for Numerical Methods in Engineering*, **19**(3), 393–404.

Zienkiewicz OC and Taylor RL (1991) *The Finite Element Method*, McGraw-Hill, New York.

Zienkiewicz OC, Taylor RL and Too JM (1971) Reduced integration techniques in general analysis of plates and shells, *International Journal for Numerical Methods in Engineering*, **3**, 275–290.

Zikry M (1994) An accurate and stable algorithm for high strain-rate finite strain plasticity, *Computers & Structures*, **50**(3), 14.

Zikry M and Kao M (1997) Inelastic microstructural failure modes in crystalline materials: The S33A and S11 high angle grain boundaries, *International Journal of Plasticity*, **13**(4), 31.

Zikry M and Nemat-Nasser S (1990) High strain-rate localization and failure of crystalline materials, *Mechanics of Materials*, **10**(3), 215–237.